CALCUL DIFFÉRENTIEL

5E ÉDITION

GILLES CHARRON

PIERRE PARENT

CALCUL DIFFÉRENTIEL

5E ÉDITION

Gilles Charron
Pierre Parent

Références iconographiques

PHOTOGRAPHIES : Dominique Parent (couverture, p. 1, 15, 77, 100, 161, 165, 178, 180, 187, 193, 243, 260, 261, 262, 295, 316, 320, 321, 322a, 322b, 323, 325, 328, 340, 363, 391a, 391b) ; C. D. Winters (p. 121, 159) ; David Nunk (p. 187) ; © Agence Nature / Photo Researchers / Publiphoto (p. 39).

Groupe Beauchemin, éditeur ltée

3281, avenue Jean-Béraud
Laval (Québec) H7T 2L2
Téléphone: (514) 334-5912
1 800 361-4504
Télécopieur: (450) 688-6269
www.beauchemineditur.com

Nous reconnaissons l'aide financière de gouvernement du Canada par l'entremise du Programme d'aide au développement de l'industrie de l'édition (PADIÉ) pour nos activités d'édition.

ISBN : 2-7616-1999-4

Dépôt légal : 2e trimestre 2002
Bibliothèque nationale du Québec, 2002
Bibliothèque nationale du Canada, 2002

Imprimé au Canada
5 6 7 8 ITM 11 10 09 08 07

Avant-propos

Cette cinquième édition de *Calcul différentiel* se veut un changement dans la continuité. En effet, le présent ouvrage représente le fruit d'une évolution proposée par un grand nombre d'utilisateurs et utilisatrices, mais conserve certains aspects qui en ont fait son succès au fil du temps.

Du neuf pour la cinquième édition :

La **structure** du livre elle-même est légèrement modifiée par rapport à l'ancienne édition. Ainsi, l'ancien chapitre 13 portant sur l'intégration a été retiré. De plus, l'ancien chapitre 3 sur les limites et la continuité devient le chapitre 2, et un nouveau chapitre 3 sur la définition de la dérivée se révèle une fusion des anciens chapitres 2 et 4.

La **séquence d'apprentissage** est conservée, mais les auteurs ont tenu compte des commentaires des utilisateurs et utilisatrices qui proposaient une accélération dans la présentation afin d'atténuer le caractère intimidant du livre.

L'**approche programme** prend une place plus importante et se reflète dans plusieurs aspects du livre. Certains concepts sont spécifiquement abordés de façon distincte pour chacune des disciplines du programme des sciences de la nature. À cette fin, les auteurs ont utilisé la terminologie ainsi que la notation propre à la physique, à la chimie, à la biologie et à l'économie. Certains exemples décrivent des situations concrètes rattachées à l'une ou à l'autre de ces disciplines. Finalement, ces autres disciplines – identifiées par des pictogrammes – sont également intégrées dans les sections d'exercices et de problèmes.

La présence de **problèmes types** en introduction de chapitre favorise l'approche par résolution de problème. Ces problèmes servent de situation initiale pour amorcer l'apprentissage de certaines notions. À partir d'un problème type qui sera résolu plus tard dans le chapitre, ou parfois même dans un chapitre ultérieur, les éléments théoriques sont présentés.

La promotion **d'outils technologiques** tels que Maple constitue une première dans le livre *Calcul différentiel*. Comme le recours aux nouvelles technologies varie grandement d'un collège à un autre, le livre propose une utilisation souple de la technologie, surtout concentrée dans la résolution d'exemples. Certains exercices et problèmes portant la mention « outil technologique » suggèrent une résolution à l'aide d'un outil technologique, quel qu'il soit.

Une **liste de vérification des apprentissages** est donnée en fin de chapitre, tout juste avant les sections d'exercices récapitulatifs, de problèmes de synthèse et de test récapitulatif. Elle vise à permettre à l'élève de prendre conscience de ses acquis et de ses lacunes avant de se lancer dans la partie pratique.

Plusieurs **capsules « Perspectives historiques » et bulles historiques** parsèment l'ouvrage. Les capsules mettent en relation les contenus des chapitres et les contextes des grandes découvertes en mathématiques. Les bulles offrent de brefs rappels sur l'origine ou l'utilisation de certains outils mathématiques.

La **présentation visuelle de l'ouvrage** a été entièrement revue et rehaussée par l'utilisation pédagogique de la **couleur.** Il est maintenant beaucoup plus facile de retracer les exemples, les théorèmes et les définitions. De plus, la couleur facilite la compréhension de plusieurs graphiques.

Nous espérons que vous pourrez tirer le meilleur de *Calcul différentiel,* 5e édition, et que cet ouvrage deviendra pour vous un outil privilégié d'apprentissage.

Plan du chapitre

Le plan du chapitre permet le repérage des contenus et apprentissages présentés. Afin de faciliter la consultation, les numéros de pages des différentes sections ont été ajoutés.

Introduction

L'introduction du chapitre permet de mettre en relation ses contenus dans une séquence générale d'apprentissage. De plus, la présentation d'un problème type du chapitre précise le type d'habileté à acquérir et son contexte d'utilisation. On tentera le plus possible de présenter un problème type concret et intégrateur dans le but de piquer la curiosité des élèves.

De plus, une illustration en couleurs en début de chapitre présente le plus souvent un des champs d'application du sujet à l'étude et fait ainsi le lien entre un contenu théorique et une application concrète.

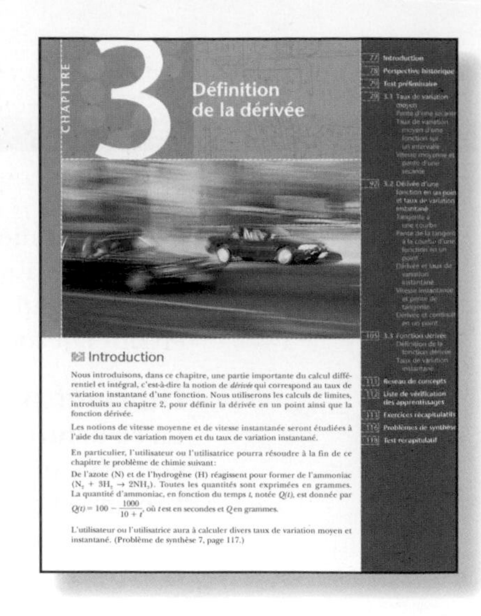
CHAPITRE 3
Définition de la dérivée
Introduction

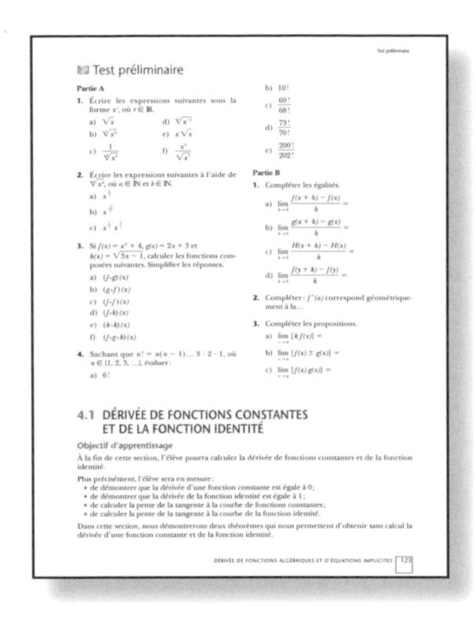
Test préliminaire
4.1 DÉRIVÉE DE FONCTIONS CONSTANTES ET DE LA FONCTION IDENTITÉ
Objectif d'apprentissage

Test préliminaire

À la demande de plusieurs utilisateurs et utilisatrices, le test préliminaire demeure dans la nouvelle édition. Les élèves apprécient pouvoir évaluer leur niveau de connaissances préalables avant de poursuivre leur apprentissage.

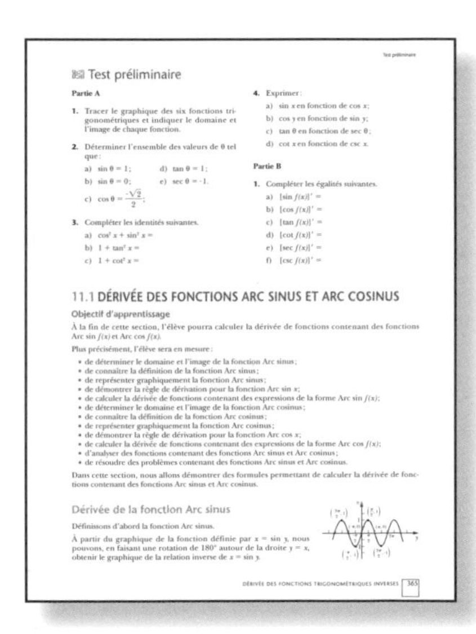
Test préliminaire
11.1 DÉRIVÉE DES FONCTIONS ARC SINUS ET ARC COSINUS
Objectif d'apprentissage
Dérivée de la fonction Arc sinus

Objectifs d'apprentissage

Les objectifs d'apprentissage constituent un autre moyen pour les élèves d'évaluer leur niveau d'acquisition des connaissances et des apprentissages.

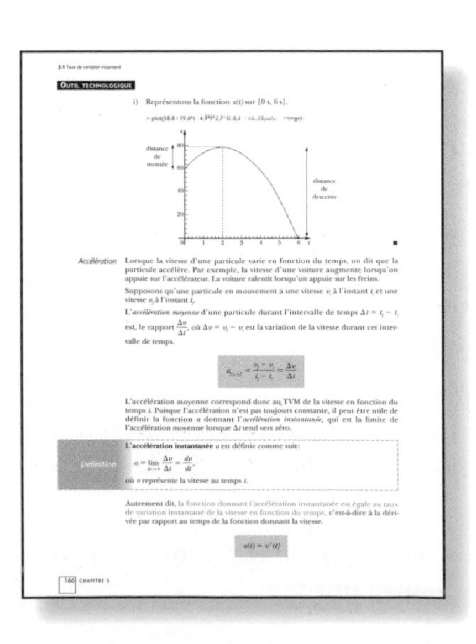
OUTIL TECHNOLOGIQUE
Accélération
Définition

Utilisation pédagogique de la couleur

Enfin de la couleur ! La couleur permet une meilleure compréhension des graphiques et facilite le repérage des définitions, des théorèmes et des exemples.

Capsule « Perspective historique »

Une capsule historique est présente dans tous les chapitres. Elle permet de mettre en évidence les contextes de découverte ou d'utilisation des contenus présentés. Les mathématiques sont ainsi considérées dans le cadre d'un cheminement intellectuel général, en relation avec les autres champs du savoir humain. De plus, un problème relié au sujet de la capsule est proposé à l'enseignant ou l'enseignante qui aimerait aller plus loin.

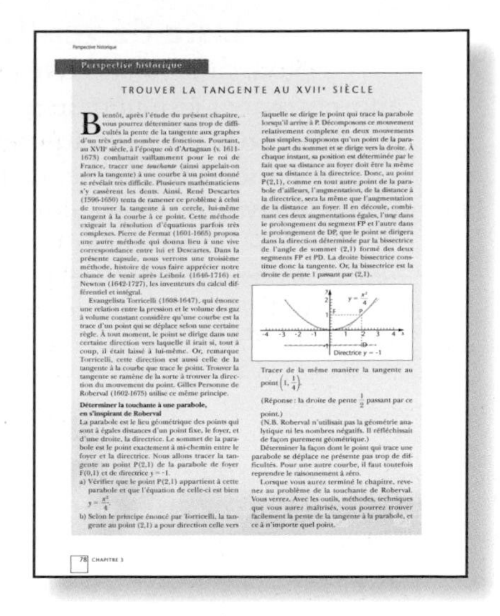

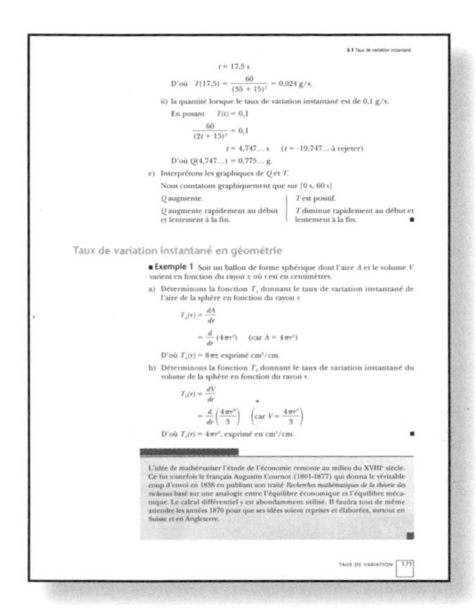

Bulles historiques

Plus succinctes que les capsules « Perspective historique », les bulles présentent un complément d'information sur un concept faisant l'objet d'une section du chapitre. Les élèves peuvent ainsi comprendre les relations entre les différentes facettes de la découverte ou de l'utilisation d'un objet d'étude.

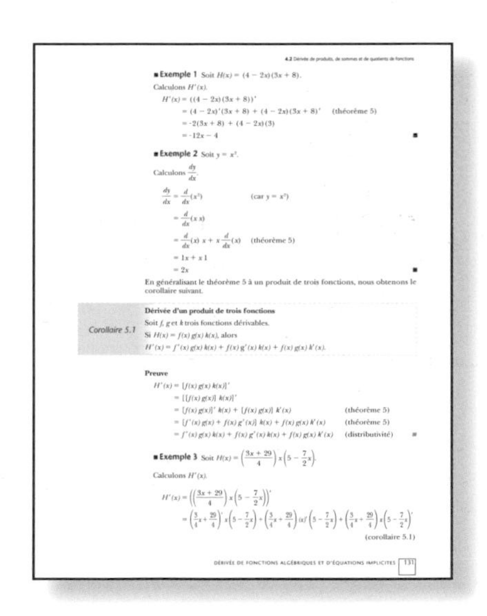

Exemples

Toujours aussi présents, les exemples préparent les élèves à voler de leurs propres ailes au moment des séries d'exercices. Afin de permettre une transition vers l'utilisation d'outils technologiques, le logiciel Maple V est utilisé dans la démonstration de certains exemples.

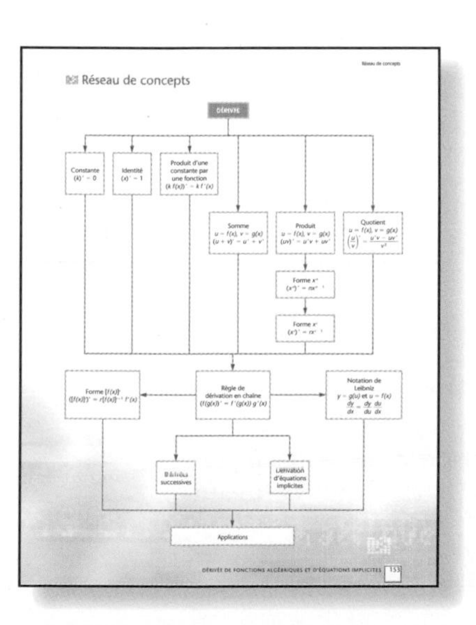

Réseau de concepts

Déjà présents dans les autres ouvrages de la collection Charron et Parent, les réseaux de concepts permettent de schématiser les contenus du chapitre et surtout de les mettre en relation. Ainsi, ils facilitent l'étude et la mémorisation des connaissances.

Liste de vérification des apprentissages

Nouveauté dans cette édition, la liste de vérification des apprentissages énumère les connaissances à valider avant de se lancer dans la réalisation des exercices récapitulatifs et des problèmes de synthèse. La liste offre l'avantage de cibler les faiblesses de l'élève, qui devra alors revoir ces notions afin de réaliser ses apprentissages.

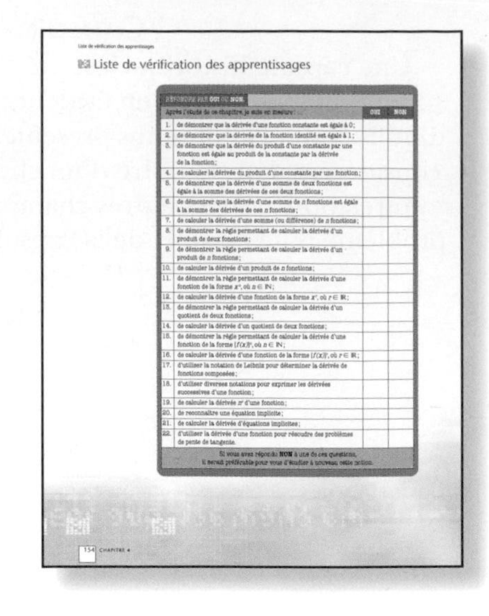
Liste de vérification des apprentissages

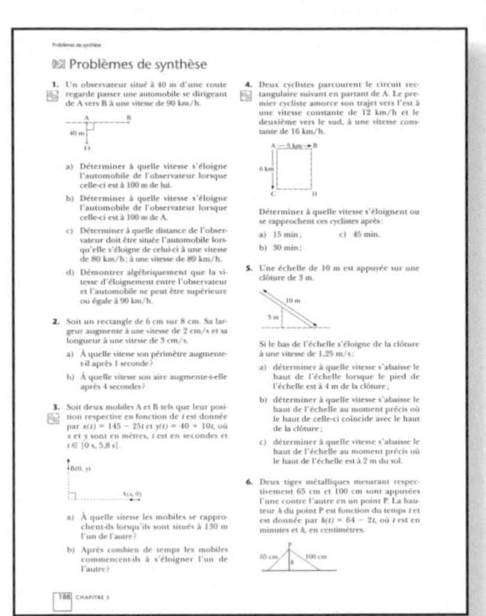
Problèmes de synthèse

Fidèle à sa réputation en tant qu'ouvrage offrant le plus d'exercices, la nouvelle édition termine chacun des chapitres sous la forme d'une séquence qui comprend des exercices récapitulatifs, des problèmes de synthèse et un test récapitulatif.

En accord avec l'approche programme qui cherche à intégrer les acquis de plusieurs disciplines, certains exercices et problèmes sont marqués d'un pictogramme qui les relie à une discipline particulière: administration, chimie, biologie ou physique.

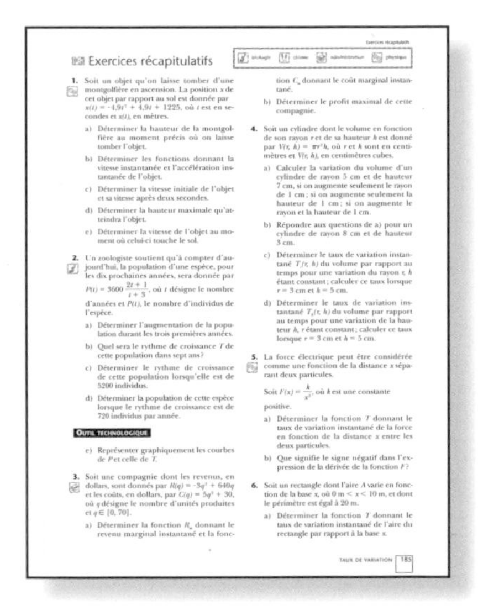
Exercices récapitulatifs

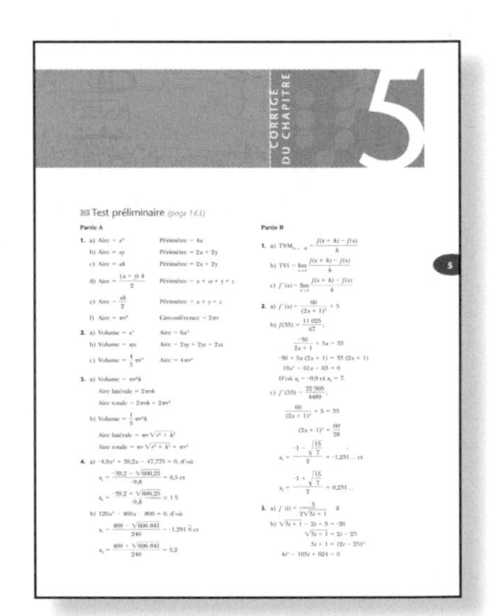

Le corrigé des chapitres se retrouve à la fin du livre afin de favoriser l'autonomie des élèves.

Du nouveau! Les élèves peuvent consulter le site Internet associé au livre afin de résoudre certains problèmes à l'aide d'outils technologiques tels que Maple et la calculatrice à affichage graphique ou symbolique. Le site propose aussi des pistes d'exploration des outils technologiques dans d'autres contextes que celui du problème ciblé.

www.beaucheminediteur.com

Remerciements

Nous tenons d'abord à remercier les nombreuses personnes-ressources qui ont collaboré à l'élaboration des éditions précédentes :

M. Michel Baril, Cégep de Chicoutimi ;
M. Robert Bradley, Collège Ahuntsic ;
Mme Suzanne Cayer, Cégep de la Gaspésie et des Îles ;
M. Alain Chevanelle, Cégep de Drummondville ;
M. Webster Gaétant, Collège de Bois-de-Boulogne ;
M. Michel Laramée, Collège Édouard-Montpetit ;
Mme Chantal Leclerc, Collège Gérald-Godin ;
Mme Diane Paquin, Collège Édouard-Montpetit ;
M. Robert Paquin, Collège Édouard-Montpetit ;
M. Alain Raymond, Cégep de Saint-Jérome.

Nous témoignons aussi notre gratitude aux enseignants et aux enseignantes du département de mathématiques du Cégep André-Laurendeau pour leurs commentaires et leurs suggestions.

Nous soulignons l'excellent travail des consultants et des consultantes du réseau collégial qui ont permis, grâce à leurs commentaires éclairés, d'enrichir les versions provisoires de chacun des chapitres :

M. Jacques Carel, Cégep de Lévis-Lauzon ;
Mme Marie-Paule Dandurand, Collège Gérald-Godin ;
M. André Douville, Cégep de l'Abitibi-Témiscamingue ;
M. Bernard Grenier, Centre d'études de Chibougamau ;
Mme Marthe Grenier, Collège Montmorency ;
Mme Suzanne Grenier, Cégep de Sainte-Foy ;
M. Rony Joseph, Cégep de Victoriaville ;
Mme Christiane Lacroix, Collège Lionel-Groulx ;
M. Luc Morin, Cégep de Trois-Rivières ;
M. André Roy, Cégep de Victoriaville ;
Mme Claudette Tabib, Collège Édouard-Montpetit.

Finalement, nous remercions les personnes suivantes :

M. Louis Charbonneau, pour avoir rédigé les capsules historiques ;
Mme Dominique Parent, pour les nombreuses photographies qu'elle nous a fournies, dont celle de la page couverture.

Gilles Charron
Pierre Parent

Table des matières

CHAPITRE 1

Fonctions

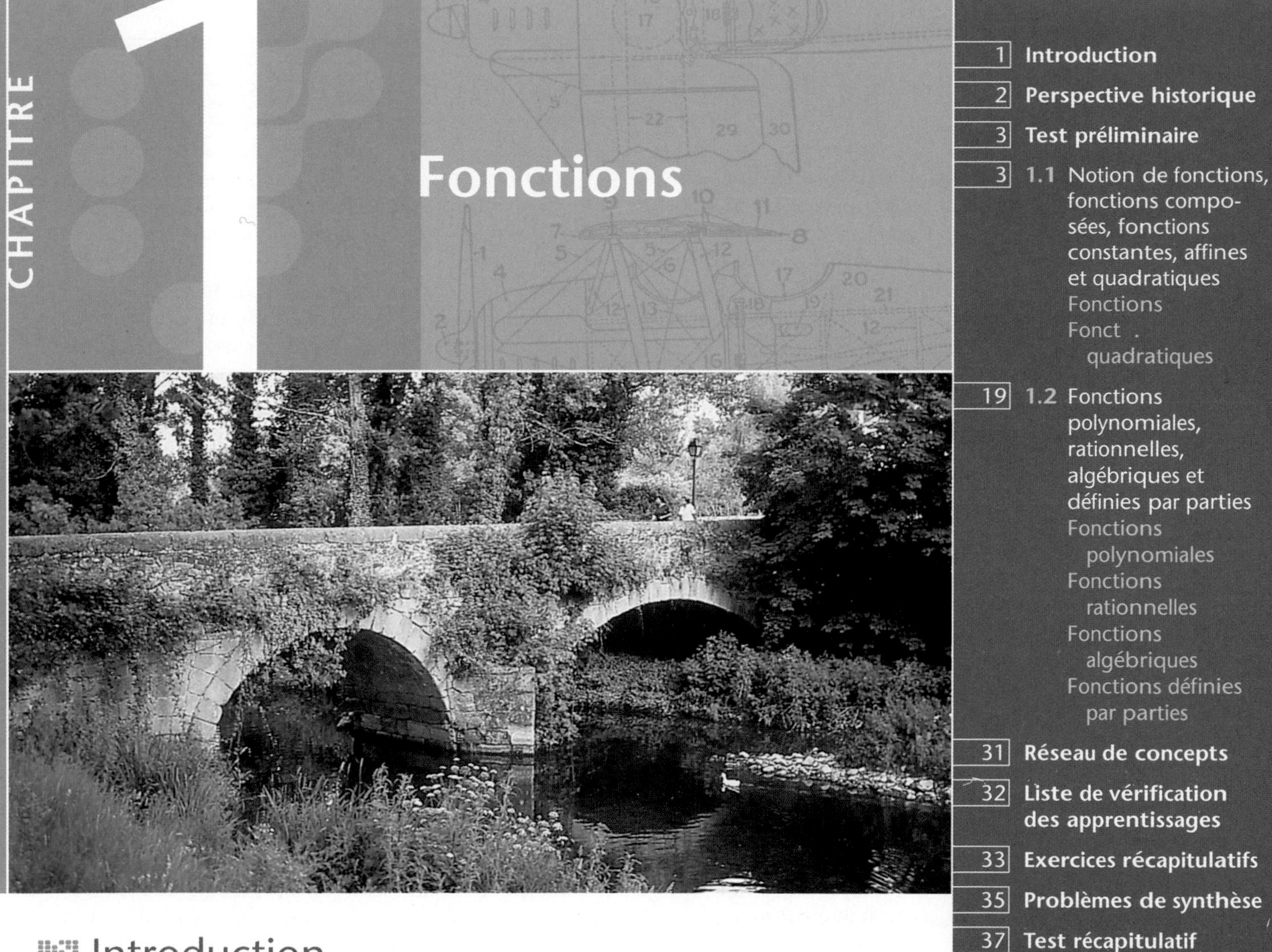

Introduction

Dans le présent chapitre, nous étudierons quelques fonctions utilisées dans différents domaines. Nous donnerons la définition d'une fonction, déterminerons le domaine et l'image de certaines fonctions et, finalement, fournirons la représentation graphique de quelques-unes d'entre elles.

En particulier, nous allons résoudre dans ce chapitre le problème suivant:

Un morceau de carton rectangulaire de 24 cm sur 41 cm doit servir à fabriquer une boîte rectangulaire ouverte sur le dessus. Pour construire cette boîte, on découpe un carré dans chacun des quatre coins et on replie les côtés perpendiculairement à la base afin de former une boîte de volume maximal. Ce problème sera résolu à l'aide des connaissances acquises et d'outils technologiques. (Exemple 3, page 20.)

Une connaissance minimale des fonctions est essentielle avant l'étude du calcul différentiel, qui nous permettra de résoudre le problème précédent de façon algébrique.

Nous étudierons les fonctions trigonométriques, trigonométriques inverses, exponentielles et logarithmiques dans des chapitres ultérieurs.

Perspective historique

À LA RECHERCHE D'UNE FORMULE: LA FONCTION

Vous avez sans doute déjà remarqué, comme l'ont aussi fait les mathématiciens de la Renaissance (XVIe siècle, l'époque de Jacques Cartier), que, lorsqu'on résout une équation du second degré de la forme $ax^2 + bx + c = 0$ à l'aide de la formule habituelle, l'on n'obtient aucune valeur réelle de la racine si $b^2 - 4ac$ est négatif. Mais ces expressions de la racine, avec un nombre négatif sous le radical, peuvent être très avantageuses dans les calculs. Ainsi, elles sont nécessaires à la résolution de certaines équations du troisième degré. Elles sont aussi très utiles dans le calcul de certains circuits électriques.

Le développement de la notion de fonction présente certaines analogies avec l'apparition des nombres complexes. Lorsque Galilée, au début du XVIIe siècle, de fait peu après la fondation de Québec, cherche à déterminer quelle sera la distance parcourue par un objet soumis à une accélération constante, il veut trouver une relation entre le temps écoulé et la distance parcourue par l'objet. Aujourd'hui, nous dirions qu'il cherche à déterminer la fonction permettant de calculer la distance en fonction du temps. Le problème de Galilée est relativement simple car la vitesse de l'objet est proportionnelle au temps. Mais, que se passe-il si cette vitesse change suivant une règle plus complexe?

L'étude du mouvement des objets et des changements en général mobilise beaucoup d'énergie aux XVIe et XVIIe siècles. La généralisation de l'utilisation des canons, la découverte que les mêmes lois régissent à la fois les mouvements des corps célestes et des objets sur la Terre suscitent un grand nombre de questions. La méthode mise au point par les mathématiciens de l'époque pour y répondre se nomme aujourd'hui le Calcul différentiel et intégral.

Ce furent Newton et Leibniz, dans le dernier tiers du XVIIe siècle, qui explicitèrent les règles de ce calcul. Dans un premier temps, les relations que l'on cherchait semblaient devoir avoir une forme algébrique simple. C'est pourquoi, la première définition de fonction, donnée par Jean Bernoulli en 1718, est restreinte: *On appelle fonction d'une grandeur variable une quantité composée de quelque manière que ce soit de cette valeur variable et de constantes.* Pour Bernoulli, une fonction est une formule algébrique, éventuellement une série infinie.

Cette vision, qui correspond probablement à votre propre vision de ce que peut être une fonction, sera mise à rude épreuve lorsque les phénomènes soumis à des changements sortiront du domaine de la mécanique. Lorsqu'un objet se déplace, il nous semble intuitivement que sa position ou sa vitesse ne peuvent pas faire un saut instantané. Mais en est-il de même des changements instantanés dans le cas de phénomènes moins connus pour lesquels notre intuition se révèle défaillante? Joseph Fourier, dans son étude sur la propagation de la chaleur dans les corps, en arrive à traiter des fonctions qui sautent d'une valeur à l'autre instantanément. Dès lors, sa définition de fonction (1822) se démarque de celle de Bernoulli un siècle plus tôt: *En général, la fonction $f(x)$ représente une suite de valeurs, ou ordonnées, dont chacune est arbitraire. L'abscisse x pouvant recevoir une infinité de valeurs, il y a un pareil nombre d'ordonnées $f(x)$. Toutes ont des valeurs numériques actuelles, ou positives, ou négatives, ou nulles. On ne suppose point que ces ordonnées soient assujetties à une loi commune; elles se succèdent d'une manière quelconque, et chacune d'elle est donnée comme le serait une seule quantité.*

La définition de Fourier, et les nombreux travaux qui en résultèrent par la suite au XIXe siècle, amenèrent les mathématiciens à définir la fonction comme on le fait au début de ce chapitre et à s'intéresser à des fonctions tout à fait artificielles, comme celle de l'exemple 1. Mais, il faut aussi savoir que ces mêmes travaux fournirent les bases théoriques de la mise au point des réseaux de communications actuels dans lesquels un même support, une fibre optique par exemple, permet le transfert simultané de plusieurs signaux par ailleurs indépendants.

PROBLÈME: Galilée a étudié le mouvement des corps en chute libre en employant le langage des proportions. Faites de même, mais en employant une approche plus actuelle. Pour ce faire, déterminez une formule qui donne la distance parcourue par un mobile qui, d'abord au repos, est accéléré uniformément, et donc qui a une vitesse qui est proportionnelle au temps ($v = gt$, où g est la constante de proportionnalité).

SUGGESTIONS : 1) Comment se convaincre que si je fais un graphe* de la vitesse par rapport au temps, ici c'est une droite, la distance parcourue au temps t est égale à l'aire de la surface sous la courbe entre 0 et t. 2) Calculer cette surface. Elle dépendra alors de la vitesse au temps t. 3) Utiliser le fait que la vitesse est proportionnelle à g pour vous débarrasser de vitesse et tout mettre en fonction du temps écoulé et de la constante de proportionnalité g.
* Voir la figure ci-contre.

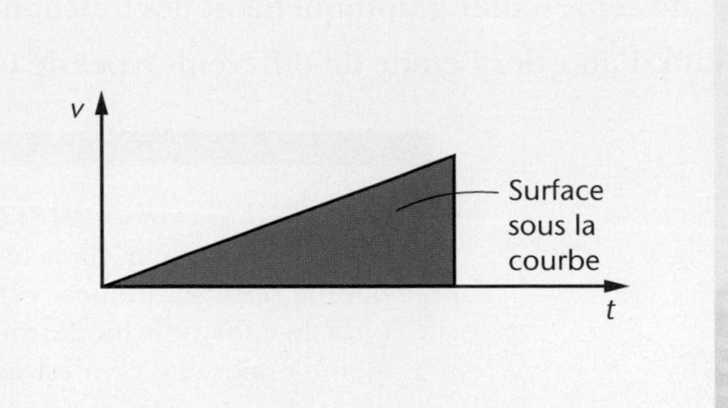

Test préliminaire

1. Évaluer les expressions suivantes.

a) $(-4)^2$

b) -4^2

c) 5×3^2

d) $5(-2)^3 + 3(-3)^2$

2. Calculer, si possible, les expressions suivantes en remplaçant successivement x par les valeurs données.

a) $\sqrt{x+1}$, pour $x = 3$ et $x = -2$

b) $(2x-2)^{\frac{1}{3}}$, pour $x = 5$ et $x = -3$

c) $\dfrac{\sqrt{x-7}}{\sqrt{4+x}}$, pour $x = 5$ et $x = 7$

d) $\sqrt{\dfrac{x-7}{4-x}}$, pour $x = 5$ et $x = 4$

3. Résoudre les équations suivantes.

a) $(x-4)(5+3x) = 0$

b) $x^2 - 4 = 0$

c) $\dfrac{7+3x}{2x-4} = 0$

d) $x^3 + 8 = 0$

4. Résoudre les inéquations suivantes en donnant votre réponse sur la forme d'intervalle.

a) $3x - 8 \geqslant 0$

b) $9 - 2x < 0$

c) $7 - 2x > 4x + 9$

d) $\dfrac{x}{4} - \dfrac{2}{7} \leqslant \dfrac{5}{14} - \dfrac{3x}{2}$

e) $-5 \leqslant (2x-3) \leqslant 5$

f) $|4 - 3x| < 7$

1.1 NOTION DE FONCTIONS, FONCTIONS COMPOSÉES, FONCTIONS CONSTANTES, AFFINES ET QUADRATIQUES

Objectif d'apprentissage

À la fin de cette section, l'élève pourra utiliser certaines fonctions essentielles.

Plus précisément, l'élève sera en mesure :

- de donner la définition d'une fonction ;
- de déterminer le domaine de certaines fonctions ;
- de définir des fonctions composées ;
- de représenter graphiquement des fonctions constantes ;
- de représenter graphiquement des fonctions affines ;
- de calculer la pente d'une droite ;
- de déterminer les zéros de fonctions quadratiques ;

- de déterminer les coordonnées du sommet de fonctions quadratiques;
- de représenter graphiquement des fonctions quadratiques.

Avant d'aborder l'étude de différents types de fonctions, rappelons la définition de fonction.

Georg Cantor (1845-1918) a développé la notion d'ensemble à la fin du XIXe siècle alors qu'il étudiait, dans le prolongement des travaux de Fourier (1768-1830), les valeurs pour lesquelles certaines séries de fonctions trigonométriques convergent (voir la capsule). La définition ensembliste de fonction donnée ici date de cette même époque, si ce n'est pour la notation qui, elle, est beaucoup plus récente.

Fonctions

Définition Une **fonction** f d'un ensemble A vers un ensemble B, notée $f: A \rightarrow B$, est une règle qui associe à chaque élément du domaine (dom f) *un* et *un seul élément* de l'image (ima f).

Nous appelons A l'ensemble de départ et B l'ensemble d'arrivée de la fonction f. De plus, l'ensemble des éléments de A qui possèdent une image s'appelle domaine de f et l'ensemble des éléments de B qui sont des images, s'appelle image de f. Ainsi, dom $f \subseteq A$ et ima $f \subseteq B$.

■ **Exemple 1** Soit f, une fonction de l'ensemble A vers l'ensemble B, définie par le *graphique sagittal* ci-dessous.

Ensemble de départ: $A = \{1, -2, 5, 6, \pi\}$

Ensemble d'arrivée: $B = \{0, -4, 9, 12\}$

dom $f = \{-2, 6\}$

ima $f = \{-4, 12\}$

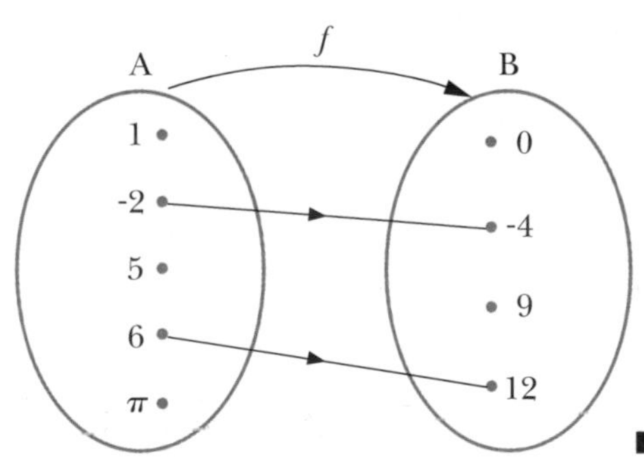

■

Nous exprimons en général une fonction de A vers B sous la forme $y = f(x)$, où x est la variable indépendante et y est la variable dépendante.

Le *graphique cartésien* est un moyen fréquemment utilisé pour représenter une fonction. Chaque couple (x, y), défini par la fonction f, est représenté par le point correspondant $P(x, y)$ du plan cartésien.

Lorsqu'il n'y a aucune indication particulière, nous considérons que les fonctions sont de $\mathbb{R} \rightarrow \mathbb{R}$.

■ **Exemple 2** Soit la fonction $f: \mathbb{R} \rightarrow \mathbb{R}$, définie par $f(x) = x - 1$.

Construisons un tableau en donnant à x quelques valeurs et en calculant les valeurs correspondantes pour $f(x)$.

x	...	-3	-1,5	0	2	4	...
$f(x)$	...	-4	-2,5	-1	1	3	...

Après avoir situé les points qui représentent ces couples $(x, f(x))$ dans le plan cartésien, nous pouvons relier ces points puisqu'il n'y a aucune restriction aux valeurs que nous pouvons donner à x, ainsi dom $f = \mathbb{R}$.

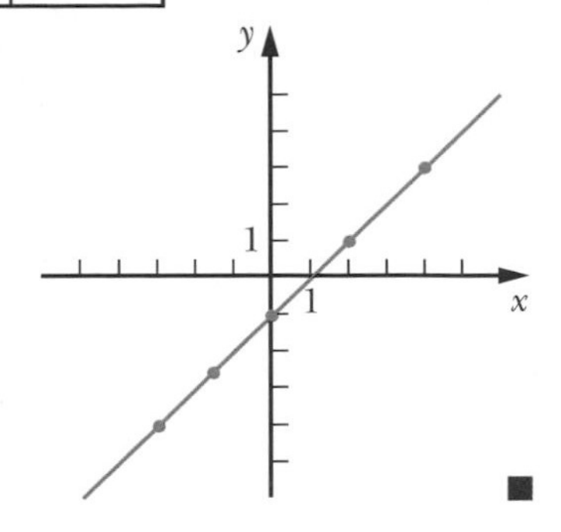

■

De façon générale, lorsque nous déterminons le domaine d'une fonction f, il faut exclure du dom f les valeurs

a) qui annulent le dénominateur de la fonction f;

b) qui donnent une quantité négative sous une racine paire (racine carrée, quatrième, etc.).

■ **Exemple 3** Soit $f(x) = \dfrac{5}{x-3}$.

Puisque le dénominateur de la fonction est égal à 0 si $x = 3$, alors dom $f = \mathbb{R}\setminus\{3\}$. ■

■ **Exemple 4** Soit $f(x) = \dfrac{x}{\sqrt[6]{9-3x}}$.

Puisque nous ne pouvons pas diviser par zéro ni extraire la racine sixième d'un nombre négatif, alors

dom $f = \{x \in \mathbb{R} \mid (9-3x) > 0\}$

$= \{x \in \mathbb{R} \mid x < 3\}$,

que nous pouvons également écrire sous la forme dom $f =]-\infty, 3[$. ■

Fonctions composées

Définition Soit deux fonctions f et g. La **fonction composée,** notée $g \circ f$, est définie par $(g \circ f)(x) = g(f(x))$.

De façon schématique, nous avons

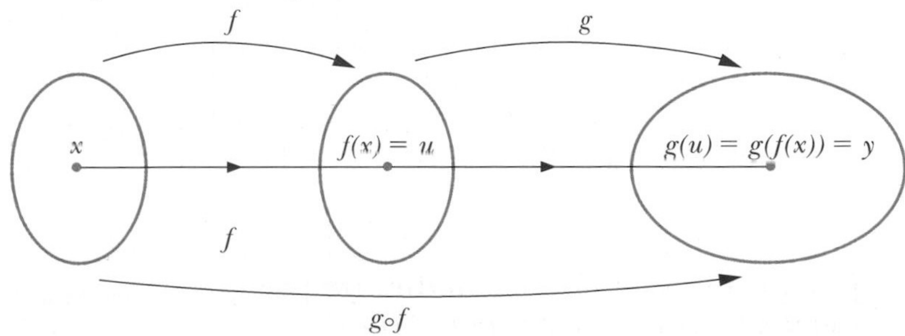

Le domaine de $g \circ f$ est l'ensemble des valeurs x du domaine de f telles que la valeur $f(x)$ appartient au domaine de g.

■ Exemple 1 Soit $f: A \to B$ et $g: B \to C$, deux fonctions définies par le graphique sagittal suivant. Déterminons le domaine de $g \circ f$.

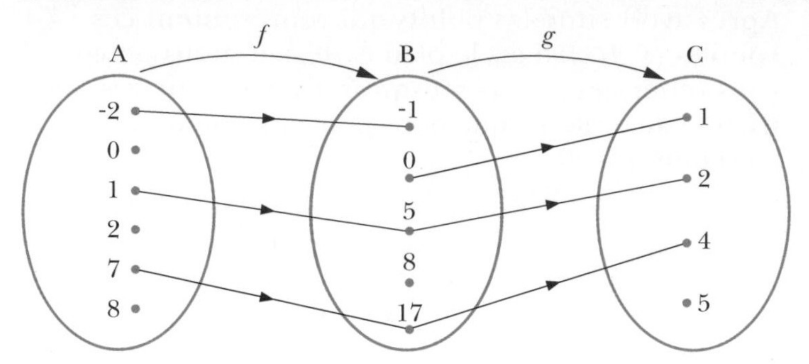

Dans ce cas, dom $f = \{-2, 1, 7\}$ et dom $g = \{0, 5, 17\}$.

Puisque $f(1) = 5$ et $g(5) = 2$, nous pouvons écrire

$g(5) = g(f(1)) = 2.$

De même, $g(17) = g(f(7)) = 4$.

Ainsi, $g \circ f: A \to C$, est une fonction telle que $(g \circ f)(1) = 2$ et $(g \circ f)(7) = 4$, où dom $(g \circ f) = \{1, 7\}$. ■

■ Exemple 2 Soit $f(x) = \sqrt{x + 5}$ et $g(x) = 2x - 3$.

a) Déterminons $g \circ f$ et dom $(g \circ f)$.

$(g \circ f)(x) = g(f(x)) = g(\sqrt{x + 5}) = 2\sqrt{x + 5} - 3$, et
dom $(g \circ f) = [-5, +\infty$ (car $x + 5 \geqslant 0$, si $x \geqslant -5$)

b) Déterminons $f \circ g$ et dom $(f \circ g)$.

$(f \circ g)(x) = f(g(x)) = f(2x - 3) = \sqrt{2x - 3 + 5} = \sqrt{2x + 2}$, et
dom $(f \circ g) = [-1, +\infty$ (car $2x + 2 \geqslant 0$, si $x \geqslant -1$) ■

Étudions maintenant quelques fonctions particulières.

Fonctions constantes

Définition

Une **fonction** est dite **constante** lorsque, pour toutes les valeurs de la variable indépendante, la variable dépendante conserve la même valeur.

En général, une fonction constante est exprimée sous la forme

$f(x) = c$ (ou $y = c$),

où c est une constante réelle.

■ Exemple 1 Un joueur de hockey a un salaire garanti de 985 000 $ par année, quel que soit le nombre de parties auxquelles il participe au cours d'une saison de 84 parties.

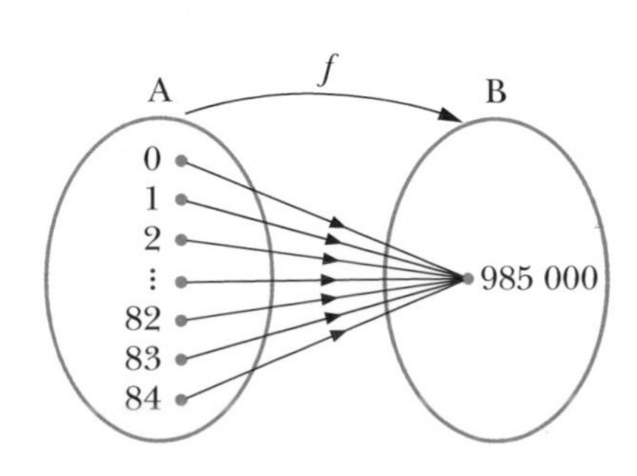

Soit f la fonction donnant le salaire du joueur en fonction du nombre de parties jouées.

Le graphique sagittal qui représente cette situation est illustré au bas de la page 6.

Dans ce cas, dom $f = \{0, 1, 2, \ldots, 83, 84\}$ et ima $f = \{985\ 000\}$. ■

■ **Exemple 2** Soit $f(x) = 6$.

Le graphique cartésien qui représente cette fonction est illustré ci-contre.

Dans ce cas, dom $f = \mathbb{R}$ et ima $f = \{6\}$.

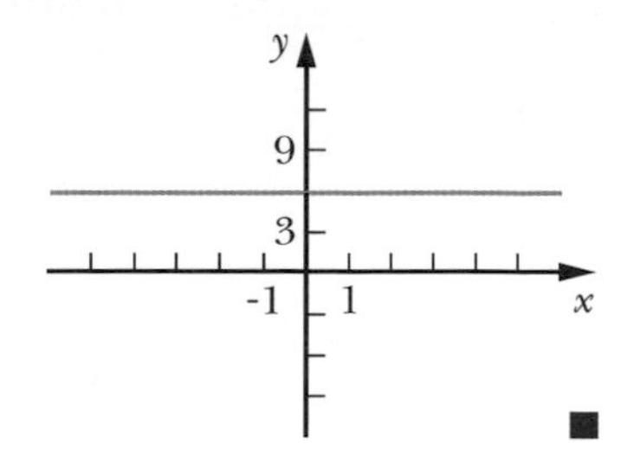

■

De façon générale, le graphique d'une fonction constante $f(x) = c$, de domaine $\mathbb{R}$, est une droite horizontale passant par le point $(0, c)$.

Fonctions affines

Le métabolisme de l'alcool dans l'organisme

La concentration de l'alcool dans le sang décroît de façon linéaire jusqu'à ce que l'alcool soit entièrement métabolisé.

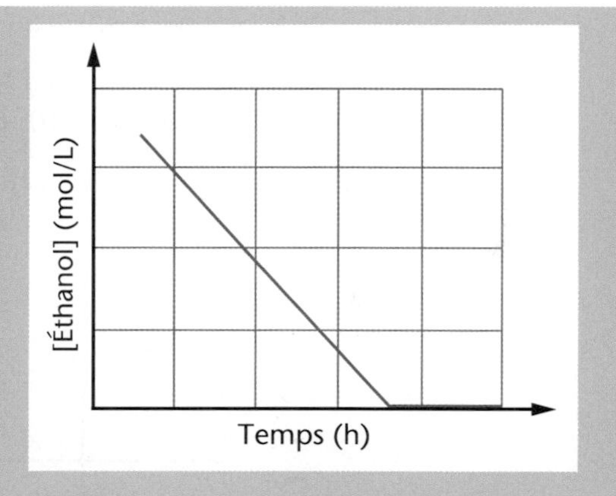

Des observations montrent que la plupart des individus mettent près de quatre heures à métaboliser 30 ml d'éthanol, soit la quantité présente dans environ deux consommations (bière, cocktail ou vin). La concentration de l'alcool consommé diminue à une vitesse constante jusqu'à ce qu'il n'en reste plus. Il faut donc jusqu'à deux heures pour transformer l'alcool contenu dans une consommation, quatre heures pour deux consommations, et ainsi de suite.

Définition

Une **fonction affine** est une fonction de degré un, que nous pouvons exprimer sous la forme

$$f(x) = ax + b \text{ (ou } y = ax + b\text{)},$$

où a et b sont des constantes réelles et $a \neq 0$.

La représentation graphique d'une fonction affine est une **droite.**

■ **Exemple 1** Soit $y = 2x + 1$.

Pour représenter graphiquement une telle fonction, il suffit de déterminer deux points de la courbe.

Si $x = 0$, alors $y = 0 + 1 = 1$;
nous obtenons le point $P_1(0, 1)$.

Si $x = 3$, alors $y = 6 + 1 = 7$;
nous obtenons le point $P_2(3, 7)$.

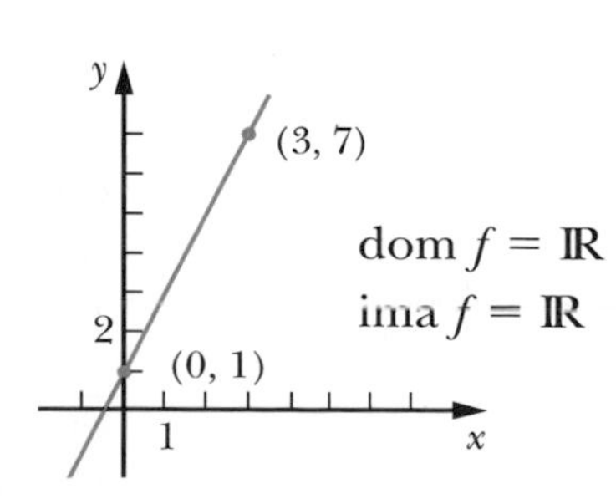

■

Définition

Soit D, une droite. Soit (x_1, y_1) et (x_2, y_2), les coordonnées de deux points distincts faisant partie de cette droite. Alors, la **pente** de la droite D, notée a, est définie par le rapport suivant :

$$a = \frac{y_2 - y_1}{x_2 - x_1} \left(\text{ou } a = \frac{\Delta y}{\Delta x}\right).$$

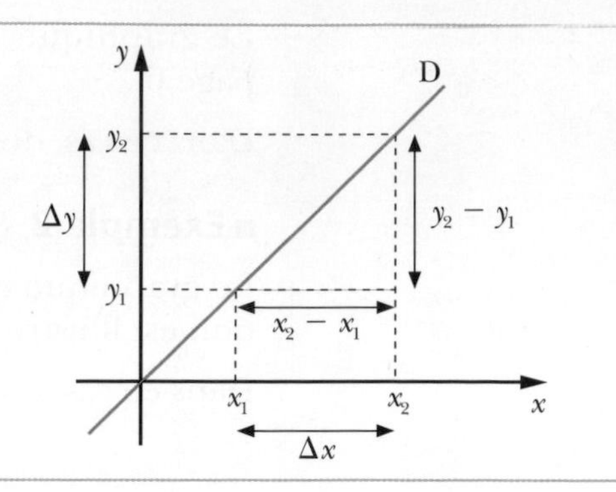

■ **Exemple 2** Calculons la pente de la droite $y = 2x + 1$ définie à l'exemple 1 précédent, en utilisant les points trouvés $P_1(0, 1)$ et $P_2(3, 7)$.

$$a = \frac{y_2 - y_1}{x_2 - x_1} = \frac{7 - 1}{3 - 0} = 2$$

■

Lorsqu'une droite est définie par l'équation $y = ax + b$, nous savons que :

a) a correspond à la pente de cette droite ;

b) b correspond à l'ordonnée à l'origine de cette droite, ainsi la droite passe par le point $(0, b)$.

La représentation graphique d'une droite de pente a et passant par le point $(0, b)$ est :

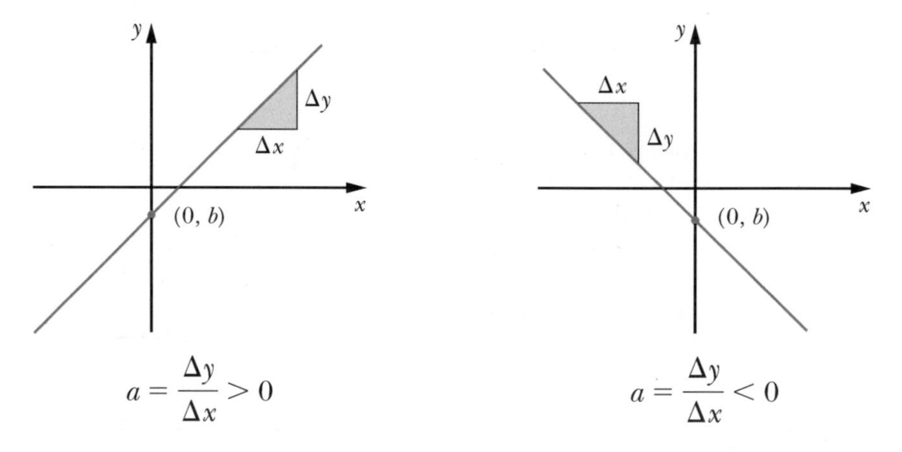

$$a = \frac{\Delta y}{\Delta x} > 0 \qquad\qquad a = \frac{\Delta y}{\Delta x} < 0$$

■ **Exemple 3** Déterminons l'équation de la droite qui passe par les points P(-2, 5) et R(6, -4).

Calculons d'abord la pente a de cette droite.

$$a = \frac{-4 - 5}{6 - (-2)} = \frac{-9}{8}$$

Ainsi, $y = \frac{-9}{8}x + b \quad \left(\text{car } a = \frac{-9}{8}\right)$

Calculons ensuite b.

Puisque la droite passe par le point P(-2, 5), il suffit de remplacer x par -2 et y par 5 dans l'équation $y = \frac{-9}{8}x + b$, pour déterminer la valeur de b.

$$5 = \frac{-9}{8}(-2) + b, \text{ donc } b = \frac{11}{4}.$$

D'où $y = \frac{-9}{8}x + \frac{11}{4}$ est l'équation cherchée. ■

Remarque Soit a_1 et a_2 les pentes respectives de deux droites D_1 et D_2.

a) D_1 est parallèle à D_2 ($D_1 \parallel D_2$) si et seulement si $a_1 = a_2$.

b) D_1 est perpendiculaire à D_2 ($D_1 \perp D_2$) si et seulement si $a_1 a_2 = -1$.

En 1714, Gabriel Daniel Fahrenheit (1686-1736) est le premier à construire, en utilisant du mercure, un thermomètre véritablement précis. Mais l'échelle de température qu'il met alors au point est basée sur la division en 96 « degrés » (8 × 12) de l'écart entre la température à laquelle l'eau très salée gèle et la température du corps humain. Anders Celsius (1701-1744) proposera en 1742 de diviser en 100 degrés l'écart entre la température à laquelle l'eau distillée gèle et la température de l'eau bouillante.

■ **Exemple 4** Conversion Fahrenheit – Celsius.

Le point de congélation de l'eau est de 0 °C, ou 32 °F, et son point d'ébullition est de 100 °C, ou 212 °F. La fonction qui permet de transformer des degrés Celsius en degrés Fahrenheit est une fonction affine.

a) Représentons graphiquement les deux données ci-dessus, et traçons la droite qui relie ces deux points.

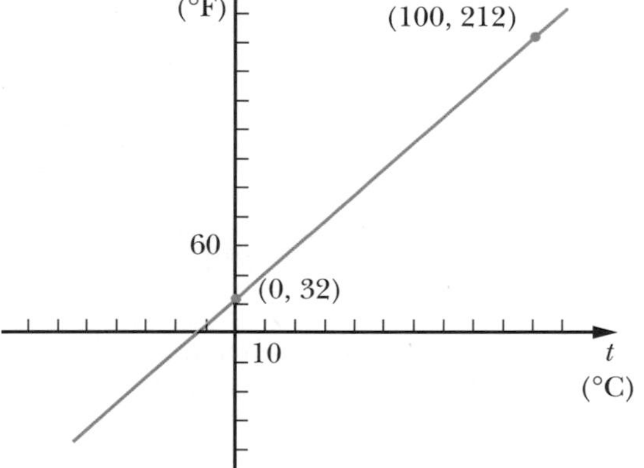

b) Déterminons l'équation de cette droite.

$$a = \frac{212 - 32}{100 - 0} = \frac{9}{5}$$

Puisque la droite passe par (0, 32), nous avons $F(t) = \frac{9}{5}t + 32$.

c) Transformons 20 °C en degrés Fahrenheit.

$$F(20) = \frac{9}{5}(20) + 32 = 68, \text{ donc } 68\ °\text{F}.$$

d) Transformons 20 °F en degrés Celsius.

$$20 = \frac{9}{5}t + 32 \qquad (\text{car } F(t) = 20)$$

D'où $t = -6{,}\overline{6}$, donc $-6{,}\overline{6}$ °C.

e) Déterminons le point de la droite trouvée en b) tel que l'abscisse est égal à l'ordonnée. Expliquons ce résultat.

Il faut trouver t tel que $F(t) = t$.

$$\frac{9}{5}t + 32 = t$$

$$t = -40$$

D'où le point cherché est (-40, -40).

À ce point, la valeur de la température en degrés Celsius est la même que celle de la température en degrés Fahrenheit.

f) Une certaine marque d'antigel (éthylène glycol) gèle à -12 °C et bout à 388,4 °F. Déterminons le point de congélation en degrés Fahrenheit et le point d'ébullition en degrés Celsius.

$$F(-12) = \frac{9}{5}(-12) + 32 = 10{,}4, \text{ c'est-à-dire } 10{,}4\ °\text{F};$$

$$388{,}4 = \frac{9}{5}t + 32, \text{ donc } t = 198, \text{ c'est-à-dire } 198\ °\text{C}.$$

■

Vitesse

■ **Exemple 5** Selon les physiciens, la vitesse v d'un objet se déplaçant selon un mouvement rectiligne uniformément accéléré (accélération constante) est donnée par $v(t) = at + v_0$, où v_0 est la vitesse initiale de l'objet, a l'accélération et t le temps écoulé.

Si la vitesse initiale d'un objet est de 4,8 m/s et que son accélération uniforme est de 3 m/s^2:

a) Déterminons $v(t)$.

$$v(t) = 3t + 4{,}8 \qquad (\text{car } a = 3 \text{ m/s}^2 \text{ et } v_0 = 4{,}8 \text{ m/s})$$

b) Calculons la vitesse de l'objet après 3,5 s.

$$v(3{,}5) = 3(3{,}5) + 4{,}8 = 15{,}3, \text{ donc } 15{,}3 \text{ m/s}.$$

c) Calculons le temps nécessaire pour que sa vitesse soit de 23,25 m/s.

$$v(t) = 23{,}25$$
$$3t + 4{,}8 = 23{,}25$$

D'où $t = 6{,}15$, donc 6,15 s.

■

Les coniques, et en particulier la parabole, ont été longuement étudiées par les Grecs. Apollonius de Perga (250 -175 av. J.-C.), en restant toujours dans un cadre purement géométrique, a particulièrement contribué à l'avancement de nos connaissances des coniques. Notre approche à l'aide de formules est beaucoup plus récente. Elle découle du développement de la géométrie analytique au XVIIe siècle.

Fonctions quadratiques

Définition

Une **fonction quadratique** est une fonction de degré deux, que nous pouvons exprimer sous la forme

$$f(x) = ax^2 + bx + c \ (\text{ou } y = ax^2 + bx + c),$$

où a, b et c sont des constantes réelles et $a \neq 0$.

La représentation graphique d'une fonction quadratique est une **parabole** ouverte vers le haut si $a > 0$, et ouverte vers le bas si $a < 0$.

Cette parabole a comme axe de symétrie la droite verticale d'équation $x = \frac{-b}{2a}$.

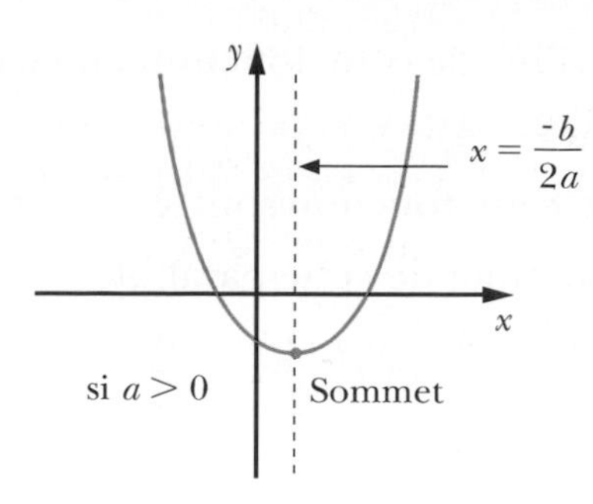

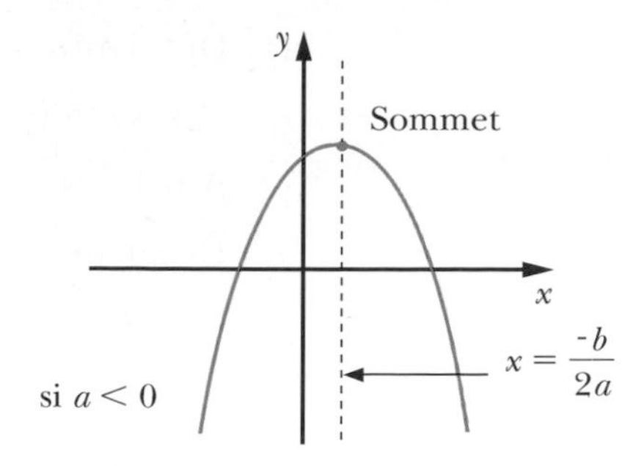

Pour trouver les coordonnées (x, y) du sommet d'une parabole, il suffit de poser $x = \frac{-b}{2a}$ et de calculer $y = f\left(\frac{-b}{2a}\right)$.

Les coordonnées du sommet sont donc $\left(\frac{-b}{2a}, f\left(\frac{-b}{2a}\right)\right)$.

Définition Une valeur x est **zéro** d'une fonction f quelconque si et seulement si $f(x) = 0$.

Graphiquement, les zéros d'une fonction quelconque correspondent aux valeurs de x pour lesquelles la représentation graphique de f rencontre l'axe des x.

■ **Exemple 1** Soit la fonction f suivante.

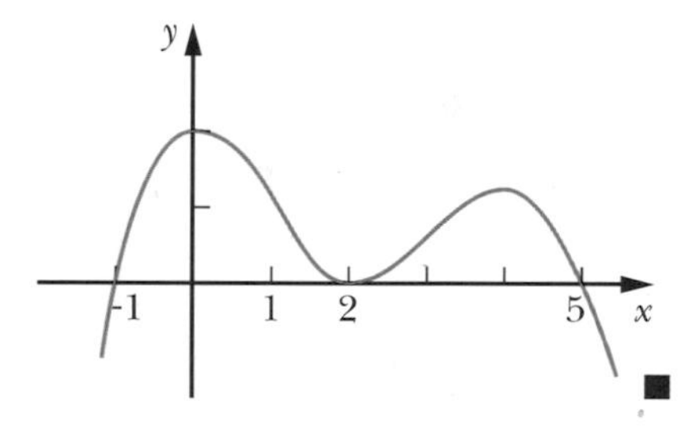

Les zéros de cette fonction sont -1, 2 et 5. ■

Les formules suivantes permettent de déterminer les zéros réels x_1 et x_2, s'ils existent, de la fonction quadratique $f(x) = ax^2 + bx + c$.

$$x_1 = \frac{-b + \sqrt{b^2 - 4ac}}{2a} \quad \text{et} \quad x_2 = \frac{-b - \sqrt{b^2 - 4ac}}{2a}$$

■ **Exemple 2** Trouvons les zéros de $f(x) = 12x^2 - 36x + 7$.

$$x_1 = \frac{-(-36) + \sqrt{(-36)^2 - 4(12)(7)}}{2(12)} \; ; \; x_2 = \frac{-(-36) - \sqrt{(-36)^2 - 4(12)(7)}}{2(12)}$$

$$x_1 = \frac{36 + \sqrt{960}}{24} \; ; \; x_2 = \frac{36 - \sqrt{960}}{24}$$

$$x_1 = \frac{36 + 8\sqrt{15}}{24} \; ; \; x_2 = \frac{36 - 8\sqrt{15}}{24}$$

$$x_1 = \frac{9 + 2\sqrt{15}}{6} \; ; \; x_2 = \frac{9 - 2\sqrt{15}}{6}$$

■

Dans certains cas, nous pouvons également factoriser $ax^2 + bx + c$ pour déterminer les zéros de $ax^2 + bx + c$.

■ **Exemple 3** Soit $f(x) = -x^2 - x + 12$.

a) Déterminons les zéros de cette fonction en factorisant.

$f(x) = (-x + 3)(x + 4)$

Ainsi, les zéros de cette fonction sont $x_1 = 3$ et $x_2 = -4$.

b) Déterminons le sommet de cette parabole.

$$x = \frac{-b}{2a} = \frac{-(-1)}{2(-1)} = \frac{-1}{2}, \text{ et } f\left(\frac{-1}{2}\right) = \frac{49}{4}$$

D'où le sommet est $\left(\frac{-1}{2}, \frac{49}{4}\right)$.

c) Représentons graphiquement cette fonction dont la représentation est une parabole ouverte vers le bas.

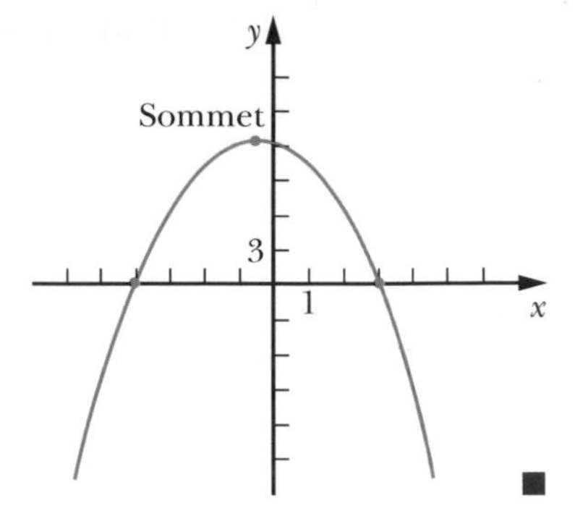

■

Nous retrouvons dans le tableau suivant les différentes représentations possibles d'une parabole.

	$(b^2 - 4ac) > 0$ 2 zéros réels	$(b^2 - 4ac) = 0$ 1 zéro réel	$(b^2 - 4ac) < 0$ aucun zéro réel
$a > 0$	y, x_1, x_2, x	y, x_1, x	y, x
$a < 0$	y, x_1, x_2, x	y, x_1, x	y, x

Position d'un objet

■ **Exemple 4** Selon les physiciens, la position x d'un objet se déplaçant selon un mouvement rectiligne uniformément accéléré est donnée par

$x(t) = \frac{1}{2}at^2 + v_0t + x_0$, où a est l'accélération, v_0 la vitesse initiale de l'objet, x_0 la position initiale de l'objet et t le temps écoulé.

Du haut d'un édifice de 30 m, on lance un objet verticalement vers le haut à une vitesse initiale de 25 m/s. De plus, nous savons que $a = -9{,}8$ m/s², car $a = -g$, où g est l'accélération gravitationnelle qui est égale à 9,8 m/s².

a) Déterminons $x(t)$, la position de l'objet par rapport au sol.

$x(t) = -4{,}9t^2 + 25t + 30$ (car $a = -9{,}8$ m/s², $v_0 = 25$ m/s et $x_0 = 30$ m)

b) Calculons la hauteur de l'objet après 2 s et après 5,5 s.

$x(2) = -4{,}9(2)^2 + 25(2) + 30 = 60{,}4$, donc 60,4 m ;

$x(5{,}5) = -4{,}9(5{,}5)^2 + 25(5{,}5) + 30 = 19{,}275$, donc 19,275 m.

c) Déterminons le temps nécessaire pour que l'objet soit à sa hauteur maximale.

La hauteur maximale de l'objet est atteinte au sommet de la parabole définie par $-4{,}9t^2 + 25t + 30$.

D'où $t = \dfrac{-25}{2(-4{,}9)} = 2{,}551\ldots$, donc environ 2,55 s.

d) Calculons la hauteur maximale atteinte par l'objet.

$$x(2{,}551\ldots) = -4{,}9(2{,}551\ldots)^2 + 25(2{,}551\ldots) + 30$$
$$= 61{,}887\ldots, \text{ donc environ } 61{,}89 \text{ m.}$$

e) Calculons le temps que prend l'objet pour atteindre le sol.

$$x(t) = 0$$
$$-4{,}9t^2 + 25t + 30 = 0$$
$$t_1 = \frac{-25 + \sqrt{25^2 - 4(-4{,}9)\,30}}{2(-4{,}9)}\ ;\ t_2 = \frac{-25 - \sqrt{25^2 - 4(-4{,}9)(30)}}{2(-4{,}9)}$$

$t_1 \approx -1$ (à rejeter) ; $t_2 \approx 6{,}1$

D'où environ 6,1 s.

OUTIL TECHNOLOGIQUE

f) Représentons graphiquement $x(t)$ où $t \in [0 \text{ s}, 6{,}1\ldots \text{ s}]$.

Portion de parabole

```
>plot(-4.9*t^2+25*t+30, t=0..6.1);
```

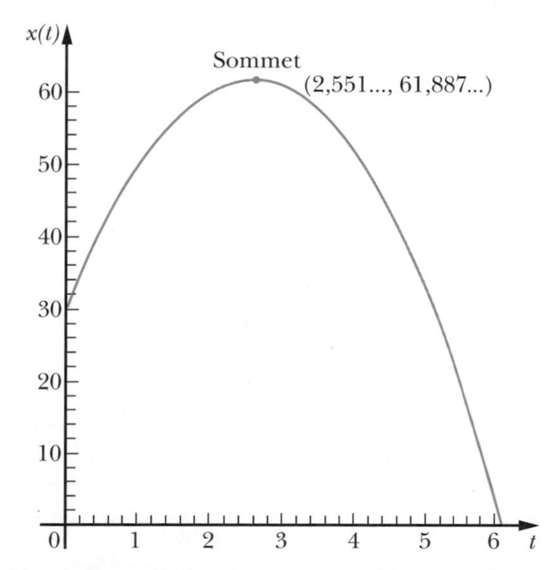

■

■ **Exemple 5** Il en coûte 580 $ pour un voyage entre Montréal et Athènes si l'avion transporte 200 passagers. La société aérienne a calculé que chaque augmentation de 5 passagers lui permet de réduire le prix du billet de 10 $. Quel doit être le prix du billet pour que le revenu de la société soit maximal, si la capacité maximale de l'avion est de 325 passagers ?

a) À l'aide du tableau ci-dessous, déterminons l'équation qui permet d'obtenir le revenu de la société.

Nombre de passagers	Prix du billet ($)	Revenu ($)
200	580	200×580
205	570	$(200 + 5) \times (580 - 10)$
210	560	$(200 + 10) \times (580 - 20)$
215	550	$(200 + 15) \times (580 - 30)$
⋮	⋮	⋮
$(200 + 5n)$	$(580 - 10n)$	$(200 + 5n)\,(580 - 10n)$

Dans ce tableau, n représente le nombre d'augmentation de 5 passagers.

La fonction qui permet d'obtenir le revenu est:

$$R(n) = (200 + 5n)\,(580 - 10n)$$
$$= -50n^2 + 900n + 116\,000, \text{ où dom } R = \{0, 1, 2, 3, \ldots, 25\}$$

(n ne peut dépasser 25, car la capacité maximale de l'avion est de 325 passagers.)

OUTIL TECHNOLOGIQUE

b) Représentons graphiquement la fonction $R(x) = -50x^2 + 900x + 116\,000$ sur $[0, 25]$.

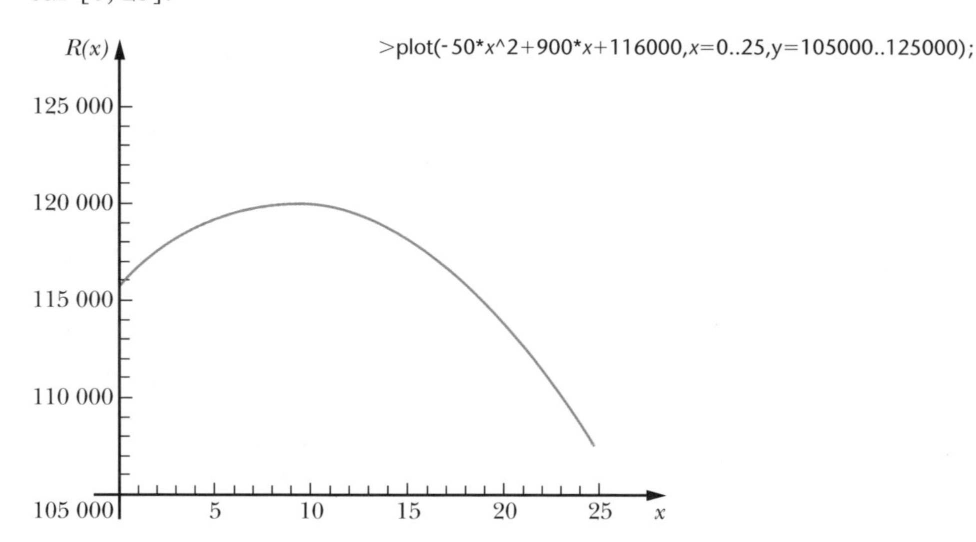

c) Déterminons le nombre de passagers et le prix du billet pour que le revenu de la société soit maximal. Déterminons également ce revenu maximal.

Soit $\left(\frac{-b}{2a}, R\left(\frac{-b}{2a}\right)\right)$, c'est-à-dire $\left(\frac{-900}{2(-50)}, R(9)\right)$ le sommet de cette parabole.

En évaluant $R(9)$, nous obtenons

$$R(9) = -50(9)^2 + 900(9) + 116\,000 = 120\,050.$$

Ainsi, le nombre de passagers est donné par $200 + 5(9) = 245$, donc 245 passagers, le prix du billet par $580 - 10(9) = 490$, donc 490 $ et le revenu maximal est de 120 050 $. ■

Exercices 1.1

1. Parmi les graphiques ci-dessous, identifier ceux qui représentent une fonction et dans ce cas déterminer le domaine et l'image de la fonction.

a)

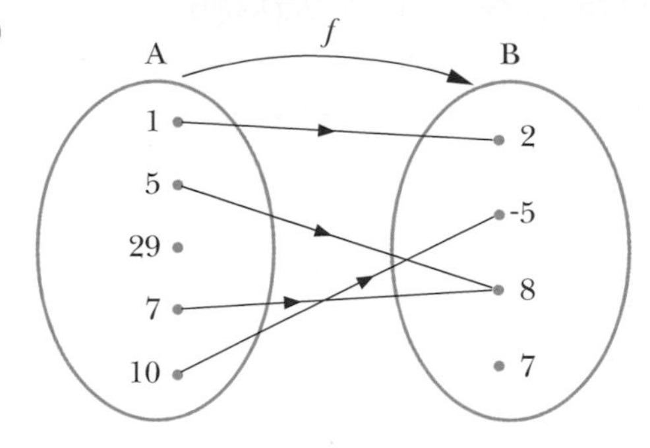

d)

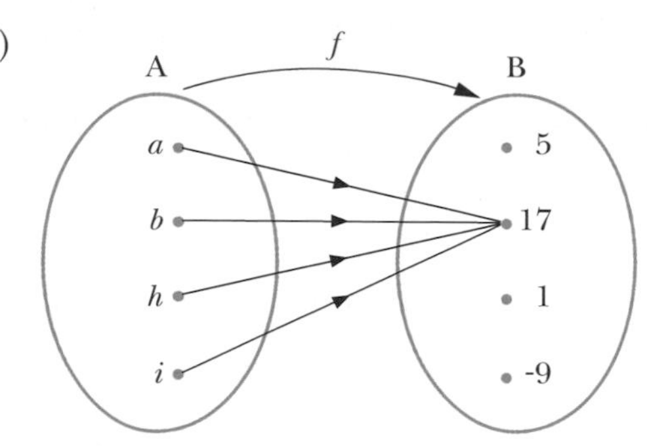

b)

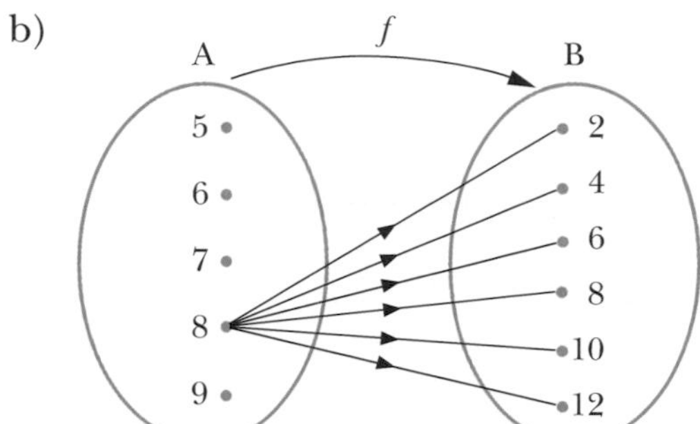

e)

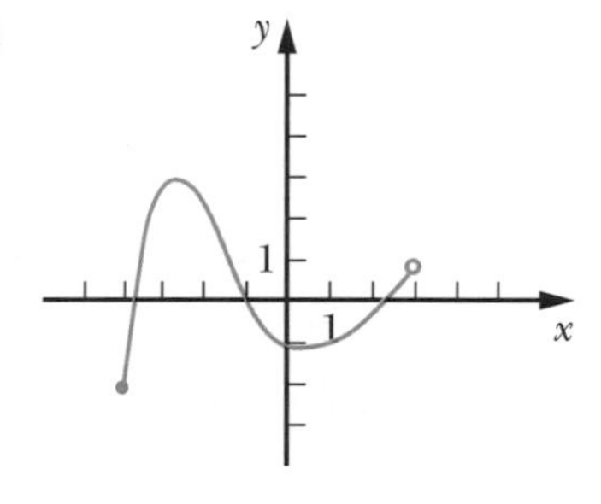

c)

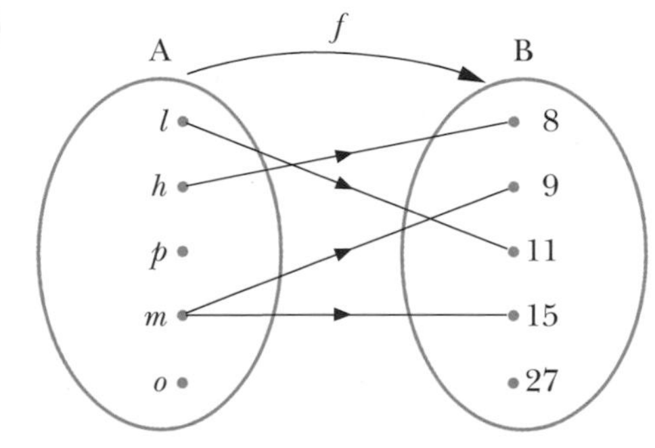

f)

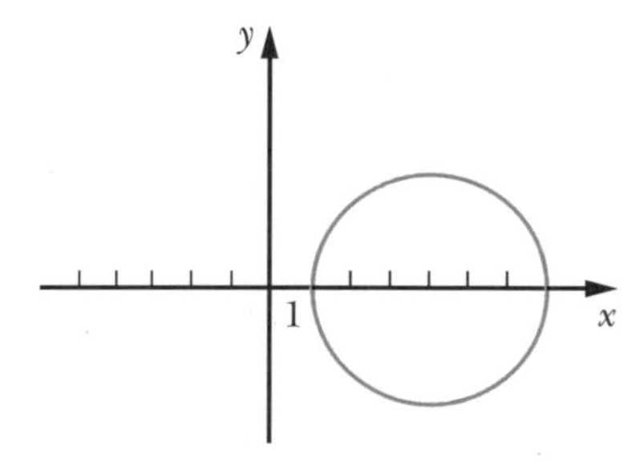

2. Au jeu de Boggle, les concurrents doivent construire des mots de trois à seize lettres. Nous accordons un point pour chaque mot de trois ou quatre lettres, deux points pour chaque mot de cinq lettres, trois points pour chaque mot de six lettres, cinq points pour chaque mot de sept lettres et onze points pour chaque mot de huit lettres ou plus.

a) Déterminer la variable indépendante et la variable dépendante, puis symboliser ces variables par des lettres et exprimer la situation sous la forme d'une fonction.

b) Tracer le graphique sagittal de cette fonction f: A $\rightarrow$ B, où A = $\{0, 1, 2, \ldots, 16\}$ et B = $\{1, 2, 3, \ldots, 11\}$.

c) Déterminer dom f et ima f.

3. Soit $f(x) = 4 - 5x$, $g(x) = \sqrt{x+1}$ et $h(x) = 3x^2 - 5x$.

Déterminer:

a) $(f \circ g)(x)$ et dom $(f \circ g)$

b) $(g \circ f)(x)$ et dom $(g \circ f)$

c) $(h \circ h)(x)$ et dom $(h \circ h)$

d) $(f \circ (h \circ g))(x)$ et dom $(f \circ (h \circ g))$

4. Tracer le graphique et déterminer le domaine et l'image des fonctions suivantes.

a) $g(x) = 3$

b) $f(x) = -2$, si $x \in [-5, 4[$ et $x \neq 2$

5. Déterminer l'équation de chacune des fonctions constantes suivantes si

a) le graphique cartésien est:

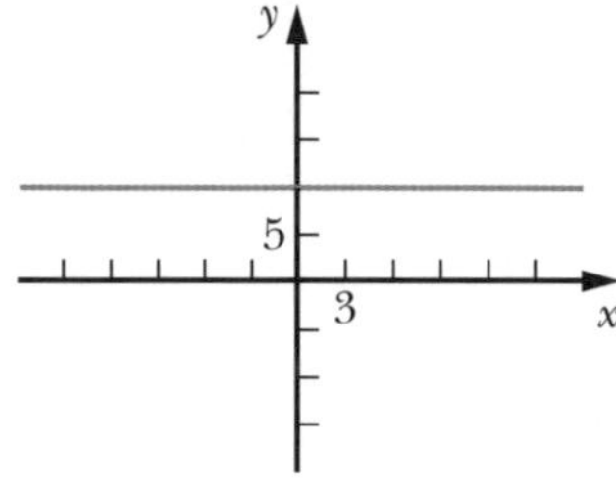

b) le graphique cartésien de la fonction passe par P(1, 5).

c) $f(2) = -4$.

d) le graphique cartésien est:

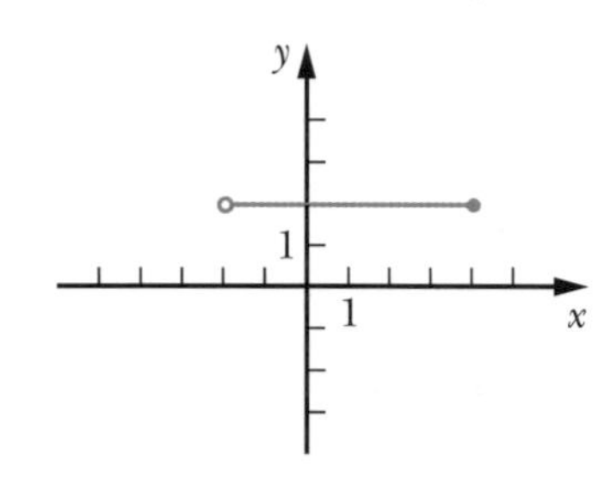

6. Calculer, si possible, la pente des droites suivantes.

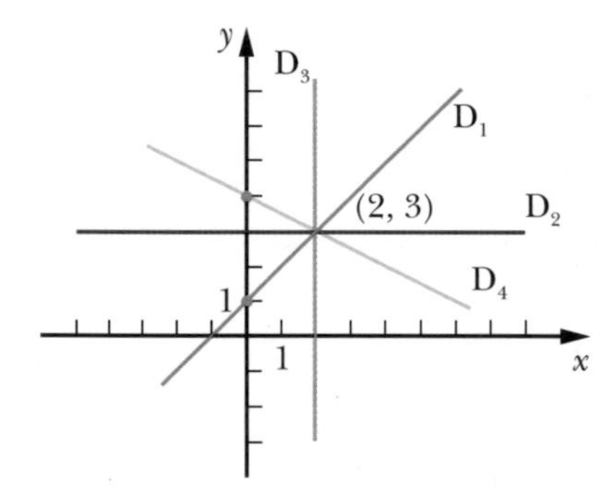

7. Parmi les droites ci-contre, indiquer celle(s) dont la pente est

a) positive;

b) nulle;

c) négative;

d) la plus grande;

e) la plus petite;

f) non définie.

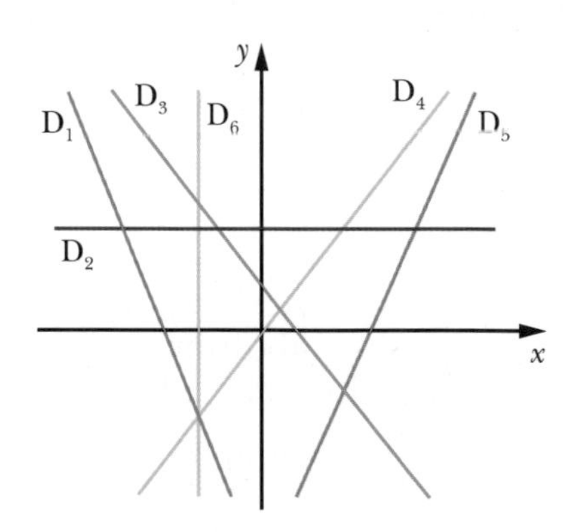

8. Pour chaque fonction, tracer le graphique en indiquant les points d'intersection avec les axes et calculer la pente de la droite.

a) $x = 3(4 - t) - 8$

b) $3y - 2x = -9$

9. Déterminer l'équation de chacune des droites définies par les données suivantes :

a) pente = -7, passe par P(2, 3) ;

b) passe par P(-2, 7) et R(5, -2) ;

c) passe par P(1, 3) et est parallèle à D : $y = -3x + 1$;

d) passe par P(-5, 2) et est perpendiculaire à D : $6x - 3y = 1$.

10. Soit la droite de pente -5 passant par les points P(-1, 4), Q(q_1, 7) et R(-2, r_2). Déterminer la valeur de

a) q_1

b) r_2

11. Déterminer si les trois points sont situés sur une même droite.

a) (-2, -8), (0, 0) et (8, -32)

b) (-3, 7), (1, -1) et (17, -33)

12. Une compagnie débourse 900 $ pour produire 100 articles et 1125 $ pour en produire 250. Le coût en fonction du nombre d'articles produits est une fonction affine.

a) Déterminer l'équation qui représente les coûts c en fonction du nombre q d'articles produits.

b) Calculer le coût pour une production de 150 articles.

c) Déterminer le nombre d'articles produits si le coût est de 1233 $.

d) Déterminer les coûts fixes (coûts qui ne dépendent pas du nombre d'articles produits) de cette compagnie.

13. Représenter graphiquement chacune des fonctions suivantes en indiquant les coordonnées des points d'intersection avec les axes, les coordonnées du sommet, le domaine, l'image et l'équation de l'axe de symétrie.

a) $f(x) = 9 - x^2$

b) $f(x) = -x^2 - 2x - 1$

c) $f(x) = x^2 + 4x + 5$

d) $f(x) = x^2 - 8x + 5$

14. Soit une manufacture dont le profit P en fonction du nombre d'unités produites est donné par $P(q) = -q^2 + 104q - 430$, où q désigne le nombre d'unités produites et $P(q)$, le profit en dollars.

a) Déterminer la valeur de q qui maximise le profit (sommet).

b) Évaluer le profit maximal.

c) Représenter graphiquement la parabole correspondante à la fonction P.

15. Du haut d'un pont, on lance verticalement une pierre vers le haut. La position de la pierre au-dessus de la rivière, t secondes après l'avoir lancée, est donnée par $x(t) = 60 + 25t - 4{,}9t^2$, où $x(t)$ est la distance en mètres. La vitesse de la pierre, en fonction du temps t, est donnée par $v(t) = 25 - 9{,}8t$, où t est le temps en secondes et $v(t)$ est la vitesse en mètres par seconde.

a) Représenter graphiquement $x(t)$ et $v(t)$; évaluer et interpréter $x(1)$ et $v(1)$.

b) Calculer la hauteur du pont duquel est projetée la pierre.

c) Calculer la vitesse initiale de la pierre.

d) Calculer la hauteur maximale atteinte par la pierre et la vitesse de la pierre à cet instant.

e) Calculer le temps que prend la pierre pour toucher la rivière.

16. Soit les fonctions définies par

a) $f(x) = 5x - 3$

b) $f(x) = (x + 1)^2 + 5$

c) $f(x) = -5x + 3$

d) $f(x) = 4x - x^2$

e) $f(x) = 5x$

f) $f(x) = 2x^2$

Associer chacune des fonctions ci-dessus à sa représentation graphique.

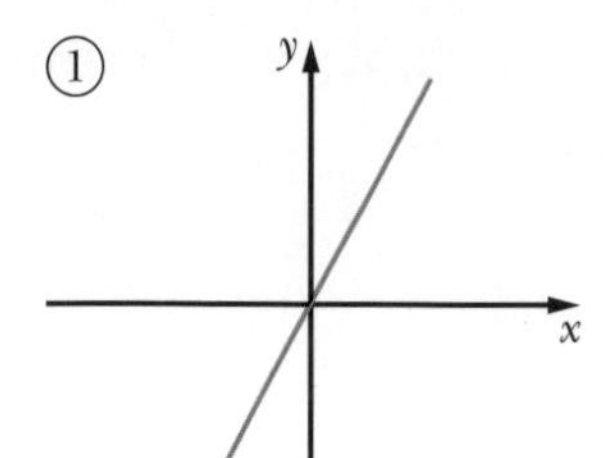

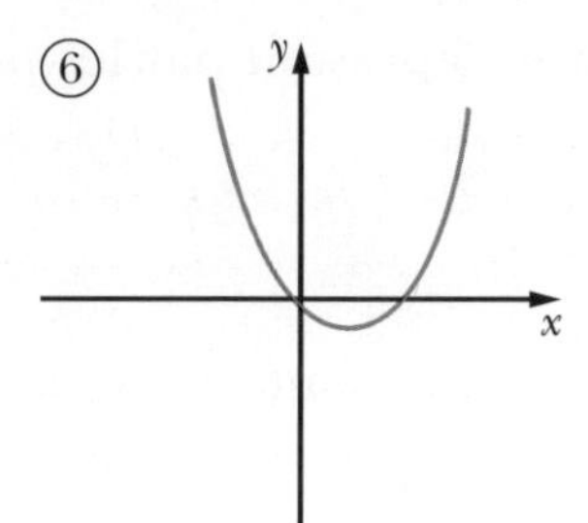

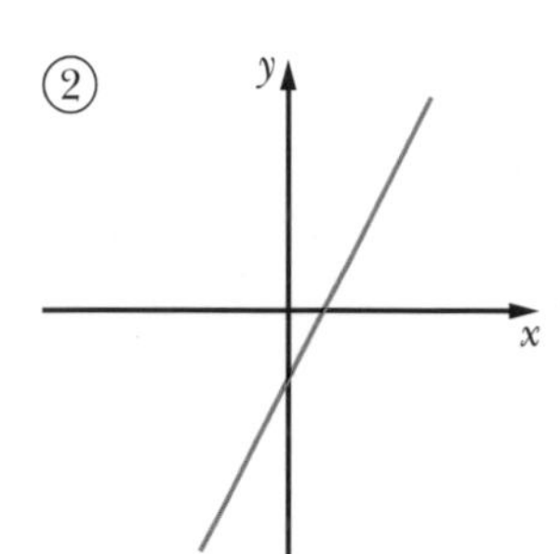

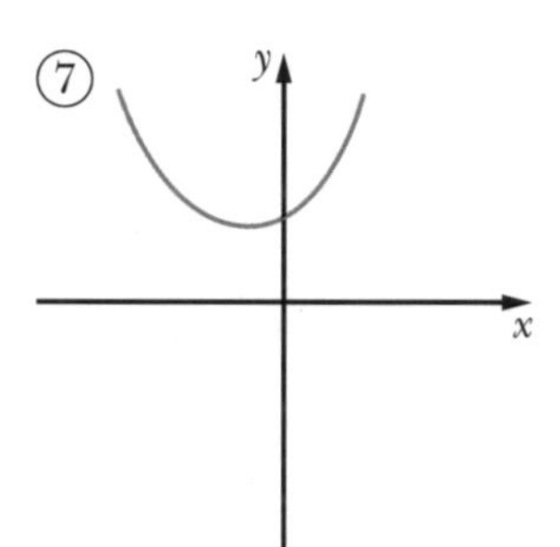

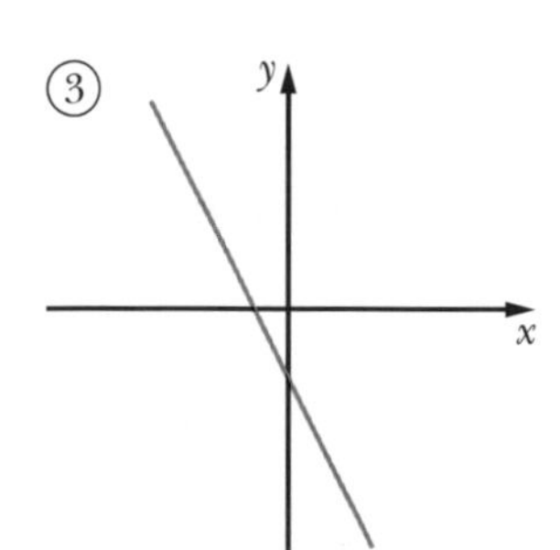

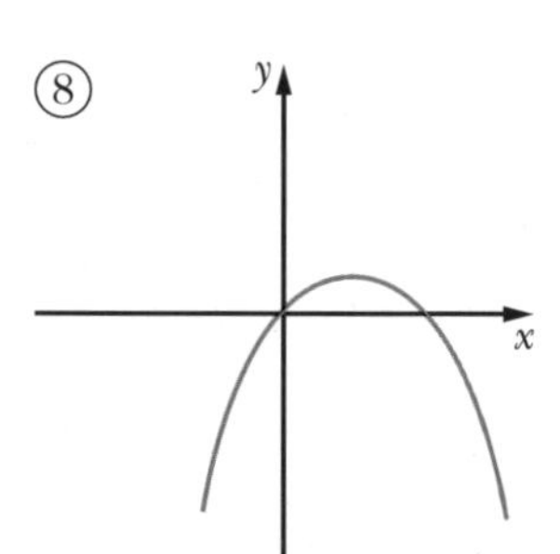

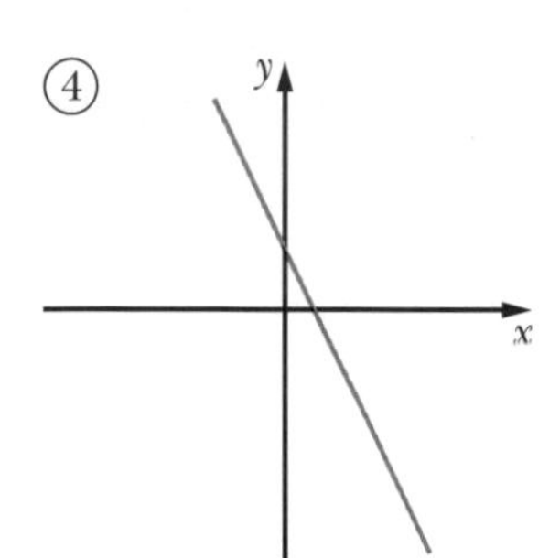

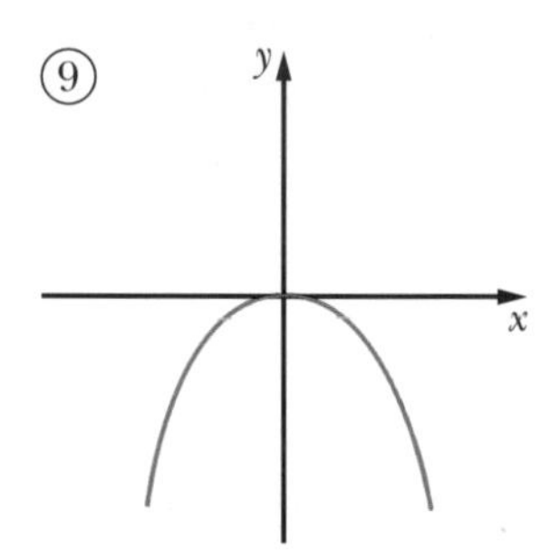

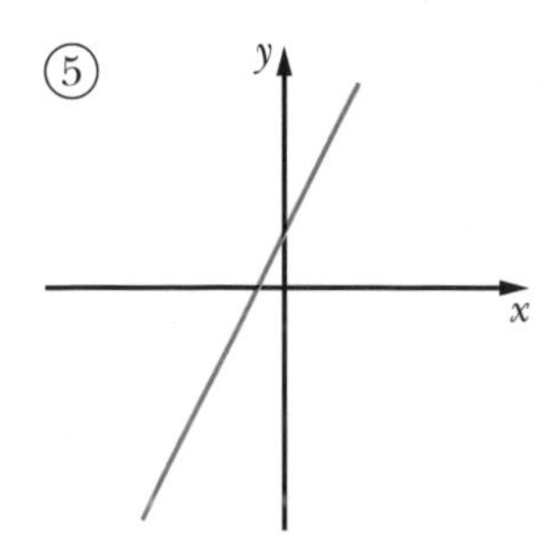

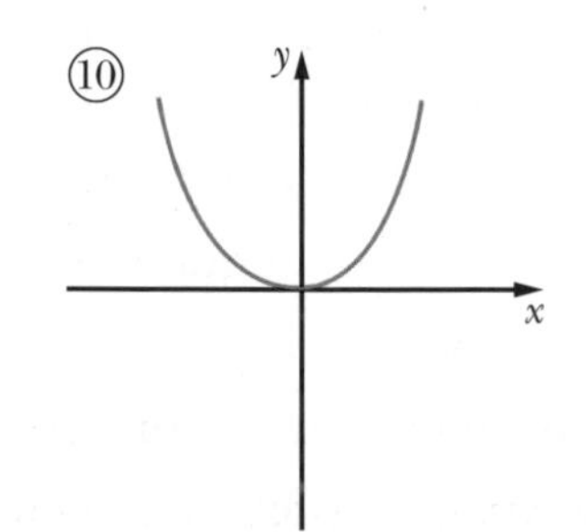

1.2 FONCTIONS POLYNOMIALES, RATIONNELLES, ALGÉBRIQUES ET DÉFINIES PAR PARTIES

Objectif d'apprentissage

À la fin de cette section, l'élève pourra identifier certaines fonctions et en déterminer le domaine.

Plus précisément, l'élève sera en mesure:
- de déterminer le degré de fonctions polynomiales;
- de déterminer les zéros de certaines fonctions polynomiales;
- de déterminer le domaine de fonctions rationnelles;
- de déterminer les zéros de certaines fonctions rationnelles;
- de déterminer le domaine de fonctions algébriques;
- de construire des fonctions définies par parties;
- de déterminer le domaine de fonctions définies par parties;
- de représenter graphiquement des fonctions définies par parties.

Fonctions polynomiales

Définition

Une **fonction polynomiale** de degré n est une fonction que nous pouvons exprimer sous la forme

$$f(x) = a_n x^n + a_{n-1} x^{n-1} + \ldots + a_1 x + a_0,$$

où $a_0, a_1, \ldots, a_n$ sont des constantes réelles telles que $a_n \neq 0$, et n est un entier positif.

Si f est une fonction polynomiale, alors dom $f = \mathbb{R}$.

■ **Exemple 1** Déterminons le degré des fonctions polynomiales suivantes.

a) $f(x) = -7x^6 + 5x^4 - 2$ est une fonction polynomiale de degré 6.

b) $f(x) = \frac{-2x}{3} - \frac{5x^3}{7} - 4\sqrt{5}x^5$ est une fonction polynomiale de degré 5.

c) $f(x) = (x - 4)^5(x^2 - 3x + 1)^2$ est une fonction polynomiale de degré 9. ■

Dans certains chapitres ultérieurs, il sera nécessaire de déterminer les zéros de fonctions polynomiales. Pour ce faire il faudra utiliser différentes techniques de factorisation ou des moyens technologiques.

■ **Exemple 2** Déterminons les zéros des fonctions suivantes, c'est-à-dire les valeurs de x où la courbe de f rencontre l'axe des x.

a) $f(x) = x^3 - x$

$x^3 - x = 0$

$x(x^2 - 1) = 0$ (mise en évidence)

$x(x - 1)(x + 1) = 0$ (en factorisant une différence de carrés)

D'où les zéros de cette fonction sont 0, 1 et -1.

b) $g(x) = 11x^3 - 6x^4 - 4x^2$

$-6x^4 + 11x^3 - 4x^2 = 0$

$-x^2(6x^2 - 11x + 4) = 0$ (mise en évidence)

$-x^2(3x - 4)(2x - 1) = 0$ (en factorisant)

D'où les zéros de cette fonction sont 0, $\frac{4}{3}$ et $\frac{1}{2}$.

c) $h(x) = 3(x + 1)^2(x - 2)^2 + 2(x - 2)(x + 1)^3$

$3(x + 1)^2(x - 2)^2 + 2(x - 2)(x + 1)^3 = 0$

$(x + 1)^2(x - 2)[3(x - 2) + 2(x + 1)] = 0$ (mise en évidence)

$(x + 1)^2(x - 2)(5x - 4) = 0$ (simplification)

D'où les zéros de cette fonction sont -1, 2 et $\frac{4}{5}$.

d) $v(t) = t^5 - 9t$

$t^5 - 9t = 0$

$t(t^4 - 9) = 0$ (mise en évidence)

$t(t^2 - 3)(t^2 + 3) = 0$ (en factorisant une différence de carrés)

$t(t - \sqrt{3})(t + \sqrt{3})(t^2 + 3) = 0$ (en factorisant une différence de carrés)

D'où les zéros de cette fonction sont 0, $\sqrt{3}$ et $-\sqrt{3}$.

■

Construction d'une boîte

■ **Exemple 3** Un morceau de carton rectangulaire de 24 cm sur 41 cm doit servir à fabriquer une boîte rectangulaire ouverte sur le dessus. Pour construire cette boîte, on découpe un carré dans chacun des quatre coins et on replie les côtés perpendiculairement à la base.

Représentation de la situation

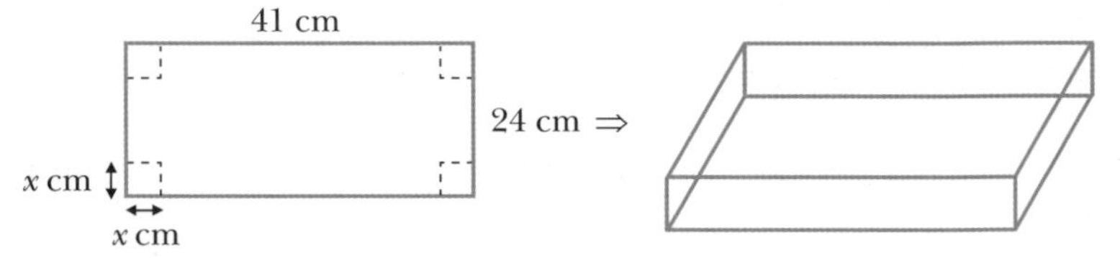

a) Évaluons le volume de la boîte obtenue lorsque l'on coupe dans les quatre coins un carré de 1 cm sur 1 cm, c'est-à-dire lorsque $x = 1$.

Volume = longueur × largeur × hauteur

$V(1) = (41 - 2)(24 - 2)(1) = 858$, donc 858 cm^3.

b) Si on coupe dans les quatre coins un carré de 3 cm sur 3 cm, nous obtenons

$V(3) = (41 - 6)(24 - 6)(3) = 1890$, donc 1890 cm^3.

c) Si on coupe dans les quatre coins un carré de 10 cm sur 10 cm, nous obtenons

$V(10) = (41 - 20)(24 - 20)(10) = 840$, donc 840 cm^3.

d) Déterminons la fonction donnant le volume de la boîte obtenue lorsque l'on découpe un carré de x cm sur x cm dans chacun des quatre coins du carton rectangulaire.

$V(x) = (41 - 2x)(24 - 2x)x$

$= 4x^3 - 130x^2 + 984x$

e) Déterminons le domaine de V.

Étant donné que la largeur du carton initial est de 24 cm, nous ne pourrons pas enlever des coins des carrés dont la longueur des côtés sera plus de 12 cm.

D'où dom $V = [0, 12]$.

OUTIL TECHNOLOGIQUE

f) Représentons graphiquement $V(x)$ sur $[0, 12]$.

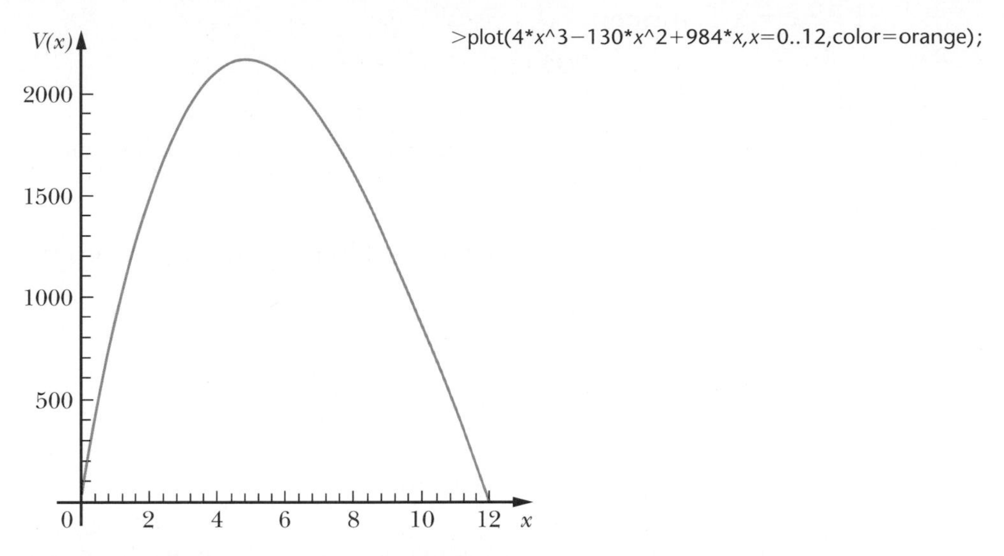

En observant le graphique précédent, nous voyons que le maximum de la fonction V est obtenu pour des valeurs de x comprises entre 4 et 6.

OUTIL TECHNOLOGIQUE

g) En choisissant, à l'aide du graphique, des intervalles appropriés pour x et pour y, où $y = V(x)$, déterminons approximativement la valeur de x qui maximise le volume et la valeur approximative de ce volume.

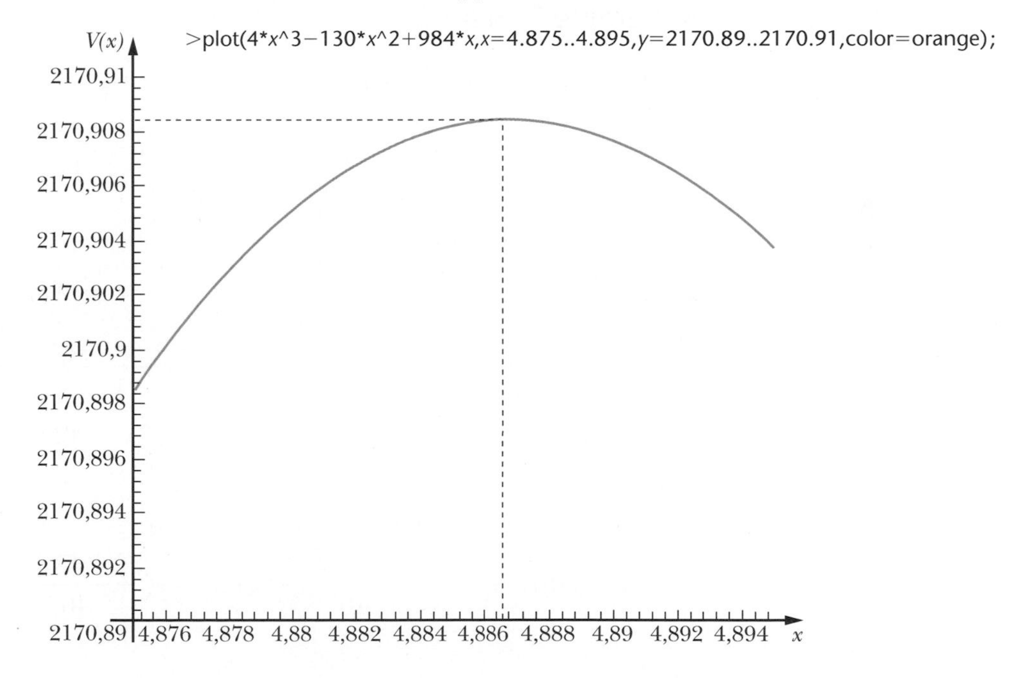

Le volume est maximal pour $x \approx 4,8865$ cm, d'où le volume maximal est environ $2170,9082$ cm^3. ■

Remarque Nous verrons au chapitre 7 (exercice récapitulatif 5, page 258), en utilisant la fonction dérivée, comment déterminer algébriquement la valeur exacte de x qui maximisera le volume.

Fonctions rationnelles

Définition

Une **fonction rationnelle** est une fonction que nous pouvons exprimer sous la forme

$$f(x) = \frac{P(x)}{Q(x)},$$

où $P(x)$ et $Q(x)$ sont des fonctions polynomiales, telle que $Q(x) \neq 0$.

Puisque la division par 0 est impossible, la fonction rationnelle $f(x) = \dfrac{P(x)}{Q(x)}$ est définie pour les valeurs de x pour lesquelles $Q(x) \neq 0$.
Ainsi, $\text{dom}\, f = \{x \in \mathbb{R} \mid Q(x) \neq 0\}$, c'est-à-dire
$\text{dom}\, f = \mathbb{R} \setminus \{x \in \mathbb{R} \mid Q(x) = 0\}$.

■ **Exemple 1** Déterminons le domaine de $f(x) = \dfrac{7x + 1}{x^2 + 2x - 35}$.

Cherchons les valeurs de x pour lesquelles $(x^2 + 2x - 35) = 0$.

En factorisant $x^2 + 2x - 35 = (x + 7)(x - 5)$ ou en utilisant $\dfrac{-b \pm \sqrt{b^2 - 4ac}}{2a}$, nous obtenons $x = -7$ et $x = 5$.

Puisque ce sont les zéros du dénominateur, alors $\text{dom}\, f = \mathbb{R} \setminus \{-7, 5\}$. ■

■ **Exemple 2** Soit $f(x) = \dfrac{5x}{3x - 7} + \dfrac{6}{3 + 4x}$.

a) Déterminons le domaine de f.

$3x - 7 = 0$ si $x = \dfrac{7}{3}$, et $3 + 4x = 0$ si $x = \dfrac{-3}{4}$

D'où $\text{dom}\, f = \mathbb{R} \setminus \left\{\dfrac{-3}{4}, \dfrac{7}{3}\right\}$.

b) Déterminons les zéros de f.

$$f(x) = \frac{5x}{3x - 7} + \frac{6}{3 + 4x} = \frac{5x(3 + 4x) + 6(3x - 7)}{(3x - 7)(3 + 4x)}$$

$$= \frac{20x^2 + 33x - 42}{(3x - 7)(3 + 4x)}$$

Ainsi, $f(x) = 0$ si $20x^2 + 33x - 42 = 0$,

c'est-à-dire $x_1 = \dfrac{-33 + \sqrt{4449}}{40}$ et $x_2 = \dfrac{-33 - \sqrt{4449}}{40}$. ■

Fonctions algébriques

Définition

Une **fonction algébrique** est une fonction obtenue à partir d'additions, de soustractions, de multiplications ou de divisions de puissances réelles constantes de polynômes élevés à une puissance réelle constante.

■ **Exemple 1** Les fonctions f, g, h et v suivantes sont des fonctions algébriques.

$$f(x) = \sqrt{3x + 4} \qquad g(x) = \left(\frac{1 + \sqrt{x}}{x^2 + 1}\right)^{\frac{3}{4}}$$

$$h(x) = \sqrt{5 + x^3} + 7x \qquad v(t) = \frac{7 + \sqrt[3]{t}}{\sqrt[4]{t^2 + 5t + 1}}$$

■

Puisque nous ne pouvons pas extraire une racine paire d'une valeur négative, nous conservons, pour dom f, toutes les valeurs de x qui rendent l'expression sous la racine positive ou nulle. Par contre, nous pouvons sans restriction extraire une racine impaire, dans la mesure où l'expression sous la racine est définie.

■ **Exemple 2** Déterminons le domaine des fonctions suivantes.

a) $f(x) = \sqrt{7 - 3x}$

Cherchons les valeurs de x pour lesquelles $(7 - 3x) \geqslant 0$.

$$(7 - 3x) \geqslant 0$$
$$7 \geqslant 3x$$
$$\frac{7}{3} \geqslant x$$

D'où dom $f = \left\{x \in \mathbb{R} \mid x \leqslant \frac{7}{3}\right\}$ que nous pouvons également écrire sous la forme dom $f = \left.-\infty, \frac{7}{3}\right]$.

b) $g(t) = \dfrac{7}{\sqrt[5]{4 - t}}$

Puisque $\sqrt[5]{4 - t}$ est définie $\forall\, t \in \mathbb{R}$, et que $4 - t = 0$ pour $t = 4$, alors dom $g = \mathbb{R} \setminus \{4\}$.

c) $f(x) = \dfrac{3x}{\sqrt[8]{x^2 + 1}}$

Puisque $(x^2 + 1) > 0\ \forall\, x \in \mathbb{R}$, alors dom $f = \mathbb{R}$.

d) $h(u) = \dfrac{3u + 1}{\sqrt[4]{(5u - 11)^3}}$

Cherchons les valeurs de u pour lesquelles $(5u - 11)^3 > 0$.

$$(5u - 11)^3 > 0$$
$$5u - 11 > 0$$
$$5u > 11$$
$$u > \frac{11}{5}$$

D'où dom $h = \left[\frac{11}{5}, +\infty\right.$.

■

■ **Exemple 3** Déterminons dom f si $f(x) = \sqrt{\dfrac{x^2 - 3x - 4}{x - 2}}$.

Nous pouvons déterminer, à l'aide d'un tableau de signes, les valeurs de x telles que

$\sqrt{\dfrac{x^2 - 3x - 4}{x - 2}}$ soit définie, c'est-à-dire $\dfrac{x^2 - 3x - 4}{x - 2} \geqslant 0$ et $(x - 2) \neq 0$.

Étape 1 Déterminons les zéros de $x^2 - 3x - 4$.

$x^2 - 3x - 4 = 0$

$(x - 4)(x + 1) = 0$ (en factorisant)

Ainsi, les zéros sont -1 et 4.

Étape 2 Construisons un tableau de signes où nous retrouvons:

a) sur la première ligne,
   – les zéros du numérateur;
   – les zéros du dénominateur.

b) sur la deuxième ligne,
   – le signe de chaque facteur sur l'intervalle donné;
   – 0 ou ∄ sous les valeurs de x de la ligne 1.

c) sur la dernière ligne, le signe (ou la valeur) de l'expression.

x	$-\infty$	-1		2		4	$+\infty$
$\dfrac{(x-4)(x+1)}{x-2}$	$\dfrac{(-)(-)}{(-)}$	0	$\dfrac{(-)(+)}{(-)}$	∄	$\dfrac{(-)(+)}{(+)}$	0	$\dfrac{(+)(+)}{(+)}$
$\dfrac{x^2-3x-4}{x-2}$	$-$	0	$+$	∄	$-$	0	$+$

D'où dom $f = [-1, 2[\cup [4, +\infty$. ■

Distance

■ **Exemple 4** Nous savons que la distance d entre les points $A(x_a, y_a)$ et $B(x_b, y_b)$ est donnée par $d = \sqrt{(x_b - x_a)^2 + (y_b - y_a)^2}$.

a) Utilisons la formule précédente pour déterminer la distance séparant l'origine $O(0, 0)$ d'un point quelconque $P(x, y)$ de la parabole définie par $y = -x^2 + 2x + 3$.

Représentation graphique de la parabole

```
>plot(-x^2+2*x+3,x=-2..4,y=-4..6,color=orange);
```

Soit $P(x, y)$ un point de la parabole. La distance d séparant $O(0, 0)$ et $P(x, y)$ est donnée par

$$d(x, y) = \sqrt{(x - 0)^2 + (y - 0)^2}$$

$$d(x, y) = \sqrt{x^2 + y^2}$$

$$d(x) = \sqrt{x^2 + (-x^2 + 2x + 3)^2}$$

(car $y = -x^2 + 2x + 3$)

$$d(x) = \sqrt{x^4 - 4x^3 - x^2 + 12x + 9}$$

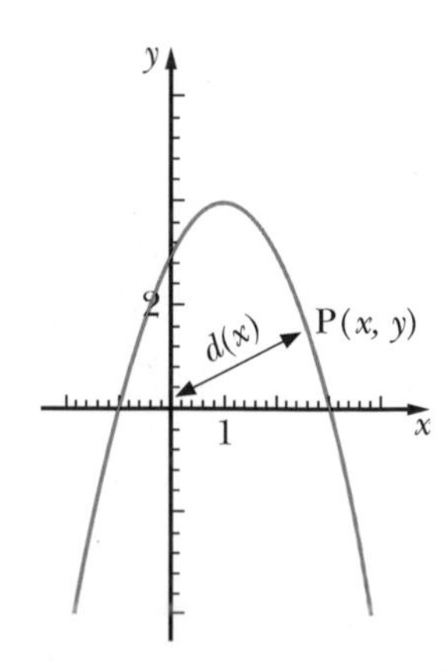

OUTIL TECHNOLOGIQUE

b) Représentation graphique de $d(x)$

```
>plot((x^4-4*x^3-x^2+12*x+9)^(1/2),x=-2..4,
y=0..7,color=orange);
```

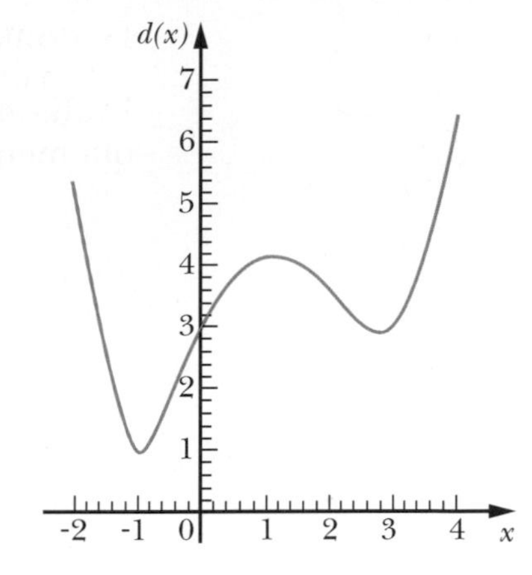

En observant le graphique ci-contre, nous voyons que le minimum de la fonction d est obtenu pour des valeurs de x comprises entre -1,2 et -0,8.

OUTIL TECHNOLOGIQUE

c) En choisissant, à l'aide du graphique, des intervalles appropriés pour x et pour y, où $y = d(x)$, déterminons approximativement la valeur de x qui minimise la distance et la valeur approximative de cette distance.

```
>plot((x^4-4*x^3-x^2+12*x+9)^(1/2),x=-0.945..-0.935,y=0.969..0.970,color=orange);
```

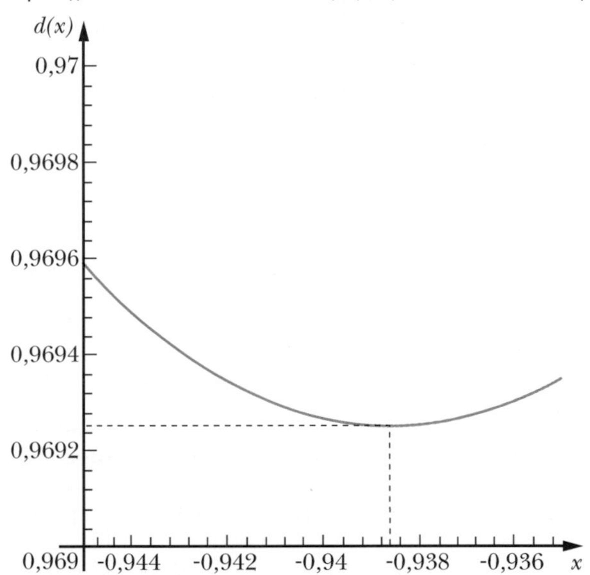

La distance est minimale pour $x \approx -0,9386$.

D'où la distance minimale est d'environ 0,96925. ■

Nous verrons au chapitre 7, en utilisant la fonction dérivée, une autre façon de résoudre ce problème.

Fonctions définies par parties

Définition Une **fonction définie par parties** est une fonction dont la règle de correspondance diffère selon les valeurs de la variable indépendante.

■ **Exemple 1** Soit la fonction suivante définie par parties.

$$f(x) = \begin{cases} x - 4 & \text{si} \quad x \leqslant 0 \\ x^2 & \text{si} \quad x > 1 \end{cases}$$

Le domaine de cette fonction est: dom $f = -\infty, 0] \cup]1, +\infty$.

Évaluons cette fonction pour différentes valeurs de x et représentons graphiquement cette fonction.

$f(-5) = -5 - 4 = -9$ (car $f(x) = x - 4$ si $x \leq 0$)

$f(-2) = -2 - 4 = -6$ (car $f(x) = x - 4$ si $x \leq 0$)

$f(0) = 0 - 4 = -4$ (car $f(x) = x - 4$ si $x \leq 0$)

$f(1{,}1) = 1{,}1^2 = 1{,}21$ (car $f(x) = x^2$ si $x > 1$)

$f(2) = 2^2 = 4$ (car $f(x) = x^2$ si $x > 1$)

Représentation graphique

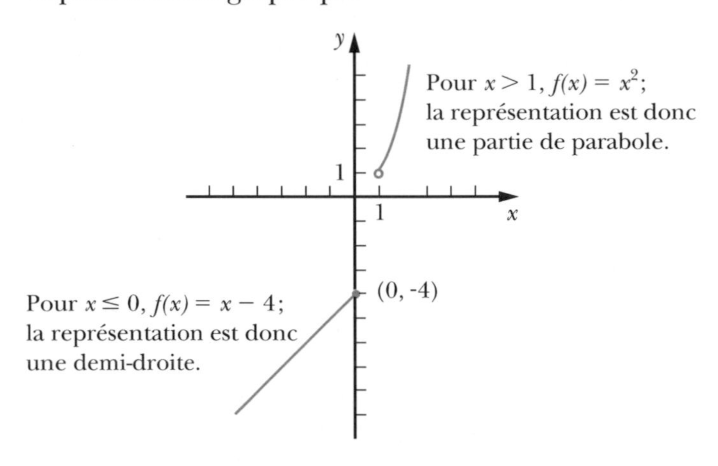

■

Tarifs postaux

■ **Exemple 2** Le tableau suivant donne les tarifs postaux en 2000 pour l'expédition d'une lettre postée au Canada vers une destination internationale (taxes non incluses), en fonction du poids de celle-ci.

Jusqu'à concurrence de				
20 g	**50 g**	**100 g**	**250 g**	**500 g**
0,95 $	1,45 $	2,35 $	5,35 $	10,45 $

a) Trouvons le coût d'affranchissement d'une lettre de 25 g.

Le coût est de 1,45 $.

b) Trouvons le coût d'affranchissement d'une lettre de 128 g.

Le coût est de 5,35 $.

c) Déterminons la fonction T qui donne le coût d'affranchissement d'une lettre en fonction de son poids x, où x est exprimée en grammes et $T(x)$ en dollars.

$$T(x) = \begin{cases} 0{,}95 & \text{si} \quad 0 < x \leq 20 \\ 1{,}45 & \text{si} \quad 20 < x \leq 50 \\ 2{,}35 & \text{si} \quad 50 < x \leq 100 \\ 5{,}35 & \text{si} \quad 100 < x \leq 250 \\ 10{,}45 & \text{si} \quad 250 < x \leq 500 \end{cases}$$

d) Représentons graphiquement cette fonction.

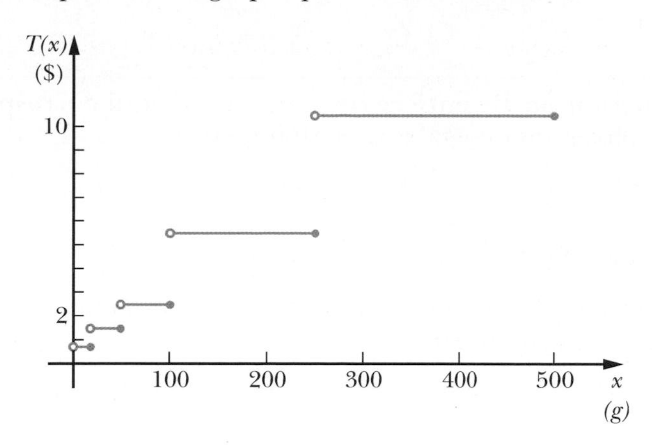

■

La fonction *valeur absolue* est un exemple d'une fonction définie par parties.

Définition

La **fonction valeur absolue** de x, notée $|x|$, est définie par

$$|x| = \begin{cases} x & \text{si} \quad x \geq 0 \\ -x & \text{si} \quad x < 0 \end{cases}$$

Nous utiliserons la définition précédente pour exprimer la valeur absolue de certaines expressions, selon les valeurs de la variable indépendante.

■ **Exemple 3** Soit $f(x) = |x + 2|$.

Ainsi, par définition

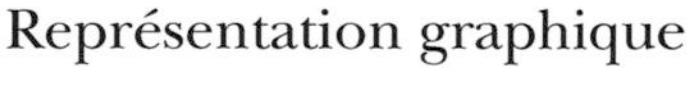

$$f(x) = |x + 2| = \begin{cases} x + 2 & \text{si} \quad (x + 2) \geq 0 \\ -(x + 2) & \text{si} \quad (x + 2) \leq 0 \end{cases}$$

donc,

$$f(x) = \begin{cases} x + 2 & \text{si} \quad x \geq -2 \\ -(x + 2) & \text{si} \quad x < -2 \end{cases}$$

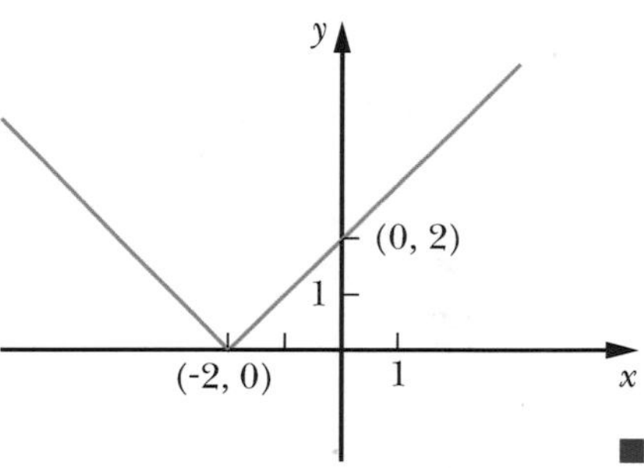

Le domaine de cette fonction est: dom $f = \mathbb{R}$. ■

■ **Exemple 4** Soit $f(x) = 2 - |2x - 3|$.

Par définition, nous savons que

$$|2x - 3| = \begin{cases} 2x - 3 & \text{si} \quad x \geq \dfrac{3}{2} \\ -(2x - 3) & \text{si} \quad x < \dfrac{3}{2} \end{cases}$$

donc,

$$f(x) = \begin{cases} -2x + 5 & \text{si} \quad x \geq \dfrac{3}{2} \\ 2x - 1 & \text{si} \quad x < \dfrac{3}{2}. \end{cases}$$

Représentation graphique

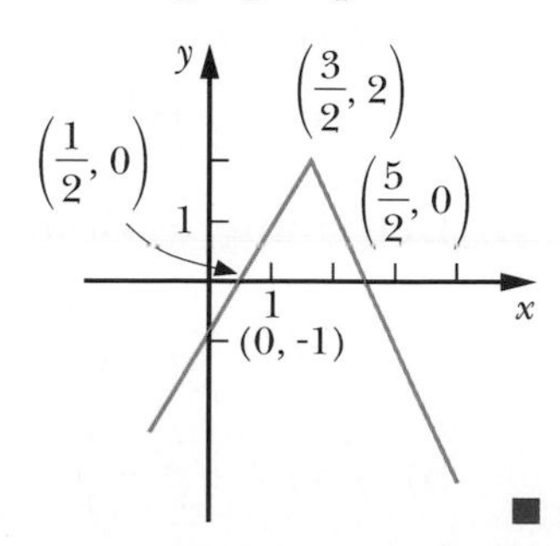

Le domaine de cette fonction est: dom $f = \mathbb{R}$. ■

La fonction *partie entière* est également un exemple d'une fonction définie par parties.

Définition La **fonction partie entière** de x, notée $[x]$, qui correspond au plus grand entier plus petit ou égal à x, est définie par

$$[x] = k \quad \text{si} \quad k \leq x < k + 1, \text{ où } k \in \mathbb{Z}.$$

■ **Exemple 5** Soit $f(x) = [x]$, où dom $f = \mathbb{R}$.

Évaluons cette fonction pour différentes valeurs de x et représentons graphiquement cette fonction.

$[2{,}3] = 2$ car $2 \leq 2{,}3 < 3$

$[4] = 4$ car $4 \leq 4 < 5$

$[0{,}5] = 0$ car $0 \leq 0{,}5 < 1$

$[-3{,}7] = -4$ car $-4 \leq -3{,}7 < -3$

Représentation graphique

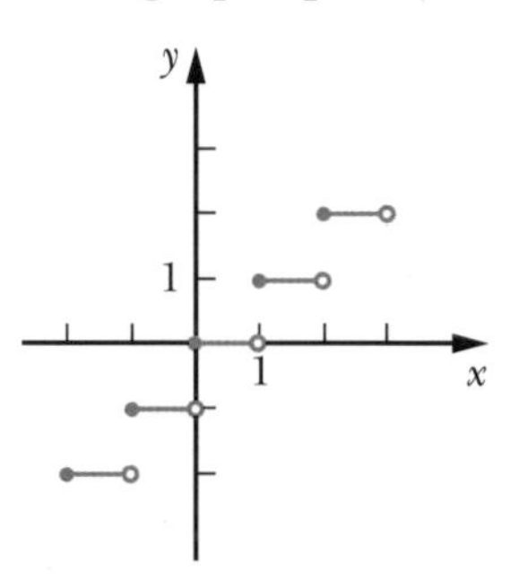

■

Remarque Une telle fonction est appelée fonction *en escalier*.

Exercices 1.2

1. Parmi les fonctions suivantes, repérer les fonctions polynomiales et en déterminer le degré.

a) $f(x) = \dfrac{3}{4}x^4 - \dfrac{5}{\sqrt{2}}x^3 + \pi$

b) $y = \dfrac{x^2 + 1}{x + 1}$

c) $g(t) = (4t^3 - 7t)^3(5t - 8t^2)$

d) $h(x) = (5x - 8x^2)(15x^3 - 7x)^{\frac{1}{3}}$

e) $f(u) = \sqrt{7} - 5u + 28u^2$

f) $y = \sqrt{x^2 - x + 1}$

2. Déterminer les zéros des fonctions suivantes.

a) $f(x) = 4x^3 - 2x^2$

b) $g(x) = 8(2x + 1)^3(3x - 2)^5 + 15(2x + 1)^4(3x - 2)^4$

c) $f(t) = t^3 + 7t^2 - 3t - 21$

d) $f(x) = 15x^5 - 75x^3 + 60x$

3. Déterminer le domaine des fonctions suivantes.

a) $f(x) = \dfrac{5x^3 - 1}{(2x - 4)(5 + 3x)}$

b) $f(x) = \dfrac{x^2 - 1}{x^2 + 1}$

c) $f(x) = \dfrac{7x}{x - 4} - \dfrac{5}{5x - x^2}$

d) $f(x) = x^2 + (8x - 5)^{-2}$

4. Déterminer le domaine des fonctions suivantes.

a) $f(x) = \sqrt{4x^2 + 7}$

b) $g(x) = \dfrac{5x}{\sqrt[7]{4x - 7}}$

c) $h(x) = \dfrac{1}{\sqrt{10 - 2x}} + \sqrt{5x - 12}$

d) $f(x) = \dfrac{22}{\sqrt{x^2 - 9}}$

e) $f(x) = \sqrt{-6x^2 + x + 12}$

f) $k(x) = \sqrt[8]{\dfrac{3 - x}{x^2 - 1}}$

5. Déterminer le domaine et les zéros des fonctions suivantes.

a) $f(x) = \dfrac{(3 - 2x)(5x + 7)}{(x - 5)(2 - 3x)}$

b) $g(x) = \dfrac{3}{x + 4} - \dfrac{5}{7 - 3x}$

c) $h(x) = \dfrac{(4 - x)(x - 6)}{\sqrt{x - 5}}$

d) $f(t) = \sqrt{4 - t} - \dfrac{t}{\sqrt{4 - t}}$

e) $f(x) = (x^2 - x - 2)^{\frac{3}{4}}$

f) $h(x) = (x^2 - x - 2)^{\frac{4}{3}}$

6. Un démographe estime que la population d'une ville est donnée par $P(t) = 12\,000\sqrt{t} + 40\,000$, où t est en années et $0 \leq t \leq 20$.

a) Quelle sera la population de cette ville dans quatre ans et dans huit ans?

b) Quand la population de la ville sera-t-elle de 80 000 habitants?

7. Déterminer le domaine des fonctions suivantes.

a) $h(x) = \begin{cases} 3x^2 - 4 & \text{si} \quad -3 < x < 4 \\ 5x + 9 & \text{si} \quad 4 < x \leq 7 \end{cases}$

b) $f(x) = \begin{cases} x & \text{si} \quad x < 1 \\ x^2 & \text{si} \quad 1 < x \leq 2 \\ -1 & \text{si} \quad x > 2 \text{ et } x \neq 3 \end{cases}$

c) $g(x) = \begin{cases} \dfrac{1}{x - 5} & \text{si} \quad x \leq 0 \\ \dfrac{x - 3}{x - 4} & \text{si} \quad x > 2 \end{cases}$

d) $s(t) = \begin{cases} \sqrt{t - 4} & \text{si} \quad t < 5 \\ \dfrac{1}{\sqrt{6 - t}} & \text{si} \quad t \geq 5 \end{cases}$

8. Soit $f(x) = \begin{cases} x^2 - 1 & \text{si} \quad x < -1 \\ 3x + 5 & \text{si} \quad -1 < x < 4 \\ 7 & \text{si} \quad x = 4 \\ 5 - 3x^2 & \text{si} \quad x > 4 \text{ et } x \neq 7. \end{cases}$

Évaluer, si possible:

a) $f(-5)$;

b) $f(10)$;

c) $f(0)$;

d) $f(-1)$;

e) $f(4)$;

f) $f(7)$.

9. Déterminer le domaine et représenter graphiquement les fonctions suivantes.

a) $h(x) = \begin{cases} x - 3 & \text{si} \quad x \neq 4 \\ 6 & \text{si} \quad x = 4 \end{cases}$

b) $g(x) = \begin{cases} -2x + 1 & \text{si} \quad x < -1 \\ -2 & \text{si} \quad -1 \leq x < 1 \\ x^2 - 9 & \text{si} \quad x > 2 \end{cases}$

10. Définir les fonctions suivantes par parties, déterminer leur domaine et les représenter graphiquement.

a) $g(x) = |3x + 5|$

b) $f(x) = 5 - |2x - 4|$

11. Soit $f(x) = [x]$, $g(x) = [-x]$ et $h(x) = x - [x]$.

Évaluer chacune des fonctions précédentes en :

a) $x = 2$;

b) $x = -2$;

c) $x = 5{,}9$;

d) $x = -5{,}9$.

12. Une compagnie qui demande à ses employés de travailler des heures supplémentaires leur assure un minimum garanti de 100 $ si la durée du travail est inférieure à quatre heures. Par contre, si au cours de la journée, les employés travaillent quatre heures ou plus en surtemps, ils reçoivent 25 $ de l'heure.

a) Évaluer le salaire s d'un employé qui fait du temps supplémentaire pendant 30 minutes ; 2,5 heures ; 4 heures ; 6 heures.

b) Déterminer la fonction s, en fonction de h, où h représente le nombre d'heures supplémentaires de travail.

c) Déterminer le domaine de cette fonction.

d) Représenter graphiquement cette fonction.

OUTIL TECHNOLOGIQUE

13. Soit $f(x) = 1 - x^3$.

a) Représenter graphiquement la fonction f sur $[0,1]$ ainsi que le rectangle de base t et de hauteur $f(t)$, où $t \in [0,1]$.

b) Exprimer l'aire A du rectangle précédent en fonction de t, et déterminer dom A, selon le contexte donné.

c) Représenter graphiquement la fonction A.

d) En choisissant des intervalles appropriés pour t et A, déterminer approximativement la valeur de t qui maximise A et déterminer approximativement l'aire maximale.

Réseau de concepts

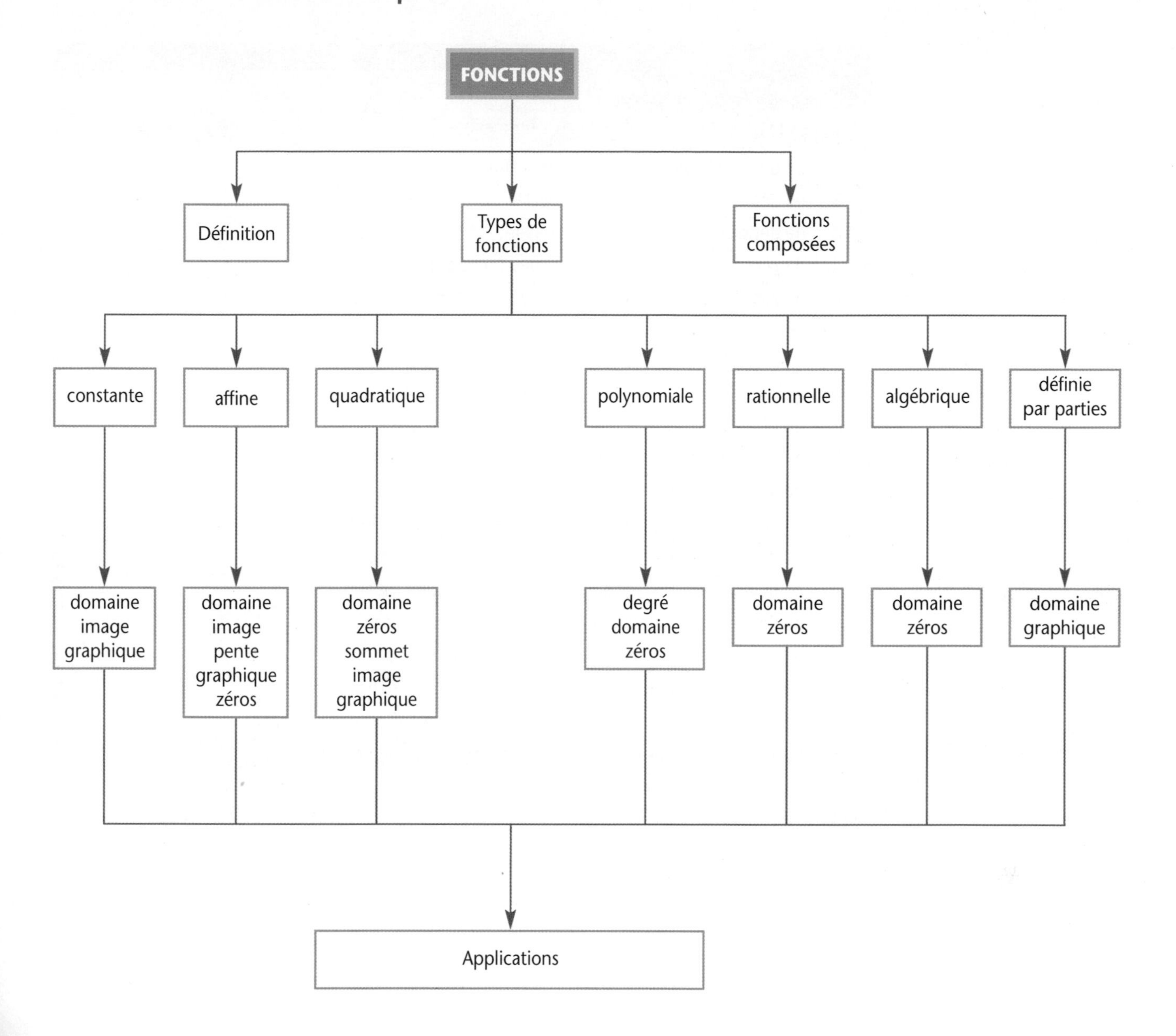

Liste de vérification des apprentissages

RÉPONDRE PAR **OUI** OU **NON.**

Après l'étude de ce chapitre, je suis en mesure:		OUI	NON
1.	de donner la définition d'une fonction;		
2.	de déterminer le domaine de certaines fonctions;		
3.	de définir des fonctions composées;		
4.	de représenter graphiquement des fonctions constantes;		
5.	de représenter graphiquement des fonctions affines;		
6.	de calculer la pente d'une droite;		
7.	de déterminer les zéros de fonctions quadratiques;		
8.	de déterminer les coordonnées du sommet de fonctions quadratiques;		
9.	de représenter graphiquement des fonctions quadratiques;		
10.	de déterminer le degré de fonctions polynomiales;		
11.	de déterminer les zéros de certaines fonctions polynomiales;		
12.	de déterminer le domaine de fonctions rationnelles;		
13.	de déterminer les zéros de certaines fonctions rationnelles;		
14.	de déterminer le domaine de fonctions algébriques;		
15.	de construire des fonctions définies par parties;		
16.	de déterminer le domaine de fonctions définies par parties;		
17.	de représenter graphiquement des fonctions définies par parties.		

Si vous avez répondu **NON** à une de ces questions,
il serait préférable pour vous d'étudier à nouveau cette notion.

Exercices récapitulatifs

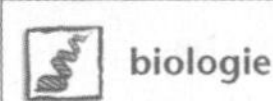 biologie  chimie 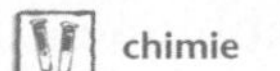 administration physique

1. Soit les fonctions :

$f_1(x) = \dfrac{3x - 1}{4}$

$f_2(t) = (5 - t)(3t + 1)$

$f_3(x) = \dfrac{3x^4 - 5x^2 + 4}{x^2}$

$f_4(u) = \sqrt{\dfrac{3u^2 + 1}{4 - u}}$

$f_5(x) = \dfrac{7}{x} + 1$

$f_6(t) = (t^2 - 1)^2$

Parmi les fonctions précédentes, déterminer celles qui sont des fonctions :

a) constantes ;
b) affines ;
c) quadratiques ;
d) polynomiales ;
e) rationnelles ;
f) algébriques.

2. Déterminer le domaine des fonctions suivantes.

a) $f(x) = \dfrac{4}{3x + 2}$

b) $h(x) = \dfrac{3x + 2}{4}$

c) $k(x) = \dfrac{x}{x^2 - 2x + 1}$

d) $f(x) = \dfrac{5x + 1}{-2x^2 + 5x + 3}$

e) $u(x) = x^{-2} + 4x^2$

f) $f(x) = \dfrac{x}{|x^3 - 5x|}$

3. Déterminer le domaine des fonctions algébriques suivantes.

a) $f(x) = \sqrt[4]{3x + 8}$

b) $g(x) = \dfrac{x^2 - 1}{\sqrt{x^2 + 1}}$

c) $k(x) = \dfrac{\sqrt{x}}{\sqrt{4 - x}}$

d) $f(x) = \dfrac{\sqrt{5 - x}}{\sqrt{x - 5}}$

e) $g(x) = \dfrac{10}{(x - 5)\sqrt{x - 4}}$

f) $h(x) = (x^2 - x - 2)^{\frac{4}{3}}$

g) $f(x) = (x^2 - x - 2)^{\frac{3}{2}}$

h) $k(x) = (x^2 - x + 2)^{\frac{3}{2}}$

i) $f(x) = \sqrt{\dfrac{-x^2}{x^2 + 1}}$

j) $f(x) = \dfrac{x}{\sqrt{16 + x^2} - 5}$

4. Déterminer le domaine des fonctions définies par parties suivantes.

a) $f(x) = \begin{cases} \dfrac{4}{x + 5} & \text{si } x < 0 \\ \dfrac{2x + 1}{x^2 - 5x + 4} & \text{si } x > 0 \end{cases}$

b) $g(x) = \begin{cases} \dfrac{-2}{x(x^2 - 1)} & \text{si } x \leqslant 0 \\ \sqrt{x - 1} & \text{si } x > 0 \end{cases}$

c) $h(x) = \begin{cases} \dfrac{3}{x - 3} & \text{si } x < 0 \\ \sqrt{x + 3} & \text{si } x \geqslant 0 \end{cases}$

d) $f(x) = \begin{cases} \sqrt{-x^2 + 5x - 6} & \text{si } x < 0 \\ \dfrac{x^2 + 1}{x^2 - 1} & \text{si } 0 \leqslant x \leqslant 2 \\ \dfrac{1}{\sqrt{3 - x}} & \text{si } x > 2 \end{cases}$

5. Déterminer l'équation de la droite qui

a) passe par P(0, -4) et dont la pente est 0 ;

b) passe par P(1, 7), et est parallèle à la droite d'équation $2y - 12x = -4$;

c) passe par P(-3, 7), et est horizontale ;

d) passe par P(-3, 7), et est verticale ;

e) passe par P(1, 7), et est perpendiculaire à la droite d'équation $2y - 12x = -4$;

f) passe par P(3, -4), et est perpendiculaire à la droite passant par R(2, 7) et Q(5, -2).

6. Soit la représentation graphique suivante.

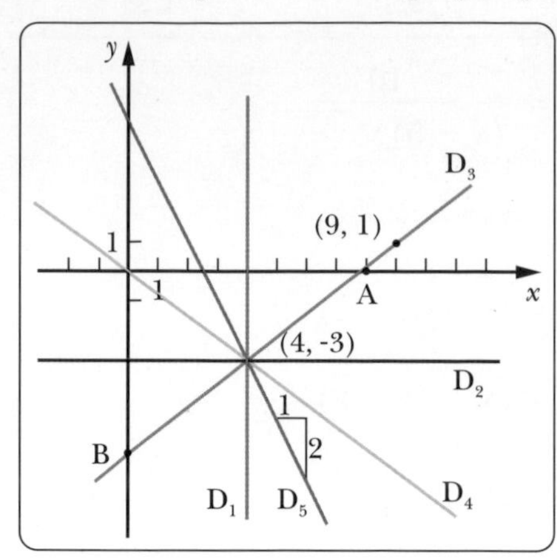

a) Déterminer l'équation des droites ci-dessus.

b) Déterminer les coordonnées des points A et B.

c) Déterminer l'équation d'une droite passant par P(1, 2) et qui est parallèle à D_3.

d) Déterminer l'équation d'une droite passant par P(9, 1) et qui est perpendiculaire à D_3 ; donner votre réponse sous la forme $ax + by + c = 0$, où a, b et $c \in \mathbb{Z}$.

7. a) Représenter sur un même graphique les fonctions suivantes:

$f(x) = x^2 - 4x - 5$ et $g(x) = -2x + 3$.

b) Déterminer les points d'intersection de ces courbes.

c) Déterminer l'équation de la droite qui passe par le point P(1, $f(1)$) et qui est parallèle à la droite définie par g.

8. Construire une fonction quadratique dont les zéros sont -6 et 2 et pour laquelle ima $f = -\infty, 32]$.

9. Déterminer l'ensemble des valeurs de k pour lesquelles $4x^2 + kx + 9$

a) a deux zéros réels;

b) a un zéro réel;

c) n'a aucun zéro réel.

10. Déterminer le domaine des fonctions suivantes et les représenter graphiquement.

a) $g(x) = \begin{cases} \dfrac{x^2 - 4}{x - 2} & \text{si} \quad x \neq 2 \\ 1 & \text{si} \quad x = 2 \end{cases}$

b) $h(x) = \begin{cases} \dfrac{x^2 - 9}{x + 3} & \text{si} \quad x \neq -3 \\ -6 & \text{si} \quad x = -3 \end{cases}$

c) $f(x) = |2 + x| - 3$

d) $k(x) = \dfrac{|4 - 2x|}{x - 2}$

11. Déterminer les valeurs de x qui vérifient les inéquations suivantes.

a) $(x - 2)(x + 5) \geqslant 0$

b) $x^2 - 9 < 0$

c) $\dfrac{(3x - 5)^2(x + 4)}{(3x - 1)} \leqslant 0$

12. Une personne qui travaille pour une compagnie de location d'automobiles ayant 40 voitures à louer, reçoit un salaire quotidien de 30 \$; de plus, elle obtient une commission de 4 \$ pour chaque automobile qu'elle loue.

a) Déterminer son salaire d'une journée si elle loue 22 automobiles.

b) Si n représente le nombre d'automobiles louées, déterminer la fonction S qui donne le salaire quotidien en fonction du nombre d'automobiles louées, en précisant son domaine.

c) Combien d'automobiles doit-elle louer pour que son salaire quotidien soit de 78 \$?

d) Si, au cours d'une semaine cette personne travaille 5 jours, combien doit-elle, en moyenne, louer d'automobiles par jour pour que son salaire hebdomadaire soit de 570 \$?

13. Un automobiliste roulant à 36 km/h freine pour décélérer uniformément à raison de 4 m/s².

a) Déterminer la fonction donnant la vitesse de l'automobile en fonction du temps.

b) Déterminer sa vitesse après 1,3 s.

c) Déterminer le temps requis pour immobiliser l'automobile.

d) Déterminer la fonction donnant la position de l'automobile en fonction du temps, en posant $x_0 = 0$ m.

e) Déterminer la distance parcourue entre le moment où le conducteur commence à freiner et l'instant précis où l'automobile s'immobilise.

14. À des valeurs de pression de quelques centaines de kilopascals, on remarque que la solubilité des gaz obéit à la ***loi de Henry.*** Selon cette loi, à toute température maintenue constante, la solubilité d'un gaz est directement proportionnelle à sa pression partielle. Elle est exprimée par l'équation suivante :

$$c = kP$$

où c représente la concentration de la substance gazeuse en solution, k est une constante positive de proportionnalité qui dépend du soluté, du solvant et de la température du système, et P est la pression partielle du gaz en contact avec la surface de la solution.

Donner une représentation graphique possible de cette loi.

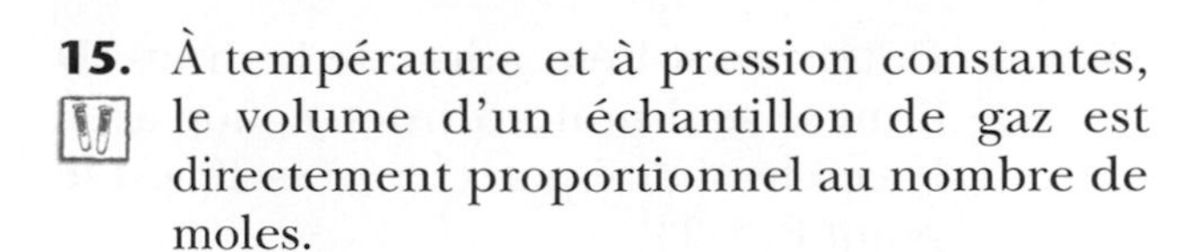

15. À température et à pression constantes, le volume d'un échantillon de gaz est directement proportionnel au nombre de moles.

Le graphique ci-dessous illustre le volume d'un échantillon de gaz en fonction de la quantité.

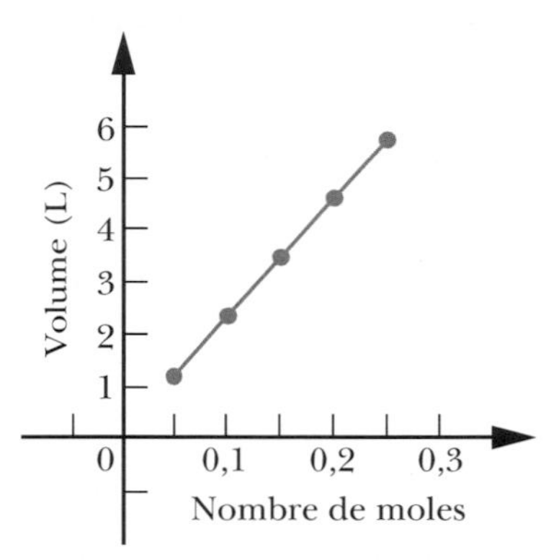

Déterminer approximativement l'équation de la droite représentée.

Problèmes de synthèse

1. Soit $f(x) = x^2 - 3x - 10$ et $g(x) = -2x^2 - 19x + 2$.

a) Déterminer l'équation de la droite qui passe par les deux sommets.

b) Déterminer l'équation de la droite qui passe par les points d'intersection de f et de g.

2. Transformer les équations suivantes sous la forme $a(x - h)^2 + k$ et déterminer les coordonnées du sommet S.

a) $x^2 + 5x - 6$ b) $6x^2 - 11x + 7$

3. Exprimer les paraboles suivantes sous la forme $a(x - h)^2 + k$.

a)

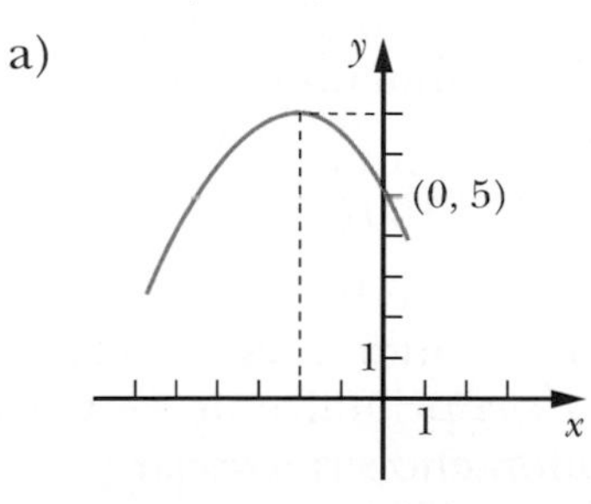

b)

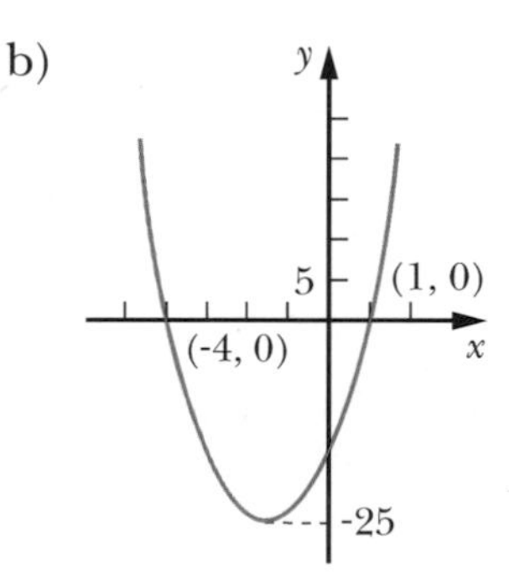

4. Déterminer une fonction f non définie par parties, dont le domaine est

a) $\mathbb{R} \setminus \{-4, 5\}$

b) $\left. -\infty, \frac{7}{3} \right]$

c) $\left] \frac{-3}{2}, +\infty \setminus \{0\} \right.$

d) $[-4, 1]$

e) $[-5, 7[$

f) $[-1, 1] \cup [2, +\infty$

5. Déterminer l'équation de la parabole passant par les points P(0, -5), Q(1, -3) et R(-1, -1).

6. a) Déterminer l'équation de la droite D dont le seul point d'intersection avec le cercle, défini par $x^2 + y^2 = 10$, est le point P(3, 1).

b) Calculer l'aire du triangle délimité par la droite D et les axes.

7. Représenter graphiquement les fonctions suivantes.

a) $f(x) = \dfrac{x}{[x]}$, si $x \in [-3, 4]$

b) $h(x) = x - 5\left[\dfrac{x}{5}\right]$ si $-11 \leqslant x \leqslant 16$

c) $f(x) = |x^2 - 4|$

d) $g(x) = 3|x - 5| - 2|3 + x|$, si $-6 \leqslant x \leqslant 8$

8. Déterminer la distance entre le point O(0, 0) et la droite $3x + 4y - 8 = 0$.

9. En utilisant la représentation suivante :

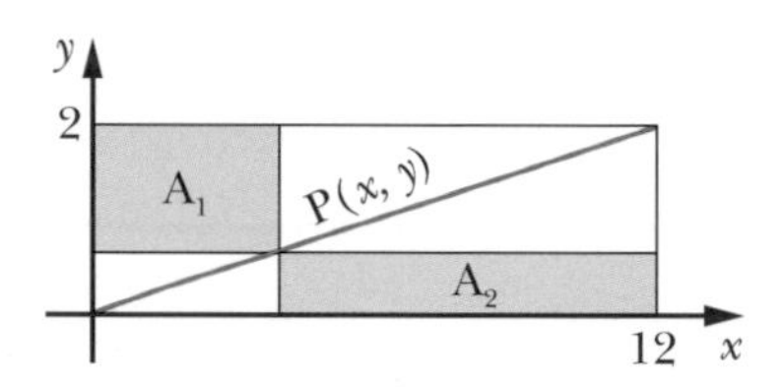

a) Exprimer la somme S des aires A_1 et A_2 en fonction de x.

b) Déterminer la valeur maximale de $A_1 + A_2$.

10. Une succursale bancaire offrait en 1985, à ses clients, un taux d'intérêt annuel de 8 % pour les dépôts à terme de 1000 \$ à 5000 \$, un taux d'intérêt de 8,5 % pour les dépôts supérieurs à 5000 \$ et n'excédant pas 25 000 \$, et un taux de 9 % pour les dépôts supérieurs à 25 000 \$.

a) Déterminer la fonction T qui donne le taux d'intérêt en fonction du montant x investi.

b) Représenter graphiquement cette fonction.

c) Déterminer la fonction I qui donne le montant des intérêts annuels perçus en fonction du montant x investi.

d) Représenter graphiquement cette fonction.

11. Le tableau suivant donne les tarifs domestiques, en 2000, applicables à la consommation d'électricité en fonction du nombre de kilowattheures (kWh) consommés chaque jour.

La redevance d'abonnement quotidienne	39 ¢
Les 30 premiers kWh consommés chaque jour (basés sur une moyenne mensuelle)	4,74 ¢/kWh
Le reste de l'énergie consommée	5,97 ¢/kWh

a) Calculer le coût pour une consommation de 850 kWh pendant le mois de septembre.

b) Calculer le coût pour une consommation de 1900 kWh pendant le mois de janvier.

c) Déterminer la fonction qui donne le coût de la consommation d'électricité en fonction du nombre de kilowattheures consommés pendant une période de 30 jours.

d) Représenter graphiquement cette fonction.

12. Dans le but d'augmenter le nombre de ses clients, une propriétaire de salle de cinéma de 500 sièges veut réduire son prix d'entrée, qui est actuellement de 6,00 \$. Selon son estimation, le nombre de clients serait de $(75 + 100x)$ par jour, où x est la réduction, en dollars, du prix d'entrée.

a) Si elle réduit le prix d'entrée de 1 \$, déterminer le nouveau prix d'entrée, le nombre de clients (selon son estimation) et son revenu.

b) Déterminer la fonction R qui donne son revenu en fonction de x.

c) Interpréter le nombre 75 dans l'expression $(75 + 100x)$.

d) Déterminer la réduction accordée si son revenu quotidien est de 1125 \$. Si vous étiez propriétaire de cette salle, quelle option choisiriez-vous ?

e) Déterminer la valeur de x qui maximise le revenu, puis évaluer ce revenu maximal.

13. Soit les situations suivantes.

a) On souffle un ballon et on le laisse se déplacer dans la classe. Le nombre de cm^3 d'air dans le ballon est la variable dépendante.

b) On fait un voyage en montgolfière lors du festival, à Saint-Jean-sur-Richelieu. La température de l'air présent dans l'enveloppe de la montgolfière est la variable dépendante.

c) On place dans le congélateur un récipient rempli d'eau. La température de l'eau est la variable dépendante.

d) On place dans un four à micro-ondes un sac contenant des grains de maïs. Les grains de maïs éclatent. Le nombre de grains de maïs non éclatés est la variable dépendante.

e) Au printemps le gazon ne pousse pas rapidement, le tondre une fois par semaine est suffisant. Après une application d'engrais, il pousse plus rapidement et il faut le tondre deux fois par semaine. À l'automne, on le tond une fois par semaine. Le nombre total de fois que l'on tond le gazon est la variable dépendante.

f) Une personne prend place dans le manège de la grande roue dans un parc d'amusement. La distance qui la sépare du sol est la variable dépendante.

Associer chacune des situations précédentes au graphique qui représente le mieux la situation.

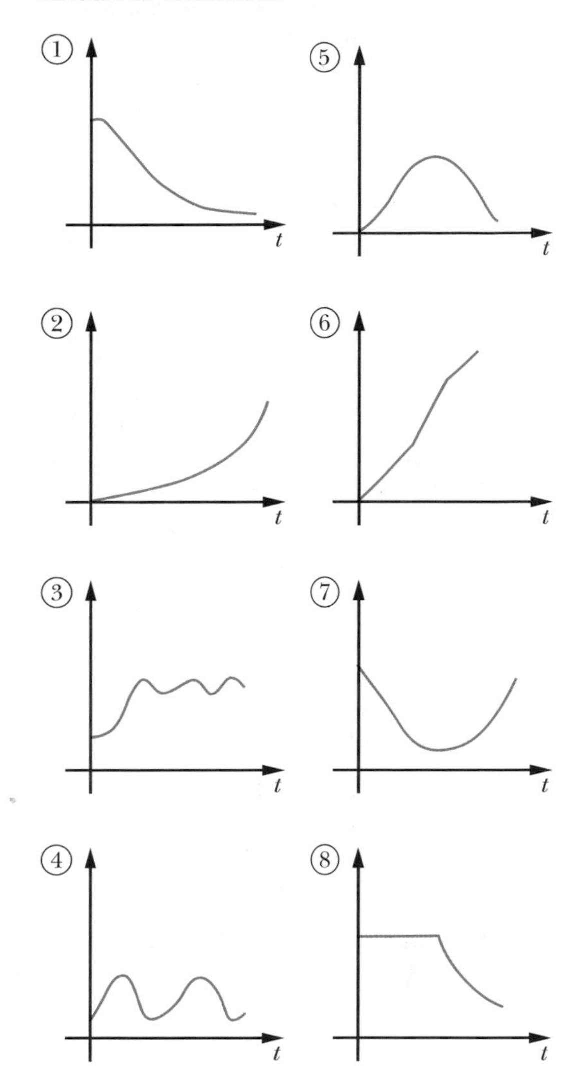

Test récapitulatif

1. Déterminer le domaine des fonctions suivantes.

a) $f(x) = \dfrac{(x-4)}{(x+3)(x^2+2x+1)}$

b) $f(x) = \sqrt{4-3x-x^2}$

c) $f(x) = \dfrac{5}{\sqrt{x^2-1}}$

d) $f(x) = \dfrac{\sqrt{x+3}}{\sqrt{1-x}}$

e) $f(x) = \dfrac{x^2+1}{x^2+x+1}$

f) $f(x) = \begin{cases} \sqrt{-x-2} & \text{si } x \leq 0 \\ \dfrac{x^2-4}{x-2} & \text{si } 0 < x < 3 \\ \sqrt{25-x^2} & \text{si } x \geq 3 \end{cases}$

2. Représenter graphiquement les fonctions suivantes, puis en déterminer le domaine et l'image.

a) $f(x) = \begin{cases} 3 & \text{si } x < -2 \\ -x & \text{si } -2 < x < 1 \\ 2 & \text{si } x = 1 \\ 4x - x^2 & \text{si } x > 1 \end{cases}$

b) $f(x) = \dfrac{6 - 2x}{|x - 3|}$

c) $f(x) = 3\left[\dfrac{x}{2}\right]$ si $-4 \leq x \leq 5$

3. Soit $f(x) = x^2 - 2x - 3$.

a) Déterminer les zéros de cette fonction.

b) Donner les coordonnées du sommet de f.

c) Déterminer le domaine et l'image de la fonction.

d) Déterminer l'équation de la droite D passant par $P(0, f(0))$ et $Q(5, f(5))$.

e) Déterminer l'équation de la droite D_1 passant par le point $R\left(\dfrac{5}{2}, f\left(\dfrac{5}{2}\right)\right)$ et qui est parallèle à la droite passant par les points P et Q.

f) Déterminer l'équation de la droite D_2 passant par le point $R\left(\dfrac{5}{2}, f\left(\dfrac{5}{2}\right)\right)$ et qui est perpendiculaire à D_1.

g) Représenter graphiquement la fonction et les droites D, D_1 et D_2.

4. Résoudre les équations suivantes.

a) $3x^2 - \dfrac{48}{x^2} = 0$

b) $\sqrt{5 - x^2} - \dfrac{x^2}{\sqrt{5 - x^2}} = 0$

c) $f(x + 1) = f(x) + 1$
si $f(x) = 2x^2 - x + 3$

5. Soit $f(x) = \sqrt{2x - 3}$ et $g(x) = \dfrac{1}{x - 1}$.

Déterminer:

a) $(f \circ g)(x)$ et dom $(f \circ g)$

b) $(g \circ f)(x)$ et dom $(g \circ f)$

6. Dans la grille de calcul de l'impôt provincial 1999, on retrouve les informations suivantes.

Si votre revenu imposable

- n'excède pas 25 000 \$, le taux d'imposition est de 20 % ;
- est supérieur à 25 000 \$ mais n'excède pas 50 000 \$, le taux d'imposition est de 23 % ;
- est supérieur à 50 000 \$, le taux d'imposition est de 26 %.

a) Déterminer la fonction T donnant le taux d'imposition en fonction du revenu imposable.

b) Déterminer la fonction M donnant le montant d'argent à payer en impôt en fonction du revenu imposable.

c) Calculer les montants à payer pour les revenus imposables suivants.

i) 20 000 \$

ii) 37 528 \$

iii) 68 927,34 \$

d) Représenter graphiquement la fonction M.

e) Déterminer le revenu imposable d'une personne qui paie 5742,90 \$.

7. Soit les droites définies par $f(x) = 1$ et $g(x) = 9 - 2x$, et soit $t \in [0, 4]$.

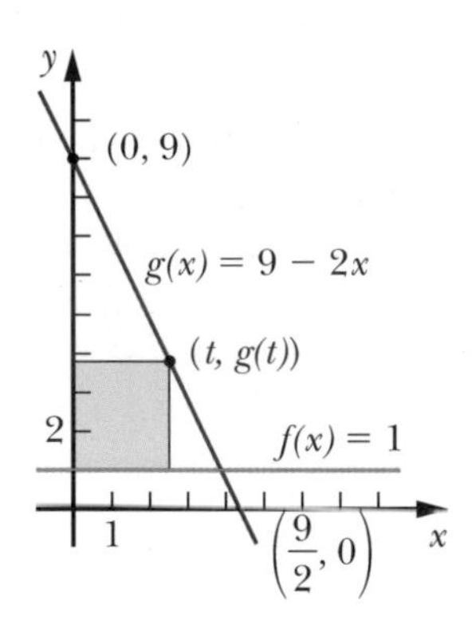

a) Exprimer l'aire A du rectangle ci-dessus en fonction de t.

b) Déterminer l'aire maximale du rectangle précédent.

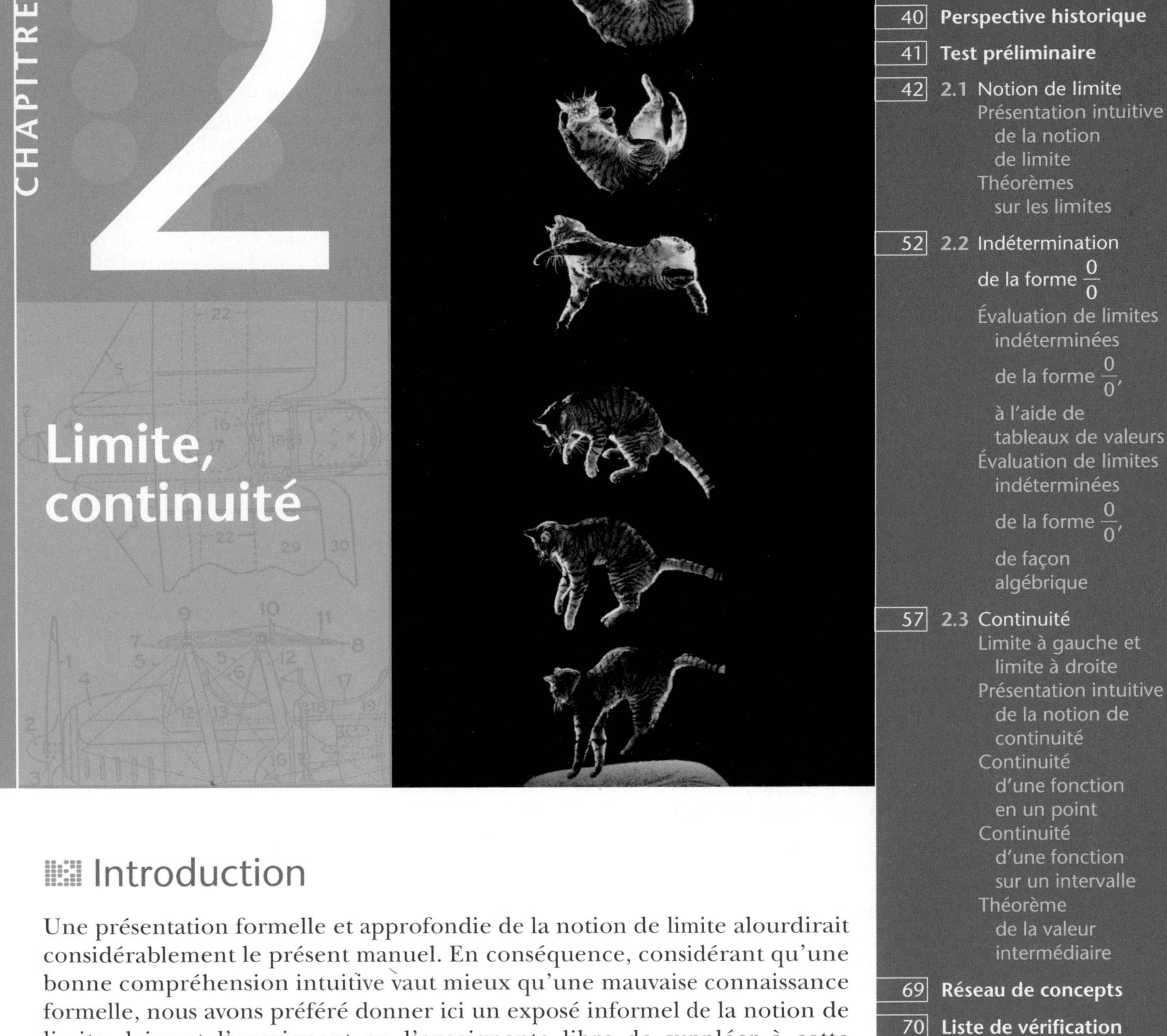

Introduction

Une présentation formelle et approfondie de la notion de limite alourdirait considérablement le présent manuel. En conséquence, considérant qu'une bonne compréhension intuitive vaut mieux qu'une mauvaise connaissance formelle, nous avons préféré donner ici un exposé informel de la notion de limite, laissant l'enseignant ou l'enseignante libre de suppléer à cette démarche intuitive par des définitions formelles, s'il ou elle le juge à propos.

De plus, l'utilisateur ou l'utilisatrice qui le désire peut faire l'étude des cas particuliers de limite infinie et de limite à l'infini en consultant, au moment jugé opportun, les premières sections du chapitre 8.

Perspective historique

VOUS DITES *CONTINU* ?

La matière, nous disent les physiciens, se compose d'atomes, eux-mêmes constitués de particules élémentaires. L'univers n'est donc pas physiquement continu. Si j'avais la capacité de me rapetisser indéfiniment, jusqu'à devenir du même ordre de grandeur qu'un atome, je n'aurais pas le choix, pour me déplacer, que de sauter d'un atome à un autre. Mais, intuitivement, mon mouvement ne serait-il pas, lui, continu? Entre deux atomes, mon déplacement ne serait pas saccadé. Puis-je alors dire que l'espace est continu? Y aurait-il des « atomes » d'espace? Y aurait-il des « atomes » de temps?

Ce genre de questions, les philosophes et les scientifiques se les posent depuis la nuit des temps. Chez les Grecs de l'Antiquité, les discussions prirent une tournure particulièrement dramatique. Pour le grand philosophe Aristote (384-322 av. J.-C.), une chose est continue si on peut la subdiviser à répétition, indéfiniment. Mais alors, que répondre à Zénon d'Élée qui remarquait, dans le paradoxe appelé « la dichotomie », que lorsque je me déplace vers un mur, je dois d'abord arriver à la moitié de la distance qui me sépare du mur, puis, à nouveau, à la moitié de la distance qui me sépare alors du mur, et ainsi de suite. Supposant l'espace continu, même si je m'approche de plus en plus du mur, il me restera toujours une moitié de distance à parcourir. Je n'atteindrai donc jamais le mur. Par contre, si je suppose l'espace non continu, en me déplaçant, j'arriverai à un moment donné à une distance du mur qui ne sera plus divisible. Alors, à l'étape suivante, je parviendrai nécessairement au mur. Puisque, en réalité, j'atteins le mur, cela ne voudrait-il pas dire que l'espace est effectivement discontinu?

Ce genre d'arguments fera l'objet d'une controverse pendant plusieurs siècles. On montrera finalement, au Moyen Âge, à l'aide des séries infinies, que puisque les temps pour parcourir les « moitiés d'espaces restants » deviennent de plus en plus courts à mesure qu'on approche du mur, au total, cela prend un temps fini pour y arriver.

En mathématiques, nous tenons pour acquis que l'espace géométrique est continu et donc qu'il peut se subdiviser à l'infini. Ainsi, lorsqu'on trace le graphe d'une fonction $y = f(x)$, on tient pour acquis que x prend successivement toutes les valeurs sur l'axe des x. Votre expérience avec les fonctions vous porte sans doute à croire que, sauf pour des cas assez rares (comme $y = f(x) = 1/x$) et artificiels (comme les fonctions escaliers), le graphe correspond à un tracé continu. De Descartes (1637) jusqu'au début du XIXe siècle, les mathématiciens pensèrent de même. L'expression symbolique, même infinie, permettant de calculer la valeur de $f(x)$ semblait un garant du fait que le graphe de la fonction puisse être tracé d'un trait continu, sauf peut-être en quelques points. On ne sentait donc pas vraiment le besoin de préciser davantage ce qu'était une fonction « continue ». Mais alors, l'intuition commença à être prise en défaut(voir le problème ci-dessous). C'est dans le contexte de la recherche d'une plus grande rigueur que le Français Augustin Cauchy (1789-1857) définira la continuité d'une fonction (1823):

Lorsque la fonction f(x) admettant une valeur unique et finie pour toutes les valeurs de x comprises entre deux limites [comprendre ici les bornes d'un intervalle] *données, la différence*

$$f(x + i) - f(x)$$

est toujours entre ces limites une quantité infiniment petite, on dit que f(x) est fonction continue de la variable entre les limites dont il s'agit. [i est vu ici comme un nombre dont la valeur se rapproche infiniment du zéro.]

PROBLÈME: La fonction correspondant à la somme infinie de fonctions continues est-elle elle-même une fonction continue?

Cauchy a répondu d'abord intuitivement oui pour produire par la suite une démonstration. Mais le jeune mathématicien Niels Abel (1802-1829) lui oppose un contre-exemple à la démonstration de Cauchy. Vous pouvez vous rendre compte vous-même du bien-fondé du contre-exemple en traçant, sur votre calculatrice graphique ou, mieux encore, sur un traceur graphique d'un ordinateur, la fonction suivante:

$$y = \sin(x) - \frac{\sin(2x)}{2} + \frac{\sin(3x)}{3} - \frac{\sin(4x)}{4} + \ldots$$

en ajoutant toujours davantage de termes. Vous remarquerez que d'un graphe à l'autre, le graphe se rapproche du graphe suivant.

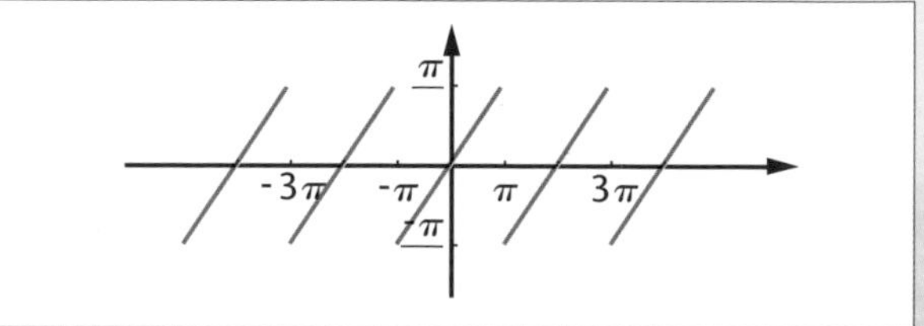

Test préliminaire

Partie A

1. Simplifier les expressions suivantes.

a) $\dfrac{\dfrac{a}{b}}{\dfrac{c}{d}}$ d) $\dfrac{x-8}{\dfrac{8-x}{x}}$

b) $\dfrac{\dfrac{x^2-4}{5}}{\dfrac{x-2}{10x}}$ e) $\dfrac{\dfrac{1}{2}-\dfrac{1}{x}}{x-2}$

c) $\dfrac{\dfrac{x}{x-3}}{x^2-3x}$ f) $\dfrac{\dfrac{3}{x}-\dfrac{x}{3}}{\dfrac{1}{3}-\dfrac{1}{x}}$

2. Sachant que $A + B$ est le conjugué de $A - B$, et que $A - B$ est le conjugué de $A + B$, déterminer le conjugué des expressions suivantes.

a) $\sqrt{x} + 7$

b) $\sqrt{x+7} - \sqrt{7}$

c) $\sqrt{3x-5} - \sqrt{3x+4}$

d) $\sqrt{x} + \sqrt{a}$

3. Effectuer la multiplication des expressions suivantes par leur conjugué.

a) $\sqrt{x} - 5$

b) $\sqrt{x} + \sqrt{5}$

c) $\sqrt{x} - \sqrt{3x-5}$

d) $\sqrt{x} - \sqrt{a}$

e) $\sqrt{a+b} + \sqrt{c-d}$

4. Effectuer les divisions suivantes.

a) $\dfrac{x^3+x^2+x+1}{x+1}$

b) $\dfrac{x^4-x^3+x^2-3x+2}{x-1}$

5. Compléter :

a) $a^2 - b^2 = (a-b)$ ________

b) $x^3 - 8 = (x-2)$ ________

c) $27 + x^3 = (3+x)$ ________

d) $(x+h)^3 - x^3 = h$ ________

Partie B

1. Déterminer le domaine des fonctions suivantes.

a) $f(x) = 3x^2 - 4x + 5$

b) $f(x) = \dfrac{(x+4)}{(9-3x)(2x+5)}$

c) $f(x) = \dfrac{42}{x^2-x-12}$

d) $f(x) = \dfrac{1}{\sqrt{3x+7}}$

e) $f(x) = \sqrt{10-2x}$

f) $f(x) = \dfrac{\sqrt{x}}{(x^2-1)}$

g) $f(x) = \dfrac{4x^2+3x}{x^3-7x}$

h) $f(x) = \dfrac{\sqrt{x-2}}{\sqrt{5-x}}$

i) $f(x) = \dfrac{|5-x|}{|x|-5}$

j) $f(x) = \sqrt{-x^2+x+2}$

2. Soit $f(x) = \begin{cases} x & \text{si} \quad x < 1 \\ x^2 & \text{si} \quad 1 < x \leqslant 2 \\ -1 & \text{si} \quad x > 2 \text{ et } x \neq 3. \end{cases}$

a) Calculer, si possible : i) $f(0)$; ii) $f(1)$; iii) $f(2)$; iv) $f(3)$; v) $f(4)$.

b) Tracer le graphique de f et déterminer dom f.

3. Déterminer le domaine et tracer le graphique des fonctions suivantes.

a) $f(x) = x^2$ si $x \neq 2$

b) $f(x) = \begin{cases} x^2 & \text{si} \quad x \neq 2 \\ 6 & \text{si} \quad x = 2 \end{cases}$

L'idée intuitive de limite se manifeste tout au long de l'histoire des mathématiques. Archimède s'en sert dans ses nombreux calculs d'aire de surfaces courbes. Elle commence à prendre forme comme une notion indépendante chez d'Alembert (1717-1783). Ce n'est toutefois qu'au début du XIXe siècle, particulièrement chez Cauchy (voir la capsule historique), qu'on la définit clairement, avec la notation *lim*, et que sa place dans le calcul différentiel se précise. L'ajout d'une flèche sous le signe *lim*, pour indiquer de quelle valeur s'approche la variable indépendante, date du début du XXe siècle. On voit ici que même une notation aussi simple en apparence a pris plusieurs années pour atteindre sa forme définitive.

2.1 NOTION DE LIMITE

Objectif d'apprentissage

À la fin de cette section, l'élève pourra calculer des limites.

Plus précisément, l'élève sera en mesure :
- de calculer des limites, en utilisant des tableaux de valeurs appropriées ;
- d'utiliser la notation de limite ;
- de représenter graphiquement le résultat du calcul d'une limite ;
- d'énoncer un théorème sur l'existence de la limite en un point ;
- d'énoncer des théorèmes relatifs aux limites ;
- de calculer des limites à l'aide des théorèmes sur les limites ;
- de calculer des limites à l'aide du théorème « sandwich ».

Avant d'évaluer des limites à l'aide de théorèmes, présentons d'abord de façon intuitive la notion de limite.

Présentation intuitive de la notion de limite

Donnons d'abord un exemple d'une fonction f définie sur $\mathbb{R}\setminus\{a\}$, où nous évaluerons $f(x)$ pour des valeurs voisines de a.

■ **Exemple 1** Soit $f(x) = \dfrac{x^3 - 3x^2}{x - 3}$, où dom $f = \mathbb{R}\setminus\{3\}$.

Puisque $f(3)$ est non définie, posons-nous la question suivante.

a) Quelles valeurs prend $f(x)$ lorsque les valeurs de x, où $x \in$ dom f, sont voisines de 3 ?

Par valeurs voisines de 3, nous entendons des nombres réels plus petits ou plus grands que 3, donc $x \neq 3$, mais qui sont le plus près possible de 3.

Établissons deux listes composées respectivement de valeurs plus petites et de valeurs plus grandes que 3, où $x \to 3^-$, c'est-à-dire $x \to 3$ et $x < 3$, et $x \to 3^+$, c'est-à-dire $x \to 3$ et $x > 3$.

x:	2,9	2,99	2,999	2,9999 etc.	(c'est-à-dire $x \to 3^-$)
x:	3,1	3,01	3,001	3,0001 etc.	(c'est-à-dire $x \to 3^+$)

Trouvons maintenant les valeurs de $f(x)$ correspondantes lorsque $x \to 3^-$.

x	2,9	2,99	2,999	2,999 9	$\ldots \to 3^-$
$f(x) = \dfrac{x^3 - 3x^2}{x - 3}$	8,41	8,9401	8,994 001	8,999 400 01	$\ldots \to 9$

Nous constatons que $f(x)$ peut s'approcher aussi près que nous le voulons de 9, en donnant à x des valeurs de plus en plus près de 3, par la gauche. Nous notons ce fait par

$$\lim_{x \to 3^-} f(x) = 9$$

Représentation graphique

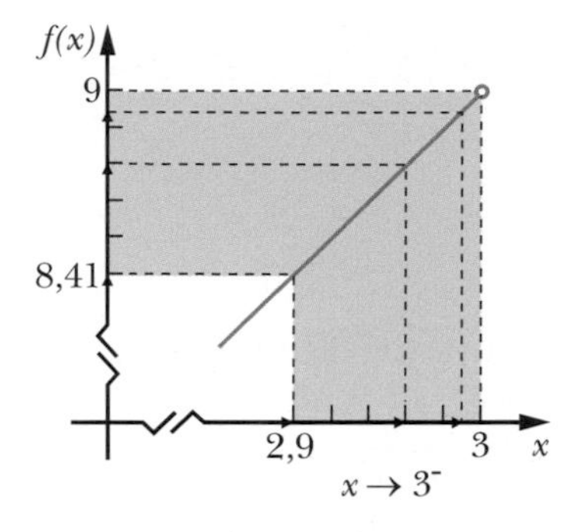

Trouvons maintenant les valeurs de $f(x)$ correspondantes lorsque $x \to 3^+$.

x	3,1	3,01	3,001	3,000 1	$\ldots \to 3^+$
$f(x) = \dfrac{x^3 - 3x^2}{x - 3}$	9,61	9,0601	9,006 001	9,000 600 01	$\ldots \to 9$

Nous constatons que $f(x)$ peut s'approcher aussi près que nous le voulons de 9, en donnant à x des valeurs de plus en plus près de 3, par la droite. Nous notons ce fait par

$$\lim_{x \to 3^+} f(x) = 9$$

Représentation graphique

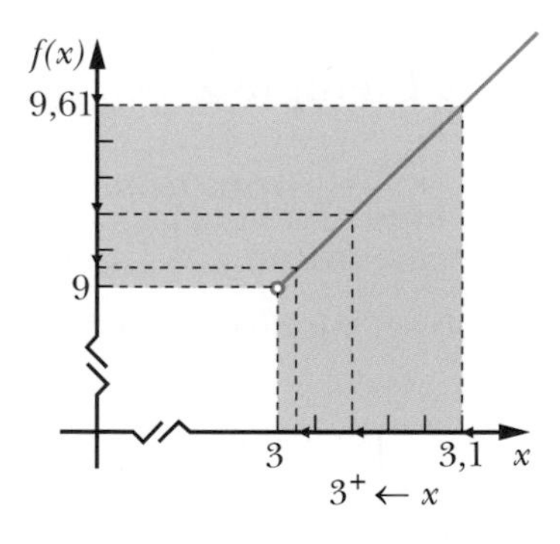

Puisque nous pouvons nous approcher aussi près que nous le voulons de 9, en calculant $f(x)$, pour des valeurs de x, où $x \in$ dom f, telles que $x \to 3^-$ et $x \to 3^+$, nous écrirons alors

$$\lim_{x \to 3} f(x) = 9$$

b) Représentons graphiquement f.

Simplifions d'abord f.

$$f(x) = \frac{x^3 - 3x^2}{x - 3}$$

$$= \frac{x^2(x-3)}{x-3}$$

$$= x^2, \text{ si } x \neq 3$$

Ainsi, la représentation graphique de f, est identique à celle de $f(x) = x^2$, sauf en $x = 3$.

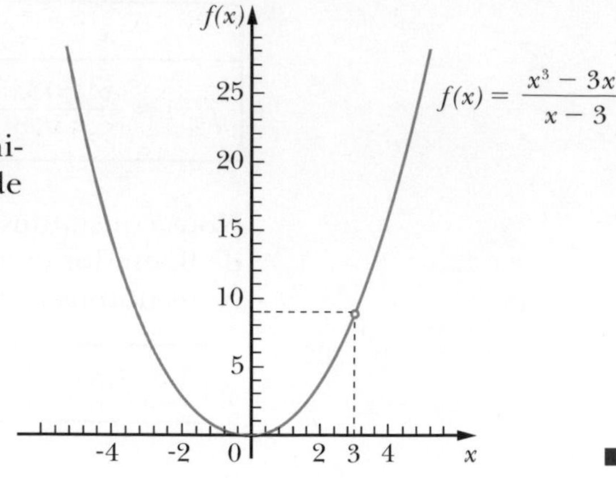

■

Définition

Soit $x \in \mathbb{R}$ et $x \neq a$. Nous disons que x est **voisin** de a si la distance entre x et a est aussi petite que nous le voulons, c'est-à-dire $|x - a|$ est aussi près que nous le voulons de 0.

Énonçons maintenant un théorème donnant les conditions d'existence d'une limite.

Théorème 1 Existence de la limite

$\lim\limits_{x \to a} f(x) = b$ si et seulement si $\lim\limits_{x \to a^-} f(x) = b$ et $\lim\limits_{x \to a^+} f(x) = b$, où $b \in \mathbb{R}$.

Cela signifie que, lorsque x est voisin de a, la limite d'une fonction f existe si et seulement si la limite à gauche de f et la limite à droite de f existent et sont égales.

■ **Exemple 2** Soit $f(x) = \dfrac{\sqrt{x} - 3}{x - 9}$.

a) Trouvons dom f.

dom $f = [0, +\infty \setminus \{9\}$

b) Calculons $\lim\limits_{x \to 9} f(x)$, à l'aide de tableaux de valeurs, où $x \to 9^-$ et $x \to 9^+$.

x	$f(x) = \dfrac{\sqrt{x} - 3}{x - 9}$
8,5	0,169 048...
8,9	0,167 132...
8,99	0,166 712...
8,999	0,166 671...
8,999 9	0,166 667...
⋮	⋮
↓	↓
9^-	$0,1\overline{6}$

donc, $\lim\limits_{x \to 9^-} f(x) = 0,1\overline{6}$

x	$f(x) = \dfrac{\sqrt{x} - 3}{x - 9}$
9,5	0,164 414...
9,1	0,162 062...
9,01	0,166 620...
9,001	0,166 662...
9,000 1	0,166 666...
⋮	⋮
↓	↓
9^+	$0,1\overline{6}$

donc, $\lim\limits_{x \to 9^+} f(x) = 0,1\overline{6}$

Puisque $\lim_{x \to 9^-} f(x) = \lim_{x \to 9^+} f(x) = 0{,}1\overline{6}$, alors $\lim_{x \to 9} f(x) = 0{,}1\overline{6}$. (théorème 1)

c) Représentons graphiquement f sur [0, 20].

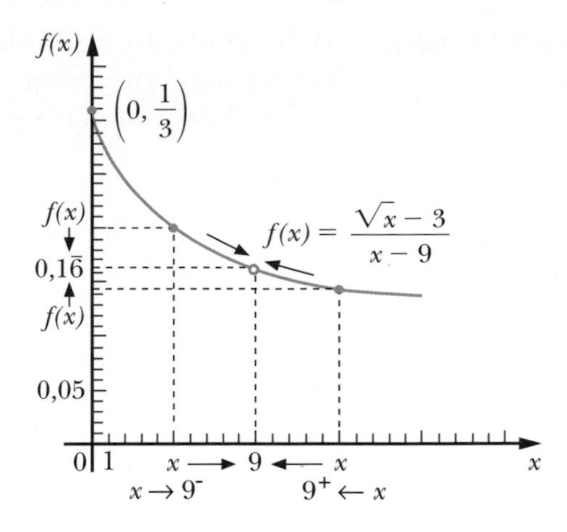

■

■ Exemple 3 Soit $g(x) = \dfrac{|2x^2 + 3x + 1|}{2x + 1}$.

a) Trouvons dom g.

dom $g = \mathbb{R} \setminus \{-0{,}5\}$

b) Calculons $\lim_{x \to -0{,}5} f(x)$, à l'aide de tableaux de valeurs, où $x \to -0{,}5^-$ et $x \to -0{,}5^+$.

x	-0,6	-0,51	-0,501	-0,5001	… → -0,5⁻
$f(x) = \dfrac{\lvert 2x^2 + 3x + 1\rvert}{2x + 1}$	-0,4	-0,49	-0,499	-0,499 9	… → -0,5

donc, $\lim_{x \to -0{,}5^-} f(x) = -0{,}5$

x	-0,4	-0,49	-0,499	-0,499 9	… → -0,5⁺
$f(x) = \dfrac{\lvert 2x^2 + 3x + 1\rvert}{2x + 1}$	0,6	0,51	0,501	0,500 1	… → 0,5

donc, $\lim_{x \to -0{,}5^+} f(x) = 0{,}5$

Puisque $\lim_{x \to -0{,}5^-} f(x) \neq \lim_{x \to -0{,}5^+} f(x)$, alors $\lim_{x \to -0{,}5} f(x)$ n'existe pas. (théorème 1)

Remarque Une étude plus approfondie des notions de limite à gauche, de limite à droite et des conditions d'existence de la limite sera faite à la section 2.3.

c) Représentons graphiquement f.

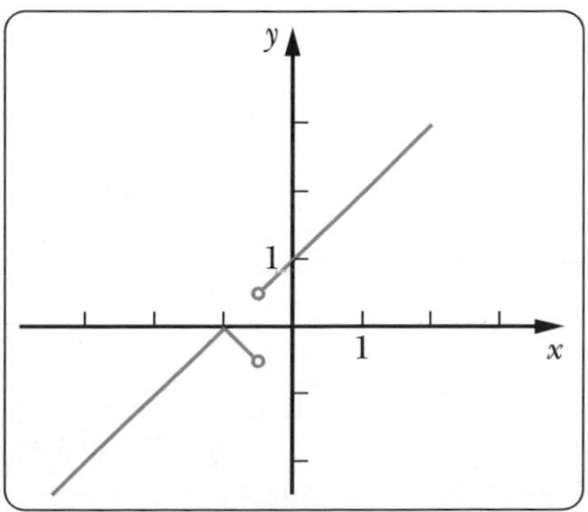

■

Théorèmes sur les limites

Énonçons maintenant quelques théorèmes sur les limites que nous admettons sans démonstration. Ces théorèmes nous serviront à évaluer algébriquement des limites, plutôt que de les évaluer à l'aide de tableaux de valeurs. De plus, ces théorèmes nous serviront à démontrer certaines règles de dérivation.

Théorème 2

a) Limite d'une fonction constante

$\lim_{x \to a} k = k$, où $k \in \mathbb{R}$

b) Limite de la fonction identitée

$\lim_{x \to a} x = a$

■ **Exemple 1** Soit $f(x) = 3$.

Alors $\lim_{x \to 2} 3 = 3$ (théorème 2a))

Représentation graphique

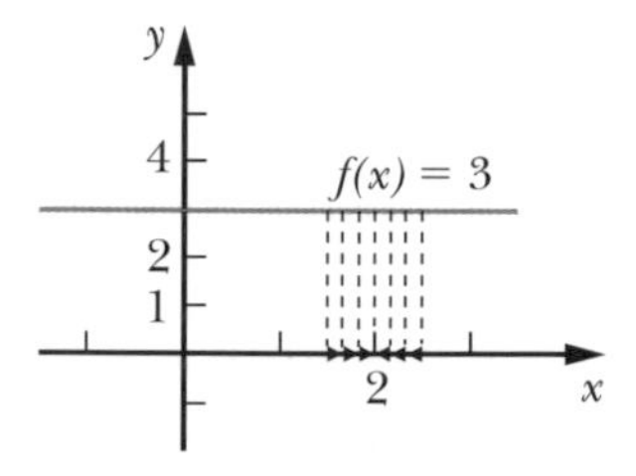

Autrement dit, la limite d'une constante est égale à cette constante. ■

■ **Exemple 2** Soit $f(x) = x$.

Alors $\lim_{x \to 3} x = 3$ (théorème 2b))

Représentation graphique

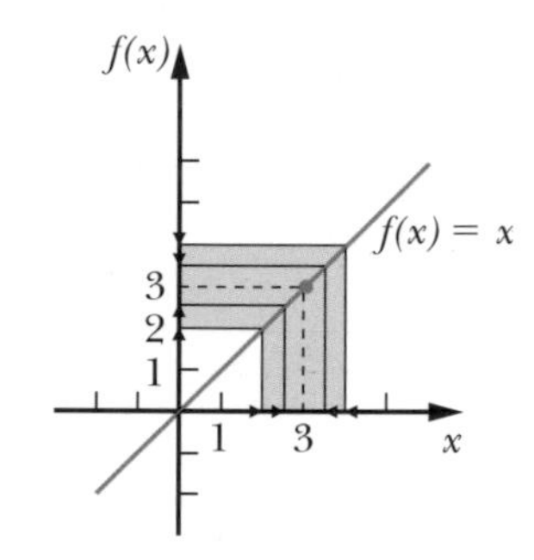

■

Théorème 3

Si $\lim_{x \to a} f(x) = \text{L}$ et $\lim_{x \to a} g(x) = \text{M}$, où $\text{L} \in \mathbb{R}$ et $\text{M} \in \mathbb{R}$, alors :

a) Limite d'une somme de fonctions

$\lim_{x \to a} [f(x) + g(x)] = \lim_{x \to a} f(x) + \lim_{x \to a} g(x) = \text{L} + \text{M}$

b) Limite du produit d'une fonction par une constante

$\lim_{x \to a} k\,f(x) = k \lim_{x \to a} f(x) = k\text{L}$, où $k \in \mathbb{R}$

c) Limite d'une différence de fonctions

$\lim_{x \to a} [f(x) - g(x)] = \lim_{x \to a} f(x) - \lim_{x \to a} g(x) = \text{L} - \text{M}$

d) Limite d'un produit de fonctions

$\lim_{x \to a} [f(x)\,g(x)] = \left(\lim_{x \to a} f(x)\right)\left(\lim_{x \to a} g(x)\right) = \text{LM}$

e) Limite d'un quotient de fonctions

$$\lim_{x \to a} \frac{f(x)}{g(x)} = \frac{\lim_{x \to a} f(x)}{\lim_{x \to a} g(x)} = \frac{\text{L}}{\text{M}}, \text{ si M} \neq 0$$

■ **Exemple 3** Évaluons les limites suivantes, à l'aide des théorèmes précédents.

a) $\lim\limits_{x\to 4} (x + 7) = \lim\limits_{x\to 4} x + \lim\limits_{x\to 4} 7$ (théorème 3a))

$= 4 + 7$ (théorèmes 2b) et 2a))

$= 11$

Autrement dit, la limite d'une somme est égale à la somme des limites, si chacune de ces limites existe.

b) $\lim\limits_{x\to -2} 5(x - 4) = 5 \lim\limits_{x\to -2} (x - 4)$ (théorème 3b))

$= 5\left[\lim\limits_{x\to -2} x - \lim\limits_{x\to -2} 4\right]$ (théorème 3c))

$= 5[-2 - (4)]$ (théorèmes 2b) et 2a))

$= -30$

c) $\lim\limits_{x\to 2} [(3x + 1)(5x - 4)] = \left(\lim\limits_{x\to 2} (3x + 1)\right)\left(\lim\limits_{x\to 2} (5x - 4)\right)$ (théorème 3d))

$= \left(\lim\limits_{x\to 2} 3x + \lim\limits_{x\to 2} 1\right)\left(\lim\limits_{x\to 2} 5x - \lim\limits_{x\to 2} 4\right)$ (théorème 3a))

$= \left(3 \lim\limits_{x\to 2} x + 1\right)\left(5 \lim\limits_{x\to 2} x - 4\right)$

(théorèmes 3b) et 2a))

$= (3 \times 2 + 1)(5 \times 2 - 4)$ (théorème 2b))

$= 42$

Autrement dit, la limite d'un produit est égale au produit des limites, si chacune de ces limites existe.

d) $\lim\limits_{x\to -1} \dfrac{3x}{2x + 1}$

Évaluons d'abord $\lim\limits_{x\to -1} (2x + 1)$, pour vérifier si cette limite est différente de 0.

Si elle est différente de 0, nous pourrons alors appliquer le théorème 3e).

$\lim\limits_{x\to -1} (2x + 1) = \lim\limits_{x\to -1} 2x + \lim\limits_{x\to -1} 1$ (théorème 3a))

$= 2 \lim\limits_{x\to -1} x + 1$ (théorèmes 3b) et 2a))

$= 2 \times (-1) + 1$ (théorème 2b))

$= -1$

Puisque la limite du dénominateur est différente de 0, appliquons le théorème 3e).

$\lim\limits_{x\to -1} \dfrac{3x}{2x + 1} = \dfrac{\lim\limits_{x\to -1} 3x}{\lim\limits_{x\to -1} (2x + 1)}$ (théorème 3e))

$= \dfrac{3 \lim\limits_{x\to -1} x}{-1}$ (théorème 3b), et $\lim\limits_{x\to -1} (2x + 1) = -1$)

$= \dfrac{3 \times (-1)}{-1}$ (théorème 2b))

$= 3$

Autrement dit, la limite d'un quotient est égale au quotient des limites si la limite du dénominateur est différente de 0. ■

Dans le calcul de $\lim\limits_{x \to a} \dfrac{f(x)}{g(x)}$, où $\lim\limits_{x \to a} g(x) = 0$, il y a deux possibilités:

a) Lorsque $\lim\limits_{x \to a} f(x) = 0$, nous disons que la limite $\lim\limits_{x \to a} \dfrac{f(x)}{g(x)}$ est une indétermination de la forme $\dfrac{0}{0}$, par exemple $\lim\limits_{x \to 2} \dfrac{x^2 - 4}{x - 2}$.

Nous étudierons ce cas à la section suivante.

b) Lorsque $\lim\limits_{x \to a} f(x) = k$ où $k \neq 0$, par exemple $\lim\limits_{x \to 2} \dfrac{x^2 + 4}{x - 2}$. Nous étudierons ce cas au chapitre 8.

Nous pouvons généraliser les théorèmes 3b), 3c) et 3d) de la façon suivante:

Théorème 4

Si $\lim\limits_{x \to a} f_i(x) = L_i$, où $L_i \in \mathbb{R}$, alors:

a) $$\lim_{x \to a} [f_1(x) \pm f_2(x) \pm \ldots \pm f_n(x)] = \lim_{x \to a} f_1(x) \pm \lim_{x \to a} f_2(x) \pm \ldots \pm \lim_{x \to a} f_n(x) = L_1 \pm L_2 \pm \ldots \pm L_n;$$

b) $$\lim_{x \to a} [f_1(x) f_2(x) \ldots f_n(x)] = \left(\lim_{x \to a} f_1(x)\right)\left(\lim_{x \to a} f_2(x)\right) \ldots \left(\lim_{x \to a} f_n(x)\right) = L_1 L_2 \ldots L_n.$$

■ **Exemple 4** Évaluons $\lim\limits_{x \to -2} x^3$.

$$\begin{aligned}
\lim_{x \to -2} x^3 &= \lim_{x \to -2} [x\,x\,x] \\
&= \left(\lim_{x \to -2} x\right)\left(\lim_{x \to -2} x\right)\left(\lim_{x \to -2} x\right) && \text{(théorème 4b))} \\
&= (-2)(-2)(-2) && \text{(théorème 2b))} \\
&= (-2)^3 \\
&= -8
\end{aligned}$$
■

Théorème 5

a) $\lim\limits_{x \to a} x^n = a^n$, où $n \in \mathbb{N}$

b) Si $\lim\limits_{x \to a} f(x) = L$, où $L \in \mathbb{R}$, alors:

$$\lim_{x \to a} [f(x)]^n = \left[\lim_{x \to a} f(x)\right]^n = L^n, \text{ où } n \in \mathbb{N}.$$

■ **Exemple 5** Évaluons $\lim\limits_{x \to -1} (x^4 + 1)^7$.

$$\begin{aligned}
\lim_{x \to -1} (x^4 + 1)^7 &= \left[\lim_{x \to -1} (x^4 + 1)\right]^7 && \text{(théorème 5b))} \\
&= \left[\lim_{x \to -1} x^4 + \lim_{x \to -1} 1\right]^7 && \text{(théorème 3a))} \\
&= [(-1)^4 + 1]^7 && \text{(théorèmes 5a) et 2a))} \\
&= [1 + 1]^7 \\
&= 128
\end{aligned}$$
■

Théorème 6

Si $\lim\limits_{x \to a} f(x) = \mathrm{L}$, où $\mathrm{L} \in \mathbb{R}$ et si $[f(x)]^r$ est définie pour x voisin de a, alors:

$$\lim_{x \to a} [f(x)]^r = \left[\lim_{x \to a} f(x)\right]^r = \mathrm{L}^r \text{ où } r > 0.$$

■ **Exemple 6** Évaluons $\lim\limits_{x \to -3} \sqrt{3 - 2x}$.

$$\begin{aligned}
\lim_{x \to -3} \sqrt{3 - 2x} &= \lim_{x \to -3} (3 - 2x)^{\frac{1}{2}} \\
&= \left(\lim_{x \to -3} (3 - 2x)\right)^{\frac{1}{2}} && \text{(théorème 6)} \\
&= \sqrt{\lim_{x \to -3} (3 - 2x)} \\
&= \sqrt{9} && \text{(théorèmes 3c), 3b), 2a) et 2b))} \\
&= 3
\end{aligned}$$

■

Remarque Dans le cas particulier des radicaux, nous pouvons écrire:

$\lim\limits_{x \to a} \sqrt[n]{f(x)} = \sqrt[n]{\lim\limits_{x \to a} f(x)}$, si $\sqrt[n]{f(x)}$ est définie pour x voisin de a et $n \in \mathbb{N}$.

Théorème 7
Théorème « sandwich »

Soit trois fonctions telles que $g(x) \leq f(x) \leq h(x)$, lorsque $x \in \,]c, d[$ ou $x \in \,]c, d[\, \setminus \{a\}$, où $c < a < d$.

Si $\lim\limits_{x \to a} g(x) = \lim\limits_{x \to a} h(x) = \mathrm{L}$, où $\mathrm{L} \in \mathbb{R}$, alors $\lim\limits_{x \to a} f(x) = \mathrm{L}$.

Représentation graphique du théorème « sandwich »

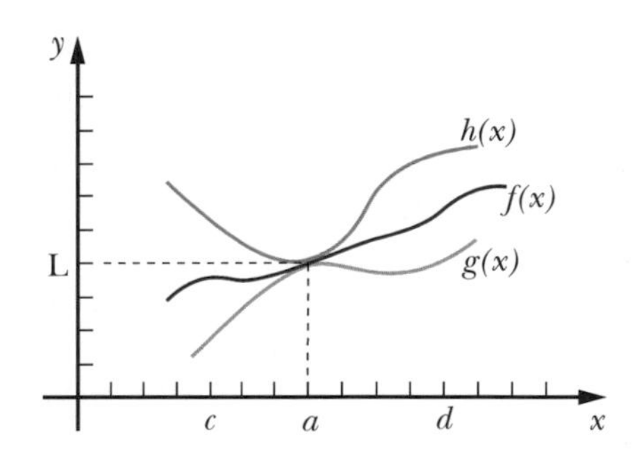

■ **Exemple 7** Évaluons $\lim\limits_{x \to 0} x^2 \sin\left(\dfrac{1}{x}\right)$.

Puisque nous ne pouvons pas évaluer $\lim\limits_{x \to 0} \sin\left(\dfrac{1}{x}\right)$, le théorème 3d) ne s'applique pas.

Par contre, nous savons que:

$$-1 \leq \sin\left(\frac{1}{x}\right) \leq 1, \ \forall\ x \in \mathbb{R} \setminus \{0\}$$

Ainsi, $-x^2 \leq x^2 \sin\left(\dfrac{1}{x}\right) \leq x^2, \ \forall\ x \in \mathbb{R} \setminus \{0\}$

De plus, $\lim\limits_{x \to 0} (-x^2) = 0$ et $\lim\limits_{x \to 0} x^2 = 0$, d'où $\lim\limits_{x \to 0} x^2 \sin\left(\dfrac{1}{x}\right) = 0$.

(théorème « sandwich »)

Outil technologique

```
>with(plots):
> f:=plot(x^2,x=-0.2..0.2,y=-0.04..0.04,
      color=orange):
> g:=plot(-x^2,x=-0.2..0.2,y=-0.04..0.04,
      color=green):
> h:=plot((x^2)*sin(1/x),x=-0.2..0.2,y=-0.04..0.04,
      color=blue):
> display(f,g,h);
```

Représentation graphique

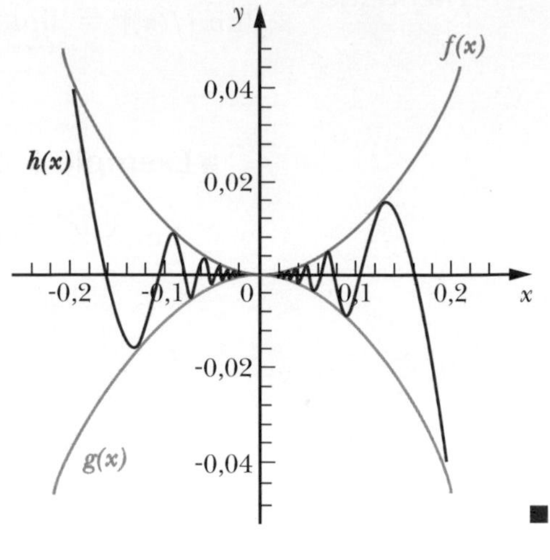

Nous utiliserons de nouveau ce théorème dans les prochains chapitres.

Exercices 2.1

1. Écrire les énoncés suivants sous la forme $\lim\limits_{x \to ?} \ldots = \ldots$

a) Plus les valeurs données à x sont voisines de -2 par la droite, plus les valeurs calculées pour $f(x)$ sont aussi près que nous le voulons de 10.

b) Plus les valeurs données à x sont voisines de 5 par la gauche, plus les valeurs calculées pour $f(x)$ sont aussi près que nous le voulons de -3.

c) Plus les valeurs données à x sont voisines de 5, plus les valeurs calculées pour $f(x)$ sont aussi près que nous le voulons de -9.

2. Traduire les expressions suivantes en énoncés littéraux.

a) $\lim\limits_{x \to 3^+} f(x) = 0$ b) $\lim\limits_{x \to \left(\frac{1}{2}\right)^-} h(x) = \dfrac{-4}{9}$ c) $\lim\limits_{x \to -5} g(x) = 8$

3. Soit la fonction f, représentée par le graphique ci-contre.

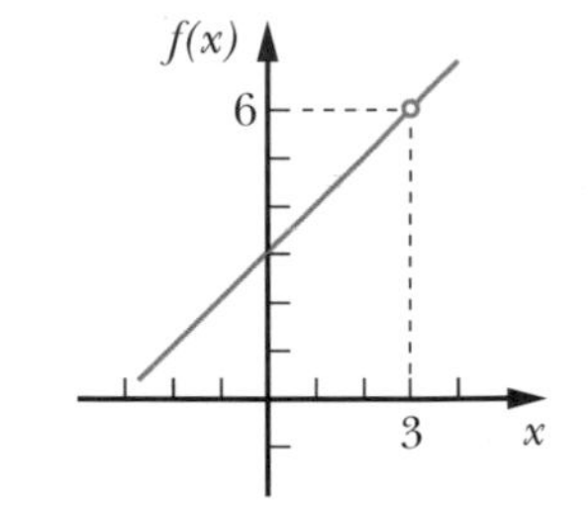

a) Compléter : Plus les valeurs données à x sont voisines de 3 par la gauche, plus les valeurs de f sont aussi près que nous le voulons de ______, ainsi $\lim\limits_{x \to \_} f(x) =$ ______.

b) Compléter : $\lim\limits_{x \to 3^+} f(x) =$ ______.

c) Compléter : $\lim\limits_{x \to 3} f(x) =$ ______.

4. Soit $f(x) = 3x^2 - 2x + 1$.

a) Compléter les tableaux suivants.

x	1,5	1,9	1,99	1,999	$\ldots \to 2^-$
$f(x)$					

x	2,5	2,1	2,01	2,001	$\ldots \to 2^+$
$f(x)$					

b) Évaluer $\lim_{x \to 2^-} (3x^2 - 2x + 1)$.

c) Évaluer $\lim_{x \to 2^+} (3x^2 - 2x + 1)$.

d) Évaluer $\lim_{x \to 2} (3x^2 - 2x + 1)$.

5. Soit $f(x) = \dfrac{x^2 - 4}{x + 2}$.

a) Déterminer le dom f.

b) Évaluer $\lim_{x \to -2^-} \dfrac{x^2 - 4}{x + 2}$, en donnant au moins quatre valeurs appropriées à x.

c) Évaluer $\lim_{x \to -2^+} \dfrac{x^2 - 4}{x + 2}$, en donnant au moins quatre valeurs appropriées à x.

d) Compléter : $\lim_{x \to -2} \dfrac{x^2 - 4}{x + 2} =$ ______.

e) Représenter graphiquement cette fonction.

6. Soit $f(x) = x - [x]$.

a) Évaluer $\lim_{x \to 2^-} f(x)$ à l'aide d'un tableau de valeurs (minimum quatre valeurs).

b) Évaluer $\lim_{x \to 2^+} f(x)$ à l'aide d'un tableau de valeurs (minimum quatre valeurs).

c) Évaluer, si possible, $\lim_{x \to 2} f(x)$.

7. Soit $f(x) = \dfrac{3 - x - 2x^2}{(x^2 + 3)(x - 1)}$.

a) Déterminer dom f.

b) Évaluer $\lim_{x \to 1} f(x)$, à l'aide de tableaux de valeurs appropriées.

8. Évaluer les limites suivantes en indiquant les théorèmes utilisés.

a) $\lim_{x \to 2} \left(3x - \dfrac{x^7}{8}\right)$

b) $\lim_{x \to -1} \dfrac{x}{(4 + x^3)^3}$

c) $\lim_{x \to 1} x\sqrt{x^2 - x + 1}$

9. Soit $\lim_{x \to a} f(x) = 9$, $\lim_{x \to a} g(x) = -8$, $\lim_{x \to a} h(x) = 0$, $f(a) = 3$ et $g(a) = 4$.

Évaluer, si possible, les limites suivantes en indiquant les théorèmes utilisés.

a) $\lim_{x \to a} [f(x) - g(x)]$

b) $\lim_{x \to a} [2\, g(x) f(x) - 5\, h(x)]$

c) $\lim_{x \to a} \dfrac{\sqrt[3]{g(x)}}{\sqrt{f(x)}}$

d) $\lim_{x \to a} \dfrac{f(x) - f(a)}{g(x) - g(a)}$

10. Soit trois fonctions telles que $(x^2 - 6x + 13) \leqslant g(x) \leqslant (-x^2 + 6x - 5)\ \forall\, x \in\,]0, 6[$.

a) Évaluer, si possible, $\lim_{x \to 3} g(x)$.

b) Évaluer, si possible, $\lim_{x \to 4} g(x)$.

c) Représenter graphiquement $f(x) = x^2 - 6x + 13$ et $h(x) = -x^2 + 6x - 5$ et donner une représentation possible de g.

Vous êtes-vous déjà demandé comment un indicateur de vitesse d'une automobile peut mesurer la vitesse à chaque instant? Pour mesurer une vitesse, il faut diviser l'espace parcouru par le temps pour le parcourir. Or, si le temps en question est « un instant », donc essentiellement zéro, l'espace parcouru sera aussi essentiellement zéro. C'est la difficulté que rencontrèrent les premiers mathématiciens qui se sont intéressés à cette question de la mesure à chaque instant de la vitesse d'un corps. C'est aussi pourquoi il est nécessaire de se pencher sur les indéterminations de la forme $\frac{0}{0}$.

2.2 INDÉTERMINATION DE LA FORME $\frac{0}{0}$

Objectif d'apprentissage

À la fin de cette section, l'élève pourra lever certaines indéterminations de la forme $\frac{0}{0}$.

Plus précisément, l'élève sera en mesure :

- de reconnaître une indétermination de la forme $\frac{0}{0}$;
- de lever certaines indéterminations de la forme $\frac{0}{0}$, à l'aide de tableaux de valeurs;
- de lever certaines indéterminations de la forme $\frac{0}{0}$, de façon algébrique :
  - en factorisant des expressions;
  - en développant des expressions;
  - en effectuant des simplifications;
  - en effectuant des divisions;
  - en utilisant le conjugué.

Les propositions sur les limites de la section précédente nous révèlent que, pour évaluer une limite $\left(\lim_{x \to a} f(x)\right)$, il semble suffisant de remplacer x par a dans la fonction donnée.

Par contre, il existe plusieurs cas où cette méthode n'est pas appropriée : par exemple, lorsque dans un quotient, la limite du numérateur est égale à 0 et la limite du dénominateur est égale à 0. Nous disons, dans ce cas, que nous avons une indétermination de la forme $\frac{0}{0}$.

■ **Exemple 1** Les limites suivantes sont des exemples d'indétermination de la forme $\frac{0}{0}$.

a) $\lim_{x \to 1} \frac{5x^2 - 5x}{x - 1}$ est une indétermination de la forme $\frac{0}{0}$.

b) $\lim_{h \to 0} \frac{(x + h)^2 - x^2}{h}$ est une indétermination de la forme $\frac{0}{0}$.

c) $\lim_{x \to 3} \frac{x^2 - 9}{\sqrt{x} - \sqrt{3}}$ est une indétermination de la forme $\frac{0}{0}$.

■

Évaluation de limites indéterminées de la forme $\frac{0}{0}$, à l'aide de tableaux de valeurs

La construction de tableaux de valeurs, telle que vue dans la section précédente, nous permet fréquemment de lever des indéterminations de la forme $\frac{0}{0}$.

■ **Exemple 1** En évaluant $\lim\limits_{x \to 1} \frac{5x^2 - 5x}{x - 1}$, nous obtenons la forme indéterminée $\frac{0}{0}$.

Construisons les deux tableaux suivants en donnant à x des valeurs voisines de 1, soit inférieurement dans le premier tableau et supérieurement dans le second tableau, et calculons $f(x)$ pour chacune des valeurs de x.

x	0,5	0,9	0,99	0,999	$\ldots \to 1^-$
$f(x)$	2,5	4,5	4,95	4,995	$\ldots \to 5$

donc, $\lim\limits_{x \to 1^-} f(x) = 5$

x	1,5	1,1	1,01	1,001	$\ldots \to 1^+$
$f(x)$	7,5	5,5	5,05	5,005	$\ldots \to 5$

donc, $\lim\limits_{x \to 1^+} f(x) = 5$

Puisque $\lim\limits_{x \to 1^-} f(x) = \lim\limits_{x \to 1^+} f(x) = 5$, alors $\lim\limits_{x \to 1} \frac{5x^2 - 5x}{x - 1} = 5$.

Nous avons donc levé l'indétermination de la forme $\frac{0}{0}$, à l'aide de tableaux de valeurs. ■

Il aurait cependant été préférable d'effectuer une simplification pour lever l'indétermination de l'exemple précédent.

Évaluation de limites indéterminées de la forme $\frac{0}{0}$, de façon algébrique

■ **Exemple 1** Évaluons la limite de l'exemple 1 précédent à l'aide d'une simplification.

$$\begin{aligned}\lim_{x \to 1} \frac{5x^2 - 5x}{x - 1} &= \lim_{x \to 1} \frac{5x(x - 1)}{(x - 1)} && \text{(mise en facteur)}\\ &= \lim_{x \to 1} 5x && \text{(en simplifiant, car } (x - 1) \neq 0\text{)}\\ &= 5 && \text{(en évaluant la limite)}\end{aligned}$$

■

■ **Exemple 2** $\lim\limits_{h \to 0} \frac{(x + h)^2 - x^2}{h}$ est une indétermination de la forme $\frac{0}{0}$.

Levons cette indétermination, en simplifiant.

$$\lim_{h\to 0}\frac{(x+h)^2-x^2}{h}=\lim_{h\to 0}\frac{x^2+2xh+h^2-x^2}{h}\quad\text{(en calculant } (x+h)^2\text{)}$$

$$=\lim_{h\to 0}\frac{2xh+h^2}{h}\quad\text{(en effectuant)}$$

$$=\lim_{h\to 0}\frac{h(2x+h)}{h}\quad\text{(mise en facteur)}$$

$$=\lim_{h\to 0}(2x+h)\quad\text{(en simplifiant, car } h\neq 0\text{)}$$

$$=2x\quad\text{(en évaluant la limite)}$$ ■

Certains calculs de limite exigent de transformer la fonction initiale dont nous voulons évaluer la limite.

■ **Exemple 3** $\lim_{x\to 2}\frac{\frac{1}{x}-\frac{1}{2}}{x-2}$ est une indétermination de la forme $\frac{0}{0}$.

Pour lever cette indétermination, il faut d'abord effectuer l'opération au numérateur.

$$\lim_{x\to 2}\frac{\frac{1}{x}-\frac{1}{2}}{x-2}=\lim_{x\to 2}\frac{\frac{2-x}{2x}}{x-2}\quad\text{(en effectuant l'opération au numérateur)}$$

$$=\lim_{x\to 2}\frac{2-x}{2x(x-2)}\quad\text{(en réduisant)}$$

$$=\lim_{x\to 2}\frac{-(x-2)}{2x(x-2)}\quad\text{(car } 2-x=-(x-2)\text{)}$$

$$=\lim_{x\to 2}\frac{-1}{2x}\quad\text{(en simplifiant, car } (x-2)\neq 0\text{)}$$

$$=\frac{-1}{4}\quad\text{(en évaluant la limite)}$$ ■

■ **Exemple 4** $\lim_{x\to -1}\frac{x^3+x^2+x+1}{x^4+x^3+x^2-x-2}$ est une indétermination de la forme $\frac{0}{0}$.

Levons cette indétermination en divisant le numérateur et le dénominateur par $(x+1)$, car en remplaçant x par -1 on obtient 0 au numérateur et au dénominateur, ce qui signifie que $(x+1)$ est un facteur au numérateur et un facteur au dénominateur.

$$\lim_{x\to -1}\frac{x^3+x^2+x+1}{x^4+x^3+x^2-x-2}=\lim_{x\to -1}\frac{\frac{x^3+x^2+x+1}{x+1}}{\frac{x^4+x^3+x^2-x-2}{x+1}}\quad\text{(car } (x+1)\neq 0\text{)}$$

$$=\lim_{x\to -1}\frac{x^2+1}{x^3+x-2}\quad\text{(en effectuant les divisions)}$$

$$=\frac{-1}{2}\quad\text{(en évaluant la limite)}$$ ■

Certains calculs de limite de fonctions contenant des radicaux exigent l'utilisation du conjugué.

■ **Exemple 5** $\lim\limits_{x \to 3} \dfrac{x^2 - 9}{\sqrt{x} - \sqrt{3}}$ est une indétermination de la forme $\dfrac{0}{0}$.

Pour lever cette indétermination, nous pouvons utiliser le conjugué de l'expression $(\sqrt{x} - \sqrt{3})$.

$$\lim_{x \to 3} \frac{x^2 - 9}{\sqrt{x} - \sqrt{3}} = \lim_{x \to 3} \left[\left(\frac{x^2 - 9}{\sqrt{x} - \sqrt{3}}\right)\left(\frac{\sqrt{x} + \sqrt{3}}{\sqrt{x} + \sqrt{3}}\right)\right]$$

(en multipliant le numérateur et le dénominateur de l'expression initiale par le conjugué du dénominateur)

$$= \lim_{x \to 3} \left[\frac{(x^2 - 9)(\sqrt{x} + \sqrt{3})}{x - 3}\right] \quad \text{(en effectuant)}$$

$$= \lim_{x \to 3} \left[\frac{(x - 3)(x + 3)(\sqrt{x} + \sqrt{3})}{x - 3}\right] \quad \text{(en factorisant)}$$

$$= \lim_{x \to 3} \left[(x + 3)(\sqrt{x} + \sqrt{3})\right]$$

(en simplifiant, car $(x - 3) \neq 0$)

$$= 12\sqrt{3} \quad \text{(en évaluant la limite)}$$

■

■ **Exemple 6** $\lim\limits_{x \to 5} \dfrac{\dfrac{1}{\sqrt{x}} - \dfrac{1}{\sqrt{5}}}{x - 5}$ est une indétermination de la forme $\dfrac{0}{0}$.

Levons cette indétermination.

$$\lim_{x \to 5} \frac{\dfrac{1}{\sqrt{x}} - \dfrac{1}{\sqrt{5}}}{x - 5} = \lim_{x \to 5} \frac{\dfrac{\sqrt{5} - \sqrt{x}}{\sqrt{x}\sqrt{5}}}{x - 5} \quad \text{(en effectuant l'opération au numérateur)}$$

$$= \lim_{x \to 5} \frac{\sqrt{5} - \sqrt{x}}{\sqrt{x}\sqrt{5}\,(x - 5)} \quad \text{(en réduisant)}$$

$$= \lim_{x \to 5} \left[\left(\frac{\sqrt{5} - \sqrt{x}}{\sqrt{x}\sqrt{5}\,(x - 5)}\right)\left(\frac{\sqrt{5} + \sqrt{x}}{\sqrt{5} + \sqrt{x}}\right)\right]$$

(en multipliant le numérateur et le dénominateur de l'expression initiale par le conjugué du numérateur)

$$= \lim_{x \to 5} \frac{5 - x}{\sqrt{x}\sqrt{5}(x - 5)(\sqrt{5} + \sqrt{x})} \quad \text{(en effectuant)}$$

$$= \lim_{x \to 5} \frac{-1}{\sqrt{x}\sqrt{5}(\sqrt{5} + \sqrt{x})} \quad \text{(en simplifiant, car } (x - 5) \neq 0)$$

$$= \frac{-1}{10\sqrt{5}} \quad \text{(en évaluant la limite)}$$

■

Nous tenons à souligner qu'il existe d'autres formes d'indétermination et d'autres méthodes pour lever des indéterminations. Certains de ces éléments seront étudiés dans des chapitres ultérieurs ainsi que dans un deuxième cours de calcul.

Exercices 2.2

1. Déterminer, parmi les limites suivantes, celles qui sont une indétermination de la forme $\frac{0}{0}$.

a) $\lim\limits_{x \to 2} \dfrac{(x-2)(x^3-8)}{x}$

b) $\lim\limits_{x \to 0} \dfrac{(x-2)(x^3-8)}{x}$

c) $\lim\limits_{x \to 2} \dfrac{x-2}{x^3-8}$

d) $\lim\limits_{x \to 5} \dfrac{\sqrt{3x}-\sqrt{15}}{x^2-25}$

e) $\lim\limits_{x \to 3} \dfrac{3^x-27}{x^3-27}$

f) $\lim\limits_{h \to 0} \dfrac{(x+h)^3+x^3}{h}$

2. Évaluer les limites suivantes à l'aide de tableaux de valeurs.

a) $\lim\limits_{x \to 8} \dfrac{\sqrt[3]{x}-2}{x-8}$

b) $\lim\limits_{x \to 0} \dfrac{\sin x}{x}$, où x est en radians.

3. Évaluer les limites suivantes de façon algébrique.

a) $\lim\limits_{x \to 0} \dfrac{x^2+3x}{5x}$

b) $\lim\limits_{x \to -5} \dfrac{x+5}{x^2-25}$

c) $\lim\limits_{x \to 9} \dfrac{3-\sqrt{x}}{x-9}$

d) $\lim\limits_{x \to -1} \dfrac{x^2-3x-4}{x^3-1}$

e) $\lim\limits_{x \to 1} \dfrac{x^5-x}{x-1}$

f) $\lim\limits_{x \to 0} \dfrac{3x}{4-(2-x)^2}$

g) $\lim\limits_{x \to 1} \dfrac{x^2-1}{\dfrac{1}{x}-1}$

h) $\lim\limits_{x \to 2} \dfrac{x^3-8}{x^2-4}$

i) $\lim\limits_{h \to 0} \dfrac{\dfrac{1}{\sqrt{x+h}}-\dfrac{1}{\sqrt{x}}}{h}$

j) $\lim\limits_{x \to 2} \dfrac{x^5-2x^4+x^2-x-2}{-x^3-2x^2+10x-4}$

4. Évaluer les limites suivantes.

a) $\lim\limits_{x \to 1} \dfrac{\sqrt[4]{x}-\dfrac{1}{\sqrt[4]{x}}}{3-2x-x^2}$

b) $\lim\limits_{t \to 9} \dfrac{3t^{\frac{-3}{2}}-\dfrac{\sqrt{t}}{27}}{t^{\frac{1}{2}}-3}$

c) $\lim\limits_{x \to 2} \dfrac{\sqrt{11-x}-3}{2-\sqrt{x+2}}$

d) $\lim\limits_{h \to 0} \dfrac{5(x+h)^2-7(x+h)-5x^2+7x}{h}$

e) $\lim\limits_{\Delta x \to 0} \dfrac{(x+\Delta x)^{\frac{1}{2}}-x^{\frac{1}{2}}}{\Delta x}$

2.3 CONTINUITÉ

Objectif d'apprentissage

À la fin de cette section, l'élève pourra déterminer si une fonction est continue en un point et sur un intervalle donné.

Plus précisément, l'élève sera en mesure:
- de calculer des limites à gauche et des limites à droite, graphiquement;
- de calculer des limites à gauche et des limites à droite, algébriquement;
- d'énoncer un théorème sur l'existence de la limite en un point;
- d'utiliser le théorème précédent pour déterminer si une limite existe;
- de donner une définition intuitive de continuité;
- de déterminer les points de discontinuité d'une fonction, à l'aide de son graphique;
- d'énoncer la définition formelle de continuité en un point;
- de repérer les valeurs où f est susceptible d'être discontinue;
- d'utiliser la définition précédente pour déterminer si une fonction est continue en un point;
- d'énoncer la définition de fonction continue sur un intervalle;
- de déterminer si une fonction est continue sur un intervalle donné;
- d'énoncer le théorème de la valeur intermédiaire;
- d'appliquer le théorème de la valeur intermédiaire;
- d'énoncer le corollaire du théorème de la valeur intermédiaire;
- d'appliquer le corollaire du théorème de la valeur intermédiaire.

Avant d'aborder la notion de continuité, étudions d'une façon plus approfondie la notion de limite à gauche et de limite à droite.

Limite à gauche et limite à droite

Dans cette section nous évaluerons des limites à gauche et des limites à droite de fonctions définies par parties.

■ **Exemple 1** Soit $f(x) = \begin{cases} x - 3 & \text{si} \quad x < 5 \\ 1 & \text{si} \quad x = 5 \\ 9 - x & \text{si} \quad x > 5 \end{cases}$

Représentation graphique

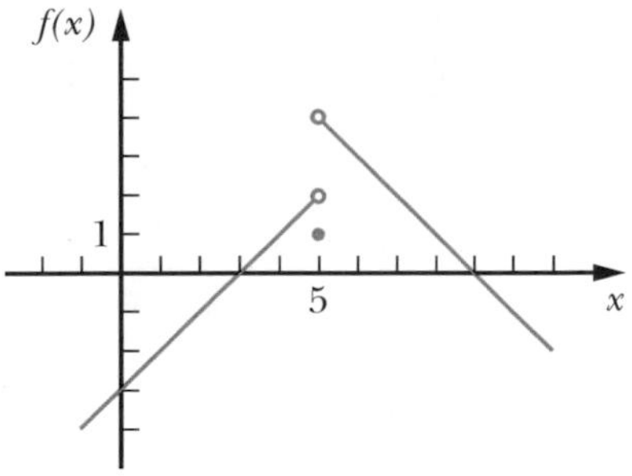

dont la représentation graphique est ci-contre.

Étudions les valeurs obtenues pour $f(x)$ lorsque $x = 5$ et lorsque x est voisin de 5.

Pour $x = 5$, nous avons $f(5) = 1$.

Dans le cas où $x < 5$ et $x \to 5$, nous avons

$$\begin{aligned} \lim_{x \to 5^-} f(x) &= \lim_{x \to 5^-} (x - 3) && (\text{car } f(x) = x - 3 \text{ si } x < 5) \\ &= 2 && (\text{en évaluant la limite}) \end{aligned}$$

Cette limite s'appelle *limite à gauche.*

Pour $x > 5$ et $x \to 5$, nous avons

$$\begin{aligned} \lim_{x \to 5^+} f(x) &= \lim_{x \to 5^+} (9 - x) && (\text{car } f(x) = 9 - x \text{ si } x > 5) \\ &= 4 && (\text{en évaluant la limite}) \end{aligned}$$

Cette limite s'appelle *limite à droite.*

Puisque $\lim_{x \to 5^-} f(x) \neq \lim_{x \to 5^+} f(x)$, alors $\lim_{x \to 5} f(x)$ n'existe pas. (théorème 1) ■

Remarque Le fait que $f(5) = 1$ n'a aucune importance dans l'évaluation des limites précédentes, car $x \to 5$ signifie x voisin de 5 mais $x \neq 5$.

■ **Exemple 2** Soit $f(x) = \begin{cases} x & \text{si} \quad x < 2 \\ 5 & \text{si} \quad x = 2 \\ x^2 - 2 & \text{si} \quad x > 2. \end{cases}$

Représentation graphique

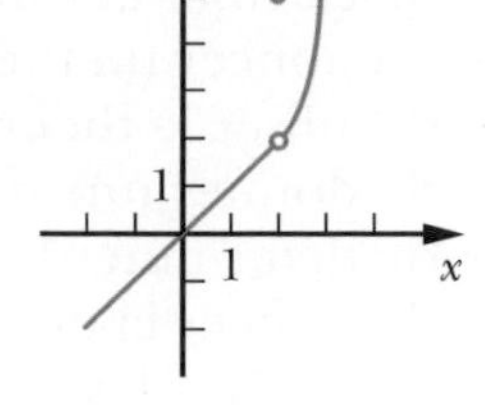

Évaluons, si possible, $\lim\limits_{x \to 2} f(x)$.

$$\lim_{x \to 2^-} f(x) = \lim_{x \to 2^-} x \qquad (\text{car } f(x) = x \text{ si } x < 2)$$

$$= 2 \qquad (\text{en évaluant la limite})$$

$$\lim_{x \to 2^+} f(x) = \lim_{x \to 2^+} (x^2 - 2) \qquad (\text{car } f(x) = x^2 - 2 \text{ si } x > 2)$$

$$= 2 \qquad (\text{en évaluant la limite})$$

Puisque $\lim\limits_{x \to 2^-} f(x) = \lim\limits_{x \to 2^+} f(x) = 2$, alors $\lim\limits_{x \to 2} f(x) = 2$. (théorème 1) ■

Nous pouvons également évaluer la limite d'une fonction définie à partir d'un graphique.

■ **Exemple 3** Soit la fonction f définie par le graphique ci-dessous.

Évaluons, si possible, $\lim\limits_{x \to 5} f(x)$ ainsi que $\lim\limits_{x \to 15} f(x)$.

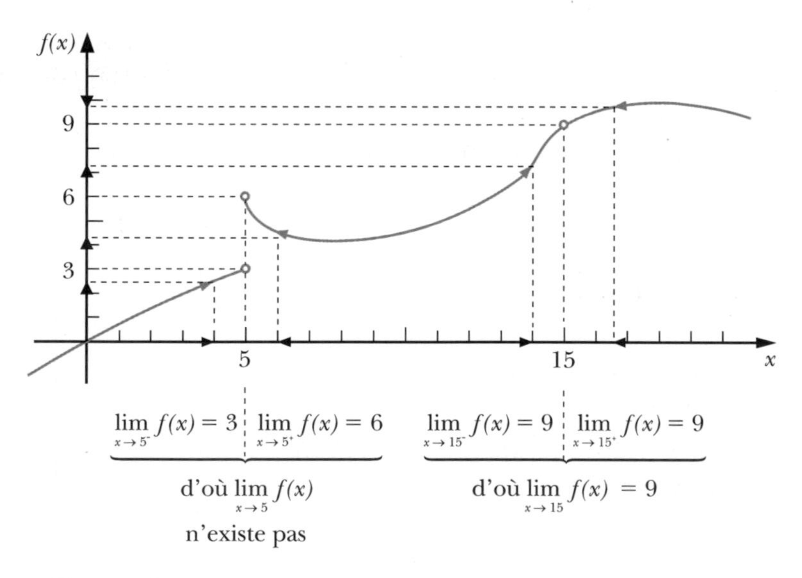

■

■ **Exemple 4** Soit f, la fonction définie par le graphique suivant.

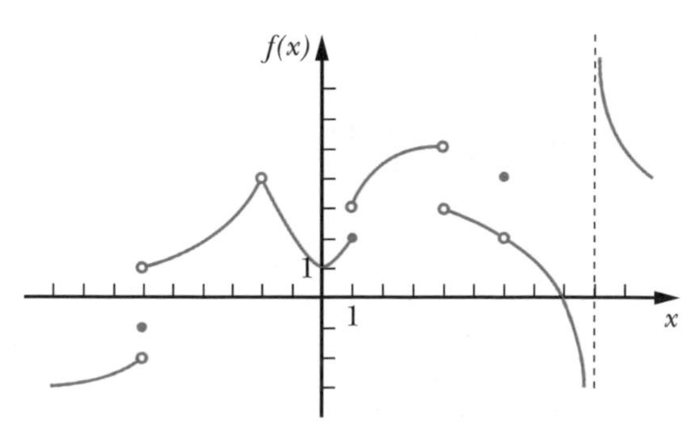

Évaluons, si possible, les expressions suivantes.

a) $f(-6) = -1$

b) $f(-2)$ non définie

c) $f(0) = 1$

d) $f(1) = 2$

e) $f(4)$ non définie

f) $f(6) = 4$

g) $f(8) = 0$

h) $\lim\limits_{x \to -6^-} f(x) = -2$

i) $\lim\limits_{x \to -6^+} f(x) = 1$

j) $\lim\limits_{x \to -6} f(x)$ n'existe pas

k) $\lim\limits_{x \to -2^-} f(x) = 4$

l) $\lim\limits_{x \to -2^+} f(x) = 4$

m) $\lim\limits_{x \to -2} f(x) = 4$

n) $\lim\limits_{x \to 1} f(x)$ n'existe pas

o) $\lim\limits_{x \to 4} f(x)$ n'existe pas

p) $\lim\limits_{x \to 6} f(x) = 2$

q) $\lim\limits_{x \to 8} f(x) = 0$

r) $\lim\limits_{x \to 9} f(x)$ n'existe pas ■

Présentation intuitive de la notion de continuité

Avant de définir de façon formelle la continuité d'une fonction en un point, nous allons présenter la continuité de façon intuitive.

> Une fonction est dite continue lorsque la courbe qui la représente n'a pas de coupure, c'est-à-dire lorsque nous pouvons la tracer sans lever le crayon.

■ **Exemple 1** Le graphique ci-contre représente une fonction continue $\forall\, x \in \mathbb{R}$.

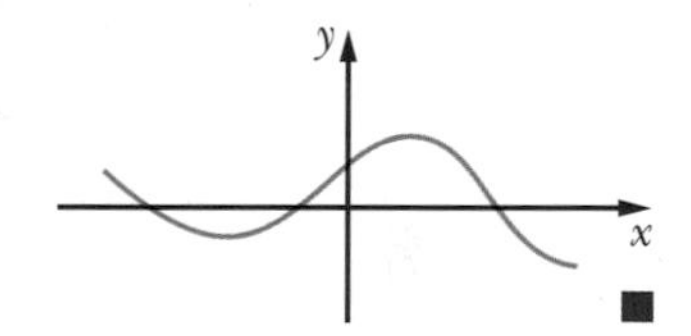

■

Voici différents graphiques de fonctions non continues en un point, également appelées fonctions discontinues en un point. Nous indiquons la raison pour laquelle ces fonctions sont discontinues.

■ **Exemple 2** Chacune des fonctions suivantes est discontinue en $x = 3$, car:

a)

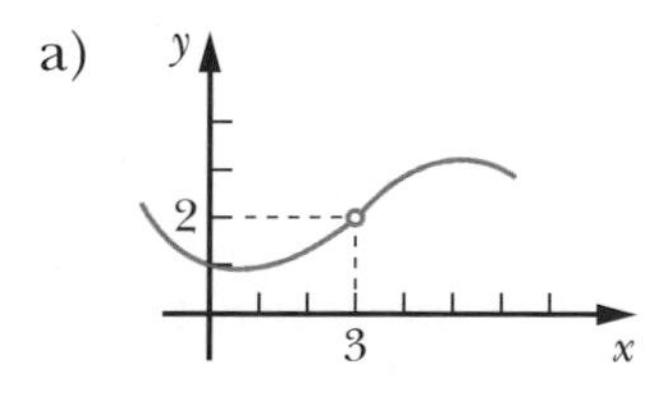

$f(3)$ est non définie,

c'est-à-dire $3 \notin \text{dom} f$.

b)

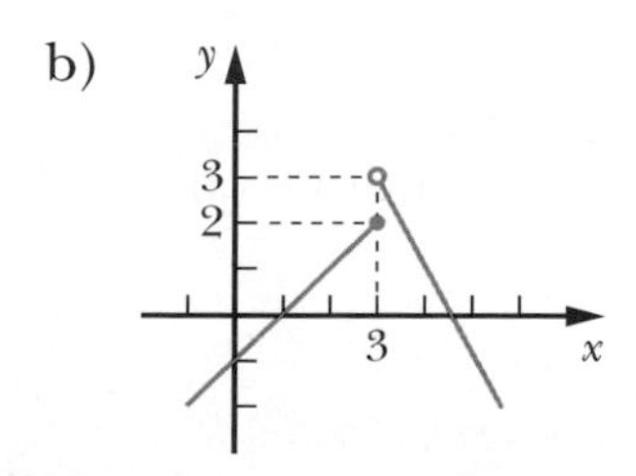

$3 \in \text{dom} f$ et $f(3) = 2$

$$\left.\begin{array}{l}\lim\limits_{x \to 3^-} f(x) = 2 \\ \lim\limits_{x \to 3^+} f(x) = 3\end{array}\right\} \text{ donc, } \lim\limits_{x \to 3} f(x) \text{ n'existe pas.}$$

c) 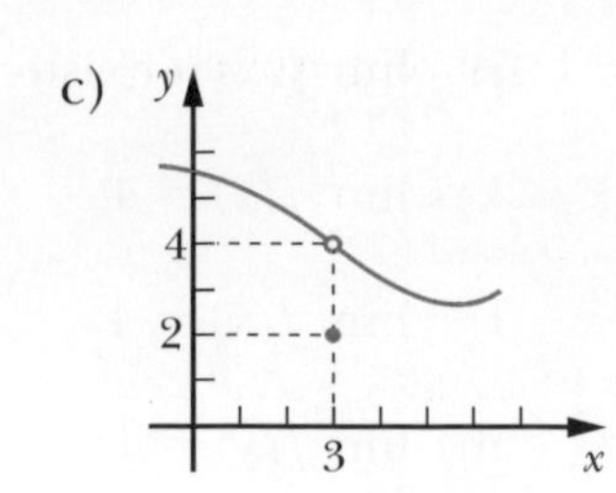

$3 \in \text{dom}\, f$ et $f(3) = 2$

$\left.\begin{array}{l}\lim\limits_{x \to 3^-} f(x) = 4 \\ \lim\limits_{x \to 3^+} f(x) = 4\end{array}\right\}$ donc, $\lim\limits_{x \to 3} f(x) = 4$

cependant, $\lim\limits_{x \to 3} f(x) \neq f(3)$. ■

Remarque Il est facile de constater qu'une fonction est continue en $x = 3$,

si $\lim\limits_{x \to 3} f(x) = f(3)$.

Continuité d'une fonction en un point

La continuité d'une fonction en un point se définit de la façon suivante.

> ***Définition***
>
> f est **continue en $x = a$** si et seulement si :
>
> 1) $f(a)$ est définie, c'est-à-dire $a \in \text{dom}\, f$;
> 2) $\lim\limits_{x \to a} f(x)$ existe ;
> 3) $\lim\limits_{x \to a} f(x) = f(a)$.

Remarque Une fonction est discontinue en $x = a$, si au moins une des trois conditions précédentes n'est pas satisfaite.

■ **Exemple 1** Utilisons le graphique ci-contre pour déterminer si la fonction est continue aux valeurs de x données.

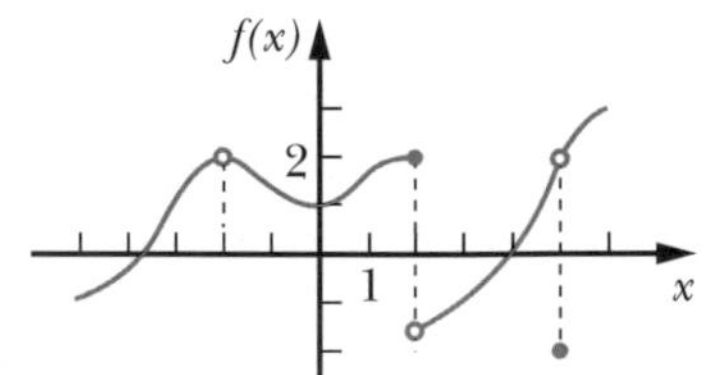

a) En $x = -2$

$f(-2)$ est non définie.
D'où f est discontinue en $x = -2$. (condition 1)

b) En $x = 0$

1) $f(0) = 1$

2) $\left.\begin{array}{l}\lim\limits_{x \to 0^-} f(x) = 1 \\ \lim\limits_{x \to 0^+} f(x) = 1\end{array}\right\}$ donc, $\lim\limits_{x \to 0} f(x) = 1$

3) $\lim\limits_{x \to 0} f(x) = f(0)$, car $f(0) = 1$ et $\lim\limits_{x \to 0} f(x) = 1$
D'où f est continue en $x = 0$.

c) En $x = 2$

$\lim\limits_{x \to 2} f(x)$ n'existe pas. D'où f est discontinue en $x = 2$. (condition 2)

d) En $x = 5$

$f(5) = -2$ et $\lim\limits_{x \to 5} f(x) = 2$

Ainsi, $\lim\limits_{x \to 5} f(x) \neq f(5)$. D'où f est discontinue en $x = 5$. (condition 3) ■

■ **Exemple 2** Soit $f(x) = \dfrac{3}{x-1}$ si $x \neq 4$.

a) Trouvons les valeurs de x susceptibles de causer des discontinuités.

i) $f(4)$ est non définie, car $4 \notin \text{dom } f$.
D'où f est discontinue en $x = 4$. (condition 1)

ii) $f(1)$ est non définie, car le dénominateur prendrait la valeur 0 en remplaçant x par 1. D'où f est discontinue en $x = 1$. (condition 1)

b) Déterminons les valeurs de x telles que f soit continue.
f est continue sur $\mathbb{R} \setminus \{1, 4\}$. ■

■ **Exemple 3** Soit $f(x) = \begin{cases} 2x & \text{si } x < 1 \\ 3 & \text{si } x = 1 \\ x^2 + 1 & \text{si } 1 < x < 2 \\ 5 & \text{si } x = 2 \\ 7 - x & \text{si } x > 2. \end{cases}$

Vérifions si f est continue aux valeurs de x données et représentons graphiquement cette fonction.

a) En $x = 1$

1re condition : $f(1) = 3$

2e condition : il faut calculer la limite à gauche et la limite à droite pour déterminer si la limite existe.

$$\left.\begin{array}{l} \lim\limits_{x \to 1^-} f(x) = \lim\limits_{x \to 1^-} 2x = 2 \\ \lim\limits_{x \to 1^+} f(x) = \lim\limits_{x \to 1^+} (x^2 + 1) = 2 \end{array}\right\} \text{ donc, } \lim_{x \to 1} f(x) = 2$$

3e condition : $\lim\limits_{x \to 1} f(x) \neq f(1)$, car $\lim\limits_{x \to 1} f(x) = 2$ et $f(1) = 3$

La troisième condition n'est pas satisfaite, d'où f est discontinue en $x = 1$.

b) En $x = 2$

1re condition : $f(2) = 5$

2e condition :

$$\left.\begin{array}{l} \lim\limits_{x \to 2^-} f(x) = \lim\limits_{x \to 2^-} (x^2 + 1) = 5 \\ \lim\limits_{x \to 2^+} f(x) = \lim\limits_{x \to 2^+} (7 - x) = 5 \end{array}\right\} \text{ donc, } \lim_{x \to 2} f(x) = 5$$

3e condition : $\lim\limits_{x \to 2} f(x) = f(2)$, car $f(2) = 5$ et $\lim\limits_{x \to 2} f(x) = 5$

Les trois conditions sont satisfaites. D'où f est continue en $x = 2$.

Représentation graphique

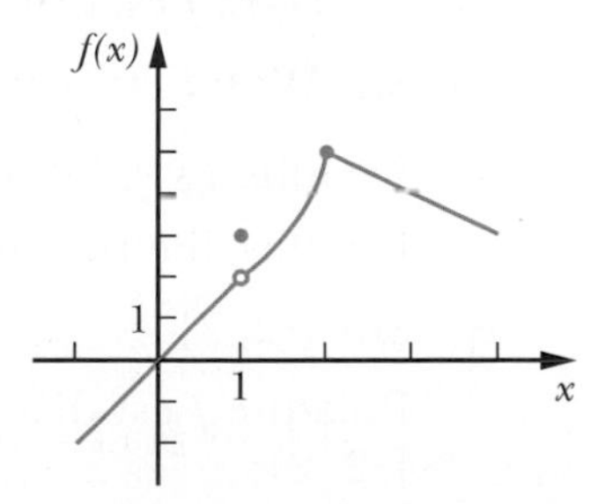

■

Continuité d'une fonction sur un intervalle

La continuité d'une fonction sur un intervalle se définit de la façon suivante.

Définition

Une fonction f est:

1) **continue sur]a, b[** si elle est continue $\forall\, x \in\,]a, b[$.

2) **continue sur [a, b]** si $\begin{cases} 1)\ f \text{ est continue sur }]a, b[\,; \\ 2)\ \lim\limits_{x \to a^+} f(x) = f(a); \\ 3)\ \lim\limits_{x \to b^-} f(x) = f(b). \end{cases}$

3) **continue sur]a, b]** si $\begin{cases} 1)\ f \text{ est continue sur }]a, b[\,; \\ 2)\ \lim\limits_{x \to b^-} f(x) = f(b). \end{cases}$

4) **continue sur [a, b[** si $\begin{cases} 1)\ f \text{ est continue sur }]a, b[\,; \\ 2)\ \lim\limits_{x \to a^+} f(x) = f(a). \end{cases}$

■ **Exemple 1** Utilisons le graphique ci-contre pour déterminer si la fonction est continue sur les intervalles donnés.

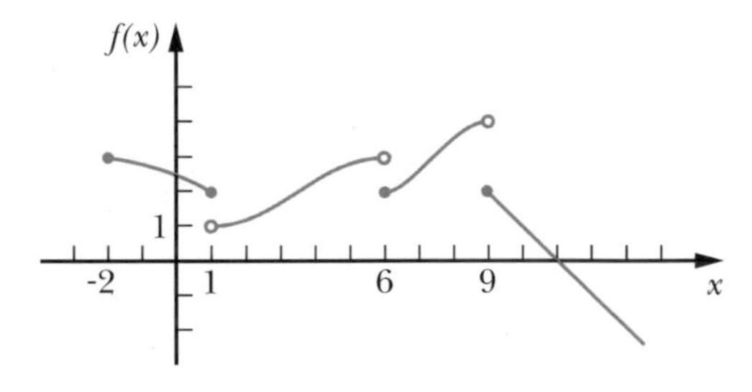

a) Sur]1, 6[

Puisque f est continue $\forall\, x \in\,]1, 6[$, f est continue sur]1, 6[.

b) Sur [-2, 1]

1) f est continue sur]-2, 1[;

2) $\lim\limits_{x \to -2^+} f(x) = f(-2) = 3$;

3) $\lim\limits_{x \to 1^-} f(x) = f(1) = 2$.

D'où f est continue sur [-2, 1].

c) Sur [6, 9]

1) f est continue sur]6, 9[;

2) $\lim\limits_{x \to 6^+} f(x) = f(6) = 2$;

3) $\lim\limits_{x \to 9^-} f(x) = 4$ et $f(9) = 2$.

Ainsi, $\lim\limits_{x \to 9^-} f(x) \neq f(9)$

D'où f est discontinue sur [6, 9]. Cependant f est continue sur [6, 9[.

d) Sur]9, $+\infty$

Puisque f est continue $\forall\, x \in\,]9, +\infty$, f est continue sur]9, $+\infty$.

De plus, il est facile de vérifier que f est continue sur [9, $+\infty$.

e) Sur [-2, 2]

Puisque f est discontinue en $x = 1$, où $1 \in\,]-2, 2[$, f est discontinue sur [-2, 2]. ■

■ **Exemple 2** Soit $f(x) = \dfrac{1}{x-4}$.

Vérifions si f est continue :

a) sur $]2, 5[$

Puisque $f(4)$ est non définie et que $4 \in\ ]2, 5[$, f est discontinue sur $]2, 5[$.

b) sur $]2, 4[$

Puisque f est continue $\forall\ x \in\ ]2, 4[$, car $4 \notin\ ]2, 4[$, f est continue sur $]2, 4[$.

c) sur $[4, 6[$

Puisque $f(4)$ est non définie et que $4 \in [4, 6[$, f est discontinue sur $[4, 6[$.

Donc, f est discontinue sur tout intervalle I tel que $4 \in$ I et f est continue sur tout intervalle I tel que $4 \notin$ I. ■

De façon générale, les fonctions polynomiales sont continues sur $\mathbb{R}$; les fonctions rationnelles $\dfrac{f(x)}{g(x)}$, où $f(x)$ et $g(x)$ sont des fonctions polynomiales, sont continues pour tout x, où $g(x) \neq 0$.

Théorème de la valeur intermédiaire

Énonçons maintenant un théorème relatif aux fonctions continues. Nous ne démontrerons pas ce théorème, car la démonstration dépasse le niveau du cours. Toutefois, une justification graphique et intuitive de ce théorème devrait nous convaincre de sa validité.

Théorème 8
Théorème de la valeur intermédiaire

Si f est une fonction telle que :

1) f est continue sur $[a, b]$;

2) $f(a) < \mathrm{L} < f(b)$ (ou $f(a) > \mathrm{L} > f(b)$),

alors il existe au moins un nombre $c \in\ ]a, b[$ tel que $f(c) = \mathrm{L}$.

Ce théorème semble évident. Pourtant, une preuve rigoureuse n'a été donnée qu'après qu'on eut défini précisément le sens de fonction continue. Il est intéressant aussi de remarquer que ce théorème est à la base des quatre démonstrations du théorème fondamental de l'algèbre, proposées par le grand mathématicien Carl Friedrich Gauss (1777-1855) entre 1799 et 1848. Ce théorème dit que tout polynôme de degré n a précisément n racines (réelles ou complexes). Énoncé pour la première fois par Albert Girard (1595-1632) en 1629, plus de 150 ans ont donc été nécessaires pour le démontrer.

■ **Exemple 1** Les graphiques suivants illustrent le théorème de la valeur intermédiaire.

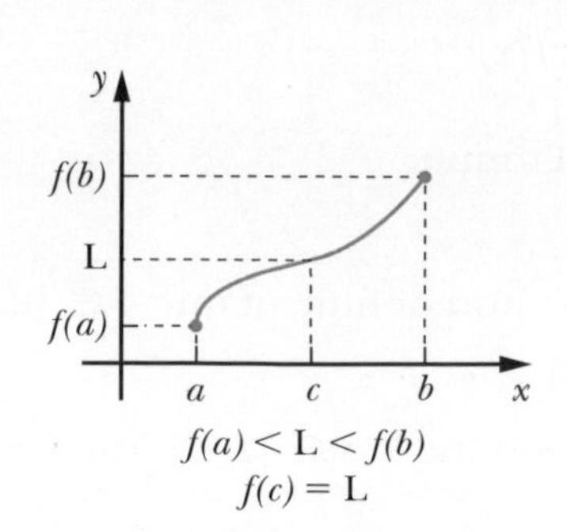

$f(a) < L < f(b)$
$f(c) = L$

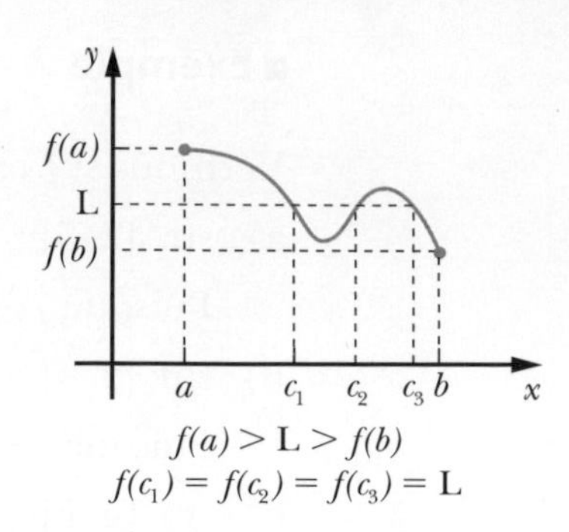

$f(a) > L > f(b)$
$f(c_1) = f(c_2) = f(c_3) = L$

■

■ **Exemple 2** Soit $f(x) = 2x^2 - 12x + 19$ sur $[2, 6]$.

1) Puisque f est une fonction polynomiale, f est continue sur $[2, 6]$.
2) Puisque $f(2) = 3$ et que $f(6) = 19$, alors $\forall$ L $\in]3, 19[$, il existe au moins un $c \in]2, 6[$ tel que $f(c) = L$.

   a) Pour $L_1 = 12$, déterminons $c_1 \in]2, 6[$ tel que $f(c_1) = 12$.

   $2x^2 - 12x + 19 = 12$

   $2x^2 - 12x + 7 = 0$

   Ainsi, $x_1 = \dfrac{6 + \sqrt{22}}{2} = 5{,}34\ldots$ et $x_2 = \dfrac{6 - \sqrt{22}}{2} = 0{,}65\ldots$

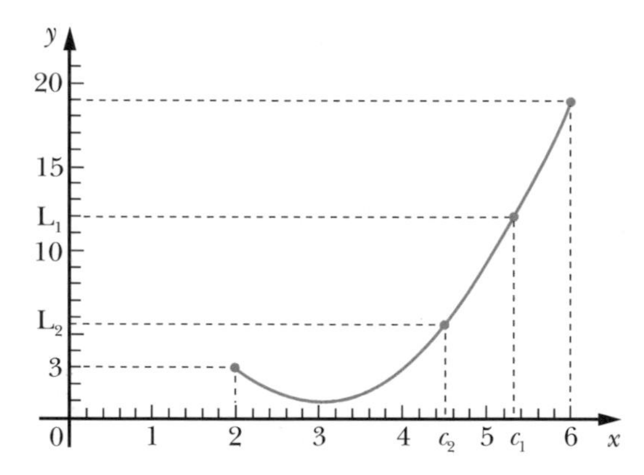

   Puisque $x_1 \in]2, 6[$ et que $x_2 \notin]2, 6[$ nous avons $c_1 = \dfrac{6 + \sqrt{22}}{2}$.

   b) Pour $L_2 = 5{,}5$, déterminons $c_2 \in]2, 6[$ tel que $f(c_2) = 12$.

   $2x^2 - 12x + 19 = 5{,}5$
   $2x^2 - 12x + 13{,}5 = 0$

   Ainsi, $x_1 = \dfrac{12 + \sqrt{36}}{4} = 4{,}5$ et $x_2 = \dfrac{12 - \sqrt{36}}{4} = 1{,}5$

   Puisque $x_1 \in]2, 6[$ et que $x_2 \notin]2, 6[$ nous avons $c_2 = 4{,}5$. ■

Corollaire

Si f est une fonction telle que :

1) f est continue sur $[a, b]$;
2) $f(a)$ et $f(b)$ sont de signes contraires,

alors il existe au moins un nombre $c \in]a, b[$ tel que $f(c) = 0$.

■ **Exemple 3** Les graphiques suivants illustrent le corollaire précédent.

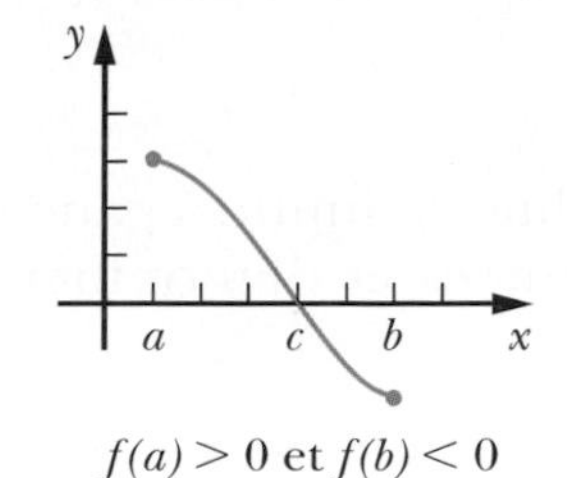

$f(a) > 0$ et $f(b) < 0$
$f(c) = 0$

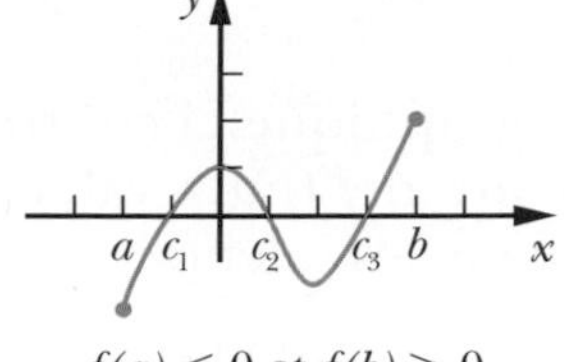

$f(a) < 0$ et $f(b) > 0$
$f(c_1) = f(c_2) = f(c_3) = 0$ ■

OUTIL TECHNOLOGIQUE

■ **Exemple 4** Soit $f(x) = -x^5 + 25x^2 + 4x + 130$, où $x \in [0, 4]$.

1) Puisque f est une fonction polynomiale, f est continue sur $[0, 4]$.

2) Déterminons un intervalle $[a, b]$ de longueur 1, où $a \in \mathbb{Z}$ et $b \in \mathbb{Z}$, tel que $f(a)$ et $f(b)$ soient de signe contraire.

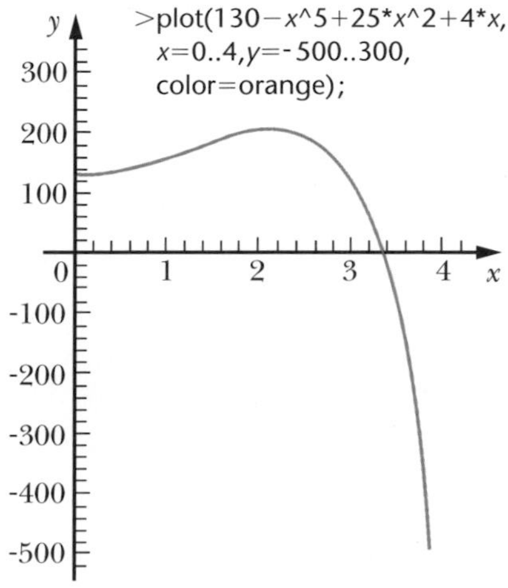

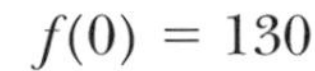

$f(0) = 130$

$f(1) = 158$

$f(2) = 206$

$f(3) = 124$

$f(4) = -478$

Donc, l'intervalle cherché est $[3, 4]$.

Déterminons approximativement la valeur de c, à l'aide de Maple, en choisissant des valeurs appropriées de x et de y.

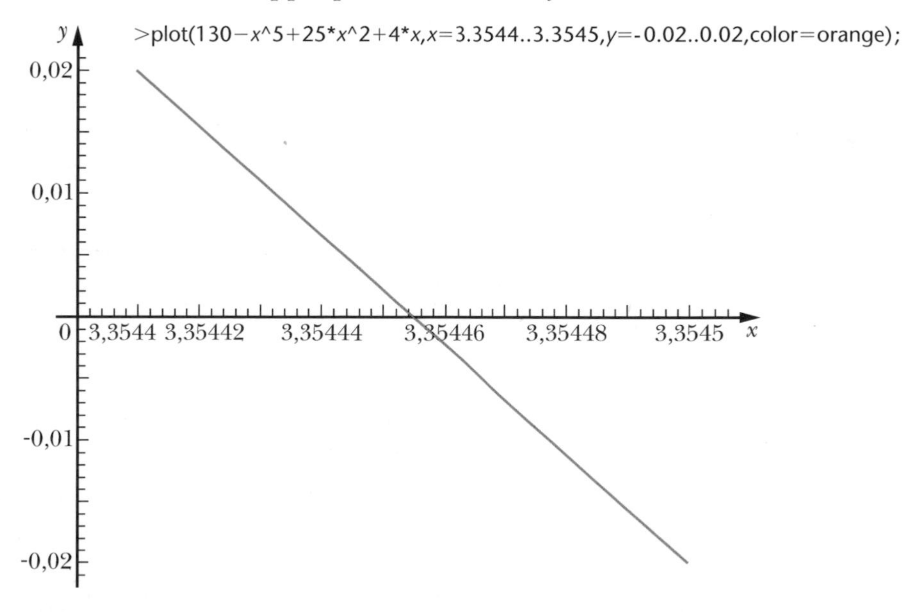

La valeur de c est approximativement 3,354 455,
et $f(3{,}354\,455) \approx 0{,}000\,047$. ■

Remarque L'utilisation de la calculatrice à affichage graphique pour déterminer c est également possible.

Dans un chapitre ultérieur, nous utiliserons le calcul différentiel pour déterminer approximativement c.

Exercices 2.3

1. À l'aide du graphique ci-contre, évaluer la limite à gauche, la limite à droite de f aux valeurs données et déterminer si la limite existe en ces valeurs.

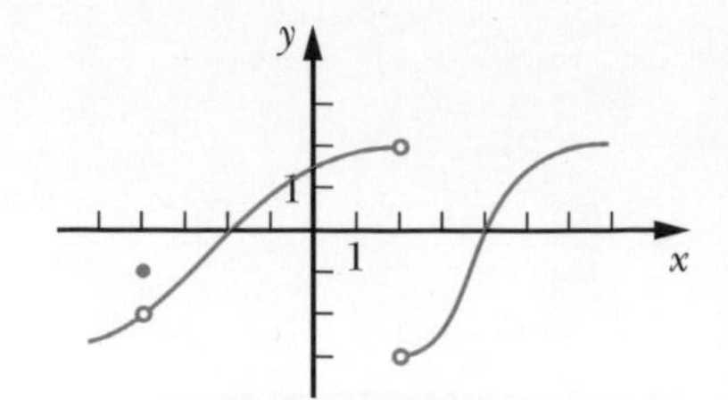

a) En $x = -4$ b) En $x = 2$ c) En $x = 4$

2. Évaluer la limite à gauche, la limite à droite de f aux valeurs données et déterminer si la limite existe en ces valeurs.

a) En $x = -5$ si $f(x) = \begin{cases} x^2 & \text{si} \quad x < -5 \\ x & \text{si} \quad x > -5 \end{cases}$

b) En $x = 1$ si $f(x) = \begin{cases} 3x & \text{si} \quad x < 1 \\ 4 & \text{si} \quad x = 1 \\ 5x^2 - 2x & \text{si} \quad x > 1 \end{cases}$

c) En $x = 0$ et en $x = 3$ si $f(x) = \begin{cases} 1 - x & \text{si} \quad x < 0 \\ x^2 + 4 & \text{si} \quad 0 < x < 3 \\ 4 & \text{si} \quad x = 3 \\ 5x - 2 & \text{si} \quad x > 3 \end{cases}$

d) En $x = 2$ si $f(x) = \begin{cases} \dfrac{x^2 - 4}{x - 2} & \text{si} \quad x < 2 \\ 2x & \text{si} \quad x > 2 \end{cases}$

3. Soit la fonction f définie par le graphique ci-contre. Évaluer, si possible, les expressions suivantes.

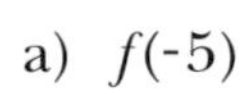

a) $f(-5)$ f) $\lim\limits_{x \to 2^+} f(x)$

b) $f(2)$ g) $\lim\limits_{x \to 2^-} f(x)$

c) $f(-2)$ h) $\lim\limits_{x \to 2} f(x)$

d) $f(4)$ i) $\lim\limits_{x \to -5} f(x)$

e) $\lim\limits_{x \to -2^-} f(x)$ j) $\lim\limits_{x \to -4} f(x)$

4. Utiliser le graphique ci-dessous pour compléter le tableau suivant en inscrivant V (vrai) ou F (faux) dans les cases.

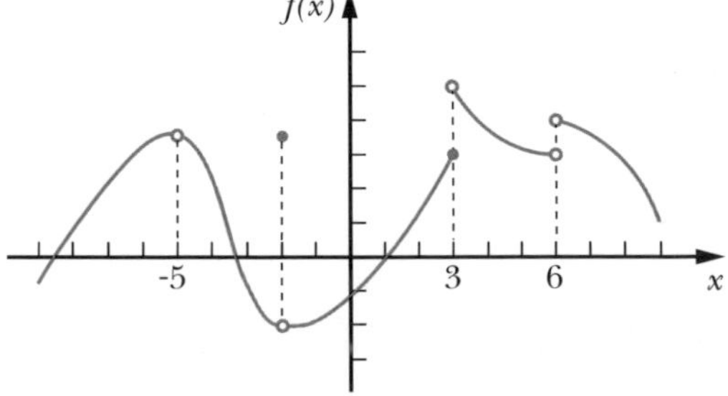

En	$x = -5$	$x = -2$	$x = 0$	$x = 3$	$x = 6$
f est continue.					
La 1re condition est satisfaite.					
La 2e condition est satisfaite.					
La 3e condition est satisfaite.					

5. À l'aide de la définition, déterminer si les fonctions suivantes sont continues à la valeur de x donnée.

a) En $x = 0$ pour $f(x) = 3x^2 - 4$

b) En $x = -1$ pour $f(x) = \begin{cases} x + 6 & \text{si} \quad x < -1 \\ 3 & \text{si} \quad x = -1 \\ 5x^2 & \text{si} \quad x > -1 \end{cases}$

c) En $x = 1$ pour $f(x) = \begin{cases} \dfrac{7x^2 + 1}{4x} & \text{si} \quad x < 1 \\ 3x^2 - 1 & \text{si} \quad x \geqslant 1 \end{cases}$

6. Trouver les valeurs de x où la fonction serait susceptible d'être discontinue et déterminer si la fonction est continue en ces valeurs.

a) $f(x) = \dfrac{3x^2 - 4x + 5}{6}$

b) $f(x) = \dfrac{4}{x + 2}$

c) $f(x) = \dfrac{x(x + 2)}{(x - 3)(3x + 9)(2 + 5x)}$

d) $f(x) = \begin{cases} 2x + 6 & \text{si} \quad x < -1 \\ 4 & \text{si} \quad x = -1 \\ x^2 + 3 & \text{si} \quad -1 < x \leqslant 2 \\ 7 - 3x & \text{si} \quad x > 2 \end{cases}$

7. Soit f, la fonction représentée par le graphique ci-contre.

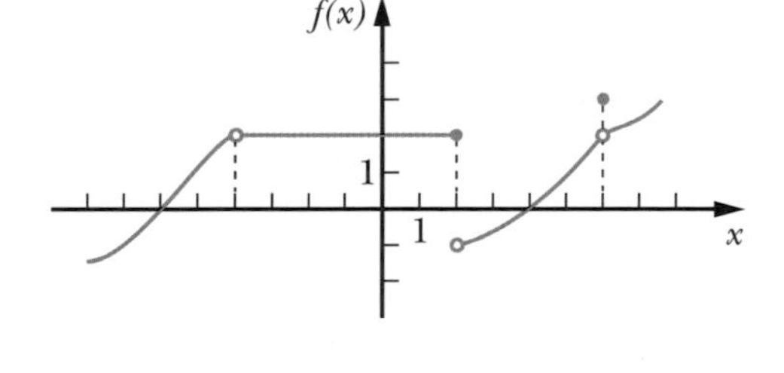

Répondre par vrai (V) ou faux (F).

La fonction f est continue sur:

a) $[2, 6]$;
b) $]2, 6[$;
c) $]-4, 2[$;
d) $[-4, 2]$;
e) $]-4, 2]$;
f) $]-4, 6[$;
g) $[-1, 1[$;
h) $]6, +\infty$;
i) $-\infty, -4]$.

8. Répondre par vrai (V) ou faux (F).

Les fonctions f suivantes sont continues sur les intervalles donnés.

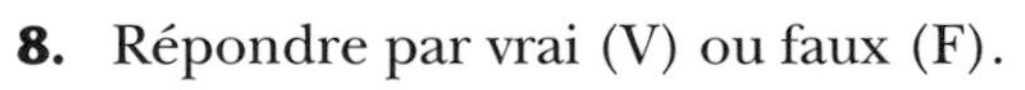

a) $f(x) = \dfrac{x}{x - 3}$ sur $[-1, 1]$; sur $]0, 3]$; sur $[0, 3[$; sur $[1, 4]$

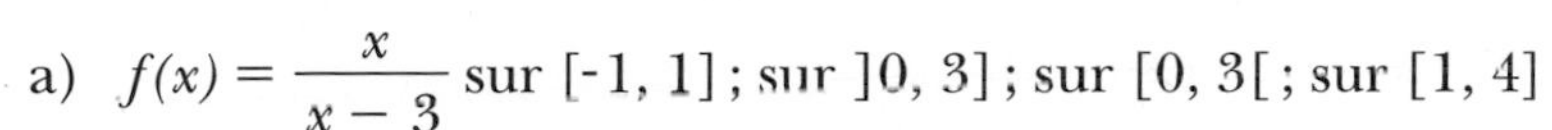

b) $f(x) = \sqrt{2x + 4}$ sur $\mathbb{R}$; sur $]-2, 0]$; sur $]-3, 2]$; sur $[-2, +\infty$

c) $f(x) = \dfrac{3x + 2}{\sqrt{4 - x^2}}$ sur $[-2, 2]$; sur $[-4, 0[$; sur $[-1, 1]$; sur $]-2, 2[$

9. Soit $f(x) = x^6 - x^4 + 13x + 10$, où $x \in [-2, 2]$.

a) Déterminer un intervalle $[a, b]$, de longueur 1, où $a, b \in \mathbb{Z}$ tel que $c \in]a, b[$ et $f(c) = 60$.

b) Déterminer deux intervalles $[a_1, b_1]$ et $[a_2, b_2]$ de longueur 1 tels que $c_1 \in]a_1, b_1[$, $c_2 \in]a_2, b_2[$ et $f(c_1) = f(c_2) = 15$.

c) Déterminer deux intervalles $[a_3, b_3]$ et $[a_4, b_4]$ de longueur 1 tels que $c_3 \in]a_3, b_3[$, $c_4 \in]a_4, b_4[$ et $f(c_3) = f(c_4) = 0$.

OUTIL TECHNOLOGIQUE

d) Représenter f, soit à l'aide de la calculatrice à affichage graphique ou d'un logiciel mathématique.

10. Soit les fonctions continues $f(x) = \sqrt[4]{x}$ et $g(x) = x^2 + 2x - 1$, sur $[0, 1]$.

a) Démontrer qu'il existe au moins un $c \in]0, 1[$ tel que $f(c) = g(c)$.

b) Déterminer si $c \in \left]0, \frac{1}{2}\right[$ ou $c \in \left]\frac{1}{2}, 1\right[$.

c) Déterminer si $c \in \left]\frac{1}{2}, \frac{3}{4}\right[$ ou $\left]\frac{3}{4}, 1\right[$.

d) Déterminer si $c \in \left]\frac{1}{2}, \frac{5}{8}\right[$ ou $\left]\frac{5}{8}, \frac{3}{4}\right[$.

OUTIL TECHNOLOGIQUE

e) Représenter $(f(x) - g(x))$ sur $[0, 1]$, à l'aide de la calculatrice à affichage graphique ou d'un logiciel mathématique.

OUTIL TECHNOLOGIQUE

f) Déterminer approximativement la valeur de c en choisissant des valeurs appropriées de x et de y.

Réseau de concepts

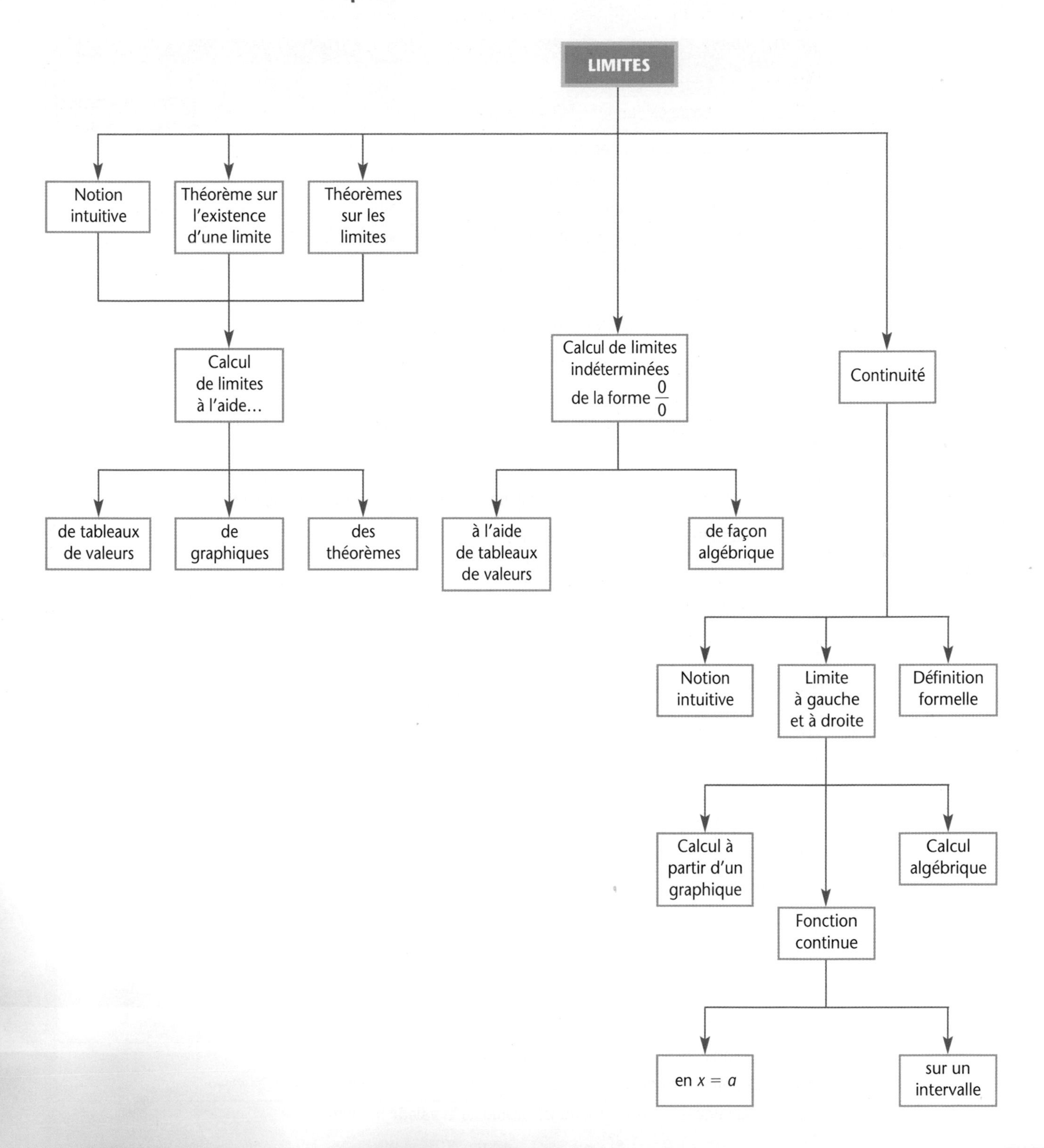

Liste de vérification des apprentissages

RÉPONDRE PAR **OUI** OU **NON.**			
Après l'étude de ce chapitre, je suis en mesure :		**OUI**	**NON**
1.	de calculer des limites, en utilisant des tableaux de valeurs appropriées ;		
2.	d'utiliser la notation de limite ;		
3.	de représenter graphiquement le calcul d'une limite ;		
4.	d'énoncer un théorème sur l'existence de la limite en un point ;		
5.	d'énoncer des théorèmes relatifs aux limites ;		
6.	de calculer des limites à l'aide des théorèmes sur les limites ;		
7.	de calculer des limites à l'aide du théorème « sandwich » ;		
8.	de reconnaître une indétermination de la forme $\frac{0}{0}$;		
9.	de lever certaines indéterminations de la forme $\frac{0}{0}$, à l'aide de tableaux de valeurs ;		
10.	de lever certaines indéterminations de la forme $\frac{0}{0}$, de façon algébrique : – en factorisant des expressions ; – en développant des expressions ; – en effectuant des simplifications ; – en effectuant des divisions ; – en utilisant le conjugué ;		
11.	de calculer des limites à gauche et des limites à droite, graphiquement ;		
12.	de calculer des limites à gauche et des limites à droite, algébriquement ;		
13.	d'utiliser le théorème sur l'existence de la limite en un point pour déterminer si une limite existe ;		
14.	de donner une définition intuitive de continuité ;		
15.	de déterminer les points de discontinuité d'une fonction, à l'aide de son graphique ;		
16.	d'énoncer la définition formelle de continuité en un point ;		
17.	de repérer les valeurs où f est susceptible d'être discontinue ;		
18.	d'utiliser la définition formelle de continuité en un point pour déterminer si une fonction est continue en un point ;		
19.	d'énoncer la définition de fonction continue sur un intervalle ;		
20.	de déterminer si une fonction est continue sur un intervalle donné ;		
21.	d'énoncer le théorème de la valeur intermédiaire ;		
22.	d'appliquer le théorème de la valeur intermédiaire ;		
23.	d'énoncer le corollaire du théorème de la valeur intermédiaire ;		
24.	d'appliquer le corollaire du théorème de la valeur intermédiaire.		
Si vous avez répondu **NON** à une de ces questions, il serait préférable pour vous d'étudier à nouveau cette notion.			

Exercices récapitulatifs

1. Évaluer les limites suivantes en construisant les tableaux de valeurs appropriées.

a) $\lim\limits_{x \to -1} \dfrac{x+1}{\sqrt[3]{x}+x+2}$

b) $\lim\limits_{h \to 0} \dfrac{5^h - 1}{h}$

2. Évaluer, à l'aide des théorèmes, les limites suivantes.

a) $\lim\limits_{x \to 2} (7x^2 + 4)$

b) $\lim\limits_{x \to 0} \left(\dfrac{3x^2 - 7x + 2}{3x - 1}\right)^3$

c) $\lim\limits_{x \to 1} [(7x-3)(4x^2-1)]$

d) $\lim\limits_{x \to -1} \left[\dfrac{8x^3 - 7x^2 + 16}{x^{10} - x^9} + x^2 - 2\right]$

e) $\lim\limits_{x \to \sqrt{2}} \dfrac{\sqrt{x^6 + x^4 + x^2 + 2}}{x^2 + x}$

f) $\lim\limits_{x \to \frac{1}{2}} \left(\dfrac{1}{x^3} - 2x^3\right)^{-2}$

3. Soit $\lim\limits_{x \to a} f(x) = 64$, $\lim\limits_{x \to a} g(x) = -1$, $\lim\limits_{x \to a} h(x) = 0$, $h(a) = 2$, $g(a) = -1$ et $f(a)$ non définie.

Évaluer, si possible, les limites suivantes.

a) $\lim\limits_{x \to a} \left[\dfrac{1}{2}f(x) - 2g(x) + h(x)\right]$

b) $\lim\limits_{x \to a} [(f(x)\,g(x) + h(x))\,g(x)]$

c) $\lim\limits_{x \to a} \sqrt[3]{\dfrac{f(x)}{g(x)}}$

d) $\lim\limits_{x \to a} \dfrac{g(x) - 2g(a)}{h(x) - 2h(a)}$

e) $\lim\limits_{x \to a} [f(x) + g(x)(x - a)]$

f) $\lim\limits_{x \to a} \dfrac{f(x)}{h(a)}$

g) $\lim\limits_{x \to a} [x\,f(x) - (x\,g(x))^2]$

h) $\lim\limits_{x \to a} \dfrac{g(x) - g(a)}{h(x)}$

4. En utilisant les données de la question précédente, déterminer si les égalités suivantes sont vraies (V) ou fausses (F).

a) $\lim\limits_{x \to a} g(x) = g(a)$

b) $\lim\limits_{x \to a} h(x) = h(a)$

c) $\lim\limits_{x \to a} \dfrac{h(x)}{g(x)} = \dfrac{\lim\limits_{x \to a} h(x)}{\lim\limits_{x \to a} g(x)}$

d) $\lim\limits_{x \to a} \dfrac{g(x)}{h(x)} = \dfrac{\lim\limits_{x \to a} g(x)}{\lim\limits_{x \to a} h(x)}$

e) $\lim\limits_{x \to a} \sqrt{g(x)} = \sqrt{\lim\limits_{x \to a} g(x)}$

f) $\lim\limits_{x \to a} \dfrac{h(x)}{g(x)} = \lim\limits_{x \to a} \dfrac{h(a)}{g(a)}$

5. Évaluer les limites suivantes.

a) $\lim\limits_{x \to -5} \dfrac{x^2 - 25}{x + 5}$

b) $\lim\limits_{x \to -2} \dfrac{x^2 + x - 2}{x^2 + 2x}$

c) $\lim\limits_{x \to 1} \dfrac{x^2 - 2x + 1}{x^2 - 1}$

d) $\lim\limits_{t \to 0} \dfrac{(3 + t)^2 - 9}{t}$

e) $\lim\limits_{h \to -4} \dfrac{\dfrac{1}{h} + \dfrac{1}{4}}{h + 4}$

f) $\lim\limits_{h \to 1} \dfrac{\dfrac{3h + 1}{5h - 4} - 4}{h - 1}$

g) $\lim\limits_{x \to 5} \dfrac{x - \dfrac{25}{x}}{x - 5}$

h) $\lim\limits_{x \to 4} \dfrac{\sqrt{x} - 2}{x - 4}$

i) $\lim\limits_{t \to 5} \dfrac{2t - 10}{\sqrt{t} - \sqrt{5}}$

j) $\lim\limits_{h \to 0} \dfrac{(x + h)^3 - x^3}{h}$

6. Évaluer les limites suivantes.

a) $\lim\limits_{x \to -2} \dfrac{x^3 + 8}{x + 2}$

b) $\lim\limits_{t \to 1} \dfrac{\dfrac{1}{t} - \dfrac{1}{t^3}}{t - 1}$

c) $\lim\limits_{x \to 9} \dfrac{\dfrac{1}{\sqrt{x}} - \dfrac{1}{3}}{x^2 - 81}$

d) $\lim\limits_{t \to 2} \dfrac{t^3 - 2t^2 - 4t + 8}{t - 2}$

e) $\lim\limits_{h \to 0} \dfrac{\dfrac{1}{x + h} - \dfrac{1}{x}}{h}$

f) $\lim\limits_{x \to a} \dfrac{x^3 - a^2x}{x - a}$

g) $\lim\limits_{h \to 0} \dfrac{\sqrt{x + h} - \sqrt{x}}{h}$

h) $\lim\limits_{x \to 1} \dfrac{x^2 - 2x + 1}{x^3 - x^2 - x + 1}$

i) $\lim\limits_{x \to 1} \sqrt[3]{\dfrac{1 - x^2}{x - 1}}$

j) $\lim\limits_{x \to 2} \dfrac{x^4 - 2x^3 + 3x^2 - 5x - 2}{x^3 - x^2 - x - 2}$

7. Soit la fonction f définie par le graphique ci-dessous.

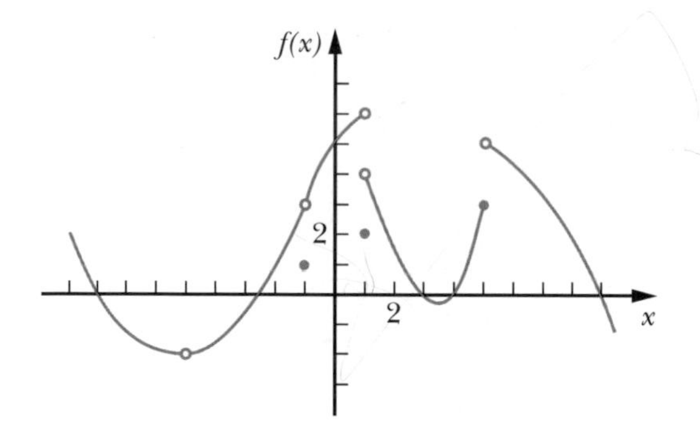

Évaluer, si possible, les expressions suivantes.

a) $f(-5)$ e) $\lim\limits_{x \to -1^-} f(x)$ i) $\lim\limits_{x \to -5} f(x)$

b) $f(0)$ f) $\lim\limits_{x \to 1^+} f(x)$ j) $\lim\limits_{x \to 0} f(x)$

c) $f(1)$ g) $\lim\limits_{x \to 5^-} f(x)$ k) $\lim\limits_{x \to -1} f(x)$

d) $f(5)$ h) $\lim\limits_{x \to 1} f(x)$ l) $\lim\limits_{x \to 5} f(x)$

8. À l'aide du graphique de la question **7** précédente, déterminer les valeurs de x où la fonction est discontinue, en indiquant une condition (différente de la 3e condition, si possible) non satisfaite.

9. À l'aide du graphique de la question **7** précédente, répondre aux affirmations suivantes par vrai (V) ou faux (F).

La fonction f est continue sur :

a) $-\infty, -5[$; c) $[-1, 1]$; e) $]5, 7[$;

b) $]-5, -1]$; d) $]1, 5]$; f) $[5, +\infty$.

10. Donner un exemple graphique d'une fonction satisfaisant à toutes les conditions suivantes :

- en $x = -2$: la 1re condition de continuité n'est pas satisfaite et la 2e condition de continuité est satisfaite.
- en $x = 1$: la 2e condition de continuité n'est pas satisfaite et la 1re condition de continuité est satisfaite.
- en $x = 3$: la 3e condition de continuité n'est pas satisfaite et les 2 premières conditions de continuité sont satisfaites.
- en $x = 5$: la 1re et la 2e condition de continuité ne sont pas satisfaites.

11. Soit $f(x) = -2x - 6$, $g(x) = x^2 + 6x + 10$ et $h(x)$ telles que $f(x) \leqslant h(x) \leqslant g(x)\ \forall\ x \in \mathbb{R}$.

a) Donner sur un même système d'axes la représentation graphique de f et de g ainsi qu'une représentation graphique possible de h.

b) Évaluer, si possible, $\lim\limits_{x \to -4} h(x)$.

c) Évaluer, si possible, $\lim\limits_{x \to 0} h(x)$.

12. Soit $f(x) \leqslant h(x) \leqslant g(x)\ \forall\ x \in \mathbb{R}$.

a) Si $\lim\limits_{x \to a} f(x) = \lim\limits_{x \to a} g(x) = \mathrm{L}$, où $\mathrm{L} \in \mathbb{R}$, évaluer, si possible, $\lim\limits_{x \to a} h(x)$.

b) Si $\lim\limits_{x \to b} h(x) = \lim\limits_{x \to b} g(x) = \mathrm{M}$, où $\mathrm{M} \in \mathbb{R}$, évaluer, si possible, $\lim\limits_{x \to b} f(x)$.

c) Si $0 < f(x) \leqslant h(x) \leqslant g(x)\ \forall\ x \in \mathbb{R}$, et si $\lim\limits_{x \to c} f(x) = \lim\limits_{x \to c} g(x) = \mathrm{N}$, où $\mathrm{N} \in \mathbb{R}$ et $\mathrm{N} > 0$, évaluer, si possible, $\lim\limits_{x \to c} \dfrac{1}{h(x)}$.

13. Pour chaque fonction, évaluer, si possible, les limites aux valeurs données.

a) $f(x) = \begin{cases} x^2 + 1 & \text{si} \quad x < 2 \\ 7 & \text{si} \quad x = 2 \\ 14x & \text{si} \quad x > 2 \end{cases}$

i) en $x = -2$; ii) en $x = 2$.

b) $f(x) = \begin{cases} x - 1 & \text{si} \quad x < 1 \\ x^2 - 1 & \text{si} \quad 1 \leqslant x < 2 \\ 3 & \text{si} \quad 2 \leqslant x \leqslant 4 \\ 2x - 15 & \text{si} \quad x > 4 \end{cases}$

i) en $x = 1$; ii) en $x = 2$; iii) en $x = 4$.

c) $f(x) = \begin{cases} x^2 - 1 & \text{si} \quad x < -1 \\ \dfrac{2 - x}{3x} & \text{si} \quad -1 < x \leqslant 2 \\ \sqrt{x - 2} & \text{si} \quad x > 2 \end{cases}$

i) en $x = -1$; ii) en $x = 2$.

d) $f(x) = \sqrt{x - 3}$

i) en $x = -3$; ii) en $x = 3$.

e) $f(x) = [-x^2]$

i) en $x = -1$; ii) en $x = 0$.

f) $f(x) = \dfrac{x^2 - 25}{|x - 5|}$

i) en $x = -3$; ii) en $x = 5$.

g) $f(x) = \begin{cases} \dfrac{\dfrac{1}{x} - \dfrac{1}{4}}{x - 4} & \text{si} \quad x \leqslant 4 \\ \dfrac{2 - \sqrt{x}}{4x - 16} & \text{si} \quad x > 4 \end{cases}$

i) en $x = -4$; ii) en $x = 4$.

14. Soit $f(x) = [x]$.

a) Évaluer, si possible, $\lim\limits_{x \to 2} f(x)$.

b) Déterminer pour quelles valeurs de a, $\lim\limits_{x \to a} f(x)$ existe.

c) Représenter graphiquement f sur $[-2, 3]$.

15. Déterminer si chaque fonction est continue aux valeurs x données.

a) $f(x) = \begin{cases} 4 - \dfrac{1}{x} & \text{si} \quad -3 < x < -1 \\ 3 & \text{si} \quad x = -1 \\ 6 - x^2 & \text{si} \quad -1 < x < 2 \\ \sqrt{x + 2} & \text{si} \quad x \geqslant 2 \end{cases}$

i) en $x = -1$; ii) en $x = 2$.

b) $h(x) = \begin{cases} \dfrac{x^2 - 16}{2x - 8} & \text{si} \quad x < 4 \\ 4 & \text{si} \quad x = 4 \\ \dfrac{x - 4}{\sqrt{x} - 2} & \text{si} \quad x > 4 \end{cases}$

en $x = 4$.

16. Déterminer si chaque fonction est continue aux valeurs x données et représenter graphiquement cette fonction.

a) en $x = 2$ pour

$f(x) = \begin{cases} \dfrac{2x - 4}{\dfrac{x}{2} - 1} & \text{si} \quad x < 2 \\ x^2 + 3 & \text{si} \quad x \geqslant 2 \end{cases}$

b) i) en $x = 0$; ii) en $x = 2$; iii) en $x = 5$;

pour

$f(x) = \begin{cases} x^2 & \text{si} \quad x < 0 \\ 2 & \text{si} \quad x = 0 \\ x + 4 & \text{si} \quad 0 < x < 2 \\ 6 & \text{si} \quad x = 2 \\ 8 - x & \text{si} \quad x > 2 \text{ et } x \neq 5 \end{cases}$

17. Pour chaque fonction, déterminer, si possible, la valeur de k qui rend la fonction continue.

a) $f(x) = \begin{cases} x + 2 & \text{si} \quad x < 1 \\ k & \text{si} \quad x = 1 \\ x^2 + 3x - 1 & \text{si} \quad x > 1 \end{cases}$

b) $f(x) = \begin{cases} x^2 - 6 & \text{si} \quad x < -2 \\ k & \text{si} \quad x = -2 \\ 6 - x^2 & \text{si} \quad x > -2 \end{cases}$

c) $f(x) = \begin{cases} \dfrac{x^2 - 25}{x - 5} & \text{si} \quad x < 5 \\ kx & \text{si} \quad x \geqslant 5 \end{cases}$

d) $f(x) = \begin{cases} \dfrac{4x^2 + 5x}{x(x^2 + 6)} & \text{si} \quad x \neq 0 \\ kx^2 + 1 & \text{si} \quad x = 0 \end{cases}$

18. Soit $f(x) = x^2 - \dfrac{3}{2}x$, $g(x) = \dfrac{1}{x + 1}$ et $h(x) = \sqrt[3]{x - 8} + 6x^{\frac{2}{3}} - 23$, trois fonctions continues sur $[0, 8]$.
Déterminer un intervalle de la forme $[n, n + 1]$, où $n \in \{0, 1, 2, \ldots, 7\}$ tel que $c \in \,]n, n + 1[$ et:

a) $h(c) = 0$; b) $f(c) = g(c)$.

Problèmes de synthèse

1. Soit $f(x)$ et $g(x)$, deux fonctions polynomiales et $h(x)$ une fonction rationnelle. Répondre par vrai (V) ou faux (F) et donner une justification.

a) $\lim\limits_{x \to a} f(x) = f(a)$

b) $\lim\limits_{x \to a} \dfrac{f(x)}{g(x)} = \dfrac{f(a)}{g(a)}$

c) $\lim\limits_{x \to a} h(x) = h(a)$

d) $\lim\limits_{x \to a} \sqrt[3]{g(x)} = \sqrt[3]{g(a)}$

e) $\lim\limits_{x \to a} \sqrt[4]{f(x)} = \sqrt[4]{f(a)}$

2. Déterminer, pour que les limites suivantes existent, la forme appropriée, c'est-à-dire $x \to a^+$, $x \to a^-$, ou les deux formes.

a) $\lim\limits_{x \to 5^?} \sqrt{x - 5}$

b) $\lim\limits_{x \to \left(\frac{2}{3}\right)^?} \sqrt{2 - 3x}$

c) $\lim\limits_{x \to 8^?} \sqrt[3]{x - 8}$

d) $\lim\limits_{x \to 1^?} \sqrt{x^2 + 4x - 5}$

e) $\lim\limits_{x \to 2^?} \sqrt{x^2 - 4x + 4}$

f) $\lim\limits_{x \to 3^?} \sqrt{\dfrac{x^2 - 9}{x - 3}}$

3. Soit $\lim\limits_{x \to a} f(x) = 0$, $\lim\limits_{x \to a} g(x) = 0$, $g(x) \neq 0$ si $x \neq a$, $f(x) \neq 0$ si $x \neq a$ et $\lim\limits_{x \to a} \dfrac{f(x)}{g(x)} = 3$.

Évaluer les limites suivantes.

a) $\lim\limits_{x \to a} \dfrac{x\,f(x)}{g(x)}$

b) $\lim\limits_{x \to a} \dfrac{f^2(x)}{g(x)}$

c) $\lim\limits_{x \to a} \dfrac{f(x) + g(x)}{g(x)}$

d) $\lim\limits_{x \to a} \dfrac{[f(x) + g(x)]\,f(x)}{g^2(x)}$

e) $\lim\limits_{x \to a} \dfrac{g(x)}{f(x)}$

f) $\lim\limits_{x \to a} \dfrac{f(x)\,(x^2 - a^2)}{g(x)\,(x - a)}$

4. Si $\lim\limits_{x \to a} \dfrac{f(x)}{g(x)} = \lim\limits_{x \to a} \dfrac{g(x)}{f(x)}$, évaluer $\lim\limits_{x \to a} \dfrac{f(x)}{g(x)}$.

5. Évaluer, si possible, les limites suivantes.

a) $\lim\limits_{x \to 0} \dfrac{\sqrt{x^2}}{x}$

b) $\lim\limits_{x \to 9} \dfrac{2x - 8\sqrt{x} + 6}{\sqrt{x} - 3}$

c) $\lim\limits_{x \to 1^+} \dfrac{(x^2 - 1)^{\frac{3}{2}}}{\sqrt{x - 1}\,(\sqrt{x} - 1)}$

d) $\lim\limits_{x \to 0} \dfrac{|x|^3 - x^2}{x^3 + x^2}$

6. Déterminer la valeur de a telle que :

a) $\lim\limits_{x \to -3} \dfrac{x^3 + ax^2 - 10x + 24}{x^2 - x - 12} = -5$;

b) $\lim\limits_{x \to 4} \dfrac{x^3 + ax^2 - 10x + 24}{x^2 - x - 12}$ existe ;

c) $\lim\limits_{x \to 0} \dfrac{x^3 + ax^2 - 10x + 24}{x^2 - x - 12}$ existe.

7. Déterminer, si possible, des fonctions f et g telles que :

a) $\lim\limits_{x \to 3} f(x) = 9$, mais $f(x) > 9\ \forall\ x \in \mathbb{R}$;

b) $\lim\limits_{x \to 5} f(x) = 0$, mais $\lim\limits_{x \to 5} [f(x)\,g(x)] = 4$;

c) $\lim\limits_{x \to 1} f(x)$ n'existe pas, $\lim\limits_{x \to 1} g(x)$ n'existe pas, mais $\lim\limits_{x \to 1} [f(x)\,g(x)]$ existe ;

d) f soit discontinue en $x = a$, mais $|f|$ soit continue en $x = a$.

8. Soit $g(x) = \begin{cases} \dfrac{x^3 - 1}{x - 1} & \text{si} \quad x < 1 \\ B & \text{si} \quad x = 1 \\ \dfrac{\sqrt{x} - 1}{x - 1} & \text{si} \quad x > 1. \end{cases}$

Déterminer, si possible, la valeur de B :

a) telle que g soit continue en $x = 1$;

b) telle que g soit continue sur $[0, 1]$;

c) telle que g soit continue sur $[1, 2]$.

9. Soit

$$f(x) = \begin{cases} 2x + k_1 & \text{si} \quad x \leq 1 \\ \dfrac{x^3 - x^2 - 4x + 4}{x^3 - 2x^2 - x + 2} & \text{si} \quad 1 < x < 2 \\ x^2 + k_2 & \text{si} \quad x \geq 2. \end{cases}$$

Déterminer la valeur de k_1 et la valeur de k_2 telles que f soit continue en $x = 1$ et en $x = 2$.

10. Soit $f(x) = \begin{cases} ax^2 + bx + 3 & \text{si} \quad x < -2 \\ 1 & \text{si} \quad x = -2 \\ 2bx + 13a & \text{si} \quad x > -2. \end{cases}$

Déterminer la valeur de a et la valeur de b telles que f soit continue sur $\mathbb{R}$.

11. Déterminer le plus grand intervalle de continuité des fonctions suivantes.

a) $f(x) = \sqrt{\sqrt{x^2 - 9} - x}$

b) $f(x) = \sqrt{x + 1 - \sqrt{x^2 - 9}}$

12. Soit un point $P(x, y)$ sur la courbe définie par $y = x^2$. Soit $A(x)$, l'aire du triangle dont les sommets sont $O(0, 0)$, $R(1, 0)$ et $P(x, y)$, où $x > 0$ et soit $B(x)$, l'aire du triangle dont les sommets sont $O(0, 0)$, $Q(0, 1)$ et $P(x, y)$.

Déterminer, si possible:

a) $\displaystyle\lim_{x \to 0} \frac{A(x)}{B(x)}$;

b) $\displaystyle\lim_{x \to 0} \frac{B(x)}{A(x)}$;

c) $\displaystyle\lim_{x \to 4} \frac{A(x)}{B(x)}$.

13. Soit

$$f(x) = \frac{1}{27x^4 - 45x^3 - 93x^2 + 185x - 50}.$$

a) Démontrer, à l'aide du théorème de la valeur intermédiaire que f n'est pas continue sur $]-1, 1[$.

b) Peut-on démontrer, à l'aide du théorème de la valeur intermédiaire, que f est continue sur $]1, 3[$? Expliquer.

Test récapitulatif

1. Compléter les phrases et les expressions suivantes.

a) $\displaystyle\lim_{x \to a} [f(x) + g(x)] =$ ______.

b) $\displaystyle\lim_{x \to \_} x = 5.$

c) $\displaystyle\lim_{x \to a} \frac{f(x)}{g(x)} =$ ______, si ______.

d) $\displaystyle\lim_{x \to a} f(x) = b$ si et seulement si ______.

e) Une fonction f est continue en $x = a$, si ______.

f) Une fonction f est continue sur $]a, b[$, si ______.

2. Évaluer les limites suivantes à l'aide des propositions sur les limites.

a) $\displaystyle\lim_{x \to -3} (5x - x^2 + 1)$ b) $\displaystyle\lim_{x \to 5} \frac{\sqrt{3x + 4}}{2x^3 - 7}$

3. Évaluer les limites suivantes.

a) $\displaystyle\lim_{x \to 4} \frac{3x - 12}{x^2 - 16}$

b) $\displaystyle\lim_{h \to 0} \frac{(x + h)^2 - x^2}{h}$

c) $\displaystyle\lim_{t \to 36} \frac{36 - t}{\sqrt{t} - 6}$

d) $\displaystyle\lim_{x \to 5} \frac{\dfrac{1}{x^2} - \dfrac{1}{25}}{x^2 - 5x}$

e) $\displaystyle\lim_{u \to 2} \frac{u^5 - 2u^4 + u^2 - 3u + 2}{u - 2}$

4. Si $\displaystyle\lim_{x \to 2} f(x) = -4$ et $\displaystyle\lim_{x \to 2} g(x) = 3$, évaluer, si possible, les limites suivantes à l'aide des propositions sur les limites.

a) $\displaystyle\lim_{x \to 2} [f(x)\, g(x)]$

b) $\displaystyle\lim_{x \to 2} \frac{5\, f(x)}{g(x)}$

c) $\displaystyle\lim_{x \to 2} \frac{5 + f(x)}{x\, g(x)}$

d) $\lim_{x \to 2} h(x)$, où
$$\frac{f(x) - 1}{x^2 + 1} \leq h(x) \leq (x - g(x)),$$
$\forall\, x \in [1, 3]$

5. Soit la fonction f définie par le graphique ci-dessous.

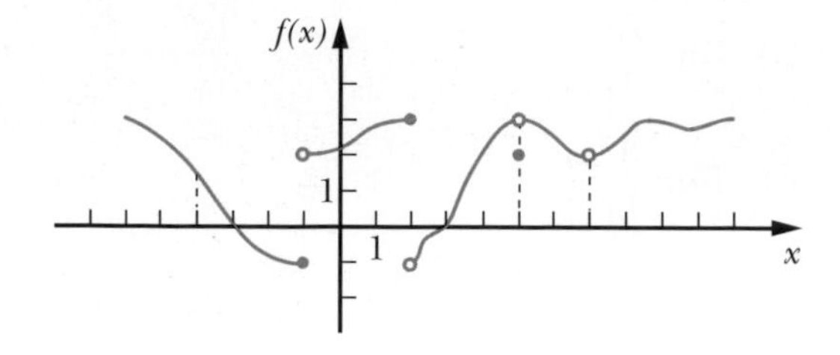

a) Évaluer, si possible :

i) $f(-1)$;

ii) $f(5)$;

iii) $f(7)$.

b) Évaluer, si possible :

i) $\lim_{x \to -1^-} f(x)$;

ii) $\lim_{x \to -1^+} f(x)$;

iii) $\lim_{x \to 2} f(x)$;

iv) $\lim_{x \to 7} f(x)$.

c) Déterminer les valeurs de x où f est discontinue et donner une des conditions non satisfaites.

d) Donner tous les intervalles de continuité de cette fonction, où dans chaque cas l'intervalle est le plus long possible.

6. Soit $f(x) = \begin{cases} x^2 & \text{si } x < 1 \\ 3 & \text{si } x = 1 \\ 2x - 1 & \text{si } 1 < x < 3 \\ 14 - x^2 & \text{si } x \geq 3. \end{cases}$

a) Vérifier si f est continue en $x = 1$.

b) Vérifier si f est continue en $x = 3$.

7. Soit $f(x) = \begin{cases} \dfrac{x^2 + 5x - 24}{x^2 - 5x + 6} & \text{si } 0 < x < 3 \\ \dfrac{7x + 1}{x - 1} & \text{si } x \geq 3. \end{cases}$

Déterminer les points de discontinuité de f.

8. Soit $f(x) = \begin{cases} (x - k)(x + k) & \text{si } x \leq 2 \\ kx + 1 & \text{si } x > 2. \end{cases}$

Déterminer, si possible, la(les) valeur(s) de k, telle(s) que f soit continue en $x = 2$.

9. a) Démontrer que $\sqrt[3]{x - 1} = 2x$, possède au moins une solution.

b) Résoudre l'équation précédente à l'aide d'un outil technologique.

CHAPITRE

3 Définition de la dérivée

Introduction

Nous introduisons, dans ce chapitre, une partie importante du calcul différentiel et intégral, c'est-à-dire la notion de *dérivée* qui correspond au taux de variation instantané d'une fonction. Nous utiliserons les calculs de limites, introduits au chapitre 2, pour définir la dérivée en un point ainsi que la fonction dérivée.

Les notions de vitesse moyenne et de vitesse instantanée seront étudiées à l'aide du taux de variation moyen et du taux de variation instantané.

En particulier, l'utilisateur ou l'utilisatrice pourra résoudre à la fin de ce chapitre le problème de chimie suivant:

De l'azote (N) et de l'hydrogène (H) réagissent pour former de l'ammoniac ($N_2 + 3H_2 \rightarrow 2NH_3$). Toutes les quantités sont exprimées en grammes. La quantité d'ammoniac, en fonction du temps t, notée $Q(t)$, est donnée par $Q(t) = 100 - \frac{1000}{10 + t}$, où t est en secondes et Q en grammes.

L'utilisateur ou l'utilisatrice aura à calculer divers taux de variation moyen et instantané. (Problème de synthèse 7, page 117.)

Perspective historique

TROUVER LA TANGENTE AU XVIIe SIÈCLE

Bientôt, après l'étude du présent chapitre, vous pourrez déterminer sans trop de difficultés la pente de la tangente aux graphes d'un très grand nombre de fonctions. Pourtant, au XVIIe siècle, à l'époque où d'Artagnan (v. 1611-1673) combattait vaillamment pour le roi de France, tracer une *touchante* (ainsi appelait-on alors la tangente) à une courbe à un point donné se révélait très difficile. Plusieurs mathématiciens s'y cassèrent les dents. Ainsi, René Descartes (1596-1650) tenta de ramener ce problème à celui de trouver la tangente à un cercle, lui-même tangent à la courbe à ce point. Cette méthode exigeait la résolution d'équations parfois très complexes. Pierre de Fermat (1601-1665) proposa une autre méthode qui donna lieu à une vive correspondance entre lui et Descartes. Dans la présente capsule, nous verrons une troisième méthode, histoire de vous faire apprécier notre chance de venir après Leibniz (1646-1716) et Newton (1642-1727), les inventeurs du calcul différentiel et intégral.

Evangelista Torricelli (1608-1647), qui énonce une relation entre la pression et le volume des gaz à volume constant considère qu'une courbe est la trace d'un point qui se déplace selon une certaine règle. À tout moment, le point se dirige dans une certaine direction vers laquelle il irait si, tout à coup, il était laissé à lui-même. Or, remarque Torricelli, cette direction est aussi celle de la tangente à la courbe que trace le point. Trouver la tangente se ramène de la sorte à trouver la direction du mouvement du point. Gilles Personne de Roberval (1602-1675) utilise ce même principe.

Déterminer la touchante à une parabole, en s'inspirant de Roberval

La parabole est le lieu géométrique des points qui sont à égales distances d'un point fixe, le foyer, et d'une droite, la directrice. Le sommet de la parabole est le point exactement à mi-chemin entre le foyer et la directrice. Nous allons tracer la tangente au point P(2,1) de la parabole de foyer F(0,1) et de directrice $y = -1$.

a) Vérifier que le point P(2,1) appartient à cette parabole et que l'équation de celle-ci est bien $y = \dfrac{x^2}{4}$.

b) Selon le principe énoncé par Torricelli, la tangente au point (2,1) a pour direction celle vers laquelle se dirige le point qui trace la parabole lorsqu'il arrive à P. Décomposons ce mouvement relativement complexe en deux mouvements plus simples. Supposons qu'un point de la parabole part du sommet et se dirige vers la droite. À chaque instant, sa position est déterminée par le fait que sa distance au foyer doit être la même que sa distance à la directrice. Donc, au point P(2,1), comme en tout autre point de la parabole d'ailleurs, l'augmentation, de la distance à la directrice, sera la même que l'augmentation de la distance au foyer. Il en découle, combinant ces deux augmentations égales, l'une dans le prolongement du segment FP et l'autre dans le prolongement de DP, que le point se dirigera dans la direction déterminée par la bissectrice de l'angle de sommet (2,1) formé des deux segments FP et PD. La droite bissectrice constitue donc la tangente. Or, la bissectrice est la droite de pente 1 passant par (2,1).

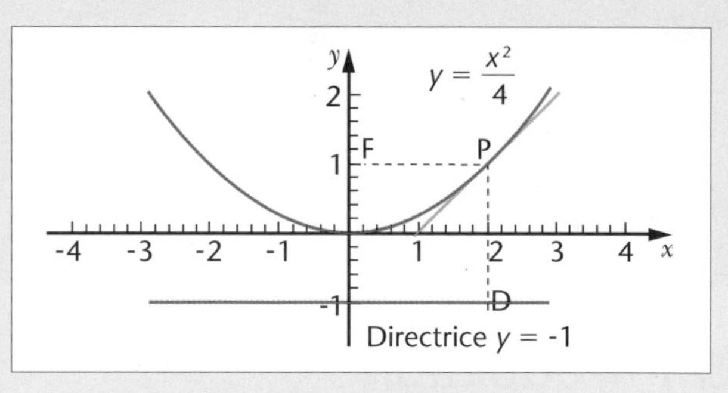

Tracer de la même manière la tangente au point $\left(1, \dfrac{1}{4}\right)$.

(Réponse : la droite de pente $\dfrac{1}{2}$ passant par ce point.)

(N.B. Roberval n'utilisait pas la géométrie analytique ni les nombres négatifs. Il réfléchissait de façon purement géométrique.)

Déterminer la façon dont le point qui trace une parabole se déplace ne présente pas trop de difficultés. Pour une autre courbe, il faut toutefois reprendre le raisonnement à zéro.

Lorsque vous aurez terminé le chapitre, revenez au problème de la touchante de Roberval. Vous verrez. Avec les outils, méthodes, techniques que vous aurez maîtrisés, vous pourrez trouver facilement la pente de la tangente à la parabole, et ce à n'importe quel point.

Test préliminaire

Partie A

1. Calculer et simplifier :

a) $f(x + h)$ si $f(x) = 7x + 2$

b) $g(x + h)$ si $g(x) = 5$

c) $s(2 + h)$ si $s(t) = t^2 - 4t - 5$

d) $f(-3 + h)$ si $f(x) = x^3 - 2x$

e) $g(x + h)$ si $g(x) = \sqrt{3 - 2x}$

f) $v(t + h)$ si $v(t) = \dfrac{t}{2t + 3}$

2. Simplifier :

a) $\dfrac{(x + h)^2 - x^2}{h}$ b) $\dfrac{\dfrac{1}{(x + h)^2} - \dfrac{1}{x^2}}{h}$

3. Compléter les expressions suivantes.

a) $a^2 - b^2 = (a - b)$ ________

b) $a^3 - b^3 = (a - b)$ ________

c) $a^4 - b^4 = (a - b)$ ________

d) $a^{\frac{2}{3}} - b^{\frac{2}{3}} = (a^{\frac{1}{3}} - b^{\frac{1}{3}})$ ________

e) $a^{\frac{3}{2}} - b^{\frac{3}{2}} = (a^{\frac{1}{2}} - b^{\frac{1}{2}})$ ________

f) $a - b = (a^{\frac{1}{3}} - b^{\frac{1}{3}})$ ________

4. Déterminer la pente a de la droite :

a) d'équation $y = -2x + 4$;

b) d'équation $4x - 3y = 9$;

c) passant par les points $P\left(\dfrac{3}{4}, \dfrac{-2}{5}\right)$ et $R\left(\dfrac{-5}{6}, \dfrac{2}{3}\right)$;

d) passant par les points $P(-2, f(-2))$ et $Q(7, f(7))$ si $f(x) = x^2 - 5x - 6$.

5. Soit $f(x) = x^2$.

a) Représenter graphiquement la courbe de f.

b) Tracer la droite D_1 passant par les points $P(-1, f(-1))$ et $Q(2, f(2))$. Calculer la pente de cette droite.

c) Tracer la droite D_2 passant par les points $P(-4, f(-4))$ et $Q(1, f(1))$. Calculer la pente de cette droite.

6. Effectuer la multiplication des expressions suivantes par leur conjugué.

a) $\sqrt{3} - \sqrt{3 + x}$

b) $\sqrt{x + h} - \sqrt{x}$

c) $\left(\dfrac{1}{\sqrt{x}} + \dfrac{1}{5}\right)$

Partie B

1. Évaluer les limites suivantes.

a) $\lim\limits_{h \to 0} \dfrac{2xh + h^2}{h}$

b) $\lim\limits_{x \to a} \dfrac{x^2 - a^2}{x - a}$

c) $\lim\limits_{h \to 0} \dfrac{\sqrt{x + h} - \sqrt{x}}{h}$

d) $\lim\limits_{h \to 0} \dfrac{\dfrac{1}{x + h} - \dfrac{1}{x}}{h}$

3.1 TAUX DE VARIATION MOYEN

Objectif d'apprentissage

À la fin de cette section, l'élève pourra calculer le taux de variation moyen d'une fonction.

Plus précisément, l'élève sera en mesure :

- de définir le taux de variation moyen d'une fonction ;
- de calculer le taux de variation moyen d'une fonction sur un intervalle ;
- d'interpréter graphiquement le taux de variation moyen d'une fonction sur un intervalle ;
- de calculer des vitesses moyennes d'une particule sur un intervalle de temps ;
- de relier la notion de vitesse moyenne à la notion de pente de sécante.

Pente d'une sécante

Définition Une **sécante** est une droite qui coupe une courbe en un ou plusieurs points.

■ **Exemple 1** Dans la représentation ci-contre, les droites D_1 et D_2 sont des sécantes à la courbe.

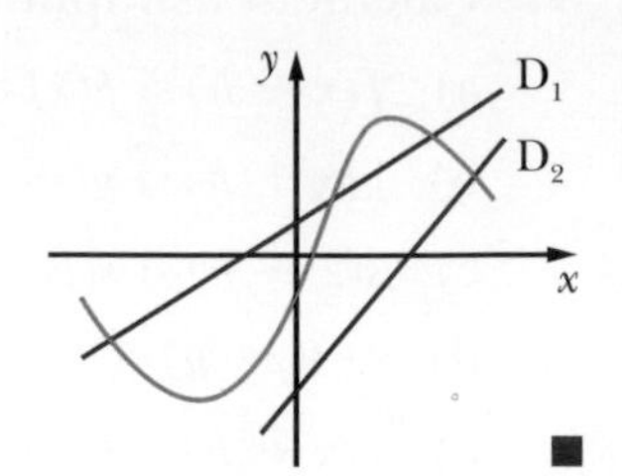

■

■ **Exemple 2** Soit $f(x) = -x^2 + 2x + 3$ dont le graphique est représenté par la figure ci-contre.

Calculons la pente de la sécante à la courbe qui passe par les points $P(-1, f(-1))$ et $Q(2, f(2))$.

$$m_{sec} = \frac{f(2) - f(-1)}{2 - (-1)}$$

(par définition de la pente d'une droite)

$$= \frac{3 - 0}{3} \quad (\text{car } f(2) = 3 \text{ et } f(-1) = 0)$$

$$= 1$$

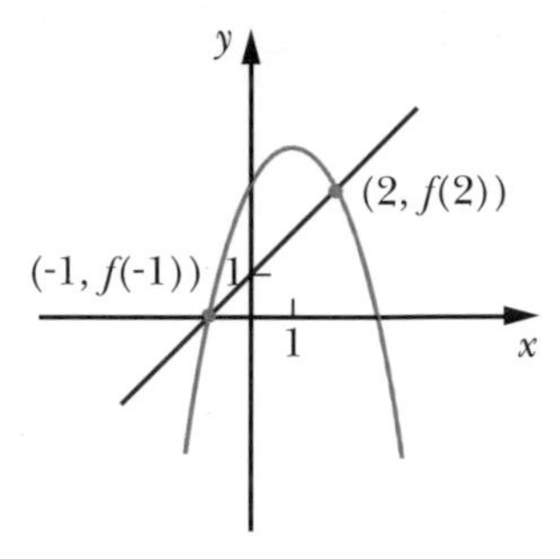

■

Taux de variation moyen d'une fonction sur un intervalle

Définition Le **taux de variation moyen** d'une fonction f sur un intervalle $[a, b]$, où $a < b$, est noté $TVM_{[a,\,b]}$ et est défini par

$$TVM_{[a,\,b]} = \frac{f(b) - f(a)}{b - a}.$$

Graphiquement, le taux de variation moyen d'une fonction f sur un intervalle $[a, b]$ correspond à la pente de la sécante à la courbe de f passant par les points $P(a, f(a))$ et $Q(b, f(b))$.

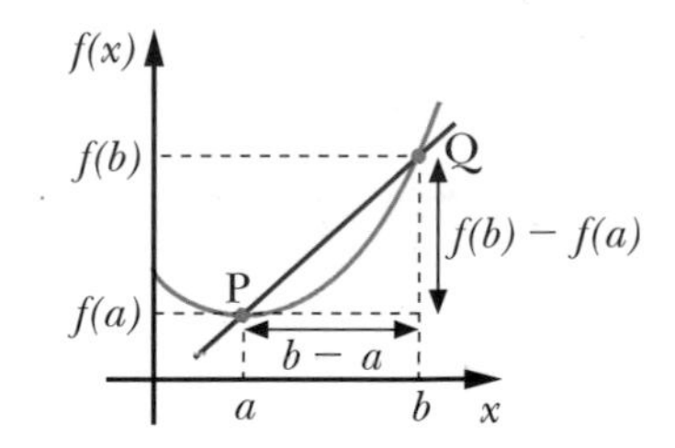

■ **Exemple 1** Soit $f(x) = x^3 + 3$.

Calculons $TVM_{[-2,\,0]}$ et représentons la courbe ainsi que la sécante correspondante.

$$TVM_{[-2,\,0]} = \frac{f(0) - f(-2)}{0 - (-2)}$$

$$= \frac{3 - (-5)}{2}$$

$$= 4$$

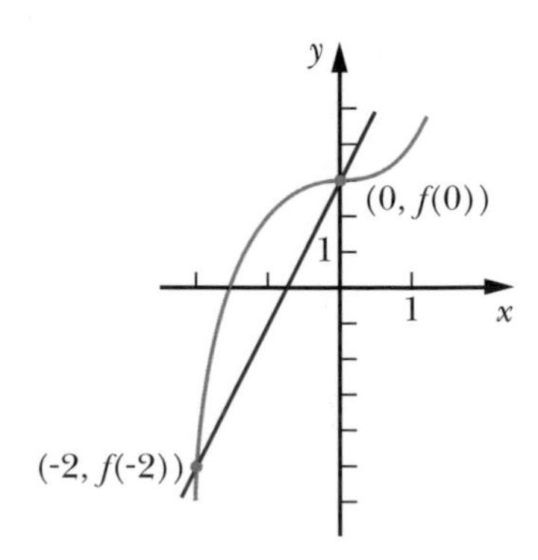

Il en résulte que la pente de la sécante à la courbe de f passant par les points $P(-2, f(-2))$ et $Q(0, f(0))$ est égale à 4. ■

■ **Exemple 2** À la suite d'une étude d'une population, un zoologiste prévoit que, dans t années à compter d'aujourd'hui, la population totale P d'une espèce sera donnée par $P(t) = \dfrac{500t + 3000}{t + 4}$, où t désigne le nombre d'années.

a) Calculons la population initiale de cette espèce, c'est-à-dire la population à $t = 0$, ainsi que la population de cette espèce après quatre années.

$P(0) = 750$, donc 750 individus

$P(4) = 625$, donc 625 individus

b) Calculons le taux de variation moyen de la population de cette espèce durant les quatre premières années. Ce taux est noté par $\text{TVM}_{[0,\,4]}$.

$$\text{TVM}_{[0,\,4]} = \frac{P(4) - P(0)}{4 - 0}$$
$$= \frac{625 - 750}{4}$$
$$= -31{,}25$$

donc, le taux de variation moyen de la population correspond à une diminution moyenne de 31,25 ind./an.

c) Calculons le taux de variation moyen de la population de cette espèce entre la quatrième et la neuvième année, c'est-à-dire $\text{TVM}_{[4,\,9]}$.

$$\text{TVM}_{[4,\,9]} = \frac{P(9) - P(4)}{9 - 4}$$
$$\approx -9{,}62$$

donc, une diminution moyenne d'environ 9,62 ind./an. ■

■ **Exemple 3** Soit un cercle, dont l'aire A en fonction du rayon r, est donnée par $A(r) = \pi r^2$, où r est en mètres et $A(r)$, en mètres carrés.

Calculons le taux de variation moyen de l'aire lorsque le rayon passe de 3 m à 6 m, c'est-à-dire $\text{TVM}_{[3\text{ m},\,6\text{ m}]}$.

$$\text{TVM}_{[3\text{ m},\,6\text{ m}]} = \frac{A(6) - A(3)}{6 - 3}$$
$$= 9\pi$$

donc, le taux de variation moyen de l'aire est d'environ 28,3 m^2/m. ■

Utilisons maintenant une notation différente pour définir le taux de variation moyen d'une fonction $y = f(x)$ sur un intervalle $[x, x + \Delta x]$, où $\Delta x > 0$.

En posant $x = a$ et $x + \Delta x = b$,

nous obtenons

$\Delta x = b - a$, où Δx correspond à l'accroissement de x.

De même, $f(x) = f(a)$ et $f(x + \Delta x) = f(b)$

Ainsi, $f(x + \Delta x) - f(x) = f(b) - f(a)$

que nous notons Δy.

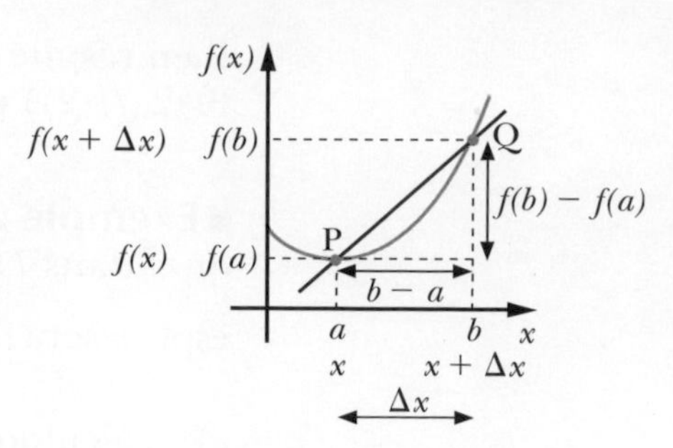

D'où

$\Delta y = f(x + \Delta x) - f(x)$, où Δy correspond à l'accroissement de y.

Définition

Le **taux de variation moyen** d'une fonction f sur un intervalle $[x, x + \Delta x]$, où $\Delta x > 0$, est noté $\text{TVM}_{[x,\, x + \Delta x]}$ et est défini par

$$\text{TVM}_{[x,\, x + \Delta x]} = \frac{f(x + \Delta x) - f(x)}{\Delta x}, \text{ c'est-à-dire } \text{TVM}_{[x,\, x + \Delta x]} = \frac{\Delta y}{\Delta x}.$$

Graphiquement, le taux de variation moyen d'une fonction f sur un intervalle $[x, x + \Delta x]$ correspond à la pente de la sécante à la courbe de f passant par les points $P(x, f(x))$ et $Q(x + \Delta x, f(x + \Delta x))$.

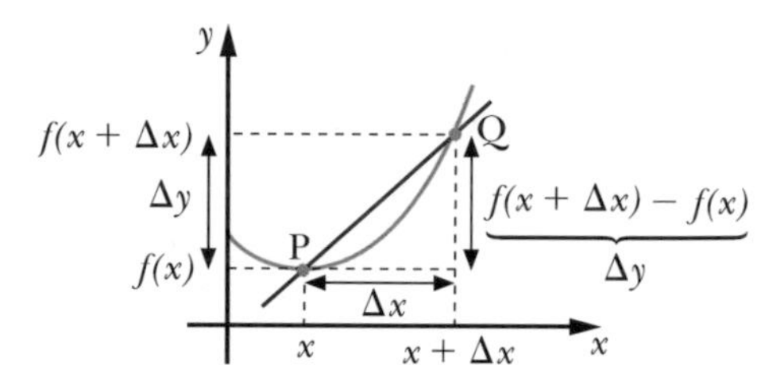

Remarque Dans le cas où $\Delta x < 0$, nous avons l'intervalle $[x + \Delta x, x]$ et

$$\text{TVM}_{[x + \Delta x,\, x]} = \frac{f(x) - f(x + \Delta x)}{x - (x + \Delta x)} = \frac{f(x + \Delta x) - f(x)}{\Delta x}.$$

■ Exemple 4 Soit $f(x) = 3x^2 - 5$.

a) Calculons Δy si $x = 2$ et $\Delta x = 3$.

$$\begin{aligned} \Delta y &= f(x + \Delta x) - f(x) && \text{(définition)} \\ &= f(2 + 3) - f(2) && \text{(car } x = 2 \text{ et } \Delta x = 3) \\ &= f(5) - f(2) \\ &= 70 - 7 \\ &= 63 \end{aligned}$$

b) Calculons $\text{TVM}_{[2,\, 5]}$.

$$\begin{aligned} \text{TVM}_{[2,\, 5]} &= \frac{\Delta y}{\Delta x} \\ &= \frac{63}{3} && \text{(voir a))} \\ &= 21 \end{aligned}$$

De plus, 21 est égal à la pente de la sécante à la courbe de f passant par les points $P(2, 7)$ et $Q(5, 70)$.

c) Représentons graphiquement la courbe de f, Δx, Δy et la sécante passant par P et Q.

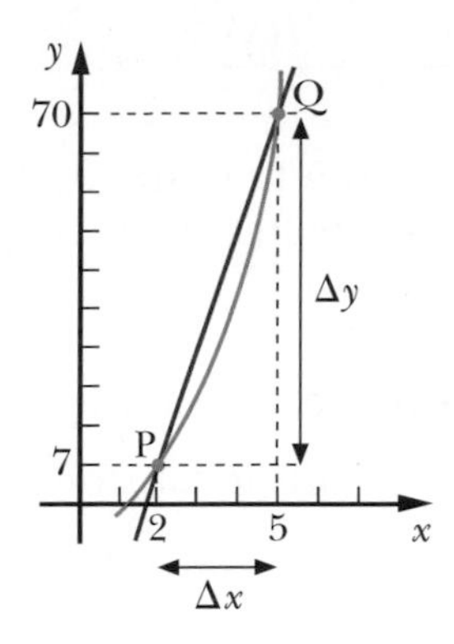

d) Évaluons le taux de variation moyen de f sur $[x, x + \Delta x]$.

$$\begin{aligned}
\text{TVM}_{[x,\, x+\Delta x]} &= \frac{f(x + \Delta x) - f(x)}{\Delta x} && \text{(définition)} \\
&= \frac{[3(x + \Delta x)^2 - 5] - (3x^2 - 5)}{\Delta x} && (\text{car } f(x) = 3x^2 - 5) \\
&= \frac{3(x^2 + 2x\Delta x + (\Delta x)^2) - 5 - 3x^2 + 5}{\Delta x} \\
&= \frac{3x^2 + 6x\Delta x + 3(\Delta x)^2 - 5 - 3x^2 + 5}{\Delta x} \\
&= \frac{6x\Delta x + 3(\Delta x)^2}{\Delta x} && \text{(en simplifiant)} \\
&= \frac{\Delta x(6x + 3\Delta x)}{\Delta x} && \text{(en factorisant)} \\
&= 6x + 3\Delta x && (\text{en simplifiant, car } \Delta x \neq 0)
\end{aligned}$$

e) Utilisons le résultat obtenu en d) pour calculer $\text{TVM}_{[-3,\,-1]}$.

Puisque $\text{TVM}_{[x,\, x+\Delta x]} = 6x + 3\Delta x$, en posant $x = -3$ et $x + \Delta x = -1$

nous obtenons $-3 + \Delta x = -1$

donc, $\Delta x = 2$.

D'où $\text{TVM}_{[-3,\,-1]} = 6(-3) + 3(2) = -12$.

De plus, -12 est égal à la pente de la sécante à la courbe de f passant par les points A$(-3, 22)$ et B$(-1, -2)$.

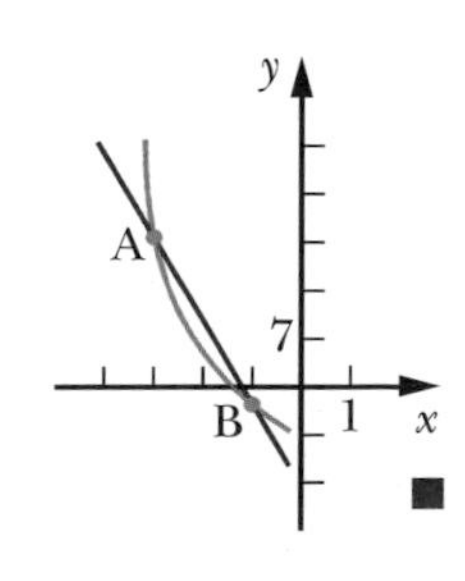

■

Pour alléger l'écriture, nous pouvons remplacer Δx par h, où $h > 0$, dans la définition du taux de variation moyen, pour ainsi obtenir

$$\text{TVM}_{[x,\, x+h]} = \frac{f(x + h) - f(x)}{h}.$$

De façon analogue, pour une fonction f, le rapport

$$\frac{f(x+h)-f(x)}{h}$$

correspond à la pente de la sécante passant par les points $P(x, f(x))$ et $Q(x+h, f(x+h))$.

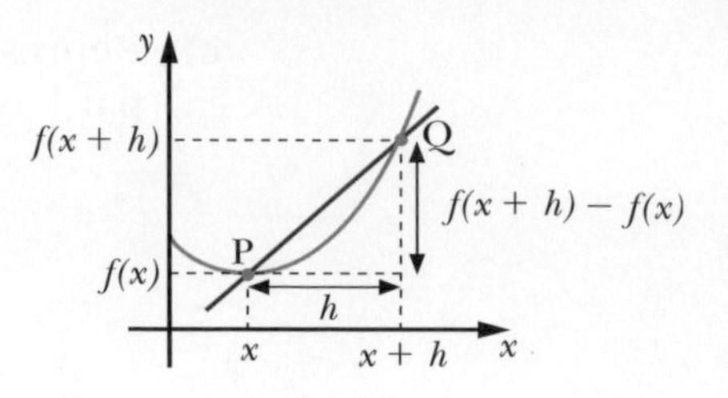

■ **Exemple 5** Soit $f(x) = 2x^3 + 1$.

a) Évaluons le taux de variation moyen de f sur $[x, x+h]$.

$$\begin{aligned}
\text{TVM}_{[x,\,x+h]} &= \frac{f(x+h)-f(x)}{h} && \text{(définition)}\\
&= \frac{[2(x+h)^3+1]-(2x^3+1)}{h} && (\text{car } f(x) = 2x^3+1)\\
&= \frac{2(x^3+3x^2h+3xh^2+h^3)+1-2x^3-1}{h}\\
&= \frac{2x^3+6x^2h+6xh^2+2h^3+1-2x^3-1}{h}\\
&= \frac{6x^2h+6xh^2+2h^3}{h} && \text{(en simplifiant)}\\
&= \frac{h(6x^2+6xh+2h^2)}{h} && \text{(en factorisant)}\\
&= 6x^2+6xh+2h^2 && (\text{en simplifiant, car } h \neq 0)
\end{aligned}$$

b) Évaluons le taux de variation moyen de f sur $[3, 3+h]$.

$$\begin{aligned}
\text{TVM}_{[3,\,3+h]} &= \frac{f(3+h)-f(3)}{h}\\
&= \frac{[2(3+h)^3+1]-[2(3)^3+1]}{h} && (\text{car } f(x) = 2x^3+1)\\
&= \frac{2(27+27h+9h^2+h^3)+1-55}{h}\\
&= \frac{54h+18h^2+2h^3}{h} && \text{(en simplifiant)}\\
&= \frac{h(54+18h+2h^2)}{h} && \text{(en factorisant)}\\
&= 54+18h+2h^2 && (\text{en simplifiant, car } h \neq 0)
\end{aligned}$$

c) Utilisons le résultat général de $\text{TVM}_{[x,\,x+h]}$, obtenu en a) pour réévaluer $\text{TVM}_{[3,\,3+h]}$.

Puisque $\text{TVM}_{[x,\,x+h]} = 6x^2 + 6xh + 2h^2$, nous obtenons

$$\begin{aligned}
\text{TVM}_{[3,\,3+h]} &= 6(3)^2 + 6(3)h + 2h^2 && (\text{en remplaçant } x \text{ par } 3)\\
&= 54 + 18h + 2h^2.
\end{aligned}$$

Nous constatons que le résultat est identique à celui obtenu en b).

d) Utilisons $\text{TVM}_{[x,\,x+h]}$ pour évaluer $\text{TVM}_{[-2,\,5]}$.

Puisque $\quad \text{TVM}_{[x,\, x+h]} = 6x^2 + 6xh + 2h^2,$

nous obtenons $\text{TVM}_{[-2,\, 5]} = \text{TVM}_{[-2,\, -2+7]}$

$$= 6(-2)^2 + 6(-2)7 + 2(7)^2 \qquad (\text{car } x = -2 \text{ et } h = 7)$$

$$= 38. \qquad ■$$

Le calcul de certains $\text{TVM}_{[x,\, x+h]}$ nécessite le recours à des artifices de calcul déjà vus.

■ **Exemple 6** Soit $f(x) = \dfrac{1}{2x+1}$. Calculons $\dfrac{\Delta y}{\Delta x}$.

$$\frac{\Delta y}{\Delta x} = \frac{f(x+\Delta x) - f(x)}{\Delta x} \qquad (\text{définition})$$

$$= \frac{\dfrac{1}{2(x+\Delta x)+1} - \dfrac{1}{2x+1}}{\Delta x} \qquad \left(\text{car } f(x) = \frac{1}{2x+1}\right)$$

$$= \left[\frac{(2x+1) - [2(x+\Delta x)+1]}{[2(x+\Delta x)+1]\,(2x+1)}\right]\frac{1}{\Delta x} \qquad \left(\begin{array}{c}\text{en effectuant l'opération}\\ \text{au numérateur}\end{array}\right)$$

$$= \left[\frac{2x+1-2x-2\Delta x-1}{(2x+2\Delta x+1)(2x+1)}\right]\frac{1}{\Delta x}$$

$$= \left[\frac{-2\Delta x}{(2x+2\Delta x+1)(2x+1)}\right]\frac{1}{\Delta x}$$

$$= \frac{-2}{(2x+2\Delta x+1)(2x+1)} \qquad (\text{en simplifiant, car } \Delta x \neq 0) \qquad ■$$

■ **Exemple 7** Soit $f(x) = \sqrt{2x+3}$.

a) Calculons la pente de la sécante passant par les points $\text{P}(x, f(x))$ et $\text{Q}(x+h, f(x+h))$.

$$m_{\text{sec}} = \frac{f(x+h) - f(x)}{h} \qquad (\text{par définition})$$

$$= \frac{\sqrt{2(x+h)+3} - \sqrt{2x+3}}{h} \qquad (\text{car } f(x) = \sqrt{2x+3})$$

$$= \frac{\sqrt{2(x+h)+3} - \sqrt{2x+3}}{h} \times \frac{\sqrt{2(x+h)+3} + \sqrt{2x+3}}{\sqrt{2(x+h)+3} + \sqrt{2x+3}}$$

$$\left(\begin{array}{c}\text{en multipliant le numérateur et le dénominateur}\\ \text{par le conjugué du numérateur}\end{array}\right)$$

$$= \frac{[2(x+h)+3] - (2x+3)}{h(\sqrt{2(x+h)+3} + \sqrt{2x+3})}$$

$$= \frac{2x+2h+3-2x-3}{h(\sqrt{2(x+h)+3} + \sqrt{2x+3})}$$

$$= \frac{2h}{h(\sqrt{2(x+h)+3} + \sqrt{2x+3})}$$

$$= \frac{2}{\sqrt{2(x+h)+3} + \sqrt{2x+3}} \qquad (\text{en simplifiant, car } h \neq 0)$$

b) Calculons la pente de la sécante passant par les points P(-1, f(-1)) et Q(5, f(5)), notée m_{PQ}.

$$m_{PQ} = \frac{2}{\sqrt{2(-1+6)+3}+\sqrt{2(-1)+3}} \quad (\text{car } x = -1 \text{ et } h = 5 - (-1) = 6)$$

$$= \frac{2}{\sqrt{13}+1}$$

■

La vitesse nous semble aujourd'hui un concept relativement simple. Pourtant, les Grecs ne croyaient pas qu'on puisse la mesurer. C'est avec le développement des notations algébriques et de la géométrie analytique, dans la seconde moitié du XVIIe siècle, que l'on vient à voir la vitesse comme un taux de variation. Auparavant, parler quantitativement de la vitesse exigeait un détour par une proportion. Ainsi, lorsque Galilée (1564-1642), énonce sa loi de la chute des corps, que nous écrivons $v = kt^2$, il dit plutôt que si un corps qui tombe en chute libre, alors le rapport des distances parcourues est comme le rapport des carrés des temps nécessaires à les parcourir.

Vitesse moyenne et pente d'une sécante

Pour décrire complètement le mouvement d'une particule, il faut connaître à tout instant la position de cette particule.

Prenons l'exemple d'une particule se déplaçant de façon rectiligne sur l'axe des x, du point P au point Q.

P → Q

x

Appelons x_i sa position au point P à l'instant t_i et x_f sa position au point Q à l'instant t_f.

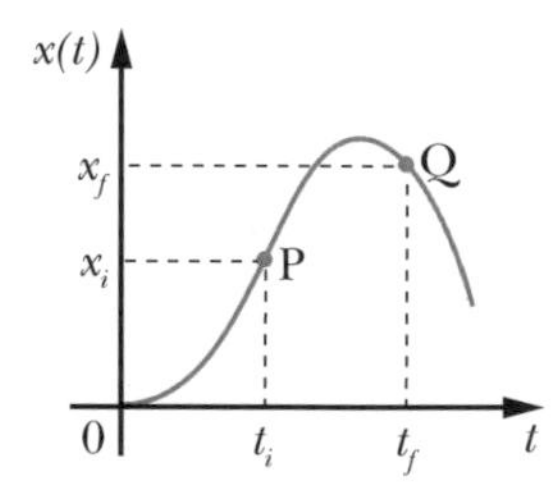

Entre les instants t_i et t_f, la position de la particule peut varier entre ces deux points.

Un tel diagramme est souvent appelé graphique position-temps. Dans l'intervalle de temps $\Delta t = t_f - t_i$, le déplacement de la particule est $\Delta x = x_f - x_i$. Par définition, le déplacement est la variation de position de la particule.

Définition

Soit x la position d'une particule à l'instant t.

La **vitesse moyenne** de cette particule sur un intervalle de temps $[t_i, t_f]$, notée $v_{[t_i,\, t_f]}$ est définie de la façon suivante :

$$v_{[t_i,\, t_f]} = \frac{x_f - x_i}{t_f - t_i} = \frac{\Delta x}{\Delta t}.$$

Graphiquement, la vitesse moyenne correspond à la pente de la sécante à la courbe de la trajectoire, qui joint le point de départ P et le point d'arrivée Q sur le graphique position-temps.

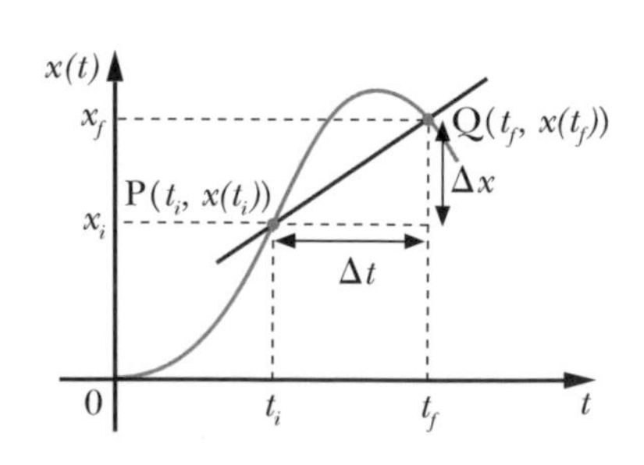

D'après cette définition, nous constatons que la vitesse moyenne a la dimension d'une longueur divisée par un temps, c'est-à-dire $\frac{\Delta x}{\Delta t}$, et qu'elle peut être exprimée, par exemple, en m/s lorsque x est exprimé en mètres et t en secondes.

La vitesse moyenne est indépendante de la façon dont la particule se déplace entre les points P et Q sur $[t_i, t_f]$, puisqu'elle est proportionnelle au déplacement Δx, dont la valeur dépend uniquement des coordonnées initiale et finale de la particule.

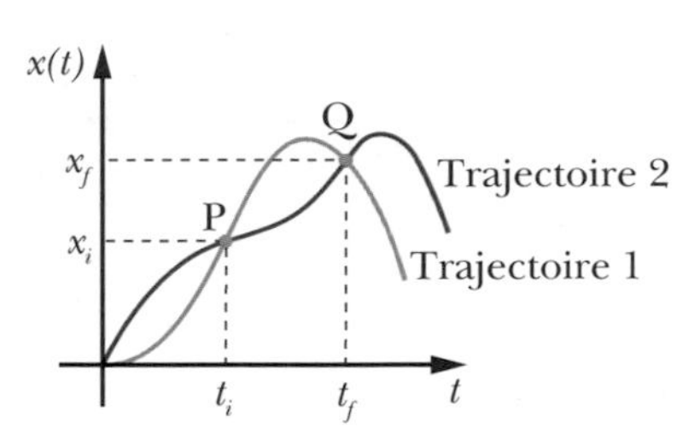

Remarque Il ne faut pas confondre le déplacement de la particule avec la distance parcourue par celle-ci. Il est en effet évident que la distance parcourue ne peut pas être nulle, quel que soit le mouvement. La vitesse moyenne ne nous renseigne donc pas sur le mouvement de la particule entre les points P et Q.

Notons enfin que la vitesse moyenne d'une particule suivant un mouvement rectiligne peut être positive, négative ou nulle. L'intervalle de temps est toujours positif, donc si la valeur de la coordonnée x augmente avec le temps, c'est-à-dire $x_f > x_i$, alors Δx est positif et la vitesse moyenne est positive. Ainsi,

$$v_{[t_1, t_2]} = \frac{x_2 - x_1}{t_2 - t_1} > 0.$$

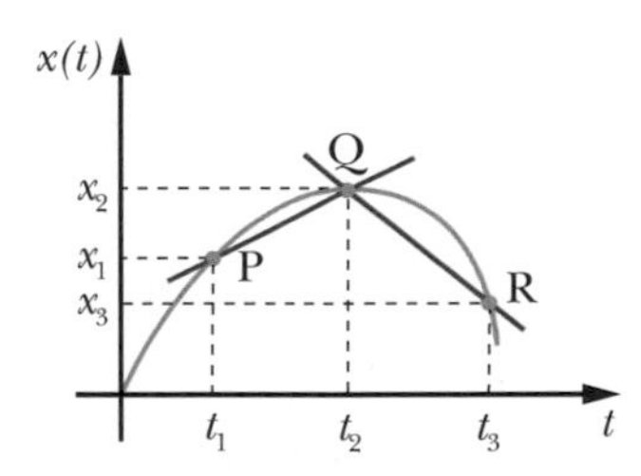

Par contre, si la valeur de x diminue avec le temps, c'est-à-dire $x_f < x_i$, Δx est négatif et la vitesse moyenne est négative. Ainsi,

$$v_{[t_2, t_3]} = \frac{x_3 - x_2}{t_3 - t_2} < 0.$$

Finalement, si une particule revient à un point Q ayant la même abscisse que le point de départ P, sa vitesse moyenne est nulle puisque son déplacement sur cette trajectoire est nul. Ainsi,

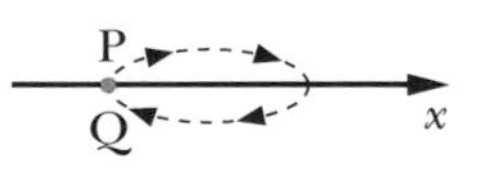

$$v_{[t_i, t_f]} = \frac{x_f - x_i}{t_f - t_i} = 0.$$

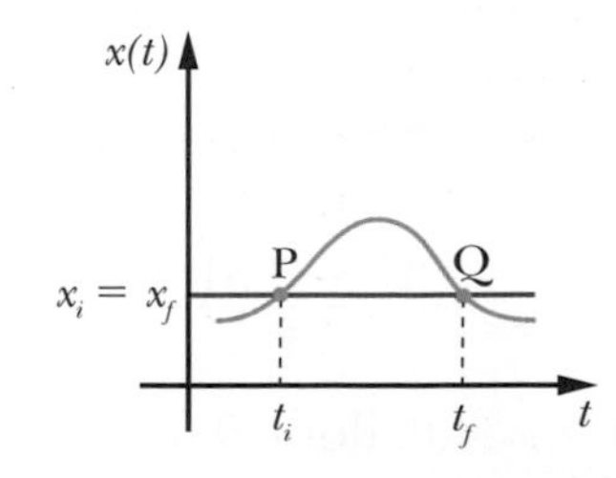

■ **Exemple 1** Une particule se déplace d'une façon rectiligne comme suit.

Si la position x en fonction du temps t est donnée par le graphique suivant :

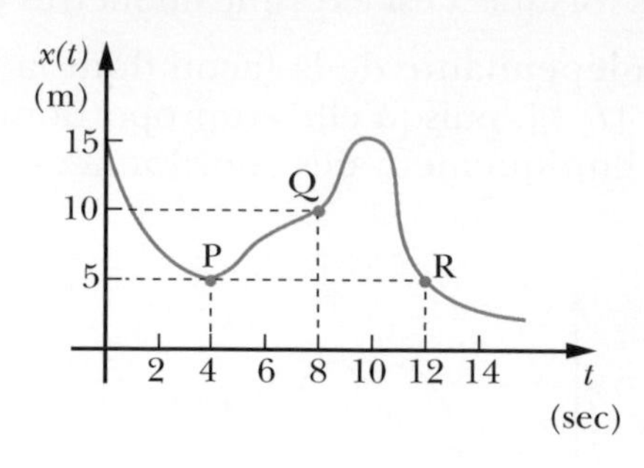

Déterminons les vitesses moyennes suivantes et l'interprétation géométrique de chacune.

a) $$v_{[4\text{ s}, 8\text{ s}]} = \frac{\Delta x}{\Delta t} = \frac{x(8) - x(4)}{8 - 4} = \frac{10 - 5}{8 - 4} = \frac{5}{4}, \text{ donc } 1{,}25 \text{ m/s}$$

Cette vitesse moyenne correspond à la pente de la sécante à la courbe de la trajectoire joignant le point P(4, 5) au point Q(8, 10).

b) $$v_{[8\text{ s}, 12\text{ s}]} = \frac{5 - 10}{12 - 8} = \frac{-5}{4}, \text{ donc } -1{,}25 \text{ m/s}$$

Cette vitesse moyenne correspond à la pente de la sécante à la courbe de la trajectoire joignant le point Q(8, 10) au point R(12, 5).

c) $$v_{[4\text{ s}, 12\text{ s}]} = \frac{5 - 5}{12 - 4} = 0, \text{ donc } 0 \text{ m/s}$$

Cette vitesse moyenne correspond à la pente de la sécante à la courbe de la trajectoire joignant le point P(4, 5) au point R(12, 5). ■

■ **Exemple 2** La position x, en fonction du temps t, d'un objet lancé verticalement vers le haut, est donnée par $x(t) = -4{,}9t^2 + 14{,}7t + 22$, où t est en secondes et x en mètres. Calculons les vitesses moyennes suivantes.

a) $$v_{[0\text{ s}, 2\text{ s}]} = \frac{x(2) - x(0)}{2 - 0} = \frac{31{,}8 - 22}{2} = 4{,}9, \text{ donc } 4{,}9 \text{ m/s}$$

b) $$v_{[1\text{ s}, 2\text{ s}]} = \frac{x(2) - x(1)}{2 - 1} = \frac{31{,}8 - 31{,}8}{1} = 0, \text{ donc } 0 \text{ m/s}$$

c) $$v_{[1{,}5\text{ s},\,3\text{ s}]} = \frac{x(3) - x(1{,}5)}{3 - 1{,}5}$$
$$= \frac{22 - 33{,}025}{1{,}5}$$
$$= \text{-}7{,}35, \text{ donc } \text{-}7{,}35 \text{ m/s}$$

■

Exercices 3.1

1. Soit $y = f(x)$, une fonction définie sur $\mathbb{R}$.

a) Définir Δy.

b) Définir le taux de variation moyen de f sur $[x, x + h]$.

c) Compléter la phrase. Le taux de variation moyen de f sur $[x, x + h]$ correspond à la pente de...

d) Représenter graphiquement les éléments dont il est question dans la phrase précédente.

2. Calculer Δy sur l'intervalle donné, si:

a) $f(x) = 4x - 2$, sur $[\text{-}1, 5]$;

b) $f(x) = \sqrt{5 - x}$, si $x = \text{-}2$ et $\Delta x = 5$;

c) $f(x) = 7$, sur $[2, 5]$;

d) $f(x) = x^2 - 3x$, sur $[\text{-}1, \text{-}1 + h]$;

e) $f(x) = \frac{1}{x}$, sur $[x, x + h]$.

3. Calculer le taux de variation moyen de la fonction sur l'intervalle donné.

a) $f(x) = \text{-}x^2 + 8x + 2$ sur $[x, x + h]$

b) $g(x) = \text{-}5$ sur $[x, x + \Delta x]$

c) $h(x) = x^3 - 2x$ sur $[x, x + h]$

d) $x(t) = \frac{5}{4t - 1}$ sur $[t, t + \Delta t]$

e) $f(x) = \sqrt{5x - 3}$ sur $[x, x + h]$

f) $g(x) = \frac{1}{\sqrt{x}}$ sur $[x, x + \Delta x]$

4. Pour chaque fonction, calculer:

a) $\frac{\Delta y}{\Delta x}$ si $f(x) = 2x^2 - 7x + 4$;

b) $\frac{\Delta x}{\Delta t}$ si $x(t) = \frac{t}{1 - 3t}$.

5. Calculer le taux de variation moyen de la fonction sur l'intervalle donné.

a) $f(x) = x^3 - 1$, sur $[2, 2 + h]$

b) $x(t) = \sqrt{3 - t}$, sur $[0, \Delta t]$

c) $f(x) = 3x - x^2$, sur $[1, 1 + \Delta x]$

6. Utiliser les résultats obtenus à la question précédente pour calculer:

a) $\text{TVM}_{[2, 5]}$ si $f(x) = x^3 - 1$;

b) $\frac{\Delta x}{\Delta t}$ sur $[0, 2]$ si $x(t) = \sqrt{3 - t}$;

c) la pente de la sécante à la courbe de f passant par les points $P(1, f(1))$ et $Q(3, f(3))$ si $f(x) = 3x - x^2$.

7. Soit $f(x) = x^2 - 3x - 4$.

a) Calculer $\text{TVM}_{[x, x + h]}$.

b) Utiliser le résultat obtenu en a) pour évaluer :

i) $TVM_{[-2, -2 + h]}$;

ii) $TVM_{[-2, 1]}$;

iii) $TVM_{[5, 7]}$;

iv) $TVM_{\left[\frac{-5}{4}, \frac{-1}{3}\right]}$.

c) Utiliser le résultat obtenu en b) pour déterminer la pente de la sécante à la courbe de f passant par les points :

i) $P(-2, f(-2))$ et $Q(1, f(1))$;

ii) $R(5, f(5))$ et $S(7, f(7))$.

Représenter f et les sécantes précédentes.

8. Soit un cube dont la longueur de l'arête est x, où x est en mètres.

Calculer le taux de variation moyen du volume lorsque la longueur de l'arête passe de

a) 1 m à 2 m ;

b) 1 m à 3 m ;

c) 2 m à 3 m ;

d) a m à b m.

9. Soit un cylindre circulaire droit dont le volume V en fonction de son rayon r et de sa hauteur h est donné par $V(r, h) = \pi r^2 h$, où r et h sont en centimètres.

a) Calculer, pour $h = 12$ cm, le taux de variation moyen du volume lorsque r passe de 5 cm à 6 cm.

b) Calculer, pour $r = 12$ cm, le taux de variation moyen du volume lorsque h passe de 5 cm à 6 cm.

10. Les représentations suivantes donnent la valeur du TSE 300 pour différents intervalles de temps.

Représentation ①

Représentation ②

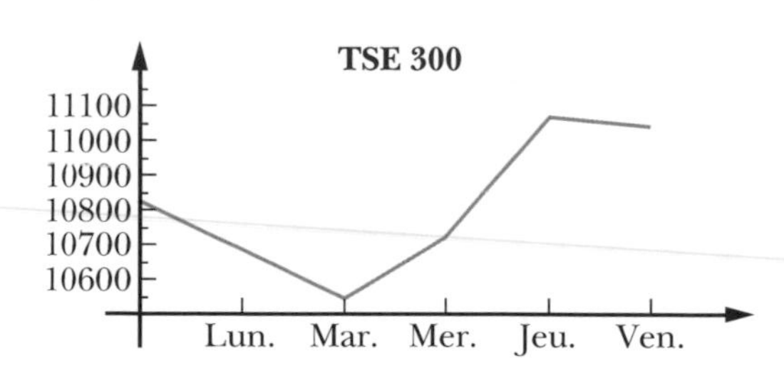

Représentation ③

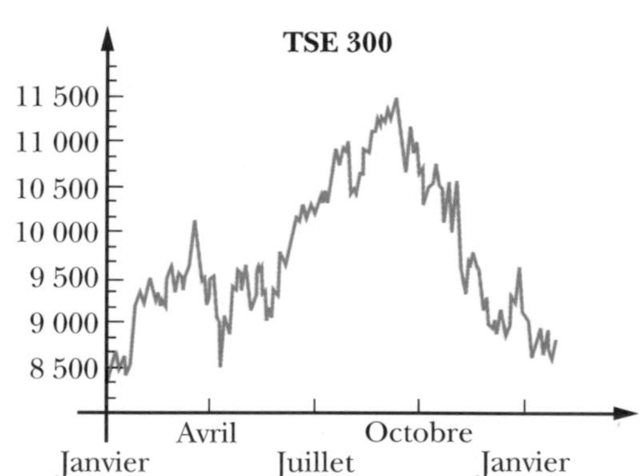

Déterminer, approximativement à partir des représentations précédentes, la variation et le taux de variation moyen de l'indice boursier sur la période :

a) entre 10 h et 12 h ;

b) entre l'ouverture et 13 h ;

c) de la journée complète ;

d) entre mardi et jeudi ;

e) entre juillet et octobre.

f) Déterminer, à l'aide de la représentation ①, le taux de variation moyen le plus petit.

g) Déterminer, à l'aide de la représentation ②, le taux de variation moyen le plus élevé.

11. Déterminer approximativement, à l'aide de la représentation suivante, le taux de variation moyen :

a) des ventes entre 1995 et 2000 ;

b) des exportations entre 1999 et 2001 ;

c) des emplois entre 1993 et 2001.

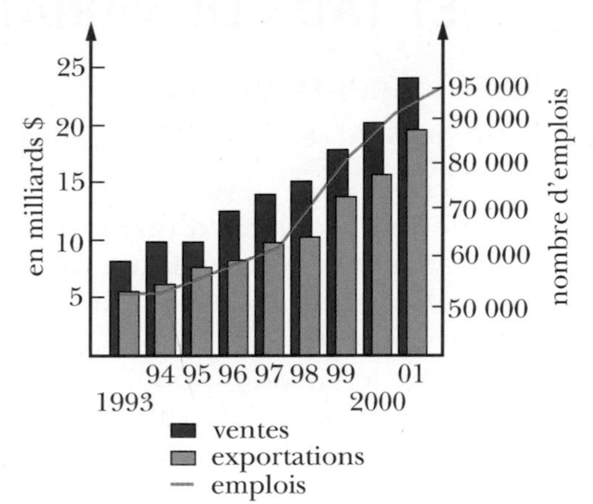

12. Le graphique ci-dessous donne l'altitude d'un avion en fonction du temps.

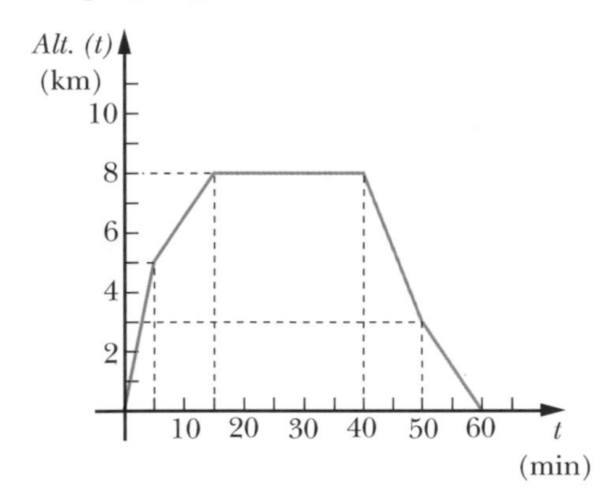

Pour chaque segment de droite qui y figure :

a) calculer la pente ;

b) calculer la vitesse d'ascension (descente = ascension négative) ;

c) comparer les réponses obtenues en a) et b).

13. Un mobile se déplace de façon rectiligne. Sa position x en fonction du temps t est donnée par $x(t) = -4{,}9t^2 + 19{,}6t + 24{,}5$, où t est en secondes et $x(t)$, en mètres.

Calculer les vitesses moyennes suivantes et représenter graphiquement la courbe de x et les sécantes correspondantes.

a) $v_{[0\text{ s},\, 2\text{ s}]}$

b) $v_{[0\text{ s},\, 4\text{ s}]}$

c) $v_{[2\text{ s},\, 4\text{ s}]}$

14. Un mobile se déplace de façon rectiligne. Sa position x en fonction du temps t est donnée par $x(t) = \dfrac{t^4}{81} + 5$, où t est en secondes et $x(t)$ en mètres.

Pour chacune des valeurs de Δt données, déterminer la vitesse moyenne du mobile sur $[3\text{ s}, (3 + \Delta t)\text{ s}]$ et représenter graphiquement la courbe et les sécantes correspondantes.

a) $\Delta t = 3$ s

b) $\Delta t = 2$ s

c) $\Delta t = 1$ s

d) $\Delta t = 0{,}3$ s

3.2 DÉRIVÉE D'UNE FONCTION EN UN POINT ET TAUX DE VARIATION INSTANTANÉ

Objectif d'apprentissage

À la fin de cette section, l'élève pourra calculer la dérivée d'une fonction en un point.

Plus précisément, l'élève sera en mesure:
- de définir la dérivée d'une fonction en un point;
- de calculer la dérivée d'une fonction en un point;
- de relier graphiquement la dérivée d'une fonction en un point à la pente de la tangente à la courbe à ce point;
- de relier le taux de variation instantané à la dérivée d'une fonction;
- de relier la notion de vitesse instantanée à la notion de pente de tangente;
- de relier la notion de vitesse instantanée à la notion de dérivée;
- de démontrer un théorème relatif à la continuité d'une fonction dérivable.

Au XVIIIe siècle, la tangente à une courbe s'appelait une *touchante*. Aucune méthode générale existait pour tracer une tangente à une courbe. Pour chaque type de courbe, il fallait développer une méthode qui lui était propre. La capsule historique du présent chapitre décrit l'une de ces méthodes.

Tangente à une courbe

Dans cette section, nous calculerons la pente de la tangente à la courbe d'une fonction en un point, à l'aide du calcul différentiel.

Définition La **tangente** à la courbe C en un point P de la courbe est la droite dont la position est la position limite des sécantes passant par P et Q_i lorsque Q_i s'approche de P, par la gauche et par la droite.

■ **Exemple 1** a)

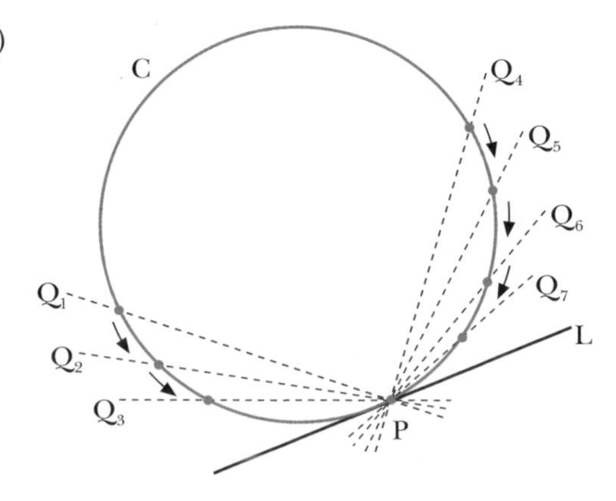

La droite L est tangente à la courbe C au point P.

b)

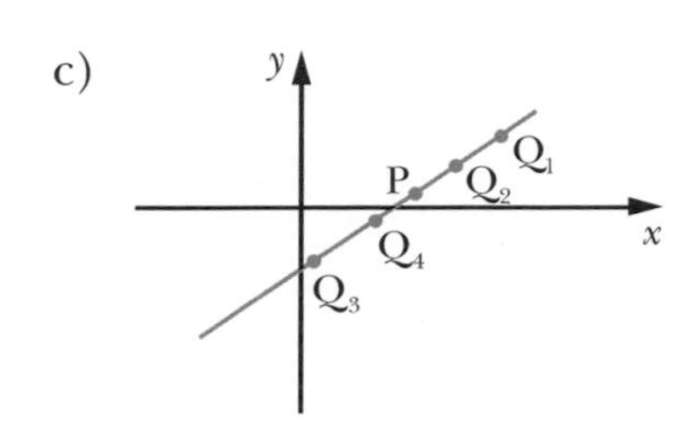

La droite L est tangente à la courbe C au point P.

c)

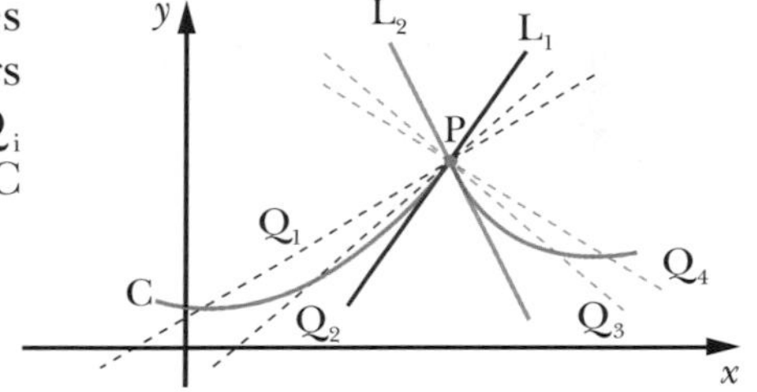

Dans le cas où la courbe C est une droite, la tangente est confondue avec la droite. ■

Dans le cas où la position limite des sécantes ne donne pas la même droite lorsque Q_i tend vers P par la gauche et par la droite, nous disons que la courbe n'admet pas de tangente au point P.

■ **Exemple 2** Puisque la position des sécantes donne L_1 lorsque Q_i tend vers P par la gauche et donne L_2 lorsque Q_i tend vers P par la droite, la courbe C n'admet pas de tangente au point P.

y, L$_2$, L$_1$, P, Q$_1$, Q$_4$, C, Q$_2$, Q$_3$, x ■

Pente de la tangente à la courbe d'une fonction en un point

Nous pouvons déterminer la pente de la tangente à la courbe d'une fonction f en un point $P(a, f(a))$, en calculant successivement la pente de droites sécantes à la courbe passant par P et Q_i lorsque Q_i tend vers P.

Cas où Q_i tend vers P par la droite.

$$m_{\text{sec }1} = \frac{f(a + h_1) - f(a)}{h_1}$$

$$m_{\text{sec }2} = \frac{f(a + h_2) - f(a)}{h_2}$$

$$m_{\text{sec }3} = \frac{f(a + h_3) - f(a)}{h_3}$$

Nous constatons graphiquement que, plus h est petit ($h \to 0^+$), plus les sécantes se rapprochent de la droite L.

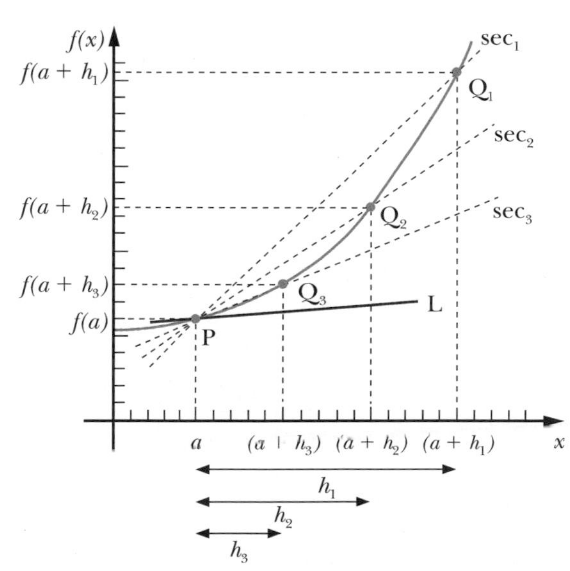

Nous procédons de façon analogue pour Q_i tend vers P par la gauche. Si les sécantes correspondantes se rapprochent de la même droite L, alors cette droite L est tangente à la courbe de f au point $P(a, f(a))$.

Définition

La **pente de la tangente** à la courbe d'une fonction f au point $P(a, f(a))$, si elle existe, est notée $m_{\tan (a, f(a))}$ et est donnée par

$$m_{\tan (a, f(a))} = \lim_{h \to 0} \frac{f(a + h) - f(a)}{h}.$$

Ainsi, de la définition précédente,

si $a = -4$, nous avons $m_{\tan (-4, f(-4))} = \lim\limits_{h \to 0} \dfrac{f(-4 + h) - f(-4)}{h}$,

de même, si $a = 9$, nous avons $m_{\tan (9, f(9))} = \lim\limits_{h \to 0} \dfrac{f(9 + h) - f(9)}{h}$.

■ **Exemple 1** Soit $f(x) = -x^2 + 4x + 1$.

Calculons, à l'aide de la définition précédente, la pente de la tangente illustrée sur le graphique ci-contre, c'est-à-dire $m_{\tan (3, f(3))}$.

Tangente à la courbe de f au point $P(3, f(3))$.

$$m_{\tan (3, f(3))} = \lim_{h \to 0} \frac{f(3 + h) - f(3)}{h} \quad \text{(définition)}$$

$$= \lim_{h \to 0} \frac{[-(3 + h)^2 + 4(3 + h) + 1] - (-9 + 12 + 1)}{h} \quad (\text{car } f(x) = -x^2 + 4x + 1)$$

$$= \lim_{h \to 0} \frac{(-9 - 6h - h^2 + 12 + 4h + 1) - 4}{h}$$

$$= \lim_{h \to 0} \frac{-h^2 - 2h}{h}$$

$$= \lim_{h \to 0} \frac{h(-h - 2)}{h}$$

$$= \lim_{h \to 0} (-h - 2) \quad (\text{en simplifiant, car } h \neq 0)$$

$$= -2 \quad \text{(en évaluant la limite)}$$

D'où $m_{\tan (3, f(3))} = -2$. ■

■ **Exemple 2** Soit $f(x) = \begin{cases} x^2 & \text{si } x \leq 2 \\ 8 - x^2 & \text{si } x > 2 \end{cases}$

dont la représentation graphique est ci-contre.

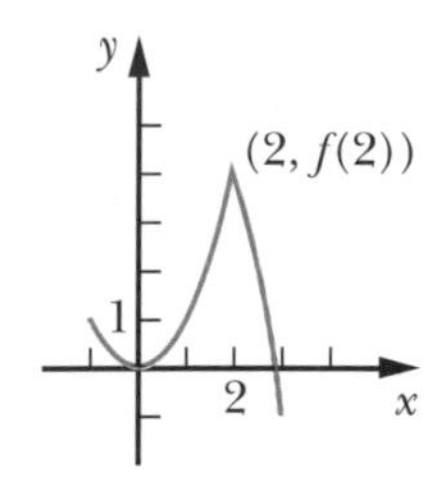

Vérifions, à l'aide de la définition précédente, que la courbe de f n'admet pas de tangente au point $P(2, f(2))$.

Cas où $h < 0$.

$$\lim_{h \to 0^-} \frac{f(2 + h) - f(2)}{h} = \lim_{h \to 0^-} \frac{(2 + h)^2 - 4}{h} \quad (\text{car } f(x) = x^2)$$

$$= \lim_{h \to 0^-} \frac{4 + 4h + h^2 - 4}{h}$$

$$= \lim_{h \to 0^-} \frac{4h + h^2}{h}$$

$$= \lim_{h \to 0^-} \frac{h(4 + h)}{h}$$

$$= \lim_{h \to 0^-} (4 + h) \qquad \text{(en simplifiant, car } h \neq 0\text{)}$$

$$= 4 \qquad \text{(en évaluant la limite)}$$

Cas où $h > 0$.

$$\lim_{h \to 0^+} \frac{f(2 + h) - f(2)}{h} = \lim_{h \to 0^+} \frac{8 - (2 + h)^2 - 4}{h} \qquad (\text{car } f(x) = 8 - x^2)$$

$$= \lim_{h \to 0^+} \frac{8 - 4 - 4h - h^2 - 4}{h}$$

$$= \lim_{h \to 0^+} \frac{-4h - h^2}{h}$$

$$= \lim_{h \to 0^+} \frac{h(-4 - h)}{h}$$

$$= \lim_{h \to 0^+} (-4 - h) \qquad \text{(en simplifiant, car } h \neq 0\text{)}$$

$$= -4 \qquad \text{(en évaluant la limite)}$$

Puisque la limite à gauche n'est pas égale à la limite à droite, $\lim_{h \to 0} \frac{f(2 + h) - f(2)}{h}$ n'existe pas.

D'où la courbe de f n'admet pas de tangente au point $P(2, f(2))$. ■

Voyez comment, historiquement, on est passé du calcul de la pente de la tangente à la notion plus générale de dérivée, en lisant la capsule historique du chapitre 4.

Dérivée et taux de variation instantané

Il peut être nécessaire, pour faire l'étude de certains phénomènes, par exemple la vitesse, le coût marginal, etc..., de connaître la dérivée d'une fonction en un point, qui correspond au taux de variation instantané d'une fonction en un point.

Définition

La **dérivée** d'une fonction f au point $P(a, f(a))$, notée $f'(a)$, peut être définie de la façon suivante :

$$f'(a) = \lim_{h \to 0} \frac{f(a + h) - f(a)}{h}, \text{ lorsque la limite existe.}$$

Remarque Si $f'(a)$ existe, nous disons que f est une **fonction dérivable en $x = a$**, et $f'(a)$ est égale à la pente de la tangente à la courbe de f au point $P(a, f(a))$.

■ **Exemple 1** Soit $f(x) = \sqrt{x + 3}$.

a) Calculons $f'(2)$.

$$f'(2) = \lim_{h \to 0} \frac{f(2+h) - f(2)}{h} \qquad \text{(définition)}$$

$$= \lim_{h \to 0} \frac{\sqrt{(2+h)+3} - \sqrt{2+3}}{h} \qquad (\text{car } f(x) = \sqrt{x+3})$$

$$= \lim_{h \to 0} \frac{\sqrt{5+h} - \sqrt{5}}{h}$$

$$= \lim_{h \to 0} \left[\left(\frac{\sqrt{5+h} - \sqrt{5}}{h}\right)\left(\frac{\sqrt{5+h} + \sqrt{5}}{\sqrt{5+h} + \sqrt{5}}\right)\right]$$

$$= \lim_{h \to 0} \frac{(5+h) - 5}{h(\sqrt{5+h} + \sqrt{5})} \qquad \text{(en effectuant)}$$

$$= \lim_{h \to 0} \frac{h}{h(\sqrt{5+h} + \sqrt{5})}$$

$$= \lim_{h \to 0} \frac{1}{\sqrt{5+h} + \sqrt{5}} \qquad (\text{en simplifiant, car } h \neq 0)$$

$$= \frac{1}{\sqrt{5} + \sqrt{5}} \qquad \text{(en évaluant la limite)}$$

$$= \frac{1}{2\sqrt{5}}$$

D'où $f'(2) = \dfrac{1}{2\sqrt{5}}$.

b) Calculons $m_{\tan(2, f(2))}$.

$$m_{\tan(2, f(2))} = f'(2)$$

$$= \frac{1}{2\sqrt{5}}$$

$$= 0{,}223\ldots$$

c) Représentons graphiquement la courbe de f et la tangente à cette courbe au point $P(2, f(2))$ dont la pente est égale à $\dfrac{1}{2\sqrt{5}}$.

```
>with(plots):
>c1:=plot((x+3)^(1/2),x=-4..8,y=0..4,color=orange,
  numpoints=800):
>c2:=plot((1/(20)^(1/2))*x+4/(5)^(1/2),x=-4..8,y=0..4,
  color=blue):
>display(c1,c2);
```

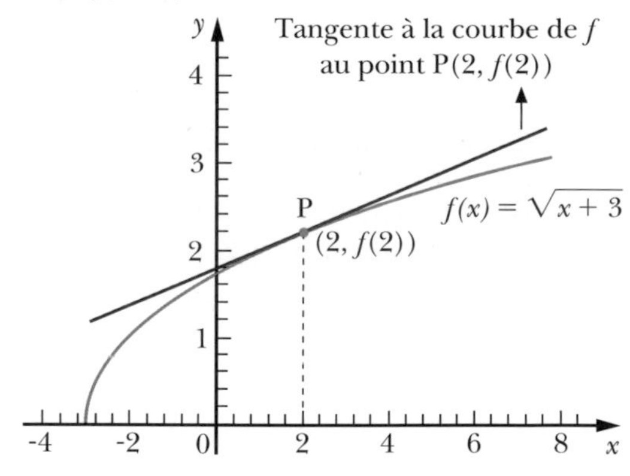

La pente de la tangente à la courbe d'une fonction en un point correspond au taux de variation instantané de la fonction au point donné. On a donc la définition suivante :

Définition

Le **taux de variation instantané** d'une fonction f en un point $P(a, f(a))$, noté $TVI_{x=a}$, est égal à la dérivée de la fonction f au point $P(a, f(a))$. Ainsi,

$$TVI_{x=a} = f'(a).$$

Des deux définitions précédentes, nous avons

$$\text{TVI}_{x=a} = \lim_{h \to 0} \frac{f(a+h) - f(a)}{h}.$$

■ **Exemple 2** Soit un carré dont la mesure du côté est de x cm. Ainsi, l'aire A est donnée par $A(x) = x^2$, où $x \geqslant 0$.

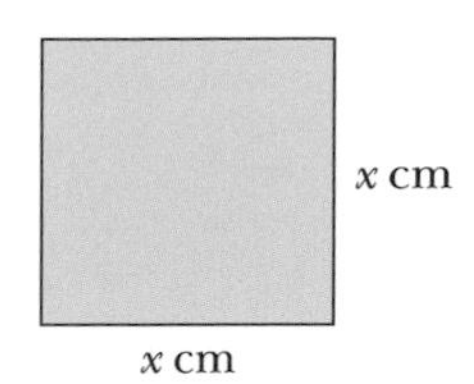

a) Déterminons le taux de variation instantané de l'aire A lorsque $x = 5$ cm, en calculant les taux de variation moyens de l'aire A sur les intervalles [5 cm, $(5 + h)$ cm] pour les valeurs de h suivantes.

Si $h = 1$ cm, $\text{TVM}_{[5 \text{ cm}, 6 \text{ cm}]} = \dfrac{A(6) - A(5)}{6 - 5} = \dfrac{36 - 25}{1} = 11 \text{ cm}^2/\text{cm}$

Si $h = 0{,}1$ cm, $\text{TVM}_{[5 \text{ cm}, 5{,}1 \text{ cm}]} = \dfrac{A(5{,}1) - A(5)}{5{,}1 - 5} = 10{,}1 \text{ cm}^2/\text{cm}$

Si $h = 0{,}01$ cm, $\text{TVM}_{[5 \text{ cm}, 5{,}01 \text{ cm}]} = \dfrac{A(5{,}01) - A(5)}{5{,}01 - 5} = 10{,}01 \text{ cm}^2/\text{cm}$

Si $h = 0{,}001$ cm, $\text{TVM}_{[5 \text{ cm}, 5{,}001 \text{ cm}]} = \dfrac{A(5{,}001) - A(5)}{5{,}001 - 5} = 10{,}001 \text{ cm}^2/\text{cm}$

À la limite, lorsque $h \to 0^+$, nous obtenons

$$\lim_{h \to 0^+} \frac{A(5 + h) - A(5)}{h} = 10 \text{ cm}^2/\text{cm}.$$

L'utilisateur ou l'utilisatrice peut vérifier que le résultat est identique lorsque $h \to 0^-$, c'est-à-dire :

$$\lim_{h \to 0^-} \frac{A(5 + h) - A(5)}{h} = 10 \text{ cm}^2/\text{cm}.$$

Donc, $\displaystyle\lim_{h \to 0} \frac{A(5 + h) - A(5)}{h} = 10 \text{ cm}^2/\text{cm}$.

D'où $\text{TVI}_{x = 5 \text{ cm}} = 10 \text{ cm}^2/\text{cm}$.

b) Calculons $\text{TVI}_{x = 5 \text{ cm}}$ à partir de la définition du taux de variation instantané.

$$\begin{aligned}
\text{TVI}_{x = 5 \text{ cm}} &= A'(5) \\
&= \lim_{h \to 0} \frac{A(5 + h) - A(5)}{h} && \text{(par définition)} \\
&= \lim_{h \to 0} \frac{(5 + h)^2 - 25}{h} && (\text{car } A(x) = x^2) \\
&= \lim_{h \to 0} \frac{25 + 10h + h^2 - 25}{h} \\
&= \lim_{h \to 0} \frac{10h + h^2}{h}
\end{aligned}$$

$$= \lim_{h \to 0} \frac{h(10 + h)}{h}$$

$$= \lim_{h \to 0} (10 + h) \quad \text{(en simplifiant, car } h \neq 0\text{)}$$

$$= 10$$

D'où $\text{TVI}_{x = 5 \text{ cm}} = 10 \text{ cm}^2/\text{cm}$. ■

Remarque À partir de la définition de $f'(a)$, c'est-à-dire:

$$1) \quad f'(a) = \lim_{h \to 0} \frac{f(a + h) - f(a)}{h}$$

nous obtenons, en posant $h = \Delta x$ une deuxième définition de $f'(a)$:

$$2) \quad f'(a) = \lim_{\Delta x \to 0} \frac{f(a + \Delta x) - f(a)}{\Delta x}.$$

De plus, en posant $a + h = x$ dans l'équation 1), nous obtenons une troisième définition de $f'(a)$:

$$3) \quad f'(a) = \lim_{x \to a} \frac{f(x) - f(a)}{x - a}.$$

En effet, si $a + h = x$

$h = x - a.$

De plus, puisque $h \to 0$, nous avons

$(x - a) \to 0$

donc, $x \to a.$

■ **Exemple 3** Soit $f(x) = \dfrac{1}{x}$.

a) Évaluons $f'(-2)$ à l'aide de la définition 3), précédente.

$$f'(-2) = \lim_{x \to -2} \frac{f(x) - f(-2)}{x - (-2)} \quad \text{(par définition)}$$

$$= \lim_{x \to -2} \frac{\frac{1}{x} - \left(\frac{-1}{2}\right)}{x + 2}$$

$$= \lim_{x \to -2} \frac{\frac{2 + x}{2x}}{x + 2}$$

$$= \lim_{x \to -2} \frac{(2 + x)}{2x(x + 2)}$$

$$= \lim_{x \to -2} \frac{1}{2x} \quad \text{(en simplifiant, car } x \neq -2\text{)}$$

$$= \frac{-1}{4} \quad \text{(en évaluant la limite)}$$

b) Déterminons l'équation de la droite L, tangente à la courbe de f au point $P(-2, f(-2))$.

Soit $y = ax + b$, l'équation de L.

Puisque $a = f'(-2)$

$$a = \frac{-1}{4} \quad \left(\text{car } f'(-2) = \frac{-1}{4}\right)$$

donc, $y = \frac{-1}{4}x + b$

De plus, la droite passe par $P(-2, f(-2))$, c'est-à-dire $P\left(-2, \frac{-1}{2}\right)$.

En remplaçant x par -2 et y par $\frac{-1}{2}$, nous obtenons

$$\frac{-1}{2} = \frac{-1}{4}(-2) + b$$

donc, $b = -1$.

D'où L: $y = \frac{-1}{4}x - 1$.

OUTIL TECHNOLOGIQUE

c) Représentons graphiquement la courbe de f ainsi que la droite L trouvée en b).

```
>with(plots):
>f:=plot(1/x,x=-6..4,y=-4..4,color=orange):
>g:=plot((-1/4)*x-1,x=-6..2,y=-4..4,color=blue):
>display(f, g);
```

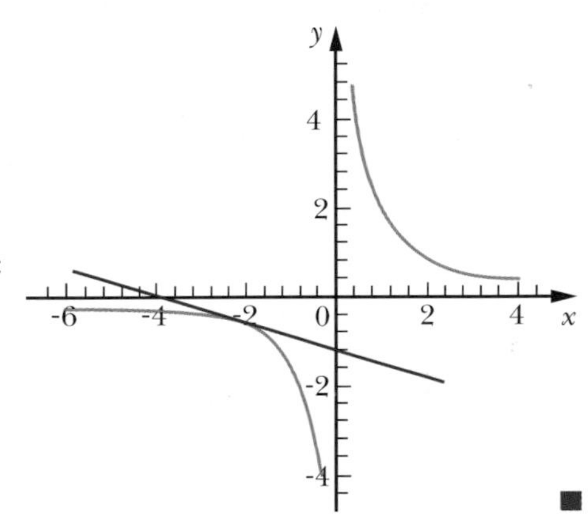

■

Vitesse instantanée et pente de tangente

La vitesse d'une particule à un instant quelconque, ou en un certain point d'un diagramme espace-temps, est sa *vitesse instantanée*. Cette notion est particulièrement importante quand la vitesse moyenne sur divers intervalles de temps n'est pas constante.

Considérons le mouvement rectiligne d'une particule entre les deux points P et Q_i du diagramme espace-temps de la figure ci-contre.

À mesure que le point Q_i se rapproche du point P, les intervalles de temps (Δt_1, Δt_2, Δt_3, ...) deviennent de plus en plus petits.

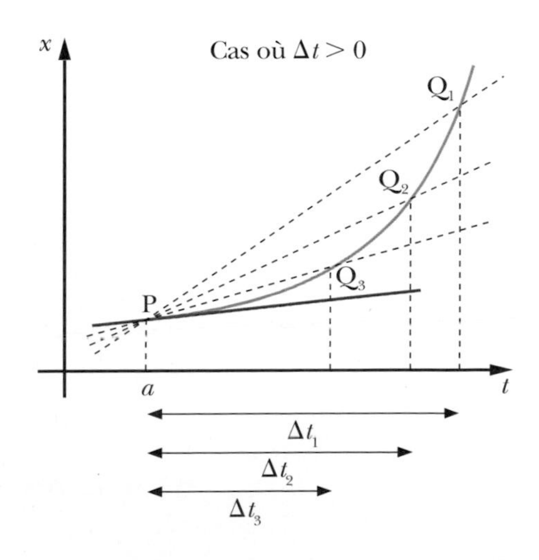

Lorsque Q est aussi près que nous le voulons de P, l'intervalle de temps Δt tend vers zéro, mais en même temps la pente de la sécante passant par Q et P se rapproche de celle de la tangente à la courbe au point P.

La pente de la tangente à la courbe au point P représente la vitesse instantanée de la particule à l'instant $t = a$.

Définition

Soit x la position d'une particule à l'instant t.

La **vitesse instantanée** de cette particule au temps $t = a$, notée

$v_{t=a}$, est égale à la valeur limite du rapport $\dfrac{\Delta x}{\Delta t}$ lorsque Δt tend vers zéro :

$$v_{t=a} = \lim_{\Delta t \to 0} \frac{\Delta x}{\Delta t}, \text{ où } \Delta x = x(a + \Delta t) - x(a).$$

La vitesse instantanée peut être positive, négative ou nulle. Lorsque la pente de la tangente à la courbe espace-temps est positive, comme au point P de la figure, la vitesse instantanée est positive. Au point R, la vitesse instantanée est négative. Enfin, la vitesse instantanée est nulle au point Q, où la pente de la tangente à la courbe est nulle.

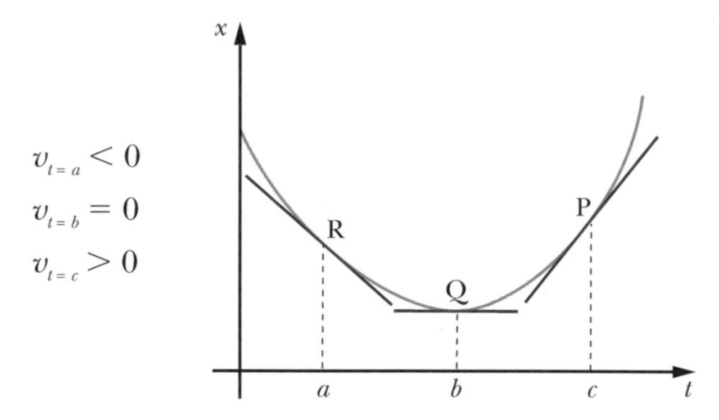

■ **Exemple 1** La position x d'un mobile en fonction du temps t est donnée par $x(t) = t^3$, où t est en secondes et $x(t)$, en mètres.

a) Déterminons la vitesse instantanée du mobile au temps $t = 1$ s en calculant les vitesses moyennes $v_{[1\text{ s}, (1 + \Delta t)\text{ s}]}$ pour les valeurs de Δt suivantes.

Si $\Delta t = 1$ s, $v_{[1\text{ s}, 2\text{ s}]} = \dfrac{x(2) - x(1)}{2\text{ s} - 1\text{ s}} = \dfrac{8\text{ m} - 1\text{ m}}{1\text{ s}} = 7\text{ m/s}$

Si $\Delta t = 0{,}1$ s, $v_{[1\text{ s}, 1{,}1\text{ s}]} = \dfrac{x(1{,}1) - x(1)}{1{,}1\text{ s} - 1\text{ s}} = \dfrac{1{,}331\text{ m} - 1\text{ m}}{0{,}1\text{ s}} = 3{,}31\text{ m/s}$

Si $\Delta t = 0{,}01$ s, $v_{[1\text{ s}, 1{,}01\text{ s}]} = \dfrac{x(1{,}01) - x(1)}{1{,}01\text{ s} - 1\text{ s}} = \dfrac{1{,}030\,301\text{ m} - 1\text{ m}}{0{,}01\text{ s}}$

$= 3{,}0301\text{ m/s}$

Si $\Delta t = 0{,}001$ s, $v_{[1\text{ s}, 1{,}001\text{ s}]} = \dfrac{x(1{,}001) - x(1)}{1{,}001\text{ s} - 1\text{ s}} = \dfrac{1{,}003\,003\,001\text{ m} - 1\text{ m}}{0{,}001\text{ s}}$

$= 3{,}003\,001\text{ m/s}$

À la limite, lorsque $\Delta t \to 0^+$,

nous obtenons $\displaystyle\lim_{\Delta t \to 0^+} \frac{x(1 + \Delta t) - x(1)}{\Delta t} = 3\text{ m/s}.$

L'utilisateur ou l'utilisatrice peut vérifier que le résultat est identique lorsque $\Delta t \to 0^-$, c'est-à-dire $\lim\limits_{\Delta t \to 0^-} \dfrac{x(1 + \Delta t) - x(1)}{\Delta t} = 3$ m/s.

Donc, $\lim\limits_{\Delta t \to 0} \dfrac{x(1 + \Delta t) - x(1)}{\Delta t} = 3$ m/s.

D'où $v_{t = 1\,\text{s}} = 3$ m/s.

b) Calculons $v_{t = 1\,\text{s}}$ à partir de la définition précédente.

$$
\begin{aligned}
v_{t = 1\,\text{s}} &= \lim_{\Delta t \to 0} \frac{x(1 + \Delta t) - x(1)}{\Delta t} \\
&= \lim_{\Delta t \to 0} \frac{(1 + \Delta t)^3 - 1^3}{\Delta t} \\
&= \lim_{\Delta t \to 0} \frac{1 + 3\Delta t + 3(\Delta t)^2 + (\Delta t)^3 - 1}{\Delta t} \\
&= \lim_{\Delta t \to 0} \frac{3\Delta t + 3(\Delta t)^2 + (\Delta t)^3}{\Delta t} \\
&= \lim_{\Delta t \to 0} \frac{\Delta t(3 + 3\Delta t + (\Delta t)^2)}{\Delta t} \\
&= \lim_{\Delta t \to 0} (3 + 3\Delta t + (\Delta t)^2) \qquad \text{(en simplifiant, car } \Delta t \neq 0\text{)} \\
&= 3 \qquad \text{(en évaluant la limite)}
\end{aligned}
$$

D'où $v_{t = 1\,\text{s}} = 3$ m/s.

c) Représentons graphiquement la courbe $x(t) = t^3$ et la tangente à la courbe au point $P(1, x(1))$.

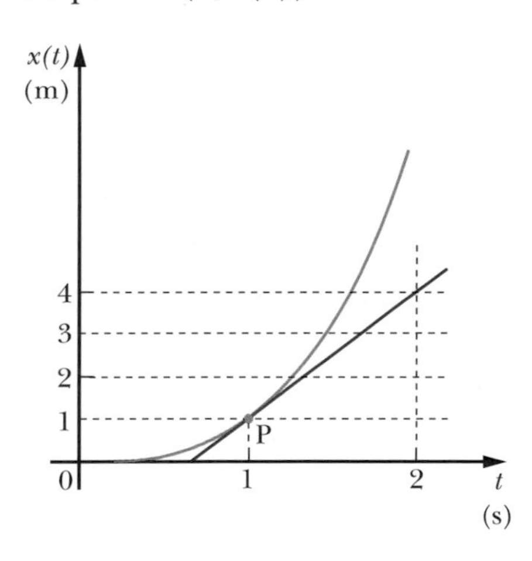

■

Dérivée et continuité en un point

Théorème 1 Si f est une fonction dérivable en $x = a$, c'est-à-dire que $f'(a)$ existe, alors f est continue en $x = a$.

Pour démontrer qu'une fonction est continue en $x = a$, il faut démontrer que $\lim\limits_{x \to a} f(x) = f(a)$ (voir le chapitre 2), ce qui est équivalent à démontrer que $\lim\limits_{x \to a} [f(x) - f(a)] = 0$.

Preuve

$$\lim_{x \to a} [f(x) - f(a)] = \lim_{x \to a} \left[\frac{[f(x) - f(a)]}{(x - a)} (x - a) \right] \qquad \left(\text{car } \frac{x - a}{x - a} = 1, \text{ si } x \neq a \right)$$

$$= \left(\lim_{x \to a} \frac{f(x) - f(a)}{x - a} \right) \left(\lim_{x \to a} (x - a) \right) \qquad \left(\begin{matrix} \text{théorème 3d),} \\ \text{chapitre 2} \end{matrix} \right)$$

$$= f'(a) \cdot 0 \qquad \left(\text{car } \lim_{x \to a} \frac{f(x) - f(a)}{x - a} = f'(a) \right)$$

$$= 0$$

donc, $\lim_{x \to a} [f(x) - f(a)] = 0$

Ainsi, $\lim_{x \to a} f(x) = f(a)$. D'où f est continue en $x = a$. ■

Nous acceptons, sans démonstration, le corollaire suivant qui est la contraposée du théorème 1 précédent.

Corollaire	Si une fonction f n'est pas continue en $x = a$, alors elle n'est pas dérivable en $x = a$.

■ **Exemple 1** Soit f définie par le graphique ci-contre.

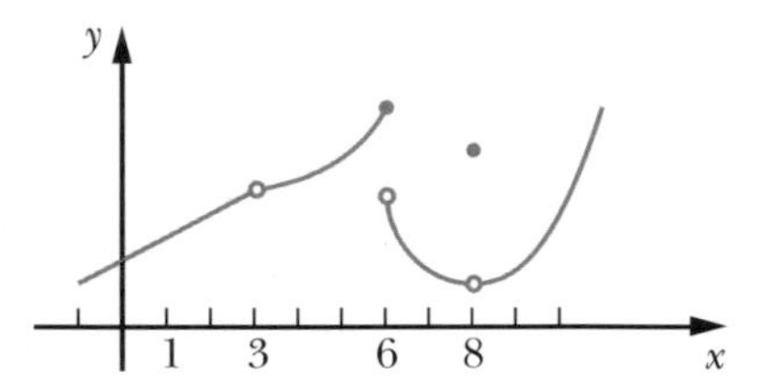

Puisque f n'est pas continue en $x = 3$, $x = 6$ et $x = 8$, f n'est pas dérivable en $x = 3$, $x = 6$ et $x = 8$.

C'est-à-dire $f'(3)$, $f'(6)$ et $f'(8)$ ne sont pas définies. ■

Par contre, si une fonction f est continue en $x = a$, elle n'est pas nécessairement dérivable en $x = a$.

■ **Exemple 2** Soit $f(x) = |x|$, c'est-à-dire

$$f(x) = \begin{cases} x & \text{si} \quad x \geq 0 \\ -x & \text{si} \quad x < 0. \end{cases}$$

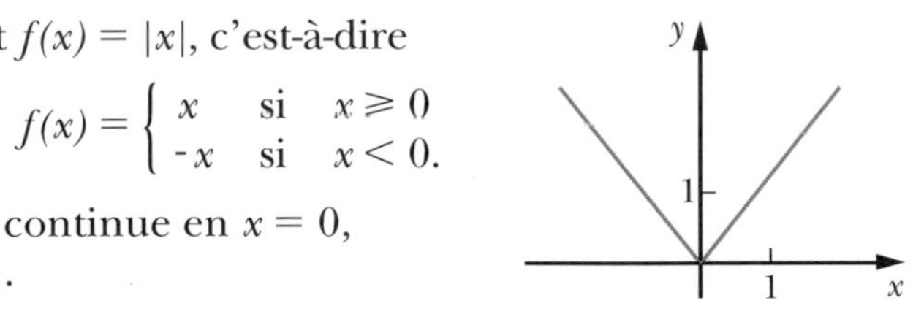

Cette fonction est continue en $x = 0$, car $\lim_{x \to 0} f(x) = f(0)$.

Vérifions si cette fonction est dérivable en $x = 0$,

en évaluant $\lim_{h \to 0} \frac{f(0 + h) - f(0)}{h}$ (définition de $f'(0)$ si cette limite existe).

$$\lim_{h \to 0^-} \frac{f(0 + h) - f(0)}{h} = \lim_{h \to 0^-} \frac{|h|}{h} = \lim_{h \to 0^-} \frac{-h}{h} = \lim_{h \to 0^-} (-1) = -1$$

$$\lim_{h \to 0^+} \frac{f(0 + h) - f(0)}{h} = \lim_{h \to 0^+} \frac{|h|}{h} = \lim_{h \to 0^+} \frac{h}{h} = \lim_{h \to 0^+} 1 = 1$$

Donc, $\lim\limits_{h \to 0} \dfrac{f(0+h) - f(0)}{h}$ n'existe pas.

D'où f est non dérivable en $x = 0$. ■

■ **Exemple 3** Soit $f(x) = \sqrt[3]{x-1}$ dont la représentation est ci-contre.

Cette fonction est continue en $x = 1$, car $\lim\limits_{x \to 1} f(x) = f(1)$.

Par contre, cette fonction n'est pas dérivable en $x = 1$, car $\lim\limits_{h \to 0} \dfrac{f(1+h) - f(1)}{h}$ n'existe pas.

En effet, au point $P(1, f(1))$ la tangente à la courbe de f est verticale, d'où sa pente n'est pas définie.

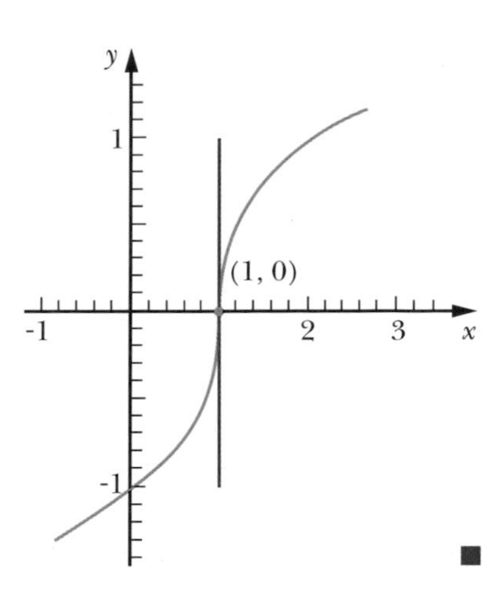

■

Exercices 3.2

1. Parmi les droites suivantes, repérer celles qui, pour la portion de courbe représentée, sont tangentes à cette courbe.

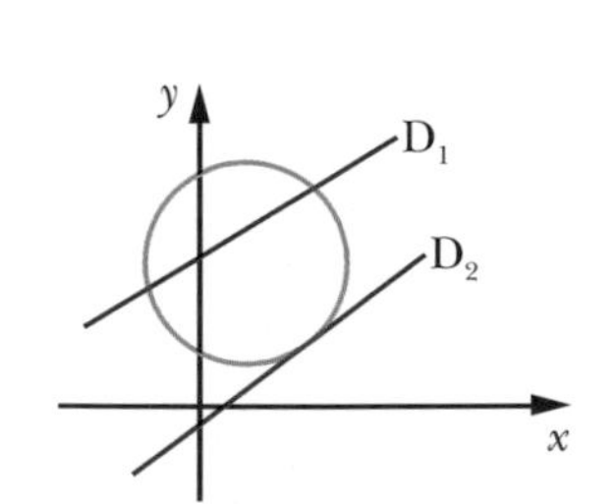

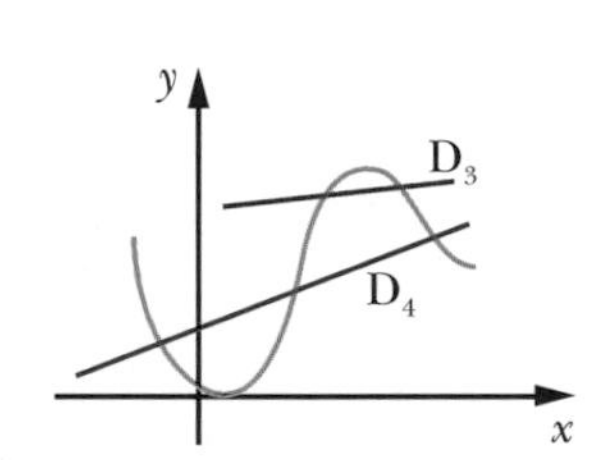

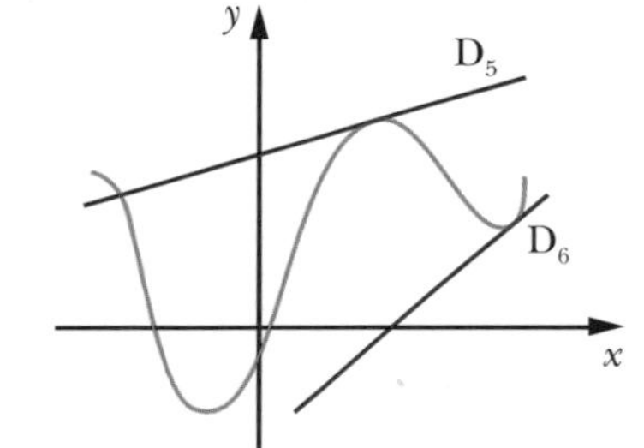

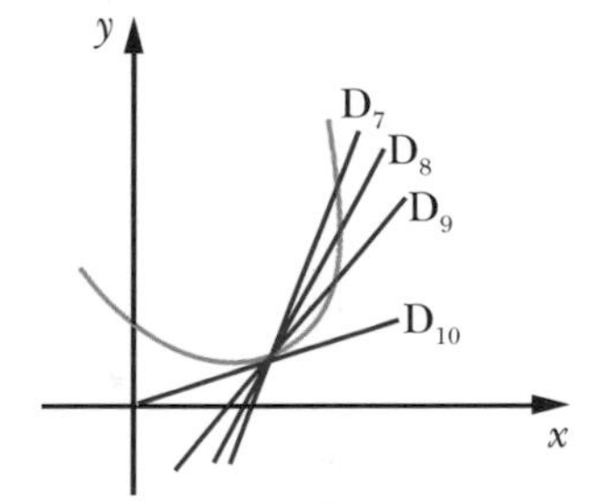

2. Soit $f(x) = x^2 - 4$.

En utilisant $f'(a) = \lim\limits_{h \to 0} \dfrac{f(a+h) - f(a)}{h}$:

a) calculer $f'(0)$ et interpréter graphiquement votre résultat;

b) calculer $\text{TVI}_{x=3}$ et interpréter graphiquement votre résultat;

c) représenter graphiquement la courbe de f et les tangentes à la courbe aux points $A(0, f(0))$ et $B(3, f(3))$.

3. Soit $g(x) = 4 - 2x$.

En utilisant $g'(a) = \lim\limits_{\Delta x \to 0} \dfrac{g(a + \Delta x) - g(a)}{\Delta x}$:

a) calculer $\text{TVI}_{x=-2}$;

b) calculer $g'(3)$;

c) représenter graphiquement la courbe de g et les tangentes à la courbe aux points $A(-2, g(-2))$ et $B(3, g(3))$.

4. Soit $f(x) = 5$ et $g(x) = -2$.

Calculer les dérivées demandées et représenter graphiquement chaque courbe et la tangente correspondante.

a) $f'(3)$ b) $g'(-4)$

5. Soit $g(x) = 4 + \sqrt{x}$ et $h(x) = x^4$.

En utilisant la définition équivalente à $f'(a) = \lim\limits_{x \to a} \dfrac{f(x) - f(a)}{x - a}$, calculer:

a) $g'(5)$; b) $h'(-1)$.

6. Soit $f(x) = x^3 + 1$.

a) Calculer $f'(-1)$.

b) Calculer $f'(0)$.

c) Représenter graphiquement la courbe de f et les tangentes à la courbe aux points A$(-1, f(-1))$ et B$(0, f(0))$.

7. Calculer la pente de la tangente à la courbe dans chacun des cas suivants et donner l'équation de cette tangente.

a)

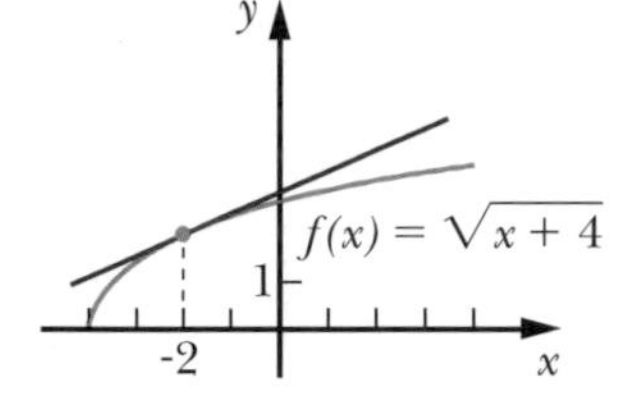

b)

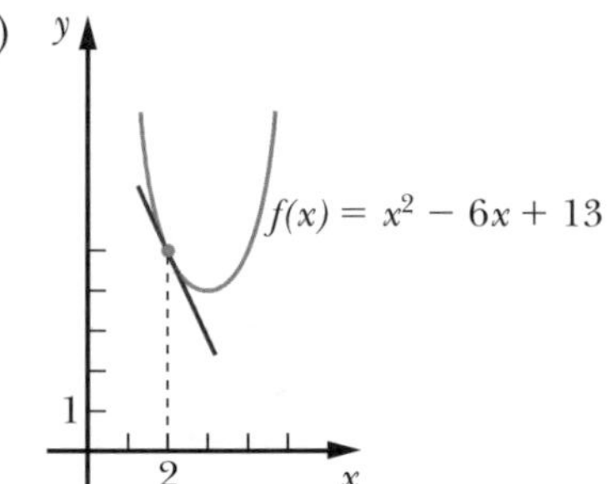

8. Si $f(x) = \dfrac{1}{\sqrt{2x + 1}}$, calculer $\text{TVI}_{x=2}$.

9. a) Soit $f(x) = \begin{cases} x^2 & \text{si} \quad x < 2 \\ 4x - 4 & \text{si} \quad x \geq 2 \end{cases}$, une fonction continue en $x = 2$.

Représenter graphiquement la courbe de f et calculer, si possible, $f'(2)$.

b) Soit $h(x) = \begin{cases} x^3 & \text{si} \quad x \leq 1 \\ 2 - x^2 & \text{si} \quad x > 1 \end{cases}$, une fonction continue en $x = 1$.

Représenter graphiquement la courbe de h et calculer, si possible, $h'(1)$.

10. Donner un exemple graphique d'une fonction f, continue sur $\mathbb{R}$, qui n'admet pas de tangente au point P$(-2, f(-2))$ et dont la tangente est verticale au point Q$(3, f(3))$.

11. Soit une particule suivant une trajectoire rectiligne dont la position x en fonction du temps t est donnée par $x(t) = -4{,}9t^2 + 30t + 20$, où $x(t)$ est en mètres et t, en secondes.

a) Déterminer la vitesse instantanée de la particule au temps $t = 2$ s, en calculant $v_{[2\text{ s}, (2 + \Delta t)\text{ s}]}$ pour différentes valeurs appropriées de Δt.

b) Calculer $v_{t = 2\text{ s}}$ à partir d'une définition de la dérivée.

c) Calculer $v_{t = 4\text{ s}}$.

d) Représenter la courbe de x et les tangentes en $t = 2$ s et $t = 4$ s.

12. Voici un graphique illustrant la position x d'un mobile, suivant une trajectoire rectiligne, en fonction du temps t.

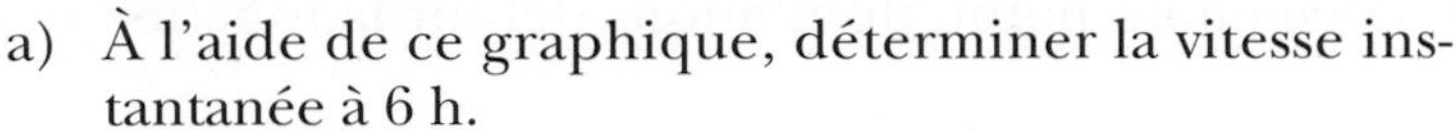

a) À l'aide de ce graphique, déterminer la vitesse instantanée à 6 h.

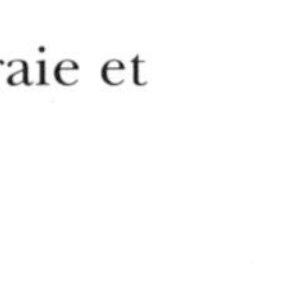

b) Laquelle des trois affirmations suivantes est vraie et pourquoi?

i) $v_{t=3\text{ h}} > 0$

ii) $v_{t=3\text{ h}} < 0$

iii) $v_{t=3\text{ h}} = 0$

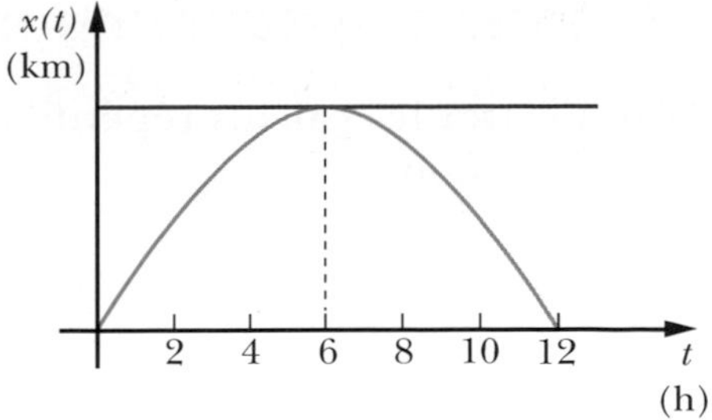

13. Soit la fonction f dont le graphique est:

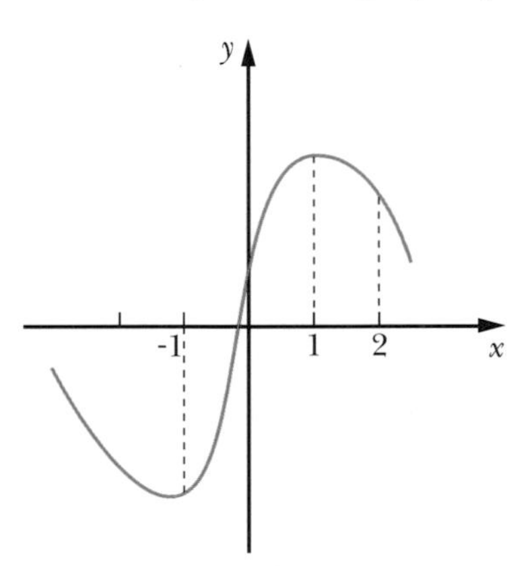

Compléter les expressions suivantes par $<$, $>$ ou par $=$.

a) $f(-1)$ 0

b) $f'(-1)$ 0

c) $f(1)$ 0

d) $f'(1)$ 0

e) $f(2)$ 0

f) $f'(2)$ 0

3.3 FONCTION DÉRIVÉE

Objectif d'apprentissage

À la fin de cette section, l'élève pourra déterminer la fonction dérivée d'une fonction donnée.

Plus précisément, l'élève sera en mesure:

- de définir la fonction dérivée;
- de calculer la fonction dérivée à partir de la définition;
- de définir le taux de variation instantané d'une fonction;
- de déterminer la fonction donnant le taux de variation instantané d'une fonction;
- de calculer la dérivée d'une fonction en un point en utilisant la fonction dérivée.

La recherche de notations efficaces pour représenter la dérivée s'étale de la création du calcul différentiel et intégral à la fin du XVIIe siècle, jusqu'au milieu du XXe siècle. Leibniz (1646-1716), l'un des fondateurs du calcul différentiel, en a créé des dizaines dans l'espoir d'en trouver qui facilitent les manipulations symboliques lors des calculs. Nous lui devons la notation $\frac{dy}{dx}$. La notation $f'(x)$ a, pour sa part, été popularisée par un traité de Lagrange (1736-1813) publié en 1797. L'utilisation d'une barre verticale, pour spécifier à quelle valeur on évalue la dérivée, date du milieu du XXe siècle.

Définition de la fonction dérivée

Afin d'éviter les calculs répétitifs de dérivée en un point, nous allons définir la fonction dérivée d'une fonction.

Si dans la définition de $f'(a)$ c'est-à-dire $f'(a) = \lim\limits_{h \to 0} \dfrac{f(a+h) - f(a)}{h}$,

nous remplaçons a par x, nous obtenons $f'(x) = \lim\limits_{h \to 0} \dfrac{f(x+h) - f(x)}{h}$.

■ **Exemple 1** Soit $f(x) = x^2$. Calculons $f'(x)$.

$$\begin{aligned}
f'(x) &= \lim_{h \to 0} \frac{f(x+h) - f(x)}{h} && \text{(définition)} \\
&= \lim_{h \to 0} \frac{(x+h)^2 - x^2}{h} && \text{(car } f(x) = x^2\text{)} \\
&= \lim_{h \to 0} \frac{x^2 + 2xh + h^2 - x^2}{h} \\
&= \lim_{h \to 0} \frac{2xh + h^2}{h} \\
&= \lim_{h \to 0} \frac{h(2x+h)}{h} && \text{(en factorisant)} \\
&= \lim_{h \to 0} (2x + h) && \text{(en simplifiant, car } h \neq 0\text{)} \\
&= 2x && \text{(en évaluant la limite)}
\end{aligned}$$

■

Nous constatons que le résultat obtenu est également une fonction de la variable x. Nous appelons cette nouvelle fonction la *fonction dérivée de f*, notée f'.

Définition

D'une façon générale, la **fonction dérivée** f' d'une fonction f peut être définie de la façon suivante :

$$f'(x) = \lim_{h \to 0} \frac{f(x+h) - f(x)}{h}, \text{ lorsque la limite existe.}$$

Remarque À partir de la définition précédente, en posant $h = \Delta x$, nous obtenons une deuxième définition de $f'(x)$.

$$f'(x) = \lim_{\Delta x \to 0} \frac{f(x+\Delta x) - f(x)}{\Delta x}, \text{ lorsque la limite existe.}$$

Nous pouvons également donner une troisième définition équivalente de la fonction dérivée, en remplaçant $(x + h)$ par t dans la première définition de la fonction dérivée.

$$f'(x) = \lim_{t \to x} \frac{f(t) - f(x)}{t - x}, \text{ lorsque la limite existe.}$$

Dans certains cas, cette définition permettra de faciliter les calculs algébriques.

Graphiquement, $f'(x)$ correspond à la pente de la tangente à la courbe de f au point P$(x, f(x))$.

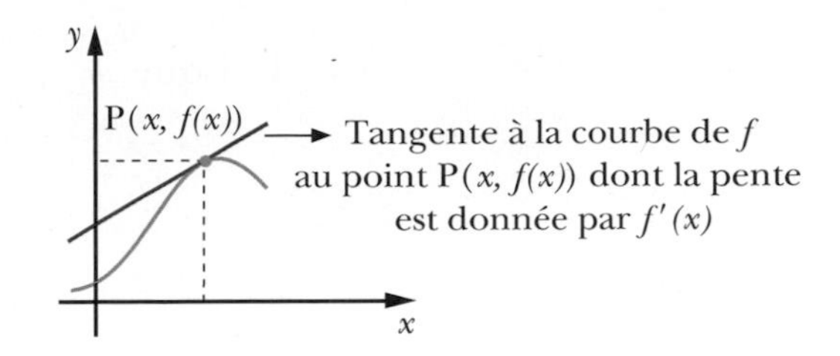

Les notations suivantes sont utilisées pour désigner la fonction dérivée d'une fonction $y = f(x)$:

$$f'(x),\quad y',\quad \frac{dy}{dx},\quad \frac{d}{dx}(y),\quad \frac{df}{dx},\quad \frac{d}{dx}(f) \text{ ou } \mathrm{D}_x f$$

Les notations suivantes sont utilisées pour désigner la dérivée de la fonction f au point P$(a, f(a))$:

$$f'(a),\quad y'\Big|_{x=a},\quad \frac{dy}{dx}\Big|_{x=a},\quad \frac{d}{dx}(y)\Big|_{x=a},\quad \frac{df}{dx}\Big|_{x=a},\quad \frac{d}{dx}(f)\Big|_{x=a} \text{ ou } \mathrm{D}_{x=a} f$$

■ **Exemple 2** Soit $f(x) = \sqrt{x} + 5$.

a) Déterminons $\frac{df}{dx}$ à l'aide de la deuxième définition précédente.

$$\begin{aligned}
\frac{df}{dx} &= \lim_{\Delta x \to 0} \frac{f(x + \Delta x) - f(x)}{\Delta x} && \text{(définition)}\\
&= \lim_{\Delta x \to 0} \frac{(\sqrt{x + \Delta x} + 5) - (\sqrt{x} + 5)}{\Delta x} && (\text{car } f(x) = \sqrt{x} + 5)\\
&= \lim_{\Delta x \to 0} \frac{\sqrt{x + \Delta x} - \sqrt{x}}{\Delta x}\\
&= \lim_{\Delta x \to 0} \left[\left(\frac{\sqrt{x + \Delta x} - \sqrt{x}}{\Delta x}\right)\left(\frac{\sqrt{x + \Delta x} + \sqrt{x}}{\sqrt{x + \Delta x} + \sqrt{x}}\right)\right]\\
&= \lim_{\Delta x \to 0} \frac{x + \Delta x - x}{\Delta x(\sqrt{x + \Delta x} + \sqrt{x})}\\
&= \lim_{\Delta x \to 0} \frac{\Delta x}{\Delta x(\sqrt{x + \Delta x} + \sqrt{x})}\\
&= \lim_{\Delta x \to 0} \frac{1}{\sqrt{x + \Delta x} + \sqrt{x}} && (\text{en simplifiant, car } \Delta x \neq 0)\\
&= \frac{1}{\sqrt{x} + \sqrt{x}} && \text{(en évaluant la limite)}\\
&= \frac{1}{2\sqrt{x}}
\end{aligned}$$

b) Calculons la pente de la tangente à la courbe de f au point P$(9, f(9))$ en utilisant le résultat précédent.

$$\text{Puisque } m_{\tan\,(9,\,f(9))} = \left.\frac{df}{dx}\right|_{x=9}$$

$$= \frac{1}{2\sqrt{9}} \qquad \left(\text{en remplaçant } x \text{ par } 9 \text{ dans } \frac{df}{dx}\right)$$

$$= \frac{1}{6}$$

■

De façon générale, pour obtenir la dérivée en un point donné $A(a, f(a))$, il suffit de :

1) calculer $f'(x)$;

2) remplacer x par a dans $f'(x)$ pour obtenir $f'(a)$.

■ **Exemple 3** Soit $y = x^8$.

Déterminons l'équation de la tangente illustrée.

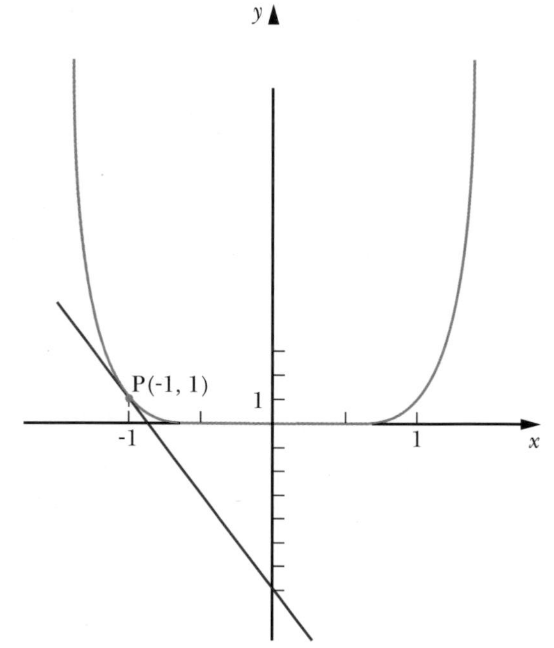

Calculons d'abord $\dfrac{dy}{dx}$.

$$\frac{dy}{dx} = \lim_{t \to x} \frac{f(t) - f(x)}{t - x} \qquad \text{(définition)}$$

$$= \lim_{t \to x} \frac{t^8 - x^8}{t - x} \qquad (\text{car } f(x) = x^8)$$

$$= \lim_{t \to x} \frac{(t - x)(t + x)(t^2 + x^2)(t^4 + x^4)}{t - x} \qquad \text{(en factorisant)}$$

$$= \lim_{t \to x} [(t + x)(t^2 + x^2)(t^4 + x^4)] \qquad (\text{en simplifiant, car } t \neq x)$$

$$= 2x(2x^2)(2x^4) \qquad \text{(en évaluant la limite)}$$

$$= 8x^7$$

Déterminons l'équation de la droite L, tangente à la courbe $y = x^8$ au point P(-1, 1).

Soit $y = ax + b$ l'équation de L.

$$\text{Puisque } a = \left.\frac{dy}{dx}\right|_{x=-1}$$

$$= 8(-1) \qquad \left(\text{car } \frac{dy}{dx} = 8x^7\right)$$

$= -8$

donc, $y = -8x + b$

De plus, la droite passe par $P(-1, 1)$.

En remplaçant x par -1 et y par 1, nous obtenons

$1 = -8(-1) + b$

donc, $b = -7$.

D'où L: $y = -8x - 7$. ■

Taux de variation instantané

Définition La fonction donnant le **taux de variation instantané** d'une fonction f, noté TVI, est égale à la dérivée de f, lorsque $f'(x)$ est définie. Ainsi,

$$\text{TVI} = f'(x).$$

■ **Exemple 1** Soit $V(x) = x^3$.

a) Déterminons la fonction donnant le taux de variation instantané du volume V d'un cube par rapport à l'arête x, où x est exprimé en centimètres.

$$\begin{aligned}
\text{TVI} &= \frac{dV}{dx} \\
&= \lim_{h \to 0} \frac{V(x+h) - V(x)}{h} \quad \text{(définition)} \\
&= \lim_{h \to 0} \frac{(x+h)^3 - x^3}{h} \quad \text{(car } V(x) = x^3\text{)} \\
&= \lim_{h \to 0} \frac{x^3 + 3x^2h + 3xh^2 + h^3 - x^3}{h} \\
&= \lim_{h \to 0} \frac{3x^2h + 3xh^2 + h^3}{h} \\
&= \lim_{h \to 0} \frac{h(3x^2 + 3xh + h^2)}{h} \\
&= \lim_{h \to 0} (3x^2 + 3xh + h^2) \quad \text{(car } h \neq 0\text{)} \\
&= 3x^2
\end{aligned}$$

Donc, $\text{TVI} = 3x^2$, exprimé en cm^3/cm.

b) Utilisons le résultat trouvé en a) pour déterminer le TVI pour les valeurs de x suivantes.

Pour $x = 1$ cm, $\text{TVI}_{x=1\text{ cm}} = 3(1)^2$, donc 3 cm^3/cm.

Pour $x = 2$ cm, $\text{TVI}_{x=2\text{ cm}} = 3(2)^2$, donc 12 cm^3/cm.

Pour $x = 3{,}5$ cm, $\text{TVI}_{x=3{,}5\text{ cm}} = 3(3{,}5)^2$, donc 36,75 cm^3/cm. ■

Nous étudierons de façon plus détaillée les notions de taux de variation instantané et de vitesse instantanée au chapitre 5.

Exercices 3.3

1. Soit $y = f(x)$.

a) À quoi correspond graphiquement $f'(x)$?

b) Représenter graphiquement $f'(x)$.

2. Sachant que pour $f(x) = 3x - 5x^2 + 10$, $f'(x) = 3 - 10x$ et que pour $g(x) = \sqrt{x+1}$, $g'(x) = \dfrac{1}{2\sqrt{x+1}}$, évaluer, si possible :

a) $f(0)$ et $f'(0)$; b) $g(0)$ et $g'(0)$; c) $g(-1)$ et $g'(-1)$.

3. En utilisant $f'(x) = \lim\limits_{h \to 0} \dfrac{f(x+h) - f(x)}{h}$, évaluer $f'(x)$ si :

a) $f(x) = x$; b) $f(x) = x^2 + 2x - 3$; c) $f(x) = \sqrt{x+1}$.

4. En utilisant $\dfrac{dy}{dx} = \lim\limits_{\Delta x \to 0} \dfrac{f(x + \Delta x) - f(x)}{\Delta x}$, évaluer $\dfrac{dy}{dx}$ si :

a) $y = -2$; b) $y = 3x - 2$; c) $y = x^3 - 2x$.

5. En utilisant $g'(x) = \lim\limits_{t \to x} \dfrac{g(t) - g(x)}{t - x}$, évaluer $g'(x)$ si :

a) $g(x) = \dfrac{3}{x}$; b) $g(x) = x^{\frac{2}{3}}$; c) $g(x) = x^4 - 1$.

6. Calculer le TVI pour chacune des fonctions suivantes.

a) $x(t) = 4$ b) $p(x) = 3x + 4$ c) $g(u) = \dfrac{1}{u} + 5$

7. Calculer $\lim\limits_{\Delta x \to 0} \dfrac{\Delta y}{\Delta x}$ pour chacune des fonctions $y = f(x)$ suivantes.

a) $f(x) = \dfrac{1}{\sqrt{x}}$ b) $f(x) = x^3 - 1$ c) $f(x) = 8 - 7x - 5x^2$

8. Sachant que pour $g(t) = \dfrac{5t^2}{4t - 1}$, $g'(t) = \dfrac{10t(2t-1)}{(4t-1)^2}$, déterminer l'équation de la tangente L à la courbe de g au point $P\left(\dfrac{-1}{2}, g\left(\dfrac{-1}{2}\right)\right)$.

Réseau de concepts

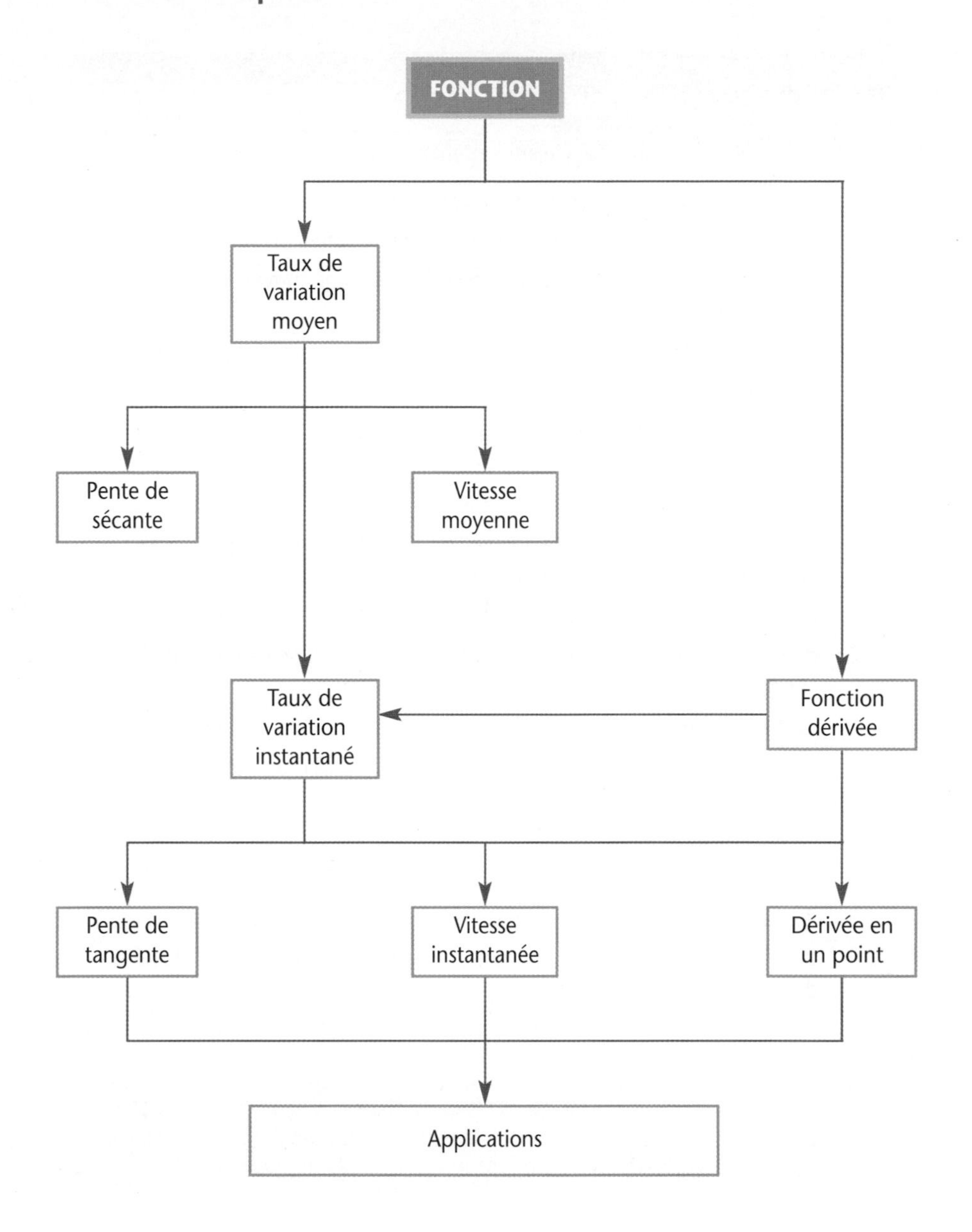

Liste de vérification des apprentissages

RÉPONDRE PAR **OUI** OU **NON.**			
Après l'étude de ce chapitre, je suis en mesure :		**OUI**	**NON**
1.	de définir le taux de variation moyen d'une fonction ;		
2.	de calculer le taux de variation moyen d'une fonction sur un intervalle ;		
3.	d'interpréter graphiquement le taux de variation moyen d'une fonction sur un intervalle ;		
4.	de calculer des vitesses moyennes d'une particule sur un intervalle de temps ;		
5.	de relier la notion de vitesse moyenne à la notion de pente de sécante ;		
6.	de définir la dérivée d'une fonction en un point ;		
7.	de calculer la dérivée d'une fonction en un point ;		
8.	de relier graphiquement la dérivée d'une fonction en un point à la pente de la tangente à la courbe à ce point ;		
9.	de relier le taux de variation instantané à la dérivée d'une fonction ;		
10.	de relier la notion de vitesse instantanée à la notion de pente de tangente ;		
11.	de relier la notion de vitesse instantanée à la notion de dérivée ;		
12.	de démontrer un théorème relatif à la continuité d'une fonction dérivable ;		
13.	de définir la fonction dérivée ;		
14.	de calculer la fonction dérivée à partir de la définition ;		
15.	de définir le taux de variation instantané d'une fonction ;		
16.	de déterminer la fonction donnant le taux de variation instantané d'une fonction ;		
17.	de calculer la dérivée d'une fonction en un point en utilisant la fonction dérivée.		

Si vous avez répondu **NON** à une de ces questions, il serait préférable pour vous d'étudier à nouveau cette notion.

Exercices récapitulatifs

1. Pour chaque fonction, calculer le taux de variation moyen de f sur les intervalles donnés.

a) $f(x) = 8$, sur:

i) $[2, 3]$; ii) $[-1, 2]$.

b) $f(x) = -3x + 4$, sur:

i) $[0, 2]$; ii) $[-4, -4 + h]$.

c) $f(x) = -x^3 - x^2 + 1$, sur:

i) $[x, x + h]$; ii) $[-2, -2 + h]$.

d) $f(x) = \dfrac{1}{x^2}$, sur:

i) $\left[\dfrac{1}{2}, \dfrac{1}{2} + h\right]$; ii) $\left[\dfrac{1}{2}, \dfrac{3}{4}\right]$.

e) $f(x) = 3 - 2\sqrt{x}$, sur:

i) $[x, x + \Delta x]$; ii) $[4, 9]$.

2. Soit $f(x) = x^2 + 2x - 8$.

a) Représenter graphiquement la fonction f, puis déterminer son domaine et son image.

b) Tracer la sécante passant par les points $A(-5, f(-5))$ et $B(1, f(1))$. Calculer la pente de cette sécante.

c) Calculer $TVM_{[-3, 1]}$ pour cette fonction.

d) Représenter graphiquement la tangente à la courbe de f au point $C(-1, f(-1))$ et déterminer sa pente.

e) Déterminer les coordonnées du point $P(a, f(a))$ pour que $TVM_{[a, 3]} = 3$.

3. Après 5 min, un marcheur est à 500 m de son point de départ; après 10 min, il est à 600 m de son point de départ; après 15 min, il est de retour à son point de départ.

Calculer la vitesse moyenne du marcheur sur chacun des intervalles suivants.

a) [0 min, 5 min]

b) [5 min, 10 min]

c) [10 min, 15 min]

d) [0 min, 15 min]

4. La position x d'un mobile en fonction du temps t est donnée par $x(t) = t^3 - 3t + 2$, où $x(t)$ est en centimètres et t est en secondes. Calculer:

a) $v_{[0\text{ s}, 1\text{ s}]}$; b) $v_{[1\text{ s}, 2\text{ s}]}$; c) $v_{[0\text{ s}, 2\text{ s}]}$.

5. À l'aide du tableau suivant:

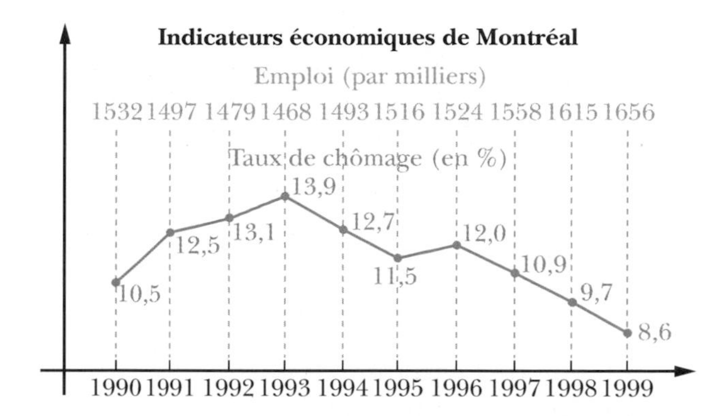

a) déterminer le taux de variation moyen du nombre d'emplois entre 1994 et 1999;

b) déterminer le taux de variation moyen du taux de chômage entre 1990 et 1998.

Compléter, à une exception près, sur chaque période de un an:

c) lorsque le nombre d'emplois augmente...

d) lorsque le nombre d'emplois diminue...

6. À l'aide de la représentation suivante, déterminer approximativement le taux de la réduction moyenne du débit de la rivière entre:

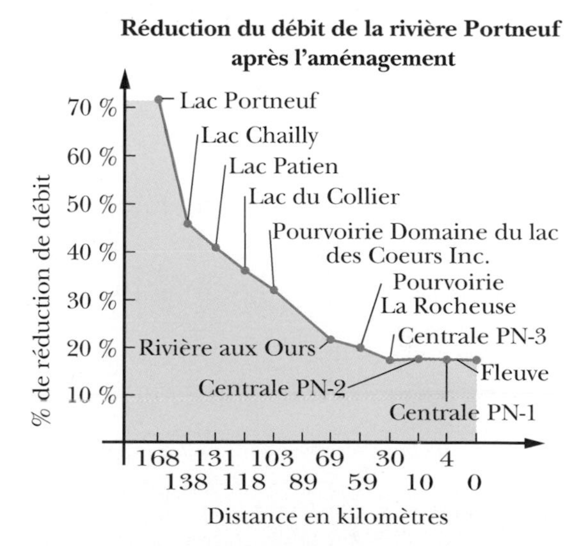

a) le lac Chailly et le lac du Collier;

b) la centrale PN-2 et le fleuve;

c) le lac Portneuf et le fleuve.

7. Soit un mobile en mouvement rectiligne dont la position x en fonction du temps t est donnée par le graphique suivant.

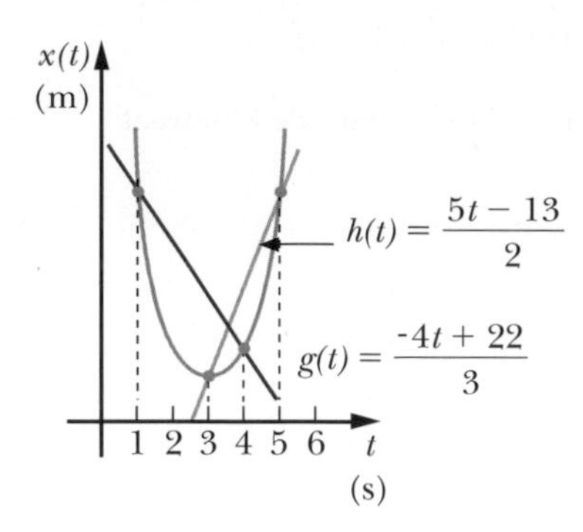

À l'aide de l'équation des droites sécantes à la courbe, déterminer:

a) $v_{[1\text{ s},\,4\text{ s}]}$; b) $v_{[3\text{ s},\,5\text{ s}]}$; c) $v_{[1\text{ s},\,3\text{ s}]}$.

8. Pour chaque fonction, évaluer l'expression demandée.

a) $f'(-3)$ si $f(x) = x^3 + 2x - 3$

b) $g'\left(\frac{-1}{2}\right)$ si $g(x) = \frac{1}{2x^2}$

c) $\left.\frac{dx}{dt}\right|_{t=1,5}$ si $x(t) = 4{,}9t^2 - 10t + 7$

d) $\text{TVI}_{x=-1}$ si $f(x) = 3x^4 - 2$

e) $\left.\frac{df}{du}\right|_{u=0}$ si $f(u) = \frac{2u - 1}{2u + 1}$

f) $m_{\tan\,(5,\,f(5))}$ si $f(x) = \frac{1}{\sqrt{x}}$

9. Pour chaque fonction, calculer les expressions demandées.

a) $f(x) = -3x + 7$

i) $f'(x)$ ii) $f'(5)$

b) $g(x) = (x + 1)(x - 2)$

i) $g'(x)$ ii) $g'(0{,}5)$

c) $x(t) = \frac{5}{t^2} + 3$

i) $\frac{dx}{dt}$ ii) $\left.\frac{dx}{dt}\right|_{t=2}$

d) $v(t) = t + \frac{1}{t}$

i) $v'(t)$ ii) $\text{TVI}_{t=2}$

e) $P(t) = \sqrt{3t + 2}$

i) $\frac{dP}{dt}$ ii) $\left.\frac{dP}{dt}\right|_{t=10}$

f) $f(x) = \frac{3x - 2}{1 - 5x}$

i) $f'(x)$ ii) $m_{\tan\,(1,\,f(1))}$

10. La position x d'un mobile en fonction du temps t est donnée par $x(t) = \frac{4}{t^2}$, où $x(t)$ est en mètres et t est en secondes, où $t \in [1\text{ s}, 5\text{ s}]$.

a) Calculer $v_{[2\text{ s},\,4\text{ s}]}$.

b) Calculer $v_{t=2\text{ s}}$.

c) Calculer $v_{t=4\text{ s}}$.

d) Représenter graphiquement la courbe de la fonction x, et les droites associées à a), b) et c).

11. Soit un mobile dont la position x en fonction du temps t est donnée par le graphique suivant.

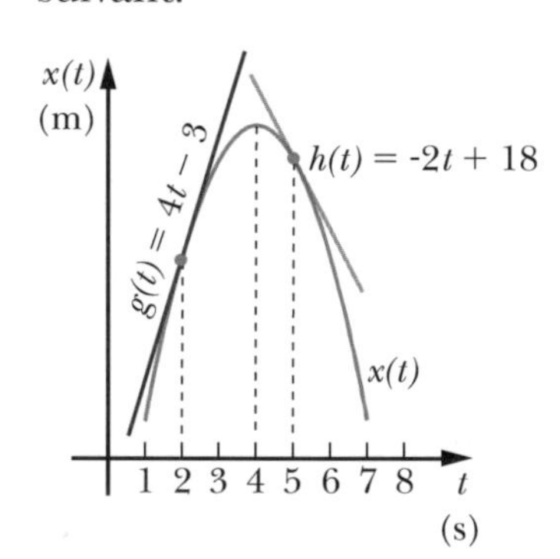

Déterminer:

a) $v_{t=2\text{ s}}$; c) $v_{t=4\text{ s}}$;

b) $v_{t=5\text{ s}}$; d) $v_{[2\text{ s},\,5\text{ s}]}$.

12. Dans certaines conditions, le cyclobutane se décompose en éthylène:

$$C_4H_8(g) \rightarrow 2\,C_2H_4(g)$$

Le graphique suivant représente la concentration du cyclobutane en fonction du temps.

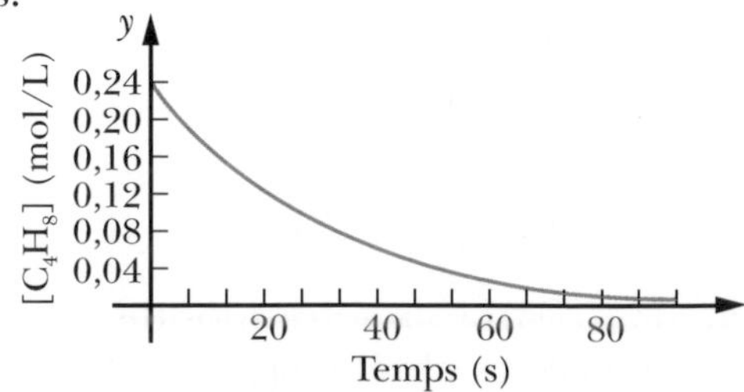

Déterminer approximativement :

a) la variation du C_4H_8 entre la 20e seconde et la 60e seconde ;

b) la vitesse moyenne de réaction entre 10 s et 30 s ;

c) la vitesse instantanée de réaction à 40 s.

13. Soit f et g, deux fonctions représentées par les courbes suivantes.

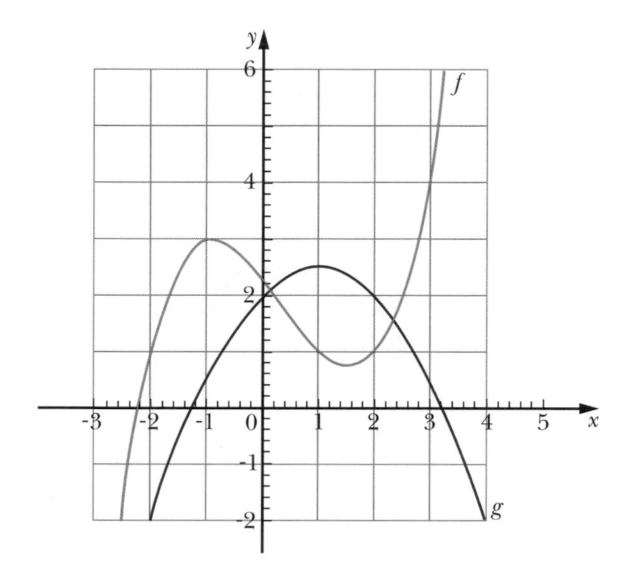

Évaluer approximativement, à partir du graphique précédent, les expressions suivantes.

a) $f(g(0))$

b) $g(f(0))$

c) $f(g(2))$

d) $g(f(2))$

e) $f(g'(1))$

f) $g(f'(1))$

g) $f(g'(0))$

h) $g(f'(0))$

i) $g'(g(0))$

j) $g'(g'(-1))$

14. Soit un cube d'arête x, où x est en centimètres.

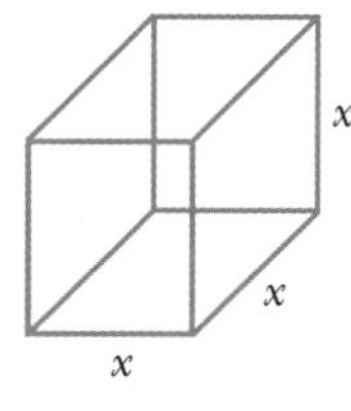

a) Déterminer la fonction A qui représente l'aire totale des faces du cube en fonction de x.

b) Calculer la variation de A lorsque x passe de 5 cm à 8 cm.

c) Calculer le taux de variation moyen de l'aire lorsque x passe de 6 cm à 9 cm.

d) Calculer $\text{TVM}_{[3\text{ cm}, 6\text{ cm}]}$.

e) Déterminer, si possible, la valeur de b pour que $\text{TVM}_{[3\text{ cm}, b\text{ cm}]} = 2\ \text{TVM}_{[3\text{ cm}, 5\text{ cm}]}$.

f) Déterminer, si possible, la valeur de a pour que $\text{TVM}_{[1\text{ cm}, 2a\text{ cm}]} = 2\ \text{TVM}_{[1\text{ cm}, a\text{ cm}]}$.

g) Calculer $\text{TVI}_{x = 4{,}5\text{ cm}}$.

15. Soit une sphère de rayon r, où r est en centimètres. L'aire A et le volume V de cette sphère sont donnés par $A(r) = 4\pi r^2$ et $V(r) = \dfrac{4}{3}\pi r^3$.

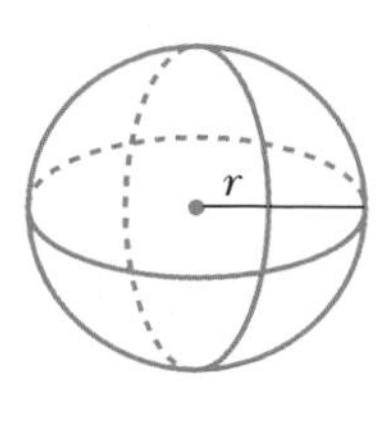

a) Déterminer la variation de A et de V lorsque r passe de 4 cm à 9 cm.

b) Calculer le taux de variation moyen de A et de V lorsque r passe de 4 cm à 9 cm.

c) Calculer le taux de variation instantané de A et de V lorsque $r = 4$ cm.

16. Soit un cercle de rayon r, tel que $r(t) = 2t$, où $r(t)$ est en centimètres et t, en secondes. Calculer :

a) la variation de l'aire A du cercle lorsque t passe de 1 s à 5 s ;

b) $\text{TVM}_{[2\text{ s}, 4\text{ s}]}$ de A ;

c) $\text{TVM}_{[2\text{ cm}, 4\text{ cm}]}$ de A.

17. Soit la courbe définie par $f(x) = x^2 + 3x + 2$.

a) Déterminer l'équation de la droite tangente à la courbe de f au point $P(4, f(4))$.

b) Déterminer l'équation de la droite normale à la tangente précédente au point de tangence.

c) Représenter graphiquement la courbe de f, la tangente et la normale à la courbe au point $P(4, f(4))$.

18. Soit $f(x) = \begin{cases} 4x + 1 & \text{si} \quad 0 \leq x \leq 1 \\ 2x^2 + 3 & \text{si} \quad 1 < x < 2 \\ 23 - x^2 - 4x & \text{si} \quad 2 \leq x \leq 5 \end{cases}$

une fonction continue sur $[0, 5]$.

a) Calculer, si possible, $f'(1)$ et $f'(2)$.

b) Représenter graphiquement la courbe de f.

19. Répondre par vrai (V) ou faux (F).

a) Si $y = f(x)$, alors $\Delta y = \Delta x$

b) $f(2) = f'(2)$

c) Si $y = 3x$, alors $\Delta y = 3\Delta x$

d) Si $f(3) = 0$ et $f'(3) = 5$, alors $\lim\limits_{h \to 0} \dfrac{f(3 + h)}{h} = 5$

e) Toute fonction continue en un point est dérivable en ce point.

f) Toute fonction dérivable en un point est continue en ce point.

g) Si $f(a) = g(a)$, alors $f'(a) = g'(a)$

h) Si $f'(a) = g'(a)$, alors $f(a) = g(a)$

Problèmes de synthèse

1. Soit les courbes de f et de f' représentées sur le graphique suivant.

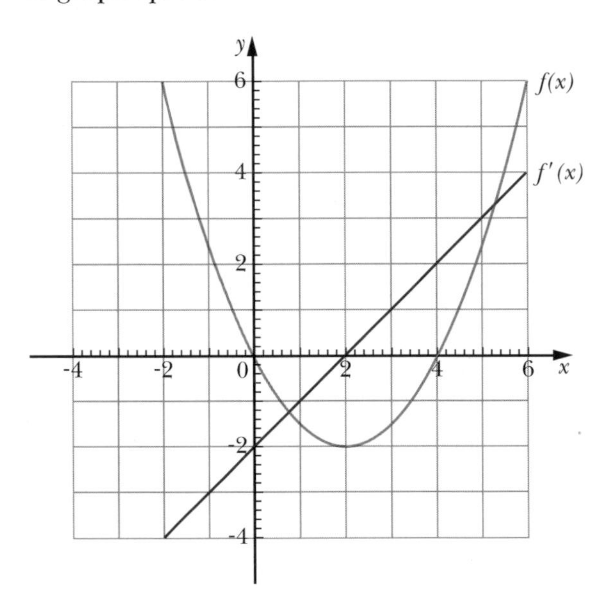

Tracer de façon précise sur le système d'axes précédents, la tangente à la courbe de f aux points:

a) $P(0, f(0))$;

b) $Q(2, f(2))$;

c) $R(4, f(4))$.

2. Soit $f(x) = 3 \quad x^2 \quad 2x$.

a) Calculer $\text{TVM}_{[x,\, x + h]}$.

b) Calculer $\text{TVM}_{[2,\, 2 + h]}$.

c) Calculer $\text{TVM}_{[-2,\, 0]}$.

d) Calculer TVI de f.

e) Calculer $f'(x)$.

f) Calculer la pente de la sécante à la courbe de f, passant par les points $A(-4, f(-4))$ et $B(3, f(3))$.

g) Déterminer le point P de la courbe où la tangente à la courbe de f est parallèle à l'axe des x.

h) Calculer la pente de la tangente à la courbe de f aux points où cette courbe coupe l'axe des x. Effectuer une représentation graphique.

i) Déterminer le point Q de la courbe de f où la tangente est parallèle à la sécante passant par les points $C(-5, f(-5))$ et $D(1, f(1))$. Effectuer une représentation graphique.

j) Déterminer l'équation de la tangente à la courbe de f en $x = -2$.

k) Déterminer l'équation de la normale à la tangente précédente au point $E(-2, f(-2))$, donner votre réponse sous la forme $ax + by + c = 0$, où a, b et $c \in \mathbb{Z}$.

l) Calculer l'aire du triangle délimité par l'axe des x, la tangente et la normale à la courbe de f au point $E(-2, f(-2))$.

m) La courbe de f admet deux tangentes qui passent par le point $R(-2, 12)$. Déterminer les points de tangence.

3. À partir d'une des définitions de la dérivée, évaluer la fonction dérivée demandée, ainsi que l'expression donnée.

a) $f(x) = \dfrac{3x^5}{4}$; $f'(x)$ et $f'(-2)$

b) $x(t) = at^2 + bt + c$; $\dfrac{dx}{dt}$ et $\left.\dfrac{dx}{dt}\right|_{t = 1,5}$

c) $y = \sqrt{x^2 + 1}$; $\dfrac{dy}{dx}$ et $\left.\dfrac{dy}{dx}\right|_{x = -1}$

d) $g(x) = \dfrac{2}{3x} - \dfrac{1}{3x^2}$; $g'(x)$ et $g'(1)$

e) $h(x) = \dfrac{-4x}{\sqrt{1 - 5x}}$; $h'(x)$ et $h'(0)$

f) $f(x) = 3x + \sqrt{x}$; $f'(x)$ et $f'\left(\dfrac{1}{4}\right)$

4. Soit $f(x) = \begin{cases} x^2 + 5 & \text{si} \quad x \leqslant 1 \\ 4x - x^2 + 3 & \text{si} \quad 1 < x < 3 \\ 2x & \text{si} \quad 3 \leqslant x < 5 \\ (x-4)^2 & \text{si} \quad x \geqslant 5. \end{cases}$

Déterminer si f est continue et dérivable aux points suivants.

Dans le cas où la fonction est dérivable évaluer cette dérivée:

a) $A(1, f(1))$;

b) $B(2, f(2))$;

c) $C(3, f(3))$;

d) $D(5, f(5))$.

5. Soit $f(x) = 4 - |2x - 6|$.

a) Écrire f comme une fonction définie par parties.

b) Déterminer si cette fonction est continue en $x = 3$. Donner une explication.

c) Déterminer si cette fonction est dérivable en $x = 3$. Donner une explication.

d) Représenter graphiquement cette fonction.

6. Soit une ville dont la population N varie en fonction du nombre d'emplois x que créent les industries. Cette population est donnée approximativement par $N(x) = \dfrac{300x + 4}{\sqrt{x+1}}$ et le taux de variation instantané de cette population est donné par

$$\frac{dN}{dx} = \frac{300x + 596}{2(x+1)^{\frac{3}{2}}}.$$

a) Déterminer la population s'il y a 500 emplois.

b) Déterminer la variation de la population de cette ville lorsque le nombre d'emplois passe de 650 à 750.

c) Calculer le taux de variation moyen de la population lorsque le nombre d'emplois passe de 650 à 750.

d) Évaluer $\left.\dfrac{dN}{dx}\right|_{x=100}$; interpréter votre résultat.

OUTIL TECHNOLOGIQUE

e) Représenter graphiquement la courbe de N.

7. De l'azote (N) et de l'hydrogène (H) réagissent pour former de l'ammoniac ($N_2 + 3H_2 \rightarrow 2NH_3$). Toutes les quantités sont exprimées en grammes. La quantité d'ammoniac, en fonction du temps t, notée $Q(t)$, est donnée par $Q(t) = 100 - \dfrac{1000}{10 + t}$, où t est en secondes et Q en grammes.

a) Calculer le taux de variation instantané $\dfrac{dQ}{dt}$.

b) Déterminer la quantité initiale d'ammoniac, ainsi que la quantité après 20 secondes.

c) Déterminer la variation ΔQ de la quantité d'ammoniac sur [10 s, 20 s].

d) Calculer le taux de variation moyen de la quantité d'ammoniac sur [10 s, 20 s]; [20 s, 30 s].

e) Repérer, sur le graphique suivant, la courbe représentant la concentration de N_2, celle de H_2 et celle de NH_3.

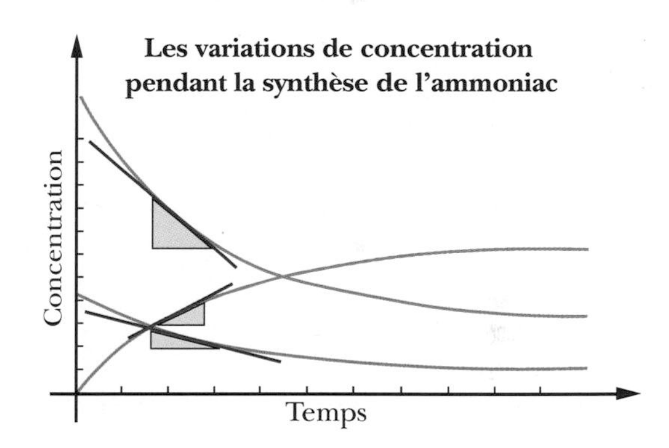

f) Évaluer $\displaystyle\lim_{h \to 0^+} \frac{Q(0+h) - Q(0)}{h}$; interpréter votre résultat.

g) Évaluer $\left.\dfrac{dQ}{dt}\right|_{t=10\text{ s}}$; $\left.\dfrac{dQ}{dt}\right|_{t=1\text{ min}}$.

h) Lorsque t augmente, déterminer si la quantité d'ammoniac augmente ou diminue et déterminer si le taux de variation instantané de la quantité d'ammoniac augmente ou diminue.

i) Déterminer $\dfrac{dQ}{dt}$ lorsque $Q = 70$ g.

j) Déterminer Q lorsque $\dfrac{dQ}{dt} = 1{,}6$ g/s.

OUTIL TECHNOLOGIQUE

k) Représenter graphiquement les fonctions Q et $\dfrac{dQ}{dt}$.

8. Déterminer a et b telles que la droite d'équation $y = 4x + 1$ soit tangente à la courbe de f, où $f(x) = ax^2 + b$, au point P(3, 13).

9. Sachant que $f'(a)$ est définie, exprimer les limites suivantes en fonction de $f'(a)$.

a) $\lim\limits_{t \to a} \dfrac{f(t) - f(a)}{a - t}$

b) $\lim\limits_{h \to 0} \dfrac{f(a) - f(a - h)}{h}$

c) $\lim\limits_{h \to 0} \dfrac{f(a + h) - f(a - h)}{h}$

d) $\lim\limits_{x \to a} \dfrac{f(x) - f(a)}{\sqrt{x} - \sqrt{a}}$, où $a > 0$

e) $\lim\limits_{t \to a} \dfrac{t - a}{f(t) - f(a)}$, si $f'(a) \neq 0$

10. Soit une fonction f, telle que $f(x + h) = f(x)f(h)$ et telle que $\lim\limits_{h \to 0} \dfrac{f(h) - 1}{h} = 1$.

Déterminer $f'(x)$ à partir de la définition de la fonction dérivée.

11. Soit $f(x) = |x|$ et $g(x) = -|x| + 2$.

a) Déterminer la fonction s, où $s(x) = f(x) + g(x)$.

b) Calculer, si possible, $s'(0)$.

c) Peut-on conclure que $s'(0) = f'(0) + g'(0)$? Donner une explication.

d) Représenter graphiquement les fonctions f, g et s.

12. a) Une fonction est dite *paire* si $f(x) = f(-x)$ pour tout x. Utiliser une des définitions de la dérivée pour exprimer $f'(-x)$ en fonction de $f'(x)$.

b) Une fonction est dite *impaire* si $f(x) = -f(-x)$ pour tout x. Utiliser une des définitions de la dérivée pour exprimer $f'(-x)$ en fonction de $f'(x)$.

c) En vous appuyant sur les résultats obtenus en a) et en b), compléter les énoncés suivants.

i) Si f est une fonction paire, alors f' est une fonction ....

ii) Si f est une fonction impaire, alors f' est une fonction ....

13. Soit f une fonction dérivable en a et g une fonction telle que:

$$g(x) = \begin{cases} \dfrac{f(x) - f(a)}{x - a} & \text{si} \quad x \neq a \\ f'(a) & \text{si} \quad x = a \end{cases}.$$

Démontrer que g est continue en $x = a$.

Test récapitulatif

1. Soit la fonction f définie par $f(x) = x^2 - 5x$.

a) Calculer $\text{TVM}_{[x,\, x + h]}$.

b) Calculer $\text{TVM}_{[-1,\, 3]}$ et déterminer à quoi correspond ce taux de variation moyen.

c) Calculer la pente de la sécante passant par les points A(1, $f(1)$) et B(6, $f(6)$).

d) Déterminer $f'(x)$.

e) Calculer $f'(4)$ et déterminer à quoi correspond cette valeur.

f) Déterminer l'équation de la tangente à la courbe de f au point P(4, $f(4)$).

g) Représenter graphiquement la courbe définie par f, la sécante trouvée en b) ainsi que la tangente trouvée en f).

2. La position x d'un mobile en fonction du temps t est donnée par $x(t) = 2t^2 - 2$, où $x(t)$ est en mètres et t, en secondes.

a) Calculer, *à la limite*, la vitesse instantanée à $t = 2$ s, en considérant au moins quatre intervalles appropriés à droite et à gauche.

b) Représenter sur un graphique cette vitesse instantanée et dire à quoi elle correspond.

3. Soit la fonction f dont le graphique est :

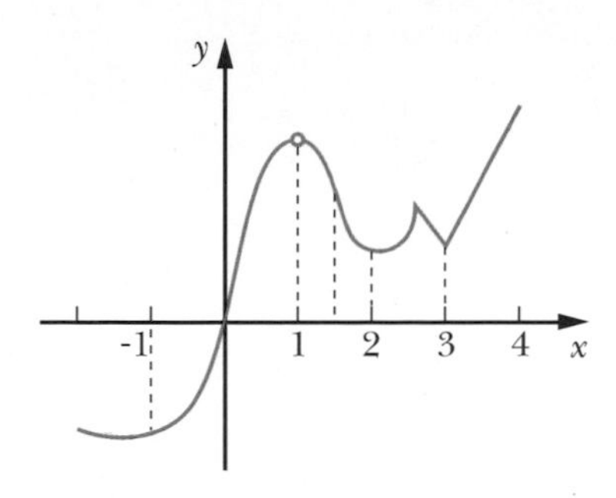

Compléter les expressions suivantes par < 0, > 0, $= 0$ ou par non définie.

a) $f(-1)$ .... et $f'(-1)$ ....

b) $f(0)$ .... et $f'(0)$ ....

c) $f(1)$ .... et $f'(1)$ ....

d) $f(1{,}5)$ .... et $f'(1{,}5)$ ....

e) $f(2)$ .... et $f'(2)$ ....

f) $f(3)$ .... et $f'(3)$ ....

4. Si $y = 2x - 3$ est l'équation de la tangente à la courbe f au point $P(-3, f(-3))$, déterminer :

a) $f(-3)$; b) $f'(-3)$.

5. a) Soit $f(x) = 2x^3 - x + 7$.

Évaluer $f'(x)$ en utilisant $\lim\limits_{h \to 0} \dfrac{f(x+h) - f(x)}{h}$.

b) Soit $y = (x + 4)(2x - 6)$.

Évaluer $\dfrac{dy}{dx}$ en utilisant $\lim\limits_{\Delta x \to 0} \dfrac{\Delta y}{\Delta x}$.

c) Soit $H(x) = (x + 4)^{\frac{1}{2}}$.

Évaluer $H'(x)$, en utilisant $\lim\limits_{t \to x} \dfrac{H(t) - H(x)}{t - x}$.

6. La quantité Q, en grammes, d'un produit chimique varie en fonction du temps t, en minutes. Cette quantité est donnée par $Q(t) = \dfrac{39t + 18}{3t + 2}$, où $t \in [0 \text{ min}, 10 \text{ min}]$.

a) Déterminer la quantité initiale de ce produit.

b) Déterminer la variation de la quantité sur [3 min, 5 min].

c) Déterminer le taux de variation moyen de la quantité sur [3 min, 5 min].

d) Calculer le taux de variation moyen de la quantité, lorsque celle-ci passe de 12 g à 12,75 g.

e) Déterminer la fonction donnant le taux de variation instantanée de la quantité de produit.

f) Évaluer $\text{TVI}_{t = 5 \text{ min}}$.

g) Déterminer la quantité Q lorsque le taux de variation instantané de cette quantité est égal à 0,04 g/min.

OUTIL TECHNOLOGIQUE

h) Représenter graphiquement la courbe de Q et celle de son taux de variation instantané.

CHAPITRE

4 Dérivée de fonctions algébriques et d'équations implicites

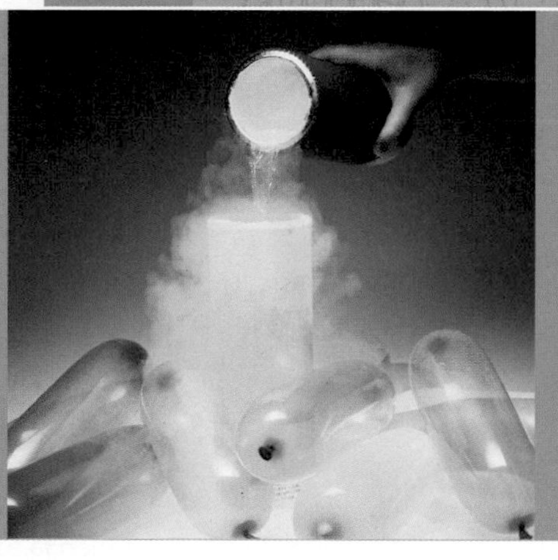

Introduction

Jusqu'à maintenant, nous avons calculé la fonction dérivée de f, notée f', en utilisant une des définitions suivantes :

$$\lim_{h \to 0} \frac{f(x+h) - f(x)}{h}; \qquad \lim_{\Delta x \to 0} \frac{f(x+\Delta x) - f(x)}{\Delta x}; \qquad \lim_{t \to x} \frac{f(t) - f(x)}{t - x}.$$

Cependant, il existe beaucoup de règles de dérivation qui abrègent les calculs et les rendent moins laborieux. Elles permettent d'évaluer directement la dérivée des fonctions algébriques et d'éviter ainsi les calculs difficiles fondés sur la définition. Ces règles de dérivation font l'objet du présent chapitre.

Il est essentiel de savoir calculer la dérivée de fonctions à l'aide des règles.

Des applications géométriques de la dérivée, tels le calcul de la pente de la tangente à la courbe d'une fonction, ainsi que l'équation de cette tangente, seront données dans ce chapitre.

En particulier, l'utilisateur ou l'utilisatrice sera en mesure de calculer divers taux de variation moyen et instantané dans le problème de chimie suivant.

L'hydrogène H et le monoxyde de carbone CO réagissent pour former du méthanol :

$$2H_2 + CO \to CH_3OH, \text{ où}$$

la quantité en grammes de méthanol est donnée par $Q(t) = 3 - \dfrac{3}{2t+1}$, où t est en secondes. (Problème de synthèse 17, page 159.)

Perspective historique

DE LA TANGENTE À LA DÉRIVÉE

Le mathématicien anglais Isaac Barrow (1630-1677) fit un pas important vers une méthode générale pour déterminer la tangente à une courbe. Voyons cela. L'on cherche la tangente $\overline{MT}$ à une courbe MNA au point M (voir la figure). Pour tracer la tangente, il suffit de connaître $\overline{PT}$, appelée la sous-tangente, car alors on peut tracer le triangle rectangle MPT dont l'hypoténuse est tangente à la courbe en M. Mais si N est très près de M, alors on a, dans la figure, pour ainsi dire la proportion, $\frac{a}{e} = \frac{m}{t}$, où $a = \overline{MR}$, $e = \overline{NR}$, $m = \overline{PM}$ (notre y), $t = \overline{TP}$. Dans cette proportion, m est connu étant l'ordonnée du point de la courbe par où passe la tangente. Par ailleurs, a dépend de e, cette dépendance pouvant être précisée au moyen des propriétés de la courbe. Pour trouver t, la méthode de Barrow revient à 1) exprimer a en fonction de e; 2) calculer le quotient $\frac{e}{m}$, 3) enlever tous les termes de ce quotient qui contiennent e ou des puissances de e, et 4) égaler la valeur ainsi obtenue à $\frac{m}{t}$ pour ensuite isoler t.

Leibniz, inventeur avec Newton du calcul différentiel, crée un symbolisme si efficace que nous l'employons toujours aujourd'hui. Avec sa notation, au lieu des lettres a, e, m, on écrit, respectivement, dy, dx, y. D'où l'équation $\frac{dy}{dx} = \frac{y}{t}$. Mais il ne fournit pas plus de justification aux règles de calcul comme celle de l'étape 3.

Ce seront en partie les exigences de l'enseignement qui forceront plusieurs mathématiciens français, entre autres Augustin Cauchy (1789-1857), à revenir sur la question des fondements du calcul différentiel et intégral. Au début des années 1820, Cauchy enseigne à l'École Polytechnique de Paris. Fondée en 1794, cette école d'ingénierie avait révolutionné l'enseignement donné aux futurs ingénieurs en plaçant les mathématiques, et en particulier le calcul différentiel et intégral, au cœur de la formation. Dans ses cours, dont nous avons parlé dans la capsule du chapitre 2, Cauchy reconstruit l'ensemble du calcul différentiel et intégral autour de la notion de limite définie pour une première fois d'une façon explicite et précise. On y retrouve la dérivée en x_0 comme la limite du taux de variation de la fonction $f(x)$ entre x et x_0 lorsque x tend vers x_0. Vous reconnaissez là la définition du chapitre 3.

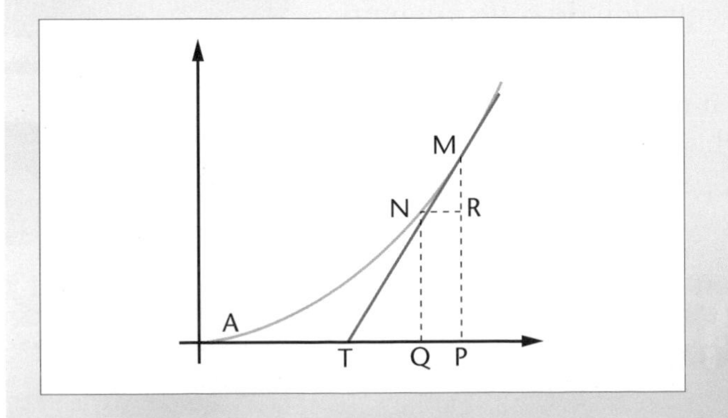

Déterminer la touchante, à la manière de Barrow.

a) **Trouver, en suivant la méthode de Barrow, la touchante à la parabole $y = \frac{x^2}{4}$, au point (x,y).**

b) **Est-ce que la réponse correspond à ce que vous avez trouvé pour le point (2,1) dans le problème de la capsule historique du chapitre 3?**

Solution de a):

On a 1) $a = \frac{x^2}{4} - \frac{(x-e)^2}{4} = \frac{xe}{2} - \frac{e^2}{4}$. 2) Après avoir divisé par e, on a le rapport $\frac{a}{e} = \frac{x}{2} - \frac{e}{4}$.

3) Suivant les indications de la méthode, on fait disparaître les termes contenant e ou des puissances de e. Il reste $\frac{x}{2}$. 4) On a alors $\frac{x}{2} = \frac{m}{t} = \frac{\frac{x^2}{4}}{t}$, d'où $t = \frac{x}{2}$.

Solution de b): On a bien la droite de pente $\frac{m}{t} = \frac{1}{\frac{2}{2}} = 1$, m et t étant évaluées pour $x = 2$, passant par (2,1).

La méthode précédente fonctionne. Toutefois, la troisième étape laisse perplexe. Pourquoi peut-on ne pas tenir compte de termes contenant e ou les puissances de e? Cette même question se posait pour la méthode de Fermat dont nous avons parlé dans la capsule historique du chapitre précédent.

Test préliminaire

Partie A

1. Écrire les expressions suivantes sous la forme x^r, où $r \in \mathbb{R}$.

a) $\sqrt{x}$

b) $\sqrt[3]{x^5}$

c) $\dfrac{1}{\sqrt[4]{x^3}}$

d) $\sqrt[5]{x^{-7}}$

e) $x\sqrt{x}$

f) $\dfrac{x^3}{\sqrt{x^7}}$

2. Écrire les expressions suivantes à l'aide de $\sqrt[a]{x^b}$, où $a \in \mathbb{N}$ et $b \in \mathbb{N}$.

a) $x^{\frac{2}{3}}$

b) $x^{\frac{-3}{2}}$

c) $x^{\frac{1}{2}}\,x^{\frac{3}{4}}$

3. Si $f(x) = x^2 + 4$, $g(x) = 2x + 3$ et $k(x) = \sqrt{3x - 1}$, calculer les fonctions composées suivantes. Simplifier les réponses.

a) $(f \circ g)(x)$

b) $(g \circ f)(x)$

c) $(f \circ f)(x)$

d) $(f \circ k)(x)$

e) $(k \circ k)(x)$

f) $(f \circ g \circ k)(x)$

4. Sachant que $n! = n(n-1)\ldots 3 \cdot 2 \cdot 1$, où $n \in \{1, 2, 3, \ldots\}$, évaluer:

a) $6!$

b) $10!$

c) $\dfrac{69!}{68!}$

d) $\dfrac{73!}{70!}$

e) $\dfrac{200!}{202!}$

Partie B

1. Compléter les égalités.

a) $\displaystyle\lim_{h \to 0} \frac{f(x+h) - f(x)}{h} =$

b) $\displaystyle\lim_{h \to 0} \frac{g(x+h) - g(x)}{h} =$

c) $\displaystyle\lim_{h \to 0} \frac{H(x+h) - H(x)}{h} =$

d) $\displaystyle\lim_{k \to 0} \frac{f(y+k) - f(y)}{k} =$

2. Compléter: $f'(a)$ correspond géométriquement à la...

3. Compléter les propositions.

a) $\displaystyle\lim_{x \to a} [k\,f(x)] =$

b) $\displaystyle\lim_{x \to a} [f(x) \pm g(x)] =$

c) $\displaystyle\lim_{x \to a} [f(x)\,g(x)] =$

4.1 DÉRIVÉE DE FONCTIONS CONSTANTES ET DE LA FONCTION IDENTITÉ

Objectif d'apprentissage

À la fin de cette section, l'élève pourra calculer la dérivée de fonctions constantes et de la fonction identité.

Plus précisément, l'élève sera en mesure:

- de démontrer que la dérivée d'une fonction constante est égale à 0;
- de démontrer que la dérivée de la fonction identité est égale à 1;
- de calculer la pente de la tangente à la courbe de fonctions constantes;
- de calculer la pente de la tangente à la courbe de la fonction identité.

Dans cette section, nous démontrerons deux théorèmes qui nous permettent d'obtenir sans calcul la dérivée d'une fonction constante et de la fonction identité.

Dérivée de fonctions constantes

Théorème 1	**Dérivée d'une fonction constante** Si $f(x) = k$, où $k \in \mathbb{R}$, alors $f'(x) = 0$.

Preuve

$$\begin{aligned} f'(x) &= \lim_{h \to 0} \frac{f(x+h) - f(x)}{h} && \text{(définition)} \\ &= \lim_{h \to 0} \frac{k - k}{h} && (\text{car } f(x) = k \text{ et } f(x+h) = k) \\ &= \lim_{h \to 0} \frac{0}{h} \\ &= \lim_{h \to 0} 0 && \left(\text{puisque } h \neq 0, \frac{0}{h} = 0\right) \\ &= 0 \end{aligned}$$

■

Le théorème 1 signifie que la dérivée d'une fonction constante est égale à 0.

Remarque Puisque $f(x)$ est une fonction constante, le graphique de f est une droite horizontale, ainsi toute tangente à cette courbe est également horizontale, d'où la pente de chacune de ces tangentes est égale à 0.

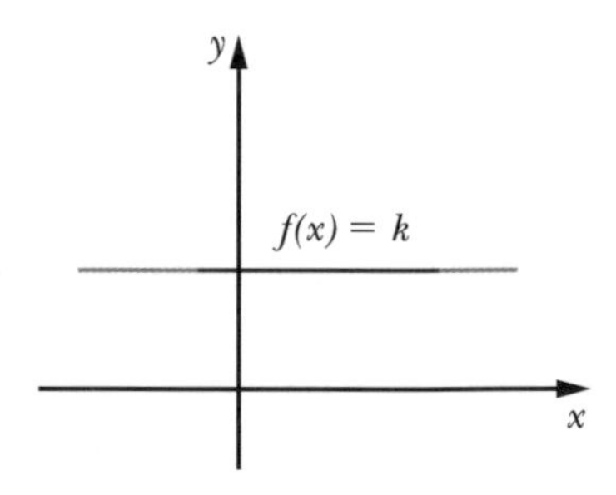

Nous pouvons également écrire :

$$\frac{d}{dx}(k) = 0 \text{ ou } (k)' = 0.$$

■ **Exemple 1** Soit $f(x) = 2$.

a) Calculons $f'(x)$.

$f'(x) = 0$ (théorème 1)

b) Calculons la pente de la tangente à la courbe f au point $P(-3, f(-3))$.

$$\begin{aligned} m_{\tan(-3,\,2)} &= f'(-3) \\ &= 0 && (\text{car } f'(x) = 0) \end{aligned}$$

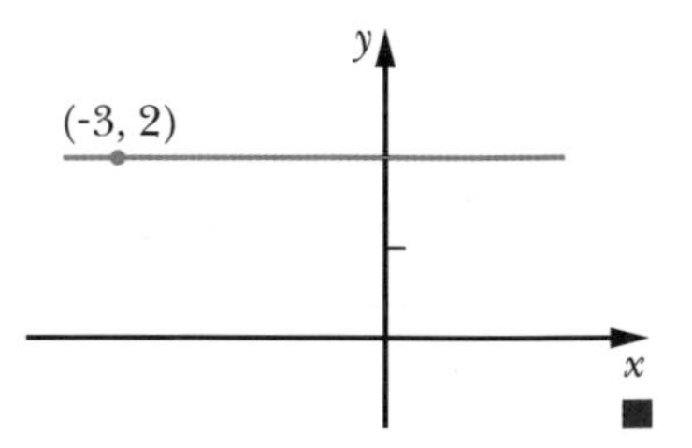

■

Dérivée de la fonction identité

Théorème 2	**Dérivée de la fonction identité** Si $f(x) = x$, alors $f'(x) = 1$.

Preuve

$$f'(x) = \lim_{h \to 0} \frac{f(x+h) - f(x)}{h} \qquad \text{(définition)}$$

$$= \lim_{h \to 0} \frac{(x+h) - x}{h} \qquad (\text{car } f(x) = x \text{ et } f(x+h) = x + h)$$

$$= \lim_{h \to 0} \frac{h}{h}$$

$$= \lim_{h \to 0} 1 \qquad (\text{car } h \neq 0)$$

$$= 1$$

■

Le théorème 2 signifie que la dérivée de la fonction identité est égale à 1.

Remarque Graphiquement, il est facile de constater que la pente de la tangente à la courbe de f est égale à 1.

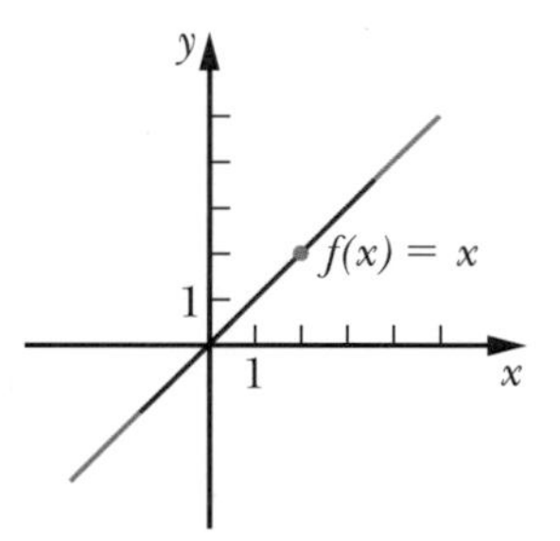

Nous pouvons également écrire :

> $\dfrac{d}{dx}(x) = 1$ ou
>
> $(x)' = 1$, lorsque nous dérivons par rapport à la variable x.

Remarque Lorsque nous utilisons la notation

$\dfrac{dy}{dx}$ ou $\dfrac{d}{dx}(y)$ cela signifie que nous dérivons la fonction y par rapport à la variable x.

■ **Exemple 1** Calculons les dérivées suivantes.

a) $\dfrac{d}{dt}(t) = 1$ (théorème 2)

b) $\dfrac{d}{du}(u) = 1$ (théorème 2)

c) $\dfrac{d}{dv}(4) = 0$ (théorème 1)

■

Exercices 4.1

1. Compléter les énoncés suivants.

a) La dérivée d'une fonction constante est égale à…

b) La dérivée de la fonction identité est égale à…

2. Calculer les expressions demandées et indiquer le théorème utilisé.

a) Si $f(x) = 5$, calculer $f'(x)$.

b) Si $H(x) = x$, calculer $H'(x)$.

c) Si $f(t) = \sqrt{2}$, calculer $\frac{df}{dt}$.

d) Si $x(t) = t$, calculer $\frac{d}{dt}(x)$.

e) $\frac{d}{du}(u)$

f) $\frac{d}{ds}(\pi)$

3. Pour chaque fonction, calculer la pente de la tangente à la courbe aux points donnés.

a) Pour $f(x) = \sqrt{3} + \pi^3$, aux points $A(\sqrt{3}, f(\sqrt{3}))$ et $B(-1, f(-1))$.

b) Pour $g(x) = x$, aux points $C(-10, g(-10))$ et $D(8, g(8))$.

Le premier livre que l'on peut qualifier de manuel de calcul différentiel a été publié en 1696 par Guillaume de L'Hospital (1661-1704). Il avait pour titre *Analyse des infiniment petits pour l'intelligence des lignes courbes.* Il contient déjà toutes les règles décrites dans cette section. En 1691, Johann Bernoulli (1664-1748), un proche disciple de Leibniz (1646-1716), est de passage à Paris. L'Hospital en profite pour lui demander, contre rémunération, de lui donner des cours sur le nouveau calcul. Même après le départ de Bernoulli, L'Hospital continua à le payer, pour qu'il lui envoie des textes explicatifs complémentaires. L'*Analyse des infiniment petits* reprend les idées de Bernoulli, mais en ne le mentionnant que du bout des lèvres.

4.2 DÉRIVÉE DE PRODUITS, DE SOMMES ET DE QUOTIENTS DE FONCTIONS

Objectif d'apprentissage

À la fin de cette section, l'élève pourra calculer la dérivée de produits, de sommes et de quotients de fonctions.

Plus précisément, l'élève sera en mesure :

- de démontrer que la dérivée du produit d'une constante par une fonction est égale au produit de la constante par la dérivée de la fonction ;
- de calculer la dérivée du produit d'une constante par une fonction ;
- de démontrer que la dérivée d'une somme de deux fonctions est égale à la somme des dérivées de ces deux fonctions ;
- de démontrer que la dérivée d'une somme de n fonctions est égale à la somme des dérivées de ces n fonctions ;
- de calculer la dérivée d'une somme (ou différence) de n fonctions ;
- de démontrer la règle permettant de calculer la dérivée d'un produit de deux fonctions ;
- de démontrer la règle permettant de calculer la dérivée d'un produit de n fonctions ;
- de calculer la dérivée d'un produit de n fonctions ;
- de démontrer la règle permettant de calculer la dérivée d'une fonction de la forme x^n, où $n \in \mathbb{N}$;
- de calculer la dérivée d'une fonction de la forme x^r, où $r \in \mathbb{R}$;
- de démontrer la règle permettant de calculer la dérivée d'un quotient de deux fonctions ;
- de calculer la dérivée d'un quotient de deux fonctions ;
- d'utiliser la dérivée d'une fonction pour résoudre des problèmes de pente de tangente.

Dans cette section, nous démontrerons des théorèmes qui nous permettent d'obtenir la dérivée de produits, de sommes et de quotients de fonctions.

Dérivée du produit d'une constante par une fonction

Théorème 3 **Dérivée du produit d'une constante par une fonction**

Soit k une constante et f une fonction dérivable.

Si $H(x) = k\,f(x)$, alors $H'(x) = k\,f'(x)$.

Preuve

$$H'(x) = \lim_{h \to 0} \frac{H(x+h) - H(x)}{h} \quad \text{(définition, de } H'(x)\text{)}$$

$$= \lim_{h \to 0} \frac{k\,f(x+h) - k\,f(x)}{h} \quad \text{(car } H(x) = k\,f(x)\text{)}$$

$$= \lim_{h \to 0} k\left[\frac{f(x+h) - f(x)}{h}\right] \quad (k \text{ est un facteur commun})$$

$$= k\left[\lim_{h \to 0} \frac{f(x+h) - f(x)}{h}\right] \quad \text{(théorème 2, chapitre 2)}$$

$$= k\,f'(x) \quad \text{(définition de } f'(x)\text{)}$$

■

Le théorème 3 signifie que la dérivée du produit d'une constante par une fonction dérivable est égale au produit de la constante par la dérivée de la fonction.

Nous pouvons également écrire :

$$\frac{d}{dx}(k\,f(x)) = k\frac{d}{dx}(f(x)).$$

■ **Exemple 1** Soit $f(x) = 5x$ et $g(x) = \frac{-x}{3}$.

a) Calculons $f'(x)$.

$$\begin{aligned} f'(x) &= (5x)' && \text{(car } f(x) = 5x\text{)} \\ &= 5(x)' && \text{(théorème 3)} \\ &= 5(1) && \text{(théorème 2)} \\ &= 5 \end{aligned}$$

b) Calculons $\frac{d}{dx}(g(x))$.

$$\begin{aligned} \frac{d}{dx}(g(x)) &= \frac{d}{dx}\left(\frac{-x}{3}\right) && \left(\text{car } g(x) = \frac{-x}{3}\right) \\ &= \frac{-1}{3}\frac{d}{dx}(x) && \text{(théorème 3)} \\ &= \frac{-1}{3}(1) && \text{(théorème 2)} \\ &= \frac{-1}{3} \end{aligned}$$

■

Dérivée de sommes de fonctions

Théorème 4 **Dérivée d'une somme de fonctions**

Soit f et g deux fonctions dérivables.

Si $H(x) = f(x) + g(x)$, alors $H'(x) = f'(x) + g'(x)$.

Preuve

$$\begin{aligned}
H'(x) &= \lim_{h \to 0} \frac{H(x+h) - H(x)}{h} && \text{(définition de } H'(x)\text{)} \\
&= \lim_{h \to 0} \frac{[f(x+h) + g(x+h)] - [f(x) + g(x)]}{h} && \text{(car } H(x) = f(x) + g(x)\text{)} \\
&= \lim_{h \to 0} \frac{f(x+h) + g(x+h) - f(x) - g(x)}{h} \\
&= \lim_{h \to 0} \frac{[f(x+h) - f(x)] + [g(x+h) - g(x)]}{h} \\
&= \lim_{h \to 0} \left[\frac{f(x+h) - f(x)}{h} + \frac{g(x+h) - g(x)}{h}\right] \\
&= \left[\lim_{h \to 0} \frac{f(x+h) - f(x)}{h}\right] + \left[\lim_{h \to 0} \frac{g(x+h) - g(x)}{h}\right] && \left(\begin{array}{l}\text{théorème 2,} \\ \text{chapitre 2)}\end{array}\right) \\
&= f'(x) + g'(x) && \text{(définition de } f'(x) \text{ et de } g'(x)\text{)} \quad \blacksquare
\end{aligned}$$

Le théorème 4 signifie que la dérivée d'une somme de deux fonctions dérivables est égale à la somme des dérivées de ces deux fonctions.

Nous pouvons également écrire :

$$\frac{d}{dx}(f(x) + g(x)) = \frac{d}{dx}(f(x)) + \frac{d}{dx}(g(x)).$$

■ **Exemple 1** Soit $f(x) = 2x + 3$.

a) Calculons $f'(x)$.

$$\begin{aligned}
f'(x) &= (2x + 3)' && \text{(car } f(x) = 2x + 3\text{)} \\
&= (2x)' + (3)' && \text{(théorème 4)} \\
&= 2(x)' + 0 && \text{(théorèmes 3 et 1)} \\
&= 2(1) && \text{(théorème 2)} \\
&= 2
\end{aligned}$$

b) Calculons la pente de la tangente à la courbe de f au point $P(-2, f(-2))$.

$$\begin{aligned}
m_{\tan(-2, f(-2))} &= f'(-2) \\
&= 2 && \text{(car } f'(x) = 2\text{)}
\end{aligned}$$

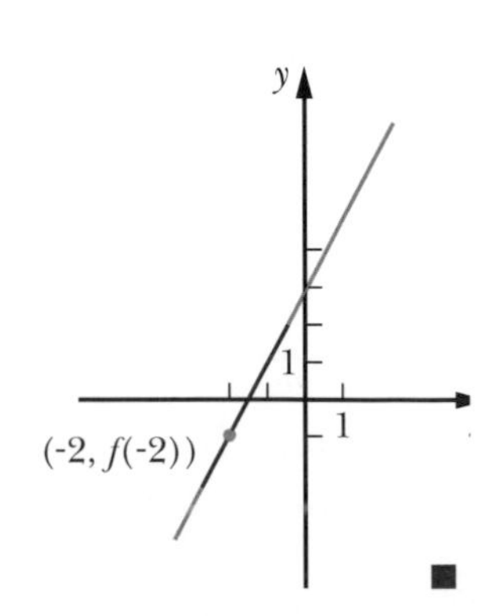

■

Corollaire 4.1

Dérivée d'une différence de fonctions

Soit f et g deux fonctions dérivables.

Si $H(x) = f(x) - g(x)$, alors $H'(x) = f'(x) - g'(x)$.

Preuve

$$
\begin{aligned}
H'(x) &= [f(x) - g(x)]' \\
&= [f(x) + [(-1)g(x)]]' && (\text{car } f(x) - g(x) = f(x) + [(-1)g(x)]) \\
&= [f(x)]' + [(-1)g(x)]' && (\text{théorème 4}) \\
&= [f(x)]' + (-1)[g(x)]' && (\text{théorème 3}) \\
&= f'(x) + (-1)g'(x) \\
&= f'(x) - g'(x)
\end{aligned}
$$

■

Le corollaire 4.1 signifie que la dérivée d'une différence de deux fonctions dérivables et égale à la différence des dérivées de ces deux fonctions.

■ **Exemple 2** Calculons $\dfrac{d}{dt}(4 - 5t)$.

$$
\begin{aligned}
\frac{d}{dt}(4 - 5t) &= \frac{d}{dt}(4) - \frac{d}{dt}(5t) && (\text{corollaire 1}) \\
&= 0 - 5\frac{d}{dt}(t) && (\text{théorèmes 1 et 3}) \\
&= -5(1) && (\text{théorème 2}) \\
&= -5
\end{aligned}
$$

■

En généralisant le théorème 4 et le corollaire 4.1 précédents à une somme ou à une différence de n fonctions dérivables, nous obtenons le corollaire suivant, que nous acceptons sans démonstration.

Corollaire 4.2

Dérivée d'une somme ou différence de *n* fonctions

Soit $f_1(x)$, $f_2(x)$, ... et $f_n(x)$, n fonctions dérivables.

Si $H(x) = f_1(x) \pm f_2(x) \pm f_3(x) \pm \ldots \pm f_n(x)$, alors

$H'(x) = f_1'(x) \pm f_2'(x) \pm f_3'(x) \pm \ldots \pm f_n'(x)$.

■ **Exemple 3** Soit $f(x) = 3x + 4 - \dfrac{x}{5} + \pi - \sqrt{8}x$.

Calculons $f'(x)$.

$$
\begin{aligned}
f'(x) &= \left(3x + 4 - \frac{x}{5} + \pi - \sqrt{8}x\right)' \\
&= (3x)' + (4)' - \left(\frac{x}{5}\right)' + (\pi)' - \left(\sqrt{8}x\right)' && (\text{corollaire 2}) \\
&= 3(x)' + 0 - \frac{1}{5}(x)' + 0 - \sqrt{8}(x)' && (\text{théorèmes 3 et 1}) \\
&= 3(1) - \frac{1}{5} - \sqrt{8} && (\text{théorème 2}) \\
&= \frac{14}{5} - \sqrt{8}
\end{aligned}
$$

■

Dérivée de produits de fonctions

Dérivée d'un produit de deux fonctions

Théorème 5 Soit f et g deux fonctions dérivables.

Si $H(x) = f(x)\,g(x)$, alors $H'(x) = f'(x)\,g(x) + f(x)\,g'(x)$.

Preuve

$$H'(x) = \lim_{h\to 0} \frac{H(x+h) - H(x)}{h} \quad \text{(définition de } H'(x)\text{)}$$

$$= \lim_{h\to 0} \frac{f(x+h)g(x+h) - f(x)\,g(x)}{h}$$

$$= \lim_{h\to 0} \frac{[f(x+h)g(x+h) - f(x)\,g(x)] + [f(x)\,g(x+h) - f(x)\,g(x+h)]}{h}$$

$$\left(\begin{array}{c}\text{en ajoutant au numérateur l'expression algébrique} \\ [f(x)\,g(x+h) - f(x)\,g(x+h)] \text{ qui est égale à zéro}\end{array}\right)$$

$$= \lim_{h\to 0} \frac{[f(x+h)g(x+h) - f(x)\,g(x+h)] + [f(x)\,g(x+h) - f(x)\,g(x)]}{h}$$

(en regroupant les termes différemment)

$$= \lim_{h\to 0} \left[\frac{[f(x+h) - f(x)]\,g(x+h) + f(x)\,[g(x+h) - g(x)]}{h}\right]$$

(mise en évidence)

$$= \lim_{h\to 0} \left[\frac{[f(x+h) - f(x)]\,g(x+h)}{h} + \frac{f(x)\,[g(x+h) - g(x)]}{h}\right]$$

(décomposition d'une somme de fractions)

$$= \lim_{h\to 0} \left[\frac{[f(x+h) - f(x)]\,g(x+h)}{h}\right] + \lim_{h\to 0} \left[\frac{f(x)\,[g(x+h) - g(x)]}{h}\right]$$

(théorème 3, chapitre 2)

$$= \left[\lim_{h\to 0} \frac{[f(x+h) - f(x)]}{h}\right]\left[\lim_{h\to 0} g(x+h)\right] + \left[\lim_{h\to 0} f(x)\right]\left[\lim_{h\to 0} \frac{g(x+h) - g(x)}{h}\right]$$

(théorème 3, chapitre 2)

$$= f'(x)\,g(x) + f(x)\,g'(x) \left(\begin{array}{c}\text{évaluation de limite de fonctions} \\ \text{continues et définition de } f'(x) \text{ et de } g'(x)\end{array}\right) \blacksquare$$

Soit $u = f(x)$ et $v = g(x)$ deux fonctions dérivables, puisque

$$\frac{d}{dx}(f(x)\,g(x)) = \frac{d}{dx}(f(x))\,g(x) + f(x)\frac{d}{dx}(g(x)).$$

Nous pouvons écrire : $\dfrac{d}{dx}(u\,v) = \dfrac{d}{dx}(u)\,v + u\dfrac{d}{dx}(v)$, ou $(u\,v)' = u'v + u\,v'$.

■ **Exemple 1** Soit $H(x) = (4 - 2x)(3x + 8)$.

Calculons $H'(x)$.

$$\begin{aligned} H'(x) &= ((4 - 2x)(3x + 8))' \\ &= (4 - 2x)'(3x + 8) + (4 - 2x)(3x + 8)' \qquad \text{(théorème 5)} \\ &= -2(3x + 8) + (4 - 2x)(3) \\ &= -12x - 4 \end{aligned}$$

■

■ **Exemple 2** Soit $y = x^2$.

Calculons $\frac{dy}{dx}$.

$$\begin{aligned} \frac{dy}{dx} &= \frac{d}{dx}(x^2) \qquad \text{(car } y = x^2\text{)} \\ &= \frac{d}{dx}(x\,x) \\ &= \frac{d}{dx}(x)\;x + x\frac{d}{dx}(x) \qquad \text{(théorème 5)} \\ &= 1x + x\,1 \\ &= 2x \end{aligned}$$

■

En généralisant le théorème 5 à un produit de trois fonctions, nous obtenons le corollaire suivant.

Corollaire 5.1

Dérivée d'un produit de trois fonctions

Soit f, g et k trois fonctions dérivables.

Si $H(x) = f(x)\,g(x)\,k(x)$, alors

$H'(x) = f'(x)\,g(x)\,k(x) + f(x)\,g'(x)\,k(x) + f(x)\,g(x)\,k'(x)$.

Preuve

$$\begin{aligned} H'(x) &= [f(x)\,g(x)\,k(x)]' \\ &= [[f(x)\,g(x)]\,k(x)]' \\ &= [f(x)\,g(x)]'\,k(x) + [f(x)\,g(x)]\,k'(x) \qquad \text{(théorème 5)} \\ &= [f'(x)\,g(x) + f(x)\,g'(x)]\,k(x) + f(x)\,g(x)\,k'(x) \qquad \text{(théorème 5)} \\ &= f'(x)\,g(x)\,k(x) + f(x)\,g'(x)\,k(x) + f(x)\,g(x)\,k'(x) \qquad \text{(distributivité)} \end{aligned}$$

■

■ **Exemple 3** Soit $H(x) = \left(\frac{3x + 29}{4}\right)x\left(5 - \frac{7}{2}x\right)$.

Calculons $H'(x)$.

$$\begin{aligned} H'(x) &= \left(\left(\frac{3x + 29}{4}\right)x\left(5 - \frac{7}{2}x\right)\right)' \\ &= \left(\frac{3}{4}x + \frac{29}{4}\right)'x\left(5 - \frac{7}{2}x\right) + \left(\frac{3}{4}x + \frac{29}{4}\right)(x)'\left(5 - \frac{7}{2}x\right) + \left(\frac{3}{4}x + \frac{29}{4}\right)x\left(5 - \frac{7}{2}x\right)' \end{aligned}$$

(corollaire 5.1)

$$= \frac{3}{4}x\left(5 - \frac{7}{2}x\right) + \left(\frac{3}{4}x + \frac{29}{4}\right)1\left(5 - \frac{7}{2}x\right) + \left(\frac{3}{4}x + \frac{29}{4}\right)x\left(\frac{-7}{2}\right)$$

$$= \frac{-63}{8}x^2 - \frac{173}{4}x + \frac{145}{4}$$ ■

En généralisant le théorème 5 à un produit de n fonctions dérivables, nous obtenons le corollaire suivant, que nous acceptons sans démonstration.

Corollaire 5.2

Dérivée d'un produit de n fonctions

Soit $f_1(x)$, $f_2(x)$... et $f_n(x)$, n fonctions dérivables.

Si $H(x) = f_1(x)f_2(x)f_3(x) \ldots f_n(x)$, alors

$$H'(x) = f_1'(x)f_2(x)f_3(x) \ldots f_n(x) + f_1(x)f_2'(x)f_3(x) \ldots f_n(x) + f_1(x)f_2(x)f_3'(x) \ldots f_n(x) + \ldots + f_1(x)f_2(x)f_3(x) \ldots f_n'(x).$$

■ **Exemple 4** Soit $f(x) = x^4$.

Calculons $f'(x)$.

$$\begin{aligned} f'(x) &= (x^4)' \\ &= (x\,x\,x\,x)' \\ &= (x)'\,x\,x\,x + x\,(x)'\,x\,x + x\,x(x)'\,x + x\,x\,x\,(x)' \quad \text{(corollaire 5.2)} \\ &= 1x^3 + 1x^3 + 1x^3 + 1x^3 \\ &= 4x^3 \end{aligned}$$ ■

Dérivée de fonctions de la forme x^r, où $r \in \mathbb{R}$

Nous utiliserons le corollaire 5.2 pour démontrer le théorème suivant.

Théorème 6

Dérivée de x^n, où $n \in \mathbb{N}$

Si $f(x) = x^n$, où $n \in \mathbb{N}$, alors

$f'(x) = n\,x^{n-1}$.

Preuve

Puisque $f(x) = x^n = x\,x\,x \ldots x$, alors

$$\begin{aligned} f'(x) &= \underbrace{(x)'\,x\,x\,x \ldots x + x(x)'\,x\,x\,x \ldots x + \ldots + x\,x\,x \ldots x(x)'}_{n \text{ termes}} \quad \text{(corollaire 5.2)} \\ &= \underbrace{(x)'\,\underbrace{(x\,x\,x \ldots x)}_{(n-1) \text{ facteurs}} + (x)'\,\underbrace{(x\,x\,x \ldots x)}_{(n-1) \text{ facteurs}} + \ldots + (x)'\,\underbrace{(x\,x\,x \ldots x)}_{(n-1) \text{ facteurs}}}_{n \text{ termes}} \\ &= \underbrace{(1)\,(x^{n-1}) + (1)\,(x^{n-1}) + \ldots + (1)\,(x^{n-1})}_{n \text{ termes}} \\ &= nx^{n-1} \end{aligned}$$ ■

Nous pouvons également écrire :

$$\frac{d}{dx}(x^n) = n\,x^{n-1}.$$

■ **Exemple 1** Soit $f(x) = x^4$, $g(v) = v^7$ et $x(t) = \left(\frac{t}{4}\right)^5$.

a) Calculons $f'(x)$.

$$\begin{aligned} f'(x) &= (x^4)' \\ &= 4x^3 \qquad \text{(théorème 6)} \end{aligned}$$

b) Calculons $\frac{d}{dv}(g(v))$.

$$\begin{aligned} \frac{d}{dv}(g(v)) &= \frac{d}{dv}(v^7) \\ &= 7\,v^6 \qquad \text{(théorème 6)} \end{aligned}$$

c) Calculons $\frac{dx}{dt}$.

$$\begin{aligned} \frac{dx}{dt} &= \frac{d}{dt}\left(\left(\frac{t}{4}\right)^5\right) \\ &= \frac{d}{dt}\left(\frac{t^5}{4^5}\right) \\ &= \frac{1}{4^5}\frac{d}{dt}(t^5) \qquad \text{(théorème 3)} \\ &= \frac{1}{4^5}5t^4 \qquad \text{(théorème 6)} \\ &= \frac{5t^4}{1024} \end{aligned}$$

d) Évaluons la dérivée de $x(t)$ en $t = 2$.

$$\left.\frac{dx}{dt}\right|_{t=2} = \frac{5(2)^4}{1024} = \frac{5}{64}$$

■

En généralisant le théorème 6, nous obtenons le théorème suivant, que nous acceptons sans démonstration.

Théorème 7 **Dérivée de x^r, où $r \in \mathbb{R}$**

Si $f(x) = x^r$, où $r \in \mathbb{R}$, alors

$f'(x) = rx^{r-1}$.

■ **Exemple 2** Soit $f(x) = \sqrt{x}$.

a) Calculons $f'(x)$.

$$\begin{aligned} f'(x) &= \left(\sqrt{x}\right)' \\ &= (x^{\frac{1}{2}})' \qquad \left(\text{car } \sqrt{x} = x^{\frac{1}{2}}\right) \end{aligned}$$

$$= \frac{1}{2}x^{\frac{-1}{2}} \qquad \text{(théorème 7)}$$

Nous pouvons donner la réponse précédente sous la forme $\frac{1}{2x^{\frac{1}{2}}}$ ou $\frac{1}{2\sqrt{x}}$.

b) Calculons la pente de la tangente à la courbe de f au point $P(3, f(3))$.

$$m_{\tan(3, f(3))} = f'(3)$$

$$= \frac{1}{2\sqrt{3}} \qquad \left(\text{car } f'(x) = \frac{1}{2\sqrt{x}}, \text{ voir a)}\right)$$

■

■ **Exemple 3** Soit $f(x) = \frac{5}{4\sqrt[3]{x^7}}$.

Calculons $f'(x)$.

$$f'(x) = \left(\frac{5}{4x^{\frac{7}{3}}}\right)' \qquad \left(\text{car } \sqrt[3]{x^7} = x^{\frac{7}{3}}\right)$$

$$= \left(\frac{5}{4}x^{\frac{-7}{3}}\right)'$$

$$= \frac{5}{4}\left(x^{\frac{-7}{3}}\right)' \qquad \text{(théorème 3)}$$

$$= \frac{5}{4}\left(\frac{-7}{3}\right)x^{\frac{-7}{3} - 1} \qquad \text{(théorème 7)}$$

$$= \frac{-35}{12}x^{\frac{-10}{3}}$$

Nous pouvons donner la réponse précédente sous la forme $\frac{-35}{12x^{\frac{10}{3}}}$ ou $\frac{-35}{12\sqrt[3]{x^{10}}}$.

■

Dérivée de quotients de fonctions

Théorème 8

Dérivée d'un quotient de fonctions

Soit f et g deux fonctions dérivables, et $g(x) \neq 0$.

Si $H(x) = \frac{f(x)}{g(x)}$, alors $H'(x) = \frac{f'(x)\,g(x) - f(x)\,g'(x)}{[g(x)]^2}$.

Preuve

$$H'(x) = \lim_{h \to 0} \frac{H(x+h) - H(x)}{h} \qquad \text{(définition de } H'(x))$$

$$= \lim_{h \to 0} \frac{\frac{f(x+h)}{g(x+h)} - \frac{f(x)}{g(x)}}{h}$$

$$= \lim_{h \to 0} \frac{\frac{f(x+h)\,g(x) - f(x)\,g(x+h)}{g(x)\,g(x+h)}}{h}$$

$$= \lim_{h \to 0} \frac{f(x+h)\,g(x) - f(x)\,g(x+h)}{g(x)\,g(x+h)\,h}$$

$$= \left[\lim_{h \to 0} \frac{1}{g(x)\,g(x+h)}\right]\left[\lim_{h \to 0} \frac{f(x+h)\,g(x) - f(x)\,g(x+h)}{h}\right]$$

$$= \left[\lim_{h \to 0} \frac{1}{g(x)\,g(x+h)}\right]\left[\lim_{h \to 0} \frac{[f(x+h)\,g(x) - f(x)\,g(x+h)] + [f(x)\,g(x) - f(x)\,g(x)]}{h}\right]$$

(en ajoutant au numérateur l'expression algébrique $[f(x)\,g(x) - f(x)\,g(x)]$ qui est égale à zéro)

$$= \left[\frac{1}{g(x)\,g(x)}\right]\left[\lim_{h \to 0} \frac{[f(x+h)\,g(x) - f(x)\,g(x+h)] + [f(x)\,g(x) - f(x)\,g(x)]}{h}\right]$$

(évaluation de la limite d'une fonction continue)

$$= \frac{1}{[g(x)]^2}\left[\lim_{h \to 0} \frac{[f(x+h)\,g(x) - f(x)\,g(x)] - [f(x)\,g(x+h) - f(x)\,g(x)]}{h}\right]$$

$$= \frac{1}{[g(x)]^2}\left[\lim_{h \to 0} \frac{[f(x+h) - f(x)]\,g(x) - f(x)\,[g(x+h) - g(x)]}{h}\right]$$

$$= \frac{1}{[g(x)]^2}\left[\lim_{h \to 0} \frac{[f(x+h) - f(x)]\,g(x)}{h} - \lim_{h \to 0} \frac{f(x)\,[g(x+h) - g(x)]}{h}\right]$$

$$= \frac{1}{[g(x)]^2}\left[\left(\lim_{h \to 0} \frac{f(x+h) - f(x)}{h}\right)\left(\lim_{h \to 0} g(x)\right) - \left(\lim_{h \to 0} f(x)\right)\left(\lim_{h \to 0} \frac{g(x+h) - g(x)}{h}\right)\right]$$

(théorème 3, chapitre 2)

$$= \frac{1}{[g(x)]^2}\,[f'(x)\,g(x) - f(x)\,g'(x)]$$

(évaluation des limites et définition de $f'(x)$ et de $g'(x)$)

$$= \frac{f'(x)\,g(x) - f(x)\,g'(x)}{[g(x)]^2}$$

■

Soit $u = f(x)$ et $v = g(x)$ deux fonctions dérivables où $g(x) \neq 0$, puisque

$$\frac{d}{dx}\left(\frac{f(x)}{g(x)}\right) = \frac{\frac{d}{dx}(f(x))\,g(x) - f(x)\,\frac{d}{dx}(g(x))}{[g(x)]^2}.$$

Nous pouvons écrire:

$$\frac{d}{dx}\left(\frac{u}{v}\right) = \frac{\frac{d}{dx}(u)\,v - u\,\frac{d}{dx}(v)}{v^2} \quad \text{ou} \quad \left(\frac{u}{v}\right)' = \frac{u'v - uv'}{v^2}.$$

■ **Exemple 1** Soit $H(x) = \dfrac{4x^3}{x^2 + 1}$.

Calculons $H'(x)$.

$$H'(x) = \left(\frac{4x^3}{x^2+1}\right)'$$

$$= \frac{(4x^3)'\,(x^2+1) - 4x^3\,(x^2+1)'}{(x^2+1)^2} \qquad \text{(théorème 8)}$$

$$= \frac{12x^2(x^2+1) - 4x^3(2x)}{(x^2+1)^2}$$

$$= \frac{12x^4 + 12x^2 - 8x^4}{(x^2+1)^2}$$

$$= \frac{4x^4 + 12x^2}{(x^2+1)^2}$$

$$= \frac{4x^2(x^2+3)}{(x^2+1)^2}$$

■

■ **Exemple 2** Soit $f(x) = \dfrac{x^5}{\sqrt{x}}$.

Calculons $f'(x)$:

a) en utilisant la formule du quotient;

$$f'(x) = \left(\frac{x^5}{x^{\frac{1}{2}}}\right)'$$

$$= \frac{(x^5)'\,x^{\frac{1}{2}} - x^5\,(x^{\frac{1}{2}})'}{(x^{\frac{1}{2}})^2} \qquad \text{(théorème 8)}$$

$$= \frac{5x^4x^{\frac{1}{2}} - x^5\left(\frac{1}{2}x^{\frac{-1}{2}}\right)}{x}$$

$$= \frac{5x^{\frac{9}{2}} - \frac{1}{2}x^{\frac{9}{2}}}{x}$$

$$= \frac{\frac{9}{2}x^{\frac{9}{2}}}{x}$$

$$= \frac{9}{2}x^{\frac{7}{2}}$$

b) sans utiliser la formule du quotient.

$$\left(\frac{x^5}{x^{\frac{1}{2}}}\right)' = (x^{\frac{9}{2}})' \quad \text{(en simplifiant)}$$

$$= \frac{9}{2}x^{\frac{7}{2}} \qquad \text{(théorème 7)}$$

■

Dans l'exemple précédent, nous constatons qu'il est préférable de simplifier l'expression à dériver avant d'effectuer la dérivée.

Exercices 4.2

1. Compléter les égalités suivantes.

a) $(k\,f(x))' =$

b) $\dfrac{d}{dx}(f(x) + g(x)) =$

c) $[f(x)\,g(x)]' =$

d) Si u et v sont deux fonctions de x et $v \neq 0$, alors $\left(\dfrac{u}{v}\right)' =$

e) $\dfrac{d}{dx}(x^r) =$

2. Calculer la dérivée des fonctions suivantes (donner la réponse avec des exposants positifs).

a) $y = x^7$

b) $f(x) = x^{\frac{7}{4}}$

c) $h(x) = \dfrac{1}{x^4}$

d) $x(t) = \dfrac{1}{\sqrt{t}}$

e) $f(u) = u$

f) $g(x) = x^{\pi}$

3. Calculer la dérivée des fonctions suivantes (donner la réponse avec des radicaux).

a) $f(x) = \sqrt{x}$

b) $g(x) = \sqrt[3]{x}$

c) $h(x) = \sqrt{x^3}$

d) $f(t) = \dfrac{1}{\sqrt[3]{t^2}}$

4. Calculer la dérivée des fonctions suivantes en utilisant les théorèmes 1, 2, 3, 6 et 7.

a) $f(x) = 4$

b) $v(t) = t$

c) $g(x) = 5x^3$

d) $x(t) = \dfrac{3t}{4}$

e) $f(x) = \dfrac{-9}{5\sqrt[4]{x}}$

f) $f(u) = \dfrac{5}{8u}$

5. Calculer la dérivée des fonctions suivantes.

a) $f(x) = 8x^3 - 4x^2 + 9x - 1$

b) $x(t) = \dfrac{\sqrt{t}}{2} + t^2 - \dfrac{5}{t^2}$

c) $g(x) = \dfrac{4}{\sqrt[3]{x}} - 5x^8 + \dfrac{x^{-3}}{6} - \dfrac{3}{4}$

d) $x(t) = \dfrac{1}{2}at^2 + v_0t + x_0$, où a, v_0 et x_0 sont des constantes.

6. Calculer la dérivée des fonctions suivantes en utilisant la formule de la dérivée de produits.

a) $y = (3x + 1)(2 - 5x^3)$

b) $x(t) = (\sqrt{t} - t)(4t^3 - 2t^2 + 5)$

c) $g(t) = t^3(5t^2 - 4)(3 - t^4)$

d) $f(x) = x(3x - 1) - (2x - 5)(4 - 3x^2)$

7. Calculer la dérivée des fonctions suivantes en utilisant la formule de la dérivée d'un quotient.

a) $f(x) = \dfrac{2x}{x + 1}$

b) $g(t) = \dfrac{t^2 + t + 2}{t}$

c) $f(x) = \dfrac{x - 4x^2}{2x^3}$

d) $H(x) = \dfrac{2x^4}{2x^4 + 1}$

e) $d(t) = \dfrac{4t^2 - 5}{5 - 4t^3}$

f) $f(x) = \dfrac{\sqrt{x}}{(1 - x)}$

8. Calculer $\dfrac{dy}{dx}$ si:

a) $y = \dfrac{x}{x+1} + \dfrac{x+1}{x^2}$;

b) $y = \dfrac{\sqrt{x}(10-x)}{x^3-8}$;

c) $y = \dfrac{4x^3 - x^2}{(x+1)\sqrt[4]{x}}$.

9. Calculer la dérivée des fonctions suivantes.

a) $f(x) = 4x^5$

i) en utilisant d'abord le théorème 3;

ii) en utilisant d'abord le théorème 5.

b) $x(t) = \dfrac{5}{t^2}$

i) sans utiliser le théorème 8;

ii) en utilisant le théorème 8.

c) $f(x) = \dfrac{6x^5+1}{2x^3}$, de deux façons différentes.

10. Calculer la dérivée des fonctions suivantes.

a) $y = 4x^2 + 24x + 10^4$

b) $y = \dfrac{4}{5}x^{\frac{5}{4}} - \dfrac{2}{7}x^{\frac{7}{2}}$

c) $y = 5x^4 + 3x^2 - 10\sqrt[3]{x}$

d) $y = 8(x^3 + 5x + 1) - 6x^2$

e) $y = x^4 + \dfrac{1}{x^4}$

f) $y = \sqrt{x}(2x^2 + 7x - 4)$

g) $y = \dfrac{3}{x-1}$

h) $y = 7\left(\dfrac{3x+2}{2x+3}\right)$

i) $y = (2x+1)(3x-3)(4-5x)$

j) $y = \dfrac{1}{x^7-1} - \dfrac{1}{9-x^2}$

k) $y = \dfrac{x-\sqrt{x}}{x+\sqrt{x}}$

l) $y = \sqrt{\dfrac{x}{7}} + \sqrt{\dfrac{7}{x}}$

m) $y = \dfrac{x^n}{x^n-1}$

n) $y = \dfrac{x^n-1}{x^n}$

o) $y = \dfrac{x^{n+1}}{x^n+1}$

11. Soit $y = \dfrac{x^4}{2-3x}$.

a) Calculer $\dfrac{dy}{dx}$.

b) Calculer $\left.\dfrac{dy}{dx}\right|_{x=1}$.

c) Déterminer $m_{\tan\,(-1,\,\frac{1}{5})}$.

d) Déterminer les points de la courbe de la fonction où la pente de la tangente est nulle.

OUTIL TECHNOLOGIQUE

e) À l'aide d'une calculatrice à affichage graphique ou d'un logiciel approprié, tracer la courbe de y et vérifier la pertinence des réponses obtenues en d).

12. Soit $f(x) = x^3 - 3x^2$.

a) Calculer la pente des tangentes à la courbe de f aux points où la courbe rencontre l'axe des x.

b) Déterminer les points de la courbe de f où la tangente est parallèle à l'axe des x.

c) Déterminer le point de la courbe de f où l'équation de la tangente est donnée par $y = -3x + 1$.

OUTIL TECHNOLOGIQUE

d) À l'aide d'une calculatrice à affichage graphique ou d'un logiciel approprié, tracer la courbe de f et vérifier la pertinence de la réponse obtenue en c).

13. Le potentiel électrique V, en un point P situé sur l'axe d'un anneau de rayon a et de charge totale Q, est donné par

$V(x) = \dfrac{kQ}{\sqrt{x^2 + a^2}}$, où $k \in \mathbb{R}$, pour un anneau uniformément chargé.

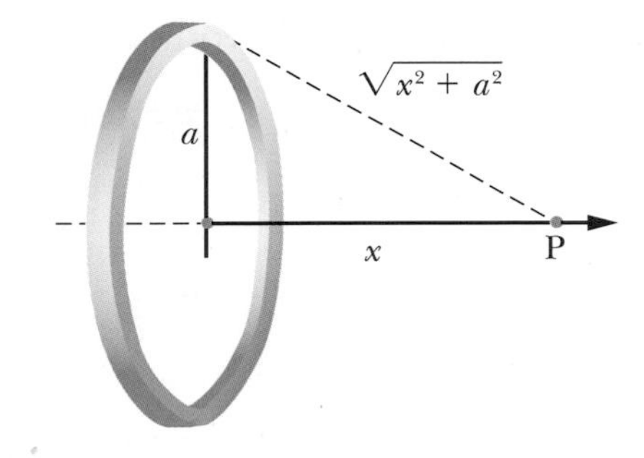

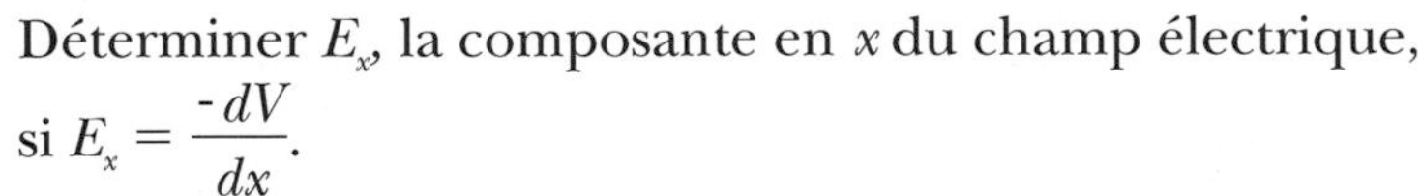

Déterminer E_x, la composante en x du champ électrique, si $E_x = \dfrac{-dV}{dx}$.

14. Un manufacturier de calculatrices estime que le nombre x de calculatrices qu'il peut vendre dans un mois à un certain prix p en dollars est donné par l'équation de demande définie par $x = 840 - 3p$.

a) Déterminer le prix p en fonction de x.

b) Déterminer la fonction revenu R en fonction de x (revenu = quantité × prix).

c) Calculer $R'(x)$.

d) Déterminer le niveau de production x tel que $R'(x) = 0$.

15. Le coût unitaire moyen M pour fabriquer un certain nombre d'unités d'un produit dans une manufacture est donné par $M(x) = \dfrac{C(x)}{x}$, où x est le nombre d'unités fabriquées et $C(x)$, le coût total pour fabriquer ces x unités.

a) Calculer $M'(x)$.

b) Évaluer $C'(x)$ lorsque $M'(x) = 0$.

16. Démontrer, en utilisant le théorème 4, que si $H(x) = f(x) + g(x) + k(x)$, alors $H'(x) = f'(x) + g'(x) + k'(x)$.

17. Démontrer, à l'aide de la définition de la dérivée, que si $H(x) = f(x) - g(x)$, alors $H'(x) = f'(x) - g'(x)$.

4.3 DÉRIVÉE DE FONCTIONS COMPOSÉES ET DÉRIVÉES SUCCESSIVES DE FONCTIONS

Objectif d'apprentissage

À la fin de cette section, l'élève pourra déterminer la dérivée de fonctions composées et pourra calculer des dérivées successives.

Plus précisément, l'élève sera en mesure :

- de démontrer une règle permettant de calculer la dérivée d'une fonction de la forme $[f(x)]^n$, où $n \in \mathbb{N}$;
- de calculer la dérivée d'une fonction de la forme $[f(x)]^r$, où $r \in \mathbb{R}$;
- d'utiliser la notation de Leibniz pour déterminer la dérivée de fonctions composées ;
- d'utiliser diverses notations pour exprimer les dérivées successives d'une fonction ;
- de calculer la dérivée n^e d'une fonction ;
- d'utiliser la dérivée d'une fonction pour résoudre des problèmes de pente de tangente.

Dérivée de fonctions de la forme $[f(x)]^r$, où $r \in \mathbb{R}$

Calculons d'abord la dérivée d'une fonction de la forme $[f(x)]^n$, où n est un entier positif, en utilisant la formule du produit.

■ **Exemple 1** Soit $H(x) = (8x^4 - 2x)^3$.

Calculons $H'(x)$.

Puisque $H(x) = (8x^4 - 2x)(8x^4 - 2x)(8x^4 - 2x)$, alors

$$\begin{aligned} H'(x) &= (8x^4 - 2x)'(8x^4 - 2x)(8x^4 - 2x) + (8x^4 - 2x)(8x^4 - 2x)'(8x^4 - 2x) + \\ &\qquad (8x^4 - 2x)(8x^4 - 2x)(8x^4 - 2x)' \quad \text{(corollaire 5.1)} \\ &= (8x^4 - 2x)^2(8x^4 - 2x)' + (8x^4 - 2x)^2(8x^4 - 2x)' + \\ &\qquad (8x^4 - 2x)^2(8x^4 - 2x)' \\ &= 3(8x^4 - 2x)^2(8x^4 - 2x)' \\ &= 3(8x^4 - 2x)^2(32x^3 - 2). \end{aligned}$$

■

Nous utiliserons le corollaire 5.2 pour démontrer le théorème suivant.

Théorème 9

Dérivée de $[f(x)]^n$, où $n \in \mathbb{N}$

Soit f une fonction dérivable.

Si $H(x) = [f(x)]^n$, où $n \in \mathbb{N}$, alors

$H'(x) = n[f(x)]^{n-1} f'(x)$.

Preuve

$$\begin{aligned} H'(x) &= [[f(x)]^n]' \\ &= [\underbrace{f(x)f(x)f(x)\ldots f(x)}_{n \text{ facteurs}}]' \\ &= \underbrace{f'(x)\underbrace{f(x)\ldots f(x)}_{(n-1)\text{ facteurs}} + f(x)f'(x)\ldots f(x) + \ldots + \underbrace{f(x)\ldots f(x)}_{(n-1)\text{ facteurs}}f'(x)}_{n \text{ termes}} \quad \text{(corollaire 5.2)} \\ &= \underbrace{f'(x)[\underbrace{f(x)\ldots f(x)}_{(n-1)\text{ facteurs}}] + f'(x)[\underbrace{f(x)\ldots f(x)}_{(n-1)\text{ facteurs}}] + \ldots + f'(x)[\underbrace{f(x)\ldots f(x)}_{(n-1)\text{ facteurs}}]}_{n \text{ termes}} \\ &= \underbrace{[f(x)]^{n-1}f'(x) + [f(x)]^{n-1}f'(x) + \ldots + [f(x)]^{n-1}f'(x)}_{n \text{ termes}} \\ &= n[f(x)]^{n-1}f'(x) \end{aligned}$$

■

■ **Exemple 2** Soit $H(x) = (x^3 + 1)^{20}$ et $g(t) = (t^4 - 4t^2 + 5t)^7$.

a) Calculons $H'(x)$.

$$H'(x) = [(x^3 + 1)^{20}]'$$
$$= \underbrace{20(x^3 + 1)^{20-1}}_{n[f(x)]^{n-1}}\underbrace{(x^3 + 1)'}_{f'(x)} \quad \text{(théorème 9)}$$
$$= 20(x^3 + 1)^{19}\, 3x^2$$
$$= 60x^2(x^3 + 1)^{19}$$

b) Calculons $g'(t)$.

$$g'(t) = [(t^4 - 4t^2 + 5t)^7]'$$
$$= 7(t^4 - 4t^2 + 5t)^6\,(t^4 - 4t^2 + 5t)' \quad \text{(théorème 9)}$$
$$= 7(t^4 - 4t^2 + 5t)^6\,(4t^3 - 8t + 5)$$ ■

Remarque Il peut arriver que le théorème 9 doive s'appliquer plusieurs fois à l'intérieur d'un même problème.

■ **Exemple 3** Soit $H(x) = [(x^4 + 3x)^5 + x^2]^8$.

Calculons $H'(x)$.

$$H'(x) = 8[(x^4 + 3x)^5 + x^2]^7\,[(x^4 + 3x)^5 + x^2]' \quad \text{(théorème 9)}$$
$$= 8[(x^4 + 3x)^5 + x^2]^7\,[[(x^4 + 3x)^5]' + (x^2)']$$
$$= 8[(x^4 + 3x)^5 + x^2]^7\,[5(x^4 + 3x)^4(x^4 + 3x)' + 2x] \quad \text{(théorème 9)}$$
$$= 8[(x^4 + 3x)^5 + x^2]^7\,[5(x^4 + 3x)^4(4x^3 + 3) + 2x]$$ ■

En généralisant le théorème 9, nous obtenons le théorème suivant, que nous acceptons sans démonstration.

Théorème 10

Dérivée de $[f(x)]^r$, où $r \in \mathbb{R}$

Soit f une fonction dérivable.

Si $H(x) = [f(x)]^r$, où $r \in \mathbb{R}$, alors

$H'(x) = r[f(x)]^{r-1} f'(x)$.

■ **Exemple 4** Soit $H(x) = \sqrt{x^7 - 2x + 1}$, $g(x) = \dfrac{3}{(x^5 + 7)^4}$

et $v(t) = \sqrt[3]{(1 - t)^3 + \sqrt{t}}$.

a) Calculons $H'(x)$.

$$H'(x) = [(x^7 - 2x + 1)^{\frac{1}{2}}]'$$
$$= \underbrace{\frac{1}{2}(x^7 - 2x + 1)^{\frac{-1}{2}}}_{r[f(x)]^{r-1}}\underbrace{(x^7 - 2x + 1)'}_{f'(x)} \quad \text{(théorème 10)}$$
$$= \frac{1}{2(x^7 - 2x + 1)^{\frac{1}{2}}}\,(7x^6 - 2)$$
$$= \frac{7x^6 - 2}{2\sqrt{x^7 - 2x + 1}}$$

b) Calculons $g'(x)$.

$$\begin{aligned} g'(x) &= [3(x^5 + 7)^{-4}]' \\ &= 3[(x^5 + 7)^{-4}]' \\ &= 3[-4(x^5 + 7)^{-5}(x^5 + 7)'] \qquad \text{(théorème 10)} \\ &= \frac{-12}{(x^5 + 7)^5} 5x^4 \\ &= \frac{-60x^4}{(x^5 + 7)^5} \end{aligned}$$

c) Calculons $v'(t)$.

$$\begin{aligned} v'(t) &= [((1 - t)^3 + t^{\frac{1}{2}})^{\frac{1}{3}}]' \\ &= \frac{1}{3}((1 - t)^3 + t^{\frac{1}{2}})^{\frac{-2}{3}}((1 - t)^3 + t^{\frac{1}{2}})' \qquad \text{(théorème 10)} \\ &= \frac{1}{3((1 - t)^3 + t^{\frac{1}{2}})^{\frac{2}{3}}}\left(3(1 - t)^2(1 - t)' + \frac{1}{2}t^{\frac{-1}{2}}\right) \qquad \text{(théorème 10)} \\ &= \frac{1}{3\sqrt[3]{((1 - t)^3 + \sqrt{t})^2}}\left(3(1 - t)^2(-1) + \frac{1}{2\sqrt{t}}\right) \\ &= \frac{-6\sqrt{t}(1 - t)^2 + 1}{6\sqrt{t}\sqrt[3]{((1 - t)^3 + \sqrt{t})^2}} \end{aligned}$$

■

Pour ainsi dire toute sa vie active, Gottfried Wilhelm Leibniz (1646-1716) a été diplomate et conseiller pour le duc de Hanovre, en Allemagne. Lors d'un long séjour à Paris en 1672, il rencontre Christiaan Huygens (1629-1695), l'un des grands mathématiciens de cette époque, qui cherche alors à construire un pendule précis pouvant être utilisé sur les bateaux. Enthousiasmé par ce travail, Leibniz réussit à convaincre Huygens de l'initier aux mathématiques. Trois ans après, il aura établi les bases de son calcul différentiel.

Règle de dérivation en chaîne et notation de Leibniz

Théorème 11

Règle de dérivation en chaîne

Soit f et g deux fonctions dérivables.

Si $H(x) = (f \circ g)(x)$, c'est-à-dire $H(x) = f(g(x))$, alors

$H'(x) = f'(g(x))\, g'(x)$.

Preuve

$$\begin{aligned} H'(x) &= \lim_{\Delta x \to 0} \frac{H(x + \Delta x) - H(x)}{\Delta x} \qquad \text{(définition de } H'(x)) \\ &= \lim_{\Delta x \to 0} \frac{f(g(x + \Delta x)) - f(g(x))}{\Delta x} \end{aligned}$$

$$= \lim_{\Delta x \to 0} \left[\frac{f(g(x + \Delta x)) - f(g(x))}{\Delta x} \frac{g(x + \Delta x) - g(x)}{g(x + \Delta x) - g(x)} \right]$$

$$\left(\begin{array}{c} \text{si } g(x + \Delta x) - g(x) \neq 0 \\ \text{sur } [x, x + \Delta x] \end{array} \right)$$

$$= \lim_{\Delta x \to 0} \left[\frac{f(g(x + \Delta x)) - f(g(x))}{g(x + \Delta x) - g(x)} \frac{g(x + \Delta x) - g(x)}{\Delta x} \right]$$

$$= \left[\lim_{\Delta x \to 0} \frac{f(g(x + \Delta x)) - f(g(x))}{g(x + \Delta x) - g(x)} \right] \left[\lim_{h \to 0} \frac{g(x + \Delta x) - g(x)}{\Delta x} \right]$$

(théorème 3,chapitre 2)

$$= \left[\lim_{\Delta x \to 0} \frac{f(g(x + \Delta x)) - f(g(x))}{g(x + \Delta x) - g(x)} \right] [g'(x)] \qquad (\text{définition de } g'(x))$$

$$= \left[\lim_{\Delta u \to 0} \frac{f(u + \Delta u) - f(u)}{(u + \Delta u) - u} \right] g'(x) \qquad \left(\begin{array}{c} \text{en posant } g(x) = u \text{ et} \\ g(x + \Delta x) = u + \Delta u, \\ \text{nous avons } \Delta u \to 0 \text{ car} \\ g \text{ est continue et } \Delta x \to 0 \end{array} \right)$$

$$= \left[\lim_{\Delta u \to 0} \frac{f(u + \Delta u) - f(u)}{\Delta u} \right] g'(x) \qquad (\text{en simplifiant})$$

$$= f'(u)\, g'(x) \qquad (\text{définition de } f'(u))$$

$$= f'(g(x))\, g'(x) \qquad (\text{car } u = g(x))$$

Exprimons le théorème 11 sur la règle de dérivation en chaîne, en utilisant la notation de Leibniz.

Soit $y = f(g(x))$ et $u = g(x)$.

Ainsi, $y = f(u)$ et

$$\frac{dy}{dx} = \lim_{\Delta x \to 0} \frac{\Delta y}{\Delta x}$$

$$= \lim_{\Delta x \to 0} \left(\frac{\Delta y}{\Delta x} \frac{\Delta u}{\Delta u} \right) \quad (\text{si } \Delta u \neq 0)$$

$$= \lim_{\Delta x \to 0} \left(\frac{\Delta y}{\Delta u} \frac{\Delta u}{\Delta x} \right)$$

$$= \left(\lim_{\Delta x \to 0} \frac{\Delta y}{\Delta u} \right) \left(\lim_{\Delta x \to 0} \frac{\Delta u}{\Delta x} \right)$$

$$= \left(\lim_{\Delta u \to 0} \frac{\Delta y}{\Delta u} \right) \left(\lim_{\Delta x \to 0} \frac{\Delta u}{\Delta x} \right) \quad (\text{puisque } \Delta x \to 0, \Delta u \to 0)$$

$$= \frac{dy}{du} \frac{du}{dx}$$

Ainsi, la règle de dérivation en chaîne peut s'écrire :

$$\frac{dy}{dx} = \frac{dy}{du} \frac{du}{dx}. \text{ (notation de Leibniz)}$$

où $\frac{dy}{dx}$ représente la dérivée de y par rapport à x,

$\frac{dy}{du}$ représente la dérivée de y par rapport à u

et $\frac{du}{dx}$ représente la dérivée de u par rapport à x.

■

■ Exemple 1 Soit $y = \left(\frac{x^2}{2 - x^3}\right)^3$.

Calculons $\frac{dy}{dx}$ en utilisant la notation de Leibniz.

En posant $u = \frac{x^2}{2 - x^3}$, nous obtenons $y = u^3$.

$$\begin{aligned}
\text{Ainsi, } \frac{dy}{dx} &= \frac{dy}{du}\frac{du}{dx} && \text{(notation de Leibniz)} \\
&= \frac{d}{du}(u^3)\,\frac{d}{dx}\left(\frac{x^2}{2 - x^3}\right) \\
&= 3u^2\left(\frac{2x(2 - x^3) - x^2(\text{-}3x^2)}{(2 - x^3)^2}\right) \\
&= 3\left(\frac{x^2}{2 - x^3}\right)^2\left(\frac{4x + x^4}{(2 - x^3)^2}\right) && \left(\text{car } u = \frac{x^2}{2 - x^3}\right) \\
&= \frac{3x^5(4 + x^3)}{(2 - x^3)^4}
\end{aligned}$$

■

Dans le cas où il y a plus de deux fonctions composées : par exemple, si $z = f(y)$, $y = g(u)$ et $u = h(x)$, alors la règle de dérivation en chaîne peut s'écrire sous la forme :

$$\frac{dz}{dx} = \frac{dz}{dy}\frac{dy}{du}\frac{du}{dx}. \qquad \text{(notation de Leibniz)}$$

■ Exemple 2 Soit $z = 3y^2 + 1$, $y = 1 - 4u^5$ et $u = \sqrt{x}$.

a) Calculons $\frac{dz}{dx}$.

$$\begin{aligned}
\frac{dz}{dx} &= \frac{dz}{dy}\frac{dy}{du}\frac{du}{dx} \qquad \text{(notation de Leibniz)} \\
&= \frac{d}{dy}(3y^2)\,\frac{d}{du}(1 - 4u^5)\frac{d}{dx}(x^{\frac{1}{2}}) \\
&= (6y)(\text{-}20u^4)\left(\frac{1}{2\sqrt{x}}\right) \\
&= \frac{\text{-}60yu^4}{\sqrt{x}}
\end{aligned}$$

Il n'est pas toujours nécessaire de donner la réponse en fonction de la variable x.

b) Calculons $\left.\dfrac{dz}{dx}\right|_{x=4}$.

Déterminons la valeur de u et de y lorsque $x = 4$.

En posant $x = 4$, nous obtenons

$u = \sqrt{4} = 2$ et $y = 1 - 4(2)^5 = -127$

donc, $\left.\dfrac{dz}{dx}\right|_{x=4} = \dfrac{-60(-127)(2)^4}{\sqrt{4}}$.

$= 60\,960$ ■

La notation de Leibniz nous sera utile au chapitre suivant, où nous allons résoudre des problèmes de taux de variation liés.

Dérivées successives

Il sera essentiel dans les chapitres ultérieurs de calculer la dérivée de la dérivée d'une fonction.

Ainsi, pour une fonction $f(x)$, la dérivée de $f'(x)$ c'est-à-dire $[f'(x)]'$, est appelée *dérivée seconde* de la fonction $f(x)$ et peut être notée $f''(x)$.

De même, la dérivée de la dérivée seconde $[f''(x)]'$ est appelée *dérivée troisième* de la fonction $f(x)$ et peut être notée $f'''(x)$. Nous pouvons également calculer la dérivée n^e de la fonction $f(x)$ qui peut être notée $f^{(n)}(x)$.

Notations pour exprimer les dérivées successives d'une fonction $y = f(x)$

Dérivée première :	y'	$y^{(1)}$	$f'(x)$	$f^{(1)}(x)$	$\dfrac{dy}{dx}$
Dérivée seconde :	y''	$y^{(2)}$	$f''(x)$	$f^{(2)}(x)$	$\dfrac{d^2y}{dx^2}$
Dérivée troisième :	y'''	$y^{(3)}$	$f'''(x)$	$f^{(3)}(x)$	$\dfrac{d^3y}{dx^3}$
Dérivée n^e :	$y^{(n)}$			$f^{(n)}(x)$	$\dfrac{d^ny}{dx^n}$

■ **Exemple 1** Soit $y = \dfrac{5}{x^7}$ et $g(t) = 2t^3 + 4t^2 + 1$.

a) Calculons $\dfrac{d^3y}{dx^3}$ et $\left.\dfrac{d^3y}{dx^3}\right|_{x=2}$.

Afin d'éviter d'utiliser la formule du quotient à trois reprises, ce qui peut devenir laborieux, il est préférable de transformer la fonction initiale.

Ainsi, $y = \dfrac{5}{x^7} = 5x^{-7}$

$$\frac{dy}{dx} = -35x^{-8}$$

$$\frac{d^2y}{dx^2} = \frac{d}{dx}\left(\frac{dy}{dx}\right) = \frac{d}{dx}(-35x^{-8}) = 280x^{-9}$$

D'où $\dfrac{d^3y}{dx^3} = \dfrac{d}{dx}\left(\dfrac{d^2y}{dx^2}\right) = \dfrac{d}{dx}(280x^{-9}) = -2520x^{-10} = \dfrac{-2520}{x^{10}}$

et $\left.\dfrac{d^3y}{dx^3}\right|_{x=2} = \dfrac{-2520}{2^{10}} = \dfrac{-2520}{1024} = \dfrac{-315}{128}$.

b) Calculons $g^{(5)}(t)$ et $g^{(5)}(-2)$.

$g'(t) = (2t^3 + 4t^2 + 1)' = 6t^2 + 8t$

$g^{(2)}(t) = (g'(t))' = (6t^2 + 8t)' = 12t + 8$

$g^{(3)}(t) = (g^{(2)}(t))' = (12t + 8)' = 12$

$g^{(4)}(t) = (g^{(3)}(t))' = (12)' = 0$

$g^{(5)}(t) = (g^{(4)}(t))' = (0)' = 0$

et $g^{(5)}(-2) = 0$ ■

Exercices 4.3

1. Compléter les égalités suivantes pour des fonctions dérivables.

a) Si $y = [f(x)]^r$, où $r \in \mathbb{R}$, alors $\dfrac{dy}{dx} =$

b) Si y est une fonction de u et u est une fonction de x, alors, à l'aide de la notation de Leibniz, $\dfrac{dy}{dx} =$

c) $\dfrac{d}{dx}\left(\dfrac{d^2y}{dx^2}\right) =$

2. Calculer la dérivée des fonctions suivantes.

a) $f(x) = (x^4 + 1)^7$

b) $g(t) = (1 - 5t^4)^{10}$

c) $y = (5x^2 - 3x + 2)^{\frac{7}{2}}$

d) $f(x) = \sqrt{x^5 + 1}$

e) $g(x) = \left[\dfrac{x + 1}{x - 1}\right]^3$

f) $x(t) = \sqrt{\dfrac{mt}{1 + t}}$

3. Calculer la dérivée des fonctions suivantes.

a) $f(x) = 5\sqrt[3]{8 - x}$

b) $g(x) = (-3x + 7x^2)^3 - \dfrac{(3 - 5x^4)^7}{6}$

c) $y = [(x^3 + 2x)^4 + 3x]^5$

d) $f(t) = (t^2 + 1)^3(1 - t^3)^4$

e) $x(t) = \left[\dfrac{(t^3 + 1)^5}{(1 - t)}\right]^7$

f) $f(x) = \sqrt{x^2 + \sqrt{3x}}$

4. Soit $f(x) = (4x - 1)^2(2 - 3x)^2$.

a) Calculer $m_{\tan\,(0,\, f(0))}$.

b) Calculer $m_{\tan\left(\frac{1}{4},\, f\left(\frac{1}{4}\right)\right)}$; donner une interprétation géométrique du résultat.

c) Déterminer les points de la courbe de f, où la tangente est parallèle à l'axe des x.

OUTIL TECHNOLOGIQUE

d) À l'aide d'une calculatrice à affichage graphique ou d'un logiciel approprié, représenter la courbe f et vérifier la pertinence des réponses obtenues précédemment.

5. Soit $y = \sqrt{x}$, $x = 6t^2 - 5t$ et $z = \dfrac{1}{y}$.

Calculer :

a) $\dfrac{dx}{dt}$ et $\left.\dfrac{dx}{dt}\right|_{t=2}$ c) $\dfrac{dy}{dt}$ et $\left.\dfrac{dy}{dt}\right|_{t=-1}$ e) $\dfrac{dz}{dt}$ et $\left.\dfrac{dz}{dt}\right|_{t=3}$

b) $\dfrac{dz}{dy}$ et $\left.\dfrac{dz}{dy}\right|_{y=-3}$ d) $\dfrac{dz}{dx}$ et $\left.\dfrac{dz}{dx}\right|_{x=\frac{1}{9}}$

6. Pour chaque fonction, calculer les dérivées $f'(x)$, $f''(x)$, $f'''(x)$, $f^{(4)}(x)$ et $f^{(5)}(x)$.

a) $f(x) = 2x^3 - \dfrac{x^2}{4} + 5x$ d) $f(x) = \sqrt{x}$

b) $f(x) = x^7 + 3x^2 + 4$ e) $f(x) = \sqrt[3]{x}$

c) $f(x) = \dfrac{1}{x}$ f) $f(x) = \dfrac{x^5 + 1}{x^2}$

7. Calculer :

a) $f^{(4)}(x)$, si $f(x) = x^5 + 7x$ d) $\dfrac{d^3y}{dx^3}$, si $y = (x^3 + 1)^5$

b) $y^{(9)}$, si $y = x^7$ e) $f^{(2)}(1)$, si $f(x) = \dfrac{4x^5 - 2x}{x^3}$

c) $\dfrac{d^2x}{dt^2}$, si $x(t) = 4{,}9t^2 + 10t + 1$ f) $\left.\dfrac{d^3y}{dx^3}\right|_{x=4}$, si $y = \sqrt{x^7} - 3x$

8. a) Vérifier que si $f(x) = x^5$, alors $f^{(5)}(x) = 5!$ et $f^{(k)}(x) = 0$, $\forall\ k > 5$.

b) Soit $f(x) = x^n$, où n est un entier positif.
Calculer $f^{(n)}(x)$ et $f^{(k)}(x)$, où $k > n$.

c) Soit $f(x)$ un polynôme de degré n.
Déterminer $f^{(k)}(x)$, où $k > n$.

9. Calculer la pente de la tangente :

a) à la courbe de f' au point $A(1, f'(1))$ si $f(x) = x^4$;

b) à la courbe de g'' au point $B(2, g''(2))$ si $g(t) = (4 - 3t)^5$.

4.4 DÉRIVÉE D'ÉQUATIONS IMPLICITES

Objectif d'apprentissage

À la fin de cette section, l'élève pourra déterminer la dérivée d'équations implicites.

Plus précisément, l'élève sera en mesure :

- de reconnaître une équation implicite ;
- de calculer la dérivée d'équations implicites.

Équations implicites

Dans les problèmes présentés jusqu'à maintenant, la variable dépendante était exprimée en fonction de la variable indépendante. De telles équations sont appelées *équations explicites*.

Il est difficile de se l'imaginer aujourd'hui, mais à l'époque de la création du calcul différentiel par Leibniz (1646-1716) et Newton (1642-1727), presque toutes les expressions algébriques représentant des courbes prenaient la forme de fonctions implicites. Pensez que l'équation du cercle, $r^2 = x^2 + y^2$, est de cette forme. Les lieux géométriques s'expriment aussi habituellement sous une forme implicite. C'est à l'intérieur même du calcul différentiel et intégral en évolution que se précisera la nécessité, et les avantages, d'étudier spécialement les expressions de la forme $y = f(x)$, que l'on appellera fonctions au XVIIIe siècle.

■ **Exemple 1** Les équations suivantes sont des équations explicites.

a) $y = \dfrac{3x^4 - 5x}{3x + 1}$, où y est la variable dépendante et x est la variable indépendante.

b) $u = (3z - 1)^5$, où u est la variable dépendante et z est la variable indépendante.

c) $x = \sqrt{t^2 + 1}$, où x est la variable dépendante et t est la variable indépendante. ■

Par contre, dans certaines expressions, les variables sont liées entre elles par une équation où aucune des variables n'est explicitée en fonction d'une autre variable.

De telles équations sont appelées *équations implicites.*

■ **Exemple 2** Les équations suivantes sont des équations implicites car aucune des variables n'est explicitée en fonction de l'autre variable.

a) $x^2y + xy^2 = 4$

b) $3x^3y - 4y^2 = 5x^2y^4 - 7$

c) $\sqrt{t} + x^2 = xt$ ■

Dans certains cas, à partir d'une équation implicite, il est possible d'isoler une variable et d'obtenir une équation explicite.

■ **Exemple 3** Transformons les équations implicites suivantes en équations explicites.

a) De $3x + 4y = 8$, nous obtenons en isolant y, $y = \dfrac{8 - 3x}{4}$.

b) Soit $x^3 + y^3 = 9$.

Explicitons y en fonction de x.

$$x^3 + y^3 = 9$$

$$y^3 = 9 - x^3$$

D'où $y = \sqrt[3]{9 - x^3}$. ■

Par contre, dans certains cas, il pourrait être difficile et même impossible d'exprimer une variable en fonction de l'autre.

■ **Exemple 4** Dans les équations suivantes, il peut être difficile et même impossible d'isoler une variable.

a) $x^5t + x^3t^2 = 16 - \sqrt{xt}$

b) $x^3 + y^3 - x^2y^4 - 5 = 0$ ■

Dérivée d'équations implicites

Dans tous les problèmes suivants, nous supposons que y est dérivable par rapport à x. Cela nous permet de calculer la dérivée par rapport à x de chacun des deux membres de l'équation et d'obtenir une nouvelle égalité. Cette méthode de dérivation s'appelle *dérivation implicite.*

■ **Exemple 1** Soit $x^3 + y^3 = 9$.

a) Déterminons $\frac{dy}{dx}$ sans isoler y, en utilisant la méthode de la dérivation implicite.

$$x^3 + y^3 = 9$$

Calculons la dérivée des deux membres de l'équation par rapport à x.

$$\frac{d}{dx}(x^3 + y^3) = \frac{d}{dx}(9)$$

$$\frac{d}{dx}(x^3) + \frac{d}{dx}(y^3) = 0 \qquad \text{(théorèmes 4 et 1)}$$

$$3x^2 + \frac{d}{dy}(y^3)\frac{dy}{dx} = 0 \qquad \text{(théorèmes 6 et 9)}$$

$$3x^2 + 3y^2\frac{dy}{dx} = 0 \qquad \text{(théorème 6)}$$

Isolons $\frac{dy}{dx}$.

$$3y^2\frac{dy}{dx} = -3x^2$$

$$\frac{dy}{dx} = \frac{-x^2}{y^2}$$

b) Déterminons $\frac{dy}{dx}$ après avoir isolé y dans l'équation initiale.

Puisque $y = \sqrt[3]{9 - x^3}$ (voir exemple 3b) précédent)

$$\text{donc, } \frac{dy}{dx} = \left((9 - x^3)^{\frac{1}{3}}\right)'$$

$$= \frac{1}{3}(9 - x^3)^{\frac{-2}{3}}(9 - x^3)'$$

$$= \frac{1}{3(9 - x^3)^{\frac{2}{3}}}(-3x^2)$$

$$\text{D'où } \frac{dy}{dx} = \frac{-x^2}{(9 - x^3)^{\frac{2}{3}}} = \frac{-x^2}{(\sqrt[3]{9 - x^3})^2}.$$

c) Vérifions que les résultats obtenus en a) et b) sont identiques.

$$\text{De a) } \frac{dy}{dx} = \frac{-x^2}{y^2}$$

$$= \frac{-x^2}{(\sqrt[3]{9 - x^3})^2} \qquad \left(\text{car } y = \sqrt[3]{9 - x^2}\right)$$

■

De façon générale, puisqu'il n'est pas toujours possible d'isoler une variable dans une équation implicite, nous calculons la dérivée d'une variable par rapport à l'autre en utilisant la méthode de la dérivation implicite dont les étapes sont données dans le tableau suivant.

Dérivée d'équations implicites

Soit une équation implicite de la forme

$$F(x, y) = G(x, y).$$

Pour déterminer $\frac{dy}{dx}$, nous pouvons suivre les étapes suivantes.

Étape 1 Calculer la dérivée des deux membres de l'équation.

$$\frac{d}{dx}(F(x, y)) = \frac{d}{dx}(G(x, y))$$

Étape 2 Isoler $\frac{dy}{dx}$ de l'équation obtenue à l'étape 1.

Remarque En général, dans les équations implicites où il s'agit d'évaluer $\frac{dy}{dx}$, nous avons, à cause de la règle de dérivation en chaîne :

$$\frac{d}{dx}(y^n) = \frac{d(y^n)}{dy}\frac{dy}{dx} = ny^{n-1}\frac{dy}{dx}.$$

■ **Exemple 2** Soit $x^3 + y^3 - x^2y^4 = 5x$.

Calculons $\frac{dy}{dx}$.

Étape 1 Calculons la dérivée par rapport à x des deux membres de l'équation.

$$\frac{d}{dx}(x^3 + y^3 - x^2y^4) = \frac{d}{dx}(5x)$$

$$\frac{d}{dx}(x^3) + \frac{d}{dx}(y^3) - \frac{d}{dx}(x^2y^4) = \frac{d}{dx}(5x)$$

$$3x^2 + \frac{d}{dy}(y^3)\frac{dy}{dx} - \left(\frac{d}{dx}(x^2)y^4 + x^2\frac{d}{dx}(y^4)\right) = 5$$

$$3x^2 + 3y^2\frac{dy}{dx} - \left(2xy^4 + x^2\frac{d}{dy}(y^4)\frac{dy}{dx}\right) = 5$$

$$3x^2 + 3y^2\frac{dy}{dx} - \left(2xy^4 + x^2 4y^3\frac{dy}{dx}\right) = 5$$

Étape 2 Isolons $\frac{dy}{dx}$.

$$3x^2 + 3y^2\frac{dy}{dx} - 2xy^4 - 4x^2y^3\frac{dy}{dx} = 5$$

$$3y^2\frac{dy}{dx} - 4x^2y^3\frac{dy}{dx} = 2xy^4 - 3x^2 + 5$$

$$\frac{dy}{dx}(3y^2 - 4x^2y^3) = 2xy^4 - 3x^2 + 5$$

D'où $\frac{dy}{dx} = \frac{2xy^4 - 3x^2 + 5}{3y^2 - 4x^2y^3}$. ■

■ **Exemple 3** Soit le cercle d'équation $x^2 + y^2 = 9$.

Évaluons la pente de la tangente illustrée sur le graphique ci-contre.

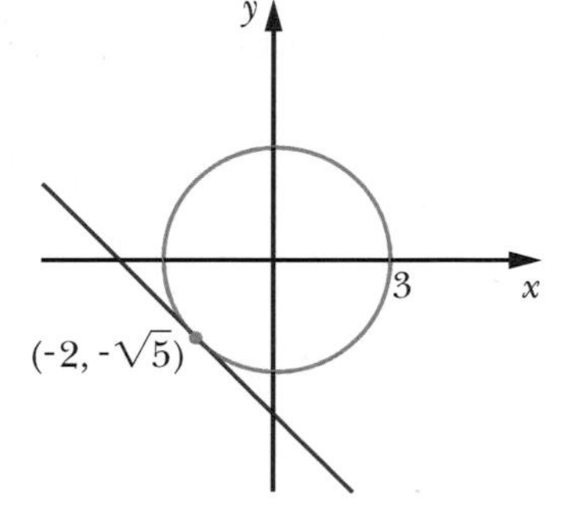

Puisque la pente de la tangente à la courbe est donnée par la dérivée évaluée au point correspondant, calculons d'abord $\frac{dy}{dx}$.

$$\frac{d}{dx}(x^2 + y^2) = \frac{d}{dx}(9)$$

$$\frac{d}{dx}(x^2) + \frac{d}{dx}(y^2) = 0$$

$$2x + 2y\frac{dy}{dx} = 0$$

Ainsi, $\frac{dy}{dx} = \frac{-2x}{2y} = \frac{-x}{y}$

Pour évaluer la pente de la tangente au point $(-2, -\sqrt{5})$ de la courbe, il suffit de remplacer, dans l'expression de $\frac{dy}{dx}$, x par -2 et y par $-\sqrt{5}$.

Ainsi, $m_{\tan\,(-2,\,-\sqrt{5}\,)} = \left.\frac{dy}{dx}\right|_{(-2,\,-\sqrt{5}\,)} = \frac{-2}{\sqrt{5}}$. ■

Exercices 4.4

1. Déterminer, parmi les équations suivantes, lesquelles sont écrites sous la forme d'équations implicites.

a) $y = \frac{3t + 1}{4t}$

b) $y = \frac{3y + 1}{4x}$

c) $x^2 + 5x + 6 = y$

d) $x^2y + 5y^2 = 3x + y$

2. Calculer :

a) $\frac{dy}{dx}$ si $x^3 - 4y^3 = 5 - 3x^2$

b) $\frac{dy}{dx}$ si $\frac{x^3}{y^2} = 5x^2 + 6y^3$

c) $\frac{du}{dt}$ si $3t^2u - 4tu^2 = 9$

d) $\frac{dy}{dx}$ si $\sqrt{x^2 + y^2} = 2x^2 + 4$

3. Soit l'équation $x^2 + 3y = 5 - 6x$.

a) Calculer $m_{\tan\,(-1,\,\frac{10}{3})}$.

b) Déterminer le point de la courbe donnée où la pente de la tangente est nulle.

4. Soit $x^2y^2 + x^3y^3 = -4$.

Déterminer $m_{\tan\,(1,\,-2)}$.

5. a) Évaluer la pente de la tangente au cercle illustrée ci-contre.

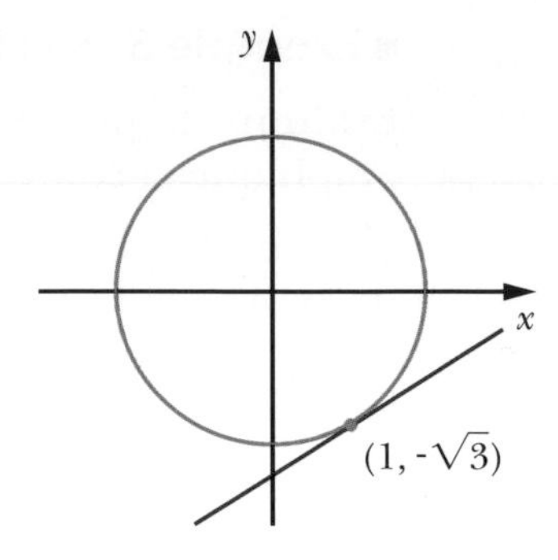

b) Déterminer le point du cercle où la tangente serait parallèle à la tangente illustrée.

6. Soit $4x^2 + 9y^2 - 36 = 0$.

Calculer la pente de chacune des tangentes à la courbe lorsque $x = \sqrt{5}$.

7. Soit $y^5 + 2y^3 + x = 0$.

a) Calculer $\frac{dy}{dx}$.

b) Isoler x de l'équation et calculer $\frac{dx}{dy}$.

c) Vérifier que $\frac{dy}{dx} = \frac{1}{\frac{dx}{dy}}$.

8. Soit $2y^3 = xy + 7$.

Vérifier que $\frac{dy}{dx} = \frac{1}{\frac{dx}{dy}}$.

Réseau de concepts

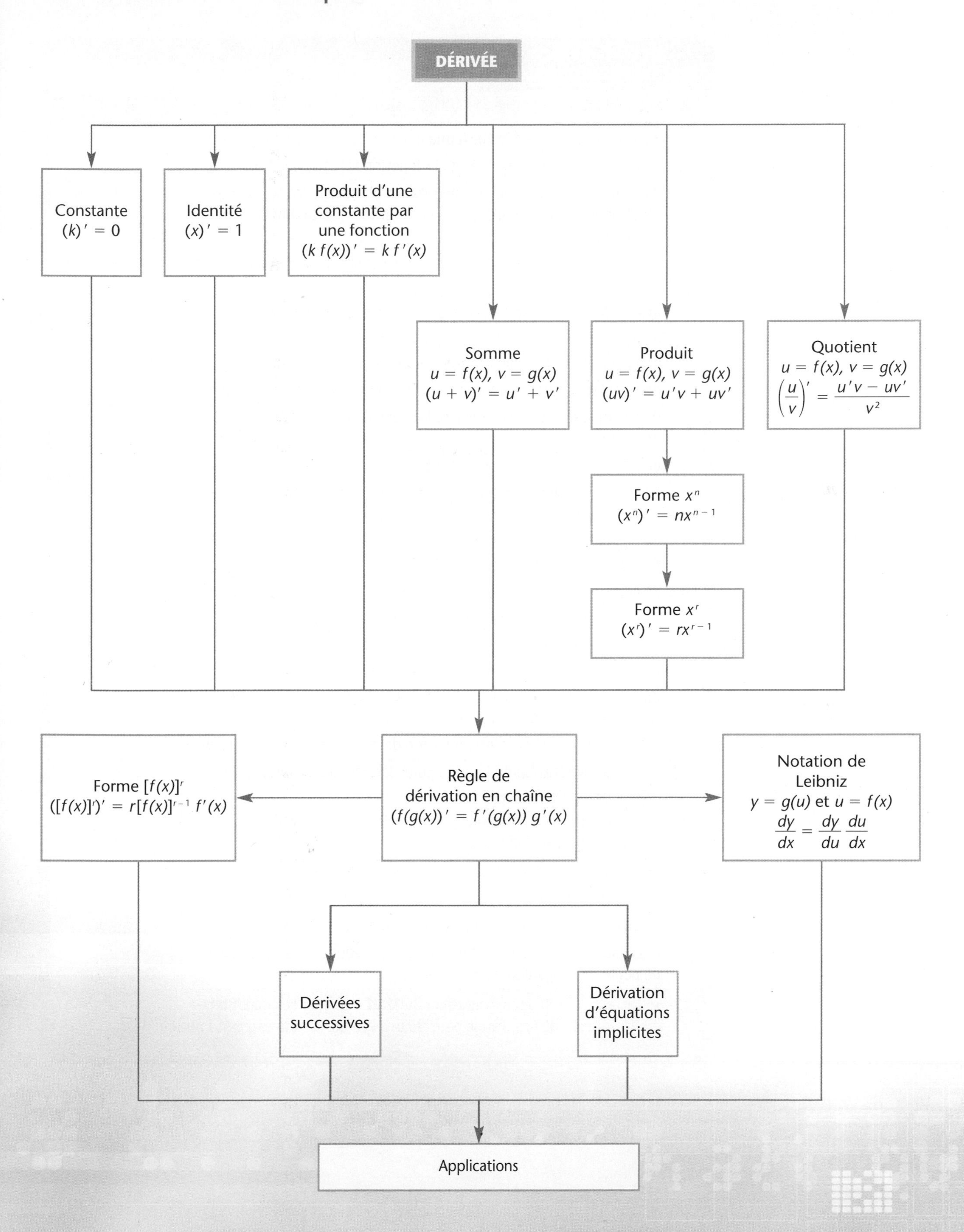

Liste de vérification des apprentissages

RÉPONDRE PAR **OUI** OU **NON.**			
Après l'étude de ce chapitre, je suis en mesure :		**OUI**	**NON**
1.	de démontrer que la dérivée d'une fonction constante est égale à 0 ;		
2.	de démontrer que la dérivée de la fonction identité est égale à 1 ;		
3.	de démontrer que la dérivée du produit d'une constante par une fonction est égale au produit de la constante par la dérivée de la fonction ;		
4.	de calculer la dérivée du produit d'une constante par une fonction ;		
5.	de démontrer que la dérivée d'une somme de deux fonctions est égale à la somme des dérivées de ces deux fonctions ;		
6.	de démontrer que la dérivée d'une somme de n fonctions est égale à la somme des dérivées de ces n fonctions ;		
7.	de calculer la dérivée d'une somme (ou différence) de n fonctions ;		
8.	de démontrer la règle permettant de calculer la dérivée d'un produit de deux fonctions ;		
9.	de démontrer la règle permettant de calculer la dérivée d'un produit de n fonctions ;		
10.	de calculer la dérivée d'un produit de n fonctions ;		
11.	de démontrer la règle permettant de calculer la dérivée d'une fonction de la forme x^n, où $n \in \mathbb{N}$;		
12.	de calculer la dérivée d'une fonction de la forme x^r, où $r \in \mathbb{R}$;		
13.	de démontrer la règle permettant de calculer la dérivée d'un quotient de deux fonctions ;		
14.	de calculer la dérivée d'un quotient de deux fonctions ;		
15.	de démontrer la règle permettant de calculer la dérivée d'une fonction de la forme $[f(x)]^n$, où $n \in \mathbb{N}$;		
16.	de calculer la dérivée d'une fonction de la forme $[f(x)]^r$, où $r \in \mathbb{R}$;		
17.	d'utiliser la notation de Leibniz pour déterminer la dérivée de fonctions composées ;		
18.	d'utiliser diverses notations pour exprimer les dérivées successives d'une fonction ;		
19.	de calculer la dérivée n^e d'une fonction ;		
20.	de reconnaître une équation implicite ;		
21.	de calculer la dérivée d'équations implicites ;		
22.	d'utiliser la dérivée d'une fonction pour résoudre des problèmes de pente de tangente.		

Si vous avez répondu **NON** à une de ces questions, il serait préférable pour vous d'étudier à nouveau cette notion.

Exercices récapitulatifs

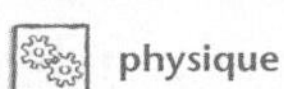

1. Calculer $\frac{dy}{dx}$ si:

a) $y = 3x^{\frac{1}{3}} + \frac{7}{4x^{\frac{3}{4}}} - \frac{2}{5}x^{\frac{5}{2}} + 4^4$;

b) $y = (1 - 7x)^6$;

c) $y = (x^3 - 1)^7$;

d) $y = x^2 + \sqrt{3x + 1}$;

e) $y = x^2\sqrt{3x + 1}$;

f) $y = \frac{\sqrt{x} + 1}{x}$;

g) $y = (2 - x)^5(7x + 3)$;

h) $y = 5\sqrt{2x^2 + 5x + 7}$;

i) $y = 7\left(\frac{x^2 + 4}{x^2 - 4}\right)$;

j) $y = \frac{\sqrt[3]{3 + 7x - x^3}}{5} - \frac{4}{x}$;

k) $y = (x^2 + 3)^4(2x^3 - 5)^3$;

l) $y = [(x^2 - 5)^8 + x^7]^{18}$.

2. Calculer la dérivée des fonctions suivantes.

a) $f(x) = \frac{2}{\sqrt{x}} + \frac{6}{\sqrt[3]{x}} + \frac{\sqrt[5]{x}}{8}$

b) $g(x) = \frac{x^2 - x + 1}{x^3 + 2}$

c) $x(t) = \frac{1}{5a}(b - at)^5$

d) $h(x) = 5(x - 7)\sqrt[3]{x - 1}$

e) $f(u) = \frac{-4(1 - 2u^7)^{\frac{7}{2}}}{5}$

f) $v(t) = \frac{t^3 - 3t}{3 - t^2}$

g) $g(x) = \sqrt{\frac{1 + 3x}{1 - 3x}}$

h) $x(t) = \frac{\sqrt[3]{(1 - t^2 + t^4)^4}}{8}$

i) $f(x) = 9\sqrt{2 + \sqrt{x}}$

j) $g(x) = \left[\frac{x}{7 + x}\right]^5$

k) $f(v) = v^4(v^3 + 1) + v^2(1 + v^2)$

l) $h(x) = x^2(x^3 + 2)^5 - \frac{8}{x^8 - 5}$

3. Calculer $f'(x)$ si:

a) $f(x) = \frac{1 + \frac{4}{x}}{4 + \frac{1}{x}}$;

b) $f(x) = [3x^4 - (5 - x^6)^5]^8$;

c) $f(x) = [(x^2 + 1)^3(x^3 - 1)^2]^6$;

d) $f(x) = \left[(3 - 2x)^4 + \frac{5}{(x^3 + 4x)^4}\right]^4$;

e) $f(x) = \frac{2x^2 - 1}{x\sqrt{1 + x^2}}$;

f) $f(x) = x^4\sqrt[7]{\frac{x + 1}{x - 1}}$;

g) $f(x) = x^4(x^3 - \sqrt{x}) + \sqrt{3x} + 3\sqrt{x}$;

h) $f(x) = \frac{1}{\sqrt[3]{\left(\frac{x^2}{1 - x}\right)^2}}$;

i) $f(x) = \sqrt[3]{\frac{x^3 + 1}{x^3 - 1}}$;

j) $f(x) = a(bx + c) + \frac{d}{ex + m}$;

k) $f(x) = \frac{ax^2}{(a + x^2)^3}$;

l) $f(x) = \frac{(2x + 1)\sqrt{x + 1}}{(4 - x^2)}$.

4. a) Soit $f(x) = x^5 - \frac{x^3}{5} + 7x^2 - 12$.

Calculer $f'''(x)$ et $f^{(7)}(x)$.

b) Soit $y = x^6 - \frac{1}{x^6}$.

Calculer $\frac{d^4y}{dx^4}$ et $\frac{d^6y}{dx^6}$.

c) Soit $x(t) = \sqrt[3]{1 - t} + \frac{2}{\sqrt{2t + 1}}$.

Calculer $\frac{d^2x}{dt^2}$ et $\frac{d^3x}{dt^3}$.

d) Soit $y = \dfrac{x-1}{5-2x}$.

Calculer $\dfrac{d^2y}{dx^2}$ et $\left.\dfrac{d^3y}{dx^3}\right|_{x=3}$.

e) Soit $f(x) = a_n x^n + a_{n-1}x^{n-1} + \ldots + a_1 x + a_0$ où $a_n \neq 0$.

Calculer $f^{(n-1)}(x)$, $f^{(n)}(x)$ et $f^{(n+1)}(x)$.

5. Pour chacune des fonctions suivantes calculer, si possible, la pente de la tangente à la courbe de f aux points $P(1, f(1))$, et $Q(0, f(0))$.

a) $f(x) = 3x^2 + 2x - 1$

b) $f(x) = (x^2 - 4)^3(x^3 + 1)^4$

c) $f(x) = \dfrac{1}{2(x+3)^2} + 4\sqrt{1-x}$

6. Calculer $\dfrac{dy}{dx}$ pour chacune des équations suivantes.

a) $2x^2 + 3xy - y^2 = 1$

b) $3y^2 + 5x = 3 - 5y^3$

c) $\dfrac{1}{x} - 3xy + \dfrac{1}{y} = 0$

d) $\sqrt{x^2 + y^2} = 3$

e) $\dfrac{x}{y} = \dfrac{y^2}{x}$

f) $y^2 = \dfrac{x-y}{x+y}$

7. Pour chacune des équations suivantes, calculer $\dfrac{dy}{dx}$ et la pente de la tangente à la courbe au point donné.

a) $4x^2 + 9y^2 = 40$, au point $P(-1, -2)$

b) $x^2y^2(1 + xy) + 4 = 0$, au point $R(1, -2)$

c) $\sqrt{xy} - y^2 = -60$, au point $T(2, 8)$

d) $(x + y)^3 = 3x + y - 10$ au point $S(2, -4)$

e) $x^2 + y^2 = 25$, lorsque $x = -3$

8. Soit $y = 5x^2 - \sqrt{x}$, $x = 3u^3 + 1$, $u = 1 - t^4$ et $t = \dfrac{1}{z}$.

Calculer, si possible, la dérivée demandée et évaluer cette dérivée à la valeur donnée.

a) $\dfrac{du}{dt}$ et $\left.\dfrac{du}{dt}\right|_{t=-2}$

b) $\dfrac{dy}{du}$ et $\left.\dfrac{dy}{du}\right|_{u=2}$

c) $\dfrac{dx}{dz}$ et $\left.\dfrac{dx}{dz}\right|_{z=1}$

d) $\dfrac{dy}{dz}$ et $\left.\dfrac{dy}{dz}\right|_{z=0,5}$

9. Sachant que:

a) $\dfrac{dy}{dx} = 12x^2$ et que $\dfrac{dx}{dt} = -2$, évaluer $\dfrac{dy}{dt}$ et $\left.\dfrac{dy}{dt}\right|_{x=4}$;

b) $y = \dfrac{2}{x^3}$, que $\dfrac{dx}{dt} = 4 - 5t^2$ et que $x(-1) = 3$, évaluer $\dfrac{dy}{dt}$ et $\left.\dfrac{dy}{dt}\right|_{t=-1}$.

10. Soit $f(x) = x^3$ et $g(x) = \sqrt[3]{x}$.

a) Calculer, si possible, la pente de la tangente à la courbe de f en $x = 0$ et illustrer graphiquement la courbe et la tangente.

b) Calculer, si possible, la pente de la tangente à la courbe de g en $x = 0$ et illustrer graphiquement la courbe et la tangente.

c) Existe-t-il un point $P(x, f(x))$ tel que la tangente à la courbe de f soit parallèle à l'axe des x?

d) Existe-t-il un point $T(x, g(x))$ tel que la tangente à la courbe de g soit parallèle à l'axe des x?

e) Existe-t-il un point $R(x, g(x))$ tel que la tangente à la courbe de g soit parallèle à l'axe des y?

11. Soit $f(x) = x^3 + 6x^2 - 15x + 2$.

Déterminer, si possible, les points de la courbe de f:

a) où la tangente à la courbe de f est parallèle à l'axe des x;

b) où la tangente à la courbe de f est parallèle à la droite d'équation $y = -15x + 4$;

c) où la tangente à la courbe de f est parallèle à la droite d'équation $y = -27x - 5$;

d) où la tangente à la courbe de f est parallèle à la droite d'équation $y = -28x + 15$;

e) où la tangente à la courbe de f est perpendiculaire à la droite d'équation $x + 48y + 1 = 0$.

12. Soit $f(x) = 2x^3 + x^2 - 15x$.

a) Calculer la pente de chaque tangente à la courbe de f, aux points où la courbe rencontre l'axe des x.

b) Calculer la pente de la tangente à la courbe de f au point où la courbe rencontre l'axe des y.

OUTIL TECHNOLOGIQUE

c) Déterminer approximativement les coordonnées des points de la courbe f, où la tangente à cette courbe est parallèle à l'axe des x. Vérifier la pertinence du résultat à l'aide d'une calculatrice à affichage graphique ou d'un logiciel approprié.

13. Déterminer le point $C(c, f(c))$ de la courbe de f, définie par $f(x) = -x^2 + 12x - 20$, tel que la tangente à la courbe en ce point soit parallèle à la sécante passant par $A(3, f(3))$ et $B(8, f(8))$. Représenter graphiquement la courbe, la sécante et la tangente.

14. Soit $f(x) = x^3 - 4x^2 + 7x + 6$.

a) Déterminer l'équation de la tangente à la courbe de f au point $A(1, f(1))$.

b) Déterminer l'équation de la tangente à la courbe de f, qui est parallèle à la précédente.

c) Déterminer l'équation de la normale à la tangente au point $A(1, f(1))$.

OUTIL TECHNOLOGIQUE

d) À l'aide d'une calculatrice à affichage graphique ou d'un logiciel approprié, représenter la courbe f, les tangentes précédentes et la normale précédente.

15. Soit l'ellipse d'équation $\frac{x^2}{16} + \frac{y^2}{9} = 1$.

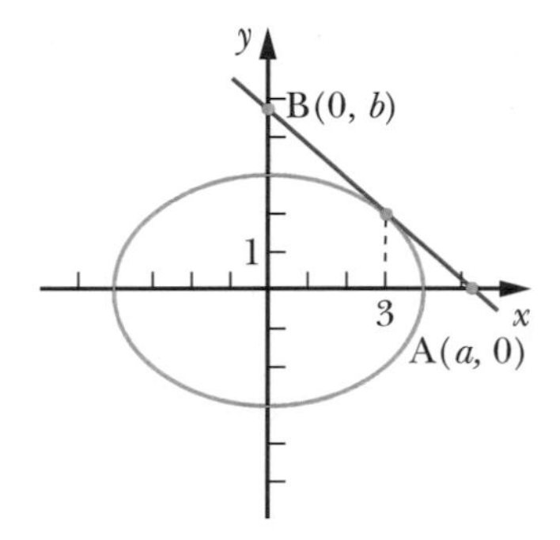

a) Déterminer l'équation de la tangente représentée.

b) Déterminer les valeurs respectives de a et de b.

c) Déterminer l'équation de la tangente à l'ellipse qui est parallèle à la tangente représentée.

16. Soit $y = x^{\frac{m}{n}}$, où $m \in \mathbb{Z}$ et $n \in \mathbb{Z}^*$. Démontrer à l'aide de la dérivation implicite que $\frac{d}{dx} x^{\frac{m}{n}} = \frac{m}{n} x^{\frac{m}{n} - 1}$.

Problèmes de synthèse

1. Soit $f(x) = x^2 - x - 6$.

a) Déterminer l'équation des droites tangentes à la courbe de f aux points où cette courbe coupe l'axe des x.

b) Illustrer graphiquement cette courbe et ces deux droites.

c) Calculer l'aire A, du triangle formé par l'axe des x et les deux tangentes précédentes.

2. Déterminer si la droite donnée est tangente à la courbe de f donnée. Si oui, déterminer en quel point.

a) $y = 4x - 17$ et $f(x) = x^2 - 2x - 8$

b) $y = -4x - 5$ et $f(x) = x^2 - 2x - 8$

c) $y = 20x + 33$ et $f(x) = 2x^3 - 4x + 1$

OUTIL TECHNOLOGIQUE

d) Vérifier la pertinence des résultats précédents à l'aide d'une calculatrice à affichage graphique ou d'un logiciel approprié.

3. Soit $f(x) = (x + 1)^3(2x - 3) + 1$, représentée par le graphique suivant. Repérer les deux points suivants : $A(a, f(a))$ et $B(b, f(b))$.

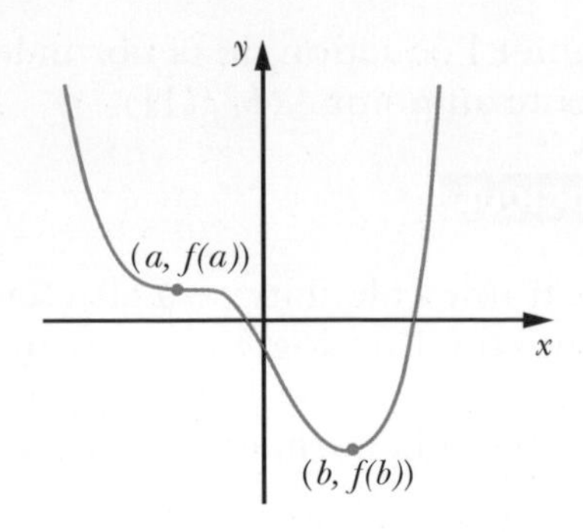

4. Soit $f(x) = 3x^3 + 5x^2 - 18x + 6$ et $g(x) = x^3 + 2x^2 + 18x + 6$.
Déterminer les valeurs de x_1 et x_2 telles que les tangentes à la courbe de f, aux points $\text{P}(x_1, f(x_1))$ et $\text{R}(x_2, f(x_2))$, soient respectivement parallèles aux tangentes à la courbe de g, aux points $\text{S}(x_1, g(x_1))$ et $\text{T}(x_2, g(x_2))$, pour chacune de ces valeurs.

5. Soit $f(x) = (x - 1)x(x + 1)$ et la droite D définie par $y = \dfrac{1 - x}{4}$.

a) Déterminer les coordonnées des points d'intersection de la courbe de f et de la droite D.

b) Déterminer si la droite D est tangente à la courbe de f en un des points d'intersection obtenus en a).

c) Déterminer sur la courbe de f un point $\text{C}(c, f(c))$ où la tangente à la courbe en ce point est parallèle à la droite D et déterminer l'équation de cette tangente.

d) Déterminer la valeur de x pour laquelle $f'(x)$ est minimale et donner les coordonnées du point M de f où $f'(x)$ est minimale.

6. Soit $f(x) = (4x - 9)^2 + 3$.
Déterminer la valeur de a telle que la tangente à la courbe de f au point $\text{A}(a, f(a))$ et les axes forment un triangle isocèle.

7. Soit $f(x) = 4 - x^2$.
Déterminer les valeurs respectives de a et de b telles que les tangentes à la courbe de f aux points $\text{A}(a, f(a))$ et $\text{B}(b, f(b))$ forment un triangle équilatéral avec l'axe des x.

8. Soit la droite D tangente à la courbe définie par $x^{\frac{2}{3}} + y^{\frac{2}{3}} = 4$ au point $\text{P}(2\sqrt{2}, 2\sqrt{2})$. Calculer l'aire A du triangle délimité par D et les axes.

9. a) Soit $f(x) = 2x\,g(x)$ et $g(0) = 5$. Évaluer $f'(0)$, si $g'(x)$ est définie pour tout x.

b) Soit $f(x) = \dfrac{(x - 3)^2}{g(x)}$. Évaluer $f'(3)$, si $g'(x)$ est définie pour tout x et $g(3) \neq 0$.

c) Sachant que $f(0) = 0$ et $f'(0) = 3$, évaluer $H'(0)$ si $H(x) = f(x)\,f'(x)$ et si $f''(x)$ est définie pour tout x.

10. Démontrer que si une fonction est paire, c'est-à-dire que $f(x) = f(-x)$, alors la dérivée seconde de f est également paire.

11. Déterminer les valeurs de a et b telles que la pente de la tangente à la courbe de f, définie par $f(x) = ax^2 + bx + 1$, au point $\text{P}(2, 3)$, soit égale à 7.

12. Déterminer les valeurs de a et b telles que les courbes définies par $f(x) = x^2$ et $g(x) = ax^2 + b$ se rencontrent perpendiculairement en $x = 1$, c'est-à-dire que les tangentes en $x = 1$, soient perpendiculaires.

13. Soit $f(x) = x^2$.
Déterminer deux points $\text{A}(a, f(a))$ et $\text{B}(-a, f(-a))$ tels que les tangentes en ces deux points soient perpendiculaires.

14. Soit la parabole définie par $f(x) = a(x + 1)(x - 7)$, représentée par le graphique ci-dessous.

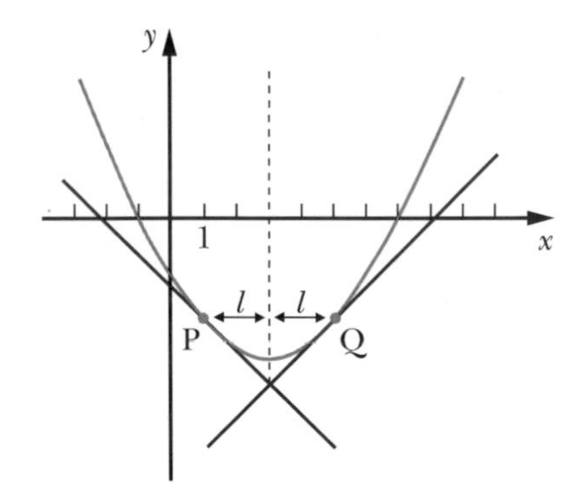

Déterminer, en fonction de a, les coordonnées des points P et Q, si les tangentes en ces points forment entre elles un angle de 90°.

15. Soit $f(x) = \sqrt{x}$. Déterminer le point $\text{A}(a, f(a))$ sur la courbe f tel que la tangente à la courbe en ce point passe par le point $\text{P}(-4, 0)$. Représenter graphiquement la courbe et la tangente.

16. Calculer l'aire A du triangle délimité par les axes et la droite passant par le point P(4, 0) et qui est tangente à la courbe de f, où $f(x) = \frac{1}{x}$.

17. L'hydrogène H et le monoxyde de carbone CO réagissent pour former du méthanol : $2H_2 + CO \rightarrow CH_3OH$.

Après t secondes, la quantité en grammes de méthanol est donnée par $Q(t) = 3 - \frac{3}{2t + 1}$.

a) Calculer la quantité initiale de méthanol.

b) Calculer la quantité de méthanol après trois secondes.

c) Calculer le taux de variation moyen de la quantité de méthanol sur les intervalles [2 s, 3 s] et [3 s, 4 s].

d) Déterminer la fonction donnant le taux de variation instantané de la quantité de méthanol en fonction du temps.

e) Quel est le taux de variation instantané de la quantité de méthanol exactement trois secondes après le début de l'expérience? Après cinq secondes?

f) Après combien de temps le taux de variation instantané de la quantité de méthanol sera-t-il de $\frac{2}{27}$ g/s?

g) Après combien de temps le taux de variation instantané de la quantité de méthanol sera-t-il de 0,015 g/s?

18. Un manufacturier estime que le nombre x d'unités qu'il peut vendre dans un mois à un certain prix p en dollars est donné par l'équation $x = 1200 - 4p$.

De même, il estime que, pour la même période, ses coûts C de fabrication sont donnés par $C(x) = 500 + 60x$.

a) Déterminer le prix p en fonction de x.

b) Déterminer la fonction revenu R en fonction de x.

c) Sachant que le profit P est donné par le revenu moins les coûts, déterminer $P(x)$ en fonction de $R(x)$ et de $C(x)$.

d) Déterminer le seuil de production x tel que $P'(x) = 0$ et interpréter le résultat.

19. Un manufacturier a déterminé que le coût de production C du dernier trimestre est donné par $C(x) = 25x^2 + 10\,000$, où x est le nombre d'unités fabriquées et $C(x)$ est en dollars.

a) Déterminer la fonction M donnant le coût unitaire moyen pour fabriquer un certain nombre d'unités.

b) Représenter graphiquement la courbe de M.

c) Déterminer le seuil de production x tel que $M'(x) = 0$ et interpréter le résultat.

20. Soit le cercle de rayon 1 centré sur l'axe des y et tangent à la parabole définie par $y = x^2$.

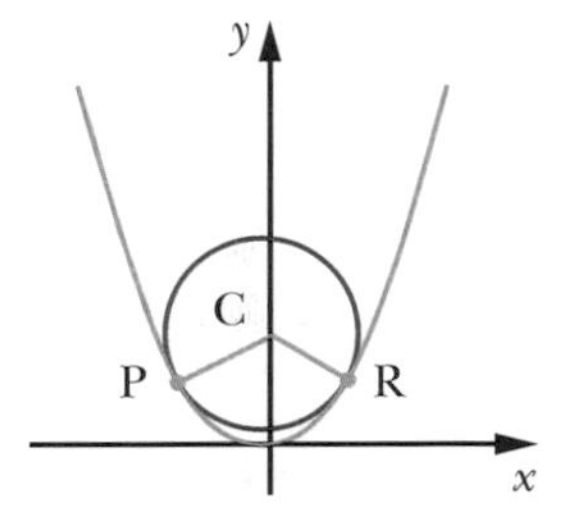

a) Déterminer les points d'intersection P et R du cercle et de la parabole et calculer la pente de la tangente en ces points de rencontre.

b) Déterminer les coordonnées du centre C de ce cercle.

21. Soit $f(x) = x^2$.

a) Démontrer que toute droite normale à la courbe de f, sauf celle qui passe par O(0, 0), rencontre la courbe de f en deux points.

b) Démontrer que les normales aux points $S(-a, f(-a))$ et $T(a, f(a))$ $\forall a \in \mathbb{R}$, où $a \neq 0$, se rencontrent en $B(0, b)$. Exprimer b en fonction de a.

Test récapitulatif

1. Démontrer, à l'aide de la définition de la dérivée, que si $H(x) = f(x)\,g(x)$, alors $H'(x) = f'(x)\,g(x) + f(x)\,g'(x)$.

2. Calculer la dérivée des fonctions suivantes.

a) $f(x) = 8x^5 - \dfrac{x^3}{7} - 10\sqrt{x} - \dfrac{2}{x^2} + 7^4$

b) $x(t) = \left(\dfrac{t^2}{a - t}\right)^4$

c) $g(x) = (x^2 - 5x^3)^4(x - x^2)^3$

d) $f(x) = [(7 - x^3)^5 + x^4]^8$

e) $y = \dfrac{(5 - 4x^3)}{x\sqrt{3 - x}}$

3. Calculer:

a) $\dfrac{dy}{dx}$ si $x^4 - x^2y^3 = x + y + 10$;

b) $\left.\dfrac{dy}{dx}\right|_{(1,-2)}$.

4. a) Calculer $f^{(3)}(x)$, si $f(x) = \dfrac{4}{\sqrt{3x + 1}}$.

b) Soit $y = x^4 - 8x^3 - 30x^2 + 1$.

Déterminer les valeurs de x telles que $\dfrac{d^2y}{dx^2} = 0$.

5. Soit $f(x) = (x - 3)^2(x + 3)$.

a) Déterminer la pente de la tangente à la courbe de f aux points où la courbe rencontre l'axe des x.

b) Déterminer l'équation de la tangente à la courbe de f au point où la courbe rencontre l'axe des y.

c) Déterminer les points de la courbe de f tels que la tangente en ces points soit parallèle à la droite définie par $y - 15x + 1 = 0$.

d) Déterminer l'équation de la normale à la courbe de f au point $A(1, f(1))$.

6. a) Soit l'hyperbole d'équation $x^2 - y^2 = 9$. Évaluer les pentes des tangentes illustrées dans le graphique ci-dessous.

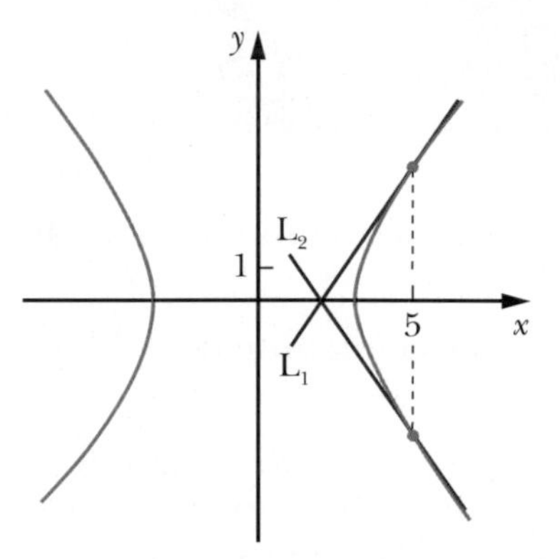

b) Déterminer le point d'intersection P des deux tangentes illustrées.

CHAPITRE 5

Taux de variation

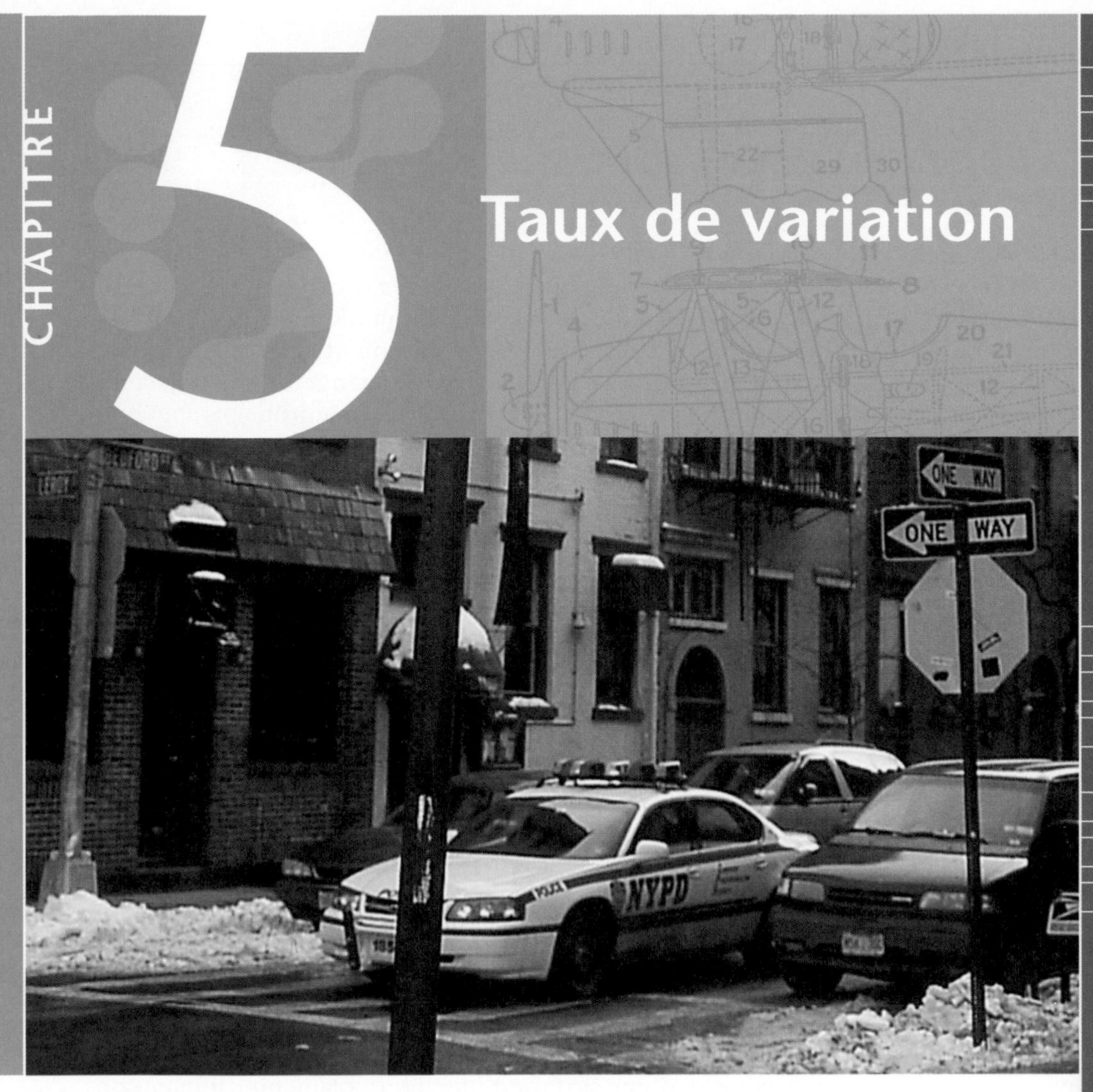

Introduction

Le présent chapitre a pour objectif général de familiariser l'élève avec diverses applications de la dérivée en physique, en chimie, en géométrie, en économie, etc.

À cette fin, la poursuite des objectifs d'apprentissage rendra l'élève capable de résoudre divers problèmes à l'aide d'exemples d'application préalablement résolus. En particulier, à la fin de ce chapitre, il ou elle pourra résoudre le problème de vitesse suivant:

Un auto-patrouilleur placé au point P, situé à 20 m d'une route, pointe son radar sur une automobile située en A. Le radar indique la vitesse de rapprochement entre l'automobile et l'auto-patrouilleur. La limite de vitesse permise sur la route de l'automobiliste est de 30 km/h.

a) Si le radar indique 25 km/h, lorsque la distance entre C et A est de 15 mètres, une contravention est-elle méritée? Expliquer.

b) Qu'indiquera le radar si l'automobile roule à la vitesse permise lorsque la distance entre C et A est de 40 mètres?
(Exercice récapitulatif 10, page 186.)

Perspective historique

POURQUOI A-T-ON INVENTÉ LE CALCUL DIFFÉRENTIEL ET INTÉGRAL ?

Est-ce un hasard si le calcul s'est développé précisément au XVIIe siècle ? Eh bien non. Pour le comprendre, jetons un regard panoramique sur les deux siècles, de 1500 à 1700, qui correspondent à l'une des plus riches périodes de l'histoire des sciences, la Révolution scientifique. En quoi peut-on parler de révolution ? Voyons quelques exemples. Au milieu du XVIe siècle, Copernic (1473-1543) simplifie les explications des déplacements apparents des planètes en plaçant le Soleil au centre de l'univers. Mais, conséquences géométriques de ce recentrage de l'univers, les étoiles doivent alors être situées à une très grande distance de la Terre. De plus, les lois de la nature semblent être les mêmes pour les objets près de la Terre et les corps célestes. Auparavant, on concevait l'univers comme relativement limité. On croyait les planètes et les étoiles relativement près de la Terre et leurs mouvements régis par des lois différentes de celles auxquelles étaient soumis les objets terrestres. Galilée (1564-1642), dans la première moitié du siècle suivant, conforte les idées de Copernic aussi bien en tournant sa lunette vers la Lune et Jupiter qu'en mettant en évidence les lois de la chute des corps. À peu près en même temps que Copernic travaillait sur sa nouvelle description de l'univers, Jacques Cartier découvrait le Canada. L'époque des grands explorateurs est alors véritablement engagée. Les bateaux des grandes puissances d'Europe sillonnent les océans et la mise au point des canons révolutionne l'art de la guerre.

Qu'ont en commun tous ces événements ? Le mouvement. Mouvement des astres, des bateaux, des boulets de canon. Au XVIIe siècle, l'étude du mouvement devient de première importance. De là émergent quatre grands types de problèmes auxquels s'attaquent les scientifiques de l'époque.

D'abord le problème de savoir si, connaissant la distance parcourue à tout moment, il est possible de connaître la vitesse et l'accélération à chaque instant ? Ou, à l'inverse, la vitesse ou l'accélération, étant connue à chaque instant, peut-on trouver la distance parcourue en un temps donné ?

En deuxième, on veut déterminer précisément les tangentes à certaines courbes. Cette question se rattache à l'étude du mouvement et à l'optique. La direction du déplacement d'un objet en mouvement est donnée par la tangente à la trajectoire de l'objet. La fabrication des miroirs paraboliques et surtout des lentilles nécessite la détermination des tangentes ou des normales aux surfaces de ces derniers. Alors que s'étend l'usage des lunettes pour la navigation et pour l'observation astronomique, sans parler de celles que portent les humains pour améliorer leur vue, cette question devient primordiale.

Le troisième grand problème est celui de la détermination des maxima et des minima. En balistique, par exemple, on veut savoir pour quel angle d'élévation d'un canon le boulet atteindra la cible la plus éloignée possible. En astronomie, on cherche à connaître les distances maximale ou minimale d'une planète par rapport au Soleil. En optique, le trajet de la lumière dans un corps transparent est aussi analysé sous l'angle du plus court trajet entre deux points. Ce genre de principe de minimalité deviendra central aussi en mécanique.

Enfin, le quatrième grand problème touche la mesure de la longueur d'une courbe ou de l'aire d'une surface d'une figure plane ou tridimensionnelle. La détermination de la distance parcourue par une planète en un temps donné, la détermination d'un centre de gravité, le calcul de la force d'attraction entre deux corps entrent dans cette catégorie.

En 1700, le calcul différentiel fournira des outils pour résoudre les trois premiers grands types de problèmes. Le calcul intégral s'attaquera pour sa part principalement à la dernière catégorie de problèmes, mais aussi à la troisième.

L'invention du calcul différentiel et intégral découle donc de besoins qui se sont manifestés avec une acuité particulière au moment de la Révolution scientifique. On peut même dire que ce calcul en est l'un des fruits les plus précieux.

Test préliminaire

Partie A

1. Déterminer l'aire et le périmètre ou la circonférence des figures suivantes.

a) 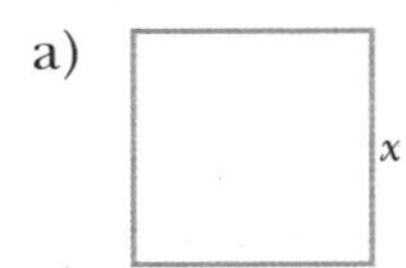

b) 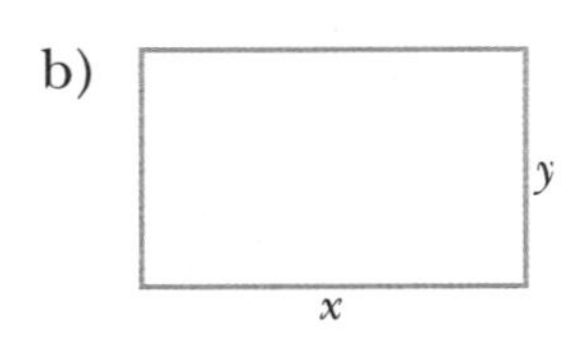

c) 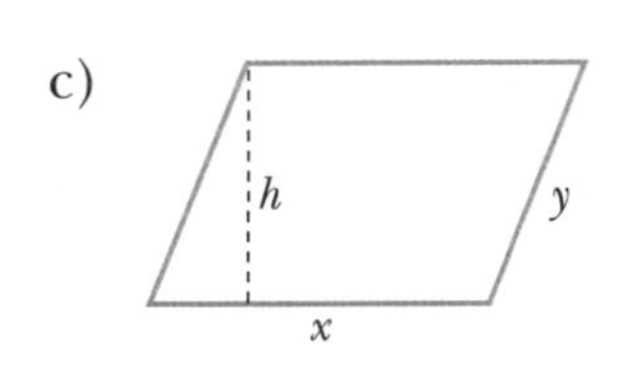

d) 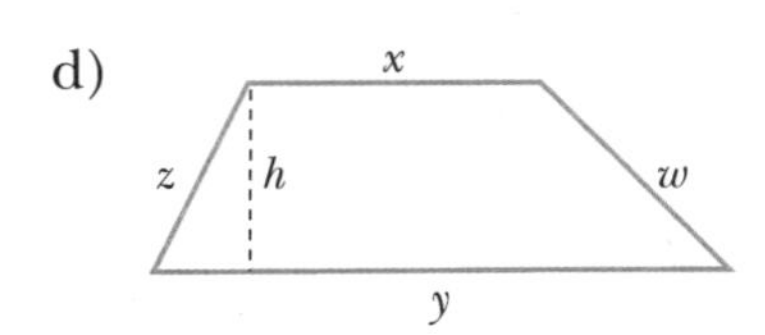

e) 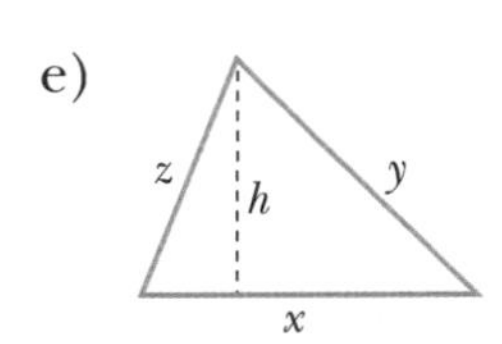

f) 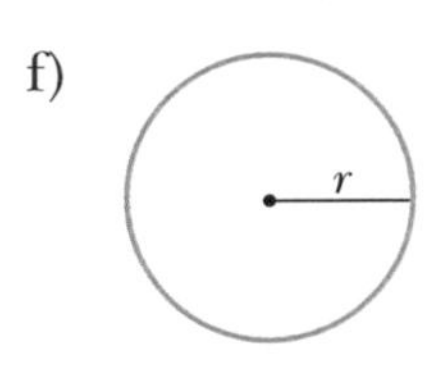

2. Déterminer le volume et l'aire totale des figures suivantes.

a) 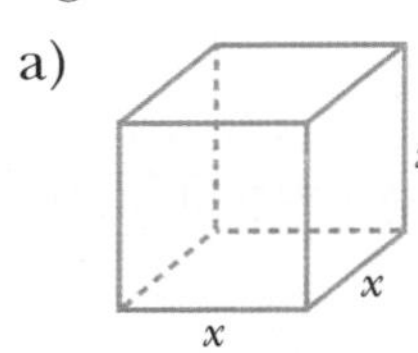

b) 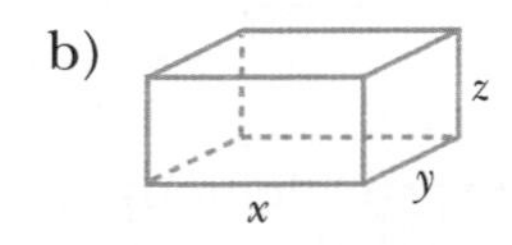

c) 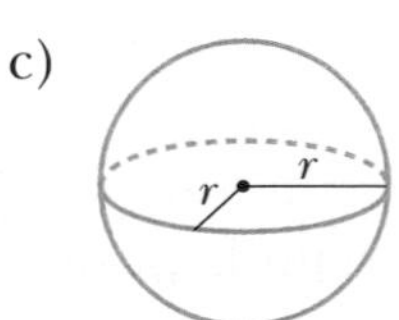

3. Déterminer le volume, l'aire latérale et l'aire totale des figures suivantes.

a) 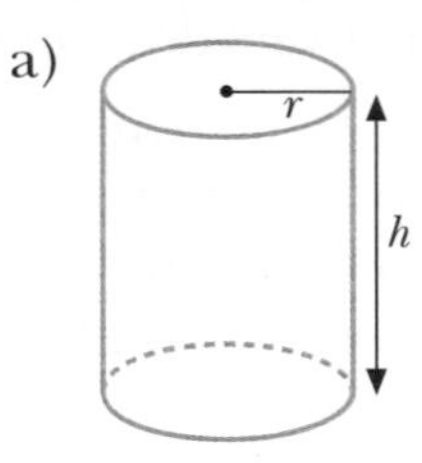

b) 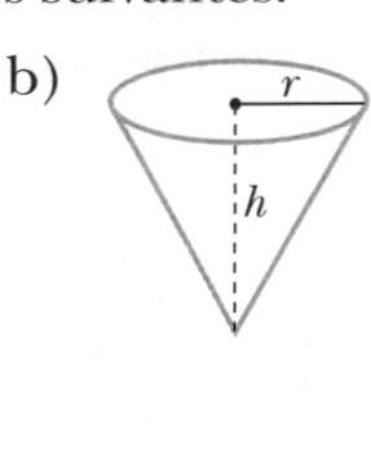

4. Résoudre les équations suivantes.

a) $-4{,}9x^2 + 39{,}2x + 44{,}1 = 91{,}875$

b) $\dfrac{40x^2 + 44}{x + 2} = \dfrac{469}{3}$

Partie B

1. Donner la définition des expressions suivantes pour une fonction $y = f(x)$.

a) $\text{TVM}_{[x,\, x + h]}$

b) TVI

c) $f'(x)$

2. Soit $f(x) = \dfrac{-30}{(2x + 1)} + 5x$.

a) Déterminer $f'(x)$.

b) Évaluer $f(33)$ et résoudre l'équation $f(x) = 33$.

c) Évaluer $f'(33)$ et résoudre l'équation $f'(x) = 33$.

3. Soit $f(t) = \sqrt{3t + 1} - 2t + 5$.

a) Déterminer $f'(t)$.

b) Résoudre l'équation $f(t) = -20$.

c) Résoudre l'équation $f'(t) = 5$.

4. a) Si $z = f(x)$ et $x = g(t)$, compléter $\dfrac{dz}{dt} =$

b) Si $z = \dfrac{4}{5}x^3 - \dfrac{7}{4x^3}$ et $x = \sqrt{3t - t^2}$,

calculer $\dfrac{dz}{dt}$ et $\left.\dfrac{dz}{dt}\right|_{t=1}$.

5.1 TAUX DE VARIATION INSTANTANÉ

Objectif d'apprentissage

À la fin de cette section, l'élève pourra utiliser la notion de dérivée pour calculer le taux de variation instantané de fonctions dans divers domaines.

Plus précisément, l'élève sera en mesure :
- de connaître la définition de la fonction vitesse ;
- de connaître la définition de la fonction accélération ;
- d'utiliser les fonctions « vitesse » et « accélération » d'un mobile pour résoudre certains problèmes de physique ;
- de résoudre des problèmes de taux de variation instantané en chimie ;
- de résoudre des problèmes de taux de variation instantané en géométrie ;
- de connaître la définition de coût marginal ;
- de connaître la définition de revenu marginal ;
- de résoudre des problèmes de taux de variation instantané en économie.

Nous avons déjà défini, au chapitre 3, que le taux de variation instantané d'une fonction est égal à la dérivée de cette fonction.

Dans cette section, nous utiliserons la dérivée pour résoudre des problèmes de taux de variation instantané de fonctions dans divers domaines, tels que physique, chimie, géométrie, économie…

Taux de variation instantané en physique

Dans la section 3.1, nous avons défini la vitesse moyenne d'une particule sur un intervalle de temps $[t_i, t_f]$ comme suit :

$$v_{[t_i,\, t_f]} = \frac{x_f - x_i}{t_f - t_i} = \frac{\Delta x}{\Delta t},$$ où x représente la position de la particule en fonction du temps t.

Vitesse

La vitesse moyenne correspond donc au TVM de la position en fonction du temps.

Puisque la vitesse n'est pas toujours constante, il peut être utile de définir la fonction v donnant la *vitesse instantanée,* qui est la limite de la vitesse moyenne lorsque $\Delta t \to 0$.

Définition

La **vitesse instantanée** v est définie comme suit :

$$v = \lim_{\Delta t \to 0} \frac{\Delta x}{\Delta t} = \frac{dx}{dt},$$

où x représente la position en fonction du temps t.

Autrement dit, la fonction donnant la vitesse instantanée est égale au taux de variation instantané de la position en fonction du temps, c'est-à-dire à la dérivée par rapport au temps de la fonction donnant la position.

$$v(t) = x'(t)$$

■ **Exemple 1** Du haut d'un pont, une pierre est lancée verticalement vers le haut. La position x de la pierre au-dessus de la rivière, en fonction du temps t, est donnée par $x(t) = 58{,}8 + 19{,}6t - 4{,}9t^2$, où t est en secondes et $x(t)$, en mètres.

a) Déterminons la fonction donnant la vitesse de la pierre en fonction du temps.

$$v(t) = \frac{dx}{dt}$$

$$= \frac{d}{dt}(58,8 + 19,6t - 4,9t^2)$$

$$= 19,6 - 9,8t, \text{ exprimée en m/s}$$

b) Calculons la vitesse initiale de la pierre.

vitesse initiale $= v(0)$

$= 19,6$ m/s

c) Déterminons le temps nécessaire pour que la pierre cesse de monter.

Il s'agit de déterminer t lorsque $v(t) = 0$.

Ainsi, $19,6 - 9,8t = 0$

D'où $t = 2$s.

d) Calculons la vitesse de la pierre après 3 secondes.

$v(3) = 19,6 - 9,8(3)$

$= -9,8$ m/s (Le signe négatif indique que la pierre est en descente.)

e) Déterminons la hauteur maximale qu'atteindra la pierre.

L'objet est à sa hauteur maximale lorsque $v(t) = 0$, c'est-à-dire après 2 s (voir c)).

D'où $x(2) = 58,8 + 19,6(2) - 4,9(2)^2$

$= 78,4$ m.

f) Déterminons la hauteur du pont duquel est projetée la pierre.

La hauteur du pont est égale à la position initiale de la pierre, c'est-à-dire $x(0)$.

Puisque $x(0) = 58,8$, la hauteur du pont est de 58,8 m.

g) Déterminons la distance totale parcourue par la pierre, du point de lancement jusqu'à la rivière.

La distance totale d parcourue est égale à la distance de montée plus la distance de descente.

$$d = \underbrace{(78,4 - 58,8)}_{\substack{\text{distance}\\ \text{de}\\ \text{montée}}} + \underbrace{78,4}_{\substack{\text{distance}\\ \text{de}\\ \text{descente}}} = 98 \text{ m}$$

h) Déterminons la vitesse de la pierre au moment précis où elle touche l'eau.

La pierre touche l'eau lorsque $x(t) = 0$, c'est-à-dire

$$-4,9t^2 + 19,6t + 58,8 = 0.$$

En résolvant, nous trouvons $t_1 = -2$ (à rejeter) et $t_2 = 6$.

Il faut calculer $v(6)$.

D'où $v(6) = 19,6 - 9,8(6) = -39,2$ m/s.

OUTIL TECHNOLOGIQUE

i) Représentons la fonction $x(t)$ sur [0 s, 6 s].

```
> plot(58.8+19.6*t-4.9*t^2,t=0..6,x=-10..90,color=orange);
```

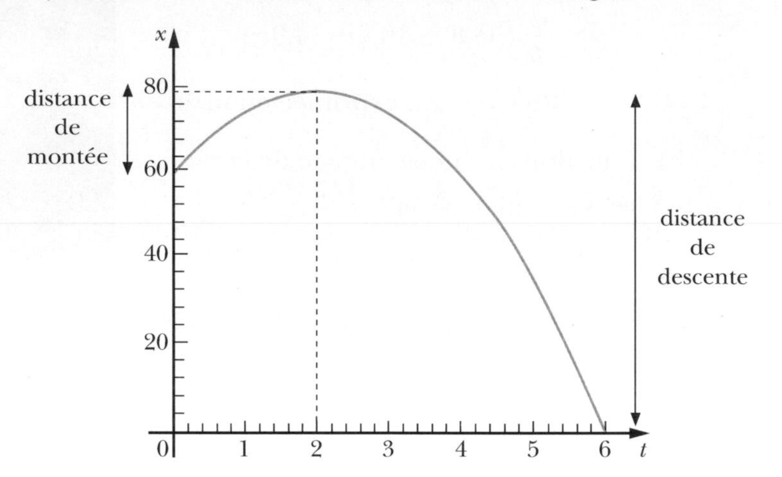

■

Accélération Lorsque la vitesse d'une particule varie en fonction du temps, on dit que la particule accélère. Par exemple, la vitesse d'une voiture augmente lorsqu'on appuie sur l'accélérateur. La voiture ralentit lorsqu'on appuie sur les freins.

Supposons qu'une particule en mouvement a une vitesse v_i à l'instant t_i et une vitesse v_f à l'instant t_f.

L'*accélération moyenne* d'une particule durant l'intervalle de temps $\Delta t = t_f - t_i$ est, le rapport $\dfrac{\Delta v}{\Delta t}$, où $\Delta v = v_f - v_i$ est la variation de la vitesse durant cet intervalle de temps.

$$a_{[t_i,\, t_f]} = \frac{v_f - v_i}{t_f - t_i} = \frac{\Delta v}{\Delta t}$$

L'accélération moyenne correspond donc au TVM de la vitesse en fonction du temps t. Puisque l'accélération n'est pas toujours constante, il peut être utile de définir la fonction a donnant l'*accélération instantanée,* qui est la limite de l'accélération moyenne lorsque Δt tend vers zéro.

Définition

L'**accélération instantanée** a est définie comme suit :

$$a = \lim_{\Delta t \to 0} \frac{\Delta v}{\Delta t} = \frac{dv}{dt},$$

où v représente la vitesse au temps t.

Autrement dit, la fonction donnant l'accélération instantanée est égale au taux de variation instantané de la vitesse en fonction du temps, c'est-à-dire à la dérivée par rapport au temps de la fonction donnant la vitesse.

$$a(t) = v'(t)$$

Puisque $v = \dfrac{dx}{dt}$, l'accélération peut également s'écrire :

$$a = \frac{dv}{dt} = \frac{d}{dt}\left(\frac{dx}{dt}\right) = \frac{d^2x}{dt^2} \text{ ou } a(t) = v'(t) = x''(t).$$

Ainsi, l'accélération instantanée est égale à la **dérivée seconde** par rapport au temps de la fonction donnant la position en fonction du temps.

■ **Exemple 2** La vitesse d'une particule dans une direction donnée varie en fonction du temps selon l'expression suivante :

$v(t) = 45 + 10t - 5t^2$, où $t \in [0 \text{ s}, 5 \text{ s}]$ et $v(t)$ est exprimée en m/s.

a) Déterminons l'accélération moyenne sur [0 s, 3 s], c'est-à-dire $a_{[0 \text{ s}, 3 \text{ s}]}$.

$$\begin{aligned} a_{[0 \text{ s}, 3 \text{ s}]} &= \frac{v(3) - v(0)}{3 - 0} \\ &= \frac{30 - 45}{3 - 0} \\ &= -5 \end{aligned}$$

D'où $a_{[0 \text{ s}, 3 \text{ s}]} = -5 \text{ m/s}^2$.

Le signe négatif signifie que la pente de la **sécante** passant par les points $P(0, v(0))$ et $R(3, v(3))$ de la courbe vitesse-temps est négative, c'est-à-dire que la particule ralentit sur [0 s, 3 s].

b) Déterminons l'accélération instantanée à $t = 2$ s.

$$\begin{aligned} a &= \frac{dv}{dt} \\ &= \frac{d}{dt}(45 + 10t - 5t^2) \\ &= 10 - 10t \end{aligned}$$

donc, $a(t) = 10 - 10t$, exprimée en m/s²

D'où $a(2) = 10 - 20$, c'est-à-dire -10 m/s^2.

Le signe négatif signifie que la pente de la **tangente** à la courbe au point $Q(2, v(2))$ est négative, c'est-à-dire que la vitesse de la particule décroît instantanément de 10 m/s.

OUTIL TECHNOLOGIQUE

c) Représentons graphiquement la courbe v ainsi que la sécante et la tangente précédente.

```
> with(plots):
> c1:=plot(45+10*t-5*t^2,t=0..5,color=orange:
> c2:=plot(45-5*t,t=-1..4,color=blue):
> c3:=plot(65-10*t,t=0.5..3.5,color=blue):
> display(c1,c2,c3);
```

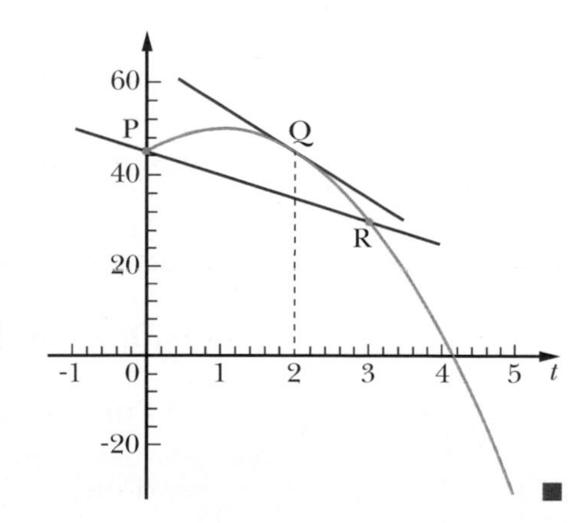

■

Force Le philosophe, mathématicien et physicien anglais Sir Isaac Newton (1642-1727) a établi que la force exercée sur un mobile est égale au produit de sa masse par son accélération. Nous avons donc $F = ma$, où m désigne la masse du mobile et a, son accélération.

Tout comme l'accélération, la force peut être une fonction du temps, c'est-à-dire :

$$\begin{aligned} F(t) &= ma(t) \\ &= m\frac{dv}{dt} \\ &= m\frac{d^2x}{dt^2} \end{aligned}$$

Si l'unité de masse est le kilogramme (kg) et l'unité d'accélération, le mètre par seconde carrée (m/s^2), alors l'unité de force est le newton (N). Donc, une masse de 1 kg qui reçoit une accélération de 1 m/s^2 est soumise à une force de 1 N.

■ **Exemple 3** Une locomotive pousse un wagon dont la masse est de 15 000 kg. La position de cette locomotive en fonction du temps est donnée par

$x(t) = \dfrac{t^3}{300}$, où $t \in [0 \text{ s}, 40 \text{ s}]$ et $x(t)$ est en mètres.

a) Déterminons la fonction v donnant la vitesse de la locomotive en fonction du temps.

$$\begin{aligned} v &= \frac{dx}{dt} \\ &= \frac{d}{dt}\left(\frac{t^3}{300}\right) \\ &= \frac{t^2}{100} \end{aligned}$$

D'où $v(t) = \dfrac{t^2}{100}$, exprimée en m/s.

b) Déterminons la fonction a donnant l'accélération de la locomotive en fonction du temps.

$$\begin{aligned} a &= \frac{dv}{dt} \\ &= \frac{d}{dt}\left(\frac{t^2}{100}\right) \\ &= \frac{t}{50} \end{aligned}$$

D'où $a(t) = \dfrac{t}{50}$, exprimée en m/s^2.

c) Déterminons l'accélération a et la force F lorsque $t = 5$ s.

Puisque $a(t) = \dfrac{t}{50}$

donc, $a(5) = 0{,}1 \text{ m/s}^2$

De plus, $F(t) = ma(t)$

$$= 15\,000\,\frac{t}{50}$$

ainsi, $F(t) = 300t$, exprimée en N

D'où $F(5) = 1500$ N.

d) Déterminons l'accélération de la locomotive à l'instant précis où sa vitesse est de 10 m/s.

En posant $v(t) = 10$

$$\frac{t^2}{100} = 10 \qquad \left(\text{car } v(t) = \frac{t^2}{100}\right)$$

donc, $t_1 = -\sqrt{1000}$ (à rejeter) et

$t_2 = \sqrt{1000}$ s

D'où $a(\sqrt{1000}) = \dfrac{\sqrt{1000}}{50} \approx 0{,}63$ m/s^2.

e) Déterminons la vitesse de la locomotive à l'instant précis où son accélération est de 0,7 m/s^2.

En posant $a(t) = 0{,}7$

$$\frac{t}{50} = 0{,}7 \qquad \left(\text{car } a(t) = \frac{t}{50}\right)$$

donc, $t = 35$ s

D'où $v(35) = \dfrac{35^2}{100} = 12{,}25$ m/s. ■

La chimie commence à vraiment se quantifier à la fin du XVIIIe siècle, principalement avec les travaux de Lavoisier (1743-1794) qui introduit dans ce domaine l'usage d'appareils de mesure comme la balance précise, le thermomètre et le calorimètre.

Taux de variation instantané en chimie

La notion de taux de variation instantané est utilisée dans l'étude d'une réaction chimique.

■ **Exemple 1** Deux produits chimiques, A et B, réagissent pour former un produit C : A + B → C.

La quantité du produit C est fonction du temps et est notée $Q(t)$.

Soit $Q(t) = 2 - \dfrac{30}{2t + 15}$, où $t \in [0 \text{ s}, 60 \text{ s}]$ et $Q(t)$ est en grammes.

a) Déterminons la fonction T donnant le taux de variation instantané de la quantité du produit C en fonction du temps t.

$$T(t) = \frac{dQ}{dt}$$

$$= \frac{d}{dt}\left(2 - \frac{30}{2t + 15}\right)$$

D'où $T(t) = \dfrac{60}{(2t + 15)^2}$, exprimé en g/s.

b) Calculons la quantité initiale du produit C et le taux de variation initial. La quantité initiale du produit C est obtenue en calculant $Q(0)$.

$$Q(0) = 2 - \frac{30}{2(0) + 15} = 0 \text{ g}$$

Le taux de variation instantané initial est obtenu en calculant $T(0)$.

$$T(0) = \frac{60}{(2(0) + 15)^2} = 0{,}2\overline{6} \text{ g/s}$$

c) Déterminons approximativement, à l'aide des représentations graphiques de Q et de T:

i) le taux de variation instantané lorsque $Q = 1{,}4$ g;

ii) la quantité lorsque le taux de variation instantané est de 0,1 g/s.

```
> plot(2-30/(2*t+15),t=0..60);
```

```
> plot(60/(2*t+15)^2,t=0..60);
```

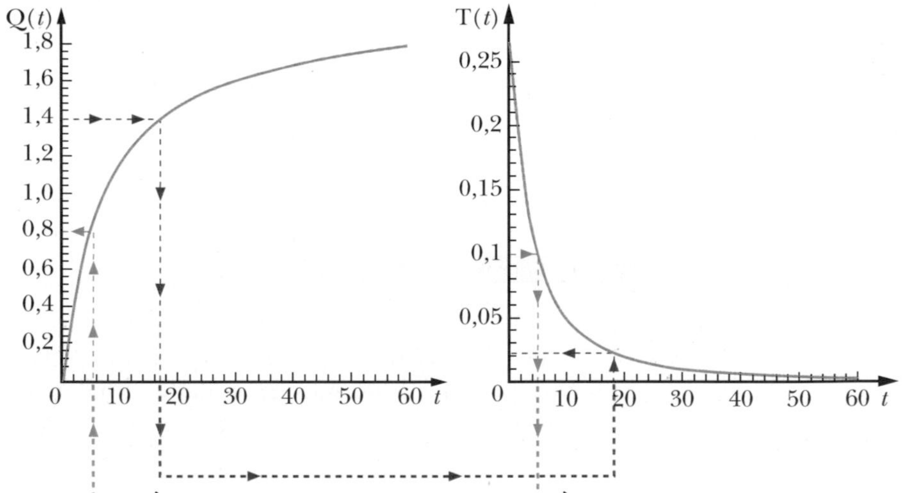

i) À l'aide du graphique Q lorsque $Q = 1{,}4$ g, $t \approx 18$ s $\Rightarrow$ À l'aide du graphique T lorsque $t = 18$ s, $T \approx 0{,}025$ g/s

ii) À l'aide du graphique Q lorsque $t = 5$ s, $Q \approx 0{,}8$ g $\Leftarrow$ À l'aide du graphique T lorsque $T = 0{,}1$ g/s, $t \approx 5$ s

d) Calculons algébriquement:

i) le taux de variation instantané lorsque $Q = 1{,}4$ g.

En posant $Q(t) = 1{,}4$

$$2 - \frac{30}{2t + 15} = 1{,}4$$

$t = 17{,}5$ s

D'où $T(17{,}5) = \dfrac{60}{(35 + 15)^2} = 0{,}024$ g/s.

ii) la quantité lorsque le taux de variation instantané est de 0,1 g/s.

En posant $T(t) = 0{,}1$

$$\frac{60}{(2t + 15)^2} = 0{,}1$$

$t = 4{,}747\ldots$ s ($t = -19{,}747\ldots$ à rejeter)

D'où $Q(4{,}747\ldots) = 0{,}775\ldots$ g.

e) Interprétons les graphiques de Q et T.

Nous constatons graphiquement que sur [0 s, 60 s]

Q augmente.	T est positif.
Q augmente rapidement au début et lentement à la fin.	T diminue rapidement au début et lentement à la fin. ■

Taux de variation instantané en géométrie

■ **Exemple 1** Soit un ballon de forme sphérique dont l'aire A et le volume V varient en fonction du rayon r, où r est en centimètres.

a) Déterminons la fonction T_A donnant le taux de variation instantané de l'aire de la sphère en fonction du rayon r.

$$T_A(r) = \frac{dA}{dr}$$

$$= \frac{d}{dr}(4\pi r^2) \quad (\text{car } A = 4\pi r^2)$$

D'où $T_A(r) = 8\pi r$, exprimé cm²/cm.

b) Déterminons la fonction T_V donnant le taux de variation instantané du volume de la sphère en fonction du rayon r.

$$T_V(r) = \frac{dV}{dr}$$

$$= \frac{d}{dr}\left(\frac{4\pi r^3}{3}\right) \quad \left(\text{car } V = \frac{4\pi r^3}{3}\right)$$

D'où $T_V(r) = 4\pi r^2$, exprimé en cm³/cm. ■

L'idée de mathématiser l'étude de l'économie remonte au milieu du XVIIIe siècle. Ce fut toutefois le français Augustin Cournot (1801-1877) qui donna le véritable coup d'envoi en 1838 en publiant son traité *Recherches mathématiques de la théorie des richesses* basé sur une analogie entre l'équilibre économique et l'équilibre mécanique. Le calcul différentiel y est abondamment utilisé. Il faudra tout de même attendre les années 1870 pour que ses idées soient reprises et élaborées, surtout en Suisse et en Angleterre.

Taux de variation instantané en économie

Dans une entreprise, les coûts totaux résultant de la fabrication d'un produit sont composés des coûts fixes et des coûts variables. Les coûts fixes sont les coûts qui ne dépendent pas de la quantité produite, par exemple : loyer, hypothèque, etc. Les coûts variables sont ceux qui dépendent directement de la quantité q produite, par exemple : main-d'œuvre, matières premières, etc. Nous obtenons donc la relation suivante :

$$\text{coûts totaux} = \text{coûts fixes} + \text{coûts variables}.$$

De plus, le coût marginal C_m est défini comme suit : l'augmentation des coûts totaux causée par la production d'une unité supplémentaire.

Le graphique ci-dessous représente les coûts en fonction de la quantité d'unités produites. Le coût marginal, déterminé par la production d'une 8e unité, est donné par :

$$\begin{aligned} C_m(8) &= C(8) - C(7) \\ &= \frac{C(8) - C(7)}{8 - 7} \quad (\text{car } 8 - 7 = 1) \\ &= 700 - 550 \\ &= 150, \text{ donc } 150 \text{ \$/unité.} \end{aligned}$$

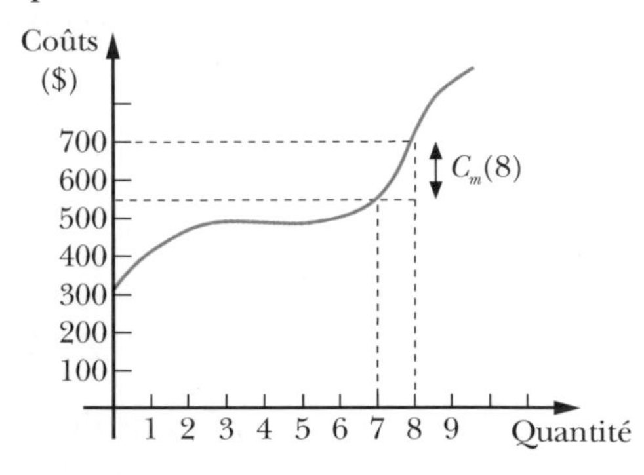

Définition

Nous pouvons définir la fonction $C_m(q)$, donnant le **coût marginal instantané,** comme suit :

$$C_m(q) = \lim_{\Delta q \to 0} \frac{\Delta C}{\Delta q} = \frac{dC}{dq}.$$

Autrement dit, la fonction donnant le coût marginal instantané est égale à la dérivée par rapport à la quantité de la fonction donnant les coûts totaux.

$$C_m(q) = C'(q)$$

Coût marginal

■ **Exemple 1** Soit une compagnie dont les coûts totaux de production en fonction de la quantité sont donnés par $C(q) = \sqrt{q} + 2000$, où q désigne le nombre d'unités produites $q \in [0, 300]$ et $C(q)$ désigne les coûts totaux en dollars.

a) Déterminons la fonction donnant le coût marginal instantané en fonction de la quantité q.

$$\begin{aligned} C_m(q) &= C'(q) \text{ (par définition)} \\ &= \frac{1}{2\sqrt{q}}, \text{ exprimé en \$/unité} \end{aligned}$$

b) Évaluons le coût marginal pour $q = 1$ et $q = 100$.

$C_m(1) = C'(1) = 0{,}5$, donc 0,5 \$/unité

$C_m(100) = C'(100) = 0{,}05$, donc 0,05 \$/unité

c) Déterminons les coûts totaux lorsque le coût marginal instantané est de 0,03 $/unité.

En posant $C_m(q) = 0{,}03$

$$\frac{1}{2\sqrt{q}} = 0{,}03$$

$$\frac{1}{2(0{,}03)} = q$$

donc, $q = 277{,}\overline{7}$, c'est-à-dire environ 278 unités.

D'où $C(278)$ est d'environ 2016,67 $. ■

Nous savons que les revenus totaux R sont fonction de la quantité q vendue. De plus, le revenu marginal R_m est défini comme suit : l'augmentation des revenus totaux causée par la vente d'une unité supplémentaire.

Définition

Nous pouvons définir la fonction $R_m(q)$, donnant le **revenu marginal instantané,** comme suit :

$$R_m(q) = \lim_{\Delta q \to 0} \frac{\Delta R}{\Delta q} = \frac{dR}{dq}.$$

Autrement dit, la fonction donnant le revenu marginal instantané est égale à la dérivée de la fonction donnant les revenus totaux.

$$R_m(q) = R'(q)$$

Revenu marginal

■ **Exemple 2** Soit une compagnie dont les revenus en fonction de la quantité sont donnés par $R(q) = \dfrac{2q^3 + 50q^2}{q^2 + 1}$ où q désigne le nombre d'unités vendues, $q \in [0, 100]$, et $R(q)$ désigne les revenus totaux en dollars.

a) Déterminons la fonction R_m donnant le revenu marginal instantané en fonction de la quantité q.

$$R_m(q) = R'(q) \qquad \text{(par définition)}$$

$$= \frac{(6q^2 + 100q)(q^2 + 1) - (2q^3 + 50q^2)\,2q}{(q^2 + 1)^2}$$

$$= \frac{2q^4 + 6q^2 + 100q}{(q^2 + 1)^2}, \text{ exprimée en \$/unité}$$

b) Évaluons le revenu marginal pour $q = 2$ et $q = 50$.

$R_m(2) = R'(2) = 10{,}24$ $/unité

$R_m(50) = R'(50) \approx 2{,}002$ $/unité ■

Profit Pour une quantité q produite, le profit P d'une entreprise est donné par la différence entre les revenus et les coûts. Ainsi, nous pouvons écrire :

$$P(q) = R(q) - C(q)$$

Les économistes cherchent le niveau de production q qui assurera un profit maximal et, pour ce faire, ils ont démontré que, pour obtenir un profit maximal, il faut que le revenu marginal instantané soit égal au coût marginal instantané.

Ainsi, le profit peut être maximal lorsque :

$R_m(q) = C_m(q)$, c'est-à-dire
$R'(q) = C'(q)$

Puisque $P(q) = R(q) - C(q)$ en dérivant les deux membres de l'équation précédente, nous avons

$$P'(q) = R'(q) - C'(q)$$

dans le cas où $R'(q) = C'(q)$

$$P'(q) = 0.$$

En conclusion, la résolution de l'équation $P'(q) = 0$ fournit une valeur de q qui peut correspondre au seuil de production assurant un profit maximal.

■ **Exemple 3** Soit $R(q)$ et $C(q)$ définis par les fonctions suivantes : $R(q) = 13q$ et $C(q) = q^2 + 22$, où q désigne le nombre d'unités en milliers produites, $q \in [0, 12]$, $R(q)$ désigne les revenus en milliers de dollars et $C(q)$, les coûts en milliers de dollars.

a) Déterminons la fonction qui donne le profit en fonction de la quantité q.

$P(q) = R(q) - C(q)$ (définition)

D'où $P(q) = 13q - (q^2 + 22)$

$= -q^2 + 13q - 22$, exprimé en milliers de dollars.

b) Évaluons le profit (perte) lorsque $q = 1$, $q = 5$ et $q = 11$.

$P(1) = -1^2 + 13(1) - 22 = -10$, c'est-à-dire une perte de 10 000 $

$P(5) = -5^2 + 13(5) - 22 = 18$, c'est-à-dire un profit de 18 000 $

$P(11) = -11^2 + 13(11) - 22 = 0$, c'est-à-dire 0 $, aucun profit, aucune perte.

c) Déterminons une valeur de q qui peut maximiser le profit et représentons graphiquement les courbes correspondantes.

Pour déterminer q, il faut résoudre :

$R'(q) = C'(q)$ ou $P'(q) = 0$

$(13q)' = (q^2 + 22)'$ | $(-q^2 + 13q - 22)' = 0$

$13 = 2q$ | $-2q + 13 = 0$

donc, $q = 6{,}5$ | $q = 6{,}5$

Représentations graphiques

```
> with(plots):
> c1:=plot(13*q,q=0..13,color=blue):
> c2:=plot(q^2+22,q=0..13,color=orange):
> display(c1,c2);
```

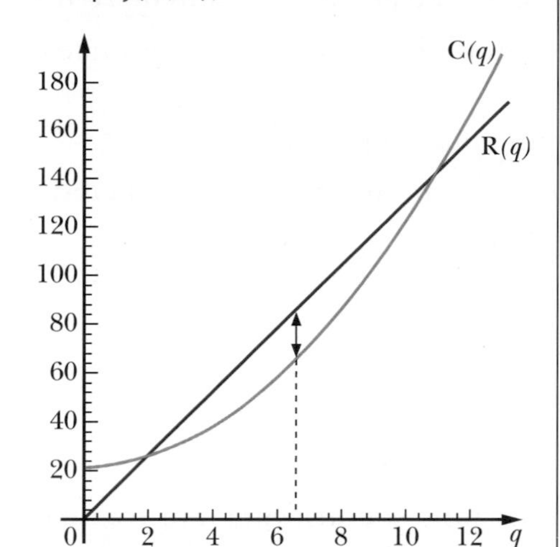

Ici nous constatons graphiquement que la valeur $R(q) - C(q)$ est maximale lorsque $q = 6{,}5$.

```
> with(plots):
> c3:=plot(13*q-q^2-22,q=0..13,color=orange):
> c4:=plot(20.25,q=4..9,color=blue):
> display(c3,c4);
```

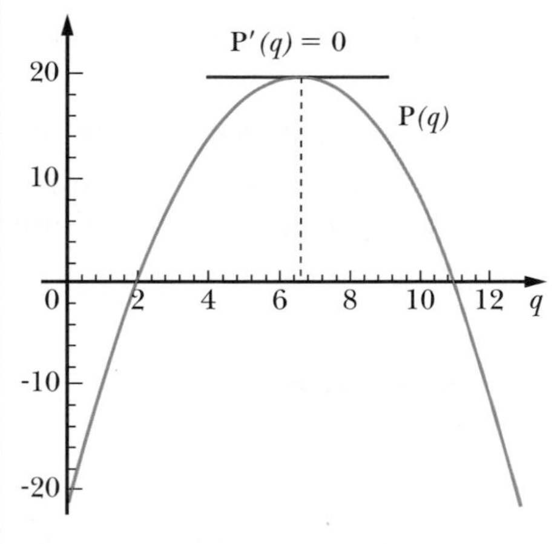

Ici nous constatons graphiquement que le maximum de P est atteint lorsque $q = 6{,}5$.

D'où le profit est maximal lorsque $q = 6500$ unités.

d) Évaluons le profit maximal.

$P(6{,}5) = -6{,}5^2 + 13(6{,}5) - 22 = 20{,}25$, c'est-à-dire 20 250 $ ■

Exercices 5.1

1. Une balle est lancée verticalement vers le haut. Sa position par rapport au sol est donnée par $x(t) = -4{,}9t^2 + 39{,}2t + 44{,}1$, où $t \in [0\text{ s}, b\text{ s}]$, b étant le temps où la balle touche le sol et $x(t)$ étant en mètres.

a) Calculer la vitesse moyenne de cette balle sur [1 s, 6 s] et sur [4 s, 6 s].

b) Déterminer les fonctions donnant la vitesse instantanée et l'accélération instantanée de la balle.

c) Calculer la vitesse initiale de la balle.

d) Calculer la hauteur, la vitesse et l'accélération de la balle après deux secondes ; après sept secondes.

e) Calculer l'accélération moyenne sur [2 s, 5 s].

f) Calculer l'accélération moyenne sur $[t_1, t_2]$, où t_1 et $t_2 \in [0, b]$.

g) À quelle valeur de t la balle atteindra-t-elle sa hauteur maximale ? Déterminer cette hauteur.

h) Calculer la hauteur de laquelle la balle est lancée et le temps nécessaire pour qu'elle revienne à cette même hauteur.

i) Calculer le temps que prend la balle pour toucher le sol et déterminer la vitesse de la balle à cet instant.

OUTIL TECHNOLOGIQUE

j) Représenter graphiquement les courbes x, v et a.

2. Supposons qu'au moment où un conducteur de train commence à freiner, la position x du train

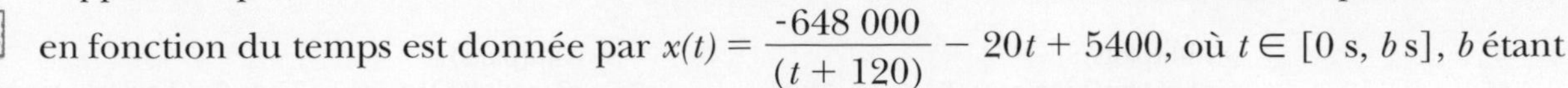

en fonction du temps est donnée par $x(t) = \dfrac{-648\,000}{(t + 120)} - 20t + 5400$, où $t \in [0\text{ s}, b\text{ s}]$, b étant le temps nécessaire pour que le train s'immobilise et $x(t)$ étant en mètres.

a) Déterminer les fonctions donnant la vitesse et l'accélération de ce train.

b) Calculer la vitesse et l'accélération du train au moment précis où le conducteur commence à freiner.

c) Calculer le temps que prend le train pour s'immobiliser.

d) Calculer la distance parcourue entre le moment où le conducteur commence à freiner et l'instant précis où le train s'immobilise.

e) Calculer la vitesse du train lorsqu'il a parcouru la moitié de la distance nécessaire pour s'immobiliser.

OUTIL TECHNOLOGIQUE

f) Représenter graphiquement les courbes x, v et a.

g) Utiliser les graphiques précédents pour déterminer approximativement la position et l'accélération du train lorsque sa vitesse est de 10 m/s.

3. Soit un objet dont la masse est de 3 kg et dont la position en fonction du temps est donnée par

$x(t) = \dfrac{t^3}{300} + \dfrac{t^2}{200}$, où t est en secondes et $x(t)$, en mètres.

a) Déterminer la fonction donnant la vitesse instantanée en fonction du temps t.

b) Déterminer la fonction donnant l'accélération instantanée en fonction du temps t.

c) Déterminer la fonction F donnant la force en fonction du temps t.

d) Calculer la force initiale.

e) Après combien de temps la force sera-t-elle de 0,4 N ?

4. Le phosphore et le chlore réagissent pour former du trichlorure de phosphore

($P_4 + 6\,Cl_2 \rightarrow 4\,PCl_3$). La quantité Q de trichlorure de phosphore est donnée par

$Q(t) = 100 - \dfrac{30\,000 + \sqrt{t^3}}{300 + 25t}$, où t est en secondes, $t \in [0, 80]$, et Q est en mg.

a) Déterminer la fonction T donnant le taux de variation instantané de la quantité de trichlorure de phosphore en fonction du temps.

b) Déterminer la quantité initiale de trichlorure de phosphore, ainsi que la quantité après 25 s.

c) Déterminer le taux de variation instantané de la quantité de trichlorure de phosphore, après 25 s et après 50 s.

OUTIL TECHNOLOGIQUE

d) Représenter graphiquement la courbe Q, la tangente à la courbe à $t = 25$ s et à $t = 50$ s.

e) Représenter graphiquement la courbe T ; interpréter le résultat.

5. Soit un cube d'arête x, où x est en centimètres.

a) Déterminer la fonction T donnant le taux de variation instantané du volume du cube en fonction de la longueur de l'arête x.

b) Évaluer les fonctions V et T pour $x = 10$ cm.

c) Évaluer V lorsque $T(x) = 4800 \text{ cm}^3/\text{cm}$.

d) Évaluer T lorsque $V(x) = 2197 \text{ cm}^3$.

6. Soit un cône dont le volume en fonction de son rayon r et de sa hauteur h est donné par $V(r, h) = \dfrac{\pi r^2 h}{3}$, où r et h sont en centimètres et $V(r, h)$, en centimètres cubes.

a) Déterminer la fonction $T_r(r, h)$ donnant le taux de variation instantané du volume du cône pour une variation du rayon r lorsque h est constant.

b) Calculer ce taux lorsque $r = 2$ cm et $h = 3$ cm ; $r = 5$ cm et $h = 3$ cm ; $r = 6$ cm et $h = 3$ cm.

c) Déterminer la fonction $T_h(r, h)$ donnant le taux de variation instantané du volume du cône pour une variation de la hauteur h lorsque r est constant.

d) Calculer ce taux lorsque $r = 6$ cm et $h = 2$ cm ; $r = 6$ cm et $h = 3$ cm ; $r = 6$ cm et $h = 6$ cm.

e) Déterminer quelle relation doit exister entre r et h pour que les taux de variation instantanés $T_r(r, h)$ et $T_h(r, h)$ soient égaux.

7. Soit une compagnie dont les revenus et les coûts sont donnés respectivement par $R(q) = -q^2 + 200q$ et $C(q) = 3q^2 + 1000$, où q désigne le nombre d'unités produites, $R(q)$, les revenus totaux en dollars et $C(q)$, les coûts totaux en dollars.

a) Déterminer la fonction C_m donnant le coût marginal instantané en fonction de la quantité q.

b) Déterminer la fonction R_m donnant le revenu marginal instantané en fonction de la quantité q.

c) Déterminer la fonction P qui donne le profit en fonction de la quantité q.

d) Représenter graphiquement les fonctions R, C et P dans un même système d'axes.

e) Déterminer la valeur de q qui maximise le profit et évaluer le profit maximal.

8. On prétend que, dans t années à compter d'aujourd'hui, le nombre de satellites artificiels en orbite autour de la Terre sera donné par $N(t) = 10(t^2 + 7t + 1600)$, où t désigne le nombre d'années et $N(t)$, le nombre de satellites.

a) Calculer le nombre de satellites actuellement en orbite autour de la Terre.

b) Calculer le taux de variation moyen du nombre de satellites entre la fin de la deuxième année et la fin de la sixième année.

c) Calculer le taux de variation instantané dans quatre ans.

d) Dans combien d'années le taux de variation instantané sera-t-il exactement de 170 satellites par année et quel sera le nombre de satellites à cet instant ?

9. Soit une ville dont la population varie en fonction du nombre d'emplois que créent les entreprises. Cette population est donnée approximativement par $N(x) = \dfrac{40x^2 + 44}{x + 2}$, où x désigne le nombre d'emplois et $N(x)$, le nombre d'habitants.

a) Déterminer la fonction T donnant le taux de variation instantané de la population en fonction du nombre d'emplois x.

b) Évaluer les fonctions N et T lorsque $x = 60$.

c) Évaluer $T(x)$ lorsque le nombre d'habitants de cette ville est 3922.

10. La valeur estimée E d'un bateau en fonction du temps est donnée par
 $E(t) = 50t^2 - 2500t + 31\,250$, où t est en années, $t \in [0, b]$, $E(t)$ est en dollars et $E(b) = 0$.

a) Déterminer la valeur initiale du bateau et déterminer après combien d'années ce bateau aura une valeur estimée de 0 $.

b) Après combien d'années ce bateau vaudra-t-il la moitié de sa valeur initiale ?

c) Calculer $\text{TVM}_{[2 \text{ ans}, 5 \text{ ans}]}$.

d) Déterminer la fonction T donnant le taux de variation instantané de la valeur estimée du bateau.

e) Quel sera le taux de variation instantané dans 10 ans ?

f) À quel moment le taux de variation instantané sera-t-il de -1800 $/an ? Déterminer à ce moment-là la valeur de E.

5.2 TAUX DE VARIATION LIÉS

Objectif d'apprentissage

À la fin de cette section, l'élève pourra utiliser la règle de dérivation en chaîne pour résoudre des problèmes de taux de variation liés.

Plus précisément, l'élève sera en mesure :
- de reconnaître des problèmes de taux de variation liés ;
- de résoudre des problèmes de taux de variation liés, en utilisant la règle de dérivation en chaîne.

Lorsque nous avons une fonction, par exemple, $z = f(x)$, il arrive fréquemment que la variable x soit elle-même fonction d'une autre variable, par exemple, $x = g(t)$. Dans ce cas, z est également fonction de t.

Pour déterminer le taux de variation instantané de z par rapport à t, c'est-à-dire $\frac{dz}{dt}$, il suffit d'utiliser la règle de dérivation en chaîne.

$$\frac{dz}{dt} = \frac{dz}{dx}\frac{dx}{dt}$$

Ce genre de problème s'appelle *problème de taux de variation liés.*

■ **Exemple 1** Nous gonflons un ballon sphérique, dont le volume en fonction du rayon est donné par $V(r) = \frac{4}{3}\pi r^3$. Sachant que le rayon de ce ballon en fonction du temps est donné par $r(t) = \frac{-5t^2}{7} + \frac{60t}{7}$, où r est en centimètres, t, en secondes et $0 \text{ s} \leq t \leq 6 \text{ s}$:

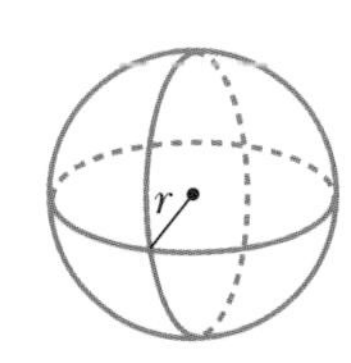

a) déterminons la fonction donnant le taux de variation du volume par rapport au temps, soit $\frac{dV}{dt}$;

puisque V est une fonction de r et r une fonction de t, nous avons

$$\frac{dV}{dt} = \frac{dV}{dr}\frac{dr}{dt} \qquad \text{(règle de dérivation en chaîne)}$$

$$= \frac{d}{dr}\left(\frac{4}{3}\pi r^3\right)\frac{d}{dt}\left(\frac{-5t^2}{7} + \frac{60t}{7}\right)$$

$$= (4\pi r^2)\left(\frac{-10t}{7} + \frac{60}{7}\right), \text{ exprimé en cm}^3\text{/s}$$

b) évaluons $\frac{dV}{dt}$ lorsque $t = 1$ s;

il faut d'abord évaluer le rayon lorsque $t = 1$ s, c'est-à-dire

$r(1) = \frac{-5}{7}(1)^2 + \frac{60}{7}(1) = \frac{55}{7}$ cm.

D'où $\left.\frac{dV}{dt}\right|_{t=1\text{ s}} = \left(4\pi\left(\frac{55}{7}\right)^2\right)\left(\frac{-10}{7}(1) + \frac{60}{7}\right) \approx 1763{,}85\pi$ cm³/s.

c) évaluons $\frac{dV}{dt}$ lorsque $r = 25$ cm;

il faut d'abord évaluer le temps t lorsque $r = 25$ cm.

En posant $\quad r(t) = 25$

$$\frac{-5t^2}{7} + \frac{60t}{7} = 25$$

$$-5t^2 + 60t - 175 = 0$$

nous trouvons $t = 7$ (à rejeter car $7 \notin [0 \text{ s}, 6 \text{ s}]$) et $t = 5$, donc $t = 5$ s

$$\left.\frac{dV}{dt}\right|_{r=25\text{ cm}} = (4\pi(25)^2)\left(\frac{-10}{7}(5) + \frac{60}{7}\right)$$

$$= \frac{25\,000\pi}{7}\text{ cm}^3\text{/s}.$$

■

■ **Exemple 2** Le volume d'un cube dont l'arête est en centimètres, s'accroît à un rythme de 300 cm³/min.

Soit x, l'arête en cm et V le volume en cm³ du cube.

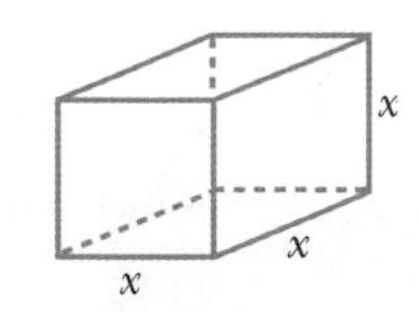

Nous avons $V(x) = x^3$ et $\frac{dV}{dt} = 300$ cm³/min.

Nous cherchons $\frac{dx}{dt}$ lorsque $V = 512$ cm³.

Puisque $\quad \frac{dV}{dt} = \frac{dV}{dx}\frac{dx}{dt}$ (règle de dérivation en chaîne)

$\frac{dV}{dt}$	$\frac{dV}{dx}$	$\frac{dx}{dt}$
↓	↓	↓
taux connu	dérivée à calculer	taux cherché
↓	↓	↓
300 =	$\frac{d}{dx}(x^3)$	$\frac{dx}{dt}$ (car $V = x^3$)

Ainsi, $\quad 300 = 3x^2\frac{dx}{dt}$

donc, $\quad \frac{dx}{dt} = \frac{100}{x^2}$

Pour calculer $\left.\dfrac{dx}{dt}\right|_{V = 512\ \text{cm}^3}$, il faut connaître x.

En posant $x^3 = 512$, nous trouvons $x = 8$.

Ainsi, $\left.\dfrac{dx}{dt}\right|_{V = 512\ \text{cm}^3} = \left.\dfrac{dx}{dt}\right|_{x = 8\ \text{cm}} = \dfrac{100}{64}$

D'où $\left.\dfrac{dx}{dt}\right|_{V = 512\ \text{cm}^3} = \dfrac{25}{16}$ cm/min. ■

Voici un résumé des étapes à suivre pour résoudre des problèmes de taux de variation liés.

1) Identifier les variables et représenter, si possible, la situation à l'aide d'un schéma.
2) Déterminer, si possible, le taux de variation instantané connu et le taux de variation instantané cherché.
3) Trouver une équation reliant les variables.
4) Calculer la dérivée des deux membres de l'équation par rapport à une même variable, en utilisant la règle de dérivation en chaîne.
5) Isoler le taux de variation instantané cherché et évaluer ce taux en remplaçant les variables pour leurs valeurs appropriées.

■ **Exemple 3** Chantal est sur le quai d'une gare, en C, à 30 m d'un point A d'une voie ferrée. Un train T s'éloigne de A à une vitesse de 35 km/h. Évaluons le taux de variation instantané de la distance séparant Chantal du train, lorsque le train est à 50 m de celle-ci.

Soit x, la distance en km de A à T, et soit z, la distance en km de C à T.

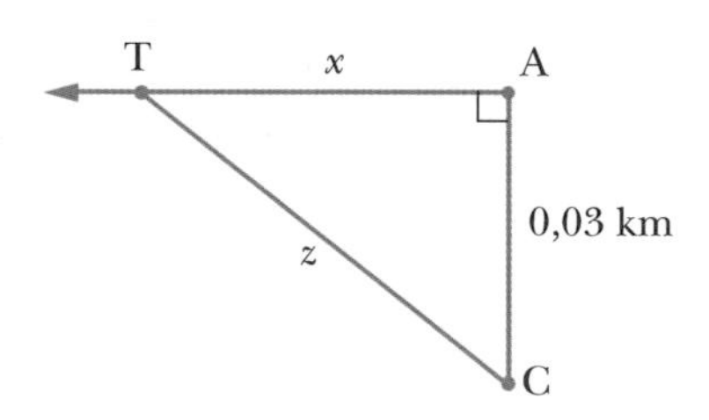

Puisque la vitesse du train est de 35 km/h;

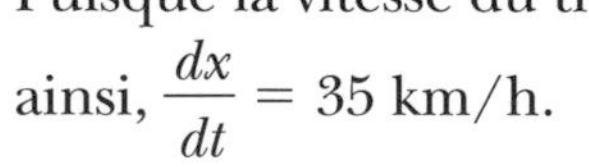

ainsi, $\dfrac{dx}{dt} = 35$ km/h.

Nous cherchons $\dfrac{dz}{dt}$ lorsque $z = 0{,}05$ km.

De plus, par Pythagore, nous avons $x^2 + 0{,}03^2 = z^2$.

Dérivons les deux membres de l'équation implicite précédente par rapport à t:

$$\frac{d}{dt}(x^2 + 0{,}0009) = \frac{d}{dt}(z^2)$$

$$\frac{d}{dx}(x^2 + 0{,}0009)\frac{dx}{dt} = \frac{d(z^2)}{dz}\frac{dz}{dt} \quad \text{(règle de dérivation en chaîne)}$$

$$2x\frac{dx}{dt} = 2z\frac{dz}{dt}$$

ainsi,

$$\frac{dz}{dt} = \frac{x}{z}\frac{dx}{dt} \quad \left(\text{en isolant } \frac{dz}{dt}\right)$$

$$= \frac{x}{z}(35) \quad \left(\text{car } \frac{dx}{dt} = 35\right).$$

Pour calculer $\left.\dfrac{dz}{dt}\right|_{z = 0{,}05\ \text{km}}$, il faut connaître x.

En posant $x^2 + 0{,}03^2 = 0{,}05^2$ (car $x^2 + 0{,}03^2 = z^2$)

nous trouvons $x = 0{,}04$ ($x = -0{,}04$, à rejeter)

D'où $\left.\dfrac{dz}{dt}\right|_{z = 0{,}05\ \text{km}} = \dfrac{0{,}04}{0{,}05}(35) = 28$ km/h. ■

■ **Exemple 4** On remplit d'eau, au rythme de 15 cm³/s, un filtre à café en forme de cône. Le cône a un rayon de 6 cm et une hauteur de 8 cm.

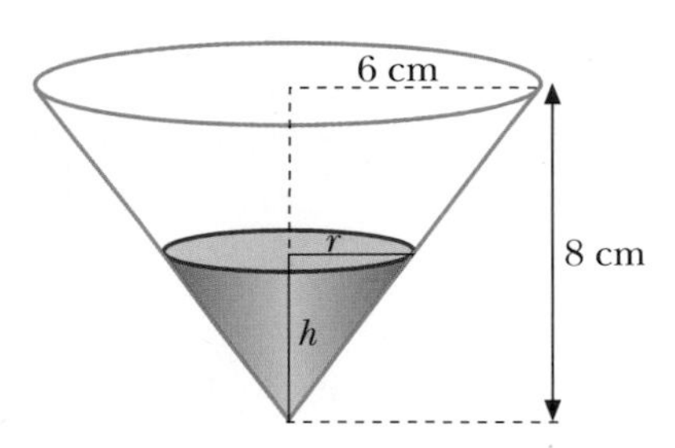

a) Déterminons le taux de variation instantané de la hauteur h par rapport au temps, lorsqu'il y a 4 cm d'eau dans le cône.

Soit h, la hauteur de l'eau dans le cône, et r, le rayon de la surface de l'eau dans le cône.

Puisque le cône se remplit au rythme de 15 cm³/s,

nous avons $\dfrac{dV}{dt} = 15$ cm³/s.

Nous cherchons $\dfrac{dh}{dt}$ lorsque $h = 4$ cm.

De plus, $V(r, h) = \dfrac{1}{3}\pi r^2 h$.

Exprimons d'abord le volume en fonction de h.

Puisque les triangles ABE et ACD sont semblables

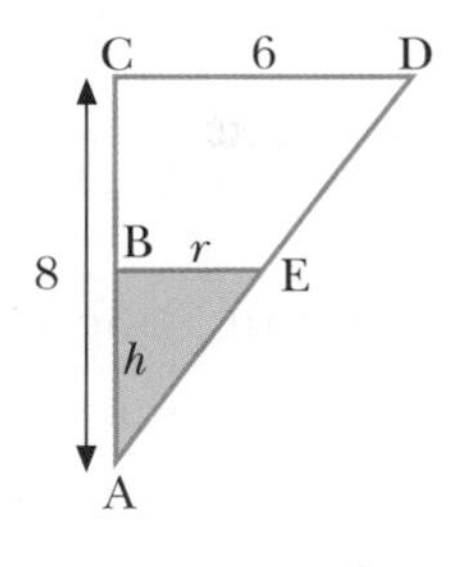

$$\frac{r}{h} = \frac{6}{8}$$

donc, $r = \dfrac{3}{4}h$

ainsi, $V(h) = \dfrac{1}{3}\pi\left(\dfrac{3}{4}h\right)^2 h = \dfrac{3\pi h^3}{16}$.

Calculons la dérivée de V par rapport à t.

$$\frac{dV}{dt} = \frac{dV}{dh}\frac{dh}{dt} \qquad \text{(règle de dérivation en chaîne)}$$

$$15 = \frac{d}{dh}\left(\frac{3\pi h^3}{16}\right)\frac{dh}{dt} \qquad \left(\text{car } \frac{dV}{dt} = 15 \text{ et } V = \frac{3\pi h^3}{16}\right)$$

$$15 = \frac{9\pi h^2}{16}\frac{dh}{dt}$$

donc, $\dfrac{dh}{dt} = \dfrac{80}{3\pi h^2}$

D'où $\left.\dfrac{dh}{dt}\right|_{h = 4\ \text{cm}} = \dfrac{80}{3\pi(4)^2} = \dfrac{5}{3\pi}$ cm/s.

b) Déterminons le taux de variation instantané du rayon r par rapport au temps, lorsqu'il y a 4 cm d'eau dans le cône.

Nous cherchons $\frac{dr}{dt}$ lorsque $r = 4$ cm.

Exprimons le volume en fonction de r.

$$\frac{h}{r} = \frac{8}{6} \quad \text{(triangles semblables)}$$

donc, $h = \frac{4}{3}r$

ainsi, $V(r) = \frac{1}{3}\pi r^2\left(\frac{4}{3}r\right) = \frac{4\pi r^3}{9}$.

Calculons la dérivée de V par rapport à t.

$$\frac{dV}{dt} = \frac{dV}{dr}\frac{dr}{dt} \quad \text{(règle de dérivation en chaîne)}$$

$$15 = \frac{d}{dr}\left(\frac{4\pi r^3}{9}\right)\frac{dr}{dt} \qquad \left(\text{car } \frac{dV}{dt} = 15 \text{ et } V = \frac{4\pi r^3}{9}\right)$$

$$15 = \frac{4\pi r^2}{3}\frac{dr}{dt}$$

donc, $\frac{dr}{dt} = \frac{45}{4\pi r^2}$.

Lorsque $h = 4$ cm, nous avons $r = 3$ cm $\left(\text{car } r = \frac{3h}{4}\right)$

donc, $\left.\frac{dr}{dt}\right|_{h = 4\text{ cm}} = \left.\frac{dr}{dt}\right|_{r = 3\text{ cm}} = \frac{45}{4\pi(3)^2}$.

D'où $\left.\frac{dr}{dt}\right|_{h = 4\text{ cm}} = \frac{5}{4\pi}$ cm/s. ■

Exercices 5.2

1. Soit une sphère dont le rayon s'accroît à un rythme de 2 cm/s.

a) Déterminer la fonction donnant le taux de variation du volume par rapport au temps.

b) Évaluer le taux de variation du volume par rapport au temps lorsque $r = 5$ cm.

c) Évaluer le taux de variation du volume par rapport au temps lorsque $V = 2304\pi$ cm^3.

→ **2.** Après l'usage d'un médicament, le volume d'une tumeur sphérique diminue à un rythme de 4 cm^3/mois. Déterminer le taux de variation instantané du rayon de la tumeur par rapport au temps lorsque le rayon est de 5 cm.

3. Soit un cercle dont le rayon r varie en fonction du temps suivant l'équation $r(t) = -t^2 + 6t + 1$, où r est en centimètres, t est en secondes et $t \in [0 \text{ s}, 6 \text{ s}]$.

a) Déterminer la fonction donnant le taux de variation instantané de l'aire par rapport au temps.

b) Évaluer le taux de variation instantané de l'aire par rapport au temps lorsque $t = 2$ s; $t = 5$ s.

c) Évaluer le taux de variation instantané de l'aire par rapport au temps lorsque $r = 7{,}75$ cm.

d) Déterminer l'aire du cercle lorsque le taux de variation instantané de l'aire en fonction du temps est nul.

4. Une échelle de 5 m est appuyée contre un mur vertical. Si le pied de l'échelle s'éloigne du bas du mur à une vitesse de 1,5 m/s, déterminer:

a) à quelle vitesse se déplace le haut de l'échelle le long du mur à l'instant où le pied de l'échelle est à 2 m du bas du mur;

b) à quelle vitesse se déplace le haut de l'échelle le long du mur lorsque le haut de l'échelle est appuyé à une distance de 3 m du sol.

5. Le réservoir conique ci-contre rempli d'un liquide, se vide à une vitesse de 6000 cm^3/s.

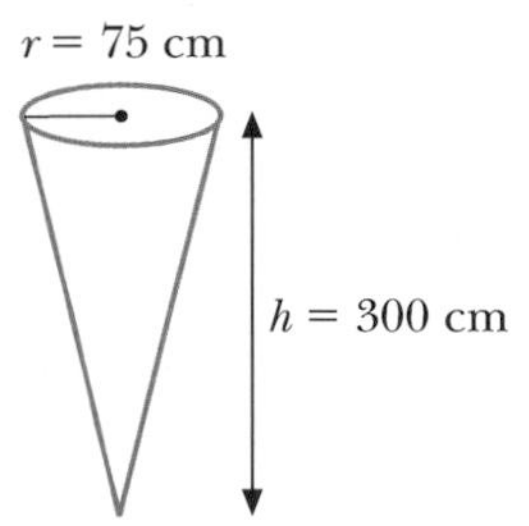

a) À quelle vitesse le rayon de la surface liquide diminue-t-il lorsque la hauteur est de 150 cm?

b) À quelle vitesse la hauteur du liquide diminue-t-elle lorsque la hauteur est de 150 cm?

c) Si ce réservoir conique se vide dans un réservoir cylindrique de 50 cm de rayon, à quelle vitesse la hauteur du liquide dans le cylindre augmente-t-elle?

6. Soit un cube dont le volume V en fonction du temps t est donné par $V(t) = 5\sqrt{t} + 34$, où t est en secondes et V, en centimètres cubes.

a) Déterminer le taux de variation instantané de l'arête par rapport au temps lorsque $t = 36$ s.

b) Déterminer le taux de variation instantané de l'aire totale des faces par rapport au temps lorsque $t = 36$ s.

7. Soit un mobile qui se déplace selon une trajectoire elliptique définie par $\frac{x^2}{25} + \frac{y^2}{9} = 1$, où $y \geqslant 0$,

telle que le taux de variation instantané de x est égal à 2 cm/s lorsque $x \in\ ]-5$ cm, 5 cm[.

a) Déterminer la fonction donnant le taux de variation instantané de y par rapport au temps.

b) Évaluer le taux de variation instantané de y par rapport au temps lorsque $x = -3$; $x = 0$; $x = 4$.

8. Une femme dont la taille est de 1,8 m s'éloigne à une vitesse de 2,2 m/s d'un réverbère situé à 9 m du sol.

a) À quelle vitesse la longueur de son ombre varie-t-elle?

b) À quelle vitesse l'extrémité de son ombre se déplace-t-elle?

9. Une personne pousse une boîte sur la rampe ci-contre à une vitesse constante de 2 m/s.

a) Calculer la vitesse verticale de la boîte.

b) Calculer la vitesse horizontale de la boîte.

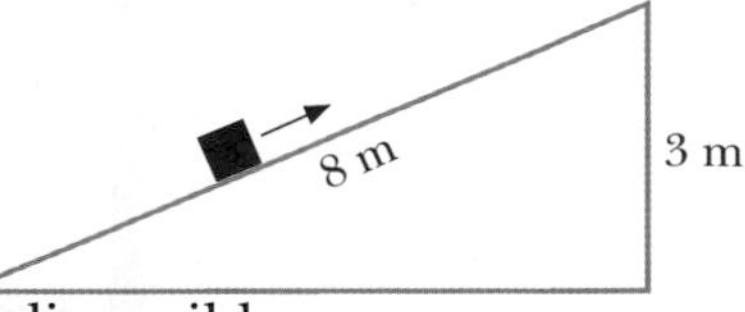

10. Le prix P de fruits saisonniers est fonction de la quantité q de fruits disponibles.

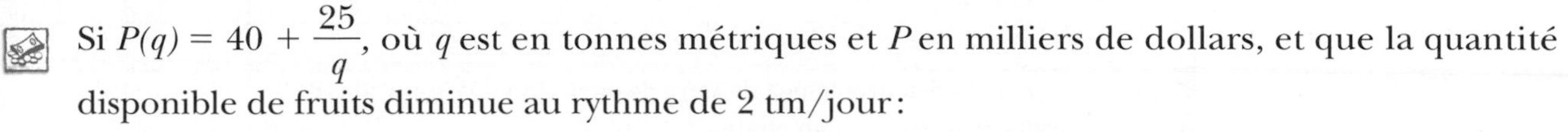

Si $P(q) = 40 + \frac{25}{q}$, où q est en tonnes métriques et P en milliers de dollars, et que la quantité disponible de fruits diminue au rythme de 2 tm/jour:

a) déterminer la fonction donnant le taux de variation instantané du prix en fonction du temps;

b) déterminer le taux de variation instantané du prix lorsque $P = 50$.

Réseau de concepts

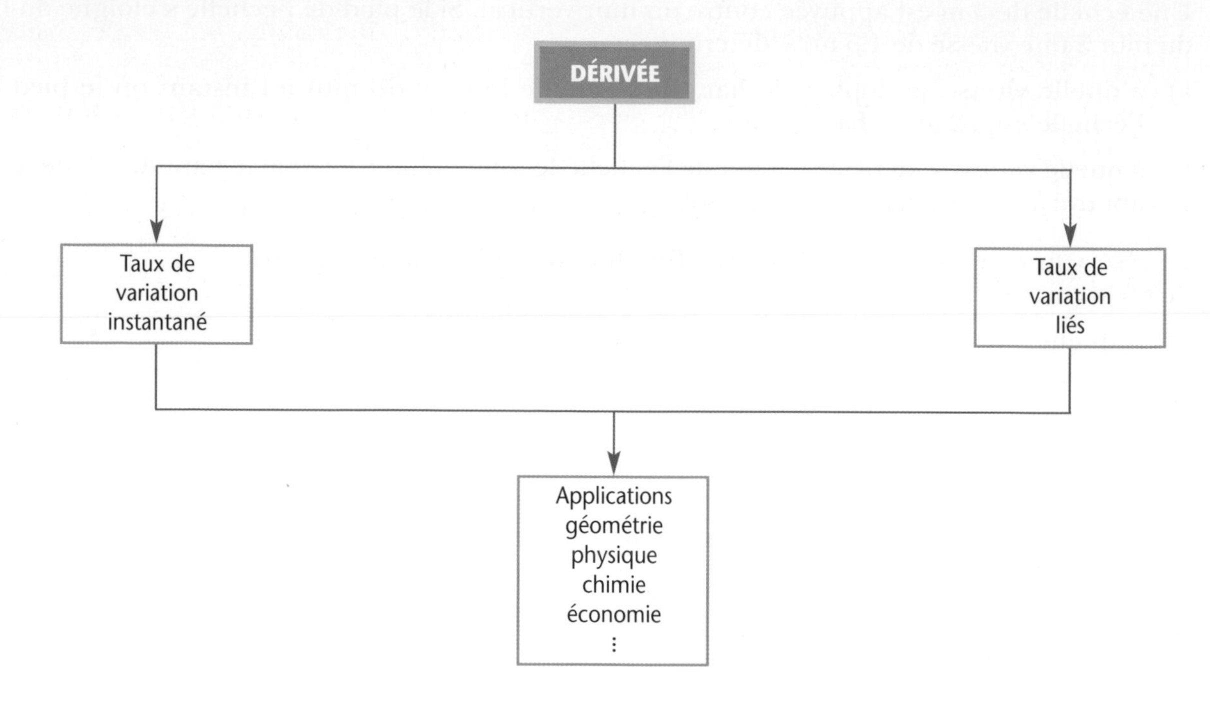

Liste de vérification des apprentissages

RÉPONDRE PAR **OUI** OU **NON.**

	Après l'étude de ce chapitre, je suis en mesure :	OUI	NON
1.	de connaître la définition de la fonction vitesse ;		
2.	de connaître la définition de la fonction accélération ;		
3.	d'utiliser les fonctions « vitesse » et « accélération » d'un mobile pour résoudre certains problèmes de physique ;		
4.	de résoudre des problèmes de taux de variation instantané en chimie ;		
5.	de résoudre des problèmes de taux de variation instantané en géométrie ;		
6.	de connaître la définition de coût marginal ;		
7.	de connaître la définition de revenu marginal ;		
8.	de résoudre des problèmes de taux de variation instantané en économie ;		
9.	d'identifier des problèmes de taux de variation liés ;		
10.	de résoudre des problèmes de taux de variation liés, en utilisant la règle de dérivation en chaîne.		

Si vous avez répondu **NON** à une de ces questions, il serait préférable pour vous d'étudier à nouveau cette notion.

Exercices récapitulatifs

1. Soit un objet qu'on laisse tomber d'une montgolfière en ascension. La position x de cet objet par rapport au sol est donnée par $x(t) = -4{,}9t^2 + 4{,}9t + 1225$, où t est en secondes et $x(t)$, en mètres.

a) Déterminer la hauteur de la montgolfière au moment précis où on laisse tomber l'objet.

b) Déterminer les fonctions donnant la vitesse instantanée et l'accélération instantanée de l'objet.

c) Déterminer la vitesse initiale de l'objet et sa vitesse après deux secondes.

d) Déterminer la hauteur maximale qu'atteindra l'objet.

e) Déterminer la vitesse de l'objet au moment où celui-ci touche le sol.

2. Un zoologiste soutient qu'à compter d'aujourd'hui, la population d'une espèce, pour les dix prochaines années, sera donnée par $P(t) = 3600\,\dfrac{2t + 1}{t + 3}$, où t désigne le nombre d'années et $P(t)$, le nombre d'individus de l'espèce.

a) Déterminer l'augmentation de la population durant les trois premières années.

b) Quel sera le rythme de croissance T de cette population dans sept ans?

c) Déterminer le rythme de croissance de cette population lorsqu'elle est de 5200 individus.

d) Déterminer la population de cette espèce lorsque le rythme de croissance est de 720 individus par année.

OUTIL TECHNOLOGIQUE

e) Représenter graphiquement les courbes de P et celle de T.

3. Soit une compagnie dont les revenus, en dollars, sont donnés par $R(q) = -3q^2 + 640q$ et les coûts, en dollars, par $C(q) = 5q^2 + 30$, où q désigne le nombre d'unités produites et $q \in [0, 70]$.

a) Déterminer la fonction R_m donnant le revenu marginal instantané et la fonction C_m donnant le coût marginal instantané.

b) Déterminer le profit maximal de cette compagnie.

4. Soit un cylindre dont le volume en fonction de son rayon r et de sa hauteur h est donné par $V(r, h) = \pi r^2 h$, où r et h sont en centimètres et $V(r, h)$, en centimètres cubes.

a) Calculer la variation du volume d'un cylindre de rayon 5 cm et de hauteur 7 cm, si on augmente seulement le rayon de 1 cm ; si on augmente seulement la hauteur de 1 cm; si on augmente le rayon et la hauteur de 1 cm.

b) Répondre aux questions de a) pour un cylindre de rayon 8 cm et de hauteur 3 cm.

c) Déterminer le taux de variation instantané $T_r(r, h)$ du volume par rapport au rayon pour une variation du rayon r, h étant constant; calculer ce taux lorsque $r = 3$ cm et $h = 5$ cm.

d) Déterminer le taux de variation instantané $T_h(r, h)$ du volume par rapport à la hauteur pour une variation de la hauteur h, r étant constant; calculer ce taux lorsque $r = 3$ cm et $h = 5$ cm.

5. La force électrique peut être considérée comme une fonction de la distance x séparant deux particules.

Soit $F(x) = \dfrac{k}{x^2}$, où k est une constante positive.

a) Déterminer la fonction T donnant le taux de variation instantané de la force en fonction de la distance x entre les deux particules.

b) Que signifie le signe négatif dans l'expression de la dérivée de la fonction F?

6. Soit un rectangle dont l'aire A varie en fonction de la base x, où $0 \text{ m} < x < 10 \text{ m}$, et dont le périmètre est égal à 20 m.

a) Déterminer la fonction T donnant le taux de variation instantané de l'aire du rectangle par rapport à la base x.

b) Calculer $T(2)$; $T(7)$; interpréter les résultats obtenus.

c) Déterminer pour quelle valeur de x le taux de variation instantané de l'aire du rectangle est nul ; quelle figure géométrique particulière obtient-on dans ce cas ?

7. Soit un cylindre dont le rayon r et la hauteur h varient en fonction du temps de la façon suivante : $r(t) = \sqrt{3t + 4}$ et $h(t) = 3t^2 + 1$, où t est en secondes et $0 \text{ s} \leqslant t \leqslant 10 \text{ s}$.

a) Déterminer la fonction T_r donnant le taux de variation instantané du rayon en fonction du temps ; évaluer ce taux lorsque $h = 148$ cm.

b) Déterminer la fonction T_h donnant le taux de variation instantané de la hauteur en fonction du temps ; évaluer ce taux lorsque $r = 4$ cm.

OUTIL TECHNOLOGIQUE

c) Déterminer la fonction T_V donnant le taux de variation instantané du volume en fonction du temps ; évaluer approximativement ce taux lorsque $V = 1081\pi \text{ cm}^3$.

8. Si le rayon d'une sphère varie en fonction du temps suivant l'équation $r(t) = \frac{t^2}{2}$, où t est en minutes et $r(t)$, en centimètres, déterminer :

a) la fonction T_V donnant le taux de variation instantané du volume par rapport au temps ;

b) le taux de variation instantané du volume par rapport au temps lorsque le rayon est de 8 cm ;

c) le taux de variation instantané du volume par rapport au temps lorsque $t = 3$ min ;

d) la fonction T_A donnant le taux de variation instantané de l'aire par rapport au temps ;

e) le taux de variation instantané de l'aire par rapport au temps lorsque le volume est de $\frac{32}{3}\pi \text{ cm}^3$.

9. Les côtés congrus d'un triangle isocèle mesurent 13 cm. Si la longueur de la base s'accroît à une vitesse de 0,5 cm/s :

a) évaluer le taux de variation instantané de la hauteur par rapport au temps lorsque la base est de 10 cm ;

b) évaluer le taux de variation instantané de l'aire par rapport au temps lorsque la hauteur est de 5 cm ;

c) évaluer le taux de variation instantané de l'aire par rapport au temps lorsque la base est de 10 cm ;

d) déterminer la longueur de la base à l'instant où le taux de variation instantané de l'aire est nul.

10. Un auto-patrouilleur placé au point P, situé à 20 m d'une route, pointe son radar sur une automobile située en A. Le radar indique la vitesse de rapprochement entre l'automobile et l'auto-patrouilleur. La limite de vitesse permise sur la route de l'automobiliste est de 30 km/h.

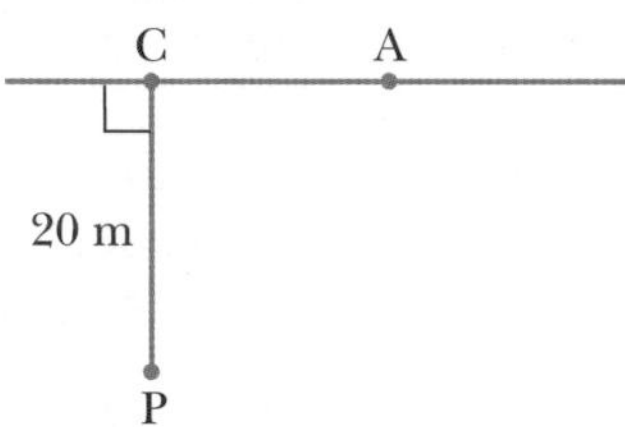

a) Si le radar indique 25 km/h, lorsque la distance entre C et A est de 15 mètres, une contravention est-elle méritée ? Expliquer.

b) Qu'indiquera le radar si l'automobile roule à la vitesse permise lorsque la distance entre C et A est de 40 mètres ?

11. On estime que la fonction déterminant la hauteur y, en mètres, entre un télésiège et le sol est donnée par $y = 1 + \frac{x^2}{100}$, où x représente la distance horizontale, en mètres, entre le télésiège et le point de départ et $0 \leqslant x \leqslant 50$.

a) Déterminer la vitesse verticale du télésiège si celui-ci se trouve à une distance de 25 m du point de départ, sachant que sa vitesse horizontale à cet instant est de 1,5 m/s.

b) Déterminer la vitesse horizontale du télésiège si celui-ci se trouve à une hauteur de 17 m, sachant que sa vitesse verticale à cet instant est de 1,05 m/s.

12. Un panneau rectangulaire de 120 cm sur 240 cm est appuyé contre un mur vertical.

Le haut du panneau glisse vers le bas à une vitesse de 0,3 cm/s.

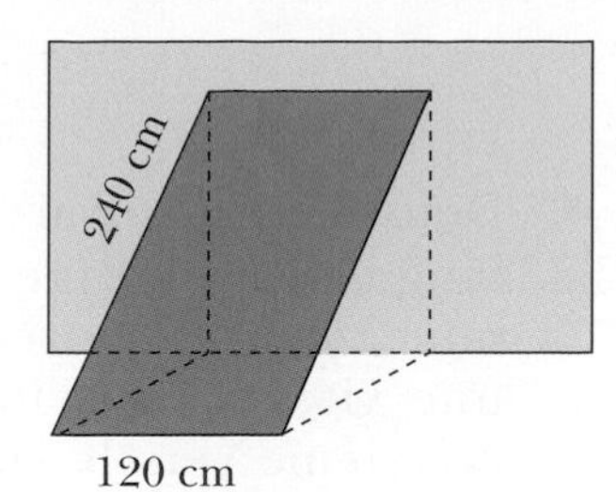

Déterminer le taux de variation instantané du volume, limité par le panneau, le plancher et le mur, par rapport au temps :

a) lorsque le pied du panneau est à 144 cm du mur ;

b) lorsque le haut du panneau est à 144 cm du sol.

13. À partir du moment où un avion amorce son atterrissage, l'altitude A, en mètres, de celui-ci est donnée par

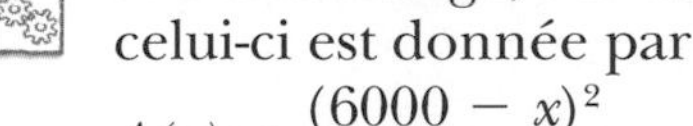

$A(x) = \dfrac{(6000 - x)^2}{12\,000}$,

où x représente la distance horizontale, en mètres, parcourue par l'avion à partir du moment où débute l'atterrissage. Sachant que $x(t) = 50t$, où t est en secondes et t représente le temps à partir du début de l'atterrissage :

a) déterminer l'altitude de l'avion au moment où celui-ci entreprend son atterrissage ;

b) déterminer la distance horizontale parcourue par l'avion entre le moment où il entreprend son atterrissage et le moment où il touche le sol ; déterminer également le temps requis pour parcourir cette distance ;

c) déterminer le taux de variation instantané de l'altitude de l'avion, par rapport au temps, lorsque $x = 1200$ m ; lorsqu'il lui reste 1200 m à parcourir avant de toucher le sol ; lorsque $t = 12$ s ; 2 s avant de toucher le sol.

14. On vide, à l'aide d'une paille, un verre de jus. Le volume du liquide contenu dans le verre en fonction du temps est donné par $V(t) = -3t + 54\pi$, où t est en secondes, $V(t)$ est en centimètres cubes et $t \geqslant 0$. Ce même volume en fonction de la hauteur est donné par $V(h) = \dfrac{3\pi h^2}{8}$, où h est en centimètres.

a) Déterminer le volume initial de la quantité de jus ainsi que la hauteur de jus contenu dans le verre.

b) Déterminer la fonction T_V donnant le taux de variation instantané du volume par rapport au temps.

c) Déterminer la fonction T_h donnant le taux de variation instantané de la hauteur du liquide par rapport au temps.

d) Déterminer le taux de variation instantané précédent lorsque $h = 6$ cm.

e) Déterminer ce taux de variation instantané lorsque le verre contient la moitié du volume initial.

f) Déterminer ce taux de variation instantané après 50 s.

g) Après combien de temps le verre sera-t-il vide ?

15. Un manufacturier de calculatrices veut déterminer sa production hebdomadaire pour maximiser son profit hebdomadaire. Il estime que s'il fabrique q calculatrices, il pourra les vendre au prix unitaire p, en dollars, suivant :

$$p(q) = 40 - \frac{q}{200}, \text{ où } q \in \{1, 2, 3, \ldots, 4000\}.$$

Il estime également que ses coûts hebdomadaires de production C, en dollars, sont donnés par $C(q) = 9q + 6000$.

a) Déterminer la fonction donnant le revenu hebdomadaire de ce manufacturier.

b) Déterminer les fonctions donnant les revenus marginaux et les coûts marginaux.

c) Combien doit-il produire de calculatrices pour avoir un revenu marginal de 37 $/calculatrice ?

d) Déterminer la fonction donnant le profit de ce manufacturier.

e) Déterminer le nombre de calculatrices qu'il doit produire par semaine pour avoir un profit maximal ; évaluer ce profit.

f) Représenter graphiquement les fonctions R et C sur un même système d'axes.

Problèmes de synthèse

1. Un observateur situé à 40 m d'une route regarde passer une automobile se dirigeant de A vers B à une vitesse de 90 km/h.

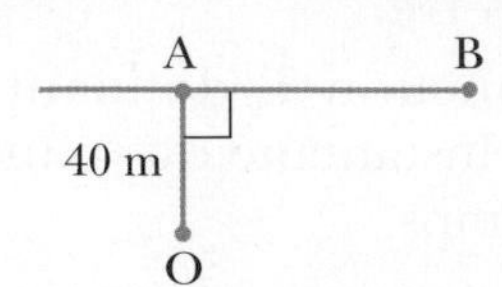

a) Déterminer à quelle vitesse s'éloigne l'automobile de l'observateur lorsque celle-ci est à 100 m de lui.

b) Déterminer à quelle vitesse s'éloigne l'automobile de l'observateur lorsque celle-ci est à 100 m de A.

c) Déterminer à quelle distance de l'observateur doit être située l'automobile lorsqu'elle s'éloigne de celui-ci à une vitesse de 80 km/h ; à une vitesse de 89 km/h.

d) Démontrer algébriquement que la vitesse d'éloignement entre l'observateur et l'automobile ne peut être supérieure ou égale à 90 km/h.

2. Soit un rectangle de 6 cm sur 8 cm. Sa largeur augmente à une vitesse de 2 cm/s et sa longueur à une vitesse de 3 cm/s.

a) À quelle vitesse son périmètre augmente-t-il après 1 seconde ?

b) À quelle vitesse son aire augmente-t-elle après 4 secondes ?

3. Soit deux mobiles A et B tels que leur position respective en fonction de t est donnée par $x(t) = 145 - 25t$ et $y(t) = 40 + 10t$, où x et y sont en mètres, t est en secondes et $t \in [0 \text{ s}, 5{,}8 \text{ s}]$.

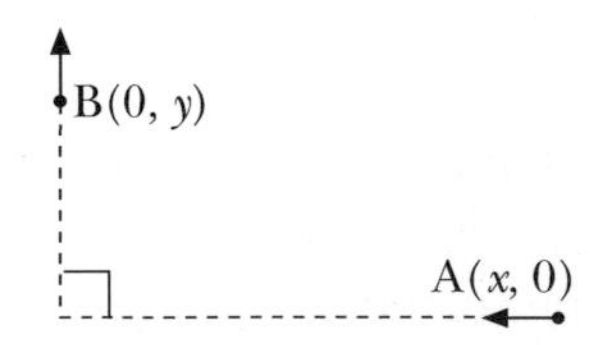

a) À quelle vitesse les mobiles se rapprochent-ils lorsqu'ils sont situés à 130 m l'un de l'autre ?

b) Après combien de temps les mobiles commencent-ils à s'éloigner l'un de l'autre ?

4. Deux cyclistes parcourent le circuit rectangulaire suivant en partant de A. Le premier cycliste amorce son trajet vers l'est à une vitesse constante de 12 km/h et le deuxième vers le sud, à une vitesse constante de 16 km/h.

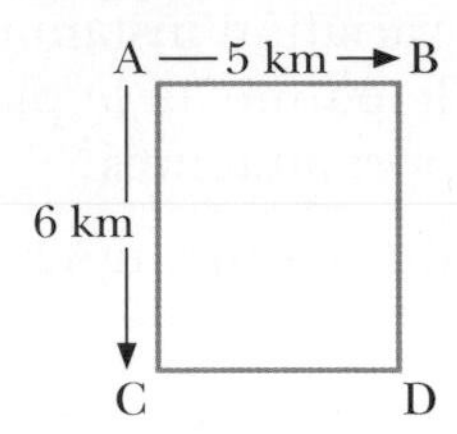

Déterminer à quelle vitesse s'éloignent ou se rapprochent ces cyclistes après :

a) 15 min ;

b) 30 min ;

c) 45 min.

5. Une échelle de 10 m est appuyée sur une clôture de 3 m.

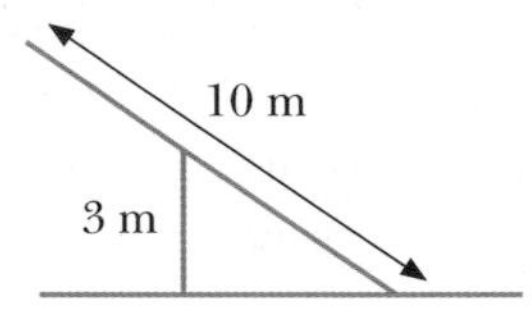

Si le bas de l'échelle s'éloigne de la clôture à une vitesse de 1,25 m/s :

a) déterminer à quelle vitesse s'abaisse le haut de l'échelle lorsque le pied de l'échelle est à 4 m de la clôture ;

b) déterminer à quelle vitesse s'abaisse le haut de l'échelle au moment précis où le haut de celle-ci coïncide avec le haut de la clôture ;

c) déterminer à quelle vitesse s'abaisse le haut de l'échelle au moment précis où le haut de l'échelle est à 2 m du sol.

6. Deux tiges métalliques mesurant respectivement 65 cm et 100 cm sont appuyées l'une contre l'autre en un point P. La hauteur h du point P est fonction du temps t et est donnée par $h(t) = 64 - 2t$, où t est en minutes et h, en centimètres.

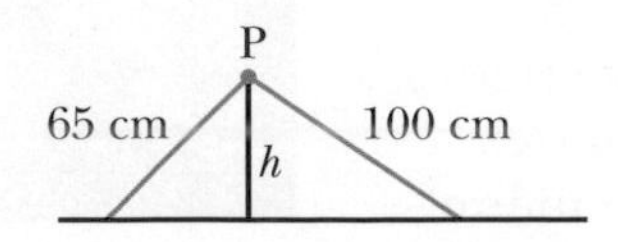

a) Déterminer la fonction T_h donnant le taux de variation instantané de la hauteur du point P par rapport à t.

b) Déterminer la vitesse d'éloignement des deux autres extrémités de ces tiges après deux minutes.

7. Un cube de glace de 27 cm³ fond à un rythme donné par $\frac{dV}{dt} = -0{,}6x^2$, où x, l'arête, est en centimètres et t, en minutes.

a) Déterminer la fonction T_a donnant le taux de variation instantané de l'arête du cube par rapport à t.

b) Déterminer le volume du cube après sept minutes.

c) Calculer le temps que prend le cube pour fondre.

d) Déterminer le volume du cube lorsque le taux de variation instantané de l'aire totale des six faces du cube est de -4,8 cm²/min.

8. On remplit la piscine suivante à un rythme de 0,4 m³/min.

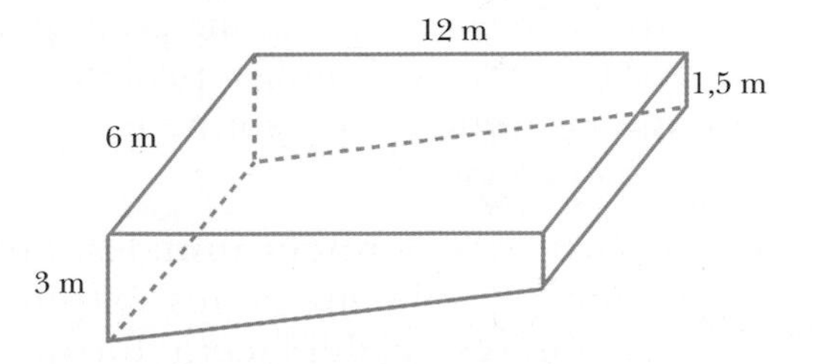

Déterminer à quelle vitesse le niveau d'eau augmente lorsqu'il y a :

a) 35 m³ d'eau dans la piscine;

b) 140 m³ d'eau dans la piscine.

9. Soit une balle sphérique de rayon r cm, de volume V et d'aire A.

a) Déterminer le taux de variation instantané du volume par rapport à l'aire, lorsque $V = 288\pi$ cm³; lorsque $A = 4\pi$ cm².

b) Déterminer l'aire lorsque le taux de variation instantané du volume par rapport à l'aire est égal à 1 cm³/cm².

10. Un récipient ayant la forme d'une demi-sphère, dont le rayon mesure 8 cm, contient un liquide qui s'évapore au rythme de 100 cm³/h. Le volume V du liquide dans ce récipient est donné par $V(h) = \pi\left(64h - \frac{h^3}{3}\right)$, où h représente la hauteur du liquide présent dans le récipient et $0 \text{ cm} \leq h \leq 8 \text{ cm}$.

a) Calculer la quantité de liquide si le récipient est rempli.

b) Déterminer la fonction donnant le taux de variation instantané de la hauteur par rapport au temps t.

c) Calculer $\left.\frac{dh}{dt}\right|_{h=7{,}9}$; $\left.\frac{dh}{dt}\right|_{h=4}$; $\left.\frac{dh}{dt}\right|_{h=0{,}1}$.

d) Exprimer le rayon r de la surface du liquide qui reste en fonction de la hauteur h du liquide.

e) Déterminer la fonction donnant le taux de variation instantané du rayon r par rapport au temps t.

f) Calculer $\left.\frac{dr}{dt}\right|_{r=4}$; $\left.\frac{dr}{dt}\right|_{h=4}$.

g) Après combien de temps le récipient sera-t-il vide?

11. Soit deux cônes dont les mesures en centimètres sont données dans la représentation ci-contre; le liquide du cône supérieur s'écoule par une petite ouverture dans le cône inférieur.

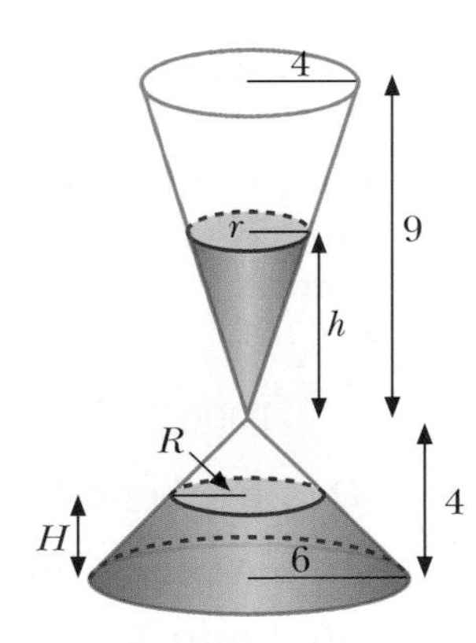

Le volume V_{sup} du liquide contenu dans le cône supérieur est donné par
$V_{sup}(t) = -0{,}2\pi t + 36\pi$,
où t est en secondes et $V_{sup}(t)$, en centimètres cubes. On suppose que le cône inférieur est vide à $t = 0$, c'est-à-dire $V_{inf}(0) = 0$ cm³.

a) Déterminer le volume total du liquide.

b) Après combien de temps le cône supérieur sera-t-il vide?

c) Déterminer la fonction $V_{inf}(t)$; déterminer H lorsque $V_{sup}(t) = 0$.

d) Déterminer $\frac{dr}{dt}$; évaluer $\left.\frac{dr}{dt}\right|_{r=2}$.

e) Déterminer $\frac{dR}{dt}$; évaluer $\left.\frac{dR}{dt}\right|_{r=2}$.

f) Déterminer $\frac{dh}{dt}$; évaluer $\left.\frac{dh}{dt}\right|_{r=2}$.

g) Déterminer $\frac{dH}{dt}$; évaluer $\left.\frac{dH}{dt}\right|_{r=2}$.

12. Soit un triangle équilatéral de côté x cm à l'intérieur duquel on inscrit un cercle. L'aire A du triangle en fonction du temps est donnée par $A(t) = \sqrt{t + 12}$, où t est en secondes.

a) Déterminer la fonction donnant le taux de variation instantané du côté x par rapport à t.

b) Évaluer $\frac{dx}{dt}$ lorsque $A = 4\sqrt{3}$ cm².

c) Après combien de temps le taux de variation instantané sera-t-il la moitié de ce qu'il était lorsque $A = 4\sqrt{3}$ cm²?

d) Déterminer la fonction T_{A_C} donnant le taux de variation instantané de l'aire A_c du cercle inscrit, par rapport à t.

e) Évaluer T_{A_C} lorsque le rayon du cercle est de 3 cm.

13. En pleine nuit, un bateau, situé en B, se dirige vers A selon la trajectoire définie par

$y = \frac{x^3}{1000}$, où x et y sont en mètres.

De plus, la position du bateau, en fonction du temps, est donnée par $y = 125(4 - t)^{\frac{3}{2}}$, où 0 min $\leq t \leq$ 4 min. Le bateau est surmonté d'un projecteur qui éclaire, directement devant lui, le quai en un point E.

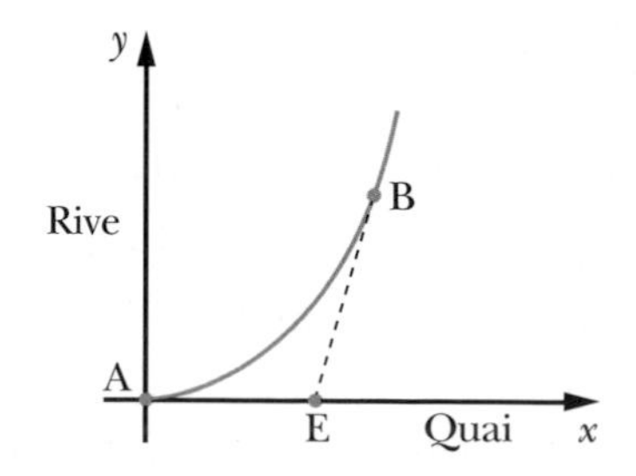

a) Aux temps $t = 0$ min et $t = 3$ min, déterminer la distance au mètre près entre A et B; entre A et E.

b) Aux temps $t = 0$ min et $t = 3$ min, déterminer à quelle vitesse le bateau s'approche du quai; de la rive; de A.

c) Aux temps $t = 0$ min et $t = 3$ min, déterminer à quelle vitesse E s'approche de A.

d) Déterminer la position du bateau lorsque E s'approche de A à une vitesse de 10 m/min; donner votre réponse au mètre près.

14. Trois membres d'une famille s'avancent l'un derrière l'autre, à une vitesse de 2 m/s, vers un lampadaire de 9 m de hauteur. La première personne mesure 2 m; la deuxième, qui est à 3 m d'elle mesure 1,3 m; et la troisième, qui est à 2 m de la deuxième, mesure 1 m.

a) Déterminer à quelle vitesse la longueur de l'ombre varie lorsque la première personne est à 50 m du lampadaire; à 20 m du lampadaire.

b) Répondre aux questions de a) si la deuxième personne mesure 1,6 m.

c) Déterminer de quelle grandeur doit être la deuxième personne pour qu'elle ait un effet sur l'ombre projetée lorsque la première personne est à 35 m du lampadaire.

d) À partir des données initiales, déterminer à quelle vitesse les extrémités des ombres se déplacent lorsque la première personne est à 10 m du lampadaire; à 5 m du lampadaire.

15. Un point P(x, y) se déplace sur le demi-cercle supérieur de rayon 10 cm centré au point C(10, 0). L'ordonnée y du point P(x, y) est donnée en fonction du temps par
$y(t) = t\sqrt{20 - t^2}$, où 0 min $\leq t \leq \sqrt{20}$ min.
Soit A, l'aire du triangle de sommets O(0, 0), P(x, y) et R$(x, 0)$.

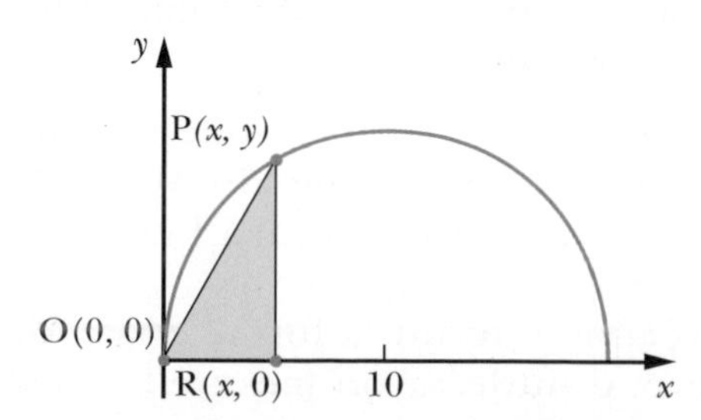

a) Déterminer la fonction donnant le taux de variation instantané de x par rapport à t.

b) Évaluer $\left.\frac{dx}{dt}\right|_{y=8}$ et $\left.\frac{dx}{dt}\right|_{x=2}$.

c) Déterminer la fonction donnant le taux de variation instantané de A par rapport à t.

d) Évaluer $\left.\frac{dA}{dt}\right|_{x=4}$ et $\left.\frac{dA}{dt}\right|_{y=6}$.

Test récapitulatif

1. Soit une compagnie dont les revenus et les coûts en fonction de la quantité sont donnés respectivement par $R(q) = -4q^2 + 800q$ et $C(q) = q^2 + 50$, où q désigne le nombre d'unités produits et $R(q)$ et $C(q)$ sont en dollars.

a) Déterminer la fonction qui donne le profit en fonction de la quantité q.

b) Déterminer le nombre d'unités qui doivent être produites pour que le profit soit maximal.

c) Évaluer le profit maximal de la compagnie.

2. Un plongeur s'élance d'un tremplin. Sa position au-dessus de l'eau est donnée par $x(t) = 10 + 5t - 4{,}9t^2$, où t est en secondes et $x(t)$, en mètres.

a) Calculer la hauteur du tremplin.

b) Déterminer la fonction donnant la vitesse du plongeur et calculer la vitesse initiale de celui-ci.

c) Calculer la hauteur maximale atteinte par le plongeur.

d) Calculer le temps que prend le plongeur pour atteindre l'eau.

e) Calculer la vitesse du plongeur au moment où il touche l'eau.

f) Démontrer que l'accélération est constante.

3. Un démographe prédit qu'à compter d'aujourd'hui, la population d'une ville sera donnée par
$P(t) = 18\,000\sqrt{t} + 100\,000$,
où $t \in [0 \text{ an}, 30 \text{ ans}]$.

a) Quelle est la population actuelle de cette ville?

b) Quel sera le taux de variation moyen de la population sur [0 an, 4 ans] ? À quoi correspond ce résultat?

c) Quel sera le rythme de croissance de cette population dans quatre ans? À quoi correspond ce résultat?

d) Déterminer à quel moment le rythme de croissance sera de 3000 hab./an.

e) Déterminer le rythme de croissance de la population de la ville lorsque la population sera de 190 000 habitants.

4. Soit un triangle équilatéral de côté x et de hauteur h tel que la hauteur du triangle en fonction du temps est donnée par
$h(t) = \frac{20}{t+1}$, où t est en secondes et $h(t)$, en centimètres.

a) Exprimer x en fonction de h.

b) Exprimer l'aire A en fonction de h; de x.

c) Déterminer la fonction donnant le taux de variation instantané de l'aire par rapport à h; par rapport à x.

d) Calculer $\left.\frac{dA}{dx}\right|_{x=5\text{ cm}}$ et $\left.\frac{dA}{dh}\right|_{x=5\text{ cm}}$.

e) Déterminer la fonction donnant le taux de variation instantané de l'aire par rapport à t.

f) Calculer $\left.\frac{dA}{dt}\right|_{h=2\text{ cm}}$.

g) Déterminer la fonction donnant le taux de variation instantané du périmètre P du triangle par rapport à t.

5. On tire un bateau vers un quai à l'aide d'un câble dont le point d'appui est situé à 5 m au-dessus du niveau de l'eau. Si la longueur de la portion du câble joignant le point d'appui et le bateau diminue à une vitesse de 6 m/min, déterminer à quelle vitesse le bateau s'avance vers le quai lorsqu'il est situé à 12 m du quai.

6. Le volume V d'un cube de glace est donné, en fonction du temps t, par la fonction suivante : $V(t) = -4t^2 + 100$, où t est en minutes et $V(t)$, en centimètres cubes.

a) Déterminer le volume V initial du cube et l'aire initiale totale A des surfaces du cube.

b) Déterminer le temps requis pour que le cube fonde au complet.

c) Déterminer le taux de variation moyen du volume sur [1 min, 3 min].

d) Déterminer la fonction donnant le taux de variation instantané de l'arête x par rapport à t.

e) Calculer $\left.\frac{dx}{dt}\right|_{t = 3\text{ min}}$ et $\left.\frac{dx}{dt}\right|_{x = 3\text{ cm}}$.

f) Déterminer la fonction donnant le taux de variation instantané de l'aire totale A par rapport à t.

g) Calculer $\left.\frac{dA}{dt}\right|_{t = 3\text{ min}}$ et $\left.\frac{dA}{dt}\right|_{x = 3\text{ cm}}$.

CHAPITRE

6 Analyse de fonctions algébriques

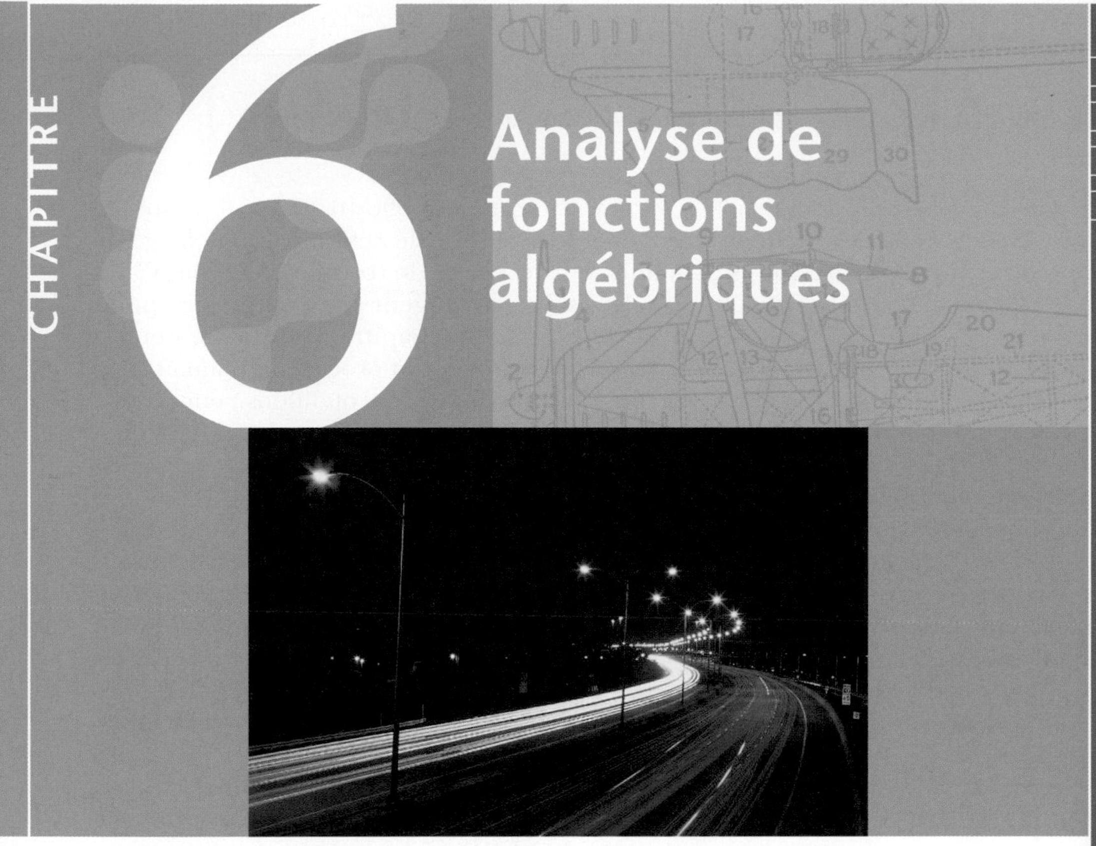

Introduction

Dans le présent chapitre, nous utiliserons les dérivées première et seconde pour analyser certaines fonctions algébriques f, ce qui signifie :

- déterminer le domaine de f;
- déterminer les intervalles de croissance et de décroissance de f;
- déterminer les points de maximum relatif et les points de minimum relatif de f;
- déterminer les intervalles de concavité vers le haut et vers le bas de f;
- déterminer les points d'inflexion de f;
- esquisser le graphique de f.

Dans les prochains chapitres, nous analyserons des fonctions transcendantes et des fonctions non continues.

Les notions introduites dans ce chapitre ne servent pas seulement à analyser le graphique d'une fonction, mais également à l'étude de problèmes liés aux sciences de la nature et aux sciences humaines.

En particulier, l'utilisateur ou l'utilisatrice pourra représenter graphiquement, à la fin de ce chapitre, la courbe de la fonction suivante :

La fonction ψ, représentant une orbitale p, est donnée par $\psi(x) = \dfrac{3x}{4 + x^2}$, où x, la distance de l'électron au noyau est exprimée en unités, où une unité égale 52,9 picomètres (10^{-12} m) et $x \in\ ]-10, 10[$.

Construire le tableau de variation relatif à ψ' et à ψ''. Donner une esquisse du graphique de la fonction ψ. (Exercices 6.3, no. 5, page 234.)

Perspective historique

À LA RECHERCHE DES MAXIMA ET MINIMA !

Nous avons vu, dans la capsule historique du chapitre 5, que la recherche des maxima et des minima correspondait entre autres à des préoccupations reliées à la balistique, à l'optique, à l'astronomie, etc.

De fait, Apollonius de Perge (250-175 av. J.-C.) s'était déjà intéressé à cette question dans le cadre de sa magistrale étude des coniques. Il y montrait, par exemple, comment tracer un segment de droite depuis un point quelconque jusqu'à une conique donnée de façon que le segment soit, selon la position du point par rapport à la conique, le plus court ou le plus long. Il remarque alors qu'une perpendiculaire à ce segment passant par l'extrémité qui est sur la conique est tangente à la conique.

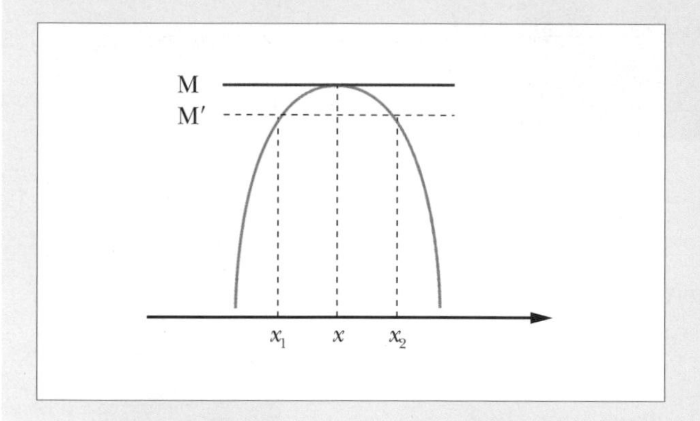

Pierre de Fermat (1601-1665) travailla aussi à trouver, dans des cas déterminés, les maxima ou minima de ce qui est aujourd'hui appelée une fonction polynomiale. Il remarque (voir la figure) qu'autour d'un maximum M, par exemple, la fonction $y = f(x)$ prend une même valeur M′ pour deux valeurs, x_1 et x_2, de x. Autrement dit, $f(x_1) = f(x_2) = M'$. On peut dire alors que x_1 et x_2 sont deux racines de l'équation $f(x) = M'$. Dès lors, on constate que l'équation $f(x) = M$ aura une racine double, car plus M′ est proche de M, plus x_1 et x_2 sont rapprochées l'une de l'autre. Ainsi, déterminer un maximum M atteint par la fonction $y = f(x)$ revient à trouver une valeur M qui fasse en sorte que $f(x) = M$ ait une racine double. Selon la nature de la fonction $y = f(x)$, trouver un tel M se révèle toutefois souvent très complexe. La méthode de Fermat présente donc de grandes difficultés et ne peut certes pas être considérée comme générale.

René Descartes (1596-1650) avait tenté de ramener le problème de déterminer une tangente à une courbe à celui de trouver la tangente à un cercle, lui-même tangent à la courbe à ce point (voir la capsule du chapitre 3). Comme pour la méthode de Fermat, son procédé impliquait aussi de pouvoir déterminer les conditions pour qu'une certaine fonction possède une racine double. Les techniques algébriques pour résoudre ce genre de problèmes pouvaient donc servir à la fois pour les problèmes de maximisation et ceux de détermination de la tangente à des courbes polynomiales. Il faudra attendre Leibniz (1646-1716) et Newton (1642-1715) pour que cette notion soit vraiment bien structurée et que la question de trouver un maximum et un minimum d'une fonction $y = f(x)$ soit reliée à la recherche d'une racine de l'équation notée $f'(x) = 0$.

Newton exprimait cette question fort élégamment en 1671 lorsqu'il disait (ici dans une traduction du XVIIIe siècle) : « Une quantité qui est devenue la plus grande ou la moindre qu'il se peut, n'augmente ni ne diminue, c'est-à-dire, ne flue ni en avant ni en arrière dans cet instant ; car si elle augmente, c'est une marque qu'elle était plus petite & que tout à l'heure elle va être plus grande qu'elle n'était, ce qui est contre la supposition, et c'est le contraire si elle diminue. »

Quant à lui, Leibniz réfléchissait plutôt de manière symbolique. Son raisonnement va ainsi. Puisque dx est toujours positif, le rapport prend le même signe que dy. Donc, dy est positif lorsque y croît et négatif lorsqu'il décroît. Il devra donc être égal à zéro lorsqu'il ne croît plus et ne décroît pas encore. Guillaume de L'Hospital (1661-1704) complétera le raisonnement de Leibniz. Il notera,

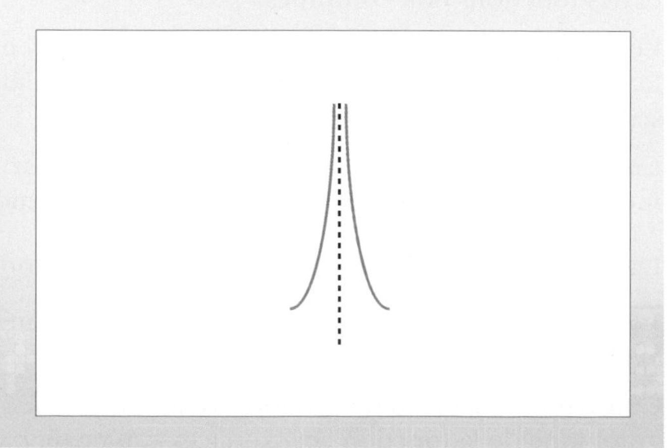

en effet, dans son traité de 1696, qu'une fonction peut, s'il y a une asymptote verticale, croître puis décroître sans avoir atteint de maximum (voir la figure). À certains égards, il est réconfortant de voir même le grand Leibniz ne pas prévoir certains cas spéciaux. De toute façon, ce raisonnement basé sur un rapport ne tiendra plus lorsque Cauchy (1789-1857) aura rigoureusement défini la dérivée non pas comme un rapport mais bien comme la limite d'un rapport.

Test préliminaire

Partie A

1. Déterminer le signe (+ ou −) de chaque expression, sachant que (+) désigne une valeur positive et (−), une valeur négative.

a) $\dfrac{(+)}{(-)}$

b) $\dfrac{(-)}{(+)}$

c) $\dfrac{(-)}{(-)}$

d) $\dfrac{(+)(-)}{(+)}$

e) $\dfrac{(+)(+)(-)}{(+)}$

f) $\dfrac{(+)(-)(-)}{(-)}$

2. Résoudre les équations.

a) $(x - 4)(3x + 7) = 0$

b) $x^2 + x - 6 = 0$

c) $(x^2 - 4)(x^3 + x^2) = 0$

d) $x^5 - x = 0$

e) $3(x + 1)^2(2x - 3) + 2(x + 1)^3 = 0$

f) $2(x - 1)(x + 1)^2 + 2(x + 1)(x - 1)^2 = 0$

g) $\dfrac{x^2 - 25}{x + 4} = 0$

h) $\sqrt{x^2 + x - 2} = 0$

i) $(x^2 + x + 1)(x^2 + 1) = 0$

3. Compléter le tableau suivant en utilisant +, − ou 0 dans la case appropriée selon que l'expression est positive, négative ou nulle.

x	$-\infty$	0		3		4	$+\infty$
$x^3(x - 4)$							
$4x^2(x - 3)$							

4. Pour chacune des fonctions suivantes, déterminer un intervalle $[a, a + 1]$ où $a \in \mathbb{Z}$ tel que $f(c) = 0$ où $c \in]a, a + 1[$, en utilisant le théorème de la valeur intermédiaire.

a) $f(x) = 2x^5 - x^4 + 2x - 1$

b) $f(x) = -2x^3 - 5x^2 - 8x - 20$

Partie B

1. a) Donner une définition de la dérivée $f'(x)$.

b) Quelle est l'interprétation graphique de $f'(x)$?

2. Déterminer les zéros de $f'(x)$ si:

a) $f(x) = (3x - 2)^4(5x + 2)$;

b) $f(x) = \dfrac{x^2 - 9}{x^2 + 9}$;

c) $f(x) = \dfrac{x + 3}{\sqrt{x^2 + 6}}$.

3. Déterminer les zéros de $f(x)$, $f'(x)$ et de $f''(x)$ si $f(x) = \dfrac{x^3}{3} - 2x^2 - 5x$.

6.1 INTERVALLES DE CROISSANCE, INTERVALLES DE DÉCROISSANCE, MAXIMUM ET MINIMUM

Objectif d'apprentissage

À la fin de cette section, l'élève pourra rassembler dans un tableau de variation les informations relatives aux intervalles de croissance, aux intervalles de décroissance, aux points de maximum relatif et aux points de minimum relatif d'une fonction, pour en déduire l'esquisse de son graphique.

Plus précisément, l'élève sera en mesure :

- de connaître la définition d'une fonction croissante et d'une fonction décroissante ;
- de connaître la définition de maximum et de minimum d'une fonction ;
- de connaître la définition de maximum et de minimum d'une fonction aux extrémités d'un intervalle ;
- de relier la croissance et la décroissance d'une fonction au signe de sa dérivée ;
- de déterminer les intervalles de croissance et de décroissance d'une fonction ;
- de déterminer les nombres critiques de f ;
- de connaître la définition de point de rebroussement et de point anguleux ;
- de déterminer les points de maximum relatif et les points de minimum relatif d'une fonction à l'aide du test de la dérivée première ;
- de construire un tableau de variation relatif à f' ;
- de donner une esquisse du graphique de f, à partir du tableau de variation relatif à f' ;
- de donner une esquisse du graphique de f', connaissant le graphique de f ;
- de donner une esquisse du graphique de f, connaissant le graphique de f'.

Dans certaines situations, il est essentiel de connaître les coordonnées des sommets (point de maximum relatif et point de minimum relatif) d'une fonction afin de pouvoir tracer son graphique.

Entre les sommets, la courbe sera croissante ou décroissante. Cette étude sera faite à l'aide du signe de la dérivée première de la fonction.

Par exemple, sur la courbe suivante représentant l'évolution des ventes d'un produit en fonction du temps,

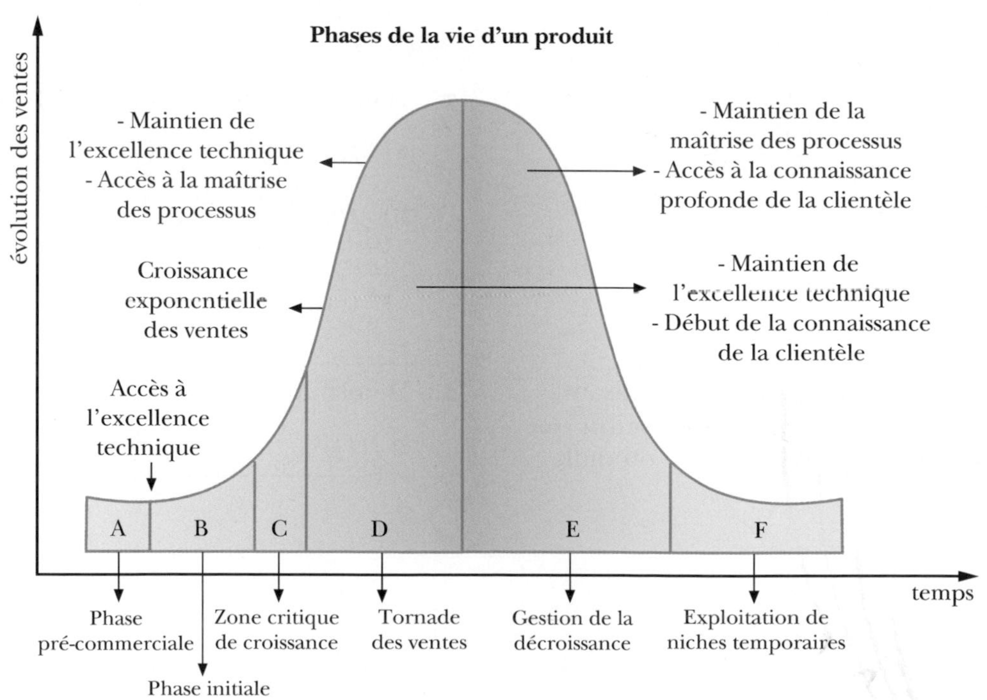

nous constatons qu'au début nous avons une croissance des ventes suivie d'une décroissance. Sur cette courbe, nous retrouvons les différentes phases de la vie du produit.

Fonction croissante et fonction décroissante

Définition

Soit f une fonction définie sur un intervalle I, où $x_1 \in$ I et $x_2 \in$ I.

Si pour tout $x_1 < x_2$:

1) $f(x_1) < f(x_2)$, alors f est une **fonction strictement croissante** sur I ;
2) $f(x_1) \leq f(x_2)$, alors f est une **fonction croissante** sur I ;
3) $f(x_1) > f(x_2)$, alors f est une **fonction strictement décroissante** sur I ;
4) $f(x_1) \geq f(x_2)$, alors f est une **fonction décroissante** sur I.

■ **Exemple 1** Soit la fonction f définie par le graphique suivant.

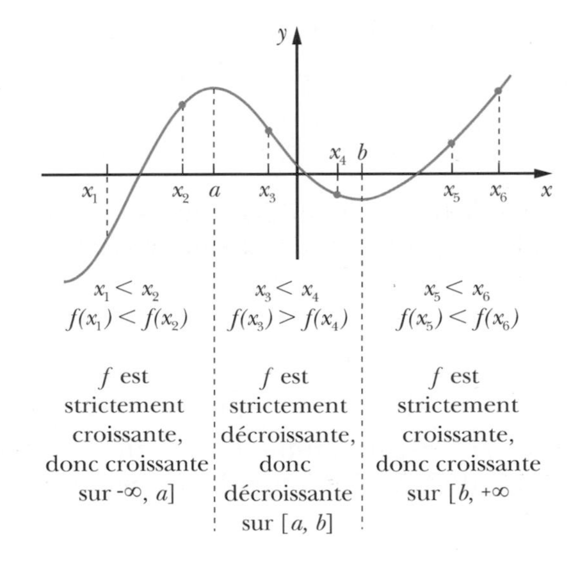

■

Maximum et minimum

Définition

Soit une fonction f et $c \in$ dom f.

1) $f(c)$ est un **maximum relatif** de f s'il existe un intervalle ouvert I, tel que $c \in$ I et $f(c) \geq f(x)$, pour tout $x \in$ I.
2) $f(c)$ est un **minimum relatif** de f s'il existe un intervalle ouvert I, tel que $c \in$ I et $f(c) \leq f(x)$, pour tout $x \in$ I.

Remarque Les expressions **maximum local** au lieu de maximum relatif et **minimum local** au lieu de minimum relatif s'utilisent également.

■ **Exemple 1** Soit la fonction f définie par le graphique suivant.

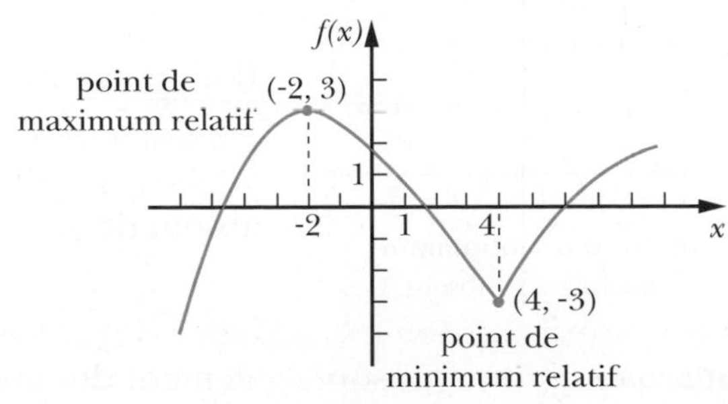

En l'abscisse $x = -2$, la fonction possède un maximum relatif. La valeur de ce **maximum relatif** est donnée par $f(-2)$, c'est-à-dire 3. Le point $(-2, 3)$ est appelé un **point de maximum relatif** de la courbe de f.

De façon analogue, en l'abscisse $x = 4$, la fonction possède un minimum relatif. La valeur de ce **minimum relatif** est donnée par $f(4)$, c'est-à-dire -3. Le point $(4, -3)$ est appelé un **point de minimum relatif** de la courbe de f.

Il ne faut donc pas confondre la valeur du maximum (minimum) relatif d'une fonction et le point de maximum (minimum) relatif de cette fonction. ■

À partir du graphique de l'exemple 1 précédent, il est facile de constater que $f'(-2) = 0$ et que $f'(4)$ n'existe pas.

Énonçons maintenant un théorème que nous acceptons sans démonstration.

Théorème 1

Soit f une fonction continue sur un intervalle ouvert I et soit $c \in$ I.

Si $f(c)$ est un maximum relatif (minimum relatif) de f, alors

$f'(c) = 0$ ou $f'(c)$ n'existe pas.

Remarque Afin d'alléger l'écriture sur les graphiques, on utilise max. (min.) pour indiquer les points de maximum relatif (minimum relatif).

Définition

Soit une fonction f et $c \in \text{dom } f$.

1) Si $f(c)$ est un maximum relatif de f tel que $f(c) \geq f(x)$, pour tout $x \in \text{dom } f$, alors $f(c)$ est le **maximum absolu** de f.

2) Si $f(c)$ est un minimum relatif de f tel que $f(c) \leq f(x)$, pour tout $x \in \text{dom } f$, alors $f(c)$ est le **minimum absolu** de f.

Remarque Le maximum (minimum) absolu d'une fonction, s'il existe, est unique. Par contre, ce maximum (minimum) peut être atteint en plusieurs valeurs du domaine de la fonction. (Par exemple, $f(x) = \sin x$)

■ **Exemple 2** Soit les fonctions f et g définies par les graphiques suivants.

a)

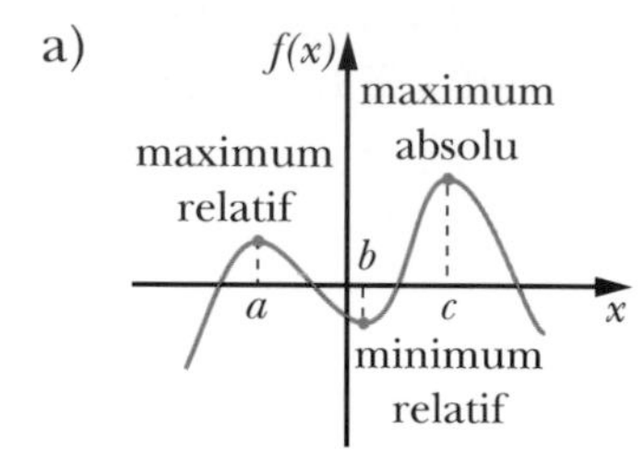

$f(c)$ est le maximum absolu de f.

Il n'y a aucun minimum absolu.

Remarque $f(c)$ est également un maximum relatif de f.

b)

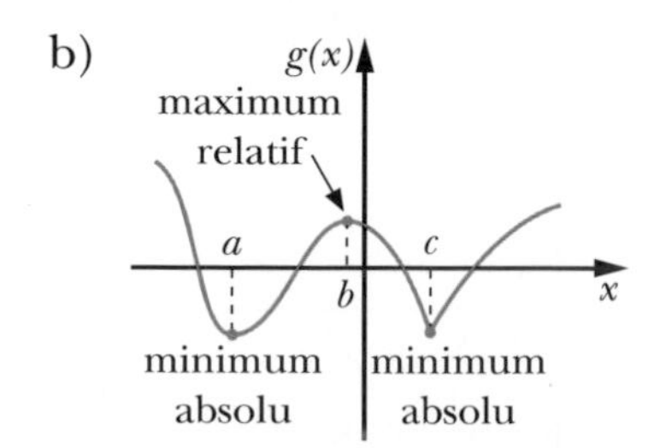

Il n'y a aucun maximum absolu.

$g(a)$ est le minimum absolu de g. Puisque $g(c) = g(a)$, $g(c)$ est également le minimum absolu de g.

Remarque $g(a)$ et $g(c)$ sont également des minimums relatifs. ■

Maximum et minimum aux extrémités d'un intervalle

Définition

Soit f une fonction continue sur $[a, b]$.

1) $f(a)$ est un **maximum relatif** de f s'il existe un intervalle $[a, c[\subset [a, b]$ tel que $f(a) \geqslant f(x)$, pour tout $x \in [a, c[$.

2) $f(a)$ est un **minimum relatif** de f s'il existe un intervalle $[a, c[\subset [a, b]$ tel que $f(a) \leqslant f(x)$ pour tout $x \in [a, c[$.

Nous pouvons définir, de façon analogue, un maximum relatif et un minimum relatif à la valeur $f(b)$.

Remarque Il ne peut y avoir de maximum ni de minimum à une extrémité lorsque l'intervalle est ouvert à cette extrémité.

■ **Exemple 1** Soit la fonction f définie par le graphique suivant sur $[a, b]$ et la fonction g définie par le graphique suivant sur $]c, d[$.

a)

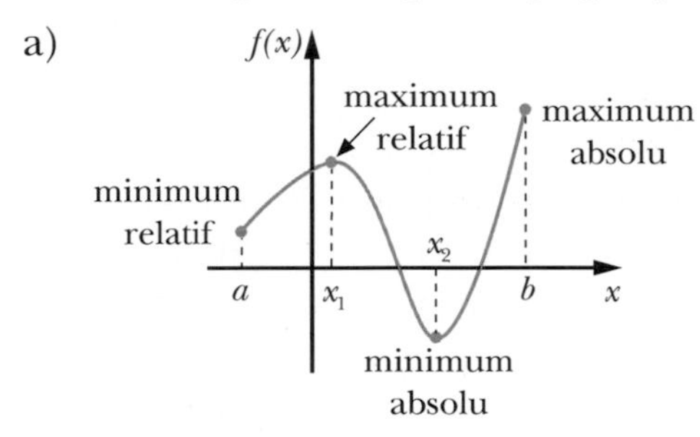

$f(a)$ est un minimum relatif de f.

$f(b)$ est le maximum absolu de f.

De plus, $f(x_1)$ est un maximum relatif de f.

$f(x_2)$ est le minimum absolu de f.

b)

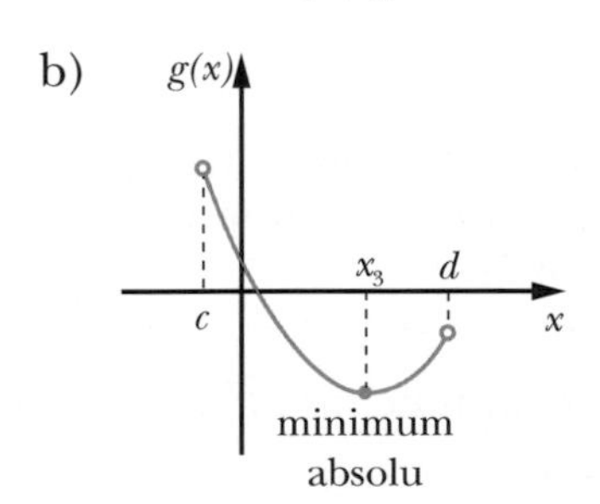

$g(x_3)$ est le minimum absolu de g.

La fonction g ne possède aucun maximum sur $]c, d[$. ■

Croissance, décroissance et signe de la dérivée première

Nous allons relier la croissance et la décroissance d'une fonction au signe de sa dérivée première.

■ **Exemple 1** Soit la fonction f définie par le graphique ci-contre.

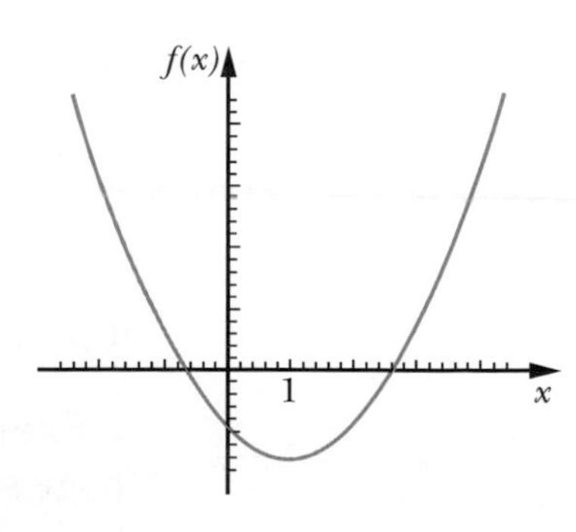

D'une part, nous constatons que f est décroissante sur $-\infty, 1]$ et qu'en traçant quelques tangentes à la courbe de f sur $-\infty, 1[$, toutes ces tangentes ont une pente négative, d'où $f'(x) < 0$, pour tout $x \in -\infty, 1[$.

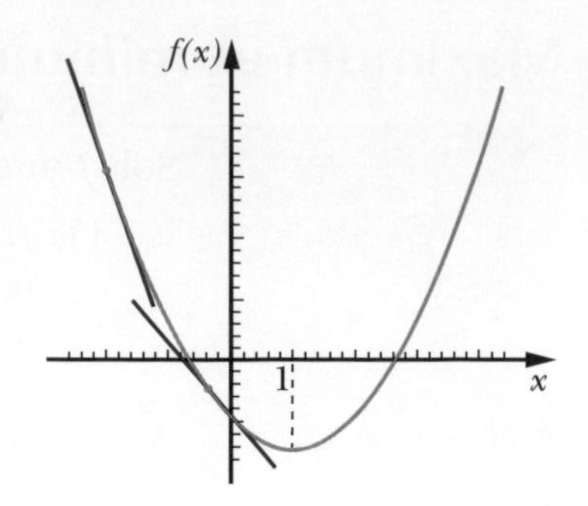

D'autre part, nous constatons que f est croissante sur $[1, +\infty$ et qu'en traçant quelques tangentes à la courbe de f sur $]1, +\infty$, toutes ces tangentes ont une pente positive, d'où $f'(x) > 0$, pour tout $x \in]1, +\infty$.

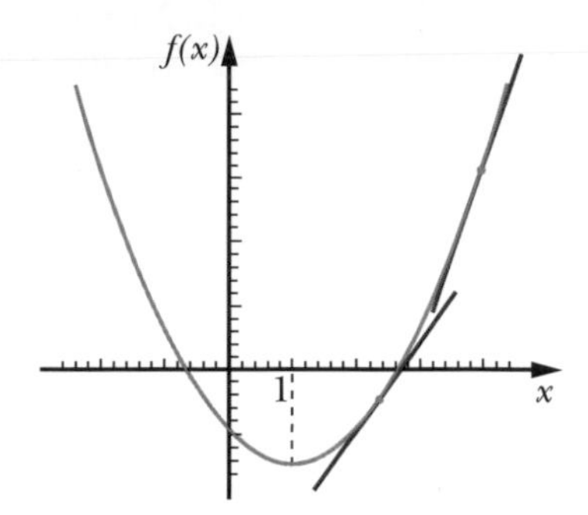

De plus, le point $(1, f(1))$ est un point de minimum et en ce point la tangente à la courbe de f est horizontale, ainsi la pente de la tangente à la courbe de f égale 0, c'est-à-dire $f'(1) = 0$.

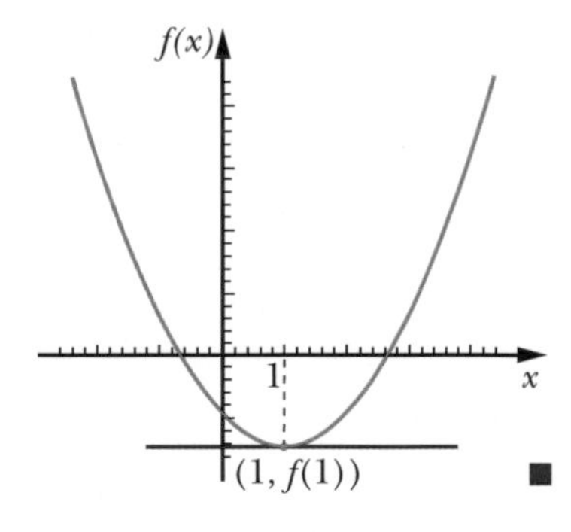

■

Énonçons maintenant un théorème, que nous acceptons sans démonstration, qui nous permettra de déterminer si une fonction est croissante ou décroissante à l'aide du signe de sa dérivée première.

Théorème 2

Soit f une fonction continue sur $[a, b]$ telle que f' existe sur $]a, b[$.

a) Si $f'(x) > 0$ sur $]a, b[$, alors f est croissante sur $[a, b]$.

b) Si $f'(x) < 0$ sur $]a, b[$, alors f est décroissante sur $[a, b]$.

Remarque 1) Si $f'(x) > 0$ sur $-\infty, b[$, $]a, +\infty$ ou sur $\mathbb{R}$, alors f est croissante sur respectivement $-\infty, b]$, $[a, +\infty$ ou $\mathbb{R}$.

2) Si $f'(x) < 0$ sur $-\infty, b[$, $]a, +\infty$ ou sur $\mathbb{R}$, alors f est décroissante sur respectivement $-\infty, b]$, $[a, +\infty$ ou $\mathbb{R}$.

Nombre critique

Selon la valeur de la variable indépendante, la dérivée d'une fonction peut être soit positive, soit négative, soit nulle, ou ne pas exister.

■ **Exemple 1** Soit $f(x) = \sqrt[3]{x^2 - 1}$ dont la représentation graphique est à la page suivante.

Évaluons pour certaines valeurs du domaine de f, la dérivée en ces valeurs.

Puisque $f(x) = \sqrt[3]{x^2 - 1}$, alors

$f'(x) = \dfrac{2x}{3\sqrt[3]{(x^2-1)^2}}$ et

$f'(3) = \dfrac{6}{3\sqrt[3]{8^2}} = \dfrac{1}{2}$ donc, $f'(3) > 0$

$f'(-2) = \dfrac{-4}{3\sqrt[3]{3^2}}$ donc, $f'(-2) < 0$

$f'(0) = 0$

$f'(1)$ n'existe pas, car nous ne pouvons par diviser par zéro. ■

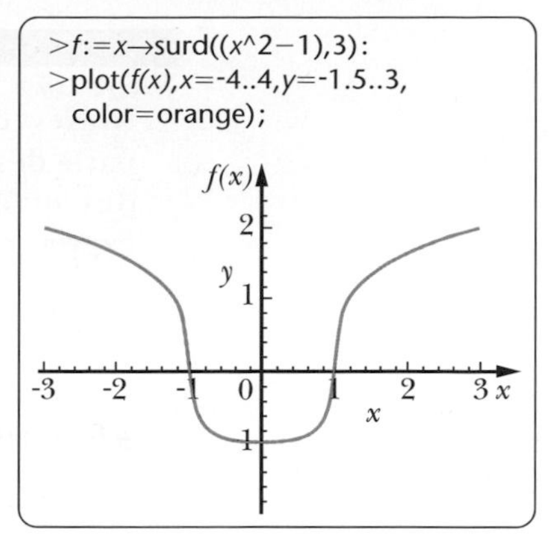

Définition

Soit $c \in \text{dom}\, f$. Nous disons que c est un **nombre critique de** f si :

1) $f'(c) = 0$

ou

2) $f'(c)$ n'existe pas.

Définition Le point $(c, f(c))$ est un **point stationnaire** de f, si $f'(c) = 0$.

Définition

Soit f une fonction définie sur un intervalle ouvert I et $c \in$ I tel que $f'(c)$ n'existe pas.

1) Le point $(c, f(c))$ est un **point de rebroussement** de f si :
   i) en ce point la tangente à la courbe est verticale ;
   ii) $f'(x)$ change de signe lorsque x passe de c^- à c^+.
2) Le point $(c, f(c))$ est un **point anguleux** de f si en ce point les portions de courbes admettent deux tangentes distinctes.

■ **Exemple 2** Soit $f(x) = \sqrt[5]{x^2 - 2x - 3}$, où dom $f = \mathbb{R}$.

a) Déterminons les nombres critiques de f.

Calculons d'abord $f'(x)$.

$$f'(x) = \frac{2x - 2}{5\sqrt[5]{(x^2 - 2x - 3)^4}} = \frac{2(x-1)}{5\sqrt[5]{[(x-3)(x+1)]^4}} \text{ (en factorisant)}$$

1) $f'(x) = 0$ si $x = 1$, d'où 1 est un nombre critique de f.

2) $f'(x)$ n'existe pas si $x = -1$ ou $x = 3$, d'où -1 et 3 sont des nombres critiques de f.

b) Déterminons les points stationnaires de f.

Le point $(1, f(1))$ est un point stationnaire de f car $f'(1) = 0$. ■

Ni Newton (1642-1715), ni Leibniz (1646-1716), ni L'Hospital (1661-1704) n'ont parlé des cas tels qu'en x_3 et en x_4 de l'exemple 3 suivant. À leur décharge, il faut dire qu'à l'époque, on n'avait pas encore pensé à des fonctions définies par des expressions symboliques différentes sur des intervalles différents.

■ **Exemple 3** Soit f définie par le graphique ci-dessous sur $[a, b[$.

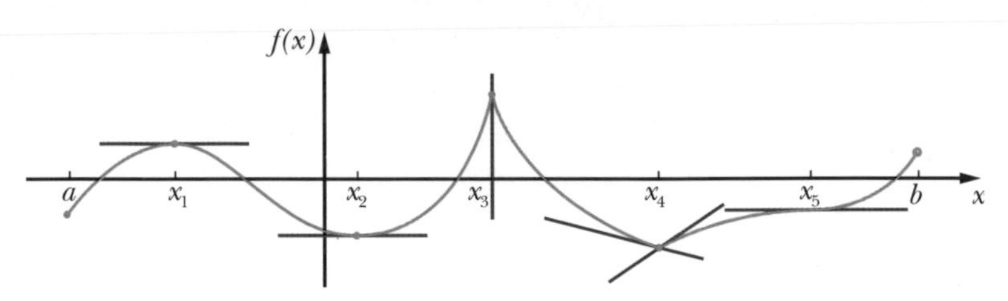

a) Déterminons les nombres critiques de f sur $[a, b[$.

– $f'(a)$ n'existe pas $\left(\text{car nous ne pouvons pas évaluer } \lim\limits_{x \to a^-} \dfrac{f(x) - f(a)}{x - a}\right)$, d'où a est un nombre critique de f.
– $f'(x_1) = 0$, d'où x_1 est un nombre critique de f.
– $f'(x_2) = 0$, d'où x_2 est un nombre critique de f.
– $f'(x_3)$ n'existe pas (car la tangente au point $(x_3, f(x_3))$ est verticale), d'où x_3 est un nombre critique de f. De plus, puisque $f'(x)$ passe du + au –, lorsque x passe de x_3^- à x_3^+, le point $(x_3, f(x_3))$ est un point de rebroussement de f.
– $f'(x_4)$ n'existe pas (car en ce point nous avons deux tangentes distinctes), d'où x_4 est un nombre critique de f. De plus, $(x_4, f(x_4))$ est un point anguleux de f.
– $f'(x_5) = 0$, d'où x_5 est un nombre critique de f.

b) Déterminons les points stationnaires de f sur $[a, b[$.

Puisque $f'(x_1) = 0$, $f'(x_2) = 0$ et $f'(x_5) = 0$, les points $(x_1, f(x_1))$, $(x_2, f(x_2))$ et $(x_5, f(x_5))$ sont les points stationnaires de f sur $[a, b[$. ■

Maximum, minimum et test de la dérivée première

Énonçons maintenant un théorème appelé *Test de la dérivée première* qui nous permettra de déterminer les points de maximum relatif et les points de minimum relatif d'une fonction.

Théorème 3
Test de la dérivée première

Soit f, une fonction continue sur un intervalle ouvert I, et $c \in$ I, un nombre critique de f, c'est-à-dire $f'(c) = 0$ ou $f'(c)$ n'existe pas.

a) Si $f'(x)$ passe du « + » au « – » lorsque x passe de c^- à c^+, alors $(c, f(c))$ est un point de maximum relatif de f.

b) Si $f'(x)$ passe du « – » au « + » lorsque x passe de c^- à c^+, alors $(c, f(c))$ est un point de minimum relatif de f.

c) Si $f'(x)$ ne change pas de signe lorsque x passe de c^- à c^+, alors $(c, f(c))$ n'est ni un point de maximum relatif ni un point de minimum relatif de f.

L'usage de tableaux pour condenser une ou des informations mathématiques a connu un âge d'or chez les Arabes entre 1000 et 1300. Ces tableaux n'étaient pas employés en calcul différentiel puisque ce dernier n'existait pas encore. On les utilisait plutôt pour les calculs algébriques. Ils permettaient de faire des calculs complexes sur les polynômes, par exemple pour en déterminer les racines.

Avant de construire un tableau de variation qui nous permettra de déterminer les intervalles de croissance, de décroissance, les points de maximum relatif et les points de minimum relatif d'une fonction, donnons un exemple graphique résumant les notions étudiées auparavant.

■ **Exemple 1** Soit la fonction f définie par le graphique suivant.

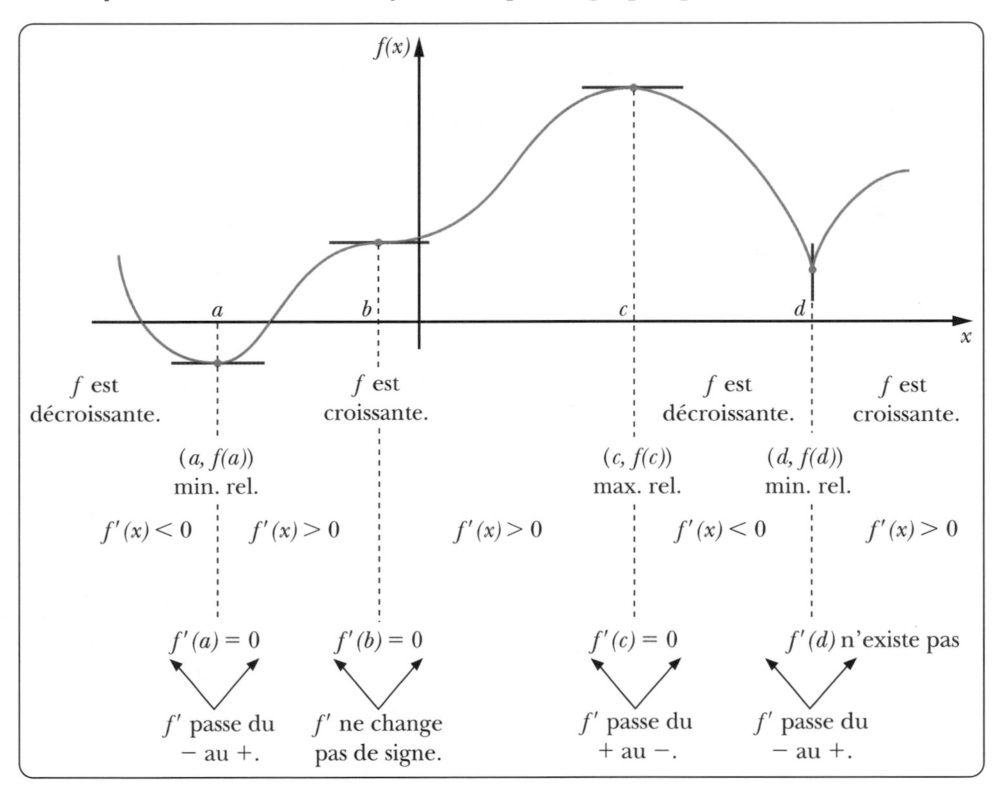

Les points $(a, f(a))$, $(b, f(b))$ et $(c, f(c))$ sont des points stationnaires.

Le point $(d, f(d))$ est un point de rebroussement. ■

Plaçons maintenant, dans un tableau de variation relatif à f', les informations obtenues à partir de la dérivée première de la fonction f pour esquisser le graphique de f.

■ **Exemple 2** Soit $f(x) = x^2 \quad 6x$.

a) Déterminons les intervalles de croissance et de décroissance de f.

Nous savons, d'après le théorème 1, que si $f'(x) > 0$ sur $]a, b[$, alors f est croissante sur $[a, b]$ et, que si $f'(x) < 0$ sur $]a, b[$, alors f est décroissante sur $[a, b]$. Il faut donc déterminer les valeurs de x pour lesquelles $f'(x) > 0$ et les valeurs de x pour lesquelles $f'(x) < 0$.

1re étape : Calculer et factoriser, si possible, $f'(x)$ car factoriser aide à déterminer les nombres critiques.

$$f'(x) = 2x - 6$$
$$= 2(x - 3)$$

2e étape : Déterminer les nombres critiques de f.

1) $f'(x) = 0$ si $x = 3$, d'où 3 est un nombre critique.

2) $f'(x)$ est définie $\forall\ x$, d'où aucun nouveau nombre critique.

3e étape : Construire le tableau de variation relatif à f'.

Afin de déterminer les valeurs de x qui rendent la dérivée positive ou négative, construisons le tableau suivant.

x	$-\infty$	Placer ici le nombre critique déterminé à l'étape 2.	$+\infty$
$f'(x)$	Placer ici le signe (+ ou −) de $f'(x)$ sur l'intervalle ci-dessus.	Ici $f'(x) = 0$ ou $f'(x)$ n'existe pas.	Placer ici le signe (+ ou −) de $f'(x)$ sur l'intervalle ci-dessus.

Sur cet intervalle, $f'(x)$ est toujours de même signe.

Sur cet intervalle, $f'(x)$ est toujours de même signe.

Puisque sur l'intervalle $-\infty$, 3[, $f'(x)$ est toujours de même signe, nous pouvons déterminer ce signe en calculant f' (d'une valeur comprise entre $-\infty$ et 3), par exemple, $f'(0) = -6$, d'où le signe « − ».

Pour l'intervalle]3, $+\infty$, la même remarque s'applique. Par exemple, $f'(10) = 14$, d'où le signe « + ».

Nous obtenons ainsi le tableau de signes ci-contre.

x	$-\infty$	3	$+\infty$
$f'(x)$	−	0	+

Ainsi, puisque $f'(x) < 0$ sur $-\infty$, 3[, alors f est décroissante sur $-\infty$, 3].

De même, puisque $f'(x) > 0$ sur]3, $+\infty$, alors f est croissante sur [3, $+\infty$.

Ces informations s'ajoutent au tableau précédent de la façon suivante.

x	$-\infty$	3	$+\infty$
$f'(x)$	−	0	+
f	f est décroissante sur $-\infty$, 3]. Notation ↘	$f(3)$	f est croissante sur [3, $+\infty$. Notation ↗

Ainsi, le tableau devient :

x	$-\infty$	3	$+\infty$
$f'(x)$	−	0	+
f	↘	-9	↗

b) Déterminons les points de maximum relatif et les points de minimum relatif de f.

Autour du nombre critique 3, $f'(x)$ change de signe, c'est-à-dire passe du « – » au « + » lorsque x passe de 3^- à 3^+ ; cela équivaut à dire que, à ce nombre critique, f cesse de décroître pour commencer à croître. Nous savons donc que (3, -9) est un point de minimum relatif de f. Cette information s'ajoute au tableau de variation relatif à f' comme suit :

x	$-\infty$	3	$+\infty$
$f'(x)$	$-$	0	$+$
f	↘	-9	↗
		min.	

Ce tableau s'appelle le tableau de variation relatif à f'.

c) Donnons une esquisse du graphique de f.

Pour esquisser le graphique de f, utilisons les données du tableau de variation précédent.

Nous savons que f est décroissante sur $-\infty, 3]$, c'est-à-dire que f est décroissante jusqu'au point (3, -9). Nous savons aussi que f est croissante sur $[3, +\infty$, c'est-à-dire que f est croissante à partir du point (3, -9).

Marche à suivre :

i) Nous plaçons d'abord les points qui figurent au tableau de variation.

ii) Nous pouvons également identifier les intersections du graphique et des axes, c'est-à-dire déterminer $f(0)$, en l'occurrence $f(0) = 0$ et, si possible, les zéros de f, c'est-à-dire résoudre $f(x) = 0$, en l'occurrence $x = 0$ et $x = 6$.

iii) Nous esquissons le graphique de la fonction f.

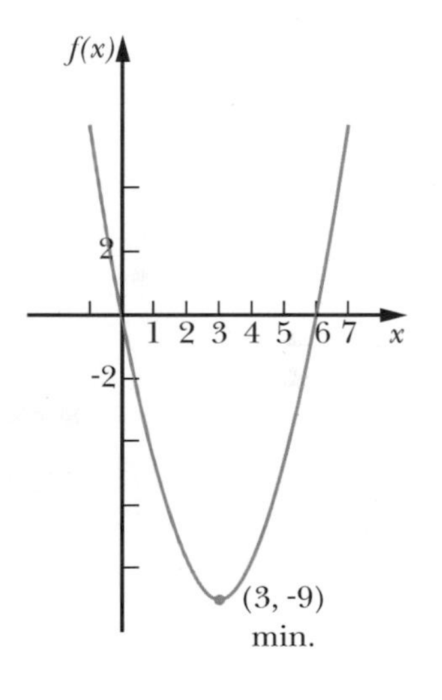

■

■ **Exemple 3** Soit $f(x) = 2x^3 - 3x^2 - 12x + 10$, où dom $f = \mathbb{R}$.

a) Construisons le tableau de variation relatif à f'.

1re étape : Calculer $f'(x)$.

$$f'(x) = 6x^2 - 6x - 12$$
$$= 6(x + 1)(x - 2)$$

2e étape : Déterminer les nombres critiques de f.

1) $f'(x) = 0$ si $x = -1$ ou $x = 2$, d'où -1 et 2 sont des nombres critiques.

2) $f'(x)$ est définie $\forall\ x$, d'où aucun nouveau nombre critique.

3e étape : Construire le tableau de variation relatif à f'.

x	$-\infty$	-1		2	$+\infty$
$f'(x)$	+	0	$-$	0	+
f	↗	17	↘	-10	↗
		max.		min.	

b) Esquissons le graphique de f.

$f(0) = 10$

Les zéros de f sont difficiles à déterminer algébriquement.

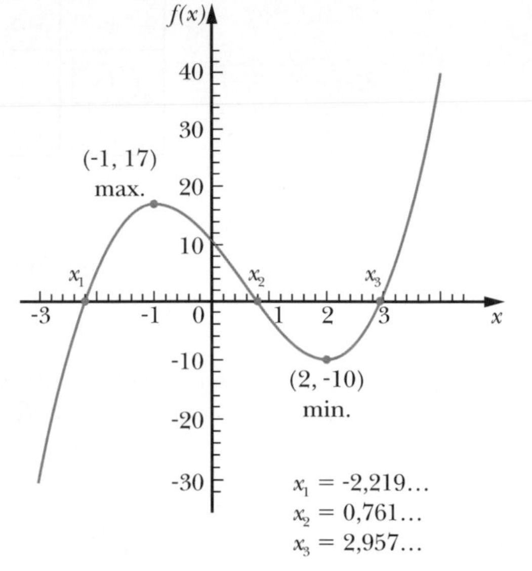

OUTIL TECHNOLOGIQUE

Nous pouvons cependant les localiser approximativement à l'aide du théorème de la valeur intermédiaire, ou d'un moyen technologique approprié.

Remarque Du tableau de variation précédent, nous avons

f est croissante sur $-\infty, -1] \cup [2, +\infty$;

f est décroissante sur $[-1, 2]$;

$(-1, 17)$ est un point de maximum relatif;

$f(-1)$, c'est-à-dire 17, est un maximum relatif de f;

$(2, -10)$ est un point de minimum relatif;

$f(2)$, c'est-à-dire -10, est un minimum relatif de f. ■

■ **Exemple 4** Soit $f(x) = 3x^4 - 8x^3 - 6$, définie sur $[-1, 3]$.

a) Construisons le tableau de variation relatif à f'.

1re étape: Calculer $f'(x)$.

$$f'(x) = 12x^3 - 24x^2$$
$$= 12x^2 (x - 2)$$

2e étape: Déterminer les nombres critiques de f.

1) $f'(x) = 0$ si $x = 0$ ou $x = 2$, d'où 0 et 2 sont des nombres critiques.

2) $f'(x)$ n'existe pas si $x = -1$ ou $x = 3$, d'où -1 et 3 sont des nombres critiques.

3e étape: Construire le tableau de variation relatif à f'.

x	-1		0		2		3
$f'(x)$	$\nexists$	$-$	0	$-$	0	+	$\nexists$
f	5	↘	-6	↘	-22	↗	21
	max.				min.		max.

b) Esquissons le graphique de f. Ainsi :

(-1, 5) est un point de maximum relatif ;

(-2, -22) est le point de minimum absolu ;

(3, 21) est le point de maximum absolu.

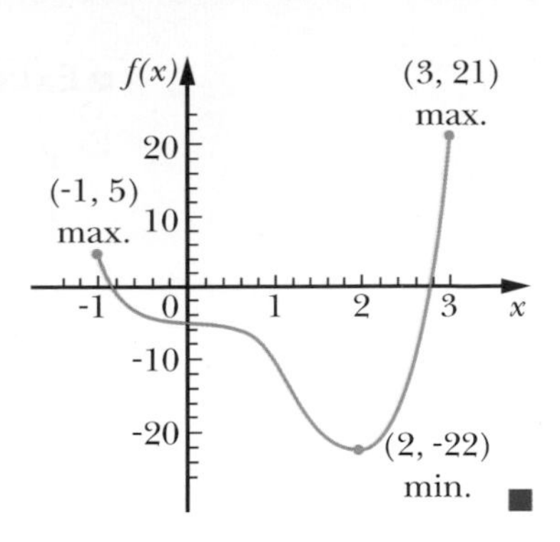

Remarque Soit la fonction précédente $f(x) = 3x^4 - 8x^3 - 6$, définie sur]-1, 3[, dont la représentation est ci-contre. Ainsi, (2, -22) est le point de minimum absolu, et cette fonction n'a aucun point de maximum.

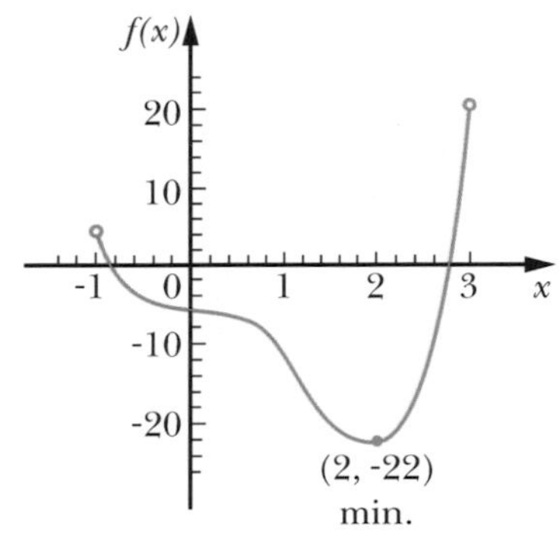

Étudions maintenant quelques exemples de fonctions continues mais non dérivables en certains points.

■ **Exemple 5** Soit $f(x) = \sqrt[3]{x^2 - 4x}$, où dom $f = \mathbb{R}$.

a) Construisons le tableau de variation relatif à f'.

1re étape : Calculer $f'(x)$.

$$f'(x) = \frac{2x - 4}{3\sqrt[3]{(x^2 - 4x)^2}}$$

$$= \frac{2(x - 2)}{3\sqrt[3]{x^2(x - 4)^2}}$$

2e étape : Déterminer les nombres critiques de f.

1) $f'(x) = 0$ si $x = 2$, d'où 2 est un nombre critique.

2) $f'(x)$ n'existe pas si $x = 0$ ou $x = 4$, d'où 0 et 4 sont des nombres critiques.

3e étape : Construire le tableau de variation relatif à f'.

x	$-\infty$	0		2		4	$+\infty$
$f'(x)$	$-$	$\nexists$	$-$	0	$+$	$\nexists$	$+$
f	↘	0	↘	$\sqrt[3]{-4}$	↗	0	↗
				min.			

b) Esquissons le graphique de f.

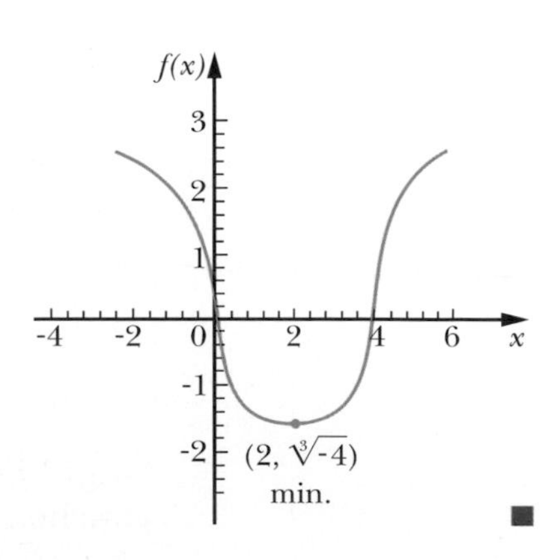

■ **Exemple 6** Soit $f(x) = 5 - \sqrt[3]{(x-4)^2}$.

Esquissons le graphique de f à l'aide du tableau de variation relatif à f'.

1re étape : Calculer $f'(x)$.

$$f'(x) = \frac{-2}{3\sqrt[3]{(x-4)}}$$

2e étape : Déterminer les nombres critiques de f.

$f'(x)$ n'existe pas si $x = 4$, d'où 4 est un nombre critique.

3e étape : Construire le tableau de variation relatif à f'.

x	$-\infty$	4	$+\infty$
$f'(x)$	$+$	$\nexists$	$-$
f	↗	5	↘
		max.	

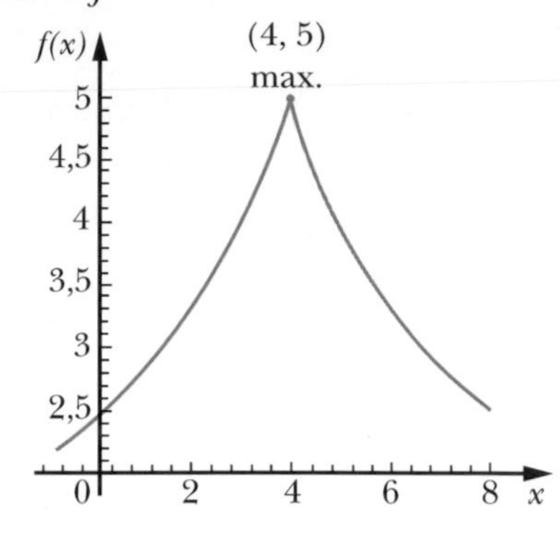

Esquisse du graphique de f

Le point (-4, 5) est un point de rebroussement. ■

■ **Exemple 7** Soit $f(x) = |x - 2|$.

Construisons le tableau de variation relatif à f' et esquissons le graphique de f.

1re étape : Calculer $f'(x)$.

Ici $f(x) = |x-2| = \begin{cases} x-2 & \text{si} \quad x \geqslant 2 \\ -(x-2) & \text{si} \quad x < 2 \end{cases}$ (par définition de $|x-2|$).

Si $x > 2$, $f(x) = x - 2$, d'où $f'(x) = 1$.

Si $x < 2$, $f(x) = -x + 2$, d'où $f'(x) = -1$.

Pour $x = 2$, utilisons la définition de la dérivée en un point.

$$\begin{aligned} f'(2) &= \lim_{h \to 0} \frac{f(2+h) - f(2)}{h} \quad \text{(par définition)} \\ &= \lim_{h \to 0} \frac{|2+h-2| - 0}{h} \\ &= \lim_{h \to 0} \frac{|h|}{h} \end{aligned}$$

À cause de la définition de $|h|$, nous devons évaluer la limite à gauche et la limite à droite.

i) $\displaystyle \lim_{h \to 0^-} \frac{|h|}{h} = \lim_{h \to 0^-} \frac{-h}{h}$ (car $|h| = -h$ si $h < 0$)

$\displaystyle = \lim_{h \to 0^-} -1 = -1$

ii) $\displaystyle \lim_{h \to 0^+} \frac{|h|}{h} = \lim_{h \to 0^+} \frac{h}{h}$ (car $|h| = h$ si $h > 0$)

$\displaystyle = \lim_{h \to 0^+} 1 = 1$

Donc, $f'(2)$ n'existe pas car la limite à droite n'est pas égale à la limite à gauche.

2ᵉ étape : Déterminer les nombres critiques de f.

$f'(x)$ n'existe pas si $x = 2$, d'où 2 est un nombre critique.

3ᵉ étape : Construire le tableau de variation relatif à f'.

x	$-\infty$	2	$+\infty$
$f'(x)$	$-$	$\nexists$	$+$
f	↘	0	↗
		min.	

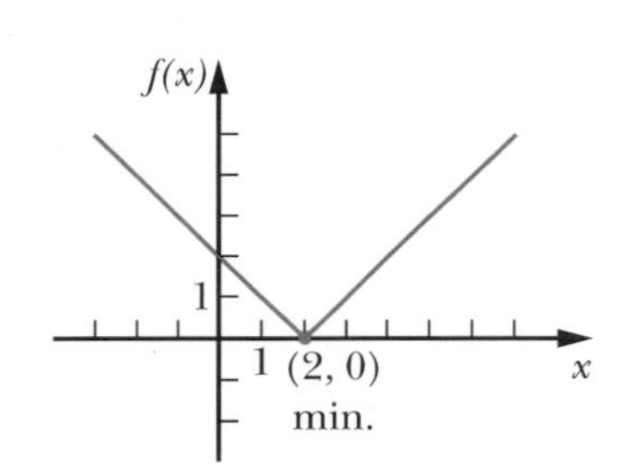

Esquisse du graphique de f

Le point (2, 0) est un point anguleux. ■

■ **Exemple 8** Soit $f(x) = \sqrt{x^2 + x - 6} - 3$.

a) Déterminons dom f.

$$x^2 + x - 6 \geqslant 0$$

$$(x + 3)(x - 2) \geqslant 0$$

D'où dom $f =]-\infty, -3] \cup [2, +\infty$.

b) Construisons le tableau de variation relatif à f'.

1ʳᵉ étape : Calculer $f'(x)$.

$$f'(x) = \frac{2x + 1}{2\sqrt{x^2 + x - 6}}$$

$$= \frac{2x + 1}{2\sqrt{(x + 3)(x - 2)}}$$

2ᵉ étape : Déterminer les nombres critiques de f.

1) $f'(x)$ n'est jamais égale à zéro sur le domaine de f. En effet, $\frac{-1}{2} \notin$ dom f.

2) $f'(x)$ n'existe pas si $x = -3$ ou $x = 2$, d'où -3 et 2 sont des nombres critiques.

3ᵉ étape : Construire le tableau de variation.

x	$-\infty$	-3		2	$+\infty$
$f'(x)$	$-$	$\nexists$	$\nexists$	$\nexists$	$+$
f	↘	-3	$\nexists$	-3	↗
		min.		min.	

Esquisse du graphique de f

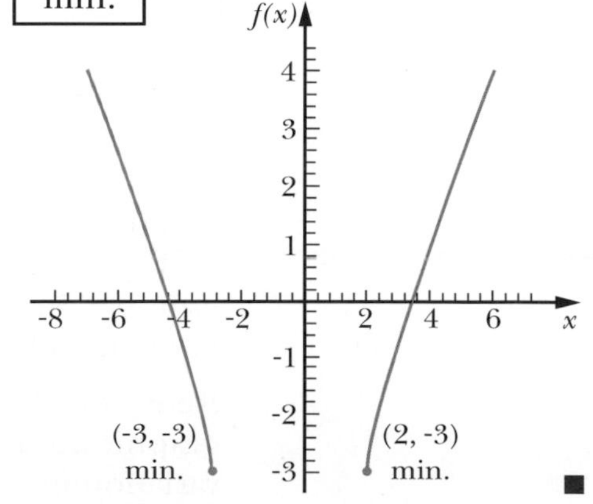

■

Graphique de f et graphique de f'

Les graphiques d'une fonction et de sa dérivée sont dépendants l'un de l'autre.

■ **Exemple 1** Déterminons l'esquisse du graphique de f' connaissant le graphique de f.

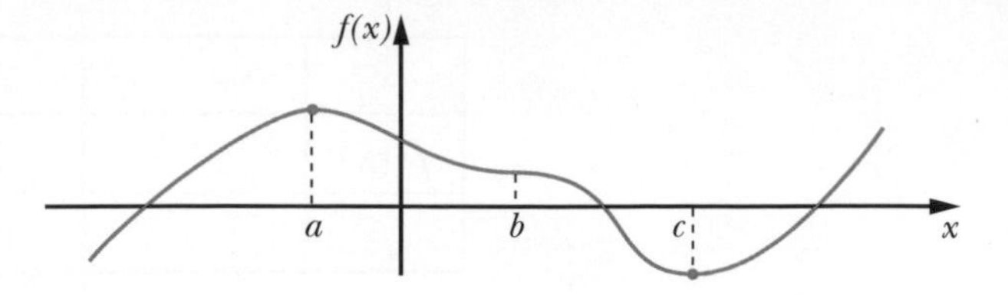

Indiquons les informations nécessaires à la construction du graphique de f'.

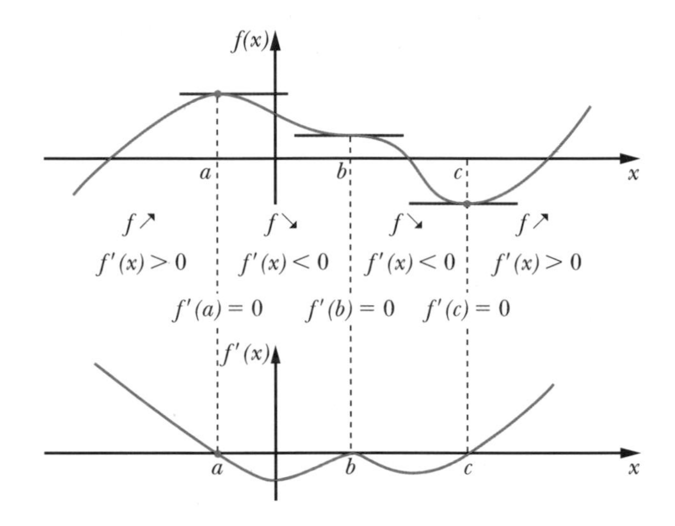

■

■ **Exemple 2** Soit f', la fonction définie par le graphique ci-contre.

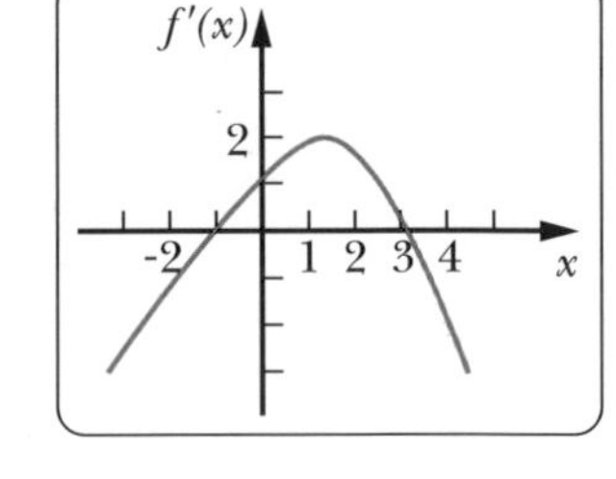

Donnons une esquisse du graphique de f.

1re étape: Déterminer les nombres critiques de f.

$f'(x) = 0$ si $x = -1$ ou $x = 3$ (intersection de la courbe de f' avec l'axe des x), d'où -1 et 3 sont des nombres critiques de f.

2e étape: Construire le tableau de variation.

x	$-\infty$	-1		3	$+\infty$
$f'(x)$	−	0	+	0	−
f	↘	$f(-1)$	↗	$f(3)$	↘
		min.		max.	

Même si nous ignorons les valeurs exactes de $f(-1)$ et de $f(3)$, nous pouvons donner une esquisse du graphique de f qui respecte les données du tableau de variation.

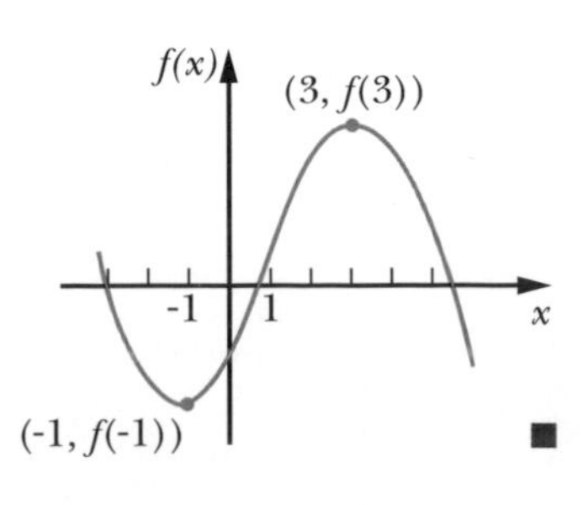

Remarque Il existe une infinité d'esquisses du graphique respectant les données du tableau de variation précédent.

■

Exercices 6.1

1. Compléter les énoncés suivants, sachant que f est une fonction continue sur $[a, b]$ et $c \in]a, b[$.

a) Si $f'(x) > 0$ sur $]a, b[$, alors …

b) Si $f'(x) < 0$ sur $]a, b[$, alors …

c) c est un nombre critique de f si …

d) Si $f'(c) = 0$, alors $(c, f(c))$ est …

e) Si $f'(x)$ passe du « + » au « − » lorsque x passe de c^- à c^+, alors le point …

f) Si $f'(x)$ passe du « − » au « + » lorsque x passe de c^- à c^+, alors le point …

2. Compléter les énoncés suivants, sachant que f, f', f'', etc. sont continues sur $\mathbb{R}$.

a) Si $f''(x) > 0$ sur $]a, b[$, alors f' …

b) Si f' est une fonction décroissante sur $[a, b]$, alors $f''(x)$ …

c) Si $f^{(4)}(x) < 0$ sur $]a, b[$, alors …

d) Si $f^{(7)}(x)$ est une fonction croissante sur $[a, b]$, alors …

3. Pour chaque courbe, déterminer le(s) :

i) minimum(s) relatif(s) ;
ii) minimum(s) absolu(s) ;
iii) maximum(s) relatif(s) ;
iv) maximum(s) absolu(s) ;
v) point anguleux ;
vi) point de rebroussement.

a)

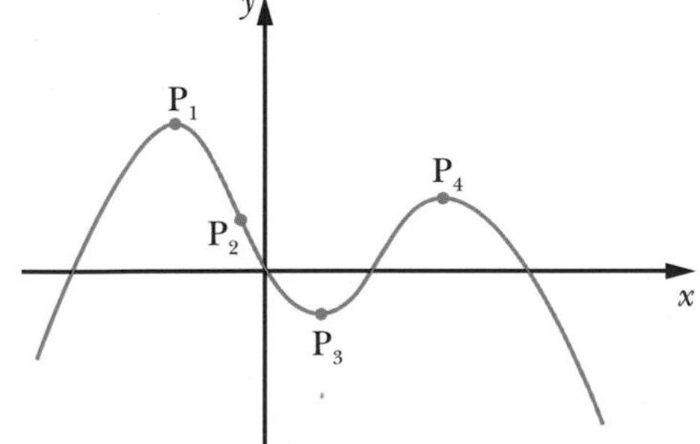

b)

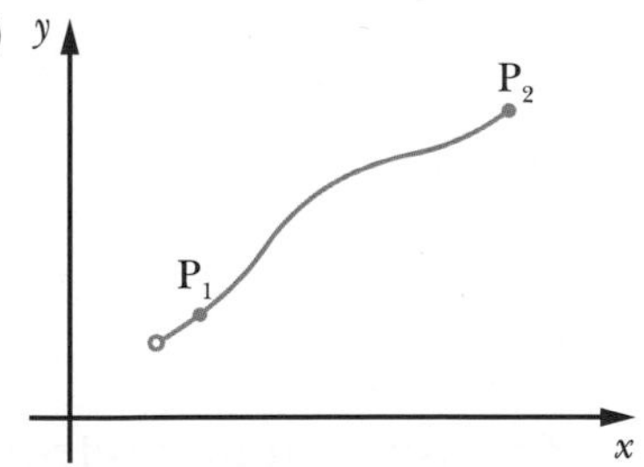

c)

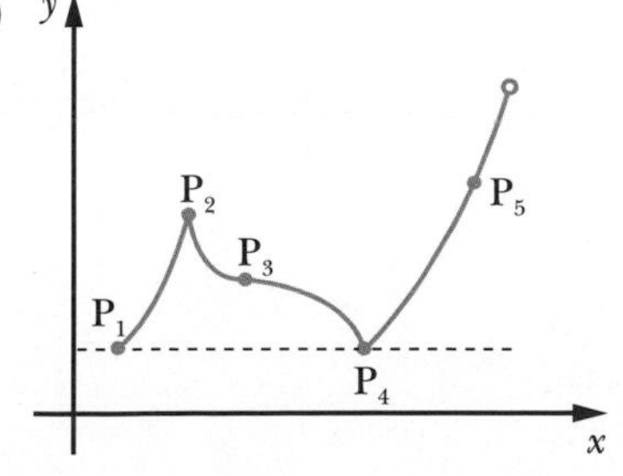

d)

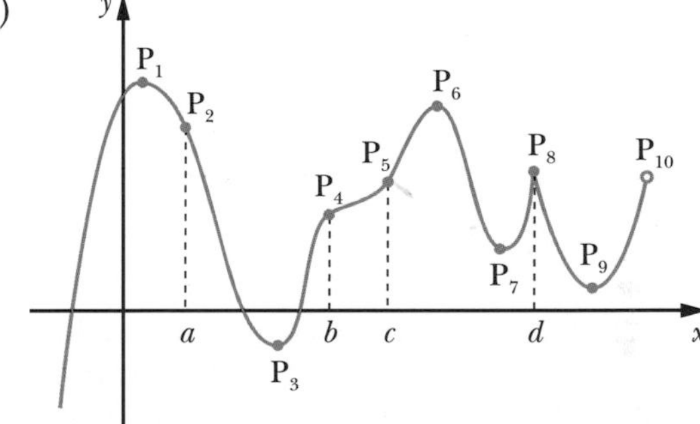

e) Même courbe qu'en d) sur $[a, b]$.

f) Même courbe qu'en d) sur $]c, d]$.

4. Compléter. Soit la fonction f définie par le graphique suivant.

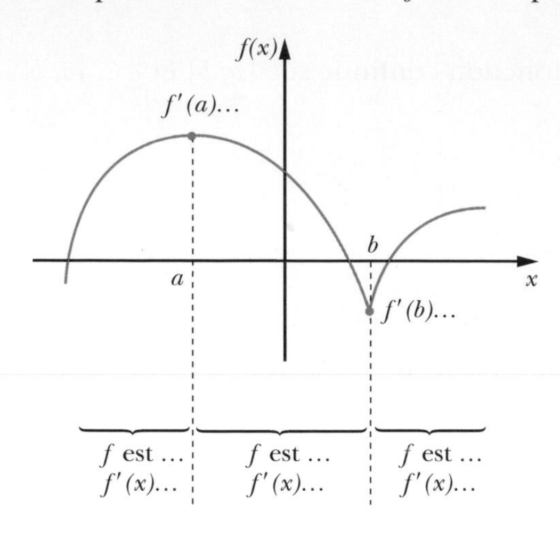

5. Construire le tableau de variation relatif à f' à partir des équations de f'.

a) $f'(x) = x^2(x - 3)$

b) $f'(x) = x(x - 1)^2(x + 2)(x - 3)$

c) $f'(x) = (x^2 - 1)x^3$

d) $f'(x) = \dfrac{(x - 2)^2(3 - x)}{7x^2}$

6. Pour chacune des fonctions suivantes, construire le tableau de variation relatif à f' et déterminer, si possible, les intervalles de croissance, de décroissance, les maximums relatifs, les minimums relatifs, les points de maximum relatif et les points de minimum relatif de f.

a) $f(x) = x^3 - 12x + 1$

b) $f(x) = (x^2 - 3x + 4)^3$

c) $f(x) = -4x^5 - 3x^3 + 1$

d) $f(x) = 4x^5 - 5x^4 + 3$

e) $f(x) = \sqrt[5]{x} + 2$

f) $f(x) = \dfrac{x^2 - 9}{x^2 + 9}$

g) $f(x) = 3x^4 - 4x^3$ sur $[-1, +\infty$

h) $f(x) = x^4 - 4x^3 - 20x^2 + 4$ sur $[-2, 4[$

7. Pour chaque fonction, construire le tableau de variation relatif à f', déterminer les points de maximum relatif, les points de minimum relatif, les points anguleux et les points de rebroussement à l'aide du test de la dérivée première et esquisser le graphique de f.

a) $f(x) = 4 - (x - 5)^2$ sur $[3, 6[$

b) $f(x) = x^3 + 2$ sur $-\infty, 2]$

c) $f(x) = x^3 + 6x^2 + 1$

d) $f(x) = (x + 1)^3(2x - 3)$

e) $f(x) = 3 + |x - 5|$

f) $f(x) = x^4 - 2x^2 - 3$

g) $f(x) = 7 - (x - 2)^2(x + 2)^2$

h) $f(x) = \sqrt{3x + 7} - 2$

i) $f(x) = 3 + (4 - 2x)^{\frac{2}{3}}$

j) $f(x) = 3x^5 - 25x^3 + 60x$

8. Esquisser un graphique possible d'une fonction f, où dom $f = \mathbb{R}$, satisfaisant toutes les conditions suivantes :

$f'(-5) = 0$ et $f(-5) = -2$;

$f'(-3) \nexists$ et $f(-3) = 2$;

$f'(2) = 0$ et $f(2) = -3$;

$f'(5) = 0$ et $f(5) = 1$;

$f'(x) < 0$ sur $-\infty, 5[\cup]-3, 2[\cup]5, +\infty$;

$f'(x) > 0$ sur $]-5, -3[\cup]2, 5[$.

9. Connaissant le graphique de f, construire le tableau de variation relatif à f'.

a)

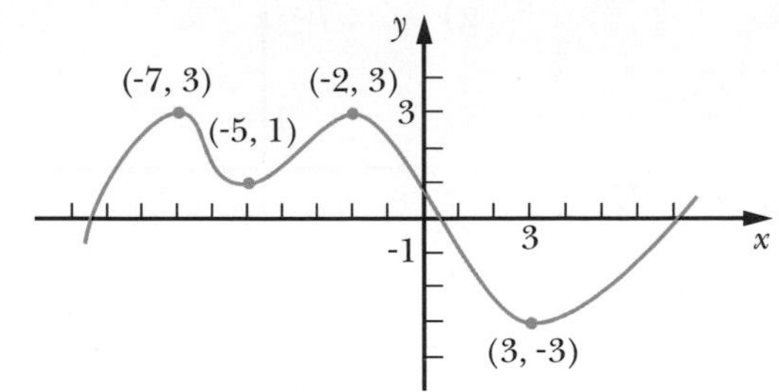

c)

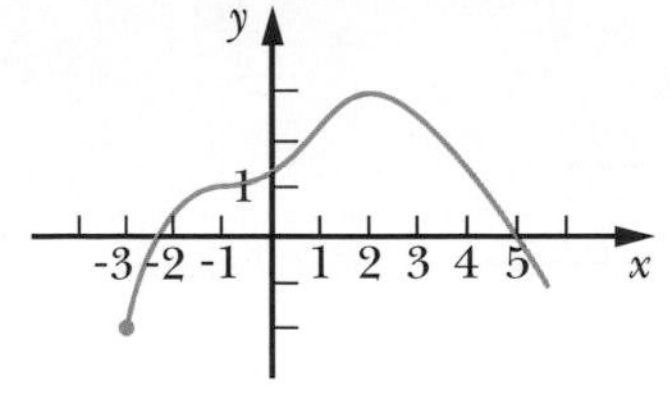

b)

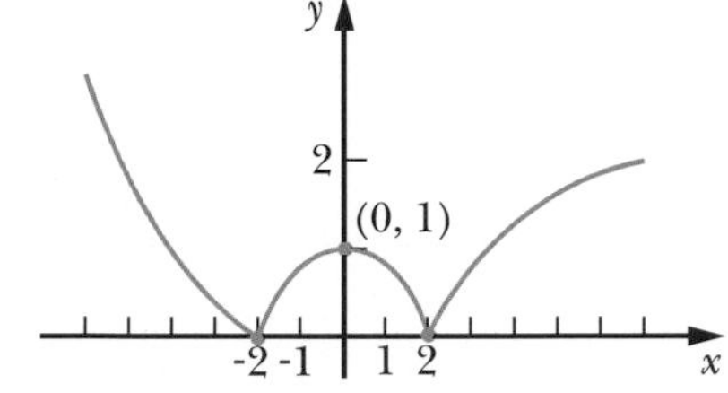

10. Construire le tableau de f relatif à f' et donner une esquisse possible du graphique de f à partir du graphique de $f'(x)$.

a)

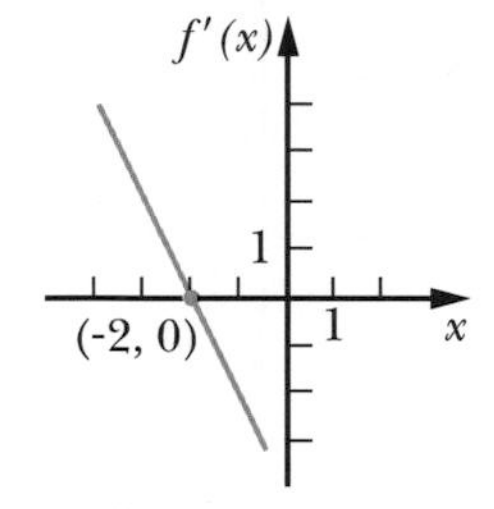

c)

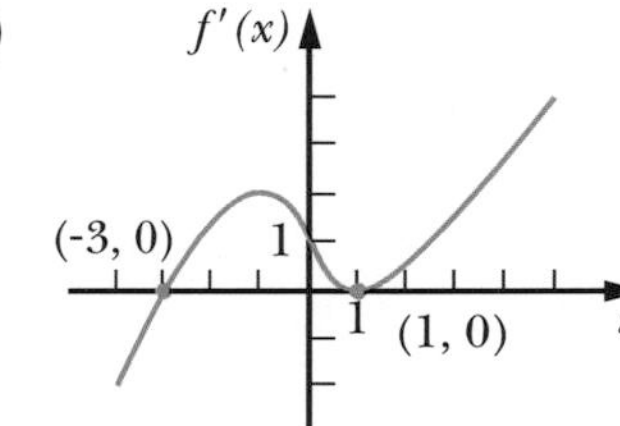

b)

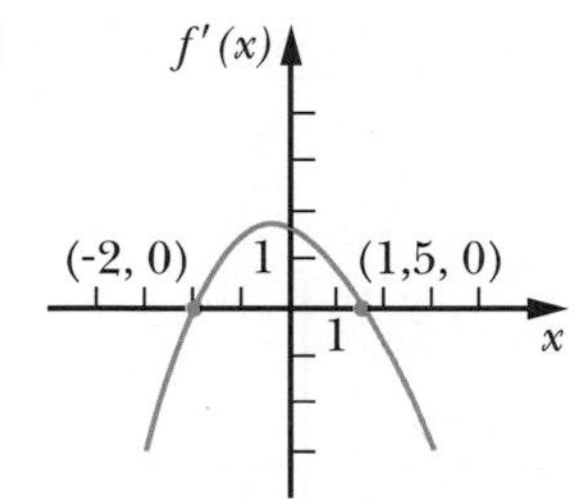

d)

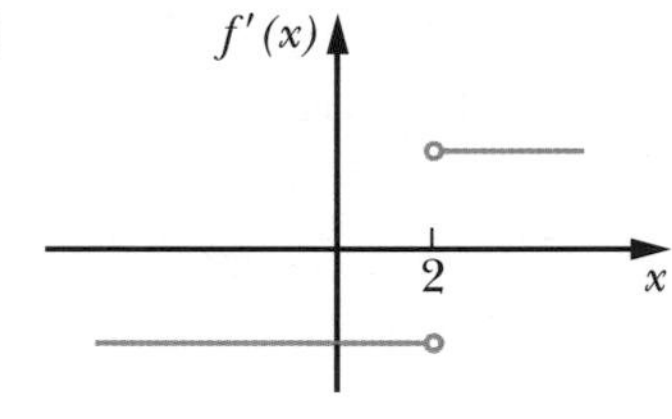

11. Soit la fonction f définie sur $[-5, 5]$ par le graphique suivant.

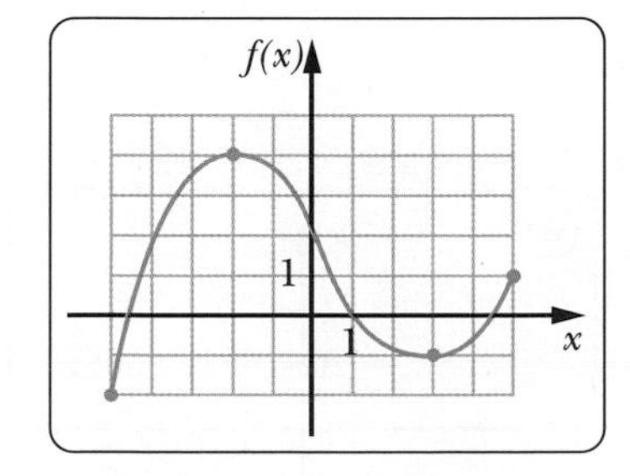

a) Sur quel intervalle $f'(x) \leqslant 0$?

b) Sur quel intervalle f' est décroissante ?

c) Déterminer la valeur de x telle que f' soit minimale. Estimer la valeur minimale de f'.

12. Soit les graphiques de différentes fonctions.

a) 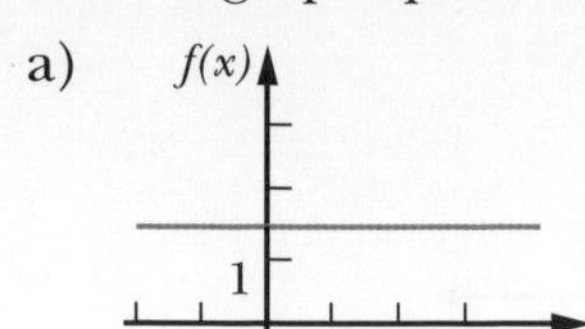

d) 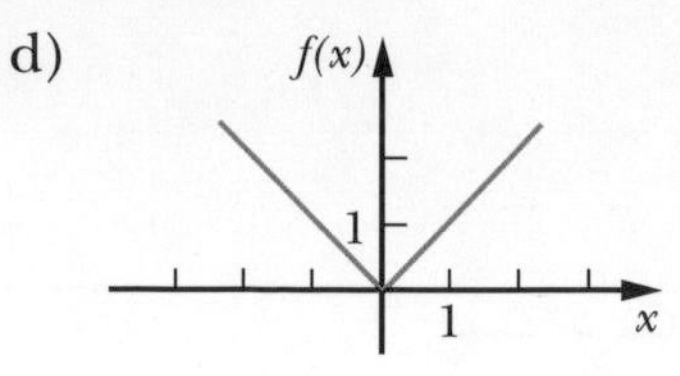

g) 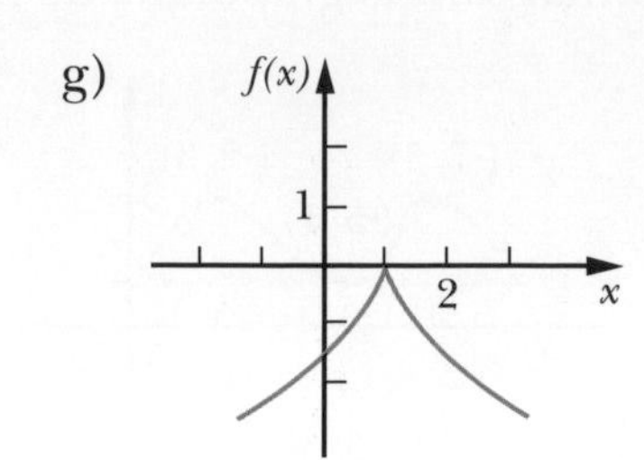

b) 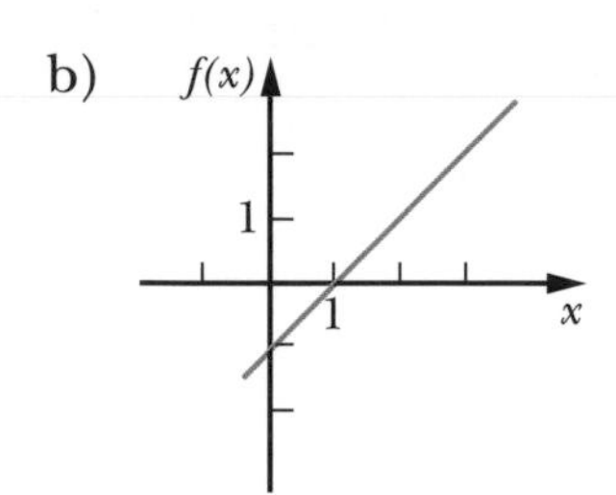

e) 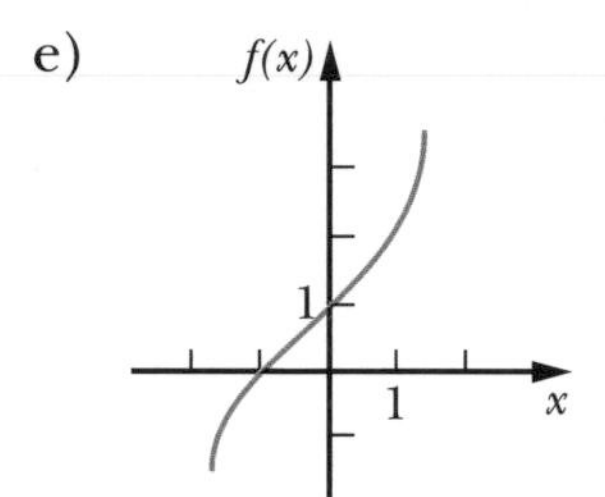

h) 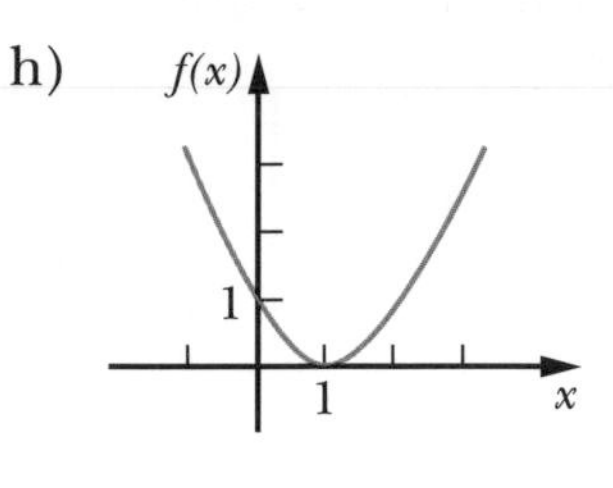

c) 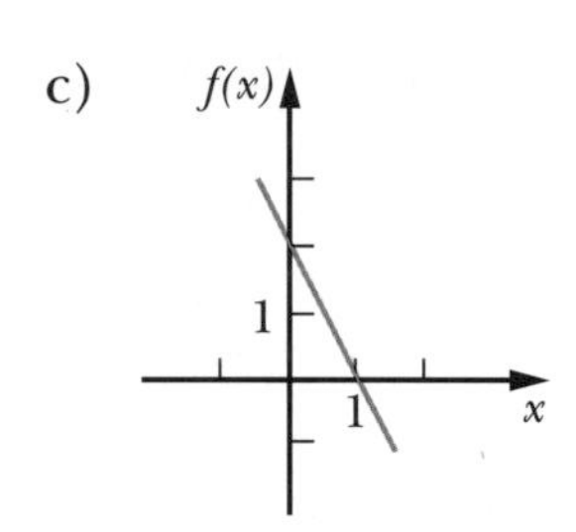

f) 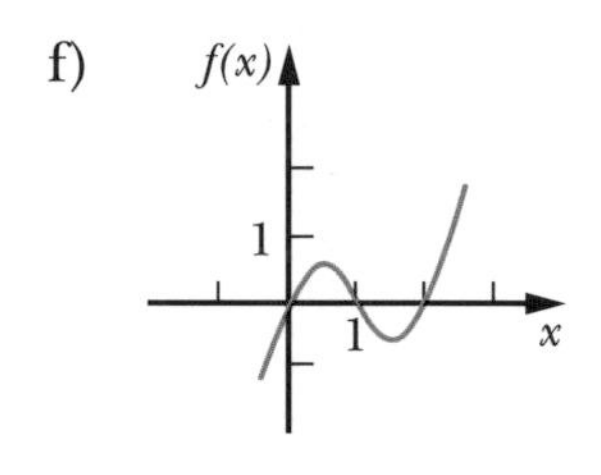

i) 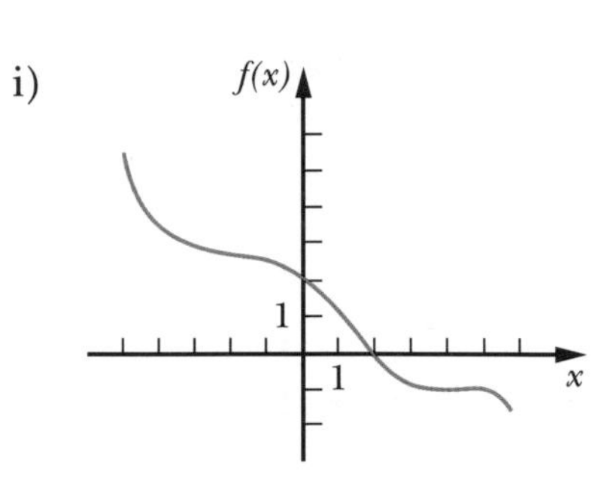

Les graphiques suivants représentent les dérivées des fonctions représentées précédemment. Associer à chaque fonction précédente le graphique qui représente, le plus précisément possible, la dérivée de cette fonction.

① 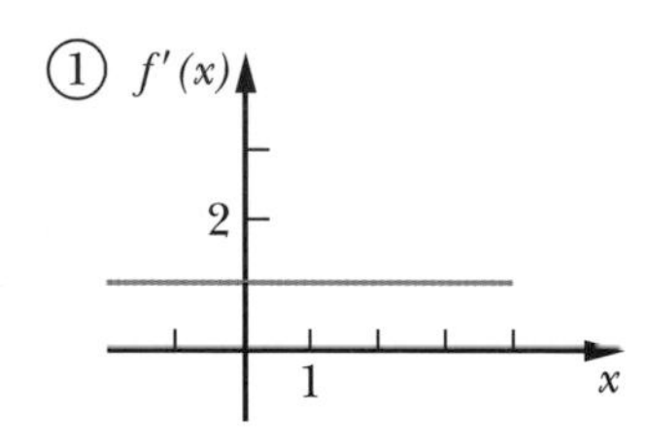

③ 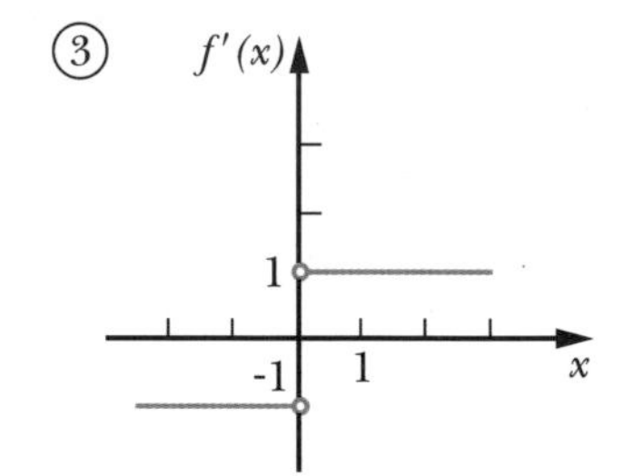

⑤ 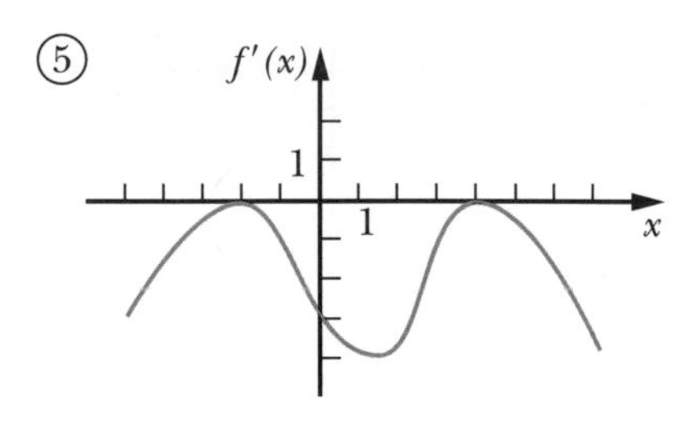

② 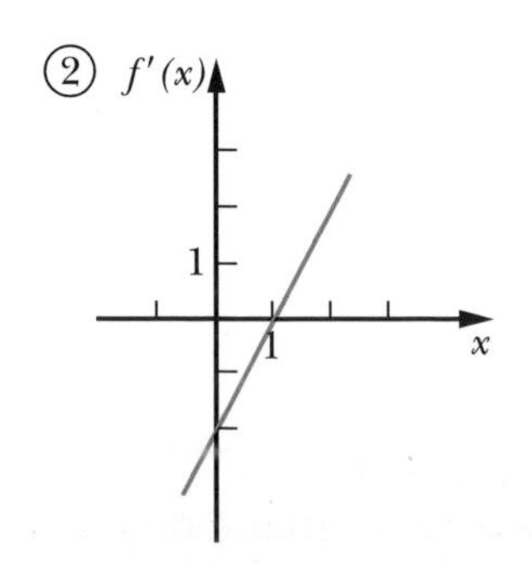

④ 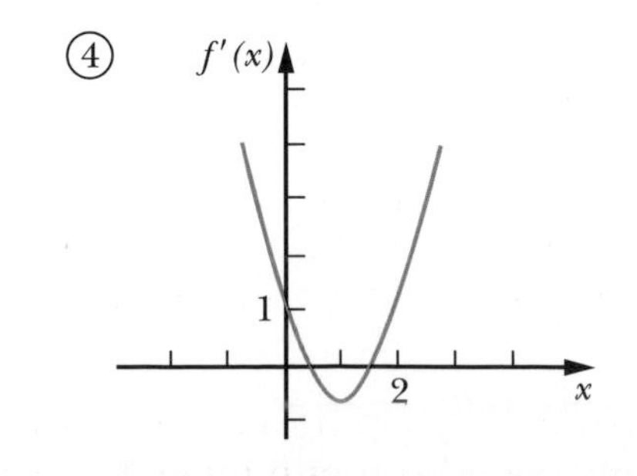

⑥ 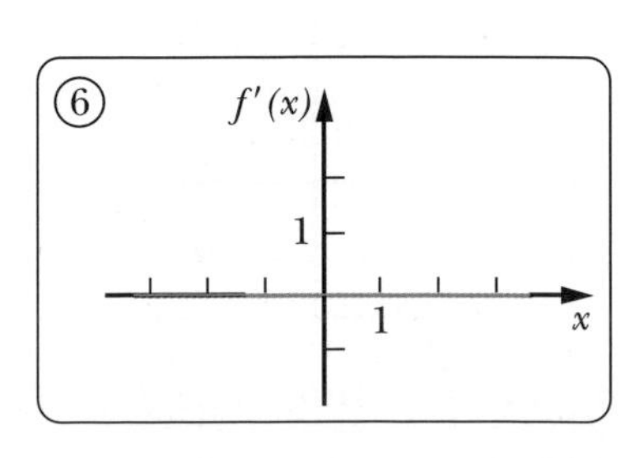

⑦ $f'(x)$

1
-1
x

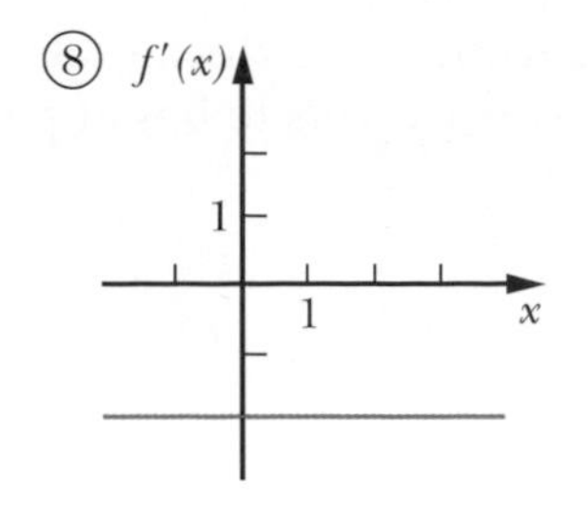

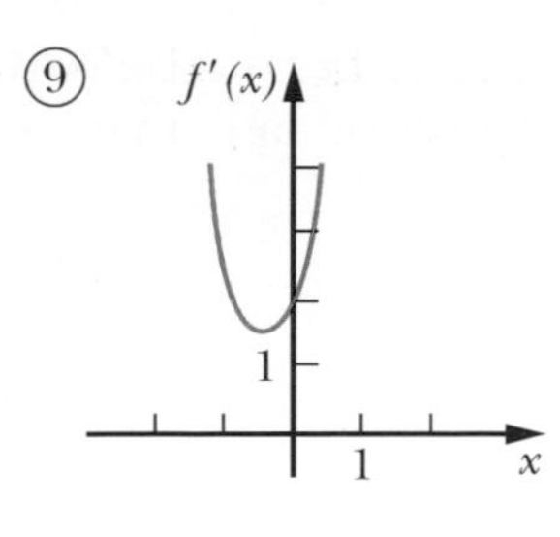

13. Déterminer dans les représentations suivantes la fonction f, la fonction f' et la fonction g qui n'est pas la dérivée de f.

a)

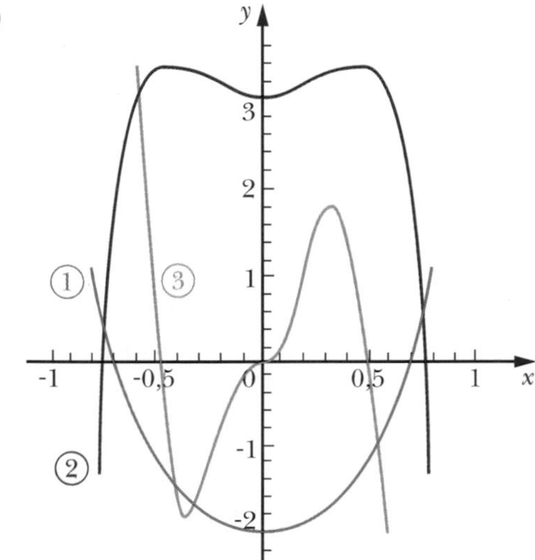

b)

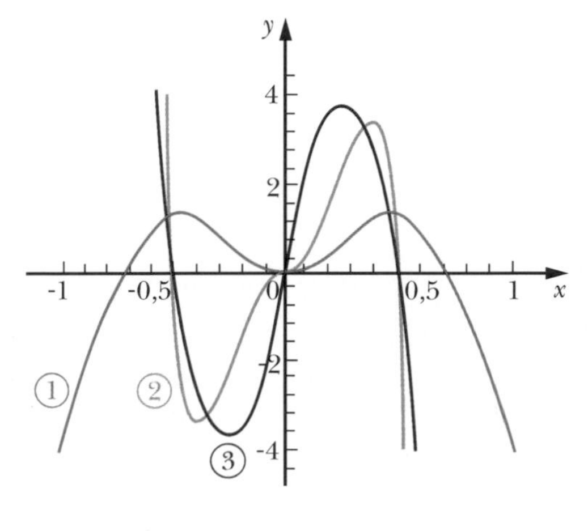

6.2 INTERVALLES DE CONCAVITÉ VERS LE HAUT, INTERVALLES DE CONCAVITÉ VERS LE BAS ET POINT D'INFLEXION

Objectif d'apprentissage

À la fin de cette section, l'élève pourra rassembler dans un tableau de variation les informations relatives aux intervalles de concavité vers le haut, aux intervalles de concavité vers le bas et aux points d'inflexion.

Plus précisément, l'élève sera en mesure :

- de connaître la définition de concavité vers le haut et de concavité vers le bas du graphique d'une fonction ;
- de connaître la définition d'un point d'inflexion ;
- de relier la concavité d'une fonction au signe de sa dérivée seconde ;
- de déterminer les intervalles de concavité vers le haut et de concavité vers le bas d'une fonction ;
- de déterminer les nombres critiques de f' ;
- de déterminer les points d'inflexion d'une fonction ;
- de construire un tableau de variation relatif à f'' ;
- de déterminer les points de maximum relatif et les points de minimum relatif d'une fonction à l'aide du test de la dérivée seconde.

Pour esquisser d'une façon plus précise le graphique d'une fonction, nous devons connaître la concavité d'une courbe. Cette information nous sera donnée par le signe de la dérivée seconde.

Par exemple, sur la courbe suivante représentant le dosage d'un acide faible par une base forte, nous constatons que la courbe est parfois concave vers le bas et parfois concave vers le haut.

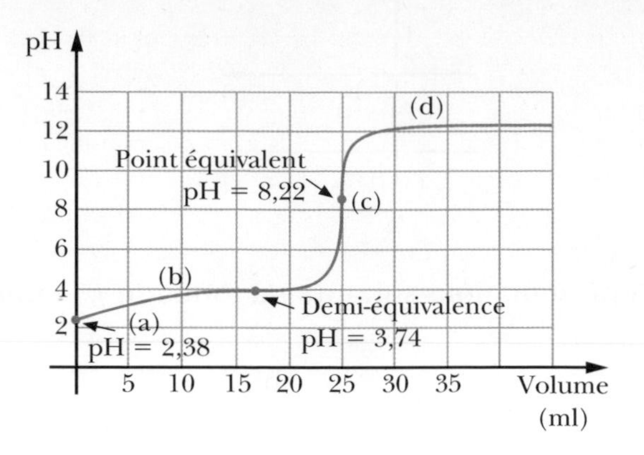

Concavité et point d'inflexion

Définition

Soit f une fonction définie sur un intervalle I et continue sur $[a, b]$, où $[a, b] \subseteq$ I.

1) f est **concave vers le haut** sur l'intervalle $[a, b]$ si, sur cet intervalle, la courbe de f est au-dessus de chacune des tangentes que nous pouvons tracer sur $]a, b[$.

2) f est **concave vers le bas** sur l'intervalle $[a, b]$ si, sur cet intervalle, la courbe de f est au-dessous de chacune des tangentes que nous pouvons tracer sur $]a, b[$.

Définition

Soit f, une fonction continue en $x = c$.

Le point $(c, f(c))$ est un **point d'inflexion** de f si la courbe de f change de concavité au point $(c, f(c))$.

■ **Exemple 1** Soit f une fonction définie par le graphique suivant.

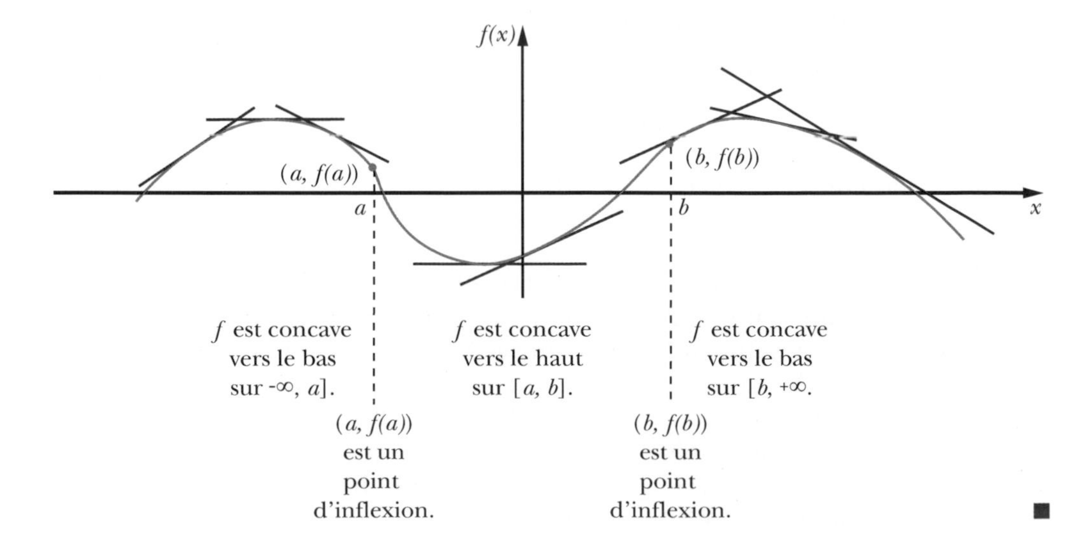

■

La notion de point d'inflexion, et sa relation avec la concavité d'une courbe, était connue des fondateurs du calcul différentiel et intégral. Mais les points d'inflexion ne se présentent, pour les courbes algébriques, que sur les courbes de degrés supérieurs à deux. C'est donc dans le contexte de l'étude de ces courbes, particulièrement par Newton en 1704, que le point d'inflexion prend toute son importance. Mentionnons que Newton (1642-1715) s'intéressait aussi bien aux fonctions explicites qu'implicites de degré 3. Certaines de ces courbes surprennent. Pour vous en convaincre, tracez la courbe de l'équation $y^2 = x^3$ ou celle de l'équation $x^3 + y^3 = 3xy$.

Concavité et signe de la dérivée seconde

Donnons deux exemples qui illustrent le lien entre la concavité d'une courbe et le signe de la dérivée seconde.

■ **Exemple 1** Soit $f(x) = x^2$.

À l'aide du graphique ci-dessous, nous constatons que la courbe de f est concave vers le haut sur $\mathbb{R}$.

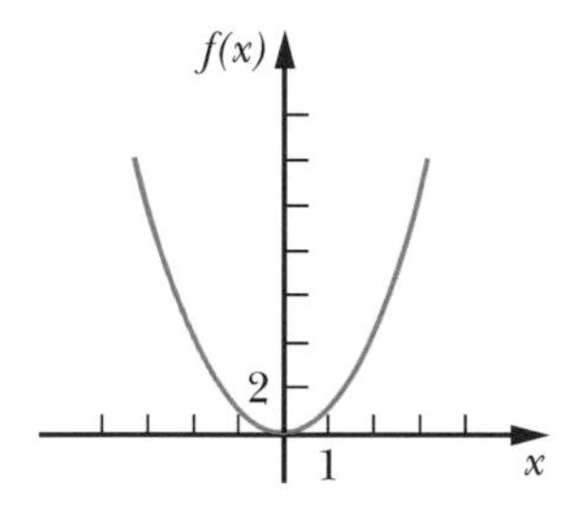

Nous allons relier cette caractéristique au signe de $f''(x)$.

Nous avons $f'(x) = 2x$, qui est une fonction croissante sur $\mathbb{R}$ (voir le graphique ci-contre).

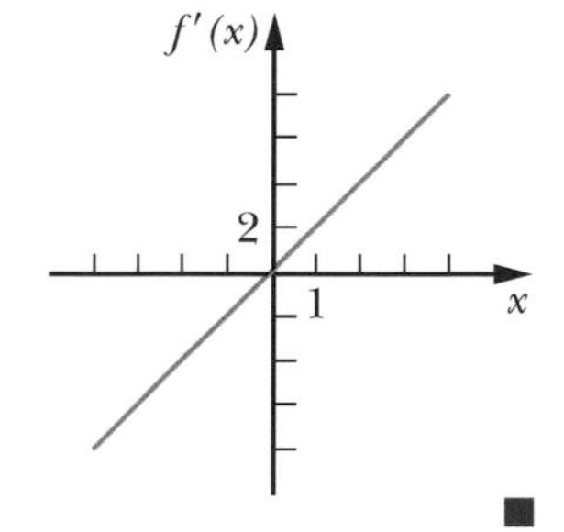

Or, nous savons que lorsqu'une fonction est croissante, sa dérivée est supérieure ou égale à zéro (voir 6.1). Ainsi, puisque $f'(x)$ est croissante sur $\mathbb{R}$, alors sa dérivée, c'est-à-dire $f''(x)$, est supérieure ou égale à zéro.

En effet, $f''(x) = 2$, d'où $f''(x) \geq 0 \ \forall\ x \in \mathbb{R}$. ■

■ **Exemple 2** Soit $f(x) = 3 - x^4$.

À l'aide du graphique ci-contre, nous constatons que la courbe de f est concave vers le bas sur $\mathbb{R}$.

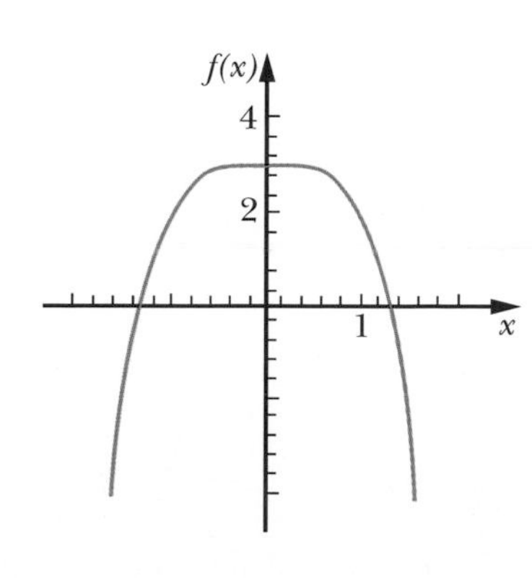

Nous allons relier cette caractéristique au signe de $f''(x)$.

Nous avons $f'(x) = -4x^3$, qui est une fonction décroissante sur $\mathbb{R}$ (voir le graphique ci-contre).

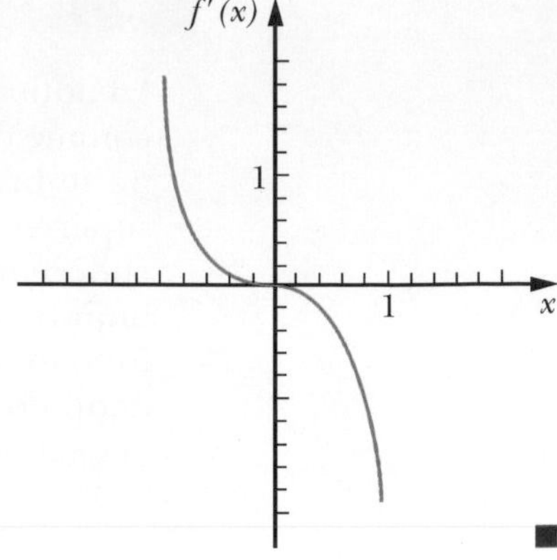

Or, nous savons que lorsqu'une fonction est décroissante, sa dérivée est inférieure ou égale à zéro (voir 6.1). Ainsi, puisque $f'(x)$ est décroissante sur $\mathbb{R}$, alors sa dérivée, c'est-à-dire $f''(x)$, est inférieure ou égale à zéro.

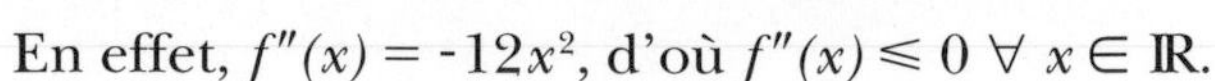

En effet, $f''(x) = -12x^2$, d'où $f''(x) \leq 0\ \forall\ x \in \mathbb{R}$. ■

Énonçons maintenant un théorème, que nous acceptons sans démonstration, qui nous permettra de déterminer si une fonction est concave vers le bas ou concave vers le haut à l'aide du signe de sa dérivée seconde.

Théorème 4

Soit une fonction f continue sur $[a, b]$ telle que f'' existe sur $]a, b[$.

a) Si $f''(x) > 0$ sur $]a, b[$, alors la courbe de f est concave vers le haut sur $[a, b]$.

b) Si $f''(x) < 0$ sur $]a, b[$, alors la courbe de f est concave vers le bas sur $[a, b]$.

Remarque 1) Si $f''(x) > 0$ sur $-\infty, b[$, $]a, +\infty$ ou sur $\mathbb{R}$, alors la courbe de f est concave vers le haut sur, respectivement $-\infty, b]$, $[a, +\infty$ ou $\mathbb{R}$.

2) Si $f''(x) < 0$ sur $-\infty, b[$, $]a, +\infty$ ou sur $\mathbb{R}$, alors la courbe de f est concave vers le bas sur, respectivement $-\infty, b]$, $[a, +\infty$ ou $\mathbb{R}$.

Définition

Soit $c \in \text{dom}\, f'$. Nous disons que c est un **nombre critique de f'** si :

1) $f''(c) = 0$

ou

2) $f''(c)$ n'existe pas.

■ **Exemple 3** Soit $f(x) = (x^2 - 1)^{\frac{4}{3}}$, où dom $f = \mathbb{R}$.

Déterminons les nombres critiques de f'.

Calculons d'abord $f'(x)$.

$$f'(x) - \frac{4}{3}(x^2 - 1)^{\frac{1}{3}}\, 2x = \frac{8}{3}(x^2 - 1)^{\frac{1}{3}}\, x$$

Déterminons dom f'.

dom $f' = \mathbb{R}$

Calculons ensuite $f''(x)$.

$$f''(x) = \frac{8}{9}(x^2 - 1)^{\frac{-2}{3}}\, 2x(x) + \frac{8}{3}(x^2 - 1)^{\frac{1}{3}}$$

$$= \frac{16x^2}{9(x^2 - 1)^{\frac{2}{3}}} + \frac{8}{3}(x^2 - 1)^{\frac{1}{3}}$$

$$= \frac{16x^2 + 24(x^2 - 1)}{9(x^2 - 1)^{\frac{2}{3}}}$$

$$= \frac{8(5x^2 - 3)}{9(x^2 - 1)^{\frac{2}{3}}}$$

1) $f''(x) = 0$ si $x = -\sqrt{\frac{3}{5}}$ ou $x = \sqrt{\frac{3}{5}}$, d'où $-\sqrt{\frac{3}{5}}$ et $\sqrt{\frac{3}{5}}$ sont des nombres critiques de f'.

2) $f''(x)$ n'existe pas si $x = -1$ ou $x = 1$, d'où -1 et 1 sont des nombres critiques de f'. ■

Énonçons maintenant un théorème, que nous acceptons sans démonstration, qui nous permettra de déterminer les points d'inflexion d'une fonction.

Théorème 5

Soit f, une fonction continue en $x = c$.

Si $f''(c) = 0$ ou $f''(c)$ n'existe pas, alors

le point $(c, f(c))$ est un point d'inflexion de $f \Leftrightarrow f''(x)$ change de signe autour de c, c'est-à-dire lorsque x passe de c^- à c^+.

Remarque Si $f''(x)$ ne change pas de signe lorsque x passe de c^- à c^+ alors le point $(c, f(c))$ n'est pas un point d'inflexion.

Donnons un exemple graphique résumant les notions étudiées dans cette section.

■ **Exemple 4** Soit f définie par le graphique suivant.

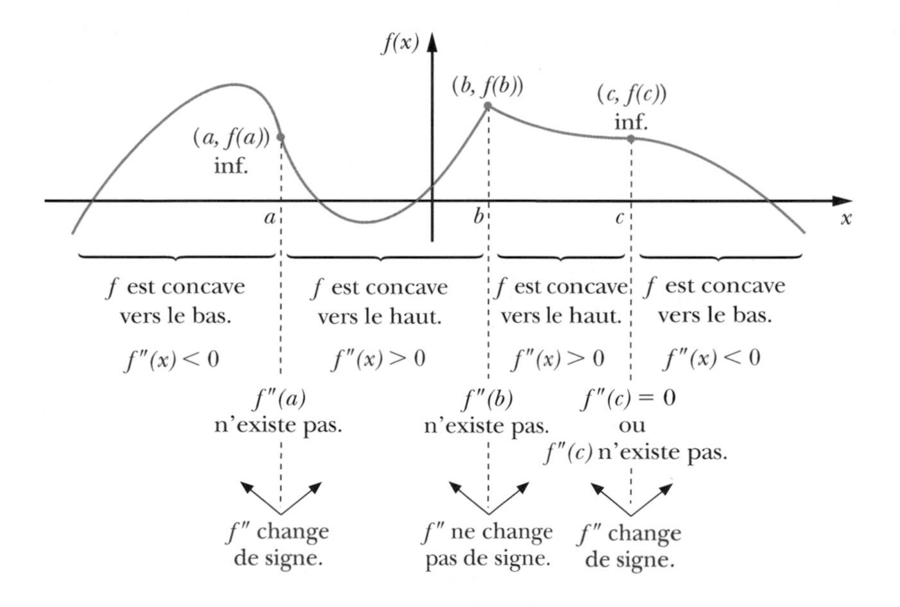

■

Tableau de variation relatif à f''

Donnons maintenant les étapes nécessaires à la construction du tableau de variation relatif à f''.

■ **Exemple 1** Soit $f(x) = 4x^6 - 3x^5 - 5x^4 + 2$.

a) Déterminons les intervalles de concavité vers le haut et de concavité vers le bas de la courbe de f.

Nous savons que le type de concavité de la courbe de f nous est donné par le signe de f''.

1re étape : Calculer et factoriser, si possible, $f''(x)$.

$$f'(x) = 24x^5 - 15x^4 - 20x^3$$
$$f''(x) = 120x^4 - 60x^3 - 60x^2$$
$$= 60x^2(2x^2 - x - 1)$$
$$= 60x^2(2x + 1)(x - 1)$$

2e étape : Déterminer les nombres critiques de f'.

1) $f''(x) = 0$ si $x = \frac{-1}{2}$, $x = 0$ ou $x = 1$, d'où $\frac{-1}{2}$, 0 et 1 sont des nombres critiques.

2) $f''(x)$ est définie $\forall\ x$, d'où aucun nouveau nombre critique.

3e étape : Construire le tableau de variation relatif à f''.

Le tableau relatif à f'' se construit de façon semblable à celui de f'.

x	$-\infty$	$\frac{-1}{2}$		0		1	$+\infty$
$f''(x)$	+	0	−	0	−	0	+
f	f est concave vers le haut sur $-\infty, \frac{-1}{2}\right]$. Notation : $\cup$	$f\left(\frac{-1}{2}\right)$	f est concave vers le bas sur $\left[\frac{-1}{2}, 0\right]$. Notation : $\cap$	$f(0)$	f est concave vers le bas sur $[0, 1]$. Notation : $\cap$	$f(1)$	f est concave vers le haut sur $[1, +\infty$. Notation : $\cup$

Ainsi, puisque $f''(x) > 0$ sur $-\infty, \frac{-1}{2}\Big[\cup \Big]1, +\infty$, alors f est concave vers le haut sur $-\infty, \frac{-1}{2}\Big] \cup \Big[1, +\infty$.

De même, puisque $f''(x) < 0$ sur $\Big]\frac{-1}{2}, 0\Big[\cup \Big]0, 1\Big[$, alors f est concave vers le bas sur $\left[\frac{-1}{2}, 1\right]$.

b) Déterminons les points d'inflexion de f.

Nous constatons que, autour de $\frac{-1}{2}$ et autour de 1, $f''(x)$ change de signe, et que, autour de 0, $f''(x)$ ne change pas de signe.

Ainsi, par le théorème 4, les points $\left(\frac{-1}{2}, f\left(\frac{-1}{2}\right)\right)$, c'est-à-dire $\left(\frac{-1}{2}, \frac{59}{32}\right)$, et $(1, f(1))$, c'est-à-dire $(1, -2)$, sont des points d'inflexion de f.

Ces informations s'ajoutent au tableau de variation relatif à f'' comme suit.

x	$-\infty$	$\frac{-1}{2}$		0		1	$+\infty$
$f''(x)$	$+$	0	$-$	0	$-$	0	$+$
f	$\cup$	$\frac{59}{32}$	$\cap$	2	$\cap$	-2	$\cup$
		inf.				inf.	

Ce tableau s'appelle le tableau de variation relatif à f''.

Représentation graphique de cette fonction obtenue à l'aide de Maple

```
> plot(4*x^6-3*x^5-5*x^4+2,x=-1..2,y=-5..5);
```

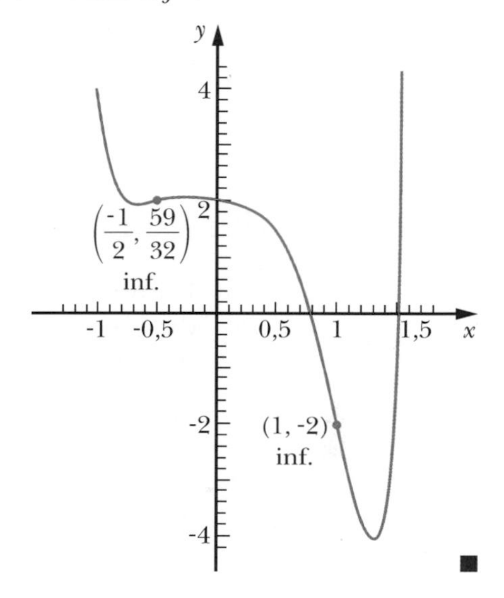

■ **Exemple 2** Soit $f(x) = 9x^{\frac{8}{3}} - 36x^{\frac{5}{3}} + 4$.

Déterminons les intervalles de concavité vers le haut, de concavité vers le bas et les points d'inflexion de la courbe de f à l'aide du tableau de variation relatif à f''.

1re étape : Calculer $f''(x)$.

$$f'(x) = 24x^{\frac{5}{3}} - 60x^{\frac{2}{3}}$$

$$f''(x) = 40x^{\frac{2}{3}} - 40x^{\frac{-1}{3}}$$

$$= 40\left(\frac{x-1}{x^{\frac{1}{3}}}\right)$$

2e étape : Déterminer les nombres critiques de f'.

1) $f''(x) = 0$ si $x = 1$, d'où 1 est un nombre critique.

2) $f''(x)$ n'existe pas si $x = 0$, d'où 0 est un nombre critique.

3e étape : Construire le tableau de variation relatif à f''.

x	$-\infty$	0		1	$+\infty$
$f''(x)$	$+$	$\nexists$	$-$	0	$+$
f	$\cup$	4	$\cap$	-23	$\cup$
		inf.		inf.	

D'où la courbe de f est concave vers le haut sur $-\infty, 0] \cup [1, +\infty$,

f est concave vers le bas sur $[0, 1]$, et

les points d'inflexion sont $(0, 4)$ et $(1, -23)$.

Représentation graphique de cette fonction obtenue à l'aide de Maple

```
> with(plots):
> c1:=plot(9*x^(8/3)−36*x^(5/3)+4,x=0..3,color=orange):
> c2:=plot((9*(-x)^(8/3)+36*(-x)^(5/3))+4,x=-1..0,color=orange):
> display(c1,c2));
```

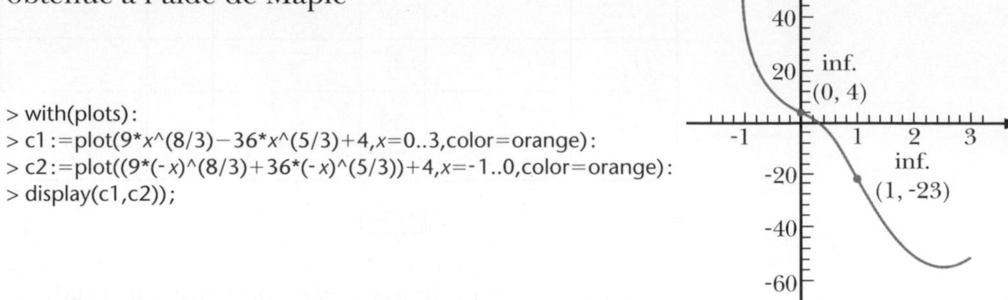

■

Remarque Il est impossible de donner l'esquisse d'un graphique seulement à partir du tableau relatif à f''. Une analyse plus détaillée sera faite à la section suivante.

Test de la dérivée seconde

Énonçons maintenant un théorème qui nous permettra, dans certains cas, de déterminer les points de maximum relatif et les points de minimum relatif d'une fonction à l'aide de la dérivée seconde. Nous appelons ce théorème *Test de la dérivée seconde.*

Théorème 6

Test de la dérivée seconde

Soit une fonction f et c un nombre critique de f, tel que $f'(c) = 0$.

a) Si $f''(c) < 0$, alors $(c, f(c))$ est un point de maximum relatif de f.

b) Si $f''(c) > 0$, alors $(c, f(c))$ est un point de minimum relatif de f.

c) Si $f''(c) = 0$ ou $f''(c)$ n'existe pas, alors nous ne pouvons rien conclure.

■ **Exemple 1** Soit $f(x) = (x - 3)^2 + 1$, dont la représentation est une parabole tournée vers le haut dont le sommet $(3, 1)$ est un point de minimum relatif.

Vérifions la partie b) du théorème 6.

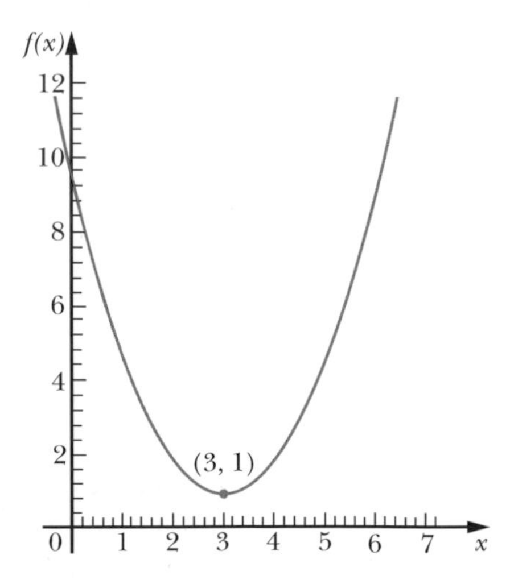

Déterminons d'abord les nombres critiques c tels que $f'(c) = 0$.

$$f(x) = (x - 3)^2 + 1$$

$$f'(x) = 2(x - 3)$$

donc, $c = 3$ (car $f'(3) = 0$).

Évaluons $f''(3)$.

$$f'(x) = 2(x - 3) = 2x - 6$$
$$f''(x) = 2$$

donc, $f''(3) = 2$, ainsi $f''(3) > 0$.

Puisque $f'(3) = 0$ et $f''(3) > 0$, $(3, f(3))$ est un point de minimum relatif de f. ■

■ **Exemple 2** Soit $f(x) = 3x^5 - 5x^3 + 1$.

Déterminons les points de maximum relatif et les points de minimum relatif de f à l'aide du test de la dérivée seconde et, dans les cas où le test n'est pas concluant, utilisons le test de la dérivée première.

1re étape: Calculer $f'(x)$.

$$f'(x) = 15x^4 - 15x^2$$
$$= 15x^2(x - 1)(x + 1)$$

2e étape: Déterminer les nombres critiques de f, tels que $f'(x) = 0$.

$f'(x) = 0$ si $x = 0$, $x = 1$ ou $x = -1$, d'où 0, 1 et -1 sont des nombres critiques.

3e étape: Calculer $f''(x)$.

$$f''(x) = 60x^3 - 30x$$

4e étape: Évaluer $f''(x)$, aux nombres critiques trouvés à la deuxième étape.

Ainsi, $f''(-1) = -30$

$f''(0) = 0$

et $f''(1) = 30$

Puisque $f'(-1) = 0$ et $f''(-1) < 0$, alors $(-1, f(-1))$, c'est-à-dire $(-1, 3)$ est un point de maximum relatif de f;

$f'(1) = 0$ et $f''(1) > 0$, alors $(1, f(1))$, c'est-à-dire $(1, -1)$, est un point de minimum relatif de f;

$f'(0) = 0$ et $f''(0) = 0$, alors nous ne pouvons rien conclure au point $(0, f(0))$, c'est-à-dire $(0, 1)$, à l'aide du test de la dérivée seconde.

Nous pouvons dans ce cas utiliser le test de la dérivée première pour déterminer si $(0, 1)$ est un point de maximum, un point de minimum, ou ni l'un ni l'autre.

x	$-\infty$	-1		0		1	$+\infty$
$f'(x)$	$+$	0	$-$	0	$-$	0	$+$
f	↗	3	↘	1	↘	-1	↗
		max.				min.	

Nous constatons que le point $(0, 1)$ n'est ni un maximum ni un minimum de f car $f'(x)$ ne change pas de signe lorsque x passe de 0^- à 0^+.

Représentation graphique de la courbe de f

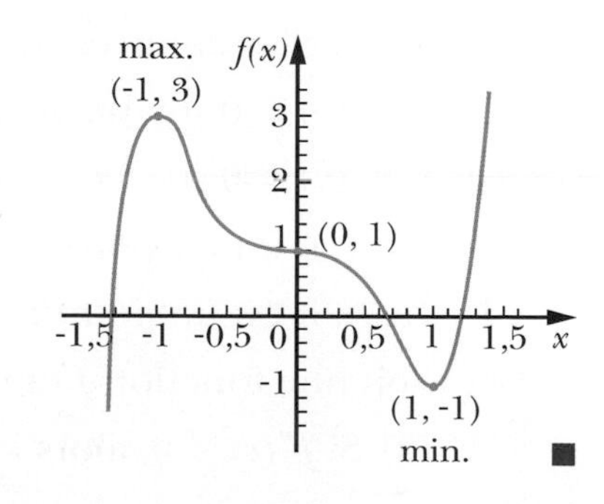

■

Voici maintenant quatre fonctions donnant des situations différentes lorsque $f'(c) = 0$ et $f''(c) = 0$, ou $f'(c) = 0$ et $f''(c)$ n'existe pas.

■ **Exemple 3** Soit les fonctions f, g, h et k suivantes.

a) $f(x) = x^3$

$f'(x) = 3x^2$

$f''(x) = 6x$

$f'(0) = 0$

$f''(0) = 0$

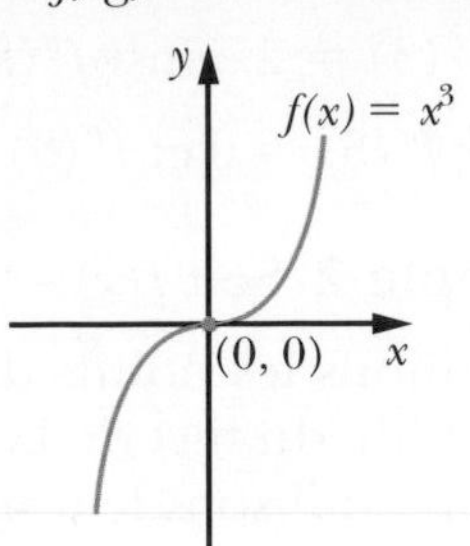

(0, 0) est un point d'inflexion.

b) $g(x) = x^4$

$g'(x) = 4x^3$

$g''(x) = 12x^2$

$g'(0) = 0$

$g''(0) = 0$

y

$g(x) = x^4$

(0, 0) x

(0, 0) est un point de minimum.

c) $h(x) = -x^6$

$h'(x) = -6x^5$

$h''(x) = -30x^4$

$h''(0) = 0$

$h''(0) = 0$

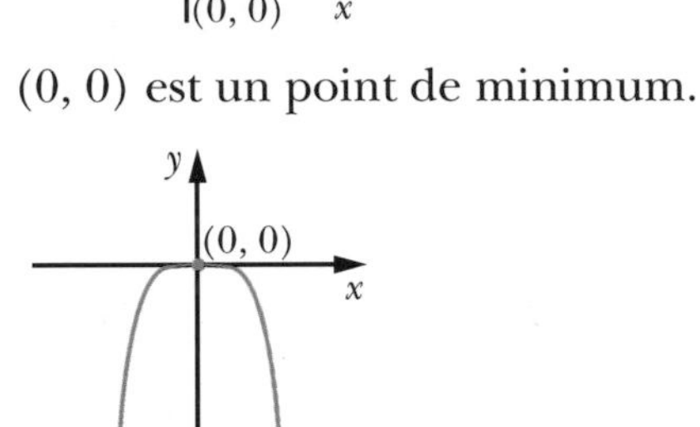

(0, 0) est un point de maximum.

d) $k(x) = -x^{\frac{5}{3}}$

$k'(x) = \dfrac{-5}{3}x^{\frac{2}{3}}$

$k''(x) = \dfrac{-10}{9}x^{\frac{-1}{3}} = \dfrac{-10}{9x^{\frac{1}{3}}}$

$k'(0) = 0$

$k''(0)$ n'existe pas.

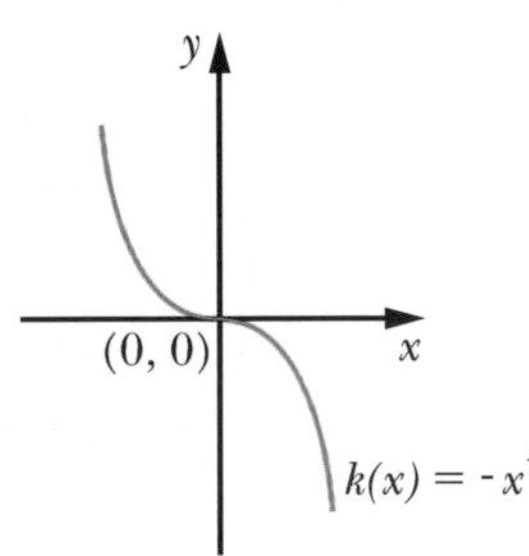

(0, 0) est un point d'inflexion. ■

Exercices 6.2

1. Compléter les énoncés suivants sachant que f est une fonction continue sur $\mathbb{R}$.

a) Si $f''(x) > 0$ sur $]a, b[$, alors la courbe de f est ....

b) Si $f''(x) < 0$ sur $]a, +\infty$, alors la courbe de f est ....

c) $(c, f(c))$ est un point d'inflexion de f si la courbe de f ....

d) $(c, f(c))$ est un point d'inflexion de $f \Leftrightarrow f''(x)$ ....

e) Soit une fonction f et c un nombre critique de f, tel que $f'(c) = 0$.

i) Si $f''(c) < 0$, alors ....

ii) Si $f''(c) > 0$, alors ....

iii) Si $f''(c) = 0$ ou $f''(c)$ n'existe pas, alors ....

2. Repérer, parmi les courbes suivantes :

a) les courbes concaves vers le haut sur $[a, b]$;

b) les courbes concaves vers le bas sur $[a, b]$.

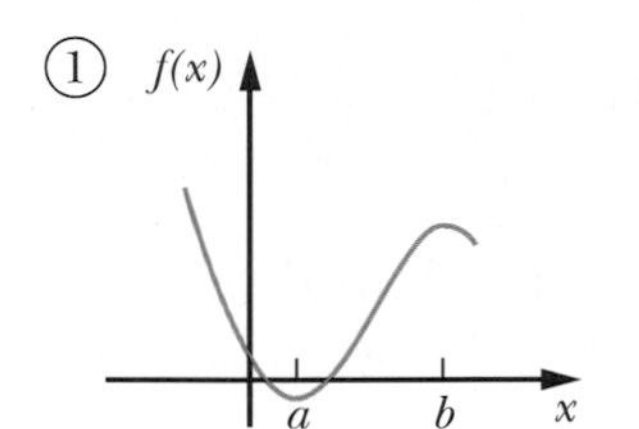

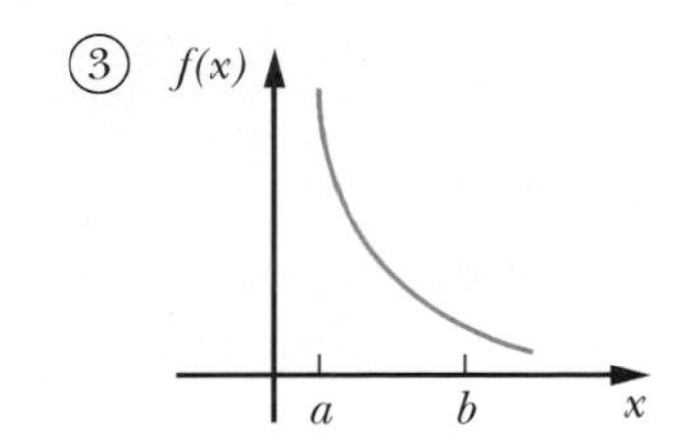

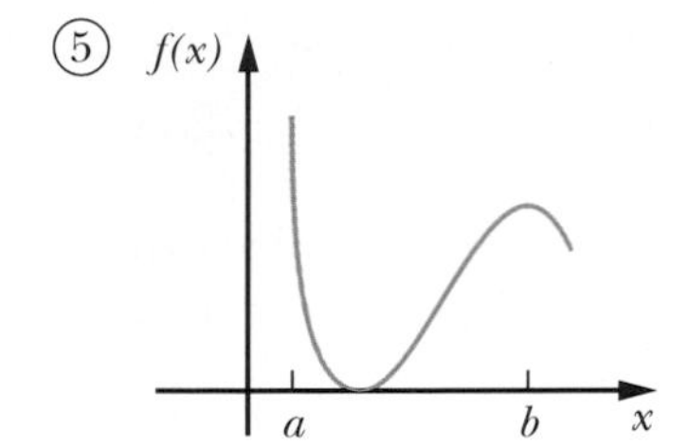

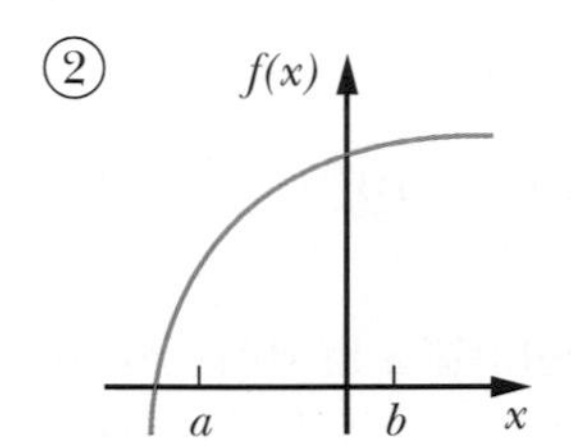

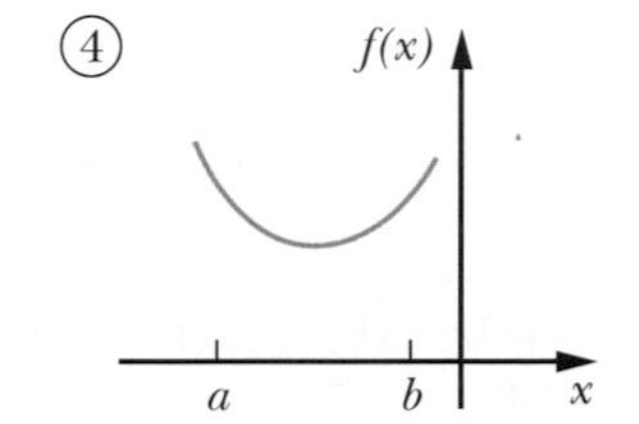

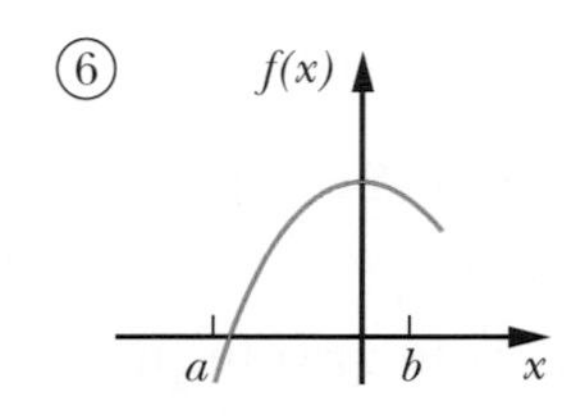

3. Déterminer les points d'inflexion sur les graphiques suivants.

a)

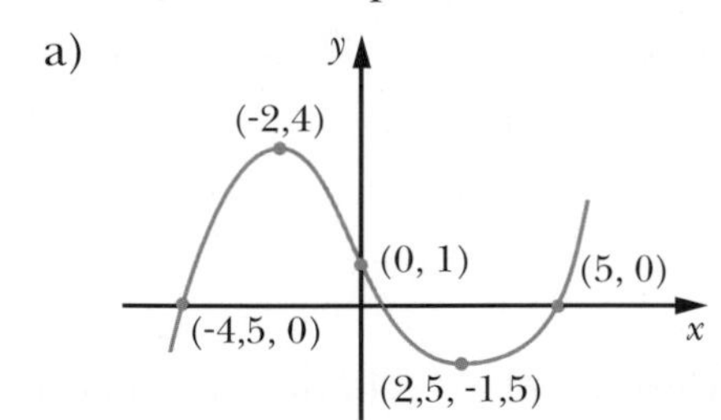

b)

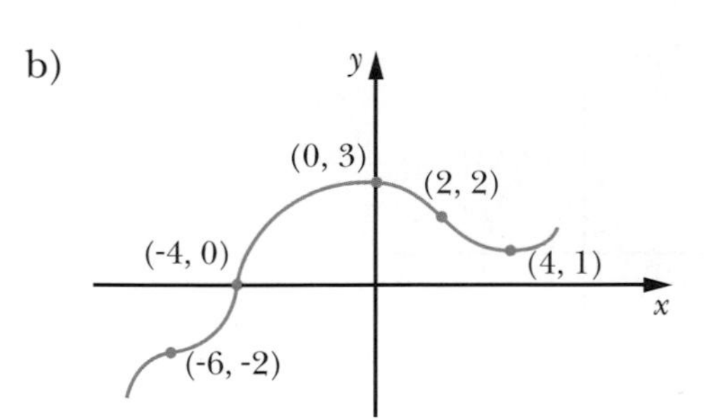

c)

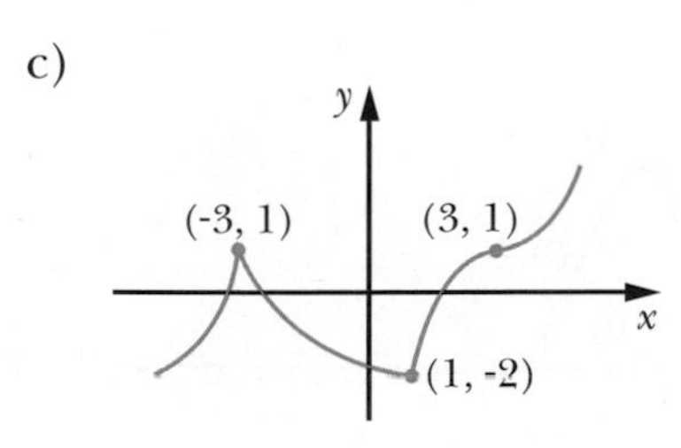

4. Construire le tableau de variation relatif à f'' à partir des équations de f''.

a) $f''(x) = (x - 1)^3(2x + 5)$

b) $f''(x) = (x^2 - 4)(x^2 + 1)(x - 1)^2$

5. Pour chaque fonction, construire le tableau de variation relatif à f'' et déterminer, si possible, les intervalles de concavité vers le haut, les intervalles de concavité vers le bas et les points d'inflexion de f.

a) $f(x) = x^5 - 5x + 7$

b) $f(x) = 5 - (x - 7)^4$

c) $f(x) = 3x - 4$

d) $f(x) = 2x^6 - 5x^4 + 1$

e) $f(x) = x^4 - 6x^3 - 24x^2$

f) $f(x) = \sqrt[3]{3x + 1} - 7$

g) $f(x) = 1 - (x - 4)^{\frac{2}{3}}$

h) $f(x) = (1 - 3x)^3(2x - 3)$

i) $f(x) = \dfrac{x}{(x^2 + 1)}$

6. Déterminer les points de maximum relatif et les points de minimum relatif des fonctions suivantes, à l'aide du test de la dérivée seconde ou du test de la dérivée première, lorsque cela est nécessaire.

a) $f(x) = x^3 - 3x + 5$

b) $f(x) = (x - 4)^2(x + 4)^2$

c) $f(x) = 5 - (2 - x)^4$

d) $f(x) = x^3 + 3x^2 - 9x + 10$

e) $f(x) = 3x^4 - 4x^3 + 5$

f) $f(x) = x^2 + \dfrac{16}{x}$ sur $[1, 10[$

7. Connaissant le graphique de f, construire le tableau de variation relatif à la dérivée seconde, sachant que $f''(x)$ est définie pour tout $x \in \mathbb{R}$.

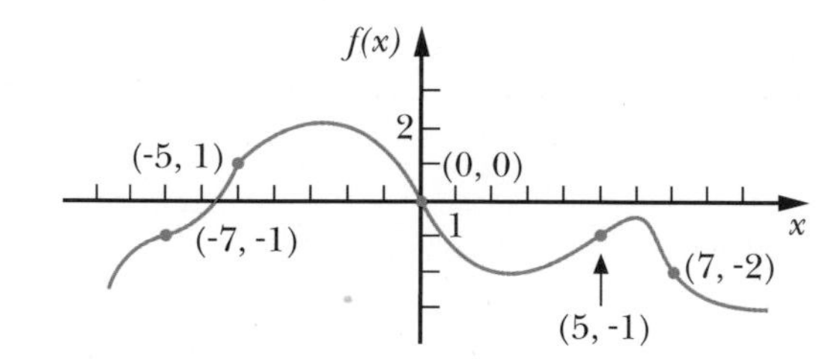

8. Connaissant le graphique de f'', construire le tableau de variation relatif à la dérivée seconde, sachant que $f(x)$ est définie pour tout $x \in \mathbb{R}$.

a)

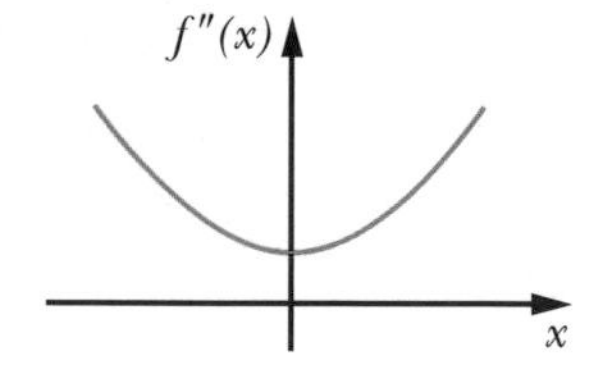

b)

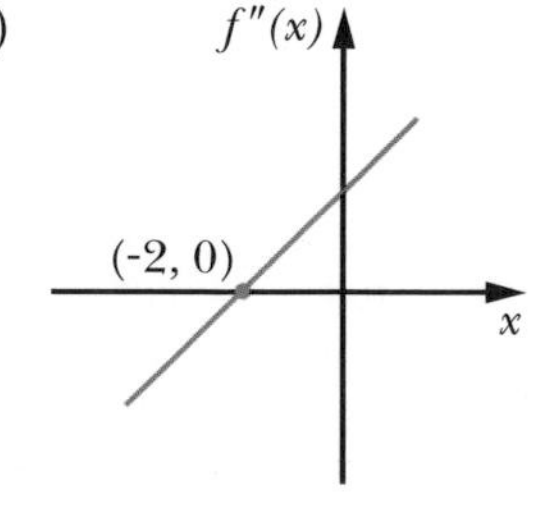

c)

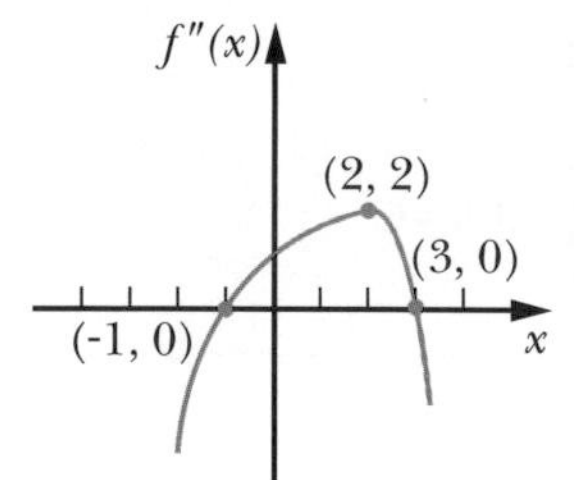

d)

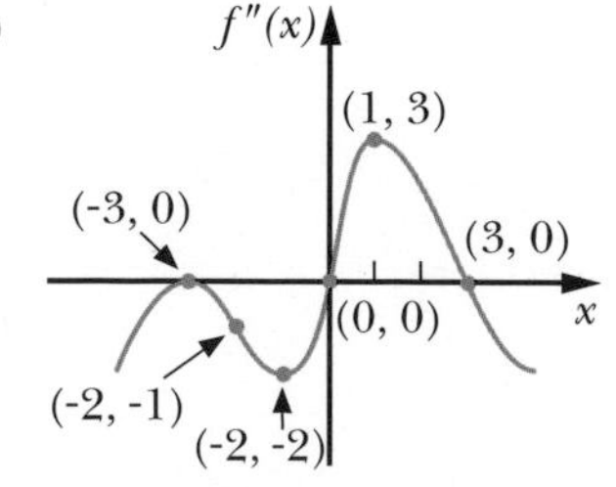

9. Soit trois fonctions continues f, g et h telles que leurs dérivées première et seconde soient également continues.

Construire le tableau de variation relatif à la dérivée seconde, à partir des graphiques suivants.

a)

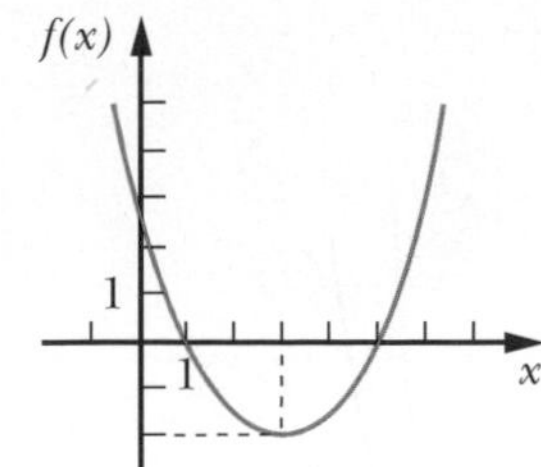

b)

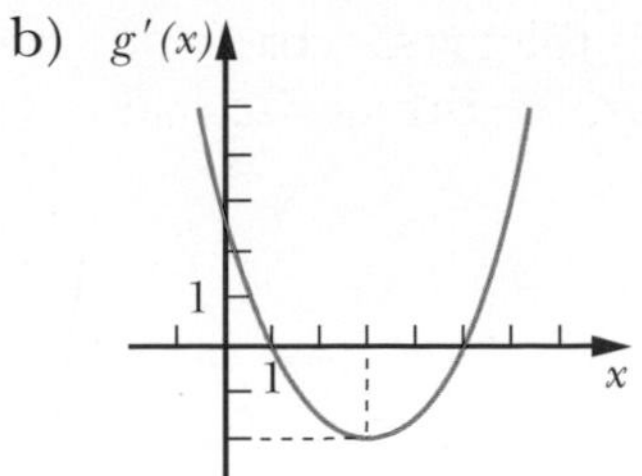

c)

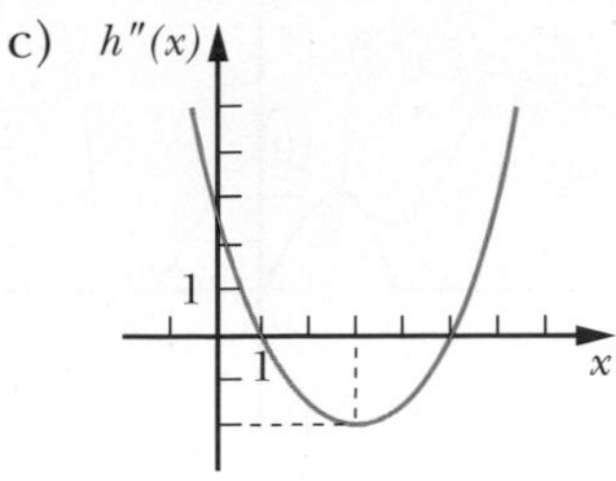

10. Soit les graphiques de différentes fonctions.

a)

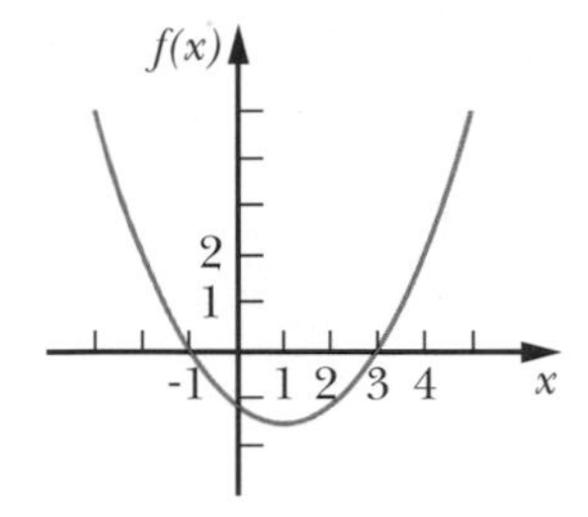

c)

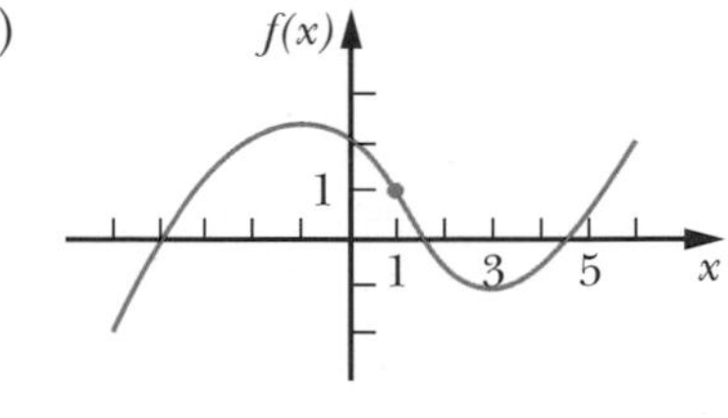

b)

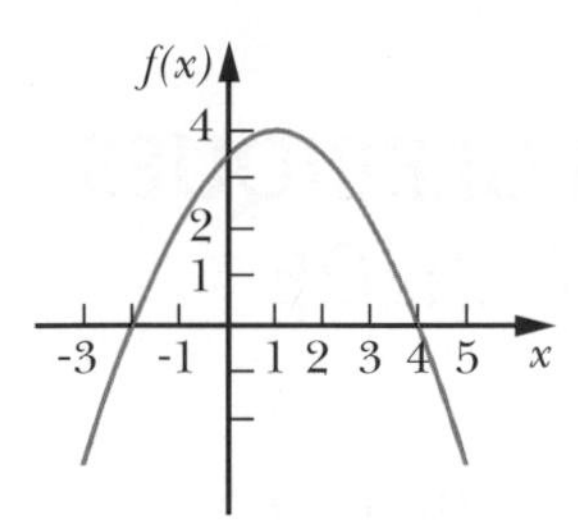

d)

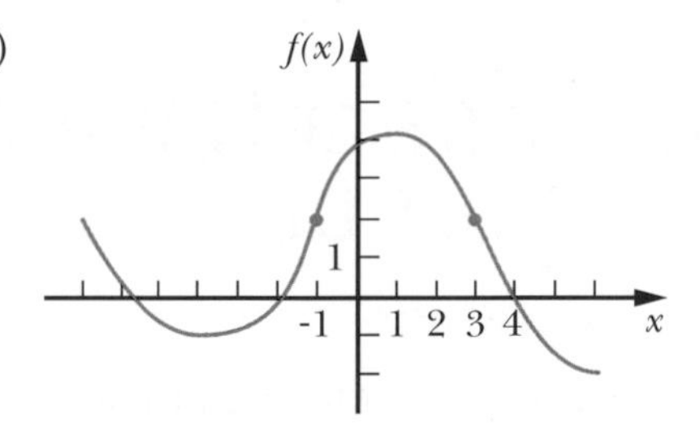

Les graphiques suivants représentent les dérivées secondes des fonctions représentées précédemment. Associer à chaque fonction précédente le graphique qui représente, le plus précisément possible, la dérivée seconde de cette fonction.

①

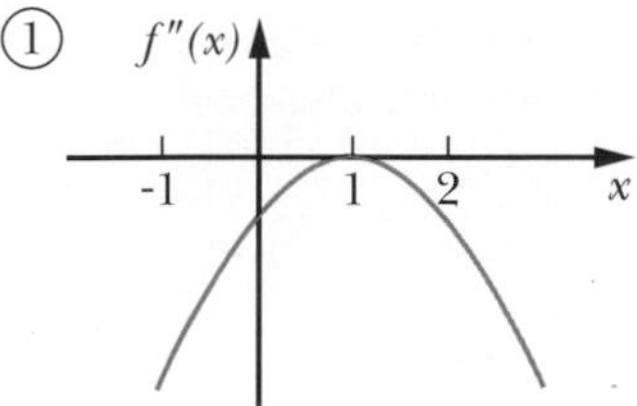

③

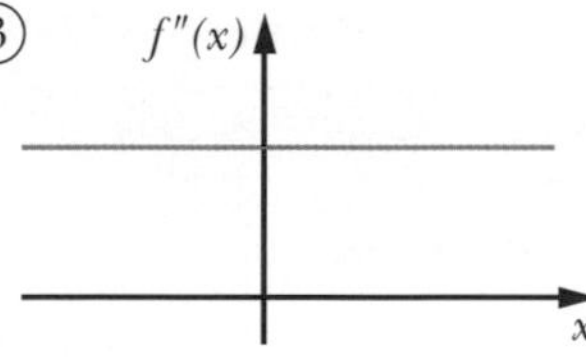

②

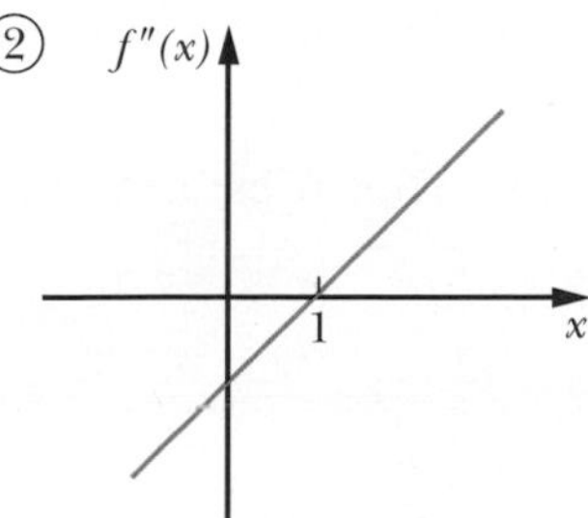

④

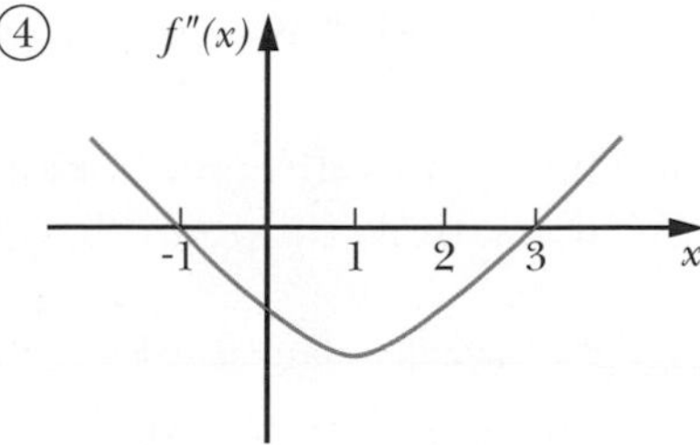

11. Déterminer dans les représentations suivantes la fonction f, la fonction f'' et la fonction g qui n'est pas la dérivée seconde de f.

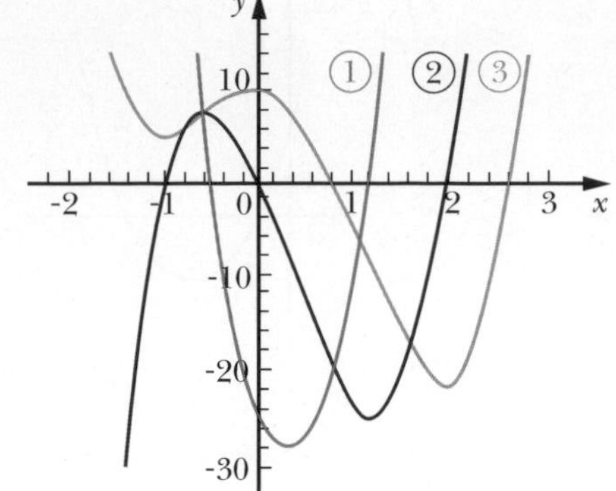

b)

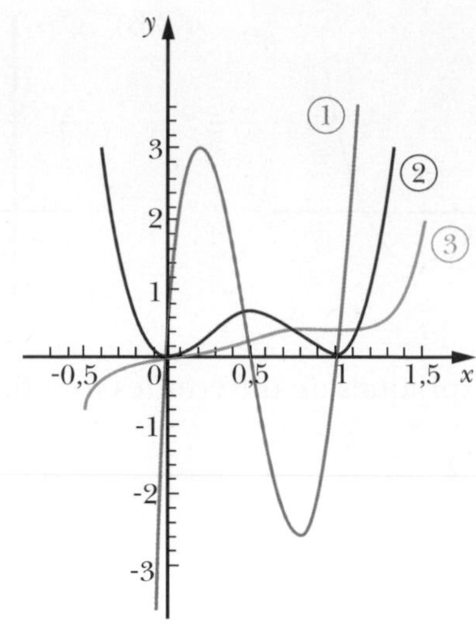

6.3 ANALYSE DE CERTAINES FONCTIONS ALGÉBRIQUES À L'AIDE DES DÉRIVÉES PREMIÈRE ET SECONDE

Objectif d'apprentissage

À la fin de cette section, l'élève pourra rassembler dans un seul tableau de variation toutes les informations déduites de la dérivée première et de la dérivée seconde d'une fonction, pour en déduire l'esquisse de son graphique.

Voici un résumé de certaines notions étudiées jusqu'à maintenant pour une fonction f continue sur $[a, b]$ et dérivable sur $]a, b[$.

1. a) Si $f'(x) > 0$ sur $]a, b[$, alors f est croissante ($\nearrow$) sur $[a, b]$.
   b) Si $f'(x) < 0$ sur $]a, b[$, alors f est décroissante ($\searrow$) sur $[a, b]$.

2. **Test de la dérivée première**

   Soit c, un nombre critique de f, c'est-à-dire $f'(c) = 0$ ou $f'(c)$ n'existe pas.

   a) Si $f'(x)$ passe du + au − lorsque x passe de c^- à c^+ alors $(c, f(c))$ est un point de maximum relatif de f.

   b) Si $f'(x)$ passe du − au + lorsque x passe de c^- à c^+ alors $(c, f(c))$ est un point de minimum relatif de f.

   c) Si $f'(x)$ ne change pas de signe lorsque x passe de c^- à c^+, alors $(c, f(c))$ n'est ni un point de maximum relatif ni un point de minimum relatif de f.

3. a) Si $f''(x) > 0$ sur $]a, b[$, alors f est concave vers le haut ($\cup$) sur $[a, b]$.
   b) Si $f''(x) < 0$ sur $]a, b[$, alors f est concave vers le bas ($\cap$) sur $[a, b]$.

4. Soit c, un nombre critique de f', c'est-à-dire $f''(c) = 0$ ou $f''(c)$ n'existe pas.

   $(c, f(c))$ est un point d'inflexion de $f \Leftrightarrow f''(x)$ change de signe lorsque x passe de c^- à c^+.

5. **Test de la dérivée seconde**

   Soit c, un nombre critique de f tel que $f'(c) = 0$.

   a) Si $f''(c) < 0$, alors $(c, f(c))$ est un point de maximum relatif de f.

   b) Si $f''(c) > 0$, alors $(c, f(c))$ est un point de minimum relatif de f.

   c) Si $f''(c) = 0$ ou $f''(c)$ n'existe pas, alors nous ne pouvons rien conclure.

Voici maintenant un exemple qui nous permettra d'utiliser plusieurs notions étudiées dans les sections précédentes.

■ **Exemple 1** Soit $f(x) = x^5 - 5x + 2$.

Étudions la fonction f à l'aide des dérivées première et seconde après avoir déterminé dom f.

Puisque f est une fonction polynomiale, dom $f = \mathbb{R}$.

1re étape: Calculer $f'(x)$ et déterminer les nombres critiques correspondants.

$$f'(x) = 5x^4 - 5$$
$$= 5(x + 1)(x - 1)(x^2 + 1)$$

1) $f'(x) = 0$ si $x = -1$ ou $x = 1$, d'où -1 et 1 sont des nombres critiques de f.

2) $f'(x)$ est définie $\forall\ x$, d'où aucun nouveau nombre critique de f.

2e étape: Calculer $f''(x)$ et déterminer les nombres critiques correspondants.

$$f''(x) = 20x^3$$

1) $f''(x) = 0$ si $x = 0$, d'où 0 est un nombre critique de f'.

2) $f''(x)$ est définie $\forall\ x$, d'où aucun nouveau nombre critique de f'.

Donnons maintenant la marche à suivre pour construire le tableau de variation relatif à f' et à f''.

3e étape: Construire le tableau de variation.

Premièrement, disposons sur la ligne de x:

a) le domaine de f;

b) les nombres critiques de f et de f' placés en ordre croissant.

Dans notre exemple:

dom $f = -\infty, +\infty$

nombres critiques

-1, 0, 1

x	$-\infty$		-1		0		1		$+\infty$
$f'(x)$									
$f''(x)$									
f									
E. du G.*									

* Esquisse du graphique.

Deuxièmement, ajoutons au tableau les informations relatives à $f'(x)$, c'est-à-dire :

a) indiquer sur la ligne de $f'(x)$:

– les endroits où $f'(x) = 0$ et où $f'(x)$ n'existe pas ;

– le signe de $f'(x)$ dans chaque case libre ;

b) indiquer sur la ligne de f la croissance ou la décroissance sur chaque intervalle selon le signe de f' ;

c) indiquer au bas du tableau les maximums relatifs (max.) et les minimums relatifs (min.) de f.

	x	$-\infty$	-1		0		1	$+\infty$
a)	$f'(x)$	+	0	–	–	–	0	+
	$f''(x)$							
b)	f	↗		↘		↘		↗
	E. du G.							
c)			max.				min.	

Troisièmement, ajoutons au tableau les informations relatives à $f''(x)$, c'est-à-dire :

a) indiquer sur la ligne de $f''(x)$:

– les endroits où $f''(x) = 0$ et où $f''(x)$ n'existe pas ;

– le signe de $f''(x)$ dans chaque case libre ;

b) indiquer sur la ligne de f la concavité sur chaque intervalle selon le signe de f'' ;

c) indiquer au bas du tableau les points d'inflexion (inf.) de f.

	x	$-\infty$	-1		0		1	$+\infty$
	$f'(x)$	+	0	–	–	–	0	+
a)	$f''(x)$	–	–	–	0	+	+	+
b)	f	↗ ∩		↘ ∩		↘ ∪		↗ ∪
	E. du G.							
c)			max.		inf.		min.	

Quatrièmement, complétons le tableau de variation f, c'est-à-dire :

a) évaluer f à chacun des nombres critiques, c'est-à-dire $f(-1) = 6$, $f(0) = 2$ et $f(1) = -2$;

b) indiquer sur la ligne E. du G. les informations des lignes précédentes en utilisant les notations suivantes :

↱ signifie croissante ↗ et concave vers le bas ∩ ;

⤴ signifie croissante ↗ et concave vers le haut ∪ ;

↳ signifie décroissante ↘ et concave vers le haut ∪ ;

⤵ signifie décroissante ↘ et concave vers le bas ∩ ;

c) placer sur la ligne E. du G. les coordonnées des points $(-1, 6)$, $(0, 2)$ et $(1, -2)$, qui sont des points de la courbe de f.

	x	$-\infty$	-1		0		1	$+\infty$
	$f'(x)$	$+$	0	$-$	$-$	$-$	0	$+$
	$f''(x)$	$-$	$-$	$-$	0	$+$	$+$	$+$
a)	f	↗∩	6	↘∩	2	↘∪	-2	↗∪
b) et c)	E. du G.	↗	$(-1, 6)$	↘	$(0, 2)$	↘	$(1, -2)$	↗
			max.		inf.		min.	

4e étape : Esquisser le graphique de f.

a) Localiser sur le graphique les points $(-1, 6)$, $(0, 2)$ et $(1, -2)$.

b) Relier ces points en tenant compte des indications de la ligne de l'esquisse du graphique sur chaque intervalle.

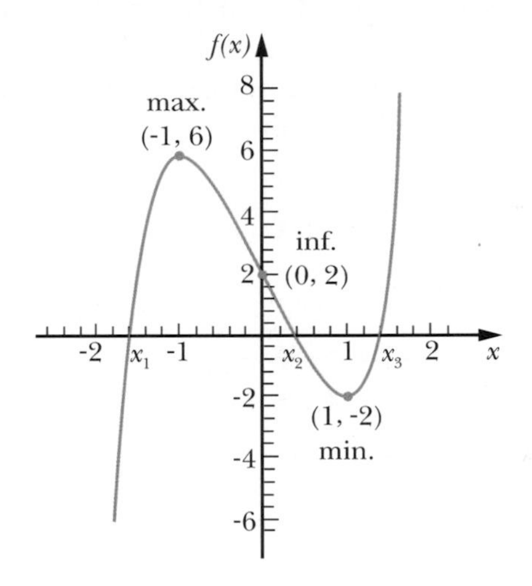

OUTIL TECHNOLOGIQUE

Remarque On peut, à l'aide d'une calculatrice à affichage graphique, ou d'un logiciel approprié, déterminer les zéros x_1, x_2 et x_3 de la fonction.

Ainsi, $x_1 = -1{,}582\ldots$, $x_2 = 0{,}402\ldots$ et $x_3 = 1{,}371\ldots$ ■

■ **Exemple 2** Soit $g(x) = |x^5 - 5x + 2|$, où dom $g = \mathbb{R}$.

Donnons une esquisse du graphique de g en utilisant le graphique de f, où $f(x) = x^5 - 5x + 2$ a été étudié à l'exemple 1 précédent.

Puisque $g(x) = \begin{cases} x^5 - 5x + 2 & \text{si} \quad (x^5 - 5x + 2) \geqslant 0 \\ -(x^5 - 5x + 2) & \text{si} \quad (x^5 - 5x + 2) < 0 \end{cases}$

c'est-à-dire $g(x) = \begin{cases} x^5 - 5x + 2 & \text{si} \quad x \in [x_1, x_2] \cup [x_3, +\infty \\ -(x^5 - 5x + 2) & \text{si} \quad x \in -\infty, x_1[\cup]x_2, x_3[\end{cases}$

alors sur $[x_1, x_2] \cup [x_3, +\infty$ le graphique de g coïncide avec celui de f et sur $-\infty, x_1[\cup]x_2, x_3[$ le graphique de g est la réflexion de f par rapport à l'axe x.

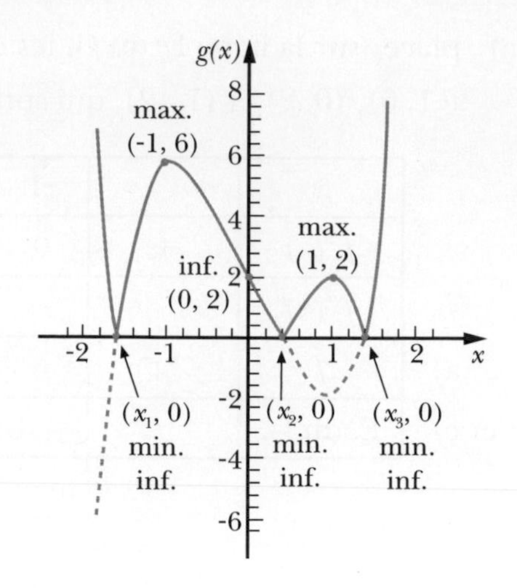

Les points $(x_1, 0)$, $(x_2, 0)$ et $(x_3, 0)$, c'est-à-dire (-1,582…, 0), (0,402…, 0) et (1,371…, 0) sont des points anguleux. ■

■ Exemple 3 Soit $f(x) = 3(x+1)^{\frac{2}{3}} - \frac{1}{5}(x+1)^{\frac{5}{3}} + 2$.

Étudions la fonction f à l'aide des dérivées première et seconde après avoir déterminé dom f.

Puisque nous pouvons toujours calculer des racines impaires, c'est-à-dire $\sqrt[3]{(x+1)^2}$ et $\sqrt[3]{(x+1)^5}$, dom $f = \mathbb{R}$.

1re étape:

$$f'(x) = \frac{2}{(x+1)^{\frac{1}{3}}} - \frac{(x+1)^{\frac{2}{3}}}{3}$$

$$= \frac{5-x}{3(x+1)^{\frac{1}{3}}}$$

1) $f'(x) = 0$ si $x = 5$

2) $f'(x)$ n'existe pas si $x = -1$.

2e étape:

$$f''(x) = \frac{-2}{3}(x+1)^{\frac{-4}{3}} - \frac{2}{9}(x+1)^{\frac{-1}{3}}$$

$$= \boxed{\frac{-2(x+4)}{9(x+1)^{\frac{4}{3}}}}$$

1) $f''(x) = 0$ si $x = -4$

2) $f''(x)$ n'existe pas si $x = -1$.

3e étape: Construire le tableau de variation.

x	$-\infty$	-4		-1		5	$+\infty$
$f'(x)$	−	−	−	∄	+	0	−
$f''(x)$	+	0	−	∄	−	−	−
f	↘∪	9,48…	↘∩	2	↗∩	7,94…	↘∩
E. du G.	↳	(-4, f(-4))	↴	(-1, 2)	↱	(5, f(5))	↴
		inf.		min.		max.	

4e étape: Esquisser le graphique de f.

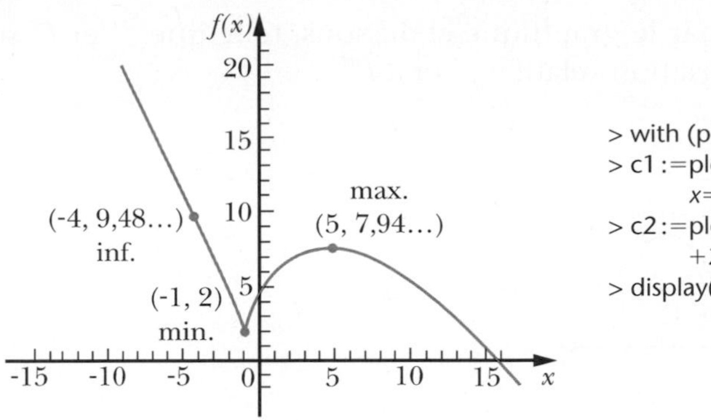


```
> with (plots):
> c1 :=plot(3*(x+1)^(2/3)–(1/5)*(x+1)^(5/3)+2,
        x=-1..17,y=-2..10,color=orange):
> c2:=plot(3*(-x–1)^(2/3)+(1/5)*(-x–1)^(5/3)
        +2,x=-10..-1,y=-2..20,color=orange):
> display(c1,c2);
```

(-1, 2) est un point de rebroussement. ■

Exercices 6.3

1. Pour chacune des fonctions suivantes, construire le tableau de variation relatif à f' et à f'', donner une esquisse du graphique de la fonction.

a) $f(x) = 4 - x^3$

b) $f(x) = x^3 - 6x^2 + 5$

c) $f(x) = x^5 + x^3 + x$

d) $f(x) = \sqrt[3]{x - 3} - 2$

e) $f(x) = \sqrt[3]{(x + 4)^2} - 3$

f) $f(x) = \sqrt{9 - x^2}$

g) $f(x) = (x - 3)^2(x + 3)^2$

h) $f(x) = (x + 4)^3(x - 2)$

i) $f(x) = 2x - 3\sqrt[3]{x^2}$

j) $f(x) = \dfrac{1 - x^2}{1 + x^2}$

k) $f(x) = x - 3x^{\frac{1}{3}} + 3$

l) $f(x) = |x^2 - 4|$

m) $f(x) = (x^2 - 5)^3$

n) $f(x) = \sqrt{x^2 - 2x - 8}$

2. Répondre aux questions du numéro précédent pour chacune des fonctions suivantes.

a) $f(x) = 2x^3 + 3x^2 - 12x + 12$ sur $]-1, 2]$

b) $f(x) = 3\sqrt[3]{x^2} - x^2 + 5$ sur $[-8, 1]$

c) $f(x) = x\sqrt{9 - x}$ si $x \geqslant -9$

d) $f(x) = x\sqrt{9 - x^2}$

3. Soit $f(x) = \dfrac{x^4 - 4x^3}{27}$ et $g(x) = \left|\dfrac{x^4 - 4x^3}{27}\right|$.

a) Construire le tableau de variation relatif à f' et à f'', donner une esquisse du graphique de la fonction f.

b) Donner une esquisse du graphique de la fonction g.

4. Soit la fonction f, définie par le graphique ci-dessous, telle que f' et f'' soient continues sur $\mathbb{R}$. Construire le tableau de variation relatif à f' et à f''.

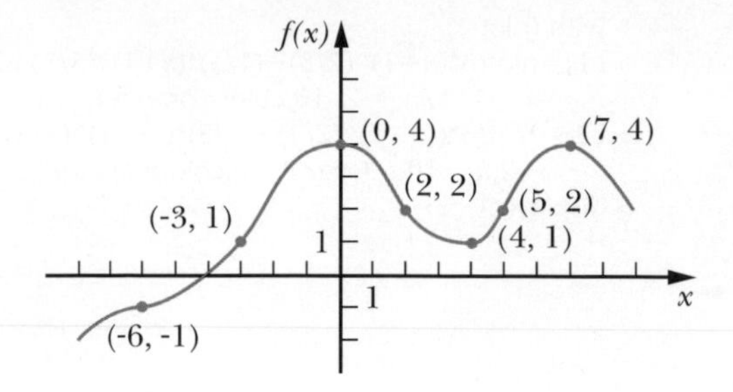

5. La fonction ψ, représentant une orbitale p, est donnée par $\psi(x) = \dfrac{3x}{4 + x^2}$, où x, la distance de l'électron au noyau est exprimée en unités, où une unité égale 52,9 picomètres (10^{-12} m) et $x \in$]-10, 10[.

Construire le tableau de variation relatif à ψ' et à ψ''. Donner une esquisse du graphique de la fonction ψ.

Réseau de concepts

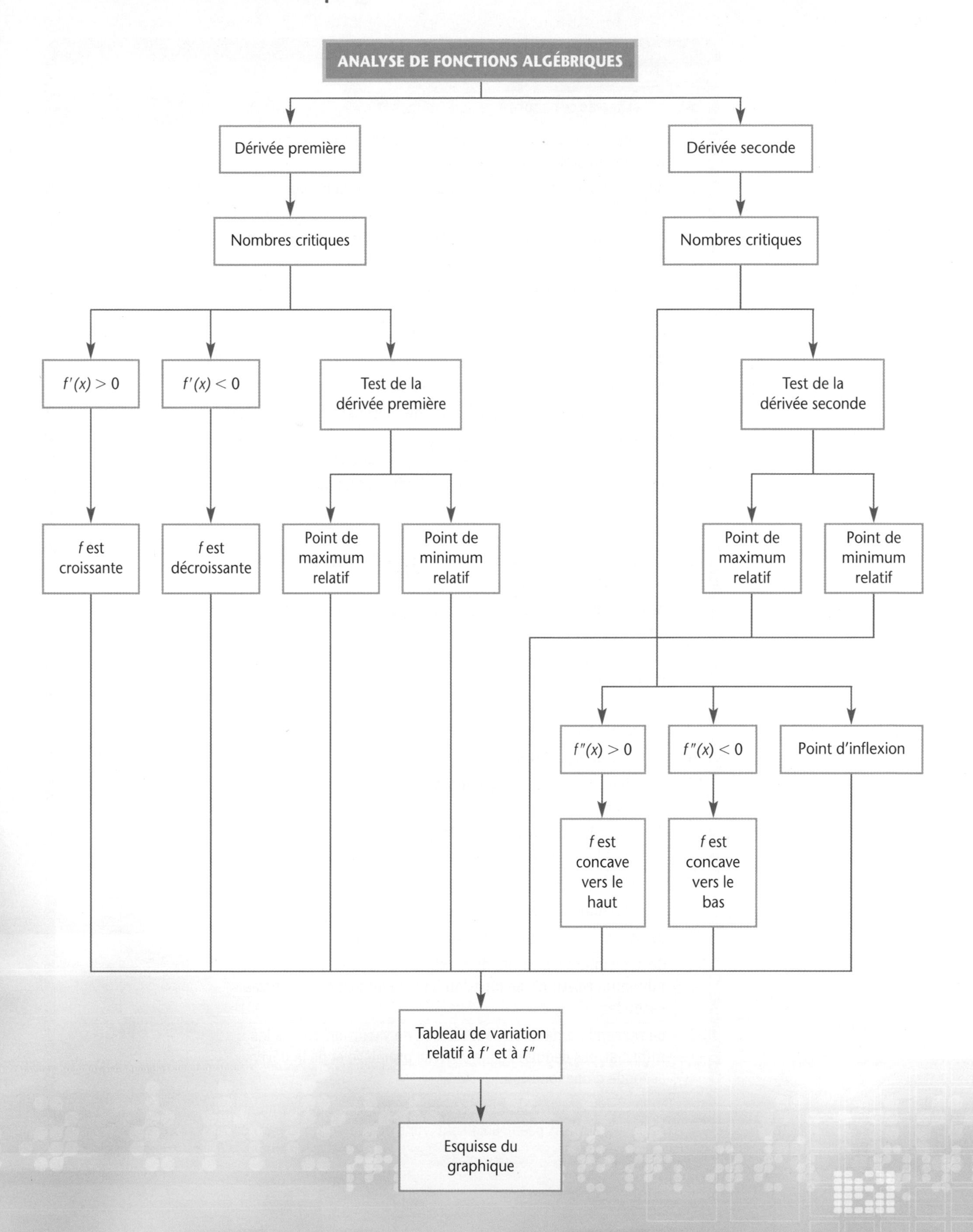

Liste de vérification des apprentissages

RÉPONDRE PAR **OUI** OU **NON**.			
Après l'étude de ce chapitre, je suis en mesure :		**OUI**	**NON**
1.	de connaître la définition d'une fonction croissante et d'une fonction décroissante ;		
2.	de connaître la définition de maximum et de minimum d'une fonction ;		
3.	de connaître la définition de maximum et de minimum d'une fonction aux extrémités d'un intervalle ;		
4.	de relier la croissance et la décroissance d'une fonction au signe de sa dérivée ;		
5.	de déterminer les intervalles de croissance et de décroissance d'une fonction ;		
6.	de déterminer les nombres critiques de f ;		
7.	de connaître la définition de point de rebroussement et de point anguleux ;		
8.	de déterminer les points de maximum relatif et les points de minimum relatif d'une fonction à l'aide du test de la dérivée première ;		
9.	de construire un tableau de variation relatif à f' ;		
10.	de donner une esquisse du graphique de f, à partir du tableau de variation relatif à f' ;		
11.	de donner une esquisse du graphique de f', connaissant le graphique de f ;		
12.	de donner une esquisse du graphique de f, connaissant le graphique de f' ;		
13.	de connaître la définition de concavité vers le haut et de concavité vers le bas du graphique d'une fonction ;		
14.	de connaître la définition d'un point d'inflexion ;		
15.	de relier la concavité d'une fonction au signe de sa dérivée seconde ;		
16.	de déterminer les intervalles de concavité vers le haut et de concavité vers le bas d'une fonction ;		
17.	de déterminer les nombres critiques de f' ;		
18.	de déterminer les points d'inflexion d'une fonction ;		
19.	de construire un tableau de variation relatif à f'' ;		
20.	de déterminer les points de maximum relatif et les points de minimum relatif d'une fonction à l'aide du test de la dérivée seconde ;		
21.	de rassembler, dans un seul tableau de variation, toutes les informations déduites de la dérivée première et de la dérivée seconde d'une fonction.		
Si vous avez répondu **NON** à une de ces questions, il serait préférable pour vous d'étudier à nouveau cette notion.			

Exercices récapitulatifs

biologie | chimie | administration | physique

1. Déterminer les intervalles de croissance et de décroissance des fonctions suivantes.

a) $f(x) = 12x^3 - 24x^2 + 12x$

b) $f(x) = 3 - 6\sqrt[3]{x^5} + 15\sqrt[3]{x^2}$

c) $f(x) = 80x - x^5 + 7$

d) $f(x) = \sqrt{(1 - x)(x + 5)}$

e) $f(x) = 8x - 3(2 - x)^{\frac{5}{3}}$

f) $f(x) = (x - 1)^2(x + 1)^2$

g) $f(x) = x\sqrt{2 - x^2}$

h) $f(x) = \sqrt{x^2 - 1}$

2. Déterminer, si possible, les points de maximum relatif et les points de minimum relatif des fonctions suivantes. (Préciser s'il s'agit d'un point de maximum absolu ou d'un point de minimum absolu.)

a) $f(x) = x^6 - 3x^2 + 5$

b) $f(x) = 2x^3 - 6x^2 - 6x + 3$

c) $f(x) = \dfrac{x^2 + x + 1}{x^2 - x + 1}$

d) $f(x) = 4 + \sqrt[5]{(3 - x)^4}$

e) $f(x) = 4 + 2\sqrt[3]{5 - x}$

f) $f(x) = x^3 - 12x + 2$ sur $[0, 5]$

g) $f(x) = x^2 + \dfrac{16}{x} + \dfrac{3}{2}$ sur $[1, 5[$

h) $f(x) = 3x\sqrt{2 - x^2}$

3. Soit f, une fonction continue sur $\mathbb{R}$ telle que $f'(x) = x^2(x - 1)^4(3x^2 + 7)$.
Expliquer pourquoi la fonction f ne peut avoir ni maximum ni minimum.

4. Déterminer, si possible, le maximum absolu et le minimum absolu des fonctions suivantes.

a) $f(x) = 3x^3 + x^2 - x + 4$ sur $]0, 3]$

b) $f(x) = x^6 - 3x^4 - 1$ sur $]-3, 2]$

5. Déterminer les intervalles de concavité vers le haut, les intervalles de concavité vers le bas et, si possible, les points d'inflexion de la courbe de f dans les cas suivants.

a) $f(x) = (1 - 4x)^3$

b) $f(x) = (5 - x)^{\frac{4}{3}} + 6$

c) $f(x) = 8x - 3(2 - x)^{\frac{5}{3}}$

d) $f(x) = (x - 1)^2(x + 1)^2$

e) $f(x) = x\sqrt{2 - x^2}$

f) $f(x) = \sqrt{x^2 - 1}$

OUTIL TECHNOLOGIQUE

6. Pour les fonctions suivantes:

$f(x) = -6x^6 + 15x^4 - 5$

$g(x) = (x + 4)^3(x - 1)^2$

$h(x) = |-x^3 + 3x^2 - 2|$

a) donner une esquisse du graphique en précisant le point d'intersection avec l'axe des y;

b) déterminer, si possible, algébriquement sinon approximativement les zéros des fonctions;

c) déterminer algébriquement les points de maximum relatif et les points de minimum relatif des fonctions;

d) déterminer les points d'inflexion des fonctions;

e) déterminer, si possible, les points anguleux et les points de rebroussement des fonctions.

7. Pour chacune des fonctions suivantes, construire le tableau de variation relatif à f' et à f''. Donner une esquisse du graphique de la fonction et déterminer, s'il y a lieu, les points de maximum relatif, les points de minimum relatif, les points d'inflexion, les points de rebroussement et les points anguleux.

a) $f(x) = x^3 - 3x + 1$

b) $f(x) = 3x^4 - 4x^3 - 12x^2 + 10$

c) $f(x) = 1 - 3x^5 + 5x^3$

d) $f(x) = 2x(4 - x)^3$

e) $f(x) = x^4 + 8x^3 + 36x^2 + 1$

f) $f(x) = x^4 - 4x^3 + 4x^2 - 1$

g) $f(x) = 3x^3 - x^9 - 2$

h) $f(x) = (x - 3)\sqrt{9 + x} + 7$

i) $f(x) = \sqrt[3]{(5 - x)} + 3$

j) $f(x) = (5 - x)^{\frac{2}{3}} + 3$

k) $f(x) = (x - 1)^{\frac{5}{3}} - 5(x - 1)^{\frac{2}{3}} + 2$

l) $f(x) = \dfrac{x}{x^2 + 1}$

m) $f(x) = 4 - \dfrac{x + 1}{\sqrt{x - 2}}$ sur [3, 18]

n) $f(x) = \sqrt[3]{x^2 - 1}$ sur [-2, 3]

8. Donner une esquisse possible d'une fonction continue sur IR telle que :

a) i) $f(3) = 2$

ii) $f'(3) = -1$

iii) $f''(x) > 0 \ \forall\ x \in \mathbb{R}$;

b) i) $f(3) = 2$

ii) $f'(3) = -1$

iii) $f''(x) < 0 \ \forall\ x \in \mathbb{R}$;

c) i) $f(-3) = -2, f(0) = 0, f(3) = 2$

ii) $f'(-3) = f'(3) = 0$

iii) $f''(-3) > 0, f''(0) = 0, f''(3) < 0$.

9. Soit f, une fonction continue sur IR, dont la représentation de f' est donnée par le graphique ci-dessous.

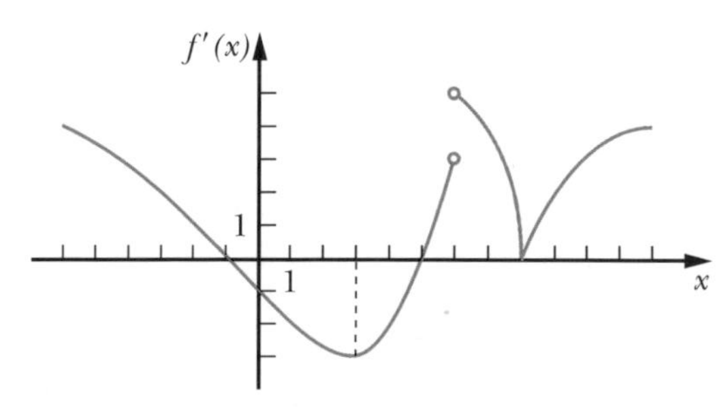

Construire le tableau de variation relatif à f' et à f''.

10. Donner une esquisse possible du graphique de $f^{(6)}(x)$ et de $f^{(8)}(x)$ si $f^{(7)}(x)$ est représentée par le graphique suivant.

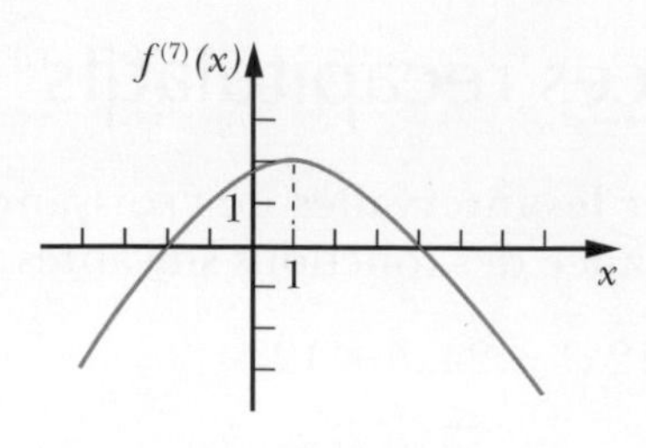

11. Soit trois fonctions f, g et h telles que :

$f(x) = g'(x) = h''(x) = 1 - (x - 5)^2$.

Répondre par vrai (V) ou faux (F).

a) Le point $(4, f(4))$ est un point de maximum relatif de f.

b) $g(4)$ est un maximum relatif de g.

c) $g(6)$ est un maximum relatif de g.

d) Le point $(5, f(5))$ est un point d'inflexion de f.

e) Le point $(5, g(5))$ est un point d'inflexion de g.

f) Le point $(5, h(5))$ est un point d'inflexion de h.

g) Les points $(4, h(4))$ et $(6, h(6))$ sont des points d'inflexion de h.

h) La représentation graphique de g est une parabole.

12. Soit une fonction f dont f' est représentée par le graphique suivant.

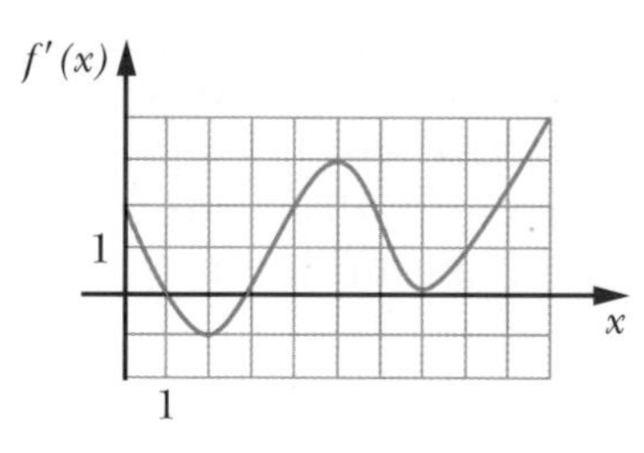

a) Déterminer les valeurs de x telles que $(x, f(x))$ soit un point stationnaire.

b) Déterminer les valeurs de x telles que $(x, f(x))$ soit un point de minimum relatif ; un point de maximum relatif.

c) Déterminer les valeurs de x telles que $(x, f(x))$ soit un point d'inflexion.

d) Déterminer la concavité de f en $x = 1$; $x = 4$.

e) Donner une esquisse du graphique de f sachant que $f(1) = 0$.

13. Déterminer dans les représentations suivantes la fonction f, la fonction f' et la fonction f''.

a)

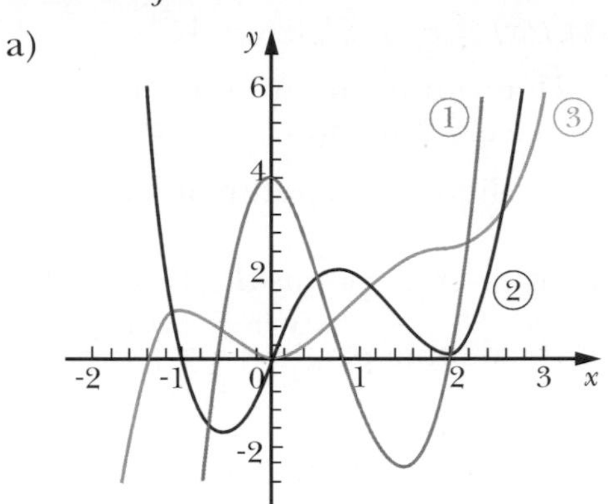

b)

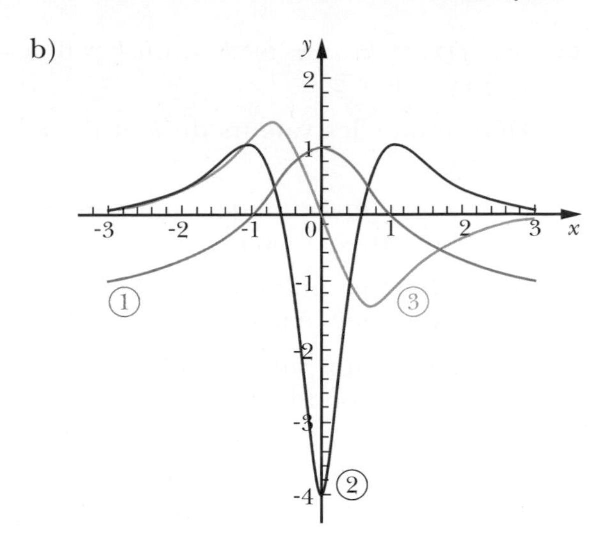

Problèmes de synthèse

1. Soit $f(x) = ax^2 + bx + c$.
Utiliser le test de la dérivée seconde pour démontrer que $\left(\frac{-b}{2a}, f\left(\frac{-b}{2a}\right)\right)$ est un point de minimum relatif lorsque $a > 0$ et que $\left(\frac{-b}{2a}, f\left(\frac{-b}{2a}\right)\right)$ est un point de maximum relatif lorsque $a < 0$.

2. Soit $f(x) = x^3 + ax^2 + bx + c$.

a) Déterminer la valeur des constantes a, b et c si cette fonction a un maximum relatif en $x = -1$, un minimum relatif en $x = 5$ et $f(1) = 4$.

b) Déterminer la valeur des constantes a, b et c si cette fonction a un minimum relatif en $x = 3$ et un point d'inflexion en $(2, 115)$.

c) Déterminer, si possible, une relation entre a et b telle que f soit croissante sur $\mathbb{R}$; f soit décroissante sur $\mathbb{R}$; f possède un minimum relatif et un maximum relatif.

3. Soit $f(x) = ax^3 + bx^2 + cx + d$, où $a \neq 0$.

a) Déterminer si f possède un minimum relatif et un maximum relatif en étudiant le signe de $b^2 - 3ac$.

b) Déterminer le point d'inflexion de cette fonction.

4. Utiliser les résultats obtenus au numéro précédent pour déterminer si les fonctions suivantes possèdent un minimum relatif et un maximum relatif ; déterminer également le point d'inflexion.

a) $f(x) = x^3 + 3x^2 + 2x + 1$

b) $f(x) = 3x^3 + 3x^2 + x + 2$

c) $f(x) = 5 - x^3 - x^2 - x$

d) $f(x) = x^3$

5. Soit trois fonctions continues f, g et h telles que leurs dérivées première et seconde soient également continues. Construire le tableau de variation relatif à la dérivée seconde, à l'aide des graphiques suivants.

a)

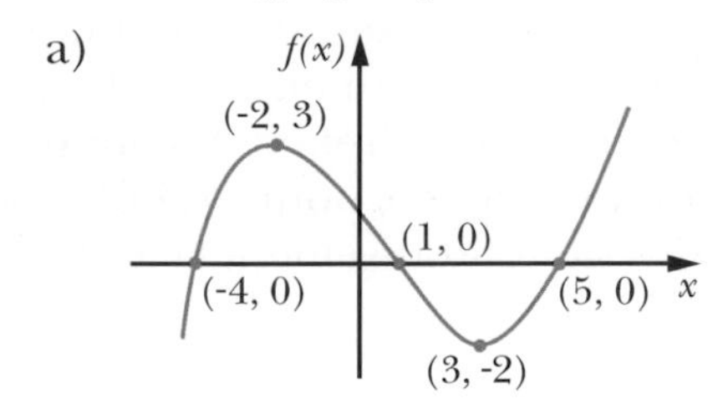

b)

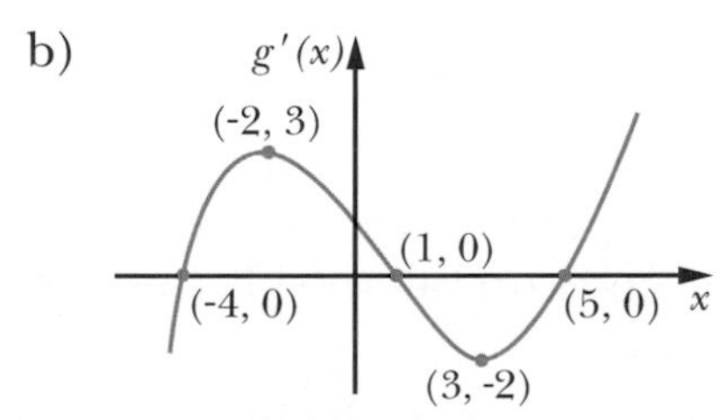

c)

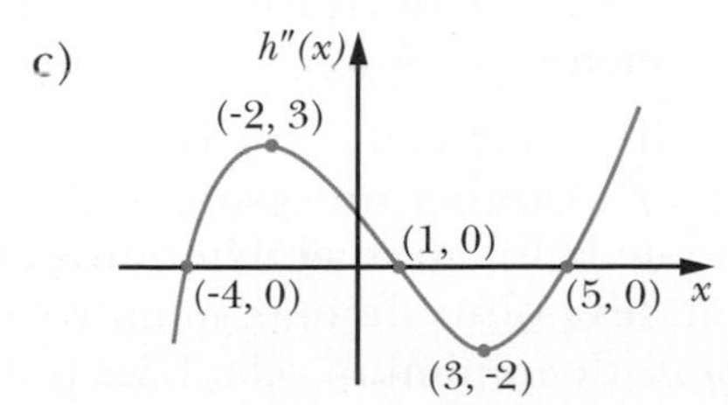

6. Soit $f(x) = k(ax + b)^n + c$, où $k \neq 0$, $a \neq 0$, $n \in \mathbb{N}$ et $n \geqslant 2$.

Déterminer les valeurs de k et de n telles que:

a) f admet un point de minimum relatif et déterminer ce point;

b) f admet un point de maximum relatif et déterminer ce point;

c) f admet un point d'inflexion et déterminer ce point.

7. Pour chacune des fonctions suivantes, construire le tableau de variation relatif à f' et à f''. Donner une esquisse du graphique de la fonction et déterminer, s'il y a lieu, les points de maximum relatif, les points de minimum relatif, les points d'inflexion, les points de rebroussement et les points anguleux.

a) $f(x) = x^{\frac{2}{3}}(x - 6)^{\frac{1}{3}}$

b) $f(x) = |x^2 - 9| + |x^2 - 1|$

c) $f(x) = |x^2 - 4| + 2x$ sur $[-3, 3[$

8. Soit $f(x) = \begin{cases} (x-1)^2 & \text{si } 0 \leqslant x < 2 \\ x^3 - 9x^2 + 29 & \text{si } 2 \leqslant x < 7. \end{cases}$

a) Vérifier si f est continue en $x = 2$.

b) Vérifier si f est dérivable en $x = 2$.

c) Après avoir déterminé dom f, construire le tableau de variation relatif à f' et à f''. Donner une esquisse du graphique de la fonction et déterminer, s'il y a lieu, les points de maximum relatif, les points de minimum relatif, les points d'inflexion, les points de rebroussement et les points anguleux.

9. Soit $f(x) = \begin{cases} \sqrt[3]{x} - 2 & \text{si } -1 \leqslant x < 1 \\ \sqrt[3]{(x-2)^2} & \text{si } 1 \leqslant x < 10. \end{cases}$

a) Déterminer la valeur de x où la fonction f est susceptible d'être non continue, et vérifier en cette valeur si la fonction est continue.

b) Vérifier si f est dérivable à la valeur trouvée en a).

c) Construire le tableau de variation relatif à f' et à f''. Donner une esquisse du graphique de la fonction et déterminer, s'il y a lieu, les points de maximum relatif, les points de minimum relatif, les points d'inflexion, les points de rebroussement et les points anguleux.

10. Soit $f(x) = x^5 + x^3 + x + 1$.

a) Déterminer le nombre de zéros réels de cette fonction.

b) Expliquer la réponse obtenue.

11. Déterminer les points d'inflexion de la courbe définie par $\dfrac{1+y}{1-y} = \left(\dfrac{1+x}{1-x}\right)^2$.

12. Soit f, une fonction croissante sur $[a, b]$ telle que $f(x) \neq 0$.

a) Démontrer, à l'aide de la dérivée, que $g(x) = \dfrac{1}{f(x)}$ est décroissante sur $[a, b]$.

b) Donner une esquisse du graphique de $g(x) = \dfrac{1}{f(x)}$ si f est représentée par le graphique suivant:

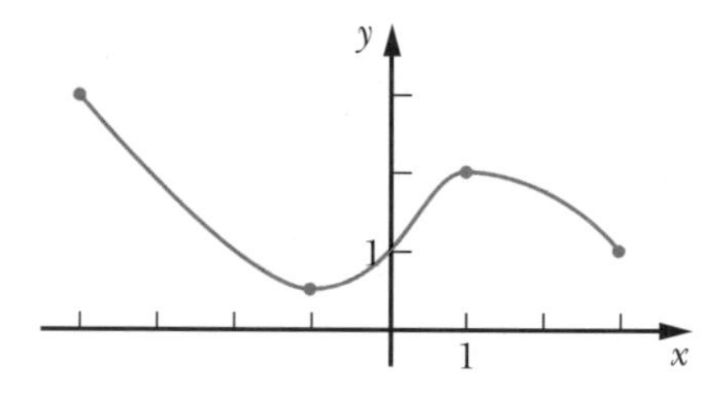

13. Soit $f(x) = \dfrac{x}{x^2 + a}$, où $a > 0$.

Déterminer, le point de maximum relatif, le point de minimum relatif et les points d'inflexion de cette fonction.

14. Soit une fonction f continue sur $[a, b]$ et dérivable sur $]a, b[$.
Démontrer, à l'aide de la définition de la dérivée et de la définition d'une fonction croissante, que si f est croissante sur $[a, b]$, alors $f'(x) \geqslant 0$ sur $]a, b[$.

15. Soit une fonction f continue telle que $f'(x)$, $f''(x)$, $f'''(x)$, $f^{(4)}(x)$ et $f^{(5)}(x)$ soient continues et telle que $f'(c) = f''(c) = 0$. Démontrer que:

a) si $f'''(c) \neq 0$, alors $(c, f(c))$ est un point d'inflexion;

b) si $f'''(c) = 0$ et si $f^{(4)}(c) > 0$, alors $(c, f(c))$ est un point de minimum relatif.

Test récapitulatif

1. Compléter:

a) f est une fonction décroissante sur $[a, b]$, si pour tout $x_1 < x_2$, où $x_1, x_2 \in [a, b]$, alors...

b) Si pour tout $x \in \text{dom } f$, $f(x) \leqslant f(c)$, alors $(c, f(c))$ est un...

c) Si pour tout $x \in [a, b]$, $f(x) \geqslant f(b)$, alors $(b, f(b))$ est un...

d) Si $f'(x)$ passe du $-$ au $+$ lorsque x passe de c^- à c^+, alors $(c, f(c))$ est un...

e) Si $f''(x)$ passe du $-$ au $+$ lorsque x passe de c^- à c^+, alors $(c, f(c))$ est un...

f) Si $f'(c) = 0$ et $f''(c) < 0$, alors $(c, f(c))$ est un...

g) Si la courbe de f admet deux tangentes distinctes au point $(c, f(c))$, alors...

2. Soit f la fonction représentée par le graphique suivant:

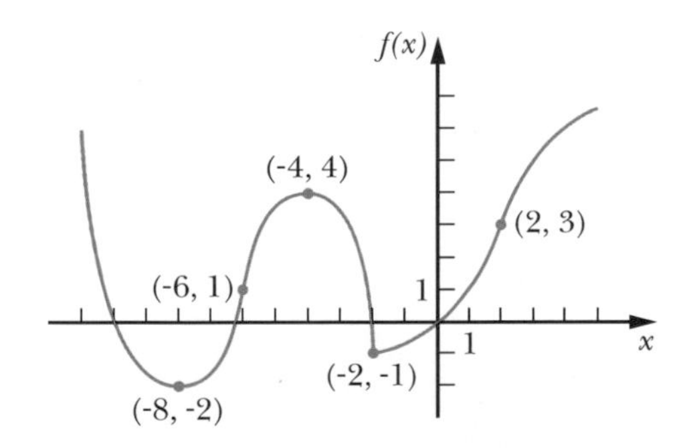

a) Construire le tableau de variation relatif à f' et à f''.

Déterminer, si possible, pour cette fonction:

b) le(s) maximum(s) absolu(s);

c) le(s) minimum(s) absolu(s);

d) le(s) point(s) de maximum relatif;

e) le(s) point(s) de minimum relatif;

f) le(s) point(s) stationnaire(s);

g) le(s) point(s) d'inflexion;

h) le(s) point(s) de rebroussement;

i) le(s) point(s) anguleux;

j) l'intervalle où f est décroissante et concave vers le haut;

k) les intervalles où f est croissante et concave vers le bas.

3. Soit la fonction f représentée par le graphique suivant:

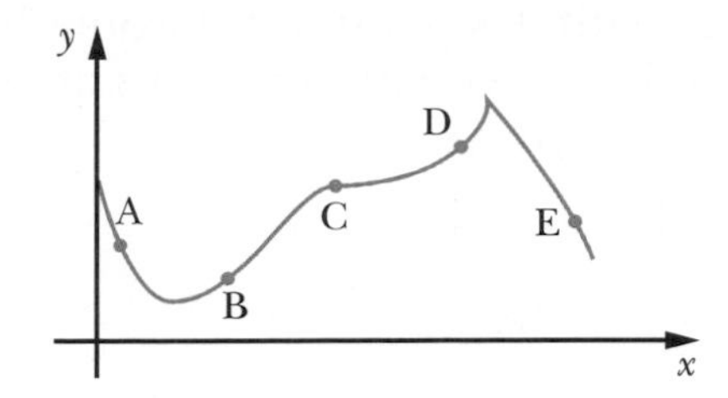

Déterminer à quels points identifiés sur le graphique précédent:

a) $f'(x) > 0$;

b) $f''(x) < 0$.

Déterminer entre quelles paires de points consécutifs:

c) f a un point stationnaire;

d) f' admet un maximum relatif;

e) la pente de la sécante joignant ces points est minimale;

f) f' est croissante;

g) $f''(x) = 0$.

4. Sachant que $f(7) = 0$, compléter le tableau suivant et donner une esquisse du graphique de f.

x	$-\infty$		-2		0		3	$+\infty$
$f'(x)$		$+$	0			$-$	0	
$f''(x)$		$-$			0			
f			2		-1		-4	$\cup$
E. du G.			$(-2, 2)$		$(0, -1)$		$(3, -4)$	

5. Pour chacune des fonctions suivantes, construire le tableau de variation relatif à f' et à f'' et donner une esquisse du graphique de la fonction. De plus, déterminer, s'il y a lieu, les points de minimum relatif, les points de maximum relatif, les points d'inflexion, les points de rebroussement, les points anguleux, et les zéros de f.

a) $f(x) = 5x - x^5 - 3$

b) $f(x) = \sqrt{x^3} - 3x + 5$

c) $f(x) = x - 3\sqrt[3]{x}$ sur [-8, 1[

d) $f(x) = \sqrt[3]{(x^2 - 4)^2}$

6. Soit $f(x) = x^3 + bx^2 + c$.
Déterminer, si possible, les valeurs de b et c telles que le point (2, 5) :

a) soit un point de maximum ou un point de minimum relatif de f; justifier à l'aide du test de la dérivée seconde de f;

b) soit un point d'inflexion de f; justifier.

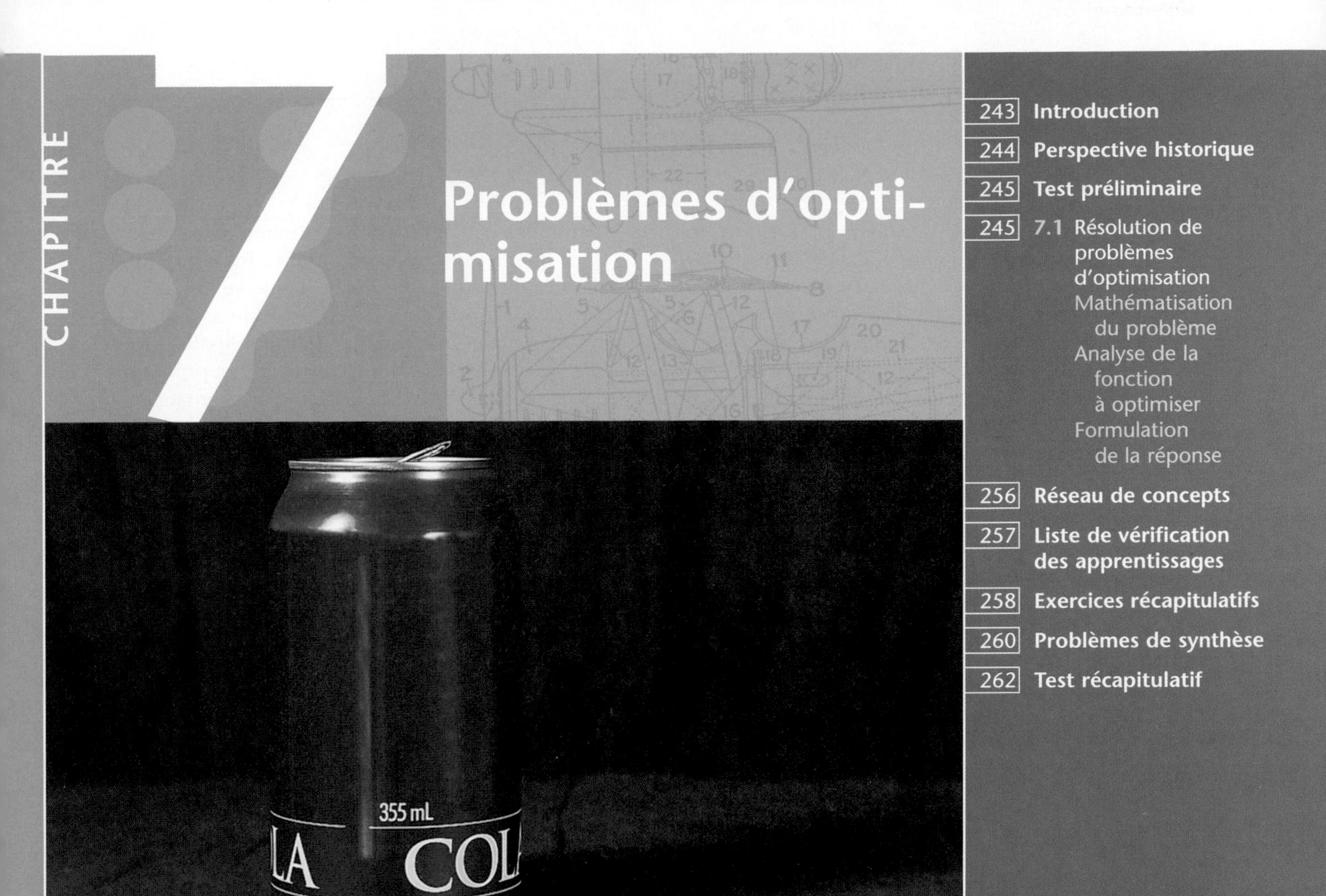

Introduction

Dans le chapitre précédent, nous avons appris à déterminer les maximums et les minimums de fonctions à l'aide de la dérivée première. L'objectif principal du présent chapitre est l'identification des optimums, c'est-à-dire des maximums et des minimums, de fonctions issues de problèmes écrits. Les étapes à suivre pour résoudre des problèmes d'optimisation sont les suivantes :

– mathématiser le problème, c'est-à-dire :
  • définir les variables ;
  • déterminer la quantité à optimiser ;
  • chercher une relation entre les variables ;
  • exprimer la quantité à optimiser en fonction d'une seule variable ;

– analyser la fonction à optimiser ;

– formuler la réponse.

En particulier, à la fin du chapitre nous serons en mesure de déterminer, par exemple, si les dimensions actuelles d'une cannette de boisson gazeuse de 355 ml nécessite le moins de matériau possible. Sinon, quelles devraient être ses dimensions ? (Problème de synthèse 16, page 261.)

Perspective historique

OPTIMISATION

La recherche d'un maximum ou d'un minimum, telle que vue dans ce cours, s'inscrit dans la problématique beaucoup plus large de la recherche de conditions optimales pour réaliser quelque chose. Nous avons déjà signalé, dans les capsules des chapitres 5 et 6, le contexte favorable au XVIIe siècle à l'étude de la recherche d'extremums et les difficultés techniques que cela impliquait avant l'invention du calcul différentiel.

Certaines questions exigent que soit connue non pas la valeur qui maximise ou minimise une fonction, mais plutôt une fonction qui fasse en sorte qu'une certaine autre fonction soit maximale ou minimale. Un exemple d'un tel problème est celui de la brachistochrone (du grec *brachistos,* le plus court, et *chronos,* temps), énoncé, mais non résolu, par Galilée (1564-1642) en 1638. Le problème est le suivant: Trouver la forme d'une courbe dans un plan vertical reliant deux points qui soit telle qu'un mobile tombant du point le plus haut atteigne le point le plus bas dans le temps le plus court possible.

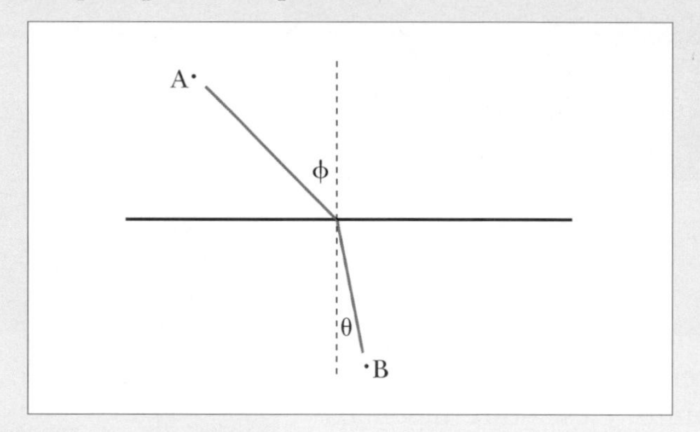

En 1662, Fermat (1601-1665) s'attaque à une question du même type en voulant démontrer mathématiquement la loi de la réfraction, loi qui détermine le changement de direction d'un rayon lumineux passant d'un milieu à un autre (voir la figure). Il remarque d'abord qu'un principe d'économie semble s'appliquer à tout ce que la nature entreprend: «la nature opère par les moyens et les chemins les plus aisés et les plus rapides». Il énonce ensuite l'hypothèse (maintenant démontrée) que la lumière est d'autant plus lente que la densité du milieu dans lequel elle se déplace est grande. Il montre alors, en utilisant sa méthode des maxima et minima, que le trajet le plus rapide que peut suivre la lumière entre deux points placés de part et d'autre de la surface de contact entre les deux milieux est celui correspondant à la loi de réfraction. Ce à quoi Fermat arrive n'est pas la valeur d'un point mais bien le trajet suivi par la lumière qui fait en sorte de minimiser le temps qu'elle a pris pour aller d'un point à un autre. La question de la réflexion de la lumière sera plus particulièrement traitée dans le problème-type en introduction du chapitre 9.

Johann Bernoulli (1667-1748), s'inspirant avec succès du travail de Fermat, résolut le problème de la bachistochrone. Il inaugura un vaste champ des mathématiques nommé le calcul des variations. Au cours du XVIIIe siècle, puis du XIXe siècle, la mécanique s'est progressivement construite autour de ce calcul. Les fonctions à minimiser, ou à maximiser, correspondent alors à l'énergie, la quantité de mouvement, etc.

En plus du calcul différentiel et du calcul des variations, d'autres domaines des mathématiques traitent d'optimisation. Au secondaire, vous avez peut-être travaillé avec les polygones de contraintes. Si c'est le cas, vous connaissez un peu ce qu'on appelle la programmation linéaire. Cette dernière a d'abord été développée en Union soviétique à la fin des années 1930 pour résoudre des problèmes d'optimisation de la production dans les usines. Cependant, ce ne fut qu'avec les difficultés reliées au déploiement et au ravitaillement des troupes éprouvées par l'armée américaine au cours de la Seconde Guerre mondiale que les efforts pour solutionner ce genre de problèmes portèrent fruit. Mais le nombre de calculs requis était si imposant que ce ne fut qu'en 1947 qu'on put vraiment mettre la théorie en application en utilisant les capacités de calcul remarquables d'une nouvelle invention, l'ordinateur.

Test préliminaire

Partie A

1. Déterminer, en fonction de x:

a) l'aire A de ce rectangle

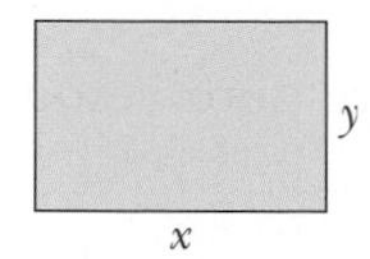

sachant que $x + y = 8$;

b) le périmètre P de ce rectangle

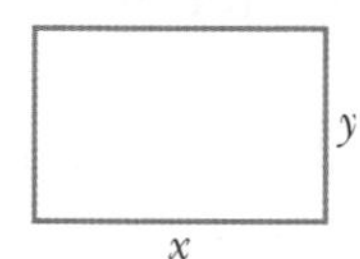

sachant que $xy = 20$;

c) l'aire A et le périmètre P de ce triangle;

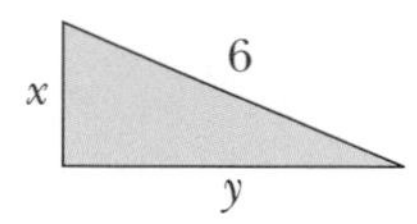

d) l'aire A et le périmètre P du rectangle ci-contre;

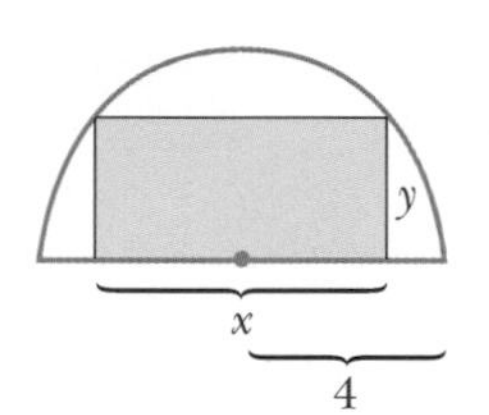

e) l'aire A et le périmètre P du rectangle ci-contre.

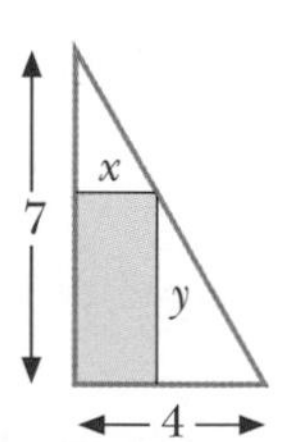

2. Déterminer, en fonction de x:

a) l'aire totale A du parallélépipède

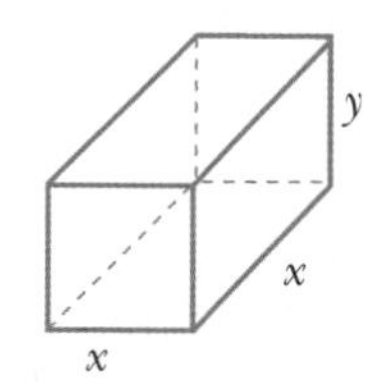

sachant que le volume est de 32 u^3;

b) le volume V du parallélépipède

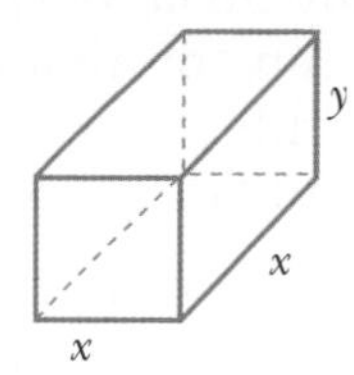

sachant que l'aire totale est de 12 u^2;

c) l'aire totale A de ce cylindre

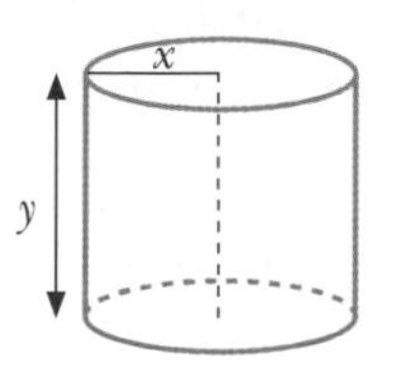

sachant que le volume est de 100 u^3;

d) l'aire A et le volume V de ce cône.

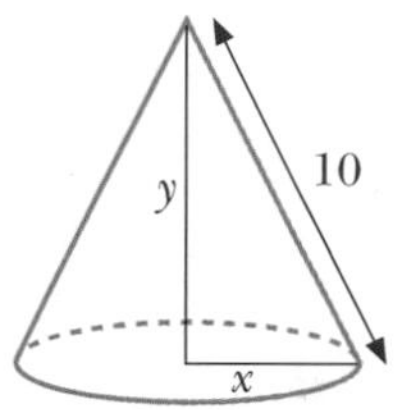

Partie B

1. Calculer $f'(x)$ et déterminer les zéros de $f'(x)$ si

a) $f(x) = \sqrt{10 - x^2}$;

b) $f(x) = x\sqrt{100 - x^2}$.

2. Compléter les énoncés suivants.

a) Si $f'(c) = 0$ et $f'(x)$ passe du + au − lorsque x passe de c^- à c^+, alors $(c, f(c))$ est ....

b) Si $f'(c) = 0$ et $f''(c) > 0$, alors $(c, f(c))$ est ....

c) Si f est une fonction strictement croissante sur [2, 7], alors le point .... est un point de minimum absolu de f et le point .... est un point de maximum absolu de f.

7.1 RÉSOLUTION DE PROBLÈMES D'OPTIMISATION

Objectif d'apprentissage

À la fin de cette section, l'élève pourra résoudre des problèmes d'optimisation.

Plus précisément, l'élève sera en mesure:

- de représenter graphiquement la situation, s'il y a lieu;
- de définir les variables appropriées;

- de déterminer la quantité à optimiser ;
- de déterminer, s'il y a lieu, une relation entre les variables ;
- d'exprimer la quantité à optimiser en fonction d'une seule variable ;
- de déterminer le domaine de la fonction à optimiser ;
- de déterminer le maximum (minimum) de la fonction, à l'aide du test de la dérivée première ou du test de la dérivée seconde ;
- de formuler adéquatement la réponse.

Donnons quelques exemples qui nous permettront d'établir une marche à suivre pour résoudre des problèmes d'optimisation.

■ **Exemple 1** Un homme dispose de 100 m de clôture pour délimiter un terrain rectangulaire. Quelles devront être les dimensions du terrain pour que son aire soit maximale ?

Constatons d'abord qu'avec 100 m de clôture, il est possible de délimiter une infinité de terrains rectangulaires dont l'aire sera différente. En voici quelques exemples :

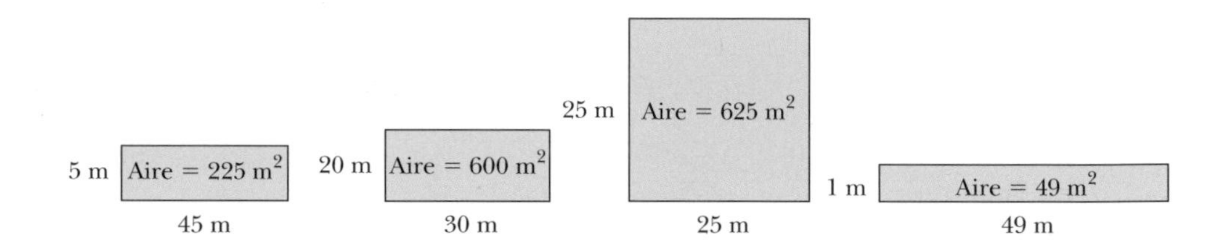

Il existe une solution optimale, et c'est ce qu'il faut trouver.

La première étape de la résolution est la mathématisation du problème.

1. Mathématiser le problème

Représentation graphique et définition des variables

a) Donnons-nous une représentation graphique chaque fois que cela est possible.

Comme le rectangle est quelconque, désignons la longueur des côtés du rectangle par les variables x et y.

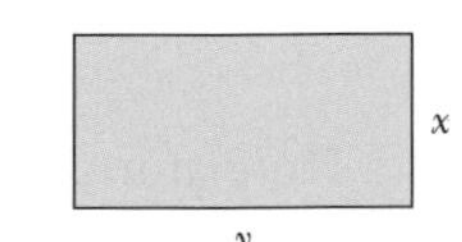

Quantité à optimiser

b) Déterminons la quantité à optimiser.

Dans ce problème, la quantité à optimiser est l'aire A du rectangle qui est fonction des variables x et y.

Ainsi, $A(x, y) = xy$ est la quantité à optimiser.

Nous ne pouvons déterminer le maximum de cette fonction à l'aide de la dérivée, car cette fonction est exprimée à l'aide de deux variables. Cependant, certaines données du problème nous permettent d'exprimer l'une de ces variables en fonction de l'autre.

Relation entre variables

c) Cherchons une relation entre x et y nous permettant d'exprimer l'une de ces variables en fonction de l'autre.

Nous avons 100 m de clôture. Cela signifie que le périmètre du terrain est de 100 m.

Ainsi, $2x + 2y = 100$

D'où $y = \dfrac{100 - 2x}{2}$ et $x = \dfrac{100 - 2y}{2}$.

Fonction à optimiser et domaine

d) Exprimons la quantité à optimiser en fonction d'une seule variable, par exemple, x. De $A(x, y) = xy$, nous obtenons

$$A(x) = x\left(\frac{100 - 2x}{2}\right) \quad \left(\text{en remplaçant } y \text{ par } \frac{100 - 2x}{2}\right)$$
$$= x(50 - x)$$
$$= 50x - x^2$$

D'où $A(x) = 50x - x^2$ est la fonction dont nous devons déterminer le maximum.

Puisque x représente la longueur d'un côté d'un rectangle de périmètre égal à 100, x doit satisfaire à la condition suivante : $0 \leq x \leq 50$.

D'où dom $A = [0, 50]$.

La deuxième étape est l'analyse de la fonction à optimiser.

2. Analyser la fonction à optimiser

Comme nous l'avons vu au chapitre 6, le test de la dérivée première ou le test de la dérivée seconde nous permet de déterminer les maximums et les minimums de la fonction à optimiser.

Analysons d'abord cette fonction à l'aide du test de la dérivée première.

Test de la dérivée première

1re étape : Calculer la dérivée de la fonction à optimiser.

$A'(x) = (50x - x^2)'$
$= 50 - 2x$

2e étape : Déterminer les nombres critiques de A.

$A'(x) = 0$ si $x = 25$, donc 25 est un nombre critique. $A'(x)$ n'existe pas si $x = 0$ ou $x = 50$, donc 0 et 50 sont des nombres critiques.

3e étape : Construire le tableau de variation.

x	0		25		50
$A'(x)$	$\nexists$	+	0	−	$\nexists$
A		↗	625	↘	
			max.		

Donc, $(25, A(25))$ est un point de maximum de A.

Nous pouvons également étudier cette fonction à l'aide du test de la dérivée seconde.

Test de la dérivée seconde

1re étape : Calculer la dérivée de la fonction à optimiser.

$A'(x) = (50x - x^2)'$
$= 50 - 2x$

2e étape : Déterminer les nombres critiques de A tels que $A'(x) = 0$.

$A'(x) = 0$ si $x = 25$, donc 25 est un nombre critique.

3e étape : Calculer la dérivée seconde.

$A''(x) = -2$

Nous avons $A'(25) = 0$ et $A''(25) < 0$.

Donc, $(25, A(25))$ est un point de maximum de A.

Remarque Il n'est pas nécessaire d'utiliser les deux tests, un seul suffit pour analyser la fonction à optimiser.

Après avoir analysé la fonction, il faut s'assurer de répondre correctement à la question demandée.

3. **Formuler la réponse**

   Ainsi, l'aire du terrain est maximale lorsque x mesure 25 m.

Réponse

   Puisque $y = \dfrac{100 - 2x}{2}$, nous obtenons $y = \dfrac{100 - 50}{2} = 25 \quad$ (car $x = 25$).

D'où les dimensions du terrain d'aire maximale sont 25 m sur 25 m. ■

Voici un résumé des étapes à suivre pour résoudre les problèmes d'optimisation.

1. Mathématiser le problème :
   a) représenter graphiquement, lorsque le problème le permet, et définir les variables ;
   b) déterminer la quantité à optimiser ;
   c) chercher des relations entre les variables ;
   d) exprimer la quantité à optimiser en fonction d'une seule variable et déterminer le domaine de cette fonction.
2. Analyser la fonction à optimiser à l'aide du test de la dérivée première ou du test de la dérivée seconde.
3. Formuler la réponse.

Nous donnons maintenant quelques exemples supplémentaires et nous encourageons les élèves à tenter de résoudre eux-mêmes et elles-mêmes les problèmes avant de lire la solution que nous proposons.

■ **Exemple 2** Trouvons deux nombres dont la somme du premier et du cube du second est égale à 8, tels que leur produit soit maximal. Déterminons également la valeur du produit maximal.

1. Mathématisation du problème.
   a) Définition des variables.

      Soit x, le premier nombre et y, le second nombre.

   b) Détermination de la quantité à optimiser.

      $P(x, y) = xy$ doit être maximal.

   c) Recherche d'une relation entre les variables.

      $x + y^3 = 8$

      D'où $x = 8 - y^3$.

   d) Expression de la quantité à optimiser en fonction d'une seule variable.

      $$P(x, y) = xy$$
      $$P(y) = (8 - y^3)y \quad (\text{car } x = 8 - y^3)$$
      $$= 8y - y^4$$

      D'où $P(y) = 8y - y^4$ est la fonction dont nous devons déterminer le maximum.

Puisque y est un nombre réel quelconque, alors dom $P = \mathbb{R}$.

2. Analyse de la fonction à optimiser.

   1re étape : Calculer la dérivée.

   $P'(y) = 8 - 4y^3$

   2e étape : Déterminer les nombres critiques de P.

   $P'(y) = 0$ si

   $8 - 4y^3 = 0$

   $y = \sqrt[3]{2}$

   Donc, $\sqrt[3]{2}$ est un nombre critique.

   3e étape : Calculer la dérivée seconde.

   $P''(y) = -12y^2$

   Nous avons $P'(\sqrt[3]{2}) = 0$ et $P''(\sqrt[3]{2}) = -12\sqrt[3]{4} < 0$.

   Donc, $(\sqrt[3]{2}, P(\sqrt[3]{2}))$ est un point de maximum de P.

3. Formulation de la réponse.

   Ainsi, le produit est maximal lorsque $y = \sqrt[3]{2}$.

   Puisque $x = 8 - y^3$, nous obtenons $x = 8 - (\sqrt[3]{2})^3 = 6$.

   D'où les deux nombres cherchés qui donnent le produit maximal sont $x = 6$ et $y = \sqrt[3]{2}$.

Ainsi, la valeur du produit maximal est donnée par $6\sqrt[3]{2}$, c'est-à-dire 7,559 5...

Nous pouvons trouver une infinité de valeurs de x et de y telles que $x + y^3 = 32$ et calculer leur produit pour constater que le résultat est inférieur à 7,559 5...

Représentation graphique

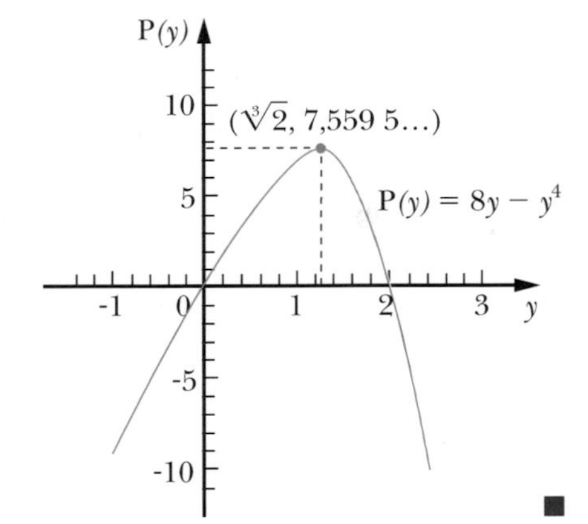

OUTIL TECHNOLOGIQUE

```
>plot(8*x-x^4,x=-1..3,y=-10..10,color=orange);
```

■

■ **Exemple 3** Une ébéniste veut fabriquer un tiroir dont la profondeur, du devant à l'arrière, est de 50 cm et dont le volume est de 10 000 cm³. Si le devant coûte 0,05 \$ par cm², que le fond coûte 0,03 \$ par cm² et que le reste coûte 0,02 \$ par cm², quelles doivent être les dimensions du tiroir pour que le coût de fabrication soit minimal ? Calculons ce coût de fabrication.

1. Mathématisation du problème.

   a) Représentation graphique et définition des variables.

   Soit 50 cm pour la profondeur, x cm pour la hauteur et y cm pour la largeur du tiroir.

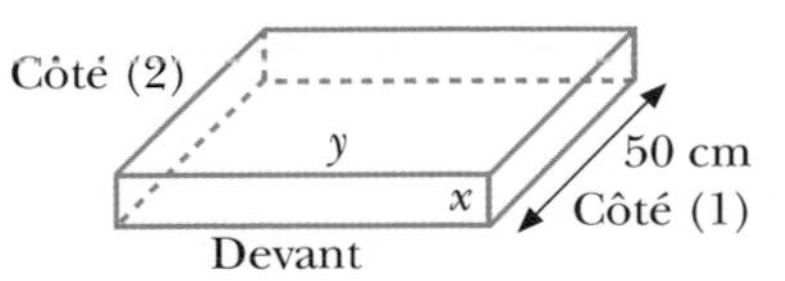

b) Détermination de la quantité à optimiser.

Le tiroir est composé de cinq unités dont l'aire et le coût par unité sont donnés dans le tableau ci-dessous.

Unité	Aire de la surface	Prix (¢/cm²)	Coût par unité
Devant	xy	5	$5(xy)$
Côté (1)	$50x$	2	$2(50x)$
Côté (2)	$50x$	2	$2(50x)$
Arrière	xy	2	$2(xy)$
Fond	$50y$	3	$3(50y)$

Le coût de fabrication C du tiroir est donné par la somme des coûts de fabrication de chacune des cinq unités.

$$C(x, y) = 5xy + 100x + 100x + 2xy + 150y$$

$$= 7xy + 200x + 150y \quad \text{est à minimiser.}$$

c) Recherche d'une relation entre les variables.

Nous connaissons le volume du tiroir, soit 10 000 cm³.

Ainsi, $50xy = 10\,000$

D'où $y = \dfrac{10\,000}{50x} = \dfrac{200}{x}$.

d) Expression de la quantité à optimiser en fonction d'une seule variable.

$$C(x, y) = 7xy + 200x + 150y$$

$$C(x) = 7x\left(\frac{200}{x}\right) + 200x + 150\left(\frac{200}{x}\right) \quad \left(\text{car } y = \frac{200}{x}\right)$$

$$= 1400 + 200x + \frac{30\,000}{x}$$

D'où $C(x) = 1400 + 200x + \dfrac{30\,000}{x}$ est la fonction dont nous devons déterminer le minimum.

Puisque x représente la hauteur, alors dom $C = \,]0, +\infty$.

2. Analyse de la fonction à optimiser.

1re étape : Calculer la dérivée.

$$C'(x) = 200 - \frac{30\,000}{x^2}$$

$$= \frac{200x^2 - 30\,000}{x^2}$$

$$= \frac{200(x^2 - 150)}{x^2}$$

2e étape : Déterminer les nombres critiques de C.

$C'(x) = 0$ si $x = \pm\sqrt{150}$ donc, $\sqrt{150}$ est un nombre critique. La valeur $-\sqrt{150}$ n'est pas un nombre critique, car $-\sqrt{150} \notin$ dom C.

3ᵉ étape : Construire le tableau de variation.

x	0		$\sqrt{150}$	$+\infty$
$C'(x)$	$\nexists$	$-$	0	$+$
C		↘		↗
			min.	

3. Formulation de la réponse.

   Ainsi, le coût de fabrication est minimal lorsque x mesure $\sqrt{150}$ cm.

   Puisque $y = \dfrac{200}{x}$, nous obtenons $y = \dfrac{200}{\sqrt{150}}$ (car $x = \sqrt{150}$).

   D'où les dimensions du tiroir, dont le coût de fabrication est minimal, sont $\sqrt{150}$ cm sur $\dfrac{200}{\sqrt{150}}$ cm sur 50 cm, c'est-à-dire environ 12,25 cm sur 16,33 cm sur 50 cm.

   Le coût de fabrication est donné par

   $$C(\sqrt{150}) = 1400 + 200\sqrt{150} + \frac{30\,000}{\sqrt{150}}$$, c'est-à-dire environ 62,99 \$. ■

■ **Exemple 4** Déterminons les dimensions du rectangle d'aire maximale que nous pouvons inscrire à l'intérieur d'un cercle de rayon 5.

1. Mathématisation du problème.

   a) Représentation graphique et définition des variables.

   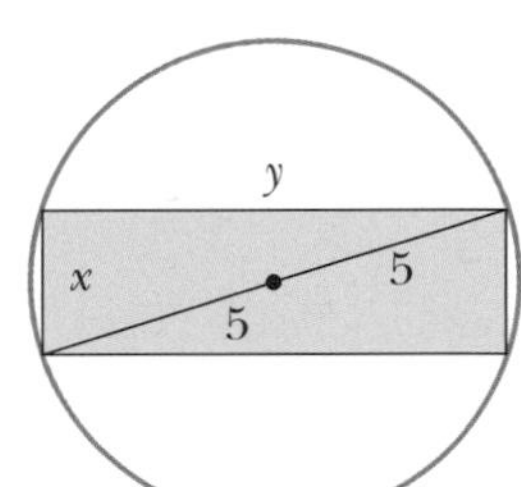

   Soit x et y la longueur des côtés du rectangle.

   b) Détermination de la quantité à optimiser.

   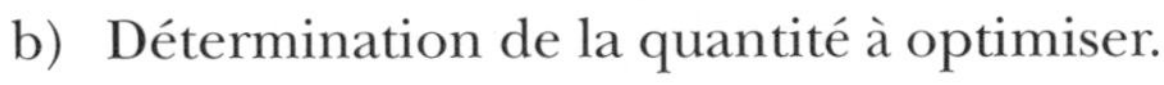

   $A(x, y) = xy$ doit être maximale.

   c) Recherche d'une relation entre les variables.

   Le rayon étant égal à 5, le diamètre est de 10.

   $$x^2 + y^2 = 10^2 \qquad \text{(Pythagore)}$$
   $$y^2 = 100 - x^2$$
   $$y = \pm\sqrt{100 - x^2}$$

   Nous devons prendre la valeur positive de y, puisque y représente la longueur d'un côté. D'où $y = \sqrt{100 - x^2}$.

   d) Expression de la quantité à optimiser en fonction d'une seule variable.

   $$A(x, y) = xy$$
   $$A(x) = x\sqrt{100 - x^2} \qquad (\text{car } y = \sqrt{100 - x^2})$$

   D'où $A(x) = x\sqrt{100 - x^2}$ est à maximiser, sachant que dom $A = [0, 10]$.

2. Analyse de la fonction à optimiser.

   1ʳᵉ étape : Calculer la dérivée.

   $$A'(x) = \sqrt{100 - x^2} + \frac{x(-2x)}{2\sqrt{100 - x^2}}$$
   $$= \frac{100 - x^2 - x^2}{\sqrt{100 - x^2}} = \frac{100 - 2x^2}{\sqrt{100 - x^2}}$$

2ᵉ étape : Déterminer les nombres critiques de A.

$A'(x) = 0$ si $x = \pm\sqrt{50} = \pm 5\sqrt{2}$, donc $5\sqrt{2}$ est un nombre critique.

La valeur $-5\sqrt{2}$ n'est pas un nombre critique, car $-5\sqrt{2} \notin \text{dom } A$.

$A'(x)$ n'existe pas si $x = 0$ ou $x = 10$, donc 0 et 10 sont des nombres critiques.

3ᵉ étape : Construire le tableau de variation.

x	0		$5\sqrt{2}$		10
$A'(x)$	$\nexists$	+	0	−	$\nexists$
A		↗		↘	
			max.		

3. Formulation de la réponse.

L'aire du rectangle est maximale lorsque $x = 5\sqrt{2}$.

Puisque $y = \sqrt{100 - x^2}$, nous obtenons

$$y = \sqrt{100 - (5\sqrt{2})^2} = 5\sqrt{2} \quad (\text{car } x = 5\sqrt{2}).$$

D'où les dimensions du rectangle d'aire maximale sont $5\sqrt{2}$ unités sur $5\sqrt{2}$ unités. ■

■ **Exemple 5** Nous voulons couper, si nécessaire, une corde de 200 cm de longueur en deux parties. La première partie servira à former un carré et la seconde partie, un cercle. Où devons-nous couper cette corde pour que la somme des aires des figures obtenues soit maximale ?

1. Mathématisation du problème.

a) Représentation graphique et définition des variables.

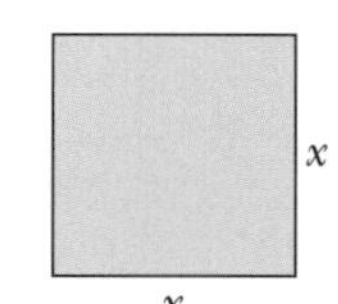

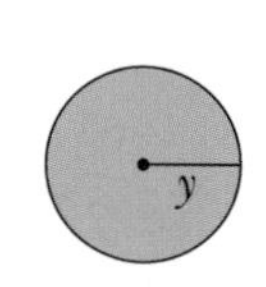

Soit x, la longueur du côté du carré, et y, la longueur du rayon du cercle.

b) Détermination de la quantité à optimiser.

Aire totale = Aire du carré + Aire du cercle

$A(x, y) = x^2 + \pi y^2$ doit être maximale.

c) Recherche d'une relation entre les variables.

La somme du périmètre du carré et de la circonférence du cercle doit égaler la longueur de la corde, soit 200 cm.

Donc, $4x + 2\pi y = 200$. D'où $x = \dfrac{200 - 2\pi y}{4} = 50 - \dfrac{\pi}{2}y$.

d) Expression de la quantité à optimiser en fonction d'une seule variable.

$A(x, y) = x^2 + \pi y^2$

$$A(y) = \left(50 - \frac{\pi}{2}y\right)^2 + \pi y^2 \quad \left(\text{car } x = 50 - \frac{\pi}{2}y\right)$$

$$= \left(\frac{\pi^2}{4} + \pi\right)y^2 - 50\pi y + 2500$$

D'où $A(y) = \left(\frac{\pi^2}{4} + \pi\right)y^2 - 50\pi y + 2500$ est la fonction dont il faut déterminer le maximum.

Puisque y représente le rayon du cercle, alors dom $A = \left[0, \frac{100}{\pi}\right]$.

2. Analyse de la fonction à optimiser.

1re étape : Calculer la dérivée.

$$A'(y) = 2\left(\frac{\pi^2}{4} + \pi\right)y - 50\pi$$

2e étape : Déterminer les nombres critiques de A.

$A'(y) = 0$ si $y = \frac{100}{\pi + 4}$, donc $\frac{100}{\pi + 4}$ est un nombre critique.

$A'(y)$ n'existe pas si $y = 0$ ou $y = \frac{100}{\pi}$, donc 0 et $\frac{100}{\pi}$ sont des nombres critiques.

3e étape : Calculer la dérivée seconde.

$$A''(y) = 2\left(\frac{\pi^2}{4} + \pi\right) > 0$$

Nous avons $A'\left(\frac{100}{\pi + 4}\right) = 0$ et $A''\left(\frac{100}{\pi + 4}\right) > 0$.

Donc, $\left(\frac{100}{\pi + 4}, A\left(\frac{100}{\pi + 4}\right)\right)$ est un point de minimum de A.

Or, nous étions à la recherche d'un maximum et non d'un minimum.

Construisons le tableau de variation qui nous permettra de constater que les maximums de cette fonction sont atteints aux extrémités de l'intervalle définissant le domaine de cette fonction.

y	0		$\frac{100}{\pi + 4}$		$\frac{100}{\pi}$
$A'(y)$	$\nexists$	$-$	0	$+$	$\nexists$
A	2500	↘		↗	$\frac{10\,000}{\pi}$
	max.		min.		max.

Après avoir évalué $A(0)$ et $A\left(\frac{100}{\pi}\right)$, nous constatons que le maximum absolu est obtenu lorsque $y = \frac{100}{\pi}$.

3. Formulation de la réponse.

L'aire est maximale lorsque $y = \frac{100}{\pi}$ cm.

Puisque $x = 50 - \frac{\pi}{2}y$, nous obtenons $x = 50 - \frac{\pi}{2}\left(\frac{100}{\pi}\right) = 0$, car $y = \frac{100}{\pi}$.

Cela signifie que la corde ne doit pas être coupée, mais utilisée en entier pour former le cercle. ■

Exercices 7.1

1. Une compagnie disposant de 400 m de clôture veut entourer une partie du terrain attenant à son bâtiment. Déterminer l'aire maximale de la surface rectangulaire que cette compagnie peut obtenir avec cette longueur de clôture.

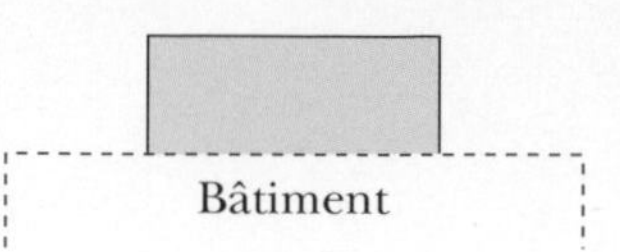

2. On dispose de 120 m de clôture pour entourer un champ rectangulaire et le diviser en trois lots rectangulaires au moyen de deux clôtures parallèles à l'un des côtés. Quelles dimensions le champ doit-il avoir pour que son aire soit maximale?

3. La somme de deux nombres est 10. Quels sont ces deux nombres si leur produit est maximal?

4. La somme de deux nombres positifs est 100. Quels sont ces deux nombres si le carré du premier ajouté au second donne une somme minimale?

5. Le produit de deux nombres positifs est 16. Quels sont ces deux nombres si le cube du premier ajouté au triple du second donne une somme minimale?

6. La somme de deux nombres non négatifs est 20. Quels sont ces deux nombres si le premier à la puissance 4 ajouté à 32 fois le second donne une somme maximale?

7. Une page de cahier de mathématique a un périmètre de 100 cm. Si cette page comprend des marges de 5 cm en haut, de 3 cm en bas et de 2 cm sur les deux côtés, quelles dimensions la page doit-elle avoir pour que la surface imprimée soit maximale?

8. Une boîte métallique à base carrée, ouverte sur le dessus, a un volume de 32 m^3. Déterminer les dimensions que doit avoir la boîte pour que la quantité de métal nécessaire à sa fabrication soit minimale et évaluer la quantité de métal utilisée.

9. On veut fabriquer une boîte à base carrée, fermée sur le dessus. Le coût de fabrication de la boîte est de 0,03 \$ par cm^2 pour le fond, de 0,05 \$ par cm^2 pour le dessus et de 0,02 \$ par cm^2 pour chacun des côtés. Déterminer les dimensions de la boîte ayant un volume maximal si son coût de fabrication est de 24 \$.

10. Déterminer l'aire du rectangle d'aire maximale que l'on peut inscrire à l'intérieur d'un demi-cercle dont le rayon est de 4 dm.

11. Déterminer les dimensions du rectangle de périmètre maximal que l'on peut inscrire à l'intérieur d'un cercle dont le rayon est de 5 cm.

12. Un cylindre circulaire droit, fermé aux extrémités, a un volume de 1024 π cm^3. Quelles dimensions (rayon et hauteur) le cylindre doit-il avoir pour que sa fabrication nécessite le moins de matériau possible?

13. On forme un cône en coupant un secteur d'un cercle dont le rayon est de 20 cm. Déterminer la hauteur du cône de volume maximal ainsi formé.

14. Déterminer les dimensions du rectangle d'aire maximale que l'on peut inscrire à l'intérieur d'un triangle rectangle dont la base est de 8 cm et dont la hauteur est de 6 cm.

15. Une société ferroviaire est prête à exploiter une ligne Montréal-Vancouver si 214 personnes consentent à débourser 300 $ pour l'aller-retour. La société a estimé que chaque réduction de 2 $ du prix du billet lui permet d'augmenter de 5 le nombre de passagers et de passagères. Quel doit être le nombre de passagers et de passagères pour que la société obtienne un revenu maximal?

16. Soit $f(x) = \dfrac{x^2}{4}$, où $x \in [-3, 4]$.

Déterminer les points de la courbe de f qui sont les plus près et les plus loin du point $(0, 3)$.

17. On veut construire une route reliant les villes A et B. Sachant que le coût de construction entre A et P, région montagneuse, est de 1 200 000 $/km et celui entre P et B est de 800 000 $/km, déterminer la position du point P pour que le coût de construction soit minimal et évaluer ce coût de construction.

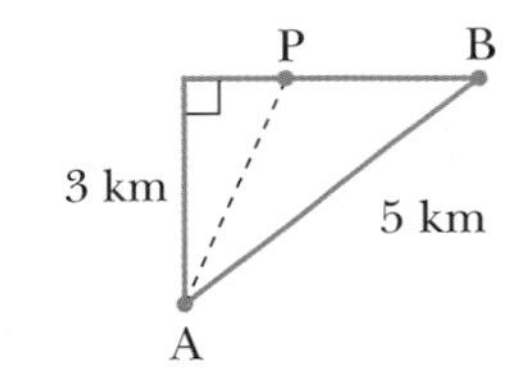

18. Un silo, formé d'un cylindre circulaire droit, surmonté d'une demi-sphère, a un volume de 1000 m³.

a) Si le coût de fabrication de la demi-sphère par mètre carré est quatre fois plus élevé que le coût de fabrication de la surface latérale du cylindre, quelles dimensions le cylindre et la demi-sphère devront-ils avoir pour que le coût de fabrication soit minimal?

b) Si le coût de fabrication de la surface latérale est de 80 $/m², calculer le coût de fabrication.

Réseau de concepts

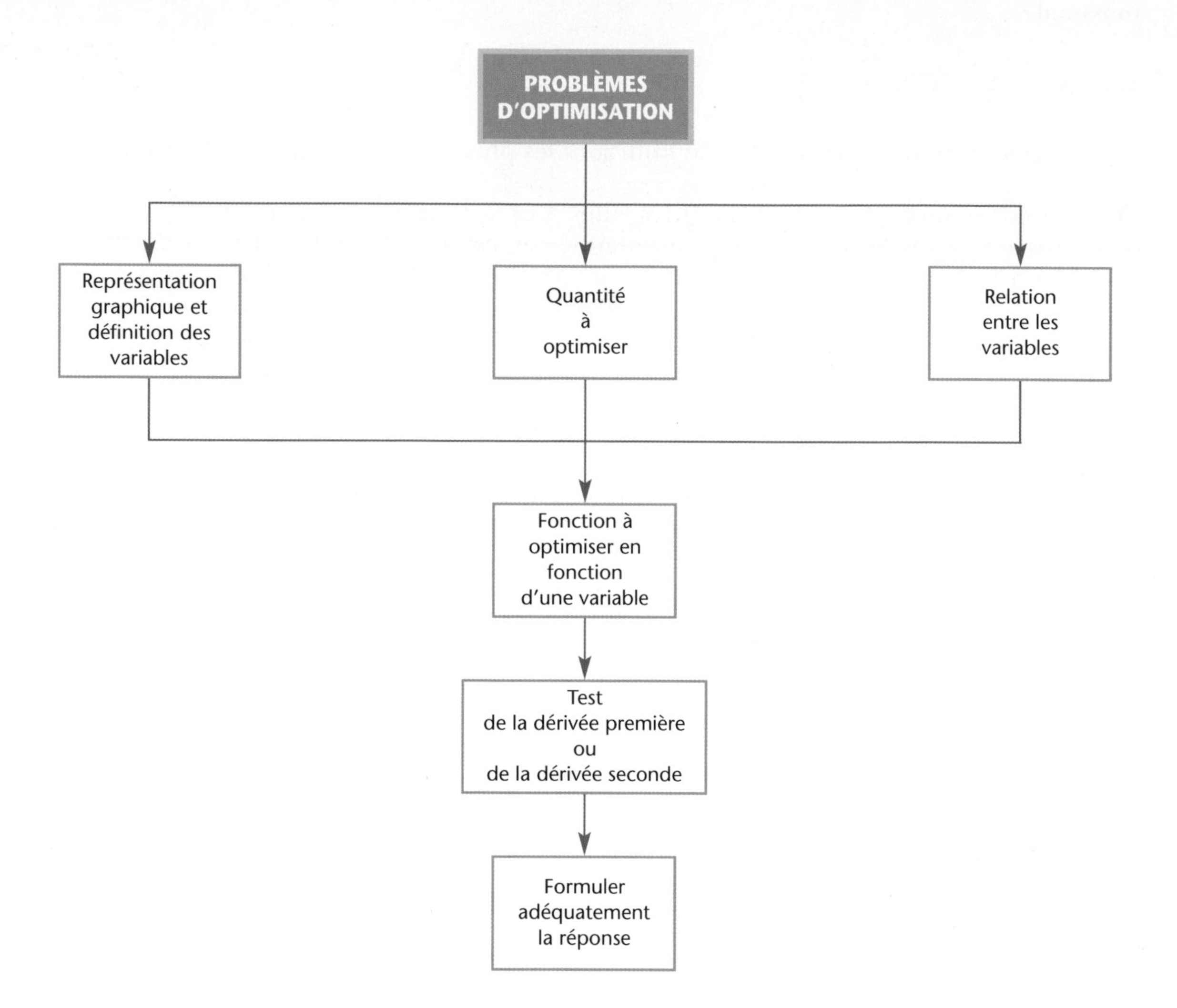

Liste de vérification des apprentissages

RÉPONDRE PAR **OUI** OU **NON.**			
Après l'étude de ce chapitre, je suis en mesure :		**OUI**	**NON**
1.	de représenter graphiquement la situation, s'il y a lieu ;		
2.	de définir les variables appropriées ;		
3.	de déterminer la quantité à optimiser ;		
4.	de déterminer, s'il y a lieu, une relation entre les variables ;		
5.	d'exprimer la quantité à optimiser en fonction d'une seule variable ;		
6.	de déterminer le domaine de la fonction à optimiser ;		
7.	de déterminer le maximum (minimum) de la fonction, à l'aide du test de la dérivée première ou du test de la dérivée seconde ;		
8.	de formuler adéquatement la réponse.		

Si vous avez répondu **NON** à une de ces questions,
il serait préférable pour vous d'étudier à nouveau cette notion.

Exercices récapitulatifs

biologie | chimie | administration | physique

1. La somme de deux nombres est 150. Quels sont ces deux nombres si le produit du cube du premier par le second est maximal?

2. Une boîte droite, à base carrée, fermée sur le dessus et dont le fond est triple, a un volume de 250 cm^3.

a) Déterminer les dimensions que doit avoir la boîte pour que la quantité de matériau nécessaire à sa fabrication soit minimale et calculer le coût de fabrication de cette boîte si elle coûte, pour chaque épaisseur, 0,02 \$ par cm^2.

b) Si le coût de fabrication, pour chaque épaisseur, du fond et du dessus, est de 0,01 \$ par cm^2 et que celui des faces latérales est de 0,04 \$ par cm^2, déterminer les dimensions de la boîte la moins coûteuse ainsi que le coût de fabrication de cette boîte.

3. Il en coûte 240 \$ pour un voyage de Montréal à Toronto si l'avion transporte 160 passagers et passagères. La compagnie aérienne a estimé que chaque réduction de 5 \$ du prix du billet lui permet d'augmenter de 8 le nombre de passagers et passagères. Déterminer le prix du billet qui donnera un revenu maximal à la compagnie aérienne si la capacité de l'avion est de:

a) 336 passagers et passagères; calculer ce revenu.

b) 240 passagers et passagères; calculer ce revenu.

4. Déterminer les dimensions du rectangle de périmètre maximal que l'on peut inscrire dans un demi-cercle dont le rayon est de 7 cm.

5. Un morceau de carton rectangulaire de 24 cm sur 41 cm doit servir à fabriquer une boîte rectangulaire ouverte sur le dessus. Pour faire cette boîte, on découpe un carré dans chacun des quatre coins et on replie les côtés perpendiculairement à la base.

a) Déterminer les dimensions de la boîte offrant le plus grand volume.

b) Calculer ce volume.

Outil technologique

c) Représenter graphiquement la fonction donnant le volume en fonction d'une seule variable et vérifier le résultat.

6. Le quotient de deux nombres est 10. Quels sont ces deux nombres si la somme du numérateur et du carré du dénominateur est minimale?

7. Quelles doivent être les dimensions d'un terrain rectangulaire de 400 m^2 d'aire pour que son périmètre soit minimal?

8. Déterminer les dimensions du rectangle d'aire maximale que l'on peut inscrire entre l'axe des x, l'axe des y et la courbe dont l'équation est $y = (x - 9)^2$.

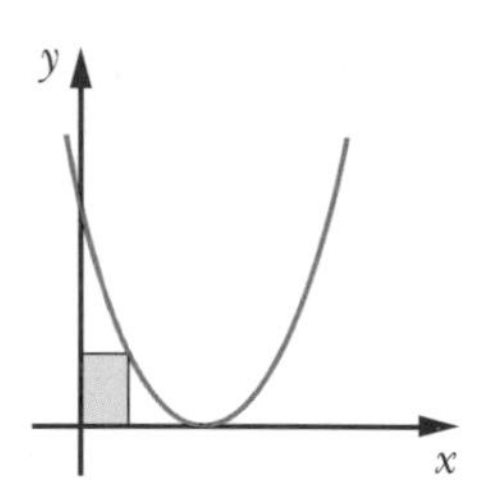

9. Sur la droite $y = 2x + 3$, quel est le point le plus près du point:

a) $P(3, 1)$; b) $Q(a, b)$.

10. La différence de deux nombres est 25. Quels sont ces deux nombres si le cube de leur produit est minimal?

11. Les côtés congrus d'un triangle isocèle mesurent 5 cm de longueur. Quelle doit être la longueur du troisième côté pour que l'aire du triangle soit maximale?

12. Une fenêtre a la forme d'un rectangle surmonté:

a) d'un demi-cercle. Le périmètre du rectangle étant de 6 m, déterminer les dimensions de la fenêtre d'aire maximale.

b) d'un triangle équilatéral. Le périmètre du rectangle étant de 12 m, déterminer les dimensions de la fenêtre d'aire maximale.

13. Une page d'une revue a un périmètre de 100 cm. Cette page comprend des marges de 4 cm en haut, de 3 cm en bas et de

2 cm à droite et à gauche. Sachant que l'impression est faite sur deux colonnes séparées de 1 cm, déterminer les dimensions de la page pour que la surface imprimée soit maximale.

14. Soit la courbe d'équation $y = 16 - (x - 4)^2$. Déterminer les dimensions du triangle rectangle d'aire maximale que l'on peut inscrire sous la courbe et au-dessus de l'axe des x.

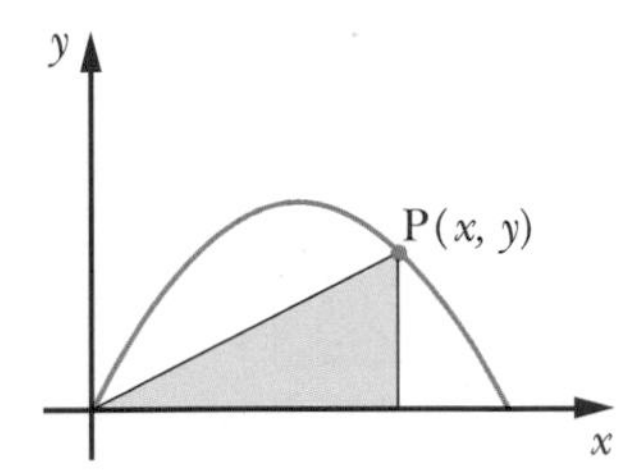

15. La rigidité d'une poutre rectangulaire est égale au produit de sa largeur par le cube de sa hauteur. Pour obtenir une poutre de rigidité maximale, quelles dimensions doit-on lui donner si l'on utilise un tronc d'arbre de 15 cm de rayon pour la fabriquer ?

16. Une piste de course de 500 m entoure un rectangle et deux demi-cercles situés aux extrémités. Quelles doivent être les dimensions du terrain rectangulaire pour que l'aire de celui-ci soit maximale ?

17. Un triangle isocèle a :

a) un périmètre de 30 cm. Quelle devrait être la longueur des côtés de ce triangle si l'on veut maximiser l'aire de ce triangle ?

b) une aire de 30 cm². Quelle devrait être la longueur des côtés de ce triangle si l'on veut minimiser le périmètre de celui-ci ?

18. On dispose de 1260 m de clôture pour entourer un terrain rectangulaire et le diviser en 12 lots rectangulaires de mêmes dimensions au moyen de clôtures parallèles aux côtés du terrain. Déterminer les dimensions de chaque lot pour que l'aire totale soit maximale si les terrains sont divisés de la façon suivante.

a)

b)

19. Quelles sont les dimensions :

a) du cylindre droit de volume maximal inscrit dans une sphère dont la longueur du rayon est égale à 6 cm ?

b) du cône circulaire droit de volume minimal circonscrit à un cylindre droit dont la longueur du rayon est égale à 6 cm et la hauteur est égale à 10 cm ?

20. On veut couper, si nécessaire, une corde de 400 cm de longueur en deux parties pour former deux figures géométriques.

a) Si la première figure est un cercle et la seconde est un carré, déterminer la longueur de chacune des parties pour que la somme des aires des figures obtenues soit minimale.

b) Si la première figure est un cercle et la seconde est un triangle équilatéral, déterminer la longueur de chacune des parties pour que la somme des aires des figures obtenues soit maximale.

21. À l'aide d'une échelle, on veut rejoindre une maison située à 1 m d'une clôture haute de 2 m. Il s'agit de déterminer la longueur L de la plus courte échelle utilisable.

a) En posant x telle qu'illustrée sur le graphique ci-dessous, déterminer L en fonction de x et calculer la longueur minimale de L.

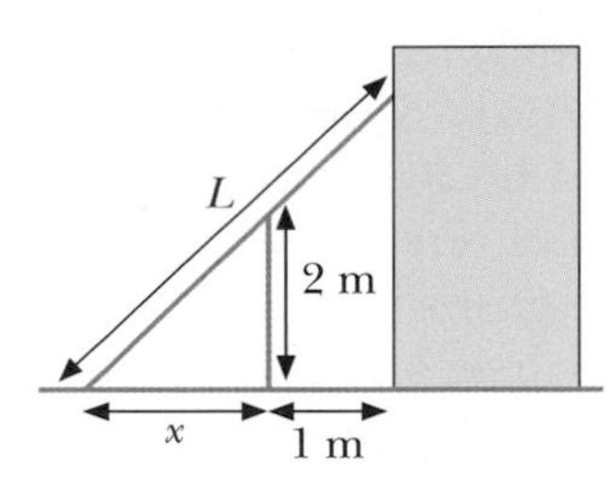

b) En posant x et y telles qu'illustrées sur le graphique ci-dessous, déterminer L en fonction de la variable x et calculer la longueur minimale de L.

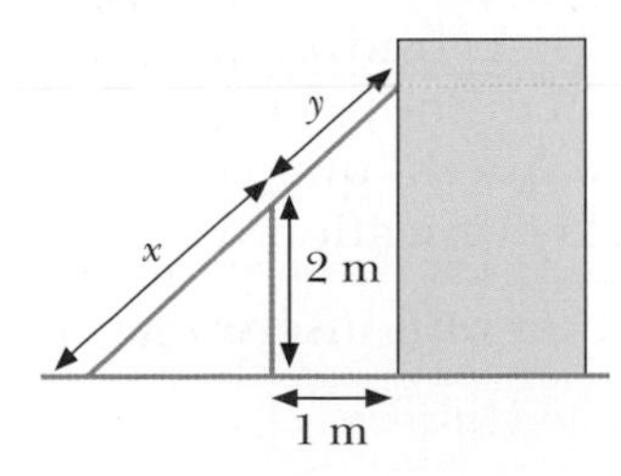

Problèmes de synthèse

1. On dispose de 200 m de clôture pour entourer un terrain rectangulaire et le diviser en plusieurs lots rectangulaires de mêmes dimensions au moyen de clôtures parallèles à l'un des côtés. Quelles doivent être les dimensions du terrain pour que son aire soit maximale si on le subdivise en :

a) 4 lots ; b) n lots.

2. Soit $f(x) = x^2$, où $x \in [-2, 2]$.

a) Déterminer le point de la courbe de f tel que la pente de la droite joignant ce point au point (3, 5) soit minimale ; maximale.

b) Représenter graphiquement f et les deux droites précédentes.

3. Soit $f(x) = x^4 - 24x^2 + 40x$, où $x \in [-3, 5]$. Déterminer le point sur la courbe de f où la pente de la tangente à la courbe est maximale ; minimale.

4. Diane possède 30 logements qu'elle a l'intention de louer 400 \$ par mois. Elle se pose cependant les questions suivantes.

a) Si chaque fois que j'augmente le loyer de 20 \$, je perds un ou une locataire et son logement reste inhabité, quel doit être le prix du loyer pour que mon revenu soit maximal ?

b) Si j'évalue maintenant les dépenses (entretien, impôt foncier, chauffage, etc.) à 20 \$ par mois pour un logement non habité et à 60 \$ par mois pour un logement habité, en supposant de nouveau qu'une augmentation du loyer de 20 \$ par mois cause le départ d'un ou d'une locataire, quel doit être le prix du loyer pour que mon profit soit maximal ?

5. Soit une capsule formée d'un cylindre droit de hauteur h, où $h \geqslant 0$, et dont les deux extrémités sont des demi-sphères de même rayon que le cylindre. Déterminer les dimensions du cylindre et des demi-sphères de telle sorte que la quantité de matériau nécessaire à la fabrication de la capsule soit minimale si l'on veut insérer $\frac{\pi}{12}$ cm^3 de médicaments :

a) en remplissant complètement cette capsule ;

b) en remplissant le cylindre et une seule demi-sphère.

6. a) Déterminer le point $P(x, y)$ sur la figure suivante tel que la somme des aires A_1 et A_2 soit maximale.

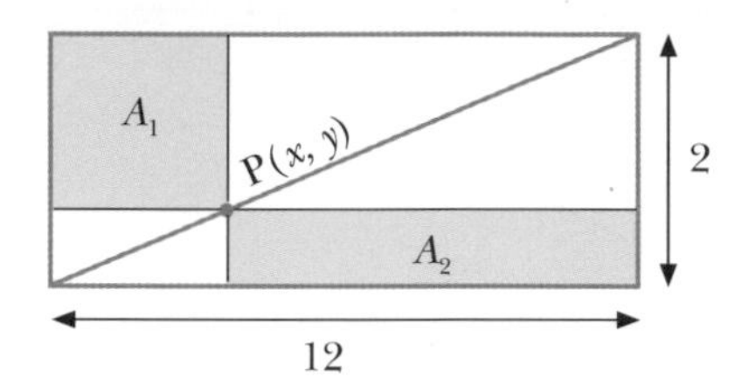

b) Répondre à la même question pour la figure suivante.

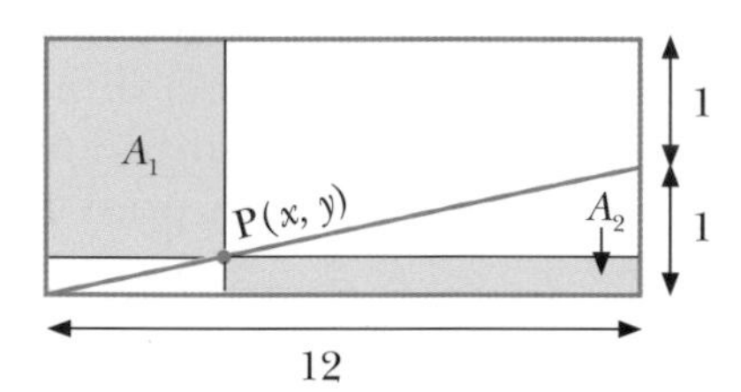

7. Un scout, situé en A, veut rejoindre son campement situé en B, de l'autre côté d'une rivière de 80 m de largeur. Sachant que P est le point que le scout doit atteindre pour minimiser la durée de son trajet et que son déplacement s'effectue à une vitesse de 2 m/s sur l'eau et à une vitesse de 3 m/s sur la rive, déterminer la distance entre P et C si :

a) B est à 200 m de C ;

b) B est à 800 m de C ;

c) B est à 50 m de C.

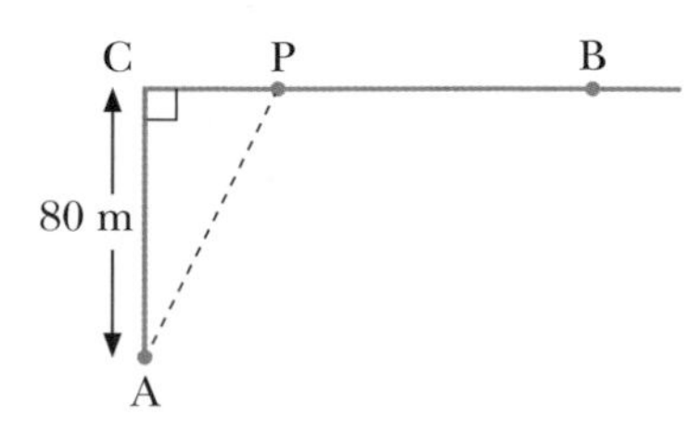

8. Soit la courbe C_1 définie par $x^2 + y^2 = 169$ et la courbe C_2 définie par $(x - 1)^2 + (y - 2)^2 = 4$.

a) Utiliser le calcul différentiel pour déterminer le point de la courbe C_1 le plus près du point A(10, 24) ; le plus loin du point A(10, 24).

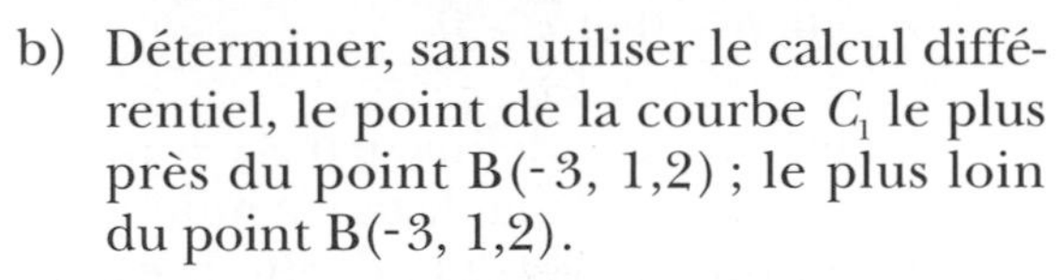

b) Déterminer, sans utiliser le calcul différentiel, le point de la courbe C_1 le plus près du point B(-3, 1,2) ; le plus loin du point B(-3, 1,2).

c) Déterminer le point de la courbe C_2 le plus près du point D(2, 3) ; le plus loin du point D(2, 3).

9. Déterminer les dimensions du rectangle inscrit entre les courbes de f et de g pour que la somme des aires ombrées dans la représentation graphique suivante soit minimale.

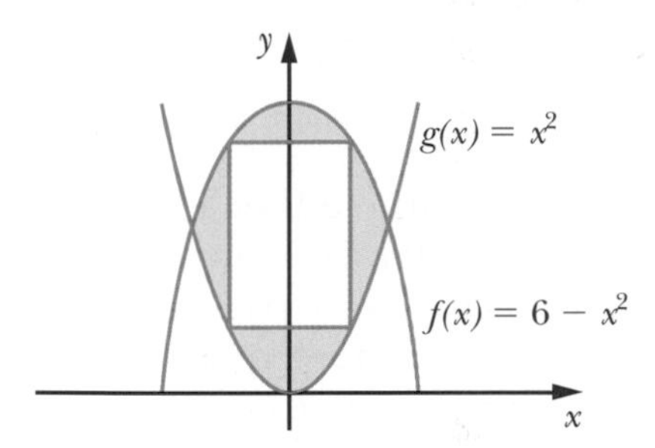

10. La distance initiale entre deux particules A et B, où A est au sud de B, est de 100 m. La particule A se dirige vers l'est, à une vitesse de 5 m/s, et la particule B se dirige vers le sud, à une vitesse de 10 m/s. Déterminer à quel temps la distance séparant A et B sera minimale, et évaluer cette distance minimale.

11. On déménage une tige métallique droite en la faisant glisser sur le plancher d'un corridor qui tourne à angle droit et dont la largeur passe de 2 m à 3 m. Déterminer la longueur maximale de la tige que l'on peut déménager.

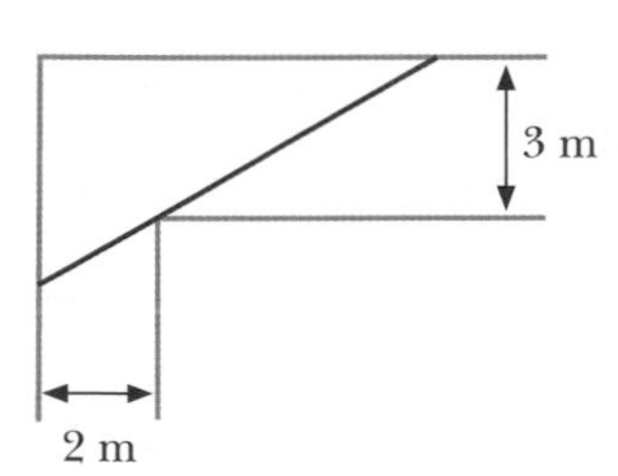

12. Déterminer l'aire maximale du trapèze suivant.

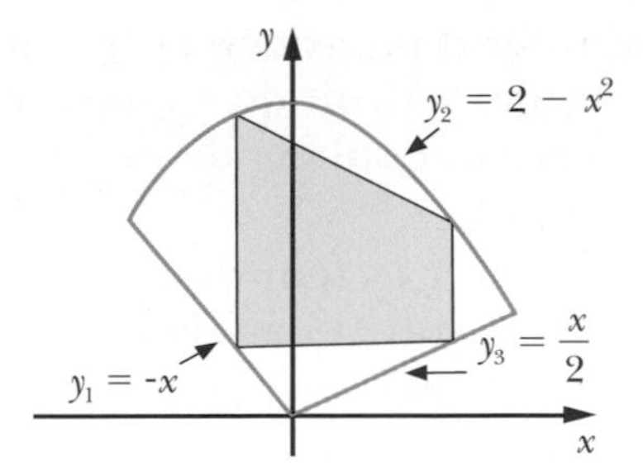

13. Soit $f(x) = (x - 3)^2$, où $x \in [0, 3]$.

Déterminer le point P de la courbe de f tel que le triangle rectangle délimité par les axes et la tangente à la courbe de f au point P soit un triangle rectangle d'aire maximale, et calculer l'aire de ce triangle.

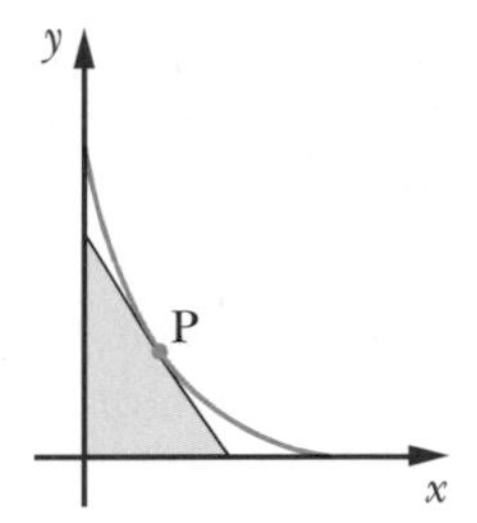

14. Quelle doit être la longueur de la base d'un trapèze dont les trois autres côtés mesurent respectivement a mètre(s), si l'on veut que l'aire de ce trapèze soit maximale ?

15. Quelles sont les dimensions du rectangle d'aire maximale inscrit :

a) à l'intérieur d'un cercle de rayon r ;

b) à l'intérieur d'un demi-cercle de rayon r ;

c) à l'intérieur d'un triangle rectangle de base b et de hauteur h ;

d) à l'intérieur de l'ellipse définie par

$$\frac{x^2}{a^2} + \frac{y^2}{b^2} = 1.$$

16. a) Quelle est la relation entre la hauteur et le rayon d'un cylindre circulaire droit, fermé aux extrémités, de volume V pour que sa fabrication nécessite le moins de matériau possible ?

b) Déterminer si les dimensions d'une cannette de boisson gazeuse de 355 ml vérifient la relation établie en a). Sinon, quelles devraient être les dimensions de la cannette ?

17. Quelles sont les dimensions et le volume du cône circulaire droit de volume maximal inscrit dans une sphère de rayon r ?

18. Le périmètre d'un secteur de cercle est P. Déterminer le rayon et l'angle en radians du secteur d'aire maximale.

19. On veut couper, si nécessaire, une corde de longueur égale à L cm en deux parties. La première partie servira à former un carré et la seconde, un triangle équilatéral. Déterminer la longueur des côtés du carré et du triangle de façon que la somme des aires des figures obtenues soit minimale ; maximale.

20. Déterminer la valeur de x qui minimise $d_1 + d_2$, où d_1 est la distance entre les points A$(0, a)$ et P$(x, 0)$ et d_2 est la distance entre les points P$(x, 0)$ et B(c, b), si $a > 0$, $b > 0$ et $c > 0$.

21. Soit la droite D définie par $Ax + By + C = 0$. Démontrer que la distance minimale entre un point (x_0, y_0) et la droite D est donnée par $\dfrac{|Ax_0 + By_0 + C|}{\sqrt{A^2 + B^2}}$.

22. Déterminer, sans utiliser le calcul différentiel, les dimensions du triangle d'aire maximale inscrit dans un cercle de rayon r. Expliquer la réponse obtenue.

Test récapitulatif

1. L'aire de la surface d'un terrain rectangulaire est de 150 m^2. On veut clôturer ce terrain et le diviser en deux lots rectangulaires au moyen d'une clôture parallèle à l'un des côtés. Quelles doivent être les dimensions du terrain pour que la quantité de clôture utilisée soit minimale ?

2. Le produit de deux nombres positifs est 128. Quels sont ces deux nombres si la somme du premier élevé à la puissance 4 et du second est minimale ?

3. Soit $f(x) = \dfrac{\sqrt{4 - x^2}}{2}$.

Déterminer les points de la courbe de f qui sont les plus près et les plus loin du point A$(1, 0)$.

4. Déterminer l'aire du rectangle d'aire maximale que l'on peut inscrire, au-dessus de l'axe des x, entre la courbe d'équation $y = 12 - x^2$ et l'axe des x.

5. Une fenêtre a la forme d'un rectangle surmonté d'un demi-cercle. Le périmètre du rectangle est de 8 m. Si le verre utilisé dans la partie rectangulaire laisse passer deux fois plus de lumière que le verre utilisé dans la partie supérieure, déterminer les dimensions de la fenêtre permettant d'obtenir le plus de lumière possible.

6. Une société aérienne a fixé à 100 $ le prix d'un billet pour aller de Montréal à Halifax s'il y a 124 passagers et passagères. La société a émis l'hypothèse que chaque augmentation de 2,50 $ dissuaderait deux personnes. Quels devraient être le prix du billet et le nombre de passagers et passagères pour que la société obtienne un revenu maximal ? Calculer ce revenu.

7. Déterminer les dimensions du rectangle d'aire maximale que l'on peut inscrire à l'intérieur d'un cercle dont le diamètre est de 8 m.

8. Exprimer la fonction à optimiser à l'aide d'une seule variable et déterminer le domaine de la fonction.

Soit la courbe d'équation $y = 16 - (x - 4)^2$. Déterminer les dimensions du triangle rectangle d'aire maximale suivant.

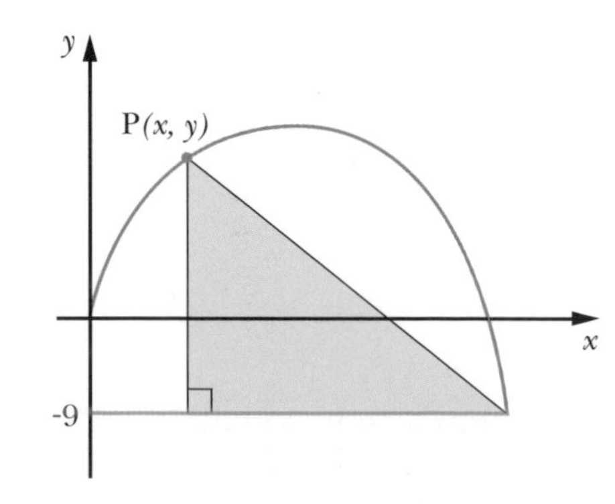

CHAPITRE

8 Asymptotes et analyse de fonctions

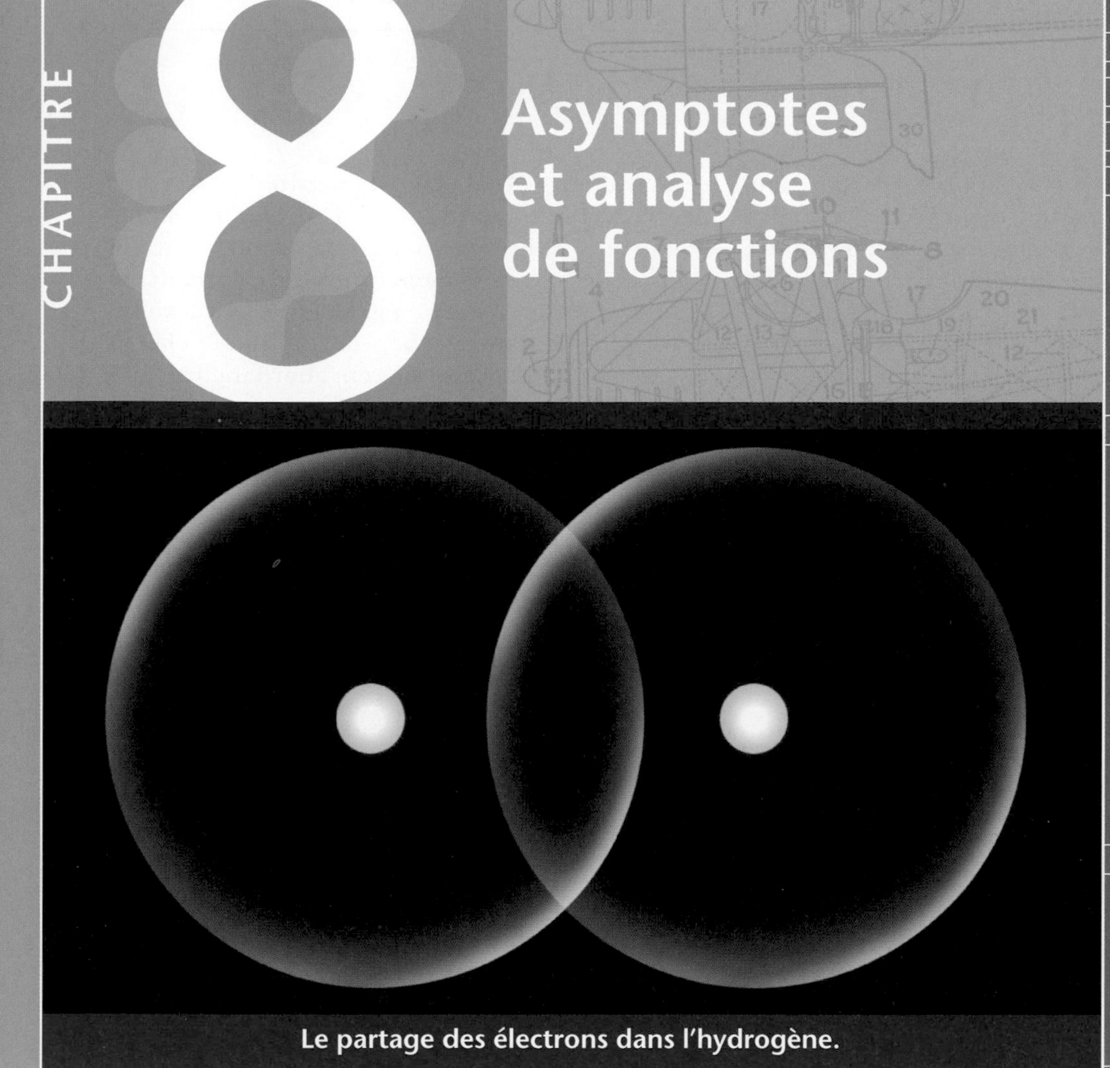

Le partage des électrons dans l'hydrogène.

Introduction

Le présent chapitre fait appel à certaines notions étudiées dans les chapitres précédents et, plus particulièrement, au contenu du chapitre 6, dans lequel nous avions fait l'analyse de fonctions f à l'aide des dérivées f' et f''.

Dans ce chapitre, nous analyserons d'autres fonctions après avoir défini trois types d'asymptotes: les asymptotes verticale, horizontale et oblique.

En particulier, à la fin du chapitre, nous serons en mesure de représenter graphiquement la fonction $U(x) = \frac{c}{x^9} - \frac{d}{x}$, correspondant à la force agissant entre deux atomes. (Exercice récapitulatif 6, page 292.)

Perspective historique

L'ÉTUDE DES COURBES

Aujourd'hui, une fonction est le plus souvent définie par une expression algébrique. En étudier le graphe revient à en déduire les propriétés géométriques à partir de cette expression.

Il en allait tout autrement pour les géomètres de la Grèce antique. En effet, ces derniers partaient de la courbe elle-même et de ce qui la caractérisait géométriquement pour, de là, en déterminer les caractéristiques. Ainsi, dès 350 av. J.-C., le mathématicien Ménechme s'intéresse aux coniques. De nombreux autres géomètres grecs poursuivront ses travaux, dont les plus célèbres sont sans contredit Archimède (287-212 av. J.-C.) et Apollonius de Perge (262-190 av. J.-C.). Le travail des Grecs reste toutefois toujours purement géométrique, les courbes étant caractérisées non pas par des formules algébriques mais bien par des proportions. De plus, on abordait chaque problème d'une façon spécifique. Il n'était pas question d'une méthode générale.

Cet état de choses va changer avec le développement de l'algèbre à la fin du XVIe siècle. L'idée de traduire en termes algébriques les problèmes de géométrie est présente dès les origines de l'algèbre chez les Arabes et les géomètres du Moyen Âge et de la Renaissance européenne. Toutefois, ce sont René Descartes (1596-1650) et Pierre de Fermat (1601-1665) qui circonscrivirent clairement, chacun à leur manière, comment effectuer cette traduction pour lui donner toute son efficacité. Descartes s'intéresse avant tout aux problèmes géométriques. Afin de les résoudre, il les traduit en problèmes algébriques. Fermat, quant à lui, part plutôt des expressions algébriques pour, de là, déterminer les courbes que ces expressions représentent. Cette dernière approche correspond davantage à la nôtre. Toutefois, les idées de Fermat ne circulèrent d'abord que par sa correspondance avec d'autres mathématiciens. *La Géométrie* de Descartes, ouvrage publié en 1637, connut pour sa part une grande diffusion. C'est pourquoi on associe habituellement à la création de la géométrie analytique le nom de Descartes, et non celui de Fermat.

Mais, au fait, d'où vient l'expression « géométrie analytique », et plus particulièrement l'adjectif « analytique » ? D'abord, il faut savoir qu'au cours de la seconde moitié du XVIe siècle, les mathématiciens s'intéressèrent à la façon dont les géomètres grecs avaient pu trouver autant de résultats remarquables en géométrie. Ces derniers procédaient souvent par ce qu'ils appelaient « l'analyse ». Il s'agissait, en abordant un problème, de considérer que celui-ci était résolu, puis de déterminer tout ce qu'on pouvait en déduire afin de remonter éventuellement à un énoncé proche de celui du problème. Les mathématiciens de la Renaissance remarquèrent que cette façon de faire caractérisait aussi l'approche algébrique. En effet, lorsqu'on écrit une équation correspondant à un problème, on suppose celui-ci résolu. L'inconnue est identifiée et, comme si on en connaissait la valeur, mise en relation avec les valeurs connues. Par des manipulations algébriques, on cherche à déduire effectivement la valeur de l'inconnue. Au cours des XVIIe et, surtout, XVIIIe siècles, le mot « analyse » fut graduellement associé au travail avec des symboles algébriques. En 1637, Descartes et Fermat ne parlaient pas de géométrie analytique, mais plutôt d'« algèbre appliquée à la géométrie ». Vers 1671, Newton utilise l'expression *geometria analytica* dans le titre d'un traité manuscrit de calcul différentiel et intégral où, en outre, il étudie les courbes à l'aide de ce nouveau calcul. L'expression « géométrie analytique » apparaît pour la première fois dans un imprimé dans un traité de Michel Rolle (1632-1719) publié en 1709. Néanmoins, jusqu'à la fin du siècle, cette expression reste peu utilisée. Elle ne deviendra populaire qu'après la publication de l'*Essai de géométrie analytique* (1803) de Jean-Baptiste Biot (1774-1862), un manuel destiné à l'enseignement et qui sera traduit dans plusieurs langues. À cette époque, l'adjectif « analytique » se retrouvait assez souvent dans le titre de livres de mathématiques. Par exemple : *Mécanique analitique* (*sic*) (1788) et *Théorie des fonctions analytiques* (1797) de Lagrange (1736-1813), *Théorie analytique des probabilités* (1812) de Laplace (1749-1827), *Théorie analytique de la chaleur* (1821) de Fourier (1768-1830). Sa présence indiquait qu'on y abordait un sujet en n'utilisant que le langage symbolique.

Test préliminaire

Partie A

1. Calculer les expressions suivantes.

a) $\dfrac{0{,}001}{5}$; $\dfrac{0}{7}$

b) $\dfrac{5}{1000}$; $\dfrac{7}{10^5}$; $\dfrac{15}{10^8}$

c) $\dfrac{3}{0{,}001}$; $\dfrac{8}{0{,}000\,001}$; $\dfrac{9}{0{,}000\,000\,001}$

d) $\dfrac{-2}{0{,}000\,01}$; $\dfrac{70}{-10^{-9}}$

2. Déterminer le domaine des fonctions suivantes.

a) $f(x) = \dfrac{5}{x-2} + \dfrac{7x-4}{5x+4}$

b) $f(x) = \dfrac{5x(x+7)}{(x^2-3x-4)(x^2-4)}$

c) $f(x) = \dfrac{\sqrt{x+4}}{x}$

d) $f(x) = \dfrac{\sqrt{x^2-4}}{\sqrt{25-x^2}}$

3. Donner l'équation des droites D_1, D_2 et D_3 suivantes.

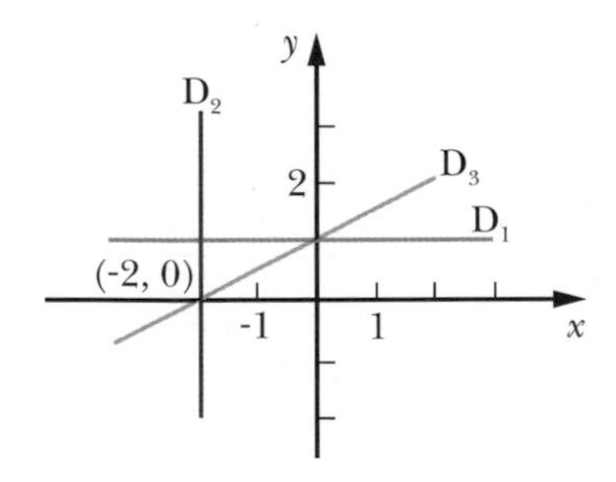

4. Effectuer les divisions suivantes.

a) $\dfrac{x^3+1}{x+1}$

b) $\dfrac{4x^2-7x+3}{x-2}$

c) $\dfrac{x^4+1}{x^2+1}$

d) $\dfrac{3x^3-2x^2+8x-1}{x^2+1}$

e) $\dfrac{-10x^2+27x-22}{2x-3}$

Partie B

1. Évaluer les limites suivantes.

a) $\lim\limits_{x\to 1} \dfrac{x^2+2x-3}{x^2-1}$ b) $\lim\limits_{x\to 4} \dfrac{\sqrt{x}-2}{x-4}$

2. Compléter les énoncés suivants.

a) Si $f'(x) > 0$ sur $]a, b[$, alors f ________.

b) Si $f''(x) < 0$ sur $]a, b[$, alors f ________.

c) Si $f'(x)$ passe du + au − lorsque x passe de c^- à c^+, alors $(c, f(c))$ est ________.

d) Si $f''(x)$ change de signe lorsque x passe de c^- à c^+, alors $(c, f(c))$ est ________.

3. Si $f(x) = x^5 - 5x$, alors
$f'(x) = 5(x-1)(x+1)(x^2+1)$ et
$f''(x) = 20x^3$.

Construire le tableau de variation relatif à f' et à f'', et donner une esquisse du graphique de cette fonction. (Déterminer les intersections de f avec les axes.)

8.1 ASYMPTOTES VERTICALES

Objectif d'apprentissage

À la fin de cette section, l'élève pourra identifier les asymptotes verticales de la courbe d'une fonction et donner l'esquisse du graphique de la fonction près de ces asymptotes.

Plus précisément, l'élève sera en mesure :

- d'expliquer intuitivement la notion d'asymptote verticale ;
- d'énoncer la définition d'asymptote verticale ;

- de repérer graphiquement les asymptotes verticales de la courbe d'une fonction;
- de déterminer algébriquement les asymptotes verticales de la courbe d'une fonction.

Dans cette section, nous présentons d'abord de façon graphique et par la suite d'une façon plus formelle, la notion d'asymptote verticale. Donnons d'abord une définition intuitive d'asymptote.

Définition intuitive

Graphiquement, une **asymptote** d'une fonction est une droite dont se rapproche indéfiniment la courbe de la fonction en devenant presque parallèle à cette droite.

Notion intuitive d'asymptote verticale

Soit la fonction f définie par le graphique ci-contre.

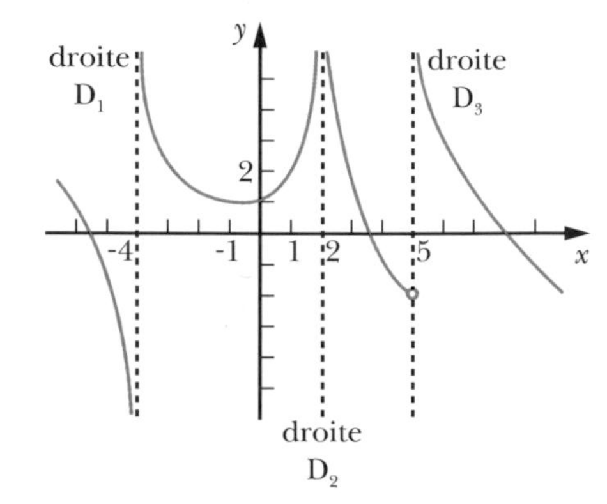

Nous constatons premièrement que la fonction f est discontinue en $x = -4$, $x = 2$ et $x = 5$.

De plus, nous voyons que lorsque les valeurs de x sont aussi près que nous le voulons de -4 par la gauche, la courbe de f s'approche de plus en plus de la droite D_1 et la fonction f prend des valeurs qui tendent vers l'infini négatif, noté $-\infty$. Ainsi, nous écrivons $\lim\limits_{x \to -4^-} f(x) = -\infty$, et la droite D_1, dont l'équation est $x = -4$, est une asymptote verticale de la courbe de f.

De plus, lorsque les valeurs de x sont aussi près que nous le voulons de -4 par la droite, la courbe de f s'approche de plus en plus de la droite D_1 et la fonction f prend des valeurs qui tendent vers l'infini positif, noté $+\infty$. Ainsi, nous écrivons $\lim\limits_{x \to -4^+} f(x) = +\infty$.

De même, nous avons

$\lim\limits_{x \to 2^-} f(x) = +\infty$ et $\lim\limits_{x \to 2^+} f(x) = +\infty$, et la droite D_2: $x = 2$ est une asymptote verticale.

Finalement, nous avons

$\lim\limits_{x \to 5^-} f(x) = -2$ et $\lim\limits_{x \to 5^+} f(x) = +\infty$ et la droite D_3: $x = 5$ est une asymptote verticale.

C'est dans le cadre de l'étude des coniques qu'Apollonius (262-190 av. J.-C.) utilise le mot *asymptote* pour la première fois. Le sens qu'il lui attribue est toutefois plus large que celui qu'on lui donne aujourd'hui, puisqu'il s'appliquait à toute ligne qui ne rencontre pas la courbe.

Définition d'asymptote verticale

Définition

La droite d'équation $x = a$, où $a \in \mathbb{R}$, est une **asymptote verticale** de la courbe de f si au moins une des conditions suivantes est vérifiée.

$$\lim_{x \to a^-} f(x) = -\infty \quad \text{ou} \quad \lim_{x \to a^-} f(x) = +\infty \quad \text{ou} \quad \lim_{x \to a^+} f(x) = -\infty \quad \text{ou} \quad \lim_{x \to a^+} f(x) = +\infty$$

À titre d'exemple, voici quatre représentations graphiques correspondant respectivement aux quatre conditions de la définition précédente.

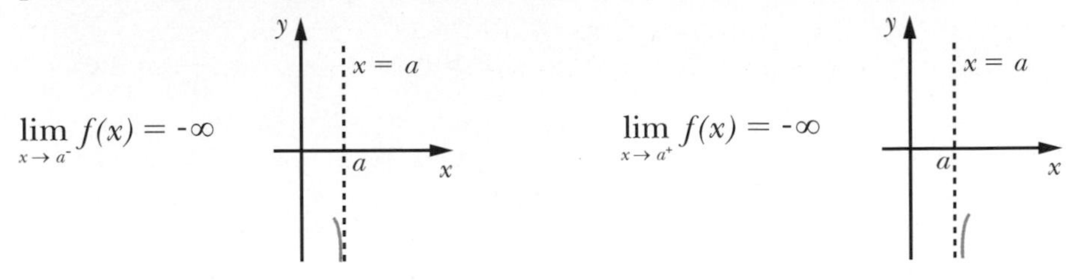

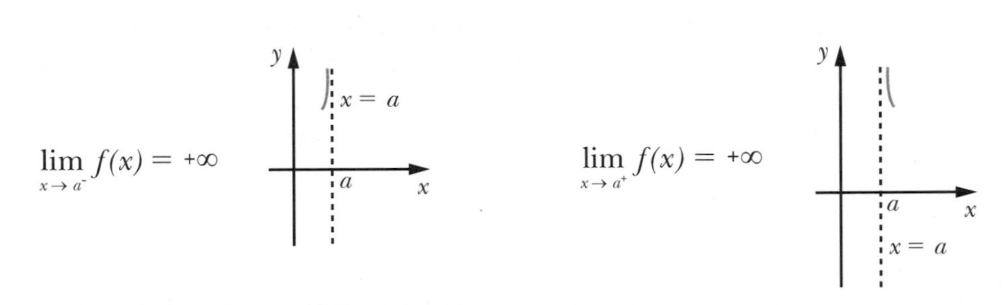

Pour identifier les asymptotes verticales de la courbe d'une fonction, il faut évaluer les limites à gauche et à droite aux valeurs de x qui annulent le dénominateur, car certaines de ces valeurs nous permettront de déterminer l'équation des asymptotes verticales.

■ **Exemple 1** Soit $f(x) = \dfrac{2x + 1}{x - 1}$.

Déterminons d'abord dom f.

dom $f = \mathbb{R} \setminus \{1\}$

Analysons le comportement de f près de 1.

Limite à gauche

Déterminons d'abord les valeurs de $f(x)$ correspondantes pour $x \to 1^-$.

x	0	0,9	0,99	0,999	0,9999	$\ldots \to 1^-$
$f(x)$	-1	-28	-298	-2998	-29 998	$\ldots \to -\infty$

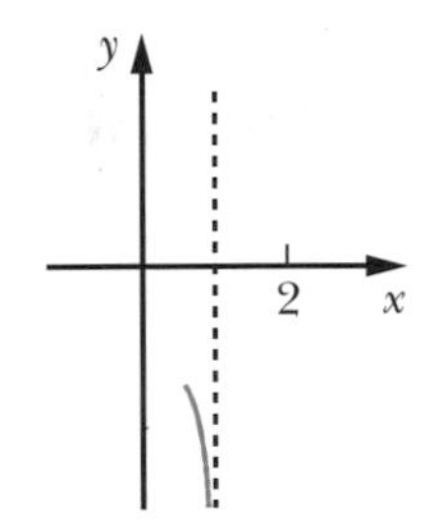

Nous écrivons alors $\lim_{x \to 1^-} f(x) = -\infty$, et la droite d'équation $x = 1$ est une asymptote verticale.

Pour éviter de construire un tableau de valeurs, nous pouvons faire l'étude de la limite précédente de la façon suivante.

Puisque $x \to 1^-$, nous avons $(x - 1) \to 0$ et $(x - 1) < 0$, d'où $(x - 1) \to 0^-$. Ainsi, nous écrirons

$$\lim_{x \to 1^-} \frac{2x + 1}{x - 1} = \frac{3}{0^-} = -\infty.$$

Remarque Dans un quotient, lorsque le dénominateur tend vers 0 et que le numérateur est différent de 0, alors le quotient tend vers $\pm\infty$, selon le signe du numérateur et du dénominateur.

Ainsi, nous utiliserons le symbolisme suivant:

$$\text{si } k > 0, \frac{k}{0^-} = -\infty \text{ et } \frac{k}{0^+} = +\infty$$

$$\text{si } k < 0, \frac{k}{0^-} = +\infty \text{ et } \frac{k}{0^+} = -\infty$$

Remarque Il suffit que la limite à gauche ou la limite à droite égale soit $+\infty$ ou $-\infty$ pour conclure qu'une droite est une asymptote verticale. Cependant, si nous voulons donner l'esquisse du graphique d'une fonction près d'une asymptote, il faut évaluer la limite à gauche et la limite à droite, si possible.

Limite à droite

Déterminons maintenant les valeurs de $f(x)$ correspondantes pour $x \to 1^+$.

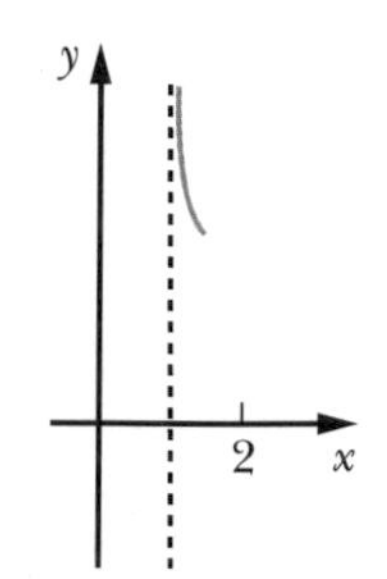

x	2	1,1	1,01	1,001	1,0001	$\ldots \to 1^+$
$f(x)$	5	32	302	3002	30 002	$\ldots \to +\infty$

Nous écrivons alors $\lim\limits_{x \to 1^+} f(x) = +\infty$ et nous pouvons de nouveau conclure que la droite d'équation $x = 1$ est une asymptote verticale.

Nous pouvons également évaluer la limite précédente de la façon suivante.

$$\lim_{x \to 1^+} \frac{2x + 1}{x - 1} = \frac{3}{0^+} \qquad (\text{car } (x - 1) \to 0 \text{ et } (x - 1) > 0)$$

$$= +\infty$$

■

Voici un résumé des étapes à suivre pour identifier les asymptotes verticales de la courbe d'une fonction.

1. Déterminer le domaine de f, car toutes les valeurs de x qui annulent le dénominateur sont susceptibles de donner une asymptote verticale. De plus, si une fonction f est définie sur $]a, b[$, il est possible que les droites d'équation, $x = a$ et $x = b$, soient des asymptotes verticales.
2. Il faut vérifier si, à ces valeurs, la définition d'asymptote verticale est satisfaite en évaluant les limites correspondantes.

■ Exemple 2 Soit $f(x) = \dfrac{3x - 6}{x^2 - 4}$.

Identifions les asymptotes verticales.

1. dom $f = \mathbb{R} \setminus \{-2, 2\}$, d'où $x = -2$ et $x = 2$ sont susceptibles d'être des asymptotes verticales.
2. Évaluons les limites.

   i) Pour $x = -2$:

$$\left.\begin{array}{l}\displaystyle\lim_{x \to -2^-} \frac{3(x-2)}{x^2-4} = \frac{-12}{0^+} = -\infty \\ \displaystyle\lim_{x \to -2^+} \frac{3(x-2)}{x^2-4} = \frac{-12}{0^-} = +\infty\end{array}\right\}\text{ donc, } x = -2 \text{ est une asymptote verticale.}$$

ii) Pour $x = 2$:

$\displaystyle\lim_{x \to 2^-} \frac{3(x-2)}{x^2-4}$ est une indétermination de la forme $\dfrac{0}{0}$.

Levons cette indétermination en simplifiant.

$$\begin{aligned}\lim_{x \to 2^-} \frac{3x-6}{x^2-4} &= \lim_{x \to 2^-} \frac{3(x-2)}{(x-2)(x+2)} && \text{(en factorisant)} \\ &= \lim_{x \to 2^-} \frac{3}{x+2} && \text{(en simplifiant, car } (x-2) \neq 0) \\ &= \frac{3}{4} && \text{(en évaluant la limite).}\end{aligned}$$

De façon analogue, nous avons $\displaystyle\lim_{x \to 2^+} \frac{3x-6}{x^2-4} = \frac{3}{4}$.

Donc, $x = 2$ n'est pas une asymptote verticale puisque la définition n'est pas satisfaite.

La représentation graphique ci-contre est une esquisse du graphique de f pour des valeurs de x voisines de -2 et 2.

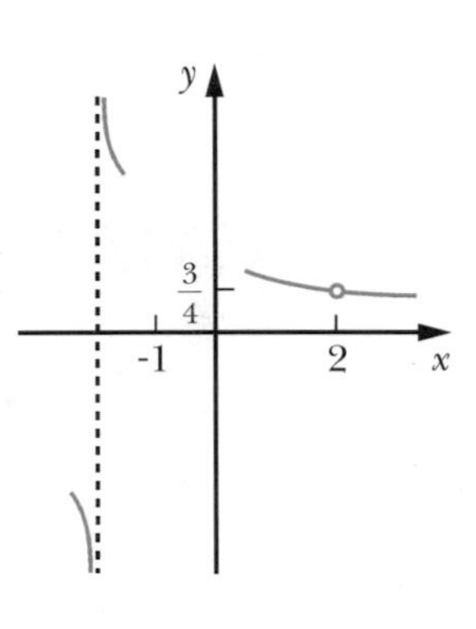

Exercices 8.1

1. Compléter la définition suivante.

La droite d'équation $x = a$, où $a \in \mathbb{R}$, est une asymptote verticale de la courbe de f si une des conditions suivantes est vérifiée: ....

2. Soit f, définie par le graphique ci-contre.

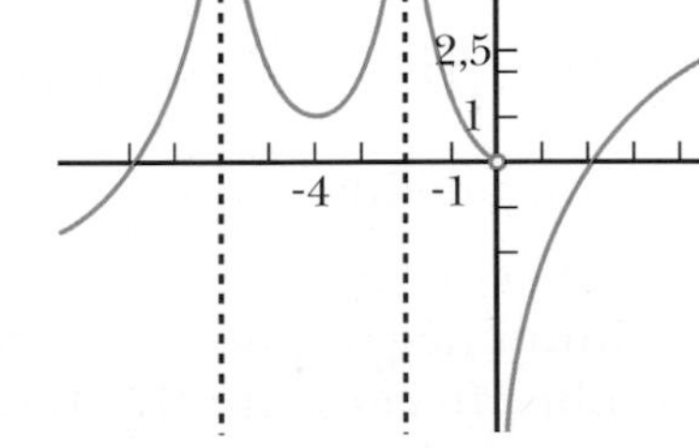

a) Évaluer les limites suivantes.

i) $\displaystyle\lim_{x \to -6^-} f(x)$ v) $\displaystyle\lim_{x \to 0^-} f(x)$

ii) $\displaystyle\lim_{x \to -6^+} f(x)$ vi) $\displaystyle\lim_{x \to 0^+} f(x)$

iii) $\displaystyle\lim_{x \to -2^-} f(x)$ vii) $\displaystyle\lim_{x \to 5^-} f(x)$

iv) $\displaystyle\lim_{x \to -2^+} f(x)$ viii) $\displaystyle\lim_{x \to 5^+} f(x)$

b) Donner l'équation de chaque asymptote verticale.

3. a) Tracer un graphique qui répond aux quatre conditions suivantes:

i) $\displaystyle\lim_{x \to -3^-} f(x) = +\infty$ iii) $\displaystyle\lim_{x \to 2^-} f(x) = 2$

ii) $\displaystyle\lim_{x \to -3^+} f(x) = -\infty$ iv) $\displaystyle\lim_{x \to 2^+} f(x) = +\infty$

b) Donner l'équation de chaque asymptote verticale.

4. Déterminer, si possible, les asymptotes verticales des fonctions suivantes et donner l'esquisse du graphique de la fonction près de ces asymptotes.

a) $f(x) = \dfrac{3x}{(x-3)^2}$

b) $f(x) = \dfrac{-7x^2}{\sqrt{x+3}}$

c) $f(x) = \dfrac{2x+1}{(x-1)(x+4)}$

d) $f(x) = \dfrac{x^2+x-6}{x^2+4x+3}$

e) $f(x) = \dfrac{-x}{(x-1)^2(x+3)}$

f) $f(x) = 4 + \dfrac{3x+1}{\sqrt{x}}$

g) $f(x) = \dfrac{x^2-4}{x-2}$

h) $f(x) = \left(\dfrac{4x}{x(x-1)(x-2)}\right)^2$

i) $f(x) = \dfrac{\sqrt{x+2}}{(x+4)(x-1)}$

5. Déterminer la valeur de k, telle que :

a) $x = -1$ soit une asymptote verticale de la courbe définie par $f(x) = \dfrac{5x^2+4}{3x+k}$;

b) $x = 4$ et $x = -4$ soient des asymptotes verticales de la courbe définie par $f(x) = \dfrac{-5x+7}{(x^2+k)}$.

8.2 ASYMPTOTES HORIZONTALES

Objectif d'apprentissage

À la fin de cette section, l'élève pourra identifier les asymptotes horizontales de la courbe d'une fonction et donner l'esquisse du graphique de la fonction près de ces asymptotes.

Plus précisément, l'élève sera en mesure :

- d'expliquer intuitivement la notion d'asymptote horizontale ;
- d'énoncer la définition d'asymptote horizontale ;
- de repérer graphiquement les asymptotes horizontales de la courbe d'une fonction ;
- de lever des indéterminations de la forme $\dfrac{\pm\infty}{\pm\infty}$;
- de lever des indéterminations de la forme $(+\infty - \infty)$ ou $(-\infty + \infty)$;
- de déterminer algébriquement les asymptotes horizontales de la courbe d'une fonction.

Dans cette section, nous présentons d'abord de façon graphique et par la suite d'une façon plus formelle la notion d'asymptote horizontale.

Notion intuitive d'asymptote horizontale

Soit la fonction f définie par le graphique ci-contre.

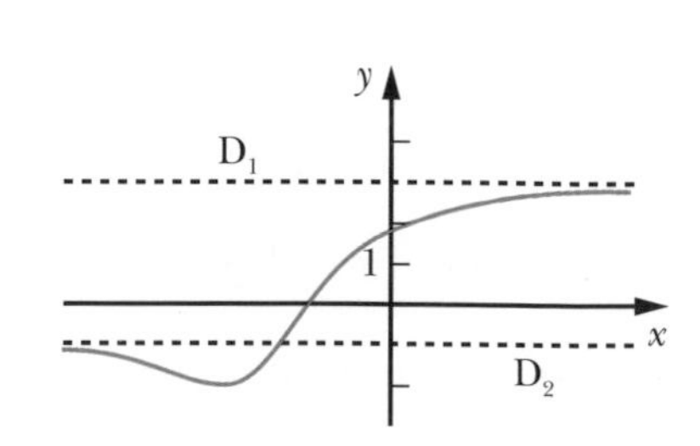

En étudiant le comportement de f, nous voyons que lorsque x tend vers l'infini négatif, noté $x \to -\infty$, la courbe de f s'approche de plus en plus de la droite D_2, dont l'équation est $y = -1$, et la fonction f prend des valeurs de plus en plus près de -1. Ainsi, nous écrivons $\lim\limits_{x \to -\infty} f(x) = -1$, et la droite D_2: $y = -1$ est une asymptote horizontale de la courbe de f.

Nous voyons aussi que lorsque x tend vers l'infini positif, noté $x \to +\infty$, la courbe de f s'approche de plus en plus de la droite D_1, dont l'équation est $y = 3$, et la fonction f prend des valeurs de plus en plus près de 3. Ainsi, nous écrivons $\lim\limits_{x \to +\infty} f(x) = 3$, et la droite D_1 : $y = 3$ est une asymptote horizontale de la courbe de f.

Parmi les courbes possédant une asymptote, l'hyperbole n'est pas la seule connue des Grecs. Ainsi, Nicomède (vers 180 av. J.-C.), voulant trouver un moyen de diviser un angle en trois parties égales uniquement à l'aide de la règle et du compas, a défini la conchoïde (voir la figure), qui possède une asymptote horizontale.

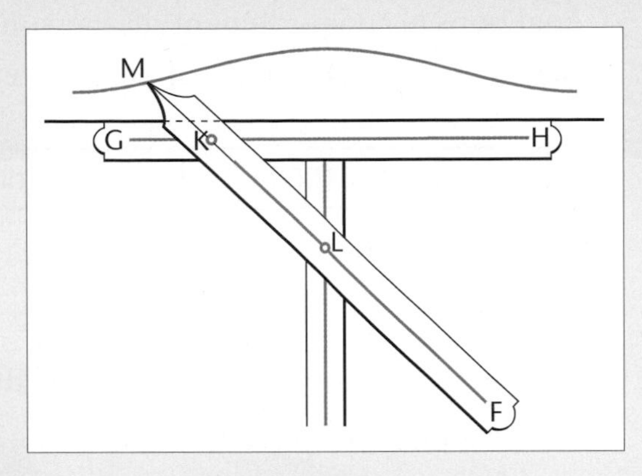

La conchoïde de Nicomède
La courbe est tracée par la pointe M alors que la tige MF bouge autour du point fixe L et que K se déplace le long de la tige GH.

Définition d'asymptote horizontale

Définition

La droite d'équation $y = b$, où $b \in \mathbb{R}$, est une **asymptote horizontale** de la courbe de f si au moins une des conditions suivantes est vérifiée.

$\lim_{x \to -\infty} f(x) = b$ ou $\lim_{x \to +\infty} f(x) = b$

À titre d'exemple, voici quatre représentations graphiques correspondant à une ou aux deux conditions de la définition précédente.

$\lim_{x \to -\infty} f(x) = b$

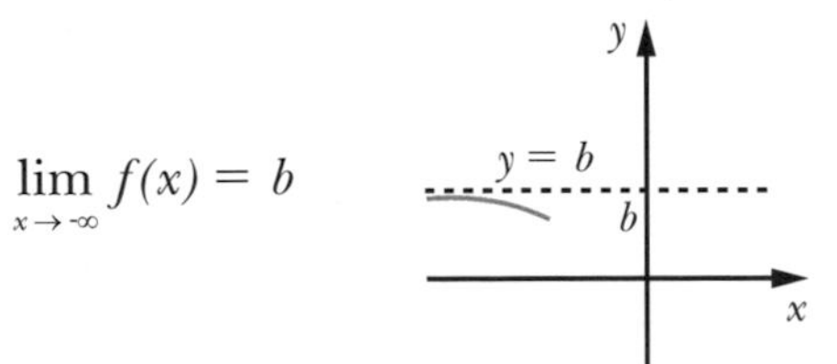

$\lim_{x \to +\infty} f(x) = b$

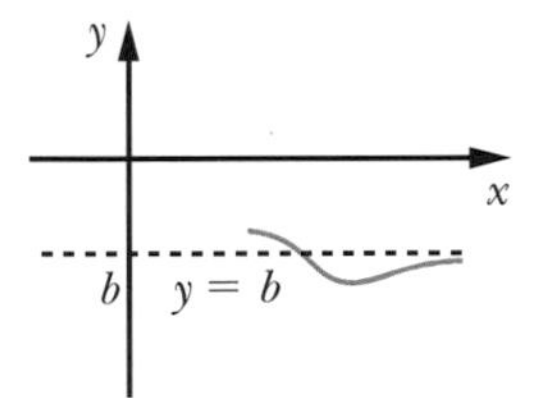

$\lim_{x \to -\infty} f(x) = b$ et
$\lim_{x \to +\infty} f(x) = b$

y
y = b
b
x

$\lim_{x \to -\infty} f(x) = c$ et
$\lim_{x \to +\infty} f(x) = b$

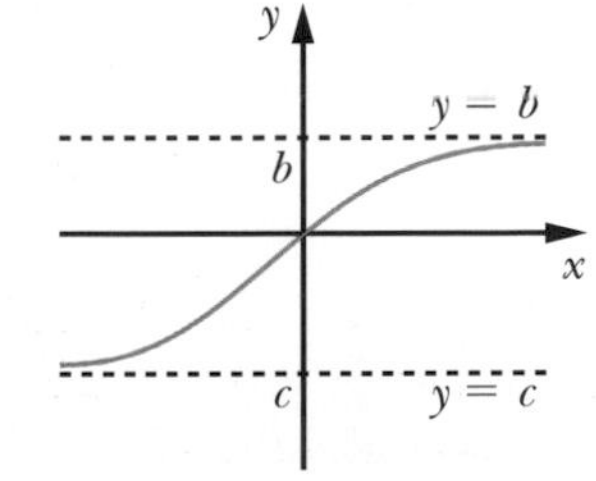

Pour identifier les asymptotes horizontales de la courbe d'une fonction f, il faut évaluer $\lim\limits_{x \to -\infty} f(x)$ et $\lim\limits_{x \to +\infty} f(x)$.

■ **Exemple 1** Soit $f(x) = \frac{7}{x}$, où dom $f = \mathbb{R} \setminus \{0\}$.

Analysons le comportement de f lorsque $x \to -\infty$ et lorsque $x \to +\infty$.

Déterminons d'abord les valeurs de $f(x)$ correspondantes pour $x \to -\infty$.

x	-1000	-10 000	-10^6	$\ldots \to -\infty$
$f(x)$	$\frac{-7}{1000} = -0{,}007$	$\frac{-7}{10\,000} = -0{,}000\,7$	$\frac{-7}{10^6} = -0{,}000\,007$	$\ldots \to 0$

Nous écrivons alors $\lim\limits_{x \to -\infty} f(x) = 0$, et la droite d'équation $y = 0$ est une asymptote horizontale lorsque $x \to -\infty$.

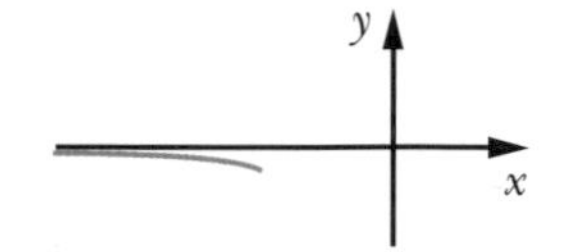

Déterminons maintenant les valeurs de $f(x)$ correspondantes pour $x \to +\infty$.

x	1000	10 000	10^6	$\ldots \to +\infty$
$f(x)$	$\frac{7}{1000} = 0{,}007$	$\frac{7}{10\,000} = 0{,}000\,7$	$\frac{7}{10^6} = 0{,}000\,007$	$\ldots \to 0$

Nous écrivons alors $\lim\limits_{x \to +\infty} f(x) = 0$, et la droite d'équation $y = 0$ est une asymptote horizontale lorsque $x \to +\infty$.

■

Remarque Dans un quotient, lorsque le dénominateur tend vers $\pm\infty$ et que le numérateur tend vers une constante, alors le quotient tend vers 0. Ainsi, nous utiliserons le symbolisme suivant:

$$\frac{k}{+\infty} = 0 \text{ et } \frac{k}{-\infty} = 0$$

■ **Exemple 2** Soit $f(x) = 7 - \frac{3}{2x - 1}$, où dom $f = \mathbb{R} \setminus \left\{\frac{1}{2}\right\}$.

Déterminons les asymptotes horizontales de cette fonction et donnons l'esquisse du graphique de f lorsque $x \to -\infty$ et lorsque $x \to +\infty$.

$$\lim_{x \to -\infty} \left(7 - \frac{3}{2x - 1}\right) = 7 \qquad \left(\text{car} \lim_{x \to -\infty} \frac{3}{2x - 1} = 0\right)$$

Donc, $y = 7$ est une asymptote horizontale lorsque $x \to -\infty$.

$$\lim_{x \to +\infty} \left(7 - \frac{3}{2x - 1}\right) = 7 \qquad \left(\text{car} \lim_{x \to +\infty} \frac{3}{2x - 1} = 0\right)$$

Donc, $y = 7$ est une asymptote horizontale lorsque $x \to +\infty$.

La représentation graphique ci-contre est une esquisse du graphique de f lorsque $x \to -\infty$ et lorsque $x \to +\infty$.

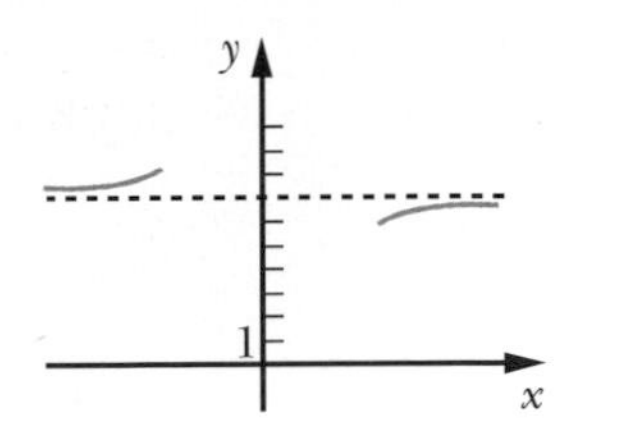

■

Il peut arriver, dans certains calculs de limite, que nous ayons à déterminer le résultat d'opérations avec $\pm\infty$. Ainsi, pour $k \in \mathbb{R}^+$ et $n \in \{1, 2, 3, \ldots\}$, nous avons

$+\infty + \infty = +\infty$	$-\infty - \infty = -\infty$
$+\infty \pm k = +\infty$	$-\infty \pm k = -\infty$
$k(+\infty) = +\infty$	$k(-\infty) = -\infty$
$(+\infty)^k = +\infty$	$(-\infty)^n = \begin{cases} +\infty \text{ si } n \text{ est pair} \\ -\infty \text{ si } n \text{ est impair} \end{cases}$

Par contre, les formes suivantes sont des indéterminations que nous allons lever dans les exemples à venir.

$$\frac{\pm\infty}{\pm\infty};\ +\infty - \infty;\ -\infty + \infty$$

Indétermination de la forme $\frac{\pm\infty}{\pm\infty}$

■ **Exemple 1** Soit $f(x) = \dfrac{2x^2 - 3}{x^2 + 7}$, où dom $f = \mathbb{R}$.

Évaluons les limites de cette fonction lorsque $x \to -\infty$ et lorsque $x \to +\infty$ pour déterminer, s'il y a lieu, les asymptotes horizontales.

$\lim\limits_{x \to -\infty} \dfrac{2x^2 - 3}{x^2 + 7}$ est une indétermination de la forme $\dfrac{+\infty}{+\infty}$.

Pour lever certaines indéterminations de la forme $\dfrac{\pm\infty}{\pm\infty}$, nous pouvons

1. mettre en évidence au numérateur la plus grande puissance de x figurant au numérateur;
2. mettre en évidence au dénominateur la plus grande puissance de x figurant au dénominateur;
3. simplifier la fonction, ce qui permettra, possiblement, d'évaluer la limite.

$$\lim_{x \to -\infty} \frac{2x^2 - 3}{x^2 + 7} = \lim_{x \to -\infty} \frac{x^2\left(2 - \dfrac{3}{x^2}\right)}{x^2\left(1 + \dfrac{7}{x^2}\right)} \quad \text{(en mettant } x^2 \text{ en évidence)}$$

$$= \lim_{x \to -\infty} \frac{2 - \dfrac{3}{x^2}}{1 + \dfrac{7}{x^2}}$$

$$= \frac{2 - 0}{1 + 0} = 2 \qquad \left(\text{car} \lim_{x \to -\infty} \frac{3}{x^2} = 0 \text{ et} \lim_{x \to -\infty} \frac{7}{x_2} = 0\right)$$

Donc, $y = 2$ est une asymptote horizontale lorsque $x \to -\infty$.

De façon analogue, nous avons $\lim_{x \to +\infty} f(x) = 2$.

Donc, $y = 2$ est une asymptote horizontale lorsque $x \to +\infty$.

Nous pouvons, en évaluant la fonction à des valeurs appropriées, déterminer si la courbe de la fonction est située au-dessus ou au-dessous de l'asymptote horizontale.

La représentation graphique ci-contre est une esquisse du graphique de f lorsque $x \to -\infty$ et lorsque $x \to +\infty$.

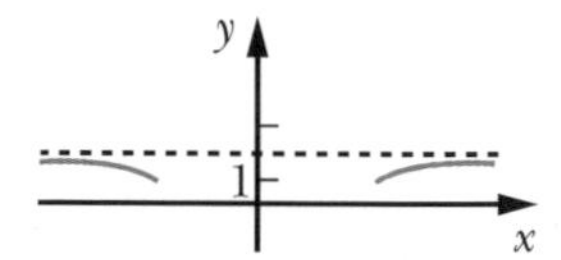

■

■ **Exemple 2** Soit $f(x) = \dfrac{x^6 + 7}{x^3 + 3x + 4}$, où dom $f = \mathbb{R} \setminus \{-1\}$.

Déterminons, s'il y a lieu, les asymptotes horizontales de cette fonction.

$\lim_{x \to -\infty} \dfrac{x^6 + 7}{x^3 + 3x + 4}$ est une indétermination de la forme $\dfrac{+\infty}{-\infty}$.

Levons cette indétermination.

$$\lim_{x \to -\infty} \frac{x^6 + 7}{x^3 + 3x + 4} = \lim_{x \to -\infty} \frac{x^6\left(1 + \dfrac{7}{x^6}\right)}{x^3\left(1 + \dfrac{3}{x^2} + \dfrac{4}{x^3}\right)}$$

$$= \lim_{x \to -\infty} \frac{x^3\left(1 + \dfrac{7}{x^6}\right)}{1 + \dfrac{3}{x^2} + \dfrac{4}{x^3}} = \frac{-\infty\,(1 + 0)}{1 + 0 + 0} = -\infty$$

Puisque le résultat de l'évaluation de la limite, lorsque $x \to -\infty$, ne donne pas un nombre réel, f n'a pas d'asymptote horizontale lorsque $x \to -\infty$.

De plus, $\lim_{x \to +\infty} \dfrac{x^6 + 7}{x^3 + 3x + 4}$ est une indétermination de la forme $\dfrac{+\infty}{+\infty}$.

Levons cette indétermination.

$$\lim_{x \to +\infty} \frac{x^6 + 7}{x^3 + 3x + 4} = \lim_{x \to +\infty} \frac{x^3\left(1 + \dfrac{7}{x^6}\right)}{1 + \dfrac{3}{x^2} + \dfrac{4}{x^3}} = +\infty$$

Puisque le résultat de l'évaluation de la limite, lorsque $x \to +\infty$, ne donne pas un nombre réel, f n'a pas d'asymptote horizontale lorsque $x \to +\infty$.

La représentation graphique ci-contre est une esquisse du graphique de f lorsque $x \to -\infty$ et lorsque $x \to +\infty$.

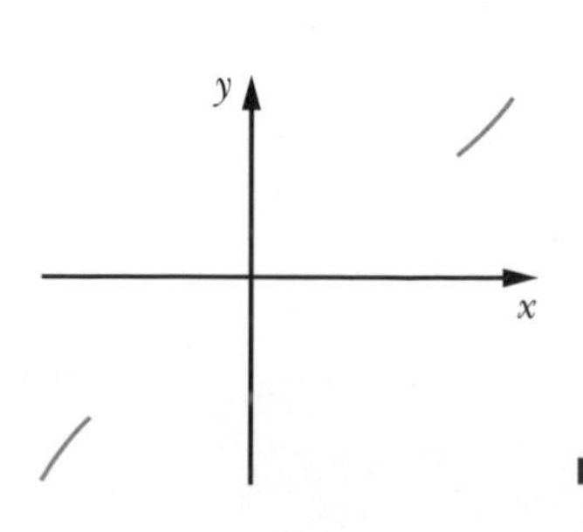

■

■ **Exemple 3** Soit $f(x) = \dfrac{7x + 1}{x^3 + 2x - 3}$, où dom $f = \mathbb{R} \setminus \{1\}$.

Déterminons, s'il y a lieu, les asymptotes horizontales de cette fonction.

$\lim\limits_{x \to -\infty} \dfrac{7x + 1}{x^3 + 2x - 3}$ est une indétermination de la forme $\dfrac{-\infty}{-\infty}$.

$$\begin{aligned}\lim_{x \to -\infty} \frac{7x + 1}{x^3 + 2x - 3} &= \lim_{x \to -\infty} \frac{x\left(7 + \dfrac{1}{x}\right)}{x^3\left(1 + \dfrac{2}{x^2} - \dfrac{3}{x^3}\right)} \\ &= \lim_{x \to -\infty} \frac{7 + \dfrac{1}{x}}{x^2\left(1 + \dfrac{2}{x^2} - \dfrac{3}{x^3}\right)} \\ &= \frac{7}{+\infty} = 0\end{aligned}$$

Donc, $y = 0$ est une asymptote horizontale lorsque $x \to -\infty$.

$\lim\limits_{x \to +\infty} \dfrac{7x + 1}{x^3 + 2x - 3}$ est une indétermination de la forme $\dfrac{+\infty}{+\infty}$.

De façon analogue, $\lim\limits_{x \to +\infty} f(x) = 0$.

Donc, $y = 0$ est une asymptote horizontale lorsque $x \to +\infty$.

La représentation graphique ci-dessous est une esquisse du graphique de f lorsque $x \to -\infty$ et lorsque $x \to +\infty$.

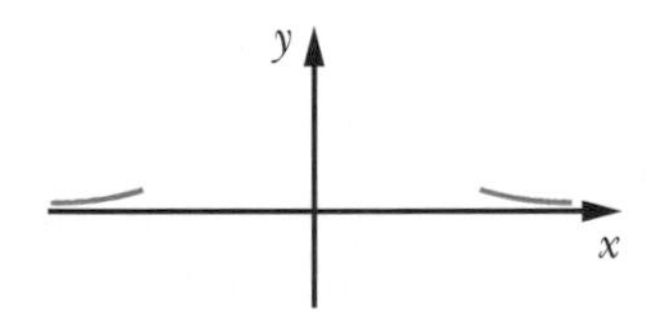

■

■ **Exemple 4** Soit $f(x) = \dfrac{\sqrt{9x^2 + 4}}{x}$, où dom $f = \mathbb{R} \setminus \{0\}$.

Déterminons les asymptotes horizontales de cette fonction et donnons l'esquisse du graphique de f lorsque $x \to -\infty$ et lorsque $x \to +\infty$.

$\lim\limits_{x \to -\infty} \dfrac{\sqrt{9x^2 + 4}}{x}$ est une indétermination de la forme $\dfrac{+\infty}{-\infty}$.

Levons cette indétermination.

$$\begin{aligned}\lim_{x \to -\infty} \frac{\sqrt{9x^2 + 4}}{x} &= \lim_{x \to -\infty} \frac{\sqrt{x^2\left(9 + \dfrac{4}{x^2}\right)}}{x} \\ &= \lim_{x \to -\infty} \frac{\sqrt{x^2}\left(\sqrt{9 + \dfrac{4}{x^2}}\right)}{x} \\ &= \lim_{x \to -\infty} \frac{|x|\left(\sqrt{9 + \dfrac{4}{x^2}}\right)}{x} \qquad (\text{car } \sqrt{x^2} = |x|)\end{aligned}$$

$$= \lim_{x \to -\infty} \frac{-x\left(\sqrt{9 + \frac{4}{x^2}}\right)}{x} \qquad (\text{car } |x| = -x \text{ si } x < 0)$$

$$= \lim_{x \to -\infty} -\left(\sqrt{9 + \frac{4}{x^2}}\right) = -3$$

Donc, $y = -3$ est une asymptote horizontale lorsque $x \to -\infty$.

$\lim\limits_{x \to +\infty} \frac{\sqrt{9x^2 + 4}}{x}$ est une indétermination de la forme $\frac{+\infty}{+\infty}$.

Levons cette indétermination.

$$\lim_{x \to +\infty} \frac{\sqrt{9x^2 + 4}}{x} = \lim_{x \to +\infty} \frac{\sqrt{x^2\left(9 + \frac{4}{x^2}\right)}}{x}$$

$$= \lim_{x \to +\infty} \frac{\sqrt{x^2}\left(\sqrt{9 + \frac{4}{x^2}}\right)}{x}$$

$$= \lim_{x \to +\infty} \frac{|x|\left(\sqrt{9 + \frac{4}{x^2}}\right)}{x} \qquad (\text{car } x^2 = |x|)$$

$$= \lim_{x \to +\infty} \frac{x\left(\sqrt{9 + \frac{4}{x^2}}\right)}{x} \qquad (\text{car } |x| = x \text{ si } x \geqslant 0)$$

$$= \lim_{x \to +\infty} \left(\sqrt{9 + \frac{4}{x^2}}\right) = 3$$

Donc, $y = 3$ est une asymptote horizontale lorsque $x \to +\infty$.

La représentation graphique ci-dessous est une esquisse du graphique de f lorsque $x \to -\infty$ et lorsque $x \to +\infty$.

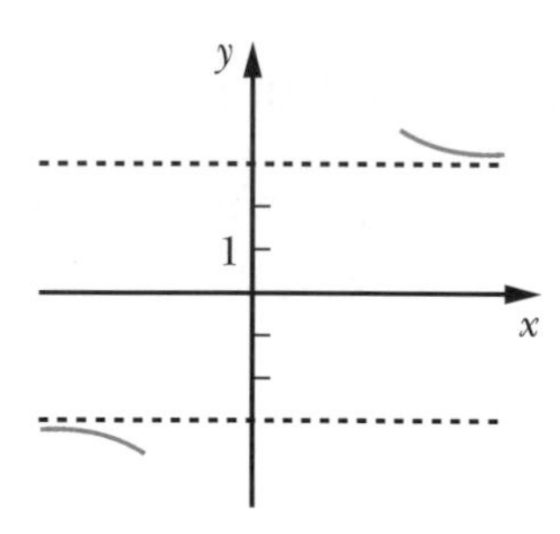

■

Indétermination de la forme ($+\infty - \infty$) ou ($-\infty + \infty$)

■ **Exemple 1** Calculons $\lim\limits_{x \to -\infty} (2x^3 - x + 1)$ et $\lim\limits_{x \to +\infty} (2x^3 - x + 1)$.

$\lim\limits_{x \to -\infty} (2x^3 - x + 1)$ est une indétermination de la forme $(-\infty + \infty)$ et

$\lim\limits_{x \to +\infty} (2x^3 - x + 1)$ est une indétermination de la forme $(+\infty - \infty)$.

Pour lever ces indéterminations, nous pouvons mettre en évidence la plus grande puissance de x.

$$\lim_{x \to -\infty} (2x^3 - x + 1) = \lim_{x \to -\infty} x^3\left(2 - \frac{1}{x^2} + \frac{1}{x^3}\right) = -\infty\,(2 - 0 - 0) = -\infty$$

$$\lim_{x \to +\infty} (2x^3 - x + 1) = \lim_{x \to +\infty} x^3\left(2 - \frac{1}{x^2} + \frac{1}{x^3}\right) = +\infty\,(2 - 0 + 0) = +\infty$$

■

■ **Exemple 2** Soit $f(x) = \dfrac{3x^3 - 4x + 1}{x^3 - 4x^2}$, où dom $f = \mathbb{R} \setminus \{0, 4\}$.

Déterminons les asymptotes horizontales de cette fonction.

$\lim\limits_{x \to -\infty} (3x^3 - 4x + 1)$ est une indétermination de la forme $(-\infty + \infty)$.

Levons cette indétermination.

$$\lim_{x \to -\infty} (3x^3 - 4x + 1) = \lim_{x \to -\infty} x^3\left(3 - \frac{4}{x^2} + \frac{1}{x^3}\right) = -\infty$$

De plus, $\lim\limits_{x \to -\infty} (x^3 - 4x^2) = -\infty - \infty = -\infty$.

Ainsi, $\lim\limits_{x \to -\infty} \dfrac{3x^3 - 4x + 1}{x^3 - 4x^2}$ est une indétermination de la forme $\dfrac{-\infty}{-\infty}$.

$$\lim_{x \to -\infty} \frac{3x^3 - 4x + 1}{x^3 - 4x^2} = \lim_{x \to -\infty} \frac{x^3\left(3 - \dfrac{4}{x^2} + \dfrac{1}{x^3}\right)}{x^3\left(1 - \dfrac{4}{x}\right)}$$

$$= \lim_{x \to -\infty} \frac{\left(3 - \dfrac{4}{x^2} + \dfrac{1}{x^3}\right)}{\left(1 - \dfrac{4}{x}\right)} = 3$$

Donc, $y = 3$ est une asymptote horizontale lorsque $x \to -\infty$.

De façon analogue, nous avons $\lim\limits_{x \to +\infty} f(x) = 3$.

Donc, $y = 3$ est une asymptote horizontale lorsque $x \to +\infty$.

La représentation ci-dessous est une esquisse du graphique de f lorsque $x \to -\infty$ et lorsque $x \to +\infty$.

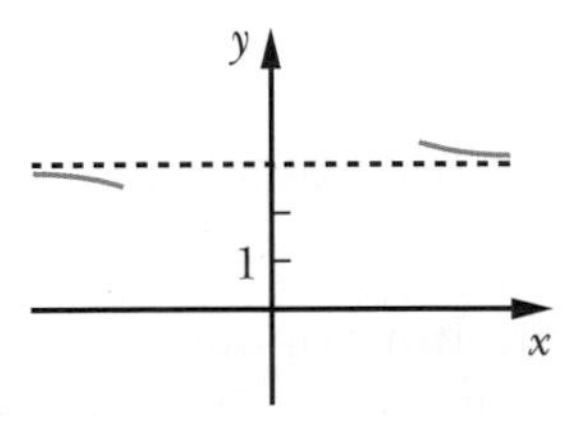

■

Exercices 8.2

1. Compléter la définition suivante.

La droite d'équation $y = b$, où $b \in \mathbb{R}$, est une asymptote horizontale de la courbe de f si au moins une des conditions suivantes est vérifiée : ....

2. Soit *f*, définie par le graphique ci-contre.

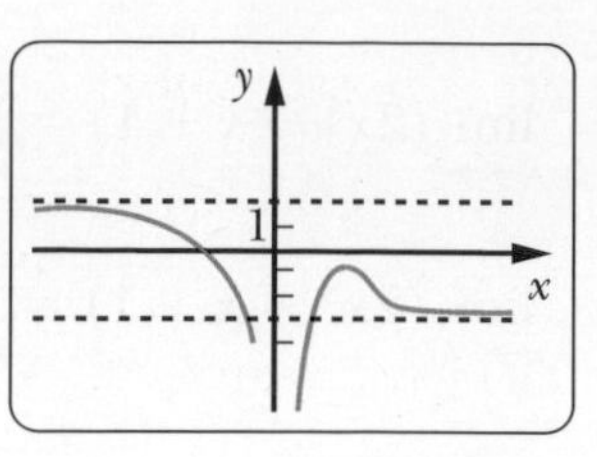

a) Évaluer les limites suivantes:

i) $\lim\limits_{x \to -\infty} f(x)$ ii) $\lim\limits_{x \to +\infty} f(x)$

b) Donner l'équation des asymptotes horizontales.

3. a) Tracer un graphique qui répond aux deux conditions suivantes:

i) $\lim\limits_{x \to -\infty} f(x) = 2$ ii) $\lim\limits_{x \to +\infty} f(x) = -1$

b) Donner les équations des asymptotes horizontales.

4. Déterminer si les limites suivantes sont indéterminées. Évaluer ces limites.

a) $\lim\limits_{x \to -\infty} (7x^3 - 4x^2 + 7x - 1)$ b) $\lim\limits_{x \to +\infty} (7x^3 - 4x^2 + 7x - 1)$ c) $\lim\limits_{x \to -\infty} (\sqrt{x^2 + 4} + x^3)$

5. Déterminer, si possible, les asymptotes horizontales de chacune des fonctions suivantes, en explicitant les étapes du calcul, lorsque la limite est indéterminée.

a) $f(x) = 7 - \dfrac{3}{x + 1}$

b) $f(x) = \dfrac{3x^2 - 1}{5x^2 + 4x + 1}$

c) $f(x) = \dfrac{4x^3}{7x^2 + 1}$

d) $f(x) = \dfrac{4x + 1}{\sqrt{x^2 + 9}}$

6. Déterminer, si possible, les asymptotes horizontales des fonctions suivantes et donner l'esquisse du graphique de la fonction près de ces asymptotes.

a) $f(x) = \dfrac{-3x^2}{x - x^4}$

b) $f(x) = 5 + \dfrac{1}{x}$

c) $f(x) = \dfrac{\sqrt{x - 1}}{x^2} - 3$

d) $f(x) = 5 - \dfrac{\sqrt{4x^2 + 1}}{x}$

e) $f(x) = \dfrac{7x^8 + 2x^2 + 1}{4x^8 + x^4}$

f) $f(x) = \dfrac{7}{\sqrt{5 - x}}$

g) $f(x) = \dfrac{x^{\frac{2}{3}} + x}{4 + x^{\frac{3}{4}}}$

h) $f(x) = \dfrac{|5x|}{3 - 2x}$

7. Déterminer la valeur de *k*, où $k > 0$, telle que:

a) $y = 8$ soit une asymptote horizontale de $f(x) = \dfrac{kx + 1}{3x - 4}$, lorsque $x \to +\infty$;

b) $y = 7$ soit une asymptote horizontale de $f(x) = \dfrac{7x^k + 1}{x^2 - 4}$, lorsque $x \to -\infty$.

8.3 ASYMPTOTES OBLIQUES

Objectif d'apprentissage

À la fin de cette section, l'élève pourra identifier les asymptotes obliques de la courbe d'une fonction et donner l'esquisse du graphique de la fonction près de ces asymptotes.

Plus précisément, l'élève sera en mesure :

- d'expliquer intuitivement la notion d'asymptote oblique ;
- d'énoncer la définition d'asymptote oblique ;
- de repérer graphiquement les asymptotes obliques de la courbe d'une fonction ;
- de déterminer algébriquement les asymptotes obliques de la courbe d'une fonction.

Dans cette section, nous présentons d'abord de façon graphique et par la suite d'une façon plus formelle, la notion d'asymptote oblique.

Notion intuitive d'asymptote oblique

Soit la fonction f définie par le graphique ci-contre.

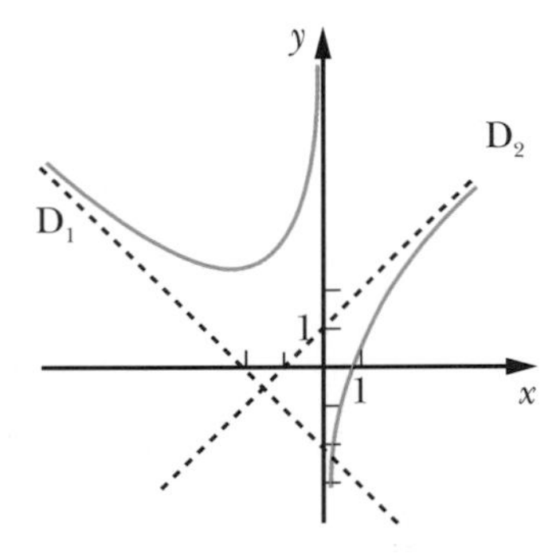

Nous constatons premièrement que la courbe de la fonction s'approche de la droite D_1, lorsque $x \to -\infty$, ainsi la droite $D_1 : y = -x - 2$ est une asymptote oblique de la courbe de f.

De plus, lorsque $x \to +\infty$, la courbe de la fonction s'approche de la droite D_2, ainsi la droite $D_2 : y = x + 1$ est une asymptote oblique de la courbe de f.

■ **Exemple 1** Soit $f(x) = 2x - 3 + \frac{4}{x}$, où dom $f = \mathbb{R} \setminus \{0\}$.

Analysons le comportement de cette fonction lorsque $x \to -\infty$ et lorsque $x \to +\infty$.

$$\lim_{x \to -\infty} f(x) = \lim_{x \to -\infty} \left(2x - 3 + \frac{4}{x}\right) = -\infty \text{ et}$$

$$\lim_{x \to +\infty} f(x) = \lim_{x \to +\infty} \left(2x - 3 + \frac{4}{x}\right) = +\infty$$

Donc, f n'a pas d'asymptote horizontale.

De plus, nous remarquons que $\lim_{x \to -\infty} \frac{4}{x} = 0$ et que $\lim_{x \to +\infty} \frac{4}{x} = 0$.

Ainsi, le terme $\frac{4}{x}$ est négligeable, lorsque $x \to -\infty$ ou lorsque $x \to +\infty$, par rapport à $(2x - 3)$. Ceci signifie que le graphique de f est aussi près que nous le voulons de la droite d'équation $y = 2x - 3$, lorsque $x \to -\infty$ et lorsque $x \to +\infty$.

Nous disons alors que la droite d'équation $y = 2x - 3$ est une asymptote oblique du graphique de f.

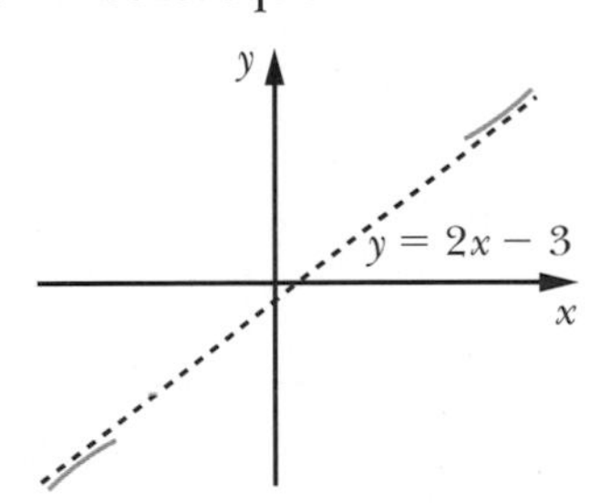

Nous pouvons, en évaluant à des valeurs appropriées la fonction et l'ordonnée de la droite asymptotique, déterminer si la courbe de la fonction est située au-dessus ou au-dessous de l'asymptote oblique.

La représentation graphique ci-contre est une esquisse du graphique de f lorsque $x \to -\infty$ et lorsque $x \to +\infty$. ■

Définition d'asymptote oblique

Définition La droite d'équation $y = ax + b$ où $a \neq 0$ est une **asymptote oblique** de la courbe de f s'il est possible d'exprimer $f(x)$ sous la forme

$$f(x) = ax + b + r(x), \text{ telle que } \lim_{x \to -\infty} r(x) = 0 \text{ ou } \lim_{x \to +\infty} r(x) = 0.$$

■ **Exemple 1** Soit $f(x) = \dfrac{3x^3 - 2x^2 + 8x - 1}{x^2 + 1}$, où dom $f = \mathbb{R}$.

Déterminons, s'il y a lieu, les asymptotes obliques de cette fonction.

Vérifions d'abord si nous pouvons transformer f sous la forme $ax + b + r(x)$, où $a \neq 0$.

En effectuant la division, nous obtenons

$$f(x) = \frac{3x^3 - 2x^2 + 8x - 1}{x^2 + 1} = 3x - 2 + \frac{5x + 1}{x^2 + 1}.$$

Ainsi, $a = 3$, $b = -2$ et $r(x) = \dfrac{5x + 1}{x^2 + 1}$.

Évaluons ensuite $\lim\limits_{x \to -\infty} r(x)$ et $\lim\limits_{x \to +\infty} r(x)$.

$$\lim_{x \to -\infty} r(x) = \lim_{x \to -\infty} \frac{5x + 1}{x^2 + 1} = \lim_{x \to -\infty} \frac{x\left(5 + \frac{1}{x}\right)}{x^2\left(1 + \frac{1}{x^2}\right)} = \lim_{x \to -\infty} \frac{5 + \frac{1}{x}}{x\left(1 + \frac{1}{x^2}\right)} = \frac{5}{-\infty} = 0$$

Donc, $y = 3x - 2$ est une asymptote oblique lorsque $x \to -\infty$.

$$\lim_{x \to +\infty} r(x) = \lim_{x \to +\infty} \frac{5x + 1}{x^2 + 1} = \lim_{x \to +\infty} \frac{x\left(5 + \frac{1}{x}\right)}{x^2\left(1 + \frac{1}{x^2}\right)} = \lim_{x \to +\infty} \frac{5 + \frac{1}{x}}{x\left(1 + \frac{1}{x^2}\right)} = \frac{5}{+\infty} = 0$$

Donc, $y = 3x - 2$ est une asymptote oblique lorsque $x \to +\infty$.

La représentation ci-dessous est une esquisse du graphique de f lorsque $x \to +\infty$ et lorsque $x \to -\infty$.

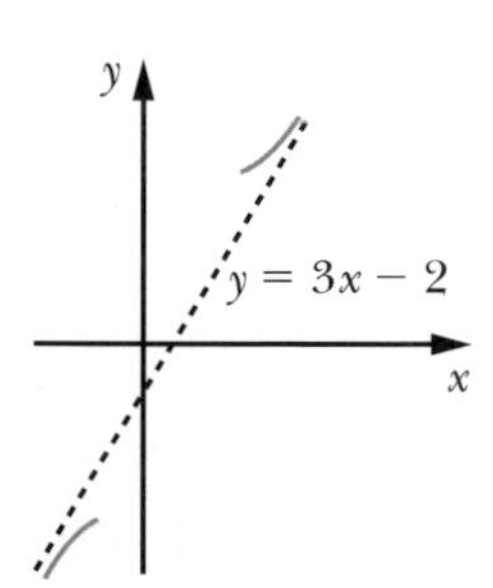

■

Certaines courbes de fonctions f admettent des asymptotes obliques, toutefois il est difficile d'exprimer ces fonctions sous la forme $ax + b + r(x)$ (voir définition précédente).

Dans ce cas, nous utilisons le théorème suivant pour déterminer les équations des asymptotes obliques.

Théorème 1

La droite d'équation $y = ax + b$, où $a \in \mathbb{R}$, $a \neq 0$ et $b \in \mathbb{R}$, est une asymptote oblique de la courbe de f, si:

1) $\lim\limits_{x \to -\infty} \dfrac{f(x)}{x} = a$ et 2) $\lim\limits_{x \to -\infty} (f(x) - ax) = b$ ou

1) $\lim\limits_{x \to -\infty} \dfrac{f(x)}{x} = a$ et 2) $\lim\limits_{x \to +\infty} (f(x) - ax) = b$

Preuve

Soit $y = ax + b$ une asymptote oblique de la courbe de f.

Ainsi, nous avons par définition, $f(x) = ax + b + r(x)$, où $a \neq 0$ et $\lim\limits_{x \to -\infty} r(x) = 0$ ou $\lim\limits_{x \to +\infty} r(x) = 0$.

$$\begin{aligned}
1)\ \lim_{x \to -\infty} \frac{f(x)}{x} &= \lim_{x \to -\infty} \frac{ax + b + r(x)}{x} \\
&= \lim_{x \to -\infty} \left(a + \frac{b}{x} + \frac{r(x)}{x}\right) \\
&= a + 0 + 0 \qquad \left(\text{car } \lim_{x \to -\infty} r(x) = 0\right) \\
&= a
\end{aligned}$$

On procède de façon analogue pour $\lim\limits_{x \to +\infty} \dfrac{f(x)}{x}$.

$$\begin{aligned}
2)\ \lim_{x \to -\infty} (f(x) - ax) &= \lim_{x \to -\infty} (ax + b + r(x) - ax) \\
&= \lim_{x \to -\infty} (b + r(x)) \\
&= b \qquad \left(\text{car } \lim_{x \to -\infty} r(x) = 0\right)
\end{aligned}$$

On procède de façon analogue pour $\lim\limits_{x \to +\infty} (f(x) - ax)$. ■

■ **Exemple 2** Soit $f(x) = 1 + \sqrt{3x^2 + 2}$, où $\text{dom} f = \mathbb{R}$.

Déterminons, s'il y a lieu, les asymptotes obliques de cette fonction à l'aide du théorème 1.

1) Évaluons les limites suivantes lorsque $x \to -\infty$.

$$\begin{aligned}
\lim_{x \to -\infty} \frac{f(x)}{x} &= \lim_{x \to -\infty} \frac{1 + \sqrt{3x^2 + 2}}{x} \qquad \left(\text{indétermination de la forme } \frac{+\infty}{-\infty}\right) \\
&= \lim_{x \to -\infty} \frac{1 + |x|\sqrt{3 + \dfrac{2}{x^2}}}{x} \\
&= \lim_{x \to -\infty} \frac{1 - x\sqrt{3 + \dfrac{2}{x^2}}}{x} \qquad (\text{car } |x| = -x \text{ si } x < 0) \\
&= \lim_{x \to -\infty} \left(\frac{1}{x} - \frac{x\sqrt{3 + \dfrac{2}{x^2}}}{x}\right)
\end{aligned}$$

$$= \lim_{x \to -\infty} \frac{1}{x} - \lim_{x \to -\infty} \sqrt{3 + \frac{2}{x^2}}$$

$$= -\sqrt{3}$$

donc, $a = -\sqrt{3}$

$$\lim_{x \to -\infty} (f(x) - ax) = \lim_{x \to -\infty} (1 + \sqrt{3x^2 + 2} + \sqrt{3}x)$$

(indétermination de la forme $+\infty - \infty$)

$$= \lim_{x \to -\infty} 1 + \lim_{x \to -\infty} (\sqrt{3x^2 + 2} + \sqrt{3}x)$$

(indétermination de la forme $+\infty - \infty$)

$$= 1 + \lim_{x \to -\infty} (\sqrt{3x^2 + 2} + \sqrt{3}x)\left(\frac{\sqrt{3x^2 + 2} - \sqrt{3}x}{\sqrt{3x^2 + 2} - \sqrt{3}x}\right)$$

$$= 1 + \lim_{x \to -\infty} \frac{3x^2 + 2 - 3x^2}{\sqrt{3x^2 + 2} - \sqrt{3}x}$$

$$= 1 + \lim_{x \to -\infty} \frac{2}{\sqrt{3x^2 + 2} - \sqrt{3}x}$$

$$= 1$$

donc, $b = 1$

D'où $y = -\sqrt{3}x + 1$ est une asymptote oblique lorsque $x \to -\infty$.

2) De façon analogue, nous trouvons lorsque $x \to +\infty$, $a = \sqrt{3}$ et $b = 1$.

Donc, $y_1 = \sqrt{3}x + 1$ est une asymptote oblique lorsque $x \to +\infty$.

La représentation graphique ci-contre est une esquisse du graphique de f lorsque $x \to -\infty$ et lorsque $x \to +\infty$.

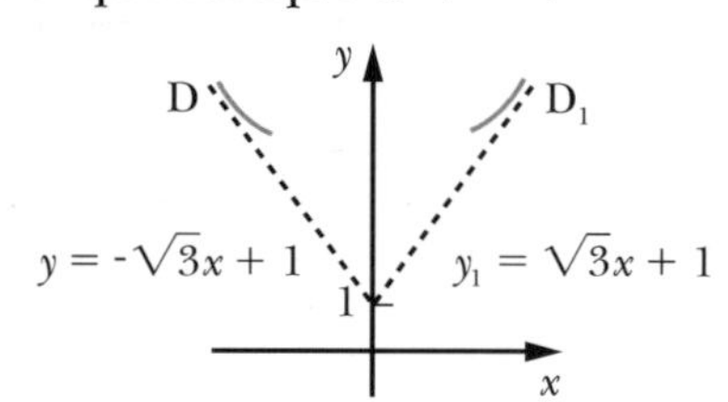

■

Exercices 8.3

1. Compléter la définition suivante.

La droite d'équation $y = ax + b$, où $a \neq 0$, est une asymptote oblique de la courbe de f s'il est possible d'exprimer $f(x)$ sous la forme ....

2. Donner l'équation des asymptotes obliques ci-contre.

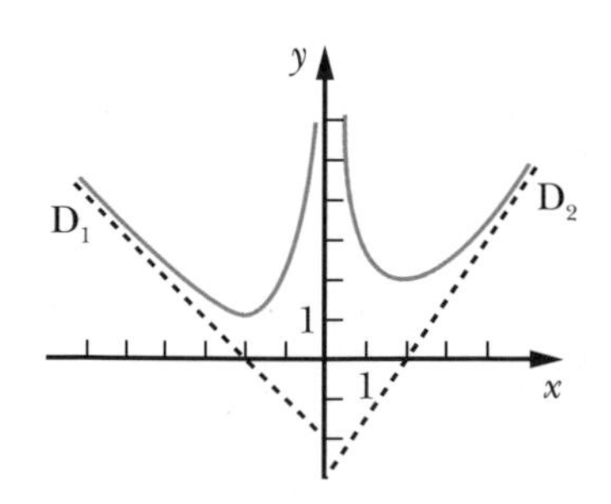

3. Déterminer, si possible, les asymptotes obliques des fonctions suivantes.

a) $f(x) = 5x - 1 + \dfrac{7}{x^2}$

b) $f(x) = \dfrac{4x^3 - 6x^2 + x - 4}{x^2}$

c) $f(x) = \dfrac{x - x^3 - 1}{1 + x^3}$

d) $f(x) = \dfrac{x + 1 + x^3 + 3x^2}{x}$

4. Déterminer les asymptotes obliques des fonctions suivantes et donner l'esquisse du graphique de la fonction près de ces asymptotes.

a) $f(x) = \dfrac{3x^3 + 4x^2 + 5}{x^2}$

b) $f(x) = \dfrac{-2x^2 - 3x + 2}{x + 1}$

c) $f(x) = \sqrt{4x^2 + 9}$

8.4 ANALYSE DE FONCTIONS

Objectif d'apprentissage

À la fin de cette section, l'élève pourra identifier les asymptotes de la courbe d'une fonction, rassembler dans un seul tableau de variation, toutes les informations déduites de la dérivée première et de la dérivée seconde d'une fonction et donner l'esquisse du graphique de cette fonction.

Plus précisément, l'élève sera en mesure :

- de déterminer algébriquement les asymptotes de la courbe d'une fonction ;
- de déterminer les points de maximum relatif et de minimum relatif d'une fonction ;
- de déterminer les points d'inflexion d'une fonction ;
- de rassembler, dans un seul tableau de variation, toutes les informations déduites de la dérivée première et de la dérivée seconde d'une fonction ;
- de donner l'esquisse du graphique de cette fonction.

Voici un rappel de quelques notions étudiées au chapitre 6 et dans les sections précédentes.

1. a) Si $f'(x) > 0$ sur $]a, b[$, alors $f \nearrow$ sur $[a, b]$.
   b) Si $f'(x) < 0$ sur $]a, b[$, alors $f \searrow$ sur $[a, b]$.

2. Soit c, un nombre critique de f, c'est-à-dire $f'(c) = 0$ ou $f'(c)$ n'existe pas.
   a) Si $f'(x)$ passe du $+$ au $-$ lorsque x passe de c^- à c^+, alors $(c, f(c))$ est un point de maximum relatif de f.
   b) Si $f'(x)$ passe du $-$ au $+$ lorsque x passe de c^- à c^+, alors $(c, f(c))$ est un point de minimum relatif de f.

3. a) Si $f''(x) > 0$ sur $]a, b[$, alors $f \cup$ sur $[a, b]$.
   b) Si $f''(x) < 0$ sur $]a, b[$, alors $f \cap$ sur $[a, b]$.

4. Soit f, une fonction continue en $x = c$. Si $f''(c) = 0$ ou $f''(c)$ n'existe pas, alors $(c, f(c))$ est un point d'inflexion de $f \Leftrightarrow f''(x)$ change de signe lorsque x passe de c^- à c^+.

5. a) La droite d'équation $x = a$, où $a \in \mathbb{R}$, est une asymptote verticale de la courbe de f si :
   $\lim\limits_{x \to a^-} f(x) = -\infty$ ou $\lim\limits_{x \to a^-} f(x) = +\infty$ ou $\lim\limits_{x \to a^+} f(x) = -\infty$ ou $\lim\limits_{x \to a^+} f(x) = +\infty$.
   b) La droite d'équation $y = b$, où $b \in \mathbb{R}$, est une asymptote horizontale de la courbe de f si :
   $\lim\limits_{x \to -\infty} f(x) = b$ ou $\lim\limits_{x \to +\infty} f(x) = b$.
   c) La droite d'équation $y = ax + b$ où $a \in \mathbb{R}$, $a \neq 0$ et $b \in \mathbb{R}$, est une asymptote oblique de la courbe de f s'il est possible d'exprimer $f(x)$ sous la forme
   $f(x) = ax + b + r(x)$, telle que $\lim\limits_{x \to -\infty} r(x) = 0$ ou $\lim\limits_{x \to +\infty} r(x) = 0$.

■ Exemple 1 Soit $f(x) = \dfrac{20x^2 - 28x - 28}{(x-1)^2}$.

Analysons cette fonction.

1. Déterminons le domaine de f.

   dom $f = \mathbb{R}\setminus\{1\}$, d'où $x = 1$ est susceptible d'être une asymptote verticale.

2. Déterminons, si possible, les asymptotes.

   a) Asymptotes verticales

   $$\lim_{x\to 1^-} \frac{20x^2 - 28x - 28}{(x-1)^2} = \frac{-36}{0^+} = -\infty$$

   donc, $x = 1$ est une asymptote verticale.

   $$\lim_{x\to 1^+} \frac{20x^2 - 28x - 28}{(x-1)^2} = \frac{-36}{0^+} = -\infty$$

   donc, $x = 1$ est une asymptote verticale.

   b) Asymptotes horizontales

   $\lim\limits_{x\to -\infty} \dfrac{20x^2 - 28x - 28}{(x-1)^2}$ est une indétermination de la forme $\dfrac{+\infty}{+\infty}$.

   Levons cette indétermination.

   $$\lim_{x\to -\infty} \frac{20x^2 - 28x - 28}{x^2 - 2x + 1} = \lim_{x\to -\infty} \frac{x^2\left(20 - \frac{28}{x} - \frac{28}{x^2}\right)}{x^2\left(1 - \frac{2}{x} + \frac{1}{x^2}\right)} = \lim_{x\to -\infty} \frac{20 - \frac{28}{x} - \frac{28}{x^2}}{1 - \frac{2}{x} + \frac{1}{x^2}} = 20$$

   Donc, $y = 20$ est une asymptote horizontale lorsque $x \to -\infty$.

   De façon analogue, nous avons $\lim\limits_{x\to +\infty} f(x) = 20$.

   Donc, $y = 20$ est une asymptote horizontale lorsque $x \to +\infty$.

   c) Asymptotes obliques

   Lorsque $x \to -\infty$ et $x \to +\infty$, nous avons une asymptote horizontale, alors il ne peut y avoir d'asymptote oblique.

3. Calculons $f'(x)$ et déterminons les nombres critiques correspondants.

   $$f'(x) = \left(\frac{20x^2 - 28x - 28}{(x-1)^2}\right)' = \frac{12(7-x)}{(x-1)^3}$$

   $f'(x) = 0$ si $x = 7$ et $f'(x)$ est non définie si $x = 1$.

   Ainsi, 7 est un nombre critique de f.

   Remarque Puisque $1 \notin$ dom f, 1 n'est pas un nombre critique de f.

4. Calculons $f''(x)$ et déterminons les nombres critiques correspondants.

   $$f''(x) = \left(\frac{12(7-x)}{(x-1)^3}\right)' = \frac{24(x-10)}{(x-1)^4}$$

   $f''(x) = 0$ si $x = 10$ et $f''(x)$ est non définie si $x = 1$.

   Ainsi, 10 est un nombre critique de f'.

   Remarque Puisque $1 \notin$ dom f', 1 n'est pas un nombre critique de f'.

5. Construisons le tableau de variation.

x	$-\infty$		1		7		10		$+\infty$
$f'(x)$		$-$	$\nexists$	$+$	0	$-$	$-$	$-$	
$f''(x)$		$-$	$\nexists$	$-$	$-$	$-$	0	$+$	
f	20	$\searrow\cap$	$\nexists$	$\nearrow\cap$	21	$\searrow\cap$	$20,\overline{8}$	$\searrow\cup$	20
E. du G.	- - -	↘	⋮	↗	(7, 21)	↘	$(10, 20,\overline{8})$	↘	- - -
			Asymptote verticale : $x = 1$		max.		inf.		

car $\lim\limits_{x \to -\infty} f(x) = 20$
Asymptote horizontale : $y = 20$

car $\lim\limits_{x \to +\infty} f(x) = 20$
Asymptote horizontale : $y = 20$

6. Donnons une esquisse du graphique de f.

   Déterminons d'abord les intersections de la courbe avec les axes.

   Avec l'axe y : $f(0) = -28$ donc, $A(0, -28)$ est l'intersection de la courbe avec l'axe y.

   Avec l'axe x : $x_1 = \dfrac{7 - 3\sqrt{21}}{10}$ et $x_2 = \dfrac{7 + 3\sqrt{21}}{10}$ donc, $B\left(\dfrac{7 - 3\sqrt{21}}{10}, 0\right)$ et $C\left(\dfrac{7 + 3\sqrt{21}}{10}, 0\right)$ sont les intersections de la courbe avec l'axe x.

   Remarque Il peut être essentiel d'utiliser un outil technologique pour déterminer les intersections avec l'axe x.

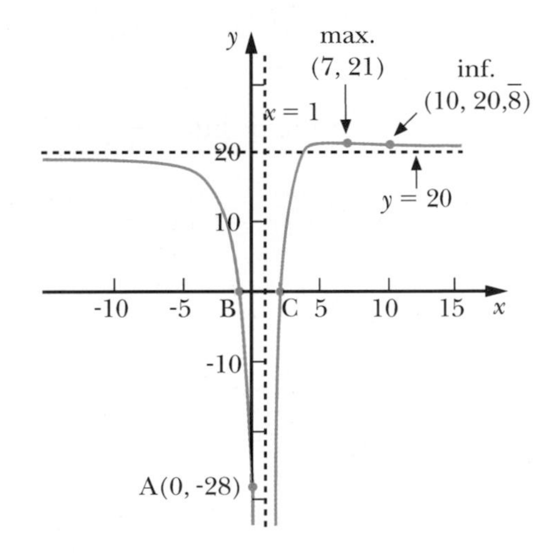

■

■ Exemple 2 Soit $f(x) = \dfrac{-2x^2 - 7x - 8}{x + 2}$.

Analysons cette fonction.

1. Déterminons le domaine de f.

   dom $f = \mathbb{R} \setminus \{-2\}$, d'où $x = -2$ est susceptible d'être une asymptote verticale.

2. Déterminons, si possible, les asymptotes.

   a) Asymptotes verticales

   $$\lim_{x \to -2^-} \frac{-2x^2 - 7x - 8}{x + 2} = \frac{-2}{0^-} = +\infty$$

   Donc, $x = -2$ est une asymptote verticale.

   $$\lim_{x \to -2^+} \frac{-2x^2 - 7x - 8}{x + 2} = \frac{-2}{0^+} = -\infty$$

   Donc, $x = -2$ est une asymptote verticale.

   b) Asymptotes horizontales

   $\lim\limits_{x \to -\infty} \dfrac{-2x^2 - 7x - 8}{x + 2}$ est une indétermination de la forme $\dfrac{-\infty}{-\infty}$.

   Levons cette indétermination.

   $$\lim_{x \to -\infty} \frac{-2x^2 - 7x - 8}{x + 2} = \lim_{x \to -\infty} \frac{x^2\left(-2 - \frac{7}{x} - \frac{8}{x^2}\right)}{x\left(1 + \frac{2}{x}\right)} = \lim_{x \to -\infty} \frac{x\left(-2 - \frac{7}{x} - \frac{8}{x^2}\right)}{\left(1 + \frac{2}{x}\right)} = +\infty$$

   Donc, il n'y a pas d'asymptote horizontale lorsque $x \to -\infty$.

   De façon analogue, nous avons $\lim\limits_{x \to +\infty} \dfrac{-2x^2 - 7x - 8}{x + 2} = -\infty$

   Donc, il n'y a pas d'asymptote horizontale lorsque $x \to +\infty$.

   c) Asymptotes obliques

   En effectuant la division $\dfrac{-2x^2 - 7x - 8}{x + 2}$, nous obtenons

   $$\frac{-2x^2 - 7x - 8}{x + 2} = -2x - 3 + \frac{-2}{x + 2}.$$

   En évaluant $\lim\limits_{x \to -\infty} \dfrac{-2}{x + 2}$ et $\lim\limits_{x \to +\infty} \dfrac{-2}{x + 2}$, nous obtenons

   $$\lim_{x \to -\infty} \frac{-2}{x + 2} = 0 \text{ et } \lim_{x \to +\infty} \frac{-2}{x + 2} = 0.$$

   Donc, $y = -2x - 3$ est l'asymptote oblique.

3. Calculons $f'(x)$ et déterminons les nombres critiques correspondants.

   $$f'(x) = \frac{-2x^2 - 8x - 6}{(x + 2)^2} = \frac{-2(x + 1)(x + 3)}{(x + 2)^2}$$

   $f'(x) = 0$ si $x = -1$ ou $x = -3$ et $f'(x)$ est non définie si $x = -2$.

   Ainsi, -3 et -1 sont les nombres critiques de f car $-2 \notin \text{dom } f$.

4. Calculons $f''(x)$ et déterminons les nombres critiques correspondants.

   $$f''(x) = \frac{-4}{(x + 2)^3}$$

   $f''(x)$ est non définie si $x = -2$.

   Ainsi, il n'y a aucun nombre critique de f' car $-2 \notin \text{dom } f'$.

5. Construisons le tableau de variation.

x	$-\infty$		-3		-2		-1		$+\infty$
$f'(x)$		$-$	0	$+$	$\nexists$	$+$	0	$-$	
$f''(x)$		$+$	$+$	$+$	$\nexists$	$-$	$-$	$-$	
f	$+\infty$	↘∪	5	↗∪	$\nexists$	↗∩	-3	↘∩	$-\infty$
E. du G.		↳	$(-3, 5)$	↗	⁝	↗	$(-1, -3)$	↘	
			min.		Asymptote verticale : $x = -2$		max.		

6. Donnons une esquisse du graphique de f.

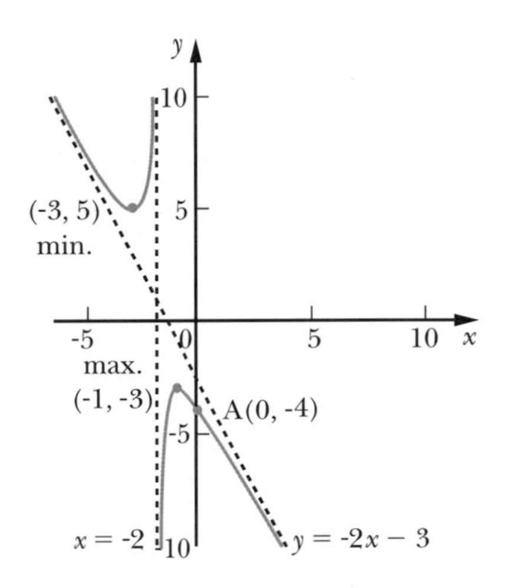

■

Exercices 8.4

1. À l'aide des données suivantes et du tableau de variation ci-dessous :

$\lim\limits_{x \to -4^-} f(x) = -\infty$, $\lim\limits_{x \to -4^+} f(x) = -\infty$, $\lim\limits_{x \to 2^-} f(x) = +\infty$, $\lim\limits_{x \to 2^+} f(x) = -\infty$, $\lim\limits_{x \to -\infty} f(x) = -3$, $\lim\limits_{x \to +\infty} f(x) = 2$

x	$-\infty$		-4		-2		-1		0		2		5		6		$+\infty$
$f'(x)$		$-$	$\nexists$	$+$	0	$-$	$-$	$-$	0	$+$	$\nexists$	$+$	0	$-$	$-$	$-$	
$f''(x)$		$-$	$\nexists$	$-$	$-$	$-$	0	$+$	$+$	$+$	$\nexists$	$-$	$-$	$-$	0	$+$	
f			$\nexists$		-1		-2		-3		$\nexists$		6		4		

a) Déterminer dom f;

b) Donner les équations des asymptotes verticales ;

c) Donner les équations des asymptotes horizontales ;

d) Déterminer les points de maximum relatif et de minimum relatif ;

e) Déterminer les points d'inflexion ;

f) Esquisser le graphique de cette fonction.

2. Pour chacune des fonctions suivantes, déterminer le domaine et l'équation des asymptotes, construire le tableau de variation relatif à f' et à f'', et donner une esquisse du graphique de la fonction.

a) $f(x) = \dfrac{x}{x^2 - 4}$

b) $f(x) = x^3 + \dfrac{3}{x}$

c) $f(x) = \dfrac{x^3 + 4}{x^2}$

d) $f(x) = \dfrac{2x^2 - 1}{x^2 - 1}$

e) $f(x) = (x - 2)^2 + \dfrac{1}{(x - 2)^2}$

f) $f(x) = \dfrac{x^2 - 2x - 8}{x^2}$

g) $f(x) = \dfrac{x^3 + 1}{x}$

h) $f(x) = \dfrac{-x^2}{x^2 + 1}$

i) $f(x) = \dfrac{-2x}{\sqrt{x^2 - 1}}$

3. Soit $f(x) = \dfrac{4x^2 - 3x + 3}{x - 1}$.

a) Déterminer l'équation des asymptotes, les points de maximum relatif, les points de minimum relatif, les points d'inflexion, et donner une esquisse du graphique de la fonction.

b) En utilisant les résultats obtenus à la question précédente, déterminer l'équation des asymptotes, les points de maximum relatif, les points de minimum relatif et les points d'inflexion de la fonction $h(x) = \left|\dfrac{4x^2 - 3x + 3}{x - 1}\right|$, et donner une esquisse du graphique de la fonction h.

Réseau de concepts

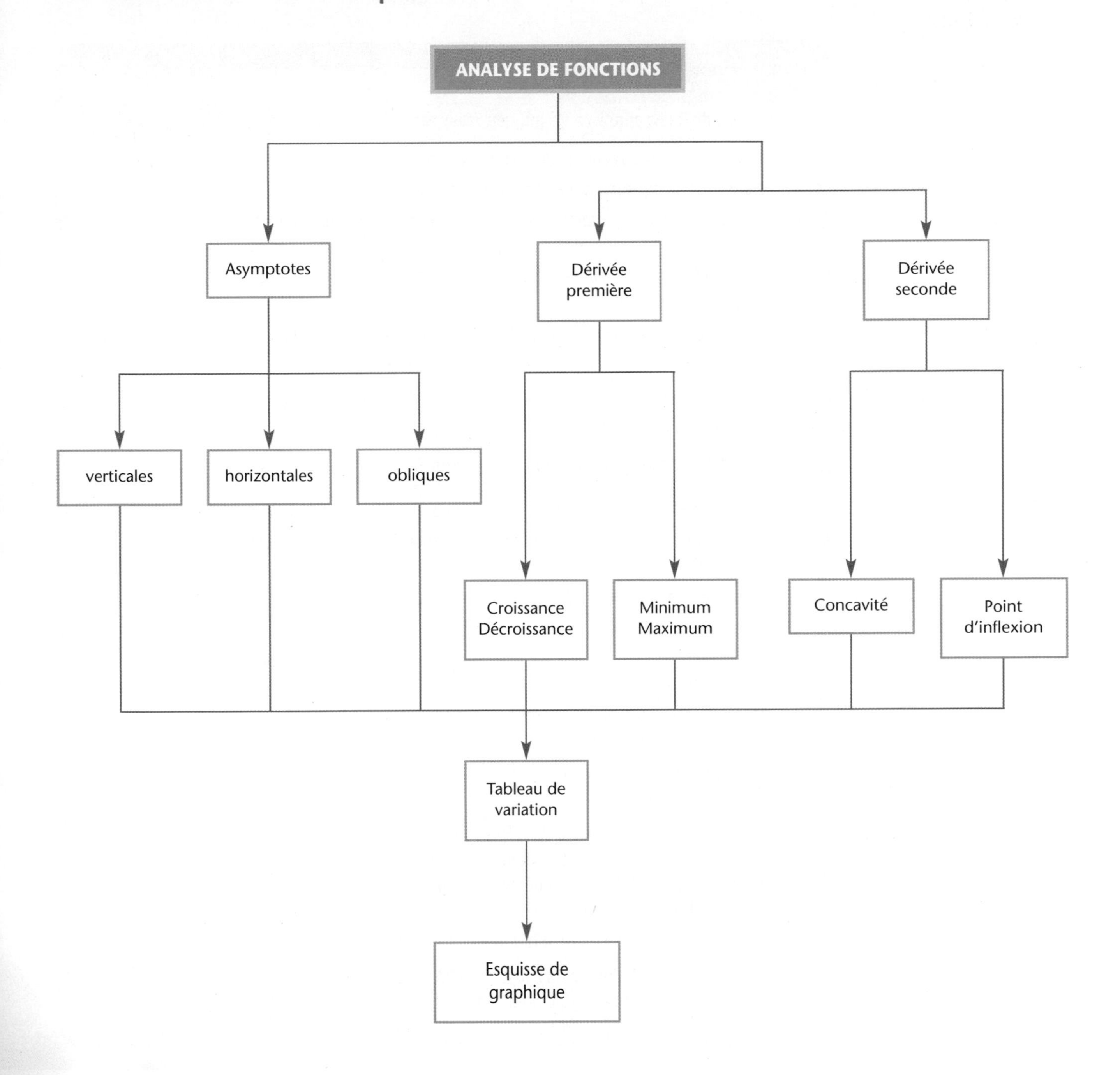

Liste de vérification des apprentissages

RÉPONDRE PAR **OUI** OU **NON**.			
Après l'étude de ce chapitre, je suis en mesure:		**OUI**	**NON**
1.	d'expliquer intuitivement la notion d'asymptote verticale;		
2.	d'énoncer la définition d'asymptote verticale;		
3.	de repérer graphiquement les asymptotes verticales de la courbe d'une fonction;		
4.	de déterminer algébriquement les asymptotes verticales de la courbe d'une fonction;		
5.	d'expliquer intuitivement la notion d'asymptote horizontale;		
6.	d'énoncer la définition d'asymptote horizontale;		
7.	de repérer graphiquement les asymptotes horizontales de la courbe d'une fonction;		
8.	de lever des indéterminations de la forme $\frac{\pm\infty}{\pm\infty}$;		
9.	de lever des indéterminations de la forme $(+\infty - \infty)$ ou $(-\infty + \infty)$;		
10.	de déterminer algébriquement les asymptotes horizontales de la courbe d'une fonction;		
11.	d'expliquer intuitivement la notion d'asymptote oblique;		
12.	d'énoncer la définition d'asymptote oblique;		
13.	de repérer graphiquement les asymptotes obliques de la courbe d'une fonction;		
14.	de déterminer algébriquement les asymptotes obliques de la courbe d'une fonction;		
15.	de déterminer les points de maximum relatif et de minimum relatif d'une fonction;		
16.	de déterminer les points d'inflexion d'une fonction;		
17.	de rassembler, dans un seul tableau de variation, toutes les informations déduites de la dérivée première et de la dérivée seconde d'une fonction;		
18.	de donner l'esquisse du graphique de cette fonction.		

Si vous avez répondu **NON** à une de ces questions, il serait préférable pour vous d'étudier à nouveau cette notion.

Exercices récapitulatifs

biologie chimie administration physique

1. a) Parmi les droites ci-dessous, repérer les droites qui sont des asymptotes verticales, horizontales ou obliques et donner leur équation.

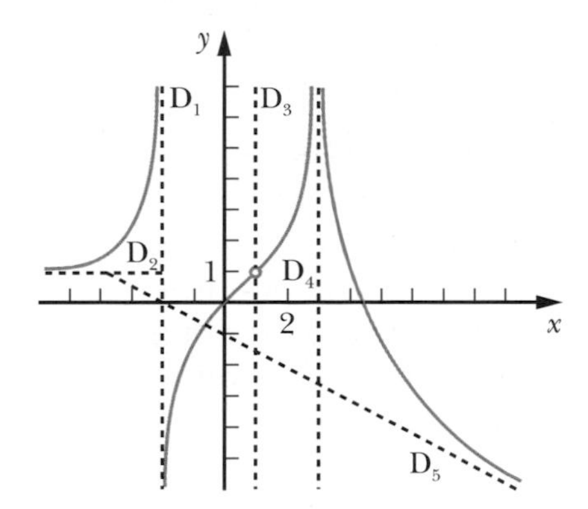

b) À l'aide du graphique précédent, évaluer les limites suivantes.

i) $\lim\limits_{x \to -\infty} f(x)$ iv) $\lim\limits_{x \to 3^-} f(x)$

ii) $\lim\limits_{x \to -2^+} f(x)$ v) $\lim\limits_{x \to +\infty} f(x)$

iii) $\lim\limits_{x \to 1} f(x)$ vi) $\lim\limits_{x \to +\infty} \dfrac{f(x)}{x}$

2. Répondre par vrai (V) ou faux (F).

a) Si $\lim\limits_{x \to 1^-} f(x) = +\infty$, alors $x = 1$ est une asymptote verticale.

b) Si $\lim\limits_{x \to +\infty} f(x) = 7$, alors $y = 7$ est une asymptote horizontale.

c) Si $\lim\limits_{x \to 7^-} f(x) = -\infty$, alors $x = 7$ est une asymptote horizontale.

d) Si $\lim\limits_{x \to 1^+} f(x) = 5$, alors $y = 5$ est une asymptote horizontale.

e) Si $f(x) = 3x - 4 + \dfrac{1}{x}$, alors $y = 3x - 4$ est une asymptote oblique.

f) Si $\lim\limits_{x \to 2^-} f(x)$ est une indétermination de la forme $\dfrac{0}{0}$, alors $x = 2$ est une asymptote verticale.

g) Une fonction peut avoir quatre asymptotes verticales.

h) Une fonction peut avoir trois asymptotes obliques.

i) Une fonction peut avoir deux asymptotes horizontales.

j) Si $\lim\limits_{x \to 3} f(x) = +\infty$, alors $\lim\limits_{x \to 3} \dfrac{1}{f(x)} = 0$.

k) Si $\lim\limits_{x \to 3} f(x) = 0$, alors $\lim\limits_{x \to 3} \dfrac{1}{f(x)} = +\infty$.

l) Si $f(x) = 5 - 2x + \dfrac{x}{x+1}$, alors $y = 5 - 2x$ est une asymptote oblique.

Outil technologique

3. Déterminer, s'il y a lieu, les asymptotes verticales, horizontales et obliques des fonctions suivantes. (Vérifier la pertinence des résultats à l'aide d'un outil technologique.)

a) $f(x) = \dfrac{3x^2 + 1}{x^2 - 4}$

b) $f(x) = \dfrac{5x - 15}{x^2 - 9}$

c) $f(x) = \dfrac{5x^6 + 4x^2 + 1}{x^3 + 3x^2 - 4x}$

d) $f(x) = \dfrac{3 - 6x}{\sqrt{4x^2 + 1}}$

e) $f(x) = \dfrac{4x^2 - 1}{x + 1}$

f) $f(x) = \dfrac{5x + 1}{\sqrt{x^2 - 4}}$

g) $f(x) = \dfrac{4x + 3}{|x| - 5}$

h) $f(x) = \dfrac{5x^2\sqrt{x-2} - 3x\sqrt{x-2} + 4}{x\sqrt{x-2}}$

i) $f(x) = \dfrac{2x^3 + 3x^2 - 2x - 4}{1 - x^2}$

j) $f(x) = \dfrac{2x^4}{x^3 - x^2 - 2x}$

k) $f(x) = 2x - 7 + \sqrt{9x^2 + 4}$

4. Pour chacune des fonctions suivantes, déterminer les points de maximum relatif, de minimum relatif, d'inflexion, les équations des asymptotes, et donner une esquisse du graphique de la fonction.

a) $f(x) = \dfrac{3x + 1}{2 - x}$

b) $f(x) = 5 + \dfrac{3}{4 - x^2}$

c) $f(x) = \sqrt{8 - x^3}$

d) $f(x) = \dfrac{2x^2 + x + 2}{x^2 + 1}$

e) $f(x) = \dfrac{x^2 - 2x + 5}{x - 1}$

f) $f(x) = \dfrac{32}{(x^2 - 4)^2}$

g) $f(x) = \dfrac{4x^2 - x^3 + 32}{x^2}$

h) $f(x) = \dfrac{4}{x^3 - 3x}$

i) $f(x) = \dfrac{3x^3}{x^3 - 16}$

j) $f(x) = \dfrac{x}{\sqrt{x} - 1}$

5. Pour chacune des fonctions suivantes, déterminer les points de maximum relatif, de minimum relatif, d'inflexion, les équations des asymptotes, et donner une esquisse du graphique de la fonction.

a) $f(x) = \dfrac{\sqrt{x^2 + 4}}{x}$

b) $g(x) = \dfrac{\sqrt{x^2 - 4}}{x}$

c) $h(x) = \dfrac{\sqrt{4 - x^2}}{x}$

d) $f(x) = 2 + \sqrt{x^2 - 4}$

e) $f(x) = \dfrac{4 + 16x - 2x^2}{x(4 - x)}$

f) $f(x) = \left|\dfrac{4 + 16x - 2x^2}{x(4 - x)}\right|$

6. La fonction énergie potentielle correspondant à la force agissant entre deux atomes dans une particule diatomique peut s'écrire de la manière suivante :

$$U(x) = \frac{c}{x^9} - \frac{d}{x}$$

où c et d sont des constantes positives et x est la distance entre les atomes.

a) Déterminer, si possible, les points de maximum relatif, les points de minimum relatif, les points d'inflexion, les équations des asymptotes, et donner une esquisse du graphique de U.

b) Déterminer la force $F(x)$ entre les atomes et tracer la courbe représentant F en fonction de x, sachant que $F(x) = \dfrac{-dU}{dx}$.

Problèmes de synthèse

1. Évaluer, si possible, les limites suivantes.

a) $\lim\limits_{x \to 0} \dfrac{1}{x^2}$

b) $\lim\limits_{x \to 0} \dfrac{1}{x}$

c) $\lim\limits_{x \to 0^-} \dfrac{x + x^2}{x^3 + x^2}$

d) $\lim\limits_{x \to 0} \dfrac{\sqrt{9 + x} - 3}{x}$

e) $\lim\limits_{x \to +\infty} \dfrac{(2x + 3)^2}{(x - 1)^2}$

f) $\lim\limits_{x \to -\infty} \dfrac{x^3 + 3x^2 + 4}{x^5 - x^3}$

g) $\lim\limits_{x \to -\infty} \dfrac{x^3 - 3x^2 + 2}{5x^2 + x}$

h) $\lim\limits_{x \to +\infty} \dfrac{3\sqrt[3]{x^5} - 2\sqrt{x} + 1}{\sqrt[3]{8x^5} + \sqrt{x} - 1}$

i) $\lim\limits_{x \to +\infty} (\sqrt{x + 1} - \sqrt{x})$

j) $\lim\limits_{x \to +\infty} (x - \sqrt{x^2 + 2x})$

k) $\lim\limits_{x \to -\infty} (x - \sqrt{x^2 + 2x})$

2. Soit $Q(x) = \dfrac{a_n x^n + a_{n-1}x^{n-1} + a_{n-2}x^{n-2} + \ldots + a_1 x + a_0}{b_m x^m + b_{m-1}x^{m-1} + b_{m-2}x^{m-2} + \ldots + b_1 x + b_0}$,
où $a_n \neq 0$, $b_m \neq 0$, $n \in \mathbb{N}$ et $m \in \mathbb{N}$.

Donner, s'il y a lieu, l'équation de l'asymptote horizontale selon les valeurs de m et de n.

3. Donner, si possible, l'équation des asymptotes verticales, horizontales et obliques pour chacune des fonctions suivantes.

a) $f(x) = \dfrac{3 - 2|x|}{x - 4}$

b) $f(x) = \begin{cases} 4 + \dfrac{1}{(x-4)(x-2)} & \text{si} \quad x < 2 \\ 3 & \text{si} \quad x = 2 \\ \dfrac{2x^2 - 18}{x - 3} + \dfrac{3}{x} & \text{si} \quad x > 2 \end{cases}$

4. Analyser les fonctions suivantes.

a) $f(x) = \dfrac{x^4 - 15x^2 - 12}{x}$

b) $f(x) = x\sqrt{2 - x^2}$

c) $f(x) = \dfrac{x}{\sqrt{x^2 - 4}} + 2$

d) $f(x) = \left|\dfrac{x^2 - 2x + 5}{x - 1}\right|$

e) $f(x) = \sqrt{\dfrac{x - 1}{x - 3}}$

f) $f(x) = \sqrt[3]{\dfrac{2x + 1}{x - 2}}$

5. Donner, s'il y a lieu, l'équation des asymptotes horizontales, verticales et obliques de chaque fonction selon la valeur de k, où $k \in \mathbb{Z}$.

a) $f(x) = \dfrac{x^k}{kx^2 + 1}$ b) $f(x) = \dfrac{x^k}{x^2 - k}$

6. Une compagnie qui fabrique des calculatrices estime que ses coûts de fabrication sont donnés par $C(q) = 37q + 150\,000$, où q est la quantité de calculatrices produites et $C(q)$, les coûts de fabrication en dollars.

a) Évaluer $C(0)$ et interpréter le résultat.

b) Évaluer $C(100)$ et $\dfrac{C(100)}{100}$. Interpréter ces résultats.

c) Déterminer la fonction $\overline{C}(q)$ qui donne le coût moyen de fabrication par calculatrice.

d) Calculer et interpréter $\lim\limits_{q \to +\infty} \overline{C}(q)$.

e) Donner une esquisse du graphique de $\overline{C}(q)$ et déterminer l'équation des asymptotes.

7. a) Déterminer les points sur la courbe $y = \dfrac{8x}{3x^2 + 4}$ où la pente de la tangente à la courbe est minimale (calculer cette pente) ; maximale (calculer cette pente).

OUTIL TECHNOLOGIQUE

b) Analyser les résultats précédents en représentant sur un même système d'axes, la courbe de y et la courbe définissant la pente de la tangente.

8. Soit $f(x) = \dfrac{x + 1}{\sqrt{x}}$.

a) Déterminer le point Q de la courbe de f le plus près du point P(-1, 0).

b) Déterminer la distance séparant ces points.

9. Soit $f(x) = \dfrac{2}{x}$.

Déterminer les points $P(p_1, p_2)$ de la courbe de f tels que la droite passant par Q(1, 1) et par P soit tangente à la courbe de f au point P.

10. Déterminer les dimensions et l'aire du rectangle d'aire maximale que l'on peut inscrire entre l'axe des x et la courbe définie par $y = \dfrac{4}{x^2 + 4}$.

11. Soit $f(x) = \dfrac{1}{\sqrt{x}}$.

Déterminer le point $Q(q_1, q_2)$ de la courbe de f tel que la pente de la droite joignant ce point au point P(0, 1) soit minimale et donner la valeur de cette pente.

12. Soit $f(x) = \dfrac{2x^3 + 5x^2 - 28x + 15}{x^2 + 1}$.

a) Donner l'équation de l'asymptote de f et déterminer le point d'intersection de f et de l'asymptote.

OUTIL TECHNOLOGIQUE

b) Représenter graphiquement f et l'asymptote trouvée en a).

c) Déterminer approximativement les points de maximum relatif et de minimum relatif ainsi que les points d'inflexion.

d) Déterminer approximativement les zéros de f.

13. Soit f et g, deux fonctions définies sur $[0, 4]$, représentées sur le graphique ci-contre.

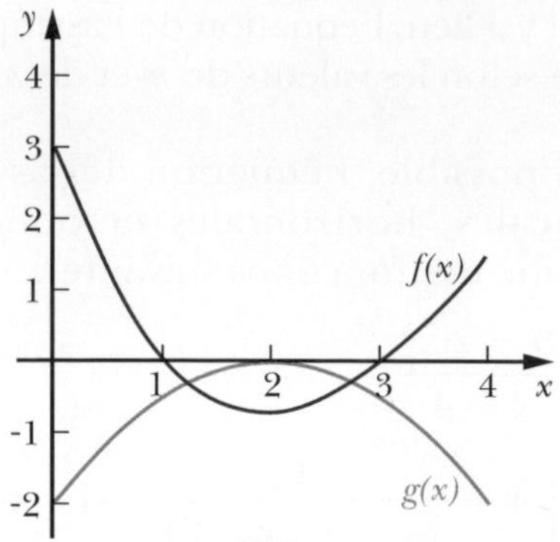

Donner une esquisse sur $[0, 4]$ du graphique des fonctions suivantes:

a) $h_1(x) = \dfrac{1}{g(x)}$ b) $h_2(x) = \dfrac{1}{f(x)}$

c) $h_3(x) = \dfrac{f(x)}{g(x)}$

d) $h_4(x) = \dfrac{g(x)}{f(x)}$

e) $h_5(x) = \dfrac{1}{f(x)g(x)}$

Test récapitulatif

1. Soit f, définie par le graphique suivant.

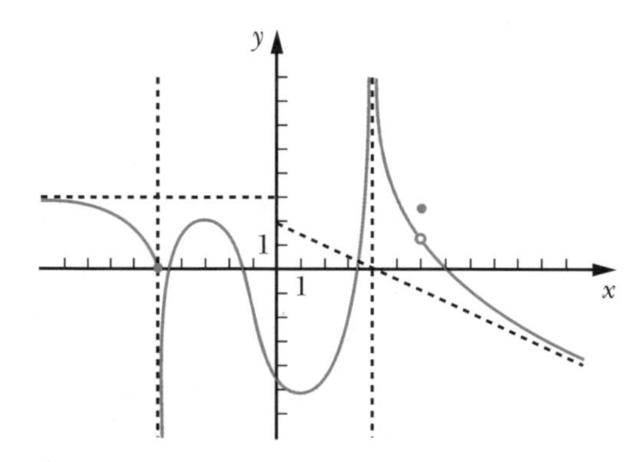

a) Évaluer, si possible, les fonctions et les limites suivantes.

i) $f(-5)$ vi) $\lim\limits_{x \to -5^-} f(x)$

ii) $f(0)$ vii) $\lim\limits_{x \to -5^+} f(x)$

iii) $f(4)$ viii) $\lim\limits_{x \to 4^+} f(x)$

iv) $f(6)$ ix) $\lim\limits_{x \to 6} f(x)$

v) $\lim\limits_{x \to -\infty} f(x)$ x) $\lim\limits_{x \to +\infty} f(x)$

b) Donner l'équation des asymptotes verticales, horizontales et obliques.

2. Donner, si possible, l'équation des asymptotes verticales, horizontales et obliques pour chacune des fonctions suivantes.

a) $f(x) = \dfrac{x^2 - x}{(x - 1)(x + 5)}$

b) $f(x) = \dfrac{16x + 5}{\sqrt{4x^2 + 1}}$

c) $f(x) = \dfrac{x^2 + 5x + 7}{x + 3}$

3. Analyser les fonctions suivantes.

a) $f(x) = \dfrac{-2x^2 - 12x}{(x + 4)^2}$

b) $f(x) = 4 + \dfrac{3x}{\sqrt{x^2 + 1}}$

c) $f(x) = \dfrac{x^4 + 2x^3 + x^2 - 1}{x^3}$

4. Soit $f(x) = \dfrac{2x^3 - 3x^2 - 2x + 4}{x^2 - 1}$.

OUTIL TECHNOLOGIQUE

a) Donner, si possible, l'équation des asymptotes verticales, horizontales et obliques.

b) Représenter graphiquement f.

c) Déterminer approximativement les points de maximum relatif et de minimum relatif ainsi que les points d'inflexion.

CHAPITRE

9 Dérivée des fonctions trigonométriques

Introduction

Dans certains domaines, particulièrement en physique, un grand nombre de phénomènes peuvent être étudiés au moyen des fonctions trigonométriques et de leurs dérivées. Le présent chapitre est consacré à l'étude de la dérivée des fonctions trigonométriques.

En particulier, nous allons résoudre le problème suivant:

Loi de Snell

Un principe général permettant de déterminer les parcours des rayons lumineux a été énoncé par Pierre de Fermat (1601-1665). Selon le **principe de Fermat,** le trajet d'un rayon lumineux entre deux points quelconques P et Q est le parcours qui prend le moins de temps. Ce principe est parfois appelé *principe du temps minimal.* Une conséquence immédiate du principe de Fermat est que, dans un milieu homogène, les rayons lumineux se propagent en ligne droite puisque la ligne droite est la plus courte distance entre deux points. Nous allons maintenant voir comment utiliser le principe de Fermat pour établir la loi de la réfraction, appelée Loi de Snell. La découverte expérimentale de cette relation étant attribuée à Willebrord Snell (1591-1627).

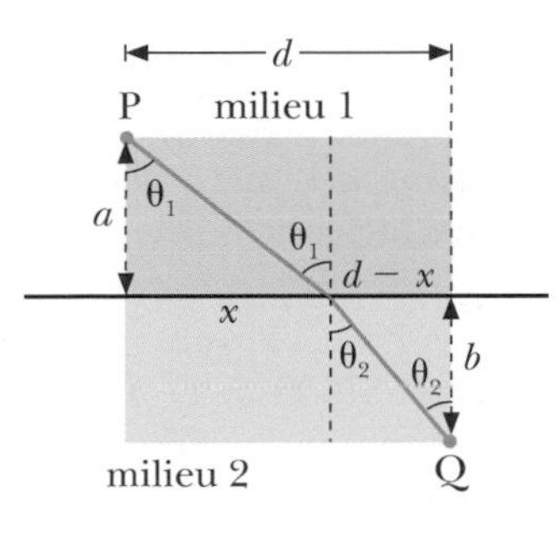

Supposons qu'un rayon lumineux doive se propager de P à Q, P étant dans le milieu 1 et Q, dans le milieu 2. Les points P et Q sont respectivement aux distances a et b de la surface de séparation. La vitesse de la lumière est v_1 dans le milieu 1 et v_2, dans le milieu 2.

Nous allons démontrer la Loi de Snell, c'est-à-dire

$$\frac{\sin \theta_1}{\sin \theta_2} = \frac{v_1}{v_2}.$$

Ce problème sera résolu, par l'utilisateur ou l'utilisatrice, au numéro 10 des exercices 9.3, page 317.

Perspective historique

LA TRIGONOMÉTRIE

Par une belle nuit d'été, couché dans l'herbe, vous regardez les étoiles. Un lien s'établit entre elles et vous. Rêves et mystères vous envahissent. Bientôt, comme hors du temps, votre esprit vogue parmi ces millions d'étoiles. Il embrasse l'univers et se confond avec lui. Vous ne pensez certes pas à la trigonométrie. Pourtant celle-ci prend sa source dans ce même désir des humains de se rapprocher de ce monde étoilé.

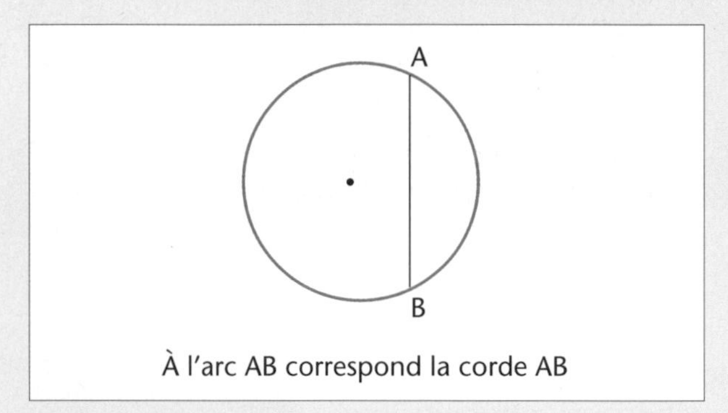

À l'arc AB correspond la corde AB

Jusqu'à la Renaissance (XVIe siècle), la trigonométrie n'existe pas en soi mais seulement comme une section, technique, des livres consacrés à l'astronomie. Dans le cadre de leurs recherches, les astronomes grecs, et avant tout Ptolémée (100-178 apr. J.-C.), le plus grand d'entre eux, puis les astronomes indiens et arabes, mirent au point des tables nécessaires à leur travail. Ptolémée a calculé, ou plus probablement fait calculer, une table associant aux arcs d'un cercle de rayon 60 la longueur des cordes correspondantes (voir la figure) et cela, depuis un demi-degré jusqu'à 180 degrés, par sauts d'un demi-degré. Grâce à cette table, Ptolémée a pu résoudre plusieurs problèmes que lui posait l'ajustement de son modèle, selon lequel la Terre est au centre de l'univers, avec les mesures provenant des observations des mouvements apparents du Soleil, des planètes et des étoiles. Plus spécifiquement, dans nombre de cas, il devait résoudre un triangle, c'est-à-dire déterminer les trois angles d'un triangle dont il ne connaissait au départ que les trois côtés, ou qu'un ou deux côtés, et, respectivement, deux angles ou un seul. Dans les faits, souvent les astronomes n'avaient pas besoin de la corde mais bien de la demi-corde du double d'un angle. Influencés par le modèle grec, les astronomes indiens du premier millénaire firent néanmoins preuve d'originalité et se simplifièrent la tâche en calculant non plus des tables de cordes mais plutôt des tables qui associaient à un arc donné la demi-corde du double de l'arc, et ce pour un cercle de rayon R (souvent de 3438 unités). Ce furent les premières tables, à un facteur R près, de ce qu'on appelle maintenant la fonction sinus (voir la question qui suit). Le nom « sinus » n'existait cependant pas encore puisque les astronomes indiens utilisaient simplement l'expression « demi-corde » (voir à la section 9.1 l'origine du mot « sinus »). Par la suite (VIIIe siècle et après), les Arabes et après eux les Européens adoptèrent aussi cette façon de faire.

QUESTION : Déterminer la relation entre le sinus d'un angle et la demi-corde de l'arc d'un cercle de rayon R, arc correspondant au double de cet angle.

Du point de vue moderne, on pourrait croire que ces tables furent aussi utiles aux arpenteurs et, en général, à tous ceux qui mesuraient des distances : la largeur d'une rivière, la hauteur des édifices, etc. Il n'en était pourtant rien. Les méthodes utilisées par ces mesureurs reposaient en effet uniquement sur l'usage des triangles semblables. Un certain nombre d'astronomes avaient pourtant écrit des livres sur les façons de mesurer sur la Terre. Pourquoi cette dichotomie ? Il faut peut-être voir là la conséquence de la conception, aussi dichotomique, qu'on avait alors de l'univers. Dans la foulée d'Aristote, l'on croyait en effet que l'univers se divisait en deux parties : d'une part l'espace qui s'étend de la Lune jusqu'à la sphère des étoiles, d'autre part le monde terrestre. Ces deux mondes répondaient à des lois physiques différentes. Aussi, on ne voyait sans doute pas a priori en quoi les calculs destinés aux prédictions astronomiques pouvaient être utiles aux mesures terrestres. Ce n'est qu'à la fin du XVIe siècle, alors que la physique et la cosmologie aristotélicienne font l'objet de contestations soutenues, que les outils de la trigonométrie astronomique descendent sur terre avec entre autres la publication, en 1595, du traité de Bartholomeo Pitiscus (1561-1613) *Trigonometriae sive, de dimensione triangulis, Liber.* Pour la première fois, le mot « trigonométrie » apparaît. Pour la première fois, une table de sinus (vu comme une demi-corde dans un cercle de rayon 100 000) est explicitement utilisée pour décrire, par exemple, une méthode permettant de calculer la hauteur d'une tour.

Test préliminaire

Partie A

1. Compléter les égalités suivantes.

a) $\sin(x + h) =$

b) $\sin(x - h) =$

c) $\cos(x + h) =$

d) $\cos(x - h) =$

e) $\cos^2 x + \sin^2 x =$

f) $1 + \tan^2 x =$

g) $\cot^2 x + 1 =$

2. Déterminer si les égalités suivantes sont vraies (V) ou fausses (F) pour tout x.

a) $\sin x^2 = (\sin x)^2$

b) $\sin^2 x = (\sin x)^2$

c) $\sin^2 x = \sin x^2$

d) $(\sin x)^2 = \sin^2 x^2$

3. Exprimer les fonctions suivantes en fonction de $\sin x$, de $\cos x$, ou en fonction de $\sin x$ et de $\cos x$.

a) $\tan x$

b) $\cot x$

c) $\sec x$

d) $\csc x$

4. Exprimer les expressions suivantes en fonction de la mesure des côtés a, b et c du triangle rectangle ci-dessous.

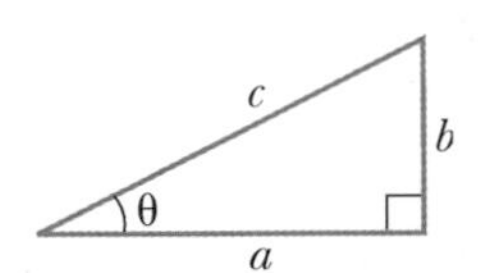

a) $\sin\theta$

b) $\cos\theta$

c) $\tan\theta$

d) $\cot\theta$

e) $\sec\theta$

f) $\csc\theta$

5. Soit le triangle ci-dessous.

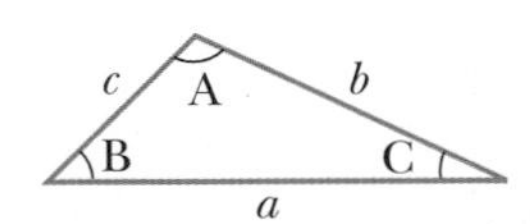

a) Écrire les équations résultant de la loi des sinus.

b) Compléter à partir de la loi des cosinus.

$c^2 =$

$b^2 =$

$a^2 =$

6. Déterminer les coordonnées des points A, B et C suivants.

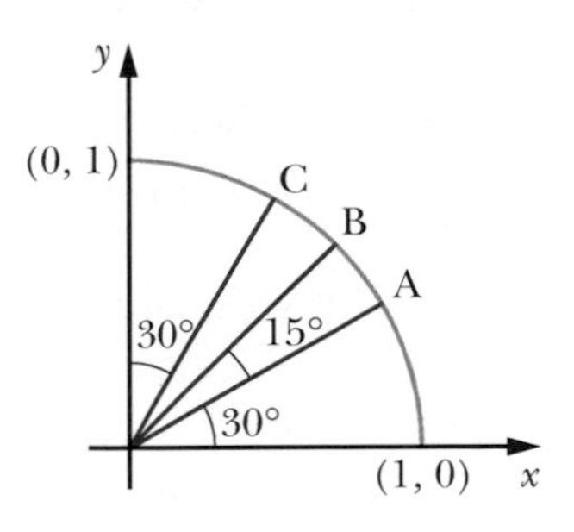

Partie B

1. Compléter les énoncés suivants.

a) Si $y = kf(x)$, alors $y' =$

b) Si $y = f(x)\,g(x)$, alors $\dfrac{dy}{dx} =$

c) Si $y = \dfrac{f(x)}{g(x)}$, alors $y' =$

d) Si $y = f(u)$ et $u = g(x)$, alors $\dfrac{dy}{dx} =$

2. Compléter les énoncés suivants.

a) Si $f'(x) > 0$ sur $]a, b[$, alors f est ....

b) Si $f''(x) < 0$ sur $]a, b[$, alors f est ....

c) Si $f'(c) = 0$ et $f'(x)$ passe du + au − lorsque x passe de c^- à c^+, alors $(c, f(c))$ est ....

d) Si $f'(c) = 0$ et $f''(c) > 0$, alors $(c, f(c))$ est ....

3. Compléter les énoncés suivants.

a) Si $\lim\limits_{x \to a^+} f(x) = -\infty$, alors ....

b) Si $\lim\limits_{x \to +\infty} f(x) = 4$, alors ....

4. Compléter les énoncés suivants.

a) Si f est une fonction dérivable, alors par définition $f'(x) = \lim\limits_{h \to 0}$ ....

b) Soit f, g et h, trois fonctions continues sur un intervalle ouvert I.

Si $f(x) \leq g(x) \leq h(x)$ et si $\lim\limits_{x \to a} f(x) = \lim\limits_{x \to a} h(x) = b$, alors ....

9.1 DÉRIVÉE DES FONCTIONS SINUS ET COSINUS

Objectif d'apprentissage

À la fin de cette section, l'élève pourra calculer la dérivée de fonctions contenant des fonctions sinus et cosinus.

Plus précisément, l'élève sera en mesure :

- de calculer deux limites utilisées dans la preuve des formules de dérivée des fonctions sinus et cosinus ;
- de démontrer la règle de dérivation pour la fonction sinus ;
- de calculer la dérivée de fonctions contenant des expressions de la forme $\sin f(x)$;
- de démontrer la règle de dérivation pour la fonction cosinus ;
- de calculer la dérivée de fonctions contenant des expressions de la forme $\cos f(x)$.

Dans cette section, nous allons démontrer des formules permettant de calculer la dérivée de fonctions contenant les fonctions sinus et cosinus.

Dans les sections suivantes, nous utiliserons ces formules pour démontrer la dérivée des autres fonctions trigonométriques.

D'où vient le mot *sinus* ? L'astronome indien Aryabhata (né en 476) employait pour la demi-corde le terme *jya-ardha*. Toutefois, le plus souvent, il n'écrivait que *jya* ou *jiva*. Au cours de la traduction en arabe, ce mot fut transcrit phonétiquement, *jiba*, terme qui n'a pas de sens en arabe. Mais l'arabe s'écrit sans nécessairement préciser les voyelles. Dès lors, le mot *jb* fut par la suite lu comme *jaib* qui signifie une ouverture ou une baie. Or, en latin, une ouverture ou une baie se traduit par *sinus*. D'ailleurs, la cavité qui se trouve derrière le nez ne s'appelle-t-elle pas aussi *sinus* ?

Fonction sinus

La représentation graphique ci-contre est une esquisse du graphique de $f(x) = \sin x$, où

$\text{dom} f = \mathbb{R}$ et

$\text{ima} f = [-1, 1]$.

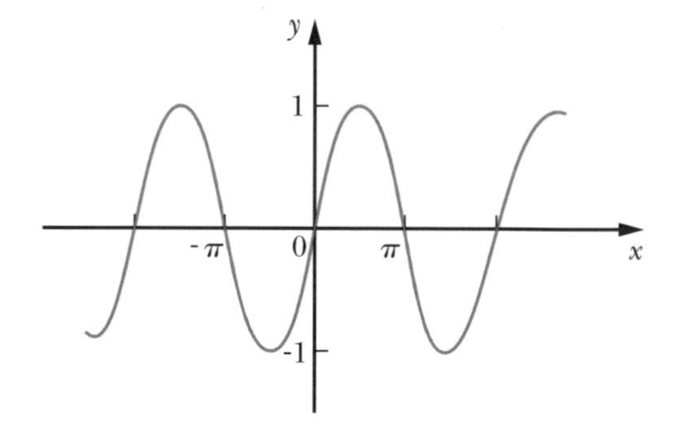

Remarque À moins d'indications contraires, la mesure des angles est en radians.

Avant de calculer, à l'aide de la définition de la dérivée, la dérivée de la fonction $f(x) = \sin x$, nous avons besoin d'évaluer les deux limites suivantes :

$$\lim_{h \to 0} \frac{\sin h}{h} \quad \text{et} \quad \lim_{h \to 0} \frac{\cos h - 1}{h}.$$

Lemme 1 $\lim_{h \to 0} \frac{\sin h}{h} = 1$

Preuve

Remarquons d'abord que $\lim\limits_{h \to 0} \dfrac{\sin h}{h}$ est une indétermination de la forme $\dfrac{0}{0}$.

Nous allons lever cette indétermination dans le cas où $0 < h < \dfrac{\pi}{2}$.

À l'aide du graphique ci-contre, nous constatons que aire ΔOAB < aire OAE < aire ΔOCE, c'est-à-dire que $\dfrac{\cos h \sin h}{2} < \dfrac{h}{2} < \dfrac{\tan h}{2}$.

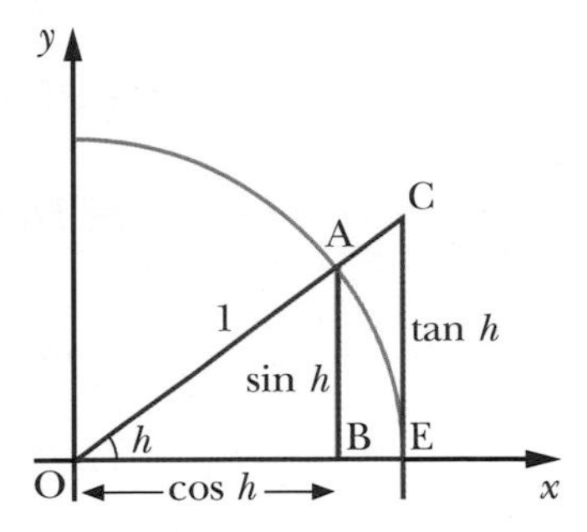

En multipliant par deux et en divisant par sin h, où $\sin h > 0$, nous obtenons

$$\frac{\cos h \sin h}{\sin h} < \frac{h}{\sin h} < \frac{\tan h}{\sin h}, \text{ d'où}$$

$$\cos h < \frac{h}{\sin h} < \frac{1}{\cos h}.$$

En prenant la limite des trois termes et en utilisant le *théorème sandwich,* nous obtenons

$$\lim_{h \to 0^+} \cos h \leqslant \lim_{h \to 0^+} \frac{h}{\sin h} \leqslant \lim_{h \to 0^+} \frac{1}{\cos h}, \text{ d'où}$$

$$1 \leqslant \lim_{h \to 0^+} \frac{h}{\sin h} \leqslant 1, \text{ donc } \lim_{h \to 0^+} \frac{h}{\sin h} = 1.$$

$$\text{D'où } \lim_{h \to 0^+} \frac{\sin h}{h} = 1.$$

Nous pouvons démontrer, de façon analogue, dans le cas où $\dfrac{-\pi}{2} < h < 0$,

que $\lim\limits_{h \to 0^-} \dfrac{\sin h}{h} = 1$.

Ainsi, $\lim\limits_{h \to 0} \dfrac{\sin h}{h} = 1$.

■

Lemme 2 $\lim\limits_{h \to 0} \dfrac{\cos h - 1}{h} = 0$

Preuve

Remarquons d'abord que $\lim\limits_{h \to 0} \dfrac{\cos h - 1}{h}$ est une indétermination de la forme $\dfrac{0}{0}$.

Levons cette indétermination.

$$\begin{aligned}
\lim_{h \to 0} \frac{\cos h - 1}{h} &= \lim_{h \to 0} \left[\frac{\cos h - 1}{h} \times \frac{\cos h + 1}{\cos h + 1}\right] \\
&= \lim_{h \to 0} \frac{\cos^2 h - 1}{h(\cos h + 1)} \\
&= \lim_{h \to 0} \frac{-\sin^2 h}{h(\cos h + 1)} \\
&= \lim_{h \to 0} \left[\frac{\sin h}{h} \times \frac{(-\sin h)}{(\cos h + 1)}\right]
\end{aligned}$$

$$= \lim_{h\to 0}\left(\frac{\sin h}{h}\right)\left(\lim_{h\to 0}\frac{-\sin h}{\cos h + 1}\right) \quad \text{(limite d'un produit)}$$

$$= 1 \times \frac{0}{2} \quad \text{(lemme 1)}$$

$$= 0$$

■

Dérivée de la fonction sinus

Théorème 1 Si $H(x) = \sin x$, alors $H'(x) = \cos x$.

Preuve

$$H'(x) = \lim_{h\to 0}\frac{H(x+h) - H(x)}{h} \quad \text{(par définition)}$$

$$= \lim_{h\to 0}\frac{\sin(x+h) - \sin x}{h}$$

$$= \lim_{h\to 0}\frac{\sin x\cos h + \cos x \sin h - \sin x}{h} \quad (\text{car } \sin(x+h) = \sin x\cos h + \cos x \sin h)$$

$$= \lim_{h\to 0}\left[\frac{\sin x\cos h - \sin x}{h} + \frac{\cos x\sin h}{h}\right]$$

$$= \lim_{h\to 0}\left[\sin x\frac{\cos h - 1}{h}\right] + \lim_{h\to 0}\left[\cos x\frac{\sin h}{h}\right] \quad \text{(théorème sur les limites)}$$

$$= \sin x\left[\lim_{h\to 0}\frac{\cos h - 1}{h}\right] + \cos x\left[\lim_{h\to 0}\frac{\sin h}{h}\right] \quad \text{(théorème sur les limites)}$$

$$= \sin x \times 0 + \cos x \times 1 \quad \text{(lemmes 2 et 1)}$$

$$= 0 + \cos x$$

$$= \cos x$$

■

■ **Exemple 1** Soit $f(x) = x^2 \sin x$.

Calculons $f'(x)$.

$$f'(x) = (x^2\sin x)'$$

$$= (x^2)'\sin x + x^2(\sin x)'$$

$$= 2x\sin x + x^2\cos x \quad \text{(théorème 1)}$$

■

■ **Exemple 2** Soit $y = \dfrac{\sin^3 t}{5}$.

Calculons $\dfrac{dy}{dt}$.

$$\frac{dy}{dt} = \left(\frac{1}{5}(\sin t)^3\right)' \quad (\text{car } \sin^3 t = (\sin t)^3)$$

$$= \frac{1}{5}((\sin t)^3)'$$

$$= \frac{1}{5}3(\sin t)^2(\sin t)' \quad \text{(dérivation en chaîne)}$$

$$= \frac{3}{5}\sin^2 t\cos t \quad \text{(théorème 1)}$$

■

Déterminons maintenant la dérivée de fonctions composées de la forme $H(x) = \sin f(x)$.

Théorème 2 Si $H(x) = \sin f(x)$, où f est une fonction dérivable, alors $H'(x) = [\cos f(x)]\, f'(x)$.

Preuve

Soit $H(x) = y = \sin u$, où $u = f(x)$.

Alors $\dfrac{dy}{dx} = \dfrac{dy}{du}\dfrac{du}{dx}$ (notation de Leibniz)

$$\frac{d}{dx}(H(x)) = \frac{d}{du}(\sin u)\,\frac{d}{dx}(f(x))$$

$$H'(x) = [\cos u]\, f'(x)$$

D'où $H'(x) = [\cos f(x)]\, f'(x)$ (car $u = f(x)$). ■

■ **Exemple 3** Soit $H(x) = \sin(x^6 + 4x^2)$.

Calculons $H'(x)$.

$$\begin{aligned} H'(x) &= [\cos(x^6 + 4x^2)]\,(x^6 + 4x^2)' \quad \text{(théorème 2)} \\ &= (6x^5 + 8x)\cos(x^6 + 4x^2) \end{aligned}$$ ■

■ **Exemple 4** Soit $x(t) = \sqrt{\sin(t^3 + \sin t)}$.

Calculons $x'(t)$.

$$\begin{aligned} x'(t) &= [(\sin(t^3 + \sin t))^{\frac{1}{2}}]' \\ &= \frac{1}{2}(\sin(t^3 + \sin t))^{\frac{-1}{2}}(\sin(t^3 + \sin t))' \quad \text{(dérivation en chaîne)} \\ &= \frac{1}{2(\sin(t^3 + \sin t))^{\frac{1}{2}}}\cos(t^3 + \sin t)(t^3 + \sin t)' \quad \text{(théorème 2)} \\ &= \frac{(3t^2 + \cos t)\cos(t^3 + \sin t)}{2\sqrt{\sin(t^3 + \sin t)}} \end{aligned}$$ ■

Dérivée de la fonction cosinus

La représentation graphique ci-contre est une esquisse du graphique de $f(x) = \cos x$, où

dom $f = \mathbb{R}$ et

ima $f = [-1, 1]$.

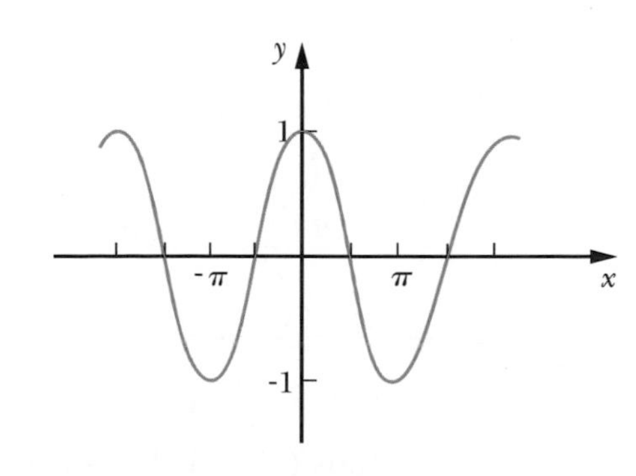

Théorème 3 Si $H(x) = \cos x$, alors $H'(x) = -\sin x$.

Preuve

$$H'(x) = \lim_{h \to 0} \frac{\cos(x+h) - \cos x}{h} \qquad \text{(par définition)}$$

$$= \lim_{h \to 0} \frac{\cos x \cos h - \sin x \sin h - \cos x}{h} \qquad (\text{car } \cos(x+h) = \cos x \cos h - \sin x \sin h)$$

$$= \lim_{h \to 0} \frac{(\cos x \cos h - \cos x) - \sin x \sin h}{h}$$

$$= \lim_{h \to 0} \left[\frac{\cos x (\cos h - 1)}{h} - \frac{\sin x \sin h}{h}\right]$$

$$= \lim_{h \to 0} \left[\cos x \frac{(\cos h - 1)}{h}\right] - \lim_{h \to 0} \left[\sin x \frac{\sin h}{h}\right] \qquad \text{(théorème sur les limites)}$$

$$= \cos x \left[\lim_{h \to 0} \frac{\cos h - 1}{h}\right] - \sin x \left[\lim_{h \to 0} \frac{\sin h}{h}\right]$$

$$= \cos x \times 0 - \sin x \times 1 \qquad \text{(lemmes 2 et 1)}$$

$$= -\sin x$$

■

■ **Exemple 1** Soit $y = \frac{x^2}{\cos x}$.

Calculons $\frac{dy}{dx}$.

$$\frac{dy}{dx} = \left(\frac{x^2}{\cos x}\right)' = \frac{(x^2)' \cos x - x^2(\cos x)'}{(\cos x)^2}$$

$$= \frac{2x \cos x - x^2(-\sin x)}{\cos^2 x} \qquad \text{(théorème 3)}$$

$$= \frac{2x \cos x + x^2 \sin x}{\cos^2 x}$$

■

Déterminons maintenant la dérivée de fonctions composées de la forme $H(x) = \cos f(x)$.

Théorème 4

Si $H(x) = \cos f(x)$, où f est une fonction dérivable, alors $H'(x) = [-\sin f(x)]\, f'(x)$.

La preuve est laissée à l'utilisateur ou l'utilisatrice.

■ **Exemple 2** Soit $y = [\cos(x^4 + 1)]^5$.

Calculons $\frac{dy}{dx}$.

$$\frac{dy}{dx} = ([\cos(x^4 + 1)]^5)'$$

$$= 5\,[\cos(x^4 + 1)]^4\,[\cos(x^4 + 1)]' \qquad \text{(dérivation en chaîne)}$$

$$= 5\,[\cos(x^4 + 1)]^4\,[-\sin(x^4 + 1)]\,(x^4 + 1)' \qquad \text{(théorème 4)}$$

$$= 5\,[\cos(x^4 + 1)]^4\,[-\sin(x^4 + 1)]\,4x^3$$

$$= -20x^3 \cos^4(x^4 + 1) \sin(x^4 + 1)$$

■

■ **Exemple 3** Soit $f(x) = \cos(x \sin x)$.

Calculons $f'(x)$.

$f'(x) = [\cos(x \sin x)]'$

$= [-\sin(x \sin x)]\,(x \sin x)'$ (théorème 4)

$= [-\sin(x \sin x)]\,(\sin x - x \cos x)$

$= (x \cos x - \sin x) \sin(x \sin x)$ ■

Exercices 9.1

1. Calculer la dérivée des fonctions suivantes.

a) $f(x) = x^3 \sin x$

b) $g(x) = \dfrac{x^4 + 2x}{\sin x}$

c) $x(t) = \sqrt{\sin t}$

d) $y = \dfrac{\cos x}{x}$

e) $f(x) = x^2 + (\sin x)(\cos x)$

f) $f(x) = \dfrac{\sin x}{\cos x}$

g) $f(x) = \dfrac{4}{5 \sin x}$

h) $h(x) = \sin^3 x - \cos^3 x$

i) $f(x) = \dfrac{x^3 \cos x}{\sqrt{x+1}}$

2. Calculer la dérivée des fonctions suivantes.

a) $f(x) = \sin(7x - 1)$

b) $g(t) = \cos(3 - t^3)$

c) $f(x) = \sin x^2 - 4\cos(x - x^2)$

d) $g(u) = \cos\left(\dfrac{3u + 4}{u^2}\right)$

e) $f(x) = \sin(\cos x) + \cos(\sin x)$

f) $f(x) = \dfrac{\sin x}{\cos \sqrt{x}}$

g) $f(x) = \dfrac{\cos(3x + 4)}{x^2}$

h) $v(t) = \cos^5(3t^2 + 4)$

i) $f(x) = \sin^3(5x^2 - 7x)$

j) $f(x) = [\cos(x \cos x)]^7$

k) $f(x) = x \sin^7(x^2 + 1)$

l) $f(\theta) = \cos^2 5\theta + \sin^2 5\theta$

3. Calculer la pente de la tangente à la courbe au point donné.

a) $f(x) = \sin x$, au point $(0, f(0))$

b) $g(t) = \cos t$, au point $\left(\dfrac{\pi}{4}, g\left(\dfrac{\pi}{4}\right)\right)$

c) $f(x) = \dfrac{\sin x}{x^2}$, au point $(\pi, f(\pi))$

d) $h(t) = 6 \sin^4 \dfrac{t}{3}$, au point $(\pi, h(\pi))$

4. Soit $f(x) = \sin 2x$, où $x \in [0, \pi]$ et $g(x) = \cos \dfrac{x}{3}$, où $x \in [0, 6\pi]$.

Déterminer les points de la courbe où la tangente à la courbe de :

a) f est horizontale ;

b) g est parallèle à la droite d'équation $x + 6y = 1$.

5. Soit $f(x) = \sin x$ et $g(x) = \cos 4x$. Calculer :

a) $f^{(3)}(x)$ et $g^{(3)}(x)$;

b) $f^{(6)}(x)$ et $g^{(6)}(x)$;

c) $f^{(40)}(x)$ et $g^{(40)}(x)$.

6. Utiliser les lemmes 1 et 2, les théorèmes sur les limites et certaines identités trigonométriques pour évaluer les limites suivantes.

a) $\lim_{x \to 0} \frac{\sin 3x}{x}$ b) $\lim_{x \to 0} \frac{\sin^2 x}{x}$ c) $\lim_{x \to 0} \frac{\cos^2 x - 1}{x^2}$

7. Démontrer que si $H(x) = \cos f(x)$, où f est une fonction dérivable, alors $H'(x) = [-\sin f(x)]\, f'(x)$.

9.2 DÉRIVÉE DES FONCTIONS TANGENTE, COTANGENTE, SÉCANTE ET COSÉCANTE

Objectif d'apprentissage

À la fin de cette section, l'élève pourra calculer la dérivée de fonctions contenant des fonctions tangente, cotangente, sécante et cosécante.

Plus précisément, l'élève sera en mesure :

- de démontrer la règle de dérivation pour la fonction tangente ;
- de calculer la dérivée de fonctions contenant des expressions de la forme tan $f(x)$;
- de démontrer la règle de dérivation pour la fonction cotangente ;
- de calculer la dérivée de fonctions contenant des expressions de la forme cot $f(x)$;
- de démontrer la règle de dérivation pour la fonction sécante ;
- de calculer la dérivée de fonctions contenant des expressions de la forme sec $f(x)$;
- de démontrer la règle de dérivation pour la fonction cosécante ;
- de calculer la dérivée de fonctions contenant des expressions de la forme csc $f(x)$.

Dans cette section, nous allons démontrer des formules permettant de calculer la dérivée de fonctions contenant les fonctions tangente, cotangente, sécante et cosécante.

Les termes *tangente* et *sécante* apparaissent en trigonométrie en 1583, dans un livre de Thomas Finck (1561-1656). Auparavant, on les désignait par des expressions faisant référence à l'ombre d'un bâton. Ainsi, le mathématicien et astronome arabe al-Biruni (973-1055) utilisait, respectivement, les expressions *ombre renversée* et *hypoténuse de l'ombre renversée.* On comprend l'origine de cette terminologie en sachant que, dans la figure ci-contre, AC est l'*ombre renversée* et AB, l'*hypoténuse de l'ombre renversée.*

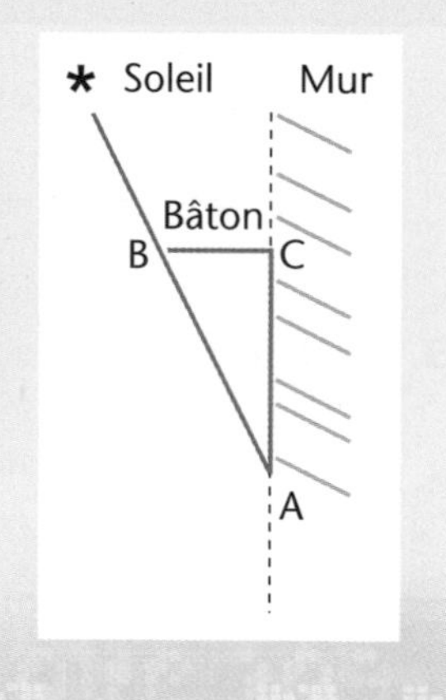

Dérivée de la fonction tangente

La représentation graphique ci-contre est une esquisse du graphique de $f(x) = \tan x$, où

$\text{dom}\, f = \mathbb{R} \setminus \left\{(2k+1)\,\frac{\pi}{2}\right\}$, où $k \in \mathbb{Z}$ et

$\text{ima}\, f = \mathbb{R}$.

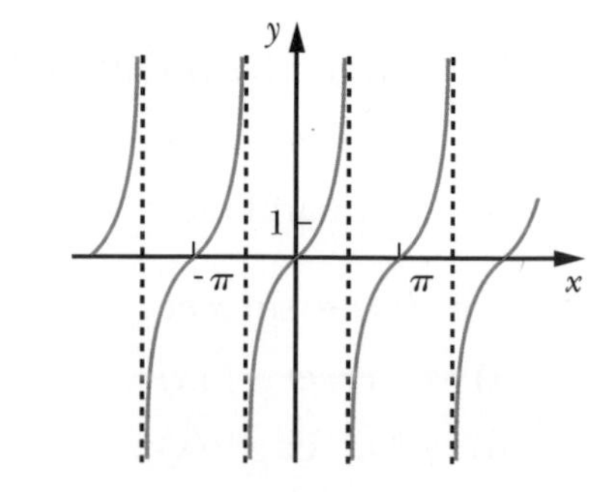

De plus, $x = \frac{\pi}{2}$, $x = \frac{-\pi}{2}$, $x = \frac{3\pi}{2}$, $x = \frac{-3\pi}{2}$, ..., c'est-à-dire $x = (2k + 1)\frac{\pi}{2}$, où $k \in \mathbb{Z}$ sont des asymptotes verticales de la courbe de f.

■ **Exemple 1** Démontrons en évaluant la limite appropriée que $x = \frac{\pi}{2}$ est une asymptote verticale de la courbe de f.

$$\lim_{x \to \left(\frac{\pi}{2}\right)^-} \tan x = \lim_{x \to \left(\frac{\pi}{2}\right)^-} \frac{\sin x}{\cos x} = \frac{1}{0^+} = +\infty$$

D'où $x = \frac{\pi}{2}$ est une asymptote verticale de la courbe de f.

De plus, $\lim_{x \to \left(\frac{\pi}{2}\right)^+} \tan x = \lim_{x \to \left(\frac{\pi}{2}\right)^+} \frac{\sin x}{\cos x} = \frac{1}{0^-} = -\infty$. ■

Théorème 5 Si $H(x) = \tan x$, alors $H'(x) = \sec^2 x$.

Preuve

$$\begin{aligned} H'(x) = (\tan x)' &= \left(\frac{\sin x}{\cos x}\right)' \\ &= \frac{(\sin x)' \cos x - (\cos x)' \sin x}{\cos^2 x} \\ &= \frac{\cos x \cos x - (-\sin x) \sin x}{\cos^2 x} \\ &= \frac{\cos^2 x + \sin^2 x}{\cos^2 x} \\ &= \frac{1}{\cos^2 x} && (\text{car } \cos^2 x + \sin^2 x = 1) \\ &= \sec^2 x && \left(\text{car } \frac{1}{\cos x} = \sec x\right) \end{aligned}$$ ■

■ **Exemple 2** Soit $y = \sqrt{x} \tan x$. Calculons $\frac{dy}{dx}$.

$$\begin{aligned} \frac{dy}{dx} &= (\sqrt{x} \tan x)' \\ &= \frac{1}{2\sqrt{x}} \tan x + \sqrt{x} \sec^2 x && (\text{théorème 5}) \end{aligned}$$

D'où $\frac{dy}{dx} = \frac{\tan x + 2x \sec^2 x}{2\sqrt{x}}$. ■

■ **Exemple 3** Soit $x(t) = \tan^4 t$. Calculons $x'(t)$.

$$\begin{aligned} x'(t) &= ((\tan t)^4)' \\ &= 4(\tan t)^3 (\tan t)' && (\text{dérivation en chaîne}) \\ &= 4 \tan^3 t \sec^2 t && (\text{théorème 5}) \end{aligned}$$ ■

Déterminons maintenant la dérivée de fonctions composées de la forme $H(x) = \tan f(x)$.

Théorème 6 Si $H(x) = \tan f(x)$, où f est une fonction dérivable, alors $H'(x) = [\sec^2 f(x)]\, f'(x)$.

La preuve est laissée à l'utilisateur ou l'utilisatrice.

■ **Exemple 4** Soit $y = \tan(x^3 + 4x)$. Calculons y'.

$$y' = [\sec^2(x^3 + 4x)]\,(x^3 + 4x)' \quad \text{(théorème 6)}$$
$$= (3x^2 + 4)\sec^2(x^3 + 4x)$$ ■

■ **Exemple 5** Soit $y = [\tan(\sin x)]^4$. Calculons $\frac{dy}{dx}$.

$$\frac{dy}{dx} = 4[\tan(\sin x)]^3\,[\tan(\sin x)]' \quad \text{(dérivation en chaîne)}$$
$$= 4[\tan(\sin x)]^3\sec^2(\sin x)\,(\sin x)' \quad \text{(théorème 6)}$$
$$= 4[\tan(\sin x)]^3\sec^2(\sin x)\cos x$$
$$= 4\cos x\,[\tan(\sin x)]^3\sec^2(\sin x)$$ ■

Dérivée de la fonction cotangente

La représentation graphique ci-contre est une esquisse du graphique de $f(x) = \cot x$, où

dom $f = \mathbb{R} \setminus \{k\pi\}$, où $k \in \mathbb{Z}$ et

ima $f = \mathbb{R}$.

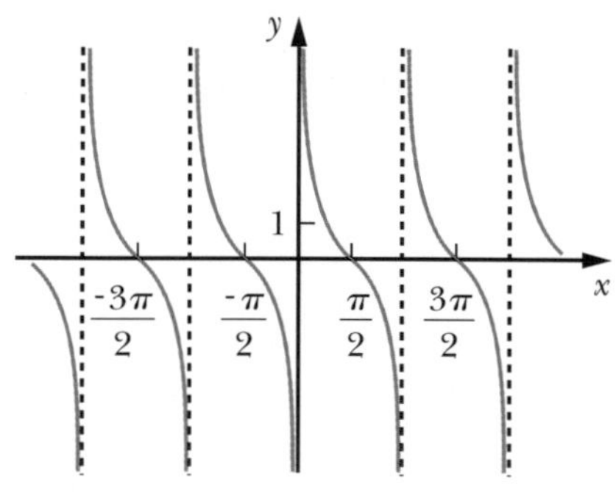

De plus, $x = 0$, $x = \pi$, $x = -\pi$, $x = 2\pi, \ldots$, c'est-à-dire $x = k\pi$, où $k \in \mathbb{Z}$ sont des asymptotes verticales de la courbe de f.

Théorème 7 Si $H(x) = \cot x$, alors $H'(x) = -\csc^2 x$.

La preuve est laissée à l'utilisateur ou l'utilisatrice.

■ **Exemple 1** Soit $f(x) = \frac{x^2}{\cot x}$. Calculons $f'(x)$.

$$f'(x) = \frac{(x^2)'\cot x - x^2(\cot x)'}{(\cot x)^2}$$
$$= \frac{2x\cot x - x^2(-\csc^2 x)}{(\cot x)^2} \quad \text{(théorème 7)}$$
$$= \frac{2x\cot x + x^2\csc^2 x}{(\cot x)^2}$$ ■

Déterminons maintenant la dérivée de fonctions composées de la forme $H(x) = \cot f(x)$.

Théorème 8 Si $H(x) = \cot f(x)$, où f est une fonction dérivable, alors $H'(x) = [-\csc^2 f(x)]\, f'(x)$.

La preuve est laissée à l'utilisateur ou l'utilisatrice.

■ **Exemple 2** Soit $g(x) = \cot^3 (x^4 + 5 \sin 2x)$. Calculons $g'(x)$.

$$\begin{aligned} g'(x) &= ((\cot (x^4 + 5 \sin 2x))^3)' \\ &= 3(\cot (x^4 + 5 \sin 2x))^2 (\cot (x^4 + 5 \sin 2x))' \\ &= 3 \cot^2(x^4 + 5 \sin 2x)[-\csc^2 (x^4 + 5 \sin 2x)](x^4 + 5 \sin 2x)' \quad \text{(théorème 8)} \\ &= -3 (4x^3 + 10 \cos 2x)[\cot^2 (x^4 + 5 \sin 2x)][\csc^2 (x^4 + 5 \sin 2x)] \end{aligned}$$ ■

Dérivée de la fonction sécante

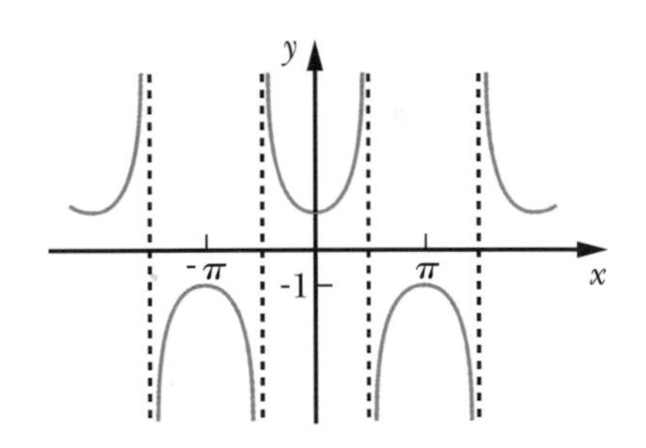

La représentation graphique ci-contre est une esquisse du graphique de $f(x) = \sec x$, où

$\text{dom} f = \mathbb{R} \setminus \left\{(2k + 1)\dfrac{\pi}{2}\right\}$, où $k \in \mathbb{Z}$ et

$\text{ima} f = -\infty, -1] \cup [1, +\infty$.

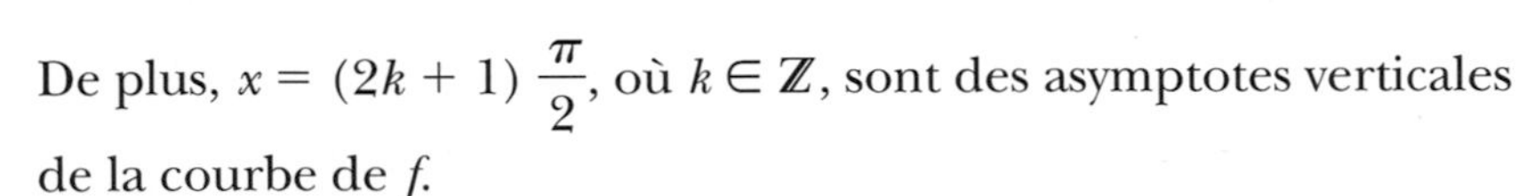

De plus, $x = (2k + 1)\dfrac{\pi}{2}$, où $k \in \mathbb{Z}$, sont des asymptotes verticales de la courbe de f.

Théorème 9 Si $H(x) = \sec x$, alors $H'(x) = \sec x \tan x$.

Preuve

$$\begin{aligned} H'(x) = (\sec x)' = \left(\frac{1}{\cos x}\right)' &= \frac{(1)' \cos x - (\cos x)' (1)}{\cos^2 x} \\ &= \frac{0 - (-\sin x)}{\cos^2 x} \\ &= \frac{\sin x}{\cos^2 x} \\ &= \left(\frac{1}{\cos x}\right)\left(\frac{\sin x}{\cos x}\right) \\ &= \sec x \tan x \end{aligned}$$ ■

■ **Exemple 1** Soit $y = \sec^3 x$.

Calculons $\dfrac{dy}{dx}$.

$$\frac{dy}{dx} = ((\sec x)^3)'$$

$$= 3\,(\sec x)^2\,(\sec x)'$$
$$= 3\sec^2 x\,[\sec x \tan x] \qquad \text{(théorème 9)}$$
$$= 3\sec^3 x \tan x$$ ■

Déterminons maintenant la dérivée de fonctions composées de la forme $H(x) = \sec f(x)$.

Théorème 10 Si $H(x) = \sec f(x)$, où f est une fonction dérivable, alors $H'(x) = [\sec f(x) \tan f(x)]\, f'(x)$.

La preuve est laissée à l'utilisateur ou l'utilisatrice.

■ **Exemple 2** Soit $f(x) = \sqrt{\sec(\sin x^2)}$. Calculons $f'(x)$.

$$f'(x) = \left((\sec(\sin x^2))^{\frac{1}{2}}\right)'$$
$$= \frac{1}{2}(\sec(\sin x^2))^{\frac{-1}{2}}(\sec(\sin x^2))'$$
$$= \frac{1}{2(\sec(\sin x^2))^{\frac{1}{2}}}[\sec(\sin x^2)\tan(\sin x^2)]\,(\sin x^2)' \qquad \text{(théorème 10)}$$
$$= \frac{\sec(\sin x^2)\tan(\sin x^2)(2x\cos x^2)}{2\sqrt{\sec(\sin x^2)}}$$
$$= x\cos x^2 \tan(\sin x^2)\sqrt{\sec(\sin x^2)}$$ ■

Dérivée de la fonction cosécante

La représentation graphique ci-contre est une esquisse du graphique de $f(x) = \csc x$, où

dom $f = \mathbb{R} \setminus \{k\pi\}$ où $k \in \mathbb{R}$ et

→ ima $f = -\infty, -1] \cup [1, +\infty$.

De plus, $x = k\pi$, où $k \in \mathbb{Z}$, sont des asymptotes verticales de la courbe de f.

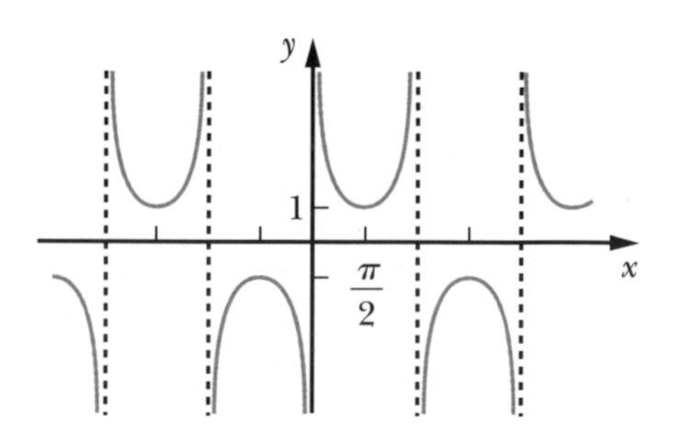

Théorème 11 Si $H(x) = \csc x$, alors $H'(x) = -\csc x \cot x$.

La preuve est laissée à l'utilisateur ou l'utilisatrice.

■ **Exemple 1** Soit $f(x) = 7x^3 \csc x$. Calculons $f'(x)$.

$$f'(x) = (7x^3)'\csc x + 7x^3(\csc x)'$$
$$= 21x^2\csc x - 7x^3\csc x \cot x \qquad \text{(théorème 11)}$$ ■

Déterminons maintenant la dérivée de fonctions composées de la forme $H(x) = \csc f(x)$.

Théorème 12 Si $H(x) = \csc f(x)$, où f est une fonction dérivable, alors $H'(x) = [-\csc f(x) \cot f(x)]\, f'(x)$.

La preuve est laissée à l'utilisateur ou l'utilisatrice.

■ **Exemple 2** Soit $y = \csc(x^4 - \tan x)$. Calculons $\dfrac{dy}{dx}$.

$$\frac{dy}{dx} = [-\csc(x^4 - \tan x)\cot(x^4 - \tan x)]\,(x^4 - \tan x)'$$
$$= -(4x^3 - \sec^2 x)\csc(x^4 - \tan x)\cot(x^4 - \tan x)$$ ■

■ **Exemple 3** Soit $x(t) = \sqrt[3]{\csc\sqrt{t}}$. Calculons $\dfrac{dx}{dt}$.

Puisque $x(t) = \left(\csc t^{\frac{1}{2}}\right)^{\frac{1}{3}}$,

$$\frac{dx}{dt} = \frac{1}{3}\left(\csc t^{\frac{1}{2}}\right)^{\frac{-2}{3}}\left(\csc t^{\frac{1}{2}}\right)'$$
$$= \frac{1}{3}\left(\csc t^{\frac{1}{2}}\right)^{\frac{-2}{3}}\left[-\csc t^{\frac{1}{2}}\cot t^{\frac{1}{2}}\left(t^{\frac{1}{2}}\right)'\right] \qquad \text{(théorème 12)}$$
$$= \frac{-\sqrt[3]{\csc\sqrt{t}}\cot\sqrt{t}}{6\sqrt{t}}$$ ■

Exercices 9.2

1. Calculer la dérivée des fonctions suivantes.

a) $f(x) = x^3 \tan x$

b) $g(x) = \dfrac{\tan x}{x}$

c) $f(t) = \sqrt{\cot t}$

d) $f(x) = \dfrac{x + 2\sin x}{5\cot x}$

e) $h(x) = \dfrac{x^2 + \sec x}{x^5}$

f) $x(\theta) = \sqrt[3]{\sec^2\theta}$

g) $f(x) = (x + \cos x)\csc x$

h) $f(x) = 4\sec^3 x + \dfrac{\csc^5 x}{7}$

2. Calculer la dérivée des fonctions suivantes.

a) $f(x) = \tan(x^3 + \tan x)$

b) $f(x) = 5\sec(x^7 + 1)$

c) $g(t) = 9\csc t - \csc 7t$

d) $f(x) = (x^3 + 4x)\cot x^5$

e) $y = \dfrac{\csc x^6}{\csc x}$

f) $f(x) = \tan x^5 + \tan^5 x$

g) $f(u) = \cot 5u - \cot^2(u^3 + 1)$

h) $f(x) = \sec 3x \csc\left(\dfrac{x}{3}\right)$

i) $f(\theta) = \sec(\sec\sqrt{\theta})$

j) $f(x) = \sqrt[5]{\sec x + \sec x^5}$

k) $f(x) = x + \cot(\tan x)$

l) $g(x) = x + \cot x \tan x$

3. Évaluer $f''(x)$ si :

a) $f(x) = \tan x$;

b) $f(x) = \sec 2x$.

4. Calculer la pente de la tangente à la courbe suivante au point donné.

a) $f(x) = \tan x$, au point $(0, f(0))$

b) $g(x) = \sec\left(\frac{x}{2}\right)$, au point $\left(\frac{\pi}{2}, g\left(\frac{\pi}{2}\right)\right)$

c) $x(t) = t \cot t$, au point $\left(\frac{\pi}{4}, x\left(\frac{\pi}{4}\right)\right)$

d) $h(u) = \frac{\csc u}{u}$, au point $\left(\frac{\pi}{6}, h\left(\frac{\pi}{6}\right)\right)$

5. Démontrer l'exactitude des énoncés suivants.

a) Si $f(x) = \cot x$, alors $f'(x) = -\csc^2 x$.

b) Si $f(x) = \csc x$, alors $f'(x) = -\csc x \cot x$.

c) Si $H(x) = \sec f(x)$, où f est une fonction dérivable, alors $H'(x) = [\sec f(x) \tan f(x)]\, f'(x)$.

Les fonctions trigonométriques sont omniprésentes en physique. Après les travaux de Joseph Fourier (1768-1830) sur la représentation de fonctions par une somme infinie de fonctions sinus ou cosinus, elles devinrent encore plus indispensables. Par exemple, aujourd'hui, les séries trigonométriques sont à la base des systèmes de communication, où une même onde porteuse peut contenir plusieurs signaux simultanés pouvant être distingués au moment de la réception.

9.3 APPLICATIONS DE LA DÉRIVÉE À DES FONCTIONS TRIGONOMÉTRIQUES

Objectif d'apprentissage

À la fin de cette section, l'élève pourra résoudre divers problèmes contenant des fonctions trigonométriques.

Plus précisément, l'élève sera en mesure :

- d'analyser des fonctions contenant des fonctions trigonométriques ;
- de résoudre des problèmes d'optimisation contenant des fonctions trigonométriques ;
- de résoudre des problèmes de taux de variation liés contenant des fonctions trigonométriques.

Certains phénomènes naturels peuvent être représentés par des courbes qui ressemblent à des courbes sinusoïdales.

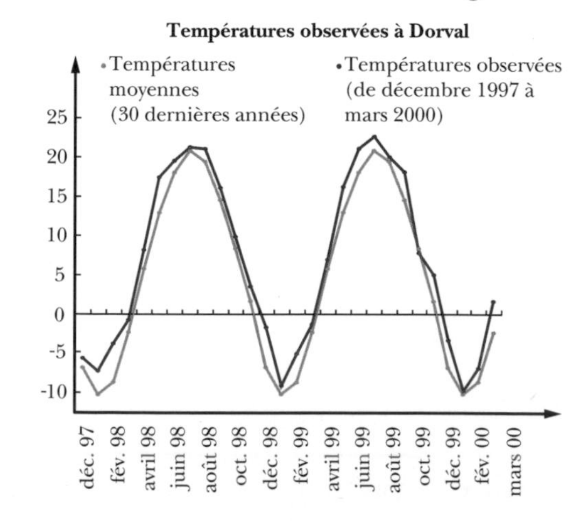

Dans cette section, nous utiliserons les propriétés des dérivées première et seconde pour faire l'analyse des courbes de fonctions contenant des fonctions trigonométriques. De plus, nous allons résoudre des problèmes d'optimisation et des problèmes de taux liés impliquant des fonctions trigonométriques.

Analyse de fonctions trigonométriques

■ **Exemple 1** Soit $f(x) = x - \cos x$, où $x \in [0, 2\pi]$.

Analysons cette fonction à l'aide des dérivées première et seconde.

1re étape : Calculer $f'(x)$ et déterminer les nombres critiques correspondants.

$f'(x) = 1 + \sin x$

$f'(x) = 0$ si $x = \frac{3\pi}{2}$, $f'(x)$ n'existe pas si $x = 0$ ou $x = 2\pi$, d'où $\frac{3\pi}{2}$, 0 et 2π sont des nombres critiques.

2e étape : Calculer $f''(x)$ et déterminer les nombres critiques correspondants.

$f''(x) = \cos x$

$f''(x) = 0$ si $x = \frac{\pi}{2}$ ou $x = \frac{3\pi}{2}$, d'où $\frac{\pi}{2}$ et $\frac{3\pi}{2}$ sont des nombres critiques.

3e étape : Construire le tableau de variation.

x	0		$\frac{\pi}{2}$		$\frac{3\pi}{2}$		2π
$f'(x)$	$\nexists$	+	+	+	0	+	$\nexists$
$f''(x)$	$\nexists$	+	0	−	0	+	$\nexists$
f	-1	↗∪	$\frac{\pi}{2}$	↗∩	$\frac{3\pi}{2}$	↗∪	$2\pi - 1$
E. du G.	(0, -1)	↗	$\left(\frac{\pi}{2}, \frac{\pi}{2}\right)$	↗	$\left(\frac{3\pi}{2}, \frac{3\pi}{2}\right)$	↗	$(2\pi, 2\pi - 1)$
	min.		inf.		inf.		max.

4e étape : Esquisser le graphique de f.

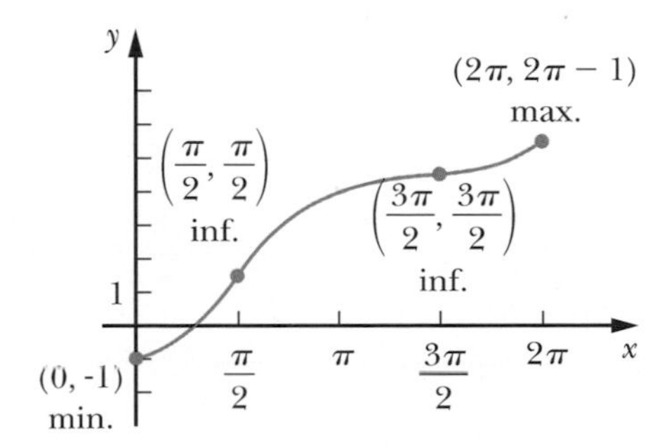

■

■ **Exemple 2** Soit $f(x) = 8 \sin x - \tan x$, où $x \in \left]\frac{-\pi}{2}, \frac{\pi}{2}\right[$.

Analysons cette fonction à l'aide des dérivées première et seconde.

1re étape : Déterminer, si possible, les asymptotes verticales de cette fonction.

$$\lim_{x \to \left(\frac{-\pi}{2}\right)^+} f(x) = \lim_{x \to \left(\frac{-\pi}{2}\right)^+} (8 \sin x - \tan x) = +\infty$$

Donc, $x = \frac{-\pi}{2}$ est une asymptote verticale.

$$\lim_{x \to \left(\frac{\pi}{2}\right)^-} f(x) = \lim_{x \to \left(\frac{\pi}{2}\right)^-} (8 \sin x - \tan x) = -\infty$$

Donc, $x = \frac{\pi}{2}$ est une asymptote verticale.

2e étape : Calculer $f'(x)$ et déterminer les nombres critiques correspondants.

$$f'(x) = 8 \cos x - \sec^2 x = \frac{8 \cos^3 x - 1}{\cos^2 x}$$

$f'(x) = 0$ si $x = \frac{-\pi}{3}$ ou $x = \frac{\pi}{3}$, d'où $\frac{-\pi}{3}$ et $\frac{\pi}{3}$ sont des nombres critiques.

3e étape : Calculer $f''(x)$ et déterminer les nombres critiques correspondants.

$$f''(x) = -8 \sin x - 2 \sec^2 x \tan x = \frac{-2 \sin x\,(4 \cos^3 x + 1)}{\cos^3 x}$$

$f''(x) = 0$ si $x = 0$, d'où 0 est un nombre critique.

4e étape : Construire le tableau de variation.

x	$\frac{-\pi}{2}$		$\frac{-\pi}{3}$		0		$\frac{\pi}{3}$		$\frac{\pi}{2}$
$f'(x)$	∄	−	0	+	+	+	0	−	∄
$f''(x)$	∄	+	+	+	0	−	−	−	∄
f	∄	↘∪	$-3\sqrt{3}$	↗∪	0	↗∩	$3\sqrt{3}$	↘∩	∄
E. du G.	⋮	↘	$\left(\frac{-\pi}{3}, -3\sqrt{3}\right)$	↗	$(0, 0)$	↗	$\left(\frac{\pi}{3}, 3\sqrt{3}\right)$	↘	⋮
			min.		inf.		max.		

5e étape : Esquisser le graphique de f.

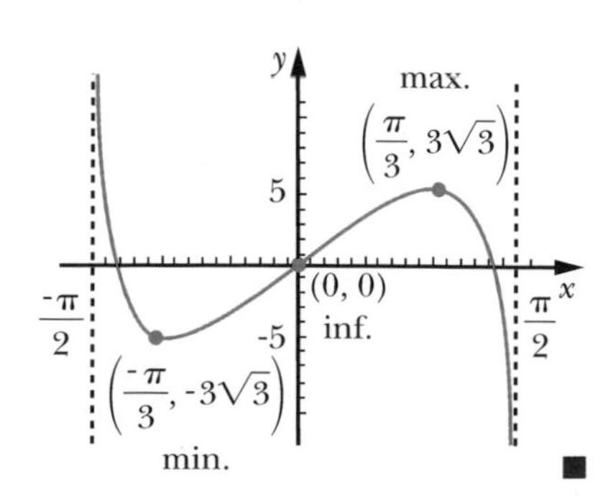

■

Problèmes d'optimisation

■ **Exemple 1** Un triangle est inscrit dans un demi-cercle, dont le rayon mesure 10 cm, de telle sorte que le diamètre du demi-cercle soit l'hypoténuse du triangle.

Déterminons la valeur de l'angle θ qui maximise l'aire du triangle si θ est l'angle formé par l'hypoténuse et un des côtés adjacents à l'hypoténuse et calculons cette aire maximale.

1. Mathématisation du problème.

   a) Représentation graphique et définition des variables.
   Soit x, la longueur d'un côté du triangle, et y, la longueur de l'autre côté.

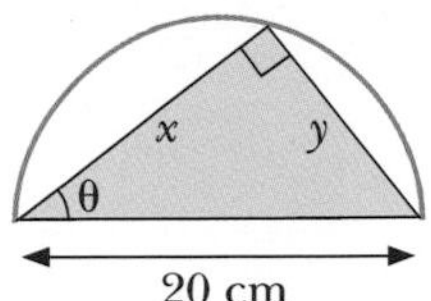

   b) Détermination de la quantité à optimiser.

   $A(x, y) = \frac{xy}{2}$ doit être maximale.

   c) Recherche d'une relation entre les variables.

   Exprimons x et y en fonction de l'angle θ.

   Puisque $\cos\theta = \frac{x}{20}$, alors $x = 20\cos\theta$ et,

   puisque $\sin\theta = \frac{y}{20}$, alors $y = 20\sin\theta$.

   d) Expression de la quantité à optimiser en fonction d'une seule variable.
   Exprimons la quantité à optimiser en fonction de θ.

   Puisque $A(x, y) = \frac{xy}{2}$, alors

   $$A(\theta) = \frac{(20\cos\theta)(20\sin\theta)}{2} = 200\cos\theta\sin\theta, \text{ où dom } A = \left[0, \frac{\pi}{2}\right].$$

2. Analyse de la fonction à optimiser.

   1re étape: Calculer $A'(\theta)$ et déterminer les nombres critiques correspondants.

   $A'(\theta) = 200\,(-\sin^2\theta + \cos^2\theta)$

   $A'(\theta) = 0$ si $-\sin^2\theta + \cos^2\theta = 0$, c'est-à-dire si

   $$\sin^2\theta = \cos^2\theta$$

   $$\tan^2\theta = 1 \qquad \left(\text{car } \frac{\sin^2\theta}{\cos^2\theta} = \tan^2\theta\right)$$

   $$\tan\theta = \pm 1$$

   Puisque $\theta \in \left[0, \frac{\pi}{2}\right]$, alors $\theta = \frac{\pi}{4}$, d'où $\frac{\pi}{4}$ est un nombre critique.

   2e étape: Construire le tableau de variation.

θ	0		$\frac{\pi}{4}$		$\frac{\pi}{2}$
$A'(\theta)$	$\nexists$	$+$	0	$-$	$\nexists$
A		$\nearrow$	100	$\searrow$	
			max.		

Remarque Le test de la dérivée seconde aurait pu également être utilisé pour déterminer que $A(\theta)$ atteint son maximum en $\frac{\pi}{4}$.

3. Formulation de la réponse.

L'aire du triangle est maximale lorsque $\theta = \frac{\pi}{4}$.

Calculons cette aire maximale.

Puisque $A(\theta) = 200 \cos \theta \sin \theta$,

alors $A\left(\frac{\pi}{4}\right) = 200 \cos \frac{\pi}{4} \sin \frac{\pi}{4} = 100$.

D'où l'aire maximale est de 100 cm². ■

Problèmes de taux de variation liés

■ **Exemple 1** Une échelle de 6 m de longueur est appuyée contre un mur. Le pied de l'échelle s'éloigne du mur à la vitesse de 0,5 m/s.

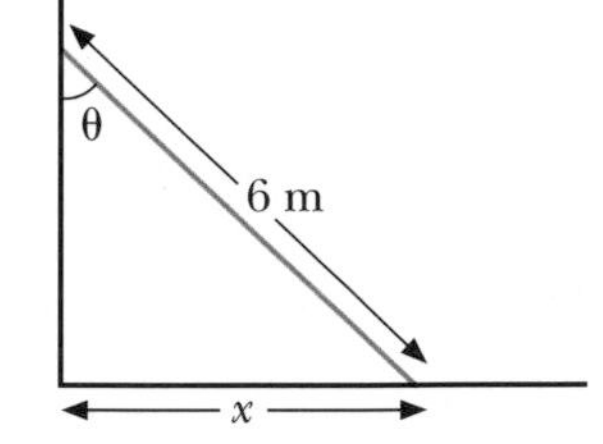

a) Déterminons la fonction donnant le taux de variation de l'angle θ, par rapport au temps t.

Soit x, la distance entre le pied de l'échelle et le mur.

Puisque $\sin \theta = \frac{x}{6}$, alors $x = 6 \sin \theta$.

Sachant que $\frac{dx}{dt} = \frac{dx}{d\theta}\frac{d\theta}{dt}$ (notation de Leibniz)

nous avons

$$\frac{dx}{dt} = \frac{d}{d\theta}(6 \sin \theta)\frac{d\theta}{dt} \qquad (\text{car } x = 6 \sin \theta)$$

$$\frac{dx}{dt} = 6 \cos \theta \frac{d\theta}{dt}$$

$$0{,}5 = 6 \cos \theta \frac{d\theta}{dt} \qquad \left(\text{car } \frac{dx}{dt} = 0{,}5 \text{ m/s}\right).$$

D'où $\frac{d\theta}{dt} = \frac{1}{12 \cos \theta}$.

b) Déterminons ce taux lorsque le pied de l'échelle est à 3 m du mur.

Lorsque $x = 3$, $\sin \theta = \frac{3}{6}$, ainsi $\theta = \frac{\pi}{6}$.

D'où $\left.\frac{d\theta}{dt}\right|_{x=3} = \left.\frac{d\theta}{dt}\right|_{\theta=\frac{\pi}{6}} = \frac{1}{12 \cos \frac{\pi}{6}} \approx 0{,}096$ rad/s.

c) Déterminons la fonction donnant le taux de variation de l'aire du triangle par rapport au temps t.

Soit x la longueur de la base et y la longueur de la hauteur du triangle.

Soit $A(x,y) = \frac{xy}{2}$ l'aire du triangle.

Puisque $\sin\theta = \frac{x}{6}$, alors $x = 6\sin\theta$ et

puisque $\cos\theta = \frac{y}{6}$, alors $y = 6\cos\theta$.

Ainsi, $A(\theta) = \frac{6\sin\theta\, 6\cos\theta}{2} = 18\sin\theta\cos\theta$.

Sachant que $\frac{dA}{dt} = \frac{dA}{d\theta}\frac{d\theta}{dt}$ (notation de Leibniz)

nous avons

$$\frac{dA}{dt} = \frac{d}{d\theta}(18\sin\theta\cos\theta)\frac{d\theta}{dt} \quad (\text{car } A = 18\sin\theta\cos\theta)$$

$$\frac{dA}{dt} = (18\cos^2\theta - 18\sin^2\theta)\frac{d\theta}{dt}$$

$$\frac{dA}{dt} = (18\cos^2\theta - 18\sin^2\theta)\frac{1}{12\cos\theta} \quad \left(\text{car } \frac{d\theta}{dt} = \frac{1}{12\cos\theta}\right).$$

D'où $\frac{dA}{dt} = \frac{3(\cos^2\theta - \sin^2\theta)}{2\cos\theta}$, exprimée en m²/s.

d) Déterminons l'aire A et le taux de variation de l'aire pour les valeurs suivantes de θ.

i) $\theta = \frac{\pi}{6}$

$$A\left(\frac{\pi}{6}\right) = 18\sin\frac{\pi}{6}\cos\frac{\pi}{6} = \frac{9\sqrt{3}}{2}\text{ m}^2$$

$$\left.\frac{dA}{dt}\right|_{\theta = \frac{\pi}{6}} = \frac{3\left(\cos^2\frac{\pi}{6} - \sin^2\frac{\pi}{6}\right)}{2\cos\frac{\pi}{6}} = \frac{\sqrt{3}}{2}\text{ m}^2/\text{s}$$

ii) $\theta = \frac{\pi}{4}$

$$A\left(\frac{\pi}{4}\right) = 18\sin\frac{\pi}{4}\cos\frac{\pi}{6} = 9\text{ m}^2$$

$$\left.\frac{dA}{dt}\right|_{\theta = \frac{\pi}{4}} = \frac{3\left(\cos^2\frac{\pi}{4} - \sin^2\frac{\pi}{4}\right)}{2\cos\frac{\pi}{4}} = 0\text{ m}^2/\text{s}$$

iii) $\theta = \frac{\pi}{3}$

$$A\left(\frac{\pi}{3}\right) = 18\sin\frac{\pi}{3}\cos\frac{\pi}{3} = \frac{9\sqrt{3}}{2}\text{ m}^2$$

$$\left.\frac{dA}{dt}\right|_{\theta = \frac{\pi}{3}} = \frac{3\left(\cos^2\frac{\pi}{3} - \sin^2\frac{\pi}{3}\right)}{2\cos\frac{\pi}{3}} = \frac{-3}{2}\text{ m}^2/\text{s}$$

■

Exercices 9.3

1. Soit $f(x) = 3 + \cos x$, où $x \in \left[\frac{-\pi}{2}, \pi\right]$. Déterminer les intervalles de concavité vers le haut et de concavité vers le bas de f, ainsi que son point d'inflexion.

2. a) Démontrer que la fonction f, définie par $f(x) = x + \sin x$, ne possède pas de minimum ni de maximum $\forall\, x \in \mathbb{R}$.

OUTIL TECHNOLOGIQUE

b) Représenter $f(x)$ sur $[-4\pi, 4\pi]$ et vérifier le résultat obtenu en a).

3. Soit $f(x) = \tan x + \cot x$, où $x \in \left]0, \frac{\pi}{2}\right[$.

a) Déterminer le point stationnaire de f.

b) Déterminer, s'il y a lieu, le minimum absolu et le maximum absolu de f.

4. Pour chacune des fonctions f suivantes, construire le tableau de variation relatif à f' et à f'', et donner une esquisse du graphique correspondant.

a) $f(t) = \sin t - \frac{t}{2}$, où $t \in [0, 2\pi]$

b) $f(x) = \sin x - x$, où $x \in \left[\frac{-\pi}{2}, \frac{3\pi}{2}\right]$

c) $f(x) = \sin x + \cos x$, où $x \in [0, 2\pi]$

5. Une golfeuse frappe une balle dont la vitesse initiale est de 40 m/s. En négligeant la résistance de l'air, la portée R, en mètres, de la balle est donnée par $R(\theta) = \dfrac{v_0^2 \sin 2\theta}{g}$, où $g = 9{,}8$ m/s^2, v_0 est la vitesse initiale exprimée en mètres par seconde et θ est l'angle entre la trajectoire initiale de la balle et le plan horizontal.

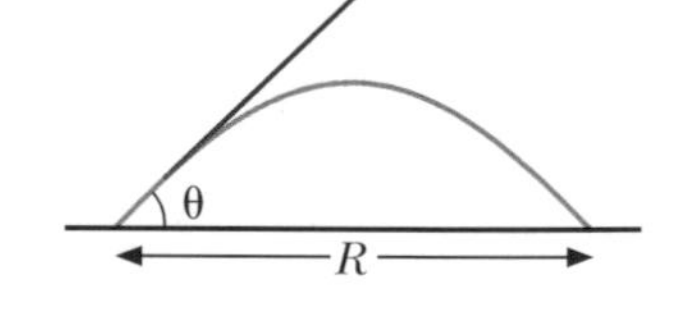

Déterminer l'angle θ, où $\theta \in \left]\frac{\pi}{18}, \frac{\pi}{2}\right]$, pour lequel la portée R est maximale. Calculer cette portée.

6. À l'aide d'une échelle, on veut atteindre le mur d'un édifice en s'appuyant sur une clôture de 2 m de hauteur et située à 1 m du mur. Déterminer l'angle θ, entre le sol et l'échelle, qui minimisera la longueur de l'échelle joignant le sol au mur. Évaluer la longueur minimale de cette échelle.

7. Une boîte à fleurs est construite avec trois planches de 2 m sur 20 cm. Déterminer l'angle θ en degrés de façon que la capacité de la boîte soit maximale. À noter que les planches aux extrémités de la boîte ne seront fixées qu'une fois la capacité déterminée et que le bois de ces planches ne proviendra pas des trois planches déjà données.

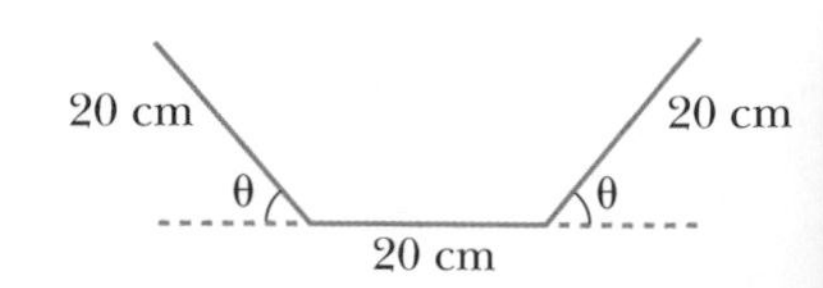

8. Une caméra est située au sol, à 200 m du lieu où s'élève verticalement un hélicoptère à la vitesse de 90 km/h. Déterminer la fonction donnant le taux de variation de l'angle d'élévation θ, par rapport au temps t :

a) En fonction de l'angle θ.

b) Lorsque $\theta = \dfrac{\pi}{18}$.

c) Lorsque la distance séparant la caméra et l'hélicoptère est de 300 m.

9. Une source lumineuse effectue six tours complets à chaque minute. Si cette source est située à 100 m d'un mur droit:

a) Déterminer la fonction donnant la vitesse de déplacement du rayon lumineux sur le mur.

b) Déterminer cette vitesse lorsque le rayon lumineux éclaire un point du mur situé à 400 m de cette source.

c) Déterminer le minimum de la fonction vitesse établie en a) et identifier le point qui est alors éclairé.

10. Un principe général permettant de déterminer les parcours des rayons lumineux a été énoncé par Pierre de Fermat. Selon le **principe de Fermat,** le trajet d'un rayon lumineux entre deux points quelconques P et Q est le parcours qui prend le moins de temps. Ce principe est parfois appelé *principe du temps minimal*. Une conséquence immédiate du principe de Fermat est que, dans un milieu homogène, les rayons lumineux se propagent en ligne droite puisque la ligne droite est la plus courte distance entre deux points. Nous allons maintenant voir comment utiliser le principe de Fermat pour établir la loi de la réfraction, appelée Loi de Snell.

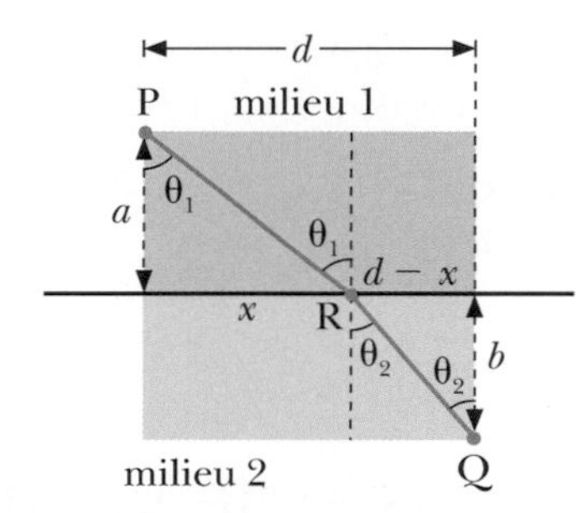

À supposer qu'un rayon lumineux doive se propager de P à Q, P étant dans le milieu 1 et Q, dans le milieu 2. Les points P et Q sont respectivement aux distances a et b de la surface de séparation. La vitesse de la lumière est v_1 dans le milieu 1 et v_2, dans le milieu 2.

a) Exprimer $\overline{PR}$ et $\overline{QR}$ en fonction de a, b, d et x.

b) Soit T_1, le temps pour passer de P à R, et T_2, le temps pour passer de R à Q. Exprimer T_1 et T_2 en fonction de $\overline{PR}$, $\overline{QR}$, v_1 et v_2.

c) Exprimer T, où $T = T_1 + T_2$ en fonction de la variable x et des constantes a, b, d, v_1 et v_2.

d) Démontrer qu'en posant $\dfrac{dT}{dx} = 0$, nous pouvons obtenir la Loi de Snell, c'est-à-dire

$$\frac{\sin \theta_1}{\sin \theta_2} = \frac{v_1}{v_2}.$$

e) Utiliser le test de la dérivée seconde pour démontrer qu'il existe un minimum lorsque $\dfrac{dT}{dx} = 0$.

Réseau de concepts

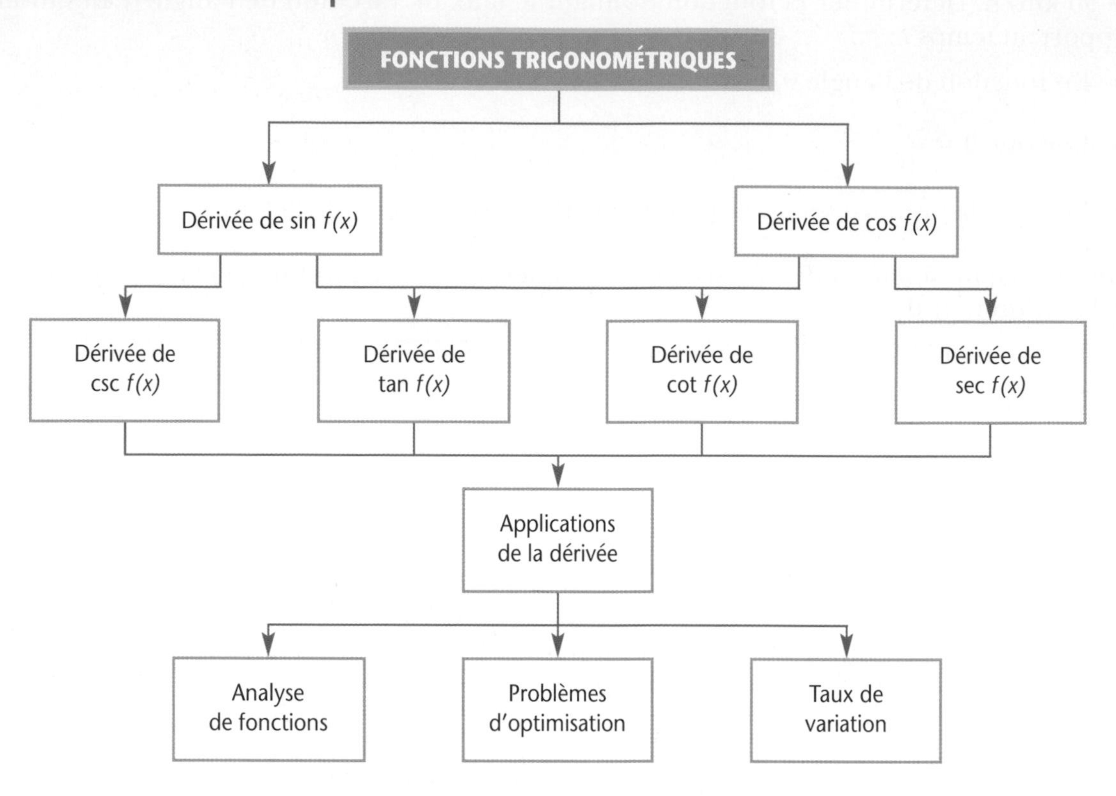

Liste de vérification des apprentissages

RÉPONDRE PAR **OUI** OU **NON.**			
Après l'étude de ce chapitre, je suis en mesure :		**OUI**	**NON**
1.	de calculer deux limites utilisées dans la preuve des formules de dérivée des fonctions sinus et cosinus ;		
2.	de démontrer la règle de dérivation pour la fonction sinus ;		
3.	de calculer la dérivée de fonctions contenant des expressions de la forme sin $f(x)$;		
4.	de démontrer la règle de dérivation pour la fonction cosinus ;		
5.	de calculer la dérivée de fonctions contenant des expressions de la forme cos $f(x)$;		
6.	de démontrer la règle de dérivation pour la fonction tangente ;		
7.	de calculer la dérivée de fonctions contenant des expressions de la forme tan $f(x)$;		
8.	de démontrer la règle de dérivation pour la fonction cotangente ;		
9.	de calculer la dérivée de fonctions contenant des expressions de la forme cot $f(x)$;		
10.	de démontrer la règle de dérivation pour la fonction sécante ;		
11.	de calculer la dérivée de fonctions contenant des expressions de la forme sec $f(x)$;		
12.	de démontrer la règle de dérivation pour la fonction cosécante ;		
13.	de calculer la dérivée de fonctions contenant des expressions de la forme csc $f(x)$;		
14.	d'analyser des fonctions contenant des fonctions trigonométriques ;		
15.	de résoudre des problèmes d'optimisation contenant des fonctions trigonométriques ;		
16.	de résoudre des problèmes de taux de variation liés contenant des fonctions trigonométriques.		
Si vous avez répondu **NON** à une de ces questions, il serait préférable pour vous d'étudier à nouveau cette notion.			

Exercices récapitulatifs

1. Calculer la dérivée des fonctions suivantes.

a) $f(x) = \sin 3x - 3 \sin x$

b) $f(x) = \cos 3x - \cos^3 2x$

c) $g(x) = \sin (x^2 + \cos x)$

d) $f(t) = \tan t^2 + \tan^2 t$

e) $f(u) = \cos (\tan u^2)$

f) $f(x) = \sec (3x^4 - 2x)$

g) $h(\theta) = \cot \dfrac{3\theta}{2} - \dfrac{\cot 3\theta}{2}$

h) $f(x) = \cot \sqrt{x} + \sqrt{\sec x^2}$

i) $f(x) = x^3 \sec 2x$

j) $x(t) = \dfrac{\csc 5t}{t^4}$

k) $f(x) = \tan^3 4x - \sec^5 7x$

l) $g(x) = 12x^3 - 9 \sin 7x + \csc (1 - x^3)$

m) $f(x) = \sec (\sin x) + \sin (\sec x)$

n) $v(t) = t - \sin t \cos t$

o) $f(x) = \tan (x^5 - \tan x^5)$

p) $f(x) = \cot \left(\dfrac{x-1}{x-4}\right)$

2. Calculer la dérivée des fonctions suivantes.

a) $f(x) = \tan 5x - 3 \sec x + \sin^4 (-2x)$

b) $f(x) = \dfrac{x^2}{\tan \sqrt{x}}$

c) $g(x) = \sqrt[3]{x \cot x}$

d) $f(x) = [x^7 \sec \sqrt{x}]^6$

e) $h(x) = \sin^2 x \cos^3 x$

f) $f(x) = x^2 - x^3 \tan x^2$

g) $f(\theta) = \sin [\tan (\cos \theta)]$

h) $f(x) = \sqrt{\sec (\sin x^2)}$

i) $v(x) = \dfrac{x \cos 3x}{x^2 + 2}$

j) $f(x) = \dfrac{\tan 3x}{1 - \cot 2x}$

k) $x(t) = 5 \sec \left(\dfrac{t}{3}\right) + 3 \cot \left(\dfrac{2}{t}\right)$

l) $f(x) = \pi x \csc \left(\dfrac{-\pi x}{2}\right)$

m) $f(x) = A \sin (\omega x + \phi)$

n) $g(x) = \sin (\cos x) + \sin x \cos x$

o) $f(x) = \dfrac{\tan x^2}{x \cos x}$

p) $f(\theta) = \sin^2 (\theta^3 + 1) + \cos^2 (\theta^3 + 1)$

3. Soit $f(x) = \cos x$ et $k \in \{1, 2, 3, \ldots\}$.

a) Compléter :

$$f^{(n)}(x) = \begin{cases} \_\_\_\_\_\_ & \text{si} \quad n = 4k - 3 \\ \_\_\_\_\_\_ & \text{si} \quad n = 4k - 2 \\ \_\_\_\_\_\_ & \text{si} \quad n = 4k - 1 \\ \_\_\_\_\_\_ & \text{si} \quad n = 4k. \end{cases}$$

b) Calculer $f^{(32)}(x)$, $f^{(41)}(x)$.

c) Si $g(x) = \cos 2x$, déterminer $g^{(15)}(x)$.

d) Si $H(x) = \sin^2 8x + \cos^2 8x$, déterminer $H^{(9)}(x)$.

4. Soit y, une fonction de x, telle que $y = a \cos \omega x + b \sin \omega x$.
Démontrer que $y'' + \omega^2 y = 0$.

5. Soit $y = \tan t$, déterminer $\dfrac{d^3y}{dt^3}$.

6. a) Déterminer l'équation de la droite tangente à la courbe définie par

$f(x) = \sin x$ au point $\left(\dfrac{\pi}{4}, f\left(\dfrac{\pi}{4}\right)\right)$.

b) Déterminer l'équation de la droite tangente à la courbe définie par

$f(x) = \tan x$ au point $\left(\dfrac{\pi}{4}, f\left(\dfrac{\pi}{4}\right)\right)$.

c) Déterminer l'équation de la droite tangente et l'équation de la droite normale à la courbe définie par

$f(x) = \cot\left(\dfrac{x}{2}\right)$ au point $(\pi, f(\pi))$.

7. Déterminer les points de maximum relatif et les points de minimum relatif de f si :

a) $f(x) = \sin x^2$, où $x \in \left]-\sqrt{\dfrac{\pi}{2}}, \sqrt{\pi}\right]$;

b) $f(\theta) = \theta \sin \theta$, où $\theta \in \left[0, \dfrac{\pi}{2}\right]$.

8. a) Déterminer les intervalles de croissance et les intervalles de décroissance de f, si f est définie:

$$f(x) = \tan\left(\frac{(x^3 - 3x)\pi}{8}\right) \text{ où } x \in \,]-2, 2[.$$

b) Déterminer les intervalles de concavité vers le haut et les intervalles de concavité vers le bas de f,

si $f(x) = 2\sin x - \sin x \cos x$, où $x \in \left[\frac{-\pi}{2}, \frac{\pi}{2}\right]$.

9. Donner une esquisse du graphique des fonctions suivantes et déterminer les points de minimum relatif, les points de maximum relatif et les points d'inflexion.

a) $f(x) = \sin^2 x$, où $x \in [0, 2\pi]$

b) $g(x) = 2\cos(\pi x)$, où $x \in [-1, 3]$

c) $v(t) = \dfrac{\sin t}{2 + \cos t}$, où $t \in [-\pi, 2\pi]$

d) $x(t) = \sqrt{3}\sin t + \cos t$, où $t \in [0, \pi]$

e) $f(\theta) = 2\sin^2\theta - \cos^2\theta$, où $\theta \in \left[0, \dfrac{3\pi}{2}\right[$

10. Évaluer les limites suivantes.

a) $\displaystyle\lim_{x \to 0} \frac{\sin(2x)}{3x}$

b) $\displaystyle\lim_{t \to 0} \frac{\tan t}{3t}$

c) $\displaystyle\lim_{h \to 0} \frac{\sin 5h}{\sin 4h}$

d) $\displaystyle\lim_{\theta \to \pi} \frac{\sin 8(\theta - \pi)}{\tan 3(\theta - \pi)}$

e) $\displaystyle\lim_{x \to \frac{\pi}{2}} \frac{\sin\left(x - \frac{\pi}{2}\right)}{\pi - 2x}$

f) $\displaystyle\lim_{x \to 0} \frac{\sin(x + \pi)}{x}$

11. Les côtés congrus d'un triangle isocèle mesurent 5 cm de longueur. Déterminer l'angle entre les côtés congrus pour que l'aire du triangle soit maximale.

12. Un train T avance à la vitesse de 18 km/h vers G.

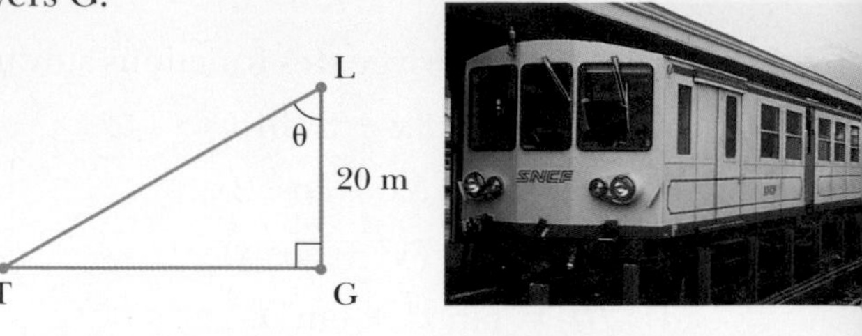

Si Lyne est située à 20 m de G, déterminer:

a) la fonction donnant le taux de variation de θ par rapport au temps;

b) le taux de variation de θ lorsque le train est à 300 m de Lyne;

c) le taux de variation de θ lorsque le train est à 100 m de G.

13. On forme un cône en enlevant d'un cercle de rayon r cm un secteur d'angle θ. Déterminer l'angle θ pour que le cône formé ait un volume maximal.

14. Soit le triangle rectangle ci-contre. La longueur de l'hypoténuse croît à la vitesse de 4 cm/s.

Lorsque la longueur de l'hypoténuse est de 15 cm:

a) Calculer la vitesse de variation de la base.

b) Calculer la vitesse de variation de l'aire du triangle.

15. On déménage une tige métallique droite en la faisant glisser sur le plancher d'un corridor qui tourne à angle droit et dont la largeur passe de 4 m à 3 m.

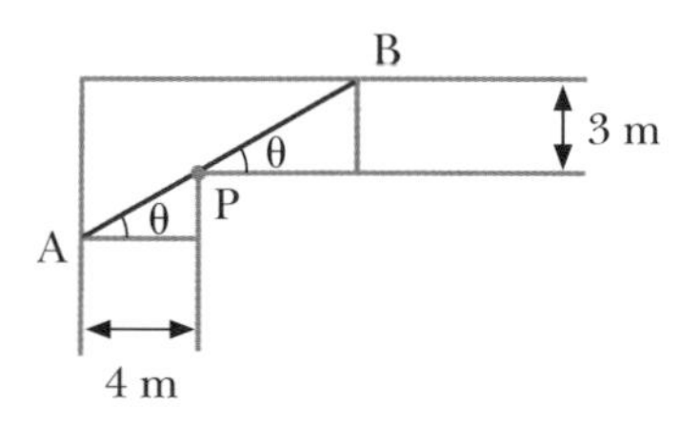

Déterminer la longueur de la tige la plus courte qui touche simultanément A, P et B ainsi que l'angle θ correspondant.

16. Un individu I se dirige, à la vitesse de 2 m/s, en suivant une trajectoire perpendiculaire à un mur long de 40 m, vers un point P situé au centre de ce mur.

a) Déterminer le taux de variation de l'angle θ par rapport au temps lorsque $\theta = 60°$ et I est à 10 m de P.

P

θ

I

b) Déterminer l'angle θ si $\dfrac{d\theta}{dt} = 0{,}1$ rad/s; $\dfrac{d\theta}{dt} = 0{,}15$ rad/s.

17. On doit suspendre une lampe au-dessus du centre d'une table carrée dont l'aire est de 4 m². On sait que l'intensité de la lumière à un point P de la table est directement proportionnelle au sinus de l'angle que fait le rayon lumineux avec la table et inversement proportionnelle à la distance séparant la lampe du point P. Déterminer à quelle hauteur au-dessus de la table doit être suspendue la lampe pour que l'intensité de la lumière soit maximale à chacun des coins de la table.

18. Une personne P observe deux automobiles, A et B, qui roulent respectivement à des vitesses de 80 km/h et de 100 km/h. Calculer le taux de variation de l'angle θ lorsque A est à 100 m de C, et B, à 70 m de D.

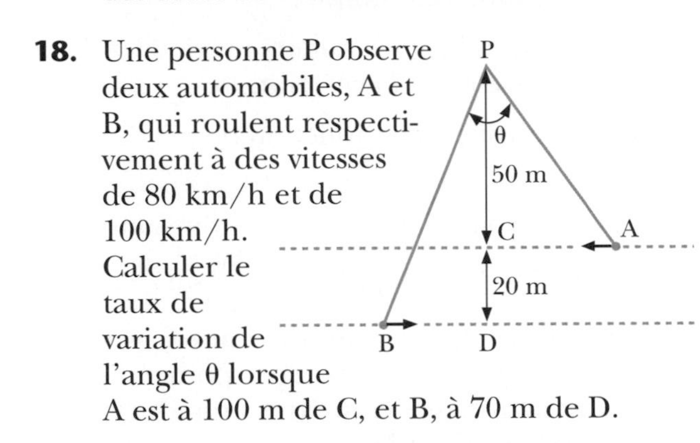

19. Les ailes d'une éolienne tournent à la vitesse constante de 2 tours/min.

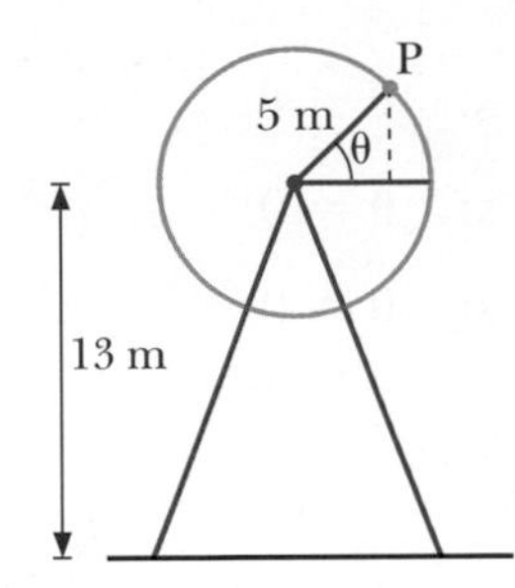

Sachant que la longueur des ailes est de 5 m, et qu'un pigeon s'est perché à l'extrémité d'une de ces ailes:

a) Déterminer en fonction de θ la hauteur du pigeon.

b) Déterminer en fonction de θ la vitesse de variation, par rapport au temps, de la hauteur du pigeon.

c) Déterminer la hauteur et la vitesse de variation, par rapport au temps, de la hauteur du pigeon pour les valeurs de θ suivantes:

i) $\theta = 0°$; iii) $\theta = 180°$.

ii) $\theta = 90°$;

d) Déterminer les valeurs de θ telles que la vitesse de variation, par rapport au temps, de la hauteur du pigeon soit de 0 m/min.

e) Déterminer la hauteur du pigeon lorsque la vitesse de variation, par rapport au temps, de la hauteur du pigeon est de 10π m/min.

Problèmes de synthèse

1. Calculer $\dfrac{dy}{dx}$ si:

a) $\sin y = \cos x$;

b) $\tan (y^3) = y \sin x$;

c) $\cot (x + y) = x^2 + y^2$;

d) $\csc x + \sec y = x^2y^3$;

e) $\cos y = x^2y^3 + \sin^3 2x$;

f) $\dfrac{\sin x}{\cos y} = xy$.

2. Évaluer la pente de la tangente à la courbe au point $\left(0, \dfrac{\pi}{2}\right)$ si $\tan x + \cot y = y - \dfrac{\pi}{2}$.

3. Démontrer que si $\tan y = x$, alors $\dfrac{dy}{dx} = \dfrac{1}{1 + x^2}$.

4. Déterminer la valeur de k et la valeur de a pour que la fonction suivante soit continue en $x = \dfrac{\pi}{2}$.

a) $f(x) = \begin{cases} \sin x & \text{si } x < \dfrac{\pi}{2} \\ k & \text{si } x = \dfrac{\pi}{2} \\ a + \cos\left(x + \dfrac{\pi}{2}\right) & \text{si } x > \dfrac{\pi}{2} \end{cases}$

b) $g(\theta) = \begin{cases} \dfrac{\sin 4\theta}{\theta} & \text{si} \quad \theta < 0 \\ k & \text{si} \quad \theta = 0 \\ \dfrac{\sin 3\theta}{a\,\theta} & \text{si} \quad \theta > 0 \end{cases}$

5. Soit la représentation suivante où $\overline{CB}$ est tangent au cercle de rayon 1.

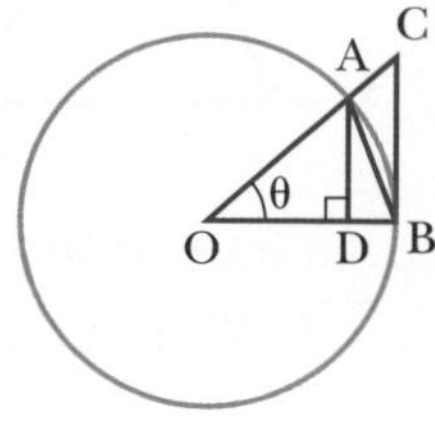

Évaluer les limites suivantes.

a) $\lim\limits_{\theta \to 0} \dfrac{\text{aire du secteur AOB}}{\text{aire } \Delta\text{AOD}}$

b) $\lim\limits_{\theta \to 0} \dfrac{\text{aire } \Delta\text{COB}}{\text{aire } \Delta\text{AOB}}$

c) $\lim\limits_{\theta \to 0} \dfrac{\text{longueur arc AB}}{\text{longueur } \overline{AD}}$

6. Pour chacune des fonctions suivantes, construire le tableau de variation relatif à la dérivée première et à la dérivée seconde et donner une esquisse du graphique correspondant.

a) $v(t) = \dfrac{2 + \sin t}{2 - \sin t}$, où $t \in \left[0, \dfrac{3\pi}{2}\right]$

b) $f(x) = 2 \sin x + \sin 2x$, où $x \in \left[\dfrac{-\pi}{2}, \pi\right]$

c) $g(x) = \dfrac{\cos x}{1 + \sin x}$, où $x \in [-\pi, 2\pi] \setminus \left\{\dfrac{-\pi}{2}, \dfrac{3\pi}{2}\right\}$

d) $f(\theta) = \dfrac{\sin \theta}{\theta}$, où $\theta \in\,]0, +\infty$

7. La position x d'un corps, oscillant en mouvement harmonique simple sur un axe horizontal est donnée par

$$x(t) = \frac{1}{3} \cos\left(\pi t + \frac{\pi}{6}\right)$$

où t est en secondes et x est en mètres.

a) Déterminer l'amplitude et la période du mouvement de ce corps.

b) Calculer la vitesse v et l'accélération a du corps.

c) Déterminer la position, la vitesse et l'accélération du corps à $t = 1$ s.

d) Calculer la vitesse moyenne du corps sur [0 s, 1 s].

e) Déterminer le déplacement Δx du corps sur [0 s, 1 s].

f) Déterminer la distance parcourue par le corps sur [0 s, 1 s].

8. Une particule qui se déplace sur un axe horizontal est en mouvement harmonique simple lorsque sa position x par rapport à la position d'équilibre varie en fonction du temps t selon la relation

$$x(t) = A \cos(\omega t + \varphi)$$

où t est en secondes, x est en mètres et A, ω et φ sont des constantes.

a) Déterminer la vitesse v et l'accélération a d'une particule en mouvement harmonique simple.

b) Déterminer les valeurs maximales de la vitesse et de l'accélération.

c) Exprimer a en fonction de x.

9. La position y d'une auto contournant des cônes est donnée par $y(t) = \dfrac{W}{2} \sin \dfrac{\pi}{L} vt$,

où W est la largeur de l'auto, v est la vitesse de l'auto, constante pour un essai, L est la distance en mètres entre les cônes, et t est en secondes.

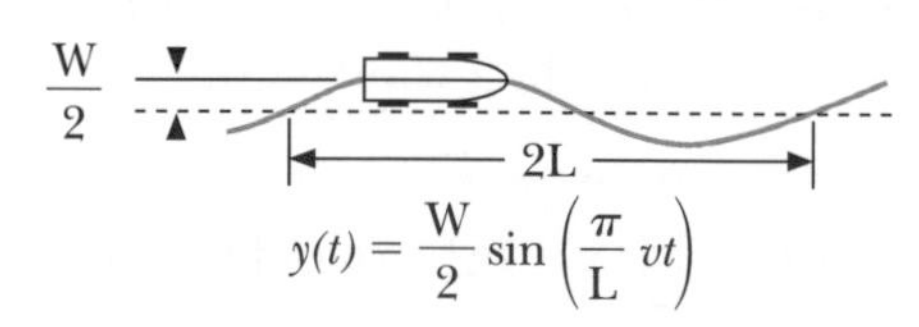

a) Déterminer, en fonction du temps, la vitesse latérale v_l de l'auto.

b) Déterminer, en fonction du temps, l'accélération latérale a_l de l'auto.

10. a) Une municipalité veut transplanter des fleurs dans un parterre dont la forme est un secteur de cercle. Si on estime qu'on a besoin d'une superficie de 9π m² pour transplanter ces fleurs, déterminer le rayon r et l'angle θ du secteur pour que son périmètre soit minimal.

b) Répondre aux questions posées en a) si la superficie est de A m².

11. Soit le triangle ci-contre.

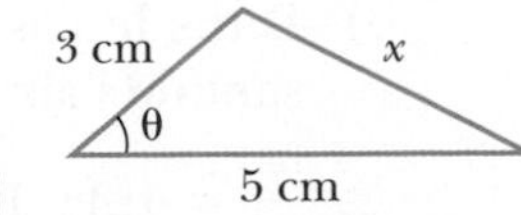

a) Déterminer le taux de variation, par rapport au temps, du troisième côté, si le taux de variation de l'angle θ est de 0,4 rad/min lorsque $\theta = 30°$.

b) Déterminer le taux de variation, par rapport au temps, de l'angle θ si le taux de variation du troisième côté est de -3 cm/min lorsque $x = 6$ cm.

12. Soit le triangle ci-dessous, où $\dfrac{dx}{dt} = 2$ cm/min.

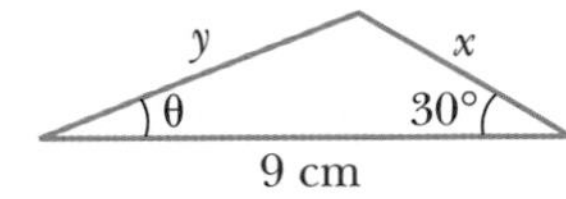

a) Déterminer $\dfrac{d\theta}{dt}$ lorsque $\theta = 30°$.

b) Déterminer $\dfrac{dy}{dt}$ lorsque $\theta = 45°$.

13. Déterminer le point sur la courbe définie par $f(x) = \cos x$, où $x \in [0, 2\pi]$, tel que la pente de la tangente à la courbe est

a) maximale; b) minimale.

14. Trois bateaux, A, B et C, partent d'un point O en suivant les trajets illustrés ci-dessous.

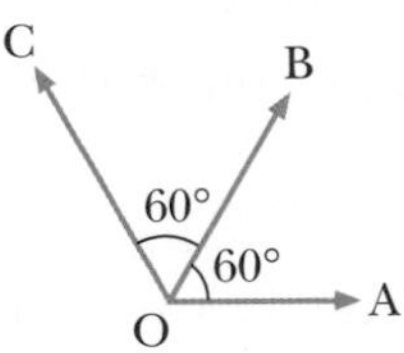

Sachant que la vitesse du bateau A est de 12 km/h, celle de B de 20 km/h et celle de C de 32 km/h, calculer la vitesse à laquelle varie, après 15 min, la distance séparant:

a) les bateaux A et B;

b) les bateaux B et C;

c) les bateaux A et C.

15. Soit $f(x) = \sqrt{x - 4}$ et la droite D joignant l'origine à un point $P(x, y)$ quelconque de f. Déterminer le point P qui maximise l'angle θ, où θ est l'angle entre D et l'axe des x. Évaluer cet angle maximal.

16. Soit deux automobiles, A et B, se dirigeant vers le nord à des vitesses respectives de 13 m/s et de 25 m/s.

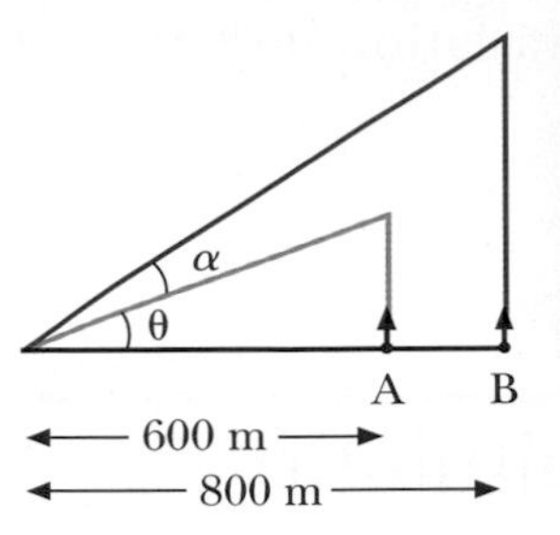

Déterminer $\dfrac{d\alpha}{dt}$ après

a) 16 s; b) 32 s.

17. La figure ci-dessous représente un système de manivelle, où la distance d entre M et P est constante. Soit x, la distance entre O et P.

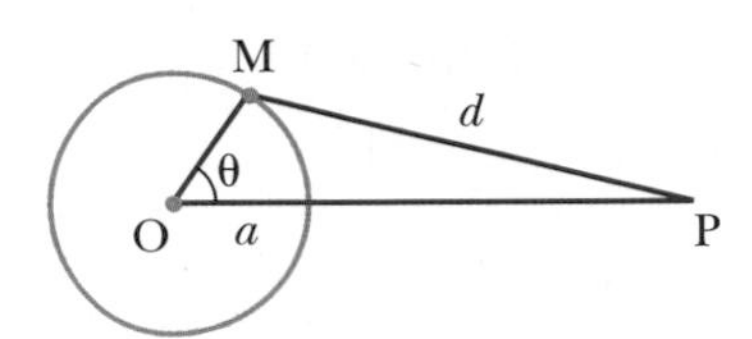

a) Exprimer l'abscisse du point P en fonction de θ.

b) Exprimer $\dfrac{dx}{dt}$ en fonction de $\dfrac{d\theta}{dt}$.

18. Une fonction est dite périodique lorsqu'il existe un nombre p positif tel que $f(x + p) = f(x)$; la plus petite valeur de p est appelée la période de f. Soit f, une fonction dérivable de période p. Démontrer que f' est une fonction périodique de période p, en utilisant la définition de la dérivée.

19. Au numéro **10** des exercices 9.3, on a démontré qu'un rayon lumineux traversant deux milieux différents obéit à la loi suivante:

$\dfrac{\sin \theta_1}{\sin \theta_2} = \dfrac{v_1}{v_2}$ (Loi de Snell), où $\dfrac{v_1}{v_2}$ est le rapport entre la vitesse de la lumière dans les deux milieux respectifs.

a) Si l'angle d'incidence θ_1 varie au taux de $\frac{d\theta_1}{dt}$, déterminer la fonction donnant le taux de variation de l'angle θ_2 par rapport à t.

b) Dans le cas d'un rayon lumineux passant de l'air (milieu 1) à l'eau (milieu 2), $\frac{v_1}{v_2} = 1{,}33$. Déterminer le taux de variation de l'angle θ_2, si l'angle θ_1 croît au taux de 0,2 rad/s lorsque $\theta_1 = \frac{\pi}{6}$.

Test récapitulatif

1. Démontrer que $(\csc x)' = -\csc x \cot x$.

2. Calculer la dérivée des fonctions suivantes.

a) $f(x) = \dfrac{\sin (x^3 + \sin x)}{x}$

b) $f(x) = \sqrt{5 \cos (\sin x)}$

c) $g(x) = \cot x^2 \csc (-x^3)$

d) $f(x) = \sec (2x + 3 \tan x^2)$

e) $f(x) = \sin [\cos (\tan x)]$

f) $x(t) = \dfrac{\cos^2 3t}{\tan^3 5t}$

3. Soit $f(x) = \dfrac{\sin x}{x}$.

Déterminer l'équation de la tangente à la courbe de f au point $\left(\frac{\pi}{2}, f\left(\frac{\pi}{2}\right)\right)$.

4. Soit $f(x) = \sin \left(x - \frac{\pi}{2}\right)^2 - 5\left(x - \frac{\pi}{2}\right)^2$ sur $[0, \pi]$.

Construire le tableau de variation relatif à f' et déterminer les intervalles de croissance et les intervalles de décroissance de f.

5. Analyser les fonctions suivantes et donner une esquisse du graphique.

a) $f(x) = x + \cos x$, où $x \in [0, 2\pi]$

b) $g(x) = -2 \cos^2 2x$, où $x \in [0, \pi]$

6. Le périmètre d'un secteur de cercle est de 24 m. Déterminer le rayon et l'angle au centre de ce secteur pour que l'aire du secteur soit maximale.

7. Soit un triangle rectangle dont l'hypoténuse mesure 5 cm. L'angle θ croît à un taux de 0,03 rad/s.

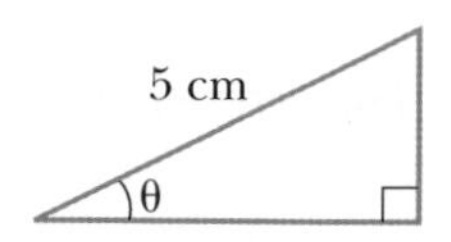

a) Calculer le taux de variation de la hauteur, par rapport au temps, lorsque $\theta = \frac{\pi}{3}$.

b) Calculer le taux de variation de l'aire du triangle, par rapport au temps, lorsque $\theta = \frac{\pi}{6}$.

c) Déterminer la valeur de l'angle θ qui maximise l'aire de ce triangle et calculer cette aire maximale.

Dérivée des fonctions exponentielles et logarithmiques

Introduction

Dans le présent chapitre, nous donnerons quelques applications des fonctions exponentielles et logarithmiques, et nous apprendrons à en calculer la dérivée. Soulignons que la démonstration de la dérivée des fonctions a^x et e^x ne sera pas rigoureuse et fera appel à l'intuition. Il en sera de même de la méthode employée pour déterminer la valeur approximative du nombre e.

Une fois que l'élève aura acquis les notions de dérivées de a^x et de e^x, il ou elle pourra calculer les dérivées des fonctions $\ln x$ et $\log_a x$. De plus, il ou elle pourra analyser certaines fonctions contenant des fonctions exponentielles et logarithmiques et résoudre des problèmes d'optimisation.

En particulier, l'utilisateur ou l'utilisatrice pourra résoudre à la fin de ce chapitre, le problème de chimie suivant:

Dans certaines conditions, l'acide oxalique peut se décomposer en acide formique et en dioxyde de carbone:

$$HOOC{-}COOH(g) \rightarrow HCOOH(g) + CO_2(g)$$

En consultant le graphique ci-dessous, qui représente la concentration de l'acide oxalique en fonction du temps, l'utilisateur ou l'utilisatrice sera en mesure de déterminer l'équation de cette courbe, calculer des vitesses moyennes sur des intervalles de temps, ainsi que la vitesse instantanée à un temps donné. (Exercice récapitulatif 19, page 359.)

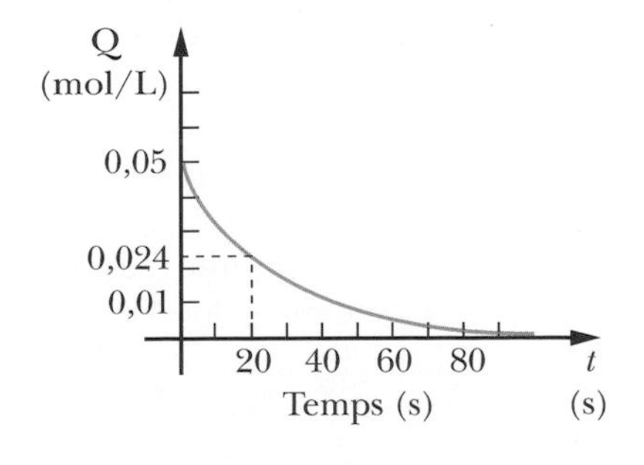

Perspective historique

LA FONCTION LOGARITHMIQUE

Manipuler de longues listes de nombres a souvent des conséquences surprenantes. Ainsi en est-il des tables de demi-cordes (sinus). Les astronomes indiens du milieu du premier millénaire devaient apprendre par cœur ces tables. Par la force des choses, ils conçurent des moyens mnémotechniques. L'un de ces moyens mena à l'invention du zéro. Par ailleurs, la recherche d'une précision de plus en plus grande dans ces tables porta les astronomes européens des XVIe et XVIIe siècles à vouloir réduire le plus possible la longueur des calculs à faire. L'une des avenues possibles consistait à s'arranger pour remplacer les multiplications ou les divisions par des additions ou des soustractions. Dans ce dessein, certains utilisèrent la formule

$$2 \sin \alpha \sin \beta = \cos(\alpha - \beta) - \cos(\alpha + \beta)$$

qui, effectivement, permet d'effectuer un produit en utilisant une table de cosinus, une addition et deux soustractions. Une autre approche avait aussi été signalée par Nicolas Chuquet (1445-1500) et Michel Stifel (1487-1567) lorsque tous les deux remarquèrent, en examinant la table des puissances successives de deux, qu'au produit de deux puissances de deux correspondait l'addition des exposants. Mais, pratiquement, cela ne donnait pas grand-chose, puisqu'on était restreint, à cause de la notation exponentielle encore inadéquate, aux produits des puissances entières de deux. En 1614, l'Écossais John Napier (1550-1617) publie le fruit de 20 ans d'efforts. Il s'agit d'une table de sinus qui contient une colonne supplémentaire associant un nombre à chaque sinus. Ce nombre, que Napier appelle *logarithme,* permet justement de calculer des rapports de sinus en les ramenant à des différences. Pour calculer ses logarithmes, il a comparé le mouvement de deux points : l'un parcourant une droite infinie à vitesse constante et l'autre parcourant un segment de droite de longueur 10 000 000 à une vitesse variable, proportionnelle à la distance le séparant de l'extrémité du segment vers lequel il se déplace. Étaient mises ainsi en relation une progression arithmétique et une progression géométrique. Ces logarithmes ne sont toutefois pas encore les nôtres, puisque Napier ne perçoit pas encore explicitement la base mise en action. L'on peut s'en rendre compte en remarquant que, pour lui, le logarithme de 0 est 10 000 000 plutôt que 1. La table des logarithmes de Napier, puis celles, nombreuses et indépendantes du sinus, de plusieurs autres mathématiciens et astronomes du XVIIe siècle, réduisirent grandement les calculs. Pierre-Simon de Laplace (1749-1827), l'un des grands théoriciens de l'astronomie, affirma même, de façon imagée, que l'invention des logarithmes avait doublé de fait la vie des astronomes.

Il est à noter que la table de Napier popularisa une autre innovation importante, la fraction décimale et l'utilisation du point pour séparer la partie entière de la partie fractionnaire.

Il faudra attendre 1742, plus d'un siècle après Napier, pour que les logarithmes soient présentés comme aujourd'hui, c'est-à-dire en tant qu'inverses de l'exponentiation à une base donnée. Pour arriver là, il fallait d'abord que la notation exponentielle avec des exposants fractionnels et irrationnels prenne un sens.

Les logarithmes ont pris naissance dans le giron des fonctions trigonométriques. Ils s'en sont par la suite détachés, mais pas pour longtemps. Leonhard Euler (1707-1783) connaissait bien une propriété fondamentale de la fonction exponentielle, en l'occurrence que si $y = e^{ax}$, alors la dérivée première de cette fonction est $y\left(\dfrac{dy}{dx} = ay\right)$ fois cette fonction. Il savait de plus que la fonction sinus satisfait une propriété un peu similaire, à savoir $\dfrac{d^2y}{dx^2} = -y$. En cherchant à déterminer toutes les fonctions satisfaisant certaines propriétés différentielles plus complexes (ce qui est aujourd'hui appelée une équation différentielle), il fut amené à établir en 1739 une relation remarquable qui associe l'exponentielle et les fonctions trigonométriques :

$$e^{\pm ix} = \cos(x) \pm i \sin(x),$$

où i est $\sqrt{-1}$, e, la constante d'Euler et x un nombre réel. Par le biais de cette formule $\sqrt{-1}$, et, plus généralement, les nombres complexes, prirent rapidement une importance nouvelle en mathématiques.

QUESTION : À partir de la relation d'Euler, on peut étendre le domaine de la fonction logarithme. Mais alors le logarithme n'est plus une fonction. Pour le voir, déterminer ln(-1).

Test préliminaire

Partie A

1. Soit $f(x) = x^4$ et $g(x) = 4^x$. Évaluer :

a) $f(0)$ et $g(0)$;

b) $f(1)$ et $g(1)$;

c) $f(2)$ et $g(2)$;

d) $f(5)$ et $g(5)$;

e) $f(-1)$ et $g(-1)$;

f) $f\left(\frac{1}{2}\right)$ et $g\left(\frac{1}{2}\right)$;

g) $f\left(\frac{-1}{2}\right)$ et $g\left(\frac{-1}{2}\right)$;

h) $f(-5)$ et $g(-5)$.

2. Compléter les expressions suivantes dans le cas où elles et leur résultat sont définis.

a) $a^x a^y =$

b) $\frac{a^x}{a^y} =$

c) $(a^x)^y =$

d) $(ab)^x =$

e) $\left(\frac{a}{b}\right)^x =$

f) $a^0 =$

g) $a^{-x} =$

h) $a^x = a^y \Leftrightarrow$

3. Déterminer la valeur de x dans les égalités suivantes.

a) $5^3 \times 5^6 = 5^x$

b) $\frac{6^4}{6^7} = 6^x$

c) $(8^x)^3 = 8^{15}$

d) $\left(\frac{5}{7}\right)^x = 1$

e) $(5^3)^2 = 5^x$

f) $9^4 = 3^x$

g) $3^4 \times 3^x = 3^9$

h) $7^3 = \frac{1}{7^x}$

i) $\frac{2^5}{2^x} = \frac{1}{2^4}$

j) $10^{2-x} = 100$

k) $2 \times 3^{2x} = 6$

l) $(3^x \times 3^{-5})^2 = 1$

m) $4^{x+1} \times 4^{x-1} = 16$

n) $(5^{x-1})^{x+1} = 5^{15}$

Partie B

1. Soit la fonction $y = f(x)$.
Compléter les définitions suivantes.

a) $f'(x) = \lim\limits_{h \to 0}$ ....

b) $f'(x) = \lim\limits_{\Delta x \to 0}$ ....

2. Compléter la définition suivante.

Si $y = f(u)$ et $u = g(x)$, alors $\frac{dy}{dx} =$ ....

3. Compléter les égalités.

a) $(x^a)' =$ ...., où $a \in \mathbb{R}$

b) $(uv)' =$ ...., où $u = f(x)$ et $v = g(x)$

c) $\left(\frac{u}{v}\right)' =$ ...., où $u = f(x)$ et $v = g(x)$

d) $[g(f(x))]' =$ ....

4. Compléter les énoncés suivants.

a) Si $\lim\limits_{x \to a^+} f(x) = -\infty$, alors .... est une asymptote ....

b) Si $\lim\limits_{x \to +\infty} f(x) = b$, alors .... est une asymptote ....

10.1 FONCTIONS EXPONENTIELLES ET LOGARITHMIQUES

Objectif d'apprentissage

À la fin de cette section, l'élève pourra déterminer le domaine et l'image de fonctions exponentielles et logarithmiques, de même que les représenter graphiquement.

Plus précisément, l'élève sera en mesure :

- de déterminer le domaine et l'image de fonctions exponentielles ;
- de représenter graphiquement des fonctions exponentielles ;
- d'utiliser la fonction exponentielle pour résoudre certains problèmes ;
- de connaître la définition de logarithme ;
- de connaître et utiliser certaines propriétés des logarithmes ;
- de déterminer le domaine et l'image de fonctions logarithmiques ;
- de représenter graphiquement des fonctions logarithmiques ;
- d'utiliser la fonction logarithme pour résoudre certains problèmes.

Voici un conte très ancien qui illustre un phénomène de type exponentiel.

Un jour, le roi hindou Shiram décida d'exaucer le vœu, quel qu'il soit, du grand vizir Sissa Ben Dahir, pour le récompenser d'avoir inventé le jeu d'échecs. Un échiquier ayant 64 cases, Sissa fit la demande suivante au roi : « Majesté, donnez-moi 1 grain de blé à placer sur la première case, 2 grains sur la deuxième case, 4 grains sur la troisième, 8 grains sur la quatrième, 16 grains sur la cinquième, et ainsi de suite de façon à couvrir les 64 cases de l'échiquier selon le même principe. » Le roi, étonné, s'exclama : « Est-ce là tout ce que vous désirez, Sissa, sot que vous êtes ? » « Oh ! mon roi, répliqua Sissa, je vous ai demandé plus de grains de blé que vous n'en possédez dans tout votre royaume, que dis-je, plus de grains de blé qu'il n'y en a dans le monde entier ! »

Fonctions exponentielles

Définition

Une **fonction exponentielle,** exprimée sous sa forme la plus simple, est une fonction de la forme :

$$f(x) = a^x,$$

où $a \in]0, +\infty$ et $a \neq 1$.

Dans ce type de fonction, la variable indépendante est située en exposant, et la base a est une constante.

■ **Exemple 1** Si $f(x) = 2^x$ et $g(x) = (0{,}25)^x$, alors f et g sont des fonctions exponentielles ; tandis que si $h(x) = x^3$ et $k(x) = (-5)^x$, alors h et k ne sont pas des fonctions exponentielles. ■

Déterminons le domaine et l'image d'une fonction exponentielle et représentons graphiquement cette fonction.

■ **Exemple 2** Soit $f(x) = 2^x$.

a) Calculons d'abord certaines valeurs de f lorsque $x \geqslant 0$.

Valeurs de x supérieures ou égales à zéro

x	0	1	3	5	10	15	20	26	$\ldots \to +\infty$
2^x	1	2	8	32	1024	32 768	1 048 576	67 108 864	$\ldots \to +\infty$

Par conséquent, $\lim\limits_{x \to +\infty} 2^x = +\infty$.

b) Calculons ensuite certaines valeurs de f lorsque $x < 0$.

Valeurs de x négatives

x	-1	-2	-4	-10	-15	… → -∞
2^x	0,5	0,25	0,0625	0,000 976 5…	0,000 030 5…	… → 0

Par conséquent, $\lim\limits_{x \to -\infty} 2^x = 0$.

Donc, $y = 0$ est une asymptote horizontale lorsque $x \to -\infty$.

Esquisse du graphique de la fonction f

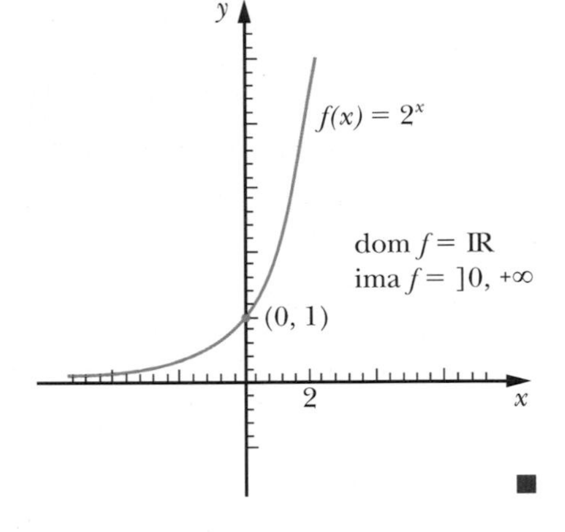

■

■ **Exemple 3** Soit $g(x) = \left(\frac{1}{3}\right)^x$.

a) Calculons d'abord certaines valeurs de g lorsque $x \geq 0$.

Valeurs de x supérieures ou égales à zéro

x	0	1	2	4	10	… → +∞
$\left(\frac{1}{3}\right)^x$	1	$0,\overline{3}$	$0,\overline{1}$	0,012 345…	0,000 016 9…	… → 0

Par conséquent, $\lim\limits_{x \to +\infty} \left(\frac{1}{3}\right)^x = 0$.

Donc, $y = 0$ est une asymptote horizontale lorsque $x \to +\infty$.

b) Calculons ensuite certaines valeurs de g lorsque $x < 0$.

Valeurs de x négatives

x	-1	-2	-4	-7	-10	-15	… → -∞
$\left(\frac{1}{3}\right)^x$	3	9	81	2187	59 049	14 348 907	… → +∞

Par conséquent, $\lim\limits_{x \to -\infty} \left(\frac{1}{3}\right)^x = +\infty$.

Esquisse du graphique de la fonction g

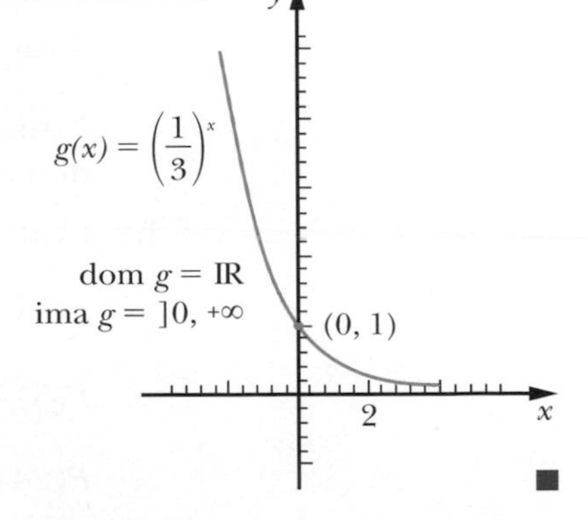

■

Nous constatons, en regardant l'esquisse du graphique de f et celui de g obtenu précédemment, que la représentation graphique d'une fonction exponentielle définie par $y = a^x$ dépend de la valeur de la base a, selon que $0 < a < 1$ ou que $a > 1$.

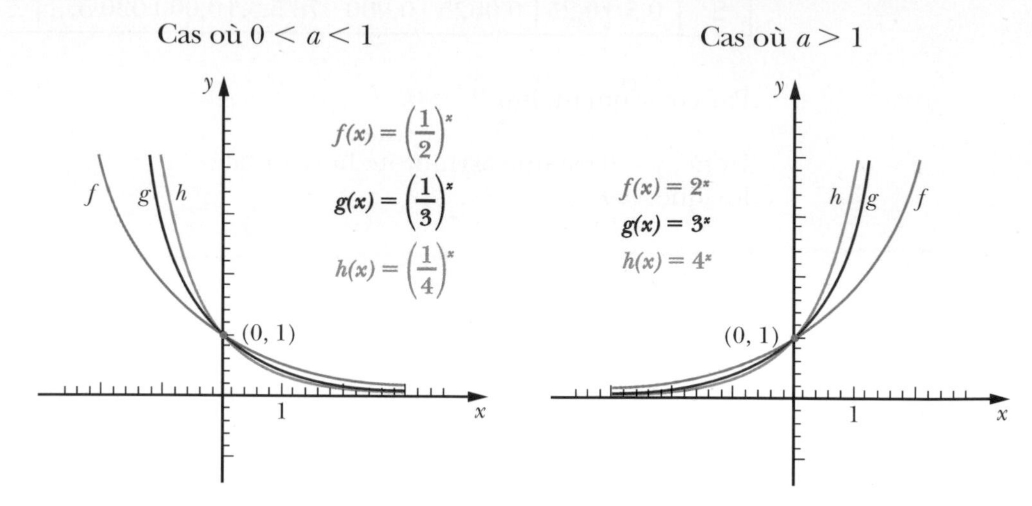

Dans tous les cas, le domaine des fonctions est IR et l'image des fonctions est $]0, +\infty$.

De plus, $y = 0$ est toujours une asymptote horizontale.

Plusieurs phénomènes, par exemple la croissance et la décroissance d'une population, la décomposition d'un élément radioactif, la croissance d'un investissement, l'effet d'un pesticide sur une population, peuvent s'exprimer à l'aide d'une fonction exponentielle de la forme $Q_0 a^{kx}$, où x est la variable indépendante et Q_0, a et k sont des constantes.

■ **Exemple 4** Supposons que le nombre de bactéries d'une culture effectuée en laboratoire double toutes les trois heures et que la population initiale de cette culture est de 5000 bactéries.

a) Déterminons la fonction P, qui nous permettra d'évaluer la population en fonction du temps t exprimé en heures, à l'aide de quelques exemples de calculs.

Si $t = 0$, alors $P(0) = 5000$.

Si $t = 3$, alors $P(3) = 5000 \times 2$.

Si $t = 6$, alors $P(6) = (5000 \times 2) \times 2 = 5000 \times 2^2$.

Si $t = 9$, alors $P(9) = (5000 \times 2^2) \times 2 = 5000 \times 2^3$.

Si $t = 12$, alors $P(12) = (5000 \times 2^3) \times 2 = 5000 \times 2^4$.

Nous constatons que la population initiale est toujours multipliée par 2, affecté d'un exposant égal au temps t divisé par 3, où trois heures est le temps nécessaire pour que la population de bactéries double.

Ainsi, $P(t) = 5000 \times 2^{\frac{t}{3}}$, où t est exprimé en heures et $P(t)$ est le nombre de bactéries.

b) Évaluons la population de bactéries après 1 heure, 5 heures, 1 jour.

$P(1) = 5000 \times 2^{\frac{1}{3}} \approx 6300$ bactéries

$P(5) = 5000 \times 2^{\frac{5}{3}} \approx 15\,874$ bactéries

$P(24) = 5000 \times 2^{\frac{24}{3}} = 1\,280\,000$ bactéries

c) Représentons graphiquement la courbe de *P*, où $t \in [0 \text{ h}, 12 \text{ h}]$ et utilisons le graphique pour estimer le temps nécessaire pour que la population soit de 60 000 bactéries.

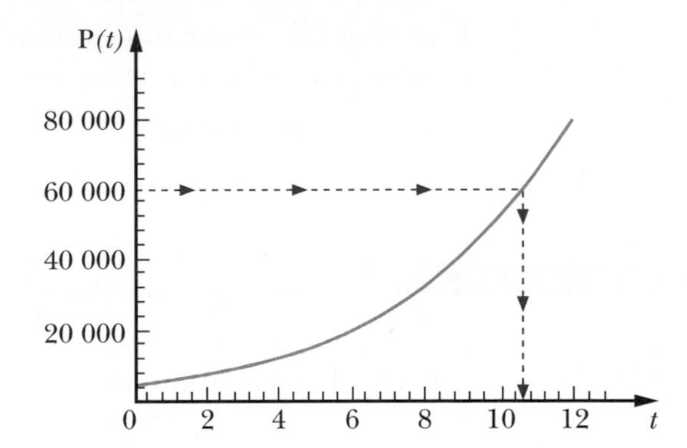

Donc, le temps nécessaire pour avoir une population de 60 000 bactéries est d'environ 10,7 heures.

Nous verrons, à l'exemple 9, page 337, une méthode pour résoudre algébriquement l'équation $5000 \times 2^{\frac{t}{3}} = 60\,000$. ■

■ Exemple 5 Sachant que la demi-vie du radium est de 1600 ans, la demi-vie étant le temps nécessaire pour qu'une quantité (masse, concentration, etc.) donnée diminue de moitié :

a) Déterminons la fonction *Q* qui nous permettra d'évaluer la masse du radium en fonction du temps *t*, exprimé en années, si la masse initiale d'une quantité de radium est de R_0 grammes.

Si $t = 0$, alors $Q(0) = R_0$.

Si $t = 1600$, alors $Q(1600) = R_0 \times \frac{1}{2}$.

Si $t = 3200$, alors $Q(3200) = \left(R_0 \times \frac{1}{2}\right)\frac{1}{2} = R_0\left(\frac{1}{2}\right)^2$.

Si $t = 4800$, alors $Q(4800) = \left(R_0\left(\frac{1}{2}\right)^2\right)\frac{1}{2} = R_0\left(\frac{1}{2}\right)^3$.

Nous constatons que la quantité initiale R_0 est toujours multipliée par $\frac{1}{2}$, affecté d'un exposant égal au temps *t* divisé par 1600, où 1600 ans est le temps nécessaire pour que la quantité de radium diminue de moitié.

Ainsi, $Q(t) = R_0\left(\frac{1}{2}\right)^{\frac{1}{1600}t}$

b) Déterminons, en fonction de R_0, la quantité de radium après 15 000 ans.

$$Q(15\,000) = R_0\left(\frac{1}{2}\right)^{\frac{1}{1600}15\,000} \approx 0{,}001\,5\ R_0$$

Il reste donc environ 0,15 % de la quantité initiale R_0, donc 99,85 % de la quantité initiale s'est désintégrée. ■

En général, lorsque le facteur de croissance ou de décroissance d'une quantité donnée est constant, nous pouvons exprimer cette quantité à l'aide d'une fonction exponentielle de la forme donnée dans l'encadré suivant.

$Q(t) = Q_0 a^{kt}$, où Q_0 = quantité initiale ;

a = facteur de croissance ou de décroissance ;

k = l'inverse du temps nécessaire pour qu'une quantité double, triple, diminue de moitié, etc. ;

t = variable indépendante.

Le mot latin *logarithmus* a été inventé par John Napier (1550-1617). Il apparaît dans son ouvrage de 1614 dans lequel il introduit cet outil de calcul. Le terme dérive des mots grecs *arithmos*, nombre, et *logos*, rapport. Il sera francisé en 1628 dans la traduction française du second livre, posthume, de Napier, publié en 1619.

Fonctions logarithmiques

Définition

Le **logarithme** en base a de K, noté $\log_a K$, est défini par l'équivalence suivante :

$$\log_a K = M \Leftrightarrow a^M = K,$$

où $a \in]0, +\infty$ et $a \neq 1$.

En d'autres termes, le logarithme est égal à l'exposant qu'il faut donner à la base a pour obtenir K.

■ **Exemple 1** Déterminons la valeur de x dans les équations suivantes.

a) $\log_2 8 = x$

$\log_2 8 = x \Leftrightarrow 2^x = 8$, d'où $x = 3$, car $2^3 = 8$.

b) $\log_x 25 = 2$

$\log_x 25 = 2 \Leftrightarrow x^2 = 25$, d'où $x = 5$, car $5^2 = 25$.

c) $\log_{27} x = \frac{4}{3}$

$\log_{27} x = \frac{4}{3} \Leftrightarrow 27^{\frac{4}{3}} = x$, d'où $x = 81$, car $27^{\frac{4}{3}} = (27^{\frac{1}{3}})^4 = 3^4 = 81$.

d) $\log_{10}\left(\frac{1}{100}\right) = x$

$\log_{10}\left(\frac{1}{100}\right) = x \Leftrightarrow 10^x = \frac{1}{100}$, d'où $x = -2$, car $10^{-2} = \frac{1}{100}$. ■

Remarque Les bases les plus fréquemment utilisées, et que nous retrouvons sur les touches de calculatrices, sont 10 et « e », que nous notons respectivement log et ln.

Ainsi, $\log M = \log_{10} M$ et $\ln M = \log_e M$.

■ **Exemple 2** Déterminons, à l'aide d'une calculatrice, la valeur de x dans les équations suivantes.

a) $10^x = 500$

$$10^x = 500 \Leftrightarrow x = \log 500$$
$$x = 2{,}698\,9\ldots$$

b) $e^x = 2$

$$e^x = 2 \Leftrightarrow x = \ln 2$$
$$x = 0{,}693\,1\ldots$$

■

Nous donnons ici, sans démonstration, certaines propriétés des logarithmes.

1. $\log_a (MN) = \log_a M + \log_a N$
2. $\log_a \left(\dfrac{M}{N}\right) = \log_a M - \log_a N$
3. $\log_a (M^k) = k \log_a M$
4. $\log_a 1 = 0$
5. $\log_a a = 1$
6. $\log_a M = \dfrac{\log_b M}{\log_b a}$ (changement de base)

■ **Exemple 3** Soit $\log_a 2 \approx 0{,}631$, $\log_a 7 \approx 1{,}771$ et $\log_a 12 \approx 2{,}262$.

Évaluons approximativement les expressions suivantes à l'aide des propriétés énumérées précédemment.

a) $\log_a 14$

$$\log_a 14 = \log_a (2 \times 7) = \log_a 2 + \log_a 7 \approx 0{,}631 + 1{,}771 \approx 2{,}402$$

b) $\log_a 6$

$$\log_a 6 = \log_a \left(\frac{12}{2}\right) = \log_a 12 - \log_a 2 \approx 2{,}262 - 0{,}631 \approx 1{,}631$$

c) $\log_a 8$

$$\log_a 8 = \log_a 2^3 = 3 \times \log_a 2 \approx 3 \times 0{,}631 \approx 1{,}893$$

d) $\log_2 7$

$$\log_2 7 = \frac{\log_a 7}{\log_a 2} \approx \frac{1{,}771}{0{,}631} \approx 2{,}807$$

■

■ **Exemple 4** L'amplitude R d'un tremblement de terre, mesurée à l'aide de l'échelle de Richter, est donnée par $R = \log\left(\dfrac{I}{I_0}\right)$, où I_0 est une valeur standard de comparaison et I, l'intensité mesurée du tremblement de terre.

Par exemple, si $R = 3$ sur l'échelle de Richter

alors, $3 = \log\left(\dfrac{I}{I_0}\right)$.

Soit $\dfrac{I}{I_0} = 10^3 = 1000$.

D'où $I = 1000\, I_0$.

Ce résultat signifie que l'intensité de ce tremblement de terre est 1000 fois plus forte que la valeur standard de comparaison. Si $R = 4$, on obtient $I = 10\,000\, I_0$, c'est-à-dire que l'intensité est ici 10 fois plus forte que pour $R = 3$.

Basé sur des mesures effectuées lors de tremblements de terre, le tableau suivant présente les dommages qui correspondent à différentes valeurs de R.

Valeur de R	Dommages correspondants
2	Dommages imperceptibles
4,5	Légers dégâts à l'intérieur d'une zone donnée
6,0	Effondrement possible d'édifices
8,0	Dégâts considérables
8,7	Maximum enregistré

■

■ **Exemple 5** Les concentrations des ions hydronium et des ions hydroxyde dans les solutions aqueuses sont très faibles et s'expriment généralement par des puissances négatives de 10. Par conséquent, les chimistes, à l'instigation en 1909 du Danois Søren Sørensen (1868-1939), préfèrent utiliser la fonction pH définie par exemple par

$$\text{pH} = -\log[H_3O^+].$$

Ainsi, si $[H_3O^+] = 0{,}05$ mol/L, alors

$$\text{pH} = -\log 0{,}050 \approx -(-1{,}30) = 1{,}3.$$

a) Calculons le pH si $[H_3O^+] = 0{,}050$ mol/L.

$$\begin{aligned}\text{pH} &= -\log[H_3O^+]\\ &= -\log 0{,}05\\ &\approx 1{,}3\end{aligned}$$

b) Calculons $[H_3O^+]$ d'une solution dont le pH est égal à 9,56.

$$\begin{aligned}9{,}56 &= -\log[H_3O^+]\\ [H_3O^+] &= 10^{-9{,}56}\\ &\approx 2{,}8 \times 10^{-10} \text{ mol/L}\end{aligned}$$

■

Déterminons maintenant le domaine et l'image d'une fonction logarithmique, puis représentons-la graphiquement.

■ **Exemple 6** Soit $f(x) = \log_2 x$.

Donnons l'esquisse du graphique de f à l'aide des tableaux de valeurs suivants, après avoir écrit la fonction logarithmique sous la forme exponentielle :

$$y = \log_2 x \Leftrightarrow 2^y = x$$

Nous donnons à y certaines valeurs, puis nous calculons les valeurs de x correspondantes.

Valeurs de y supérieures ou égales à zéro

y	0	1	2	5	10	13	16	… → +∞
x	1	2	4	32	1024	8192	65 536	… → +∞

Par conséquent, $\lim\limits_{x \to +\infty} \log_2 x = +\infty$.

Valeurs de y négatives

y	-0,5	-1	-2	-4	-8	-10	… → -∞
x	0,707…	0,5	0,25	0,062 5	0,003…	0,000 9…	… → 0

Par conséquent, $\lim\limits_{x \to 0^+} \log_2 x = -\infty$.

Donc, $x = 0$ est une asymptote verticale.

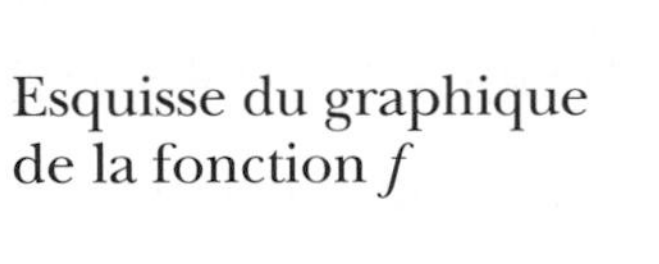

Esquisse du graphique de la fonction f

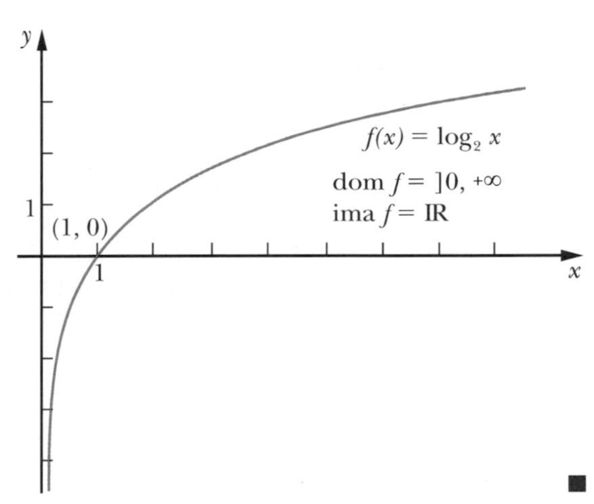

■

■ Exemple 7 Soit $g(x) = \log_{\frac{1}{3}} x$.

Donnons l'esquisse du graphique de g à l'aide des tableaux de valeurs suivants, après avoir écrit la fonction logarithmique sous la forme exponentielle :

$$y = \log_{\frac{1}{3}} x \Leftrightarrow \left(\frac{1}{3}\right)^y = x$$

Nous donnons à y certaines valeurs, puis nous calculons les valeurs de x correspondantes.

Valeurs de y supérieures ou égales à zéro

y	0	1	2	4	10	… → +∞
x	1	$0,\overline{3}$	$0,\overline{1}$	0,012 345…	0,000 016 9…	… → 0

Par conséquent, $\lim\limits_{x \to 0^+} \log_{\frac{1}{3}} x = +\infty$.

Donc, $x = 0$ est une asymptote verticale.

Valeurs de y négatives

y	-1	-2	-3	-4	-10	-15	… → -∞
x	3	9	27	81	59 049	14 348 907	… → +∞

Par conséquent, $\lim_{x \to +\infty} \log_{\frac{1}{3}} x = -\infty$.

Esquisse du graphique de la fonction g

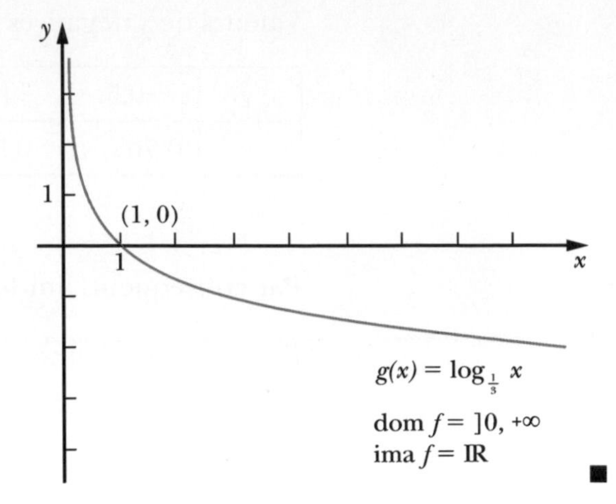

■

Nous constatons, en regardant l'esquisse du graphique de $f(x) = \log_2 x$ et celui de $f(x) = \log_{\frac{1}{3}} x$ obtenu précédemment, que la représentation graphique d'une fonction logarithmique définie par $y = \log_a x$ dépend de la valeur de la base a, selon que $0 < a < 1$ ou que $a > 1$.

Cas où $0 < a < 1$

$f(x) = \log_{\frac{1}{2}} x$

$g(x) = \log_{\frac{1}{4}} x$

y (1, 0) x g f

Cas où $a > 1$

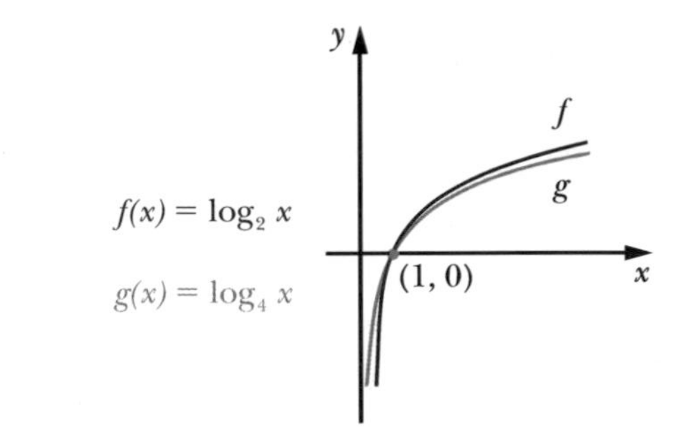

Dans tous les cas, nous avons dom $f =]0, +\infty$ et ima $f = \mathbb{R}$.

De plus, $x = 0$ est toujours une asymptote verticale.

De façon générale, si $f(x) = \log_a g(x)$, alors dom $f = \{x \in \mathbb{R} \mid g(x) > 0\}$.

■ **Exemple 8** Déterminons le domaine de la fonction dans les cas suivants.

a) $f(x) = \log_2 (2 - 5x)$

Il faut que $(2 - 5x) > 0$, c'est-à-dire $x < \frac{2}{5}$.

D'où dom $f = -\infty, \frac{2}{5}\Big[$.

b) $g(x) = \log_a (9 - x^2)$

Il faut que $(9 - x^2) > 0$, c'est-à-dire $x \in]-3, 3[$.

D'où dom $g =]-3, 3[$. ■

Pour résoudre une équation où l'inconnue est en exposant, nous pouvons utiliser les propriétés des logarithmes.

■ **Exemple 9** Résolvons les équations suivantes.

a) $3^x = 100$

$$3^x = 100 \Leftrightarrow x = \log_3 100 \qquad \text{(définition)}$$

$$x = \frac{\ln 100}{\ln 3} \qquad \text{(changement de base)}$$

$$x = 4{,}1918\ldots$$

b) $\left(\frac{1}{5}\right)^{2-3x} = 2$

$$\left(\frac{1}{5}\right)^{2-3x} = 2 \Leftrightarrow 2 - 3x = \log_{\frac{1}{5}} 2 \qquad \text{(définition)}$$

$$2 - 3x = \frac{\ln 2}{\ln \frac{1}{5}} \qquad \text{(changement de base)}$$

$$x = \frac{\left(2 - \frac{\ln 2}{\ln \frac{1}{5}}\right)}{3}$$

$$x = 0{,}8102\ldots$$

■

■ **Exemple 10** La population P d'une culture de bactéries est donnée par $P(t) = 5000 \times 2^{\frac{t}{3}}$, où t est en heures. (Exemple 4, section précédente)

a) Déterminons le temps nécessaire pour que la population soit de 60 000 unités.

$$5000 \times 2^{\frac{t}{3}} = 60\,000$$

$$2^{\frac{t}{3}} = 12$$

Ainsi, $\frac{t}{3} = \log_2 12$

$$\frac{t}{3} = \frac{\ln 12}{\ln 2}$$

D'où $t = 3\frac{\ln 12}{\ln 2} = 10{,}754\,8\ldots$ heures.

b) Exprimons t en fonction de P.

Puisque $P = 5000 \times 2^{\frac{t}{3}}$, nous avons $\frac{P}{5000} = 2^{\frac{t}{3}}$.

Ainsi, $\frac{t}{3} = \log_2\left(\frac{P}{5000}\right)$

D'où $t = \frac{3 \ln\left(\frac{P}{5000}\right)}{\ln 2}$.

■

■ **Exemple 11** La valeur finale V d'un capital initial C, placé pendant un nombre d'années n à un taux d'intérêt i composé annuellement, est donnée par l'équation suivante : $V = C(1 + i)^n$.

a) Calculons la valeur finale si nous plaçons un capital initial de 2000 $ à 9 % pendant 5 ans.

$V = 2000(1 + 0{,}09)^5 = 3077{,}25\,\$$

b) Déterminons le temps nécessaire pour qu'un montant de 2000 $, placé à 5 %, double.

$$4000 = 2000(1 + 0{,}05)^n$$
$$2 = (1{,}05)^n$$
$$n = \log_{1,05} 2$$

D'où $n = \dfrac{\ln 2}{\ln 1{,}05} \approx 14{,}2$ ans. ■

Exercices 10.1

1. Isoler la variable x dans les égalités suivantes.

a) $m^x = s$

b) $\log_b x = p$

c) $y = 3^{4x+7}$

d) $y = 2 + \dfrac{\ln(3x - 1)}{5}$

2. Déterminer la valeur de x dans les équations suivantes.

a) $\log_x 25 = 2$

b) $\log_{144} 12 = x$

c) $\log_{0,1} x = \dfrac{1}{2}$

d) $5^x = 10$

e) $\log_2 B = \log_8 B^x$

f) $\log_{27} B = \log_{\frac{1}{9}} B^x$

3. Soit $\log_b 3 \approx 0{,}565$, $\log_b 4 \approx 0{,}712$ et $\log_b 5 \approx 0{,}827$. Évaluer approximativement les expressions suivantes à l'aide des propriétés des logarithmes.

a) $\log_b 15$

b) $\log_b 0{,}75$

c) $\log_b 2$

d) $\log_b 60$

e) $\log_b 81$

f) $\log_b \dfrac{12}{5}$

g) $\log_4 5^2$

h) $\log_b \dfrac{9}{20}$

4. Pour chacune des fonctions suivantes, déterminer le domaine et l'image, donner l'équation de chaque asymptote, et tracer l'esquisse du graphique de la fonction.

a) $f(x) = 3^x - 3$

b) $g(x) = -2^x$

c) $f(x) = (0{,}5)^x - 4$

d) $f(x) = \log x$

e) $v(t) = 2 + \ln(t - 3)$

5. Soit les fonctions suivantes.

a) $y = 7^x$

b) $y = \log_2 x$

c) $y = 1{,}5^x + 1$

d) $y = \log_{\frac{1}{3}} x$

e) $y = \left(\dfrac{1}{4}\right)^x$

f) $y = 5 \times 3^x$

g) $y = \log_4 x$

h) $y = -\left(\dfrac{1}{3}\right)^x$

i) $y = \log_{\frac{1}{4}} x$

j) $y = -5^x$

Associer à chacune des fonctions précédentes le graphique qui la représente le mieux.

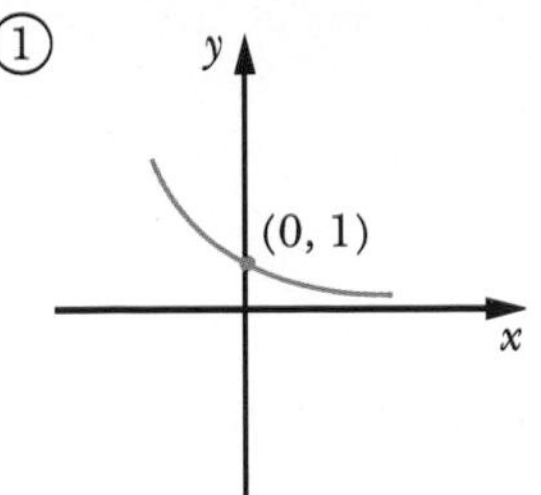

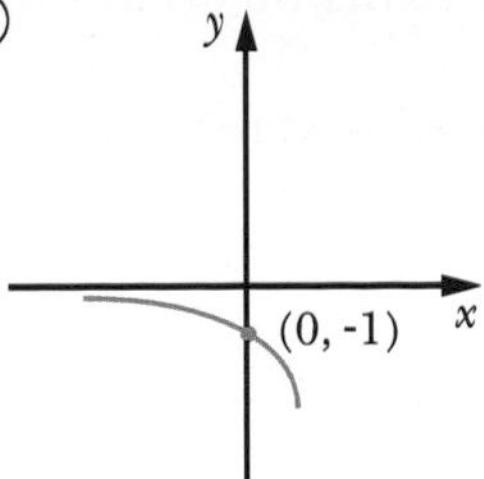

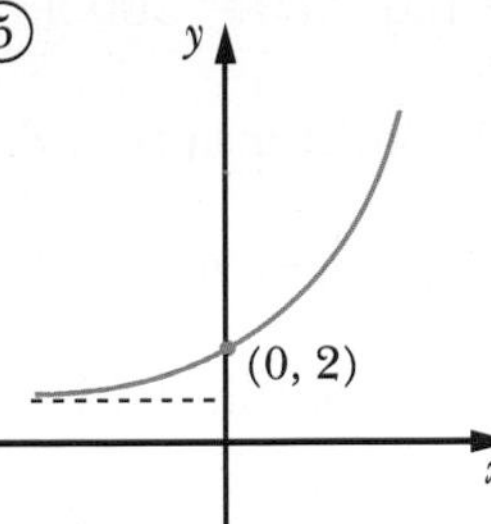

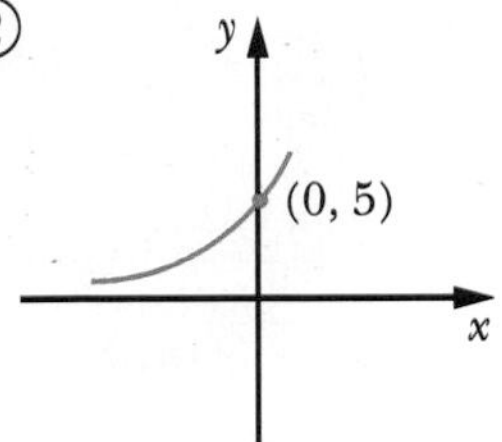

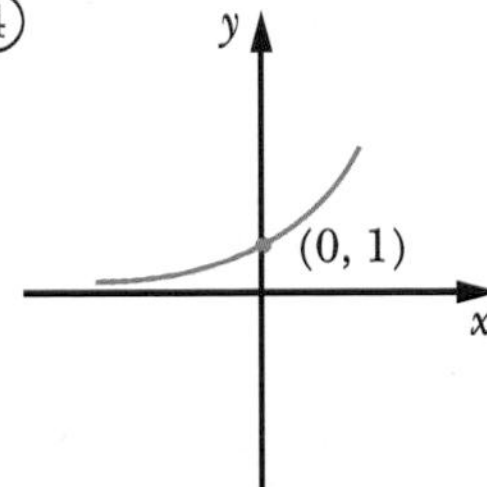

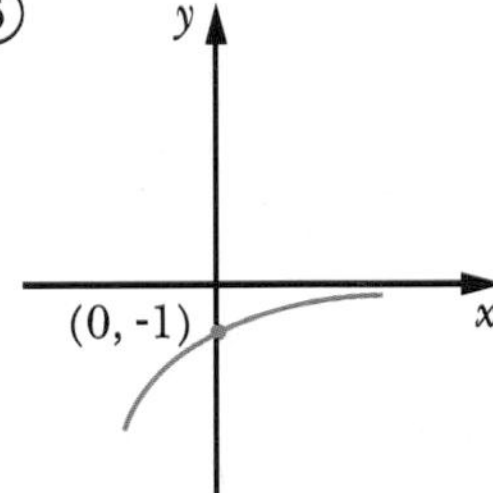

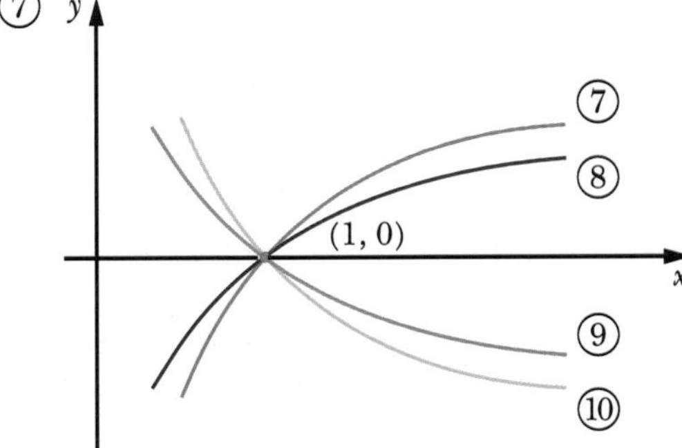

6. Soit la fonction f définie par $f(x) = ka^x$. Déterminer, si possible, les valeurs de k et de a, sachant que le graphique de f passe par les points suivants.

a) $(0, 2)$ et $\left(4, \frac{2}{81}\right)$

b) $(0, -1)$ et $\left(-2, \frac{-1}{9}\right)$

c) $\left(\frac{1}{4}, 5\right)$ et $(-5, -4)$

d) $(1, 2)$ et $(4, 54)$

7. Soit la fonction f définie par $f(x) = \log_a x$. Déterminer, si possible, la valeur de a, sachant que le graphique de f passe par le point suivant.

a) $\left(8, \frac{3}{2}\right)$

b) $(32, -5)$

c) $(5, \ln 5)$

8. La population d'une culture de bactéries quintuple toutes les 24 heures. Sachant que la population initialc cst dc 400 bactéries :

a) Déterminer la fonction P qui permet d'évaluer la population en fonction du temps t.

b) Déterminer la population après cinq heures.

c) Déterminer la population après deux jours.

d) Déterminer le temps nécessaire pour que la population de bactéries soit de 50 000.

9. Lorsqu'on vaporise un insecticide, le nombre N d'insectes vivants en fonction du temps t est donné par $N(t) = 5000\left(\frac{1}{3}\right)^{\frac{t}{2}}$, où t est exprimé en heures.

a) Déterminer la population initiale d'insectes.

b) Que représente $\frac{1}{3}$ dans la fonction précédente ?

c) Après combien d'heures la population d'insectes aura-t-elle diminué de moitié ?

d) Exprimer t en fonction de N.

10. La valeur d'une auto de 16 000 $ se déprécie de 20 % par année.

a) Déterminer la fonction V qui permet de calculer la valeur de cette auto en fonction du temps t.

b) Exprimer t en fonction de V.

c) Calculer la valeur de cette auto après deux ans.

d) Dans combien d'années la valeur de cette auto sera-t-elle la moitié de sa valeur initiale ?

e) Tracer l'esquisse du graphique de V en fonction de t, où $t \in [0, 10]$.

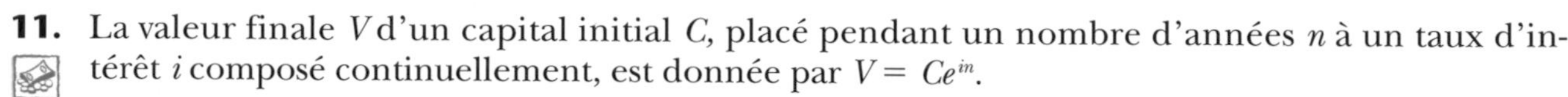

11. La valeur finale V d'un capital initial C, placé pendant un nombre d'années n à un taux d'intérêt i composé continuellement, est donnée par $V = Ce^{in}$.

a) Si le taux d'intérêt est de 10 % par année, déterminer le nombre d'années nécessaire pour que le capital initial double.

b) Déterminer le taux d'intérêt approximatif qui permet au capital de tripler en 10 ans.

12. Le 25 avril 1986, une catastrophe nucléaire a eu lieu à un réacteur de la centrale de Chernobyl, près de Kiev, en Union soviétique. Au cours de l'explosion, certains éléments radioactifs ont été projetés dans l'atmosphère et ont contaminé les terres avoisinantes.

Un de ces éléments radioactifs, le césium-137, a une demi-vie de 37 ans.

a) À l'aide de l'équation $Q(t) = Q_0e^{kt}$, déterminer la valeur de k, Q_0 étant la quantité initiale de césium-137.

b) Déterminer le nombre d'années nécessaire pour que le niveau de radiation de la zone sinistrée redevienne acceptable, si ce niveau, établi par les scientifiques, est de $\frac{Q_0}{2^7}$.

10.2 DÉRIVÉE DES FONCTIONS EXPONENTIELLES

Objectif d'apprentissage

À la fin de cette section, l'élève pourra calculer la dérivée de fonctions exponentielles de la forme $a^{f(x)}$ et de la forme $e^{f(x)}$.

Plus précisément, l'élève sera en mesure :

- de démontrer la règle de dérivation pour les fonctions de la forme a^x ;
- de calculer la dérivée de fonctions contenant des expressions de la forme $a^{f(x)}$;
- de connaître la définition du nombre e ;
- de démontrer la règle de dérivation pour les fonctions de la forme e^x ;
- de calculer la dérivée de fonctions contenant des expressions de la forme $e^{f(x)}$;
- d'analyser des fonctions contenant des fonctions exponentielles ;
- de résoudre des problèmes d'optimisation contenant des fonctions exponentielles.

Dérivée de a^x

Avant de déterminer de façon générale la dérivée des fonctions de la forme $f(x) = a^x$, calculons la dérivée des fonctions $f(x) = 3^x$ et $g(x) = 5^x$ dans l'exemple suivant.

■ **Exemple 1** Soit $f(x) = 3^x$ et $g(x) = 5^x$.

Évaluons $f'(x)$ et $g'(x)$.

$$\begin{aligned} f'(x) &= \lim_{h\to 0} \frac{f(x+h) - f(x)}{h} & g'(x) &= \lim_{h\to 0} \frac{g(x+h) - g(x)}{h} \quad \text{(par définition)} \\ &= \lim_{h\to 0} \frac{3^{x+h} - 3^x}{h} & &= \lim_{h\to 0} \frac{5^{x+h} - 5^x}{h} \\ &= \lim_{h\to 0} \frac{3^x 3^h - 3^x}{h} & &= \lim_{h\to 0} \frac{5^x 5^h - 5^x}{h} \\ &= \lim_{h\to 0} \frac{3^x(3^h - 1)}{h} & &= \lim_{h\to 0} \frac{5^x(5^h - 1)}{h} \\ &= 3^x\left(\lim_{h\to 0} \frac{3^h - 1}{h}\right) & &= 5^x\left(\lim_{h\to 0} \frac{5^h - 1}{h}\right) \end{aligned}$$

Remarque Les limites $\lim\limits_{h\to 0} \frac{3^h - 1}{h}$ et $\lim\limits_{h\to 0} \frac{5^h - 1}{h}$ sont des indéterminations de la forme $\frac{0}{0}$ et elles sont indépendantes de x. Elles dépendent respectivement de 3 et de 5.

Évaluons d'abord $\lim\limits_{h\to 0} \frac{3^h - 1}{h}$ en donnant à h des valeurs de plus en plus près de zéro.

Pour $h \to 0^-$, nous avons

h	-0,1	-0,01	-0,001	-0,0001	-0,000 01	… → 0^-
$\frac{3^h - 1}{h}$	1,040…	1,092…	1,098 00…	1,098 55…	1,098 60…	… → 1,098 6…

Pour $h \to 0^+$, nous avons

h	0,1	0,01	0,001	0,0001	0,000 01	… → 0^+
$\frac{3^h - 1}{h}$	1,161…	1,104…	1,099 21…	1,098 67…	1,098 61…	… → 1,098 6…

Ainsi, $\lim\limits_{h\to 0} \frac{3^h - 1}{h} = 1{,}098\ 6\ldots$

Évaluons ensuite $\lim\limits_{h\to 0} \frac{5^h - 1}{h}$ en donnant à h des valeurs de plus en plus près de zéro.

Pour $h \to 0^-$, nous avons

h	-0,1	-0,01	-0,001	-0,0001	-0,000 01	… → 0^-
$\frac{5^h - 1}{h}$	1,486…	1,596…	1,608 14…	1,609 30…	1,609 42…	… → 1,609 4…

Pour $h \to 0^+$, nous avons

h	0,1	0,01	0,001	0,0001	0,000 01	... → 0^+
$\dfrac{5^h - 1}{h}$	1,746...	1,622...	1,610 73...	1,609 56...	1,609 45...	... → 1,609 4...

Ainsi, $\lim\limits_{h\to 0} \dfrac{5^h - 1}{h} = 1{,}609\ 4...$

Après avoir vérifié que $\ln 3 = 1{,}098\ 6...$ et que $\ln 5 = 1{,}609\ 4...$, nous acceptons sans démonstration que :

$$\lim_{h\to 0} \frac{3^h - 1}{h} = \ln 3 \quad \text{et} \quad \lim_{h\to 0} \frac{5^h - 1}{h} = \ln 5.$$

D'où $f'(x) = (3^x)' = 3^x \ln 3$

et $\quad g'(x) = (5^x)' = 5^x \ln 5.$ ■

De façon générale, nous acceptons sans démonstration que :

$$\lim_{h\to 0} \frac{a^h - 1}{h} = \ln a, \text{ où } a > 0 \text{ et } a \neq 1.$$

Théorème 1 Si $H(x) = a^x$, où $a \in \,]0, +\infty$ et $a \neq 1$, alors $H'(x) = a^x \ln a$.

Preuve

$$\begin{aligned} H'(x) &= \lim_{h\to 0} \frac{H(x+h) - H(x)}{h} && \text{(par définition)} \\ &= \lim_{h\to 0} \frac{a^{x+h} - a^x}{h} && \text{(car } H(x) = a^x\text{)} \\ &= \lim_{h\to 0} \frac{a^x(a^h - 1)}{h} \\ &= a^x\left(\lim_{h\to 0} \frac{a^h - 1}{h}\right) \\ &= a^x \ln a \end{aligned}$$ ■

■ **Exemple 2** Calculons la dérivée des fonctions suivantes.

a) Si $f(x) = 7^x$, alors $f'(x) = 7^x \ln 7$. (théorème 1)

b) Si $y = \left(\dfrac{3}{4}\right)^t$, alors $\dfrac{dy}{dt} = \left(\dfrac{3}{4}\right)^t \ln\left(\dfrac{3}{4}\right)$. (théorème 1)

c) Si $g(x) = \dfrac{4^x}{x^4}$, alors $g'(x) = \dfrac{(4^x)'\, x^4 - 4^x(x^4)'}{(x^4)^2}$

$$= \frac{4^x \ln 4\, x^4 - 4^x 4x^3}{x^8} \quad \text{(théorème 1)}$$

$$= \frac{x4^x \ln 4 - 4(4^x)}{x^5}.$$

d) Si $f(x) = (3^x + x^3)^3$, alors $f'(x) = 3(3^x + x^3)^2(3^x + x^3)'$

$$= 3(3^x + x^3)^2(3^x \ln 3 + 3x^2).$$ ■

Calculons maintenant la dérivée de fonctions composées de la forme $H(x) = a^{f(x)}$.

Théorème 2 Si $H(x) = a^{f(x)}$, où $a \in]0, +\infty$ et $a \neq 1$, et f est une fonction dérivable, alors $H'(x) = a^{f(x)} \ln a\, f'(x)$.

Preuve

Soit $H(x) = y = a^u$, où $u = f(x)$.

Alors $\dfrac{dy}{dx} = \dfrac{dy}{du}\dfrac{du}{dx}$ (notation de Leibniz)

$$\frac{d}{dx}(H(x)) = \frac{d}{du}(a^u)\frac{d}{dx}(f(x))$$

$$H'(x) = [a^u \ln a]\, f'(x)$$

D'où $H'(x) = a^{f(x)} \ln a\, f'(x)$ (car $u = f(x)$). ■

■ **Exemple 3** Calculons la dérivée des fonctions suivantes.

a) Si $y = 3^{(x^2+3x)}$, alors $\dfrac{dy}{dx} = 3^{(x^2+3x)} \ln 3\, (x^2 + 3x)'$ (théorème 2)

$$= 3^{(x^2+3x)} \ln 3\, (2x + 3)$$

$$= (2x + 3)\, 3^{(x^2+3x)} \ln 3.$$

b) Si $y = \left[\left(\dfrac{1}{2}\right)^{\sin x}\right]^3$, alors $\dfrac{dy}{dx} = 3\left[\left(\dfrac{1}{2}\right)^{\sin x}\right]^2\left[\left(\dfrac{1}{2}\right)^{\sin x}\right]'$

$$= 3\left[\left(\frac{1}{2}\right)^{\sin x}\right]^2\left(\frac{1}{2}\right)^{\sin x} \ln\left(\frac{1}{2}\right)(\sin x)' \quad \text{(théorème 2)}$$

$$= 3\left[\left(\frac{1}{2}\right)^{\sin x}\right]^2\left(\frac{1}{2}\right)^{\sin x} \ln\left(\frac{1}{2}\right) \cos x$$

$$= 3 \cos x\left[\left(\frac{1}{2}\right)^{\sin x}\right]^3 \ln\left(\frac{1}{2}\right).$$

■

En 1649, le jésuite belge Alfonso Antonio de Sarasa (1618-1667) remarque que la fonction $A(x)$ donnant l'aire sous l'hyperbole $y = \dfrac{1}{x}$ entre 1 et x possède la propriété des logarithmes : $A(\alpha\beta) = A(\alpha) + A(\beta)$. Dès lors, l'aire sous l'hyperbole correspond à un logarithme. C'est par ce biais que le nombre e entre vraiment en mathématiques. e est le nombre tel que $A(e) = 1$. Ce sera Leonhard Euler (1707-1783) qui introduira la notation e pour ce nombre, sans que l'on connaisse les raisons de son choix.

Dérivée de e^x

Nous allons maintenant étudier une fonction exponentielle avec une base particulière appelée e.

Nous avons vu précédemment que pour la fonction d'équation $f(x) = a^x$, où $a \in]0, +\infty$ et $a \neq 1$,

$$f'(x) = a^x\left(\lim_{h \to 0} \frac{a^h - 1}{h}\right) = a^x \ln a.$$

Il serait intéressant d'avoir un nombre a tel que $\lim\limits_{h \to 0} \dfrac{a^h - 1}{h} = 1$.

Or, un tel nombre existe et il se note e. Ce nombre e est tel que $\lim\limits_{h \to 0} \dfrac{e^h - 1}{h} = 1$.

Déterminons approximativement la valeur de e d'après l'égalité précédente.

Cela signifie que pour h voisin de 0, $\dfrac{e^h - 1}{h}$ est aussi près que nous le voulons de 1, c'est-à-dire que pour $h \approx 0$ nous avons $\dfrac{e^h - 1}{h} \approx 1$

$$e^h - 1 \approx h$$
$$e^h \approx 1 + h$$
$$e \approx (1 + h)^{\frac{1}{h}}.$$

D'où nous pouvons conclure que:

$$\boxed{e = \lim_{h \to 0} (1 + h)^{\frac{1}{h}}}.$$

Évaluons approximativement la valeur de e en donnant à h des valeurs de plus en plus près de zéro.

Pour $h \to 0^-$, nous avons

h	$\frac{-1}{2}$	$\frac{-1}{10}$	$\frac{-1}{100}$	$\frac{-1}{1000}$	$\frac{-1}{10\,000}$	$\frac{-1}{10^6}$	$\ldots \to 0^-$
$(1 + h)^{\frac{1}{h}}$	4	2,867 9…	2,731 9…	2,719 6…	2,718 4…	2,718 28…	… → 2,718 28…

Pour $h \to 0^+$, nous avons

h	$\frac{1}{2}$	$\frac{1}{10}$	$\frac{1}{100}$	$\frac{1}{1000}$	$\frac{1}{10\,000}$	$\frac{1}{10^6}$	$\ldots \to 0^+$
$(1 + h)^{\frac{1}{h}}$	2,25	2,593 7…	2,704 8…	2,716 9…	2,718 1…	2,718 28…	… → 2,718 28…

Nous constatons donc que $e = \lim\limits_{h \to 0} (1 + h)^{\frac{1}{h}} = 2{,}718\,28\ldots$

Nous nous en tiendrons à ce calcul informel, car une démonstration formelle du résultat obtenu dépasserait le cadre du cours. Il est cependant possible d'obtenir, à l'aide d'un ordinateur plus puissant, la valeur suivante: $e \approx 2{,}718\,281\,828\,459\,045\,235\ldots$

Puisque $e > 1$, nous pouvons tracer l'esquisse du graphique de la fonction f définie par $f(x) = e^x$ de la façon ci-contre.

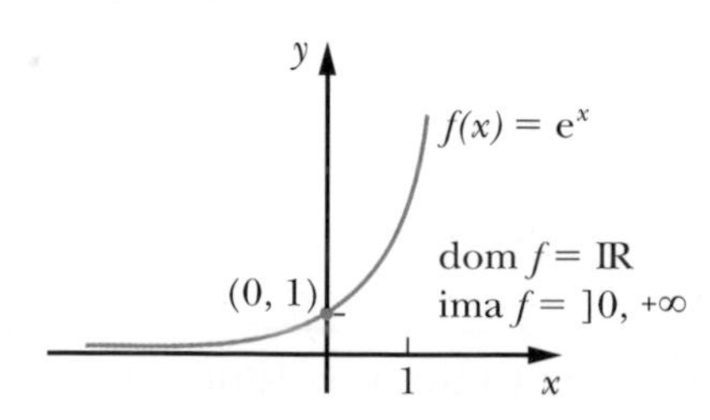

Théorème 3 Si $H(x) = e^x$, alors $H'(x) = e^x$.

Preuve

$$\begin{aligned} H'(x) &= \lim_{h\to 0}\frac{H(x+h)-H(x)}{h} && \text{(par définition)} \\ &= \lim_{h\to 0}\frac{e^{x+h}-e^x}{h} \\ &= \lim_{h\to 0} e^x\left(\frac{e^h-1}{h}\right) \\ &= e^x\left(\lim_{h\to 0}\frac{e^h-1}{h}\right) \\ &= e^x && \left(\text{car } \lim_{h\to 0}\frac{e^h-1}{h}=1\right) \end{aligned}$$

■

■ **Exemple 1** Calculons la dérivée des fonctions suivantes.

a) Si $f(x) = x^2e^x$, alors

$f'(x) = (x^2)'e^x + x^2(e^x)' = 2xe^x + x^2e^x = xe^x(2 + x)$.

b) Si $y = \left(\frac{x}{e^x}\right)^2$, alors

$$\begin{aligned} \frac{dy}{dx} &= 2\left(\frac{x}{e^x}\right)\left(\frac{x}{e^x}\right)' \\ &= \frac{2x}{e^x}\left[\frac{(x)'e^x - x(e^x)'}{(e^x)^2}\right] = \frac{2x}{e^x}\left[\frac{e^x - xe^x}{e^{2x}}\right] = \frac{2x(1-x)}{e^{2x}}. \end{aligned}$$

■

Calculons maintenant la dérivée de fonctions composées de la forme $H(x) = e^{f(x)}$.

Théorème 4 Si $H(x) = e^{f(x)}$, où f est une fonction dérivable, alors $H'(x) = e^{f(x)}f'(x)$.

La preuve est laissée à l'utilisateur ou l'utilisatrice.

■ **Exemple 2** Calculons la dérivée des fonctions suivantes.

a) Si $f(x) = e^{-x}$, alors
$$\begin{aligned} f'(x) &= e^{-x}(-x)' && \text{(théorème 4)} \\ &= e^{-x}(-1) \\ &= -e^{-x}. \end{aligned}$$

b) Si $g(\theta) = e^{5\sin 2\theta}$, alors
$$\begin{aligned} g'(\theta) &= e^{5\sin 2\theta}(5\sin 2\theta)' && \text{(théorème 4)} \\ &= e^{5\sin 2\theta}(10\cos 2\theta) \\ &= 10\cos 2\theta\, e^{5\sin 2\theta}. \end{aligned}$$

■

Applications de la dérivée à des fonctions exponentielles

■ **Exemple 1** Soit $f(x) = xe^x$.

Analysons cette fonction.

1. Déterminons le domaine de f.

   $\text{dom } f = \mathbb{R}$

2. Déterminons, si possible, les asymptotes horizontales.

   $\lim\limits_{x \to -\infty} xe^x$, est une indétermination de la forme $-\infty(0)$.

   La façon formelle de lever cette indétermination dépasse le cadre de ce cours. L'étude de ce type d'indétermination sera faite dans le cours de calcul intégral.

   Par contre, à l'aide du tableau de valeurs suivant, nous constatons que $\lim\limits_{x \to -\infty} xe^x = 0$.

x	-10	-100	-200	$\ldots \to -\infty$
$f(x)$	$-4{,}53\ldots \times 10^{-4}$	$-3{,}72\ldots \times 10^{-42}$	$-2{,}76\ldots \times 10^{-85}$	$\ldots \to 0$

   Donc, $y = 0$, est une asymptote horizontale lorsque $x \to -\infty$.

   $\lim\limits_{x \to +\infty} xe^x = (+\infty)(+\infty) = +\infty$

   Donc, il n'y a pas d'asymptote horizontale lorsque $x \to +\infty$.

3. Calculons $f'(x)$ et déterminons les nombres critiques correspondants.

   $f'(x) = e^x + xe^x = e^x(1 + x)$

   $f'(x) = 0$ si $x = -1$

4. Calculons $f''(x)$ et déterminons les nombres critiques correspondants.

   $f''(x) = e^x(1 + x) + e^x = e^x(x + 2)$

   $f''(x) = 0$ si $x = -2$

5. Construisons le tableau de variation.

x	$-\infty$		-2		-1		$+\infty$
$f'(x)$		−	−	−	0	+	
$f''(x)$		−	0	+	+	+	
f	0	↘∩	$\frac{-2}{e^2}$	↘∪	$\frac{-1}{e}$	↗∪	$+\infty$
E. du G.	⤏	↷	$\left(-2, \frac{-2}{e^2}\right)$	↳	$\left(-1, \frac{-1}{e}\right)$	↗	
			inf.		min.		

6. Esquissons le graphique de f.

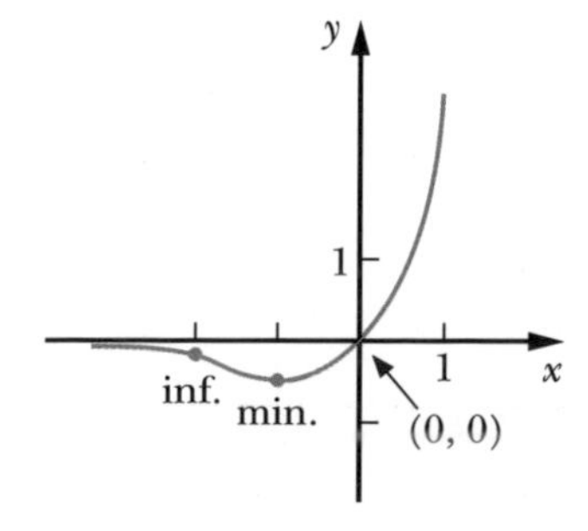

■

■ **Exemple 2** Sur la courbe définie par $f(x) = e^{-x^2}$.
Déterminons les points de la courbe de f qui sont les plus près du point O(0, 0) et calculons la distance séparant ces points et le point O(0, 0).

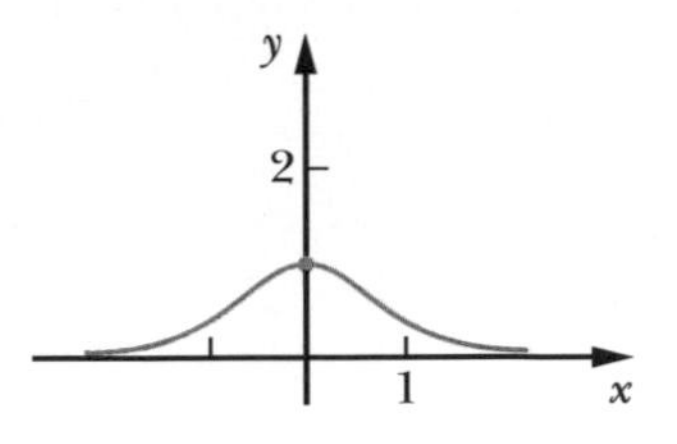

1. Mathématisation du problème.

   Soit un point quelconque P(x, y) de la courbe de f.

   Détermination de la quantité à optimiser.

   $d(x, y) = \sqrt{(x-0)^2 + (y-0)^2}$ doit être minimale.

   Donc, $d(x) = \sqrt{x^2 + (e^{-x^2})^2}$ (car $y = e^{-x^2}$)

   d'où $d(x) = \sqrt{x^2 + e^{-2x^2}}$, où dom $d = \mathbb{R}$.

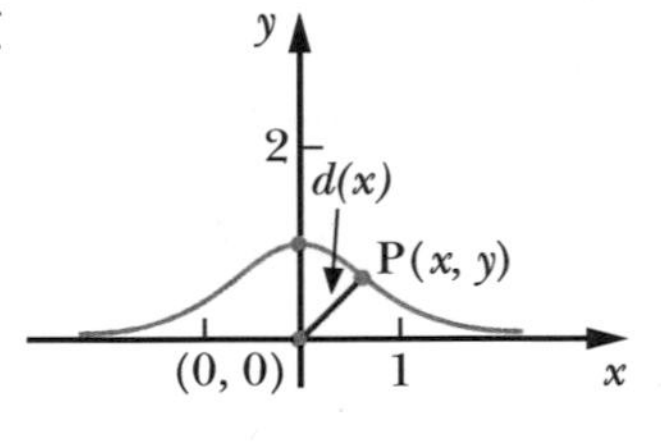

2. Analyse de la fonction à optimiser.

   Calculons $d'(x)$ et déterminons les nombres critiques correspondants.

$$d'(x) = \frac{x(1 - 2e^{-2x^2})}{\sqrt{x^2 + e^{-2x^2}}}$$

$d'(x) = 0$, si $x = 0$ ou si $(1 - 2e^{-2x^2}) = 0$

$$2e^{-2x^2} = 1$$

$$e^{-2x^2} = \frac{1}{2}$$

$$-2x^2 = \ln\left(\frac{1}{2}\right)$$

$$x^2 = \frac{-1}{2}\ln\left(\frac{1}{2}\right)$$

$$x^2 = \frac{-1}{2}(\ln 1 - \ln 2) = \frac{\ln 2}{2}$$

donc, $$x = \pm\sqrt{\frac{\ln 2}{2}}$$

D'où les nombres critiques sont:

$0, -\sqrt{\frac{\ln 2}{2}}$ et $\sqrt{\frac{\ln 2}{2}}$.

Construisons le tableau de variation.

x	$-\infty$	$-\sqrt{\frac{\ln 2}{2}}$		0		$\sqrt{\frac{\ln 2}{2}}$	$+\infty$
$d'(x)$	$-$	0	$+$	0	$-$	0	$+$
d	↘	$\sqrt{\frac{(1+\ln 2)}{2}}$	↗	1	↘	$\sqrt{\frac{(1+\ln 2)}{2}}$	↗
		min.		max.		min.	

3. Formulation de la réponse.

$\left(-\sqrt{\frac{\ln 2}{2}}, \sqrt{\frac{1}{2}}\right)$ et $\left(\sqrt{\frac{\ln 2}{2}}, \sqrt{\frac{1}{2}}\right)$ sont les points de la courbe les plus près du point O(0, 0) et la distance entre ces points et O(0, 0) est de $\sqrt{\frac{(1 + \ln 2)}{2}}$ unité. ■

Exercices 10.2

1. Calculer la dérivée des fonctions suivantes.

a) $f(x) = \frac{x^3}{e^x}$

b) $f(x) = x8^x$

c) $g(x) = 4x^3e^x$

d) $f(x) = \frac{x}{3^x + 10^x}$

e) $x(t) = t^e + e^t$

f) $h(x) = \frac{e^x}{e^x - x}$

g) $v(u) = \sqrt{\left(\frac{1}{3}\right)^u}$

h) $f(x) = \cos(e^x + 2^x)$

2. Calculer la dérivée des fonctions suivantes.

a) $f(x) = 3^x + 3^{-x} + 3x$

b) $f(t) = 8^{(2t + t^2)}$

c) $g(x) = e^{3x} - e^{-5x}$

d) $f(u) = (e^u)^4 - e^{4u}$

e) $f(x) = 4^{(x^4)} - (4^x)^4$

f) $g(x) = 5x^2e^{x^2}$

g) $y = e^{\sqrt{x}} + \sqrt{e^x} + e^e$

h) $g(x) = \frac{e^x - e^{-x}}{e^{2x}}$

i) $f(t) = e^{6t} + 6^{e^t}$

j) $f(x) = (e^{(e^x)} + 2^{-8x})^4$

3. Démontrer de deux façons que $[(e^x)^n]' = n(e^x)^n$.

4. Calculer la pente de la tangente à la courbe définie par $f(x) = x^2\left(\frac{1}{3}\right)^x$ au point $(1, f(1))$.

5. Soit $f(x) = e^{-x}$. Déterminer l'équation de la droite :

a) tangente à la courbe de f au point $(1, f(1))$;

b) normale à la courbe de f au point $(1, f(1))$.

6. Soit $f(x) = 4e^{2x} - 1$. Déterminer, si possible, un point sur la courbe de f de telle sorte que la tangente à la courbe de f en ce point soit parallèle à :

a) la droite d'équation $y = 8x + 6$;

b) l'axe des x.

7. Déterminer le point de minimum relatif et le point de maximum relatif de g, où $g(x) = \frac{x^2}{e^x}$, à l'aide du test de la dérivée seconde.

8. Analyser les fonctions suivantes.

a) $f(x) = e^{-x^2}$

b) $f(x) = (x^2 + 1)e^x$, sachant que $\lim_{x \to -\infty} [(x^2 + 1)e^x] = 0$

9. Déterminer les dimensions du rectangle d'aire maximale que l'on peut inscrire à la gauche de $x = 2$, entre l'axe des x et la courbe dont l'équation est $y = e^x$.

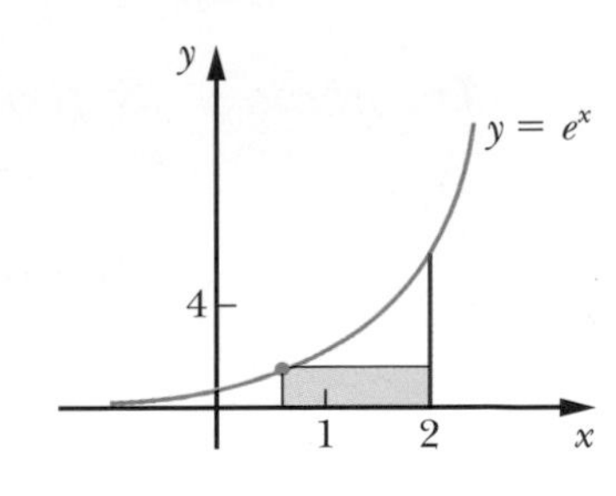

10. À la suite d'une étude, des scientifiques estiment que la quantité accumulée de déchets produits par les habitants d'une ville, dans t années à partir d'aujourd'hui, sera donnée par $Q(t) = \dfrac{1000 \times 3^t}{9 + 3^t}$, où $Q(t)$ est exprimée en tonnes métriques.

a) Quelle est la quantité actuelle de déchets ?

b) Quel sera le taux de variation moyen de la quantité de déchets au cours des cinq prochaines années ?

c) Quel sera le taux de variation instantané dans deux ans ?

d) Faire l'analyse complète de cette fonction.

10.3 DÉRIVÉE DES FONCTIONS LOGARITHMIQUES

Objectif d'apprentissage

À la fin de cette section, l'élève pourra calculer la dérivée de fonctions logarithmiques de la forme $\ln f(x)$ et de la forme $\log_a f(x)$.

Plus précisément, l'élève sera en mesure :

- de démontrer la règle de dérivation pour la fonction $\ln x$;
- de calculer la dérivée de fonctions contenant des expressions de la forme $\ln f(x)$;
- de démontrer la règle de dérivation pour la fonction $\log_a x$;
- de calculer la dérivée de fonctions contenant des expressions de la forme $\log_a f(x)$;
- d'analyser des fonctions contenant des fonctions logarithmiques ;
- de résoudre des problèmes d'optimisation contenant des fonctions logarithmiques.

Dérivée de ln *x*

À partir de la définition de *logarithme* donnée à la section 10.1, nous avons la définition suivante.

Définition

La fonction inverse de la fonction exponentielle e^x est appelée **logarithme naturel,** notée ln, et est définie comme suit :

$$y = \ln x \text{ si et seulement si } x = e^y,$$

où dom ln $=]0, +\infty$ et ima ln $= \mathbb{R}$.

Puisque $\lim\limits_{x \to 0^+} \ln x = -\infty$, nous savons que $x = 0$ est une asymptote verticale.

La représentation ci-contre est une esquisse du graphique de $f(x) = \ln x$.

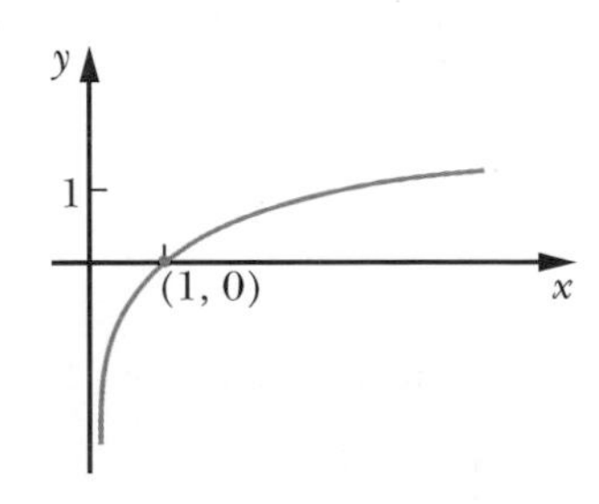

Théorème 5 Si $f(x) = \ln x$, alors $f'(x) = \frac{1}{x}$.

Preuve

En posant $y = \ln x$, nous avons $e^y = x$ (par définition)

$$e^{\ln x} = x \quad \text{(car } y = \ln x\text{)}$$

$$(e^{\ln x})' = (x)'$$

$$e^{\ln x}(\ln x)' = 1$$

ainsi, $$(\ln x)' = \frac{1}{e^{\ln x}}$$

D'où $$(\ln x)' = \frac{1}{x} \quad \text{(car } e^{\ln x} = x\text{).}$$

■

■ **Exemple 1** Calculons la dérivée des fonctions suivantes.

a) Si $f(x) = x^4 \ln x$, alors

$$f'(x) = (x^4)' \ln x + x^4 (\ln x)'$$

$$= 4x^3 \ln x + x^4 \frac{1}{x} \quad \text{(théorème 5)}$$

$$= 4x^3 \ln x + x^3$$

$$= x^3(4 \ln x + 1).$$

b) Si $g(x) = \ln^5 x$, alors

$$g'(x) = ((\ln x)^5)' = 5(\ln x)^4(\ln x)' = \frac{5 \ln^4 x}{x}.$$

■

Calculons maintenant la dérivée de fonctions composées de la forme $H(x) = \ln f(x)$.

Théorème 6 Si $H(x) = \ln f(x)$, où f est une fonction dérivable,
alors $H'(x) = \left[\frac{1}{f(x)}\right] f'(x) = \frac{f'(x)}{f(x)}$.

La preuve est laissée à l'utilisateur ou l'utilisatrice.

■ **Exemple 2** Calculons la dérivée des fonctions suivantes.

a) Si $g(t) = \ln(t^2 - 5t)$, alors

$$g'(t) = \left(\frac{1}{t^2 - 5t}\right)(t^2 - 5t)' \quad \text{(théorème 6)}$$

$$= \frac{2t - 5}{t^2 - 5t}.$$

b) Si $y = \ln^6(\cos x^3)$, alors

$$\frac{dy}{dx} = 6[\ln(\cos x^3)]^5 \frac{-\sin x^3}{\cos x^3} 3x^2$$

$$= -18x^2 \tan x^3 \ln^5(\cos x^3).$$

■

Dérivée de $\log_a x$

Nous utilisons la propriété 6 (changement de base) pour démontrer le théorème suivant.

Théorème 7 Si $f(x) = \log_a x$, alors $f'(x) = \dfrac{1}{x \ln a}$.

Preuve

Puisque $\log_a x = \dfrac{\ln x}{\ln a}$ (changement de base)

$$
\begin{aligned}
(\log_a x)' &= \left(\frac{\ln x}{\ln a}\right)' \\
&= \frac{1}{\ln a}(\ln x)' && (\text{car } [k f(x)]' = k f'(x)) \\
&= \frac{1}{\ln a}\frac{1}{x} && \left(\text{car } (\ln x)' = \frac{1}{x}\right) \\
&= \frac{1}{x \ln a}.
\end{aligned}
$$

■

■ **Exemple 1** Calculons la dérivée des fonctions suivantes.

a) Si $f(x) = \log_2 x$, alors

$$f'(x) = \frac{1}{x \ln 2}.$$

b) Si $h(t) = (t^3 + 1) \log t$, alors

$$h'(t) = 3t^2 \log t + \frac{(t^3 + 1)}{t \ln 10}.$$

c) Si $y = \log^4 x$, alors

$$\frac{dy}{dx} = 4 \log^3 x (\log x)' = 4 \log^3 x \frac{1}{x \ln 10} = \frac{4 \log^3 x}{x \ln 10}.$$

■

Calculons maintenant la dérivée de fonctions composées de la forme $H(x) = \log_a f(x)$.

Théorème 8 Si $H(x) = \log_a f(x)$, où f est une fonction dérivable, alors $H'(x) = \dfrac{f'(x)}{f(x) \ln a}$.

La preuve est laissée à l'utilisateur ou l'utilisatrice.

■ **Exemple 2** Calculons la dérivée des fonctions suivantes.

a) Si $H(x) = \log_8 (x^3 - 10x)$, alors

$$
\begin{aligned}
H'(x) &= \frac{(x^3 - 10x)'}{(x^3 - 10x) \ln 8} && (\text{théorème 8}) \\
&= \frac{3x^2 - 10}{(x^3 - 10x) \ln 8}.
\end{aligned}
$$

b) Si $g(x) = \log(\ln x)$, alors

$$g'(x) = \frac{(\ln x)'}{(\ln x)(\ln 10)} \quad \text{(théorème 8)}$$

$$= \frac{1}{x(\ln x)(\ln 10)}.$$

■

Dans la seconde moitié du XIXe siècle, la fonction logarithmique prit une importance nouvelle du fait des études expérimentales des psychologues E.H. Weber (1795-1878) et, surtout, G.T. Fechner (1801-1887). Ces derniers s'intéressèrent à la relation qui existe entre l'intensité d'un stimulus et l'intensité de la sensation correspondante. Ils constatèrent que la sensation est une fonction logarithmique du stimulus. Les décibels forment une échelle logarithmique de mesure de l'intensité sensorielle des sons.

Applications de la dérivée à des fonctions logarithmiques

■ **Exemple 1** Soit $f(x) = x - 3 - \ln(x + 3)$.

Analysons cette fonction.

1. Déterminons le domaine de f.

   Il faut que $(x + 3) > 0$, alors dom $f =]-3, +\infty$.
   D'où $x = -3$ est susceptible d'être une asymptote verticale.

2. Déterminons, si possible, les asymptotes.

   a) Asymptotes verticales

   $\lim\limits_{x \to -3^+} [x - 3 - \ln(x + 3)] = -6 - (-\infty) = +\infty$

   Donc, $x = -3$ est une asymptote verticale.

   b) Asymptotes horizontales

   $\lim\limits_{x \to +\infty} [x - 3 - \ln(x + 3)]$ est une indétermination de la forme $+\infty - \infty$.

   La façon formelle de lever cette indétermination dépasse le cadre de ce cours. Par contre, à l'aide du tableau de valeurs suivant:

x	1000	10 000	100 000	$\ldots \to +\infty$
$f(x)$	990,08...	9987,78...	99 985,48...	$\ldots \to +\infty$

   Donc, il n'y a pas d'asymptote horizontale.

3. Calculons $f'(x)$ et déterminons les nombres critiques correspondants.

   $f'(x) = 1 - \dfrac{1}{x + 3} = \dfrac{x + 2}{x + 3}$

   $f'(x) = 0$ si $x = -2$ et $f'(x)$ est non définie si $x = -3$; or $-3 \notin$ dom f, ainsi -2 est un nombre critique.

4. Calculons $f''(x)$ et déterminons les nombres critiques correspondants.

   $$f''(x) = \frac{1}{(x+3)^2}$$

   $f''(x)$ est non définie si $x = -3$; or $-3 \notin \text{dom } f'$, ainsi il n'y a aucun nombre critique.

5. Construisons le tableau de variation.

x	-3		-2		$^+\infty$
$f'(x)$	$\nexists$	−	0	+	
$f''(x)$	$\nexists$	+	+	+	
f	$\nexists$	↘∪	-5	↗∪	$^+\infty$
E. du G.		↳	(-2, -5)	↗	
			min.		

   $x = -3$ est une asymptote verticale.

6. Esquissons le graphique de f.

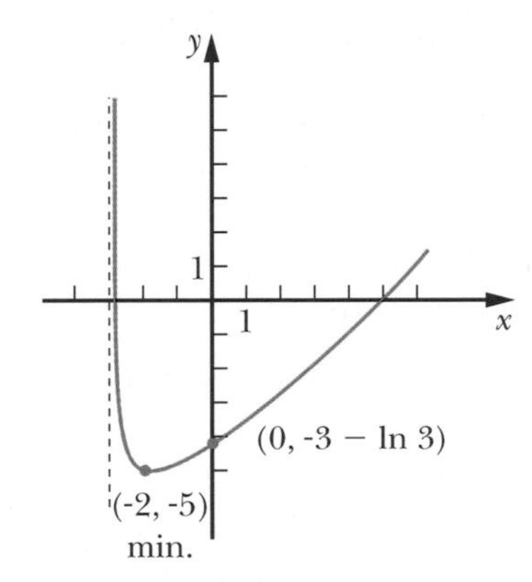

OUTIL TECHNOLOGIQUE

Nous pouvons déterminer que les zéros de la fonction précédente sont approximativement -2,997 515... et 5,090 717... ■

Exercices 10.3

1. Calculer la dérivée des fonctions suivantes.

a) $f(x) = \dfrac{\ln x}{x}$

b) $y = x^4 \ln^5 x$

c) $v(t) = \log_3 t - \log^3 t$

d) $z = (\ln x)(\log x)$

e) $y = \sqrt{\ln u}$

f) $y = (x + \ln^2 x)^5$

g) $g(x) = \dfrac{x \ln x}{e^x}$

h) $x = \dfrac{\log t}{\ln t}$

2. Calculer la dérivée des fonctions suivantes.

a) $f(t) = \ln \sqrt{t}$

b) $g(x) = \log_2 (3x^4 + 1)$

c) $y = \sqrt{\ln \sqrt{x}}$

d) $f(x) = \ln (x^3 + \log x)$

e) $h(v) = (v + \ln v^2)^5$

f) $y = \log_{\frac{1}{2}} (3^x + \log_3 x)$

g) $f(x) = \log^{10} x^{10}$

h) $f(x) = \dfrac{\ln x^4}{x^4}$

i) $y = \ln^8 (xe^x)$

j) $g(x) = \ln e^x - e^{\ln x}$

k) $h(w) = \dfrac{\log_4 w^2}{\log_2 w^4}$

3. Démontrer que si $H(x) = \ln f(x)$, où f est dérivable, alors $H'(x) = \dfrac{f'(x)}{f(x)}$.

4. Soit $f(x) = \ln x$.

a) Déterminer l'équation de la tangente à la courbe de f au point où cette courbe coupe l'axe des x.

b) Déterminer l'équation de la tangente à la courbe de f qui est parallèle à la droite d'équation $x - 4y + 4 = 0$.

5. Déterminer les points de maximum relatif et de minimum relatif de la fonction $g(x) = x - 8 \ln x - \dfrac{12}{x}$, à l'aide du tableau relatif à la dérivée première.

6. Soit $f(x) = x + \ln (x^2 + 1)$.

a) Démontrer que la fonction f est toujours croissante.

b) Déterminer les intervalles de concavité vers le bas, les intervalles de concavité vers le haut et les points d'inflexion de f.

7. Analyser les fonctions suivantes.

a) $f(x) = \dfrac{\ln x}{x}$, sachant que $\lim\limits_{x \to +\infty} \dfrac{\ln x}{x} = 0$

b) $g(x) = \ln (x^2 + 4)$

c) $f(x) = x \ln x^2$, sachant que $\lim\limits_{x \to 0} (x \ln x^2) = 0$

d) $h(t) = 2 - \ln^2 t$

8. Déterminer le point $Q(x, y)$ de la courbe de f, où $f(x) = x^4 \ln x$, tel que la pente P de la droite joignant $Q(x, y)$ au point $O(0, 0)$ soit minimale.

Réseau de concepts

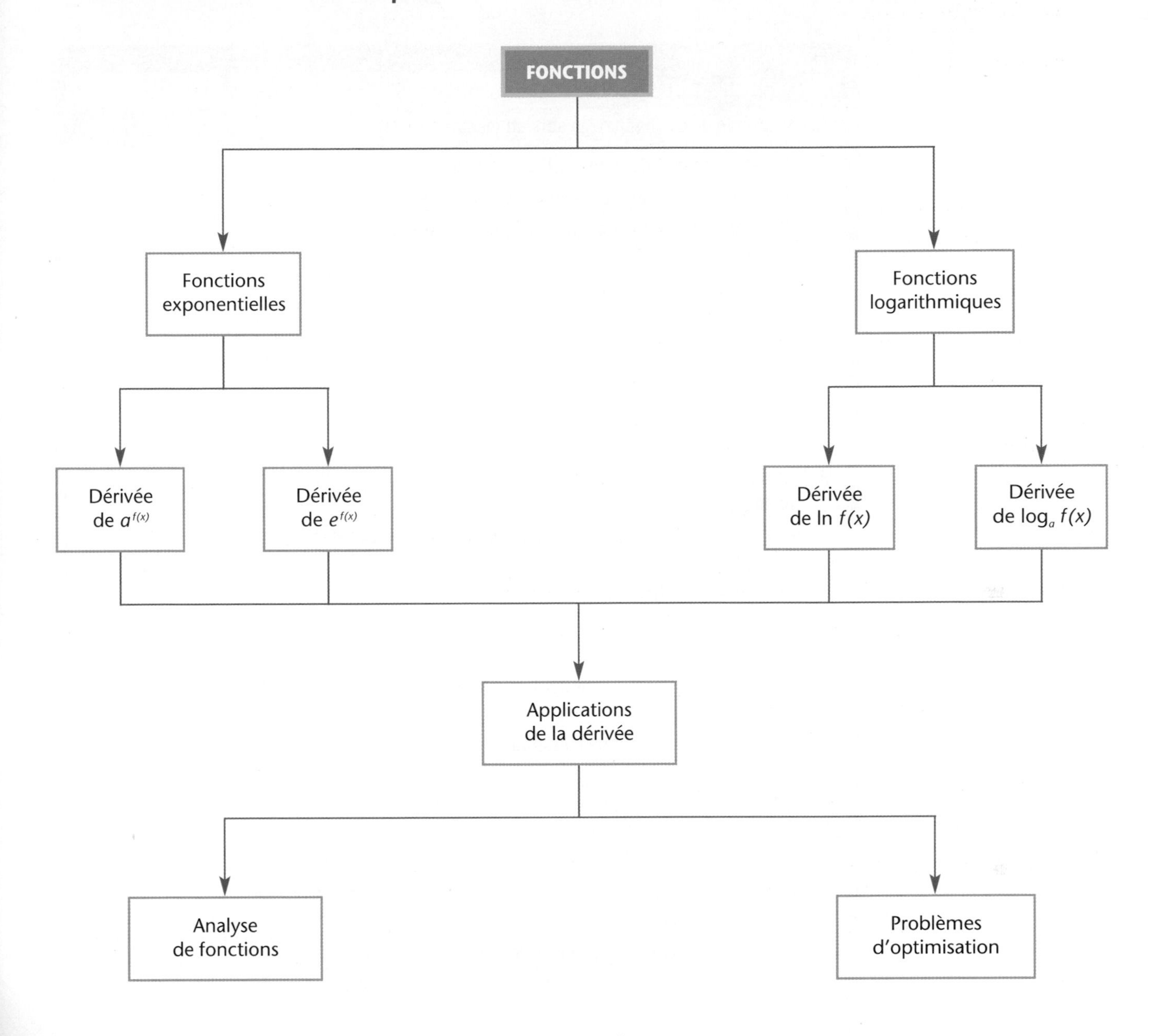

Liste de vérification des apprentissages

RÉPONDRE PAR **OUI** OU **NON.**			
Après l'étude de ce chapitre, je suis en mesure :		**OUI**	**NON**
1.	de déterminer le domaine et l'image de fonctions exponentielles ;		
2.	de représenter graphiquement des fonctions exponentielles ;		
3.	d'utiliser la fonction exponentielle pour résoudre certains problèmes ;		
4.	de connaître la définition de logarithme ;		
5.	de connaître et utiliser certaines propriétés des logarithmes ;		
6.	de déterminer le domaine et l'image de fonctions logarithmiques ;		
7.	de représenter graphiquement des fonctions logarithmiques ;		
8.	d'utiliser la fonction logarithme pour résoudre certains problèmes ;		
9.	de démontrer la règle de dérivation pour les fonctions de la forme a^x ;		
10.	de calculer la dérivée de fonctions contenant des expressions de la forme $a^{f(x)}$;		
11.	de connaître la définition du nombre e ;		
12.	de démontrer la règle de dérivation pour les fonctions de la forme e^x ;		
13.	de calculer la dérivée de fonctions contenant des expressions de la forme $e^{f(x)}$;		
14.	d'analyser des fonctions contenant des fonctions exponentielles ;		
15.	de résoudre des problèmes d'optimisation contenant des fonctions exponentielles ;		
16.	de démontrer la règle de dérivation pour la fonction $\ln x$;		
17.	de calculer la dérivée de fonctions contenant des expressions de la forme $\ln f(x)$;		
18.	de démontrer la règle de dérivation pour la fonction $\log_a x$;		
19.	de calculer la dérivée de fonctions contenant des expressions de la forme $\log_a f(x)$;		
20.	d'analyser des fonctions contenant des fonctions logarithmiques ;		
21.	de résoudre des problèmes d'optimisation contenant des fonctions logarithmiques.		

Si vous avez répondu **NON** à une de ces questions, il serait préférable pour vous d'étudier à nouveau cette notion.

Exercices récapitulatifs

biologie · chimie · administration · physique

1. Calculer la dérivée des fonctions suivantes.

a) $f(x) = e^{-x} + e^{2x} \tan x$

b) $g(x) = \dfrac{10^{\cos x}}{8^{\sqrt{x}}}$

c) $y = \ln x^4 - \ln^4 x$

d) $v(t) = \log_4 (\ln t)$

e) $f(x) = \log (\cot x + e^{-x})$

f) $h(x) = e^{(e^x)} \sin x$

g) $f(x) = \pi^{(ex)} + e^{(\pi x)} + x^{(e\pi)}$

h) $f(u) = u \ln \dfrac{1}{u}$

i) $g(\theta) = \sec (\ln \theta) + \ln (\sec \theta)$

j) $f(x) = \dfrac{\ln x}{e^x}$

k) $f(x) = \ln (\log e^x)$

l) $y = \ln \left(\dfrac{1 - \sin \theta}{1 + \sin \theta}\right)$

m) $f(x) = \ln (x^2 + e^x) - \ln \left(\dfrac{e^x - 2}{e^x}\right)$

n) $f(x) = \dfrac{x - e^{2x}}{e^{3x} - 4}$

o) $d(x) = \sqrt{\ln x^2}$

p) $f(x) = \log_5 [7^{-x} + \log_6 (x^3 + e^x)]$

q) $c(t) = c_0 (1 + i)^t$

r) $f(x) = \dfrac{e^x + e^{-x}}{e^x - e^{-x}}$

2. Quel est le point $P(x, y)$ sur la courbe d'équation $f(x) = xe^x$ pour lequel l'équation de la droite tangente à la courbe en ce point est donnée par $y = \dfrac{-1}{e}$?

3. Pour chaque fonction, calculer, si possible, la pente de la tangente à sa courbe au point donné.

a) $f(x) = \dfrac{\ln x}{3x}$, au point $(1, f(1))$

b) $g(x) = \dfrac{e^{-x}}{x^2}$, au point $(2, g(2))$

4. Soit $f(x) = x^3 e^{(4 - x^2)}$.

a) Déterminer l'équation de la tangente à la courbe de f au point $(-2, f(-2))$.

b) Déterminer l'équation de la normale à cette tangente.

5. En 1975, la population d'une ville était de 5000 habitants; en 1990, elle était de 12 500 habitants. Si le facteur de croissance demeure constant:

a) Déterminer la fonction P qui permet d'évaluer la population en fonction du temps t.

b) Exprimer t en fonction de P.

c) Quelle sera la population de cette ville en l'an 2010?

d) En quelle année la population de cette ville a-t-elle été (ou sera-t-elle) d'environ 23 000 habitants?

OUTIL TECHNOLOGIQUE

e) Tracer l'esquisse du graphique de la fonction P en fonction de t.

f) Tracer l'esquisse du graphique de t en fonction de P.

6. Le sucre, mélangé à un certain liquide, se dissout conformément à l'équation suivante:

$Q(t) = Q_0 e^{kt}$, où $Q(t)$ est la quantité restante de sucre, Q_0, la quantité initiale de sucre, k, un facteur de décroissance et t, le temps en heures écoulé depuis le début du mélange. Au cours d'un mélange, la quantité initiale de sucre est de 20 kg et, après 3 heures, il reste 8 kg de sucre non dissous.

a) Déterminer la valeur du facteur de décroissance k.

b) Déterminer la fonction donnant le taux de variation de $Q(t)$.

c) Déterminer ce taux de variation 5 heures après le début du mélange, et déterminer la quantité de sucre non dissous à ce moment.

7. Des sociologues, aidés de mathématiciens, ont établi que le nombre de personnes qui propagent une nouvelle dans une ville après

t jours est donné par $P(t) = \dfrac{N}{99e^{-2t} + 1}$, où N représente la population de la ville. Dans une ville d'une population de 2 000 000 d'habitants:

a) Déterminer le nombre initial de personnes qui propagent une nouvelle.

b) Déterminer le nombre de personnes qui propagent cette nouvelle après deux jours.

c) Déterminer le temps nécessaire pour que les trois quarts de la population propagent la nouvelle.

d) Démontrer, à l'aide de la dérivée, que le nombre de personnes qui propagent la nouvelle est toujours croissant.

OUTIL TECHNOLOGIQUE

e) Évaluer $\lim_{t \to +\infty} P(t)$, interpréter le résultat et donner l'esquisse du graphique de P.

8. À la sortie d'un nouveau disque compact, le taux de croissance des ventes est grand au début, puis il diminue par la suite. Une compagnie estime que le nombre N de disques vendus en fonction du temps t (en semaines) est donné par

$N(t) = 1\,000\,000\,(1 - e^{\frac{-t}{3}})$.

a) Après combien de semaines le nombre de disques vendus sera-t-il de 500 000?

b) Estimer le plus grand nombre possible de disques que la compagnie espère vendre.

c) Démontrer que le nombre de disques vendus est toujours de plus en plus élevé.

d) Démontrer que le taux de variation instantané de $N(t)$ est une fonction décroissante.

e) Donner l'esquisse du graphique de N en fonction de t.

9. Pour chacune des fonctions suivantes, déterminer le domaine, l'équation des asymptotes, les points de minimum relatif, les points de maximum relatif, les points d'inflexion, et donner l'esquisse du graphique de la fonction.

a) $f(x) = (x^2 - 3)e^x$, sachant que $\lim_{x \to -\infty} [(x^2 - 3)e^x] = 0$

b) $f(x) = \ln (3 - x)^2$

c) $f(x) = \dfrac{x}{e^{\frac{x^2}{2}}}$, sachant que $\lim_{x \to -\infty} \dfrac{x}{e^{\frac{x^2}{2}}} = 0$ et $\lim_{x \to +\infty} \dfrac{x}{e^{\frac{x^2}{2}}} = 0$

d) $f(x) = x - \ln (x^2 + 1)$, sachant que $\lim_{x \to +\infty} [x - \ln (x^2 + 1)] = +\infty$

e) $f(x) = \dfrac{x}{2^x}$, sachant que $\lim_{x \to +\infty} \dfrac{x}{2^x} = 0$

f) $f(x) = x \ln x$, sachant que $\lim_{x \to 0^+} (x \ln x) = 0$

g) $f(x) = x^2 - x^2 \ln x$, sachant que $\lim_{x \to 0^+} (x^2 - x^2 \ln x) = 0$

h) $f(x) = 2 - \ln (x^2 + 9)$

i) $f(x) = \dfrac{e^x}{e^x - 1}$

j) $f(x) = 15 + x - 8 \ln x - \dfrac{12}{x}$, sachant que $\lim_{x \to 0^+} f(x) = -\infty$

k) $f(x) = x^2 2^x$, sachant que $\lim_{x \to -\infty} f(x) = 0$

10. Soit $f(x) = \dfrac{e^x}{x^3}$ et $g(x) = \dfrac{x^3}{e^x}$, où $\lim_{x \to +\infty} \dfrac{e^x}{x^3} = +\infty$.

a) Déterminer dom f et dom g.

b) Déterminer, si possible, les asymptotes verticales de f et de g.

c) Déterminer, si possible, les asymptotes horizontales de f et de g.

d) Construire les tableaux de variation et faire l'esquisse des graphiques de f et de g.

11. Déterminer un point $P(x, y)$ de la courbe définie par $g(x) = e^{(x^2 - 9)}$, tel que la droite définie par $y = -6x - 17$ soit tangente à cette courbe.

12. Soit $f(x) = e^{-x^2}$.

a) Donner l'esquisse du graphique de la fonction à l'aide d'un outil technologique.

b) Déterminer le point de la courbe de f où la pente de la tangente à cette courbe est:

i) maximale ; ii) minimale.

c) Compléter cette phrase : Les points trouvés en b) sont des points ________

d) Représenter sur votre esquisse de graphique les tangentes trouvées en b).

13. Soit $f(x) = e^{-x}$ sur $-\infty, 3[$.

a) Donner les coordonnées du point $P(x, y)$ de la courbe de f tel que la pente de la droite D joignant ce point au point $A(3, 0)$ soit maximale.

OUTIL TECHNOLOGIQUE

b) Représenter la courbe de f et la droite D déterminée en a).

c) Compléter cette phrase : La droite D est ________

14. Soit $f(x) = (x + 2)e^{-x}$ et $g(x) = -3x^4 + 6x^2 + 3$.

OUTIL TECHNOLOGIQUE

Déterminer l'abscisse des points d'intersection des courbes de f et de g, en donnant votre réponse avec cinq chiffres significatifs.

15. Déterminer les dimensions du rectangle d'aire maximale situé sous l'axe des x, entre l'axe des y et la courbe d'équation $y = \ln x$.

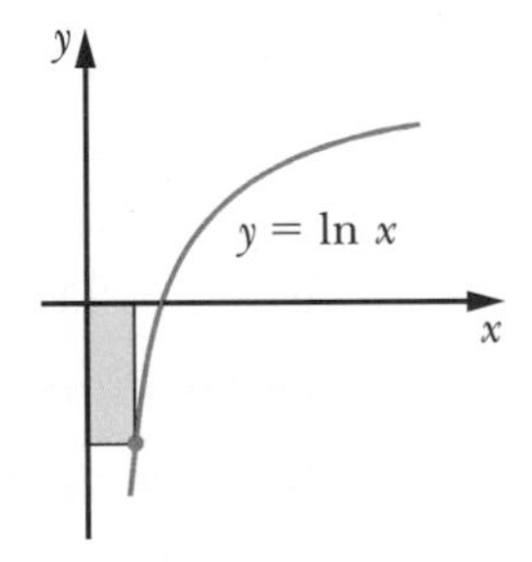

16. a) Déterminer l'aire du rectangle d'aire maximale que l'on peut inscrire entre la courbe définie par $y = e^{\frac{-x^2}{2}}$ et l'axe des x.

OUTIL TECHNOLOGIQUE

b) Représenter la courbe de y et le rectangle trouvé en a).

17. Certains psychologues estiment que, en général, la fonction définie par $C(x) = \dfrac{5}{3x \ln x - 5x + 10}$ donne approximativement une mesure numérique de la capacité d'apprendre d'un enfant âgé de 6 mois à 5 ans, en fonction de son âge x, où x est en années. Déterminer l'âge auquel la capacité d'apprendre d'un enfant est maximale.

18. Le physicien anglais William Thomson (1824-1907), mieux connu sous le nom de lord Kelvin, a démontré que la vitesse v de transmission d'un signal à l'intérieur d'un câble conducteur sous-marin dépend d'une certaine variable x qui peut être déterminée à partir du diamètre extérieur du câble et du diamètre du fil intérieur.

Sachant que $v(x) = kx^2 \ln\left(\dfrac{1}{x}\right)$, où k est une constante dépendant de la longueur du câble et de sa qualité, déterminer la valeur de x à laquelle v est maximale.

19. Dans certaines conditions, l'acide oxalique peut se décomposer en acide formique et en dioxyde de carbone.

$HOOC{-}COOH \rightarrow HCOOH + CO_2$, où les quantités sont exprimées en grammes.

Consulter le graphique ci-dessous qui représente la concentration de l'acide oxalique en fonction du temps.

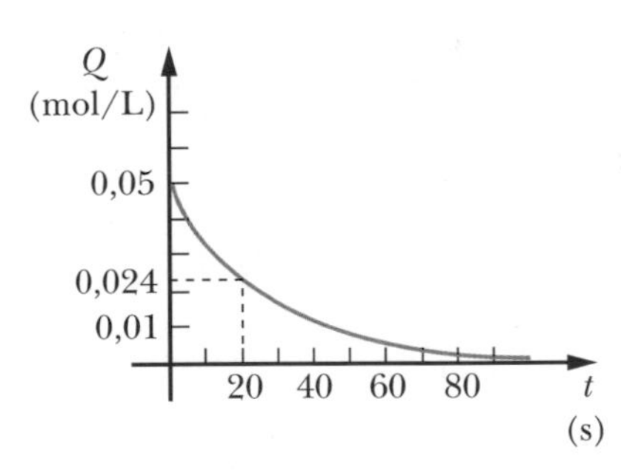

a) Sachant que la quantité Q est donnée par $Q(t) = Q_0e^{kt}$, déterminer l'équation $Q(t)$.

b) Calculer la vitesse moyenne de réaction entre 10 s et 30 s.

c) Déterminer la vitesse initiale de la réaction.

d) Déterminer la vitesse instantanée de la réaction à 40 s.

e) Déterminer la vitesse instantanée de la réaction lorsque Q est égale à 0,04 (mol/L).

Problèmes de synthèse

1. Soit la fonction sinus hyperbolique définie par $\sinh x = \dfrac{e^x - e^{-x}}{2}$ et la fonction cosinus hyperbolique définie par $\cosh x = \dfrac{e^x + e^{-x}}{2}$.

a) Calculer $(\sinh x)'$.

b) Calculer $(\cosh x)'$.

c) Démontrer que $\cosh^2 x - \sinh^2 x = 1$.

OUTIL TECHNOLOGIQUE

d) Représenter sur un même système d'axes les courbes de $f(x) = \sinh x$ et de $g(x) = \cosh x$.

2. Calculer $\dfrac{dy}{dx}$ si:

a) $e^y = e^x + \ln x$;

b) $\log y = x \ln x$;

c) $e^{xy} - x^2y^3 = 0$;

d) $\sin x \ln y = xy$.

3. Déterminer la pente de la tangente à la courbe définie par $e^x \ln y = 2xy$, au point $(0, 1)$.

4. Soit $y = \dfrac{e^x - e^{-x}}{2}$.

a) Démontrer que $x = \ln\left(y + \sqrt{y^2 + 1}\right)$.

b) Calculer $\dfrac{dy}{dx}$ et $\dfrac{dx}{dy}$.

c) Vérifier, à partir des résultats obtenus en b), que $\dfrac{dx}{dy} = \dfrac{1}{\frac{dy}{dx}}$.

5. Soit un mobile se déplaçant de façon rectiligne. Si sa position en fonction du temps est donnée par $x(t) = ae^{\omega t} + be^{-\omega t}$, où t est en secondes et $x(t)$, en centimètres, déterminer:

a) la fonction donnant la vitesse en fonction du temps t;

b) la fonction donnant l'accélération en fonction du temps t.

6. Soit $f(x) = e^{-|x|}$.

a) Exprimer f sous la forme d'une fonction définie par parties.

b) Déterminer si f est continue en $x = 0$.

c) Déterminer si f est dérivable en $x = 0$.

d) Déterminer si le point $O(0, 0)$ est un point de rebroussement ou un point anguleux.

OUTIL TECHNOLOGIQUE

e) Représenter graphiquement cette fonction.

7. Analyser les fonctions suivantes.

a) $f(x) = e^x \sin x - 1$, sur $[-\pi, \pi[$

b) $f(x) = \dfrac{\sin x}{e^x}$, sur $[0, \pi]$

c) $f(x) = e^{2x} - 2x$, sachant que $\lim\limits_{x \to -\infty} (e^{2x} - 2x) = +\infty$

d) $f(x) = \ln(\cos x)$, sur $\left]\dfrac{-\pi}{2}, \dfrac{\pi}{2}\right[$

8. Soit $f(x) = \ln(e^x - 1)$.

a) Déterminer dom f.

b) Démontrer que $\forall x \in \text{dom } f$, $\ln(e^x - 1) = x + \ln(1 - e^{-x})$.

c) Déterminer l'asymptote oblique de f.

d) Représenter graphiquement cette fonction ainsi que l'asymptote précédente.

e) Représenter graphiquement et déterminer les asymptotes des fonctions g et h, si $g(x) = \ln(e^{|x|} - 1)$ et $h(x) = \ln|e^x - 1|$.

9. Soit $f(x) = 3 + \ln\left(\dfrac{x-2}{x+1}\right)$.

a) Faire l'analyse de f.

b) À partir du graphique obtenu en a), déduire le graphique de la fonction $g(x) = \left|3 + \ln\left(\dfrac{x-2}{x+1}\right)\right|$.

c) Faire l'analyse de la fonction h, si $h(x) = 3 + \ln\left|\dfrac{x-2}{x+1}\right|$.

10. En statistique, la fonction de densité d'une variable aléatoire x suivant une loi normale est définie par $f(x) = \dfrac{1}{\sigma\sqrt{2\pi}}\, e^{\frac{-1}{2}\left(\frac{x-\mu}{\sigma}\right)^2}$, où la constante μ représente l'espérance mathématique de x et la constante σ^2, la variance $(\sigma > 0)$.

Faire l'analyse complète de cette fonction.

11. Soit $f(x) = \begin{cases} e^x - x + k & \text{si} \quad x < 0 \\ -x^3 & \text{si} \quad 0 \leq x < 1. \\ \dfrac{\ln x}{x} - 1 & \text{si} \quad x \geq 1 \end{cases}$

a) Déterminer, si possible, la valeur de k qui rend la fonction continue en $x = 0$ et déterminer alors si cette fonction est dérivable en $x = 0$.

b) Déterminer si cette fonction est continue et dérivable en $x = 1$.

OUTIL TECHNOLOGIQUE

c) Représenter graphiquement cette fonction selon la valeur de k obtenue en a).

12. Soit $f(x) = x \ln x$.

Déterminer l'aire du triangle formée par la tangente à la courbe de f au point $P(e, f(e))$, la normale à cette tangente au même point de la courbe et l'axe OY. Représenter la courbe et le triangle précédent.

13. a) Déterminer la forme générale des fonctions f, telles que la pente de la tangente à la courbe de ces fonctions soit identique à l'image de f en tout point de f.

b) Déterminer parmi les fonctions obtenues en a) celle qui passe par le point $P(0, 7)$; celle qui passe par le point $R(-1, 7)$.

14. Soit la courbe définie par $f(x) = e^x$ et la courbe définie par $g(x) = \ln x$.

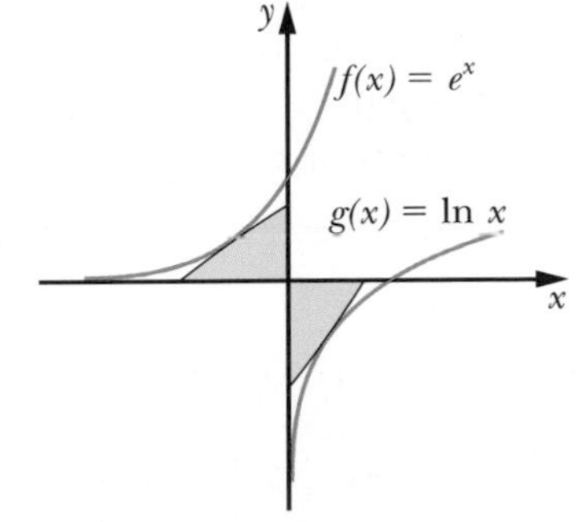

a) Déterminer le point où l'aire du triangle rectangle délimité par les axes et la tangente à la courbe de f est maximale. Donner les dimensions de ce triangle rectangle.

b) Déterminer le point où l'aire du triangle rectangle délimité par les axes et la tangente à la courbe de g est maximale. Donner les dimensions de ce triangle rectangle.

15. Soit A et B les points d'intersection de la droite $y + x = e + 1$ avec la courbe des fonctions $f(x) = e^x$ et $g(x) = \ln x$. Déterminer l'aire du triangle OAB, où $O(0, 0)$.

16. Le revenu d'une compagnie pour un certain produit est donné par $R(x) = 100\,000 - 100\,000\, e^{-0{,}04x}$, où x représente le montant en milliers de dollars dépensé pour la publicité du produit.

OUTIL TECHNOLOGIQUE

a) Représenter graphiquement la fonction R.

b) Déterminer le montant à partir duquel les sommes affectées à la publicité cessent d'être rentables.

17. Des spécialistes ont estimé que la concentration C d'un médicament dans le sang, t minutes après l'injection, est donnée par

$C(t) = \dfrac{c}{a - b}\,(e^{-bt} - e^{-at})$, où a, b et c sont des constantes positives dépendantes du médicament et $a > b$.

a) Déterminer la concentration C maximale.

b) Évaluer $\lim\limits_{t \to +\infty} C(t)$ et interpréter le résultat.

18. Soit les fonctions $f(x) = a^x$ et $g(x) = \log_a x$, où $a > 1$.

a) Déterminer la valeur de a telle que les graphiques de f et de g aient un seul point d'intersection.

b) Déterminer ce point I d'intersection.

19. Soit $f(x) = \ln x$ et $g(x) = \dfrac{f(x)}{x}$.

a) Déterminer, si possible, les intervalles de croissance et les intervalles de décroissance de f et de g.

b) Utiliser les résultats obtenus en a) pour démontrer que si $0 < b < a \leqslant e$, alors $b^a < a^b$ et que si $e \leqslant b < a$, alors $a^b < b^a$.

c) En déduire, suivant les valeurs du nombre réel a, le nombre de solutions de l'équation $e^{ax} = x$.

Test récapitulatif

1. Calculer la dérivée des fonctions suivantes.

a) $f(x) = e^{\sec 2x} + \tan 7^{5x}$

b) $f(x) = 4^{\ln x} - 5 \ln (1 - x^5)$

c) $f(x) = \log^5 (x^8 - 8^{-x})$

d) $f(x) = \dfrac{e^x \ln x}{\cos x}$

2. Soit $f(x) = e^{2x+3}$ et $g(x) = x \ln 3x$.

a) Déterminer les points d'intersection de la tangente à la courbe de f au point $(-1, f(-1))$ avec l'axe OX et l'axe OY.

b) Déterminer le point de la courbe de f où la tangente à cette courbe est parallèle à la droite d'équation $y = 4x + 1$.

c) Déterminer le point de la courbe de g, où la tangente à cette courbe est parallèle à la droite d'équation $2x + y - 5 = 0$.

3. Faire l'analyse de la fonction suivante :

$f(x) = 2e^x - xe^x + 1$, sachant que $\lim\limits_{x \to -\infty} xe^x = 0$.

4. Soit $f(x) = \ln^2 x$.

a) Faire l'analyse de la fonction f.

b) Déterminer, si possible, le point $Q(x, y)$ sur la courbe de f où la pente P de la tangente à la courbe est:

i) maximale ; ii) minimale.

c) Représenter la(les) tangente(s) précédente(s) et donner l'équation de chaque tangente représentée.

5. Déterminer les coordonnées du point $P(x, y)$ tel que l'aire du triangle suivant soit maximale.

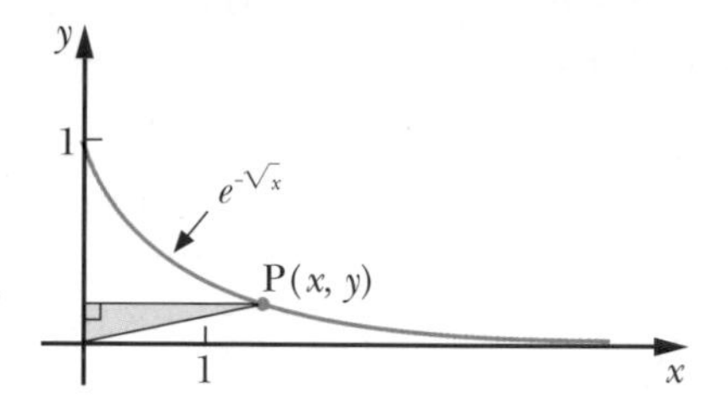

6. On sait que la température réelle augmente avec l'humidité. L'équation générale qui donne la température relative, en degrés Celsius, en fonction du pourcentage d'humidité est de la forme $T(h) = T_0 e^{kh}$, où h représente le pourcentage d'humidité et T_0, la température réelle. Pour une température réelle de 32 °C, on obtient une température relative de 35 °C à un pourcentage d'humidité de 60 %.

a) Après avoir évalué la valeur de k, déterminer la fonction $T(h)$.

b) Évaluer la température relative si le pourcentage d'humidité passe à 90 %.

c) Donner l'esquisse du graphique de la fonction $T(h)$ sur [0 %, 100 %], à l'aide du tableau de variation.

7. Une compagnie, dont les revenus actuels sont de 75 000 $, dépense 1000 $ pour sa publicité. Elle estime que, chaque fois qu'elle double la somme affectée à la publicité, ses revenus augmentent de 10 %. Évaluer la somme qu'elle devra affecter à la publicité pour maximiser ses bénéfices, qui sont définis par la différence entre ses revenus et ses dépenses en matière de publicité.

CHAPITRE 11

Dérivée des fonctions trigonométriques inverses

Introduction

Le présent chapitre est consacré à la définition des fonctions trigonométriques inverses et au calcul de la dérivée de ces fonctions. Nous serons alors en mesure d'analyser quelques fonctions contenant des fonctions trigonométriques inverses.

En particulier, à la fin de ce chapitre, l'utilisateur ou l'utilisatrice pourra résoudre le problème suivant:

Le bas d'un écran de cinéma de 12 mètres de haut est situé à 6 mètres au-dessus des yeux d'une spectatrice. En considérant que l'on obtient la meilleure vision lorsque l'ouverture d'angle θ rapportée à l'écran est maximale, à quelle distance d du bas de l'écran la spectatrice doit-elle se situer pour obtenir la meilleure vision? (Exercice récapitulatif 14, page 390.)

Perspective historique

FONCTIONS TRIGONOMÉTRIQUES INVERSES

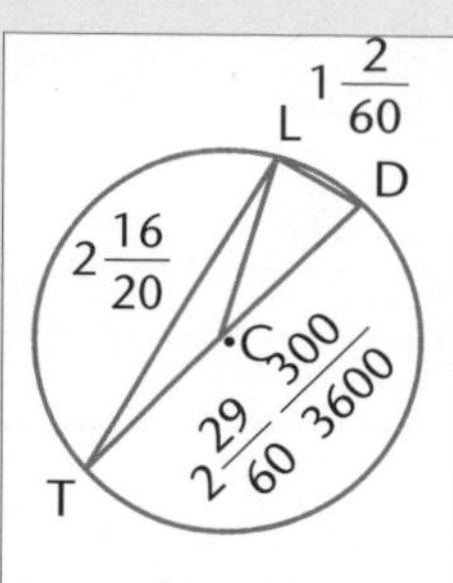

Historiquement, l'idée de fonctions trigonométriques inverses apparaît dès qu'on commence à utiliser les tables de cordes (voir la capsule du chapitre 9). Par exemple, dans son grand traité, communément appelé *Almagest,* l'astronome grec Ptolémée (vers 100-178 apr. J.-C.) doit souvent chercher un angle à partir d'informations sur la corde de celui-ci. Voyons un exemple tiré de son étude du Soleil et de sa tentative d'ajuster son modèle aux mesures issues de l'observation. À une certaine étape de son long raisonnement, il veut déterminer, connaissant les côtés, les angles d'un triangle rectangle TLD. Le point T correspond à la position de la Terre. Les côtés LD, TD, TL mesurent respectivement $1 + 2/60$, $2 + 29/60 + 30/3600$, $2 + 48/60$. (À l'époque, on utilisait les fractions sexagésimales qui s'écrivaient un peu comme nos fractions décimales mais dont les positions correspondaient non pas aux puissances successives de $1/10$, mais plutôt aux puissances successives de $1/60$.) Pour déterminer les angles de ce triangle, Ptolémée l'inscrit dans un cercle dont le centre C se situe ainsi au milieu de l'hypoténuse TD. Il cherche alors la mesure des angles T et D. Il remarque d'abord que l'angle T est la moitié de l'angle au centre LCD. Or, le segment LD est précisément la corde sous-tendant l'arc LD déterminé par l'angle LCD. Puisqu'il a calculé une table associant les arcs d'un cercle de rayon 60 aux cordes qui les sous-tendent, il peut l'utiliser en la lisant « à l'envers », c'est-à-dire en cherchant à quel angle correspond une corde de longueur donnée. Il y a toutefois une difficulté. Sa table donne les cordes pour les arcs d'un cercle de diamètre 120 et non pas pour un cercle de diamètre $2 + 29/60 + 30/3600$, comme c'est le cas pour le triangle TLD. Pour utiliser sa table, il doit donc, à l'aide d'une proportion, calculer les côtés d'un triangle semblable au triangle TLD et dont l'hypoténuse est 120. D'après ce calcul, le côté correspondant au côté LD, dans ce nouveau triangle, mesure $49 + 46/60$. Ptolémée peut alors utiliser, « à l'envers », sa table des cordes. En examinant les valeurs des cordes dans sa table, il constate que l'arc de 49° a pour corde un segment de mesure $49 + 45/60 + 48/3600$. Cette dernière valeur étant très proche de $49 + 46/60$, il considère que l'arc correspondant à une corde mesurant $49 + 46/60$ mesure aussi 49°. Il en conclut que dans le triangle LTD, l'angle au centre LCD mesure aussi 49° et donc que l'angle T mesure $24 + 30°/60$, soit la moitié de celui-ci. Pour l'angle D, il suffit de remarquer qu'il est le troisième angle d'un triangle dont on connaît déjà les deux autres. Pour calculer les angles du triangle LTD, Ptolémée a ainsi utilisé ce que nous pourrions appeler la fonction Arc corde.

QUESTION : Dans un cercle de rayon R, Arc corde x est l'arc dont la corde est x, où x est inférieur ou égal au rayon R du cercle. Montrer que :

$$\text{Arc corde } 2x = 2 \text{ Arc sin } x/R.$$

Il faut attendre, le XIIe siècle pour trouver une table, donnant directement la valeur d'un arc de cercle en fonction de la corde qu'elle sous-tend. Jusqu'au XVIe siècle cependant, on conçoit toujours les fonctions trigonométriques comme des segments de droites dans un cercle de rayon donné. Les calculateurs, confrontés à l'absence de notations vraiment pratiques pour les fractions, basent leurs calculs sur des cercles de rayon de plus en plus grand. Au siècle suivant, la popularisation progressive de l'usage des fractions décimales permettra de se rendre compte des avantages de calculer à partir d'un cercle unitaire.

Ainsi, vers 1670, James Gregory (1638-1675) détermina des séries infinies permettant de calculer les fonctions que nous appelons maintenant Arc sinus et Arc tangente. Plusieurs autres séries de la sorte seront par la suite trouvées, entre autres par Newton (1642-1727). Au milieu du XVIIIe siècle, le Suisse Euler (1707-1783) présentera les fonctions trigonométriques et les fonctions trigonométriques inverses sous la forme que nous connaissons maintenant. En particulier, le cercle de rayon 1 devient fondamental et le restera jusqu'à nos jours.

Test préliminaire

Partie A

1. Tracer le graphique des six fonctions trigonométriques et indiquer le domaine et l'image de chaque fonction.

2. Déterminer l'ensemble des valeurs de θ tel que :

a) $\sin \theta = 1$;

b) $\sin \theta = 0$;

c) $\cos \theta = \frac{-\sqrt{2}}{2}$;

d) $\tan \theta = 1$;

e) $\sec \theta = -1$.

3. Compléter les identités suivantes.

a) $\cos^2 x + \sin^2 x =$

b) $1 + \tan^2 x =$

c) $1 + \cot^2 x =$

4. Exprimer :

a) $\sin x$ en fonction de $\cos x$;

b) $\cos y$ en fonction de $\sin y$;

c) $\tan \theta$ en fonction de $\sec \theta$;

d) $\cot x$ en fonction de $\csc x$.

Partie B

1. Compléter les égalités suivantes.

a) $[\sin f(x)]' =$

b) $[\cos f(x)]' =$

c) $[\tan f(x)]' =$

d) $[\cot f(x)]' =$

e) $[\sec f(x)]' =$

f) $[\csc f(x)]' =$

11.1 DÉRIVÉE DES FONCTIONS ARC SINUS ET ARC COSINUS

Objectif d'apprentissage

À la fin de cette section, l'élève pourra calculer la dérivée de fonctions contenant des fonctions Arc sin $f(x)$ et Arc cos $f(x)$.

Plus précisément, l'élève sera en mesure :

- de déterminer le domaine et l'image de la fonction Arc sinus;
- de connaître la définition de la fonction Arc sinus;
- de représenter graphiquement la fonction Arc sinus;
- de démontrer la règle de dérivation pour la fonction Arc sin x;
- de calculer la dérivée de fonctions contenant des expressions de la forme Arc sin $f(x)$;
- de déterminer le domaine et l'image de la fonction Arc cosinus;
- de connaître la définition de la fonction Arc cosinus;
- de représenter graphiquement la fonction Arc cosinus;
- de démontrer la règle de dérivation pour la fonction Arc cos x;
- de calculer la dérivée de fonctions contenant des expressions de la forme Arc cos $f(x)$;
- d'analyser des fonctions contenant des fonctions Arc sinus et Arc cosinus;
- de résoudre des problèmes contenant des fonctions Arc sinus et Arc cosinus.

Dans cette section, nous allons démontrer des formules permettant de calculer la dérivée de fonctions contenant des fonctions Arc sinus et Arc cosinus.

Dérivée de la fonction Arc sinus

Définissons d'abord la fonction Arc sinus.

À partir du graphique de la fonction définie par $x = \sin y$, nous pouvons, en faisant une rotation de 180° autour de la droite $y = x$, obtenir le graphique de la relation inverse de $x = \sin y$.

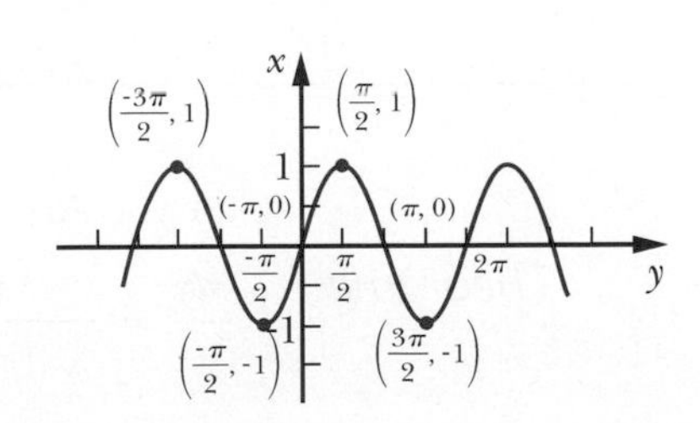

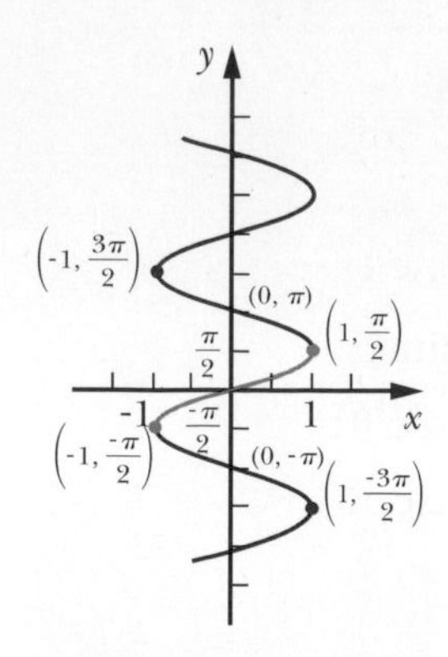

Remarque Ce graphique ne représente pas celui d'une fonction car pour une valeur de $x \in [-1, 1]$ il existe plus d'une image.

Par contre, si pour $x \in [-1, 1]$ nous choisissons uniquement les valeurs de y qui appartiennent à $\left[\frac{-\pi}{2}, \frac{\pi}{2}\right]$, nous obtenons une fonction que nous appelons Arc sinus.

Définition La fonction inverse de la fonction sinus est appelée **Arc sinus** et est définie comme suit :

$y = \text{Arc sin } x$ si et seulement si $x = \sin y$

où dom Arc sin $= [-1, 1]$ et ima Arc sin $= \left[\frac{-\pi}{2}, \frac{\pi}{2}\right]$.

La représentation ci-contre est une esquisse du graphique de $f(x) = \text{Arc sin } x$.

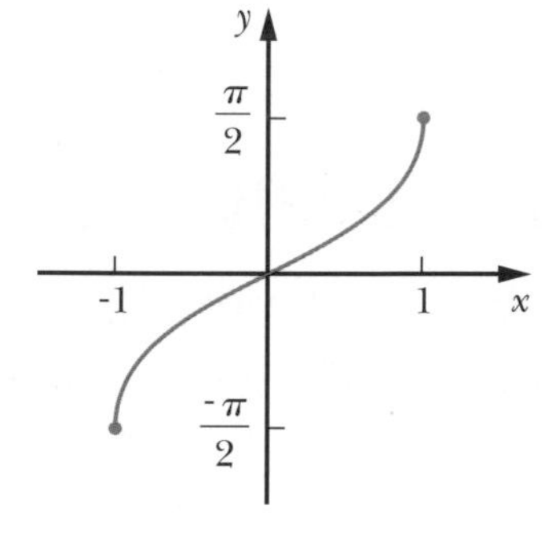

■ **Exemple 1** Évaluons, si possible, les expressions suivantes.

a) Arc sin 1

$\text{Arc sin } 1 = \frac{\pi}{2}$, car $\sin\left(\frac{\pi}{2}\right) = 1$ et $\frac{\pi}{2} \in \left[\frac{-\pi}{2}, \frac{\pi}{2}\right]$.

b) $\text{Arc sin}\left(\frac{-1}{2}\right)$

$\text{Arc sin}\left(\frac{-1}{2}\right) = \frac{-\pi}{6}$, car $\sin\left(\frac{-\pi}{6}\right) = \frac{-1}{2}$ et $\frac{-\pi}{6} \in \left[\frac{-\pi}{2}, \frac{\pi}{2}\right]$.

c) Arc sin (0,7)

Pour les valeurs non remarquables, nous devons utiliser la calculatrice.

Arc sin (0,7) = 0,7753...

d) Arc sin (1,2)

Arc sin (1,2) est non définie, car $1{,}2 \notin [-1, 1]$. ■

Théorème 1 Si $y = \text{Arc sin } x$, alors

$$\frac{dy}{dx} = \frac{1}{\sqrt{1 - x^2}}.$$

Preuve

$\sin(\text{Arc}\sin x) = x$ (car $y = \text{Arc}\sin x \Leftrightarrow x = \sin y$ par définition)

$[\sin(\text{Arc}\sin x)]' = (x)'$ (en dérivant les deux membres de l'équation)

$[\cos(\text{Arc}\sin x)](\text{Arc}\sin x)' = 1$ (car $(\sin f(x))' = [\cos f(x)]\, f'(x)$)

Puisque nous cherchons la dérivée de Arc sin x, nous avons

$$(\text{Arc}\sin x)' = \frac{1}{\cos(\text{Arc}\sin x)}$$

$$= \frac{1}{\cos y} \quad (\text{car } y = \text{Arc}\sin x)$$

$$= \frac{1}{\sqrt{1-\sin^2 y}} \quad \left(\text{car } \cos y = \pm\sqrt{1-\sin^2 y},\ \text{or } y \in \left[\frac{-\pi}{2}, \frac{\pi}{2}\right] \text{ d'où } \cos y = \sqrt{1-\sin^2 y}\right)$$

$$= \frac{1}{\sqrt{1-x^2}} \quad (\text{car } x = \sin y).$$

■

■ **Exemple 2** Calculons la dérivée des fonctions suivantes.

a) Si $f(x) = \dfrac{x}{\text{Arc}\sin x}$, alors

$$f'(x) = \frac{\text{Arc}\sin x - x\dfrac{1}{\sqrt{1-x^2}}}{(\text{Arc}\sin x)^2} = \frac{\sqrt{1-x^2}\,\text{Arc}\sin x - x}{(\text{Arc}\sin x)^2\sqrt{1-x^2}}.$$

b) Si $g(t) = \sqrt{\text{Arc}\sin t}$, alors

$$g'(t) = \frac{1}{2}(\text{Arc}\sin t)^{\frac{-1}{2}}\,(\text{Arc}\sin t)'$$

$$g'(t) = \frac{1}{2\sqrt{\text{Arc}\sin t}\sqrt{1-t^2}}.$$

■

Calculons maintenant la dérivée de fonctions composées de la forme Arc sin $f(x)$.

Théorème 2

Si $H(x) = \text{Arc}\sin f(x)$, où f est une fonction dérivable, alors

$$H'(x) = \left[\frac{1}{\sqrt{1-[f(x)]^2}}\right] f'(x) = \frac{f'(x)}{\sqrt{1-[f(x)]^2}}.$$

Preuve

Soit $H(x) = y = \text{Arc}\sin u$, où $u = f(x)$.

Alors $\dfrac{dy}{dx} = \dfrac{dy}{du}\dfrac{du}{dx}$ (notation de Leibniz)

$$\frac{d}{dx}(H(x)) = \frac{d}{du}(\text{Arc}\sin u)\,\frac{d}{dx}(f(x))$$

$$H'(x) = \left[\frac{1}{\sqrt{1-u^2}}\right] f'(x)$$

D'où $H'(x) = \left[\dfrac{1}{\sqrt{1 - [f(x)]^2}}\right] f'(x)$ (car $u = f(x)$). ■

■ **Exemple 3** Calculons la dérivée des fonctions suivantes.

a) Si $f(x) = \text{Arc sin}\,(x^3 + 7x)$, alors

$$f'(x) = \left[\frac{1}{\sqrt{1 - (x^3 + 7x)^2}}\right](x^3 + 7x)' \quad \text{(théorème 2)}$$

$$= \frac{3x^2 + 7}{\sqrt{1 - (x^3 + 7x)^2}}.$$

b) Si $g(u) = \text{Arc sin}\,\sqrt{u}$, alors

$$g'(u) = \frac{1}{\sqrt{1 - (\sqrt{u})^2}}(\sqrt{u})' \quad \text{(théorème 2)}$$

$$= \frac{1}{2\sqrt{1 - u}\sqrt{u}}.$$ ■

Daniel Bernoulli (1700-1782) fut le premier, en 1726, à utiliser un symbole, en l'occurrence *A S.*, pour désigner la fonction *Arc sinus*. L'on retrouve une première fois la notation actuelle, *Arc sin*, en 1774 chez Lagrange (1736-1813). Son usage se répandra surtout sur le continent européen. Les Anglais et, à leur suite les Américains, utiliseront plutôt la notation *sin*$^{-1}$ proposée en 1813 par l'astronome britannique John Herschel (1792-1871).

Dérivée de la fonction Arc cosinus

Définissons d'abord la fonction Arc cosinus à partir du graphique de la fonction définie par $x = \cos y$.

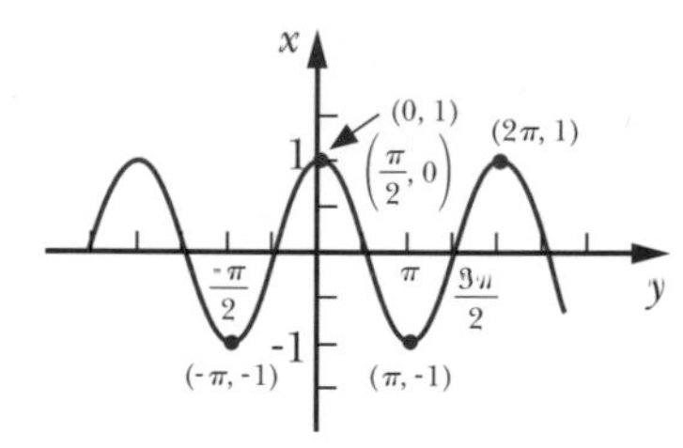

Traçons celui de sa relation inverse en choisissant pour $x \in [-1, 1]$ les valeurs de y qui appartiennent à $[0, \pi]$.

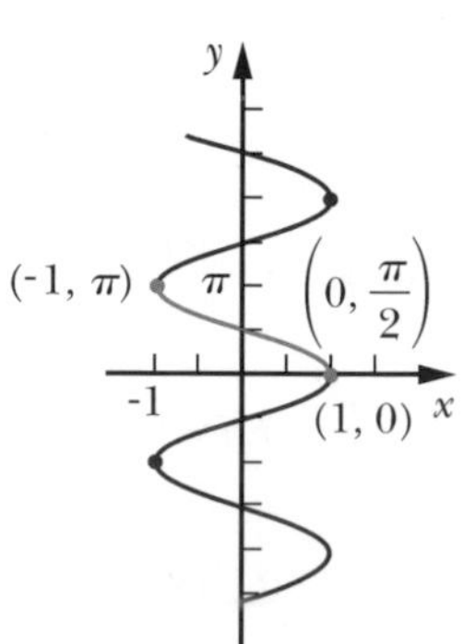

Définition

La fonction inverse de la fonction cosinus est appelée **Arc cosinus** et est définie comme suit:

$y = \text{arc cos } x$ si et seulement si $x = \cos y$

où dom Arc cos $= [-1, 1]$ et ima Arc cos $= [0, \pi]$.

La représentation ci-contre est une esquisse du graphique de $f(x) = \text{Arc cos } x$.

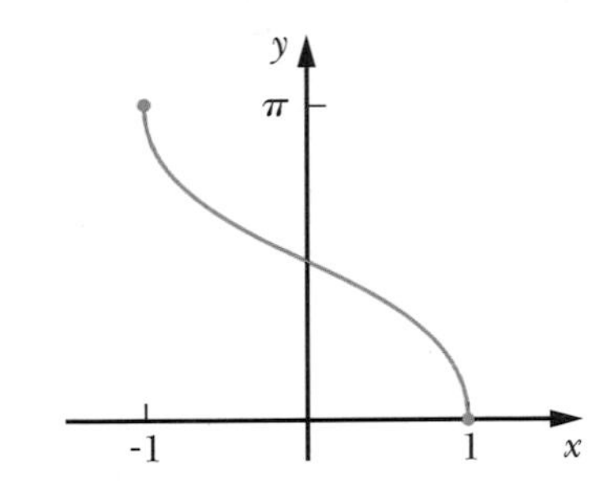

■ **Exemple 1** Évaluons, si possible, les expressions suivantes.

a) Arc cos 1

Arc cos $1 = 0$, car $\cos 0 = 1$ et $0 \in [0, \pi]$.

b) Arc cos $\left(\frac{-\sqrt{2}}{2}\right)$

Arc cos $\left(\frac{-\sqrt{2}}{2}\right) = \frac{3\pi}{4}$, car $\cos \frac{3\pi}{4} = \frac{-\sqrt{2}}{2}$ et $\frac{3\pi}{4} \in [0, \pi]$. ■

Théorème 3

Si $y = \text{Arc cos } x$, alors

$$\frac{dy}{dx} = \frac{-1}{\sqrt{1 - x^2}}.$$

Preuve

$\cos(\text{Arc cos } x) = x$ (car $y = \text{Arc cos } x \Leftrightarrow x = \cos y$ par définition)

$[\cos(\text{Arc cos } x)]' = (x)'$ (en dérivant les deux membres de l'équation)

$[-\sin(\text{Arc cos } x)](\text{Arc cos } x)' = 1$ (car $(\cos f(x))' = [-\sin f(x)]\, f'(x)$)

Puisque nous cherchons la dérivée de Arc cos x, nous avons

$$(\text{Arc cos } x)' = \frac{1}{-\sin(\text{Arc cos } x)}$$

$= \frac{-1}{\sin y}$ (car $y = \text{Arc cos } x$)

$= \frac{-1}{\sqrt{1 - \cos^2 y}}$ (car $\sin y = \pm\sqrt{1 - \cos^2 y}$, or $y \in [0, \pi]$ d'où $\sin y = \sqrt{1 - \cos^2 y}$)

$= \frac{-1}{\sqrt{1 - x^2}}$ (car $x = \cos y$). ■

■ **Exemple 2** Calculons la dérivée des fonctions suivantes.

a) Si $y = (\cos x)(\text{Arc}\cos x)$, alors

$$\frac{dy}{dx} = (-\sin x)(\text{Arc}\cos x) + (\cos x)\left(\frac{-1}{\sqrt{1-x^2}}\right).$$

b) Si $f(x) = (\text{Arc}\cos x)^5$, alors

$$f'(x) = 5(\text{Arc}\cos x)^4(\text{Arc}\cos x)' = 5(\text{Arc}\cos x)^4\left(\frac{-1}{\sqrt{1-x^2}}\right)$$

$$= \frac{-5(\text{Arc}\cos x)^4}{\sqrt{1-x^2}}.$$

■

Calculons maintenant la dérivée de fonctions composées de la forme Arc cos $f(x)$.

Théorème 4

Si $H(x) = \text{Arc}\cos f(x)$, où f est une fonction dérivable, alors

$$H'(x) = \left[\frac{-1}{\sqrt{1-[f(x)]^2}}\right]f'(x) = \frac{-f'(x)}{\sqrt{1-[f(x)]^2}}.$$

La preuve est laissée à l'utilisateur ou l'utilisatrice.

■ **Exemple 3** Calculons la dérivée des fonctions suivantes.

a) Si $g(x) = \text{Arc}\cos 3x$, alors

$$g'(x) = \frac{-1}{\sqrt{1-(3x)^2}}(3x)' = \frac{-3}{\sqrt{1-9x^2}}.$$

b) Si $d(x) = (x^2\,\text{Arc}\cos x^3)^{12}$, alors

$$d'(x) = 12(x^2\,\text{Arc}\cos x^3)^{11}\left[2x\,\text{Arc}\cos x^3 + \frac{x^2(-1)}{\sqrt{1-(x^3)^2}}3x^2\right]$$

$$= 12(x^2\,\text{Arc}\cos x^3)^{11}\left[2x\,\text{Arc}\cos x^3 - \frac{3x^4}{\sqrt{1-x^6}}\right].$$

■

Applications de la dérivée

■ **Exemple 1** Analysons la fonction f, définie par $f(x) = 2x + \text{Arc}\sin(1-x)$.

1. Déterminons le domaine de f.

   Il faut que $-1 \leq (1-x) \leq 1$,

   alors $0 \leq x \leq 2$

   donc, dom $f = [0, 2]$.

2. Calculons $f'(x)$ et déterminons les nombres critiques correspondants.

   $f'(x) = 2 + \dfrac{-1}{\sqrt{1-(1-x)^2}}$, ainsi $f'(x) = 0$ si

$$2 - \frac{1}{\sqrt{1-(1-x)^2}} = 0$$

$$2 = \frac{1}{\sqrt{1-(1-x)^2}}$$

$$2\sqrt{1-(1-x)^2} = 1$$
$$4(1-(1-x)^2) = 1$$
$$-(1-x)^2 = \frac{-3}{4}$$

donc, $(1-x) = \frac{\sqrt{3}}{2}$ ou $(1-x) = \frac{-\sqrt{3}}{2}$

$x = 1 - \frac{\sqrt{3}}{2}$ ou $x = 1 + \frac{\sqrt{3}}{2}$

De plus, $f'(x)$ n'existe pas pour $x = 0$ ou $x = 2$.

D'où 0, $1 - \frac{\sqrt{3}}{2}$, $1 + \frac{\sqrt{3}}{2}$ et 2 sont des nombres critiques.

3. Calculons $f''(x)$ et déterminons les nombres critiques correspondants.

$f''(x) = \frac{1-x}{(1-(x-1)^2)^{\frac{3}{2}}}$, ainsi $f''(x) = 0$ si

$$\frac{1-x}{(1-(x-1)^2)^{\frac{3}{2}}} = 0$$
$$x = 1$$

D'où 1 est un nombre critique.

4. Construisons le tableau de variation.

x	0		$1-\frac{\sqrt{3}}{2}$		1		$1+\frac{\sqrt{3}}{2}$		2
$f'(x)$	$\nexists$	$-$	0	$+$	$+$	$+$	0	$-$	$\nexists$
$f''(x)$	$\nexists$	$+$	$+$	$+$	0	$-$	$-$	$-$	$\nexists$
f	$\frac{\pi}{2}$	↘∪	$2-\sqrt{3}+\frac{\pi}{3}$	↗∪	2	↗∩	$2+\sqrt{3}-\frac{\pi}{3}$	↘∩	$4-\frac{\pi}{2}$
E. du G.	$\left(0, \frac{\pi}{2}\right)$	↳	(0,13…, 1,31…)	↗	(1, 2)	↗	(1,86…, 2,68…)	↘	$\left(2, 4-\frac{\pi}{2}\right)$
	max.		min.		inf.		max.		min.

5. Esquissons le graphique de f.

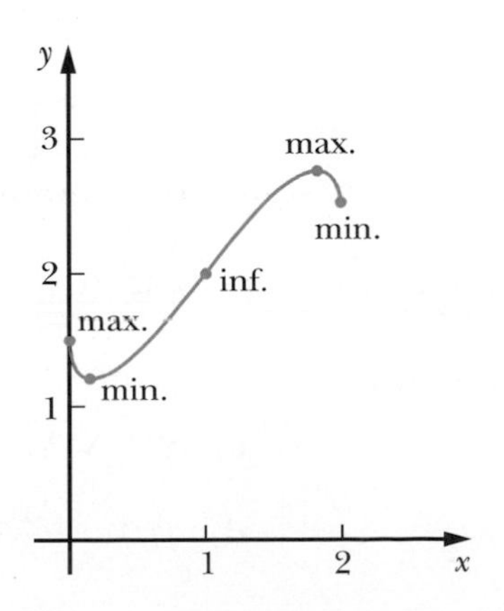

■

■ **Exemple 2** Sur la courbe définie par $f(x) = \text{Arc sin } x$, déterminons le point où la pente de la tangente à cette courbe est minimale, calculons la valeur de cette pente minimale et représentons graphiquement f et la tangente.

1. Mathématisation du problème.

   La pente de la tangente à la courbe définie par $y = \text{Arc sin } x$ doit être minimale. Or, la pente de la tangente à la courbe est donnée par la dérivée.

   On obtient donc $P(x) = m_{\tan} = (\text{Arc sin } x)'$.

   D'où $P(x) = \dfrac{1}{\sqrt{1 - x^2}}$ doit être minimale, où dom $P =]-1, 1[$.

2. Analysons la fonction à optimiser.

   Calculons $P'(x)$ et déterminons les nombres critiques correspondants.

   $P'(x) = \dfrac{x}{\sqrt{(1 - x^2)^3}}$

   $P'(x) = 0$, si $x = 0$

   D'où le nombre critique est 0.

   Construisons le tableau de variation.

x	-1		0		1
$P'(x)$	∄	$-$	0	$+$	∄
P	∄	↘	1	↗	∄
			min.		

Représentation graphique

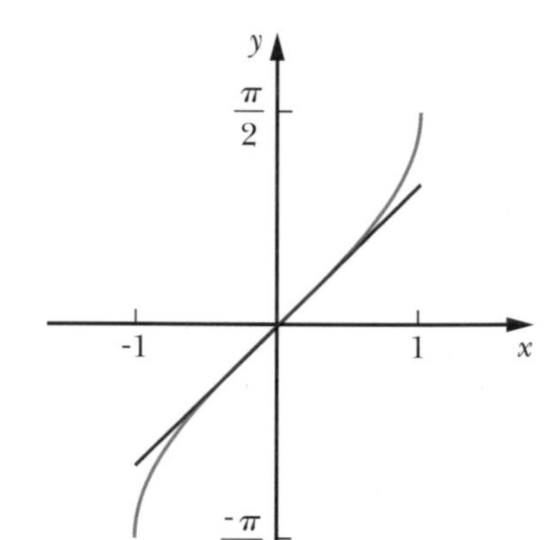

3. Formulation de la réponse.

   La pente de la tangente à la courbe est minimale au point $(0, f(0))$, c'est-à-dire $(0, \text{Arc sin } 0)$, donc au point $(0, 0)$.

   La pente minimale $= f'(0) = 1$. ■

Exercices 11.1

1. Évaluer, si possible, les expressions suivantes.

a) Arc sin 0,5
b) Arc sin $\left(\dfrac{-\sqrt{3}}{2}\right)$
c) Arc sin 2
d) Arc cos (-1)
e) Arc cos $\sqrt{2}$
f) Arc cos (-0,8)
g) sin (Arc sin 0,4)
h) cos (Arc cos (-0,9))

2. Simplifier les expressions suivantes.

a) sin (Arc sin x)
b) sin (Arc cos u)
c) cos (Arc cos t)
d) cos (Arc sin x)

3. Calculer la dérivée des fonctions suivantes.

a) $f(x) = \sqrt{x}\,\text{Arc sin } x$
b) $g(x) = \text{Arc sin } (x^7 - 3x)$
c) $y = \sqrt{\text{Arc sin } x^4}$
d) $f(t) = \dfrac{\text{Arc sin } 5t}{5t}$

e) $f(x) = \dfrac{x}{\text{Arc cos } x}$

f) $v(t) = \text{Arc cos } (t^3 - 3t^2 + 1)$

g) $g(u) = u^3 \text{ Arc cos } u^2$

h) $y = \text{Arc cos } (\cos x - \text{Arc cos } x^2)$

i) $h(v) = \text{Arc sin } v + \text{Arc cos } v$

j) $x(t) = \ln (\text{Arc sin } t) - \text{Arc cos } (\ln t)$

k) $f(x) = \text{Arc sin } (\tan x) + \text{Arc cos } (\cot x)$

l) $g(x) = \dfrac{\text{Arc cos } x^2}{\text{Arc sin } x^3}$

4. Soit $f(x) = \text{Arc sin } 3x$.

a) Déterminer dom f.

OUTIL TECHNOLOGIQUE

b) Donner une esquisse de la courbe de f.

c) Calculer la pente de la tangente à la courbe de f au point $P\left(\dfrac{1}{4}, f\left(\dfrac{1}{4}\right)\right)$.

d) Déterminer les points de la courbe de f tels que la tangente en ces points ait une pente de 5.

5. Analyser la fonction g définie par $g(x) = \text{Arc sin } x - 3 \text{ Arc cos } x$.

6. Démontrer le théorème 4 en utilisant la notation de Leibniz.

11.2 DÉRIVÉE DES FONCTIONS ARC TANGENTE ET ARC COTANGENTE

Objectif d'apprentissage

À la fin de cette section, l'élève pourra calculer la dérivée de fonctions contenant des fonctions Arc tan $f(x)$ et Arc cot $f(x)$.

Plus précisément, l'élève sera en mesure:

- de déterminer le domaine et l'image de la fonction Arc tangente;
- de connaître la définition de la fonction Arc tangente;
- de représenter graphiquement la fonction Arc tangente;
- de démontrer la règle de dérivation pour la fonction Arc tan x;
- de calculer la dérivée de fonctions contenant des expressions de la forme Arc tan $f(x)$;
- de déterminer le domaine et l'image de la fonction Arc cotangente;
- de connaître la définition de la fonction Arc cotangente;
- de représenter graphiquement la fonction Arc cotangente;
- de démontrer la règle de dérivation pour la fonction Arc cot x;
- de calculer la dérivée de fonctions contenant des expressions de la forme Arc cot $f(x)$;
- d'analyser des fonctions contenant des fonctions Arc tangente et Arc cotangente;
- de résoudre des problèmes contenant des fonctions Arc tangente et Arc cotangente.

Dans cette section, nous allons démontrer des formules permettant de calculer la dérivée de fonctions contenant des fonctions Arc tangente et Arc cotangente.

Dérivée de la fonction Arc tangente

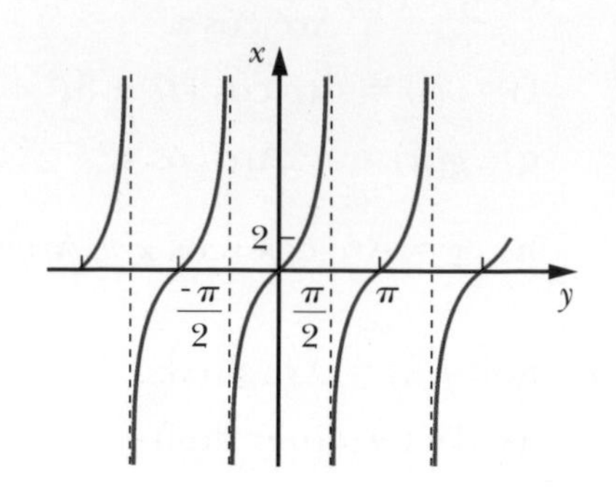

Définissons d'abord la fonction Arc tangente à partir du graphique de la fonction définie par $x = \tan y$.

Traçons celui de sa relation inverse en choisissant pour $x \in \mathbb{R}$ les valeurs de y qui appartiennent à $\left]\frac{-\pi}{2}, \frac{\pi}{2}\right[$.

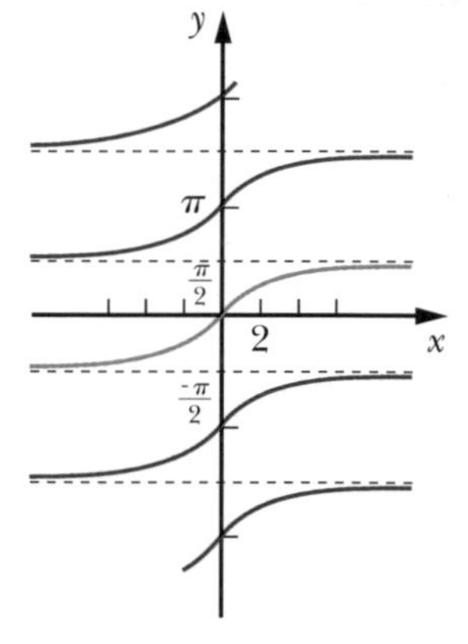

Définition

La fonction inverse de la fonction tangente est appelée **Arc tangente** et est définie comme suit:

$y = \text{Arc tan } x$ si et seulement si $x = \tan y$

où dom Arc tan $= \mathbb{R}$ et ima Arc tan $= \left]\frac{-\pi}{2}, \frac{\pi}{2}\right[$.

La représentation ci-contre est une esquisse du graphique de $f(x) = \text{Arc tan } x$.

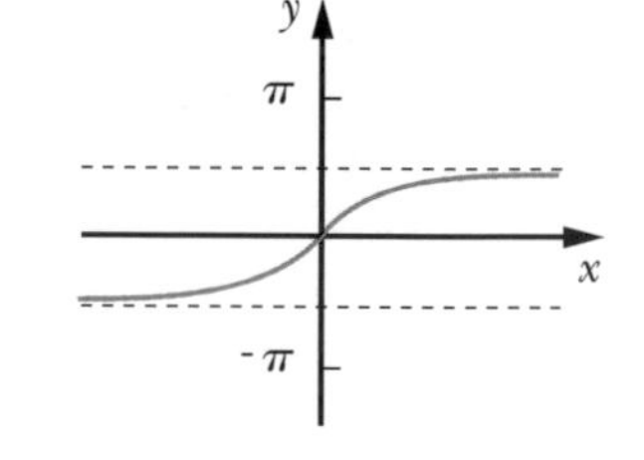

Puisque $\lim\limits_{x \to -\infty} \text{Arc tan } x = \frac{-\pi}{2}$, alors $y = \frac{-\pi}{2}$ est une asymptote horizontale lorsque $x \to -\infty$.

Puisque $\lim\limits_{x \to +\infty} \text{Arc tan } x = \frac{\pi}{2}$, alors $y = \frac{\pi}{2}$ est une asymptote horizontale lorsque $x \to +\infty$.

■ **Exemple 1** Évaluons les expressions suivantes.

a) Arc tan 0

Arc tan 0 = 0, car tan 0 = 0 et $0 \in \left]\frac{-\pi}{2}, \frac{\pi}{2}\right[$.

b) Arc tan (-1)

$\text{Arc tan } (-1) = \frac{-\pi}{4}$, car $\tan\left(\frac{-\pi}{4}\right) = -1$ et $\frac{-\pi}{4} \in \left]\frac{-\pi}{2}, \frac{\pi}{2}\right[$.

c) Arc tan 2500

Arc tan 2500 = 1,570... (résultat obtenu à l'aide d'une calculatrice). ■

Théorème 5 Si $y = \text{Arc tan } x$, alors

$$\frac{dy}{dx} = \frac{1}{1 + x^2}.$$

Preuve

$$\tan(\text{Arc tan } x) = x \qquad \text{(car } y = \text{Arc tan } x \Leftrightarrow x = \tan y \text{ par définition)}$$

$$[\tan(\text{Arc tan } x)]' = (x)' \qquad \text{(en dérivant les deux membres de l'équation)}$$

$$[\sec^2(\text{Arc tan } x)](\text{Arc tan } x)' = 1 \qquad \text{(car } [\tan f(x)]' = [\sec^2 f(x)]f'(x)\text{)}$$

Puisque nous cherchons la dérivée de Arc tan x, nous avons

$$\begin{aligned}(\text{Arc tan } x)' &= \frac{1}{\sec^2(\text{Arc tan } x)}\\ &= \frac{1}{\sec^2 y} && \text{(car } y = \text{Arc tan } x\text{)}\\ &= \frac{1}{1 + \tan^2 y} && \text{(car } \sec^2 y = 1 + \tan^2 y\text{)}\\ &= \frac{1}{1 + x^2} && \text{(car } x = \tan y\text{).}\end{aligned}$$

■

■ **Exemple 2** Calculons la dérivée des fonctions suivantes.

a) Si $f(x) = (\tan x)(\text{Arc tan } x)$, alors

$$\begin{aligned}f'(x) &= (\tan x)'(\text{Arc tan } x) + (\tan x)(\text{Arc tan } x)'\\ &= \sec^2 x \,\text{Arc tan } x + \frac{\tan x}{1 + x^2}.\end{aligned}$$

b) Si $y = \ln(\text{Arc tan } u)$, alors

$$\begin{aligned}\frac{dy}{du} &= \frac{1}{\text{Arc tan } u}(\text{Arc tan } u)'\\ &= \frac{1}{\text{Arc tan } u\,(1 + u^2)}.\end{aligned}$$

■

Calculons maintenant la dérivée de fonctions composées de la forme Arc tan $f(x)$.

Théorème 6 Si $H(x) = \text{Arc tan } f(x)$, où f est une fonction dérivable, alors

$$H'(x) = \left[\frac{1}{1 + [f(x)]^2}\right]f'(x) = \frac{f'(x)}{1 + [f(x)]^2}.$$

La preuve est laissée à l'utilisateur ou l'utilisatrice.

■ **Exemple 3** Calculons la dérivée des fonctions suivantes.

a) Si $f(x) = \text{Arc tan } (x^2 + 4)^2$, alors

$$f'(x) = \left[\frac{1}{1 + (x^2 + 4)^4}\right]((x^2 + 4)^2)' \qquad \text{(théorème 6)}$$

$$= \frac{4x(x^2 + 4)}{1 + (x^2 + 4)^4}.$$

b) Si $y = [\text{Arc tan}\ (3x)]^5$, alors

$$\frac{dy}{dx} = 5[\text{Arc tan}\ (3x)]^4 \frac{3}{1 + (3x)^2}$$

$$= \frac{15[\text{Arc tan}\ (3x)]^4}{1 + 9x^2}.$$

■

Le symbole *Arc tan* apparaît en 1774, la même année que le symbole *Arc sin.* La fonction tangente et sa fonction inverse sont davantage utiles dans la mesure des distances et des hauteurs qu'elles ne le sont en astronomie. C'est pourquoi elles étaient inconnues des Grecs.

Dérivée de la fonction Arc cotangente

Définissons d'abord la fonction Arc cotangente.

Par un procédé analogue à celui utilisé aux sections précédentes, nous avons la définition suivante.

Définition

La fonction inverse de la fonction cotangente est appelée **Arc cotangente** et est définie comme suit:

$y = \text{Arc cot}\ x$ si et seulement si $x = \cot y$

où dom Arc cot $= \mathbb{R}$ et ima Arc cot $=]0, \pi[$.

La représentation ci-contre est une esquisse du graphique de $f(x) = \text{Arc cot}\ x$.

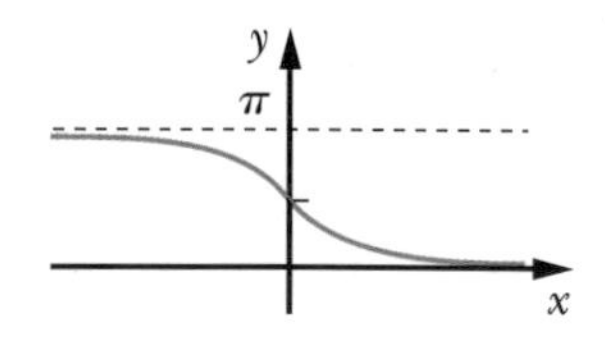

Puisque $\lim\limits_{x \to -\infty} \text{Arc cot}\ x = \pi$, alors $y = \pi$ est une asymptote horizontale lorsque $x \to -\infty$.

Puisque $\lim\limits_{x \to +\infty} \text{Arc cot}\ x = 0$, alors $y = 0$ est une asymptote horizontale lorsque $x \to +\infty$.

■ **Exemple 1** Évaluons les expressions suivantes.

a) Arc cot 0

$\text{Arc cot}\ 0 = \frac{\pi}{2}$, car $\cot\left(\frac{\pi}{2}\right) = 0$ et $\frac{\pi}{2} \in]0, \pi[$.

b) Arc cot (-1)

$\text{Arc cot}\ (-1) = \frac{3\pi}{4}$, car $\cot\left(\frac{3\pi}{4}\right) = -1$ et $\frac{3\pi}{4} \in]0, \pi[$.

c) Arc cot (-4)

Puisque nous ne retrouvons pas la fonction Arc cot sur les calculatrices, nous devons utiliser la définition et choisir adéquatement la valeur qui appartient à $]0, \pi[$.

$\text{Arc cot}(-4) = y \Leftrightarrow -4 = \cot y$

Ainsi, $-4 = \dfrac{1}{\tan y}$, c'est-à-dire $\tan y = \dfrac{-1}{4}$

donc, $\quad y = \text{Arc tan}\left(\dfrac{-1}{4}\right).$

La valeur donnée par la calculatrice est -0,244...

Puisque $-0{,}244... \notin\,]0, \pi[$,

nous choisissons pour y la valeur $\pi - 0{,}244...$, car $\tan(\pi - \theta) = \tan(-\theta)$

c'est-à-dire 2,896...

D'où $\text{Arc cot}(-4) = 2{,}896...$ ■

Théorème 7 Si $y = \text{Arc cot}\, x$, alors

$$\frac{dy}{dx} = \frac{-1}{1 + x^2}.$$

La preuve est laissée à l'utilisateur ou l'utilisatrice.

■ **Exemple 2** Calculons la dérivée de la fonction suivante.

Si $y = \sqrt{\text{Arc cot}\, x}$, alors

$$\frac{dy}{dx} = \frac{1}{2\sqrt{\text{Arc cot}\, x}}(\text{Arc cot}\, x)' = \frac{-1}{2\sqrt{\text{Arc cot}\, x}\,(1 + x^2)}.$$ ■

Calculons maintenant la dérivée de fonctions composées de la forme Arc cot $f(x)$.

Théorème 8 Si $H(x) = \text{Arc cot}\, f(x)$, où f est une fonction dérivable, alors

$$H'(x) = \left[\frac{-1}{1 + [f(x)]^2}\right] f'(x) = \frac{-f'(x)}{1 + [f(x)]^2}.$$

La preuve est laissée à l'utilisateur ou l'utilisatrice.

■ **Exemple 3** Calculons la dérivée de la fonction suivante.

Si $g(x) = \text{Arc cot}(x^3 + 7x)$, alors

$$g'(x) = \left[\frac{-1}{1 + (x^3 + 7x)^2}\right](x^3 + 7x)'$$

$$= \frac{-(3x^2 + 7)}{1 + (x^3 + 7x)^2}.$$ ■

Applications de la dérivée

■ **Exemple 1** Analysons la fonction g définie par $g(x) = \text{Arc tan}\, x - \dfrac{x}{2}$, sur $]-2, 3]$.

1. Calculons $g'(x)$ et déterminons les nombres critiques correspondants.

$g'(x) = \frac{1}{1 + x^2} - \frac{1}{2} = \frac{1 - x^2}{2(1 + x^2)}$, ainsi $g'(x) = 0$ si

$$\frac{1 - x^2}{2(1 + x^2)} = 0$$

donc, $x = 1$ ou $x = -1$

De plus, $g'(x)$ n'existe pas pour $x = 3$.

D'où -1, 1 et 3 sont des nombres critiques.

2. Calculons $g''(x)$ et déterminons les nombres critiques correspondants.

$g''(x) = \frac{-2x}{(1 + x^2)^2}$, ainsi $g''(x) = 0$ si

$$\frac{-2x}{(1 + x^2)^2} = 0$$

donc, $x = 0$

D'où 0 est un nombre critique.

3. Construisons le tableau de variation.

x	-2		-1		0		1		3
$g'(x)$	$\nexists$	$-$	0	$+$	$+$	$+$	0	$-$	$\nexists$
$g''(x)$	$\nexists$	$+$	$+$	$+$	0	$-$	$-$	$-$	$\nexists$
g	$\nexists$	↘∪	$\frac{1}{2} - \frac{\pi}{4}$	↗∪	0	↗∩	$\frac{\pi}{4} - \frac{1}{2}$	↘∩	$\text{Arc tan } 3 - \frac{3}{2}$
E. du G.		↳	(-1, -0,28...)	↗	(0, 0)	↗	(1, 0,28...)	↘	(3, -0,25...)
			min.		inf.		max.		min.

De plus, $\lim_{x \to -2^+} \left(\text{Arc tan } x - \frac{x}{2}\right) = \text{Arc tan } (-2) + 1$

$= -0,107...$

4. Esquissons le graphique de g.

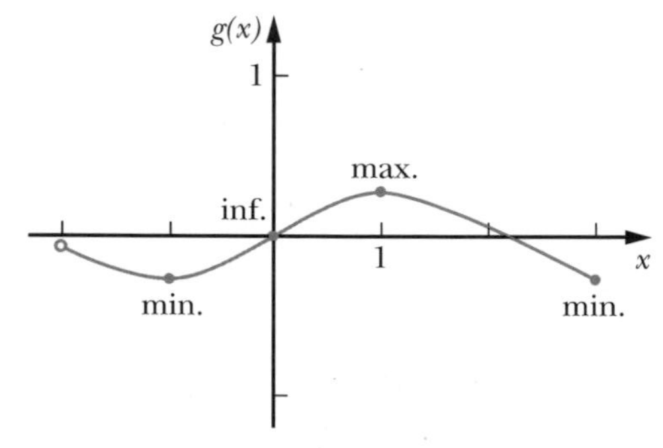

■

■ **Exemple 2** Une personne observe, du haut d'un pont situé à 50 mètres au-dessus du niveau de l'eau, un navire qui se dirige vers elle.

x est la distance entre le navire et P.

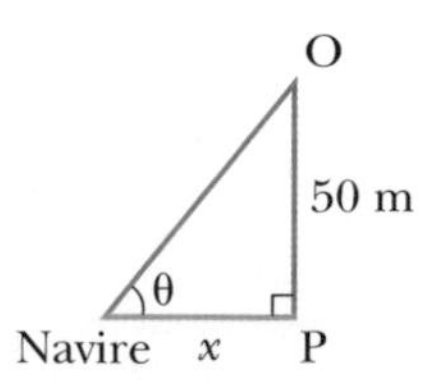

a) Exprimons θ, l'angle d'élévation entre le navire et l'observateur, en fonction de x.

Puisque $\tan \theta = \frac{50}{x}$, alors $\theta = \text{Arc tan}\left(\frac{50}{x}\right)$.

b) Exprimons $\frac{d\theta}{dt}$ en fonction de x et de $\frac{dx}{dt}$.

$$\frac{d\theta}{dt} = \frac{d\theta}{dx}\frac{dx}{dt} \quad \text{(notation de Leibniz)}$$

$$= \frac{d}{dx}\left(\text{Arc tan}\left(\frac{50}{x}\right)\right)\frac{dx}{dt}$$

$$= \left(\frac{\frac{-50}{x^2}}{1 + \left(\frac{50}{x}\right)^2}\right)\frac{dx}{dt}$$

D'où $\frac{d\theta}{dt} = \left(\frac{-50}{x^2 + 2500}\right)\frac{dx}{dt}$.

c) Si le navire s'avance vers le pont à la vitesse de 2 m/s, déterminons la vitesse de l'angle d'élévation θ lorsque le navire est à une distance de 40 mètres du pont.

En posant $\frac{dx}{dt} = -2$ et $x = 40$, on obtient

$$\left.\frac{d\theta}{dt}\right|_{x=2} = 0{,}024\ldots \text{ rad/s.}$$

■

Exercices 11.2

1. Évaluer les expressions suivantes.

a) $\text{Arc tan } 1$

b) $\text{Arc tan}\left(\frac{-1}{\sqrt{3}}\right)$

c) $\text{Arc tan}\left(\frac{\sqrt{2}}{2}\right)$

d) $\text{Arc cot}\left(\frac{1}{\sqrt{3}}\right)$

e) $\text{Arc cot } 100$

f) $\text{Arc cot } (-\sqrt{3})$

2. Calculer la dérivée des fonctions suivantes.

a) $f(x) = \text{Arc tan } (x^2 + \sin x)$

b) $g(x) = (\tan x + 3x) \text{ Arc tan } x$

c) $y = \sqrt{\text{Arc tan } (x^7 - 1)}$

d) $g(t) = [\text{Arc tan } (\sin t + t^3)]^{12}$

e) $f(x) = (\sin x - 3) \text{ Arc cot } x$

f) $g(u) = \text{Arc cot } (u^2 - \tan u)$

g) $\theta = \sqrt[3]{\text{Arc cot } x^2}$

h) $f(x) = \text{Arc cot } (x^2 + \text{Arc cot } x^3)$

i) $g(v) = (\text{Arc tan } v)(\text{Arc cot } v)$

j) $y = \frac{\text{Arc tan } x^2}{\text{Arc cot } 2x}$

k) $f(x) = \ln(\text{Arc tan } e^x)$

l) $f(\theta) = \text{Arc tan}[\text{Arc tan } (\sin \theta)]$

3. Déterminer l'équation de la droite tangente à la courbe définie par les fonctions suivantes.

a) $f(x) = \text{Arc tan } x$ au point $(0, f(0))$

b) $f(x) = \text{Arc tan } x$ au point $\left(1, \frac{\pi}{4}\right)$

c) $g(x) = \text{Arc cot } (x^2 - 3)$ au point $(2, g(2))$

4. a) Représenter graphiquement $x = \cot y$ et déterminer dom cot et ima cot.

b) Représenter graphiquement la relation inverse de $x = \cot y$ en indiquant clairement la portion de courbe où $y \in \,]0, \pi[$.

5. Analyser la fonction f définie par $f(x) = \text{Arc tan}\left(\frac{x^2}{\sqrt{3}}\right)$.

6. Soit le segment de droite joignant le point O(0, 0) et un point P(x, y) quelconque de la courbe définie par $f(x) = \sqrt{x - 1}$. Déterminer le point P(x, y) qui maximise l'angle θ formé par l'axe des x et le segment de droite.

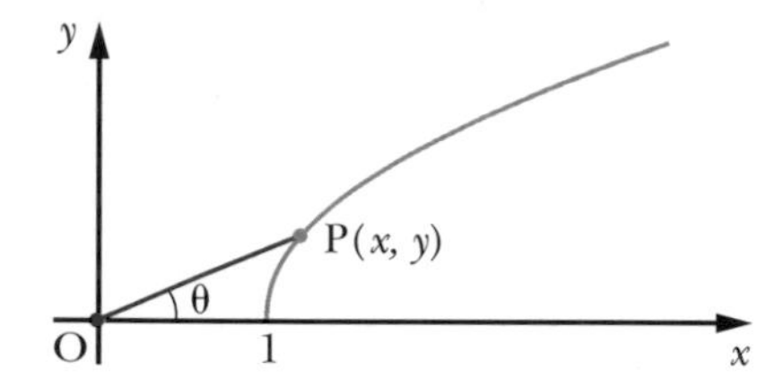

7. Démontrer le théorème 8 en utilisant la notation de Leibniz.

11.3 DÉRIVÉE DES FONCTIONS ARC SÉCANTE ET ARC COSÉCANTE

Objectif d'apprentissage

À la fin de cette section, l'élève pourra calculer la dérivée de fonctions contenant des fonctions Arc sec $f(x)$ et Arc csc $f(x)$.

Plus précisément, l'élève sera en mesure :

- de déterminer le domaine et l'image de la fonction Arc sécante ;
- de connaître la définition de la fonction Arc sécante ;
- de représenter graphiquement la fonction Arc sécante ;
- de démontrer la règle de dérivation pour la fonction Arc sec x ;
- de calculer la dérivée de fonctions contenant des expressions de la forme Arc sec $f(x)$;
- de déterminer le domaine et l'image de la fonction Arc cosécante ;
- de connaître la définition de la fonction Arc cosécante ;
- de représenter graphiquement la fonction Arc cosécante ;
- de démontrer la règle de dérivation pour la fonction Arc csc x ;
- de calculer la dérivée de fonctions contenant des expressions de la forme Arc csc $f(x)$.

Dans cette section, nous allons démontrer des formules permettant de calculer la dérivée de fonctions contenant des fonctions Arc sécante et Arc cosécante.

Dérivée de la fonction Arc sécante

Définissons d'abord la fonction Arc sécante à partir du graphique de la fonction définie par $x = \sec y$.

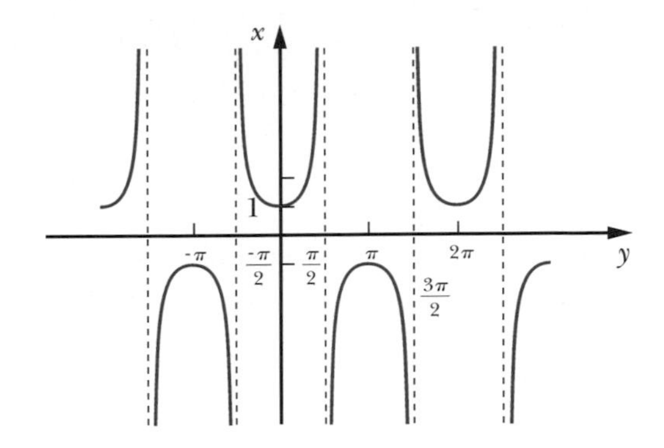

Traçons celui de sa relation inverse en choisissant pour $x \in -\infty, -1] \cup [1, +\infty$ les valeurs de y qui appartiennent à $\left[0, \frac{\pi}{2}\right[\cup \left[\pi, \frac{3\pi}{2}\right[$.

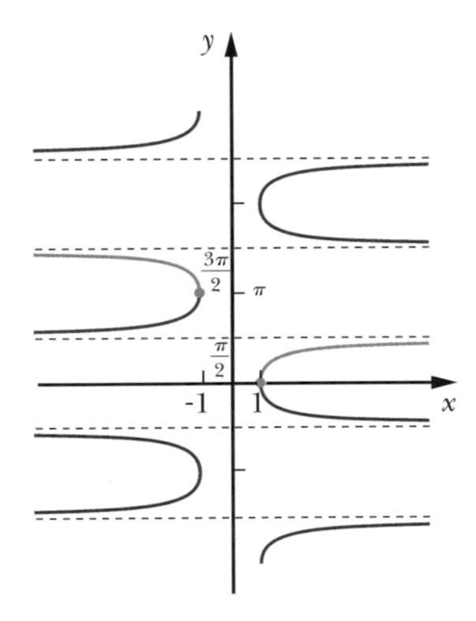

Remarque Il aurait été également possible de choisir $y \in \left[0, \frac{\pi}{2}\right[\cup \left]\frac{\pi}{2}, \pi\right]$ pour valeurs.

Définition

La fonction inverse de la fonction sécante est appelée **Arc sécante** et est définie comme suit:

$y = \text{Arc sec } x$ si et seulement si $x = \sec y$

où dom Arc sec $= -\infty, -1] \cup [1, +\infty$ et ima Arc sec $= \left[0, \frac{\pi}{2}\right[\cup \left[\pi, \frac{3\pi}{2}\right[$.

La représentation ci-contre est une esquisse du graphique de $f(x) = \text{Arc sec } x$.

Puisque $\lim\limits_{x \to -\infty} \text{Arc sec } x = \frac{3\pi}{2}$, alors $y = \frac{3\pi}{2}$ est une asymptote horizontale lorsque $x \to -\infty$.

Puisque $\lim\limits_{x \to +\infty} \text{Arc sec } x = \frac{\pi}{2}$, alors $y = \frac{\pi}{2}$ est une asymptote horizontale lorsque $x \to +\infty$.

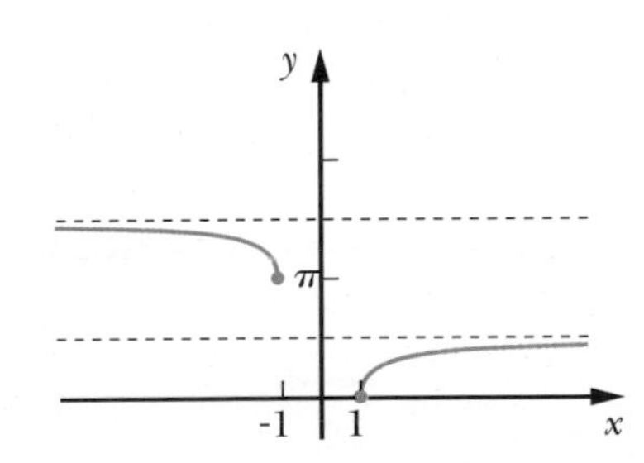

■ **Exemple 1** Évaluons les expressions suivantes.

a) Arc sec 1

Arc sec 1 = 0, car sec 0 = 1 et $0 \in \left[0, \frac{\pi}{2}\right[\cup \left[\pi, \frac{3\pi}{2}\right[$.

b) Arc sec 0,5

Arc sec 0,5 n'est pas définie, car 0,5 $\notin$ dom Arc sec.

c) Arc sec (-3)

Puisque nous ne retrouvons pas la fonction Arc sec sur les calculatrices nous devons utiliser la définition et choisir adéquatement la valeur qui appartient à $\left[0, \frac{\pi}{2}\right[\cup \left[\pi, \frac{3\pi}{2}\right[$.

Arc sec (-3) = $y \Leftrightarrow -3 = \sec y$

Ainsi, $-3 = \frac{1}{\cos y}$, c'est-à-dire $\cos y = \frac{-1}{3}$

donc, $y = \text{Arc cos}\left(\frac{-1}{3}\right)$.

La valeur donnée par la calculatrice est $y = 1{,}910\ldots$

Puisque $1{,}910 \notin \left[0, \frac{\pi}{2}\right[\cup \left[\pi, \frac{3\pi}{2}\right[$,

nous choisissons pour y la valeur $2\pi - 1{,}910\ldots$, car $\cos(2\pi - \theta) = \cos(\theta)$

c'est-à-dire 4,372…

D'où Arc sec (-3) = 4,372… ■

Théorème 9 Si $y = \text{Arc sec } x$, alors

$$\frac{dy}{dx} = \frac{1}{x\sqrt{x^2 - 1}}.$$

Preuve

$\sec(\text{Arc sec } x) = x$ (car $y = \text{Arc sec } x \Leftrightarrow x = \sec y$ par définition)

$[\sec(\text{Arc sec } x)]' = (x)'$ (en dérivant les deux membres de l'équation)

$[\sec(\text{Arc sec } x)\tan(\text{Arc sec } x)](\text{Arc sec } x)' = 1$

(car $[\sec f(x)]' = [\sec f(x) \tan f(x)]\, f'(x)$)

Puisque nous cherchons la dérivée de Arc sec x, nous avons

$$(\text{Arc sec } x)' = \frac{1}{\sec(\text{Arc sec } x)\tan(\text{Arc sec } x)}$$

$$= \frac{1}{\sec y \tan y} \quad (\text{car } y = \text{Arc sec } x)$$

$$= \frac{1}{x\sqrt{\sec^2 y - 1}} \quad \left(\text{car } \sec y = x \text{ et } \tan y = \pm\sqrt{\sec^2 y - 1}, \text{ or } y \in \left[0, \frac{\pi}{2}\right[\cup \left[\pi, \frac{3\pi}{2}\right[, \text{ d'où } \tan y = \sqrt{\sec^2 y - 1}\right)$$

$$= \frac{1}{x\sqrt{x^2 - 1}} \quad (\text{car } \sec y = x).$$

■

■ **Exemple 1** Calculons la dérivée des fonctions suivantes.

a) Si $f(x) = \dfrac{\text{Arc sec } x}{\sin x - 2}$, alors

$$f'(x) = \frac{(\text{Arc sec } x)'(\sin x - 2) - (\text{Arc sec } x)(\sin x - 2)'}{(\sin x - 2)^2}$$

$$= \frac{\dfrac{\sin x - 2}{x\sqrt{x^2 - 1}} - (\text{Arc sec } x)\cos x}{(\sin x - 2)^2}.$$

b) Si $x(t) = e^{\text{Arc sec } t}$, alors

$$\frac{dx}{dt} = e^{\text{Arc sec } t}(\text{Arc sec } t)'$$

$$= e^{\text{Arc sec } t}\left(\frac{1}{t\sqrt{t^2 - 1}}\right).$$

■

Calculons maintenant la dérivée de fonctions composées de la forme Arc sec $f(x)$.

Théorème 10

Si $H(x) = \text{Arc sec } f(x)$, où f est une fonction dérivable, alors

$$H'(x) = \left[\frac{1}{f(x)\sqrt{[f(x)]^2 - 1}}\right]f'(x) = \frac{f'(x)}{f(x)\sqrt{[f(x)]^2 - 1}}.$$

La preuve est laissée à l'utilisateur ou l'utilisatrice.

■ **Exemple 2** Calculons $\dfrac{dy}{dx}$ si $y = \text{Arc sec } (x^3 - \sin x)$.

$$\frac{dy}{dx} = \left[\frac{1}{(x^3 - \sin x)\sqrt{(x^3 - \sin x)^2 - 1}}\right](x^3 - \sin x)'$$

$$= \frac{3x^2 - \cos x}{(x^3 - \sin x)\sqrt{(x^3 - \sin x)^2 - 1}}.$$

■

Les fonctions *sécante* et *cosécante* ne commencent à être exploitées qu'au XVe siècle. Pourtant, elles avaient soulevé l'attention d'Abu'l Wefa (vers 980). Mais, que ce soit en astronomie ou en arpentage, on ne leur avait trouvé aucune application véritable. Au XVe siècle, dans le nouveau contexte des grandes explorations, elles se révélèrent précieuses dans le calcul de tables pour les navigateurs.

Dérivée de la fonction Arc cosécante

Définissons d'abord la fonction Arc cosécante à partir du graphique de la fonction définie par $x = \csc y$.

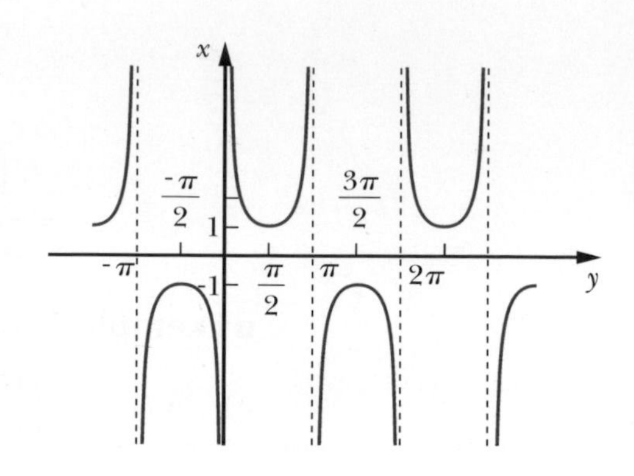

Traçons celui de sa relation inverse en choisissant pour $x \in -\infty, -1] \cup [1, +\infty$ les valeurs de y qui appartiennent

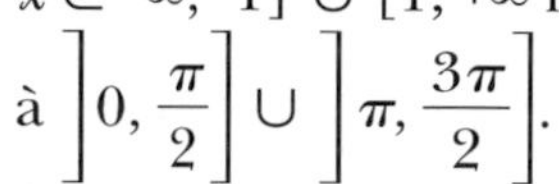

à $\left]0, \frac{\pi}{2}\right] \cup \left]\pi, \frac{3\pi}{2}\right]$.

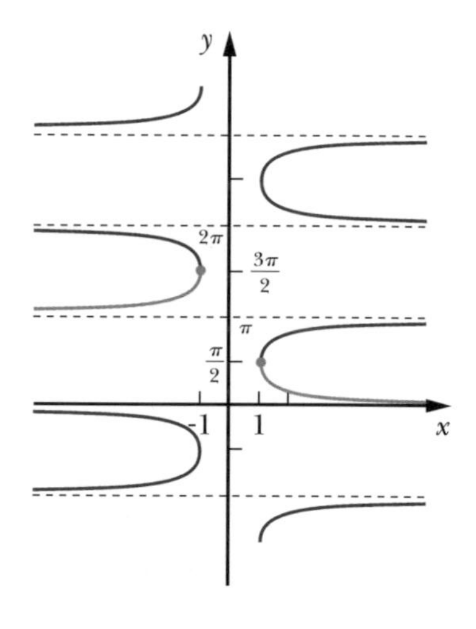

Définition	La fonction inverse de la fonction cosécante est appelée **Arc cosécante** et est définie comme suit: $y = \text{Arc csc } x$ si et seulement si $x = \csc y$ où dom Arc csc $= -\infty, -1] \cup [1, +\infty$ et ima Arc csc $= \left]0, \frac{\pi}{2}\right] \cup \left]\pi, \frac{3\pi}{2}\right]$.

La représentation ci-contre est une esquisse du graphique de $f(x) = \text{Arc csc } x$.

Puisque $\lim\limits_{x \to -\infty} \text{Arc csc } x = \pi$, alors $y = \pi$ est une asymptote horizontale lorsque $x \to -\infty$.

Puisque $\lim\limits_{x \to +\infty} \text{Arc csc } x = 0$, alors $y = 0$ est une asymptote horizontale lorsque $x \to +\infty$.

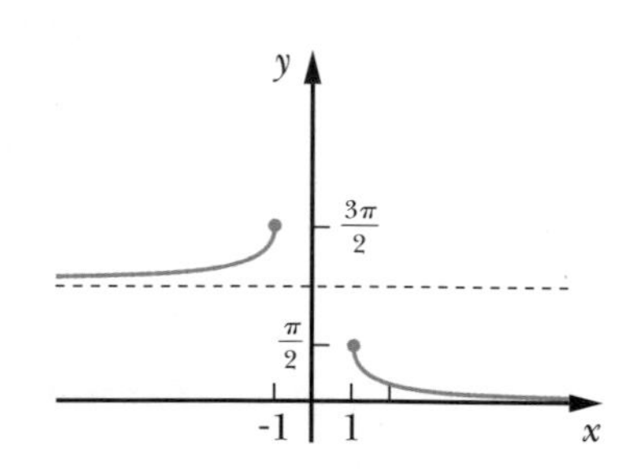

■ **Exemple 1** Évaluons les expressions suivantes.

a) Arc csc (-1)

$$\text{Arc csc }(-1) = \frac{3\pi}{2}, \text{ car } \csc\left(\frac{3\pi}{2}\right) = -1 \text{ et } \frac{3\pi}{2} \in \left]0, \frac{\pi}{2}\right] \cup \left]\pi, \frac{3\pi}{2}\right].$$

b) Arc csc 2

$\text{Arc csc } 2 = \frac{\pi}{6}$, car $\csc\left(\frac{\pi}{6}\right) = 2$ et $\frac{\pi}{6} \in \left]0, \frac{\pi}{2}\right] \cup \left]\pi, \frac{3\pi}{2}\right]$.

c) Arc csc (-2)

Puisque nous ne retrouvons pas la fonction Arc csc sur les calculatrices nous devons utiliser sa définition et choisir adéquatement la valeur qui appartient à $\left]0, \frac{\pi}{2}\right] \cup \left]\pi, \frac{3\pi}{2}\right]$.

$\text{Arc csc } (-2) = y \Leftrightarrow -2 = \csc y$

Ainsi, $-2 = \frac{1}{\sin y}$, c'est-à-dire $\sin y = \frac{-1}{2}$

donc, $y = \text{Arc sin}\left(\frac{-1}{2}\right)$

Nous trouvons $y = \frac{-\pi}{6}$.

Puisque $\frac{-\pi}{6} \notin \left[0, \frac{\pi}{2}\right[\cup \left[\pi, \frac{3\pi}{2}\right[$, nous choisissons pour y

la valeur $\pi + \left|\frac{-\pi}{6}\right| = \frac{7\pi}{6}$.

D'où $\text{Arc csc } (-2) = \frac{7\pi}{6}$. ■

Théorème 11 Si $y = \text{Arc csc } x$, alors

$$\frac{dy}{dx} = \frac{-1}{x\sqrt{x^2 - 1}}.$$

La preuve est laissée à l'utilisateur ou l'utilisatrice.

■ **Exemple 2** Calculons la dérivée de la fonction suivante.

Si $g(x) = x^2 \text{ Arc csc } x$, alors

$$g'(x) = (x^2)' \text{ Arc csc } x + x^2 (\text{Arc csc } x)'$$

$$= 2x \text{ Arc csc } x + x^2\left(\frac{-1}{x\sqrt{x^2 - 1}}\right) = 2x \text{ Arc csc } x - \frac{x}{\sqrt{x^2 - 1}}.$$ ■

Calculons maintenant la dérivée de fonctions composées de la forme Arc csc $f(x)$.

Théorème 12 Si $H(x) = \text{Arc csc } f(x)$, où f est une fonction dérivable, alors

$$H'(x) = \left[\frac{-1}{f(x)\sqrt{[f(x)]^2 - 1}}\right] f'(x) = \frac{-f'(x)}{f(x)\sqrt{[f(x)]^2 - 1}}.$$

La preuve est laissée à l'utilisateur ou l'utilisatrice.

■ **Exemple 3** Calculons la dérivée de la fonction suivante.

Si $y(t) = [\text{Arc csc } \sqrt[3]{t}]^3$, alors

$$\begin{aligned}\frac{dy}{dt} &= 3[\text{Arc csc } \sqrt[3]{t}]^2[\text{Arc csc } \sqrt[3]{t}]' \\ &= 3[\text{Arc csc } \sqrt[3]{t}]^2\left(\frac{-1}{\sqrt[3]{t}\sqrt{(\sqrt[3]{t})^2 - 1}}\right)(\sqrt[3]{t})' \\ &= 3[\text{Arc csc } \sqrt[3]{t}]^2\left(\frac{-1}{t^{\frac{1}{3}}\sqrt{t^{\frac{2}{3}} - 1}}\right)\frac{1}{3t^{\frac{2}{3}}} \\ &= \frac{-[\text{Arc csc } \sqrt[3]{t}]^2}{t\sqrt{t^{\frac{2}{3}} - 1}}.\end{aligned}$$

■

Exercices 11.3

1. Évaluer, si possible, les expressions suivantes.

a) $\text{Arc sec } 2$

b) $\text{Arc sec } (-0{,}5)$

c) $\text{Arc sec } (-1)$

d) $\text{Arc csc } 1$

e) $\text{Arc sec } (-10)$

f) $\text{Arc csc } (-10)$

g) $\text{Arc csc}\left(\csc\left(\frac{5\pi}{2}\right)\right)$

h) $\csc\left(\text{Arc csc}\left(\frac{5\pi}{2}\right)\right)$

2. Calculer la dérivée des fonctions suivantes.

a) $y = \dfrac{\text{Arc sec } x}{x^4}$

b) $f(\theta) = \text{Arc sec } (2 + \sin \theta)$

c) $f(x) = \text{Arc sec } (3 - \text{Arc sec } x)$

d) $g(x) = (\text{Arc sec } x^3)^5$

e) $f(x) = (x^3 - \cot x) \text{ Arc csc } x$

f) $f(t) = \text{Arc csc } (t^5 - 1)$

g) $h(x) = \text{Arc csc } (x - \text{Arc csc } x)$

h) $f(x) = \sqrt{\text{Arc csc } (x^3 - \sin x)}$

i) $y = (\text{Arc sec } x^2 - \sec x^3)^7$

j) $f(u) = \text{Arc sec } (\sec u + u^3)$

k) $f(x) = (\text{Arc sec } 2x^4)(\text{Arc csc } 4^x)$

l) $v(\theta) = \ln (\text{Arc csc } (\csc \theta))$

3. Déterminer l'équation de la droite tangente à la courbe définie par les fonctions suivantes.

a) $f(x) = \text{Arc csc } x$ au point $(2, f(2))$

b) $g(t) = \text{Arc sec } \sqrt{t}$ au point $(4, g(4))$

Réseau de concepts

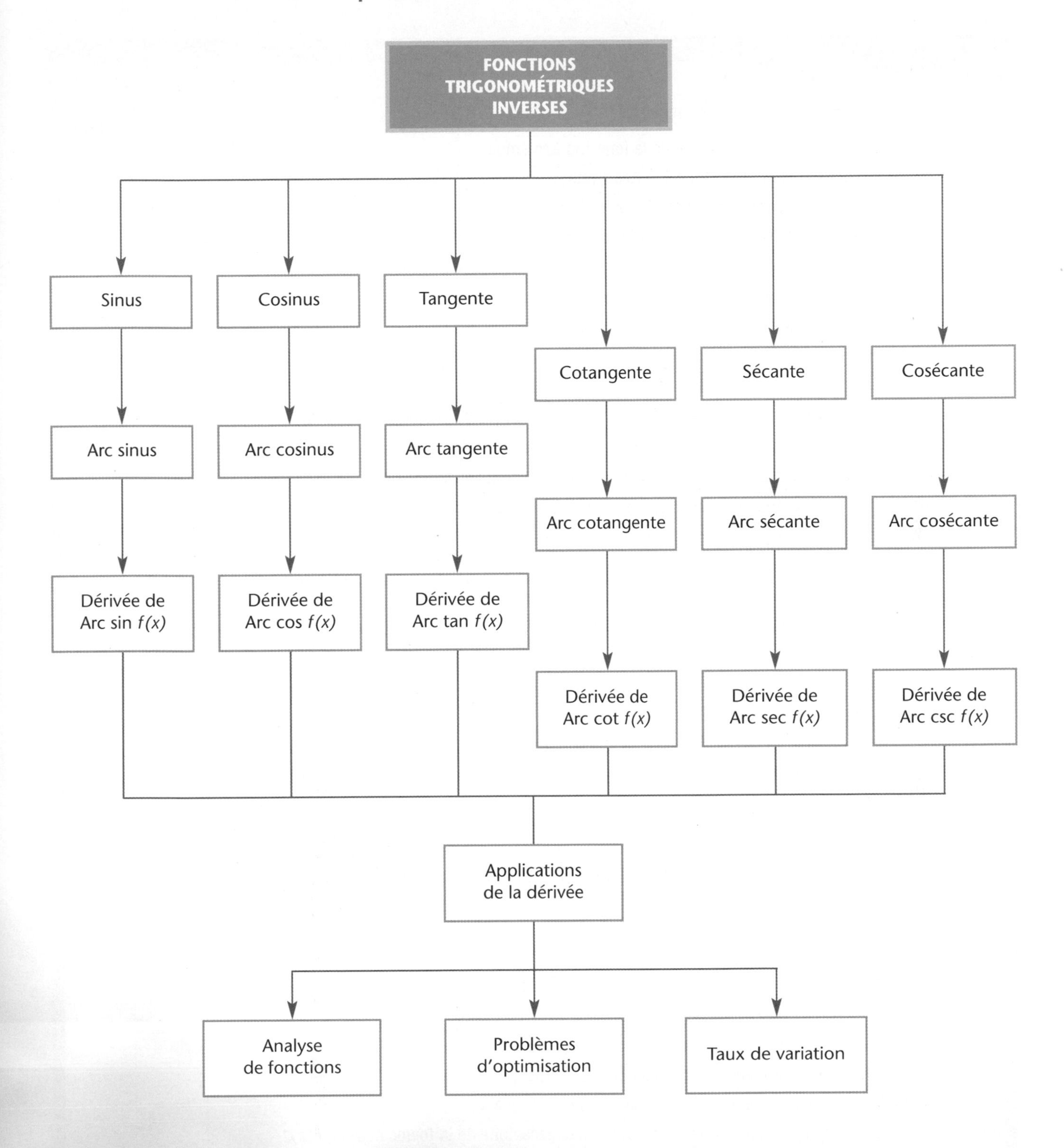

Liste de vérification des apprentissages

RÉPONDRE PAR **OUI** OU **NON.**			
Après l'étude de ce chapitre, je suis en mesure :		**OUI**	**NON**
1.	de déterminer le domaine et l'image de la fonction Arc sinus ;		
2.	de connaître la définition de la fonction Arc sinus ;		
3.	de représenter graphiquement la fonction Arc sinus ;		
4.	de démontrer la règle de dérivation pour la fonction Arc sin x;		
5.	de calculer la dérivée de fonctions contenant des expressions de la forme Arc sin $f(x)$;		
6.	de déterminer le domaine et l'image de la fonction Arc cosinus ;		
7.	de connaître la définition de la fonction Arc cosinus ;		
8.	de représenter graphiquement la fonction Arc cosinus ;		
9.	de démontrer la règle de dérivation pour la fonction Arc cos x;		
10.	de calculer la dérivée de fonctions contenant des expressions de la forme Arc cos $f(x)$;		
11.	d'analyser des fonctions contenant des fonctions Arc sinus et Arc cosinus ;		
12.	de résoudre des problèmes contenant des fonctions Arc sinus et Arc cosinus ;		
13.	de déterminer le domaine et l'image de la fonction Arc tangente ;		
14.	de connaître la définition de la fonction Arc tangente ;		
15.	de représenter graphiquement la fonction Arc tangente ;		
16.	de démontrer la règle de dérivation pour la fonction Arc tan x;		
17.	de calculer la dérivée de fonctions contenant des expressions de la forme Arc tan $f(x)$;		
18.	de déterminer le domaine et l'image de la fonction Arc cotangente ;		
19.	de connaître la définition de la fonction Arc cotangente ;		
20.	de représenter graphiquement la fonction Arc cotangente ;		
21.	de démontrer la règle de dérivation pour la fonction Arc cot x;		
22.	de calculer la dérivée de fonctions contenant des expressions de la forme Arc cot $f(x)$;		
23.	d'analyser des fonctions contenant des fonctions Arc tangente et Arc cotangente ;		
24.	de résoudre des problèmes contenant des fonctions Arc tangente et Arc cotangente ;		
25.	de déterminer le domaine et l'image de la fonction Arc sécante ;		
26.	de connaître la définition de la fonction Arc sécante ;		
27.	de représenter graphiquement la fonction Arc sécante ;		
28.	de démontrer la règle de dérivation pour la fonction Arc sec x;		
29.	de calculer la dérivée de fonctions contenant des expressions de la forme Arc sec $f(x)$;		
30.	de déterminer le domaine et l'image de la fonction Arc cosécante ;		
31.	de connaître la définition de la fonction Arc cosécante ;		
32.	de représenter graphiquement la fonction Arc cosécante ;		
33.	de démontrer la règle de dérivation pour la fonction Arc csc x;		
34.	de calculer la dérivée de fonctions contenant des expressions de la forme Arc csc $f(x)$.		

Si vous avez répondu **NON** à une de ces questions,
il serait préférable pour vous d'étudier à nouveau cette notion.

Exercices récapitulatifs

biologie chimie administration physique

1. Soit le triangle suivant. Déterminer, en radians, l'angle θ dans les cas suivants.

a) $a = 4$ et $b = 3$

b) $a = 6$ et $c = 9$

c) $b = 1{,}5$ et $c = 2{,}6$

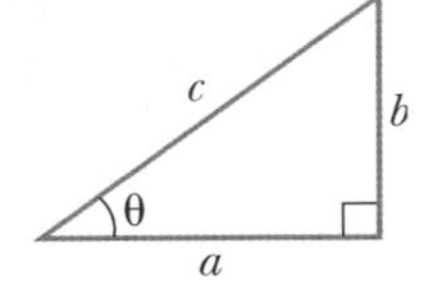

2. Évaluer, si possible, les expressions suivantes.

a) $\cos\left(\text{Arc sin}\left(\frac{3}{5}\right)\right)$

b) $\text{Arc cos}\left(\sin\left(\frac{3}{5}\right)\right)$

c) $\text{Arc sin}\left(\sin\left(\frac{3\pi}{2}\right)\right)$

d) $\sin\left(\text{Arc sin}\left(\frac{3\pi}{2}\right)\right)$

e) $\sin(\text{Arc tan}(-5))$

f) $\text{Arc sec } 4 + \text{Arc csc } 3$

3. Écrire les expressions suivantes sous une forme qui ne contient aucune fonction trigonométrique ni trigonométrique inverse.

a) $\sin(\text{Arc sin } x^2)$

b) $\cos(\text{Arc sin } t)$

c) $\tan(\text{Arc sin } u)$

4. Calculer la dérivée des fonctions suivantes.

a) $f(x) = \text{Arc sin}(x^3 - 3x)$

b) $g(x) = [x - \text{Arc tan } 2x]^5$

c) $y = \text{Arc sec}(\sin x - x)$

d) $f(u) = u \text{ Arc sin } u^5$

e) $h(x) = \dfrac{x^2 \cos x}{\text{Arc sin } x}$

f) $f(x) = \text{Arc cos}\left(\dfrac{2x}{1 - x^2}\right)$

g) $z = \sin x \sqrt{\text{Arc tan } x}$

h) $f(x) = \text{Arc csc}(2x - 1) + \text{Arc sec } x^4$

i) $g(x) = \ln(\text{Arc cot}(e^x))$

j) $f(x) = [\text{Arc sec}(\text{Arc tan } x)]^4$

k) $x(t) = \dfrac{\text{Arc sin } t}{\text{Arc cos } t}$

l) $v(t) = t^2 - \sin t \text{ Arc cot } 3t$

m) $f(x) = \sqrt{\text{Arc cos}(x^3 + \sin x)}$

n) $u = e^{\text{Arc sin } x} \text{ Arc sin } x$

5. Déterminer l'équation de la droite tangente à la courbe définie par les fonctions suivantes.

a) $f(x) = 3x + \text{Arc sin}(1 - x)$ au point $(1, f(1))$

b) $g(x) = \text{Arc tan}(e^{-x})$ au point $(0, g(0))$.

6. Déterminer l'équation de la droite normale à la courbe définie par $f(t) = \text{Arc cot } t^2$ au point $(1, f(1))$.

7. La courbe Arc sec x admet une tangente de la forme $y = \dfrac{3}{2}x + b$. Déterminer la valeur de b.

8. Soit $y = \text{Arc tan}(u^3 - 12u)$.

OUTIL TECHNOLOGIQUE

a) Représenter la courbe de la fonction f.

b) Déterminer les intervalles de croissance, les intervalles de décroissance, le point de maximum relatif et le point de minimum relatif de f.

c) Déterminer les asymptotes de la courbe précédente.

9. Vérifier, à l'aide de la dérivée appropriée, que la fonction $f(x) = \text{Arc sec } x$ est:

a) croissante sur $[1, +\infty$;

b) concave vers le bas sur $-\infty, -1] \cup [1, +\infty$.

10. Soit $g(x) = 3 - \text{Arc tan}(x - 4)^2$.

a) Déterminer les points stationnaires de g.

b) Déterminer les points d'inflexion de g.

OUTIL TECHNOLOGIQUE

c) Représenter graphiquement la courbe de g.

11. Analyser les fonctions suivantes.

a) $f(x) = x \text{ Arc sin } x + \sqrt{1 - x^2}$

b) $g(x) = \dfrac{\pi}{2} + \text{Arc tan}(3 - x)$

c) $x(t) = \text{Arc sin}\left(\frac{\sqrt{3}t}{2}\right) - \sqrt{3}t$

d) $f(x) = \frac{\pi}{2} - 2 \text{ Arc tan } x^2$

12. Sur la courbe définie par $f(x) = 2 \text{ Arc tan } x^2$, déterminer, si possible, le point où la pente de la tangente à cette courbe est:

a) minimale et calculer la valeur de cette pente minimale;

b) maximale et calculer la valeur de cette pente maximale.

13. Une personne observe, du haut d'une falaise de 75 mètres, un navire qui se dirige perpendiculairement vers la rive à une vitesse constante.

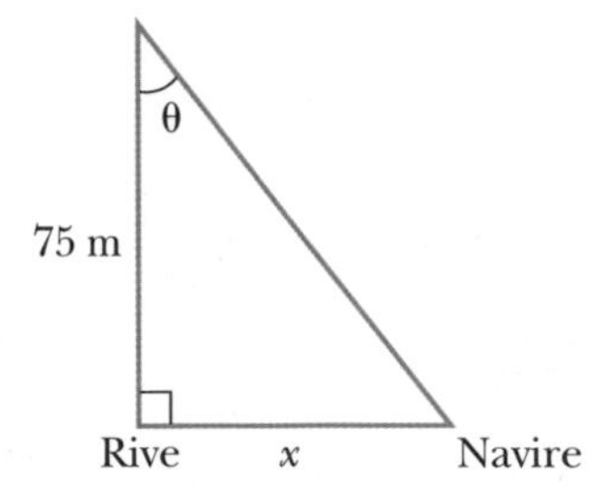

a) Exprimer θ en fonction de x.

b) Exprimer $\frac{d\theta}{dt}$ en fonction de $\frac{dx}{dt}$ et de x.

c) Si la vitesse du navire est de 25 m/min, déterminer la vitesse de variation de l'angle θ, lorsque le navire est situé à 100 mètres du pied de la falaise; lorsque le navire est situé à 100 mètres de la personne.

d) À quelle distance de la rive se situe le navire lorsque $\frac{d\theta}{dt} = -0{,}3$ rad/min?

14. Le bas d'un écran de cinéma de 12 mètres de haut est situé à 6 mètres au-dessus des yeux d'une spectatrice.

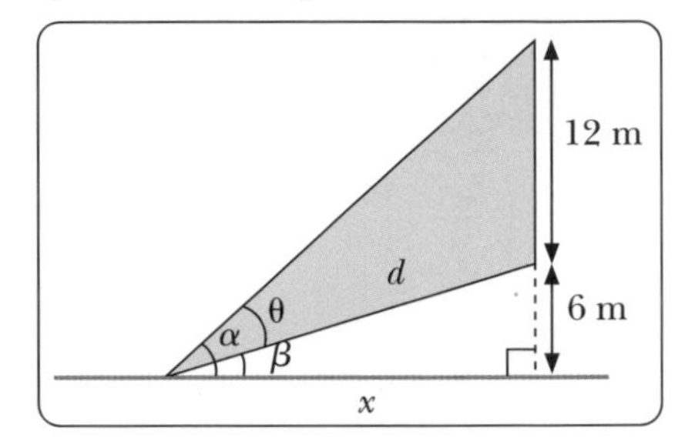

a) Exprimer α et β en fonction de x.

b) Exprimer θ en fonction de x.

c) En considérant que l'on obtient la meilleure vision lorsque l'ouverture d'angle θ rapportée à l'écran est maximale, à quelle distance d du bas de l'écran la spectatrice doit-elle se situer pour obtenir la meilleure vision?

Problèmes de synthèse

1. Écrire les expressions suivantes sous une forme qui ne contient aucune fonction trigonométrique ni trigonométrique inverse.

a) $\sin(\text{Arc tan } \theta)$

b) $\sin(2 \text{ Arc sin } x)$

c) $\cos(2 \text{ Arc cos } t)$

d) $\sin\left(\frac{1}{2} \text{Arc cos } \alpha\right)$

e) $\sin(\text{Arc sin } x + \text{Arc cos } x)$

f) $\cos(\text{Arc sin } u - \text{Arc cos } u^2)$

2. Soit $f(x) = \text{Arc sin } x + \text{Arc cos } x$.

a) Calculer $f'(x)$.

b) À l'aide du résultat trouvé en a), déterminer le type de fonction de f et représenter graphiquement f.

3. Calculer $\frac{dy}{dx}$ dans les cas suivants.

a) $x^2 \text{ Arc tan } y = 4$

b) $\text{Arc tan}(xy) = 3 \text{ Arc sin } x$

c) $x + y^3 = \text{Arc sec } y^2$

d) $e^{\text{Arc tan } y} = x^3$

4. Soit la courbe définie par $2 \text{ Arc sin } x + \text{Arc tan}(3y) = xy$.

Déterminer l'équation de la droite tangente et de la droite normale à la courbe précédente au point O(0, 0).

5. On peut démontrer que si $f'(x) = g'(x)$, alors $f(x) = g(x) + k$.

Utiliser la proposition précédente pour démontrer que :

$$2 \text{ Arc tan } x = \text{Arc tan}\left(\frac{2x}{1 - x^2}\right).$$

6. Soit $f(x) = x^2$ et $g(x) = x^2 - 2x + 4$. Déterminer l'angle θ aigu formé par les droites tangentes aux courbes de f et g à leur point d'intersection. Représenter graphiquement le résultat.

7. Soit $g(t) = \text{Arc cos } t^2$.

OUTIL TECHNOLOGIQUE

Calculer l'aire A du triangle formé par les axes et la droite tangente à la courbe de g au point $\left(\frac{1}{\sqrt{2}}, g\left(\frac{1}{\sqrt{2}}\right)\right)$. Représenter graphiquement le résultat.

8. Analyser les fonctions suivantes.

a) $f(x) = \frac{\pi}{2} + x - \text{Arc tan } x$

b) $f(x) = \pi - 2x + 4 \text{ Arc tan } x$

c) $f(x) = \ln(x^2 + 1) - 2x \text{ Arc tan } x$, sur $[-1, 1[$

9. Soit le triangle ci-dessous.

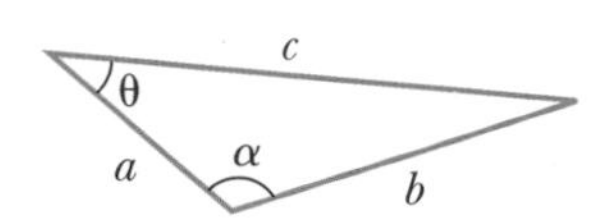

a) À l'aide de la loi des cosinus ou de la loi des sinus, déterminer θ en radians et α en degrés, lorsque $a = 3$, $b = 5$ et $c = 6$; α en degrés, lorsque $a = 5$, $b = 7$ et $\theta = 52°$.

b) Exprimer $\frac{d\theta}{dt}$ en fonction de $\frac{d\alpha}{dt}$, α et θ lorsque l'angle α varie et que la longueur des côtés b et c demeure constante.

10. Le centre du cadran d'une horloge, située en haut d'une tour, est à 30 mètres au-dessus du sol. Sachant que le diamètre du cadran est de 4 mètres, déterminer à quelle distance du pied de la tour on peut observer le diamètre vertical du cadran sous l'angle le plus grand.

11. Dans un parc d'amusement, il y a une grande roue dont le rayon est égal à 20 mètres, et dont le centre est situé à 22 mètres au-dessus du sol. Sachant que l'angle au centre de la grande roue varie au rythme de $\frac{\pi}{15}$ radian par seconde :

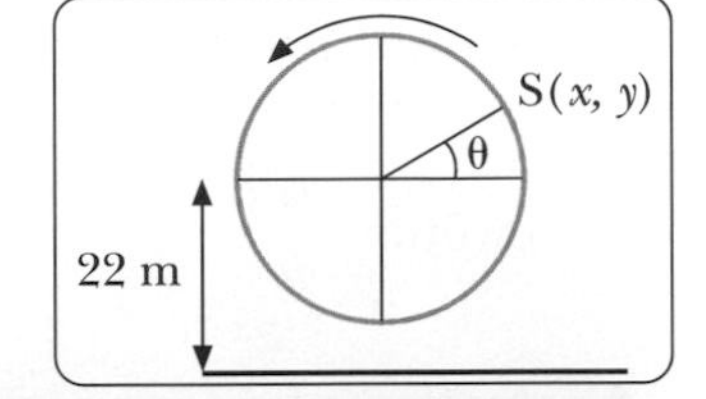

a) Exprimer la hauteur, par rapport au sol, du siège S en fonction de l'angle θ.

b) Déterminer la fonction v_y donnant la variation de la hauteur du siège en fonction du temps.

c) Déterminer la fonction v_x donnant la vitesse horizontale du siège en fonction du temps.

d) Déterminer les valeurs de θ lorsque la vitesse horizontale est nulle.

e) Démontrer que $v_x^2 + v_y^2 = C$, où C est une constante et évaluer cette constante.

f) Évaluer v_x et v_y lorsque le siège est situé à 30 mètres au-dessus du sol.

Test récapitulatif

1. Démontrer que si $y = \text{Arc csc } x$:

$$\frac{dy}{dx} = \frac{-1}{x\sqrt{x^2 - 1}}.$$

2. Calculer la dérivée des fonctions suivantes.

a) $f(x) = \dfrac{\text{Arc sin }(3x + 1)}{x + \text{Arc tan } 2x}$

b) $h(t) = \sqrt{\text{Arc cot } 5t} + [\text{Arc csc }(2t^2)]^3$

c) $g(x) = (\text{Arc cos } x^2)^2 \text{ Arc sec }(x - 1)$

3. Soit $y = \text{Arc tan } x$, où $x = g(t)$.

Si pour $t = 2$, $x = 20$ et $\left.\dfrac{dx}{dt}\right|_{t=2} = 18$,

évaluer $\left.\dfrac{dy}{dt}\right|_{t=2}$.

4. Analyser les fonctions suivantes.

a) $f(x) = 1 - \text{Arc sin }(x - 2)$

b) $v(t) = \text{Arc cot } t^3$

5. Déterminer les équations des droites tangentes à la courbe définie par $f(x) = \text{Arc tan } x$ et parallèles à la droite d'équation $2y - x = 2$.

6. Sur la courbe définie par $g(x) = 3x - \text{Arc cot } x$, déterminer le point où la pente de la tangente à cette courbe est maximale et calculer la valeur de cette pente maximale.

7. Une fillette tient un cerf-volant à l'aide d'une ficelle tendue de 60 mètres de longueur. Le cerf-volant s'élève à la vitesse constante de 5 m/s. Déterminer à quelle vitesse varie l'angle d'élévation θ lorsque le cerf-volant est à 20 mètres au-dessus du sol.

CORRIGÉ DU CHAPITRE

Test préliminaire (page 3)

1. a) 16 b) -16 c) 45 d) -13

2. a) 2; non définie
b) 2; -2
c) non définie; 0
d) $\sqrt{2}$; non définie

3. a) $x = 4$ ou $x = \frac{-5}{3}$ b) $x = 2$ ou $x = -2$
c) $x = \frac{-7}{3}$ d) $x = -2$

4. a) $\left[\frac{8}{3}, +\infty\right.$ b) $]4{,}5, +\infty$ c) $-\infty, \frac{-1}{3}\left[\right.$ d) $-\infty, \frac{18}{49}\left.\right]$ e) $[-1, 4]$ f) $\left]-1, \frac{11}{3}\right[$

Exercices

Exercices 1.1 (page 15)

1. a) f est une fonction; dom $f = \{1, 5, 7, 10\}$;
ima $f = \{2, -5, 8\}$.
b) f n'est pas une fonction.
c) f n'est pas une fonction.
d) f est une fonction; dom $f = \{a, b, h, i\}$; ima $f = \{17\}$.
e) f est une fonction; dom $f = [-4, 3[$; ima $f = [-2, 3]$.
f) f n'est pas une fonction.

2. a) n = nombre de lettres, variable indépendante.
p = nombre de points, variable dépendante,
d'où $p = f(n)$.

b)

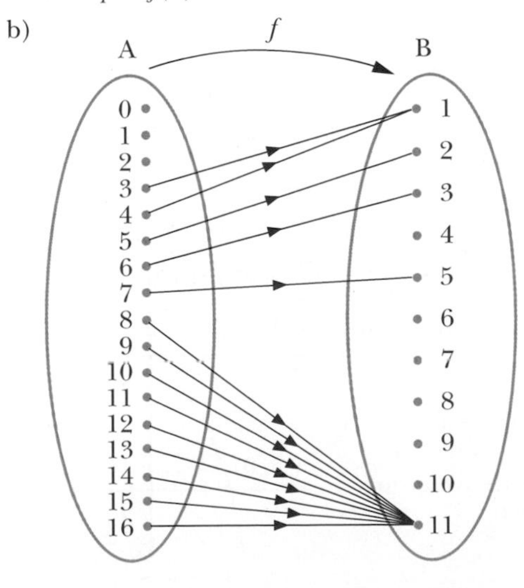

c) dom $f = \{3, 4, 5, 6, \ldots, 16\}$;
ima $f = \{1, 2, 3, 5, 11\}$

3. a)
$$\begin{aligned}(f\circ g)(x) &= f(g(x))\\ &= f(\sqrt{x+1})\\ &= 4 - 5\sqrt{x+1};\end{aligned}$$
dom $(f\circ g) = [-1, +\infty$

b)
$$\begin{aligned}(g\circ f)(x) &= g(f(x))\\ &= g(4-5x)\\ &= \sqrt{(4-5x)+1}\\ &= \sqrt{5-5x};\end{aligned}$$
dom $(g\circ f) = -\infty, 1]$

c)
$$\begin{aligned}(h\circ h)(x) &= h(h(x))\\ &= h(3x^2 - 5x)\\ &= 3(3x^2-5x)^2 - 5(3x^2-5x)\\ &= 27x^4 - 90x^3 + 60x^2 + 25x;\end{aligned}$$
dom $(h\circ h) = \mathbb{R}$

d)
$$\begin{aligned}(f\circ(h\circ g))(x) &= f(h(g(x)))\\ &= f(h(\sqrt{x+1}))\\ &= f(3(\sqrt{x+1})^2 - 5\sqrt{x+1})\\ &= f(3x+3-5\sqrt{x+1})\\ &= 4 - 5(3x+3-5\sqrt{x+1})\\ &= -15x - 11 + 25\sqrt{x+1};\end{aligned}$$
dom $(f\circ(h\circ g)) = [-1, +\infty$.

4. a)

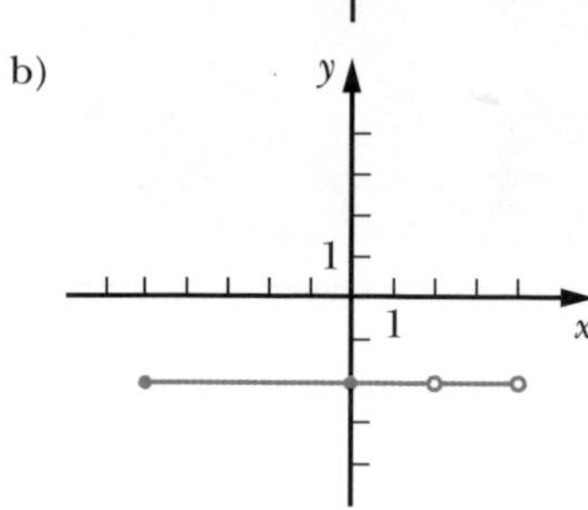

dom $g = \mathbb{R}$;
ima $g = \{3\}$

b)

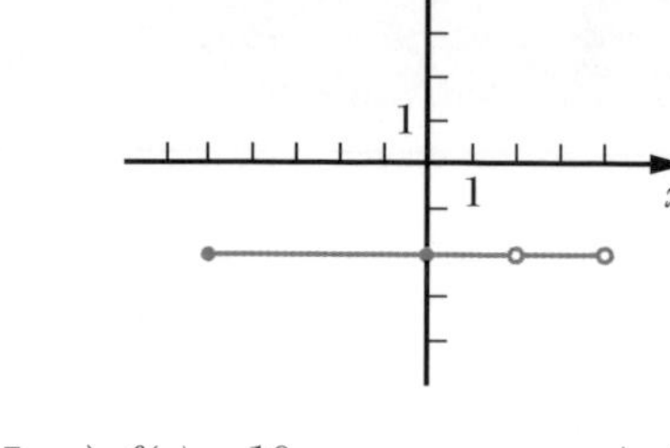

dom $f = [-5, 4[\setminus\{2\}$;
ima $f = \{-2\}$

5. a) $f(x) = 10$ c) $f(x) = -4$

b) $f(x) = 5$ d) $f(x) = 2$ si $x \in\,]-2, 4]$

6. $a_1 = \dfrac{6-3}{5-2} = 1$; a_3 non définie

$a_2 = 0$; $a_4 = \dfrac{3-4}{2-0} = \dfrac{-1}{2}$

7. a) D_4 et D_5 c) D_1 et D_3 e) D_1

b) D_2 d) D_5 f) D_6

8. a) $x = 3(4-t) - 8 = -3t + 4$

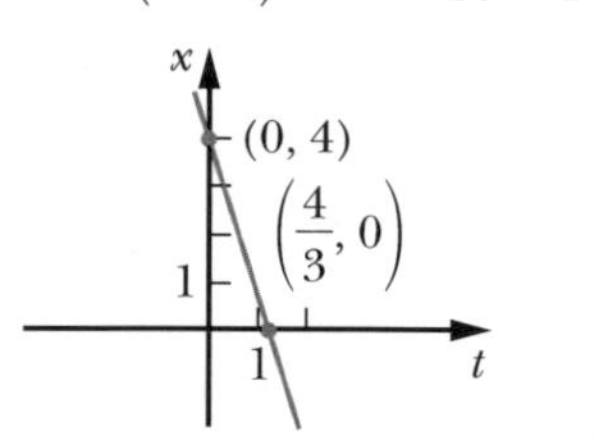

$a = -3$

b) $y = \dfrac{2}{3}x - 3$

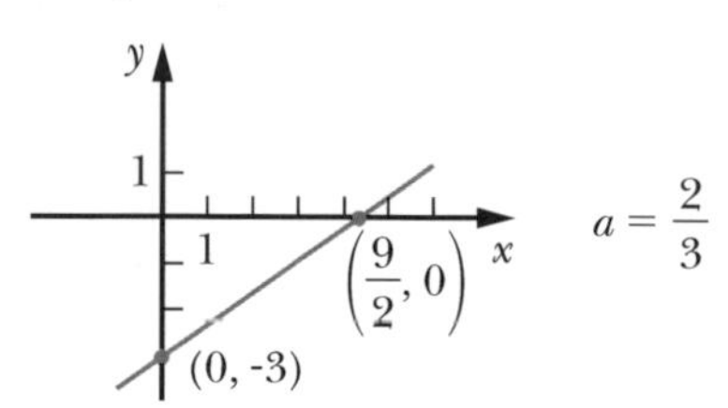

$a = \dfrac{2}{3}$

9. a) $y = -7x + b$, car $a = -7$

En remplaçant x par 2 et y par 3, nous obtenons
$3 = -7(2) + b$, donc $b = 17$.
D'où $y = -7x + 17$.

b) $a = \dfrac{-2-7}{5-(-2)} = \dfrac{-9}{7}$

Ainsi, $y = \dfrac{-9}{7}x + b$

En remplaçant x par 5 et y par -2, nous obtenons
$-2 = \dfrac{-9}{7}(5) + b$, donc $b = \dfrac{31}{7}$.

D'où $y = \dfrac{-9}{7}x + \dfrac{31}{7}$.

c) $a = -3$ car $D_1 // D$

Ainsi, $y = -3x + b$
En remplaçant x par 1 et y par 3, nous obtenons
$3 = -3(1) + b$, donc $b = 6$.
D'où $y = -3x + 6$.

d) $a = \dfrac{-1}{2}$ car $D_1 \perp D$

Ainsi $y = \dfrac{-1}{2}x + b$

En remplaçant x par -5 et y par 2, nous obtenons
$2 = \dfrac{-1}{2}(-5) + b$, donc $b = \dfrac{-1}{2}$.

D'où $y = \dfrac{-1}{2}x - \dfrac{1}{2}$.

10. a) $\dfrac{7-4}{q_1 - (-1)} = -5$, d'où $q_1 = \dfrac{-8}{5}$

b) $\dfrac{r_2 - 4}{-2-(-1)} = -5$, d'où $r_2 = 9$

11. Vérifions si la pente a_1 de la droite D_1 qui passe par les deux premiers points et la pente a_2 de la droite D_2 qui passe par les deux derniers points, sont égales.

a) $a_1 = \dfrac{-8-0}{-2-0} = 4$ et $a_2 = \dfrac{-32-0}{8-0} = -4$, puisque $a_1 \neq a_2$, les trois points ne sont pas sur la même droite.

b) $a_1 = \dfrac{-1-7}{1-(-3)} = -2$ et $a_2 = \dfrac{-33-(-1)}{17-1} = -2$, puisque $a_1 = a_2$, les trois points sont sur la même droite.

12. a) $a = \dfrac{1125-900}{250-100} = \dfrac{3}{2}$

Ainsi, $C = \dfrac{3}{2}q + b$

En remplaçant q par 100 et C par 900, nous obtenons

$$900 = \frac{3}{2}(100) + b, \text{ donc } b = 750.$$

D'où $C = \dfrac{3}{2}q + 750$.

b) Si $q = 150$, $C = \dfrac{3}{2}(150) + 700 = 975$, donc 975 \$

c) Si $C = 1233$, $1233 = \dfrac{3}{2}q + 700$, donc $q = 322$ articles

d) Si $q = 0$, $C = 750$, donc 750 \$

13. a) $f(x) = 9 - x^2 = (3-x)(3+x)$

Les zéros sont -3 et 3.

Sommet $x = \dfrac{-b}{2a} = \dfrac{-0}{2(-1)} = 0$ et $f(0) = 9$

D'où le sommet est (0, 9).

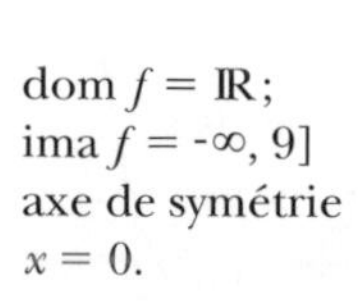

dom $f = \mathbb{R}$;
ima $f = -\infty, 9]$
axe de symétrie
$x = 0$.

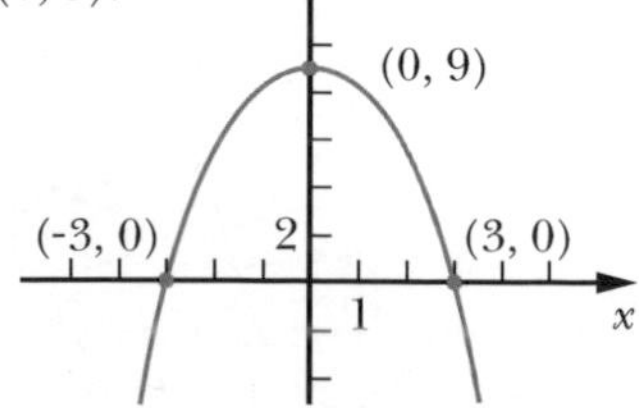

b) $f(x) = -x^2 - 2x - 1 = -(x+1)^2$

Le zéro est -1.

Sommet $x = \frac{-b}{2a} = \frac{-(-2)}{2(-1)} = -1$ et $f(-1) = 0$

D'où le sommet est (-1, 0).

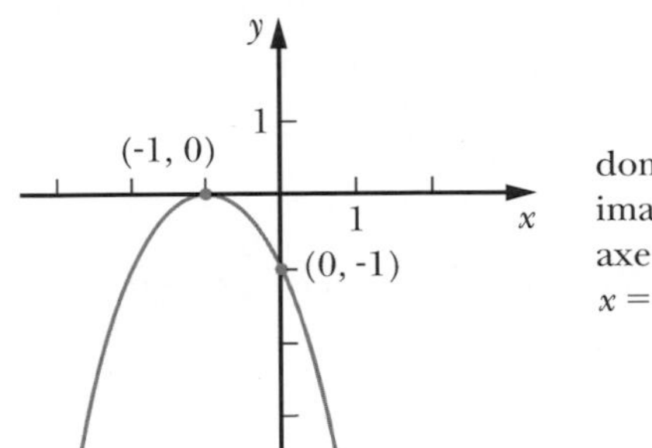

dom $f = \mathbb{R}$;
ima $f = -\infty, 0]$
axe de symétrie
$x = -1$.

c) $f(x) = x^2 + 4x + 5$

Aucun zéro car $(b^2 - 4ac) = (4^2 - 20) = -4 < 0$

Sommet $x = \frac{-b}{2a} = \frac{-4}{2} = -2$ et $f(-2) = 1$

D'où le sommet est (-2, 1).

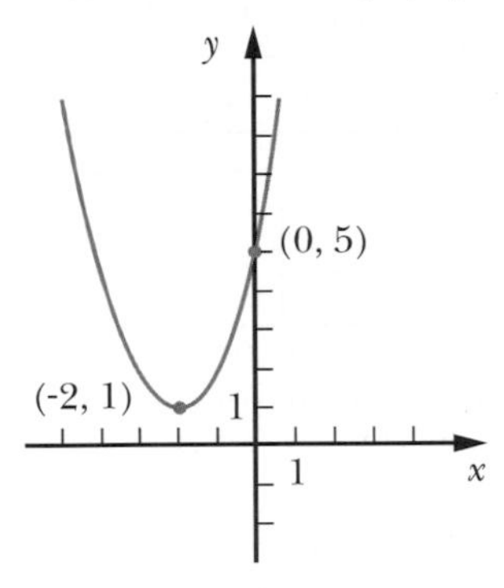

dom $f = \mathbb{R}$;
ima $f = [1, +\infty$
axe de symétrie
$x = -2$.

d) $f(x) = x^2 - 8x + 5$

$x_1 = \frac{-(-8) + \sqrt{(-8)^2 - 4(1)(5)}}{2} = 4 + \sqrt{11}$ et

$x_2 = 4 - \sqrt{11}$, sont les zéros.

Sommet $x = \frac{-b}{2a} = \frac{-(-8)}{2} = 4$ et $f(4) = -11$

D'où le sommet est (4, -11).

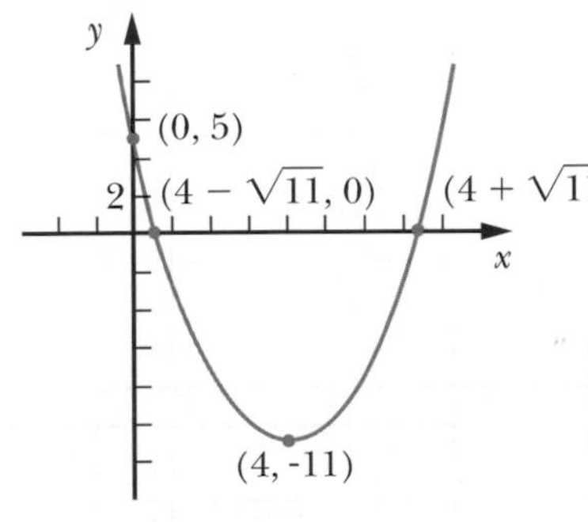

dom $f = \mathbb{R}$;
ima $f = [-11, +\infty$
axe de symétrie
$x = 4$

14. a) Sommet $q = \frac{-b}{2a} = \frac{-104}{-2} = 52$

Les coordonnées du sommet sont (52, 2274) ; alors $q = 52$ unités.

b) Il faut évaluer $P(52) = 2274$, c'est-à-dire 2274 $.

c)

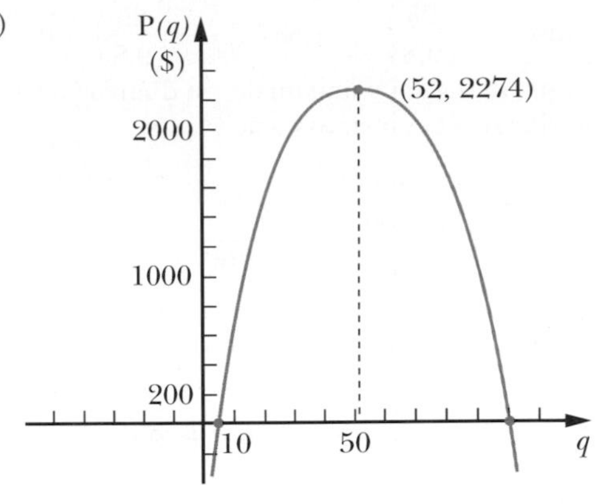

15. a)

```
>plot(-4.9*t^2+25*t+60,t=0..7,
y=0..100,color=orange);
```

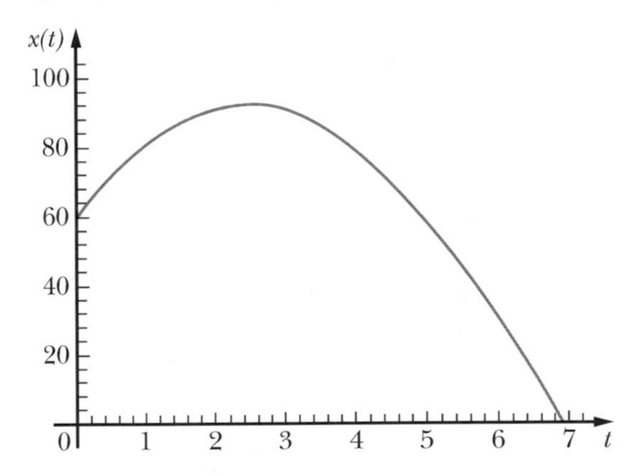


```
>plot(25-9.8*t,t=0..7,color=orange);
```

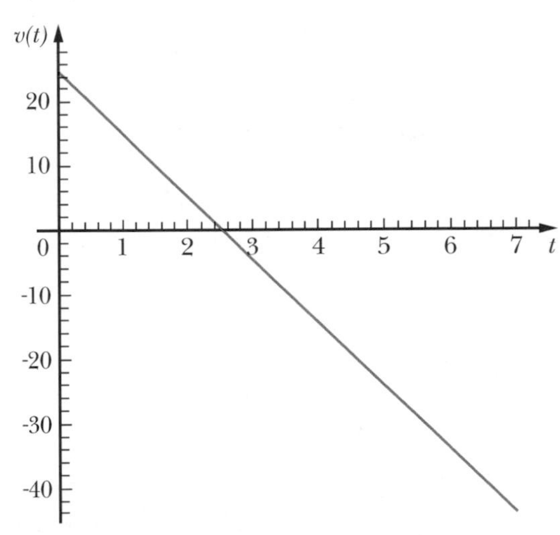

$x(1) = 80{,}1$, donc la pierre est à 80,1 m au-dessus de la rivière ;

$v(1) = 15{,}2$, donc la vitesse de la pierre est de 15,2 m/s.

b) $x(0) = 60$, donc 60 m

c) $v(0) = 25$, donc 25 m/s

d) La hauteur est maximale au sommet de la parabole,

$\left(\frac{-b}{2a}, x\left(\frac{-b}{2a}\right)\right)$, c'est-à-dire $\left(\frac{-25}{-9{,}8}, x\left(\frac{25}{9{,}8}\right)\right)$.

Puisque $x\left(\frac{25}{9,8}\right) = 91,887...$ et $v\left(\frac{25}{9,8}\right) = 0$
donc, la hauteur maximale est d'environ 91,9 m et la vitesse à cet instant égale 0 m/s.

e) $x(t) = 0$
$-4,9t^2 + 25t + 60 = 0$
$t_1 = \frac{-25 + \sqrt{25^2 - 4(-4,9)60}}{2(-4,9)}$;
$t_2 = \frac{-25 - \sqrt{25^2 - 4(-4,9)60}}{2(-4,9)}$
$t_1 = -1,779...$ (à rejeter) ; $t_2 = 6,881...$
D'où environ 6,88 s.

16. a) et ② c) et ④ e) et ①
b) et ⑦ d) et ⑧ f) et ⑩

Exercices 1.2 (page 28)

1. a) Fonction polynomiale de degré 4
c) Fonction polynomiale de degré 11
e) Fonction polynomiale de degré 2

2. a) $4x^3 - 2x^2 = 0$
$2x^2(2x - 1) = 0$
D'où les zéros sont 0 et $\frac{1}{2}$.

b) $8(2x + 1)^3(3x - 2)^5 + 15(2x + 1)^4(3x - 2)^4 = 0$
$(2x + 1)^3(3x - 2)^4\ [8(3x - 2) + 15(2x + 1)] = 0$
$(2x + 1)^3(3x - 2)^4\ (54x - 1) = 0$
D'où les zéros sont $\frac{-1}{2}$, $\frac{2}{3}$ et $\frac{1}{54}$.

c) $t^3 + 7t^2 - 3t - 21 = 0$
$t^2(t + 7) - 3(t + 7) = 0$
$(t + 7)(t^2 - 3) = 0$
$(t + 7)(t - \sqrt{3})(t + \sqrt{3}) = 0$
D'où les zéros sont -7, $\sqrt{3}$ et $-\sqrt{3}$.

d) $15x^5 - 75x^3 + 60x = 0$
$15x(x^4 - 5x^2 + 4) = 0$
$15x(x^2 - 4)(x^2 - 1) = 0$
$15x(x - 2)(x + 2)(x - 1)(x + 1) = 0$
D'où les zéros sont 0, 2, -2, 1 et -1.

3. a) $(2x - 4)(5 + 3x) = 0$ si $x = 2$ ou $x = \frac{-5}{3}$
D'où dom $f = \mathbb{R}\setminus\left\{\frac{-5}{3}, 2\right\}$.

b) $(x^2 + 1) \neq 0\ \forall\ x \in \mathbb{R}$
D'où dom $f = \mathbb{R}$.

c) $(x - 4) = 0$ si $x = 4$ et
$5x - x^2 = x(5 - x) = 0$ si $x = 0$ ou $x = 5$
D'où dom $f = \mathbb{R}\setminus\{0, 4, 5\}$.

d) $(8x - 5) = 0$ si $x = \frac{5}{8}$
D'où dom $f = \mathbb{R}\setminus\left\{\frac{5}{8}\right\}$.

4. a) $(4x^2 + 7) \geq 0\ \forall\ x \in \mathbb{R}$
D'où dom $f = \mathbb{R}$.

b) $(4x - 7) = 0$ si $x = \frac{7}{4}$
D'où dom $g = \mathbb{R}\setminus\left\{\frac{7}{4}\right\}$.

c) $(10 - 2x) > 0$ et $(5x - 12) \geq 0$
$-2x > -10$ et $5x \geq 12$
$x < 5$ et $x \geq \frac{12}{5}$
D'où dom $h = \left[\frac{12}{5}, 5\right[$.

d) $x^2 - 9 = (x - 3)(x + 3) = 0$ si $x = 3$ ou $x = -3$

x	$-\infty$		-3		3		$+\infty$
$(x - 3)(x + 3)$		$(-)(-)$	0	$(-)(+)$	0	$(+)(+)$	
$x^2 - 9$		$+$	0	$-$	0	$+$	

dom $f = -\infty, -3[\ \cup\ ]3, +\infty$

e) $-6x^2 + x + 12 = (3x + 4)(3 - 2x) = 0$
si $x = \frac{-4}{3}$ ou $x = \frac{3}{2}$
Puisque $(-6x^2 + x + 12)$ est une parabole tournée vers le bas, $(-6x^2 + x + 12) \geq 0$ entre les zéros.
D'où dom $f = \left[\frac{-4}{3}, \frac{3}{2}\right]$.

f) $3 - x = 0$ si $x = 3$ et
$x^2 - 1 = (x - 1)(x + 1) = 0$ si $x = 1$ ou $x = -1$

x	$-\infty$		-1		1		3		$+\infty$
$\frac{(3 - x)}{(x - 1)((x + 1)}$		$\frac{(+)}{(-)(-)}$	∄	$\frac{(+)}{(-)(+)}$	∄	$\frac{(+)}{(+)(+)}$	0	$\frac{(-)}{(+)(+)}$	
$\frac{(3 - x)}{x^2 - 1}$		$+$	∄	$-$	∄	$+$	0	$-$	

D'où dom $k = -\infty, -1[\ \cup\ ]1, 3]$.

5. a) $(x-5)(2-3x)=0$ si $x=5$ ou $x=\frac{2}{3}$

D'où dom $f=\mathbb{R}\setminus\left\{\frac{2}{3}, 5\right\}$

$(3-2x)(5x+7)=0$ si $x=\frac{3}{2}$ ou $x=\frac{-7}{5}$

D'où les zéros sont $\frac{-7}{5}$ et $\frac{3}{2}$.

b) $(x+4)=0$ si $x=-4$ et $(7-3x)=0$ si $x=\frac{7}{3}$

D'où dom $g=\mathbb{R}\setminus\left\{-4, \frac{7}{3}\right\}$

$$\frac{3}{x+4}-\frac{5}{7-3x}=\frac{3(7-3x)-5(x+4)}{(x+4)(7-3x)}$$
$$=\frac{1-14x}{(x+4)(7-3x)}$$

$(1-14x)=0$ si $x=\frac{1}{14}$

D'où le zéro de g est $\frac{1}{14}$.

c) $(x-5)>0$, ainsi $x>5$
D'où dom $h=\,]5, +\infty$
$(4-x)(x-6)=0$ si $x=4$ ou $x=6$
D'où le zéro de h est 6, car $4\notin$ dom h.

d) $(4-t)>0$, ainsi $t<4$
D'où dom $f=-\infty, 4[$
$$\sqrt{4-t}-\frac{t}{\sqrt{4-t}}=\frac{(\sqrt{4-t})^2-t}{\sqrt{4-t}}=\frac{4-2t}{\sqrt{4-t}}$$
$4-2t=0$ si $t=2$
D'où le zéro de f est 2.

e) $f(x)=\sqrt[4]{(x^2-x-2)^3}=\sqrt[4]{[(x-2)(x+1)]^3}$
$[(x-2)(x+1)]^3=0$
$(x-2)(x+1)=0$ si $x=2$ ou $x=-1$.
Puisque $(x-2)(x+1)$ est une parabole tournée vers le haut, $(x-2)(x+1)\geq 0$ à l'extérieur des zéros.
D'où dom $f=-\infty, -1]\cup[2, +\infty$.
Les zéros de f sont -1 et 2.

f) $h(x)=\sqrt[3]{(x^2-x-2)^4}=\sqrt[3]{[(x-2)(x+1)]^4}$
dom $h=\mathbb{R}$
Les zéros de h sont -1 et 2 (voir e)).

6. a) $P(4)=12\,000\sqrt{4}+40\,000=64\,000$,
donc 64 000 habitants;
$P(8)=12\,000\sqrt{8}+40\,000=73\,941{,}12\ldots$,
donc environ 73 941 habitants.

b) $12\,000\sqrt{t}+40\,000=80\,000$
$12\,000\sqrt{t}=40\,000$
$\sqrt{t}=\frac{10}{3}$
$t=11{,}\overline{1}$
D'où environ 11 années.

7. a) dom $h=\,]-3, 7]\setminus\{4\}$
b) dom $f=\mathbb{R}\setminus\{1, 3\}$
c) dom $g=-\infty, 0]\cup\,]2, 4[\,\cup\,]4, +\infty$
d) dom $s=[4, 6[$

8. a) $f(-5)=24$
b) $f(10)=-295$
c) $f(0)=5$
d) $f(-1)$ est non définie.
e) $f(4)=7$
f) $f(7)$ est non définie.

9. a)

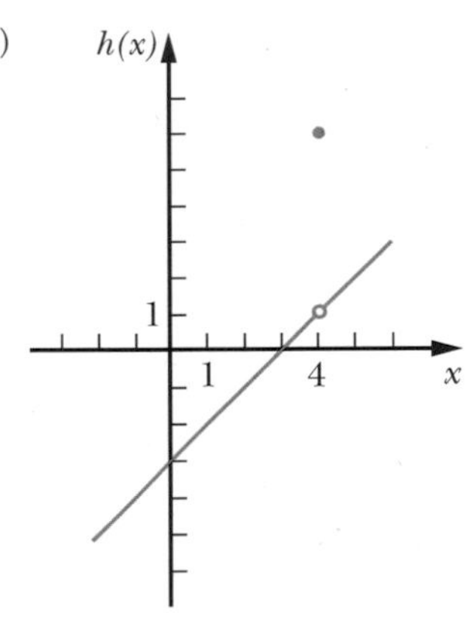

dom $h=\mathbb{R}$

b)

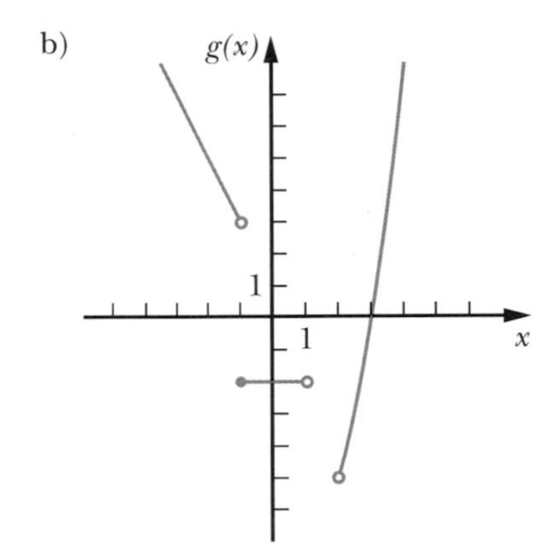

dom $g=-\infty, 1[\,\cup\,]2, +\infty$

10. a) $g(x)=\begin{cases}3x+5 & \text{si } x\geq\frac{-5}{3}\\ -3x-5 & \text{si } x<\frac{-5}{3}\end{cases}$

dom $g=\mathbb{R}$

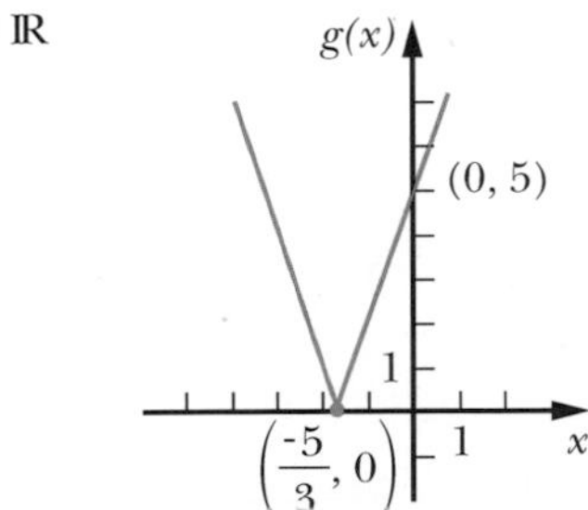

b) $f(x)=\begin{cases}5-(2x-4) & \text{si } (2x-4)\geq 0\\ 5-(-(2x-4)) & \text{si } (2x-4)<0,\end{cases}$

c'est-à-dire

$f(x)=\begin{cases}9-2x & \text{si } x\geq 2\\ 1+2x & \text{si } x<2\end{cases}$

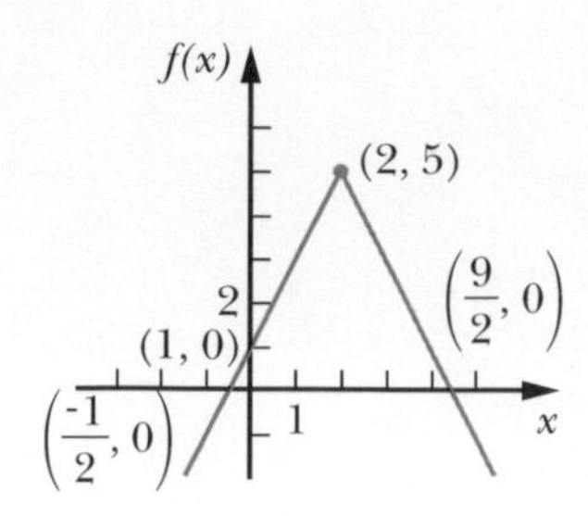

11. a) $f(2) = 2$
$g(2) = -2$
$h(2) = 0$

b) $f(-2) = -2$
$g(-2) = 2$
$h(-2) = 0$

c) $f(5{,}9) = 5$
$g(5{,}9) = -6$
$h(5{,}9) = 0{,}9$

d) $f(-5{,}9) = -6$
$g(-5{,}9) = 5$
$h(-5{,}9) = 0{,}1$

12. a) 100 $; 100 $; 100 $; 150 $

b) $s(h) = \begin{cases} 100 & \text{si} \quad 0 \leq h < 4 \\ 25h & \text{si} \quad 4 \leq h \leq 24 \end{cases}$

c) dom $s = [0, 24]$

d)

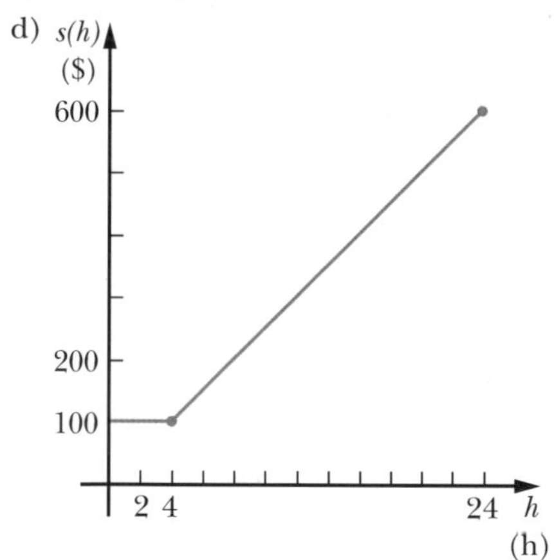

13. a) >plot(1−x^3,x=0...1,color=orange);

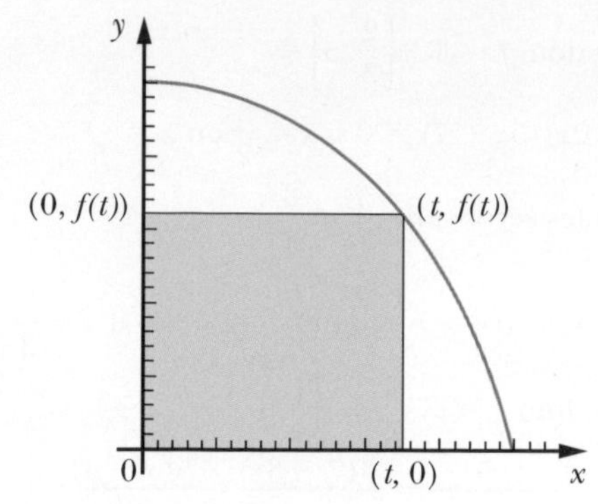

b) $A(t) = t\,f(t) = t(1 - t^3)$
D'où $A(t) = t - t^4$, où $t \in [0, 1]$
>plot(t−t^4,t=0...1,color=orange);

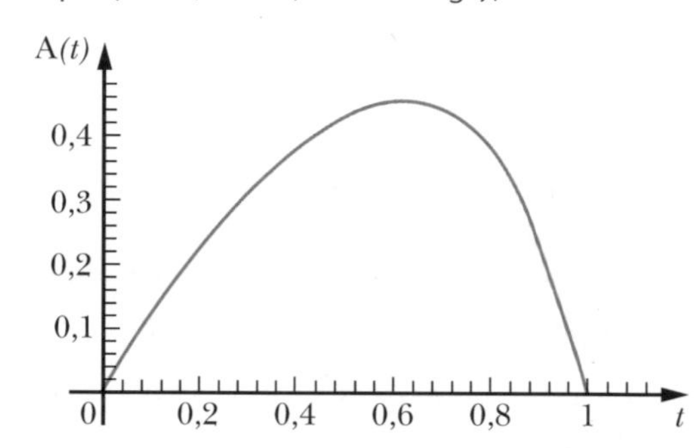

c) >plot(t−t^4,t=0.625...0.635,color=orange);

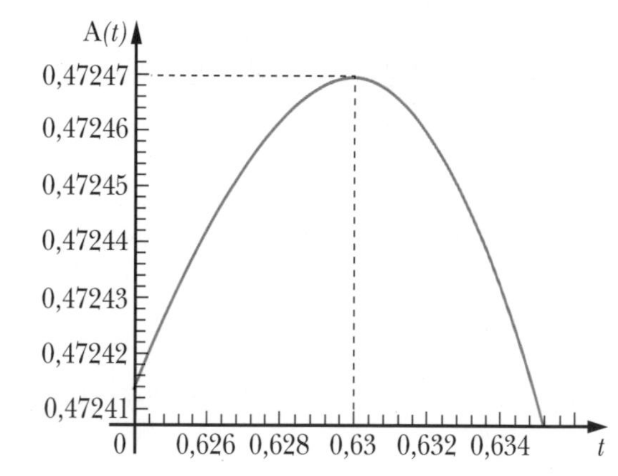

L'aire est maximale pour $t \approx 0{,}63$ et l'aire maximale est d'environ $0{,}47247u^2$.

Exercices récapitulatifs *(page 33)*

1. a) Aucune

b) f_1

c) f_2

d) f_1, f_2 et f_6

e) f_1, f_2, f_3, f_5 et f_6

f) f_1, f_2, f_3, f_4, f_5 et f_6

2. a) $\mathbb{R} \setminus \left\{\frac{-2}{3}\right\}$

b) $\mathbb{R}$

c) $\mathbb{R} \setminus \{1\}$

d) $\mathbb{R} \setminus \left\{\frac{-1}{2}, 3\right\}$

e) $\mathbb{R} \setminus \{0\}$

f) $\mathbb{R} \setminus \{0, -\sqrt{5}, \sqrt{5}\}$

3. a) $\left[\frac{-8}{3}, +\infty\right.$

b) $\mathbb{R}$

c) $[0, 4[$

d) $\varnothing$

e) $]4, +\infty \setminus \{5\}$

f) $\mathbb{R}$

g) $-\infty, -1] \cup [2, +\infty$

h) $\mathbb{R}$

i) $\{0\}$

j) $\mathbb{R} \setminus \{-3, 3\}$

4. a) $\mathbb{R} \setminus \{-5, 0, 1, 4\}$

b) $-\infty, -1[\cup]-1, 0[\cup [1, +\infty$

c) $\mathbb{R}$

d) $[0, 3[\setminus \{1\}$

5. a) $y = -4$

b) $y = 6x + 1$

c) $y = 7$

d) $x = -3$

e) $y = \frac{-x}{6} + \frac{43}{6}$

f) $y = \frac{x}{3} - 5$

6. a) $D_1: x = 4$

$D_2: y = -3$

$D_3: y = \frac{4}{5}x - \frac{31}{5}$

$D_4: y = \frac{-3}{4}x$

$D_5: y = -2x + 5$

b) $A\left(\frac{31}{4}, 0\right)$ et $B\left(0, \frac{-31}{5}\right)$

c) $y = \frac{4}{5}x + \frac{6}{5}$

d) $5x + 4y - 49 = 0$

7. a)

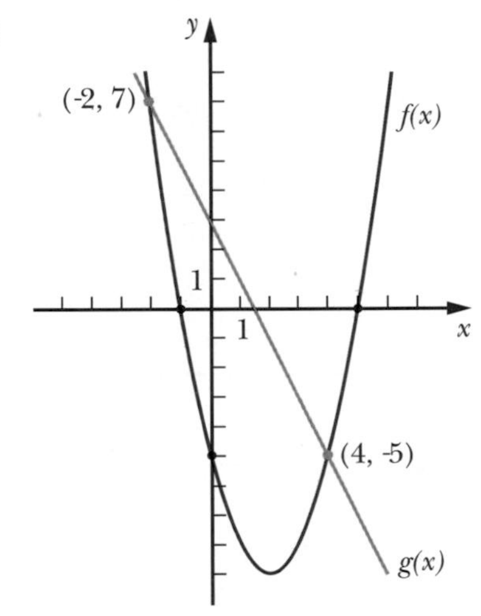

b) Les points d'intersection sont P(-2, 7) et Q(4, -5).

c) $y = -2x - 6$

8. $f(x) = -2x^2 - 8x + 24$

9. a) $k \in -\infty, -12[\cup]12, +\infty$

b) $k = \pm 12$

c) $k \in]-12, 12[$

10. a) dom $g = \mathbb{R}$

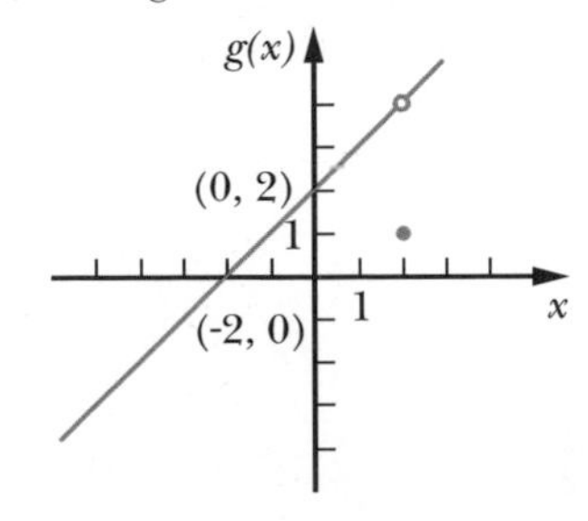

b) dom $h = \mathbb{R}$

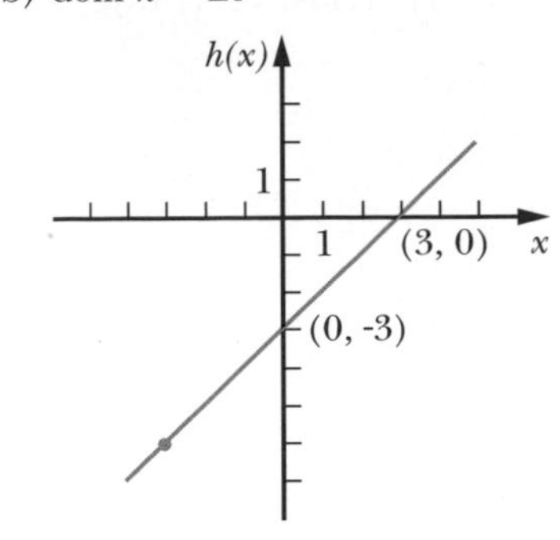

c) dom $f = \mathbb{R}$

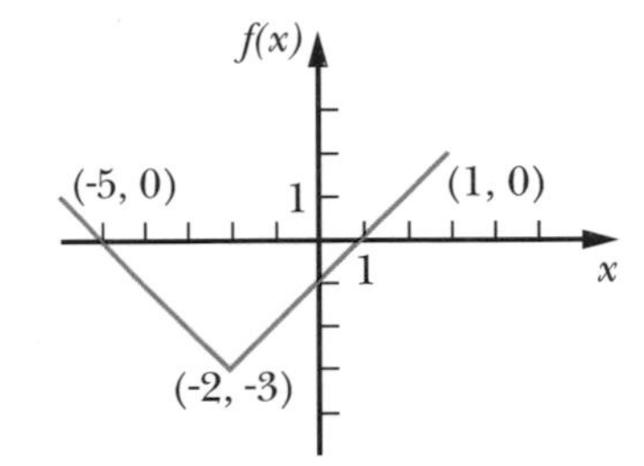

d) dom $k = \mathbb{R} \setminus \{2\}$

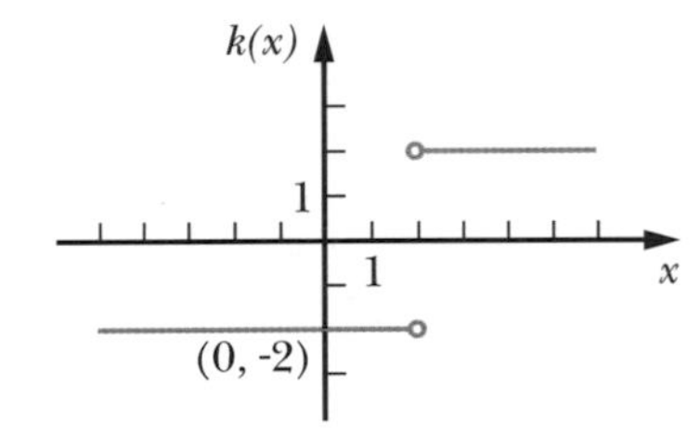

11. a) $x \in -\infty, -5] \cup [2, +\infty$

b) $x \in]-3, 3[$

c) $x \in \left[-4, \frac{1}{3}\right[\cup \left\{\frac{5}{3}\right\}$

12. a) 118 $

b) $S(n) = 30 + 4n$, où dom $S = \{0, 1, 2, 3, \ldots, 40\}$

c) 12 automobiles

d) 21 automobiles

13. a) $v(t) = 10 - 4t$, exprimée en m/s.

b) 4,8 m/s

c) 2,5 s

d) $x(t) = -2t^2 + 10t$, exprimée en *m*.

e) 12,5 m

14. Laissée à l'utilisateur ou l'utilisatrice.

15. Laissée à l'utilisateur ou l'utilisatrice.

Problèmes de synthèse *(page 35)*

1. a) $19x + 2y - 4 = 0$

b) $25x + 3y + 18 = 0$

2. a) $\left(x + \frac{5}{2}\right)^2 - \frac{49}{4}$; $S\left(\frac{-5}{2}, \frac{-49}{4}\right)$

b) $6\left(x - \frac{11}{12}\right)^2 + \frac{47}{24}$; $S\left(\frac{11}{12}, \frac{47}{24}\right)$

3. a) $y = \frac{-1}{2}(x + 2)^2 + 7$

b) $y = 4\left(x + \frac{3}{2}\right)^2 - 25$

4. Laissée à l'utilisateur ou l'utilisatrice.

5. $f(x) = 3x^2 - x - 5$

6. a) $y = -3x + 10$

b) Aire $= \frac{50}{3}u^2$

7. Laissée à l'utilisateur ou l'utilisatrice.

8. Distance minimale $= 1{,}6u$

9. a) $S(x) = 4x - \frac{x^2}{3}$

b) $12u^2$

10. a) $T(x) = \begin{cases} 0{,}08 & \text{si} \quad 1000 \leqslant x \leqslant 5000 \\ 0{,}085 & \text{si} \quad 5000 < x \leqslant 25\,000 \\ 0{,}09 & \text{si} \quad x > 25\,000 \end{cases}$

b) Laissée à l'utilisateur ou l'utilisatrice.

c) $I(x) = \begin{cases} 0{,}08x & \text{si} \quad 1000 \leqslant x \leqslant 5000 \\ 0{,}085x & \text{si} \quad 5000 < x \leqslant 25\,000 \\ 0{,}09x & \text{si} \quad x > 25\,000 \end{cases}$

d) Laissée à l'utilisateur ou l'utilisatrice.

11. a) 51,99 $

b) 114,08 $

c) $C(n) = \begin{cases} 30 \times 0{,}39 + 0{,}0474\,n & \text{si} \quad n \leqslant 900 \\ 30 \times 0{,}39 + 900 \times 0{,}0474 + 0{,}0597(n - 900) & \text{si} \quad n > 900 \end{cases}$

où n est le nombre de kilowattheures consommés et $C(n)$ est le coût en dollars.

d) Laissée à l'utilisateur ou l'utilisatrice.

12. a) 5 $; 175 clients; 875 $

b) $R(x) = (6 - x)(75 + 100x)$, où dom $R = [0, 4{,}25]$

c) 75 représente le nombre de clients qui assistent à la représentation, peu importe le prix.

d) Une réduction de 2,25 $ ou de 3,00 $ procure un revenu de 1125 $.
Laissée à l'utilisateur ou l'utilisatrice.

e) Environ 2,63 $; environ 1139,06 $

13. a) et ⑤
b) et ③
c) et ①
d) et ⑧
e) et ⑥
f) et ④

Test récapitulatif *(page 37)*

1. a) $\mathbb{R} \setminus \{-3, -1\}$

b) $[-4, 1]$

c) $-\infty, -1[\cup]1, +\infty$

d) $[-3, 1[$

e) $\mathbb{R}$

f) $-\infty, -2] \cup]0, 2[\cup]2, 5]$

2. a)

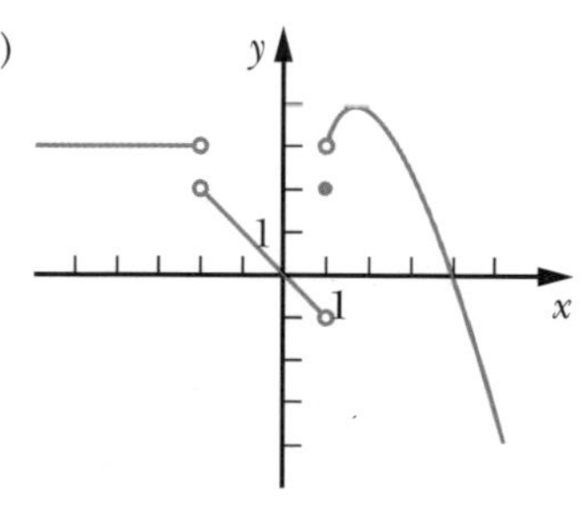

dom $f = \mathbb{R} \setminus \{-2\}$; ima $f = -\infty, 4]$

b)

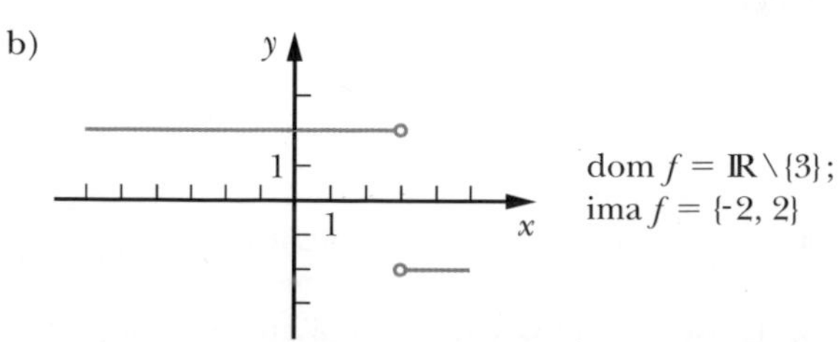

dom $f = \mathbb{R} \setminus \{3\}$; ima $f = \{-2, 2\}$

c)

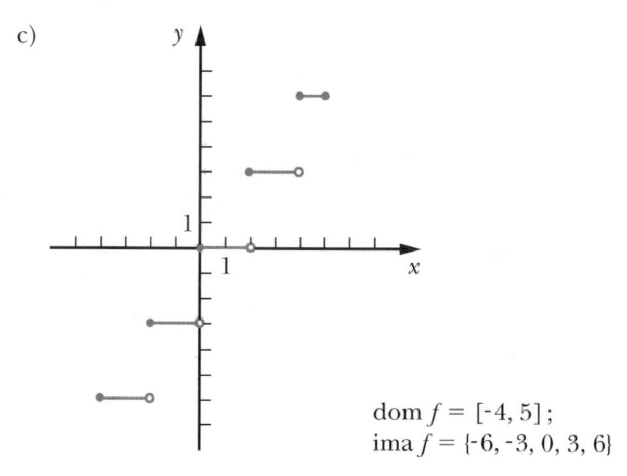

dom $f = [-4, 5]$; ima $f = \{-6, -3, 0, 3, 6\}$

3. a) Les zéros sont -1 et 3.

b) Les coordonnées du sommet sont (1, -4).

c) dom $f = \mathbb{R}$; ima $f = [-4, +\infty$

d) D: $y = 3x - 3$

e) D_1: $y = 3x - \frac{37}{4}$

f) D_2: $y = \frac{-1}{3}x - \frac{11}{12}$

g)

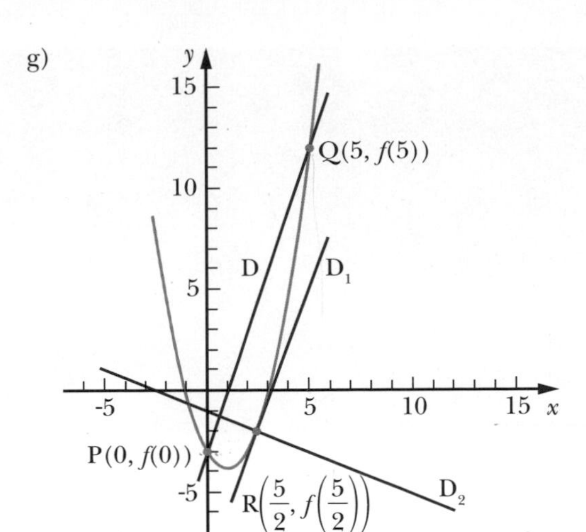

4. a) $3x^2 - \dfrac{48}{x^2} = 0$

$\dfrac{3x^4 - 48}{x^2} = 0$

$\dfrac{3(x-2)(x+2)(x^2+4)}{x^2} = 0$

D'où $x = -2$ ou $x = 2$.

b) $\sqrt{5 - x^2} - \dfrac{x^2}{\sqrt{5 - x^2}} = 0$

$\dfrac{5 - 2x^2}{\sqrt{5 - x^2}} = 0$

D'où $x = -\sqrt{2{,}5}$ ou $x = \sqrt{2{,}5}$.

c) $2(x+1)^2 - (x+1) + 3 = (2x^2 - x + 3) + 1$

$2x^2 + 4x + 2 - x - 1 + 3 = 2x^2 - x + 4$

$4x = 0$

D'où $x = 0$.

5. a) $(f \circ g)(x) = \sqrt{\dfrac{5 - 3x}{x - 1}}$; dom $(f \circ g) = \left]1, \dfrac{5}{3}\right]$

b) $(g \circ f)(x) = \dfrac{1}{\sqrt{2x - 3} - 1}$; dom $(g \circ f) = \left]\dfrac{3}{2}, +\infty\right[\setminus \{2\}$

6. a) $T(r) = \begin{cases} 0{,}20 & \text{si} \quad 0 \leqslant r \leqslant 25\,000 \\ 0{,}23 & \text{si} \quad 25\,000 < r \leqslant 50\,000 \\ 0{,}26 & \text{si} \quad r > 50\,000 \end{cases}$

b) $M(r) = \begin{cases} 0{,}20r & \text{si} \quad 0 \leqslant r \leqslant 25\,000 \\ 5000 + (r - 25\,000)0{,}23 & \text{si} \quad 25\,000 < r \leqslant 50\,000 \\ 10\,750 + (r - 50\,000)0{,}26 & \text{si} \quad r > 50\,000 \end{cases}$

c) i) $M(20\,000) = 4000$, donc 4000 $

ii) $M(37\,528) = 7881{,}44$, donc 7881,44 $

iii) $M(68\,927{,}34) \approx 15\,671{,}108$, donc 15 671,11 $

d)

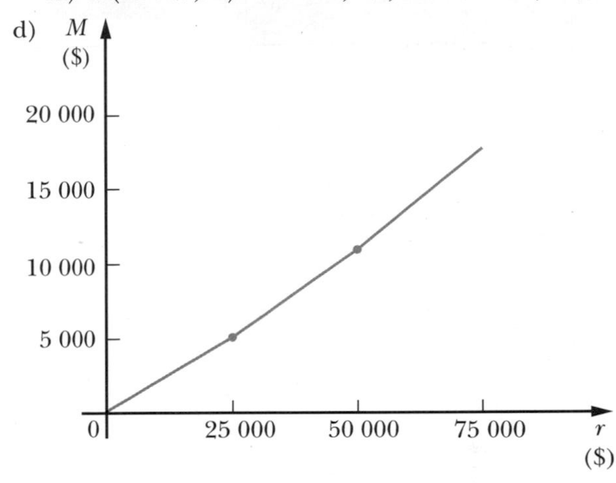

e) En résolvant $5742{,}90 = 5000 + (r - 25\,000)0{,}23$, nous trouvons $r = 28\,230$, donc 28 230 $.

7. a) $A(t) = (t - 0)(g(t) - f(t))$

$= t((9 - 2t) - 1)$

$A(t) = 8t - 2t^2$

b) Déterminons le sommet $S\left(\dfrac{-b}{2a}, A\left(\dfrac{-b}{2a}\right)\right)$ de la parabole précédente.

Puisque $\dfrac{-b}{2a} = \dfrac{-8}{2(-2)} = 2$, nous avons $S(2, A(2))$.

Ainsi, $A(2) = 16 - 2(2)^2 = 8$

D'où l'aire maximale égale $8u^2$.

CORRIGÉ DU CHAPITRE 2

Test préliminaire *(page 41)*

Partie A

1. a) $\dfrac{ad}{bc}$

b) $2x(x+2)$

c) $\dfrac{1}{(x-3)^2}$

d) $-x$

e) $\dfrac{1}{2x}$

f) $-(x+3)$

2. a) $\sqrt{x}-7$

b) $\sqrt{x+7}+\sqrt{7}$

c) $\sqrt{3x-5}+\sqrt{3x+4}$

d) $\sqrt{x}-\sqrt{a}$

3. a) $(\sqrt{x}-5)(\sqrt{x}+5)=x-25$

b) $(\sqrt{x}+\sqrt{5})(\sqrt{x}-\sqrt{5})=x-5$

c) $(\sqrt{x}-\sqrt{3x-5})(\sqrt{x}+\sqrt{3x-5})=5-2x$

d) $(\sqrt{x}-\sqrt{a})(\sqrt{x}+\sqrt{a})=x-a$

e) $(\sqrt{a+b}+\sqrt{c-d})(\sqrt{a+b}-\sqrt{c-d})$
$=a+b-c+d$

4. a) x^2+1

b) x^3+x-2

5. a) $a^2-b^2=(a-b)\,(a+b)$

b) $x^3-8=(x-2)\,(x^2+2x+4)$

c) $27+x^3=(3+x)\,(9-3x+x^2)$

d) $(x+h)^3-x^3=h(3x^2+3xh+h^2)$

Partie B

1. a) $\mathbb{R}$

b) $\mathbb{R}\setminus\left\{\dfrac{-5}{2}, 3\right\}$

c) $\mathbb{R}\setminus\{-3, 4\}$

d) $\left]\dfrac{-7}{3}, +\infty\right.$

e) $-\infty, 5]$

f) $[0, +\infty\setminus\{1\}$

g) $\mathbb{R}\setminus\{0, -\sqrt{7}, \sqrt{7}\}$

h) $[2, 5[$

i) $\mathbb{R}\setminus\{-5, 5\}$

j) $[-1, 2]$

2. a) i) $f(0)=0$

ii) $f(1)$ est non définie.

iii) $f(2)=4$

iv) $f(3)$ est non définie.

v) $f(4)=-1$

b)

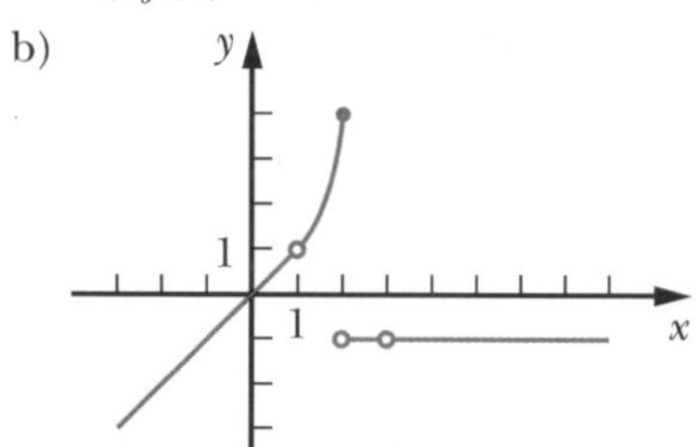

dom $f=\mathbb{R}\setminus\{1, 3\}$

3. a)

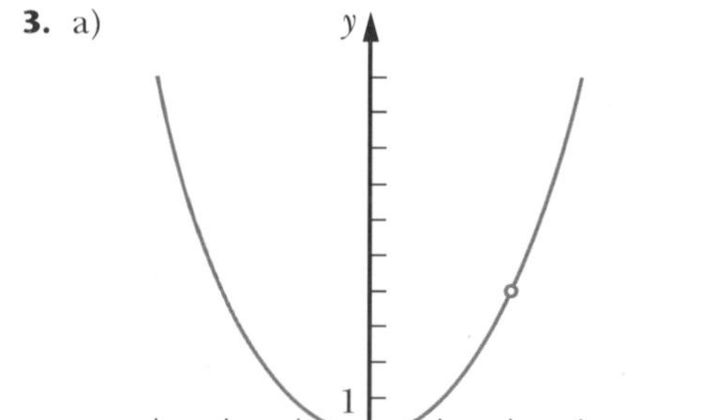

dom $f=\mathbb{R}\setminus\{2\}$

b)

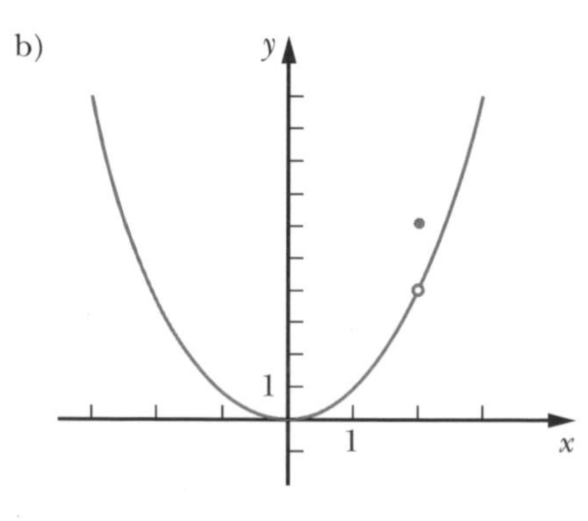

dom $f=\mathbb{R}$

Exercices

Exercices 2.1 (page 50)

1. a) $\lim_{x \to -2^+} f(x) = 10$

b) $\lim_{x \to 5^-} f(x) = -3$

c) $\lim_{x \to 5} f(x) = -9$

2. a) Plus les valeurs données à x sont voisines de 3 par la droite, plus les valeurs calculées pour $f(x)$ sont aussi près que nous le voulons de 0.

b) Plus les valeurs données à x sont voisines de $\frac{1}{2}$ par la gauche, plus les valeurs calculées pour $h(x)$ sont aussi près que nous le voulons de $\frac{-4}{9}$.

c) Plus les valeurs données à x sont voisines de -5, plus les valeurs calculées pour $g(x)$ sont aussi près que nous le voulons de 8.

3. a) 6; $\lim_{x \to 3^-} f(x) = 6$

b) $\lim_{x \to 3^+} f(x) = 6$

c) $\lim_{x \to 3} f(x) = 6$

4. a)

x	1,5	1,9	1,99	1,999	... → 2^-
$f(x)$	4,75	8,03	8,9003	8,990 003	... → 9

x	2,5	2,1	2,01	2,001	... → 2^+
$f(x)$	14,75	10,03	9,1003	9,010 003	... → 9

b) $\lim_{x \to 2^-} (3x^2 - 2x + 1) = 9$

c) $\lim_{x \to 2^+} (3x^2 - 2x + 1) = 9$

d) $\lim_{x \to 2} (3x^2 - 2x + 1) = 9$

5. a) dom $f = \mathbb{R} \setminus \{-2\}$

b)

x	-2,1	-2,01	-2,001	-2,0001	... → -2^-
$f(x)$	-4,1	-4,01	-4,001	-4,0001	... → -4

Ainsi, $\lim_{x \to -2^-} f(x) = -4$

c)

x	-1,9	-1,99	-1,999	-1,9999	... → -2^+
$f(x)$	-3,9	-3,99	-3,999	-3,9999	... → -4

Ainsi, $\lim_{x \to -2^+} f(x) = -4$

d) $\lim_{x \to -2} f(x) = -4$

e)

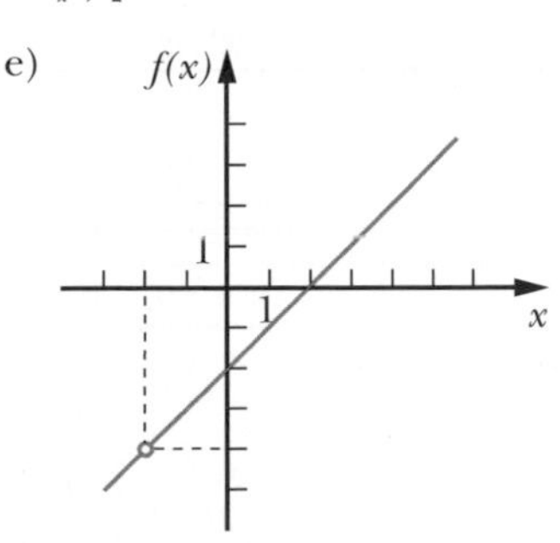

6. a)

x	1,5	1,9	1,99	1,999	... → 2^-
$f(x)$	0,5	0,9	0,99	0,999	... → 1

Ainsi, $\lim_{x \to 2^-} f(x) = 1$

b)

x	2,5	2,1	2,01	2,001	... → 2^+
$f(x)$	0,5	0,1	0,01	0,001	... → 0

Ainsi, $\lim_{x \to 2^+} f(x) = 0$

c) Puisque $\lim_{x \to 2^-} f(x) \neq \lim_{x \to 2^+} f(x)$, $\lim_{x \to 2} f(x)$ n'existe pas.

(théorème 1)

7. a) dom $f = \mathbb{R} \setminus \{1\}$

b)

x	$f(x)$
0,5	-1,230 7...
0,9	-1,259 8...
0,99	-1,251 2...
0,999	-1,250 1...
0,999 9	-1,250 0...
⋮	⋮
↓	↓
1^-	-1,25

Ainsi, $\lim_{x \to 1^-} f(x) = -1,25$

x	$f(x)$
1,5	-1,142 8...
1,1	-1,235 1...
1,01	-1,248 7...
1,001	-1,249 8...
1,000 1	-1,249 9...
⋮	⋮
↓	↓
1^+	-1,25

Ainsi, $\lim_{x \to 1^+} f(x) = -1,25$

D'où $\lim_{x \to 1} f(x) = -1,25$.

8. a) $\lim_{x \to 2} \left(3x - \frac{x^7}{8}\right) = \lim_{x \to 2} 3x - \lim_{x \to 2} \frac{x^7}{8}$ (théorème 3a))

$= 3 \lim_{x \to 2} x - \frac{1}{8} \lim_{x \to 2} x^7$ (théorème 3b))

$= 3 \times 2 - \frac{1}{8}(2)^7$

(théorèmes 2b) et 5a))

$= -10$

b) Calculons d'abord la limite du dénominateur.

$\lim_{x \to -1} (4 + x^3)^3 = \left[\lim_{x \to -1} (4 + x^3)\right]^3$ (théorème 5b))

$= \left[\lim_{x \to -1} 4 + \lim_{x \to -1} x^3\right]^3$ (théorème 3a))

$= [4 + (-1)^3]^3$

(théorèmes 2a) et 5a))

$= 27$

Ainsi, $\lim_{x \to -1} \frac{x}{(4 + x^3)^3} = \frac{\lim_{x \to -1} x}{\lim_{x \to -1} (4 + x^3)^3}$

(théorème 3e))

$= \frac{-1}{27}$ (théorème 2a))

c) $\lim_{x \to 1} [x\sqrt{x^2 - x + 1}] = \left(\lim_{x \to 1} x\right)\left(\lim_{x \to 1} \sqrt{x^2 - x + 1}\right)$

(théorème 3d))

$= 1\sqrt{\lim_{x \to 1} (x^2 - x + 1)}$

(théorèmes 2b) et 6)

$$= \sqrt{\lim_{x \to 1} x^2 - \lim_{x \to 1} x + \lim_{x \to 1} 1}$$

(théorème 4)

$$= \sqrt{1^2 - 1 + 1}$$

(théorèmes 5a), 2b) et 2a))

$$= 1$$

9. a) $\lim_{x \to a} [f(x) - g(x)] = \lim_{x \to a} f(x) - \lim_{x \to a} g(x)$

(théorème 3c))

$$= 9 - (-8)$$

$$= 17$$

b) $\lim_{x \to a} [2\, g(x) f(x) - 5\, h(x)]$

$= \lim_{x \to a} [2\, g(x) f(x)] - \lim_{x \to a} [5\, h(x)]$ (théorème 3c))

$= 2 \lim_{x \to a} [g(x) f(x)] - 5 \lim_{x \to a} h(x)$ (théorème 3b))

$= 2\left(\lim_{x \to a} g(x)\right)\left(\lim_{x \to a} f(x)\right) - 5 \times 0$ (théorème 3d))

$= 2 \times (-8) \times 9$

$= -144$

c) Calculons d'abord la limite du dénominateur.

$\lim_{x \to a} \sqrt{f(x)} = \sqrt{\lim_{x \to a} f(x)}$ (théorème 6)

$= \sqrt{9} = 3$

Ainsi, $\lim_{x \to a} \dfrac{\sqrt[3]{g(x)}}{\sqrt{f(x)}} = \dfrac{\lim_{x \to a} \sqrt[3]{g(x)}}{\lim_{x \to a} \sqrt{f(x)}}$ (théorème 3e))

$= \dfrac{\sqrt[3]{\lim_{x \to a} g(x)}}{3}$ (théorème 6)

$= \dfrac{\sqrt[3]{-8}}{3}$

$= \dfrac{-2}{3}$

d) Calculons d'abord la limite du dénominateur.

$\lim_{x \to a} [g(x) - g(a)] = \lim_{x \to a} [g(x) - 4]$ $(g(a) = 4)$

$= \lim_{x \to a} g(x) - \lim_{x \to a} 4$ (théorème 3c))

$= -8 - 4 = -12$ (théorème 2a))

Ainsi,

$\lim_{x \to a} \dfrac{f(x) - f(a)}{g(x) - g(a)} = \dfrac{\lim_{x \to a} [f(x) - 3]}{\lim_{x \to a} [g(x) - 4]}$

(théorème 3e) et $f(a) = 3$)

$= \dfrac{\lim_{x \to a} f(x) - \lim_{x \to a} 3}{-12}$ (théorème 3c))

$= \dfrac{9 - 3}{-12}$ (théorème 2a))

$= \dfrac{-1}{2}$

10. a) $\lim_{x \to 3} (x^2 - 6x + 13) = 4$ et $\lim_{x \to 3} (-x^2 + 6x - 5) = 4$

D'où $\lim_{x \to 3} g(x) = 4$. (théorème « sandwich »)

b) $\lim_{x \to 4} (x^2 - 6x + 13) = 5$ et $\lim_{x \to 4} (-x^2 + 6x - 5) = 3$

D'où on ne peut pas évaluer $\lim_{x \to 4} g(x)$.

c)
```
>with(plots):
>c1:=plot(x^2-6*x+13,x=0..6,color=blue):
>c2:=plot(-x^2+6*x-5,x=0..6,color=green):
>display(c1,c2);
```

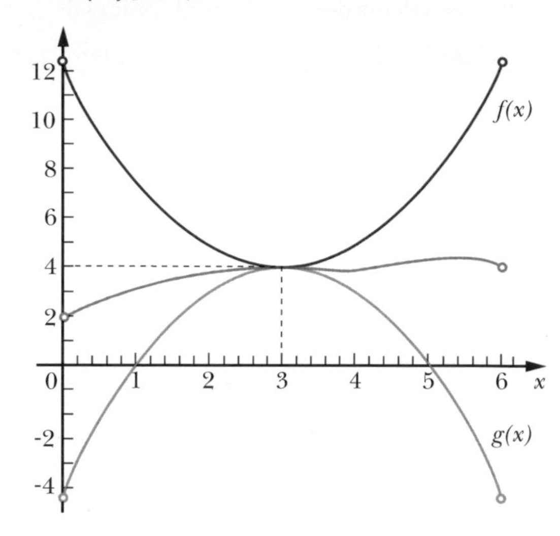

Exercices 2.2 (page 56)

1. c), d) et e)

2. a)

x	7,9	7,99	7,999	7,999 9	... → 8^-
$f(x)$	0,083 682...	0,083 368...	0,083 336...	0,083 333...	... → $0{,}08\overline{3}$

Donc, $\lim_{x \to 8^-} f(x) = 0{,}08\overline{3}$

x	8,1	8,01	8,001	8,000 1	... → 8^+
$f(x)$	0,082 988...	0,083 298...	0,083 329...	0,083 332	... → $0{,}08\overline{3}$

Donc, $\lim_{x \to 8^+} f(x) = 0{,}08\overline{3}$

D'où $\lim_{x \to 8} \dfrac{\sqrt[3]{x} - 2}{x - 8} = 0{,}08\overline{3}$.

b)

x	-0,5	-0,1	-0,01	-0,001	... → 0^-
$f(x)$	0,958...	0,998...	0,9999...	0,999 999...	... → 1

Donc, $\lim_{x \to 0^-} f(x) = 1$

x	0,5	0,1	0,01	0,001	... → 0^+
$f(x)$	0,958...	0,998...	0,9999...	0,999 999...	... → 1

Donc, $\lim_{x \to 0^+} f(x) = 1$

D'où $\lim_{x \to 0} \dfrac{\sin x}{x} = 1$.

3. a) $\lim_{x\to 0} \frac{x^2+3x}{5x}$ $\left(\text{indétermination de la forme } \frac{0}{0}\right)$

$\lim_{x\to 0} \frac{x^2+3x}{5x} = \lim_{x\to 0} \frac{x(x+3)}{5x}$ (en factorisant)

$= \lim_{x\to 0} \frac{x+3}{5}$

(en simplifiant, car $x \neq 0$)

$= \frac{3}{5}$ (en évaluant la limite)

b) $\lim_{x\to -5} \frac{x+5}{x^2-25}$ $\left(\text{indétermination de la forme } \frac{0}{0}\right)$

$\lim_{x\to -5} \frac{x+5}{x^2-25} = \lim_{x\to -5} \frac{(x+5)}{(x+5)(x-5)}$

(en factorisant)

$= \lim_{x\to -5} \frac{1}{(x-5)}$

(en simplifiant, car $(x+5) \neq 0$)

$= \frac{-1}{10}$ (en évaluant la limite)

c) $\lim_{x\to 9} \frac{3-\sqrt{x}}{x-9}$ $\left(\text{indétermination de la forme } \frac{0}{0}\right)$

$\lim_{x\to 9} \frac{3-\sqrt{x}}{x-9}$

$= \lim_{x\to 9} \left[\left(\frac{3-\sqrt{x}}{x-9}\right)\left(\frac{3+\sqrt{x}}{3+\sqrt{x}}\right)\right]$ (conjugué)

$= \lim_{x\to 9} \frac{9-x}{(x-9)(3+\sqrt{x})}$ (en effectuant)

$= \lim_{x\to 9} \frac{-1}{3+\sqrt{x}}$

(en simplifiant, car $(x-9) \neq 0$)

$= \frac{-1}{6}$ (en évaluant la limite)

d) $\lim_{x\to -1} \frac{x^2-3x-4}{x^3-1} = 0$ (en évaluant la limite)

e) $\lim_{x\to 1} \frac{x^5-x}{x-1}$ $\left(\text{indétermination de la forme } \frac{0}{0}\right)$

$\lim_{x\to 1} \frac{x^5-x}{x-1} = \lim_{x\to 1} \frac{x(x-1)(x+1)(x^2+1)}{x-1}$

(en factorisant)

$= \lim_{x\to 1} x(x+1)(x^2+1)$

(en simplifiant, car $(x-1) \neq 0$)

$= 4$ (en évaluant la limite)

f) $\lim_{x\to 0} \frac{3x}{4-(2-x)^2}$ $\left(\text{indétermination de la forme } \frac{0}{0}\right)$

$\lim_{x\to 0} \frac{3x}{4-(2-x)^2} = \lim_{x\to 0} \frac{3x}{4-(4-4x+x^2)}$

$= \lim_{x\to 0} \frac{3x}{4x-x^2}$

$= \lim_{x\to 0} \frac{3x}{x(4-x)}$ (en factorisant)

$= \lim_{x\to 0} \frac{3}{4-x}$ (en simplifiant, car $x \neq 0$)

$= \frac{3}{4}$ (en évaluant la limite)

g) $\lim_{x\to 1} \frac{x^2-1}{\frac{1}{x}-1}$ $\left(\text{indétermination de la forme } \frac{0}{0}\right)$

$\lim_{x\to 1} \frac{x^2-1}{\frac{1}{x}-1} = \lim_{x\to 1} \frac{x^2-1}{\frac{1-x}{x}}$ (en effectuant)

$= \lim_{x\to 1} \frac{x(x^2-1)}{1-x}$

$= \lim_{x\to 1} \frac{x(x-1)(x+1)}{1-x}$ (en factorisant)

$= \lim_{x\to 1} -x(x+1)$

(en simplifiant, car $(x-1) \neq 0$)

$= -2$ (en évaluant la limite)

h) $\lim_{x\to 2} \frac{x^3-8}{x^2-4}$ $\left(\text{indétermination de la forme } \frac{0}{0}\right)$

$\lim_{x\to 2} \frac{x^3-8}{x^2-4}$

$= \lim_{x\to 2} \frac{(x-2)(x^2+2x+4)}{(x-2)(x+2)}$ (en factorisant)

$= \lim_{x\to 2} \frac{(x^2+2x+4)}{(x+2)}$

(en simplifiant, car $(x-2) \neq 0$)

$= 3$ (en évaluant la limite)

i) $\lim_{h\to 0} \frac{\frac{1}{\sqrt{x+h}} - \frac{1}{\sqrt{x}}}{h}$ $\left(\text{indétermination de la forme } \frac{0}{0}\right)$

$\lim_{h\to 0} \frac{\frac{1}{\sqrt{x+h}} - \frac{1}{\sqrt{x}}}{h}$

$= \lim_{h\to 0} \frac{\frac{\sqrt{x}-\sqrt{x+h}}{\sqrt{x+h}\sqrt{x}}}{h}$ (en effectuant)

$= \lim_{h\to 0} \frac{\sqrt{x}-\sqrt{x+h}}{h\sqrt{x+h}\sqrt{x}}$

$= \lim_{h\to 0} \left[\left(\frac{\sqrt{x}-\sqrt{x+h}}{h\sqrt{x+h}\sqrt{x}}\right)\left(\frac{\sqrt{x}+\sqrt{x+h}}{\sqrt{x}+\sqrt{x+h}}\right)\right]$

(conjugué)

$= \lim_{h\to 0} \frac{x-(x+h)}{h\sqrt{x+h}\sqrt{x}(\sqrt{x}+\sqrt{x+h})}$

(en effectuant)

$= \lim_{h\to 0} \frac{-h}{h\sqrt{x+h}\sqrt{x}(\sqrt{x}+\sqrt{x+h})}$

$= \lim_{h\to 0} \frac{-1}{\sqrt{x+h}\sqrt{x}(\sqrt{x}+\sqrt{x+h})}$

(en simplifiant, car $h \neq 0$)

$= \frac{-1}{2x\sqrt{x}}$ (en évaluant la limite)

j) $\lim_{x\to 2} \dfrac{x^5 - 2x^4 + x^2 - x - 2}{-x^3 - 2x^2 + 10x - 4}$ $\left(\begin{array}{c}\text{indétermination}\\ \text{de la forme } \frac{0}{0}\end{array}\right)$

$= \lim_{x\to 2} \dfrac{\dfrac{x^5 - 2x^4 + x^2 - x - 2}{x - 2}}{\dfrac{-x^3 - 2x^2 + 10x - 4}{x - 2}}$ (car $(x - 2) \neq 0$)

$= \lim_{x\to 2} \dfrac{x^4 + x + 1}{-x^2 - 4x + 2}$ (en effectuant)

$= \dfrac{-19}{10}$ (en évaluant la limite)

4. a) $\lim_{x\to 1} \dfrac{\sqrt[4]{x} - \dfrac{1}{\sqrt[4]{x}}}{3 + 2x - x^2}$ $\left(\begin{array}{c}\text{indétermination}\\ \text{de la forme } \frac{0}{0}\end{array}\right)$

$= \lim_{x\to 1} \dfrac{\dfrac{\sqrt{x} - 1}{\sqrt[4]{x}}}{(1 - x)(x + 3)}$

$= \lim_{x\to 1} \left[\left(\dfrac{\sqrt{x} - 1}{\sqrt[4]{x}(1 - x)(x + 3)}\right)\left(\dfrac{\sqrt{x} + 1}{\sqrt{x} + 1}\right)\right]$ (conjugué)

$= \lim_{x\to 1} \dfrac{(x - 1)}{\sqrt[4]{x}(1 - x)(x + 3)(\sqrt{x} + 1)}$

$= \lim_{x\to 1} \dfrac{-1}{\sqrt[4]{x}(x + 3)(\sqrt{x} + 1)}$ (car $(x - 1) \neq 0$)

$= \dfrac{-1}{8}$ (en évaluant la limite)

b) $\lim_{t\to 9} \dfrac{3t^{\frac{-3}{2}} - \dfrac{\sqrt{t}}{27}}{t^{\frac{1}{2}} - 3}$ $\left(\text{indétermination de la forme } \frac{0}{0}\right)$

$= \lim_{t\to 9} \dfrac{\dfrac{3}{t\sqrt{t}} - \dfrac{\sqrt{t}}{27}}{\sqrt{t} - 3}$

$= \lim_{t\to 9} \dfrac{81 - t^2}{27t\sqrt{t}(\sqrt{t} - 3)}$

$= \lim_{t\to 9} \left[\left(\dfrac{81 - t^2}{27t\sqrt{t}(\sqrt{t} - 3)}\right)\left(\dfrac{\sqrt{t} + 3}{\sqrt{t} + 3}\right)\right]$ (conjugué)

$= \lim_{t\to 9} \dfrac{(9 - t)(9 + t)(\sqrt{t} + 3)}{27t\sqrt{t}(t - 9)}$

$= \lim_{t\to 9} \dfrac{-(9 + t)(\sqrt{t} + 3)}{27t\sqrt{t}}$ (car $(t - 9) \neq 0$)

$= \dfrac{-4}{27}$ (en évaluant la limite)

c) $\lim_{x\to 2} \dfrac{\sqrt{11 - x} - 3}{2 - \sqrt{x + 2}}$ $\left(\begin{array}{c}\text{indétermination}\\ \text{de la forme } \frac{0}{0}\end{array}\right)$

$= \lim_{x\to 2} \left[\left(\dfrac{\sqrt{11 - x} - 3}{2 - \sqrt{x + 2}}\right)\left(\dfrac{\sqrt{11 - x} + 3}{\sqrt{11 - x} + 3}\right)\right]$ (conjugué)

$= \lim_{x\to 2} \dfrac{2 - x}{(2 - \sqrt{x + 2})(\sqrt{11 - x} + 3)}$

$\left(\text{indétermination de la forme } \frac{0}{0}\right)$

$= \lim_{x\to 2} \left[\left(\dfrac{(2 - x)}{(2 - \sqrt{x + 2})(\sqrt{11 - x} + 3)}\right)\left(\dfrac{2 + \sqrt{x + 2}}{2 + \sqrt{x + 2}}\right)\right]$

(conjugué)

$= \lim_{x\to 2} \dfrac{(2 - x)(2 + \sqrt{x + 2})}{(2 - x)(\sqrt{11 - x} + 3)}$

$= \lim_{x\to 2} \dfrac{2 + \sqrt{x + 2}}{\sqrt{11 - x} + 3}$ (car $(2 - x) \neq 0$)

$= \dfrac{2}{3}$ (en évaluant la limite)

d) $\lim_{h\to 0} \dfrac{5(x + h)^2 - 7(x + h) - 5x^2 + 7x}{h}$

$\left(\text{indétermination de la forme } \frac{0}{0}\right)$

$= \lim_{h\to 0} \dfrac{5(x^2 + 2xh + h^2) - 7x - 7h - 5x^2 + 7x}{h}$

$= \lim_{h\to 0} \dfrac{5x^2 + 10xh + 5h^2 - 7h - 5x^2}{h}$

$= \lim_{h\to 0} \dfrac{10xh + 5h^2 - 7h}{h}$

$= \lim_{h\to 0} \dfrac{h(10x + 5h - 7)}{h}$

$= \lim_{h\to 0} (10x + 5h - 7)$ (car $h \neq 0$)

$= 10x - 7$ (en évaluant la limite)

e) $\lim_{\Delta x\to 0} \dfrac{\sqrt{x + \Delta x} - \sqrt{x}}{\Delta x}$ $\left(\begin{array}{c}\text{indétermination}\\ \text{de la forme } \frac{0}{0}\end{array}\right)$

$= \lim_{\Delta x\to 0} \left[\left(\dfrac{\sqrt{x + \Delta x} - \sqrt{x}}{\Delta x}\right)\left(\dfrac{\sqrt{x + \Delta x} + \sqrt{x}}{\sqrt{x + \Delta x} + \sqrt{x}}\right)\right]$

(conjugué)

$= \lim_{\Delta x\to 0} \dfrac{(x + \Delta x) - \Delta x}{\Delta x(\sqrt{x + \Delta x} + \sqrt{x})}$

$= \lim_{\Delta x\to 0} \dfrac{\Delta x}{\Delta x(\sqrt{x + \Delta x} + \sqrt{x})}$

$= \lim_{\Delta x\to 0} \dfrac{1}{\sqrt{x + \Delta x} + \sqrt{x}}$ (car $\Delta x \neq 0$)

$= \dfrac{1}{\sqrt{x} + \sqrt{x}}$ (en évaluant la limite)

$= \dfrac{1}{2\sqrt{x}}$

Exercices 2.3 *(page 66)*

1. a) $\left.\begin{array}{l}\lim_{x\to -4^-} f(x) = -2\\ \lim_{x\to -4^+} f(x) = -2\end{array}\right\}$ donc, $\lim_{x\to -4} f(x) = -2$.

b) $\left.\begin{array}{l}\lim_{x\to 2^-} f(x) = 2\\ \lim_{x\to 2^+} f(x) = -3\end{array}\right\}$ donc, $\lim_{x\to 2} f(x)$ n'existe pas.

c) $\left.\begin{array}{l}\lim_{x\to 4^-} f(x) = 0\\ \lim_{x\to 4^+} f(x) = 0\end{array}\right\}$ donc, $\lim_{x\to 4} f(x) = 0$.

2. a) $\lim\limits_{x \to -5^+} f(x) = \lim\limits_{x \to -5^+} x = -5$, $\lim\limits_{x \to -5^-} f(x) = \lim\limits_{x \to -5^-} x^2 = 25$ donc, $\lim\limits_{x \to -5} f(x)$ n'existe pas.

b) $\lim\limits_{x \to 1^+} f(x) = \lim\limits_{x \to 1^+} (5x^2 - 2x) = 3$, $\lim\limits_{x \to 1^-} f(x) = \lim\limits_{x \to 1^-} 3x = 3$ donc, $\lim\limits_{x \to 1} f(x) = 3$.

c) $\lim\limits_{x \to 0^+} f(x) = \lim\limits_{x \to 0^+} (x^2 + 4) = 4$, $\lim\limits_{x \to 0^-} f(x) = \lim\limits_{x \to 0^-} (1 - x) = 1$ donc, $\lim\limits_{x \to 0} f(x)$ n'existe pas.

$\lim\limits_{x \to 3^+} f(x) = \lim\limits_{x \to 3^+} (5x - 2) = 13$, $\lim\limits_{x \to 3^-} f(x) = \lim\limits_{x \to 3^-} (x^2 + 4) = 13$ donc, $\lim\limits_{x \to 3} f(x) = 13$.

d) $\lim\limits_{x \to 2^-} f(x) = \lim\limits_{x \to 2^-} \dfrac{x^2 - 4}{x - 2}$ $\left(\text{indétermination de la forme } \dfrac{0}{0}\right)$

$= \lim\limits_{x \to 2^-} \dfrac{(x - 2)(x + 2)}{x - 2}$

$= \lim\limits_{x \to 2^-} (x + 2)$ (car $(x - 2) \neq 0$)

$= 4$

$\lim\limits_{x \to 2^+} f(x) = \lim\limits_{x \to 2^+} 2x = 4$

donc, $\lim\limits_{x \to 2} f(x) = 4$.

3. a) $f(-5)$ est non définie.

b) $f(2) = 1$

c) $f(-2) = 2$

d) $f(4)$ est non définie.

e) $\lim\limits_{x \to -2^-} f(x) = -2$

f) $\lim\limits_{x \to 2^+} f(x) = -2$

g) $\lim\limits_{x \to 2^-} f(x) = 3$

h) $\lim\limits_{x \to 2} f(x)$ n'existe pas.

i) $\lim\limits_{x \to -5} f(x) = 2$

j) $\lim\limits_{x \to -4} f(x) = 0$

4.

En	$x = -5$	$x = -2$	$x = 0$	$x = 3$	$x = 6$
f est continue.	F	F	V	F	F
La 1re condition est satisfaite.	F	V	V	V	F
La 2[e] condition est satisfaite.	V	V	V	F	F
La 3[e] condition est satisfaite.	F	F	V	F	F

5. a) 1) $f(0) = -4$

2) $\lim\limits_{x \to 0} f(x) = \lim\limits_{x \to 0} (3x^2 - 4) = -4$

3) $\lim\limits_{x \to 0} f(x) = f(0)$

D'où f est continue en $x = 0$.

b) 1) $f(-1) = 3$

2) $\lim\limits_{x \to -1^-} f(x) = \lim\limits_{x \to -1^-} (x + 6) = 5$, $\lim\limits_{x \to -1^+} f(x) = \lim\limits_{x \to -1^+} 5x^2 = 5$ donc, $\lim\limits_{x \to -1} f(x) = 5$.

3) $\lim\limits_{x \to -1} f(x) \neq f(-1)$

D'où f est discontinue en $x = -1$.

c) 1) $f(1) = 2$

2) $\lim\limits_{x \to 1^-} f(x) = \lim\limits_{x \to 1^-} \dfrac{7x^2 + 1}{4x} = 2$, $\lim\limits_{x \to 1^+} f(x) = \lim\limits_{x \to 1^+} (3x^2 - 1) = 2$ donc, $\lim\limits_{x \to 1} f(x) = 2$.

3) $\lim\limits_{x \to 1} f(x) = f(1)$

D'où f est continue en $x = 1$.

6. a) Puisque f est une fonction polynomiale, f est continue sur $\mathbb{R}$.

b) Puisque $-2 \notin \text{dom } f$, f est discontinue en $x = -2$.

c) Puisque $\left\{3, -3, \dfrac{-2}{5}\right\} \notin \text{dom } f$, f est discontinue en $x = 3$, $x = -3$ et $x = \dfrac{-2}{5}$.

d) i) Vérifions si f est continue en $x = -1$.

1) $f(-1) = 4$

2) $\lim\limits_{x \to -1^-} f(x) = \lim\limits_{x \to -1^-} (2x + 6) = 4$, $\lim\limits_{x \to -1^+} f(x) = \lim\limits_{x \to -1^+} (x^2 + 3) = 4$ donc, $\lim\limits_{x \to -1} f(x) = 4$.

3) $\lim\limits_{x \to -1} f(x) = f(-1)$

D'où f est continue en $x = -1$.

ii) Vérifions si f est continue en $x = 2$.

1) $f(2) = 7$

2) $\lim\limits_{x \to 2^-} f(x) = \lim\limits_{x \to 2^-} (x^2 + 3) = 7$, $\lim\limits_{x \to 2^+} f(x) = \lim\limits_{x \to 2^+} (7 - 3x) = 1$ donc, $\lim\limits_{x \to 2} f(x)$ n'existe pas.

D'où f est discontinue en $x = 2$.

7. a) F b) V c) V d) F e) V f) F g) V h) V i) F

8. a) V ; F ; V ; F b) F ; V ; F ; V c) F ; F ; V ; V

9. Puisque f est une fonction polynomiale, f est continue sur $[-2, 2]$. Il suffit d'évaluer :

$f(-2) = 32$

$f(-1) = -3$

$f(0) = 10$

$f(1) = 23$

$f(2) = 84$

a) Il existe au moins un $c \in]1, 2[$, tel que $f(c) = 60$.

b) Il existe au moins un $c_1 \in]-2, -1[$, tel que $f(c_1) = 15$ et il existe au moins un $c_2 \in]0, 1[$, tel que $f(c_2) = 15$.

c) Il existe au moins un $c_3 \in]-2, -1[$, tel que $f(c_3) = 0$ et il existe au moins un $c_4 \in]-1, 0[$, tel que $f(c_4) = 0$.

d) >plot(x^6−x^4+13*x+10,x=-2..2, y=-10..90,color=orange);

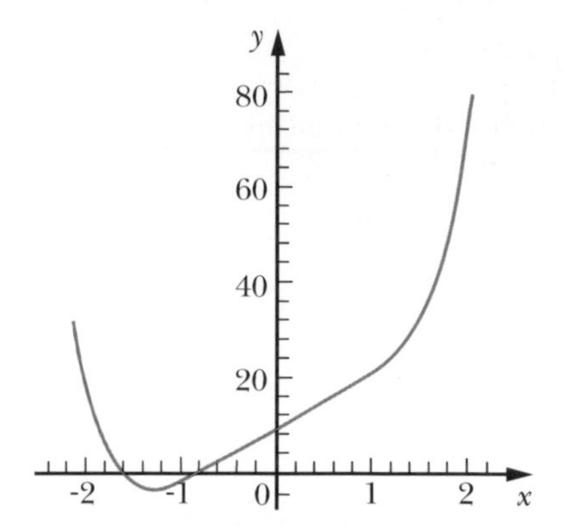

10. a) Soit $h(x) = f(x) - g(x)$.

Ainsi, $h(x) = \sqrt[4]{x} - x^2 - 2x + 1$.

Évaluons $h(0) = 1$ et $h(1) = -1$.

Puisque $h(0)$ et $h(1)$ sont des signes contraires, il existe au moins un $c \in]0, 1[$, tel que

$$h(c) = 0$$

Ainsi, $f(c) - g(c) = 0$

D'où $f(c) = g(c)$, d'où $c \in]0, 1[$.

b) $h\left(\frac{1}{2}\right) > 0$ et $h(1) < 0$, d'où $c \in \left]\frac{1}{2}, 1\right[$

c) $h\left(\frac{1}{2}\right) > 0$ et $h\left(\frac{3}{4}\right) < 0$, d'où $c \in \left]\frac{1}{2}, \frac{3}{4}\right[$

d) $h\left(\frac{5}{8}\right) > 0$ et $h\left(\frac{3}{4}\right) < 0$, d'où $c \in \left]\frac{5}{8}, \frac{3}{4}\right[$

e) >plot(x^(1/4)−x^2−2*x+1,x=0..1, y=-1..1.5,color=orange);

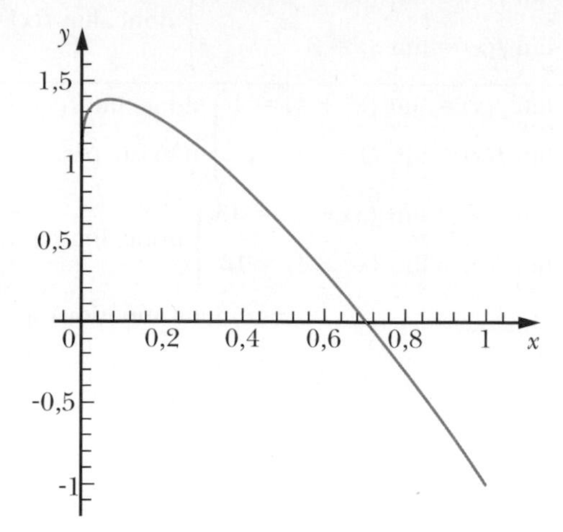

f) >plot(x^(1/4)−x^2−2*x+1,x=0.70785..0.7081, y=-0.0002...0.0002,color=orange);

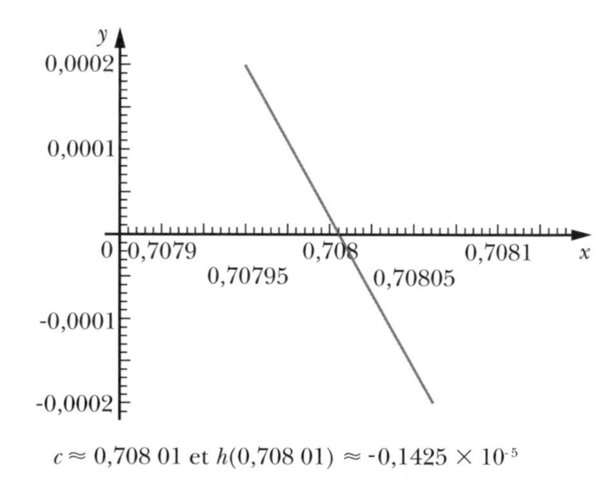

$c \approx 0{,}708\,01$ et $h(0{,}708\,01) \approx -0{,}1425 \times 10^{-5}$

Exercices récapitulatifs *(page 71)*

1. a) 0,75 b) Environ 1,609 4

2. a) 32 b) -8 c) 12 d) $\frac{-1}{2}$ e) $\frac{4}{2 + \sqrt{2}}$ f) $\frac{16}{961}$

3. a) 34 b) 64 c) -4 d) $\frac{-1}{4}$ e) 64 f) 32 g) $64a - a^2$ h) Indétermination de la forme $\frac{0}{0}$

4. a) V b) F c) V d) F e) F f) F

5. a) -10 b) $\frac{3}{2}$ c) 0 d) 6 e) $\frac{-1}{16}$ f) -17 g) 2 h) $\frac{1}{4}$ i) $4\sqrt{5}$ j) $3x^2$

6. a) 12   b) 2   c) $\frac{-1}{972}$ d) 0   e) $\frac{-1}{x^2}$ f) $2a^2$ g) $\frac{1}{2\sqrt{x}}$ h) $\frac{1}{2}$ i) $\sqrt[3]{-2}$ j) $\frac{15}{7}$

7. a) $f(-5)$ est non définie.   b) 5   c) 2   d) 3   e) 3   f) 4   g) 3   h) $\lim_{x \to 1} f(x)$ n'existe pas.   i) -2   j) 5   k) 3   l) $\lim_{x \to 5} f(x)$ n'existe pas.

8. f est discontinue en :

i) $x = -5$; 1re condition, car $f(-5)$ est non définie.

ii) $x = -1$; 3e condition, car $\lim_{x \to -1} f(x) \neq f(-1)$.

iii) $x = 1$; 2e condition, car $\lim_{x \to 1} f(x)$ n'existe pas.

iv) $x = 5$; 2e condition, car $\lim_{x \to 5} f(x)$ n'existe pas.

9. a) V   b) F   c) F   d) V   e) V   f) F

10. Laissée à l'utilisateur ou l'utilisatrice.

11. a) Laissée à l'utilisateur ou l'utilisatrice.

b) $\lim_{x \to -4} h(x) = 2$

c) Impossible d'évaluer $\lim_{x \to 0} h(x)$.

12. a) $\lim_{x \to a} h(x) = \text{L}$

b) Impossible d'évaluer $\lim_{x \to b} f(x)$.

c) $\lim_{x \to c} \frac{1}{h(x)} = \frac{1}{\text{N}}$

13. a) i) 5   ii) N'existe pas.

b) i) 0   ii) 3   iii) N'existe pas.

c) i) N'existe pas.   ii) 0

d) i) N'existe pas.   ii) N'existe pas.

e) i) N'existe pas.   ii) -1

f) i) -2   ii) N'existe pas.

g) i) $\frac{1}{16}$ ii) $\frac{-1}{16}$

14. a) n'existe pas.

b) $a \in \mathbb{R} \setminus \mathbb{Z}$

c)

$f(x)$ 1 -2 1 3 x

15. a) i) f est discontinue en $x = -1$.

ii) f est continue en $x = 2$.

b) f est continue en $x = 4$.

16. a) f est discontinue en $x = 2$.
La représentation graphique est laissée à l'utilisateur ou l'utilisatrice.

b) i) f est discontinue en $x = 0$.

ii) f est continue en $x = 2$.

iii) f est discontinue en $x = 5$.
La représentation graphique est laissée à l'utilisateur ou l'utilisatrice.

17. a) f est continue en $x = 1$, si $k = 3$.

b) f est discontinue en $x = -2$, pour tout $k \in \mathbb{R}$.

c) f est continue en $x = 5$, si $k = 2$.

d) f est discontinue en $x = 0$, pour tout $k \in \mathbb{R}$.

18. a) $c \in]7, 8[$

b) $c \in]1, 2[$

Problèmes de synthèse *(page 74)*

1. a) V, puisque f est une fonction polynomiale, f est continue en $x = a$.

b) F, si $g(a) = 0$.

c) F, si par exemple $h(x) = \frac{1}{x - a}$.

d) V, puisque g est une fonction polynomiale, et puisque la racine cubique est définie $\forall\, x$, g est continue en $x = a$.

e) F, si $f(a) < 0$.

2. a) $x \to 5^+$ b) $x \to \left(\frac{2}{3}\right)^-$ c) $x \to 8^-$ et $x \to 8^+$ d) $x \to 1^+$ e) $x \to 2^-$ et $x \to 2^+$ f) $x \to 3^-$ et $x \to 3^+$

3. a) $3a$ b) 0   c) 4   d) 12   e) $\frac{1}{3}$ f) $6a$

4. $\lim_{x \to a} \frac{f(x)}{g(x)} = 1$ ou $\lim_{x \to a} \frac{f(x)}{g(x)} = -1$

5. a) N'existe pas.   b) 4   c) $4\sqrt{2}$ d) -1

6. a) $a = -3$ b) $a = -3$ c) $a \in \mathbb{R}$

7. Laissée à l'utilisateur ou l'utilisatrice.

8. a) Aucune valeur de B

b) $B = 3$ c) $B = \frac{1}{2}$

9. $k_1 = \frac{-1}{2}$ et $k_2 = \frac{-8}{3}$

10. $a = 1$ et $b = 3$

11. a) $-\infty, -3]$ b) $[3, +\infty$

12. a) 0 b) $+\infty$ c) 4

13. a) Laissée à l'utilisateur ou l'utilisatrice.

b) Non. L'explication est laissée à l'utilisateur ou l'utilisatrice.

2

Test récapitulatif *(page 75)*

1. a) $\lim\limits_{x \to a} f(x) + \lim\limits_{x \to a} g(x)$.

b) $\lim\limits_{x \to 5} x = 5$.

c) $\dfrac{\lim\limits_{x \to a} f(x)}{\lim\limits_{x \to a} g(x)}$, si $\lim\limits_{x \to a} g(x) \neq 0$.

d) $\lim\limits_{x \to a^-} f(x) = b$ et $\lim\limits_{x \to a^+} f(x) = b$.

e) 1) $f(a)$ est définie ;

2) $\lim\limits_{x \to a} f(x)$ existe ;

3) $\lim\limits_{x \to a} f(x) = f(a)$.

f) f est continue $\forall\ x \in\ ]a, b[$.

2. a) $\lim\limits_{x \to -3} (5x - x^2 + 1) = \lim\limits_{x \to -3} 5x - \lim\limits_{x \to -3} x^2 + \lim\limits_{x \to -3} 1$

$= 5 \lim\limits_{x \to -3} x - (-3)^2 + 1$

$= 5(-3) - 8 = -23$

b) Calculons d'abord la limite du dénominateur.

$\lim\limits_{x \to 5} (2x^3 - 7) = \lim\limits_{x \to 5} 2x^3 - \lim\limits_{x \to 5} 7$

$= 2 \lim\limits_{x \to 5} x^3 - 7 = 2(5)^3 - 7 = 243$

Ainsi,

$$\lim_{x \to 5} \frac{\sqrt{3x + 4}}{2x^3 - 7} = \frac{\lim\limits_{x \to 5} \sqrt{3x + 4}}{\lim\limits_{x \to 5} (2x - 7)}$$

$$= \frac{\sqrt{\lim\limits_{x \to 5} (3x + 4)}}{243}$$

$$= \frac{\sqrt{\lim\limits_{x \to 5} 3x + \lim\limits_{x \to 5} 4}}{243}$$

$$= \frac{\sqrt{3 \lim\limits_{x \to 5} x + 4}}{243}$$

$$= \frac{\sqrt{3(5) + 4}}{243} = \frac{\sqrt{19}}{243}$$

3. a) $\lim\limits_{x \to 4} \dfrac{3x - 12}{x^2 - 16}$ $\left(\text{indétermination de la forme } \dfrac{0}{0}\right)$

$$\lim_{x \to 4} \frac{3x - 12}{x^2 - 16} = \lim_{x \to 4} \frac{3(x - 4)}{(x - 4)(x + 4)}$$

$$= \lim_{x \to 4} \frac{3}{x + 4} \quad (\text{car } x - 4 \neq 0)$$

$$= \frac{3}{8}$$

b) $\lim\limits_{h \to 0} \dfrac{(x + h)^2 - x^2}{h}$ $\left(\text{indétermination de la forme } \dfrac{0}{0}\right)$

$$\lim_{h \to 0} \frac{(x + h)^2 - x^2}{h} = \lim_{h \to 0} \frac{x^2 + 2xh + h^2 - x^2}{h}$$

$$= \lim_{h \to 0} \frac{2xh + h^2}{h}$$

$$= \lim_{h \to 0} \frac{h(2x + h)}{h}$$

$$= \lim_{h \to 0} (2x + h) \quad (\text{car } h \neq 0)$$

$$= 2x$$

c) $\lim\limits_{t \to 36} \dfrac{36 - t}{\sqrt{t} - 6}$ $\left(\text{indétermination de la forme } \dfrac{0}{0}\right)$

$$\lim_{t \to 36} \frac{36 - t}{\sqrt{t} - 6} = \lim_{t \to 36} \left[\left(\frac{36 - t}{\sqrt{t} - 6}\right)\left(\frac{\sqrt{t} + 6}{\sqrt{t} + 6}\right)\right]$$

$$= \lim_{t \to 36} \frac{(36 - t)(\sqrt{t} + 6)}{t - 36}$$

$$= \lim_{t \to 36} -(\sqrt{t} + 6) \quad (\text{car } (36 - t) \neq 0)$$

$$= -12$$

d) $\lim\limits_{x \to 5} \dfrac{\dfrac{1}{x^2} - \dfrac{1}{25}}{x^2 - 5x}$ $\left(\text{indétermination de la forme } \dfrac{0}{0}\right)$

$$\lim_{x \to 5} \frac{\dfrac{1}{x^2} - \dfrac{1}{25}}{x^2 - 5x} = \lim_{x \to 5} \frac{\dfrac{25 - x^2}{25x^2}}{x(x - 5)}$$

$$= \lim_{x \to 5} \frac{(5 - x)(5 + x)}{25x^3(x - 5)}$$

$$= \lim_{x \to 5} \frac{-(5 + x)}{25x^3} \quad (\text{car } (x - 5) \neq 0)$$

$$= \frac{-2}{625}$$

e) $\lim\limits_{u \to 2} \dfrac{u^5 - 2u^4 + u^2 - 3u + 2}{u - 2}$ $\left(\text{indétermination de la forme } \dfrac{0}{0}\right)$

$$\lim_{u \to 2} \frac{u^5 - 2u^4 + u^2 - 3u + 2}{u - 2} = \lim_{u \to 2} (u^4 + u - 1)$$

(en effectuant la division car $(u - 2) \neq 0$)

$= 17$

4. a) $\left(\lim\limits_{x \to 2} f(x)\right)\left(\lim\limits_{x \to 2} g(x)\right) = (-4) \times 3 = -12$

b) $5\left[\dfrac{\lim\limits_{x \to 2} f(x)}{\lim\limits_{x \to 2} g(x)}\right] = 5 \times \dfrac{(-4)}{3} = \dfrac{-20}{3}$

c) $\dfrac{\lim\limits_{x\to 2} 5 + \lim\limits_{x\to 2} f(x)}{\left(\lim\limits_{x\to 2} x\right)\left(\lim\limits_{x\to 2} g(x)\right)} = \dfrac{5 + (-4)}{2 \times 3} = \dfrac{1}{6}$

d) $\lim\limits_{x\to 2}\left(\dfrac{f(x) - 1}{x^2 + 1}\right) = \dfrac{\lim\limits_{x\to 2} f(x) - \lim\limits_{x\to 2} 1}{\lim\limits_{x\to 2} x^2 + \lim\limits_{x\to 2} 1} = \dfrac{-4 - 1}{4 + 1} = -1$, et

$\lim\limits_{x\to 2} (x - g(x)) = \lim\limits_{x\to 2} x - \lim\limits_{x\to 2} g(x) = 2 - 3 = -1$

D'où $\lim\limits_{x\to 2} h(x) = -1$. (théorème « sandwich »)

5. a) i) $f(-1) = -1$

ii) $f(5) = 2$

iii) $f(7)$ est non définie.

b) i) $\lim\limits_{x\to -1^-} f(x) = -1$

ii) $\lim\limits_{x\to -1^+} f(x) = 2$

iii) $\lim\limits_{x\to 2} f(x)$ n'existe pas.

iv) $\lim\limits_{x\to 7} f(x) = 2$

c) f est discontinue aux valeurs suivantes.

En $x = -1$, car $\lim\limits_{x\to -1} f(x)$ n'existe pas.

En $x = 2$, car $\lim\limits_{x\to 2} f(x)$ n'existe pas.

En $x = 5$, car $\lim\limits_{x\to 5} f(x) \neq f(5)$.

En $x = 7$, car $f(7)$ est non définie.

d) f est continue sur:

i) $-\infty, -1]$;

ii) $]-1, 2]$;

iii) $]2, 5[$;

iv) $]5, 7[$;

v) $]7, +\infty$.

6. a) 1) $f(1) = 3$

2) $\left.\begin{array}{l}\lim\limits_{x\to 1^-} f(x) = \lim\limits_{x\to 1^-} x^2 = 1 \\ \lim\limits_{x\to 1^+} f(x) = \lim\limits_{x\to 1^+} (2x - 1) = 1\end{array}\right\}$ donc, $\lim\limits_{x\to 1} f(x) = 1$

3) $\lim\limits_{x\to 1} f(x) \neq f(1)$

D'où f est discontinue en $x = 1$.

b) 1) $f(3) = 5$

2) $\left.\begin{array}{l}\lim\limits_{x\to 3^-} f(x) = \lim\limits_{x\to 3^-} (2x - 1) = 5 \\ \lim\limits_{x\to 3^+} f(x) = \lim\limits_{x\to 3^+} (14 - x^2) = 5\end{array}\right\}$ donc, $\lim\limits_{x\to 3} f(x) = 5$

3) $\lim\limits_{x\to 3} f(x) = f(3)$

D'où f est continue en $x = 3$.

7. Puisque $x^2 - 5x + 6 = (x - 3)(x - 2)$, $f(2)$ est non définie car $2 \in]0, 3[$.

D'où f est discontinue en $x = 2$.

En $x = 3$,

1) $f(3) = 11$

2) $\lim\limits_{x\to 3^-} f(x) = \lim\limits_{x\to 3^-} \dfrac{(x - 3)(x + 8)}{(x - 3)(x - 2)}$

$= \lim\limits_{x\to 3^-} \dfrac{x + 8}{x - 2}$ (car $(x - 3) \neq 0$)

$= 11$

$\lim\limits_{x\to 3^+} f(x) = \lim\limits_{x\to 3^+} \dfrac{7x + 1}{x - 1} = 11$

donc, $\lim\limits_{x\to 3} f(x) = 11$

3) $\lim\limits_{x\to 3} f(x) = f(3)$

D'où f est continue en $x = 3$.

8. f est continue en $x = 2$ si $\lim\limits_{x\to 2} f(x) = f(2)$.

Or, 1) $f(2) = 4 - k^2$ est définie pour tout $k \in \mathbb{R}$.

2) $\lim\limits_{x\to 2^-} f(x) = \lim\limits_{x\to 2^-} (x - k)(x + k) = 4 - k^2$

$\lim\limits_{x\to 2^+} f(x) = \lim\limits_{x\to 2^+} (kx + 1) = 2k + 1$

$\lim\limits_{x\to 2} f(x)$ existe et $\lim\limits_{x\to 2} f(x) = f(2)$ si et seulement si

$4 - k^2 = 2k + 1$

$k^2 + 2k - 3 = 0$

$(k + 3)(k - 1) = 0$

donc, $k = -3$ ou $k = 1$

D'où f est continue en $x = 2$, si $k = -3$ ou $k = 1$.

9. a) Soit $h(x) = \sqrt[3]{x - 1} - 2x$, une fonction continue sur $\mathbb{R}$.

Puisque $h(-1) = (\sqrt[3]{-2} + 2) > 0$

et $h(0) = -1 < 0$

alors il existe au moins un $c \in]-1, 0[$ tel que $h(c) = 0$.

D'où il existe au moins un $c \in]-1, 0[$

tel que $\sqrt[3]{c - 1} = 2c$.

b) $c \approx -0{,}582$

Test préliminaire *(page 79)*

Partie A

1. a) $f(x+h) = 7(x+h) + 2 = 7x + 7h + 2$

b) $g(x+h) = 5$

c) $s(2+h) = (2+h)^2 - 4(2+h) - 5 = h^2 - 9$

d) $f(-3+h) = (-3+h)^3 - 2(-3+h)$
$= h^3 - 9h^2 + 25h - 21$

e) $g(x+h) = \sqrt{3 - 2(x+h)} = \sqrt{3 - 2x - 2h}$

f) $v(t+h) = \dfrac{t+h}{2(t+h)+3} = \dfrac{t+h}{2t+2h+3}$

2. a) $\dfrac{(x+h)^2 - x^2}{h} = \dfrac{x^2 + 2xh + h^2 - x^2}{h}$

$= \dfrac{2xh + h^2}{h}$

$= \dfrac{h(2x+h)}{h}$

$= 2x + h \quad \text{si } h \neq 0$

b) $\dfrac{\dfrac{1}{(x+h)^2} - \dfrac{1}{x^2}}{h} = \dfrac{\dfrac{x^2 - (x^2 + 2xh + h^2)}{x^2(x+h)^2}}{h}$

$= \dfrac{-2xh - h^2}{x^2(x+h)^2\,h}$

$= \dfrac{-h(2x+h)}{x^2(x+h)^2\,h}$

$= \dfrac{-(2x+h)}{x^2(x+h)^2} \quad \text{si } h \neq 0$

3. a) $(a-b)(a+b)$

b) $(a-b)(a^2 + ab + b^2)$

c) $(a-b)(a+b)(a^2+b^2)$

d) $(a^{\frac{1}{3}} - b^{\frac{1}{3}})(a^{\frac{1}{3}} + b^{\frac{1}{3}})$

e) $(a^{\frac{1}{2}} - b^{\frac{1}{2}})(a + a^{\frac{1}{2}}b^{\frac{1}{2}} + b)$

f) $(a^{\frac{1}{3}} - b^{\frac{1}{3}})(a^{\frac{2}{3}} + a^{\frac{1}{3}}b^{\frac{1}{3}} + b^{\frac{2}{3}})$

4. a) $a = -2$

b) $a = \dfrac{4}{3}$, car $y = \dfrac{4}{3}x - 3$

c) $a = \dfrac{\dfrac{2}{3} - \left(\dfrac{-2}{5}\right)}{\dfrac{-5}{6} - \dfrac{3}{4}} = \dfrac{-64}{95}$

d) $a = \dfrac{f(7) - f(-2)}{7 - (-2)} = \dfrac{8-8}{9} = 0$

5. a)

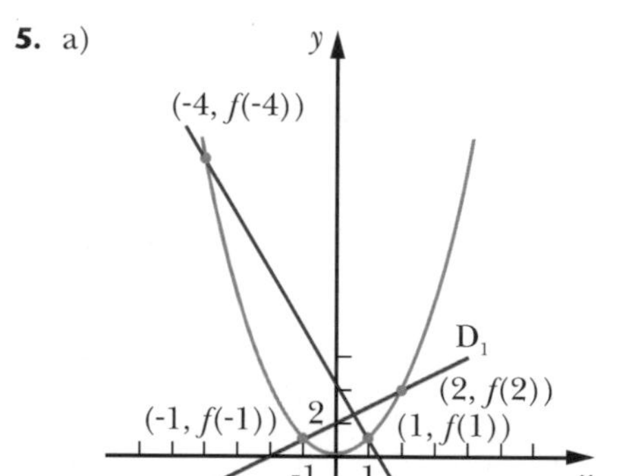

b) $a_1 = \dfrac{f(2) - f(-1)}{2 - (-1)} = 1$

c) $a_2 = \dfrac{f(-4) - f(1)}{-4 - 1} = -3$

6. a) $(\sqrt{3} - \sqrt{3+x})(\sqrt{3} + \sqrt{3+x}) = 3 - (3+x) = -x$

b) $(\sqrt{x+h} - \sqrt{x})(\sqrt{x+h} + \sqrt{x}) = (x+h) - x = h$

c) $\left(\dfrac{1}{\sqrt{x}} + \dfrac{1}{5}\right)\left(\dfrac{1}{\sqrt{x}} - \dfrac{1}{5}\right) = \dfrac{1}{x} - \dfrac{1}{25} = \dfrac{25 - x}{25x}$

Partie B

1. a) $\lim\limits_{h \to 0} \dfrac{h(2x+h)}{h} = \lim\limits_{h \to 0} (2x+h) \quad (\text{car } h \neq 0)$

$= 2x$

b) $\lim\limits_{x \to a} \dfrac{(x-a)(x+a)}{x-a} = \lim\limits_{x \to a} (x+a) \quad (\text{car } (x-a) \neq 0)$

$= 2a$

c) $\lim\limits_{h \to 0}\left[\left(\dfrac{\sqrt{x+h}-\sqrt{x}}{h}\right)\left(\dfrac{\sqrt{x+h}+\sqrt{x}}{\sqrt{x+h}+\sqrt{x}}\right)\right]$

$= \lim\limits_{h \to 0} \dfrac{(x+h)-x}{h(\sqrt{x+h}+\sqrt{x})}$

$= \lim\limits_{h \to 0} \dfrac{h}{h(\sqrt{x+h}+\sqrt{x})}$

$= \lim\limits_{h \to 0} \dfrac{1}{\sqrt{x+h}+\sqrt{x}}$ (car $h \neq 0$)

$= \dfrac{1}{2\sqrt{x}}$

d) $\lim\limits_{h \to 0} \dfrac{\dfrac{x-(x+h)}{x(x+h)}}{h} = \lim\limits_{h \to 0} \dfrac{-h}{hx(x+h)}$

$= \lim\limits_{h \to 0} \dfrac{-1}{x(x+h)}$ (car $h \neq 0$)

$= \dfrac{-1}{x^2}$

Exercices

3

Exercices 3.1 (page 89)

1. a) $\Delta y = f(x + \Delta x) - f(x)$

b) $\text{TVM}_{[x,\, x+h]} = \dfrac{f(x+h) - f(x)}{h}$

c) ...la sécante à la courbe de f passant par les points $P(x, f(x))$ et $Q(x + h, f(x + h))$.

d)

2. a) $\Delta y = f(5) - f(-1) = 18 - (-6) = 24$

b) $\Delta y = f(3) - f(-2) = \sqrt{2} - \sqrt{7}$

c) $\Delta y = f(5) - f(2) = 7 - 7 = 0$

d) $\Delta y = f(-1 + h) - f(-1)$

$= [(-1 + h)^2 - 3(-1 + h)] - 4$

$= 1 - 2h + h^2 + 3 - 3h - 4$

$= h^2 - 5h$

e) $\Delta y = f(x + h) - f(x)$

$= \dfrac{1}{x+h} - \dfrac{1}{x}$

$= \dfrac{x-(x+h)}{(x+h)x}$

$= \dfrac{-h}{(x+h)x}$

3. a) $\text{TVM}_{[x,\, x+h]} = \dfrac{[-(x+h)^2 + 8(x+h) + 2] - (-x^2 + 8x + 2)}{h}$

$= \dfrac{-x^2 - 2xh - h^2 + 8x + 8h + 2 + x^2 - 8x - 2}{h}$

$= \dfrac{-2xh - h^2 + 8h}{h} = \dfrac{h(-2x - h + 8)}{h}$

$= -2x - h + 8$ $(h \neq 0)$

b) $\text{TVM}_{[x,\, x+\Delta x]} = \dfrac{(-5) - (-5)}{\Delta x}$

$= 0$ (car $\Delta x \neq 0$)

c) $\text{TVM}_{[x,\, x+h]} = \dfrac{[(x+h)^3 - 2(x+h)] - (x^3 - 2x)}{h}$

$= \dfrac{x^3 + 3x^2h + 3xh^2 + h^3 - 2x - 2h - x^3 + 2x}{h}$

$= \dfrac{3x^2h + 3xh^2 + h^3 - 2h}{h}$

$= \dfrac{h(3x^2 + 3xh + h^2 - 2)}{h}$

$= 3x^2 + 3xh + h^2 - 2$ $(h \neq 0)$

d) $\text{TVM}_{[t,\, t+\Delta t]} = \dfrac{\dfrac{5}{4(t+\Delta t) - 1} - \dfrac{5}{4t - 1}}{\Delta t}$

$= \dfrac{5(4t-1) - 5[4(t+\Delta t) - 1]}{[4(t+\Delta t) - 1](4t-1)} \dfrac{1}{\Delta t}$

$= \dfrac{20t - 5 - 20t - 20\,\Delta t + 5}{[4(t+\Delta t) - 1](4t-1)\,\Delta t}$

$= \dfrac{-20\,\Delta t}{[4(t+\Delta t) - 1](4t-1)\,\Delta t}$

$= \dfrac{-20}{[4(t+\Delta t) - 1](4t-1)}$ $(\Delta t \neq 0)$

e) $\text{TVM}_{[x,\, x+h]} = \dfrac{\sqrt{5(x+h) - 3} - \sqrt{5x - 3}}{h}$

$= \dfrac{\sqrt{5(x+h)} - \sqrt{5x-3}}{h} \times \dfrac{\sqrt{5(x+h) - 3} + \sqrt{5x-3}}{\sqrt{5(x+h) - 3} + \sqrt{5x-3}}$

$= \dfrac{[5(x+h) - 3] - (5x - 3)}{h(\sqrt{5(x+h) - 3} + \sqrt{5x-3})}$

$= \dfrac{5}{\sqrt{5(x+h) - 3} + \sqrt{5x-3}}$ $(h \neq 0)$

f) $\text{TVM}_{[x,\, x+\Delta x]} = \dfrac{\dfrac{1}{\sqrt{x+\Delta x}} - \dfrac{1}{\sqrt{x}}}{\Delta x}$

$= \dfrac{\dfrac{\sqrt{x} - \sqrt{x+\Delta x}}{\sqrt{x+\Delta x}\sqrt{x}}}{\Delta x}$

$= \dfrac{\left(\dfrac{\sqrt{x} - \sqrt{x+\Delta x}}{\sqrt{x+\Delta x}\sqrt{x}}\right)\left(\dfrac{\sqrt{x} + \sqrt{x+\Delta x}}{\sqrt{x} + \sqrt{x+\Delta x}}\right)}{\Delta x}$

$$= \frac{x - (x + \Delta x)}{\sqrt{x + \Delta x}\sqrt{x}(\sqrt{x} + \sqrt{x + \Delta x})} \frac{1}{\Delta x}$$

$$= \frac{-\Delta x}{\sqrt{x + \Delta x}\sqrt{x}(\sqrt{x} + \sqrt{x + \Delta x})} \frac{1}{\Delta x}$$

$$= \frac{-1}{\sqrt{x + \Delta x}\sqrt{x}(\sqrt{x} + \sqrt{x + \Delta x})}$$

$(\Delta x \neq 0)$

4. a) $\frac{\Delta y}{\Delta x} = \frac{f(x + \Delta x) - f(x)}{\Delta x}$

$$= \frac{[2(x + \Delta x)^2 - 7(x + \Delta x) + 4] - [2x^2 - 7x + 4]}{\Delta x}$$

$= 4x + 2\Delta x - 7$ (après simplifications et $\Delta x \neq 0$)

b) $\frac{\Delta x}{\Delta t} = \frac{x(t + \Delta t) - x(t)}{\Delta t}$

$$= \frac{\frac{t + \Delta t}{1 - 3(t + \Delta t)} - \frac{t}{1 - 3t}}{\Delta t}$$

$$= \frac{1}{(1 - 3t - 3\Delta t)(1 - 3t)}$$ (après simplifications et $\Delta t \neq 0$)

5. a) $\text{TVM}_{[2,\, 2 + h]} = \frac{f(2 + h) - f(2)}{h}$

$$= \frac{(2 + h)^3 - 1 - (8 - 1)}{h}$$

$$= \frac{8 + 12h + 6h^2 + h^3 - 1 - 7}{h}$$

$$= \frac{h(h^2 + 6h + 12)}{h}$$

$= h^2 + 6h + 12 \quad (h \neq 0)$

b) $\text{TVM}_{[0,\, \Delta t]} = \frac{f(0 + \Delta t) - f(0)}{\Delta t}$

$$= \frac{\sqrt{3 - \Delta t} - \sqrt{3}}{\Delta t}$$

$$= \frac{\sqrt{3 - \Delta t} - \sqrt{3}}{\Delta t}\left(\frac{\sqrt{3 - \Delta t} + \sqrt{3}}{\sqrt{3 - \Delta t} + \sqrt{3}}\right)$$

$$= \frac{3 - \Delta t - 3}{\Delta t(\sqrt{3 - \Delta t} + \sqrt{3})}$$

$$= \frac{-1}{\sqrt{3 - \Delta t} + \sqrt{3}} \quad (\Delta t \neq 0)$$

c) $\text{TVM}_{[1,\, 1 + \Delta x]} = \frac{f(1 + \Delta x) - f(1)}{\Delta x}$

$$= \frac{[3(1 + \Delta x) - (1 + \Delta x)^2] - (3 - 1)}{\Delta x}$$

$$= \frac{3 + 3\Delta x - 1 - 2\Delta x - (\Delta x)^2 - 2}{\Delta x}$$

$$= \frac{\Delta x(1 - \Delta x)}{\Delta x} = 1 - \Delta x \quad (\Delta x \neq 0)$$

6. a) En remplaçant h par 3 dans 5 a), nous obtenons $\text{TVM}_{[2,\, 5]} = (3)^2 + 6(3) + 12 = 39$.

b) En remplaçant Δt par 2 dans 5 b), nous obtenons $\frac{\Delta x}{\Delta t} = \frac{-1}{\sqrt{3 - 2} + \sqrt{3}} = \frac{-1}{1 + \sqrt{3}}$.

c) $m_{\text{sec}} = \text{TVM}_{[1,\, 3]}$

$= \frac{2(1 - 2)}{2}$ (en remplaçant Δx par 2 dans 5 c))

$= -1$

7. a) $\text{TVM}_{[x,\, x + h]} = \frac{f(x + h) - f(x)}{h}$

$$= \frac{[(x + h)^2 - 3(x + h) - 4] - [x^2 - 3x - 4]}{h}$$

$= 2x - 3 + h$

(après simplifications et $h \neq 0$)

b) i) En remplaçant x par -2, $\text{TVM}_{[-2,\, -2 + h]} = -7 + h$

ii) En remplaçant x par -2 et h par 3, $\text{TVM}_{[-2,\, 1]} = -4$

iii) En remplaçant x par 5 et h par 2, $\text{TVM}_{[5,\, 7]} = 9$

iv) En remplaçant x par $\frac{-5}{4}$ et h par $\frac{11}{12}$,

$\text{TVM}_{\left[\frac{-5}{4},\, \frac{-1}{3}\right]} = \frac{-55}{12}$

c) i) $m_{\text{sec}} = \text{TVM}_{[-2,\, 1]}$

$= -4$

ii) $m_{\text{sec}} = \text{TVM}_{[5,\, 7]}$

$= 9$

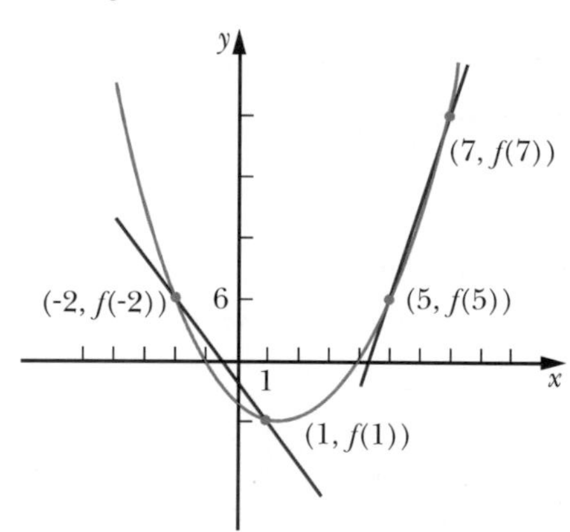

8. a) $\text{TVM}_{[1\text{ m},\, 2\text{ m}]} = \frac{V(2) - V(1)}{2 - 1} = 7 \text{ m}^3/\text{m}$

b) $\text{TVM}_{[1\text{ m},\, 3\text{ m}]} = \frac{V(3) - V(1)}{3 - 1} = 13 \text{ m}^3/\text{m}$

c) $\text{TVM}_{[2\text{ m},\, 3\text{ m}]} = \frac{V(3) - V(2)}{3 - 2} = 19 \text{ m}^3/\text{m}$

d) $\text{TVM}_{[a\text{ m},\, b\text{ m}]} = \frac{V(b) - V(a)}{b - a} = \frac{b^3 - a^3}{b - a}$

$= (b^2 + ba + a^2) \text{ m}^3/\text{m}$

9. a) Lorsque $h = 12$ cm, $V(r) = 12\pi r^2$,

$\text{TVM}_{[5\text{ cm},\, 6\text{ cm}]} = \frac{V(6) - V(5)}{6 - 5} = 132\pi \text{ cm}^3/\text{cm}$

b) Lorsque $r = 12$ cm, $V(h) = 144\pi h$,

$\text{TVM}_{[5\text{ cm},\, 6\text{ cm}]} = \frac{V(6) - V(5)}{6 - 5} = 144\pi \text{ cm}^3/\text{cm}$

10. a) Environ 8580 − 8500 = 80 unités

$\text{TVM}_{[10\text{ h},\,12\text{ h}]} \approx \dfrac{80}{2} = 40\text{ u/h}$

b) Environ 8510 − 8570 = -60 unités

$\text{TVM}_{[9\text{ h},\,13\text{ h}]} \approx \dfrac{-60}{4} = -15\text{ u/h}$

c) Environ 8600 − 8570 = 30 unités

$\text{TVM}_{[9\text{ h},\,16\text{ h}]} \approx \dfrac{30}{7} = 4{,}28\ldots\text{ u/h}$

d) Environ 11 080 − 10 580 = 500 unités

$\text{TVM}_{[\text{mardi, jeudi}]} \approx \dfrac{500}{2} = 250\text{ u/jour}$

e) Environ 10 250 − 10 250 = 0 unité

$\text{TVM}_{[\text{juillet, oct.}]} \approx \dfrac{0}{3} = 0\text{ u/mois}$

f) $\text{TVM}_{[9\text{ h},\,10\text{ h}]} \approx \dfrac{8500 - 8570}{10 - 9} = -70\text{ u/h}$

g) $\text{TVM}_{[\text{merc., jeudi}]} \approx \dfrac{11\,080 - 10\,720}{1} = 360\text{ u/jour}$

11. a) TVM des ventes de 1995 à 2000 $\approx \dfrac{20 - 10}{2000 - 1995}$

$= \dfrac{10}{5} = 2$ milliards \$/an

b) TVM des exportations de 1999 à 2001

$\approx \dfrac{20 - 13}{2001 - 1999} = \dfrac{7}{2} = 3{,}5$ milliards \$/an

c) TVM des emplois de 1993 à 2001

$\approx \dfrac{93\,000 - 52\,000}{2001 - 1993} = \dfrac{41\,000}{8} = 5125$ emplois/an

12. a) Pente du premier segment de droite

$= \dfrac{5\text{ km} - 0\text{ km}}{5\text{ min} - 0\text{ min}}$

$= 1\text{ km/min}$;

0,3 km/min ; 0 km/min ; -0,5 km/min ; -0,3 km/min.

b) $v_{[0\text{ min},\,5\text{ min}]} = \dfrac{5\text{ km} - 0\text{ km}}{5\text{ min} - 0\text{ min}} = 1\text{ km/min}$;

0,3 km/min ; 0 km/min ; -0,5 km/min ; -0,3 km/min.

c) Elles sont identiques.

13. a) $v_{[0\text{ s},\,2\text{ s}]} = \dfrac{x(2) - x(0)}{2 - 0}$

$= \dfrac{44{,}1 - 24{,}5}{2} = 9{,}8\text{ m/s}$

b) $v_{[0\text{ s},\,4\text{ s}]} = \dfrac{x(4) - x(0)}{4 - 0}$

$= \dfrac{24{,}5 - 24{,}5}{4} = 0\text{ m/s}$

c) $v_{[2\text{ s},\,4\text{ s}]} = \dfrac{x(4) - x(2)}{4 - 2}$

$= \dfrac{24{,}5 - 44{,}1}{2} = -9{,}8\text{ m/s}$

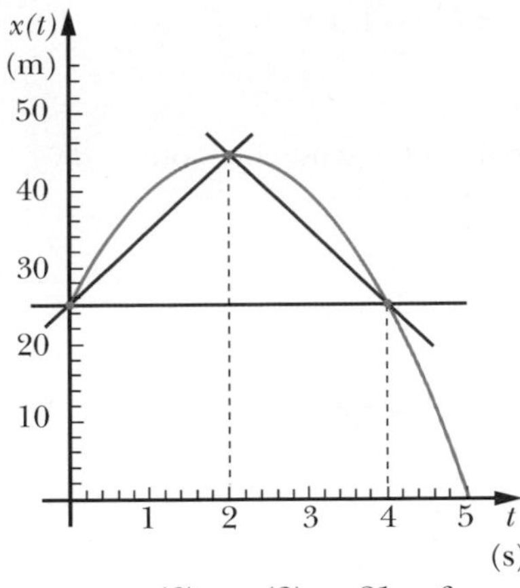

14. a) $v_{[3\text{ s},\,6\text{ s}]} = \dfrac{x(6) - x(3)}{6 - 3} = \dfrac{21 - 6}{3} = 5\text{ m/s}$

b) $v_{[3\text{ s},\,5\text{ s}]} = \dfrac{x(5) - x(3)}{5 - 3} = \dfrac{\dfrac{625}{81} + 5 - 6}{2} \approx 3{,}36\text{ m/s}$

c) $v_{[3\text{ s},\,4\text{ s}]} = \dfrac{x(4) - x(3)}{4 - 3} = \dfrac{\dfrac{256}{81} + 5 - 6}{1} \approx 2{,}16\text{ m/s}$

d) $v_{[3\text{ s},\,3{,}3\text{ s}]} = \dfrac{x(3{,}3) - x(3)}{3{,}3 - 3} = \dfrac{6{,}4641 - 6}{0{,}3}$

$= 1{,}547\text{ m/s}$

```
>with (plots):
>c1:=plot(t^4/81+5,t=2..6.5,y=0..25,color=orange):
>c3:=plot((272/81)*t−735/81+5,t=2.5..6,
  y=0..25,color=blue):
>c2:=plot(5*t−9,t=2.5..6.5,y=0..25,color=blue):
>c4:=plot((175/81)*t−39/81,t=2.5..5.5,
  y=0..25,color=blue):
>c5:plot(1.54*t+1.359,t=2.5..4.5,y=0..25,color=blue):
>display(c1,c2,c3,c4,c5);
```

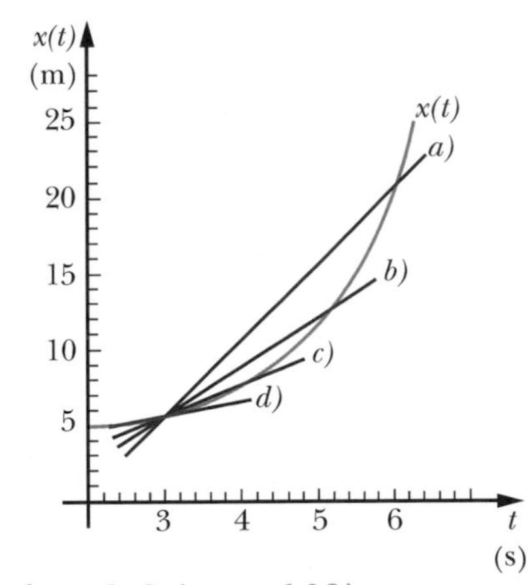

Exercices 3.2 (page 103)

1. Les droites tangentes sont D_2, D_5, D_6 et D_{10}.

2. a) $f'(0) = \lim\limits_{h \to 0} \dfrac{f(0 + h) - f(0)}{h}$

$= \lim\limits_{h \to 0} \dfrac{(h^2 - 4) - (-4)}{h}$

$= \lim\limits_{h \to 0} \dfrac{h^2}{h}$

$= \lim_{h \to 0} h \quad (\text{car } h \neq 0)$

$= 0$

La pente de la tangente à la courbe de f au point A(0, -4) est égale à 0.

b) $\text{TVI}_{x=3} = f'(3)$

$$= \lim_{h \to 0} \frac{f(3+h) - f(3)}{h}$$

$$= \lim_{h \to 0} \frac{[(3+h)^2 - 4] - (5)}{h}$$

$$= \lim_{h \to 0} \frac{9 + 6h + h^2 - 9}{h}$$

$$= \lim_{h \to 0} \frac{6h + h^2}{h}$$

$$= \lim_{h \to 0} \frac{h(6+h)}{h}$$

$$= \lim_{h \to 0} (6+h) \quad (\text{car } h \neq 0)$$

$$= 6$$

La pente de la tangente à la courbe de f au point B(3, 5) est égale à 6.

c)

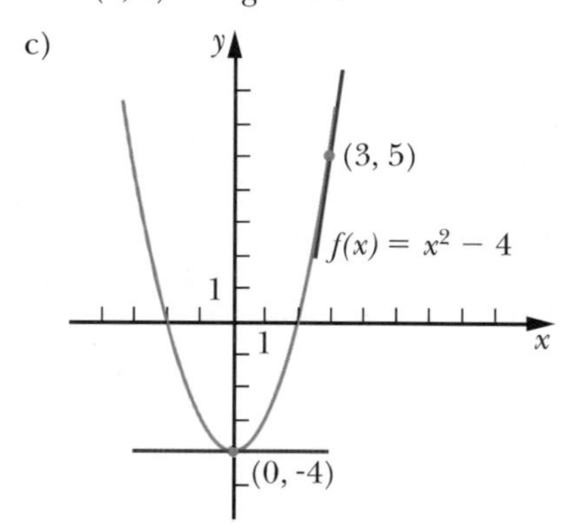

3. a) $\text{TVI}_{x=2} = g'(-2)$

$$= \lim_{\Delta x \to 0} \frac{g(-2 + \Delta x) - g(-2)}{\Delta x}$$

$$= \lim_{\Delta x \to 0} \frac{[4 - 2(-2 + \Delta x)] - 8}{\Delta x}$$

$$= \lim_{\Delta x \to 0} \frac{-2\Delta x}{\Delta x}$$

$$= \lim_{\Delta x \to 0} (-2) \quad (\text{car } \Delta x \neq 0)$$

$$= -2$$

b) $$g'(3) = \lim_{\Delta x \to 0} \frac{g(3 + \Delta x) - g(3)}{\Delta x}$$

$$= \lim_{\Delta x \to 0} \frac{[4 - 2(3 + \Delta x)] - (-2)}{\Delta x}$$

$$= \lim_{\Delta x \to 0} \frac{-2\Delta x}{\Delta x}$$

$$= \lim_{\Delta x \to 0} (-2) \quad (\text{car } \Delta x \neq 0)$$

$$= -2$$

c) Les tangentes sont confondues avec la droite.

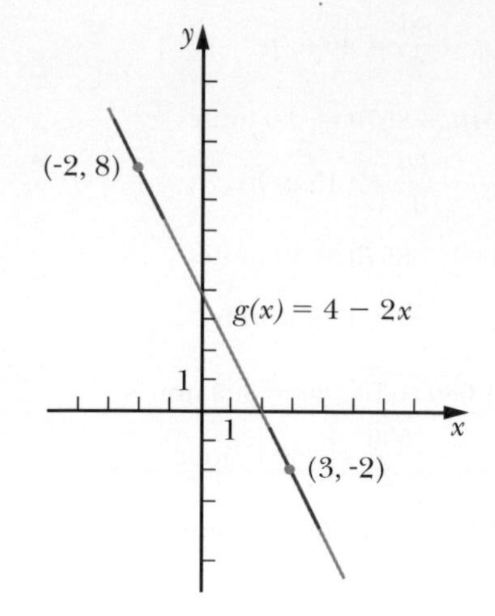

4. a) $$f'(3) = \lim_{h \to 0} \frac{f(3+h) - f(3)}{h}$$

$$= \lim_{h \to 0} \frac{5 - 5}{h}$$

$$= \lim_{h \to 0} \frac{0}{h}$$

$$= \lim_{h \to 0} 0 \quad (\text{car } h \neq 0)$$

$$= 0$$

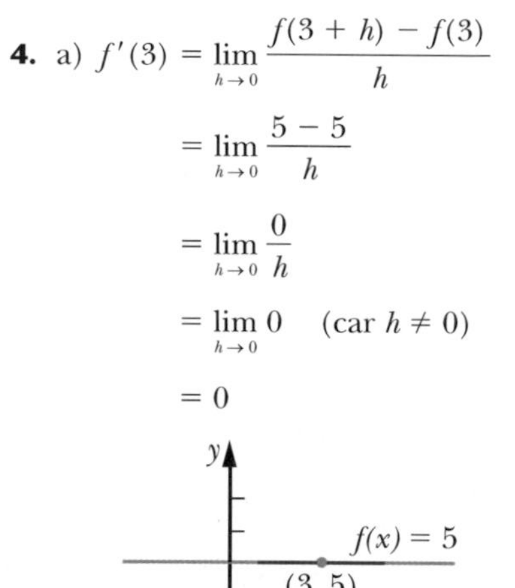

b) $$g'(-4) = \lim_{h \to 0} \frac{g(-4+h) - g(-4)}{h}$$

$$= \lim_{h \to 0} \frac{(-2) - (-2)}{h}$$

$$= \lim_{h \to 0} \frac{0}{h}$$

$$= \lim_{h \to 0} 0 \quad (\text{car } h \neq 0)$$

$$= 0$$

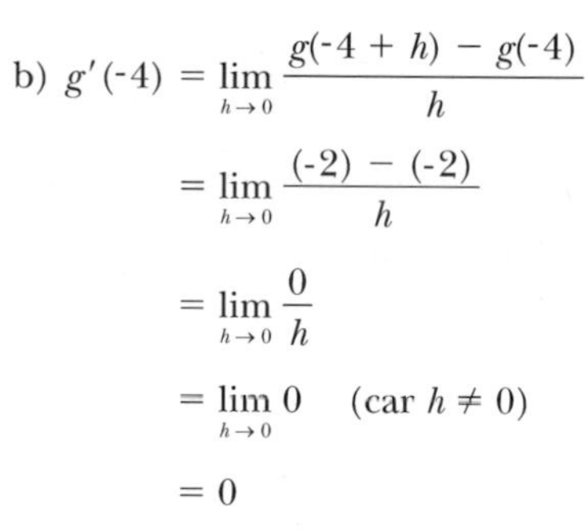

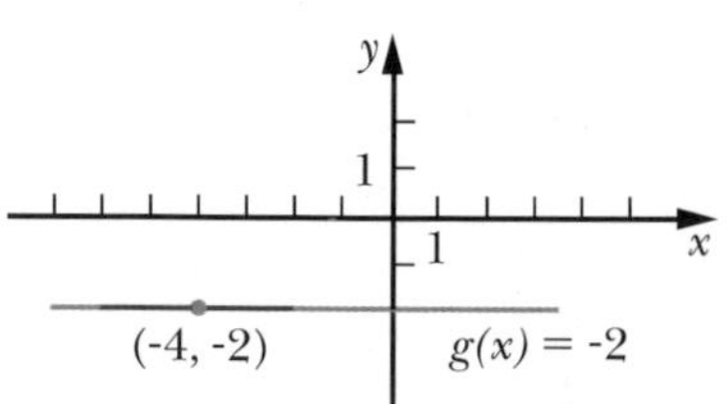

5. a) $$g'(5) = \lim_{x \to 5} \frac{g(x) - g(5)}{x - 5}$$

$$= \lim_{x \to 5} \frac{(4 + \sqrt{x}) - (4 + \sqrt{5})}{x - 5}$$

$$= \lim_{x \to 5} \frac{\sqrt{x} - \sqrt{5}}{x - 5}$$

$$= \lim_{x \to 5} \left[\left(\frac{\sqrt{x} - \sqrt{5}}{x - 5} \right) \left(\frac{\sqrt{x} + \sqrt{5}}{\sqrt{x} + \sqrt{5}} \right) \right]$$

$$= \lim_{x \to 5} \frac{(x - 5)}{(x - 5)(\sqrt{x} + \sqrt{5})}$$

$$= \lim_{x \to 5} \frac{1}{\sqrt{x} + \sqrt{5}} \quad (\text{car } x \neq 5)$$

$$= \frac{1}{2\sqrt{5}}$$

b) $$h'(-1) = \lim_{x \to -1} \frac{h(x) - h(-1)}{x - (-1)}$$

$$= \lim_{x \to -1} \frac{x^4 - (-1)^4}{x + 1}$$

$$= \lim_{x \to -1} \frac{x^4 - 1}{x + 1}$$

$$= \lim_{x \to -1} \frac{(x - 1)(x + 1)(x^2 + 1)}{(x + 1)}$$

$$= \lim_{x \to -1} (x - 1)(x^2 + 1) \quad (\text{car } x \neq -1)$$

$$= -4$$

6. a) $$f'(-1) = \lim_{h \to 0} \frac{f(-1 + h) - f(-1)}{h}$$

$$= \lim_{h \to 0} \frac{[(-1 + h)^3 + 1] - 0}{h}$$

$$= \lim_{h \to 0} \frac{-1 + 3h - 3h^2 + h^3 + 1}{h}$$

$$= \lim_{h \to 0} \frac{3h - 3h^2 + h^3}{h}$$

$$= \lim_{h \to 0} \frac{h(3 - 3h + h^2)}{h}$$

$$= \lim_{h \to 0} (3 - 3h + h^2) \quad (\text{car } h \neq 0)$$

$$= 3$$

b) $$f'(0) = \lim_{h \to 0} \frac{f(0 + h) - f(0)}{h}$$

$$= \lim_{h \to 0} \frac{(h^3 + 1) - 1}{h}$$

$$= \lim_{h \to 0} \frac{h^3}{h}$$

$$= \lim_{h \to 0} h^2 \quad (\text{car } h \neq 0)$$

$$= 0$$

c)

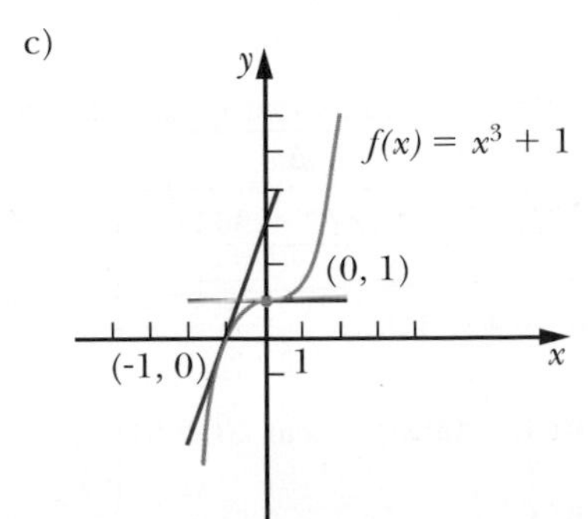

7. a) $$m_{\tan(-2, f(-2))} = f'(-2)$$

$$= \lim_{h \to 0} \frac{f(-2 + h) - f(-2)}{h}$$

$$= \lim_{h \to 0} \frac{\sqrt{2 + h} - \sqrt{2}}{h}$$

$$= \lim_{h \to 0} \left[\left(\frac{\sqrt{2 + h} - \sqrt{2}}{h} \right) \left(\frac{\sqrt{2 + h} + \sqrt{2}}{\sqrt{2 + h} + \sqrt{2}} \right) \right]$$

$$= \lim_{h \to 0} \frac{(2 + h) - 2}{h(\sqrt{2 + h} + \sqrt{2})}$$

$$= \lim_{h \to 0} \frac{h}{h(\sqrt{2 + h} + \sqrt{2})}$$

$$= \lim_{h \to 0} \frac{1}{\sqrt{2 + h} + \sqrt{2}} \quad (\text{car } h \neq 0)$$

$$= \frac{1}{2\sqrt{2}}$$

$$\frac{y - f(-2)}{x - (-2)} = f'(-2)$$

$$\frac{y - \sqrt{2}}{x + 2} = \frac{1}{2\sqrt{2}}$$

$$y = \frac{1}{2\sqrt{2}}(x + 2) + \sqrt{2}$$

D'où $y = \frac{1}{2\sqrt{2}}x + \frac{3}{\sqrt{2}}$.

b) $$m_{\tan(2, f(2))} = \lim_{h \to 0} \frac{f(2 + h) - f(2)}{h}$$

$$= \lim_{h \to 0} \frac{[(2 + h)^2 - 6(2 + h) + 13] - 5}{h}$$

$$= \lim_{h \to 0} \frac{4 + 4h + h^2 - 12 - 6h + 13 - 5}{h}$$

$$= \lim_{h \to 0} \frac{-2h + h^2}{h}$$

$$= \lim_{h \to 0} \frac{h(-2 + h)}{h}$$

$$= \lim_{h \to 0} (-2 + h) \quad (\text{car } h \neq 0)$$

$$= -2$$

$$\frac{y - f(2)}{x - 2} = f'(2)$$

$$\frac{y - 5}{x - 2} = -2$$

$$y = -2(x - 2) + 5$$

D'où $y = -2x + 9$.

8. $$\text{TVI}_{x = 2} = f'(2)$$

$$= \lim_{x \to 2} \frac{f(x) - f(2)}{x - 2}$$

$$= \lim_{x \to 2} \frac{\dfrac{1}{\sqrt{2x + 1}} - \dfrac{1}{\sqrt{5}}}{x - 2}$$

$$= \lim_{x \to 2} \frac{\sqrt{5} - \sqrt{2x + 1}}{(x - 2)\sqrt{2x + 1}\sqrt{5}}$$

$$= \lim_{x \to 2} \left[\left(\frac{\sqrt{5} - \sqrt{2x+1}}{(x-2)\sqrt{2x+1}\sqrt{5}} \right) \left(\frac{\sqrt{5} + \sqrt{2x+1}}{\sqrt{5} + \sqrt{2x+1}} \right) \right]$$

$$= \lim_{x \to 2} \frac{5 - (2x+1)}{(x-2)\sqrt{2x+1}\sqrt{5}(\sqrt{5} + \sqrt{2x+1})}$$

$$= \lim_{x \to 2} \frac{-2(x-2)}{(x-2)\sqrt{2x+1}\sqrt{5}(\sqrt{5} + \sqrt{2x+1})}$$

$$= \lim_{x \to 2} \frac{-2}{\sqrt{2x+1}\sqrt{5}(\sqrt{5} + \sqrt{2x+1})} \quad (\text{car } x \neq 2)$$

$$= \frac{-1}{5\sqrt{5}}$$

9. a) $f'(2) = \lim_{x \to 2} \frac{f(x) - f(2)}{x - 2}$ (par définition)

Puisque f est définie par parties, il faut calculer la limite à gauche et la limite à droite.

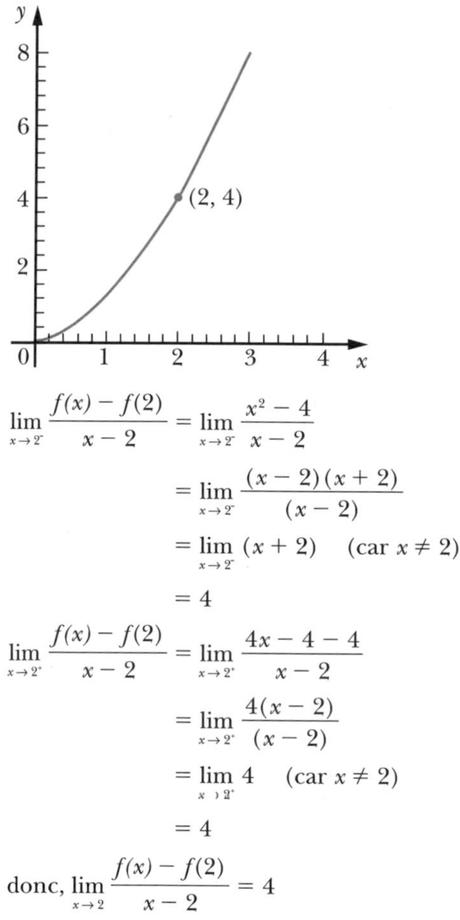

$$\lim_{x \to 2^-} \frac{f(x) - f(2)}{x - 2} = \lim_{x \to 2^-} \frac{x^2 - 4}{x - 2}$$

$$= \lim_{x \to 2^-} \frac{(x-2)(x+2)}{(x-2)}$$

$$= \lim_{x \to 2^-} (x+2) \quad (\text{car } x \neq 2)$$

$$= 4$$

$$\lim_{x \to 2^+} \frac{f(x) - f(2)}{x - 2} = \lim_{x \to 2^+} \frac{4x - 4 - 4}{x - 2}$$

$$= \lim_{x \to 2^+} \frac{4(x-2)}{(x-2)}$$

$$= \lim_{x \to 2^+} 4 \quad (\text{car } x \neq 2)$$

$$= 4$$

donc, $\lim_{x \to 2} \frac{f(x) - f(2)}{x - 2} = 4$

D'où $f'(2) = 4$.

b) $h'(1) = \lim_{x \to 1} \frac{h(x) - h(1)}{x - 1}$ (par définition)

si cette limite existe.

Calculons la limite à gauche et la limite à droite.

$$\lim_{x \to 1^-} \frac{h(x) - h(1)}{x - 1} = \lim_{x \to 1^-} \frac{x^3 - 1}{x - 1}$$

$$= \lim_{x \to 1^-} (x^2 + x + 1) \quad (\text{car } x \neq 1)$$

$$= 3$$

$$\lim_{x \to 1^+} \frac{h(x) - h(1)}{x - 1} = \lim_{x \to 1^+} \frac{(2 - x^2) - 1}{x - 1}$$

$$= \lim_{x \to 1^+} \frac{1 - x^2}{x - 1}$$

$$= \lim_{x \to 1^+} \frac{(1-x)(1+x)}{-(1-x)}$$

$$= \lim_{x \to 1^+} -(1+x) \quad (\text{car } x \neq 1)$$

$$= -2$$

Ainsi, $\lim_{x \to 1} \frac{h(x) - h(1)}{x - 1}$ n'existe pas.

D'où $h'(1)$ est non définie.

10. La représentation est laissée à l'utilisateur ou l'utilisatrice.

11. a) Si $\Delta t = 1$ s, $v_{[2\,s,\,3\,s]} = \frac{x(3) - x(2)}{3 - 2} = \frac{65{,}9 - 60{,}4}{1}$
$= 5{,}5$ m/s

Si $\Delta t = 0{,}1$ s, $v_{[2\,s,\,2{,}1\,s]} = \frac{x(2{,}1) - x(2)}{2{,}1 - 2}$
$= \frac{61{,}391 - 60{,}4}{0{,}1} = 9{,}91$ m/s

Si $\Delta t = 0{,}01$ s, $v_{[2\,s,\,2{,}01\,s]} = \frac{x(2{,}01) - x(2)}{2{,}01 - 2}$
$= \frac{60{,}503\,51 - 60{,}4}{0{,}01} = 10{,}351$ m/s

Si $\Delta t = 0{,}001$ s, $v_{[2\,s,\,2{,}001\,s]} = 10{,}395\,1$ m/s

Si $\Delta t = 0{,}0001$ s, $v_{[2\,s,\,2{,}0001\,s]} \approx 10{,}399\,6$ m/s

Ainsi, $\lim_{\Delta t \to 0^+} \frac{x(2 + \Delta t) - x(2)}{\Delta t} = 10{,}4$ m/s

L'utilisateur ou l'utilisatrice peut vérifier que nous obtenons le même résultat lorsque $\Delta t \to 0^-$.

D'où $v_{t = 2\,s} = 10{,}4$ m/s.

b) $v_{t = 2\,s} = \lim_{\Delta t \to 0} \frac{x(2 + \Delta t) - x(2)}{\Delta t}$

$$= \lim_{\Delta t \to 0} \frac{[-4{,}9(2 + \Delta t)^2 + 30(2 + \Delta t) + 20] - 60{,}4}{\Delta t}$$

$$= \lim_{\Delta t \to 0} \frac{-4{,}9(4 + 4\Delta t + (\Delta t)^2) + 60 + 30\Delta t + 20 - 60{,}4}{\Delta t}$$

$$= \lim_{\Delta t \to 0} \frac{-19{,}6\Delta t - 4{,}9(\Delta t)^2 + 30\Delta t}{\Delta t}$$

$$= \lim_{\Delta t \to 0} \frac{\Delta t(10{,}4 - 4{,}9\Delta t)}{\Delta t}$$

$$= \lim_{\Delta t \to 0} (10{,}4 - 4{,}9\Delta t) \quad (\text{car } \Delta t \neq 0)$$

$$= 10{,}4 \text{ m/s}$$

c) $v_{t=4\,s} = -9{,}2$ m/s

d)

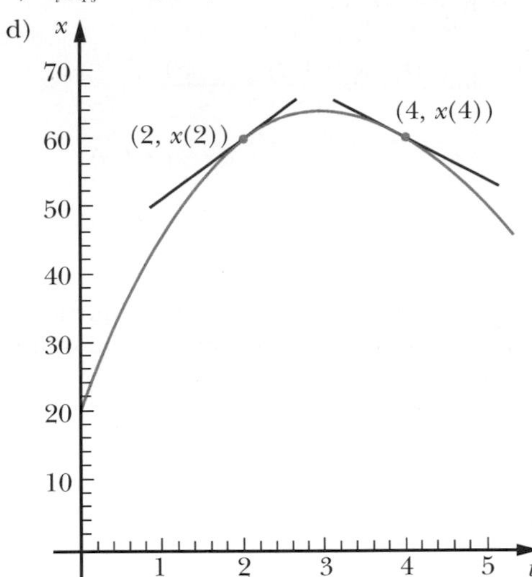

12. a) $v_{t=6\,h}$ = pente de la tangente à la courbe au point P(6, $x(6)$).

Ainsi, $v_{t=6\,h} = 0$ km/h, car la tangente est parallèle à l'axe horizontal.

b) $v_{t=3\,h} > 0$; car la pente de la tangente à la courbe au point Q(3, $x(3)$) est positive.

13. a) $f(-1) < 0$ d) $f'(1) = 0$

b) $f'(-1) > 0$ e) $f(2) > 0$

c) $f(1) > 0$ f) $f'(2) < 0$

Exercices 3.3 (page 110)

1. a) $f'(x)$ correspond à la pente de la tangente à la courbe de f au point $(x, f(x))$.

b)

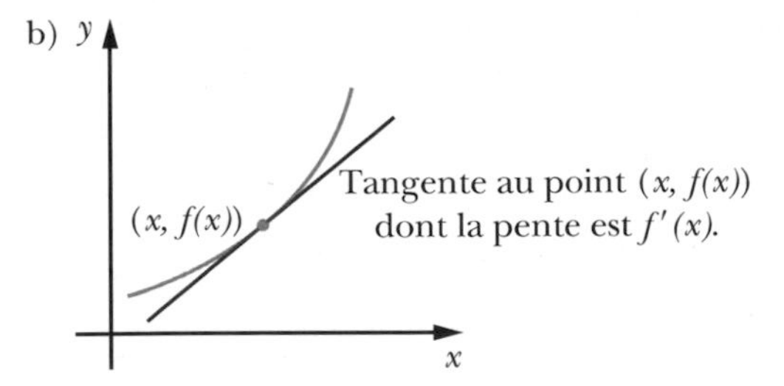

2. a) $f(0) = 10$ et $f'(0) = 3$

b) $g(0) = 1$ et $g'(0) = \dfrac{1}{2}$

c) $g(-1) = 0$ et $g'(-1)$ est non définie.

3. a)
$$f'(x) = \lim_{h\to 0}\frac{f(x+h)-f(x)}{h} = \lim_{h\to 0}\frac{x+h-x}{h} = \lim_{h\to 0}\frac{h}{h} = \lim_{h\to 0} 1 \quad (\text{car } h \neq 0) = 1$$

b)
$$f'(x) = \lim_{h\to 0}\frac{f(x+h)-f(x)}{h} = \lim_{h\to 0}\frac{[(x+h)^2+2(x+h)-3]-(x^2+2x-3)}{h}$$
$$= \lim_{h\to 0}\frac{x^2+2xh+h^2+2x+2h-3-x^2-2x+3}{h} = \lim_{h\to 0}\frac{h(2x+h+2)}{h}$$
$$= \lim_{h\to 0}(2x+h+2) \quad (\text{car } h \neq 0) = 2x+2$$

c)
$$f'(x) = \lim_{h\to 0}\frac{f(x+h)-f(x)}{h} = \lim_{h\to 0}\frac{\sqrt{x+h+1}-\sqrt{x+1}}{h}$$
$$= \lim_{h\to 0}\left[\left(\frac{\sqrt{x+h+1}-\sqrt{x+1}}{h}\right)\left(\frac{\sqrt{x+h+1}+\sqrt{x+1}}{\sqrt{x+h+1}+\sqrt{x+1}}\right)\right]$$
$$= \lim_{h\to 0}\frac{(x+h+1)-(x+1)}{h(\sqrt{x+h+1}+\sqrt{x+1})} = \lim_{h\to 0}\frac{h}{h(\sqrt{x+h+1}+\sqrt{x+1})}$$
$$= \lim_{h\to 0}\frac{1}{\sqrt{x+h+1}+\sqrt{x+1}} \quad (\text{car } h \neq 0)$$
$$= \frac{1}{\sqrt{x+1}+\sqrt{x+1}} = \frac{1}{2\sqrt{x+1}}$$

4. a)
$$\frac{dy}{dx} = \lim_{\Delta x\to 0}\frac{f(x+\Delta x)-f(x)}{\Delta x} = \lim_{\Delta x\to 0}\frac{(-2)-(-2)}{\Delta x} = \lim_{\Delta x\to 0}\frac{0}{\Delta x} = \lim_{\Delta x\to 0} 0 = 0 \quad (\text{car } \Delta x \neq 0)$$

b)
$$\frac{dy}{dx} = \lim_{\Delta x\to 0}\frac{f(x+\Delta x)-f(x)}{\Delta x} = \lim_{\Delta x\to 0}\frac{[3(x+\Delta x)-2]-(3x-2)}{\Delta x}$$
$$= \lim_{\Delta x\to 0}\frac{3x+3\Delta x-2-3x+2}{\Delta x} = \lim_{\Delta x\to 0}\frac{3\Delta x}{\Delta x} = \lim_{\Delta x\to 0} 3 = 3 \quad (\text{car } \Delta x \neq 0)$$

c)
$$\frac{dy}{dx} = \lim_{\Delta x\to 0}\frac{f(x+\Delta x)-f(x)}{\Delta x} = \lim_{\Delta x\to 0}\frac{[(x+\Delta x)^3-2(x+\Delta x)]-(x^3-2x)}{\Delta x}$$
$$= \lim_{\Delta x\to 0}\frac{x^3+3x^2\Delta x+3x(\Delta x)^2+(\Delta x)^3-2x-2\Delta x-x^3+2x}{\Delta x}$$
$$= \lim_{\Delta x\to 0}\frac{\Delta x(3x^2+3x\Delta x+(\Delta x)^2-2)}{\Delta x}$$

$$= \lim_{\Delta x \to 0} (3x^2 + 3x\Delta x + (\Delta x)^2 - 2) \quad (\text{car } \Delta x \neq 0)$$
$$= 3x^2 - 2$$

5. a) $g'(x) = \lim_{t \to x} \frac{g(t) - g(x)}{t - x}$

$$= \lim_{t \to x} \frac{\frac{3}{t} - \frac{3}{x}}{t - x}$$

$$= \lim_{t \to x} \frac{\frac{3x - 3t}{tx}}{t - x}$$

$$= \lim_{t \to x} \frac{3(x - t)}{tx(t - x)}$$

$$= \lim_{t \to x} \frac{-3}{tx} \quad (\text{car } t \neq x)$$

$$= \frac{-3}{x^2}$$

b) $g'(x) = \lim_{t \to x} \frac{g(t) - g(x)}{t - x}$

$$= \lim_{t \to x} \frac{t^{\frac{2}{3}} - x^{\frac{2}{3}}}{t - x}$$

$$= \lim_{t \to x} \frac{(t^{\frac{1}{3}} - x^{\frac{1}{3}})(t^{\frac{1}{3}} + x^{\frac{1}{3}})}{(t^{\frac{1}{3}} - x^{\frac{1}{3}})(t^{\frac{2}{3}} + t^{\frac{1}{3}}x^{\frac{1}{3}} + x^{\frac{2}{3}})}$$

$$= \lim_{t \to x} \frac{(t^{\frac{1}{3}} + x^{\frac{1}{3}})}{(t^{\frac{2}{3}} + t^{\frac{1}{3}}x^{\frac{1}{3}} + x^{\frac{2}{3}})} \quad (\text{car } t \neq x)$$

$$= \frac{2x^{\frac{1}{3}}}{3x^{\frac{2}{3}}}$$

$$= \frac{2}{3x^{\frac{1}{3}}}$$

c) $g'(x) = \lim_{t \to x} \frac{g(t) - g(x)}{t - x}$

$$= \lim_{t \to x} \frac{(t^4 - 1) - (x^4 - 1)}{t - x}$$

$$= \lim_{t \to x} \frac{t^4 - x^4}{t - x}$$

$$= \lim_{t \to x} \frac{(t - x)(t + x)(t^2 + x^2)}{t - x}$$

$$= \lim_{t \to x} \frac{(t + x)(t^2 + x^2)}{1} \quad (\text{car } t \neq x)$$

$$= (2x)(2x^2)$$
$$= 4x^3$$

6. Puisque le TVI est égal à la dérivée de la fonction, nous obtenons, par un procédé analogue à celui utilisé aux numéros **3, 4** et **5**:

a) TVI = 0

b) TVI = 3

c) TVI $= \frac{-1}{u^2}$

7. Puisque $\lim_{\Delta x \to 0} \frac{\Delta y}{\Delta x} = \lim_{\Delta x \to 0} \frac{f(x + \Delta x) - f(x)}{\Delta x}$, en calculant, nous obtenons

a) $\frac{-1}{2\sqrt{x^3}}$

b) $3x^2$

c) $-10x - 7$

8. Soit $y = ax + b$, l'équation de L.

Puisque $a = g'\left(\frac{-1}{2}\right) = \frac{10}{9}$

donc, $y = \frac{10}{9}x + b$

De plus, L passe par $P\left(\frac{-1}{2}, \frac{-5}{12}\right)$. En remplaçant x par $\frac{-1}{2}$ et y par $\frac{-5}{12}$, nous obtenons $\frac{-5}{12} = \frac{10}{9}\left(\frac{-1}{2}\right) + b$

donc, $b = \frac{5}{36}$.

D'où L: $y = \frac{10}{9}x + \frac{5}{36}$.

Exercices récapitulatifs *(page 113)*

1. a) i) 0 ii) 0

b) i) -3 ii) -3

c) i) $-2x - \Delta x + 3$ ii) -5

d) i) $-3x^2 - 3xh - h^2 - 2x - h$

ii) $-h^2 + 5h - 8$

e) i) $\frac{-4(1 + h)}{\left(\frac{1}{2} + h\right)^2}$ ii) $\frac{-80}{9}$

f) i) $\frac{-2}{\sqrt{x + \Delta x} + \sqrt{x}}$ ii) $\frac{-2}{5}$

2. Les représentations sont laissées à l'utilisateur ou l'utilisatrice.

a) dom $f = \mathbb{R}$ et ima $f = [-9, +\infty$ b) $m_{sec} = -2$

c) $TVM_{[-3, 1]} = 0$ e) P(-2, -8)

d) $m_{\tan(-1, f(-1))} = 0$

3. a) 100 m/min c) -120 m/min

b) 20 m/min d) 0 m/min

4. a) $v_{[0\,s,\,1\,s]} = -2$ cm/s c) $v_{[0\,s,\,2\,s]} = 1$ cm/s

b) $v_{[1\,s,\,2\,s]} = 4$ cm/s

5. a) 32 600 emplois/an

b) -0,1 %/an

c) …le taux de chômage diminue.

d) …le taux de chômage augmente.

6. a) Environ -0,45 %/km

b) Environ 0 %/km

c) Environ -0,33 %/km

7. a) $v_{[1\text{ s}, 4\text{ s}]} = \frac{-4}{3}$ m/s

c) $v_{[1\text{ s}, 3\text{ s}]} = \frac{-5}{2}$ m/s

b) $v_{[3\text{ s}, 5\text{ s}]} = \frac{5}{2}$ m/s

8. a) $f'(-3) = 29$

b) $g'\left(\frac{-1}{2}\right) = 8$

c) $\left.\frac{dx}{dt}\right|_{t=1,5} = 4,7$

d) $TVI_{x=-1} = -12$

e) $\left.\frac{df}{du}\right|_{u=0} = 4$

f) $m_{\tan\,(5,\, f(5))} = \frac{-1}{10\sqrt{5}}$

9. a) i) $f'(x) = -3$

ii) $f'(5) = -3$

b) i) $g'(x) = 2x - 1$

ii) $g'(0,5) = 0$

c) i) $\frac{dx}{dt} = \frac{-10}{t^3}$

ii) $\left.\frac{dx}{dt}\right|_{t=2} = \frac{-5}{4}$

d) i) $v'(t) = 1 - \frac{1}{t^2}$

ii) $TVI_{t=2} = \frac{3}{4}$

e) i) $\frac{dP}{dt} = \frac{3}{2\sqrt{3t+2}}$

ii) $\left.\frac{dP}{dt}\right|_{t=10} = \frac{3}{8\sqrt{2}}$

f) i) $f'(x) = \frac{-7}{(1-5x)^2}$

ii) $m_{\tan\,(1,\, f(1))} = \frac{-7}{16}$

10. a) $v_{[2\text{ s}, 4\text{ s}]} = -0,375$ m/s

b) $v_{t=2\text{ s}} = -1$ m/s

c) $v_{t=4\text{ s}} = -0,125$ m/s

d) La représentation est laissée à l'utilisateur ou l'utilisatrice.

11. a) $v_{t=2\text{ s}} = 4$ m/s

b) $v_{t=5\text{ s}} = -2$ m/s

c) $v_{t=4\text{ s}} = 0$ m/s

d) $v_{[2\text{ s}, 5\text{ s}]} = 1$ m/s

12. a) Environ -0,09 mol/L

b) Environ -0,004 mol/L s

c) Environ -0,002 mol/L s

13. a) $f(g(0)) \approx 1$

b) $g(f(0)) \approx 1,7$

c) $f(g(2)) \approx 1$

d) $g(f(2)) \approx 2,5$

e) $f(g'(1)) \approx 2,3$

f) $g(f'(1)) \approx 0,5$

g) $f(g'(0)) \approx 1$

h) $g(f'(0)) \approx 0$

i) $g'(g(0)) \approx -1$

j) $g'(g'(-1)) \approx -1$

14. a) $A(x) = 6x^2$, exprimée en cm²

b) Variation de $A = 234$ cm²

c) $TVM_{[6\text{ cm}, 9\text{ cm}]} = 90$ cm²/cm

d) $TVM_{[3\text{ cm}, 6\text{ cm}]} = 54$ cm²/cm

e) $b = 13$

f) Aucune valeur de a

g) $TVI_{x=4,5\text{ cm}} = 54$ cm²/cm

15. a) Variation de $A = 260\pi$ cm²
Variation de $V = 886,\overline{6}\pi$ cm³

b) Pour A, $TVM_{[4\text{ cm}, 9\text{ cm}]} = 52\pi$ cm²/cm
Pour V, $TVM_{[4\text{ cm}, 9\text{ cm}]} = 177,\overline{3}\pi$ cm³/cm

c) $A'(4) = 32\pi$ cm²/cm
$V'(4) = 64\pi$ cm³/cm

16. a) Variation de $A = 96\pi$ cm²

b) $TVM_{[2\text{ s}, 4\text{ s}]} = 24\pi$ cm²/s

c) $TVM_{[2\text{ cm}, 4\text{ cm}]} = 6\pi$ cm²/cm

17. a) $y = 11x - 14$

b) $y = \frac{-1}{11}x + \frac{334}{11}$

c) La représentation est laissée à l'utilisateur ou l'utilisatrice.

18. a) $f'(1) = 4$
$f'(2)$ est non définie.

b) La représentation est laissée à l'utilisateur ou l'utilisatrice.

19. a) F

b) F

c) V

d) V

e) F

f) V

g) F

h) F

Problèmes de synthèse *(page 116)*

1. La représentation est laissée à l'utilisateur ou l'utilisatrice.

2. a) $TVM_{[x,\, x+h]} = -2x - h - 2$

b) $TVM_{[2,\, 2+h]} = -6 - h$

c) $TVM_{[-2,\, 0]} = 0$

d) $TVI = -2x - 2$

e) $f'(x) = -2x - 2$

f) $m_{sec} = -1$

g) P(-1, 4)

h) $m_{\tan\,(-3,\, 0)} = 4$ et $m_{\tan\,(1,\, 0)} = -4$
La représentation est laissée à l'utilisateur ou l'utilisatrice.

i) Q(-2, 3)
La représentation est laissée à l'utilisateur ou l'utilisatrice.

j) $y = 2x + 7$

k) $x + 2y - 4 = 0$

l) Aire = 11,25 unités²

m) T(-5, -12) et S(1, 0)

3. a) $f'(x) = \dfrac{15x^4}{4}$ et $f'(-2) = 60$

b) $\dfrac{dx}{dt} = 2at + b$ et $\left.\dfrac{dx}{dt}\right|_{t=1,5} = 3a + b$

c) $\dfrac{dy}{dx} = \dfrac{x}{\sqrt{x^2+1}}$ et $\left.\dfrac{dy}{dx}\right|_{x=-1} = \dfrac{-\sqrt{2}}{2}$

d) $g'(x) = \dfrac{2}{3x^3} - \dfrac{2}{3x^2}$ et $g'(1) = 0$

e) $h(x) = \dfrac{2(5x-2)}{(1-5x)\sqrt{1-5x}}$ et $h'(0) = -4$

f) $f'(x) = 3 + \dfrac{1}{2\sqrt{x}}$ et $f'\left(\dfrac{1}{4}\right) = 4$

4. a) f est continue en A$(1, f(1))$;
f est dérivable en A$(1, f(1))$ et $f'(1) = 2$.

b) f est continue en B$(2, f(2))$;
f est dérivable en B$(2, f(2))$ et $f'(2) = 0$.

c) f est continue en C$(3, f(3))$;
f est non dérivable en C$(3, f(3))$.

d) f est non continue en D$(5, f(5))$;
f est non dérivable en D$(5, f(5))$.

5. a) $f(x) = \begin{cases} 2x - 2 & \text{si} \quad x < 3 \\ 10 - 2x & \text{si} \quad x \geqslant 3 \end{cases}$

b) f est continue en $x = 3$.

c) f est non dérivable en $x = 3$.

d) La représentation est laissée à l'utilisateur ou l'utilisatrice.

6. a) Environ 6702 habitants

b) $\Delta N \approx 568$ habitants

c) $\text{TVM}_{[650,\, 750]} \approx 5,68$ hab./empl.

d) $\left.\dfrac{dN}{dx}\right|_{x=100} \approx 15,07$ hab./empl.

L'interprétation est laissée à l'utilisateur ou l'utilisatrice.

e) La représentation est laissée à l'utilisateur ou l'utilisatrice.

7. a) $\dfrac{dQ}{dt} = \dfrac{1000}{(10+t)^2}$, exprimé en g/s.

b) $Q(0) = 0$ g et $Q(20) = 66,\overline{6}$ g

c) $\Delta Q = 16,\overline{6}$ g

d) $\text{TVM}_{[10\text{ s},\, 20\text{ s}]} = 1,\overline{6}$ g/s et $\text{TVM}_{[20\text{ s},\, 30\text{ s}]} = 0,8\overline{3}$ g/s

e) Laissée à l'utilisateur ou l'utilisatrice.

f) $\lim\limits_{h \to 0^+} \dfrac{Q(0+h) - Q(0)}{h} = 10$ g/s

L'interprétation est laissée à l'utilisateur ou l'utilisatrice.

g) $\left.\dfrac{dQ}{dt}\right|_{t=10\text{ s}} = 2,5$ g/s et $\left.\dfrac{dQ}{dt}\right|_{t=1\text{ min}} \approx 0,2$ g/s

h) La quantité augmente et le taux de variation instantané diminue.

i) 0,9 g/s

j) 60 g

k) La représentation est laissée à l'utilisateur ou l'utilisatrice.

8. $a = \dfrac{2}{3}$ et $b = 7$

9. a) $-f'(a)$ b) $f'(a)$ c) $2f'(a)$ d) $2\sqrt{a}\,f'(a)$ e) $\dfrac{1}{f'(a)}$

10. $f'(x) = f(x)$

11. a) $s(x) = 2$

b) $s'(0) = 0$

c) L'explication est laissée à l'utilisateur ou l'utilisatrice.

d) La représentation est laissée à l'utilisateur ou l'utilisatrice.

12. a) $f'(-x) = -f'(x)$

b) $f'(-x) = f'(x)$

c) i) ...impaire.

ii) ...paire.

13. La démonstration est laissée à l'utilisateur ou l'utilisatrice.

Test récapitulatif *(page 118)*

1. a) $\text{TVM}_{[x,\, x+h]} = \dfrac{f(x+h) - f(x)}{h}$

$= \dfrac{[(x+h)^2 - 5(x+h)] - (x^2 - 5x)}{h}$

$= \dfrac{x^2 + 2xh + h^2 - 5x - 5h - x^2 + 5x}{h}$

$= \dfrac{2xh + h^2 - 5h}{h}$

$= \dfrac{h(2x + h - 5)}{h}$

$= 2x + h - 5 \quad (\text{si } h \neq 0)$

b) En posant $x = -1$ et $h = 4$, nous obtenons $\text{TVM}_{[-1,\, 3]} = 2(-1) + 4 - 5 = -3$.

Le $\text{TVM}_{[-1,\, 3]}$ correspond à la pente de la sécante passant par les points A$(-1, f(-1))$ et B$(3, f(3))$.

c) Puisque $m_{sec} = \text{TVM}_{[1,\, 6]}$, nous posons $x = 1$ et $h = 5$, ainsi $m_{sec} = 2(1) + 5 - 5 = 2$.

d) $f'(x) = \lim\limits_{h \to 0} \dfrac{f(x+h) - f(x)}{h}$

$= \lim\limits_{h \to 0} (2x + h - 5) \quad$ (voir a))

$= 2x - 5$

e) $f'(4) = 2(4) - 5 = 3$
$f'(4)$ correspond à la pente de la tangente à la courbe de f au point $P(4, f(4))$.

f) Soit $y = ax + b$ l'équation la tangente.
Puisque $a = f'(4) = 3$, nous avons $y = 3x + b$.
Cette droite passe par le point $P(4, -4)$. En posant $x = 4$ et $y = -4$, nous obtenons $-4 = 3(4) + b$
donc, $b = -16$.
D'où $y = 3x - 16$.

g)

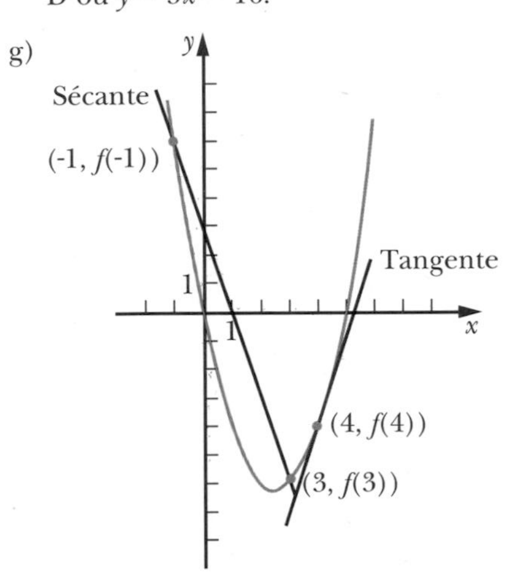

2. a) Considérons d'abord les quatre intervalles à droite suivants: [2 s, 2,1 s], [2 s, 2,01 s], [2 s, 2,001 s], [2 s, 2,0001 s] et calculons la vitesse moyenne sur chacun de ces intervalles.

$v_{[2\text{ s},\, 2{,}1\text{ s}]} = 8{,}2$ m/s

$v_{[2\text{ s},\, 2{,}01\text{ s}]} = 8{,}02$ m/s

$v_{[2\text{ s},\, 2{,}001\text{ s}]} = 8{,}002$ m/s

$v_{[2\text{ s},\, 2{,}0001\text{ s}]} = 8{,}0002$ m/s

Considérons maintenant les quatre intervalles à gauche suivants: [1,9 s, 2 s], [1,99 s, 2 s], [1,999 s, 2 s], [1,9999 s, 2 s] et calculons la vitesse moyenne sur chacun de ces intervalles.

$v_{[1{,}9\text{ s},\, 2\text{ s}]} = 7{,}8$ m/s

$v_{[1{,}99\text{ s},\, 2\text{ s}]} = 7{,}98$ m/s

$v_{[1{,}999\text{ s},\, 2\text{ s}]} = 7{,}998$ m/s

$v_{[1{,}9999\text{ s},\, 2\text{ s}]} = 7{,}9998$ m/s

Puisque, à droite et à gauche, les vitesse moyennes s'approchent de 8 m/s, nous pouvons conclure que

$v_{t = 2\text{ s}} = 8$ m/s.

b) Graphiquement, la vitesse instantanée au temps $t = 2$ s est égale à la pente de la tangente à la courbe au point $(2, x(2))$, c'est-à-dire au point $(2, 6)$.

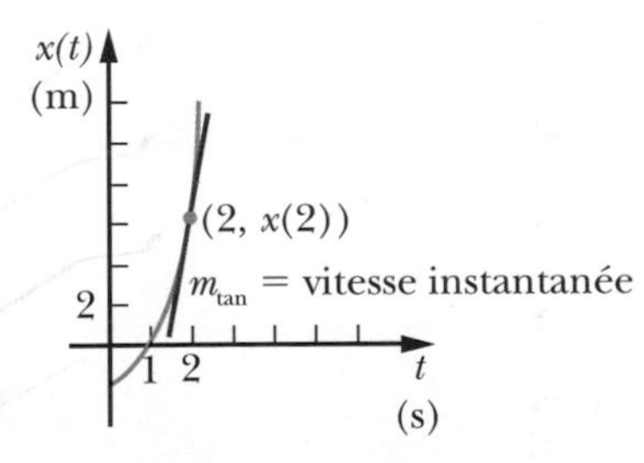

3. a) $f(-1) < 0$ et $f'(-1) > 0$
b) $f(0) = 0$ et $f'(0) > 0$
c) $f(1)$ non définie et $f'(1)$ non définie
d) $f(1{,}5) > 0$ et $f'(1{,}5) < 0$
e) $f(2) > 0$ et $f'(2) = 0$
f) $f(3) > 0$ et $f'(3)$ non définie

4. a) Puisque la droite $y = 2x - 3$ est tangente à la courbe f au point $P(-3, f(-3))$, nous avons $f(-3) = -9$.

b) Puisque $m_{\tan(-3,\, f(-3))} = f'(-3)$ et que $m_{\tan(-3,\, f(3))} = 2$, $f'(-3) = 2$.

5. a)
$$f'(x) = \lim_{h \to 0} \frac{f(x+h) - f(x)}{h}$$
$$= \lim_{h \to 0} \frac{[2(x+h)^3 - (x+h) + 7] - (2x^3 - x + 7)}{h}$$
$$= \lim_{h \to 0} \frac{[2(x^3 + 3x^2h + 3xh^2 + h^3) - x - h + 7] - 2x^3 + x - 7}{h}$$
$$= \lim_{h \to 0} \frac{2x^3 + 6x^2h + 6xh^2 + 2h^3 - x - h + 7 - 2x^3 + x - 7}{h}$$
$$= \lim_{h \to 0} \frac{6x^2h + 6xh^2 + 2h^3 - h}{h}$$
$$= \lim_{h \to 0} \frac{h(6x^2 + 6xh + 2h^2 - 1)}{h}$$
$$= \lim_{h \to 0} (6x^2 + 6xh + 2h^2 - 1) \quad (\text{car } h \neq 0)$$
$$= 6x^2 - 1$$

b)
$$\frac{dy}{dx} = \lim_{\Delta x \to 0} \frac{\Delta y}{\Delta x}$$
$$= \lim_{\Delta x \to 0} \frac{(x + \Delta x + 4)[2(x + \Delta x) - 6] - (x+4)(2x-6)}{\Delta x}$$
$$= \lim_{\Delta x \to 0} \frac{2x^2 + 4x\Delta x + 2x + 2\Delta x - 24 + 2(\Delta x)^2 - 2x^2 - 2x + 24}{\Delta x}$$
$$= \lim_{\Delta x \to 0} \frac{4x\Delta x + 2\Delta x + 2(\Delta x)^2}{\Delta x}$$
$$= \lim_{\Delta x \to 0} \frac{\Delta x(4x + 2 + 2\Delta x)}{\Delta x}$$
$$= \lim_{\Delta x \to 0} (4x + 2 + 2\Delta x) \quad (\text{car } \Delta x \neq 0)$$
$$= 4x + 2$$

c)
$$H'(x) = \lim_{t \to x} \frac{H(t) - H(x)}{t - x}$$
$$= \lim_{t \to x} \frac{\sqrt{t+4} - \sqrt{x+4}}{t - x}$$
$$= \lim_{t \to x} \left(\frac{\sqrt{t+4} - \sqrt{x+4}}{t - x} \; \frac{(\sqrt{t+4} + \sqrt{x+4})}{(\sqrt{t+4} + \sqrt{x+4})} \right)$$
$$= \lim_{t \to x} \frac{(t+4) - (x+4)}{(t-x)(\sqrt{t+4} + \sqrt{x+4})}$$
$$= \lim_{t \to x} \frac{(t-x)}{(t-x)(\sqrt{t+4} + \sqrt{x+4})}$$
$$= \lim_{t \to x} \frac{1}{\sqrt{t+4} + \sqrt{x+4}} \quad (\text{car } t \neq x)$$
$$= \frac{1}{2\sqrt{x+4}}$$

3

6. a) $Q(0) = 9$ donc, 9 g

b) $Q(5) - Q(3) = \dfrac{48}{187}$

donc, environ 0,257 g

c) $\text{TVM}_{[3 \text{ min}, 5 \text{ min}]} = \dfrac{Q(5) - Q(3)}{5 - 3} = \dfrac{24}{187}$

donc, 0,128 g/min

d) En posant $Q(a) = 12$, nous trouvons $a = 2$ min ; en posant $Q(b) = 12{,}75$, nous trouvons $b = 10$ min.

Ainsi, $\text{TVM}_{[12 \text{ g}, 12{,}75 \text{ g}]} = \text{TVM}_{[2 \text{ min}, 10 \text{ min}]} = \dfrac{0{,}75}{8}$.

D'où environ 0,094 g/min.

e) $\text{TVI} = \dfrac{dQ}{dt}$

$$= \lim_{h \to 0} \frac{Q(t+h) - Q(t)}{h}$$

$$= \lim_{h \to 0} \frac{\dfrac{39(t+h)+18}{3(t+h)+2} - \dfrac{39t+18}{3t+2}}{h}$$

$$= \lim_{h \to 0} \frac{(39t+39h+18)(3t+2) - (39t+18)(3t+3h+2)}{(3t+3h+2)(3t+2)\,h}$$

$$= \lim_{h \to 0} \frac{24h}{(3t+3h+2)(3t+2)\,h}$$

$$= \lim_{h \to 0} \frac{24}{(3t+3h+2)(3t+2)} \quad (\text{car } h \neq 0)$$

$$= \frac{24}{(3t+2)^2}, \text{ exprimée en g/min}$$

f) $\text{TVI}_{t = 5 \text{ min}} = \dfrac{24}{(17)^2}$

donc, environ 0,083 g/min

g) En posant $\dfrac{dQ}{dt} = 0{,}04$

$\dfrac{24}{(3t+2)^2} = 0{,}04$, nous trouvons $t = 7{,}498\ldots$ min.

Ainsi, $Q(7{,}498\ldots) = 12{,}673\ldots$.

D'où environ 12,67 g.

h)
```
>with (plots):
>c1:=plot((39*t+18)/(3*t+2),t=0..10,color=orange):
>c2:=plot(24/(3*t+2)^2,t=0..10,color=blue):
>display(c1,c2);
```

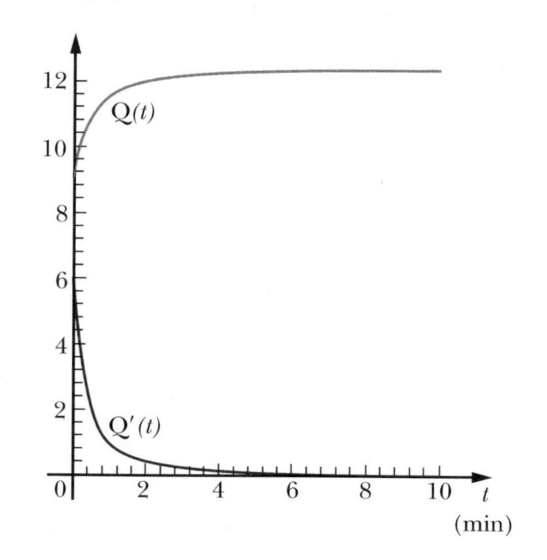

CORRIGÉ DU CHAPITRE 4

Test préliminaire (page 123)

Partie A

1. a) $x^{\frac{1}{2}}$ d) $x^{\frac{-7}{5}}$

b) $x^{\frac{5}{3}}$ e) $x^{\frac{3}{2}}$

c) $x^{\frac{-3}{4}}$ f) $x^{\frac{-1}{2}}$

2. a) $\sqrt[3]{x^2}$ b) $\dfrac{1}{\sqrt{x^3}}$ c) $\sqrt[4]{x^5}$

3. a) $(2x+3)^2+4=4x^2+12x+13$

b) $2(x^2+4)+3=2x^2+11$

c) $(x^2+4)^2+4=x^4+8x^2+20$

d) $(\sqrt{3x-1})^2+4=3x+3$

e) $\sqrt{3\sqrt{3x-1}-1}$

f) $(2\sqrt{3x-1}+3)^2+4=12x+12\sqrt{3x-1}+9$

4. a) $6!=6\cdot5\cdot4\cdot3\cdot2\cdot1=720$

b) $10!=3\,628\,800$

c) $\dfrac{69!}{68!}=69$

d) $\dfrac{73!}{70!}=73\cdot72\cdot71=373\,176$

e) $\dfrac{200!}{202!}=\dfrac{1}{202\cdot201}=\dfrac{1}{40\,602}$

Partie B

1. a) $f'(x)$ b) $g'(x)$ c) $H'(x)$ d) $f'(y)$

2. …pente de la tangente à la courbe d'équation $y=f(x)$ au point $(a, f(a))$.

3. a) $\lim\limits_{x\to a}[k\,f(x)]=k\lim\limits_{x\to a}f(x)$

b) $\lim\limits_{x\to a}[f(x)\pm g(x)]=\lim\limits_{x\to a}f(x)\pm\lim\limits_{x\to a}g(x)$

c) $\lim\limits_{x\to a}[f(x)\,g(x)]=\left(\lim\limits_{x\to a}f(x)\right)\left(\lim\limits_{x\to a}g(x)\right)$

Exercices

Exercices 4.1 (page 125)

1. a) … 0 b) … 1

2. a) $f'(x)=0$ (théorème 1)

b) $H'(x)=1$ (théorème 2)

c) $\dfrac{df}{dt}=0$ (théorème 1)

d) $\dfrac{d}{dt}(x)-1$ (théorème 2)

e) $\dfrac{d}{du}(u)=1$ (théorème 2)

f) $\dfrac{d}{ds}(\pi)=0$ (théorème 1)

3. a) $f'(x)=0$

d'où

$m_{\tan(\sqrt{3},\,f(\sqrt{3}))}=f'(\sqrt{3})=0$

$m_{\tan(-1,\,f(-1))}=f'(-1)=0$

b) $g'(x)=1$

D'où

$m_{\tan(-10,\,g(-10))}=g'(-10)=1$

$m_{\tan(8,\,g(8))}=g'(8)=1.$

Exercices 4.2 (page 137)

1. a) $(k\,f(x))'=k\,f'(x)$

b) $\dfrac{d}{dx}(f(x)+g(x))=\dfrac{d}{dx}(f(x))+\dfrac{d}{dx}(g(x))$

c) $[f(x)g(x)]' = f'(x)g(x) + f(x)g'(x)$

d) $\left(\dfrac{u}{v}\right)' = \dfrac{u'v - uv'}{v^2}$

e) $\dfrac{d}{dx}(x^r) = rx^{r-1}$

2. a) $y' = 7x^6$

b) $f'(x) = \dfrac{7}{4}x^{\frac{3}{4}}$

c) $h'(x) = (x^{-4})' = -4x^{-5} = \dfrac{-4}{x^5}$

d) $\dfrac{d}{dt}\left(\dfrac{1}{\sqrt{t}}\right) = \dfrac{d}{dt}(t^{\frac{-1}{2}}) = \dfrac{-1}{2}t^{\frac{-3}{2}} = \dfrac{-1}{2t^{\frac{3}{2}}}$

e) $f'(u) = 1$

f) $g'(x) = \pi x^{\pi - 1}$

3. a) $f'(x) = (x^{\frac{1}{2}})' = \dfrac{1}{2}x^{\frac{-1}{2}} = \dfrac{1}{2x^{\frac{1}{2}}} = \dfrac{1}{2\sqrt{x}}$

b) $g'(x) = (x^{\frac{1}{3}})' = \dfrac{1}{3}x^{\frac{-2}{3}} = \dfrac{1}{3x^{\frac{2}{3}}} = \dfrac{1}{3\sqrt[3]{x^2}}$

c) $h'(x) = (x^{\frac{3}{2}})' = \dfrac{3}{2}x^{\frac{1}{2}} = \dfrac{3\sqrt{x}}{2}$

d) $f'(t) = (t^{\frac{-2}{3}})' = \dfrac{-2}{3}t^{\frac{-5}{3}} = \dfrac{-2}{3t^{\frac{5}{3}}} = \dfrac{-2}{3\sqrt[3]{t^5}}$

4. a) $f'(x) = 0$ (théorème 1)

b) $v'(t) = 1$ (théorème 2)

c) $g'(x) = (5x^3)'$

$= 5(x^3)'$ (théorème 3)

$= 5(3x^2)$ (théorème 6)

$= 15x^2$

d) $\dfrac{d}{dt}\left(\dfrac{3t}{4}\right) = \dfrac{3}{4}\dfrac{d}{dt}(t)$ (théorème 3)

$= \dfrac{3}{4}(1)$ (théorème 2)

$= \dfrac{3}{4}$

e) $f'(x) = \left(\dfrac{-9}{5}x^{\frac{-1}{4}}\right)'$

$= \dfrac{-9}{5}(x^{\frac{-1}{4}})'$ (théorème 3)

$= \dfrac{-9}{5}\left(\dfrac{-1}{4}x^{\frac{-5}{4}}\right)$ (théorème 7)

$= \dfrac{9}{20x^{\frac{5}{4}}}$

f) $f'(u) = \left(\dfrac{5}{8}u^{-1}\right)'$

$= \dfrac{5}{8}(u^{-1})'$ (théorème 3)

$= \dfrac{5}{8}(-1u^{-2})$ (théorème 7)

$= \dfrac{-5}{8u^2}$

5. a) $f'(x) = (8x^3 - 4x^2 + 9x - 1)'$

$= (8x^3)' - (4x^2)' + (9x)' - (1)'$ (corollaire 4.2)

$= 24x^2 - 8x + 9$

b) $\dfrac{d}{dt}\left(\dfrac{t^{\frac{1}{2}}}{2} + t^2 - 5t^{-2}\right) = \dfrac{d}{dt}\left(\dfrac{t^{\frac{1}{2}}}{2}\right) + \dfrac{d}{dt}(t^2) - \dfrac{d}{dt}(5t^{-2})$ (corollaire 4.2)

$= \dfrac{1}{4\sqrt{t}} + 2t + \dfrac{10}{t^3}$

c) $g'(x) = \left(4x^{\frac{-1}{3}} - 5x^8 + \dfrac{x^{-3}}{6} - \dfrac{3}{4}\right)'$

$= (4x^{\frac{-1}{3}})' - (5x^8)' + \left(\dfrac{x^{-3}}{6}\right)' - \left(\dfrac{3}{4}\right)'$ (corollaire 4.2)

$= \dfrac{-4}{3\sqrt[3]{x^4}} - 40x^7 - \dfrac{1}{2x^4}$

d) $x'(t) = \left(\dfrac{1}{2}at^2 + v_0t + x_0\right)'$

$= \left(\dfrac{1}{2}at^2\right)' + (v_0t)' + (x_0)'$ (corollaire 4.2)

$= at + v_0$

6. a) $y' = (3x + 1)'(2 - 5x^3) + (3x + 1)(2 - 5x^3)'$ (théorème 5)

$= 3(2 - 5x^3) + (3x + 1)(-15x^2)$

$= 6 - 60x^3 - 15x^2$

b) $x'(t) = (t^{\frac{1}{2}} - t)'(4t^3 - 2t^2 + 5) + (t^{\frac{1}{2}} - t)(4t^3 - 2t^2 + 5)'$ (théorème 5)

$= \left(\dfrac{1}{2}t^{\frac{-1}{2}} - 1\right)(4t^3 - 2t^2 + 5) + (t^{\frac{1}{2}} - t)(12t^2 - 4t)$

$= \left(\dfrac{1}{2\sqrt{t}} - 1\right)(4t^3 - 2t^2 + 5) + (\sqrt{t} - t)(12t^2 - 4t)$

$= 14\sqrt{t^5} - 5\sqrt{t^3} + \dfrac{5}{2\sqrt{t}} - 16t^3 + 6t^2 - 5$

c) $g'(t) - (t^3)'(5t^2 - 4)(3 - t^4) + t^3(5t^2 - 4)'(3 - t^4) + t^3(5t^2 - 4)(3 - t^4)'$ (corollaire 5.1)

$= 3t^2(5t^2 - 4)(3 - t^4) + t^3(10t)(3 - t^4) + t^3(5t^2 - 4)(-4t^3)$

$= -45t^8 + 28t^6 + 75t^4 - 36t^2$

$= t^2(-45t^6 + 28t^4 + 75t^2 - 36)$

d) $f'(x) = [x(3x - 1)]' - [(2x - 5)(4 - 3x^2)]'$ (corollaire 4.1)

$= [(x)'(3x - 1) + x(3x - 1)'] - [(2x - 5)'(4 - 3x^2) + (2x - 5)(4 - 3x^2)']$ (théorème 5)

$= (3x - 1) + x(3) - [2(4 - 3x^2) + (2x - 5)(-6x)]$

$= 18x^2 - 24x - 9$

7. a) $f'(x) = \dfrac{(2x)'(x+1) - 2x(x+1)'}{(x+1)^2}$ (théorème 8)

$= \dfrac{2(x+1) - 2x}{(x+1)^2}$

$= \dfrac{2}{(x+1)^2}$

b) $g'(t) = \dfrac{(t^2+t+2)'t - (t^2+t+2)(t)'}{t^2}$ (théorème 8)

$= \dfrac{(2t+1)t - (t^2+t+2)\,1}{t^2}$

$= \dfrac{t^2-2}{t^2}$

c) $f'(x) = \dfrac{(x-4x^2)'\,2x^3 - (x-4x^2)(2x^3)'}{(2x^3)^2}$ (théorème 8)

$= \dfrac{(1-8x)2x^3 - (x-4x^2)6x^2}{4x^6}$

$= \dfrac{2x-1}{x^3}$

d) $H'(x) = \dfrac{(2x^4)'(2x^4+1) - 2x^4(2x^4+1)'}{(2x^4+1)^2}$ (théorème 8)

$= \dfrac{8x^3(2x^4+1) - 2x^4\,8x^3}{(2x^4+1)^2}$

$= \dfrac{8x^3}{(2x^4+1)^2}$

e) $d'(t) = \dfrac{(4t^2-5)'(5-4t^3) - (4t^2-5)(5-4t^3)'}{(5-4t^3)^2}$ (théorème 8)

$= \dfrac{8t(5-4t^3) - (4t^2-5)(-12t^2)}{(5-4t^3)^2}$

$= \dfrac{4t(4t^3-15t+10)}{(5-4t^3)^2}$

f) $f'(x) = \dfrac{(\sqrt{x})'(1-x) - \sqrt{x}(1-x)'}{(1-x)^2}$ (théorème 8)

$= \dfrac{\dfrac{1}{2\sqrt{x}}(1-x) - \sqrt{x}(-1)}{(1-x)^2}$

$= \dfrac{1+x}{2\sqrt{x}(1-x)^2}$

8. a) $\dfrac{dy}{dx} = \left(\dfrac{x}{x+1}\right)' + \left(\dfrac{x+1}{x^2}\right)'$ (théorème 4)

$= \dfrac{(x)'(x+1) - x(x+1)'}{(x+1)^2} + \dfrac{(x+1)'(x^2) - (x+1)(x^2)'}{(x^2)^2}$ (théorème 8)

$= \dfrac{(x+1) - x}{(x+1)^2} + \dfrac{x^2 - 2x(x+1)}{(x^2)^2}$

$= \dfrac{-(4x^2+5x+2)}{x^3(x+1)^2}$

b) $\dfrac{dy}{dx} = \dfrac{[\sqrt{x}(10-x)]'(x^3-8) - \sqrt{x}(10-x)(x^3-8)'}{(x^3-8)^2}$ (théorème 8)

$= \dfrac{[(\sqrt{x})'(10-x) + \sqrt{x}(10-x)'](x^3-8) - \sqrt{x}(10-x)\,3x^2}{(x^3-8)^2}$ (théorème 5)

$= \dfrac{\left[\dfrac{1}{2}x^{\frac{-1}{2}}(10-x) + \sqrt{x}(-1)\right](x^3-8) - 3x^2\sqrt{x}(10-x)}{(x^3-8)^2}$

$= \dfrac{3x^4 - 50x^3 + 24x - 80}{2\sqrt{x}(x^3+8)^2}$

c) $\dfrac{dy}{dx} = \dfrac{(4x^3-x^2)'(x+1)\sqrt[4]{x} - (4x^3-x^2)[(x+1)\sqrt[4]{x}]'}{[(x+1)\sqrt[4]{x}]^2}$ (théorème 8)

$= \dfrac{(12x^2-2x)(x+1)\sqrt[4]{x} - (4x^3-x^2)[(x+1)'\sqrt[4]{x} + (x+1)(\sqrt[4]{x})']}{[(x+1)\sqrt[4]{x}]^2}$

$= \dfrac{(12x^2-2x)[(x+1)\sqrt[4]{x}] - (4x^3-x^2)\left[\sqrt[4]{x} + (x+1)\dfrac{1}{4}x^{\frac{-3}{4}}\right]}{[(x+1)\sqrt[4]{x}]^2}$

$= \dfrac{x^{\frac{3}{4}}(28x^2+41x-7)}{4(x+1)^2}$

9. a) i) $f'(x) = (4x^5)'$

$= 4(x^5)'$ (théorème 3)

$= 4(5x^4)$

$= 20x^4$

ii) $f'(x) = (4)'x^5 + 4(x^5)'$ (théorème 5)

$= (0)x^5 + 4(5x^4)$

$= 20x^4$

b) i) $x'(t) = \left(\dfrac{5}{t^2}\right)'$

$= 5(t^{-2})'$ (théorème 3)

$= 5(-2t^{-3})$

$= \dfrac{-10}{t^3}$

ii) $x'(t) = \dfrac{(5)'t^2 - 5(t^2)'}{(t^2)^2}$

$= \dfrac{(0)t^2 - 5(2t)}{t^4}$

$= \dfrac{-10}{t^3}$

c) i) $f'(x) = \left(\dfrac{6x^5+1}{2x^3}\right)'$

$= \left(\dfrac{6x^5}{2x^3} + \dfrac{1}{2x^3}\right)'$

$= 3(x^2)' + \dfrac{1}{2}(x^{-3})'$ (théorème 4)

$= 6x - \dfrac{3}{2}x^{-4}$

$= \dfrac{3(4x^5-1)}{2x^4}$

ii) $f'(x) = \dfrac{(6x^5 + 1)'\, 2x^3 - (6x^5 + 1)(2x^3)'}{(2x^3)^2}$ (théorème 8)

$= \dfrac{(30x^4)\, 2x^3 - (6x^5 + 1)\, 6x^2}{4x^6}$

$= \dfrac{24x^7 - 6x^2}{4x^6}$

$= \dfrac{3(4x^5 - 1)}{2x^4}$

10. a) $y' = 8x + 24$

b) $y' = x^{\frac{1}{4}} - x^{\frac{5}{2}}$

c) $y' = 20x^3 + 6x - \dfrac{10}{3\sqrt[3]{x^2}}$

d) $y' = 8(3x^2 + 5) - 12x$

e) $y' = 4x^3 - 4x^{-5} = \dfrac{4(x^8 - 1)}{x^5}$

f) $y' = \dfrac{1}{2\sqrt{x}}(2x^2 + 7x - 4) + \sqrt{x}(4x + 7)$

$= \dfrac{10x^2 + 21x - 4}{2\sqrt{x}}$

g) $y' = \dfrac{-3}{(x - 1)^2}$

h) $y' = 7\left[\dfrac{3(2x + 3) - 2(3x + 2)}{(2x + 3)^2}\right] = \dfrac{35}{(2x + 3)^2}$

i) $y' = 2(3x - 3)(4 - 5x) + (2x + 1)3(4 - 5x) + (2x + 1)(3x - 3)(-5)$

$= -3(30x^2 - 26x - 1)$

j) $y' = \dfrac{-7x^6}{(x^7 - 1)^2} - \dfrac{2x}{(9 - x^2)^2}$

k) $y' = \dfrac{\left(1 - \dfrac{1}{2\sqrt{x}}\right)(x + \sqrt{x}) - (x - \sqrt{x})\left(1 + \dfrac{1}{2\sqrt{x}}\right)}{(x + \sqrt{x})^2}$

$= \dfrac{\sqrt{x}}{(x + \sqrt{x})^2}$

l) $y' = \dfrac{1}{\sqrt{7}}\left(\dfrac{1}{2\sqrt{x}}\right) + \sqrt{7}\left(\dfrac{-1}{2}x^{\frac{-3}{2}}\right)$

$= \dfrac{(x - 7)}{2x\sqrt{7x}}$

m) $y' = \dfrac{nx^{n-1}(x^n - 1) - nx^{n-1}x^n}{(x^n - 1)^2} = \dfrac{-nx^{n-1}}{(x^n - 1)^2}$

n) $y' = \dfrac{n}{x^{n+1}}$

o) $y' = \dfrac{(n + 1)x^n(x^n + 1) - (x^{n+1})(nx^{n-1})}{(x^n + 1)^2}$

$= \dfrac{x^n(n + 1 + x^n)}{(x^n + 1)^2}$

11. a) $\dfrac{dy}{dx} = \dfrac{4x^3(2 - 3x) + 3x^4}{(2 - 3x)^2} = \dfrac{x^3(8 - 9x)}{(2 - 3x)^2}$

b) $\left.\dfrac{dy}{dx}\right|_{x=1} = -1$

c) $m_{\tan(-1,\, \frac{1}{5})} = \left.\dfrac{dy}{dx}\right|_{x=-1} = \dfrac{-17}{25}$

d) En posant $\dfrac{dy}{dx} = 0$

nous obtenons $\dfrac{x^3(8 - 9x)}{(2 - 3x)^2} = 0.$

Donc, $x = 0$ ou $x = \dfrac{8}{9}$

Les points $O(0, 0)$ et $P\left(\dfrac{8}{9}, \dfrac{-2048}{2187}\right)$

e) La représentation est laissée à l'utilisateur ou l'utilisatrice.

12. Puisque $f(x) = x^3 - 3x^2$, alors $f'(x) = 3x^2 - 6x$.

a) De $f(x) = 0$

$x^3 - 3x^2 = 0$

$x^2(x - 3) = 0$, nous obtenons $x = 0$ ou $x = 3$.

D'où

$m_{\tan(0,\, f(0))} = f'(0) = 0$

$m_{\tan(3,\, f(3))} = f'(3) = 9.$

b) De $f'(x) = 0$

$3x^2 - 6x = 0$

$3x(x - 2) = 0$, nous obtenons $x = 0$ ou $x = 2$.

D'où les points $A(0, f(0))$ et $B(2, f(2))$, c'est-à-dire $A(0, 0)$ et $B(2, -4)$.

c) De $f'(x) = -3$

$3x^2 - 6x = -3$

$3x^2 - 6x + 3 = 0$

$3(x - 1)^2 = 0$, nous obtenons $x = 1$.

D'où le point $P(1, f(1))$, c'est-à-dire $P(1, -2)$.

d) La représentation est laissée à l'utilisateur ou l'utilisatrice.

13. $E_x = \dfrac{-dV}{dx}$

$= \dfrac{-d}{dx}\left(\dfrac{kQ}{\sqrt{x^2 + a^2}}\right)$

$= -kQ\dfrac{d}{dx}\left((x^2 + a^2)^{\frac{-1}{2}}\right)$

$= -kQ\left(\dfrac{-1}{2}(x^2 + a^2)^{\frac{-3}{2}}(2x)\right)$

$= \dfrac{kQx}{(x^2 + a^2)^{\frac{3}{2}}}$

14. a) $p(x) = \dfrac{840 - x}{3}$

b) $R(x) = xp(x) = x\left(\dfrac{840 - x}{3}\right) = 280x - \dfrac{x^2}{3}$

c) $R'(x) = 280 - \dfrac{2x}{3}$

d) $R'(x) = 0$, si $x = 420$ unités

15. a) $M'(x) = \dfrac{xC'(x) - C(x)}{x^2}$

b) Si $M'(x) = 0$, alors $xC'(x) - C(x) = 0$

D'où $C'(x) = \dfrac{C(x)}{x} = M(x)$.

16. $H'(x) = [f(x) + g(x) + k(x)]'$

$= [(f(x) + g(x)) + k(x)]'$
(car $f(x) + g(x) + k(x) = (f(x) + g(x)) + k(x)$)

$= (f(x) + g(x))' + k'(x)$ (théorème 4)

$= f'(x) + g'(x) + k'(x)$ (théorème 4)

17. $H'(x) = \lim\limits_{h \to 0} \dfrac{H(x+h) - H(x)}{h}$ (par définition)

$= \lim\limits_{h \to 0} \dfrac{[f(x+h) - g(x+h)] - [f(x) - g(x)]}{h}$

$= \lim\limits_{h \to 0} \dfrac{f(x+h) - g(x+h) - f(x) + g(x)}{h}$

$= \lim\limits_{h \to 0} \dfrac{f(x+h) - f(x) - g(x+h) + g(x)}{h}$

$= \lim\limits_{h \to 0} \left[\dfrac{f(x+h) - f(x)}{h} - \dfrac{g(x+h) - g(x)}{h}\right]$

$= \left[\lim\limits_{h \to 0} \dfrac{f(x+h) - f(x)}{h}\right] - \left[\lim\limits_{h \to 0} \dfrac{g(x+h) - g(x)}{h}\right]$

$= f'(x) - g'(x)$
(par définition de $f'(x)$ et de $g'(x)$)

Exercices 4.3 (page 146)

1. a) $\dfrac{dy}{dx} = r[f(x)]^{r-1} f'(x)$

b) $\dfrac{dy}{dx} = \dfrac{dy}{du}\dfrac{du}{dx}$

c) $\dfrac{d}{dx}\left(\dfrac{d^2y}{dx^2}\right) = \dfrac{d^3y}{dx^3}$

2. a) $f'(x) = 7(x^4 + 1)^6 (x^4 + 1)'$

$= 7(x^4 + 1)^6 (4x^3)$

$= 28x^3(x^4 + 1)^6$

b) $g'(t) = 10(1 - 5t^4)^9(1 - 5t^4)'$

$= 10(1 - 5t^4)^9 (-20t^3)$

$= -200t^3(1 - 5t^4)^9$

c) $\dfrac{dy}{dx} = \dfrac{7}{2}(5x^2 - 3x + 2)^{\frac{5}{2}} (5x^2 - 3x + 2)'$

$= \dfrac{7}{2}(5x^2 - 3x + 2)^{\frac{5}{2}} (10x - 3)$

d) $f'(x) = \dfrac{1}{2}(x^5 + 1)^{\frac{-1}{2}} (x^5 + 1)'$

$= \dfrac{1}{2(x^5 + 1)^{\frac{1}{2}}} (5x^4)$

$= \dfrac{5x^4}{2\sqrt{x^5 + 1}}$

e) $g'(x) = 3\left[\dfrac{x+1}{x-1}\right]^2 \left(\dfrac{x+1}{x-1}\right)'$

$= \dfrac{3(x+1)^2}{(x-1)^2} \dfrac{(x-1) - (x+1)}{(x-1)^2}$

$= \dfrac{-6(x+1)^2}{(x-1)^4}$

f) $x'(t) = \dfrac{1}{2}\left(\dfrac{mt}{1+t}\right)^{\frac{-1}{2}} \left(\dfrac{mt}{1+t}\right)'$

$= \dfrac{1}{2\sqrt{\dfrac{mt}{1+t}}} \dfrac{m(1+t) - mt}{(1+t)^2}$

$= \dfrac{1}{2}\sqrt{\dfrac{1+t}{mt}} \dfrac{m}{(1+t)^2}$

3. a) $f'(x) = 5\,\dfrac{1}{3}(8 - x)^{\frac{-2}{3}} (8 - x)'$

$= \dfrac{5}{3(8 - x)^{\frac{2}{3}}} (-1)$

$= \dfrac{-5}{3\sqrt[3]{(8 - x)^2}}$

b) $g'(x) = 3(-3x + 7x^2)^2(-3x + 7x^2)' - \dfrac{7(3 - 5x^4)^6}{6} (3 - 5x^4)'$

$= 3(-3x + 7x^2)^2(-3 + 14x) + \dfrac{70x^3(3 - 5x^4)^6}{3}$

c) $\dfrac{dy}{dx} = 5[(x^3 + 2x)^4 + 3x]^4[(x^3 + 2x)^4 + 3x]'$

$= 5[(x^3 + 2x)^4 + 3x]^4[4(x^3 + 2x)^3(x^3 + 2x)' + 3]$

$= 5[(x^3 + 2x)^4 + 3x]^4[4(x^3 + 2x)^3(3x^2 + 2) + 3]$

d) $f'(t) = [(t^2 + 1)^3]'(1 - t^3)^4 + (t^2 + 1)^3[(1 - t^3)^4]'$

$= 3(t^2 + 1)^2(t^2 + 1)'(1 - t^3)^4 +$
$(t^2 + 1)^3 4(1 - t^3)^3(1 - t^3)'$

$= 3(t^2 + 1)^2(2t)(1 - t^3)^4 +$
$(t^2 + 1)^3 4(1 - t^3)^3(-3t^2)$

$= 6t(t^2 + 1)^2(1 - t^3)^4 - 12t^2(t^2 + 1)^3(1 - t^3)^3$

$= 6t(t^2 + 1)^2(1 - t^3)^3[(1 - t^3) - 2t(t^2 + 1)]$

$= 6t(t^2 + 1)^2(1 - t^3)^3(1 - 2t - 3t^3)$

e) $\dfrac{dx}{dt} = \left[\dfrac{(t^3 + 1)^{35}}{(1 - t)^7}\right]'$

$= \dfrac{[(t^3 + 1)^{35}]'(1 - t)^7 - (t^3 + 1)^{35}[(1 - t)^7]'}{[(1 - t)^7]^2}$

$= \dfrac{35(t^3 + 1)^{34}(3t^2)(1 - t)^7 - (t^3 + 1)^{35}7(1 - t)^6(-1)}{(1 - t)^{14}}$

$= \dfrac{7(t^3 + 1)^{34}(1 - t)^6[15t^2(1 - t) + (t^3 + 1)]}{(1 - t)^{14}}$

$= \dfrac{7(t^3 + 1)^{34}(15t^2 - 14t^3 + 1)}{(1 - t)^8}$

f) $f'(x) = \dfrac{1}{2}(x^2 + \sqrt{3x})^{\frac{-1}{2}} [x^2 + (3x)^{\frac{1}{2}}]'$

$= \dfrac{1}{2\sqrt{x^2 + \sqrt{3x}}} \left(2x + \dfrac{1}{2}(3x)^{\frac{-1}{2}} (3)\right)$

$= \dfrac{1}{2\sqrt{x^2 + \sqrt{3x}}} \left(2x + \dfrac{3}{2\sqrt{3x}}\right)$

4. Calculons d'abord $f'(x)$.

$$f'(x) = [(4x-1)^2]'(2-3x)^2 + (4x-1)^2[(2-3x)^2]'$$
$$= 2(4x-1)(4)(2-3x)^2 + (4x-1)^2 2(2-3x)(-3)$$
$$= 2(4x-1)(2-3x)[4(2-3x) - 3(4x-1)]$$
$$= 2(4x-1)(2-3x)(11-24x)$$

a) $m_{\tan\,(0,\,f(0))} = f'(0) = -44$

b) $m_{\tan\,(\frac{1}{4},\,f(\frac{1}{4}))} = f'\left(\frac{1}{4}\right) = 0,$

au point $A\left(\frac{1}{4}, f\left(\frac{1}{4}\right)\right)$, la tangente à la courbe de f est parallèle à l'axe des x.

c) En posant $f'(x) = 0$, nous obtenons

$2(4x-1)(2-3x)(11-24x) = 0$

donc, $x = \frac{1}{4}$, $x = \frac{2}{3}$ ou $x = \frac{11}{24}$.

D'où $A\left(\frac{1}{4}, f\left(\frac{1}{4}\right)\right)$, $B\left(\frac{2}{3}, f\left(\frac{2}{3}\right)\right)$ et $C\left(\frac{11}{24}, f\left(\frac{11}{24}\right)\right)$,

c'est-à-dire $A\left(\frac{1}{4}, 0\right)$, $B\left(\frac{2}{3}, 0\right)$ et $C\left(\frac{11}{24}, \frac{625}{2304}\right)$.

d) La représentation est laissée à l'utilisateur ou l'utilisatrice.

5. a) $\frac{dx}{dt} = 12t - 5$ et $\left.\frac{dx}{dt}\right|_{t=2} = 19$

b) $\frac{dz}{dy} = \frac{-1}{y^2}$ et $\left.\frac{dz}{dy}\right|_{y=-3} = \frac{-1}{9}$

c) $\frac{dy}{dt} = \frac{dy}{dx}\frac{dx}{dt} = \frac{1}{2\sqrt{x}}(12t-5) = \frac{12t-5}{2\sqrt{x}}$

Lorsque $t = -1$, nous avons $x = 6(-1)^2 - 5(-1) = 11$

ainsi, $\left.\frac{dy}{dt}\right|_{t=-1} = \frac{12(-1)-5}{2\sqrt{11}} = \frac{-17}{2\sqrt{11}}$.

d) $\frac{dz}{dx} = \frac{dz}{dy}\frac{dy}{dx} = \frac{-1}{y^2}\frac{1}{2\sqrt{x}} = \frac{-1}{2y^2\sqrt{x}}$

Lorsque $x = \frac{1}{9}$, nous avons $y = \sqrt{\frac{1}{9}} = \frac{1}{3}$

ainsi, $\left.\frac{dz}{dx}\right|_{x=\frac{1}{9}} = \frac{-1}{2\left(\frac{1}{3}\right)^2\sqrt{\frac{1}{9}}} = \frac{-27}{2}$.

e) $\frac{dz}{dt} = \frac{dz}{dy}\frac{dy}{dx}\frac{dx}{dt} = \frac{-1}{y^2}\frac{1}{2\sqrt{x}}(12t-5) = \frac{5-12t}{2y^2\sqrt{x}}$

Lorsque $t = 3$, nous avons $x = 6(3)^2 - 5(3) = 39$ et $y = \sqrt{39}$

ainsi, $\left.\frac{dz}{dt}\right|_{t=3} = \frac{5-12(3)}{2(\sqrt{39})^2\sqrt{39}} = \frac{-31}{78\sqrt{39}}$.

6. a) $f(x) = 2x^3 - \frac{x^2}{4} + 5x$ $\quad f'''(x) = 12$

$f'(x) = 6x^2 - \frac{x}{2} + 5$ $\quad f^{(4)}(x) = 0$

$f''(x) = 12x - \frac{1}{2}$ $\quad f^{(5)}(x) = 0$

b) $f(x) = x^7 + 3x^2 + 4$ $\quad f'''(x) = 210x^4$

$f'(x) = 7x^6 + 6x$ $\quad f^{(4)}(x) = 840x^3$

$f''(x) = 42x^5 + 6$ $\quad f^{(5)}(x) = 2520x^2$

c) $f(x) = \frac{1}{x} = x^{-1}$ $\quad f'''(x) = -6x^{-4}$

$f'(x) = -1x^{-2}$ $\quad f^{(4)}(x) = 24x^{-5}$

$f''(x) = 2x^{-3}$ $\quad f^{(5)}(x) = -120x^{-6}$

d) $f(x) = \sqrt{x} = x^{\frac{1}{2}}$ $\quad f'''(x) = \frac{3}{8}x^{\frac{-5}{2}}$

$f'(x) = \frac{1}{2}x^{\frac{-1}{2}}$ $\quad f^{(4)}(x) = \frac{-15}{16}x^{\frac{-7}{2}}$

$f''(x) = \frac{-1}{4}x^{\frac{-3}{2}}$ $\quad f^{(5)}(x) = \frac{105}{32}x^{\frac{-9}{2}} = \frac{105}{32\sqrt{x^9}}$

e) $f(x) = \sqrt[3]{x} = x^{\frac{1}{3}}$ $\quad f'''(x) = \frac{10}{27}x^{\frac{-8}{3}}$

$f'(x) = \frac{1}{3}x^{\frac{-2}{3}}$ $\quad f^{(4)}(x) = \frac{-80}{81}x^{\frac{-11}{3}}$

$f''(x) = \frac{-2}{9}x^{\frac{-5}{3}}$ $\quad f^{(5)}(x) = \frac{880}{243}x^{\frac{-14}{3}} = \frac{880}{243x^{\frac{14}{3}}}$

f) $f(x) = \frac{x^5+1}{x^2} = x^3 + x^{-2}$

$f'(x) = 3x^2 - 2x^{-3}$

$f''(x) = 6x + 6x^{-4}$

$f'''(x) = 6 - 24x^{-5}$

$f^{(4)}(x) = 120x^{-6}$

$f^{(5)}(x) = -720x^{-7} = \frac{-720}{x^7}$

7. a) $f^{(4)}(x) = 120x$

b) $y^{(9)} = 0$

c) $\frac{d^2x}{dt^2} = 9{,}8$

d) $\frac{d^3y}{dx^3} = 30(x^3+1)^2(91x^6 + 38x^3 + 1)$

e) $f^{(2)}(1) = -4$

f) $\left.\frac{d^3y}{dx^3}\right|_{x=4} = \frac{105}{4}$

8. a) $f'(x) = 5x^4$

$f''(x) = 5 \cdot 4x^3$

$f'''(x) = 5 \cdot 4 \cdot 3x^2$

$f^{(4)}(x) = 5 \cdot 4 \cdot 3 \cdot 2x$

$f^{(5)}(x) = 5 \cdot 4 \cdot 3 \cdot 2 \cdot 1 = 5!$

$f^{(6)}(x) = 0$, car $f^{(5)}(x)$ est une constante.

Ainsi, $f^{(k)}(x) = 0$, pour $k > 5$

b) $f'(x) = nx^{n-1}$

$f''(x) = n(n-1)x^{n-2}$

$f'''(x) = n(n-1)(n-2)x^{n-3}$

$\vdots$

$f^{(n-1)}(x) = n(n-1)(n-2)\ldots 3 \cdot 2 \cdot x$

$f^{(n)}(x) = n(n-1)(n-2)\ldots 3 \cdot 2 \cdot 1 = n!$

$f^{(k)}(x) = 0$, pour $k > n$

c) $f^{(k)}(x) = 0$

9. a) La pente de la tangente à la courbe de f' au point $A(1, f'(1))$ est donnée par $f''(1)$.

Puisque $f(x) = x^4$

$f'(x) = 4x^3$

$f''(x) = 12x^2$

$m_{\tan (1, f'(1))} = f''(1) = 12$

b) La pente de la tangente à la courbe g'' au point $B(2, g''(2))$ est donnée par $g^{(3)}(2)$.

Puisque $g(t) = (4 - 3t)^5$

$g'(t) = -15(4 - 3t)^4$

$g''(t) = 180(4 - 3t)^3$

$g^{(3)}(t) = -1620(4 - 3t)^2$

$m_{\tan (2, g''(2))} = g^{(3)}(2) = -6480$

Exercices 4.4 (page 151)

1. b) et d)

2. a)
$$\frac{d}{dx}(x^3 - 4y^3) = \frac{d}{dx}(5 - 3x^2)$$
$$\frac{d}{dx}(x^3) - \frac{d}{dx}(4y^3) = \frac{d}{dx}(5) - \frac{d}{dx}(3x^2)$$
$$3x^2 - \frac{d}{dy}(4y^3)\frac{dy}{dx} = 0 - 6x$$
$$-12y^2\frac{dy}{dx} = -6x - 3x^2$$
$$\frac{dy}{dx} = \frac{-6x - 3x^2}{-12y^2} = \frac{x(2 + x)}{4y^2}$$

b)
$$\frac{d}{dx}\left(\frac{x^3}{y^2}\right) = \frac{d}{dx}(5x^2 + 6y^3)$$
$$\frac{\frac{d}{dx}(x^3)y^2 - x^3\frac{d}{dx}(y^2)}{(y^2)^2} = \frac{d}{dx}(5x^2) + \frac{d}{dx}(6y^3)$$
$$\frac{3x^2y^2 - x^3\frac{d}{dy}(y^2)\frac{dy}{dx}}{y^4} = 10x + \frac{d}{dy}(6y^3)\frac{dy}{dx}$$
$$\frac{3x^2y^2 - 2x^3y\frac{dy}{dx}}{y^4} = 10x + 18y^2\frac{dy}{dx}$$
$$3x^2y^2 - 2x^3y\frac{dy}{dx} = 10xy^4 + 18y^6\frac{dy}{dx}$$
$$3x^2y^2 - 10xy^4 = 2x^3y\frac{dy}{dx} + 18y^6\frac{dy}{dx}$$
$$\frac{dy}{dx}(2x^3y + 18y^6) = 3x^2y^2 - 10xy^4$$
$$\frac{dy}{dx} = \frac{3x^2y^2 - 10xy^4}{2x^3y + 18y^6} = \frac{xy(3x - 10y^2)}{2(x^3 + 9y^5)}$$

c)
$$\frac{d}{dt}(3t^2u - 4tu^2) = \frac{d}{dt}(9)$$
$$\left[\frac{d}{dt}(3t^2)u + 3t^2\frac{d}{dt}(u)\right] - \left[\frac{d}{dt}(4t)u^2 + 4t\frac{d}{dt}(u^2)\right] = 0$$
$$\left[6tu + 3t^2\frac{d}{du}(u)\frac{du}{dt}\right] - \left[4u^2 + 4t\frac{d}{du}(u^2)\frac{du}{dt}\right] = 0$$
$$6tu + 3t^2\frac{du}{dt} - 4u^2 - 4t(2u)\frac{du}{dt} = 0$$
$$\frac{du}{dt}(3t^2 - 8tu) = 4u^2 - 6tu$$
$$\frac{du}{dt} = \frac{4u^2 - 6tu}{3t^2 - 8tu} = \frac{2u(2u - 3t)}{t(3t - 8u)}$$

d)
$$\frac{d}{dx}(x^2 + y^2)^{\frac{1}{2}} = \frac{d}{dx}(2x^2 + 4)$$
$$\frac{1}{2}(x^2 + y^2)^{\frac{-1}{2}}\frac{d}{dx}(x^2 + y^2) = \frac{d}{dx}(2x^2) + \frac{d}{dx}(4)$$
$$\frac{1}{2\sqrt{x^2 + y^2}}\left[\frac{d}{dx}(x^2) + \frac{d}{dx}(y^2)\right] = 4x$$
$$\frac{1}{2\sqrt{x^2 + y^2}}\left[2x + \frac{d}{dy}(y^2)\frac{dy}{dx}\right] = 4x$$
$$2x + 2y\frac{dy}{dx} = 8x\sqrt{x^2 + y^2}$$
$$2y\frac{dy}{dx} = 8x\sqrt{x^2 + y^2} - 2x$$
$$\boxed{\frac{dy}{dx} = \frac{8x\sqrt{x^2 + y^2} - 2x}{2y} = \frac{4x(\sqrt{x^2 + y^2} - 1)}{y}}$$

3. Calculons d'abord $\frac{dy}{dx}$.
$$\frac{d}{dx}(x^2 + 3y) = \frac{d}{dx}(5 - 6x)$$
$$\frac{d}{dx}(x^2) + \frac{d}{dx}(3y) = \frac{d}{dx}(5) - \frac{d}{dx}(6x)$$
$$2x + 3\frac{dy}{dx} = -6$$

donc, $\frac{dy}{dx} = \frac{-6 - 2x}{3}$

a) $m_{\tan (-1, \frac{10}{3})} = \frac{-6 - 2(-1)}{3} = \frac{-4}{3}$

b) $\frac{dy}{dx} = 0$

$\frac{-6 - 2x}{3} = 0$ donc, $x = -3$

D'où $P\left(-3, \frac{14}{3}\right)$ est le point cherché.

4. Calculons d'abord $\frac{dy}{dx}$.
$$\frac{d}{dx}(x^2y^2 + x^3y^3) = \frac{d}{dx}(-4)$$
$$\frac{d}{dx}(x^2y^2) + \frac{d}{dx}(x^3y^3) = 0$$
$$2xy^2 + 2x^2y\frac{dy}{dx} + 3x^2y^3 + 3x^3y^2\frac{dy}{dx} = 0$$

donc, $\frac{dy}{dx} = \frac{-2xy^2 - 3x^2y^3}{2x^2y + 3x^3y^2} = \frac{y(-2 - 3xy)}{x(2 + 3xy)}$

D'où $m_{\tan (1, -2)} = \frac{(-2)(-2 - 3(1)(-2))}{(1)(2 + 3(1)(-2))} = 2.$

5. a) Soit $x^2 + y^2 = r^2$ l'équation du cercle où $r^2 = (1)^2 + (-\sqrt{3})^2 = 4$.

Ainsi, $x^2 + y^2 = 4$ est l'équation du cercle.

Calculons $\frac{dy}{dx}$.

$$\frac{d}{dx}(x^2 + y^2) = \frac{d}{dx}(4)$$

$$2x + 2y\frac{dy}{dx} = 0$$

donc, $\frac{dy}{dx} = \frac{-x}{y}$

D'où $m_{\tan (1, -\sqrt{3})} = \frac{-1}{-\sqrt{3}} = \frac{1}{\sqrt{3}}$.

b) Le point cherché est $P(-1, \sqrt{3})$.

4

6. Calculons $\frac{dy}{dx}$.

$$\frac{d}{dx}(4x^2 + 9y^2 - 36) = \frac{d}{dx}(0)$$

$$8x + 18y\frac{dy}{dx} = 0$$

donc, $\frac{dy}{dx} = \frac{-4x}{9y}$

En remplaçant x par $\sqrt{5}$ dans $4x^2 + 9y^2 - 36 = 0$, nous trouvons $4(\sqrt{5})^2 + 9y^2 - 36 = 0$

$$9y^2 = 16$$

$$y^2 = \frac{16}{9}$$

donc, $y = \frac{-4}{3}$ ou $y = \frac{4}{3}$.

D'où $m_{\tan (\sqrt{5}, \frac{4}{3})} = \frac{-4(\sqrt{5})}{9\left(\frac{4}{3}\right)} = \frac{-\sqrt{5}}{3}$

et $m_{\tan (\sqrt{5}, \frac{-4}{3})} = \frac{-4(\sqrt{5})}{9\left(\frac{-4}{3}\right)} = \frac{\sqrt{5}}{3}$.

7. a) $\frac{d}{dx}(y^5 + 2y^3 + x) = \frac{d}{dx}(0)$

$$5y^4\frac{dy}{dx} + 6y^2\frac{dy}{dx} + 1 = 0$$

D'où $\frac{dy}{dx} = \frac{-1}{5y^4 + 6y^2}$.

b) $x = -y^5 - 2y^3$

$$\frac{dx}{dy} = -5y^4 - 6y^2$$

c) $\frac{dy}{dx} = \frac{-1}{5y^4 + 6y^2} = \frac{1}{-5y^4 - 6y^2} = \frac{1}{\frac{dx}{dy}}$

8. Calculons d'abord $\frac{dy}{dx}$.

$$\frac{d}{dx}(2y^3) = \frac{d}{dx}(xy + 7)$$

$$6y^2\frac{dy}{dx} = y + x\frac{dy}{dx}$$

donc, $\frac{dy}{dx} = \frac{y}{6y^2 - x}$

En isolant x, nous trouvons $x = \frac{2y^3 - 7}{y} = 2y^2 - \frac{7}{y}$

donc, $\frac{dx}{dy} = 4y + \frac{7}{y^2} = \frac{4y^3 + 7}{y^2}$.

Puisque $\frac{dy}{dx} = \frac{y}{6y^2 - x}$

$$= \frac{y}{6y^2 - \left(2y^2 - \frac{7}{y}\right)} \quad \left(\text{car } x = 2y^2 - \frac{7}{y}\right)$$

$$= \frac{y}{4y^2 + \frac{7}{y}}$$

$$= \frac{y^2}{4y^3 + 7}$$

$$= \frac{1}{\left(\frac{4y^3 + 7}{y^2}\right)} = \frac{1}{\frac{dx}{dy}}$$

Exercices récapitulatifs *(page 155)*

1. a) $\boxed{\frac{dy}{dx} = \frac{1}{x^{\frac{2}{3}}} - \frac{21}{16x^{\frac{7}{4}}} - x^{\frac{3}{2}}}$

b) $\frac{dy}{dx} = -42(1 - 7x)^5$

c) $\frac{dy}{dx} = 21x^2(x^3 - 1)^6$

d) $\frac{dy}{dx} = 2x + \frac{3}{2\sqrt{3x + 1}}$

e) $\frac{dy}{dx} = 2x\sqrt{3x + 1} + \frac{3x^2}{2\sqrt{3x + 1}} = \frac{15x^2 + 4x}{2\sqrt{3x + 1}}$

f) $\frac{dy}{dx} = \frac{\frac{x}{2\sqrt{x}} - (\sqrt{x} + 1)}{x^2} = \frac{-\sqrt{x} - 2}{2x^2}$

g) $\frac{dy}{dx} = 5(2 - x)^4(-1)(7x + 3) + (2 - x)^5 7$

$$= (2 - x)^4(-42x - 1)$$

h) $\frac{dy}{dx} = \frac{5(4x + 5)}{2\sqrt{2x^2 + 5x + 7}}$

i) $\frac{dy}{dx} = 7\left[\frac{2x(x^2 - 4) - (x^2 + 4)(2x)}{(x^2 - 4)^2}\right] = \frac{-112x}{(x^2 - 4)^2}$

j) $\dfrac{dy}{dx} = \dfrac{(7-3x^2)}{15(3+7x-x^3)^{\frac{2}{3}}} + \dfrac{4}{x^2}$

k) $\dfrac{dy}{dx} = 4(x^2+3)^3 2x(2x^3-5)^3 + (x^2+3)^4 3(2x^3-5)^2 6x^2$

$= 2x(x^2+3)^3(2x^3-5)^2(17x^3+27x-20)$

l) $\dfrac{dy}{dx} = 18[(x^2-5)^8 + x^7]^{17}[8(x^2-5)^7 2x + 7x^6]$

2. a) $f'(x) = \dfrac{-1}{\sqrt{x^3}} - \dfrac{2}{\sqrt[3]{x^4}} + \dfrac{1}{40\sqrt[5]{x^4}}$

b) $g'(x) = \dfrac{(2x-1)(x^3+2) - 3x^2(x^2-x+1)}{(x^3+2)^2}$

$= \dfrac{-x^4+2x^3-3x^2+4x-2}{(x^3+2)^2}$

c) $x'(t) = -(b-at)^4$

d) $f'(x) = 5\left[(\sqrt[3]{x-1} + (x-7)\dfrac{1}{3}(x-1)^{\frac{-2}{3}}\right]$

$= \dfrac{10(2x-5)}{3(x-1)^{\frac{2}{3}}}$

e) $f'(u) = \dfrac{196u^6(1-2u^7)^{\frac{5}{2}}}{5}$

f) $v'(t) = \dfrac{(3t^2-3)(3-t^2) - (t^3-3t)(-2t)}{(3-t^2)^2} = -1$

g) $g'(x) = \dfrac{1}{2\sqrt{\dfrac{1+3x}{1-3x}}}\left[\dfrac{3(1-3x) - (-3)(1+3x)}{(1-3x)^2}\right]$

$= \sqrt{\dfrac{1-3x}{1+3x}}\dfrac{3}{(1-3x)^2}$

h) $x'(t) = \dfrac{t(2t^2-1)\sqrt[3]{(1-t^2+t^4)}}{3}$

i) $f'(x) = \dfrac{9}{4\sqrt{x}\sqrt{2+\sqrt{x}}}$

j) $g'(x) = 5\left(\dfrac{x}{7+x}\right)^4\left[\dfrac{(7+x)-x}{(7+x)^2}\right] = \dfrac{35x^4}{(7+x)^6}$

k) $f'(v) = 7v^6 + 8v^3 + 2v = v(7v^5 + 8v^2 + 2)$

l) $h'(x) = 2x(x^3+2)^5 + x^2 5(x^3+2)^4(3x^2) + \dfrac{64x^7}{(x^8-5)^2}$

$= x(x^3+2)^4(17x^3+4) + \dfrac{64x^7}{(x^8-5)^2}$

3. a) $f'(x) = \dfrac{\dfrac{-4}{x^2}\left(4+\dfrac{1}{x}\right) - \left(1+\dfrac{4}{x}\right)\left(\dfrac{-1}{x^2}\right)}{\left(4+\dfrac{1}{x}\right)^2}$

$= \dfrac{-15}{x^2\left(4+\dfrac{1}{x}\right)^2}$

b) $f'(x) = 8[3x^4 - (5-x^6)^5]^7[12x^3 + 30x^5(5-x^6)^4]$

c) $f'(x) = 18(x^2+1)^{17}(2x)(x^3-1)^{12} + (x^2+1)^{18}12(x^3-1)^{11}(3x^2)$

$= 36x(x^2+1)^{17}(x^3-1)^{11}(2x^3+x-1)$

d) $f'(x) = 4\left[(3-2x)^4 + \dfrac{5}{(x^3+4x)^4}\right]^3\left[-8(3-2x)^3 - \dfrac{20(3x^2+4)}{(x^3+4x)^5}\right]$

e) $f'(x) = \dfrac{4x^2\sqrt{1+x^2} - (2x^2-1)\left[\sqrt{1+x^2} + \dfrac{x^2}{\sqrt{1+x^2}}\right]}{(x\sqrt{1+x^2})^2}$

$= \dfrac{4x^2+1}{x^2(1+x^2)^{\frac{3}{2}}}$

f) $f'(x) = 4x^3\sqrt[7]{\dfrac{x+1}{x-1}} + x^4\dfrac{1}{7}\left(\dfrac{x+1}{x-1}\right)^{\frac{-6}{7}}\dfrac{-2}{(x-1)^2}$

$= \dfrac{2x^3(14x^2-x-14)}{7(x-1)^{\frac{8}{7}}(x+1)^{\frac{6}{7}}}$

g) $f'(x) = 7x^6 - \dfrac{9}{2}x^{\frac{7}{2}} + \dfrac{3}{2\sqrt{3x}} + \dfrac{3}{2\sqrt{x}}$

h) $f'(x) = \dfrac{-2}{3}\left(\dfrac{x^2}{1-x}\right)^{\frac{-5}{3}}\left[\dfrac{2x(1-x)+x^2}{(1-x)^2}\right]$

$= \dfrac{-2(2-x)}{3x^{\frac{7}{3}}(1-x)^{\frac{1}{3}}}$

i) $f'(x) = \dfrac{1}{3}\left(\dfrac{x^3+1}{x^3-1}\right)^{\frac{-2}{3}}\left[\dfrac{3x^2(x^3-1) - 3x^2(x^3+1)}{(x^3-1)^2}\right]$

$= \dfrac{-2x^2}{(x^3+1)^{\frac{2}{3}}(x^3-1)^{\frac{4}{3}}}$

j) $f'(x) = ab - \dfrac{de}{(ex+m)^2}$

k) $f'(x) = \dfrac{2ax(a+x^2)^3 - ax^2 3(a+x^2)^2 2x}{(a+x^2)^6}$

$= \dfrac{2ax(a-2x^2)}{(a+x^2)^4}$

l) $f'(x) = \dfrac{\left[2\sqrt{x+1} + \dfrac{2x+1}{2\sqrt{x+1}}\right](4-x^2) + 2x(2x+1)\sqrt{x+1}}{(4-x^2)^2}$

$= \dfrac{2x^3+7x^2+28x+20}{2(4-x^2)^2\sqrt{x+1}}$

4. a) $f'''(x) = 60x^2 - \dfrac{6}{5}$ et $f^{(7)}(x) = 0$

b) $\dfrac{d^4y}{dx^4} = 360x^2 - \dfrac{3024}{x^{10}}$ et $\dfrac{d^6y}{dx^6} = 720 - \dfrac{332\,640}{x^{12}}$

c) $\dfrac{d^2x}{dt^2} = \dfrac{-2}{9\sqrt[3]{(1-t)^5}} + \dfrac{6}{\sqrt{(2t+1)^5}}$ et

$\dfrac{d^3x}{dt^3} = \dfrac{-10}{27\sqrt[3]{(1-t)^8}} - \dfrac{30}{\sqrt{(2t+1)^7}}$

d) $\dfrac{d^2y}{dx^2} = \dfrac{12}{(5-2x)^3}$ et $\left.\dfrac{d^3y}{dx^3}\right|_{x=3} = 72$

e) $f^{(n-1)}(x) = n!a_n x + (n-1)!\,a_{n-1}$

$f^{(n)}(x) = n!a_n$ et

$f^{(n+1)}(x) = 0$

5. a) 8; 2

b) -1728; 0

c) non définie; $\dfrac{-55}{27}$

6. a) $\dfrac{dy}{dx} = \dfrac{-4x - 3y}{3x - 2y}$

b) $\dfrac{dy}{dx} = \dfrac{-5}{6y + 15y^2}$

c) $\dfrac{dy}{dx} = \dfrac{y^2(1 + 3x^2y)}{x^2(-1 - 3xy^2)}$

d) $\dfrac{dy}{dx} = \dfrac{-x}{y}$

e) $\dfrac{dy}{dx} = \dfrac{x^2y + y^4}{2xy^3 + x^3}$, ou $\dfrac{dy}{dx} = \dfrac{2x}{3y^2}$

f) $\dfrac{dy}{dx} = \dfrac{y}{x + y(x + y)^2}$

7. a) $\dfrac{dy}{dx} = \dfrac{-4x}{9y}$; $m_{\tan(-1,-2)} = \dfrac{-2}{9}$

b) $\dfrac{dy}{dx} = \dfrac{-2xy^2 - 3x^2y^3}{2x^2y + 3x^3y^2}$; $m_{\tan(1,-2)} = 2$

c) $\dfrac{dy}{dx} = \dfrac{-y}{x - 4y\sqrt{xy}}$; $m_{\tan(2,8)} = \dfrac{4}{63}$

d) $\dfrac{dy}{dx} = \dfrac{3 - 3(x + y)^2}{3(x + y)^2 - 1}$; $m_{\tan(2,-4)} = \dfrac{-9}{11}$

e) $\dfrac{dy}{dx} = \dfrac{-x}{y}$;

$m_{\tan(-3,4)} = \dfrac{3}{4}$ et $m_{\tan(-3,-4)} = \dfrac{-3}{4}$

8. a) $\dfrac{du}{dt} = -4t^3$; $\left.\dfrac{du}{dt}\right|_{t=-2} = 32$

b) $\dfrac{dy}{du} = \left(10x - \dfrac{1}{2\sqrt{x}}\right)9u^2$; $\left.\dfrac{dy}{du}\right|_{u=2} = 8996{,}4$

c) $\dfrac{dx}{dz} = 9u^2(-4t^3)\left(\dfrac{-1}{z^2}\right)$; $\left.\dfrac{dx}{dz}\right|_{z=1} = 0$

d) $\dfrac{dy}{dz} = \left(10x - \dfrac{1}{2\sqrt{x}}\right)(9u^2)(-4t^3)\left(\dfrac{-1}{z^2}\right)$;

$\left.\dfrac{dy}{dz}\right|_{z=0,5}$ est non définie.

9. a) $\dfrac{dy}{dt} = -24x^2$; $\left.\dfrac{dy}{dt}\right|_{x-4} = -384$

b) $\dfrac{dy}{dt} = \dfrac{-6}{x^4}(4 - 5t^2)$; $\left.\dfrac{dy}{dt}\right|_{t=-1} = \dfrac{2}{27}$

10. a) $m_{\tan(0,f(0))} = 0$; la représentation est laissée à l'utilisateur ou l'utilisatrice.

b) La pente de la tangente à la courbe au point $(0, g(0))$ n'est pas définie, puisque $g'(0)$ n'est pas définie; la représentation graphique est laissée à l'utilisateur ou l'utilisatrice.

c) $P(0, f(0))$, c'est-à-dire $P(0, 0)$

d) Il n'existe aucun point.

e) $R(0, g(0))$, c'est-à-dire $R(0, 0)$

11. a) A(-5, 102) et B(1, -6)

b) C(-4, 94) et D(0, 2)

c) E(-2, 48)

d) Aucun point

e) F(-7, 58) et G(3, 38)

12. a) $m_{\tan(-3,0)} = 33$,

$m_{\tan(0,0)} = -15$, et

$m_{\tan(\frac{5}{2},0)} = \dfrac{55}{2}$

b) $m_{\tan(0,0)} = -15$

c) A(-1,75..., 18,59...) et B(1,42..., -13,55...); la vérification est laissée à l'utilisateur ou l'utilisatrice.

13. C(5,5, 15,75)

La représentation est laissée à l'utilisateur ou l'utilisatrice.

14. a) $y = 2x + 8$

b) $y = 2x + \dfrac{212}{27}$

c) $y = \dfrac{-1}{2}x + \dfrac{21}{2}$

d) La représentation est laissée à l'utilisateur ou l'utilisatrice.

15. a) $y = \dfrac{-9}{4\sqrt{7}}x + \dfrac{12}{\sqrt{7}}$

b) $a = \dfrac{16}{3}$ et $b = \dfrac{12}{\sqrt{7}}$

c) $y = \dfrac{-9}{4\sqrt{7}}x - \dfrac{12}{\sqrt{7}}$

16. La démonstration est laissée à l'utilisateur ou l'utilisatrice.

Problèmes de synthèse *(page 157)*

1. a) $y_1 = -5x - 10$ et $y_2 = 5x - 15$

b) La représentation est laissée à l'utilisateur ou l'utilisatrice.

c) $A = 31{,}25u^2$

2. a) Oui, au point A(3, -5)

b) Non

c) Oui, au point C(-2, -7)

d) La vérification est laissée à l'utilisateur ou l'utilisatrice.

3. $A(-1, f(-1))$, c'est-à-dire $A(-1, 1)$, et $B\left(\dfrac{7}{8}, f\left(\dfrac{7}{8}\right)\right)$, c'est-à-dire $B\left(\dfrac{7}{8}, \dfrac{-14\,827}{2058}\right)$

4. $x_1 = -3$ et $x_2 = 2$

5. a) $A\left(\frac{-1}{2}, \frac{3}{8}\right)$ et $B(1, 0)$

b) Oui, au point $A\left(\frac{-1}{2}, \frac{3}{8}\right)$

c) $C\left(\frac{1}{2}, \frac{-3}{8}\right)$; $y = \frac{-1}{4}x - \frac{1}{4}$

d) $x = 0$; $M(0, 0)$

6. $a = \frac{71}{32}$ et $a = \frac{73}{32}$

7. $A\left(\frac{-\sqrt{3}}{2}, \frac{13}{4}\right)$ et $B\left(\frac{\sqrt{3}}{2}, \frac{13}{4}\right)$

8. $A = 16u^2$

9. a) $f'(0) = 10$

b) $f'(3) = 0$

c) $H'(0) = 9$

10. La démonstration est laissée à l'utilisateur ou l'utilisatrice.

11. $a = 3$ et $b = -5$

12. $a = \frac{-1}{4}$ et $b = \frac{5}{4}$

13. $A\left(\frac{1}{2}, \frac{1}{4}\right)$ et $B\left(\frac{-1}{2}, \frac{1}{4}\right)$

14. $P\left(\frac{6a-1}{2a}, \frac{-64a^2+1}{4a}\right)$ et $Q\left(\frac{6a+1}{2a}, \frac{-64a^2+1}{4a}\right)$

15. $A(4, 2)$; la représentation est laissée à l'utilisateur ou l'utilisatrice.

16. $A = 2u^2$

17. a) 0 g

b) $\frac{18}{7}$ g

c) $\frac{6}{35}$ g/s; $\frac{2}{21}$ g/s

d) $Q'(t) = \frac{6}{(2t+1)^2}$, exprimé en g/s

e) $\frac{6}{49}$ g/s; $\frac{6}{121}$ g/s

f) 4 s

g) 9,5 s

18. a) $p = 300 - \frac{x}{4}$

b) $R(x) = 300x - \frac{x^2}{4}$

c) $P(x) = 240x - \frac{x^2}{4} - 500$

d) $x = 480$ unités; l'interprétation est laissée à l'utilisateur ou l'utilisatrice.

19. a) $M(x) = \frac{25x^2 + 10\,000}{x}$, où $x > 0$

b) La représentation est laissée à l'utilisateur ou l'utilisatrice.

c) $x = 20$ unités; l'interprétation est laissée à l'utilisateur ou l'utilisatrice.

20. a) $P\left(\frac{-\sqrt{3}}{2}, \frac{3}{4}\right)$ et $R\left(\frac{\sqrt{3}}{2}, \frac{3}{4}\right)$

b) $C\left(0, \frac{5}{4}\right)$

21. a) La démonstration est laissée à l'utilisateur ou l'utilisatrice.

b) $b = a^2 + \frac{1}{2}$

Test récapitulatif (page 160)

1. Voir le théorème 5, page 130.

2. a) $f'(x) = 40x^4 - \frac{3x^2}{7} - \frac{5}{\sqrt{x}} + \frac{4}{x^3}$

b) $\frac{dx}{dt} = 4\left(\frac{t^2}{a-t}\right)^3\left[\frac{2t(a-t) - t^2(-1)}{(a-t)^2}\right]$

$= \frac{4t^7(2a-t)}{(a-t)^5}$

c) $g'(x) = 4(x^2 - 5x^3)^3(2x - 15x^2)(x - x^2)^3 + (x^2 - 5x^3)^4 3(x - x^2)^2(1 - 2x)$

$= (x^2 - 5x^3)^3(x - x^2)^2 x^2(90x^2 - 89x + 11)$

$= x^{10}(1 - 5x)^3(1 - x)^2(90x^2 - 89x + 11)$

d) $f'(x) = 8[(7 - x^3)^5 + x^4]^7[-15x^2(7 - x^3)^4 + 4x^3]$

e) $\frac{dy}{dx} = \frac{-12x^3\sqrt{3-x} - (5 - 4x^3)\left[\sqrt{3-x} - \frac{x}{2\sqrt{3-x}}\right]}{x^2(3-x)}$

$= \frac{12x^4 - 48x^3 + 15x - 30}{2x^2(3-x)^{\frac{3}{2}}}$

3. a) $4x^3 - \left(2xy^3 + 3x^2y^2\frac{dy}{dx}\right) = 1 + \frac{dy}{dx}$

$4x^3 - 2xy^3 - 3x^2y^2\frac{dy}{dx} = 1 + \frac{dy}{dx}$

$4x^3 - 2xy^3 - 1 = 3x^2y^2\frac{dy}{dx} + \frac{dy}{dx}$

D'où $\frac{dy}{dx} = \frac{4x^3 - 2xy^3 - 1}{3x^2y^2 + 1}$.

b) $\left.\frac{dy}{dx}\right|_{(1,-2)} = \frac{19}{13}$

4. a) $f(x) = 4(3x+1)^{\frac{-1}{2}}$

$f'(x) = 4\left[\frac{-1}{2}(3x+1)^{\frac{-3}{2}} 3\right] = -6(3x+1)^{\frac{-3}{2}}$

$f''(x) = -6\left[\frac{-3}{2}(3x+1)^{\frac{-5}{2}} 3\right] = 27(3x+1)^{\frac{-5}{2}}$

$f^{(3)}(x) = 27\left[\frac{-5}{2}(3x+1)^{\frac{-7}{2}} 3\right] = \frac{-405}{2\sqrt{(3x+1)^7}}$

b) $\frac{dy}{dx} = 4x^3 - 24x^2 - 60x$

$\frac{d^2y}{dx^2} = 12x^2 - 48x - 60$

En posant $\frac{d^2y}{dx^2} = 0$, nous obtenons

$12(x-5)(x+1) = 0$.

D'où $x = 5$ ou $x = -1$.

5. La pente de la tangente à la courbe de f est donnée par $f'(x)$, où $f'(x) = 3(x-3)(x+1)$.

a) En posant $f(x) = 0$, nous trouvons $x = -3$ ou $x = 3$;

ainsi, $m_{\tan(-3, f(-3))} = f'(-3) = 36$

et $m_{\tan(3, f(3))} = f'(3) = 0$.

b) $m_{\tan(0, f(0))} = f'(0) = -9$;

ainsi, $y = -9x + b$ et cette droite passe par $(0, f(0))$, c'est-à-dire $(0, 27)$.

D'où $y = -9x + 27$.

c) En posant $f'(x) = 15$, nous obtenons $x = -2$ ou $x = 4$. Les points cherchés sont $A(-2, f(-2))$, c'est-à-dire $A(-2, 25)$, et $B(4, f(4))$, c'est-à-dire $B(4, 7)$.

d) $m_{\tan(1, f(1))} = f'(1) = -12$

donc, $m_{\text{normale}} = \frac{-1}{-12} = \frac{1}{12}$

Ainsi, $y = \frac{1}{12}x + b$ et cette droite passe par $(1, f(1))$, c'est-à-dire $(1, 16)$.

D'où $y = \frac{1}{12}x + \frac{191}{12}$.

6. a) Évaluons d'abord $\frac{dy}{dx}$.

$2x - 2y\frac{dy}{dx} = 0$ ainsi, $\frac{dy}{dx} = \frac{x}{y}$

En posant $x = 5$ dans $x^2 - y^2 = 9$, nous trouvons $y = 4$ ou $y = -4$

D'où $m_{\tan(5,4)} = \frac{5}{4}$ et $m_{\tan(5,-4)} = \frac{-5}{4}$.

b) Équation de L_1: $y_1 = \frac{5}{4}x + b$ et cette droite passe par $(5, 4)$ ainsi, $y_1 = \frac{5}{4}x - \frac{9}{4}$.

Équation de L_2: $y_2 = \frac{-5}{4}x + b$ et cette droite passe par $(5, -4)$ ainsi, $y_2 = \frac{-5}{4}x + \frac{9}{4}$.

En posant $y_1 = y_2$, nous trouvons

$\frac{5}{4}x - \frac{9}{4} = \frac{-5}{4}x + \frac{9}{4}$

ainsi, $x = \frac{9}{5}$.

D'où $P\left(\frac{9}{5}, 0\right)$.

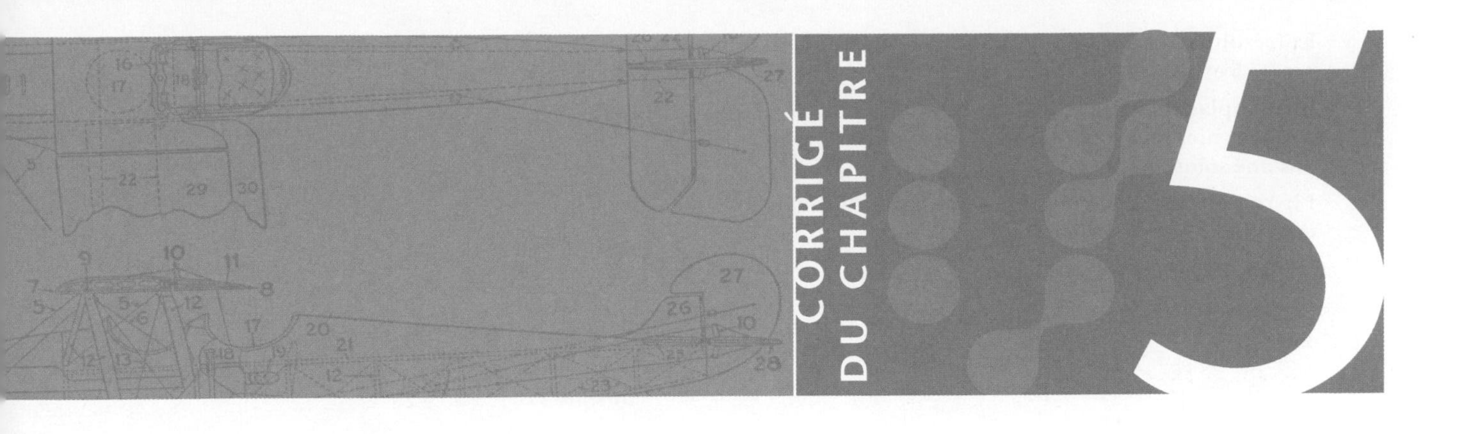

Test préliminaire *(page 163)*

Partie A

1. a) Aire $= x^2$ Périmètre $= 4x$

b) Aire $= xy$ Périmètre $= 2x + 2y$

c) Aire $= xh$ Périmètre $= 2x + 2y$

d) Aire $= \dfrac{(x + y)\ h}{2}$ Périmètre $= x + w + y + z$

e) Aire $= \dfrac{xh}{2}$ Périmètre $= x + y + z$

f) Aire $= \pi r^2$ Circonférence $= 2\pi r$

2. a) Volume $= x^3$ Aire $= 6x^2$

b) Volume $= xyz$ Aire $= 2xy + 2yz + 2xz$

c) Volume $= \dfrac{4}{3}\pi r^3$ Aire $= 4\pi r^2$

3. a) Volume $= \pi r^2 h$

Aire latérale $= 2\pi rh$

Aire totale $= 2\pi rh + 2\pi r^2$

b) Volume $= \dfrac{1}{3}\pi r^2 h$

Aire latérale $= \pi r\sqrt{r^2 + h^2}$

Aire totale $= \pi r\sqrt{r^2 + h^2} + \pi r^2$

4. a) $-4{,}9x^2 + 39{,}2x - 47{,}775 = 0$, d'où

$x_1 = \dfrac{-39{,}2 - \sqrt{600{,}25}}{-9{,}8} = 6{,}5$ et

$x_2 = \dfrac{-39{,}2 + \sqrt{600{,}25}}{-9{,}8} = 1{,}5$

b) $120x^2 - 469x - 806 = 0$, d'où

$x_1 = \dfrac{469 - \sqrt{606\ 841}}{240} = -1{,}291\ \overline{6}$ et

$x_2 = \dfrac{469 + \sqrt{606\ 841}}{240} = 5{,}2$

Partie B

1. a) $\text{TVM}_{[x,\ x + h]} = \dfrac{f(x + h) - f(x)}{h}$

b) $\text{TVI} = \lim\limits_{h \to 0} \dfrac{f(x + h) - f(x)}{h}$

c) $f'(x) = \lim\limits_{h \to 0} \dfrac{f(x + h) - f(x)}{h}$

2. a) $f'(x) = \dfrac{60}{(2x + 1)^2} + 5$

b) $f(33) = \dfrac{11\ 025}{67}$;

$\dfrac{-30}{2x + 1} + 5x = 33$

$-30 + 5x\ (2x + 1) = 33\ (2x + 1)$

$10x^2 - 61x - 63 = 0$

D'où $x_1 = -0{,}9$ et $x_2 = 7$.

c) $f'(33) = \dfrac{22\ 505}{4489}$;

$\dfrac{60}{(2x + 1)^2} + 5 = 33$

$(2x + 1)^2 = \dfrac{60}{28}$

$x_1 = \dfrac{-1 - \sqrt{\dfrac{15}{7}}}{2} = -1{,}231\ldots$ et

$x_2 = \dfrac{-1 + \sqrt{\dfrac{15}{7}}}{2} = 0{,}231\ldots$

3. a) $f'(t) - \dfrac{3}{2\sqrt{3t + 1}} - 2$

b) $\sqrt{3t + 1} - 2t + 5 = -20$

$\sqrt{3t + 1} = 2t - 25$

$3t + 1 = (2t - 25)^2$

$4t^2 - 103t + 624 = 0$

En résolvant la dernière équation, nous trouvons $t = 9{,}75$ et $t = 16$.

En remplaçant t par 9,75 dans l'équation initiale, cette dernière n'est pas vérifiée, donc $t = 9{,}75$ n'est pas une solution.

En remplaçant t par 16 dans l'équation initiale, cette dernière est vérifiée.

D'où $t = 16$ est la seule solution.

c) $\dfrac{3}{2\sqrt{3t+1}} - 2 = 5$

$$\frac{3}{14} = \sqrt{3t+1}$$

$$3t + 1 = \left(\frac{3}{14}\right)^2$$

$$t = \frac{\left(\frac{3}{14}\right)^2 - 1}{3}$$

D'où $t = \dfrac{-187}{588}$.

4. a) $\dfrac{dz}{dt} = \dfrac{dz}{dx}\dfrac{dx}{dt}$

b) $\dfrac{dz}{dt} = \left(\dfrac{12}{5}x^2 + \dfrac{21}{4x^4}\right)\dfrac{3-2t}{2\sqrt{3t-t^2}}$

lorsque $t = 1$, $x = \sqrt{2}$

D'où $\left.\dfrac{dz}{dt}\right|_{t=1} = \dfrac{489}{160\sqrt{2}}$.

Exercices

Exercices 5.1 *(page 175)*

1. a) $v_{[1\,s,\,6\,s]} = \dfrac{x(6) - x(1)}{6 - 1} = \dfrac{102{,}9 - 78{,}4}{5} = 4{,}9$ m/s

$v_{[4\,s,\,6\,s]} = \dfrac{x(6) - x(4)}{6 - 4} = \dfrac{102{,}9 - 122{,}5}{2} = -9{,}8$ m/s

b) $v(t) = x'(t) = -9{,}8t + 39{,}2$, exprimée en m/s

$a(t) = v'(t) = -9{,}8$, exprimée en m/s^2

c) $v(0) = -9{,}8(0) + 39{,}2 = 39{,}2$ m/s

d) $x(2) = 102{,}9$ m, $v(2) = 19{,}6$ m/s et $a(2) = -9{,}8$ m/s^2

$x(7) = 78{,}4$ m, $v(7) = -29{,}4$ m/s et $a(7) = -9{,}8$ m/s^2

e) $a_{[2\,s,\,5\,s]} = \dfrac{v(5) - v(2)}{5 - 2} = \dfrac{-9{,}8 - 19{,}6}{3} = -9{,}8$ m/s^2

f) Puisque $a(t) = -9{,}8$ est une fonction constante, $a_{[t_1,\,t_2]} = -9{,}8$ m/s^2.

g) La balle atteint sa hauteur maximale lorsque $v(t) = 0$, c'est-à-dire $-9{,}8t + 39{,}2 = 0$, d'où $t = 4$ s.

Hauteur maximale $= x(4) = 122{,}5$ m

h) Hauteur initiale $= x(0) = 44{,}1$ m

Il faut résoudre $x(t) = 44{,}1$, c'est-à-dire

$$-4{,}9t^2 + 39{,}2t + 44{,}1 = 44{,}1$$

$$-4{,}9t^2 + 39{,}2t = 0$$

donc, $t = 0$ s (à rejeter) et $t = 8$ s.

i) La balle touche le sol lorsque $x(t) = 0$, c'est-à-dire $-4{,}9t^2 + 39{,}2t + 44{,}1 = 0$

donc, $t = -1$ s (à rejeter) et $t = 9$ s

$v(9) = -49$ m/s.

j) > plot(-4.9*t^2+39.2*t+44.1,t=0..9,color=orange);

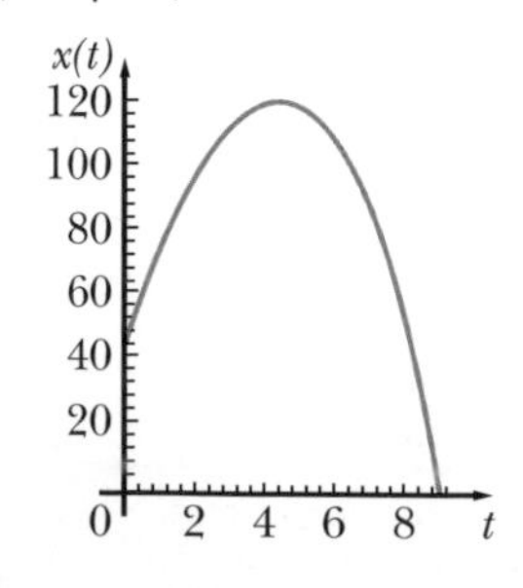

> plot(-9.8*t+39.2,t=0..9,color=orange);

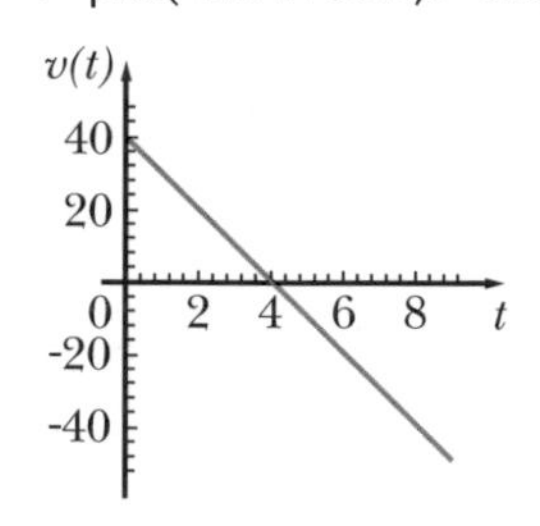

> plot(-9.8,t=0..9,a=-20..1,color=orange);

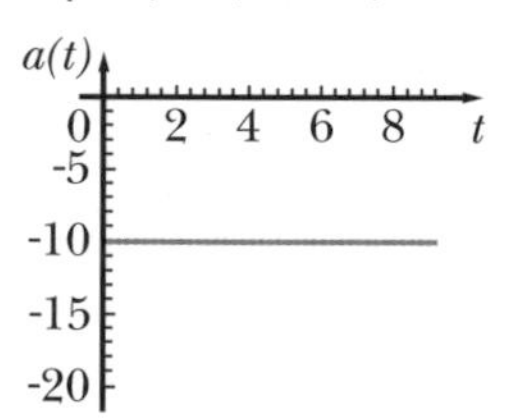

2. a) $v(t) = x'(t) = \dfrac{648\,000}{(t+120)^2} - 20$, exprimée en m/s

$a(t) = v'(t) = \dfrac{-1\,296\,000}{(t+120)^3}$, exprimée en m/s^2

b) $v(0) = 25$ m/s

$a(0) = -0{,}75$ m/s^2

c) Le train s'immobilise lorsque $v(t) = 0$, c'est-à-dire

$$\frac{648\,000}{(t+120)^2} - 20 = 0$$

donc, $t = -300$ s (à rejeter) et $t = 60$ s.

D'où $t = 60$ s.

d) Distance parcourue $= x(60) - x(0)$

$= 600 - 0$

$= 600$ m

e) Il faut résoudre $x(t) = 300$, c'est-à-dire

$$\frac{-648\,000}{(t+120)} - 20t + 5400 = 300$$

$$\frac{-648\,000}{(t+120)} = 20t - 5100$$

$20(t^2 - 135t + 1800) = 0$

donc, $t = 15$ s et $t = 120$ s (à rejeter).

D'où $v(15) = 15{,}\overline{5}$ m/s.

f) > plot(-648000/(t+120)-20*t+5400,t=0..60, color=orange);

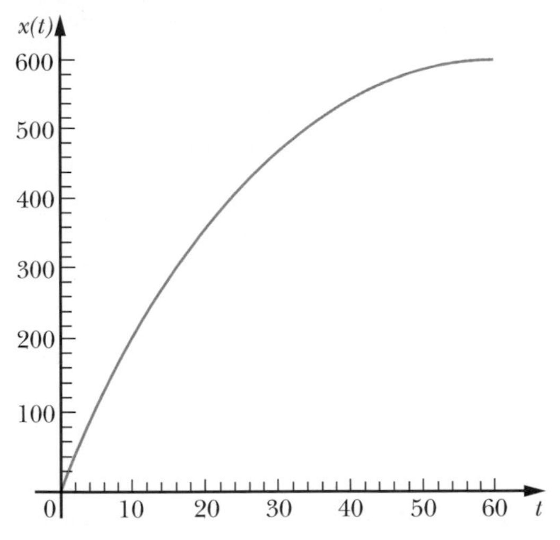

> plot(64800/(t+120)^2−20,t=0..60,color=orange);

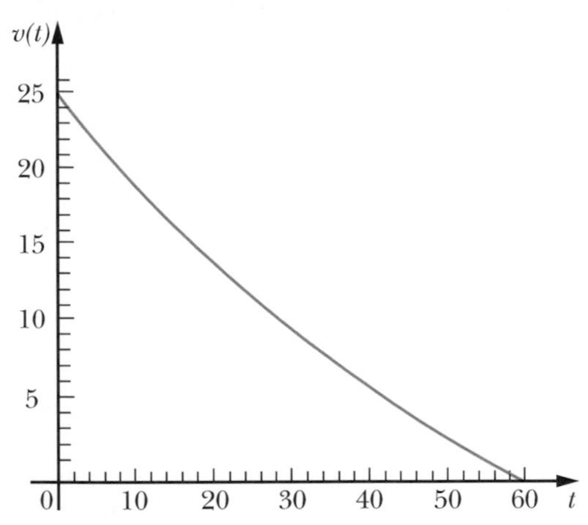

> plot(-1296000/(t+120)^3,t=0..60,a=-1..0, color=orange);

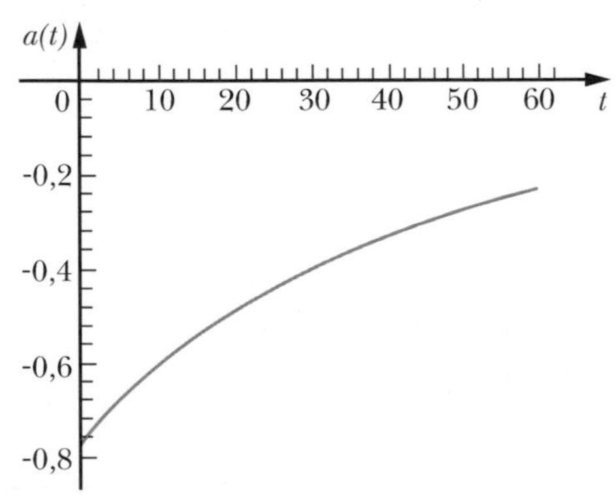

g) Du graphique de $v(t)$:

si $v(t) = 10$ m/s, $t \approx 27$ s.

Du graphique de $x(t)$, $x(27) \approx 450$ m.

Du graphique de $a(t)$, $a(27) \approx -0{,}4$ m/s².

3. a) $v(t) = x'(t) = \dfrac{t^2}{100} + \dfrac{t}{100}$, exprimée en m/s

b) $a(t) = v'(t) = \dfrac{t}{50} + \dfrac{1}{100}$, exprimée en m/s²

c) $F = ma$ donc, $F(t) = 3\left(\dfrac{t}{50} + \dfrac{1}{100}\right)$, exprimée en N

d) $F(0) = 0{,}03$ N

e) En posant $F(t) = 0{,}4$

$3\left(\dfrac{t}{50} + \dfrac{1}{100}\right) = 0{,}4$

D'où $t = 6{,}1\overline{6}$ s.

4. a) $T(t) = \dfrac{dQ}{dt}$

$= -\left[\dfrac{\frac{3}{2}\sqrt{t}(300 + 25t) - 25(30\,000 + \sqrt{t^3})}{(300 + 25t)^2}\right]$

D'où $T(t) = \dfrac{1\,500\,000 - 25\sqrt{t^3} - 900\sqrt{t}}{2(300 + 25t)^2}$,

exprimé en mg/s.

b) $Q(0) = 0$ mg;

$Q(25) \approx 67{,}4$ mg

c) $T(25) \approx 0{,}87$ mg/s;

$T(50) \approx 0{,}31$ mg/s

d)
```
> with(student):
> with(plots):
> Q:=t−>100−((30000+t^(3/2)))/(300+25*t);
```
$$Q := t \rightarrow 100 - \frac{30000 + t^{\frac{3}{2}}}{300 + 25t}$$
```
> c1:=plot(Q(t), t=0..80,Q=0..100,color=orange):
> c2:=showtangent (Q(t), t=25,t=5..50,Q=0..100,
  color=blue):
> c3:=showtangent (Q(t), t=50,t=20..80,Q=0..100,
  color=blue):
> display(c1,c2,c3);
```

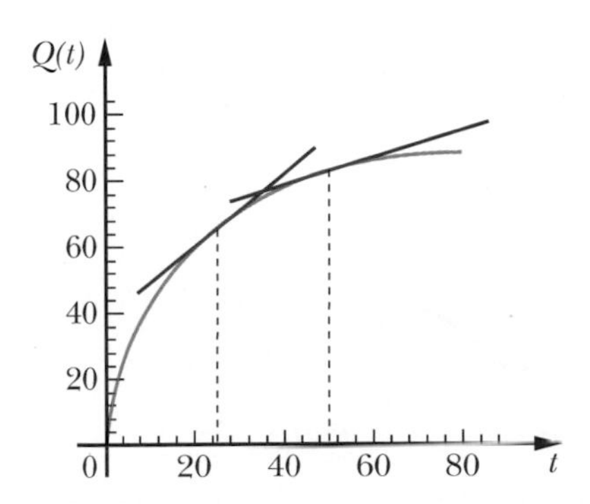

e) > T:=diff(Q(t),t);

$$T := -\frac{3}{2}\frac{\sqrt{t}}{300 + 25t} + 25\,\frac{30000 + t^{\frac{3}{2}}}{(300 + 25t)^2}$$

> plot(T(t), t=0..80,T=0..8,color=orange);

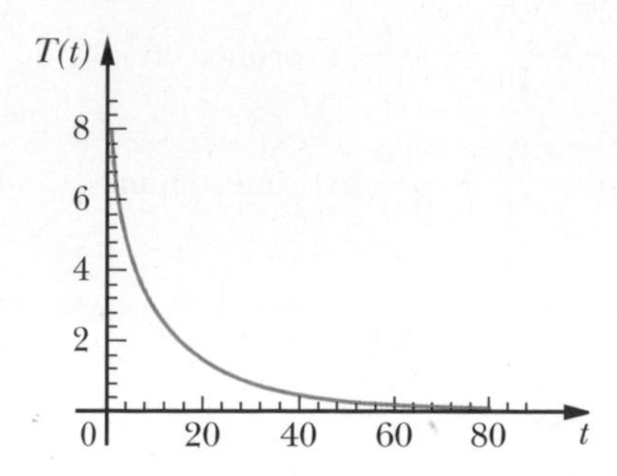

Le taux de variation instantané T est toujours positif et décroissant sur]0 s, 80 s[, ce qui signifie que la quantité Q augmente de plus en plus lentement.

5. a) $T(x) = \frac{dV}{dx}$

$= \frac{d}{dx}(x^3)$

$= 3x^2$, exprimée en cm³/cm

b) $V(10) = 1000$ cm³; $T(10) = 300$ cm³/cm

c) $T(x) = 3x^2 = 4800$, d'où $x = 40$

ainsi, $V(40) = 64\,000$ cm³

d) $V(x) = x^3 = 2197$, d'où $x = 13$

ainsi, $T(13) = 507$ cm³/cm

6. a) $T_r(r, h) = \frac{d}{dr}\left(\frac{\pi r^2 h}{3}\right) = \frac{2\pi rh}{3}$, exprimé en cm³/cm

b) $T_r(2, 3) = 4\pi$ cm³/cm

$T_r(5, 3) = 10\pi$ cm³/cm

$T_r(6, 3) = 12\pi$ cm³/cm

c) $T_h(r, h) = \frac{d}{dh}\left(\frac{\pi r^2 h}{3}\right) = \frac{\pi r^2}{3}$, exprimé en cm³/cm

d) $T_h(6, 2) = 12\pi$ cm³/cm

$T_h(6, 3) = 12\pi$ cm³/cm

$T_h(6, 6) = 12\pi$ cm³/cm

e) $T_r(r, h) = T_h(r, h)$, ainsi $\frac{2\pi rh}{3} = \frac{\pi r^2}{3}$, d'où $2h = r$

7. a) $C_m(q) = C'(q) = 6q$, exprimé en \$/unité

b) $R_m(q) = R'(q) = -2q + 200$, exprimé en \$/unité

c) $P(q) = R(q) - C(q) = -4q^2 + 200q - 1000$

d)

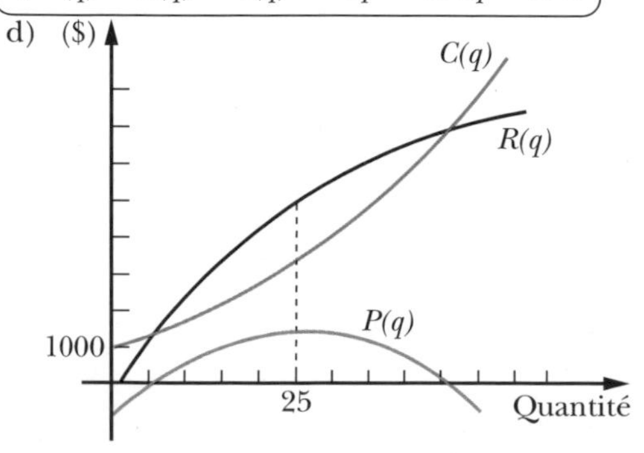

e) Sachant que le profit peut être maximal lorsque $R'(q) = C'(q)$, c'est-à-dire $-2q + 200 = 6q$, on obtient $q = 25$ unités.

On constate graphiquement que le profit est maximal lorsque $q = 25$.

D'où $P_{max} = P(25) = 1500$ \$.

8. a) $N(0) = 16\,000$ satellites

b) $TVM_{[2, 6]} = \frac{N(6) - N(2)}{6 - 2} = 150$ satellites/année

c) $T(t) = N'(t) = 20t + 70$, exprimé en satellites/année

$T(4) = 150$ satellites/année

d) En posant $T(t) = 170$

$20t + 70 = 170$

D'où $t = 5$ ans.

Ainsi, $N(5) = 16\,600$ satellites

9. a) $T(x) = N'(x) = \frac{40x^2 + 160x - 44}{(x + 2)^2}$, exprimé en hab./emp.

b) $N(60) = 2323,29...$, donc environ 2323 habitants

$T(60) = 39,946...$, donc environ 39,95 hab./emp.

c) $N(x) = 3922$, d'où $x = 100$ emplois ainsi,

$T(100) = 39,980...$, donc environ 39,98 hab./emp.

10. a) $E(0) = 31\,250$ \$;

En posant $E(t) = 0$

$50t^2 - 2500t + 31\,250 = 0$

$50(t - 25)^2 = 0$

D'où $t = 25$ ans.

b) En posant $E(t) = 15\,625$

$50t^2 - 2500t + 31\,250 = 15\,625$

$50t^2 - 2500t + 15\,625 = 0$

$25(2t^2 - 100t + 625) = 0$

donc, $t \approx 42,67$ (à rejeter) et $t \approx 7,32$ ans

c) $TVM_{[2, 5]} = \frac{E(5) - E(2)}{5 - 2} = -2150$ \$/an

d) $T(t) = E'(t) = 100t - 2500$, exprimée en \$/an

e) $T(10) = 100(10) - 2500 = -1500$ \$/an

f) En posant $T(t) = -1800$

$100t - 2500 = -1800$

donc, $t = 7$ ans

D'où $E(7) = 16\,200$ \$.

Exercices 5.2 (page 182)

1. a) $\frac{dV}{dt} = \frac{dV}{dr}\frac{dr}{dt}$

$= \frac{d}{dr}\left(\frac{4\pi r^3}{3}\right)\frac{dr}{dt}$

$= (4\pi r^2)(2)$

$= 8\pi r^2$, exprimé en cm³/s

b) $\left.\frac{dV}{dt}\right|_{r = 5\text{ cm}} = 200\pi$ cm³/s

c) $V(r) = \dfrac{4\pi r^3}{3} = 2304\pi$, d'où $r = 12$ cm

$$\left.\frac{dV}{dt}\right|_{r = 12 \text{ cm}} = 1152\pi \text{ cm}^3/\text{s}$$

2. $\dfrac{dV}{dt} = \dfrac{dV}{dr}\dfrac{dr}{dt}$

$$-4 = \frac{d}{dr}\left(\frac{4\pi r^3}{3}\right)\frac{dr}{dt}$$

$$-4 = 4\pi r^2 \frac{dr}{dt}$$

donc, $\dfrac{dr}{dt} = \dfrac{-1}{\pi r^2}$, exprimé en cm/mois

$$\left.\frac{dr}{dt}\right|_{r = 5 \text{ cm}} = \frac{-1}{25\pi} \approx -0{,}013 \text{ cm/mois}$$

3. a) $\dfrac{dA}{dt} = \dfrac{dA}{dr}\dfrac{dr}{dt}$

$$= \frac{d}{dr}(\pi r^2)\frac{d}{dt}(-t^2 + 6t + 1)$$

$$= (2\pi r)(-2t + 6), \text{ exprimé en cm}^2/\text{s}.$$

b) Lorsque $t = 2$, on obtient $r = 9$ cm

D'où $\left.\dfrac{dA}{dt}\right|_{t = 2 \text{ s}} = 36\pi$ cm²/s;

lorsque $t = 5$, on obtient $r = 6$ cm

D'où $\left.\dfrac{dA}{dt}\right|_{t = 5 \text{ s}} = -48\pi$ cm²/s.

c) Lorsque $r = 7{,}75$, on obtient $t = \dfrac{3}{2}$ ou $t = \dfrac{9}{2}$.

D'où $\left.\dfrac{dA}{dt}\right|_{t = \frac{3}{2} \text{ s}} = 46{,}5\pi$ cm²/s et

$$\left.\frac{dA}{dt}\right|_{t = \frac{9}{2} \text{ s}} = -46{,}5\pi \text{ cm}^2/\text{s}.$$

d) $\dfrac{dA}{dt} = 0$, d'où $t = 3$ s, ainsi $r = 10$ cm

donc, $A = 100\pi$ cm²

4. a) Soit x, la distance entre le bas de l'échelle et le mur, et y, la distance entre le haut de l'échelle et le bas du mur.

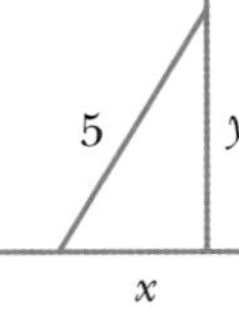

$$x^2 + y^2 = 25 \quad \text{(Pythagore)}$$

$$2x\frac{dx}{dt} + 2y\frac{dy}{dt} = 0$$

$$\frac{dy}{dt} = \frac{-x}{y}\frac{dx}{dt}$$

$$= \frac{-x}{y}(1,5) \quad \left(\text{car } \frac{dx}{dt} = 1{,}5\right).$$

Lorsque $x = 2$, $y = \sqrt{21}$

D'où $\left.\dfrac{dy}{dt}\right|_{x = 2 \text{ cm}} \approx -0{,}65$ m/s.

b) Lorsque $y = 3$, $x = 4$

D'où $\left.\dfrac{dy}{dt}\right|_{y = 3 \text{ m}} = -2$ m/s.

5. a) $\dfrac{h}{r} = \dfrac{300}{75}$ (triangles semblables)

D'où $h = 4r$.

Ainsi, $V = \dfrac{\pi r^2(4r)}{3} = \dfrac{4\pi r^3}{3}$

$$\frac{dV}{dt} = \frac{dV}{dr}\frac{dr}{dt}$$

$$-6000 = \frac{d}{dr}\left(\frac{4\pi r^3}{3}\right)\frac{dr}{dt}$$

$$-6000 = 4\pi r^2\frac{dr}{dt}$$

donc, $\dfrac{dr}{dt} = \dfrac{-1500}{\pi r^2}$, exprimé en cm/s.

Lorsque $h = 150$, nous avons $r = 37{,}5$ cm.

D'où $\left.\dfrac{dr}{dt}\right|_{h = 150 \text{ cm}} = \dfrac{-1500}{\pi(37{,}5)^2} \approx -0{,}34$ cm/s.

b) De a) $r = \dfrac{h}{4}$.

Ainsi, $V = \dfrac{1}{3}\pi\left(\dfrac{h}{4}\right)^2 h = \dfrac{\pi h^3}{48}$

$$\frac{dV}{dt} = \frac{dV}{dh}\frac{dh}{dt}$$

$$-6000 = \frac{d}{dh}\left(\frac{\pi h^3}{48}\right)\frac{dh}{dt}$$

$$-6000 = \frac{\pi h^2}{16}\frac{dh}{dt}$$

donc, $\dfrac{dh}{dt} = \dfrac{-96\,000}{\pi h^2}$, exprimé en cm/s.

D'où $\left.\dfrac{dh}{dt}\right|_{h = 150 \text{ cm}} = \dfrac{-96\,000}{\pi(150)^2} \approx -1{,}36$ cm/s.

c) Soit v, le volume du cylindre.

$$v = \pi(50)^2 h = 2500\pi h$$

$$\frac{dv}{dt} = \frac{dv}{dh}\frac{dh}{dt}$$

$$6000 = \frac{d}{dh}(2500\pi h)\frac{dh}{dt}$$

$$6000 = 2500\pi\frac{dh}{dt}$$

donc, $\dfrac{dh}{dt} = \dfrac{12}{5\pi}$, exprimé en cm/s.

Pour un rayon de 50 cm, la vitesse à laquelle la hauteur du liquide augmente est constante et d'environ 0,76 cm/s.

6. a) D'une part, $V(t) = 5\sqrt{t} + 34$, et

de plus $V(x) = x^3$, où x est l'arête.

$$\frac{dV}{dt} = \frac{dV}{dx}\frac{dx}{dt}$$

$$\frac{d}{dt}(5\sqrt{t} + 34) = \frac{d}{dx}(x^3)\frac{dx}{dt}$$

5

$$\frac{5}{2\sqrt{t}} = 3x^2\frac{dx}{dt}$$

donc, $\frac{dx}{dt} = \frac{5}{6x^2\sqrt{t}}$, exprimé en cm/s.

Lorsque $t = 36$, $V = 5\sqrt{36} + 34 = 64$

ainsi, $x^3 = 64$, donc $x = 4$

D'où $\left.\frac{dx}{dt}\right|_{t = 36\text{ s}} = \frac{5}{6(4)^2\sqrt{36}} \approx 0{,}008\ 7$ cm/s.

b) Nous avons $A = 6x^2$.

$$\frac{dA}{dt} = \frac{dA}{dx}\frac{dx}{dt}$$

$$= \frac{d}{dx}(6x^2)\left(\frac{5}{6x^2\sqrt{t}}\right) \quad \text{(voir a))}$$

$$= 12x\left(\frac{5}{6x^2\sqrt{t}}\right)$$

donc, $\frac{dA}{dt} = \frac{10}{x\sqrt{t}}$, exprimé en cm²/s.

D'où $\left.\frac{dA}{dt}\right|_{t = 36\text{ s}} = \frac{10}{4\sqrt{36}} = 0{,}41\overline{6}$ cm²/s.

5

7. a) Nous avons $\frac{dx}{dt} = 2$ cm/s et nous cherchons $\frac{dy}{dt}$.

$$\frac{d}{dt}\left(\frac{x^2}{25} + \frac{y^2}{9}\right) = \frac{d}{dt}(1)$$

$$\frac{d}{dt}\left(\frac{x^2}{25}\right) + \frac{d}{dt}\left(\frac{y^2}{9}\right) = 0$$

$$\frac{d}{dx}\left(\frac{x^2}{25}\right)\frac{dx}{dt} + \frac{d}{dy}\left(\frac{y^2}{9}\right)\frac{dy}{dt} = 0$$

$$\frac{2x}{25}(2) + \frac{2y}{9}\frac{dy}{dt} = 0$$

D'où $\frac{dy}{dt} = \frac{-18x}{25y}$, exprimé en cm/s.

b) De $\frac{x^2}{25} + \frac{y^2}{9} = 1$, nous avons $y = \frac{3}{5}\sqrt{25 - x^2}$.

Si $x = -3$, alors $y = \frac{12}{5}$ d'où $\left.\frac{dy}{dt}\right|_{x = -3\text{ cm}} = 0{,}9$ cm/s;

si $x = 0$, alors $y = 3$ d'où $\left.\frac{dy}{dt}\right|_{x = 0\text{ cm}} = 0$ cm/s;

si $x = 4$, alors $y = \frac{9}{5}$ d'où $\left.\frac{dy}{dt}\right|_{x = 4\text{ cm}} = -1{,}6$ cm/s.

8. a) Soit x, la distance entre la femme et le réverbère et y, la longueur de l'ombre.

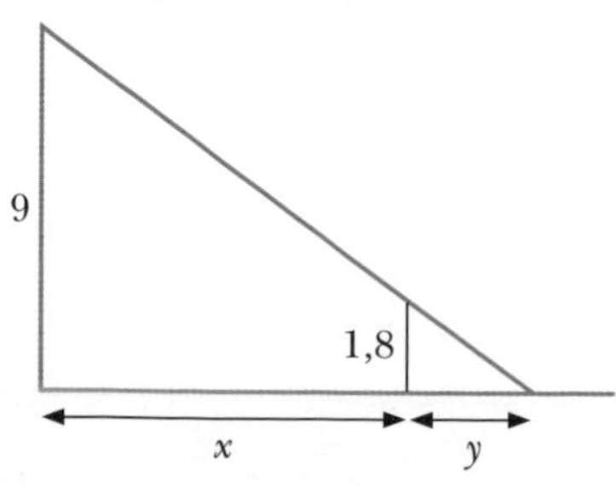

$$\frac{x + y}{9} = \frac{y}{1{,}8} \quad \text{(triangles semblables)}$$

D'où $4y = x$.

$$\frac{d}{dt}(4y) = \frac{d}{dt}(x)$$

$$\frac{d}{dy}(4y)\frac{dy}{dt} = \frac{dx}{dt}$$

$$4\frac{dy}{dt} = 2{,}2$$

D'où $\frac{dy}{dt} = \frac{2{,}2}{4} = 0{,}55$ m/s.

b) $\frac{d}{dt}(x + y) = \frac{dx}{dt} + \frac{dy}{dt}$

$$= 2{,}2 + 0{,}55$$

$$= 2{,}75 \text{ m/s}$$

9. a) Soit y, la hauteur de la boîte et x, la distance horizontale parcourue par la boîte.

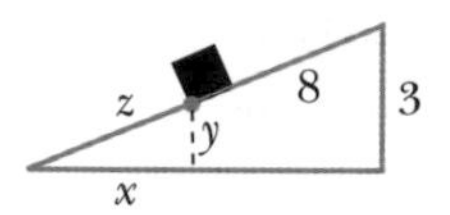

$$\frac{y}{z} = \frac{3}{8} \quad \text{(triangles semblables)}$$

donc, $y = \frac{3}{8}z$

$$\frac{dy}{dt} = \frac{d}{dt}\left(\frac{3}{8}z\right)$$

$$= \frac{3}{8}\frac{dz}{dt}$$

$$= \frac{3}{8}(2)$$

D'où $\frac{dy}{dt} = 0{,}75$ m/s.

b) $\frac{x}{z} = \frac{\sqrt{64 - 9}}{8} = \frac{\sqrt{55}}{8}$

donc, $x = \frac{\sqrt{55}}{8}z$

$$\frac{dx}{dt} = \frac{d}{dt}\left(\frac{\sqrt{55}}{8}z\right)$$

$$= \frac{\sqrt{55}}{8}\frac{dz}{dt}$$

$$= \frac{\sqrt{55}}{8}(2)$$

D'où $\frac{dx}{dt} \approx 1{,}85$ m/s.

10. a) $\frac{dP}{dt} = \frac{dP}{dq}\frac{dq}{dt}$

$$= \frac{d}{dt}\left(40 + \frac{25}{q}\right)\frac{dq}{dt}$$

$= \left(\frac{-25}{q^2}\right)(-2)$

D'où $\frac{dP}{dt} = \frac{50}{q^2}$, exprimé en \$/tm.

b) Lorsque $P = 50$

$40 + \frac{25}{q} = 50$, ainsi $q = 2{,}5$

donc, $\left.\frac{dP}{dt}\right|_{P=50} = \frac{50}{(2,5)^2} = 8$ \$/jour

Exercices récapitulatifs *(page 185)*

1. a) 1225 m

b) $v(t) = -9{,}8t + 4{,}9$, exprimée en m/s

$a(t) = -9{,}8$, exprimée en m/s^2

c) 4,9 m/s ; -14,7 m/s

d) 1226,225 m

e) Environ -155 m/s

2. a) 3000 individus

b) 180 ind./an

c) $222{,}\overline{2}$ ind./an

d) 3600 individus

e) La représentation est laissée à l'utilisateur ou l'utilisatrice.

3. a) $R_m(q) = -6q + 640$, exprimé en \$/unité

$C_m(q) = 10q$, exprimé en \$/unité

b) 12 770 \$

4. a) 77π cm^3 ; 25π cm^3 ; 113π cm^3

b) 51π cm^3 ; 64π cm^3 ; 132π cm^3

c) $T_r(r, h) = 2\pi rh$, exprimé en cm^3/cm

30π cm^3/cm

d) $T_h(r, h) = \pi r^2$, exprimé en cm^3/cm

9π cm^3/cm

5. a) $T(x) = \frac{-2k}{x^3}$

b) Laissé à l'utilisateur ou l'utilisatrice.

6. a) $T(x) = 10 - 2x$, exprimé en m^2/m

b) 6 m^2/m ; -4 m^2/m

L'interprétation est laissée à l'utilisateur ou l'utilisatrice.

c) 5 m ; laissé à l'utilisateur ou l'utilisatrice.

7. a) $T_r(t) = \frac{3}{2\sqrt{3t+4}}$, exprimé en cm/s ;

0,3 cm/s

b) $T_h(t) = 6t$, exprimé en cm/s ;

24 cm/s

c) $T_V(t) = \pi(27t^2 + 24t + 3)$, exprimé en cm^3/s ;

environ 658π cm^3/s

8. a) $T_V(t) = 4\pi r^2 t$, exprimé en cm^3/min

b) 1024π cm^3/min

c) 243π cm^3/min

d) $T_A(t) = 8\pi rt$, exprimé en cm^2/min

e) 32π cm^2/min

9. a) La hauteur diminue à une vitesse d'environ 0,104 cm/s.

b) L'aire diminue à une vitesse de 5,95 cm^2/s.

c) L'aire augmente à une vitesse d'environ 2,479 cm^2/s.

d) $13\sqrt{2}$ cm

10. a) Oui, car sa vitesse réelle est de $41{,}\overline{6}$ km/h.

b) Environ 26,8 km/h

11. a) 0,75 m/s   b) Environ 1,31 m/s

12. a) Le volume augmente à une vitesse de 2016 cm^3/s.

b) Le volume diminue à une vitesse de 1512 cm^3/s.

13. a) 3000 m

b) 6000 m ; 120 s

c) -40 m/s ; -10 m/s ; -45 m/s ; $-0{,}8\overline{3}$ m/s

14. a) 54π cm^3 ; 12 cm

b) $T_V(t) = -3$, exprimé en cm^3/s

c) $T_h(t) = \frac{-4}{\pi h}$, exprimé en cm/s

d) $\frac{-2}{3\pi} \approx -0{,}21$ cm/s

e) $\frac{-2}{3\pi\sqrt{2}} \approx -0{,}15$ cm/s

f) $\frac{-4}{\pi(4{,}083\ldots)} \approx -0{,}31$ cm/s

g) Environ 56,55 s

15. a) $R(q) = 40q - \frac{q^2}{200}$, exprimé en \$

b) $R_m(q) = 40 - \frac{q}{100}$, exprimé en \$/unité

$C_m(q) = 9$, exprimé en \$/unité

c) 300 calculatrices

d) $P(q) = 31q - \frac{q^2}{200} - 6000$, exprimé en \$

e) 3100 calculatrices ; 42 050 \$

f) La représentation est laissée à l'utilisateur ou l'utilisatrice.

Problèmes de synthèse *(page 188)*

1. a) Environ 82,49 km/h
b) Environ 83,56 km/h
c) Environ 87,31 m ; environ 269 m
d) La démonstration est laissée à l'utilisateur ou l'utilisatrice.

2. a) 10 cm/s b) 82 cm²/s

3. a) Environ 19,23 m/s b) Environ 4,45 s

4. a) Les cyclistes s'éloignent à une vitesse de 20 km/h.
b) Les cyclistes se rapprochent à une vitesse d'environ 19,89 km/h.
c) Les cyclistes se rapprochent à une vitesse de 28 km/h.

5. a) 1,2 m/s c) Environ 6,124 m/s
b) Environ 0,358 m/s

6. a) $T_h(t) = -2$ cm/min b) 6,3 cm/min

7. a) $T_a(t) = -0{,}2$ cm/min c) 15 min
b) 4,096 cm³ d) 8 cm³

8. a) Environ 0,006 9 m/min
b) Environ $0{,}00\overline{5}$ m/min

9. a) 3 cm³/cm² ; 0,5 cm³/cm²
b) 16π cm²

10. a) $\frac{1024\pi}{3}$ cm³
b) $\frac{dh}{dt} = \frac{100}{\pi(h^2 - 64)}$, exprimé en cm/h
c) Environ -20,02 cm/h
Environ -0,66 cm/h
Environ -0,497 cm/h
d) $r = \sqrt{16h - h^2}$
e) $\frac{dr}{dt} = \left(\frac{8 - h}{\sqrt{16h - h^2}}\right)\left(\frac{100}{\pi(h^2 - 64)}\right)$, exprimé en cm/h
f) Environ -0,88 cm/h
Environ -0,38 cm/h
g) Environ 10,72 h

11. a) 36π cm³
b) 180 s
c) $V_{\text{inf}}(t) = 0{,}2\pi\, t$; $H \approx 1{,}48$ cm
d) $\frac{dr}{dt} = \frac{-0{,}8}{9r^2}$; $\left.\frac{dr}{dt}\right|_{r=2} = -0{,}0\overline{2}$ cm/s
e) $\frac{dR}{dt} = \frac{-0{,}3}{R^2}$; $\left.\frac{dR}{dt}\right|_{r=2} \approx -0{,}016$ cm/s
f) $\frac{dh}{dt} = \frac{-8{,}1}{8h^2}$; $\left.\frac{dh}{dt}\right|_{r=2} = -0{,}05$ cm/s
g) $\frac{dH}{dt} = \frac{0{,}8}{9(4 - H)^2}$; $\left.\frac{dH}{dt}\right|_{r=2} \approx 0{,}01$ cm/s

12. a) $\frac{dx}{dt} = \frac{1}{\sqrt{3}x\sqrt{t + 12}}$, exprimé en cm/s
b) Environ 0,02 cm/s
c) Environ 108,95 s
d) $T_{A_C}(t) = \frac{\pi}{6\sqrt{3}\sqrt{t + 12}}$, exprimé en cm²/s
e) Environ 0,006 cm²/s

13. a) Lorsque $t = 0$ min, $d(A, B) \approx 1005$ m
et $d(A, E) \approx 6{,}7$ m.
Lorsque $t = 3$ min, $d(A, B) \approx 135$ m
et $d(A, E) \approx 33$ m.
b) Lorsque $t = 0$ min,
v(bateau, quai) = -375 m/min,
v(bateau, rive) = -12,5 m/min et
v(bateau, A) ≈ -374,38 m/min.
Lorsque $t = 3$ min,
v(bateau, quai) = -187,5 m/min,
v(bateau, rive) = -25 m/min et
v(bateau, A) ≈ -183,37 m/min.
c) $-8{,}\overline{3}$ m/min ; $-16{,}\overline{6}$ m/min
d) Les coordonnées du point B sont environ (83, 579).

14. a) Environ 0,57 m/s ; 0,25 m/s
b) Environ 0,43 m/s ; 0,25 m/s
c) Taille supérieure à 1,4 m
d) Lorsque $x = 10$ m
environ 2,57 m/s et 2,25 m/s.
Lorsque $x = 5$ m
environ 2,57 m/s, environ 2,37 m/s et 2,25 m/s.

15. a) $$\frac{dx}{dt} = \begin{cases} \frac{y}{\sqrt{100 - y^2}}\left(\frac{20 - 2t^2}{\sqrt{20 - t^2}}\right) & \text{si } 0 < t < \sqrt{10} \\ \frac{-y}{\sqrt{100 - y^2}}\left(\frac{20 - 2t^2}{\sqrt{20 - t^2}}\right) & \text{si } \sqrt{10} < t < \sqrt{20} \end{cases}$$
b) $\left.\frac{dx}{dt}\right|_{y=8} = 4$ cm/min ou $\left.\frac{dx}{dt}\right|_{y=8} = 8$ cm/min ;
$\left.\frac{dx}{dt}\right|_{x=2} \approx 2{,}83$ cm/min
c) $$\frac{dA}{dt} = \begin{cases} \left(\frac{y^2 + 5\sqrt{100 - y^2} - 50}{\sqrt{100 - y^2}}\right)\left(\frac{20 - 2t^2}{\sqrt{20 - t^2}}\right) & \text{si } 0 < t < \sqrt{10} \\ \left(\frac{-y^2 + 5\sqrt{100 - y^2} + 50}{\sqrt{100 - y^2}}\right)\left(\frac{20 - 2t^2}{\sqrt{20 - t^2}}\right) & \text{si } \sqrt{10} < t < \sqrt{20} \end{cases}$$
d) $\left.\frac{dA}{dt}\right|_{x=4} = 22$ cm²/min ;
$\left.\frac{dA}{dt}\right|_{y=6} \approx 12{,}26$ cm²/min, ou
$\left.\frac{dA}{dt}\right|_{y=6} \approx -76{,}37$ cm²/min

Test récapitulatif *(page 191)*

1. a) $P(q) = R(q) - C(q)$
$= (-4q^2 + 800q) - (q^2 + 50)$
$= -5q^2 + 800q - 50$

b) Le profit est maximal lorsque $R'(q) = C'(q)$.
Alors, $-8q + 800 = 2q$
$10q = 800$
$q = 80$ unités

c) Le profit est maximal lorsque $q = 80$.
D'où $P(80) = 31\,950$ \$.

2. a) $x(0) = 10$ m

b) $v(t) = x'(t) = -9{,}8t + 5$, exprimée en m/s
$v(0) = 5$ m/s

c) En posant $v(t) = 0$, on obtient $t \approx 0{,}51$ s ; d'où hauteur maximale $\approx x(0{,}51) \approx 11{,}28$ m.

d) En posant $x(t) = 10 + 5t - 4{,}9t^2 = 0$, on obtient $t \approx 2{,}03$ s.

e) Environ $v(2{,}03) \approx -14{,}87$ m/s

f) $a(t) = v'(t) = -9{,}8$, exprimée en m/s², d'où $a(t)$ est une fonction constante.

3. a) $P(0) = 100\,000$ habitants

b) $\text{TVM}_{[0,\,4]} = \dfrac{P(4) - P(0)}{4 - 0} = 9000$ hab./an

Le $\text{TVM}_{[0,\,4]}$ correspond à la pente de la sécante à la courbe P, passant par les points A(0, $P(0)$) et B(4, $P(4)$).

c) $P'(t) = \dfrac{9000}{\sqrt{t}}$, d'où $P'(4) = 4500$ hab./an

Le résultat correspond à la pente de la tangente à la courbe P au point C(4, $P(4)$).

d) En posant $P'(t) = 3000$, on obtient $t = 9$ ans.

e) En posant $P(t) = 190\,000$, on obtient $t = 25$ ans, d'où $P'(25) = 1800$ hab./an.

4. a) $x = \dfrac{2}{\sqrt{3}}h$ (Pythagore)

b) $A(h) = \dfrac{h^2}{\sqrt{3}}$; $A(x) = \dfrac{\sqrt{3}x^2}{4}$, exprimée en cm²

c) $\dfrac{dA}{dh} = \dfrac{2h}{\sqrt{3}}$; $\dfrac{dA}{dx} = \dfrac{\sqrt{3}x}{2}$, exprimé en cm²/cm

d) $\left.\dfrac{dA}{dx}\right|_{x = 5\text{ cm}} = \dfrac{5\sqrt{3}}{2}$ cm²/cm

$\left.\dfrac{dA}{dh}\right|_{x = 5\text{ cm}} = \left.\dfrac{dA}{dh}\right|_{h = \frac{5\sqrt{3}}{2}\text{ cm}} = 5$ cm²/cm

e) $\dfrac{dA}{dt} = \dfrac{dA}{dh}\dfrac{dh}{dt} = \left(\dfrac{2h}{\sqrt{3}}\right)\left(\dfrac{-20}{(t+1)^2}\right) = \dfrac{-40h}{\sqrt{3}(t+1)^2}$,
exprimé en cm²/s

f) En posant $h = 2$, on obtient $t = 9$ s.
D'où $\left.\dfrac{dA}{dt}\right|_{h = 2\text{ cm}} = \dfrac{-4}{5\sqrt{3}}$ cm²/s.

g) $\dfrac{dP}{dt} = \dfrac{dP}{dx}\dfrac{dx}{dh}\dfrac{dh}{dt}$
$= (3)\left(\dfrac{2}{\sqrt{3}}\right)\left(\dfrac{-20}{(t+1)^2}\right)\left(P(x) = 3x,\text{ d'où } \dfrac{dP}{dx} = 3\right)$
$= \dfrac{-120}{\sqrt{3}(t+1)^2}$, exprimé en cm/s

5. Soit P, le point d'appui, et B, l'endroit où se trouve le bateau. Soit x, la distance séparant le bateau du quai.

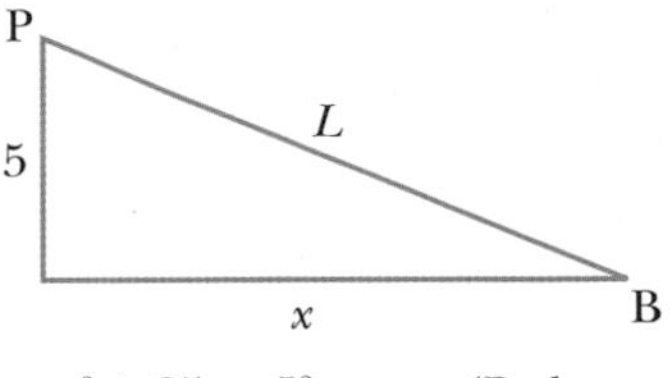

$x^2 + 25 = L^2$ (Pythagore)

$2x\dfrac{dx}{dt} + 0 = 2L\dfrac{dL}{dt}$ (en dérivant)

$\dfrac{dx}{dt} = \dfrac{L}{x}\dfrac{dL}{dt}$

Lorsque $x = 12$, on obtient $L = 13$.

D'où $\left.\dfrac{dx}{dt}\right|_{x = 12} = 6{,}5$ m/min.

6. a) $V(0) = 100$ cm³; l'arête mesure $\sqrt[3]{100}$ cm.
D'où $A(0) = 6(\sqrt[3]{100})^2 \approx 129{,}27$ cm².

b) $V(t) = 0$, d'où $t = 5$ min

c) $\text{TVM}_{[1\text{ min},\,3\text{ min}]} = \dfrac{V(3) - V(1)}{3 - 1} = -16$ cm³/min

d) $\dfrac{dV}{dt} = \dfrac{dV}{dx}\dfrac{dx}{dt}$

$\dfrac{d}{dt}(-4t^2 + 100) = \dfrac{d}{dx}(x^3)\dfrac{dx}{dt}$

$-8t = 3x^2\dfrac{dx}{dt}$

D'où $\dfrac{dx}{dt} = \dfrac{-8t}{3x^2}$, exprimé en cm/min.

e) Puisque $-4t^2 + 100 = x^3$.
En posant $t = 3$, on obtient
$x = 4$, d'où $\left.\dfrac{dx}{dt}\right|_{t = 3} = -0{,}5$ cm/min.

En posant $x = 3$, on obtient $t = \dfrac{\sqrt{73}}{2}$.

D'où $\left.\dfrac{dx}{dt}\right|_{x = 3} = \dfrac{-4\sqrt{73}}{27} \approx -1{,}27$ cm/min.

f) $\dfrac{dA}{dt} = \dfrac{dA}{dx}\dfrac{dx}{dt}$
$= \dfrac{d}{dx}(6x^2)\dfrac{dx}{dt}$
$= 12x\left(\dfrac{-8t}{3x^2}\right)$ $\left(\text{car } \dfrac{dx}{dt} = \dfrac{-8t}{3x^2}\text{, voir d)}\right)$

5

$= \frac{-32t}{x}$, exprimé en cm^2/min

g) Lorsque $t = 3$, $x = 4$.

D'où $\left.\frac{dA}{dt}\right|_{t=3} = -24$ cm^2/min.

Lorsque $x = 3$, $t = \frac{\sqrt{73}}{2}$

D'où $\left.\frac{dA}{dt}\right|_{x=3} = \frac{-16\sqrt{73}}{3} \approx -45,57$ cm^2/min.

5

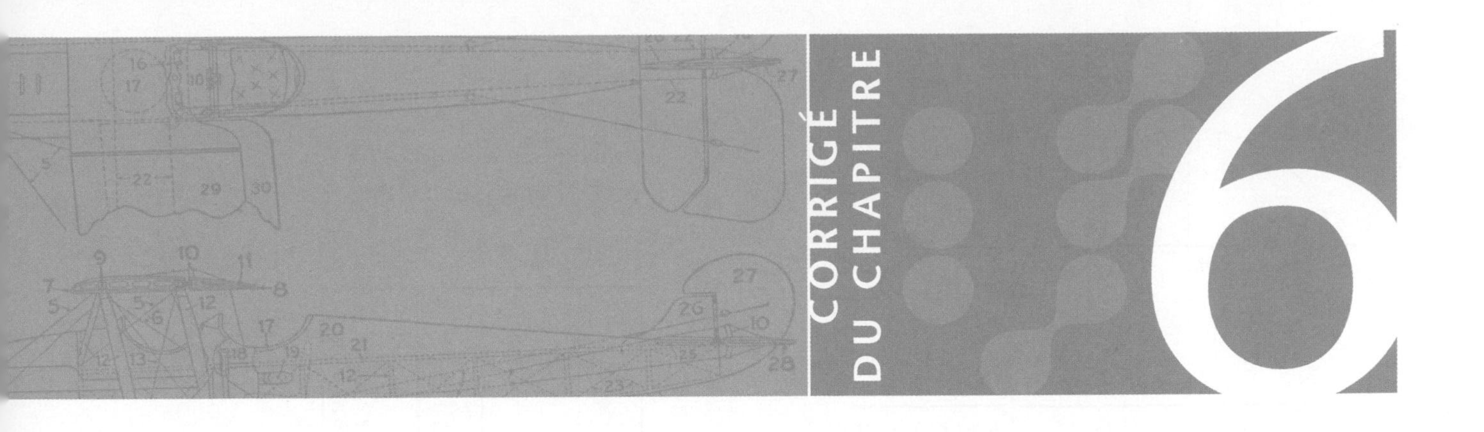

Test préliminaire *(page 195)*

Partie A

1. a) − c) + e) −
b) − d) − f) −

2. a) $x = 4$ ou $x = \frac{-7}{3}$

b) $x = 2$ ou $x = -3$

c) $x = 0$, $x = -2$, $x = 2$ ou $x = -1$

d) $x = -1$, $x = 0$ ou $x = 1$

e) $x = -1$ ou $x = \frac{7}{8}$

f) $x = -1$, $x = 0$ ou $x = 1$

g) $x = -5$ ou $x = 5$

h) $x = 1$ ou $x = -2$

i) Il n'y a aucune solution.

3.

x	$-\infty$	0		3		4	$+\infty$
$x^3(x-4)$	+	0	−	−	−	0	+
$4x^2(x-3)$	−	0	−	0	+	+	+

4. a) Puisque $f(0) = -1 < 0$ et $f(1) = 2 > 0$, alors $\exists\, c \in\,]0, 1[$ tel que $f(c) = 0$.

b) Puisque $f(-3) = 13 > 0$ et $f(-2) = -8 < 0$, alors $\exists\, c \in\,]-3, -2[$ tel que $f(c) = 0$.

Partie B

1. a) $f'(x) = \lim\limits_{h \to 0} \dfrac{f(x+h) - f(x)}{h}$

b) $f'(x)$ correspond à la pente de la tangente à la courbe d'équation $y = f(x)$ au point $(x, f(x))$.

2. a) $f'(x) = (3x-2)^3(75x+14) = 0$ si $x = \frac{2}{3}$ ou $x = \frac{-14}{75}$

b) $f'(x) = \dfrac{36x}{(x^2+9)^2} = 0$ si $x = 0$

c) $f'(x) = \dfrac{3(2-x)}{(x^2+6)\sqrt{x^2+6}} = 0$ si $x = 2$

3. $f(x) = x\left(\dfrac{x^2}{3} - 2x - 5\right) = 0$

si $x = 0$, $x = 3 - 6\sqrt{\frac{2}{3}}$ ou $x = 3 + 6\sqrt{\frac{2}{3}}$

$f'(x) = x^2 - 4x - 5 = (x-5)(x+1) = 0$
si $x = 5$ ou $x = -1$

$f''(x) = 2x - 4 = 2(x-2) = 0$, si $x = 2$

Exercices

Exercices 6.1 (page 211)

1. a) … f est croissante sur $[a, b]$.

b) … f est décroissante sur $[a, b]$.

c) … $f'(c) = 0$ ou $f'(c)$ n'existe pas.

d) … un point stationnaire de f.

e) … $(c, f(c))$ est un point de maximum relatif de f.

f) … $(c, f(c))$ est un point de minimum relatif de f.

2. a) … est croissante sur $[a, b]$.

b) … $\leqslant 0$ sur $]a, b[$.

c) … $f^{(3)}$ est décroissante sur $[a, b]$.

d) … $f^{(8)}(x) \geqslant 0$ sur $]a, b[$.

3.

	a)	b)	c)	d)	e)	f)
i) min. relatif	P_3	aucun	P_1, P_4	P_3, P_7, P_9	P_3	P_7
ii) min. absolu	aucun	aucun	P_1, P_4	aucun	P_3	P_7
iii) max. relatif	P_1, P_4	P_9	P_2	P_1, P_6, P_8	P_2, P_4	P_6, P_8
iv) max. absolu	P_1	P_2	aucun	P_1	P_2	P_6
v) point anguleux	aucun	aucun	P_4	aucun	aucun	aucun
vi) point de rebroussement	aucun	aucun	P_2	P_8	aucun	aucun

4.

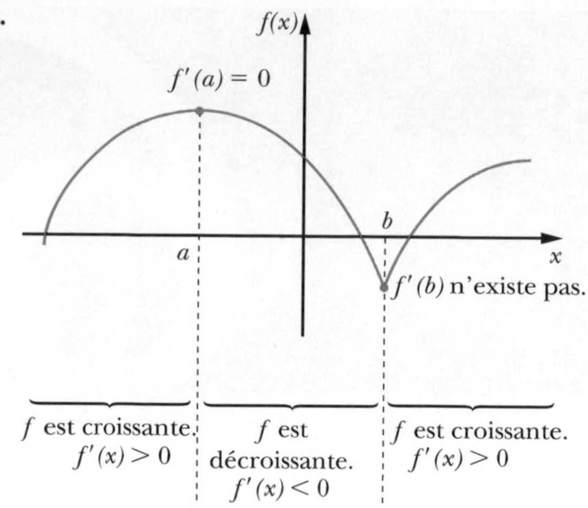

5. a) Nombres critiques : 0 et 3

x	$-\infty$	0		3	$+\infty$
$f'(x)$	−	0	−	0	+
f	↘	$f(0)$	↘	$f(3)$	↗
				min.	

b) Nombres critiques : -2, 0, 1 et 3

x	$-\infty$	-2		0		1		3	$+\infty$
$f'(x)$	−	0	+	0	−	0	−	0	+
f	↘	$f(-2)$	↗	$f(0)$	↘	$f(1)$	↘	$f(3)$	↗
		min.		max.				min.	

c) Nombres critiques : -1, 0 et 1

x	$-\infty$	-1		0		1	$+\infty$
$f'(x)$	−	0	+	0	−	0	+
f	↘	$f(-1)$	↗	$f(0)$	↘	$f(1)$	↗
		min.		max.		min.	

d) Nombres critiques : 0, 2 et 3

x	$-\infty$	0		2		3	$+\infty$
$f'(x)$	+	$\nexists$	+	0	+	0	−
f	↗	?	↗	$f(2)$	↗	$f(3)$	↘
						max.	

6. a) *1re étape :* $f'(x) = 3x^2 - 12 = 3(x-2)(x+2)$

2e étape : $f'(x) = 0$ si $x = 2$ ou $x = -2$, d'où -2 et 2 sont des nombres critiques.

3e étape :

x	$-\infty$	-2		2	$+\infty$
$f'(x)$	+	0	−	0	+
f	↗	17	↘	-15	↗
		max.		min.	

f est croissante sur $-\infty, -2] \cup [2, +\infty$;

f est décroissante sur $[-2, 2]$;

max. rel. : 17 ;

min. rel. : -15 ;

point de max. rel. : (-2, 17) ;

point de min. rel. : (2, -15).

b) $f'(x) = 3(x^2 - 3x + 4)^2(2x - 3)$; nombre critique : $\dfrac{3}{2}$

x	$-\infty$	$\frac{3}{2}$	$+\infty$
$f'(x)$	−	0	+
f	↘	$\left(\frac{7}{4}\right)^3$	↗
		min.	

f est croissante sur $\left[\dfrac{3}{2}, +\infty\right.$;

f est décroissante sur $\left.-\infty, \dfrac{3}{2}\right]$;

min. rel. : $\left(\dfrac{7}{4}\right)^3$;

point de min. rel. : $\left(\dfrac{3}{2}, \left(\dfrac{7}{4}\right)^3\right)$.

c) $f'(x) = x^2(-20x^2 - 9)$; nombre critique : 0

x	$-\infty$	0	$+\infty$
$f'(x)$	−	0	−
f	↘	1	↘

f est décroissante sur $\mathbb{R}$.

d) $f'(x) = 20x^4 - 20x^3 = 20x^3(x - 1)$

Nombres critiques : 0 et 1

x	$-\infty$	0		1	$+\infty$
$f'(x)$	+	0	−	0	+
f	↗	3	↘	2	↗
		max.		min.	

f est croissante sur $-\infty, 0] \cup [1, +\infty$;

f est décroissante sur $[0, 1]$;

max. rel. : 3 ;

min. rel. : 2 ;

point de max. rel. : (0, 3) ;

point de min. rel. : (1, 2).

e) $f'(x) = \dfrac{1}{5\sqrt[5]{x^4}}$

$f'(x)$ est non définie si $x = 0$, d'où 0 est un nombre critique.

x	$-\infty$	0	$+\infty$
$f'(x)$	+	$\nexists$	+
f	↗	2	↗

f est croissante sur $\mathbb{R}$.

f) $f'(x) = \dfrac{36x}{(x^2 + 9)^2}$; nombre critique : 0

x	$-\infty$	0	$+\infty$
$f'(x)$	$-$	0	$+$
f	↘	-1	↗
		min.	

f est croissante sur $[0, +\infty$;

f est décroissante sur $-\infty, 0]$;

min. rel.: -1;

point de min. rel.: (0, -1).

g) $f'(x) = 12x^3 - 12x^2 = 12x^2(x - 1)$

Nombres critiques: -1, 0 et 1

x	-1		0		1	$+\infty$
$f'(x)$	$\nexists$	$-$	0	$-$	0	$+$
f	7	↘	0	↘	-1	↗
	max.				min.	

f est croissante sur $[1, +\infty$;

f est décroissante sur $[-1, 1]$;

max. rel.: 7;

min. rel.: -1;

point de max. rel.: (-1, 7);

point de min. rel.: (1, -1).

h) $f'(x) = 4x^3 - 12x^2 - 40x$

$= 4x(x^2 - 3x - 10)$

$= 4x(x - 5)(x + 2)$

Nombres critiques: -2 et 0

x	-2		0		4
$f'(x)$	0	$+$	0	$-$	$\nexists$
f	-28	↗	4	↘	$\nexists$
	min.		max.		

f est croissante sur $[-2, 0]$;

f est décroissante sur $[0, 4[$;

max. rel.: 4;

min. rel.: -28;

point de max. rel.: (0, 4);

point de min. rel.: (-2, -28).

7. a) $f'(x) = -2(x - 5)$

Nombres critiques: 3 et 5

x	3		5		6
$f'(x)$	$\nexists$	$+$	0	$-$	$\nexists$
f	0	↗	4	↘	$\nexists$
	min.		max.		

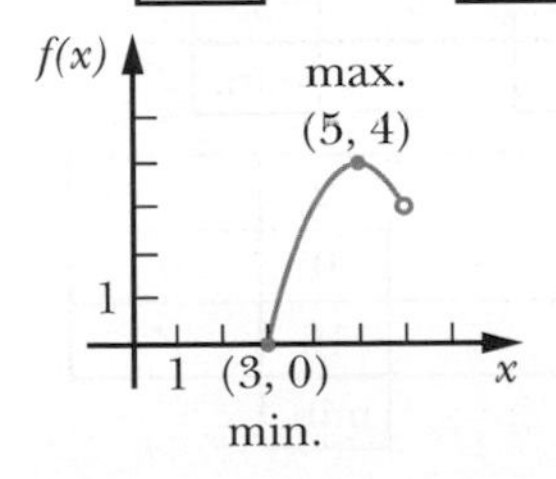

b) $f'(x) = 3x^2$

Nombre critique: 0

x	$-\infty$	0		2
$f'(x)$	$+$	0	$+$	$\nexists$
f	↗	2	↗	10
				max.

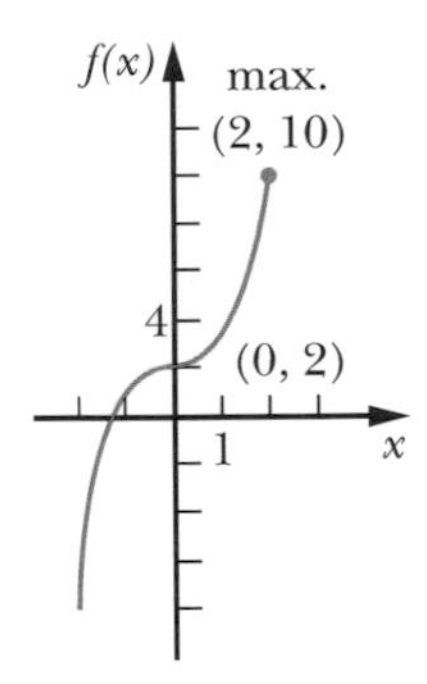

c) $f'(x) = 3x(x + 4)$

Nombres critiques: -4 et 0

x	$-\infty$	-4		0	$+\infty$
$f'(x)$	$+$	0	$-$	0	$+$
f	↗	33	↘	1	↗
		max.		min.	

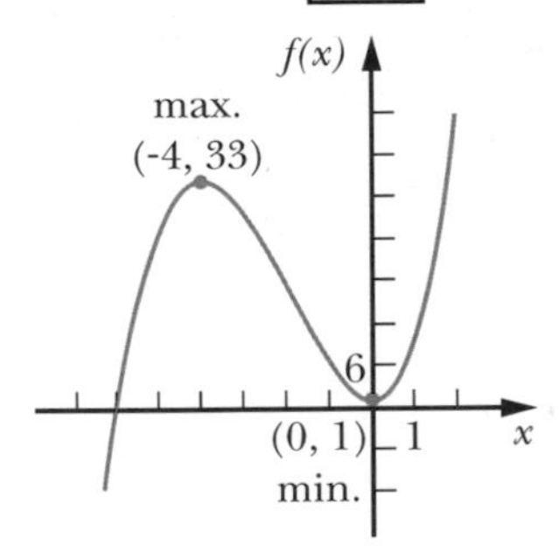

d) $f'(x) = (x + 1)^2(8x - 7)$

Nombres critiques: -1 et $\frac{7}{8}$

x	$-\infty$	-1		$\frac{7}{8}$	$+\infty$
$f'(x)$	$-$	0	$-$	0	$+$
f	↘	0	↘	-8,23...	↗
				min.	

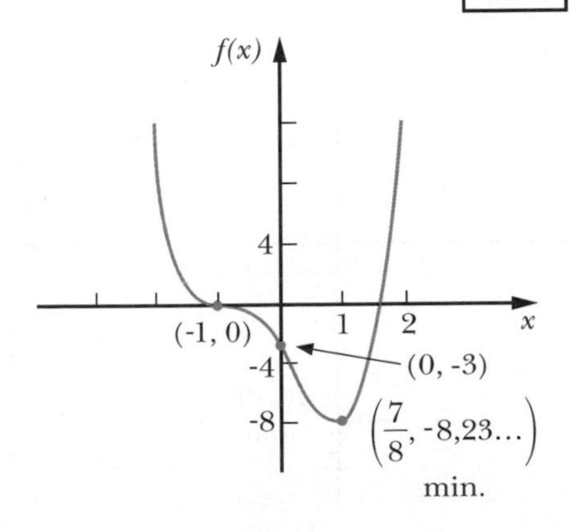

e) $f'(x) = \begin{cases} 1 & \text{si} \quad x > 5 \\ -1 & \text{si} \quad x < 5 \end{cases}$

$f'(5)$ n'existe pas, d'où 5 est un nombre critique.

x	$-\infty$	5	$+\infty$
$f'(x)$	$-$	$\nexists$	$+$
f	↘	3	↗
		min.	

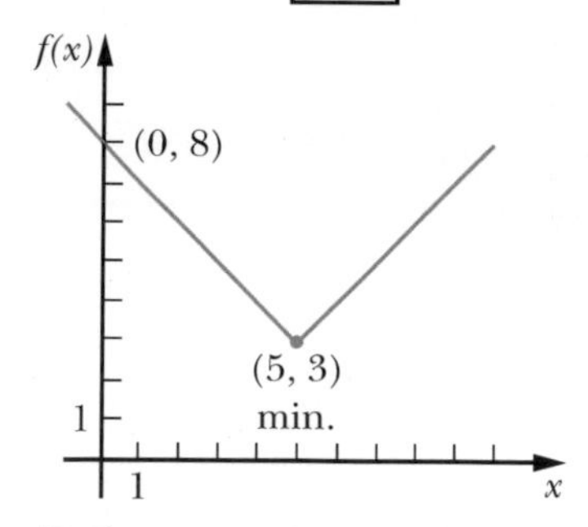

(5, 3) est un point anguleux.

f) $f'(x) = 4x^3 - 4x = 4x(x-1)(x+1)$

Nombres critiques: -1, 0 et 1

x	$-\infty$	-1		0		1	$+\infty$
$f'(x)$	$-$	0	$+$	0	$-$	0	$+$
f	↘	-4	↗	-3	↘	-4	↗
		min.		max.		min.	

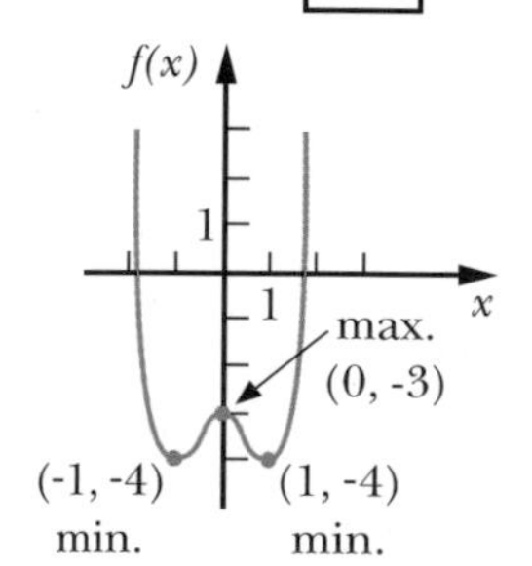

g) $f'(x) = -4x(x-2)(x+2)$

Nombres critiques: -2, 0 et 2

x	$-\infty$	-2		0		2	$+\infty$
$f'(x)$	$+$	0	$-$	0	$+$	0	$-$
f	↗	7	↘	-9	↗	7	↘
		max.		min.		max.	

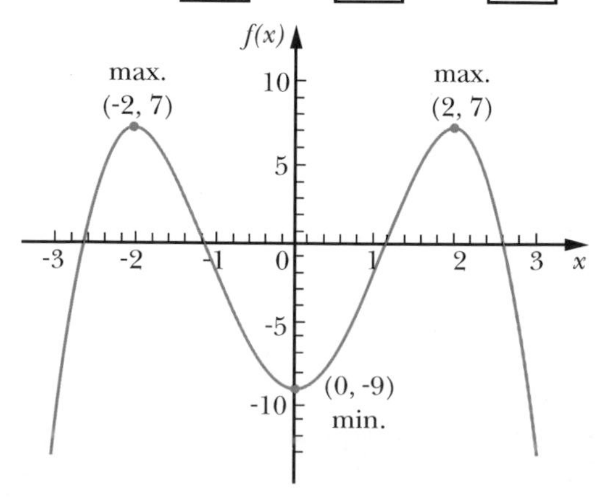

h) dom $f = \left[\frac{-7}{3}, +\infty\right[$

$f'(x) = \dfrac{3}{2\sqrt{3x+7}}$

Nombre critique: $\frac{-7}{3}$

x	$\frac{-7}{3}$	$+\infty$
$f'(x)$	$\nexists$	$+$
f	-2	↗
	min.	

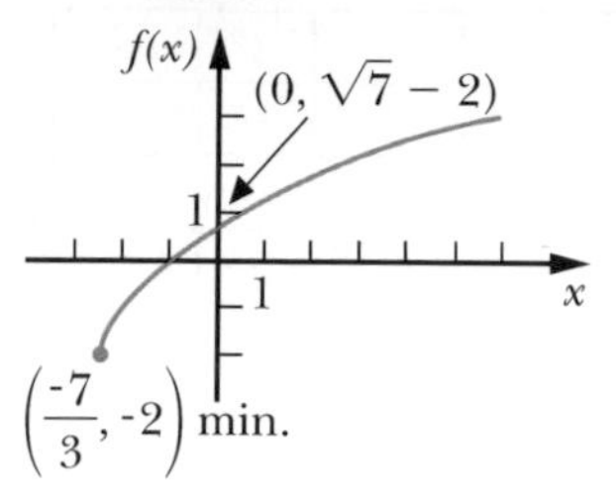

i) $f'(x) = \dfrac{-4}{3(4-2x)^{\frac{1}{3}}}$

Nombre critique: $x = 2$

x	$-\infty$	2	$+\infty$
$f'(x)$	$-$	$\nexists$	$+$
f	↘	3	↗
		min.	

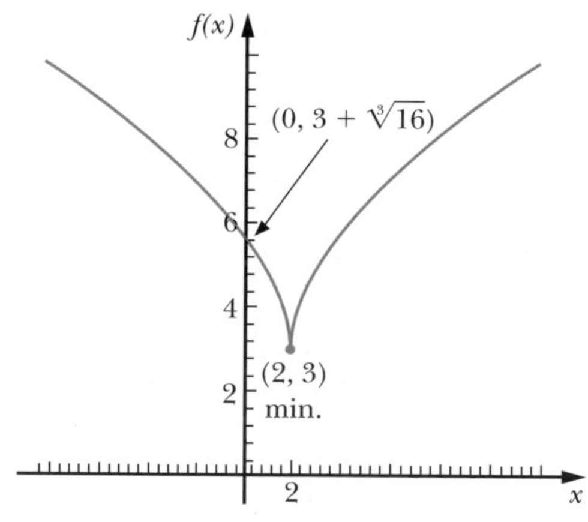

(2, 3) est un point de rebroussement.

j) $f'(x) = 15(x-2)(x+2)(x-1)(x+1)$

Nombres critiques: -2, -1, 1 et 2

x	$-\infty$	-2		-1		1		2	$+\infty$
$f'(x)$	$+$	0	$-$	0	$+$	0	$-$	0	$+$
f	↗	-16	↘	-38	↗	38	↘	16	↗
		max.		min.		max.		min.	

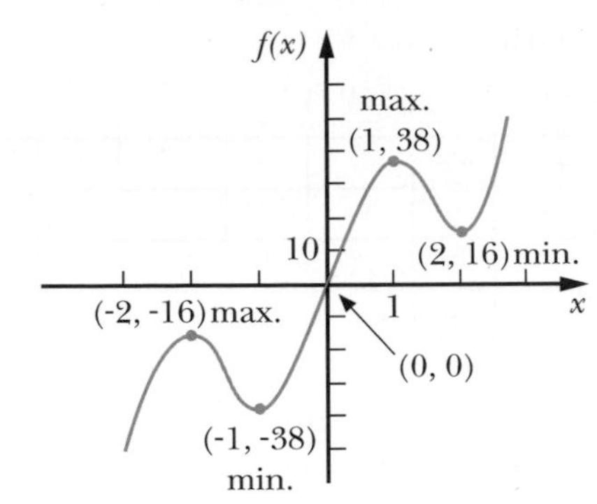

8.

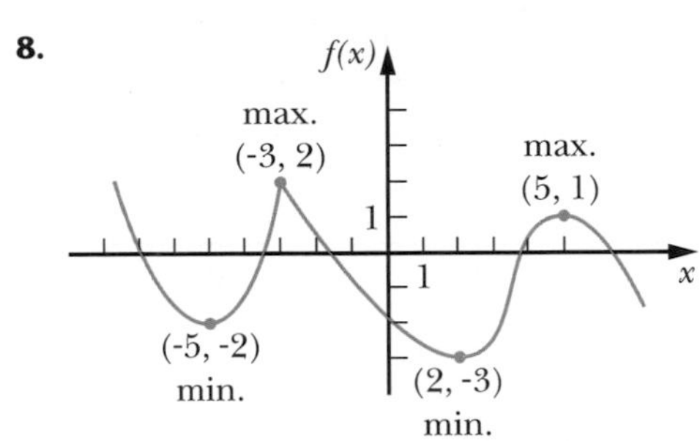

9. a)

x	$-\infty$	-7		-5		-2		3	$+\infty$
$f'(x)$	+	0	−	0	+	0	−	0	+
f	↗	3	↘	1	↗	3	↘	-3	↗
		max.		min.		max.		min.	

b)

x	$-\infty$	-2		0		2	$+\infty$
$f'(x)$	−	$\nexists$	+	0	−	$\nexists$	+
f	↘	0	↗	1	↘	0	↗
		min.		max.		min.	

c)

x	-3		-1		2	$+\infty$
$f'(x)$	$\nexists$	+	0	+	0	−
f	-2	↗	1	↗	3	↘
	min.				max.	

10. a)

x	$-\infty$	-2	$+\infty$
$f'(x)$	+	0	−
f	↗	$f(-2)$	↘
		max.	

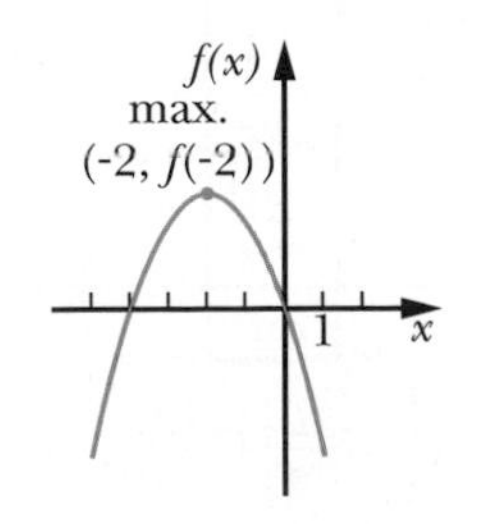

b)

x	$-\infty$	-2		1,5	$+\infty$
$f'(x)$	−	0	+	0	−
f	↘	$f(-2)$	↗	$f(1,5)$	↘
		min.		max.	

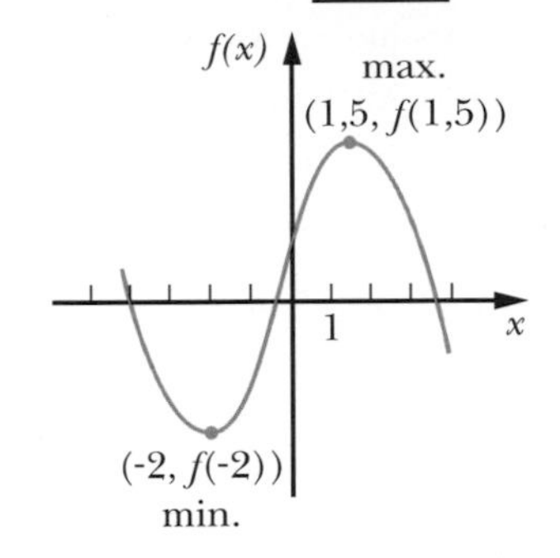

c)

x	$-\infty$	-3		1	$+\infty$
$f'(x)$	−	0	+	0	+
f	↘	$f(-3)$	↗	$f(1)$	↗
		min.			

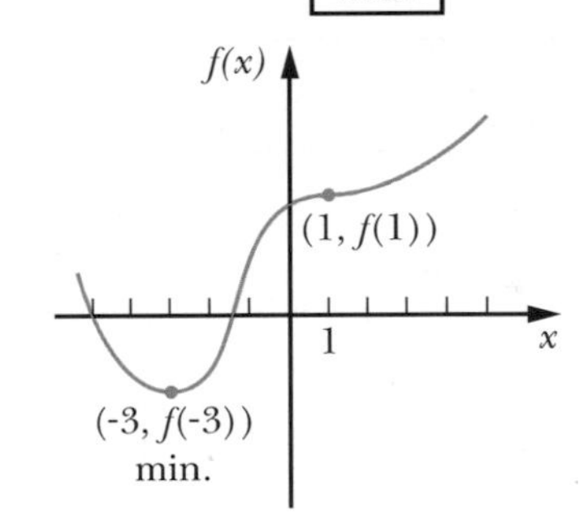

d)

x	$-\infty$	2	$+\infty$
$f'(x)$	−	$\nexists$	+
f	↘	$f(2)$	↗
		min.	

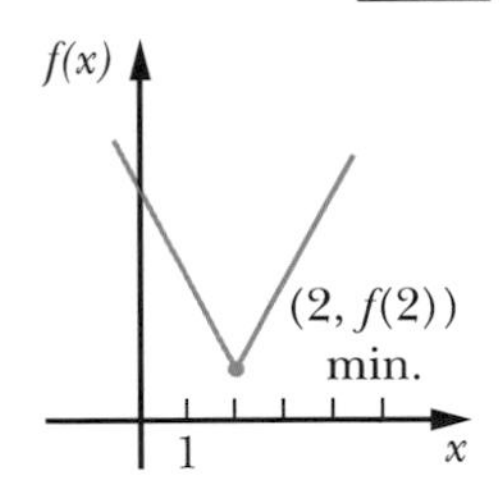

11. a) [-2, 3]
b)]-5, 0[
c) En $x = 0$; $f'(0) \approx -3$

12. Les graphiques associés sont les suivants.

a) et ⑥ d) et ③ g) et ⑦
b) et ① e) et ⑨ h) et ②
c) et ⑧ f) et ④ i) et ⑤

13. a) ① g; ② f; ③ f'
b) ① f; ② g; ③ f'

Exercices 6.2 (page 224)

1. a) ... concave vers le haut sur $[a, b]$.

b) ... concave vers le bas sur $[a, +\infty$.

c) ... change de concavité au point $(c, f(c))$.

d) ... change de signe lorsque x passe de c^- à c^+.

e) i) ... $(c, f(c))$ est un point de maximum relatif de f.

ii) ... $(c, f(c))$ est un point de minimum relatif de f.

iii) ... nous ne pouvons rien conclure.

2. a) ③ et ④ b) ② et ⑥

3. a) $(0, 1)$

b) $(-6, -2)$, $(-4, 0)$ et $(2, 2)$

c) $(1, -2)$ et $(3, 1)$

4. a) Nombres critiques: $\frac{-5}{2}$ et 1

x	$-\infty$	$\frac{-5}{2}$		1	$+\infty$
$f''(x)$	+	0	−	0	+
f	∪	$f\left(\frac{-5}{2}\right)$	∩	$f(1)$	∪
		inf.		inf.	

b) Nombres critiques: -2, 1 et 2

x	$-\infty$	-2		1		2	$+\infty$
$f''(x)$	+	0	−	0	−	0	+
f	∪	$f(-2)$	∩	$f(1)$	∩	$f(2)$	∪
		inf.				inf.	

5. a) $f''(x) = 20x^3$; nombre critique: 0

x	$-\infty$	0	$+\infty$
$f''(x)$	−	0	+
f	∩	7	∪
		inf.	

f est concave vers le bas sur $-\infty, 0]$;

f est concave vers le haut sur $[0, +\infty$;

point d'inflexion: $(0, 7)$

b) $f''(x) = -12(x - 7)^2$; nombre critique: 7

x	$-\infty$	7	$+\infty$
$f''(x)$	−	0	−
f	∩	5	∩

f est concave vers le bas sur IR.

c) $f''(x) = 0$; nombres critiques: $\{x \mid x \in \mathbb{R}\}$

x	$-\infty$ $+\infty$
$f''(x)$	0
f	ni concave vers le haut et ni concave vers le bas

Remarque La représentation graphique de $f(x) = 3x - 4$ est une droite.

d) $f''(x) = 60x^2(x - 1)(x + 1)$;

nombres critiques: -1, 0 et 1

x	$-\infty$	-1		0		1	$+\infty$
$f''(x)$	+	0	−	0	−	0	+
f	∪	-2	∩	1	∩	-2	∪
		inf.				inf.	

f est concave vers le haut sur $-\infty, -1] \cup [1, +\infty$;

f est concave vers le bas sur $[-1, 1]$;

points d'inflexion: $(-1, -2)$ et $(1, -2)$.

e) $f''(x) = 12(x + 1)(x - 4)$; nombres critiques: -1 et 4

x	$-\infty$	-1		4	$+\infty$
$f''(x)$	+	0	−	0	+
f	∪	-17	∩	-512	∪
		inf.		inf.	

f est concave vers le haut sur $-\infty, -1] \cup [4, +\infty$;

f est concave vers le bas sur $[-1, 4]$;

points d'inflexion: $(-1, -17)$ et $(4, -512)$.

f) $f''(x) = \dfrac{-2}{(3x + 1)^{\frac{5}{3}}}$; $f''(x)$ n'existe pas si $x = \frac{-1}{3}$.

x	$-\infty$	$\frac{-1}{3}$	$+\infty$
$f''(x)$	+	$\nexists$	−
f	∪	-7	∩
		inf.	

f est concave vers le haut sur $-\infty, \frac{-1}{3}\Big]$;

f est concave vers le bas sur $\Big[\frac{-1}{3}, +\infty$;

point d'inflexion: $\left(\frac{-1}{3}, -7\right)$.

g) $f''(x) = \dfrac{2}{9(x - 4)^{\frac{4}{3}}}$; $f''(x)$ n'existe pas si $x = 4$.

x	$-\infty$	4	$+\infty$
$f''(x)$	+	$\nexists$	+
f	∪	1	∪

f est concave vers le haut sur IR.

h) $f''(x) = 18(1 - 3x)(12x - 11)$;

nombres critiques: $\frac{1}{3}$ et $\frac{11}{12}$

x	$-\infty$	$\frac{1}{3}$		$\frac{11}{12}$	$+\infty$
$f''(x)$	−	0	+	0	−
f	∩	0	∪	$\frac{2401}{384}$	∩
		inf.		inf.	

f est concave vers le bas sur $-\infty, \frac{1}{3}\Big] \cup \Big[\frac{11}{12}, +\infty$;

f est concave vers le haut sur $\left[\frac{1}{3}, \frac{11}{12}\right]$;

points d'inflexion: $\left(\frac{1}{3}, 0\right)$ et $\left(\frac{11}{12}, \frac{2401}{384}\right)$.

i) $f''(x) = \dfrac{2x(x^2 - 3)}{(x^2 + 1)^3}$; nombres critiques: 0, $\sqrt{3}$ et $-\sqrt{3}$

x	$-\infty$	$-\sqrt{3}$		0		$\sqrt{3}$	$+\infty$
$f''(x)$	$-$	0	$+$	0	$-$	0	$+$
f	$\cap$	$\frac{-\sqrt{3}}{4}$	$\cup$	0	$\cap$	$\frac{\sqrt{3}}{4}$	$\cup$
		inf.		inf.		inf.	

f est concave vers le bas sur $-\infty, -\sqrt{3}] \cup [0, \sqrt{3}]$;

f est concave vers le haut sur $[-\sqrt{3}, 0] \cup [\sqrt{3}, +\infty$;

points d'inflexion: $\left(-\sqrt{3}, \frac{-\sqrt{3}}{4}\right)$, $(0, 0)$ et $\left(\sqrt{3}, \frac{\sqrt{3}}{4}\right)$.

6. a) $f'(x) = 3(x + 1)(x - 1)$ et $f''(x) = 6x$;

$f'(-1) = 0$ et $f''(-1) = -6 < 0$, d'où $(-1, 7)$ est un point de maximum relatif de f.

$f'(1) = 0$ et $f''(1) = 6 > 0$, d'où $(1, 3)$ est un point de minimum relatif de f.

b) $f'(x) = 4x(x - 4)(x + 4)$ et $f''(x) = 12x^2 - 64$;

$f'(-4) = 0$ et $f''(-4) = 128 > 0$, d'où $(-4, 0)$ est un point de minimum relatif de f.

$f'(0) = 0$ et $f''(0) = -64 < 0$, d'où $(0, 256)$ est un point de maximum relatif de f.

$f'(4) = 0$ et $f''(4) = 128 > 0$, d'où $(4, 0)$ est un point de minimum relatif de f.

c) $f'(x) = 4(2 - x)^3$ et $f''(x) = -12(2 - x)^2$;

$f'(2) = 0$ et $f''(2) = 0$, d'où nous ne pouvons rien conclure.

Construisons le tableau de variation relatif à f'.

x	$-\infty$	2	$+\infty$
$f'(x)$	$+$	0	$-$
f	↗	5	↘
		max.	

D'où $(2, 5)$ est un point de maximum relatif de f.

d) $f'(x) = 3(x + 3)(x - 1)$ et $f''(x) = 6x + 6$;

$f'(-3) = 0$ et $f''(-3) = -12 < 0$,

d'où $(-3, 37)$ est un point de maximum relatif de f.

$f'(1) = 0$ et $f''(1) = 12 > 0$,

d'où $(1, 5)$ est un point de minimum relatif de f.

e) $f'(x) = 12x^2(x - 1)$ et $f''(x) = 36x^2 - 24x$;

$f'(1) = 0$ et $f''(1) = 12 > 0$,

d'où $(1, 4)$ est un point de minimum relatif de f.

$f'(0) = 0$ et $f''(0) = 0$,

d'où nous ne pouvons rien conclure.

Construisons le tableau de variation relatif à f'.

x	$-\infty$	0		1	$+\infty$
$f'(x)$	$-$	0	$-$	0	$+$
f	↘	5	↘	4	↗
				min.	

D'où $(0, 5)$ n'est ni un point de minimum, ni un point de maximum.

f) $f'(x) = 2x - \dfrac{16}{x^2} = \dfrac{2(x^3 - 8)}{x^2}$ sur $]1, 10[$ et

$f''(x) = 2 + \dfrac{32}{x^3}$ sur $]1, 10[$;

$f'(2) = 0$ et $f''(2) = 6 > 0$,

d'où $(2, 12)$ est un point de minimum relatif de f.

Pour les extrémités, construisons le tableau de variation relatif à f'.

x	1		2		10
$f'(x)$	$\nexists$	$-$	0	$+$	$\nexists$
f	17	↘	12	↗	$\nexists$
	max.		min.		

D'où, $(1, 17)$ est un point de maximum relatif de f.

7.

x	$-\infty$	-7		-5		0		5		7	$+\infty$
$f''(x)$	$-$	0	$+$	0	$-$	0	$+$	0	$-$	0	$+$
f	$\cap$	-1	$\cup$	1	$\cap$	0	$\cup$	-1	$\cap$	-2	$\cup$
		inf.		inf.		inf.		inf.		inf.	

8. a)

x	$-\infty$ $+\infty$
$f''(x)$	$+$
f	$\cup$

b)

x	$-\infty$	-2	$+\infty$
$f''(x)$	$-$	0	$+$
f	$\cap$	$f(-2)$	$\cup$
		inf.	

c)

x	$-\infty$	-1		3	$+\infty$
$f''(x)$	$-$	0	$+$	0	$-$
f	$\cap$	$f(-1)$	$\cup$	$f(3)$	$\cap$
		inf.		inf.	

d)

x	$-\infty$	-3		0		3	$+\infty$
$f''(x)$	$-$	0	$-$	0	$+$	0	$-$
f	$\cap$	$f(-3)$	$\cap$	$f(0)$	$\cup$	$f(3)$	$\cap$
				inf.		inf.	

9. a)

x	$-\infty$	3	$+\infty$
$f''(x)$	+	$f''(3)$	+
f	∪	-2	∪

Remarque $f''(3) = 0$ ou $f''(3) > 0$

b)

x	$-\infty$	3	$+\infty$
$g''(x)$	−	0	+
g	∩	$g(3)$	∪
		inf.	

c)

x	$-\infty$	1		5	$+\infty$
$h''(x)$	+	0	−	0	+
h	∪	$h(1)$	∩	$h(5)$	∪
		inf.		inf.	

10. a) et ③ c) et ②

b) et ① d) et ④

11. a) ① f''; ② g; ③ f

b) ① f''; ② g; ③ f

Exercices 6.3 (page 233)

1. a) $f'(x) = -3x^2$ et $f''(x) = -6x$;

x	$-\infty$	0	$+\infty$
$f'(x)$	−	0	−
$f''(x)$	+	0	−
f	↘∪	4	↘∩
E. du G.	↳	(0, 4)	⤵
		inf.	

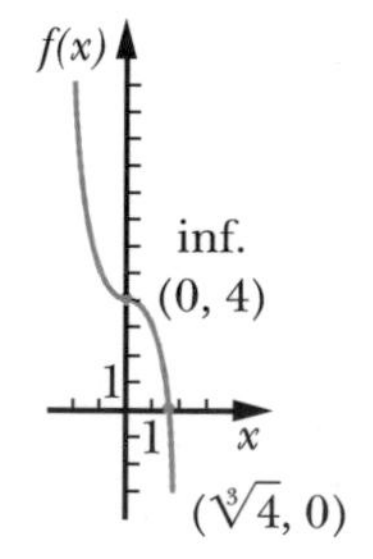

b) $f'(x) = 3x(x - 4)$ et $f''(x) = 6x - 12$;

x	$-\infty$	0		2		4	$+\infty$
$f'(x)$	+	0	−	−	−	0	+
$f''(x)$	−	−	−	0	+	+	+
f	↗∩	5	↘∩	-11	↘∪	-27	↗∪
E. du G.	↱	(0, 5)	⤵	(2, -11)	↳	(4, -27)	⤴
		max.		inf.		min.	

$x_1 = -0,854\ldots$; $x_2 = 1$; $x_3 = 5,854\ldots$

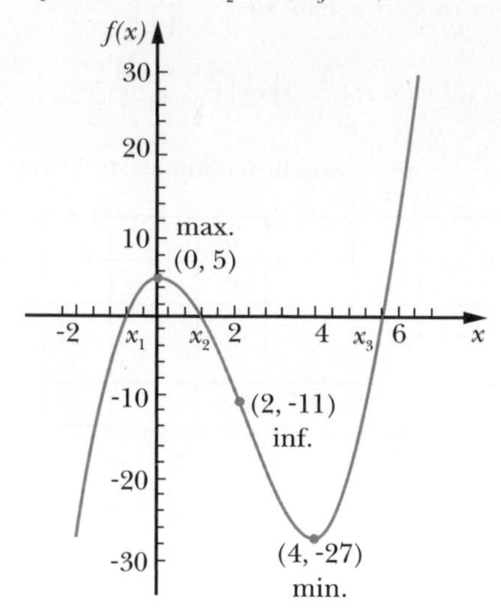

c) $f'(x) = 5x^4 + 3x^2 + 1$ et $f''(x) = 2x(10x^2 + 3)$;

x	$-\infty$	0	$+\infty$
$f'(x)$	+	+	+
$f''(x)$	−	0	+
f	↗∩	0	↗∪
E. du G.	↱	(0, 0)	⤴
		inf.	

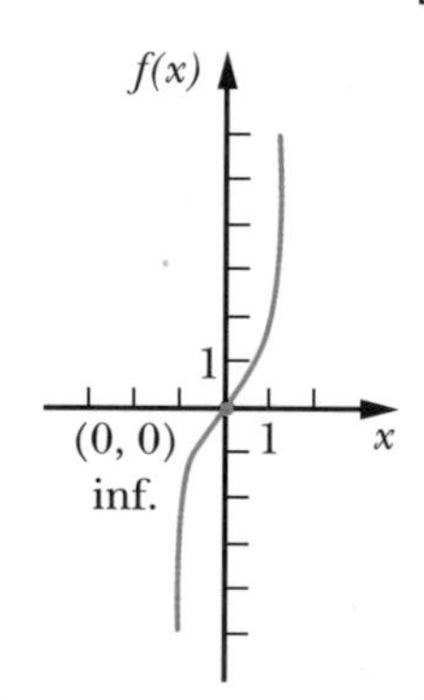

d) $f'(x) = \dfrac{1}{3\sqrt[3]{(x-3)^2}}$ et $f''(x) = \dfrac{-2}{9\sqrt[3]{(x-3)^5}}$;

x	$-\infty$	3	$+\infty$
$f'(x)$	+	∄	+
$f''(x)$	+	∄	−
f	↗∪	-2	↗∩
E. du G.	⤴	(3, -2)	↱
		inf.	

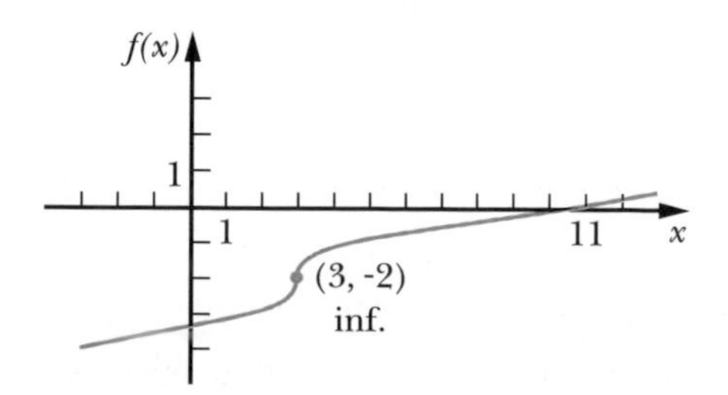

6

e) $f'(x) = \dfrac{2}{3\sqrt[3]{(x+4)}}$ et $f''(x) = \dfrac{-2}{9\sqrt[3]{(x+4)^4}}$;

x	-∞	-4	+∞
$f'(x)$	−	∄	+
$f''(x)$	−	∄	−
f	↘∩	-3	↗∩
E. du G.	⤵	(-4, -3)	↱
		min.	

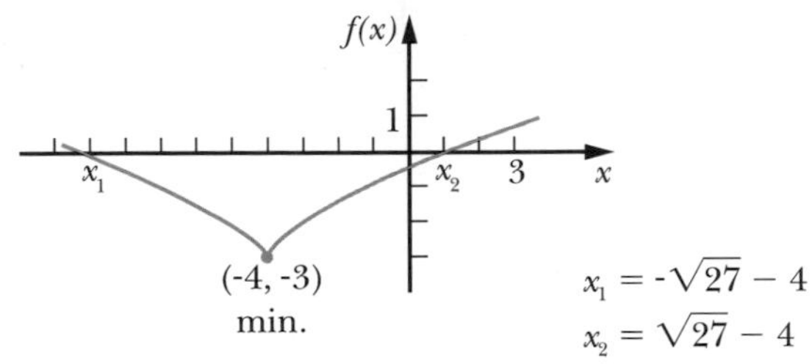

(-4, -3) est un point de rebroussement.

f) dom f = [-3, 3] ;

$f'(x) = \dfrac{-x}{\sqrt{9 - x^2}}$ et $f''(x) = \dfrac{-9}{(9 - x^2)^{\frac{3}{2}}}$

x	-3		0		3
$f'(x)$	∄	+	0	−	∄
$f''(x)$	∄	−	−	−	∄
f	0	↗∩	3	↘∩	0
E. du G.	(-3, 0)	↱	(0, 3)	⤵	(3, 0)
	min.		max.		min.

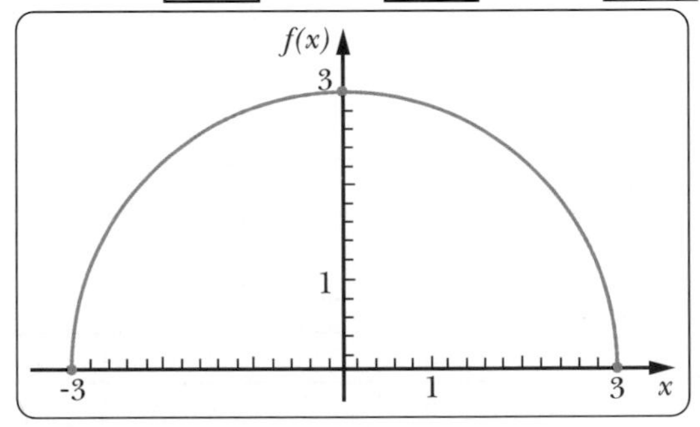

g) $f'(x) = 4x(x - 3)(x + 3)$ et $f''(x) = 12(x^2 - 3)$;

x	-∞	-3		$-\sqrt{3}$		0		$\sqrt{3}$		3	+∞
$f'(x)$	−	0	+	+	+	0	−	−	−	0	+
$f''(x)$	+	+	+	0	−	−	−	0	+	+	+
f	↘∪	0	↗∪	36	↗∩	81	↘∩	36	↘∪	0	↗∪
E. du G.	↳	(-3, 0)	⤴	$(-\sqrt{3}, 36)$	↱	(0, 81)	⤵	$(\sqrt{3}, 36)$	↳	(3, 0)	⤴
		min.		inf.		max.		inf.		min.	

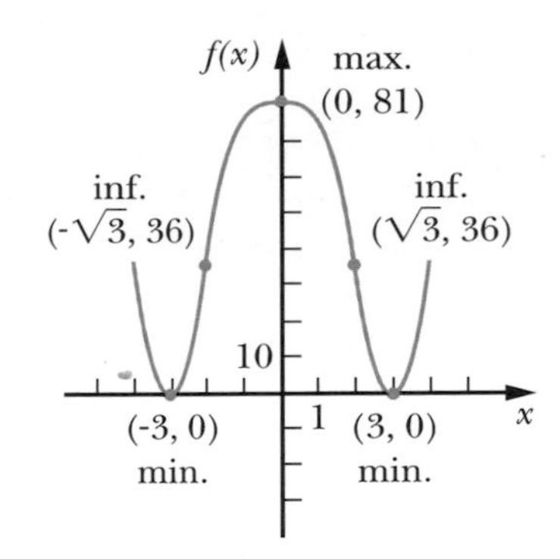

h) $f'(x) = (x + 4)^2(4x - 2)$ et $f''(x) = 12(x + 4)(x + 1)$;

x	-∞	-4		-1		$\frac{1}{2}$	+∞
$f'(x)$	−	0	−	−	−	0	+
$f''(x)$	+	0	−	0	+	+	+
f	↘∪	0	↘∩	-81	↘∪	$\frac{-2187}{16}$	↗∪
E. du G.	↳	(-4, 0)	⤵	(-1, -81)	↳	$\left(\frac{1}{2}, \frac{-2187}{16}\right)$	⤴
		inf.		inf.		min.	

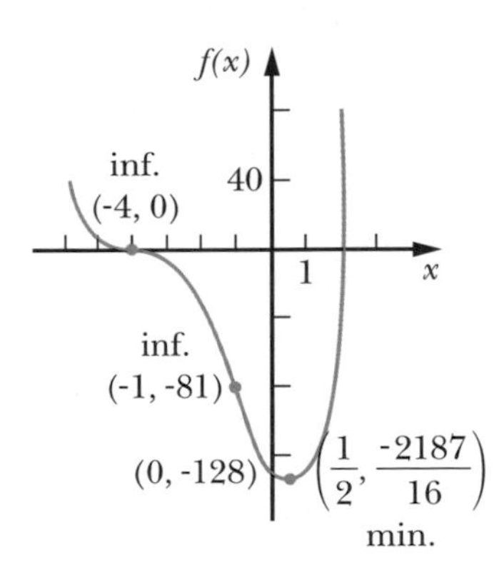

i) $f'(x) = \dfrac{2(\sqrt[3]{x} - 1)}{\sqrt[3]{x}}$ et $f''(x) = \dfrac{2}{3\sqrt[3]{x^4}}$;

x	-∞	0		1	+∞
$f'(x)$	+	∄	−	0	+
$f''(x)$	+	∄	+	+	+
f	↗∪	0	↘∪	-1	↗∪
E. du G.	⤴	(0, 0)	↳	(1, -1)	⤴
		max.		min.	

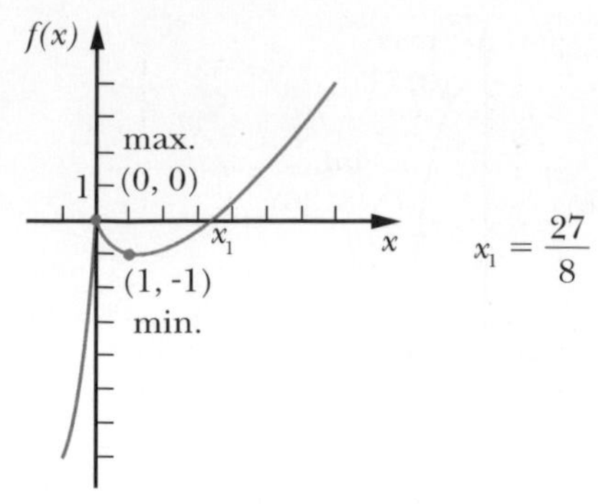

$x_1 = \frac{27}{8}$

(0, 0) est un point de rebroussement.

j) $f'(x) = \dfrac{-4x}{(x^2+1)^2}$ et $f''(x) = \dfrac{4(3x^2-1)}{(x^2+1)^3}$;

x	$-\infty$	$\frac{-1}{\sqrt{3}}$		0		$\frac{1}{\sqrt{3}}$	$+\infty$
$f'(x)$	+	+	+	0	−	−	−
$f''(x)$	+	0	−	−	−	0	+
f	↗∪	$\frac{1}{2}$	↗∩	1	↘∩	$\frac{1}{2}$	↘∪
E. du G.	↗	$\left(\frac{-1}{\sqrt{3}}, \frac{1}{2}\right)$	↗	(0, 1)	↘	$\left(\frac{1}{\sqrt{3}}, \frac{1}{2}\right)$	↘
		inf.		max.		inf.	

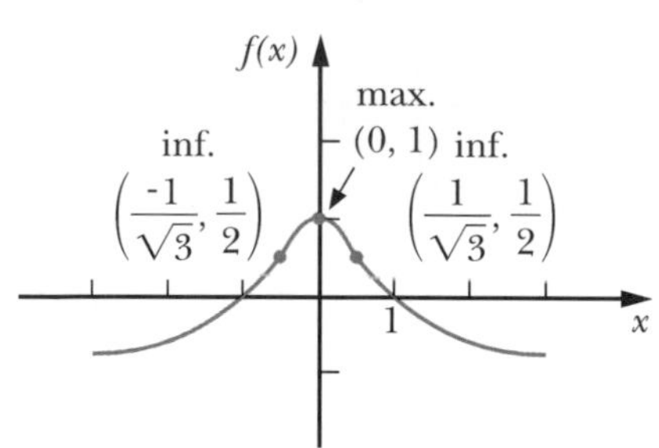

k) $f'(x) = \dfrac{x^{\frac{2}{3}} - 1}{x^{\frac{2}{3}}}$ et $f''(x) = \dfrac{2}{3x^{\frac{5}{3}}}$;

x	$-\infty$	-1		0		1	$+\infty$
$f'(x)$	+	0	−	∄	−	0	+
$f''(x)$	−	−	−	∄	+	+	+
f	↗∩	5	↘∩	3	↘∪	1	↗∪
E. du G.	↗	(-1, 5)	↘	(0, 3)	↘	(1, 1)	↗
		max.		inf.		min.	

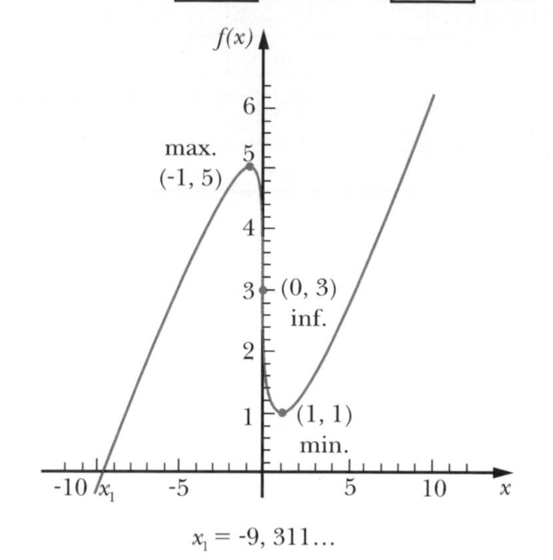

$x_1 = -9,311...$

l) $f'(x) = \begin{cases} 2x & \text{si} \quad x < -2 \text{ ou } x > 2 \\ -2x & \text{si} \quad -2 < x < 2 \text{ et} \end{cases}$

$f''(x) = \begin{cases} 2 & \text{si} \quad x < -2 \text{ ou } x > 2 \\ -2 & \text{si} \quad -2 < x < 2 \end{cases}$

x	$-\infty$	-2		0		2	$+\infty$
$f'(x)$	−	∄	+	0	−	∄	+
$f''(x)$	+	∄	−	−	−	∄	+
f	↘∪	0	↗∩	4	↘∩	0	↗∪
E. du G.	↘	(-2, 0)	↗	(0, 4)	↘	(2, 0)	↗
		min. inf.		max.		min. inf.	

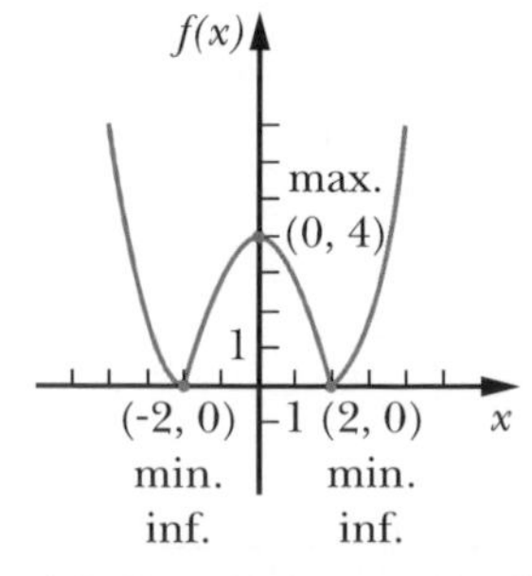

(-2, 0) et (2, 0) sont des points anguleux.

m) $f'(x) = 6x(x^2 - 5)^2$ et $f''(x) = 30(x^2 - 5)(x^2 - 1)$;

x	$-\infty$	$-\sqrt{5}$		-1		0		1		$\sqrt{5}$	$+\infty$
$f'(x)$	−	0	−	−	−	0	+	+	+	0	+
$f''(x)$	+	0	−	0	+	+	+	0	−	0	+
f	↘∪	0	↘∩	-64	↘∪	-125	↗∪	-64	↗∩	0	↗∪
E. du G.	↳	$(-\sqrt{5}, 0)$	⤵	(-1, -64)	↳	(0, -125)	⤴	(1, -64)	↱	$(\sqrt{5}, 0)$	⤴
		inf.		inf.		min.		inf.		inf.	

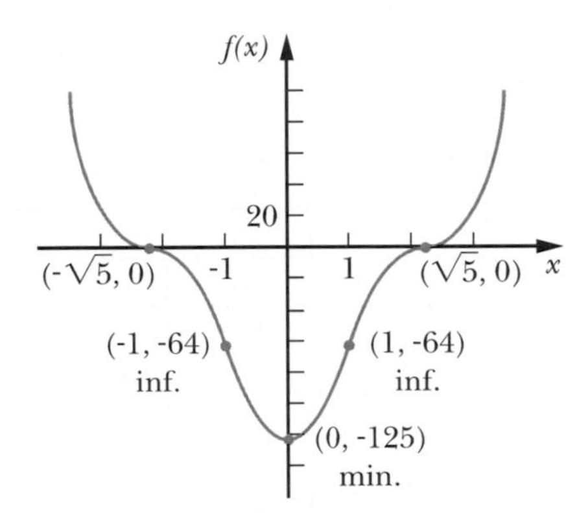

n) $f(x) = \sqrt{(x+2)(x-4)}$, dom $f = -\infty, -2] \cup [4, +\infty$

$$f'(x) = \frac{x-1}{\sqrt{x^2 - 2x - 8}} \text{ et } f''(x) = \frac{-9}{(x^2 - 2x - 8)^{\frac{3}{2}}};$$

x	$-\infty$	-2		4	$+\infty$
$f'(x)$	−	∄	∄	∄	+
$f''(x)$	−	∄	∄	∄	−
f	↘∩	0	∄	0	↗∩
E. du G.	⤵	(-2, 0)		(4, 0)	↱
		min.		min.	

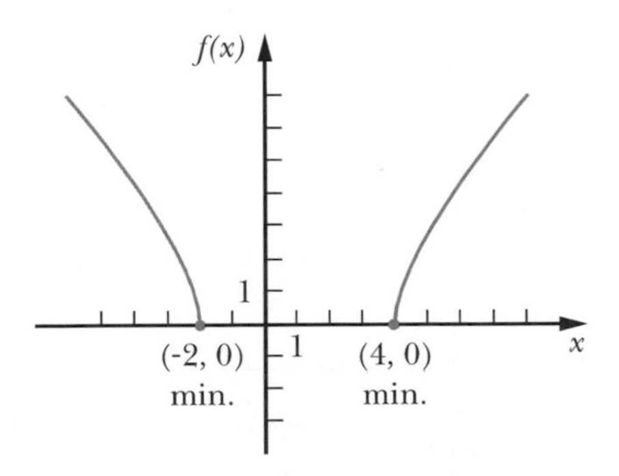

2. a) dom $f =]-1, 2]$;

$f'(x) = 6(x + 2)(x - 1)$ et $f''(x) = 12x + 6$;

x	-1		$\frac{-1}{2}$		1		2
$f'(x)$	∄	−	−	−	0	+	∄
$f''(x)$	∄	−	0	+	+	+	∄
f	∄	↘∩	$\frac{37}{2}$	↘∪	5	↗∪	16
E. du G.	∄	⤵	$\left(\frac{-1}{2}, \frac{37}{2}\right)$	↳	(1, 5)	⤴	(2, 16)
			inf.		min.		max.

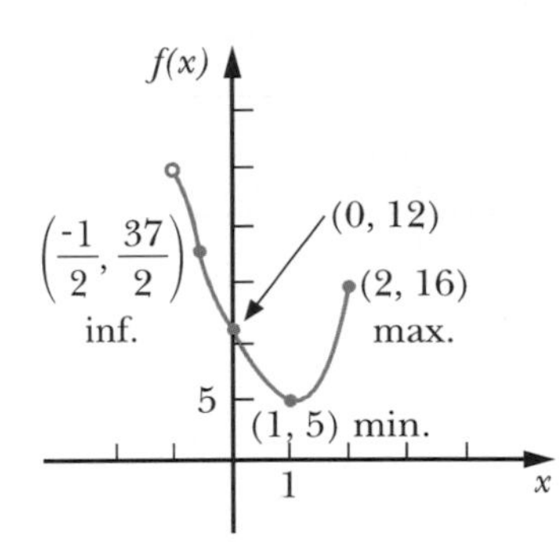

b) dom $f = [-8, 1]$;

$$f'(x) = \frac{2}{x^{\frac{1}{3}}} - 2x = \frac{2(1 - x^{\frac{4}{3}})}{x^{\frac{1}{3}}} \text{ et}$$

$$f''(x) = \frac{-2}{3x^{\frac{4}{3}}} - 2 = \frac{-2(1 + 3x^{\frac{4}{3}})}{3x^{\frac{4}{3}}};$$

x	-8		-1		0		1
$f'(x)$	∄	+	0	−	∄	+	∄
$f''(x)$	∄	−	−	−	0	−	∄
f	-47	↗∩	7	↘∩	5	↗∩	7
E. du G.	(-8, -47)	↱	(-1, 7)	⤵	(0, 5)	↱	(1, 7)
	min.		max.		min.		max.

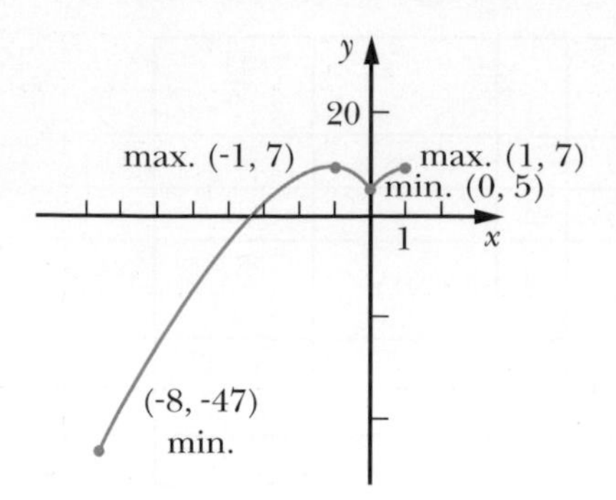

Le point minimum (0, 5) est un point de rebroussement.

c) dom $f = [-9, 9]$;

$$f'(x) = \frac{3(6-x)}{2(9-x)^{\frac{1}{2}}} \text{ et } f''(x) = \frac{3(x-12)}{4(9-x)^{\frac{3}{2}}} ;$$

x	-9		6		9
$f'(x)$	∄	+	0	−	∄
$f''(x)$	∄	−	−	−	∄
f	-38,2…	↗∩	10,39…	↘∩	0
E. du G.	(-9, -38,2…)	↱	(6, 10,39…)	↴	(9, 0)
	min.		max.		min.

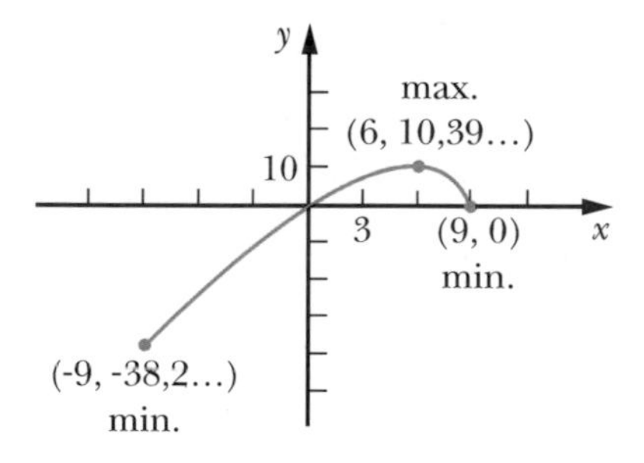

d) dom $f = [-3, 3]$;

$$f'(x) = \frac{9-2x^2}{(9-x^2)^{\frac{1}{2}}} \text{ et } f''(x) = \frac{x(2x^2-27)}{(9-x^2)^{\frac{3}{2}}} ;$$

x	-3		$-\sqrt{4,5}$		0		$\sqrt{4,5}$		3
$f'(x)$	∄	−	0	+	+	+	0	−	∄
$f''(x)$	∄	+	+	+	0	−	−	−	∄
f	0	↘∪	-4,5	↗∪	0	↗∩	4,5	↘∩	(3, 0)
E. du G.	(-3, 0)	↳	$(-\sqrt{4,5}, -4,5)$	↗	(0, 0)	↱	$(\sqrt{4,5}, 4,5)$	↴	(3, 0)
	max.		min.		inf.		max.		min.

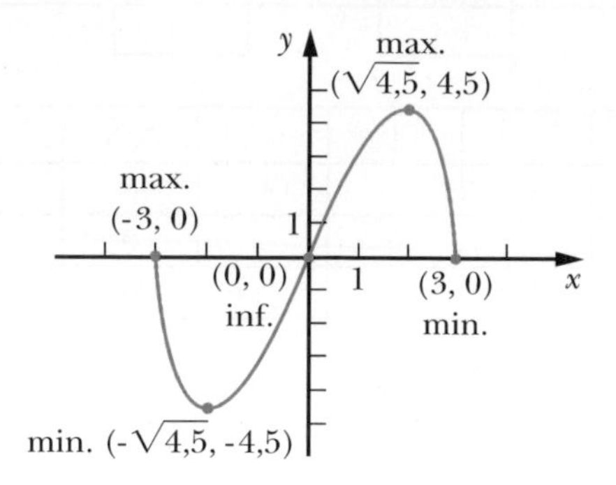

3. a) $f'(x) = \dfrac{4x^2(x-3)}{27}$ et $f''(x) = \dfrac{12x(x-2)}{27}$

x	-∞	0		2		3	+∞
$f'(x)$	−	0	−	−	−	0	+
$f''(x)$	+	0	−	0	+	+	+
f	↘∪	0	↘∩	$\frac{-16}{27}$	↘∪	-1	↗∪
E. du G.	↳	(0, 0)	↴	$\left(2, \frac{-16}{27}\right)$	↳	(3, -1)	↗
		inf.		inf.		min.	

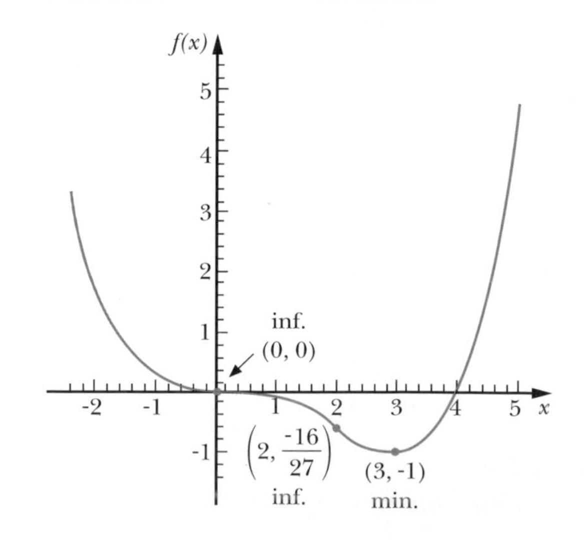

b)

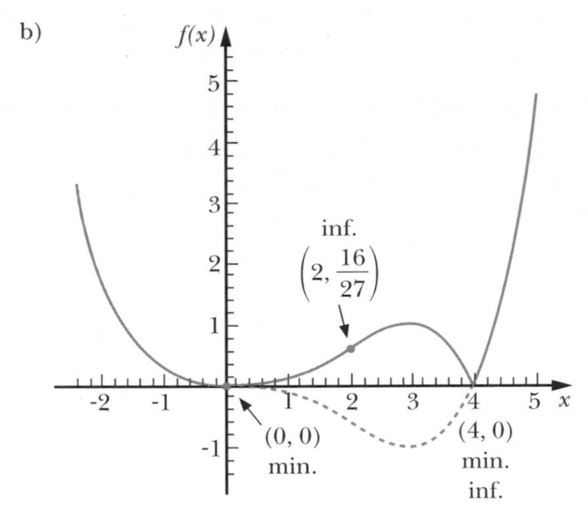

(4, 0) est un point anguleux.

4.

x	$-\infty$	-6		-3		0	
$f'(x)$	+	+	+	+	+	0	−
$f''(x)$	−	0	+	0	−	−	−
f	↗∩	-1	↗∪	1	↗∩	4	↘∩
E. du G.	↱	(-6, -1)	⤴	(-3, 1)	↱	(0, 4)	↴
		inf.		inf.		max.	

x	2		4		5		7	$+\infty$
$f'(x)$	−	−	0	+	+	+	0	−
$f''(x)$	0	+	+	+	0	−	−	−
f	2	↘∪	1	↗∪	2	↗∩	4	↘∩
E. du G.	(2, 2)	↳	(4, 1)	⤴	(5, 2)	↱	(7, 4)	↴
	inf.		min.		inf.		max.	

5. $\psi'(x) = \dfrac{3(4 - x^2)}{(4 + x^2)^2}$ et $\psi''(x) = \dfrac{6x(x^2 - 12)}{(4 + x^2)^3}$

x	-10		$-\sqrt{12}$		-2		0
$\psi'(x)$	∄	−	−	−	0	+	+
$\psi''(x)$	∄	−	0	+	+	+	0
ψ	∄	↘∩	$\frac{-3\sqrt{3}}{8}$	↘∪	$\frac{-3}{4}$	↗∪	0
E. du G.	∄	↴	(-3,46…, -0,64…)	↳	(-2, -0,75)	⤴	(0, 0)
			inf.		min.		inf.

x		2		$\sqrt{12}$		10
$\psi'(x)$	+	0	−	−	−	∄
$\psi''(x)$	−	−	−	0	+	∄
ψ	↗∩	$\frac{3}{4}$	↘∩	$\frac{3\sqrt{3}}{8}$	↘∪	∄
E. du G.	↱	(2, 0,75)	↴	(3,46…, 0,64…)	⤴	∄
		max.		inf.		

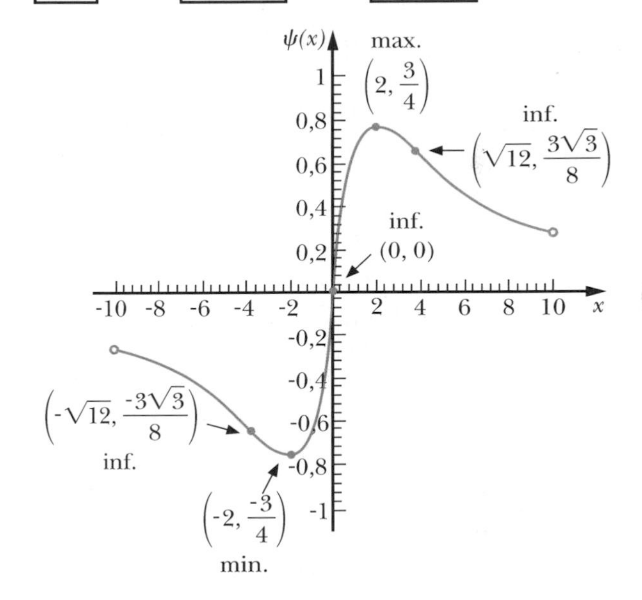

Exercices récapitulatifs *(page 237)*

1. a) $f \nearrow$ sur $-\infty, \frac{1}{3}\Big] \cup [1, +\infty$; $f \searrow$ sur $\Big[\frac{1}{3}, 1\Big]$

b) $f \nearrow$ sur $[0, 1]$; $f \searrow$ sur $-\infty, 0] \cup [1, +\infty$

c) $f \nearrow$ sur $[-2, 2]$; $f \searrow$ sur $-\infty, -2] \cup [2, +\infty$

d) $f \nearrow$ sur $[-5, -2]$; $f \searrow$ sur $[-2, 1]$

e) Max. : aucun
Min. : aucun

f) Max. rel. : (0, 2)
Max. abs. : (5, 67)
Min. abs. : (2, -14)

g) Max. rel. : (1, 18,5)
Min. abs. : (2, 13,5)

h) Max. rel. : $(-\sqrt{2}, 0)$
Max. abs. : (1, 3)
Min. rel. : $(\sqrt{2}, 0)$
Min. abs. : (-1, -3)

2. a) Max. rel. : (0, 5)
Min. abs. : (-1, 3) et (1, 3)

b) Max. rel. : $(1 - \sqrt{2}, -7 + 8\sqrt{2})$
Min. rel. : $(1 + \sqrt{2}, -7 - 8\sqrt{2})$

c) Max. abs. : (1, 3)
Min. abs. : $\left(-1, \frac{1}{3}\right)$

d) Max. : aucun
Min. abs. : (3, 4)

3. L'explication est laissée à l'utilisateur ou l'utilisatrice.

4. a) Maximum absolu : 91
Minimum absolu : 3,859…

b) Maximum absolu : aucun

Minimum absolu : -5

5. a) Concavité vers le haut : $-\infty, 0{,}25]$

Concavité vers le bas : $[0{,}25, +\infty$

Inf. : $(0{,}25, 0)$

b) Concavité vers le haut : $\mathbb{R}$

Inf. : aucun

c) Concavité vers le haut : $[2, +\infty$

Concavité vers le bas : $-\infty, 2]$

Inf. : $(2, 16)$

d) Concavité vers le haut : $-\infty, -\sqrt{\frac{1}{3}}\Big] \cup \Big[\sqrt{\frac{1}{3}}, +\infty$

Concavité vers le bas : $\left[-\sqrt{\frac{1}{3}}, \sqrt{\frac{1}{3}}\right]$

Inf. : $\left(-\sqrt{\frac{1}{3}}, \frac{4}{9}\right)$ et $\left(\sqrt{\frac{1}{3}}, \frac{4}{9}\right)$

e) Concavité vers le haut : $[-\sqrt{2}, 0]$

Concavité vers le bas : $[0, \sqrt{2}]$

Inf. : $(0, 0)$

f) Concavité vers le bas : $-\infty, -1] \cup [1, +\infty$

Inf. : aucun

6. a) Les représentations sont laissées à l'utilisateur ou l'utilisatrice.

b) Zéros de f : $-1{,}532...$, $-0{,}822...$, $0{,}822...$ et $1{,}532...$

Zéros de g : -4 et 1

Zéros de h : $-0{,}732...$, 1 et $2{,}732...$

c) Max. rel. de f : $\left(-\sqrt{\frac{5}{3}}, \frac{240}{27}\right)$ et $\left(\sqrt{\frac{5}{3}}, \frac{240}{27}\right)$

Min. rel. de f : $(0, -5)$

Max. rel. de g : $(-1, 108)$

Min. rel. de g : $(1, 0)$

Max. rel. de h : $(0, 2)$ et $(2, 2)$

Min. rel. de h : $(-0{,}732..., 0)$, $(1, 0)$ et $(2{,}732..., 0)$

d) Points d'inflexion de f : $(-1, 4)$ et $(1, 4)$

Points d'inflexion de g : $(-4, 0)$, $(-2{,}22..., 58{,}17...)$ et $(0{,}22..., 45{,}32...)$

Points d'inflexion de h : $(-0{,}732..., 0)$ et $(2{,}732..., 0)$

e) Points anguleux de h : $(-0{,}732..., 0)$, $(1, 0)$ et $(2{,}732..., 0)$

7. Les tableaux de variation et les esquisses de graphique sont laissés à l'utilisateur ou l'utilisatrice.

a) $f'(x) = 3(x - 1)(x + 1)$ et $f''(x) = 6x$;

max. rel. : $(-1, 3)$, min. rel. : $(1, -1)$, inf. : $(0, 1)$

b) $f'(x) = 12x(x - 2)(x + 1)$ et $f''(x) = 12(3x^2 - 2x - 2)$;

max. rel. : $(0, 10)$, min. rel. : $(-1, 5)$ et $(2, -22)$,

inf. : $(-0{,}5..., 7{,}3...)$ et $(1{,}2..., -8{,}3...)$

c) $f'(x) = -15x^2(x^2 - 1)$ et $f''(x) = -30x(2x^2 - 1)$;

max. rel. : $(1, 3)$, min. rel. : $(-1, -1)$,

inf. : $\left(\frac{-1}{\sqrt{2}}, \frac{8 - 7\sqrt{2}}{8}\right)$, $(0, 1)$ et $\left(\frac{1}{\sqrt{2}}, \frac{8 + 7\sqrt{2}}{8}\right)$

d) $f'(x) = 8(4 - x)^2(1 - x)$ et $f''(x) = 24(4 - x)(x - 2)$;

max. rel. : $(1, 54)$, inf. : $(2, 32)$ et $(4, 0)$

e) $f'(x) = 4x(x^2 + 6x + 18)$ et $f''(x) = 12(x^2 + 4x + 6)$;

min. rel. : $(0, 1)$

f) $f'(x) = 4x(x - 1)(x - 2)$ et $f''(x) = 12x^2 - 24x + 8$;

max. rel. : $(1, 0)$, min. rel. : $(0, -1)$ et $(2, -1)$,

inf. : $(0{,}4..., -0{,}5...)$ et $(1{,}5..., -0{,}5...)$

g) $f'(x) = 9x^2(1 - x^6)$ et $f''(x) = 18x(1 - 4x^6)$;

max. rel. : $(1, 0)$, min. rel. : $(-1, -4)$,

inf. : $\left(\frac{-1}{\sqrt[3]{2}}, \frac{-27}{8}\right)$, $(0, -2)$ et $\left(\frac{1}{\sqrt[3]{2}}, \frac{-5}{8}\right)$

h) $f'(x) = \frac{3(x + 5)}{2\sqrt{9 + x}}$ et $f''(x) = \frac{3(x + 13)}{4(9 + x)^{\frac{3}{2}}}$;

max. rel. : $(-9, 7)$, min. rel. : $(-5, -9)$

i) $f'(x) = \frac{-1}{3(5 - x)^{\frac{2}{3}}}$ et $f''(x) = \frac{-2}{9(5 - x)^{\frac{5}{3}}}$;

inf. : $(5, 3)$

j) $f'(x) = \frac{-2}{3(5 - x)^{\frac{1}{3}}}$ et $f''(x) = \frac{-2}{9(5 - x)^{\frac{4}{3}}}$;

min. rel. et point de rebroussement : $(5, 3)$

k) $f'(x) = \frac{5(x - 3)}{3(x - 1)^{\frac{1}{3}}}$ et $f''(x) = \frac{10x}{9(x - 1)^{\frac{4}{3}}}$;

max. rel. et point de rebroussement : $(1, 2)$,

min. rel. : $(3, -2{,}7...)$,

inf. : $(0, -4)$

l) $f'(x) = \frac{(1 - x)(1 + x)}{(1 + x^2)^2}$ et $f''(x) = \frac{2x(x^2 - 3)}{(1 + x^2)^3}$;

max. rel. : $\left(1, \frac{1}{2}\right)$, min. rel. : $\left(-1, \frac{-1}{2}\right)$,

inf. : $\left(-\sqrt{3}, \frac{-\sqrt{3}}{4}\right)$, $(0, 0)$ et $\left(\sqrt{3}, \frac{\sqrt{3}}{4}\right)$

m) $f'(x) = \frac{5 - x}{2(x - 2)^{\frac{3}{2}}}$ et $f''(x) = \frac{x - 11}{4(x - 2)^{\frac{5}{2}}}$;

max. rel. : $(5, 4 - 2\sqrt{3})$,

min. rel. : $(3, 0)$ et $\left(18, \frac{-3}{4}\right)$,

inf. : $(11, 0)$

n) $f'(x) = \frac{2x}{3(x^2 - 1)^{\frac{2}{3}}}$ et $f''(x) = \frac{-2(x^2 + 3)}{9(x^2 - 1)^{\frac{5}{3}}}$;

max. rel. : $(-2, \sqrt[3]{3})$ et $(3, 2)$, min. rel. : $(0, -1)$,

inf. : $(-1, 0)$ et $(1, 0)$

8. La représentation est laissée à l'utilisateur ou l'utilisatrice.

9.

x	$-\infty$	-1		3		5		6		8	$+\infty$
$f'(x)$	+	0	−	−	−	0	+	∄	+	0	+
$f''(x)$	−	−	−	0	+	+	+	∄	−	∄	+
f	↗∩	$f(-1)$	↘∩	$f(3)$	↘∪	$f(5)$	↗∪	$f(6)$	↗∩	$f(8)$	↗∪
E. du G.	↗	$(-1, f(-1))$	↘	$(3, f(3))$	↘	$(5, f(5))$	↗	$(6, f(6))$	↗	$(8, f(8))$	↗
		max.		inf.		min.		inf.		inf.	

10. Les représentations sont laissées à l'utilisateur ou l'utilisatrice.

11. a) F
b) F
c) V
d) F
e) V
f) F
g) V
h) F

12. a) 1, 3 et 7
b) 3; 1
c) 2, 5 et 7
d) Concave vers le bas; concave vers le haut
e) La représentation est laissée à l'utilisateur ou l'utilisatrice.

13. a) ① f''; ② f'; ③ f
b) ① f; ② f''; ③ f'

Problèmes de synthèse *(page 239)*

1. La démonstration est laissée à l'utilisateur ou l'utilisatrice.

2. a) $a = -6$, $b = -15$ et $c = 24$
b) $a = -6$, $b = 9$ et $c = 113$
c) $a^2 \leqslant 3b$; f n'est jamais décroissante; $a^2 > 3b$

3. a) Laissée à l'utilisateur ou l'utilisatrice.
b) $\left(\frac{-b}{3a}, f\left(\frac{-b}{3a}\right)\right)$

4. a) f possède un max. rel. et un min. rel.; inf.: $(-1, 1)$
b) Aucun minimum, ni maximum; inf.: $\left(\frac{-1}{3}, \frac{17}{9}\right)$
c) Aucun minimum, ni maximum; inf.: $\left(\frac{-1}{3}, \frac{142}{27}\right)$
d) Aucun minimum, ni maximum; inf.: $(0, 0)$

5. Les tableaux de variation sont laissés à l'utilisateur ou l'utilisatrice.

6. a) Si n est pair et $k > 0$,
$\left(\frac{-b}{a}, c\right)$ est un point de minimum absolu.
b) Si n est pair et $k < 0$,
$\left(\frac{-b}{a}, c\right)$ est un point de maximum absolu.
c) Si n est impair et $k \in \mathbb{R} \setminus \{0\}$,
$\left(\frac{-b}{a}, c\right)$ est un point d'inflexion.

7. Les représentations sont laissées à l'utilisateur ou l'utilisatrice.

8. a) f est continue en $x = 2$.
b) f est non dérivable en $x = 2$.
c) Laissés à l'utilisateur ou l'utilisatrice.

9. a) f est non continue en $x = 1$
b) f est non dérivable en $x = 1$
c) Laissés à l'utilisateur ou l'utilisatrice.

10. a) f a un seul zéro réel.
b) L'explication est laissée à l'utilisateur ou l'utilisatrice.

11. $\left(-\sqrt{3}, \frac{-\sqrt{3}}{2}\right)$, $(0, 0)$ et $\left(\sqrt{3}, \frac{\sqrt{3}}{2}\right)$

12. a) La démonstration est laissée à l'utilisateur ou l'utilisatrice.
b) Laissée à l'utilisateur ou l'utilisatrice.

13. Max. rel.: $\left(\sqrt{a}, \frac{1}{2\sqrt{a}}\right)$; min. rel.: $\left(-\sqrt{a}, \frac{-1}{2\sqrt{a}}\right)$;
inf.: $\left(\sqrt{3a}, \frac{\sqrt{3}}{4\sqrt{a}}\right)$, $(0, 0)$ et $\left(-\sqrt{3a}, \frac{-\sqrt{3}}{4\sqrt{a}}\right)$

14. La démonstration est laissée à l'utilisateur ou l'utilisatrice.

15. Les démonstrations sont laissées à l'utilisateur ou l'utilisatrice.

Test récapitulatif *(page 241)*

1. a) … $f(x_1) \geqslant f(x_2)$.
b) … point de maximum absolu de f.
c) … point de minimum absolu de f sur $[a, b]$.
d) … point de minimum relatif de f.
e) … point d'inflexion de f.
f) … point de maximum relatif de f.
g) … le point $(c, f(c))$ est un point anguleux.

2. a)

x	-∞	-8		-6		-4		-2		2	+∞
$f'(x)$	−	0	+	+	+	0	−	∄	+	+	+
$f''(x)$	+	+	+	0	−	−	−	∄	+	0	−
f	↘∪	-2	↗∪	1	↗∩	4	↘∩	-1	↗∪	3	↗∩
E. du G.	↳	(-8, -2)	⤴	(-6, 1)	↱	(-4, 4)	⤵	(-2, -1)	⤴	(2, 3)	↱
		min.		inf.		max.		min. inf.		inf.	

b) Aucun

c) -2

d) (-4, 4)

e) (-8, -2) et (-2, -1)

f) (-8, -2) et (-4, 4)

g) (-6, 1), (-2, -1) et (2, 3)

h) Aucun

i) (-2, -1)

j) -∞, -8]

k) [-6, -4] ∪ [2, +∞

3. a) B, C et D

b) C et E

c) Entre A et B, et entre C et D;

d) Entre B et C;

e) Entre D et E;

f) Entre A et B;

g) Entre B et C, et entre C et D.

4.

x	-∞	-2		0		3	+∞
$f'(x)$	+	0	−	−	−	0	+
$f''(x)$	−	−	−	0	+	+	+
f	↗∩	2	↘∩	-1	↘∪	-4	↗∪
E. du G.	↱	(-2, 2)	⤵	(0, -1)	↳	(3, -4)	⤴
		max.		inf.		min.	

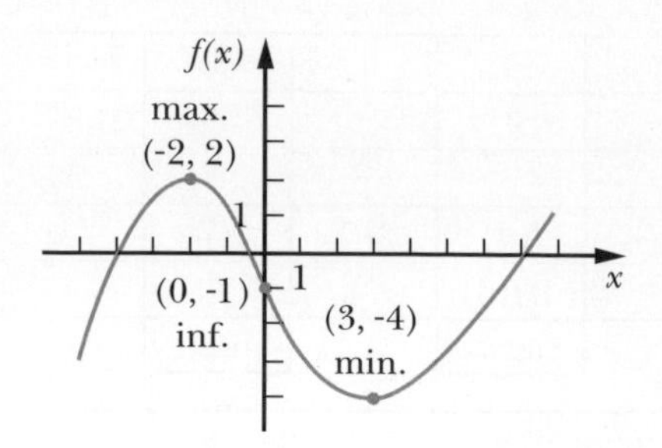

5. a) $f'(x) = 5(1 - x)(1 + x)(1 + x^2)$ et $f''(x) = -20x^3$;

x	-∞	-1		0		1	+∞
$f'(x)$	−	0	+	+	+	0	−
$f''(x)$	+	+	+	0	−	−	−
f	↘∪	-7	↗∪	-3	↗∩	1	↘∩
E. du G.	↳	(-1, -7)	⤴	(0, -3)	↱	(1, 1)	⤵
		min.		inf.		max.	

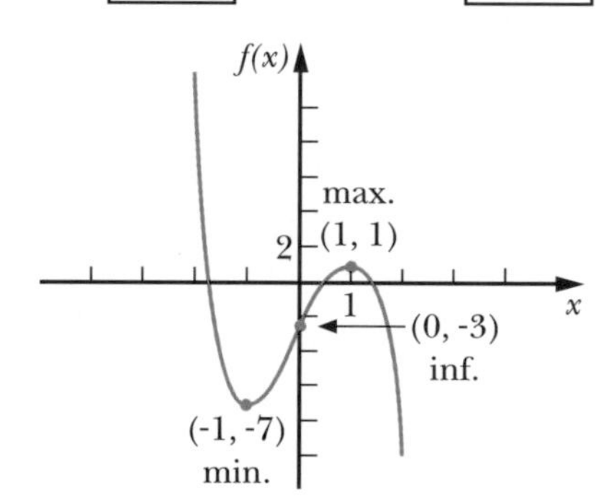

Zéros de f: -1,618..., 0,618... et 1,275... (outil technologique)

b) $f'(x) = \frac{3}{2}\sqrt{x} - 3$ et $f''(x) = \frac{3}{4\sqrt{x}}$;

x	0		4	+∞
$f'(x)$	∄	−	0	+
$f''(x)$	∄	+	+	+
f	5	↘∪	1	↗∪
E. du G.	(0, 5)	↳	(4, 1)	⤴
	max.		min.	

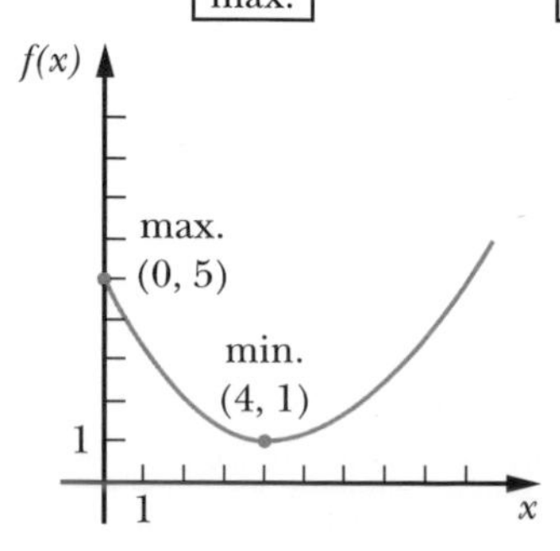

c) $f'(x) = \dfrac{\sqrt[3]{x^2} - 1}{\sqrt[3]{x^2}}$ et $f''(x) = \dfrac{2}{3\sqrt[3]{x^5}}$;

x	-8		-1		0		1
$f'(x)$	∄	+	0	−	∄	−	∄
$f''(x)$	∄	−	−	−	∄	+	∄
f	-2	↗∩	2	↘∩	0	↘∪	∄
E. du G.	(-8, -2)	↱	(-1, 2)	↴	(0, 0)	↳	∄
	min.		max.		inf.		

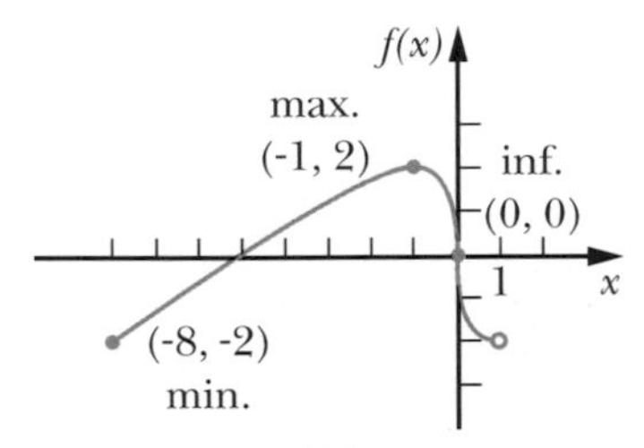

Zéros de f : $-\sqrt{27}$ et 0

d) $f'(x) = \dfrac{4x}{3\sqrt[3]{(x^2 - 4)}}$ et $f''(x) = \dfrac{4(x^2 - 12)}{9\sqrt[3]{(x^2 - 4)^4}}$;

x	-∞	$-2\sqrt{3}$		-2		0
$f'(x)$	−	−	−	∄	+	0
$f''(x)$	+	0	−	∄	−	−
f	↘∪	4	↘∩	0	↗∩	$\sqrt[3]{16}$
E. du G.	↳	$(-2\sqrt{3}, 4)$	↴	(-2, 0)	↱	$(0, \sqrt[3]{16})$
		inf.		min.		max.

x		2		$2\sqrt{3}$	+∞
$f'(x)$	−	∄	+	+	+
$f''(x)$	−	∄	−	0	+
f	↘∩	0	↗∩	4	↗∪
E. du G.	↴	(2, 0)	↱	$(2\sqrt{3}, 4)$	⤴
		min.		inf.	

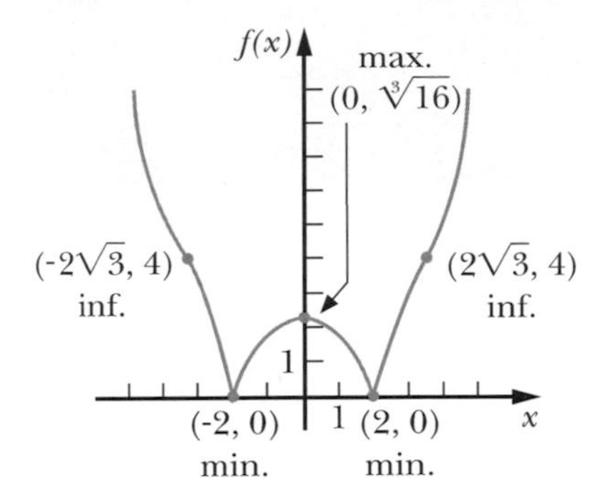

(-2, 0) et (2, 0) sont des points de rebroussement.

6. a) $f'(x) = 3x^2 + 2bx$.

Il faut que $f'(2) = 12 + 4b = 0$, d'où $b = -3$.

Il faut également que $f(2) = (2)^3 - 3(2)^2 + c = 5$, d'où $c = 9$.

Puisque $f''(x) = 6x + 2b = 6x - 6$ et que $f''(2) = 6 > 0$, alors (2, 5) est un point de minimum relatif de f si $b = -3$ et $c = 9$.

b) $f''(x) = 6x + 2b$.

Il faut que $f''(2) = 12 + 2b = 0$, d'où $b = -6$.

Il faut également que $f(2) = (2)^3 - 6(2)^2 + c = 5$, d'où $c = 21$.

Puisque $f''(x)$ change de signe lorsque x passe de 2^- à 2^+, alors (2, 5) est un point d'inflexion de f si $b = -6$ et $c = 21$.

Test préliminaire *(page 245)*

Partie A

1. a) $A(x) = x(8 - x)$

b) $P(x) = 2x + \dfrac{40}{x}$

c) $A(x) = \dfrac{x\sqrt{36 - x^2}}{2}$

$P(x) = x + 6 + \sqrt{36 - x^2}$

d) $A(x) = x\sqrt{16 - \dfrac{x^2}{4}}$

$P(x) = 2x + 2\sqrt{16 - \dfrac{x^2}{4}}$

e) $A(x) = \dfrac{7}{4}x(4 - x)$

$P(x) = 2x + \dfrac{7}{2}(4 - x)$

2. a) $A(x) = 2x^2 + \dfrac{128}{x}$

b) $V(x) = \dfrac{x(6 - x^2)}{2}$

c) $A(x) = 2\pi x^2 + \dfrac{200}{x}$

d) $A(x) = \pi x^2 + 10\pi x$

$V(x) = \dfrac{\pi x^2\sqrt{100 - x^2}}{3}$

Partie B

1. a) $f'(x) = \dfrac{-x}{\sqrt{10 - x^2}}$; $f'(x) = 0$ si $x = 0$

b) $f'(x) = \dfrac{100 - 2x^2}{\sqrt{100 - x^2}}$; $f'(x) = 0$ si $x = -5\sqrt{2}$ ou $x = 5\sqrt{2}$

2. a) … un point de maximum relatif de f.

b) … un point de minimum relatif de f.

c) … $(2, f(2))$ … $(7, f(7))$…

Exercices

Exercices 7.1 (page 254)

1. Mathématisation du problème.

a) Soit x, la longueur, et y, la largeur du terrain.

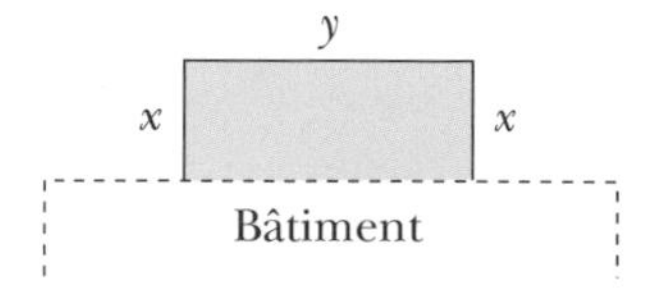

b) $A(x, y) = xy$ doit être maximale.

c) Puisque $2x + y = 400$, alors $y = 400 - 2x$.

d) $A(x) = x(400 - 2x)$, où dom $A = [0, 200]$.

Analyse de la fonction.

$A'(x) = 400 - 4x$

$A'(x) = 0$ si $x = 100$; n.c.: 100

$A'(x)$ n'existe pas si $x = 0$ ou $x = 200$; n.c.: 0 et 200

$A'(100) = 0$ et $A''(100) < 0$, donc $(100, A(100))$ est un point de maximum.

Formulation de la réponse.

L'aire est maximale lorsque $x = 100$ m.
Ainsi, $A(100) = 100(400 - 200)$
D'où l'aire maximale mesure 20 000 m^2.

2. Mathématisation du problème.

a) Soit x, la longueur, et y, la largeur du terrain.

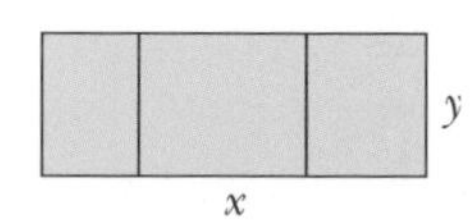

b) $A(x, y) = xy$ doit être maximale.

c) Puisque $2x + 4y = 120$, alors $x = 60 - 2y$.

d) $A(y) = (60 - 2y)y$, où dom $A = [0, 30]$.

Analyse de la fonction.

$A'(y) = 60 - 4y$

$A'(y) = 0$, si $y = 15$; n.c. 15

$A'(y)$ n'existe pas si $x = 0$ ou $x = 30$; n.c. : 0 et 30.

$A'(15) = 0$ et $A''(15) < 0$, donc $(15, A(15))$ est un point de maximum.

Formulation de la réponse.

Les dimensions du terrain sont $x = 30$ m et $y = 15$ m.

3. Mathématisation du problème.

a) Soit x, le premier nombre, et y, le second nombre.

b) $P(x, y) = xy$ doit être maximal.

c) Puisque $x + y = 10$, alors $y = 10 - x$.

d) $P(x) = x(10 - x)$, où dom $P = \mathbb{R}$.

Analyse de la fonction.

$P'(x) = 10 - 2x$

$P'(x) = 0$ si $x = 5$; n.c. : 5

$P'(5) = 0$ et $P''(5) < 0$, donc $(5, P(5))$ est un point de maximum.

Formulation de la réponse.

Les deux nombres cherchés sont $x = 5$ et $y = 5$.

4. Mathématisation du problème.

a) Soit x, le premier nombre, et y, le second nombre.

b) $S(x, y) = x^2 + y$ doit être minimale.

c) Puisque $x + y = 100$, alors $y = 100 - x$.

d) $S(x) = x^2 + (100 - x)$, où dom $S =]0, 100[$.

Analyse de la fonction.

$S'(x) = 2x - 1$

$S'(x) = 0$ si $x = \frac{1}{2}$; n.c. $\frac{1}{2}$

$S'\left(\frac{1}{2}\right) = 0$ et $S''\left(\frac{1}{2}\right) > 0$, donc $\left(\frac{1}{2}, S\left(\frac{1}{2}\right)\right)$ est un point de minimum.

Formulation de la réponse.

Les deux nombres cherchés sont $x = \frac{1}{2}$ et $y = \frac{199}{2}$.

5. Mathématisation du problème.

a) Soit x, le premier nombre, et y, le second nombre.

b) $S(x, y) = x^3 + 3y$ doit être minimale.

c) Puisque $xy = 16$, alors $y = \frac{16}{x}$.

d) $S(x) = x^3 + \frac{48}{x}$, où dom $S =]0, +\infty$.

Analyse de la fonction.

$S'(x) = 3x^2 - \frac{48}{x^2} = \frac{3(x^4 - 16)}{x^2} = 0$ si $x = \pm 2$

(-2 à rejeter car $-2 \notin$ dom S) ; n.c. : 2

x	0		2		$+\infty$
$S'(x)$		$-$	0	$+$	
S		↘		↗	
			min.		

Formulation de la réponse.

Les deux nombres cherchés sont $x = 2$ et $y = 8$.

6. Mathématisation du problème.

a) Soit x, le premier nombre, et y, le second nombre.

b) $S(x, y) = x^4 + 32y$ doit être maximale.

c) Puisque $x + y = 20$, alors $y = 20 - x$.

d) $S(x) = x^4 + 32(20 - x)$, où dom $S = [0, 20]$.

Analyse de la fonction.

$S'(x) = 4x^3 - 32$

$S'(x) = 0$ si $x = 2$; n.c. : 2

$S'(x)$ n'existe pas si $x = 0$ ou $x = 20$; n.c. : 0 et 20.

$S'(2) = 0$ et $S''(2) > 0$, donc $(2, S(2))$ est un point de minimum.

Or, on cherche un maximum ; il faut donc faire le tableau de variation.

x	0		2		20
$S'(x)$	$\nexists$	$-$	0	$+$	$\nexists$
S	640	↘	592	↗	20^4
	max.		min.		max.

Après avoir évalué $S(0)$ et $S(20)$, on constate que le maximum absolu est obtenu lorsque $x = 20$.

Formulation de la réponse.

Les deux nombres cherchés sont $x = 20$ et $y = 0$.

7. Mathématisation du problème.

a) Soit x et y, la longueur des côtés de la page.

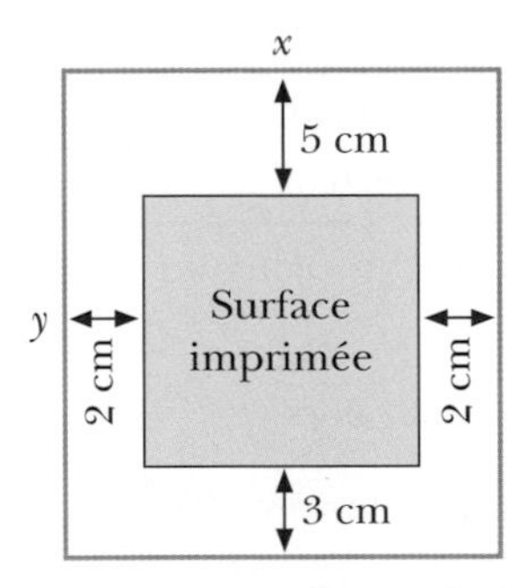

b) $A(x, y) = (x - 4)(y - 8)$ doit être maximale.

c) Puisque $2x + 2y = 100$, alors $y = 50 - x$.

d) $A(x) = (x - 4)(42 - x)$, où dom $A = [4, 42]$.

Analyse de la fonction.

$A'(x) = 46 - 2x$

$A'(x) = 0$ si $x = 23$; n.c. : 23

$A'(x)$ n'existe pas si $x = 4$ ou $x = 42$; n.c. : 4 et 42.

$A'(23) = 0$ et $A''(23) < 0$, donc $(23, A(23))$ est un point de maximum.

Formulation de la réponse.

Les dimensions de la feuille sont 23 cm de largeur sur 27 cm de hauteur.

8. Mathématisation du problème.

a) Soit x, la longueur des côtés de la base, et y, la longueur de la hauteur.

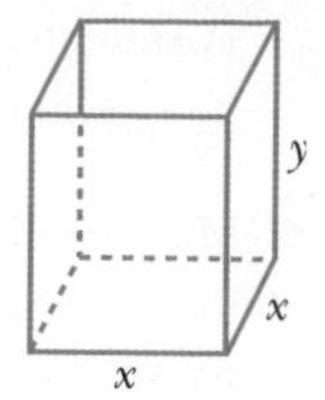

b) $Q(x, y) = x^2 + 4xy$ doit être minimale.

c) Puisque $x^2y = 32$, alors $y = \dfrac{32}{x^2}$.

d) $Q(x) = x^2 + \dfrac{128}{x}$, où dom $Q =]0, +\infty$.

Analyse de la fonction.

$Q'(x) = 2x - \dfrac{128}{x^2} = \dfrac{2(x^3 - 64)}{x^2} = 0$ si $x = 4$; n.c.: 4

x	0	4	$+\infty$
$Q'(x)$	$-$	0	$+$
Q	↘	48	↗
		min.	

Formulation de la réponse.

Les dimensions de la boîte sont 4 m sur 4 m sur 2 m.

La quantité de métal utilisée est égale à 48 m².

9. Mathématisation du problème.

a) Soit x, la longueur des côtés de la base, et y, la hauteur de la boîte.

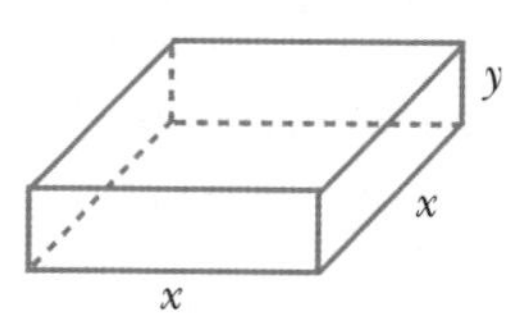

b) $V(x, y) = x^2y$ doit être maximal.

c) $\underbrace{0{,}03\ \$ \times x^2}_{\text{coût du fond}} + \underbrace{0{,}05\ \$ \times x^2}_{\text{coût du dessus}} + \underbrace{0{,}02\ \$ \times 4xy}_{\text{coût des côtés}} = 24\ \$$.

Puisque $8x^2 + 8xy = 2400$, alors $y = \dfrac{300 - x^2}{x}$.

d) $V(x) = 300x - x^3$, où dom $V =]0, 10\sqrt{3}]$.

Analyse de la fonction.

$V'(x) = 300 - 3x^2$

$V'(x) = 0$ si $x = \pm 10$
(-10 à rejeter car $-10 \notin$ dom V) ; n.c.: 10

$V'(x)$ n'existe pas si $x = 10\sqrt{3}$; n.c.: $10\sqrt{3}$

$V'(10) = 0$ et $V''(10) < 0$, donc $(10, V(10))$ est un point de maximum.

Formulation de la réponse.

Les dimensions de la boîte sont 10 cm sur 10 cm sur 20 cm.

10. Mathématisation du problème.

a) Soit x, la hauteur, et y, la longueur de la base du rectangle.

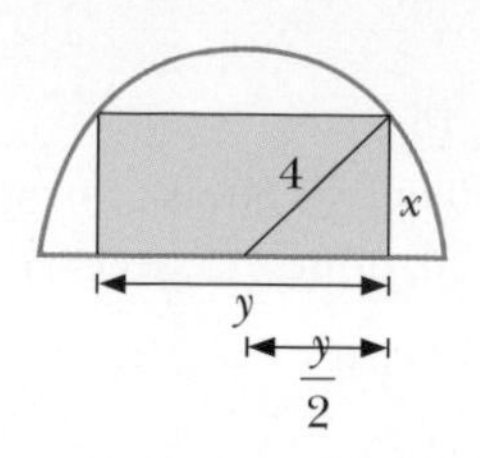

b) $A(x, y) = xy$ doit être maximale.

c) Puisque $x^2 + \left(\dfrac{y}{2}\right)^2 = 16$, alors $y = 2\sqrt{16 - x^2}$.

d) $A(x) = 2x\sqrt{16 - x^2}$, où dom $A = [0, 4]$.

Analyse de la fonction.

$A'(x) = 2\sqrt{16 - x^2} + \dfrac{(-2x^2)}{\sqrt{16 - x^2}} = \dfrac{4(8 - x^2)}{\sqrt{16 - x^2}}$

$A'(x) = 0$ si $x = \pm 2\sqrt{2}$
($-2\sqrt{2}$ à rejeter car $-2\sqrt{2} \notin$ dom A) ; n.c.: $2\sqrt{2}$

$A'(x)$ n'existe pas si $x = 0$ ou $x = 4$; n.c.: 0 ou 4.

x	0		$2\sqrt{2}$		4
$A'(x)$	$\nexists$	$+$	0	$-$	$\nexists$
A		↗	16	↘	
			max.		

Formulation de la réponse.

L'aire du rectangle d'aire maximale est égale à 16 dm².

11. Mathématisation du problème.

a) Soit x et y, la longueur des côtés du rectangle.

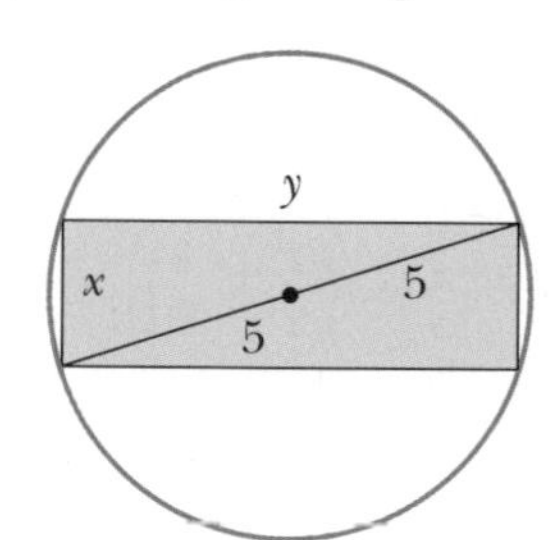

b) $P(x, y) = 2x + 2y$ doit être maximal.

c) Puisque $x^2 + y^2 = 100$, alors $y = \sqrt{100 - x^2}$.

d) $P(x) = 2x + 2\sqrt{100 - x^2}$, où dom $P = [0, 10]$.

Analyse de la fonction.

$P'(x) = 2 - \dfrac{2x}{\sqrt{100 - x^2}} = \dfrac{2\sqrt{100 - x^2} - 2x}{\sqrt{100 - x^2}}$

$P'(x) = 0$ si $2\sqrt{100 - x^2} - 2x = 0$

$\sqrt{100 - x^2} = x$

$100 - x^2 = x^2$

$x^2 = 50$

Donc, $x = \pm 5\sqrt{2}$
($-5\sqrt{2}$ à rejeter car $-5\sqrt{2} \notin$ dom P) ; n.c.: $5\sqrt{2}$

$P'(x)$ n'existe pas si $x = 0$ ou $x = 10$; n.c. : 0 et 10.

x	0		$5\sqrt{2}$		10
$P'(x)$	$\nexists$	+	0	−	$\nexists$
P		↗	$20\sqrt{2}$	↘	
			max.		

Formulation de la réponse.

Les dimensions du rectangle sont $5\sqrt{2}$ cm sur $5\sqrt{2}$ cm.

12. Mathématisation du problème.

a) Soit un cylindre de rayon x et de hauteur y.

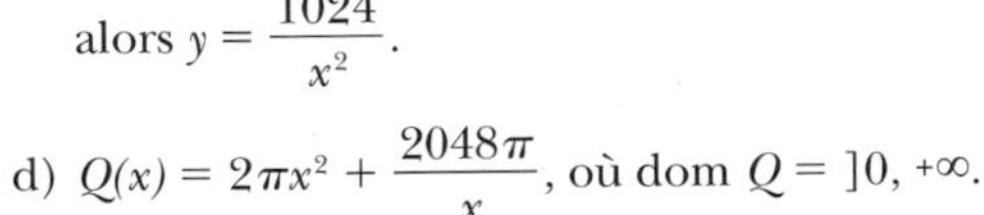

b) $Q(x, y) = 2\pi x^2 + 2\pi xy$ doit être minimale.

c) Puisque $\pi x^2 y = 1024\pi$, alors $y = \dfrac{1024}{x^2}$.

d) $Q(x) = 2\pi x^2 + \dfrac{2048\pi}{x}$, où dom $Q =]0, +\infty$.

Analyse de la fonction.

$Q'(x) = 4\pi x - \dfrac{2048\pi}{x^2} = \dfrac{4\pi(x^3 - 512)}{x^2} = 0$

si $x = 8$; n.c. : 8

$Q'(8) = 0$ et $Q''(8) > 0$, donc $(8, Q(8))$ est un point de minimum.

Formulation de la réponse.

Le rayon mesure 8 cm et la hauteur, 16 cm.

13. Mathématisation du problème.

a) Soit un cône dont la base est de rayon x et dont la hauteur est y.

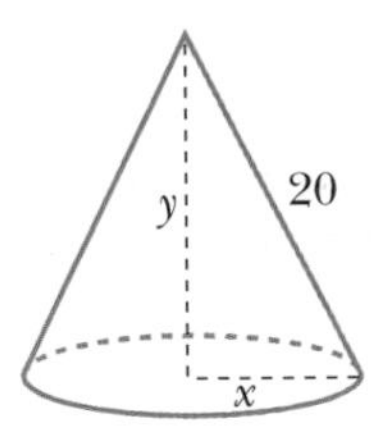

b) $V(x, y) = \dfrac{\pi x^2 y}{3}$ doit être maximal.

c) Puisque $x^2 + y^2 = 400$, alors $x^2 = 400 - y^2$.

d) $V(y) = \dfrac{\pi(400 - y^2)y}{3}$, où dom $V = [0, 20]$.

Analyse de la fonction.

$V'(y) = \dfrac{\pi}{3}(400 - 3y^2)$

$V'(y) = 0$

si $y = \pm\dfrac{20\sqrt{3}}{3}$

$\left(\dfrac{-20\sqrt{3}}{3}\right.$ à rejeter car $\left.\dfrac{-20\sqrt{3}}{3} \notin \text{dom } V\right)$; n.c. : $\dfrac{20\sqrt{3}}{3}$

$V'(y)$ n'existe pas si $x = 0$ ou $x = 20$; n.c. : 0 et 20.

$V'\left(\dfrac{20\sqrt{3}}{3}\right) = 0$ et $V''\left(\dfrac{20\sqrt{3}}{3}\right) < 0$, donc $\left(\dfrac{20\sqrt{3}}{3}, V\left(\dfrac{20\sqrt{3}}{3}\right)\right)$ est un point de maximum.

Formulation de la réponse.

La hauteur du cône est égale à $\dfrac{20\sqrt{3}}{3}$ cm.

14. Mathématisation du problème.

a) Soit x, la longueur de la base, et y, la longueur de la hauteur du rectangle.

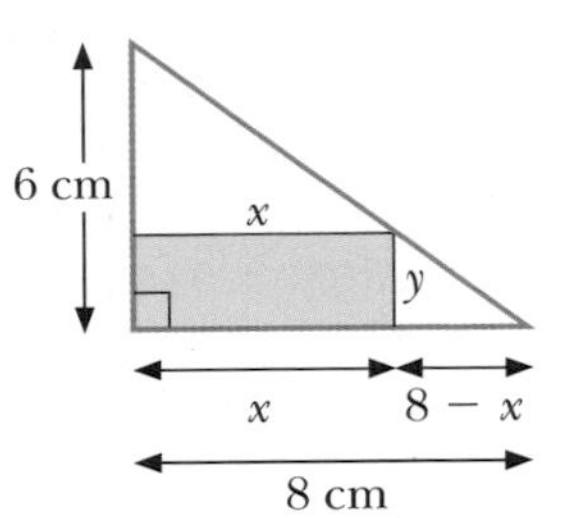

b) $A(x, y) = xy$ doit être maximale.

c) Dans des triangles semblables, les rapports des côtés homologues sont égaux.

Puisque $\dfrac{y}{8 - x} = \dfrac{6}{8}$, alors $y = \dfrac{3}{4}(8 - x)$.

d) $A(x) = \dfrac{3}{4}(8x - x^2)$, où dom $A = [0, 8]$.

Analyse de la fonction.

$A'(x) = \dfrac{3}{4}(8 - 2x)$

$A'(x) = 0$ si $x = 4$; n.c. : 4

$A'(x)$ n'existe pas si $x = 0$ ou $x = 8$; n.c. : 0 et 8.

$A'(4) = 0$ et $A''(4) < 0$, donc $(4, A(4))$ est un point de maximum.

Formulation de la réponse.

La base du rectangle est égale à 4 cm et la hauteur est égale à 3 cm.

15. Mathématisation du problème.

a) Soit x, le nombre de fois que la société réduit de 2 $ le prix du billet.

Dans cette situation, x correspond également au nombre de fois que le nombre de passagers et de passagères augmente de 5. Par exemple :

Prix du billet ($)	Nombre de passagers et de passagères	Revenu ($)
300	214	300×214
$(300 - 2)$	$(214 + 5)$	298×219
$(300 - 4)$	$(214 + 10)$	296×224
$(300 - 6)$	$(214 + 15)$	294×229
⋮	⋮	⋮
$(300 - 2x)$	$(214 + 5x)$	$(300 - 2x)(214 + 5x)$

b) $R(x) = (300 - 2x)(214 + 5x)$ doit être maximal, où $x \in \{0, 1, 2, 3, \ldots, 150\}$.

Il faut analyser $R(x)$ sur $[0, 150]$.

Analyse de la fonction.

$R'(x) = 1072 - 20x$

7

$R'(x) = 0$ si $x = 53{,}6$; n.c. : 53,6

$R'(x)$ n'existe pas si $x = 0$ ou $x = 150$; n.c. : 0 et 150

x	0		53,6		150
$R'(x)$	∄	+	0	−	∄
R		↗	$R(53{,}6)$	↘	
			max.		

Formulation de la réponse.

Puisque x doit être entier, on doit calculer le revenu pour $x = 53$ et $x = 54$, les deux valeurs entières les plus près de 53,6.

$R(53) = 92\,926$ \$ et $R(54) = 92\,928$ \$

Puisque $R(54) > R(53)$, alors le nombre de passagers et de passagères est $214 + 5(54)$, c'est-à-dire 484.

16. Mathématisation du problème.

a) Soit un point $P(x, y)$ quelconque sur la courbe de f.

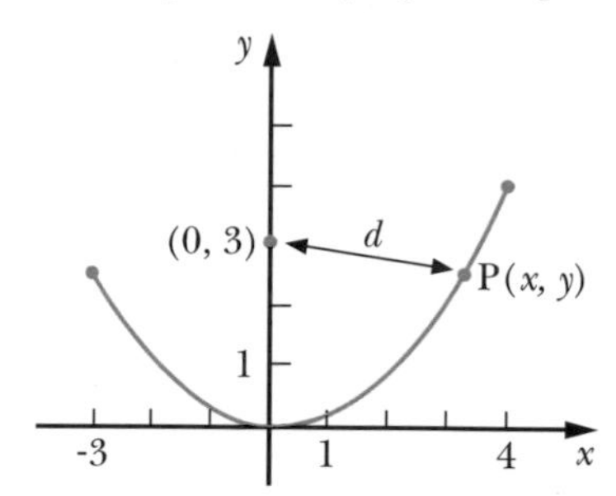

b) $d(x, y) = \sqrt{(x - 0)^2 + (y - 3)^2}$ doit être minimale ; doit être maximale.

c) Puisque $f(x) = \frac{x^2}{4}$, alors $y = \frac{x^2}{4}$.

d) $d(x) = \sqrt{x^2 + \left(\frac{x^2}{4} - 3\right)^2}$, où dom $d = [-3, 4]$.

Analyse de la fonction.

$$d'(x) = \frac{2x + x\left(\frac{x^2}{4} - 3\right)}{2\sqrt{x^2 + \left(\frac{x^2}{4} - 3\right)^2}} = \frac{x(x^2 - 4)}{8\sqrt{x^2 + \left(\frac{x^2}{4} - 3\right)^2}}$$

$d'(x) = 0$ si $x = -2$, 0 ou 2 ; n.c. : -2, 0 et 2

$d'(x)$ n'existe pas si $x = -3$ ou $x = 4$; n.c. : -3 et 4.

x	-3		-2		0		2		4
$d'(x)$	∄	−	0	+	0	−	0	+	∄
d	$\frac{3}{4}\sqrt{17}$	↘	$2\sqrt{2}$	↗	3	↘	$2\sqrt{2}$	↗	$\sqrt{17}$
	max.		min.		max.		min.		max.

Formulation de la réponse.

Les points de f les plus près de (0, 3) sont (-2, 1) et (2, 1) ; le point de f le plus loin de (0, 3) est (4, 4).

17. Mathématisation du problème.

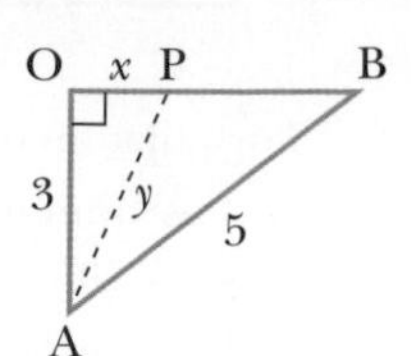

a) Soit x, la distance entre O et P, et y, la distance entre A et P.
Par Pythagore, $\overline{OB} = 4$
D'où $\overline{PB} = (4 - x)$.

b) $C(x, y) = 12y + 8(4 - x)$ doit être minimal.

c) Puisque $x^2 + 9 = y^2$, alors $y = \sqrt{x^2 + 9}$.

d) $C(x) = 12\sqrt{9 + x^2} + 8(4 - x)$, où dom $C = [0, 4]$.

Analyse de la fonction.

$$C'(x) = \frac{12x}{\sqrt{9 + x^2}} - 8 = \frac{12x - 8\sqrt{9 + x^2}}{\sqrt{9 + x^2}}$$

$$C'(x) = 0$$
$$12x - 8\sqrt{9 + x^2} = 0$$
$$12x = 8\sqrt{9 + x^2}$$
$$3x = 2\sqrt{9 + x^2}$$
$$9x^2 = 4(9 + x^2)$$
$$5x^2 = 36$$
$$x^2 = \frac{36}{5}$$

Donc, $x = \pm\frac{6}{\sqrt{5}}$

$\left(\frac{-6}{\sqrt{5}} \text{ à rejeter car } \frac{-6}{\sqrt{5}} \notin \text{dom } C\right)$; n.c. : $\frac{6}{\sqrt{5}}$

$C'(x)$ n'existe pas si $x = 0$ ou $x = 4$; n.c. : 0 et 4.

x	0		$\frac{6}{\sqrt{5}}$		4
$C'(x)$	∄	−	0	+	∄
C		↘		↗	
			min.		

Formulation de la réponse.

Le point P doit être situé à $\frac{6}{\sqrt{5}}$ km, soit environ 2,683 km de O.

Le coût sera alors d'environ 58 832 816 \$.

18. a) Mathématisation du problème.

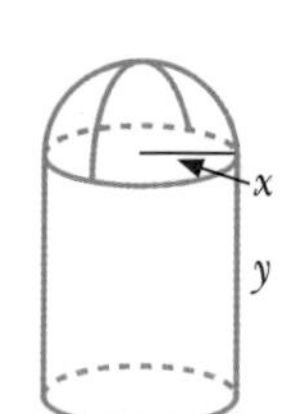

i) Soit x, le rayon de la demi-sphère, y la hauteur du cylindre, et a le coût de fabrication par m² de la surface latérale du cylindre.

ii) $C(x, y) = 4a(2\pi x^2) + a(2\pi xy)$ doit être minimal.

iii) Puisque $\frac{2\pi x^3}{3} + \pi x^2 y = 1000$, alors $y = \left(\frac{1000}{\pi x^2} - \frac{2x}{3}\right)$.

iv) $C(x) = a\left(8\pi x^2 + \frac{2000}{x} - \frac{4\pi x^2}{3}\right)$

$= a\left(\frac{20\pi x^2}{3} + \frac{2000}{x}\right)$, où dom $C = \left]0, \sqrt[3]{\frac{1500}{\pi}}\right]$

Analyse de la fonction.

$C'(x) = \frac{a(40\pi x^3 - 6000)}{3x^2}$

$C'(x) = 0$ si $x = \sqrt[3]{\frac{150}{\pi}}$; n.c.: $\sqrt[3]{\frac{150}{\pi}}$.

x	0		$\sqrt[3]{\frac{150}{\pi}}$		$\sqrt[3]{\frac{1500}{\pi}}$
$C'(x)$		−	0	+	
C		↘		↗	
			min.		

Formulation de la réponse.

Le rayon de la demi-sphère et du cylindre est $\sqrt[3]{\frac{150}{\pi}}$, c'est-à-dire environ 3,63 m, et la hauteur du cylindre est d'environ 21,77 m.

b) Coût $= 80\left[\frac{20\pi\left(\sqrt[3]{\frac{150}{\pi}}\right)^2}{3} + \frac{2000}{\sqrt[3]{\frac{150}{\pi}}}\right]$ (car $a = 80$)

$\approx 66\,155$ $

Exercices récapitulatifs (*page 258*)

1. Le premier nombre est 112,5 et le second est 37,5.

2. a) Dimensions de la boîte : 5 cm sur 5 cm sur 10 cm
Coût de fabrication : 6 $

b) Dimensions de la boîte :
$\sqrt[3]{500}$ cm sur $\sqrt[3]{500}$ cm sur $\frac{250}{(\sqrt[3]{500})^2}$ cm, c'est-à-dire environ 7,94 cm sur 7,94 cm sur 3,97 cm
Coût de fabrication : environ 7,56 $

3. a) Prix du billet : 170 $; revenu : 46 240 $

b) Prix du billet : 190 $; revenu : 45 600 $

4. La base égale $\frac{28\sqrt{5}}{5}$ cm et la hauteur égale $\frac{7\sqrt{5}}{5}$ cm.

5. a) La hauteur est environ 4,89 cm et les côtés de la base mesurent environ 31,22 cm et 14,22 cm.

b) Environ 2171 cm^3

c) La représentation est laissée à l'utilisateur ou l'utilisatrice.

6. Le dénominateur est -5 et le numérateur est -50.

7. Les dimensions doivent être 20 m sur 20 m.

8. La base égale 3 unités et la hauteur égale 36 unités.

9. a) $R\left(\frac{-1}{5}, \frac{13}{5}\right)$

b) $S\left(\frac{a + 2b - 6}{5}, \frac{2a + 4b + 3}{5}\right)$

10. Les nombres sont 12,5 et -12,5.

11. La longueur doit être $5\sqrt{2}$ cm.

12. a) La base égale $\left(\frac{12}{8 - \pi}\right)$ m et la hauteur du rectangle égale $\left(\frac{12 - 3\pi}{8 - \pi}\right)$ m.

b) La base égale $\left(\frac{12}{4 - \sqrt{3}}\right)$ m et la hauteur du rectangle égale $\left(\frac{12 - 6\sqrt{3}}{4 - \sqrt{3}}\right)$ m.

13. 26 cm de hauteur et 24 cm de largeur.

14. La base égale $\frac{16}{3}$ unités et la hauteur égale $\frac{128}{9}$ unités.

15. La largeur égale 15 cm et la hauteur égale $15\sqrt{3}$ cm.

16. Dimensions du terrain : 125 m sur $\frac{250}{\pi}$ m, où $\frac{250}{\pi}$ m correspond au diamètre des demi-cercles.

17. a) Les trois côtés mesurent 10 cm.

b) Les trois côtés mesurent $2\sqrt[4]{300}$, soit environ 8,32 cm.

18. a) 45 m sur 35 m

b) 42 m sur 39,375 m

19. a) La hauteur du cylindre égale $4\sqrt{3}$ cm et le rayon égale $2\sqrt{6}$ cm.

b) La hauteur du cône égale 30 cm et le rayon de la base égale 9 cm.

20. a) On utilise $\frac{1600}{\pi + 4}$ cm pour former le carré et $\frac{400\pi}{\pi + 4}$ cm pour former le cercle.

b) On utilise toute la corde, c'est-à-dire 400 cm, pour former le cercle.

21. a) $L(x) - \frac{(x + 1)\sqrt{x^2 + 4}}{x}$; $(\sqrt[3]{4} + 1)^{\frac{3}{2}}$ m

b) $L(x) = x + \frac{x}{\sqrt{x^2 - 4}}$;
$\left(\sqrt{\sqrt[3]{16} + 4} + \frac{\sqrt{\sqrt[3]{16} + 4}}{\sqrt[6]{16}}\right)$ m

Problèmes de synthèse *(page 260)*

1. a) 20 m sur 50 m b) $\left(\dfrac{100}{n+1}\right)$ m sur 50 m

2. a) $P(-2, 4)$; $Q(1, 1)$

b) La représentation est laissée à l'utilisateur ou l'utilisatrice.

3. $P(5, 225)$; $Q(2, 0)$

4. a) 500 $ par mois b) 520 $ par mois

5. a) Aucun cylindre ; deux demi-sphères de rayon $r = \sqrt[3]{\dfrac{1}{16}}$ cm

b) $r = \sqrt[3]{\dfrac{1}{32}}$ cm et $h = \dfrac{\sqrt[3]{2}}{2}$ cm

6. a) $P(6, 1)$ b) $P\left(9, \dfrac{3}{4}\right)$

7. a) Environ 71,55 m

b) Environ 71,55 m

c) 50 m, c'est-à-dire que P est confondu avec B.

8. a) Le point le plus près est P(5, 12), le point le plus loin est L(-5, -12).

b) Le point le plus près est P(-12,070..., 4,828...), le point le plus loin est L(12,070..., -4,828...).

c) Le point le plus près est $P(1 + \sqrt{2}, 2 + \sqrt{2})$, le point le plus loin est $L(1 - \sqrt{2}, 2 - \sqrt{2})$.

9. La base égale 2 unités et la hauteur égale 4 unités.

10. $t = 8$ s et la distance égale $20\sqrt{5}$ m.

11. $\sqrt{4 + \sqrt[3]{144}}$ m, c'est-à-dire environ 7,02 m.

12. 1,44 u^2

13. $P(1, 4)$; aire égale 8 u^2

14. $2a$ m

15. a) Les côtés sont congrus et mesurent $r\sqrt{2}$ unités.

b) Les côtés mesurent respectivement $r\sqrt{2}$ unités et $\dfrac{r\sqrt{2}}{2}$ unités.

c) Les côtés mesurent respectivement $\dfrac{b}{2}$ unités et $\dfrac{h}{2}$ unités.

d) Les côtés mesurent respectivement $a\sqrt{2}$ unités et $b\sqrt{2}$ unités.

16. a) $h = 2r$

b) Non ; le rayon devrait être 3,837... cm et la hauteur devrait être 7,674... cm.

17. La hauteur du cône égale $\dfrac{4r}{3}$ unités, et son rayon égale $\dfrac{2\sqrt{2}r}{3}$ unités.

18. Le rayon égale $\dfrac{P}{4}$ et l'angle égale 2 rad.

19. La longueur des côtés du carré égale $\dfrac{L}{4 + 3\sqrt{3}}$ cm et la longueur des côtés du triangle égale $\dfrac{\sqrt{3}L}{4 + 3\sqrt{3}}$ cm.

Le carré doit avoir des côtés de longueur égale à $\dfrac{L}{4}$ cm et le triangle doit avoir des côtés de longueur égale à 0 cm ; on utilise donc toute la corde pour construire le carré.

20. $x = \dfrac{ac}{a + b}$

21. La démonstration est laissée à l'utilisateur ou l'utilisatrice.

22. Triangle équilatéral dont les côtés mesurent $r\sqrt{3}$ unités.

Test récapitulatif *(page 262)*

1. Mathématisation du problème.

a) Soit x, la longueur d'un côté du terrain, et y, la longueur de l'autre côté.

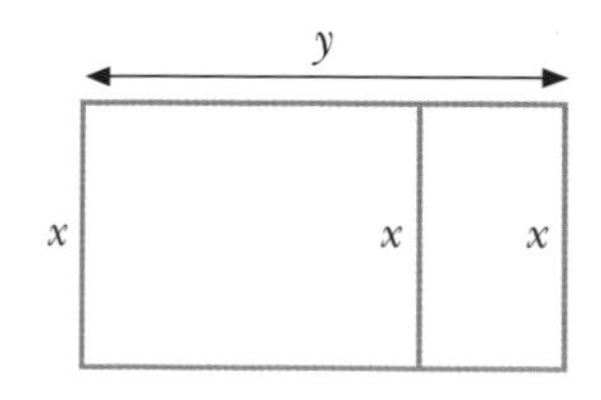

b) $P(x, y) = 3x + 2y$ doit être minimal.

c) Puisque $xy = 150$, alors $y = \dfrac{150}{x}$.

d) $P(x) = 3x + \dfrac{300}{x}$, où dom $P =]0, +\infty$.

Analyse de la fonction.

$P'(x) = \dfrac{3(x^2 - 100)}{x^2}$

$P'(x) = 0$ si $x = \pm 10$

(-10 à rejeter car $-10 \notin$ dom P) ; n.c. : 10

$P'(10) = 0$ et $P''(10) > 0$, donc $(10, P(10))$ est un point de minimum.

Formulation de la réponse.

Les côtés mesurent respectivement 10 m et 15 m, c'est-à-dire $x = 10$ m et $y = 15$ m.

2. Mathématisation du problème.

a) Soit x, le premier nombre, et y, le second nombre.

b) $S(x, y) = x^4 + y$ doit être minimale.

c) Puisque $xy = 128$, alors $y = \dfrac{128}{x}$.

d) $S(x) = x^4 + \dfrac{128}{x}$, où dom $S =]0, +\infty$.

Analyse de la fonction.

$$S'(x) = 4x^3 - \frac{128}{x^2} = \frac{4(x^5 - 32)}{x^2}$$

$S'(x) = 0$ si $x = 2$; n.c. : 2

x	0		2		$+\infty$
$S'(x)$		$-$	0	$+$	
S		↘		↗	
			min.		

Formulation de la réponse.

Les deux nombres recherchés sont $x = 2$ et $y = 64$.

3. Mathématisation du problème.

a) Soit un point P(x, y) quelconque sur la courbe de f.

b) $d(x, y) = \sqrt{(x-1)^2 + (y-0)^2}$ doit être minimale ; doit être maximale.

c) On a $y = \dfrac{\sqrt{4 - x^2}}{2}$.

d) $d(x) = \sqrt{(x-1)^2 + \dfrac{4 - x^2}{4}}$, où dom $d = [-2, 2]$.

Analyse de la fonction.

$$d'(x) = \frac{2(x-1) - \dfrac{x}{2}}{2\sqrt{(x-1)^2 + \dfrac{4-x^2}{4}}} = \frac{3x - 4}{4\sqrt{(x-1)^2 + \dfrac{4-x^2}{4}}}$$

$d'(x) = 0$ si $x = \dfrac{4}{3}$; n.c. : $\dfrac{4}{3}$

$d'(x)$ n'existe pas si $x = \pm 2$; n.c. : -2 et 2.

x	-2		$\frac{4}{3}$		2
$d'(x)$	$\nexists$	$-$	0	$+$	$\nexists$
d	3	↘	$d\left(\frac{4}{3}\right)$	↗	1
	max.		min.		max.

Formulation de la réponse.

Le point le plus près de A(1, 0) est P$\left(\dfrac{4}{3}, \dfrac{\sqrt{5}}{3}\right)$;

le point le plus loin de A(1, 0) est Q(-2, 0).

4. Mathématisation du problème.

a) Soit un point P(x, y) sur la courbe de f, où $x \geqslant 0$, ainsi la base du rectangle égale $2x$.

b) $A(x, y) = 2xy$ doit être maximale.

c) On a $y = 12 - x^2$.

d) $A(x) = 2x(12 - x^2)$, où dom $A = [0, 2\sqrt{3}]$.

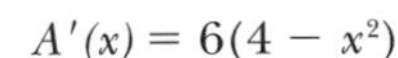

Analyse de la fonction.

$A'(x) = 6(4 - x^2)$

$A'(x) = 0$ si $x = \pm 2$

(-2 à rejeter car $-2 \notin$ dom A) ; n.c. : 2

$A'(x)$ n'existe pas si $x = 0$ ou $x = 2\sqrt{3}$; n.c. : 0 et $2\sqrt{3}$.

$A'(2) = 0$ et $A''(2) < 0$, donc $(2, A(2))$ est un point de maximum.

Formulation de la réponse.

L'aire est égale à 32 u².

5. Mathématisation du problème.

a) Soit $2x$, la largeur de la fenêtre, et y, la hauteur de la fenêtre.

b) $Q(x, y) = 2(2xy) + \dfrac{\pi x^2}{2}$ doit être maximale.

c) Puisque $4x + 2y = 8$, alors $y = 4 - 2x$.

d) $Q(x) = 4x(4 - 2x) + \dfrac{\pi x^2}{2}$, où dom $Q = [0, 2]$.

Analyse de la fonction.

$Q'(x) = 16 + (\pi - 16)x$

$Q'(x) = 0$ si $x = \dfrac{16}{16 - \pi}$; n.c. : $\dfrac{16}{16 - \pi}$

$Q'(x)$ n'existe pas si $x = 0$ ou $x = 2$; n.c. : 0 et 2.

$Q'\left(\dfrac{16}{16-\pi}\right) = 0$ et $Q''\left(\dfrac{16}{16-\pi}\right) < 0$

Donc, $\left(\dfrac{16}{16-\pi}, Q\left(\dfrac{16}{16-\pi}\right)\right)$ est un point de maximum.

Formulation de la réponse.

La largeur égale $\dfrac{32}{16 - \pi}$ m et la hauteur égale $\dfrac{4(8 - \pi)}{16 - \pi}$ m.

6. Mathématisation du problème.

a) Soit x, le nombre de fois que le prix augmente de 2,50 \$.
Remarque x est donc également le nombre de fois où deux personnes sont dissuadées.

b) Il faut trouver le revenu maximal.

Revenu = (nombre de personnes) (prix du billet)

Exemples:
Revenu = 124 × 100 si le prix est 100 $
Revenu = (124 − 2) (100 + 2,50 $)
si on augmente une fois de 2,50 $,
Revenu = (124 − 4) (100 + 5,00 $)
si on augmente deux fois de 2,50 $,
$R(x) = (124 - 2x)(100 + 2{,}5x)$ doit être maximal, où dom $R = [0, 62]$.

Analyse de la fonction.

$R'(x) = (110 - 10x)$

$R'(x) = 0$ si $x = 11$; n.c.: 11

$R'(x)$ n'existe pas si $x = 0$ ou $x = 62$; n.c.: 0 et 62.

x	0		11		62
$R'(x)$	$\nexists$	+	0	−	$\nexists$
R		↗		↘	
			max.		

Formulation de la réponse.

Le revenu est maximal si le prix du billet est augmenté 11 fois de 2,50 $.

Prix du billet: 127,50 $

Nombre de personnes: 102

Revenu maximal: 13 005 $

7. Mathématisation du problème.

a) Soit x, la longueur de la base, et y, la longueur de la hauteur du rectangle.

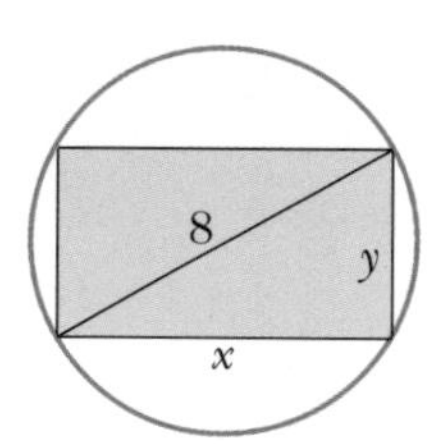

b) $A(x, y) = xy$ doit être maximale.

c) Puisque $x^2 + y^2 = 64$,
alors $y = \sqrt{64 - x^2}$.

d) $A(x) = x\sqrt{64 - x^2}$, où dom $A = [0, 8]$.

Analyse de la fonction.

$$A'(x) = \sqrt{64 - x^2} - \frac{x^2}{\sqrt{64 - x^2}} = \frac{2(32 - x^2)}{\sqrt{64 - x^2}}$$

$A'(x) = 0$ si $x = \pm\sqrt{32} = \pm 4\sqrt{2}$
($-4\sqrt{2}$ à rejeter car $-4\sqrt{2} \notin$ dom A) ; n.c.: $4\sqrt{2}$

$A'(x)$ n'existe pas si $x = 0$ ou $x = 8$; n.c.: 0 et 8.

x	0		$4\sqrt{2}$		8
$A'(x)$	$\nexists$	+	0	−	$\nexists$
A		↗		↘	
			max.		

Formulation de la réponse.

Les dimensions du rectangle sont $4\sqrt{2}$ m sur $4\sqrt{2}$ m.

8. Mathématisation du problème.

a) En posant $y = 16 - (x - 4)^2 = -9$, on obtient $x = 9$. Ainsi, la base égale $(9 - x)$ et la hauteur égale $(y + 9)$.

b) $A(x, y) = \dfrac{(9 - x)(y + 9)}{2}$ doit être maximale.

c) On a $y = 16 - (x - 4)^2$.

d) $A(x) = \dfrac{(9 - x)(25 - (x - 4)^2)}{2}$, où

dom $A = [0, 9]$.

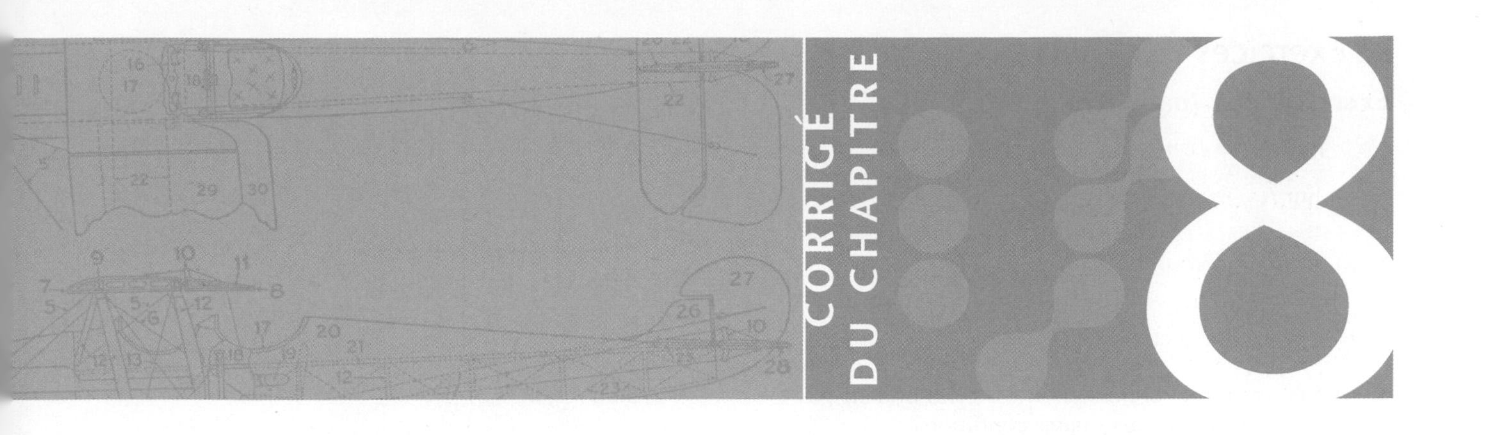

Test préliminaire *(page 265)*

Partie A

1. a) 0,000 2; 0

b) 0,005; 0,000 07; 0,000 000 15

c) 3000; 8 000 000; 9 000 000 000

d) -200 000; -70 000 000 000

2. a) $\text{dom } f = \mathbb{R} \setminus \left\{\frac{-4}{5}, 2\right\}$

b) $\text{dom } f = \mathbb{R} \setminus \{-2, -1, 2, 4\}$

c) $\text{dom } f = [-4, +\infty \setminus \{0\}$

d) $\text{dom } f =]-5, -2] \cup [2, 5[$

3. $D_1: y = 1$; $D_2: x = -2$; $D_3: y = \frac{1}{2}x + 1$

4. a) $x^2 - x + 1$

b) $4x + 1 + \dfrac{5}{x-2}$

c) $x^2 - 1 + \dfrac{2}{x^2+1}$

d) $3x - 2 + \dfrac{5x+1}{x^2+1}$

e) $-5x + 6 + \left(\dfrac{-4}{2x-3}\right)$

Partie B

1. a) $\lim\limits_{x \to 1} \dfrac{x^2 + 2x - 3}{x^2 - 1}$ $\left(\text{indétermination de la forme } \dfrac{0}{0}\right)$

$= \lim\limits_{x \to 1} \dfrac{(x-1)(x+3)}{(x-1)(x+1)} = \lim\limits_{x \to 1} \dfrac{(x+3)}{(x+1)} = 2$

b) $\lim\limits_{x \to 4} \dfrac{\sqrt{x} - 2}{x - 4}$ $\left(\text{indétermination de la forme } \dfrac{0}{0}\right)$

$= \lim\limits_{x \to 4} \dfrac{\sqrt{x} - 2}{x - 4} \times \dfrac{\sqrt{x} + 2}{\sqrt{x} + 2} = \lim\limits_{x \to 4} \dfrac{(x-4)}{(x-4)(\sqrt{x}+2)}$

$= \lim\limits_{x \to 4} \dfrac{1}{\sqrt{x}+2} = \dfrac{1}{4}$

2. a) … est croissante sur $[a, b]$.

b) … est concave vers le bas sur $[a, b]$.

c) … un point de maximum relatif de f.

d) … un point d'inflexion de f.

3.

x	$-\infty$	-1		0		1	$+\infty$
$f'(x)$	+	0	−	−	−	0	+
$f''(x)$	−	−	−	0	+	+	+
f	↗∩	4	↘∩	0	↘∪	-4	↗∪
E. du G.	↱	(-1, 4)	↴	(0, 0)	↳	(1, -4)	⤴
		max.		inf.		min.	

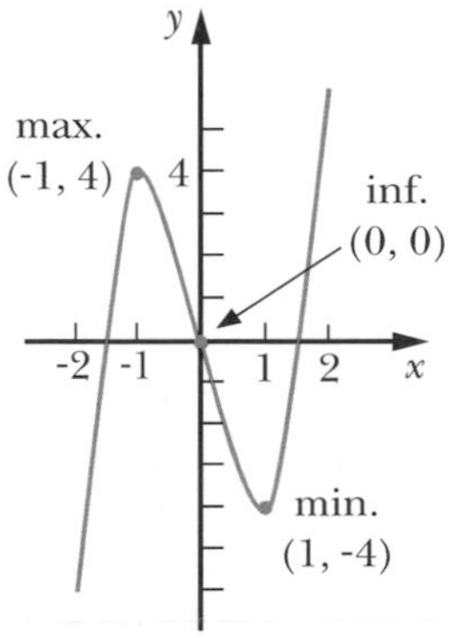

Zéros de f: $-\sqrt[4]{5}$, 0 et $\sqrt[4]{5}$

Exercices

Exercices 8.1 *(page 269)*

1. … $\lim\limits_{x \to a^-} f(x) = -\infty$, $\lim\limits_{x \to a^-} f(x) = +\infty$, $\lim\limits_{x \to a^+} f(x) = -\infty$ ou $\lim\limits_{x \to a^+} f(x) = +\infty$.

2. a) i) $+\infty$ iii) $+\infty$ v) 0 vii) $2{,}5$
ii) $+\infty$ iv) $+\infty$ vi) $-\infty$ viii) -2

b) $x = -6$, $x = -2$ et $x = 0$

3. a) Le graphique ci-dessous n'est évidemment pas le seul qui répond aux quatre conditions.

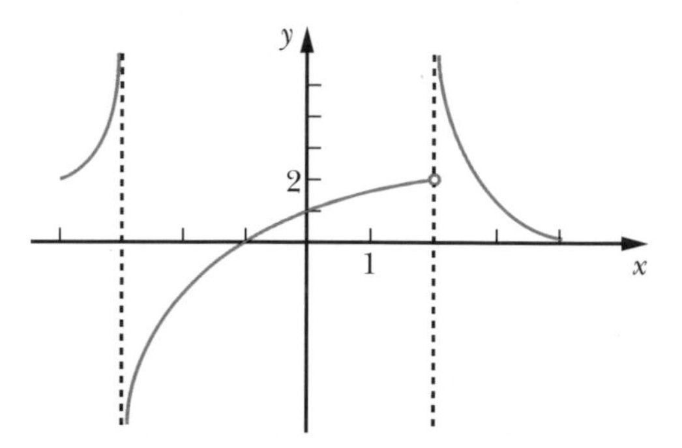

b) $x = -3$ et $x = 2$

4. a) dom $f = \mathbb{R} \setminus \{3\}$;

$$\lim_{x \to 3^-} \frac{3x}{(x-3)^2} = \frac{9}{0^+} = +\infty \text{ et}$$

$$\lim_{x \to 3^+} \frac{3x}{(x-3)^2} = \frac{9}{0^+} = +\infty.$$

Donc, $x = 3$ est une asymptote verticale.

b) dom $f = \left]-3, +\infty\right[$;

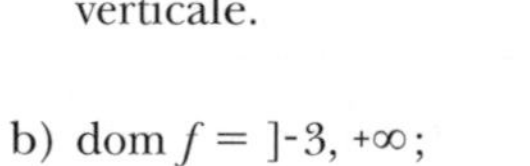

$$\lim_{x \to -3^+} \frac{-7x^2}{\sqrt{x+3}} = \frac{-63}{0^+} = -\infty.$$

Donc, $x = -3$ est une asymptote verticale.

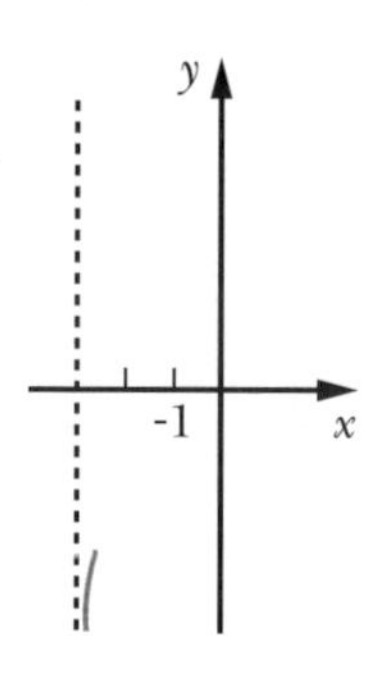

c) dom $f = \mathbb{R} \setminus \{-4, 1\}$;

i) Pour $x = -4$, $\lim\limits_{x \to -4^-} \dfrac{2x+1}{(x-1)(x+4)} = \dfrac{-7}{0^+} = -\infty$ et

$$\lim_{x \to -4^+} \frac{2x+1}{(x-1)(x+4)} = \frac{-7}{0^-} = +\infty.$$

Donc, $x = -4$ est une asymptote verticale.

ii) Pour $x = 1$, $\lim\limits_{x \to 1^-} \dfrac{2x+1}{(x-1)(x+4)} = \dfrac{3}{0^-} = -\infty$ et

$$\lim_{x \to 1^+} \frac{2x+1}{(x-1)(x+4)} = \frac{3}{0^+} = +\infty.$$

Donc, $x = 1$ est une asymptote verticale.

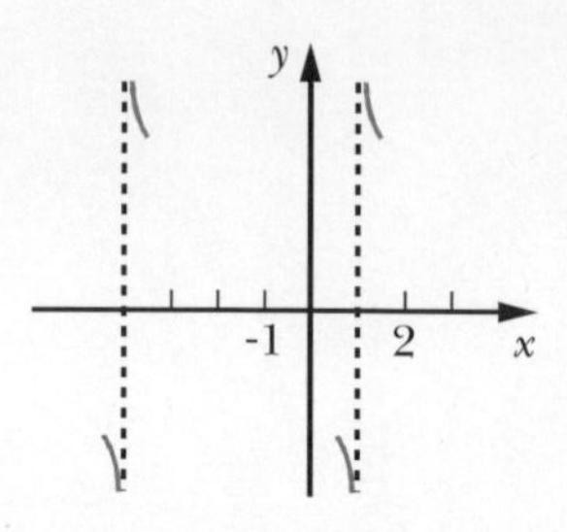

d) dom $f = \mathbb{R} \setminus \{-3, -1\}$;

i) Pour $x = -3$, $\lim\limits_{x \to -3^-} \dfrac{x^2 + x - 6}{x^2 + 4x + 3}$ est une indétermination de la forme $\dfrac{0}{0}$.

Levons cette indétermination.

$$\lim_{x \to -3^-} \frac{x^2 + x - 6}{x^2 + 4x + 3} = \lim_{x \to -3^-} \frac{(x+3)(x-2)}{(x+3)(x+1)} \quad \text{(en factorisant)}$$

$$= \lim_{x \to -3^-} \frac{(x-2)}{(x+1)}$$

(en simplifiant, car $(x + 3) \neq 0$)

$$= \frac{5}{2}.$$

De même, $\lim\limits_{x \to -3^+} \dfrac{x^2 + x - 6}{x^2 + 4x + 3} = \dfrac{5}{2}$.

Donc, $x = -3$ n'est pas une asymptote verticale.

ii) Pour $x = -1$,

$$\lim_{x \to -1^-} \frac{x^2 + x - 6}{x^2 + 4x + 3} = \lim_{x \to -1^-} \frac{(x+3)(x-2)}{(x+3)(x+1)} = \frac{-6}{2(0^-)} = +\infty \text{ et}$$

$$\lim_{x \to -1^+} \frac{x^2 + x - 6}{x^2 + 4x + 3} = \lim_{x \to -1^+} \frac{(x+3)(x-2)}{(x+3)(x+1)} = \frac{-6}{2(0^+)} = -\infty.$$

Donc, $x = -1$ est une asymptote verticale.

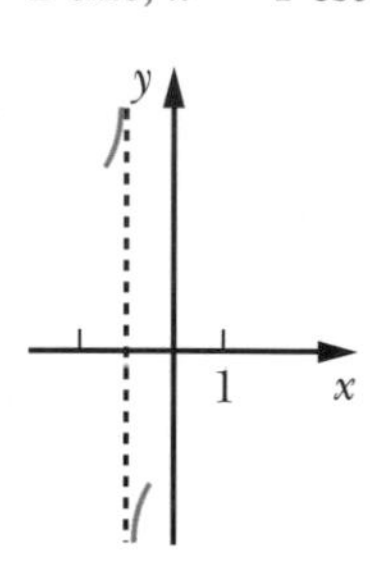

e) $x = -3$ et $x = 1$

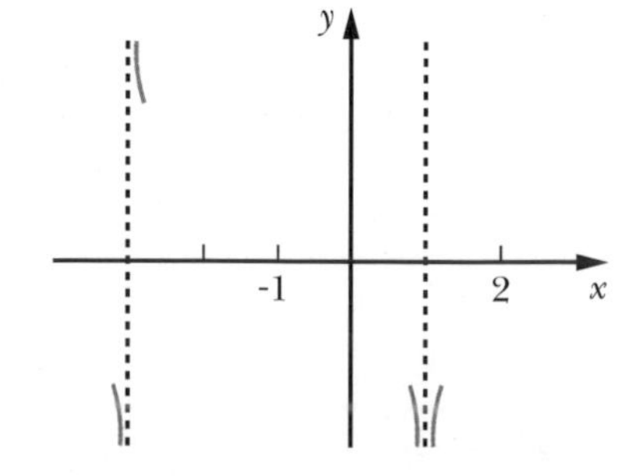

f) $x = 0$

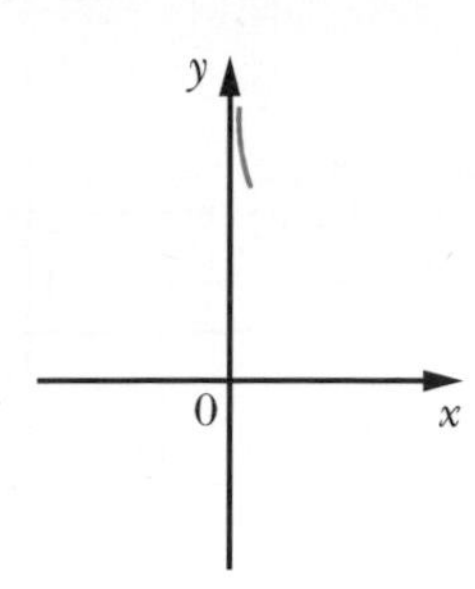

g) f n'a aucune asymptote verticale.

h) $x = 1$ et $x = 2$

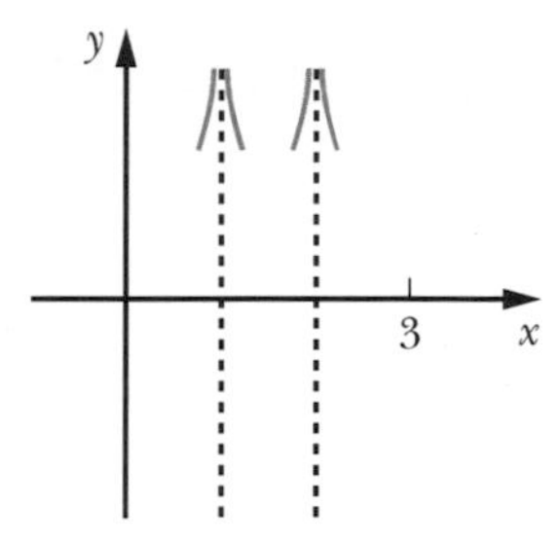

i) $x = 1$

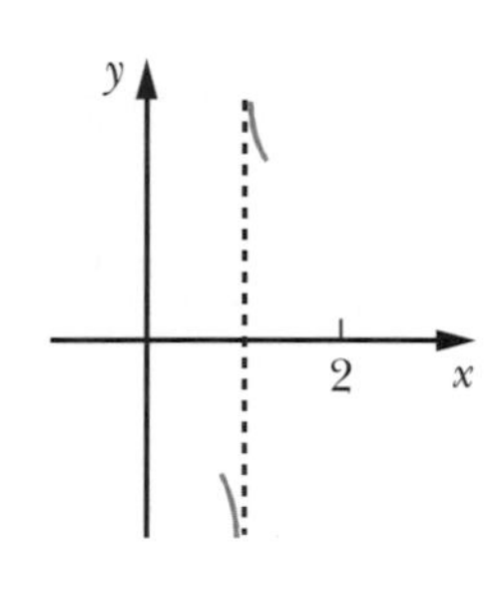

5. a) En posant $3(\text{-}1) + k = 0$, on obtient $k = 3$.

Puisque $\lim\limits_{x \to \text{-}1^-} \dfrac{5x^2 + 4}{3x + 3} = \dfrac{9}{0^-} = \text{-}\infty$,

alors $x = \text{-}1$ est une asymptote verticale pour $k = 3$.

b) En posant $(\pm 4)^2 + k = 0$, on obtient $k = \text{-}16$.

Puisque $\lim\limits_{x \to \text{-}4^-} \dfrac{\text{-}5x + 7}{x^2 - 16} = \dfrac{27}{0^+} = +\infty$ et

puisque $\lim\limits_{x \to 4^-} \dfrac{\text{-}5x + 7}{x^2 - 16} = \dfrac{\text{-}13}{0^-} = +\infty$,

alors $x = \text{-}4$ et $x = 4$ sont des asymptotes verticales pour $k = \text{-}16$.

Exercices 8.2 (page 277)

1. … $\lim\limits_{x \to \text{-}\infty} f(x) = b$ ou $\lim\limits_{x \to +\infty} f(x) = b$.

2. a) i) $\lim\limits_{x \to \text{-}\infty} f(x) = 2$ b) $y = 2$ et $y = \text{-}3$

ii) $\lim\limits_{x \to +\infty} f(x) = \text{-}3$

3. a) Le graphique ci-contre n'est évidemment pas le seul qui répond aux deux conditions.

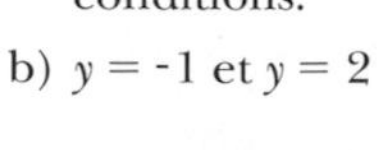

b) $y = \text{-}1$ et $y = 2$

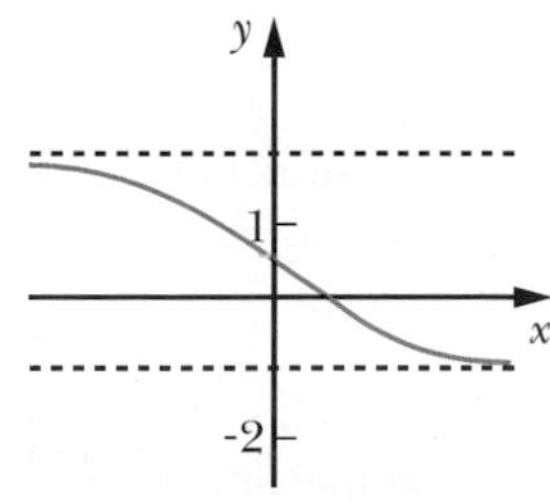

4. a) $\lim\limits_{x \to \text{-}\infty} (7x^3 - 4x^2 + 7x - 1) = \text{-}\infty$

b) Indétermination de la forme $+\infty - \infty$:

$\lim\limits_{x \to +\infty} (7x^3 - 4x^2 + 7x - 1) =$

$$\lim_{x \to +\infty} x^3\left(7 - \frac{4}{x} + \frac{7}{x^2} - \frac{1}{x^3}\right) = +\infty$$

c) Indétermination de la forme $+\infty - \infty$:

$$\lim_{x \to \text{-}\infty} \left(\sqrt{x^2 + 4} + x^3\right) = \lim_{x \to \text{-}\infty} \left(\sqrt{x^2\left(1 + \frac{4}{x^2}\right)} + x^3\right)$$

$$= \lim_{x \to \text{-}\infty} \left(\sqrt{x^2}\sqrt{1 + \frac{4}{x^2}} + x^3\right)$$

$$= \lim_{x \to \text{-}\infty} \left(|x|\sqrt{1 + \frac{4}{x^2}} + x^3\right)$$

$$= \lim_{x \to \text{-}\infty} \left(\text{-}x\sqrt{1 + \frac{4}{x^2}} + x^3\right)$$

$$= \lim_{x \to \text{-}\infty} x^3\left(\frac{\text{-}\left(\sqrt{1 + \frac{4}{x^2}}\right)}{x^2} + 1\right)$$

$$= \text{-}\infty$$

5. a) $\lim\limits_{x \to \text{-}\infty} \left(7 - \dfrac{3}{x + 1}\right) = 7$ et $\lim\limits_{x \to +\infty} \left(7 - \dfrac{3}{x + 1}\right) = 7$

Donc, $y = 7$ est une asymptote horizontale.

b) $$\lim_{x \to \text{-}\infty} \frac{3x^2 - 1}{5x^2 + 4x + 1} = \lim_{x \to \text{-}\infty} \frac{x^2\left(3 - \frac{1}{x^2}\right)}{x^2\left(5 + \frac{4}{x} + \frac{1}{x^2}\right)}$$

$$= \lim_{x \to \text{-}\infty} \frac{3 - \frac{1}{x^2}}{5 + \frac{4}{x} + \frac{1}{x^2}} = \frac{3}{5} \text{ et}$$

$$\lim_{x \to +\infty} \frac{3x^2 - 1}{5x^2 + 4x + 1} = \frac{3}{5}$$

Donc, $y = \dfrac{3}{5}$ est une asymptote horizontale.

c) $$\lim_{x \to \text{-}\infty} \frac{4x^3}{7x^2 + 1} = \lim_{x \to \text{-}\infty} \frac{4x^3}{x^2\left(7 + \frac{1}{x^2}\right)} = \lim_{x \to \text{-}\infty} \frac{4x}{7 + \frac{1}{x^2}} = \text{-}\infty$$

Donc, f n'a pas d'asymptote horizontale lorsque $x \to \text{-}\infty$.

$$\lim_{x \to +\infty} \frac{4x^3}{7x^2 + 1} = +\infty$$

Donc, f n'a pas d'asymptote horizontale lorsque $x \to +\infty$.

d) $$\lim_{x \to \text{-}\infty} \frac{4x + 1}{\sqrt{x^2 + 9}} = \lim_{x \to \text{-}\infty} \frac{x\left(4 + \frac{1}{x}\right)}{\sqrt{x^2}\sqrt{1 + \frac{9}{x^2}}}$$

$$= \lim_{x \to \text{-}\infty} \frac{x\left(4 + \frac{1}{x}\right)}{\text{-}x\left(\sqrt{1 + \frac{9}{x^2}}\right)} = \text{-}4$$

Donc, $y = \text{-}4$ est une asymptote horizontale lorsque $x \to \text{-}\infty$.

$$\lim_{x \to +\infty} \frac{4x + 1}{\sqrt{x^2 + 9}} = \lim_{x \to +\infty} \frac{x\left(4 + \frac{1}{x}\right)}{x\left(\sqrt{1 + \frac{9}{x^2}}\right)} = 4$$

Donc, $y = 4$ est une asymptote horizontale lorsque $x \to +\infty$.

6. a) $y = 0$

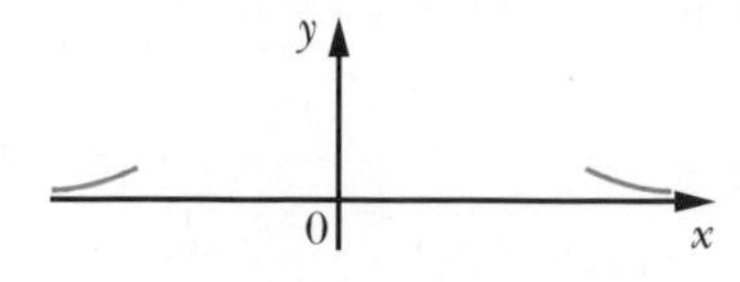

b) $y = 5$

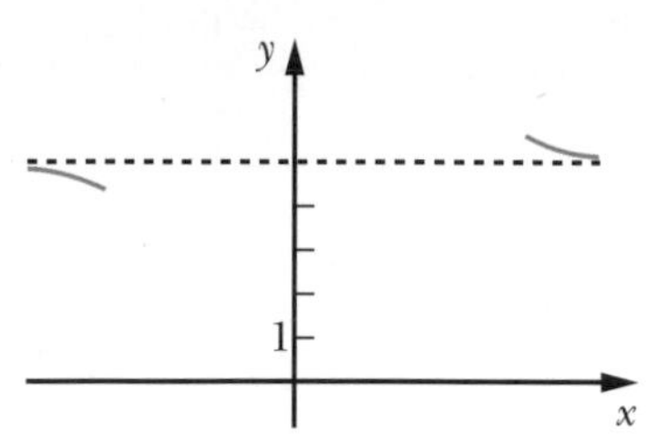

c) $y = -3$

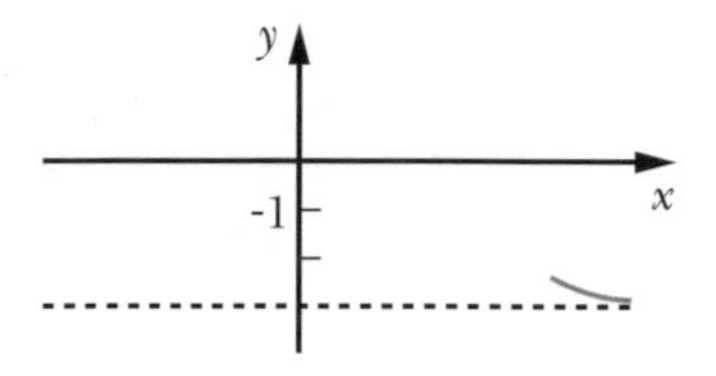

d) $\lim_{x \to -\infty} \left(5 - \frac{\sqrt{4x^2 + 1}}{x}\right) = 7$, donc $y = 7$ est une asymptote horizontale lorsque $x \to -\infty$.

$\lim_{x \to +\infty} \left(5 - \frac{\sqrt{4x^2 + 1}}{x}\right) = 3$, donc $y = 3$ est une asymptote horizontale lorsque $x \to +\infty$.

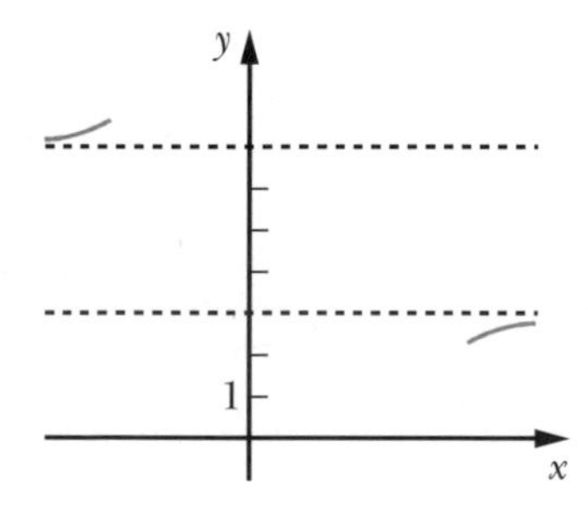

e) $y = \frac{7}{4}$

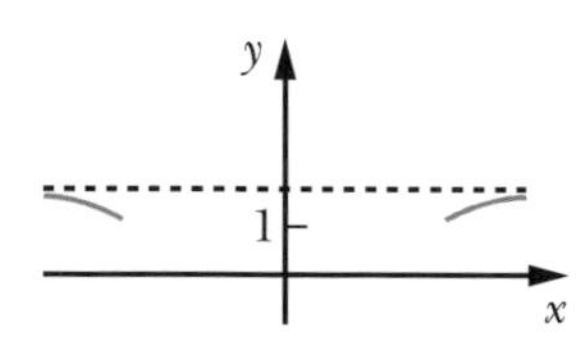

f) $y = 0$, lorsque $x \to -\infty$.

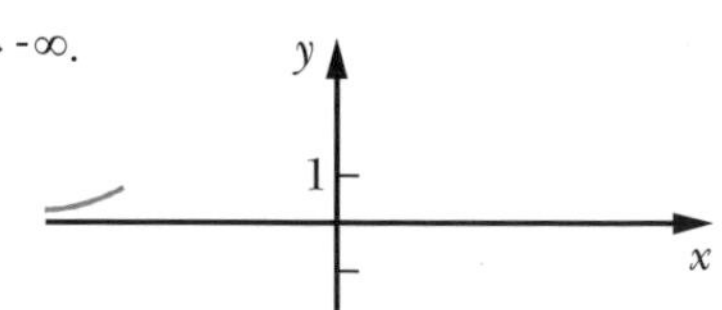

g) f n'a aucune asymptote horizontale.

h) $y = \frac{5}{2}$, lorsque $x \to -\infty$ et $y = \frac{-5}{2}$, lorsque $x \to +\infty$.

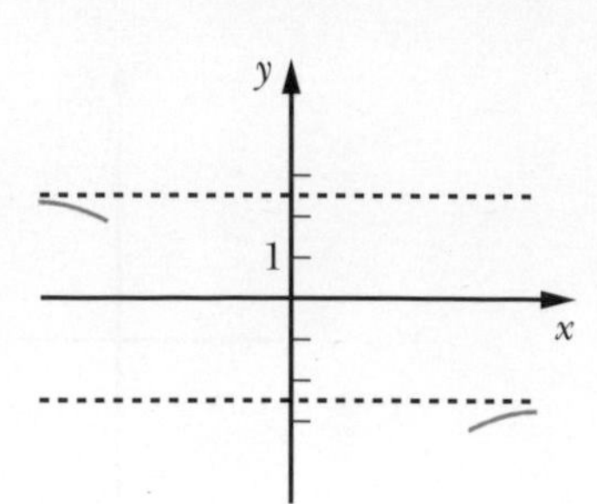

7. a) $$\lim_{x \to +\infty} \frac{kx + 1}{3x - 4} = \lim_{x \to +\infty} \frac{x\left(k + \frac{1}{x}\right)}{x\left(3 - \frac{4}{x}\right)} = \lim_{x \to +\infty} \frac{k + \frac{1}{x}}{3 - \frac{4}{x}} = \frac{k}{3}$$

En posant $\frac{k}{3} = 8$, on obtient $k = 24$.

b) $$\lim_{x \to -\infty} \frac{7x^k + 1}{x^2 - 4} = \lim_{x \to -\infty} \frac{x^k\left(7 + \frac{1}{x^k}\right)}{x^2\left(1 - \frac{4}{x^2}\right)} = \lim_{x \to -\infty} \frac{x^{k-2}\left(7 + \frac{1}{x^k}\right)}{\left(1 - \frac{4}{x^2}\right)} = 7x^{k-2}$$

En posant $7x^{k-2} = 7$, on obtient $k = 2$.

Exercices 8.3 (page 282)

1. ... $f(x) = ax + b + r(x)$, telle que $\lim_{x \to -\infty} r(x) = 0$ ou $\lim_{x \to +\infty} r(x) = 0$.

2. $D_1 : y = -x - 2$; $D_2 : y = \frac{3}{2}x - 3$

3. a) Puisque $f(x) = 5x - 1 + \frac{7}{x^2}$ et que $\lim_{x \to -\infty} \frac{7}{x^2} = 0$ et $\lim_{x \to +\infty} \frac{7}{x^2} = 0$, alors $y = 5x - 1$ est une asymptote oblique.

b) $f(x) = \frac{4x^3 - 6x^2 + x - 4}{x^2} = 4x - 6 + \frac{x - 4}{x^2}$

Puisque $$\lim_{x \to -\infty} \frac{x - 4}{x^2} = \lim_{x \to -\infty} \frac{x\left(1 - \frac{4}{x}\right)}{x^2} = \lim_{x \to -\infty} \frac{1 - \frac{4}{x}}{x} = 0$$

et que $\lim_{x \to +\infty} \frac{x - 4}{x^2} = 0$, alors $y = 4x - 6$ est une asymptote oblique.

c) $f(x) = -1 + \dfrac{x}{1 + x^3}$

Puisque $a = 0$, f n'a pas d'asymptote oblique.

d) $f(x) = 3x + 1 + \left(x^2 + \dfrac{1}{x}\right)$

Puisque $\lim\limits_{x \to -\infty} \left(x^2 + \dfrac{1}{x}\right) = +\infty$, d'où $\lim\limits_{x \to -\infty} r(x) \neq 0$, et que $\lim\limits_{x \to +\infty} \left(x^2 + \dfrac{1}{x}\right) = +\infty$, d'où $\lim\limits_{x \to +\infty} r(x) \neq 0$, alors f n'a pas d'asymptote oblique.

4. a) Puisque $f(x) = 3x + 4 + \dfrac{5}{x^2}$ et que $\lim\limits_{x \to -\infty} \dfrac{5}{x^2} = 0$ et $\lim\limits_{x \to +\infty} \dfrac{5}{x^2} = 0$, alors $y = 3x + 4$ est une asymptote oblique.

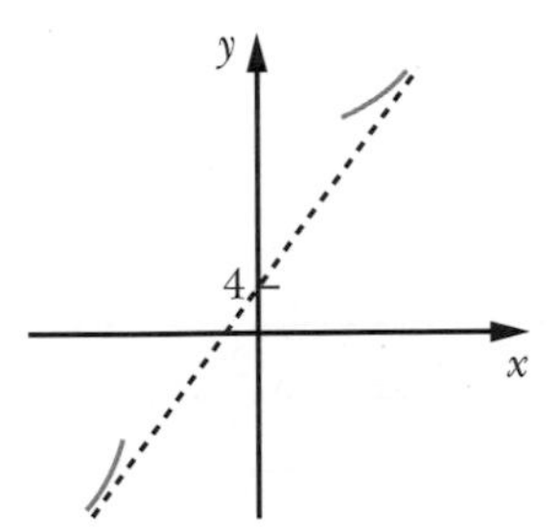

b) Puisque $f(x) = -2x - 1 + \dfrac{3}{x + 1}$ et que $\lim\limits_{x \to -\infty} \dfrac{3}{x + 1} = 0$ et $\lim\limits_{x \to +\infty} \dfrac{3}{x + 1} = 0$, alors $y = -2x - 1$ est une asymptote oblique.

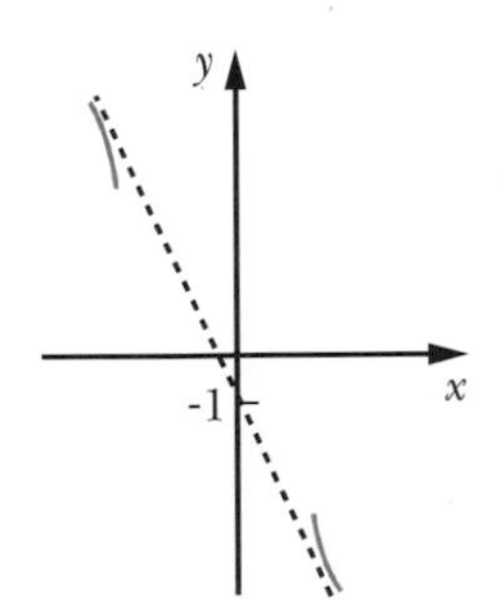

c) $\lim\limits_{x \to -\infty} \dfrac{f(x)}{x} = \lim\limits_{x \to -\infty} \dfrac{\sqrt{4x^2 + 9}}{x}$ $\left(\text{indétermination de la forme } \dfrac{+\infty}{-\infty}\right)$

$= \lim\limits_{x \to -\infty} \dfrac{|x|\sqrt{4 + \dfrac{9}{x^2}}}{x}$

$= \lim\limits_{x \to -\infty} \left(-\sqrt{4 + \dfrac{9}{x^2}}\right) = -2$

Donc, $a = -2$;

$\lim\limits_{x \to -\infty} [f(x) - ax] = \lim\limits_{x \to -\infty} [\sqrt{4x^2 + 9} + 2x]$

(indétermination de la forme $+\infty - \infty$)

$= \lim\limits_{x \to -\infty} \left[[\sqrt{4x^2 + 9} + 2x] \dfrac{[\sqrt{4x^2 + 9} - 2x]}{[\sqrt{4x^2 + 9} - 2x]}\right]$

$= \lim\limits_{x \to -\infty} \dfrac{9}{\sqrt{4x^2 + 9} - 2x} = 0$ donc, $b = 0$

D'où $y = -2x$ est une asymptote oblique lorsque $x \to -\infty$.

$\lim\limits_{x \to +\infty} \dfrac{f(x)}{x} = \lim\limits_{x \to +\infty} \dfrac{\sqrt{4x^2 + 9}}{x}$

$= \lim\limits_{x \to +\infty} \dfrac{|x|\sqrt{4 + \dfrac{9}{x^2}}}{x} = \lim\limits_{x \to +\infty} \sqrt{4 + \dfrac{9}{x^2}} = 2$

Donc, $a = 2$;

$\lim\limits_{x \to +\infty} [f(x) - ax] = \lim\limits_{x \to +\infty} [\sqrt{4x^2 + 9} - 2x]$

$= \lim\limits_{x \to +\infty} \left[[\sqrt{4x^2 + 9} - 2x] \dfrac{[\sqrt{4x^2 + 9} + 2x]}{[\sqrt{4x^2 + 9} + 2x]}\right]$

$= \lim\limits_{x \to +\infty} \dfrac{9}{\sqrt{4x^2 + 9} + 2x} = 0$ donc, $b = 0$

D'où $y = 2x$ est une asymptote oblique lorsque $x \to +\infty$.

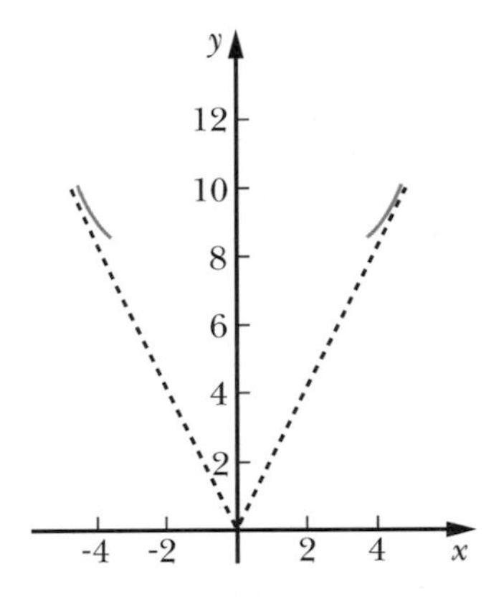

Exercices 8.4 (page 287)

1. a) dom $f = \mathbb{R} \setminus \{-4, 2\}$

b) Asymptotes verticales : $x = -4$ et $x = 2$

c) Asymptotes horizontales : $y = -3$ et $y = 2$

d) max. rel. : $(-2, -1)$ et $(5, 6)$

min. rel. : $(0, -3)$

e) Points d'inflexion : $(-1, -2)$ et $(6, 4)$

f)

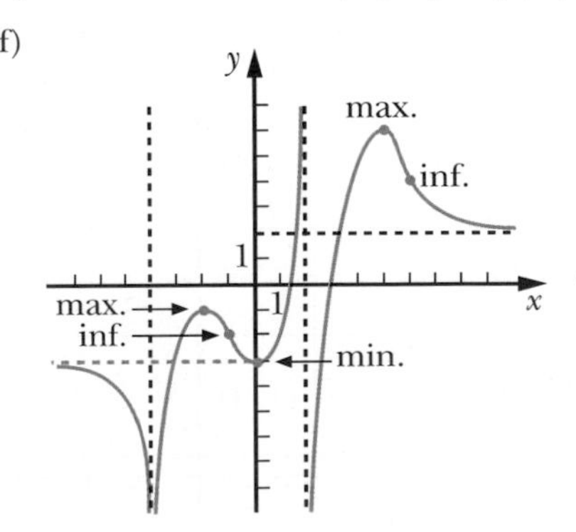

2. a) dom $f = \mathbb{R} \setminus \{-2, 2\}$; A.V. : $x = -2$ et $x = 2$; A.H. : $y = 0$

$f'(x) = \dfrac{-x^2 - 4}{(x^2 - 4)^2}$ et $f''(x) = \dfrac{2x(x^2 + 12)}{(x^2 - 4)^3}$

x	$-\infty$		-2		0		2		$+\infty$
$f'(x)$		$-$	$\nexists$	$-$	$-$	$-$	$\nexists$	$-$	
$f''(x)$		$-$	$\nexists$	$+$	0	$-$	$\nexists$	$+$	
f	0	↘∩	$\nexists$	↘∪	0	↘∩	$\nexists$	↘∪	0
E. du G.					$(0, 0)$				
					inf.				

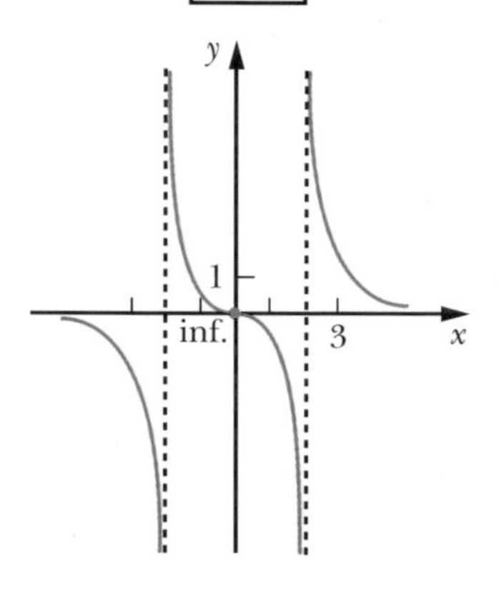

b) dom $f = \mathbb{R} \setminus \{0\}$; A.V. : $x = 0$

$$f'(x) = \frac{3(x^4 - 1)}{x^2} \text{ et } f''(x) = \frac{6(x^4 + 1)}{x^3}$$

x	$-\infty$		-1		0		1		$+\infty$
$f'(x)$		$+$	0	$-$	$\nexists$	$-$	0	$+$	
$f''(x)$		$-$	$-$	$-$	$\nexists$	$+$	$+$	$+$	
f	$-\infty$	↗∩	-4	↘∩	$\nexists$	↘∪	4	↗∪	$+\infty$
E. du G.			$(-1, -4)$				$(1, 4)$		
			max.				min.		

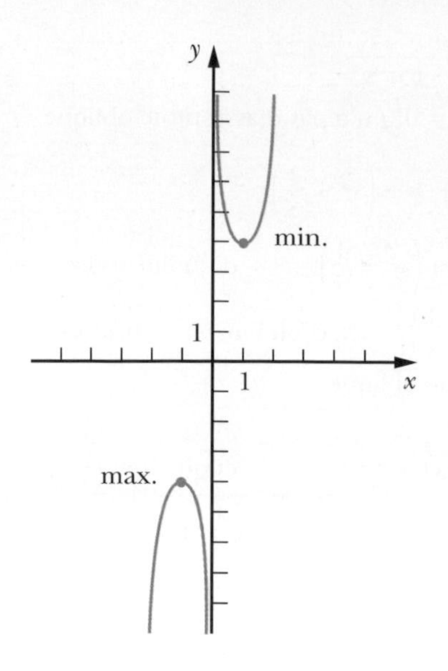

c) dom $f = \mathbb{R} \setminus \{0\}$; A.V. : $x = 0$; A.O. : $y = x$

$$f'(x) = \frac{x^3 - 8}{x^3} \text{ et } f''(x) = \frac{24}{x^4}$$

x	$-\infty$		0		2		$+\infty$
$f'(x)$		$+$	$\nexists$	$-$	0	$+$	
$f''(x)$		$+$	$\nexists$	$+$	$+$	$+$	
f	$-\infty$	↗∪	$\nexists$	↘∪	3	↗∪	$+\infty$
E. du G.					$(2, 3)$		
					min.		

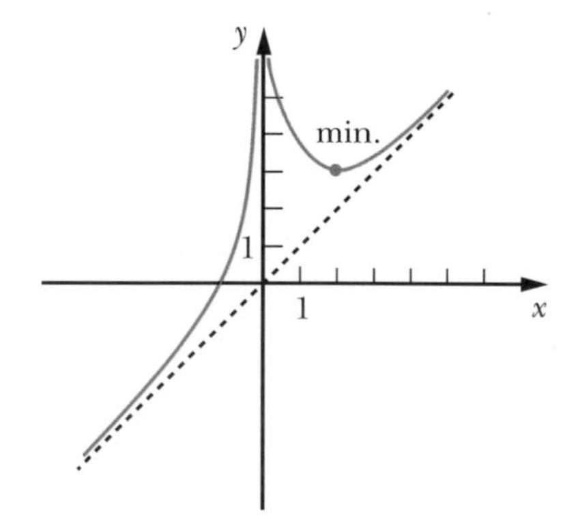

d) dom $f = \mathbb{R} \setminus \{-1, 1\}$; A.V. : $x = -1$ et $x = 1$; A.H. : $y = 2$

$$f'(x) = \frac{-2x}{(x^2 - 1)^2} \text{ et } f''(x) = \frac{2(3x^2 + 1)}{(x^2 - 1)^3}$$

x	$-\infty$		-1	
$f'(x)$		$+$	$\nexists$	$+$
$f''(x)$		$+$	$\nexists$	$-$
f	2	↗∪	$\nexists$	↗∩
E. du G.				

0		1		+∞
0	−	∄	−	
−	−	∄	+	
1	↘∩	∄	↘∪	2
(0, 1)	↷		↳	
max.				

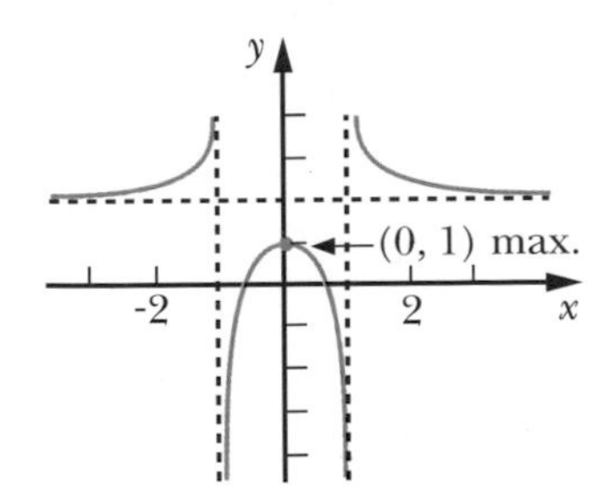

e) $\operatorname{dom} f = \mathbb{R} \setminus \{2\}$; A.V. : $x = 2$

$f'(x) = \dfrac{2[(x-2)^4 - 1]}{(x-2)^3}$ et $f''(x) = \dfrac{2(x-2)^4 + 6}{(x-2)^4}$

x	-∞		1	
$f'(x)$		−	0	+
$f''(x)$		+	+	+
f	+∞	↘∪	2	↗∪
E. du G.		↳	(1, 2)	↗
			min.	

2		3		+∞
∄	−	0	+	
∄	+	+	+	
∄	↘∪	2	↗∪	+∞
	↳	(3, 2)	↗	
		min.		

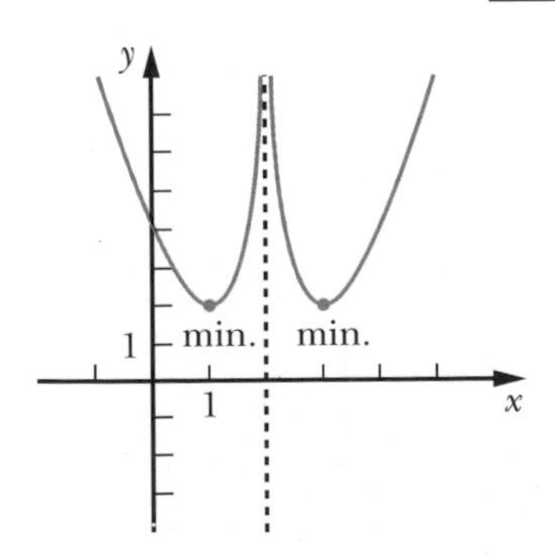

f) $\operatorname{dom} f = \mathbb{R} \setminus \{0\}$; A.V. : $x = 0$; A.H. : $y = 1$

$f'(x) = \dfrac{2(x+8)}{x^3}$ et $f''(x) = \dfrac{-4(x+12)}{x^4}$

x	-∞		-12	
$f'(x)$		+	+	+
$f''(x)$		+	0	−
f	1	↗∪	$\dfrac{10}{9}$	↗∩
E. du G.		↗	$\left(-12, \dfrac{10}{9}\right)$	↗
			inf.	

-8		0		+∞
0	−	∄	+	
−	−	∄	−	
$\dfrac{9}{8}$	↘∩	∄	↗∩	1
$\left(-8, \dfrac{9}{8}\right)$	↘		↗	
max.				

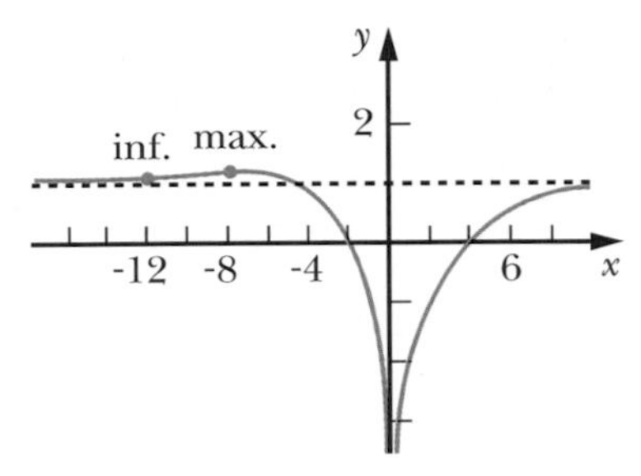

Pour g), h) et i) les tableaux de variation sont laissés à l'utilisateur ou l'utilisatrice.

g) $\operatorname{dom} f = \mathbb{R} \setminus \{0\}$; A.V. : $x = 0$

$f'(x) = \dfrac{2x^3 - 1}{x^2}$ et $f''(x) = \dfrac{2(x^3 + 1)}{x^3}$

min. rel. : $\left(\sqrt[3]{\dfrac{1}{2}}, \sqrt[3]{\dfrac{1}{4}} + \sqrt[3]{2}\right)$

inf. : $(-1, 0)$

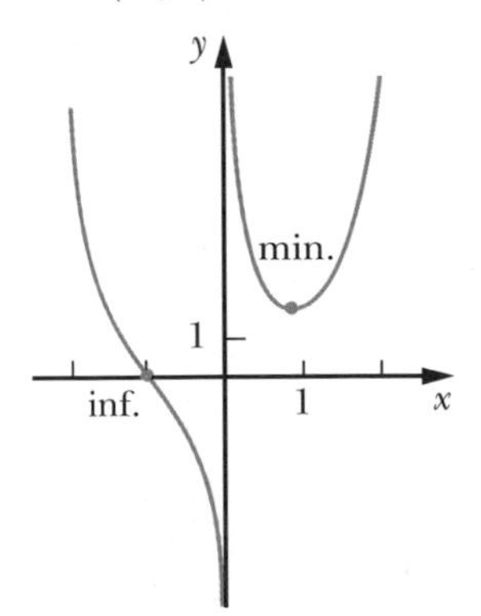

h) $\operatorname{dom} f = \mathbb{R}$; A.H. : $y = -1$

$f'(x) = \dfrac{-2x}{(x^2+1)^2}$ et $f''(x) = \dfrac{2(3x^2 - 1)}{(x^2+1)^3}$

max. abs. : $(0, 0)$

inf. : $\left(\dfrac{-1}{\sqrt{3}}, \dfrac{-1}{4}\right)$ et $\left(\dfrac{1}{\sqrt{3}}, \dfrac{-1}{4}\right)$

i) dom f = $-\infty, -1[\ \cup\ ]1, +\infty$; A.V. : $x = -1$ et $x = 1$; A.H. : $y = -2$ et $y = 2$

$$f'(x) = \frac{2}{\sqrt{(x^2-1)^3}} \text{ et } f''(x) = \frac{-6x}{\sqrt{(x^2-1)^5}}$$

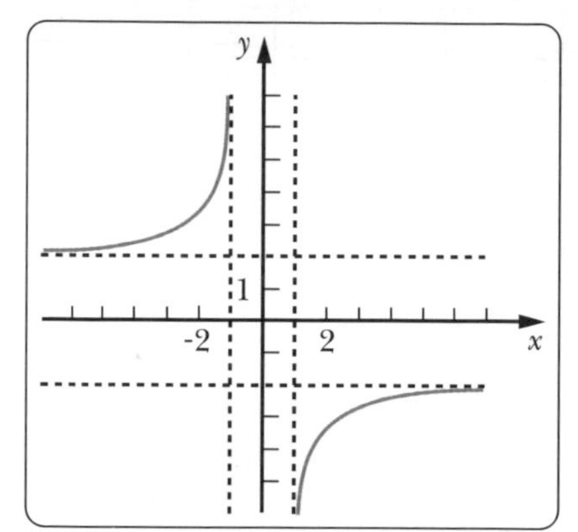

3. a) Le tableau de variation est laissé à l'utilisateur ou l'utilisatrice.

dom $f = \mathbb{R}\setminus\{1\}$; A.V. : $x = 1$; A.O. : $y = 4x + 1$

$$f'(x) = \frac{4x(x-2)}{(x-1)^2} \text{ et } f''(x) = \frac{8}{(x-1)^3}$$

min. rel. : (2, 13)

max. rel. : (0, -3)

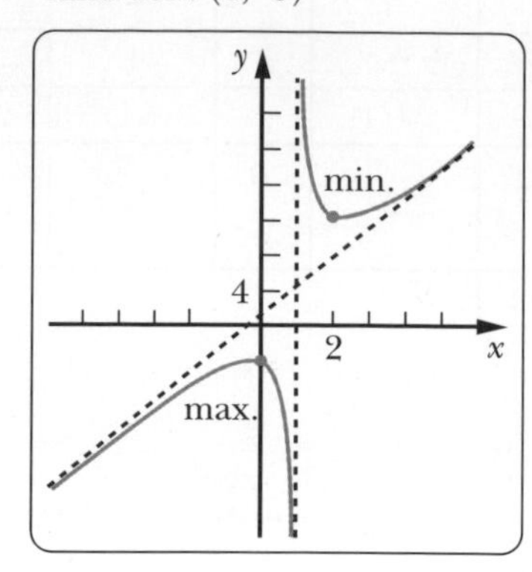

b) dom $f = \mathbb{R}\setminus\{1\}$; A.V. : $x = 1$;
A.O. : $y = 4x + 1$ et
$y = -4x - 1$

min. abs. : (0, 3)

min. rel. : (2, 13)

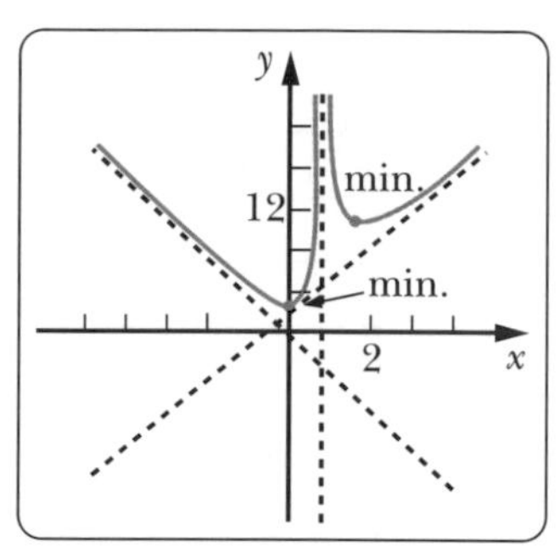

Exercices récapitulatifs *(page 291)*

1. a) D_1 est une asymptote verticale; $x = -2$.

D_4 est une asymptote verticale; $x = 3$.

D_2 est une asymptote horizontale; $y = 1$.

D_5 est une asymptote oblique; $y = \frac{-1}{2}x - 1$.

b) i) 1

ii) $-\infty$

iii) 1

iv) $+\infty$

v) $-\infty$

vi) $\frac{-1}{2}$

2. a) V

b) V

c) F

d) F

e) V

f) F

g) V

h) F

i) V

j) V

k) F

l) F

3.

	A.V.	A.H.	A.O.
a)	$x = -2$, $x = 2$	$y = 3$	aucune
b)	$x = -3$	$y = 0$	aucune
c)	$x = -4$, $x = 0$, $x = 1$	aucune	aucune
d)	aucune	$y = -3$, $y = 3$	aucune
e)	$x = -1$	aucune	$y = 4x - 4$
f)	$x = -2$, $x = 2$	$y = -5$, $y = 5$	aucune
g)	$x = -5$, $x = 5$	$y = -4$, $y = 4$	aucune
h)	$x = 2$	aucune	$y = 5x - 3$
i)	$x = -1$, $x = 1$	aucune	$y = -2x - 3$
j)	$x = -1$, $x = 2$	aucune	$y = 2x + 2$
k)	aucune	aucune	$y = -x - 7$, $y = 5x - 7$

4. a) dom $f = \mathbb{R}\setminus\{2\}$; A.V. : $x = 2$; A.H. : $y = -3$

$$f'(x) = \frac{7}{(2-x)^2} \text{ et } f''(x) = \frac{14}{(2-x)^3}$$

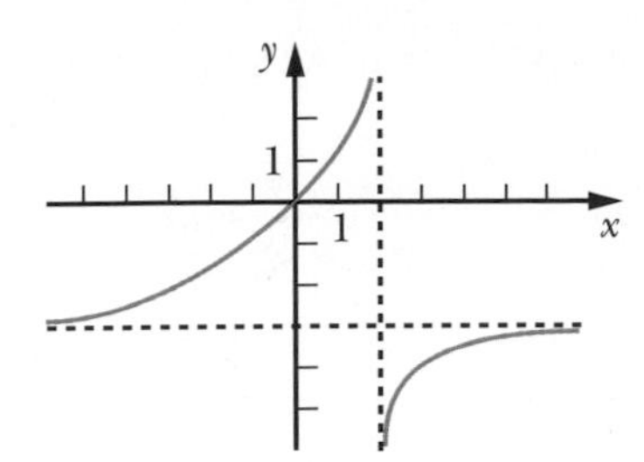

b) dom $f = \mathbb{R} \setminus \{-2, 2\}$; A.V.: $x = -2$ et $x = 2$; A.H.: $y = 5$

$f'(x) = \dfrac{6x}{(4 - x^2)^2}$ et $f''(x) = \dfrac{6(3x^2 + 4)}{(4 - x^2)^3}$

min. rel.: $\left(0, \dfrac{23}{4}\right)$

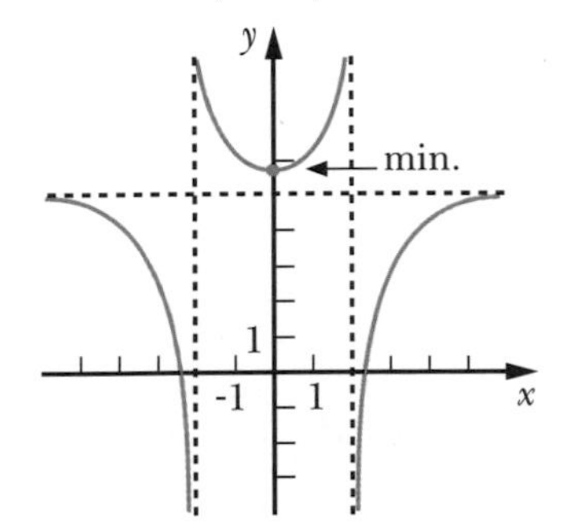

c) dom $f = -\infty, 2]$

$f'(x) = \dfrac{-3x^2}{2\sqrt{8 - x^3}}$ et $f''(x) = \dfrac{3x(x^3 - 32)}{4(8 - x^3)^{\frac{3}{2}}}$

min. abs.: (2, 0)

inf.: $(0, \sqrt{8})$

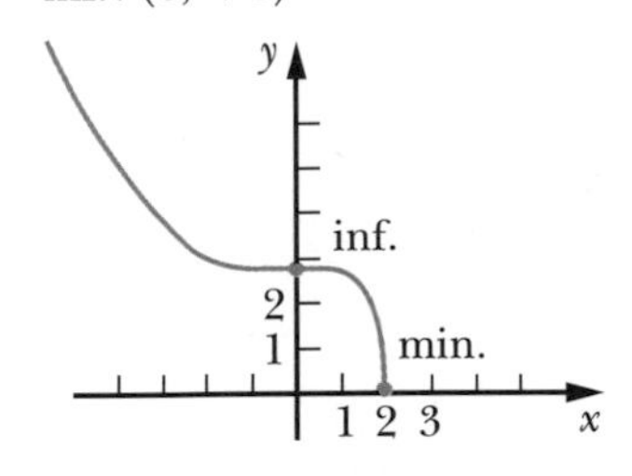

d) dom $f = \mathbb{R}$; A.H.: $y = 2$

$f'(x) = \dfrac{1 - x^2}{(x^2 + 1)^2}$ et $f''(x) = \dfrac{2x(x^2 - 3)}{(x^2 + 1)^3}$

min. abs.: (-1, 1,5)

max. abs.: (1, 2,5)

inf.: $\left(-\sqrt{3}, \dfrac{8 - \sqrt{3}}{4}\right)$,

(0, 2) et

$\left(\sqrt{3}, \dfrac{8 + \sqrt{3}}{4}\right)$

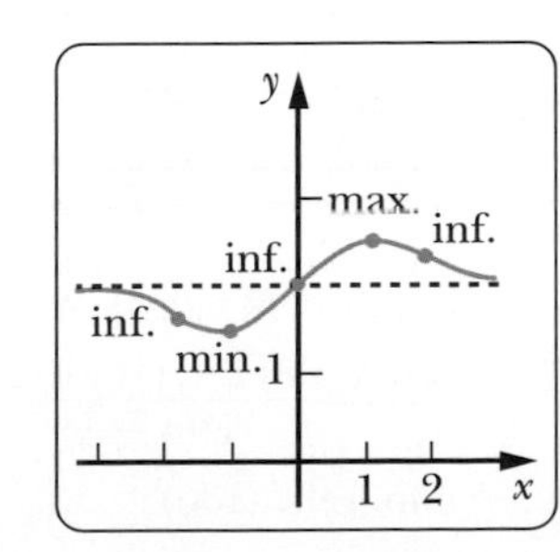

e) dom $f = \mathbb{R} \setminus \{1\}$; A.V.: $x = 1$; A.O. : $y = x - 1$

$f'(x) = \dfrac{(x - 3)(x + 1)}{(x - 1)^2}$ et $f''(x) = \dfrac{8}{(x - 1)^3}$

min. rel.: (3, 4)

max. rel.: (-1, -4)

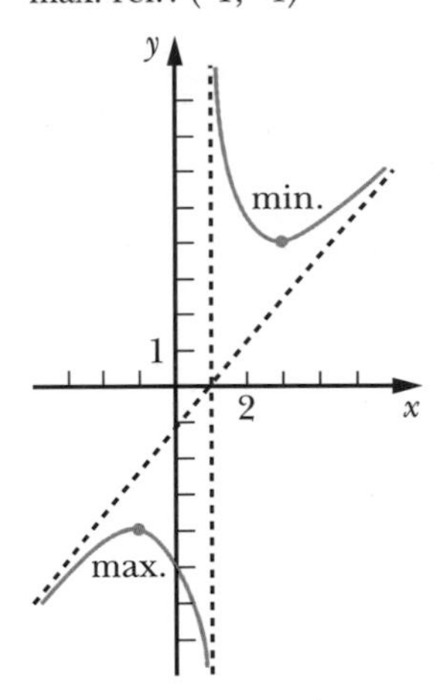

f) dom $f = \mathbb{R} \setminus \{-2, 2\}$; A.V.: $x = -2$ et $x = 2$; A.H.: $y = 0$

$f'(x) = \dfrac{-128x}{(x^2 - 4)^3}$ et $f''(x) = \dfrac{128(5x^2 + 4)}{(x^2 - 4)^4}$

min. rel.: (0, 2)

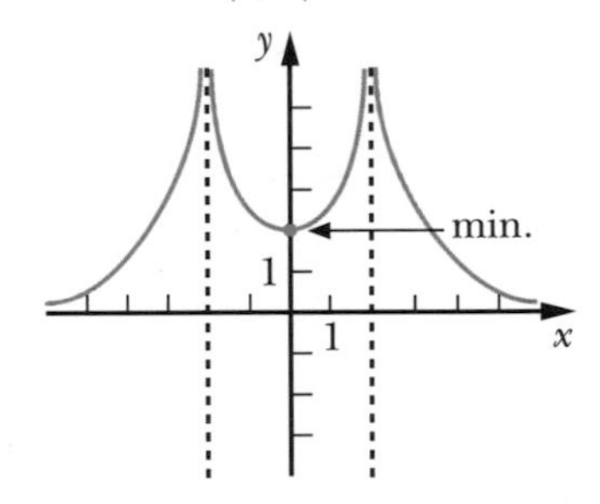

g) dom $f = \mathbb{R} \setminus \{0\}$; A.V.: $x = 0$; A.O.: $y = -x + 4$

$f'(x) = \dfrac{-(x^3 + 64)}{x^3}$ et $f''(x) = \dfrac{192}{x^4}$

min. rel.: (-4, 10)

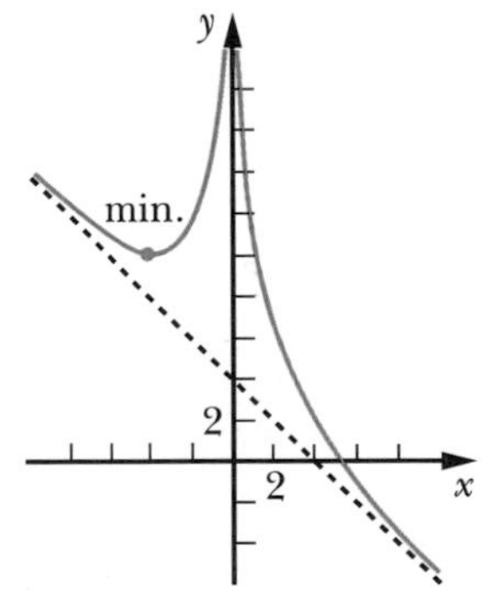

h) dom $f = \mathbb{R} \setminus \{-\sqrt{3}, 0, \sqrt{3}\}$; A.V.: $x = -\sqrt{3}$, $x = 0$ et $x = \sqrt{3}$; A.H.: $y = 0$

$f'(x) = \dfrac{12(1 - x^2)}{(x^3 - 3x)^2}$ et $f''(x) = \dfrac{24(2x^4 - 3x^2 + 3)}{(x^3 - 3x)^3}$

min. rel.: (-1, 2)

max. rel.: (1, -2)

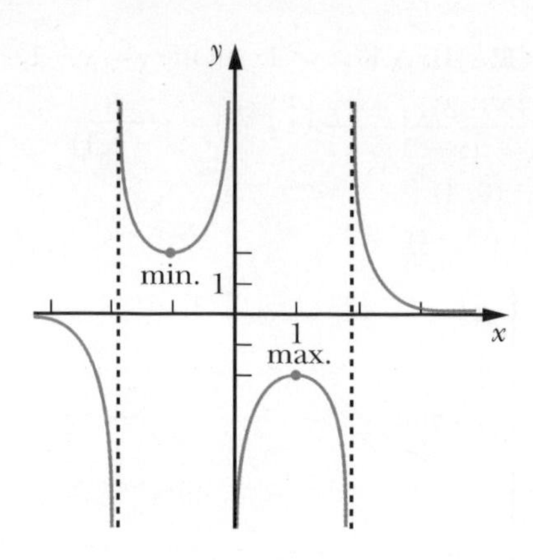

i) dom $f = \mathbb{R} \setminus \{\sqrt[3]{16}\}$; A.V. : $x = \sqrt[3]{16}$; A.H. : $y = 3$

$f'(x) = \dfrac{-144x^2}{(x^3 - 16)^2}$ et $f''(x) = \dfrac{576x(x^3 + 8)}{(x^3 - 16)^3}$

inf. : (-2, 1) et (0, 0)

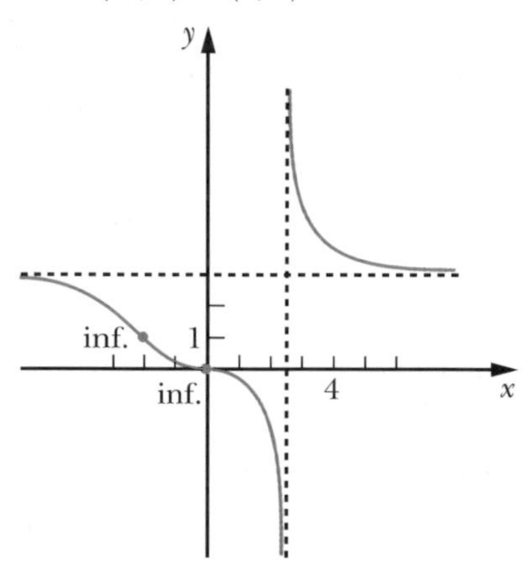

j) dom $f = [0, +\infty \setminus \{1\}$; A.V. : $x = 1$

$f'(x) = \dfrac{\sqrt{x} - 2}{2(\sqrt{x} - 1)^2}$ et $f''(x) = \dfrac{3 - \sqrt{x}}{4\sqrt{x}(\sqrt{x} - 1)^3}$

min. rel. : (4, 4)

max. rel. : (0, 0)

inf. : $\left(9, \dfrac{9}{2}\right)$

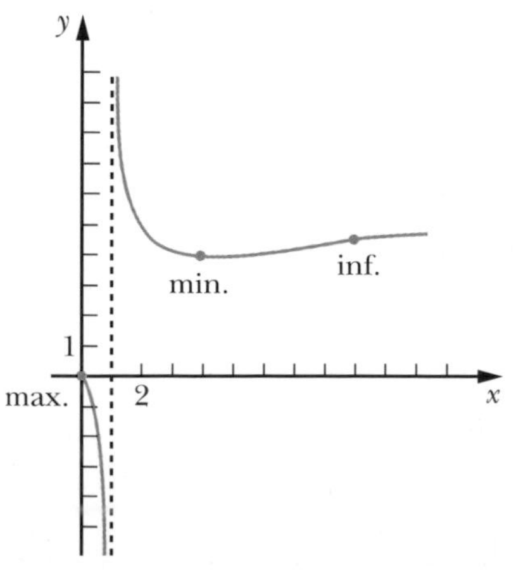

5. a) dom $f = \mathbb{R} \setminus \{0\}$; A.V. : $x = 0$; A.H. : $y = -1$ et $y = 1$

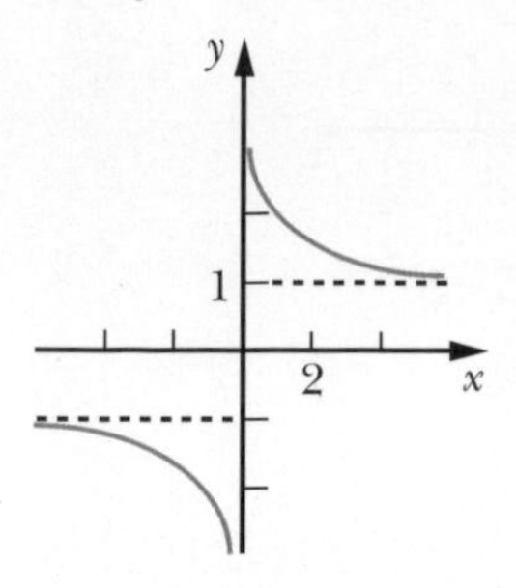

b) dom $g = -\infty, -2] \cup [2, +\infty$; A.H. : $y = -1$ et $y = 1$

min. rel. : (2, 0)

max. rel. : (-2, 0)

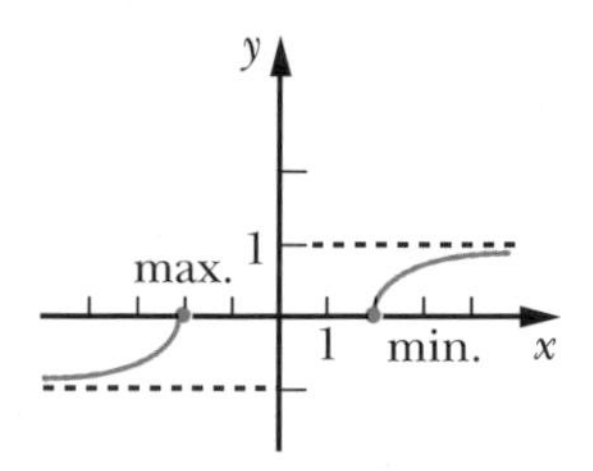

c) dom $h = [-2, 2] \setminus \{0\}$; A.V. : $x = 0$

min. rel. : (2, 0)

max. rel. : (-2, 0)

inf. : $\left(-\sqrt{\dfrac{8}{3}}, \dfrac{-\sqrt{2}}{2}\right)$ et $\left(\dfrac{8}{3}, \dfrac{\sqrt{2}}{2}\right)$

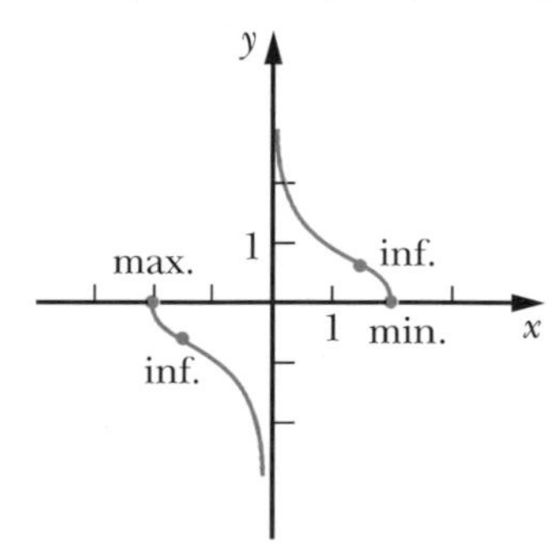

d) dom $f = -\infty, -2] \cup [2, +\infty$; A.O. : $y = -x + 2$, lorsque $x \to -\infty$ et $y = x + 2$, lorsque $x \to +\infty$

$f'(x) = \dfrac{x}{\sqrt{x^2 - 4}}$ et $f''(x) = \dfrac{-4}{(x^2 - 4)^{\frac{3}{2}}}$

min. abs. : (-2, 2) et (2, 2)

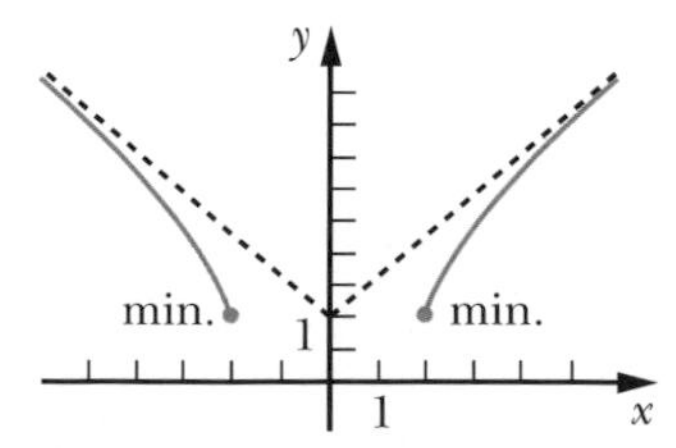

e) dom $f = \mathbb{R} \setminus \{0, 4\}$; A.V. : $x = 0$ et $x = 4$; A.H. : $y = 2$

$f'(x) = \dfrac{8(x - 1)(x + 2)}{x^2(4 - x)^2}$ et $f''(x) = \dfrac{2}{x^3} + \dfrac{18}{(4 - x)^3}$

min. rel. : (1, 6)

max. rel. : (-2, 3)

inf. : (-3,7..., 2,89...)

f) dom $f = \mathbb{R} \setminus \{0, 4\}$; A.V. : $x = 0$ et $x = 4$; A.H. : $y = 2$

min. abs. : $(4 - 3\sqrt{2}, 0)$ et $(4 + 3\sqrt{2}, 0)$

min. rel. : (1, 6)

max. rel. : (-2, 3)

inf. : (-3,7..., 2,89...), $(4 - 3\sqrt{2}, 0)$ et $(4 + 3\sqrt{2}, 0)$

Les points $(4 - 3\sqrt{2}, 0)$ et $(4 + 3\sqrt{2}, 0)$ sont également des points anguleux.

Puisque l'on prend la valeur absolue de la fonction précédente, les portions de courbes situées sous l'axe des x se retrouveront au-dessus de l'axe des x.

$4 + 16x - 2x^2 = 0$ si $x = 4 - 3\sqrt{2}$ ou si $x = 4 + 3\sqrt{2}$.

Le graphique sera tracé à partir du graphique **4** e), sans construire de tableau de variation.

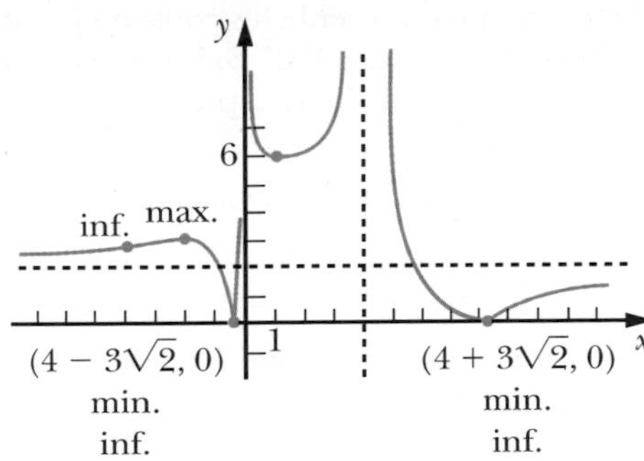

6. a) dom $U =]0, +\infty$; A.V. : $x = 0$; A.H. : $y = 0$

$U'(x) = \dfrac{-9c}{x^{10}} + \dfrac{d}{x^2}$ et

$U''(x) = \dfrac{90c}{x^{11}} - \dfrac{2d}{x^3}$

min. abs. : $\left(\sqrt[8]{\dfrac{9c}{d}}, U\left(\sqrt[8]{\dfrac{9c}{d}}\right)\right)$

inf. : $\left(\sqrt[8]{\dfrac{45c}{d}}, U\left(\sqrt[8]{\dfrac{45c}{d}}\right)\right)$

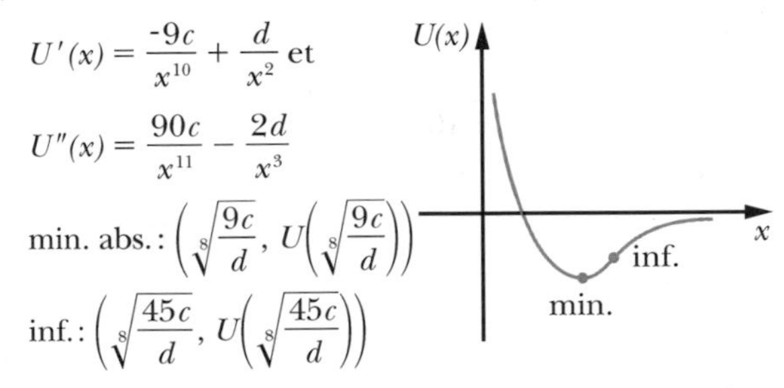

b) $F(x) = \dfrac{9c}{x^{10}} - \dfrac{d}{x^2}$

La représentation graphique est laissée à l'utilisateur ou l'utilisatrice.

Problèmes de synthèse (page 292)

1. a) $+\infty$

b) N'existe pas.

c) $-\infty$

d) $\dfrac{1}{6}$

e) 4

f) 0

g) $-\infty$

h) $\dfrac{3}{2}$

i) 0

j) -1

k) $-\infty$

2. Si $n < m$, $y = 0$.

Si $n = m$, $y = \dfrac{a_n}{b_m}$.

Si $n > m$, Q n'a aucune asymptote horizontale.

3.

	A.V.	A.H.	A.O.
a)	$x = 4$	$y = -2, y = 2$	aucune
b)	$x = 2$	$y = 4$	$y = 2x + 6$

4. Laissées à l'utilisateur ou l'utilisatrice.

5.

	k	A.V.	A.H.	A.O.
a)	$k < 0$	$x = 0$, $x = \sqrt{\dfrac{-1}{k}}$, $x = -\sqrt{\dfrac{-1}{k}}$	$y = 0$	aucune
	$k = 0$	aucune	aucune	aucune
	$k = 1$	aucune	$y = 0$	aucune
	$k = 2$	aucune	$y = \dfrac{1}{2}$	aucune
	$k = 3$	aucune	aucune	$y = \dfrac{1}{3}x$
	$k > 3$	aucune	aucune	aucune
b)	$k \leqslant 0$	$x = 0$	$y = 0$	aucune
	$k = 1$	$x = -1, x = 1$	$y = 0$	aucune
	$k = 2$	$x = -\sqrt{2}, x = \sqrt{2}$	$y = 1$	aucune
	$k = 3$	$x = -\sqrt{3}, x = \sqrt{3}$	aucune	$y = x$
	$k > 3$	$x = -\sqrt{k}, x = \sqrt{k}$	aucune	aucune

6. a) 150 000 \$, ce qui représente les coûts fixes de la compagnie.

b) 153 700 \$, ce qui représente les coûts de production pour 100 calculatrices ; 1537 \$, soit le coût moyen de fabrication par calculatrice pour une production de 100 calculatrices.

c) $\overline{C}(q) = \dfrac{C(q)}{q} = \dfrac{37q + 150\,000}{q}$

d) $\lim\limits_{q \to +\infty} \overline{C}(q) = 37$, soit 37 \$; le coût moyen de fabrication par unité tend vers 37 \$ lorsque le nombre d'unités produites tend vers $+\infty$.

e) A.V. : $x = 0$

A.H. : $y = 37$

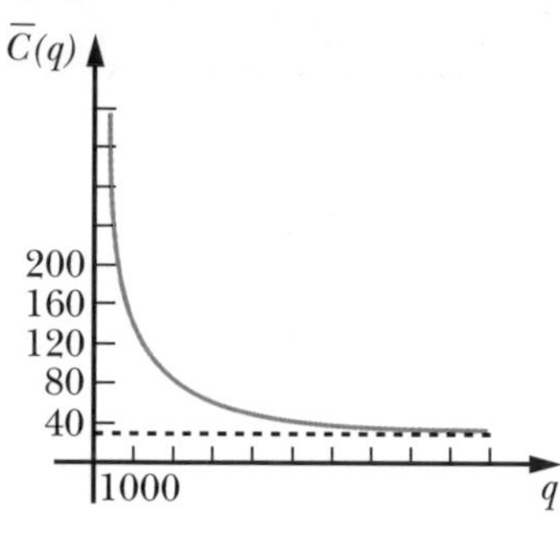

7. a) Les points (-2, -1) et (2, 1) ; pente minimale $= \dfrac{-1}{4}$.

Le point (0, 0) ; pente maximale = 2.

b) L'analyse est laissée à l'utilisateur ou l'utilisatrice.

8. a) $Q\left(\dfrac{1}{2}, \dfrac{3\sqrt{2}}{2}\right)$ b) $\dfrac{3\sqrt{3}}{2}$ unités

9. $P_1(2 - \sqrt{2}, 2 + \sqrt{2})$ et $P_2(2 + \sqrt{2}, 2 - \sqrt{2})$

10. Base $= 4\ u$

Hauteur $= \dfrac{1}{2}\ u$

Aire $= 2\ u^2$

11. $Q\left(\dfrac{9}{4}, \dfrac{2}{3}\right)$; pente $= \dfrac{-4}{27}$

12. Laissé à l'utilisateur ou l'utilisatrice.

13. Les représentations sont laissées à l'utilisateur ou l'utilisatrice.

Test récapitulatif *(page 294)*

1. a)

i) 0	vi) 0
ii) -5	vii) $-\infty$
iii) Non définie	viii) $+\infty$
iv) 2	ix) 1
v) 3	x) $-\infty$

b) A.V. : $x = -5$ et $x = 4$

A.H. : $y = 3$, lorsque $x \to -\infty$

A.O. : $y = \dfrac{-1}{2}x + 2$, lorsque $x \to +\infty$

2. a) dom $f = \mathbb{R} \setminus \{-5, 1\}$

Asymptotes verticales

Pour $x = -5$, $\lim\limits_{x \to -5^-} \dfrac{x^2 - x}{(x-1)(x+5)} = \dfrac{30}{-6(0^-)} = +\infty$ et

$\lim\limits_{x \to -5^+} \dfrac{x^2 - x}{(x-1)(x+5)} = \dfrac{30}{-6(0^+)} = -\infty$

Donc, $x = -5$ est une asymptote verticale.

Pour $x = 1$, $\lim\limits_{x \to 1^-} \dfrac{x^2 - x}{(x-1)(x+5)}$ est une indétermination de la forme $\dfrac{0}{0}$.

$$\lim_{x \to 1^-} \frac{x^2 - x}{(x-1)(x+5)} = \lim_{x \to 1^-} \frac{x(x-1)}{(x-1)(x+5)} = \lim_{x \to 1^-} \frac{x}{(x+5)} = \frac{1}{6} \text{ et}$$

$$\lim_{x \to 1^+} \frac{x^2 - x}{(x-1)(x+5)} = \lim_{x \to 1^+} \frac{x}{x+5} = \frac{1}{6}$$

Donc, $x = 1$ n'est pas une asymptote verticale.

Asymptotes horizontales

$\lim\limits_{x \to -\infty} \dfrac{x^2 - x}{(x-1)(x+5)}$ est une indétermination de la forme $\dfrac{+\infty}{+\infty}$.

$$\lim_{x \to -\infty} \frac{x^2 - x}{(x-1)(x+5)} = \lim_{x \to -\infty} \frac{x^2 - x}{x^2 + 4x - 5} = \lim_{x \to -\infty} \frac{x^2\left(1 - \frac{1}{x}\right)}{x^2\left(1 + \frac{4}{x} - \frac{5}{x^2}\right)} = \lim_{x \to -\infty} \frac{\left(1 - \frac{1}{x}\right)}{\left(1 + \frac{4}{x} - \frac{5}{x^2}\right)} = 1$$

Donc, $y = 1$ est une asymptote horizontale lorsque $x \to -\infty$.

De façon analogue, $\lim\limits_{x \to +\infty} f(x) = 1$.

Donc, $y = 1$ est une asymptote horizontale lorsque $x \to +\infty$.

Asymptotes obliques

Lorsque $x \to -\infty$ et $x \to +\infty$, il y a une asymptote horizontale, alors il ne peut y avoir d'asymptote oblique.

b) dom $f = \mathbb{R}$

Asymptotes verticales

f n'a aucune asymptote verticale.

Asymptotes horizontales

$$\lim_{x \to -\infty} \frac{16x + 5}{\sqrt{4x^2 + 1}} = \lim_{x \to -\infty} \frac{x\left(16 + \frac{5}{x}\right)}{\sqrt{x^2}\sqrt{4 + \frac{1}{x^2}}}$$

$$= \lim_{x \to -\infty} \frac{x\left(16 + \frac{5}{x}\right)}{-x\left(\sqrt{4 + \frac{1}{x^2}}\right)}$$

$$= \lim_{x \to -\infty} \frac{-\left(16 + \frac{5}{x}\right)}{\sqrt{4 + \frac{1}{x^2}}} = -8$$

Donc, $y = -8$ est une asymptote horizontale lorsque $x \to -\infty$.

$$\lim_{x \to +\infty} \frac{16x + 5}{\sqrt{4x^2 + 1}} = \lim_{x \to +\infty} \frac{16 + \frac{5}{x}}{\sqrt{4 + \frac{1}{x^2}}} = 8$$

Donc, $y = 8$ est une asymptote horizontale lorsque $x \to +\infty$.

Asymptotes obliques

f n'a aucune asymptote oblique.

c) dom $f = \mathbb{R} \setminus \{-3\}$

Asymptotes verticales

$$\lim_{x \to -3^-} \frac{x^2 + 5x + 7}{x + 3} = \frac{1}{0^-} = -\infty \text{ et}$$

$$\lim_{x \to -3^+} \frac{x^2 + 5x + 7}{x + 3} = \frac{1}{0^+} = +\infty$$

Donc, $x = -3$ est une asymptote verticale.

Asymptotes horizontales

$$\lim_{x \to -\infty} \frac{x^2 + 5x + 7}{x + 3} = \lim_{x \to -\infty} \frac{x^2\left(1 + \frac{5}{x} + \frac{7}{x^2}\right)}{x\left(1 + \frac{3}{x}\right)}$$

$$= \lim_{x \to -\infty} \frac{x\left(1 + \frac{5}{x} + \frac{7}{x^2}\right)}{\left(1 + \frac{3}{x}\right)} = -\infty \text{ et}$$

$$\lim_{x \to +\infty} \frac{x^2 + 5x + 7}{x + 3} = \lim_{x \to +\infty} \frac{x\left(1 + \frac{5}{x} + \frac{7}{x^2}\right)}{\left(1 + \frac{3}{x}\right)} = +\infty$$

Donc, f n'a pas d'asymptote horizontale.

Asymptotes obliques

$$f(x) = \frac{x^2 + 5x + 7}{x + 3} = x + 2 + \frac{1}{x + 3}$$

Puisque $\lim_{x \to -\infty} \frac{1}{x + 3} = 0$ et que $\lim_{x \to +\infty} \frac{1}{x + 3} = 0$, alors $y = x + 2$ est une asymptote oblique.

3. a) dom $f = \mathbb{R} \setminus \{-4\}$

$$\lim_{x \to -4^-} \frac{-2x^2 - 12x}{(x + 4)^2} = \frac{16}{0^+} = +\infty \text{ et}$$

$$\lim_{x \to -4^+} \frac{-2x^2 - 12x}{(x + 4)^2} = \frac{16}{0^+} = +\infty$$

Donc, $x = -4$ est une asymptote verticale.

$$\lim_{x \to -\infty} \frac{-2x^2 - 12x}{x^2 + 8x + 16} = \lim_{x \to -\infty} \frac{x^2\left(-2 - \frac{12}{x}\right)}{x^2\left(1 + \frac{8}{x} + \frac{16}{x^2}\right)} = -2 \text{ et}$$

$$\lim_{x \to +\infty} f(x) = -2$$

Donc, $y = -2$ est une asymptote horizontale.

$f'(x) = \frac{-4(x + 12)}{(x + 4)^3}$ et $f''(x) = \frac{8(x + 16)}{(x + 4)^4}$

x	$-\infty$		-16		-12		-4		$+\infty$
$f'(x)$		−	−	−	0	+	∄	−	
$f''(x)$		−	0	+	+	+	∄	+	
f	-2	↘∩	$-2,\overline{2}$	↘∪	$-2,25$	↗∪	∄	↘∪	-2
E. du G.			$(-16, -2,\overline{2})$		$(-12, -2,25)$				
			inf.		min.				

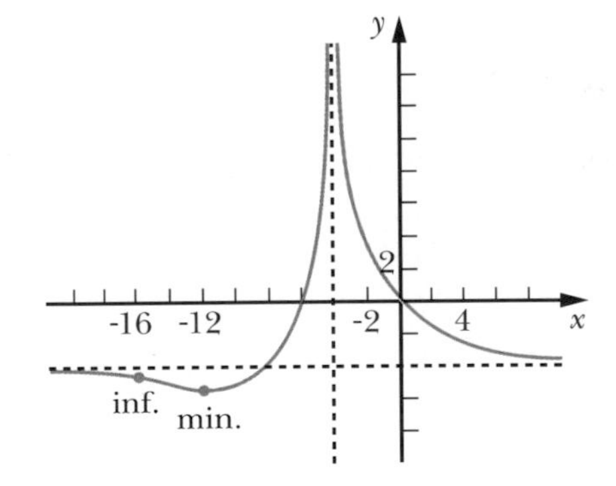

b) dom $f = \mathbb{R}$

$$\lim_{x \to -\infty} \left(4 + \frac{3x}{\sqrt{x^2 + 1}}\right) = \lim_{x \to -\infty} \left(4 + \frac{3x}{\sqrt{x^2}\left(\sqrt{1 + \frac{1}{x^2}}\right)}\right)$$

$$= \lim_{x \to -\infty} \left(4 + \frac{3x}{-x\left(\sqrt{1 + \frac{1}{x^2}}\right)}\right)$$

$$= \lim_{x \to -\infty} \left(4 + \frac{-3}{\left(\sqrt{1 + \frac{1}{x^2}}\right)}\right) = 1.$$

Donc, $y = 1$ est une asymptote horizontale lorsque $x \to -\infty$.

$$\lim_{x \to +\infty} \left(4 + \frac{3x}{\sqrt{x^2 + 1}}\right) = \lim_{x \to +\infty} \left(4 + \frac{3x}{\sqrt{x^2}\left(\sqrt{1 + \frac{1}{x^2}}\right)}\right)$$

$$= \lim_{x \to +\infty} \left(4 + \frac{3x}{x\left(\sqrt{1 + \frac{1}{x^2}}\right)}\right)$$

$$= \lim_{x \to +\infty} \left(4 + \frac{3}{\left(\sqrt{1 + \frac{1}{x^2}}\right)}\right) = 7$$

Donc, $y = 7$ est une asymptote horizontale lorsque $x \to +\infty$.

$f'(x) = \dfrac{3}{(x^2 + 1)^{\frac{3}{2}}}$ et $f''(x) = \dfrac{-9x}{(x^2 + 1)^{\frac{5}{2}}}$

x	$-\infty$		0		$+\infty$
$f'(x)$		$+$	$+$	$+$	
$f''(x)$		$+$	0	$-$	
f	1	↗∪	4	↗∩	7
E. du G.		↗	$(0, 4)$	↗	
			inf.		

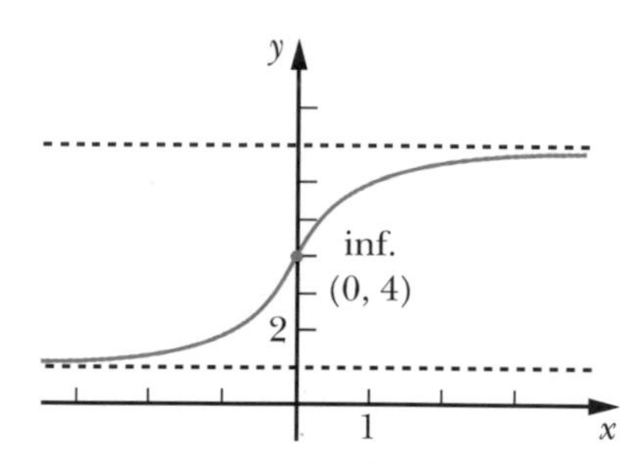

c) dom $f = \mathbb{R} \setminus \{0\}$

$$\lim_{x \to 0^-} \frac{x^4 + 2x^3 + x^2 - 1}{x^3} = \frac{-1}{0^-} = +\infty \text{ et}$$

$$\lim_{x \to 0^+} \frac{x^4 + 2x^3 + x^2 - 1}{x^3} = \frac{-1}{0^+} = -\infty$$

Donc, $x = 0$ est une asymptote verticale.

$$\lim_{x \to -\infty} \frac{x^4 + 2x^3 + x^2 - 1}{x^3} = \lim_{x \to -\infty} \left(x + 2 + \frac{1}{x} - \frac{1}{x^3}\right) = -\infty$$

$$\text{et} \lim_{x \to +\infty} \left(x + 2 + \frac{1}{x} - \frac{1}{x^3}\right) = +\infty$$

Donc, il n'y a aucune asymptote horizontale.

Puisque $f(x) = x + 2 + \left(\dfrac{1}{x} - \dfrac{1}{x^3}\right)$, où

$\lim\limits_{x \to -\infty} \left(\dfrac{1}{x} - \dfrac{1}{x^3}\right) = 0$ et $\lim\limits_{x \to +\infty} \left(\dfrac{1}{x} - \dfrac{1}{x^3}\right) = 0$,

alors $y = x + 2$ est une asymptote oblique lorsque $x \to -\infty$ et lorsque $x \to +\infty$.

$f'(x) = \dfrac{x^4 - x^2 + 3}{x^4}$ et $f''(x) = \dfrac{2x^2 - 12}{x^5}$

x	$-\infty$		$-\sqrt{6}$	
$f'(x)$		$+$	$+$	$+$
$f''(x)$		$-$	0	$+$
f	$-\infty$	↗∩	$\dfrac{72 - 41\sqrt{6}}{36}$	↗∪
E. du G.		↗	$(-2{,}4\ldots, -0{,}78\ldots)$	↗
			inf.	

0		$\sqrt{6}$		$+\infty$
∄	$+$	$+$	$+$	
∄	$-$	0	$+$	
∄	↗∩	$\dfrac{72 + 41\sqrt{6}}{36}$	↗∪	$+\infty$
	↗	$(2, 4\ldots, 4{,}78\ldots)$	↗	
		inf.		

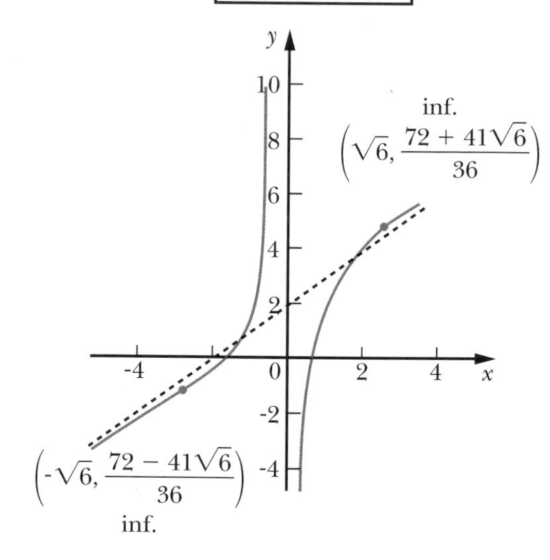

4. a) dom $f = \mathbb{R} \setminus \{-1, 1\}$

$$\lim_{x \to -1^-} \frac{2x^3 - 3x^2 - 2x + 4}{x^2 - 1} = \frac{1}{0^+} = +\infty \text{ et}$$

$$\lim_{x \to -1^+} \frac{2x^3 - 3x^2 - 2x + 4}{x^2 - 1} = \frac{1}{0^-} = -\infty$$

Donc, $x = -1$ est une asymptote verticale.

$$\lim_{x \to 1^-} \frac{2x^3 - 3x^2 - 2x + 4}{x^2 - 1} = \frac{1}{0^-} = -\infty \text{ et}$$

$$\lim_{x \to 1^+} \frac{2x^3 - 3x^2 - 2x + 4}{x^2 - 1} = \frac{1}{0^+} = +\infty$$

Donc, $x = 1$ est une asymptote verticale.

$$\lim_{x \to -\infty} \frac{2x^3 - 3x^2 - 2x + 4}{x^2 - 1} = \lim_{x \to -\infty} \left(2x - 3 + \frac{1}{x^2 - 1}\right) = -\infty$$

$$\text{et} \lim_{x \to +\infty} \left(2x - 3 + \frac{1}{x^2 - 1}\right) = +\infty$$

Donc, il n'y a aucune asymptote horizontale.

Puisque $f(x) = 2x - 3 + \frac{1}{x^2 - 1}$, où

$\lim_{x \to -\infty} \frac{1}{x^2 - 1} = 0$ et $\lim_{x \to +\infty} \frac{1}{x^2 - 1} = 0$,

alors $y = 2x - 3$ est une asymptote oblique lorsque $x \to -\infty$ et lorsque $x \to +\infty$.

b)
```
> with (plots):
> x1:=plot([-1,y,y=-9..5],linestyle=4,color=black):
> x2:=plot([1,y,y=-9..5],linestyle=4,color=black):
> y1:=plot(2*x-3,x=-3..4,linestyle=4,color=black):
> f:=plot((2*x^3-3*x^2-2*x+4)/(x^2-1),x=-3..4,
      y=-9..5,color=orange,discont=true):
> display(x1,x2,y1,f);
```

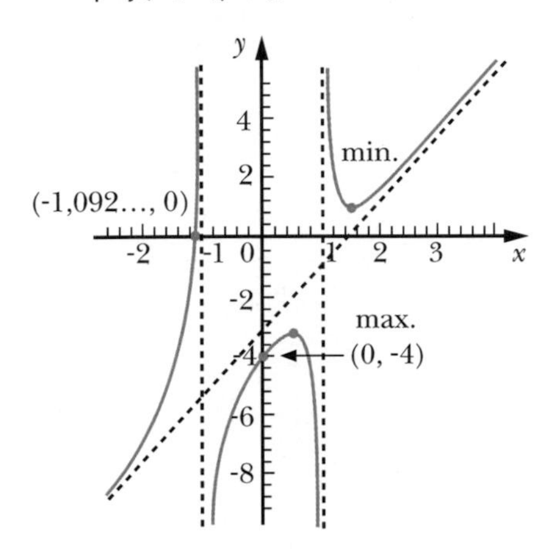

c) max. rel. : (0,524..., -3,330...)

min. rel. : (1,490..., 0,799...)

Aucune inf.

CORRIGÉ DU CHAPITRE 9

Test préliminaire *(page 297)*

Partie A

1. a) $\sin (x + h) = \sin x \cos h + \cos x \sin h$

b) $\sin (x - h) = \sin x \cos h - \cos x \sin h$

c) $\cos (x + h) = \cos x \cos h - \sin x \sin h$

d) $\cos (x - h) = \cos x \cos h + \sin x \sin h$

e) $\cos^2 x + \sin^2 x = 1$

f) $1 + \tan^2 x = \sec^2 x$

g) $\cot^2 x + 1 = \csc^2 x$

2. a) F b) V c) F d) F

3. a) $\tan x = \dfrac{\sin x}{\cos x}$ c) $\sec x = \dfrac{1}{\cos x}$

b) $\cot x = \dfrac{\cos x}{\sin x}$ d) $\csc x = \dfrac{1}{\sin x}$

4. a) $\sin \theta = \dfrac{b}{c}$ d) $\cot \theta = \dfrac{a}{b}$

b) $\cos \theta = \dfrac{a}{c}$ e) $\sec \theta = \dfrac{c}{a}$

c) $\tan \theta = \dfrac{b}{a}$ f) $\csc \theta = \dfrac{c}{b}$

5. a) $\dfrac{\sin A}{a} = \dfrac{\sin B}{b} = \dfrac{\sin C}{c}$

b) $c^2 = a^2 + b^2 - 2ab \cos C$

$b^2 = a^2 + c^2 - 2ac \cos B$

$a^2 = b^2 + c^2 - 2bc \cos A$

6. $A\left(\dfrac{\sqrt{3}}{2}, \dfrac{1}{2}\right)$, $B\left(\dfrac{\sqrt{2}}{2}, \dfrac{\sqrt{2}}{2}\right)$ et $C\left(\dfrac{1}{2}, \dfrac{\sqrt{3}}{2}\right)$

Partie B

1. a) $y' = kf'(x)$

b) $\dfrac{dy}{dx} = f'(x)\, g(x) + f(x)\, g'(x)$

c) $y' = \dfrac{f'(x)\, g(x) - f(x)\, g'(x)}{[g(x)]^2}$

d) $\dfrac{dy}{dx} = \dfrac{dy}{du}\dfrac{du}{dx}$

2. a) … croissante sur $[a, b]$.

b) … concave vers le bas sur $[a, b]$.

c) … un point de maximum relatif de f.

d) … un point de minimum relatif de f.

3. a) … $x = a$ est une asymptote verticale de la courbe de f.

b) … $y = 4$ est une asymptote horizontale de la courbe de f.

4. a) $f'(x) = \lim\limits_{h \to 0} \dfrac{f(x + h) - f(x)}{h}$

b) $\lim\limits_{x \to a} g(x) = b$

Exercices

Exercices 9.1 (page 303)

1. a) $f'(x) = 3x^2 \sin x + x^3 \cos x = x^2(3 \sin x + x \cos x)$

b) $g'(x) = \dfrac{(4x^3 + 2) \sin x - (x^4 + 2x) \cos x}{(\sin x)^2}$

c) $x'(t) = \dfrac{\cos t}{2\sqrt{\sin t}}$

d) $\dfrac{dy}{dx} = \dfrac{-x \sin x - \cos x}{x^2}$

e) $f'(x) = 2x + \cos^2 x - \sin^2 x$

f) $f'(x) = \dfrac{1}{\cos^2 x} = \sec^2 x$

g) $f'(x) = \dfrac{-4 \cos x}{5 \sin^2 x} = \dfrac{-4 \csc x \cot x}{5}$

h) $h'(x) = 3 \sin^2 x \cos x + 3 \cos^2 x \sin x$
$= 3 \sin x \cos x (\cos x + \sin x)$

i) $f'(x) = \dfrac{(3x^2 \cos x - x^3 \sin x)\sqrt{x+1} - \dfrac{x^3 \cos x}{2\sqrt{x+1}}}{(x+1)}$

2. a) $f'(x) = 7 \cos (7x - 1)$

b) $g'(t) = 3t^2 \sin (3 - t^3)$

c) $f'(x) = 2x \cos x^2 + 4(1 - 2x) \sin (x - x^2)$

d) $g'(u) = \left(\dfrac{3u+8}{u^3}\right) \sin \left(\dfrac{3u+4}{u^2}\right)$

e) $f'(x) = \text{-}\sin x \cos (\cos x) - \cos x \sin (\sin x)$

f) $f'(x) = \dfrac{\cos x \cos \sqrt{x} + \dfrac{\sin \sqrt{x} \sin x}{2\sqrt{x}}}{(\cos \sqrt{x})^2}$

g) $f'(x) = \dfrac{\text{-}3x \sin (3x+4) - 2 \cos (3x+4)}{x^3}$

h) $v'(t) = \text{-}30t \cos^4 (3t^2 + 4) \sin (3t^2 + 4)$

i) $f'(x) = 3(10x - 7) \sin^2 (5x^2 - 7x) \cos (5x^2 - 7x)$

j) $f'(x) = 7[\cos (x \cos x)]^6 [\text{-}\sin (x \cos x)] (\cos x - x \sin x)$

k) $f'(x) = [\sin (x^2 + 1)]^7 + 14x^2 \sin^6 (x^2 + 1) \cos (x^2 + 1)$

l) $f'(\theta) = 0$

3. a) $f'(x) = \cos x$; $m_{\tan} = f'(0) = \cos 0 = 1$

b) $g'(t) = \text{-}\sin t$; $m_{\tan} = g'\left(\dfrac{\pi}{4}\right) = \text{-}\sin\left(\dfrac{\pi}{4}\right) = \dfrac{\text{-}\sqrt{2}}{2}$

c) $f'(x) = \dfrac{x \cos x - 2 \sin x}{x^3}$; $m_{\tan} = f'(\pi) = \dfrac{\text{-}1}{\pi^2}$

d) $h'(t) = 8 \sin^3 \dfrac{t}{3} \cos \dfrac{t}{3}$; $m_{\tan} = h'(\pi) = \dfrac{3\sqrt{3}}{2}$

4. a) Il faut résoudre $f'(x) = 0$, c'est-à-dire $2 \cos 2x = 0$.

Ainsi, $2x = \dfrac{\pi}{2}$ ou $2x = \dfrac{3\pi}{2}$

donc, $x = \dfrac{\pi}{4}$ ou $x = \dfrac{3\pi}{4}$.

D'où les points sont $\left(\dfrac{\pi}{4}, 1\right)$ et $\left(\dfrac{3\pi}{4}, \text{-}1\right)$.

b) Il faut résoudre $g'(x) = \dfrac{\text{-}1}{6}$,

c'est-à-dire $\dfrac{\text{-}1}{3} \sin \dfrac{x}{3} = \dfrac{\text{-}1}{6}$

$\sin \dfrac{x}{3} = \dfrac{1}{2}$.

Ainsi, $\dfrac{x}{3} = \dfrac{\pi}{6}$ ou $\dfrac{x}{3} = \dfrac{5\pi}{6}$

donc, $x = \dfrac{\pi}{2}$ ou $x = \dfrac{5\pi}{2}$.

D'où les points sont $\left(\dfrac{\pi}{2}, \dfrac{\sqrt{3}}{2}\right)$ et $\left(\dfrac{5\pi}{2}, \dfrac{\text{-}\sqrt{3}}{2}\right)$.

5. a) $f^{(3)}(x) = \text{-}\cos x$ et $g^{(3)}(x) = 4^3 \sin 4x$

b) $f^{(6)}(x) = \text{-}\sin x$ et $g^{(6)}(x) = \text{-}4^6 \cos 4x$

c) $f^{(40)}(x) = \sin x$ et $g^{(40)}(x) = 4^{40} \cos 4x$

6. Toutes les limites sont des indéterminations de la forme $\dfrac{0}{0}$. Il faut lever ces indéterminations.

a) $\displaystyle\lim_{x\to 0} \frac{\sin 3x}{x} = \lim_{x\to 0} \frac{3 \sin 3x}{3x}$

$\displaystyle= 3 \lim_{x\to 0} \frac{\sin 3x}{3x}$

$\displaystyle= 3 \lim_{y\to 0} \frac{\sin y}{y}$ (où $y = 3x$)

$= 3 \times 1 = 3$

b) $\displaystyle\lim_{x\to 0} \frac{\sin^2 x}{x} = \lim_{x\to 0} \frac{\sin x \sin x}{x}$

$\displaystyle= \left(\lim_{x\to 0} \sin x\right)\left(\lim_{x\to 0} \frac{\sin x}{x}\right) = 0 \times 1 = 0$

c) $\displaystyle\lim_{x\to 0} \frac{\cos^2 x - 1}{x^2} = \lim_{x\to 0} \frac{\text{-}\sin^2 x}{x^2}$

$\displaystyle= \text{-}\lim_{x\to 0} \left(\frac{\sin x}{x} \frac{\sin x}{x}\right)$

$\displaystyle= \text{-}\left(\lim_{x\to 0} \frac{\sin x}{x}\right)\left(\lim_{x\to 0} \frac{\sin x}{x}\right) = \text{-}1$

7. Soit $H(x) = y = \cos u$, où $u = f(x)$.

Alors $\dfrac{dy}{dx} = \dfrac{dy}{du}\dfrac{du}{dx}$ (notation de Leibniz)

$\dfrac{d}{dx}(H(x)) = \dfrac{d}{du}(\cos u)\dfrac{d}{dx}(f(x))$

$H'(x) = [\text{-}\sin u]\, f'(x)$

D'où $H'(x) = [\text{-}\sin f(x)]\, f'(x)$ (car $u = f(x)$).

Exercices 9.2 (page 309)

1. a) $f'(x) = 3x^2 \tan x + x^3 \sec^2 x = x^2 (3 \tan x + x \sec^2 x)$

b) $g'(x) = \dfrac{x \sec^2 x - \tan x}{x^2}$

c) $f'(t) = \dfrac{\text{-}\csc^2 t}{2\sqrt{\cot t}}$

d) $f'(x) = \dfrac{5(1 + 2 \cos x) \cot x + 5(x + 2 \sin x) \csc^2 x}{25 \cot^2 x}$

e) $h'(x) = \dfrac{(2x + \sec x \tan x)\, x^5 - 5x^4 (x^2 + \sec x)}{x^{10}}$

$= \dfrac{x(2x + \sec x \tan x) - 5(x^2 + \sec x)}{x^6}$

f) $x'(\theta) = \dfrac{2}{3} \sec^{\frac{-1}{3}} \theta \sec \theta \tan \theta = \dfrac{2}{3} \sqrt[3]{\sec^2 \theta} \tan \theta$

g) $f'(x) = (1 - \sin x) \csc x - (x + \cos x) \csc x \cot x$
$= \csc x (1 - \sin x - x \cot x - \cos x \cot x)$

h) $f'(x) = 12 \sec^2 x \sec x \tan x + \dfrac{5 \csc^4 x (\text{-}\csc x \cot x)}{7}$

9

$$= 12 \sec^3 x \tan x - \frac{5 \csc^5 x \cot x}{7}$$

2. a) $f'(x) = (3x^2 + \sec^2 x) \sec^2 (x^3 + \tan x)$

b) $f'(x) = 35x^6 \sec (x^7 + 1) \tan (x^7 + 1)$

c) $g'(t) = -9 \csc t \cot t + 7 \csc 7t \cot 7t$

d) $f'(x) = (3x^2 + 4) \cot x^5 - 5x^4(x^3 + 4x) \csc^2 x^5$

e) $\frac{dy}{dx} = \frac{-6x^5 \csc x^6 \cot x^6 \csc x + \csc x \cot x \csc x^6}{\csc^2 x}$

$= \frac{\csc x^6 (-6x^5 \cot x^6 + \cot x)}{\csc x}$

f) $f'(x) = 5x^4 \sec^2 x^5 + 5 \tan^4 x \sec^2 x$

g) $f'(u) = -5 \csc^2 5u + 6u^2 \cot (u^3 + 1) \csc^2(u^3 + 1)$

h) $f'(x) = 3 \sec 3x \tan 3x \csc\left(\frac{x}{3}\right) - \frac{1}{3} \sec 3x \csc\left(\frac{x}{3}\right) \cot\left(\frac{x}{3}\right)$

$= \sec 3x \csc\left(\frac{x}{3}\right)\left(3 \tan 3x - \frac{1}{3} \cot\left(\frac{x}{3}\right)\right)$

i) $f'(\theta) = \frac{\sec (\sec \sqrt{\theta}) \tan (\sec \sqrt{\theta}) \sec \sqrt{\theta} \tan \sqrt{\theta}}{2\sqrt{\theta}}$

j) $f'(x) = \frac{1}{5} (\sec x + \sec x^5)^{\frac{-4}{5}} (\sec x \tan x + 5x^4 \sec x^5 \tan x^5)$

k) $f'(x) = 1 - \csc^2 (\tan x) \sec^2 x$

l) $g'(x) = 1 - \csc^2 x \tan x + \cot x \sec^2 x = 1$

3. a) $f''(x) = 2 \sec^2 x \tan x$

b) $f''(x) = 4 \sec 2x \tan^2 2x + 4 \sec^3 2x$

$= 4 \sec 2x (\tan^2 2x + \sec^2 2x)$

4. a) $f'(x) = \sec^2 x$; $m_{\tan} = f'(0) = 1$

b) $g'(x) = \frac{1}{2} \sec\left(\frac{x}{2}\right) \tan\left(\frac{x}{2}\right)$; $m_{\tan} = g'\left(\frac{\pi}{2}\right) = \frac{\sqrt{2}}{2}$

c) $x'(t) = \cot t - t \csc^2 t$; $m_{\tan} = x'\left(\frac{\pi}{4}\right) = 1 - \frac{\pi}{2}$

d) $h'(u) = \frac{-u \csc u \cot u - \csc u}{u^2}$;

$m_{\tan} = h'\left(\frac{\pi}{6}\right) = \frac{-12\pi\sqrt{3} - 72}{\pi^2}$

5. a) $(\cot x)' = \left(\frac{\cos x}{\sin x}\right)' = \frac{(\cos x)' \sin x - (\sin x)' \cos x}{\sin^2 x}$

$= \frac{-\sin x \sin x - \cos x \cos x}{\sin^2 x}$

$= \frac{-(\sin^2 x + \cos^2 x)}{\sin^2 x}$

$= \frac{-1}{\sin^2 x}$

(car $\sin^2 x + \cos^2 x = 1$)

$= -\csc^2 x \quad \left(\text{car } \frac{1}{\sin x} = \csc x\right)$

b) $(\csc x)' = \left(\frac{1}{\sin x}\right)'$

$= \frac{(1)' \sin x - 1 (\sin x)'}{\sin^2 x}$

$= \frac{-\cos x}{\sin^2 x}$

$= \left(\frac{-1}{\sin x}\right)\left(\frac{\cos x}{\sin x}\right)$

$= -\csc x \cot x$

c) Soit $H(x) = y = \sec u$, où $u = f(x)$.

Alors $\frac{dy}{dx} = \frac{dy}{du}\frac{du}{dx}$ (notation de Leibniz)

$\frac{d}{dx}(H(x)) = \frac{d}{du} (\sec u) \frac{d}{dx}(f(x))$

$H'(x) = [\sec u \tan u] f'(x)$

D'où $H'(x) = [\sec f(x) \tan f(x)] f'(x)$.

(car $u = f(x)$)

Exercices 9.3 (page 316)

1. $f''(x) = -\cos x$ sur $\left]\frac{-\pi}{2}, \pi\right[$; n.c. : $\frac{\pi}{2}$

x	$\frac{-\pi}{2}$		$\frac{\pi}{2}$		π
$f''(x)$	∄	−	0	+	∄
f		∩	3	∪	
			inf.		

Le point $\left(\frac{\pi}{2}, 3\right)$ est un point d'inflexion.

2. a) $f'(x) = 1 + \cos x \geqslant 0$ pour tout $x \in \mathbb{R}$ (car $-1 \leqslant \cos x \leqslant 1$), d'où f est toujours croissante et, par conséquent, f ne possède pas de minimum ni de maximum.

b) La représentation est laissée à l'utilisateur ou l'utilisatrice.

3. a) $f'(x) = \sec^2 x - \csc^2 x$

$= \frac{1}{\cos^2 x} - \frac{1}{\sin^2 x}$

$= \frac{\sin^2 x - \cos^2 x}{\sin^2 x \cos^2 x}$

$f'(x) = 0$ si $x = \frac{\pi}{4}$

D'où $\left(\frac{\pi}{4}, 2\right)$ est le point stationnaire de f.

b)

x	0		$\frac{\pi}{4}$		$\frac{\pi}{2}$
$f'(x)$	∄	−	0	+	∄
f	∄	↘	2	↗	∄
			min.		

min. abs. : 2

max. abs. : aucun

4. a) $f'(t) = \cos t - \dfrac{1}{2}$; n.c. : $0, \dfrac{\pi}{3}, \dfrac{5\pi}{3}$ et 2π

$f''(t) = -\sin t$; n.c. : π

t	0		$\dfrac{\pi}{3}$		π		$\dfrac{5\pi}{3}$		2π
$f'(t)$	$\nexists$	$+$	0	$-$	$-$	$-$	0	$+$	$\nexists$
$f''(t)$	$\nexists$	$-$	$-$	$-$	0	$+$	$+$	$+$	$\nexists$
f	0	↗∩	0,3…	↘∩	$\dfrac{-\pi}{2}$	↘∪	-3,4…	↗∪	$-\pi$
E. du G.	$(0, 0)$	↱	$\left(\dfrac{\pi}{3}, 0{,}3\ldots\right)$	↴	$\left(\pi, \dfrac{-\pi}{2}\right)$	↳	$\left(\dfrac{5\pi}{3}, -3{,}4\ldots\right)$	⤴	$(2\pi, -\pi)$
	min.		max.		inf.		min.		max.

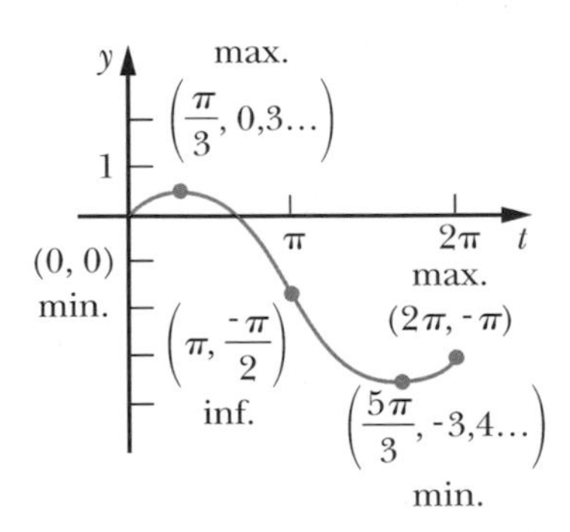

b) $f'(x) = \cos x - 1$; n.c. : $\dfrac{-\pi}{2}$, 0 et $\dfrac{3\pi}{2}$

$f''(x) = -\sin x$; n.c. : 0 et π

x	$\dfrac{-\pi}{2}$		0		π		$\dfrac{3\pi}{2}$
$f'(x)$	$\nexists$	$-$	0	$-$	$-$	$-$	$\nexists$
$f''(x)$	$\nexists$	$+$	0	$-$	0	$+$	$\nexists$
f	$-1 + \dfrac{\pi}{2}$	↘∪	0	↘∩	$-\pi$	↘∪	$-1 - \dfrac{3\pi}{2}$
E. du G.	$\left(\dfrac{-\pi}{2}, -1 + \dfrac{\pi}{2}\right)$	↳	$(0, 0)$	↴	$(\pi, -\pi)$	↳	$\left(\dfrac{3\pi}{2}, -1 - \dfrac{3\pi}{2}\right)$
	max.		inf.		inf.		min.

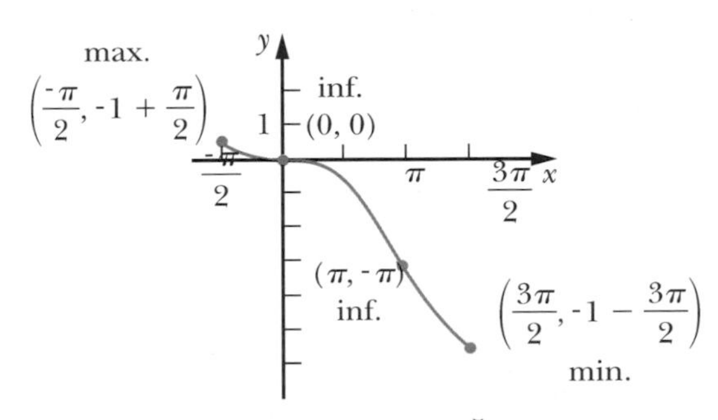

c) $f'(x) = \cos x - \sin x$; n.c. : $0, \dfrac{\pi}{4}, \dfrac{5\pi}{4}$ et 2π

$f''(x) = -\sin x - \cos x$; n.c. : $\dfrac{3\pi}{4}$ et $\dfrac{7\pi}{4}$

x	0		$\dfrac{\pi}{4}$		$\dfrac{3\pi}{4}$		$\dfrac{5\pi}{4}$		$\dfrac{7\pi}{4}$		2π
$f'(x)$	$\nexists$	$+$	0	$-$	$-$	$-$	0	$+$	$+$	$+$	$\nexists$
$f''(x)$	$\nexists$	$-$	$-$	$-$	0	$+$	$+$	$+$	0	$-$	$\nexists$
f	1	↗∩	$\sqrt{2}$	↘∩	0	↘∪	$-\sqrt{2}$	↗∪	0	↗∩	1
E. du G.	$(0, 1)$	↱	$\left(\dfrac{\pi}{4}, \sqrt{2}\right)$	↴	$\left(\dfrac{3\pi}{4}, 0\right)$	↳	$\left(\dfrac{5\pi}{4}, -\sqrt{2}\right)$	⤴	$\left(\dfrac{7\pi}{4}, 0\right)$	↱	$(2\pi, 1)$
	min.		max.		inf.		min.		inf.		max.

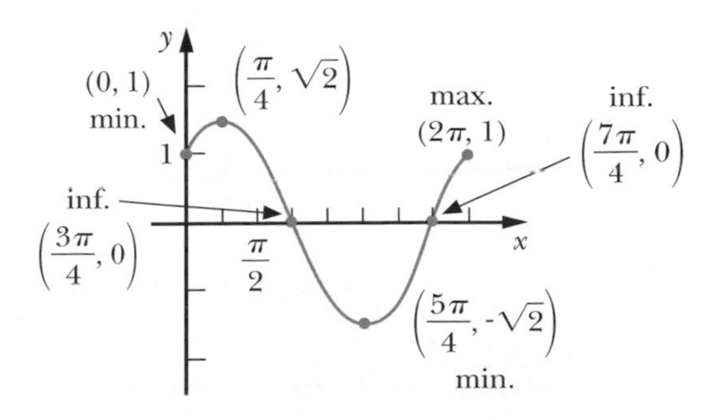

5. Mathématisation du problème.

$R(\theta) = \dfrac{40^2 \sin 2\theta}{9{,}8}$ doit être maximale,

où dom $R = \left]\dfrac{\pi}{18}, \dfrac{\pi}{2}\right]$.

Analyse de la fonction.

$R'(\theta) = \dfrac{2 \times 40^2 \cos 2\theta}{9{,}8}$; n.c.: $\dfrac{\pi}{4}$

$R''(\theta) = \dfrac{-4 \times 40^2 \sin 2\theta}{9{,}8}$

$R'\left(\dfrac{\pi}{4}\right) = 0$ et $R''\left(\dfrac{\pi}{4}\right) < 0$

D'où $\left(\dfrac{\pi}{4}, R\left(\dfrac{\pi}{4}\right)\right)$ est un point de maximum.

Formulation de la réponse.

$\theta = \dfrac{\pi}{4}$; $R\left(\dfrac{\pi}{4}\right) \approx 163{,}27$ m

6. Mathématisation du problème.

Soit $x + y$, la longueur de l'échelle.

$L(x, y) = x + y$ doit être minimale.

$\sin \theta = \dfrac{2}{y}$, d'où $y = \dfrac{2}{\sin \theta}$

$\cos \theta = \dfrac{1}{x}$, d'où $x = \dfrac{1}{\cos \theta}$

$L(\theta) = \dfrac{1}{\cos \theta} + \dfrac{2}{\sin \theta}$, où dom $L =]0°, 90°[$

Analyse de la fonction.

$L'(\theta) = \dfrac{\sin \theta}{\cos^2 \theta} - \dfrac{2 \cos \theta}{\sin^2 \theta} = \dfrac{\sin^3 \theta - 2 \cos^3 \theta}{\sin^2 \theta \cos^2 \theta}$

$L'(\theta) = 0$ si $\sin^3 \theta = 2 \cos^3 \theta$

$\tan \theta = \sqrt[3]{2}$, d'où $\theta \approx 51{,}56°$

θ	0°		51,56...°		90°
$L'(\theta)$	∄	−	0	+	∄
L		↘	4,16...	↗	
			min.		

Formulation de la réponse.

$\theta \approx 51{,}56°$; $L \approx 4{,}16$ m

7. Mathématisation du problème.

Soit h, la hauteur, et $(20 + 2x)$, la longueur de la grande base du trapèze.

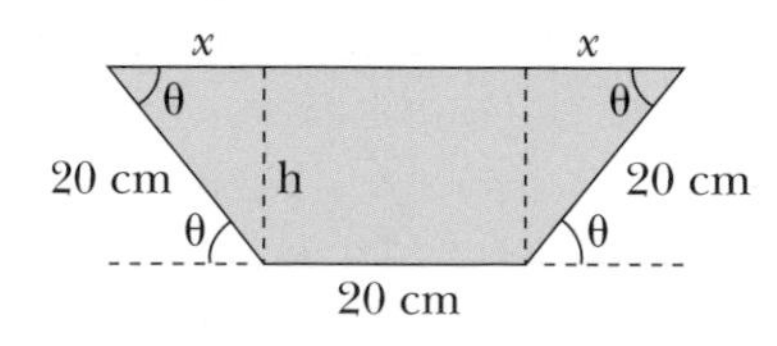

$V(x, h) = 200h\left[\dfrac{(20 + 2x) + 20}{2}\right]$

$= 200h(20 + x)$ doit être maximal.

$x = 20 \cos \theta$ et $h = 20 \sin \theta$

$V(\theta) = 80\,000 \sin \theta\,(1 + \cos \theta)$,

où dom $V = \left[0, \dfrac{2\pi}{3}\right]$.

Analyse de la fonction.

$V'(\theta) = 80\,000\,(\cos^2 \theta + \cos \theta - \sin^2 \theta)$

$= 80\,000\,(2 \cos^2 \theta + \cos \theta - 1)$ (car $\sin^2 \theta = 1 - \cos^2 \theta$)

$= 80\,000\,(2 \cos \theta - 1)(\cos \theta + 1)$

$V'(\theta) = 0$ si $\theta = \dfrac{\pi}{3}$, car $\dfrac{\pi}{3} \in \left[0, \dfrac{2\pi}{3}\right]$

$V''(\theta) = 80\,000\,(-4 \sin \theta \cos \theta - \sin \theta)$ et $V''\left(\dfrac{\pi}{3}\right) < 0$

D'où $\left(\dfrac{\pi}{3}, V\left(\dfrac{\pi}{3}\right)\right)$ est un point de maximum.

Formulation de la réponse.

$\theta = \dfrac{\pi}{3}$

8. a)

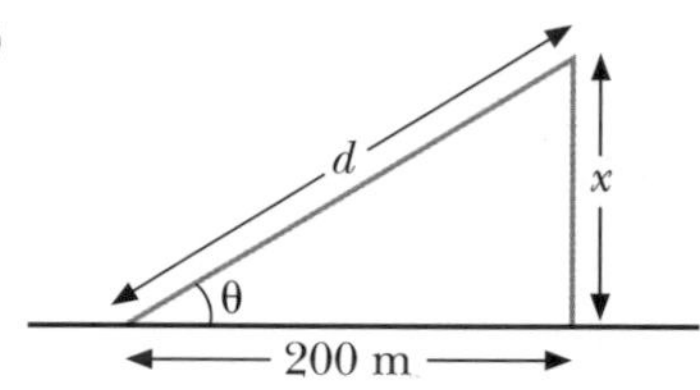

Soit x, la distance entre l'hélicoptère et le sol.

Puisque $\tan \theta = \dfrac{x}{200}$, alors $x = 200 \tan \theta$.

De $\dfrac{dx}{dt} = \dfrac{dx}{d\theta}\dfrac{d\theta}{dt}$

$25 = (200 \sec^2 \theta)\dfrac{d\theta}{dt}$ $\left(\text{car } \dfrac{dx}{dt} = 25 \text{ m/s}\right)$

d'où $\dfrac{d\theta}{dt} = \dfrac{1}{8 \sec^2 \theta} = \dfrac{\cos^2 \theta}{8}$.

b) $\left.\dfrac{d\theta}{dt}\right|_{\theta = \frac{\pi}{18}} \approx 0{,}12$ rad/s

c) Puisque $\cos \theta = \dfrac{200}{300} = \dfrac{2}{3}$

d'où $\left.\dfrac{d\theta}{dt}\right|_{d = 300} = \dfrac{\left(\dfrac{2}{3}\right)^2}{8} = \dfrac{1}{18} = 0{,}0\overline{5}$ rad/s.

9. a) Puisque la source lumineuse fait six tours par minute, alors $\dfrac{d\theta}{dt} = 12\pi$ rad/min.

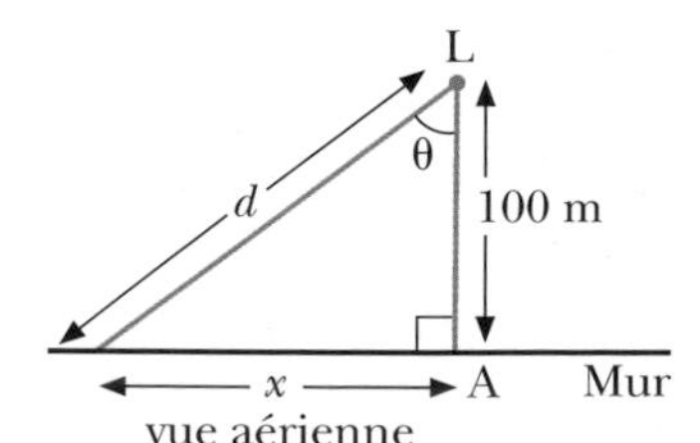

Soit x, la distance séparant la projection lumineuse et le point A, tel qu'illustré.

Puisque $\tan \theta = \dfrac{x}{100}$, alors $x = 100 \tan \theta$.

$= (100 \sec^2 \theta)\, 12\pi,$

d'où $\frac{dx}{dt} = 1200\pi \sec^2 \theta$, exprimée en m/min.

b) Si $d = 400$, alors $\sec \theta = 4$,

d'où $\left.\frac{dx}{dt}\right|_{d=400} = 19{,}2\pi$ km/min.

c) Puisque $\frac{dx}{dt} = 1200\pi \sec^2 \theta$ et que $\sec^2 \theta \geq 1$,

alors $\frac{dx}{dt}$ est minimale lorsque $\sec^2 \theta = 1$,

c'est-à-dire $\theta = 0°$.
D'où la vitesse minimale égale $1{,}2\pi$ km/min, et la source lumineuse est dirigée à cet instant vers le point A.

10. a) $\overline{PR} = \sqrt{a^2 + x^2}$ et $\overline{QR} = \sqrt{b^2 + (d - x)^2}$

b) $T_1 = \frac{\overline{PR}}{v_1}$ et $T_2 = \frac{\overline{QR}}{v_2}$

c) $T = \frac{\sqrt{x^2 + a^2}}{v_1} + \frac{\sqrt{b^2 + (d - x)^2}}{v_2}$

d) $\frac{dT}{dx} = \frac{x}{v_1\sqrt{x^2 + a^2}} - \frac{d - x}{v_2\sqrt{b^2 + (d - x)^2}}$;

$$\frac{dT}{dx} = \frac{x}{v_1\sqrt{x^2 + a^2}} - \frac{d - x}{v_2\sqrt{b^2 + (d - x)^2}} = 0$$

$$\frac{x}{v_1\sqrt{x^2 + a^2}} = \frac{d - x}{v_2\sqrt{b^2 + (d - x)^2}}$$

$$\frac{x}{\sqrt{x^2 + a^2}} \cdot \frac{\sqrt{b^2 + (d - x)^2}}{d - x} = \frac{v_1}{v_2}$$

$$\frac{\dfrac{x}{\sqrt{x^2 + a^2}}}{\dfrac{d - x}{\sqrt{b^2 + (d - x)^2}}} = \frac{v_1}{v_2}$$

D'où $\frac{\sin \theta_1}{\sin \theta_2} = \frac{v_1}{v_2}$.

e) $$\frac{d^2T}{dx^2} = \frac{1}{v_1}\left[\frac{\sqrt{x^2 + a^2} - \dfrac{x^2}{\sqrt{x^2 + a^2}}}{x^2 + a^2}\right] - \frac{1}{v_2}\left[\frac{-\sqrt{b^2 + (d - x)^2} - \dfrac{(d - x)(d - x)(-1)}{\sqrt{b^2 + (d - x^2)}}}{b^2 + (d - x)^2}\right]$$

$$= \frac{1}{v_1}\left[\frac{x^2 + a^2 - x^2}{(x^2 + a^2)^{\frac{3}{2}}}\right] - \frac{1}{v_2}\left[\frac{-(b^2 + (d - x)^2) + (d - x)^2}{[b^2 + (d - x)^2]^{\frac{3}{2}}}\right]$$

$$= \frac{1}{v_1}\left[\frac{a^2}{(x^2 + a^2)^{\frac{3}{2}}}\right] + \frac{1}{v_2}\left[\frac{b^2}{[b^2 + (d - x)^2]^{\frac{3}{2}}}\right]$$

donc, $\frac{d^2T}{dx^2} > 0$

Ainsi, lorsque $\frac{dT}{dx} = 0$, nous obtenons un minimum.

Exercices récapitulatifs *(page 319)*

1. a) $f'(x) = 3 \cos 3x - 3 \cos x$

b) $f'(x) = -3 \sin 3x + 6 \cos^2 2x \sin 2x$

c) $g'(x) = (2x - \sin x) \cos (x^2 + \cos x)$

d) $f'(t) = 2t \sec^2 t^2 + 2 \tan t \sec^2 t$

e) $f'(u) = -2u \sin (\tan u^2) \sec^2 u^2$

f) $f'(x) = (12x^3 - 2) \sec (3x^4 - 2x) \tan (3x^4 - 2x)$

g) $f'(\theta) = \frac{-3}{2} \csc^2\left(\frac{3\theta}{2}\right) + \frac{3}{2} \csc^2 3\theta$

h) $f'(x) = \frac{-\csc^2 \sqrt{x}}{2\sqrt{x}} + \frac{x \sec x^2 \tan x^2}{\sqrt{\sec x^2}}$

i) $f'(x) = 3x^2 \sec 2x + 2x^3 \sec 2x \tan 2x$
$= x^2 \sec 2x\, (3 + 2x \tan 2x)$

j) $x'(t) = \frac{-5t^4 \csc 5t \cot 5t - 4t^3 \csc 5t}{t^8}$
$= \frac{\csc 5t\, (-5t \cot 5t - 4)}{t^5}$

k) $f'(x) = 12 \tan^2 4x \sec^2 4x - 35 \sec^5 7x \tan 7x$

l) $g'(x) = 36x^2 - 63 \cos 7x + 3x^2 \csc (1 - x^3) \cot (1 - x^3)$

m) $f'(x) = \sec (\sin x) \tan (\sin x) \cos x + \cos (\sec x) \sec x \tan x$

n) $v'(t) = 1 - \cos^2 t + \sin^2 t = 2 \sin^2 t$

o) $f'(x) = 5x^4 (1 - \sec^2 x^5) \sec^2 (x^5 - \tan x^5)$

p) $f'(x) = \frac{3}{(x - 4)^2} \csc^2\left(\frac{x - 1}{x - 4}\right)$

2. a) $f'(x) = 5 \sec^2 5x - 3 \sec x \tan x - 8 \sin^3 (-2x) \cos (-2x)$

b) $f'(x) = \frac{2x \tan \sqrt{x} - \dfrac{x^2 \sec^2 \sqrt{x}}{2\sqrt{x}}}{\tan^2 \sqrt{x}}$

c) $g'(x) = \frac{\cot x - \csc^2 x}{3\sqrt[3]{(x \cot x)^2}}$

d) $f'(x) = 6(x^7 \sec \sqrt{x})^5 \left(7x^6 \sec \sqrt{x} + \frac{x^7 \sec \sqrt{x} \tan \sqrt{x}}{2\sqrt{x}}\right)$

e) $h'(x) = 2 \sin x \cos^4 x - 3 \sin^3 x \cos^2 x$
$= \sin x \cos^2 x\, (2 \cos^2 x - 3 \sin^2 x)$

f) $f'(x) = 2x - (3x^2 \tan x^2 + 2x^4 \sec^2 x^2)$

g) $f'(\theta) = -\cos [\tan (\cos \theta)] \sec^2 (\cos \theta) \sin \theta$

h) $f'(x) = \frac{x \sec (\sin x^2) \tan (\sin x^2) \cos x^2}{\sqrt{\sec (\sin x^2)}}$

i) $v'(x) = \frac{(\cos 3x - 3x \sin 3x)(x^2 + 2) - 2x^2 \cos 3x}{(x^2 + 2)^2}$

j) $f'(x) = \frac{3 \sec^2 3x\, (1 - \cot 2x) - 2 \tan 3x \csc^2 2x}{(1 - \cot 2x)^2}$

k) $x'(t) = \frac{5}{3} \sec\left(\frac{t}{3}\right) \tan\left(\frac{t}{3}\right) + \frac{6}{t^2} \csc^2\left(\frac{2}{t}\right)$

l) $f'(x) = \pi \csc\left(\frac{-\pi x}{2}\right) + \frac{\pi^2 x}{2} \csc\left(\frac{-\pi x}{2}\right) \cot\left(\frac{-\pi x}{2}\right)$

m) $f'(x) = A\omega \cos(\omega x + \phi)$

n) $g'(x) = -\cos(\cos x) \sin x + \cos^2 x - \sin^2 x$

o) $f'(x) = \dfrac{2x^2 \sec^2 x^2 \cos x - \tan x^2 (\cos x - x \sin x)}{(x \cos x)^2}$

p) $f'(\theta) = 0$

3. a) $f^{(n)}(x) = \begin{cases} -\sin x & \text{si} \quad n = 4k - 3 \\ -\cos x & \text{si} \quad n = 4k - 2 \\ \sin x & \text{si} \quad n = 4k - 1 \\ \cos x & \text{si} \quad n = 4k \end{cases}$

b) $f^{(32)}(x) = \cos x$

$f^{(41)}(x) = -\sin x$

c) $g^{(15)}(x) = 2^{15} \sin 2x$

d) $H^{(9)}(x) = 0$

4. La démonstration est laissée à l'utilisateur ou l'utilisatrice.

5. $\dfrac{d^3y}{dt^3} = 4 \sec^2 t \tan^2 t + 2 \sec^4 t$

6. a) $y = \dfrac{\sqrt{2}}{2}x + \dfrac{\sqrt{2}}{2}\left(1 - \dfrac{\pi}{4}\right)$

b) $y = 2x + \left(1 - \dfrac{\pi}{2}\right)$

c) Droite tangente: $y = \dfrac{-x}{2} + \dfrac{\pi}{2}$

Droite normale: $y = 2x - 2\pi$

7. a) max. rel.: $\left(\sqrt{\dfrac{\pi}{2}}, 1\right)$

min. rel.: $(0, 0)$ et $(\sqrt{\pi}, 0)$

b) max. rel.: $\left(\dfrac{\pi}{2}, \dfrac{\pi}{2}\right)$

min. rel.: $(0, 0)$

8. a) f est croissante sur $]-2, -1] \cup [1, 2[$, et f est décroissante sur $[-1, 1]$.

b) f est concave vers le haut sur $\left[\dfrac{-\pi}{2}, \dfrac{-\pi}{3}\right] \cup \left[0, \dfrac{\pi}{3}\right]$, et

f est concave vers le bas sur $\left[\dfrac{-\pi}{3}, 0\right] \cup \left[\dfrac{\pi}{3}, \dfrac{\pi}{2}\right]$.

9. Les tableaux de variation et les esquisses de graphiques sont laissés à l'utilisateur ou l'utilisatrice.

a) $f'(x) = 2 \sin x \cos x$ et $f''(x) = 2 \cos^2 x - 2 \sin^2 x$

min. rel.: $(0, 0)$, $(\pi, 0)$ et $(2\pi, 0)$

max. rel.: $\left(\dfrac{\pi}{2}, 1\right)$ et $\left(\dfrac{3\pi}{2}, 1\right)$

inf.: $\left(\dfrac{\pi}{4}, \dfrac{1}{2}\right)$, $\left(\dfrac{3\pi}{4}, \dfrac{1}{2}\right)$, $\left(\dfrac{5\pi}{4}, \dfrac{1}{2}\right)$ et $\left(\dfrac{7\pi}{4}, \dfrac{1}{2}\right)$

b) $g'(x) = -2\pi \sin(\pi x)$ et $g''(x) = -2\pi^2 \cos(\pi x)$

min. rel.: $(-1, -2)$, $(1, -2)$ et $(3, -2)$

max. rel.: $(0, 2)$ et $(2, 2)$

inf.: $\left(\dfrac{-1}{2}, 0\right)$, $\left(\dfrac{1}{2}, 0\right)$, $\left(\dfrac{3}{2}, 0\right)$ et $\left(\dfrac{5}{2}, 0\right)$

c) $v'(t) = \dfrac{1 + 2\cos t}{(2 + \cos t)^2}$ et $v''(t) = \dfrac{2 \sin t (\cos t - 1)}{(2 + \cos t)^3}$

min. rel.: $\left(\dfrac{-2\pi}{3}, \dfrac{-\sqrt{3}}{3}\right)$ et $\left(\dfrac{4\pi}{3}, \dfrac{-\sqrt{3}}{3}\right)$

max. rel.: $(-\pi, 0)$, $\left(\dfrac{2\pi}{3}, \dfrac{\sqrt{3}}{3}\right)$ et $(2\pi, 0)$

inf.: $(0, 0)$ et $(\pi, 0)$

d) $x'(t) = \sqrt{3} \cos t - \sin t$ et $x''(t) = -\sqrt{3} \sin t - \cos t$

min. rel.: $(0, 1)$ et $(\pi, -1)$

max. rel.: $\left(\dfrac{\pi}{3}, 2\right)$

inf.: $\left(\dfrac{5\pi}{6}, 0\right)$

e) $f'(\theta) = 6 \sin\theta \cos\theta$ et $f''(\theta) = 6(\cos^2\theta - \sin^2\theta)$

min. rel.: $(0, -1)$ et $(\pi, -1)$

max. rel.: $\left(\dfrac{\pi}{2}, 2\right)$

inf.: $\left(\dfrac{\pi}{4}, \dfrac{1}{2}\right)$, $\left(\dfrac{3\pi}{4}, \dfrac{1}{2}\right)$ et $\left(\dfrac{5\pi}{4}, \dfrac{1}{2}\right)$

10. a) $\dfrac{2}{3}$ b) $\dfrac{1}{3}$ c) $\dfrac{5}{4}$ d) $\dfrac{8}{3}$ e) $\dfrac{-1}{2}$ f) -1

11. $\dfrac{\pi}{2}$

12. a) $\dfrac{d\theta}{dt} = \dfrac{\cos^2\theta}{4}$, exprimée en rad/s

b) $0{,}00\overline{1}$ rad/s

c) $\dfrac{1}{104}$ rad/s

13. $\theta \approx 1{,}16$ rad ou $\theta \approx 66°$

14. a) Environ 3,06 cm/s b) Environ 29,54 cm²/s

15. Longueur de la tige: 9,86... m

angle θ: 0,73... rad

16. a) 0,05 rad/s b) 0,16 rad/s c) $\theta = 90°$; $\theta = 120°$

17. $\sqrt{2}$ mètre.

18. Environ $-1{,}03$ rad/s

19. a) $h(\theta) = 13 + 5 \sin\theta$

b) $v = \dfrac{dh}{dt} = 20\pi \cos\theta$, exprimée en m/min

c) i) $h = 13$ m ; $v = 20\pi$ m/min

ii) $h = 18$ m ; $v = 0$ m/min

iii) $h = 13$ m ; $v = -20\pi$ m/min

d) $\theta = 90° + k(180°)$, où $k \in \mathbb{Z}$

e) $h \approx 17{,}33$ m ou $h \approx 8{,}67$ m

Problèmes de synthèse *(page 321)*

1. a) $\dfrac{dy}{dx} = \dfrac{-\sin x}{\cos y}$

b) $\dfrac{dy}{dx} = \dfrac{y \cos x}{3y^2 \sec^2 (y^3) - \sin x}$

c) $\dfrac{dy}{dx} = \dfrac{-(2x + \csc^2 (x + y))}{2y + \csc^2 (x + y)}$

d) $\dfrac{dy}{dx} = \dfrac{2xy^3 + \csc x \cot x}{\sec y \tan y - 3x^2y^2}$

e) $\dfrac{dy}{dx} = \dfrac{-(2xy^3 + 6 \sin^2 2x \cos 2x)}{\sin y + 3x^2y^2}$

f) $\dfrac{dy}{dx} = \dfrac{\cos x - y \cos y}{x \cos y - xy \sin y}$

2. $\dfrac{1}{2}$

3. La démonstration est laissée à l'utilisateur ou l'utilisatrice.

4. a) $k = 1$ et $a = 2$ b) $k = 4$ et $a = \dfrac{3}{4}$

5. a) 1 b) 1 c) 1

6. Les tableaux de variation et les esquisses de graphiques sont laissés à l'utilisateur ou l'utilisatrice.

7. a) $\dfrac{1}{3}$ m ; 2s

b) $v(t) = \dfrac{-\pi}{3} \sin\left(\pi t + \dfrac{\pi}{6}\right)$, exprimée en m/s

$a(t) = \dfrac{-\pi^2}{3} \cos\left(\pi t + \dfrac{\pi}{6}\right)$, exprimée en m²/s

c) $x(1) = \dfrac{-\sqrt{3}}{6}$ m

$v(1) = \dfrac{\pi}{6}$ m/s

$a(1) = \dfrac{\sqrt{3}\pi^2}{6}$ m/s²

d) $\dfrac{\pi}{3}$ m/s

e) $\dfrac{-\sqrt{3}}{3}$ m

f) $\dfrac{2}{3}$ m

8. a) $v(t) = -A\omega \sin(\omega t + \varphi)$

$a(t) = -A\omega^2 \cos(\omega t + \varphi)$

b) $A\omega$ m/s ; $A\omega^2$ m/s²

c) $a = -\omega^2 x$

9. a) $v_l = \dfrac{W\pi v}{2L} \cos\left(\dfrac{\pi v t}{L}\right)$ b) $a_l = \dfrac{-W\pi^2 v^2}{2L^2} \sin\left(\dfrac{\pi v t}{L}\right)$

10. a) $r = 3\sqrt{\pi}$ m ; $\theta = 2$ rad

b) $r = \sqrt{A}$ m ; $\theta = 2$ rad

11. a) Environ 1,06 cm/min

b) Environ 1,2 rad/min

12. a) $0{,}\bar{3}$ rad/min b) Environ -0,5 cm/min

13. a) $P\left(\dfrac{3\pi}{2}, 0\right)$ b) $Q\left(\dfrac{\pi}{2}, 0\right)$

14. a) Environ 17,44 km/h c) Environ 39,4 km/h

b) 28 km/h

15. P(8, 2) ; $\theta \approx 14{,}04°$

16. a) Environ 0,005 rad/s b) Environ 0,001 rad/s

17. a) $x(\theta) = a \cos \theta + \sqrt{d^2 - a^2 \sin^2 \theta}$

b) $\dfrac{dx}{dt} = -a \sin \theta \dfrac{d\theta}{dt} - \dfrac{a^2 \sin \theta \cos \theta}{\sqrt{d^2 - a^2 \sin^2 \theta}} \dfrac{d\theta}{dt}$

18. La démonstration est laissée à l'utilisateur ou l'utilisatrice.

19. a) $\dfrac{d\theta_2}{dt} = \dfrac{v_2 \cos \theta_1}{v_1 \cos \theta_2} \dfrac{d\theta_1}{dt}$ b) Environ 0,14 rad/s

9

Test récapitulatif *(page 324)*

1. $(\csc x)' = \left(\dfrac{1}{\sin x}\right)'$

$= \dfrac{(1)' \sin x - 1 (\sin x)'}{(\sin x)^2}$

$= \dfrac{-\cos x}{\sin^2 x} = \dfrac{(-1)}{\sin x} \dfrac{\cos x}{\sin x} = -\csc x \cot x$

2. a) $f'(x) = \dfrac{x [\cos (x^3 + \sin x)] (3x^2 + \cos x) - \sin (x^3 + \sin x)}{x^2}$

b) $f'(x) = \dfrac{-5 \sin (\sin x) \cos x}{2\sqrt{5 \cos (\sin x)}}$

c) $g'(x) = -2x \csc^2 x^2 \csc(-x^3) + 3x^2 \cot x^2 \csc(-x^3) \cot(-x^3)$

d) $f'(x) = (2 + 6x \sec^2 x^2) \sec(2x + 3 \tan x^2) \tan(2x + 3 \tan x^2)$

e) $f'(x) = \cos [\cos (\tan x)][-\sin (\tan x)] \sec^2 x$

f) $x'(t) = \dfrac{-6 \cos 3t \sin 3t \tan^3 5t - 15 \tan^2 5t \sec^2 5t \cos^2 3t}{\tan^6 5t}$

3. $f'(x) = \dfrac{x \cos x - \sin x}{x^2}$, d'où

$m_{\tan}$ au point $\left(\dfrac{\pi}{2}, f\left(\dfrac{\pi}{2}\right)\right) = f'\left(\dfrac{\pi}{2}\right) = \dfrac{-4}{\pi^2}$

Puisque $y = \frac{-4}{\pi^2}x + b$ passe par le point $\left(\frac{\pi}{2}, \frac{2}{\pi}\right)$,

on obtient $b = \frac{4}{\pi}$, d'où $y = \frac{-4}{\pi^2}x + \frac{4}{\pi}$.

4. $f'(x) = 2\left(x - \frac{\pi}{2}\right)\left[\cos\left(x - \frac{\pi}{2}\right)^2 - 5\right]$; n.c. : 0, $\frac{\pi}{2}$ et π

x	0		$\frac{\pi}{2}$		π
$f'(x)$	∄	+	0	−	∄
f		↗	0	↘	
			max.		

Donc, f est croissante sur $\left[0, \frac{\pi}{2}\right]$ et décroissante sur $\left[\frac{\pi}{2}, \pi\right]$.

5. a) $f'(x) = 1 - \sin x$ et $f''(x) = -\cos x$

x	0		$\frac{\pi}{2}$		$\frac{3\pi}{2}$		2π
$f'(x)$	∄	+	0	+	+	+	∄
$f''(x)$	∄	−	0	+	0	−	∄
f	1	↗∩	$\frac{\pi}{2}$	↗∪	$\frac{3\pi}{2}$	↗∩	$2\pi + 1$
E. du G.	(0, 1)	↷	$\left(\frac{\pi}{2}, \frac{\pi}{2}\right)$	⤴	$\left(\frac{3\pi}{2}, \frac{3\pi}{2}\right)$	↷	$(2\pi, 2\pi + 1)$
	min.		inf.		inf.		max.

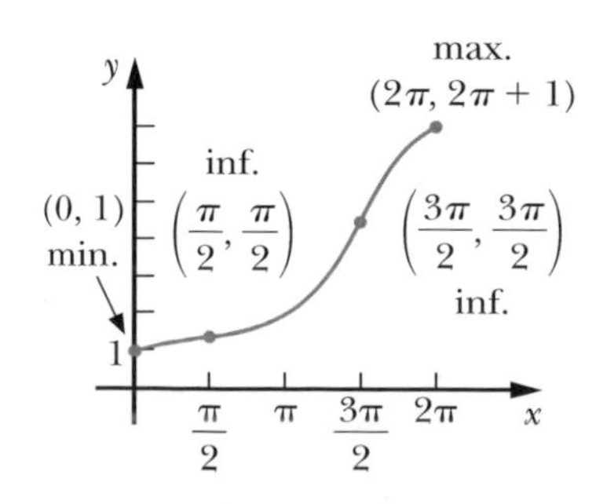

b) $g'(x) = 8 \cos 2x \sin 2x$ et $g''(x) = 16 (\cos^2 2x - \sin^2 2x)$

x	0		$\frac{\pi}{8}$		$\frac{\pi}{4}$
$g'(x)$	∄	+	+	+	0
$g''(x)$	∄	+	0	−	−
g	-2	↗∪	-1	↗∩	0
E. du G.	(0, -2)	⤴	$\left(\frac{\pi}{8}, -1\right)$	↷	$\left(\frac{\pi}{4}, 0\right)$
	min.		inf.		max.

x		$\frac{3\pi}{8}$		$\frac{\pi}{2}$		$\frac{5\pi}{8}$
$g'(x)$	−	−	−	0	+	+
$g''(x)$	−	0	+	+	+	0
g	↘∩	-1	↘∪	-2	↗∪	-1
E. du G.	⤵	$\left(\frac{3\pi}{8}, -1\right)$	↳	$\left(\frac{\pi}{2}, -2\right)$	⤴	$\left(\frac{5\pi}{8}, -1\right)$
		inf.		min.		inf.

x		$\frac{3\pi}{4}$		$\frac{7\pi}{8}$		π
$g'(x)$	+	0	−	−	−	∄
$g''(x)$	−	−	−	0	+	∄
g	↗∩	0	↘∩	-1	↘∪	-2
E. du G.	↷	$\left(\frac{3\pi}{4}, 0\right)$	⤵	$\left(\frac{7\pi}{8}, -1\right)$	↳	$(\pi, -2)$
		max.		inf.		min.

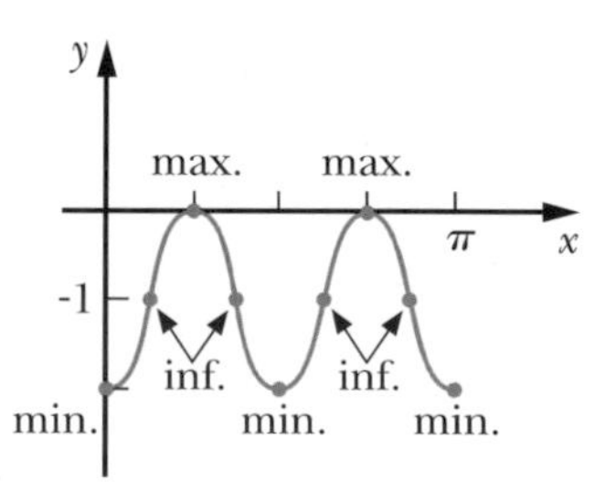

6. Mathématisation du problème.
Soit r, le rayon du secteur, et θ, l'angle au centre.

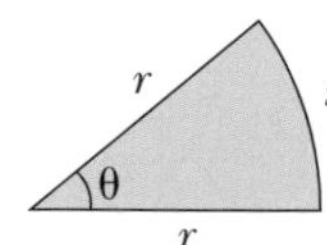

$A(r, \theta) = \frac{r^2\theta}{2}$ doit être maximale.

$2r + x = 24$ et $x = r\theta$

Ainsi, $2r + r\theta = 24$, d'où $r = \frac{24}{2 + \theta}$.

$A(\theta) = \frac{288\,\theta}{(\theta + 2)^2}$, où dom $A = [0, 2\pi]$.

Analyse de la fonction.

$$A'(\theta) = \frac{288(2-\theta)}{(\theta+2)^3}\ ;\ \text{n.c.}: 2$$

θ	0		2		2π
$A'(\theta)$	$\nexists$	+	0	−	$\nexists$
A		↗	max.	↘	

Formulation de la réponse.

Rayon : 6 m

Angle au centre : 2 radians

7. Soit y, la hauteur du triangle, et x, la longueur de la base du triangle.

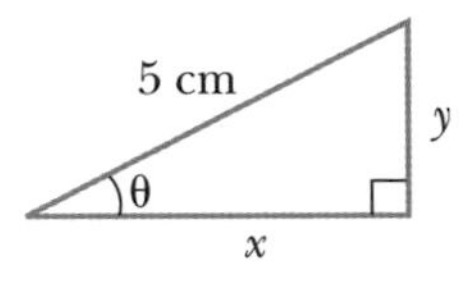

a) Puisque $y = 5 \sin \theta$, alors $\frac{dy}{dt} = 5 \cos \theta \, \frac{d\theta}{dt}$.

Ainsi, $\left.\frac{dy}{dt}\right|_{\theta = \frac{\pi}{3}} = 5\left(\cos \frac{\pi}{3}\right)(0{,}03) = 0{,}075$ cm/s.

b) Puisque $A = \frac{25 \sin \theta \cos \theta}{2}$,

alors $\frac{dA}{dt} = \frac{25}{2}(\cos^2 \theta - \sin^2 \theta)\, \frac{d\theta}{dt}$.

Ainsi, $\left.\frac{dA}{dt}\right|_{\theta = \frac{\pi}{6}} = \frac{25}{2}\left(\cos^2 \frac{\pi}{6} - \sin^2 \frac{\pi}{6}\right)(0{,}03)$

$= 0{,}1875$ cm²/s

c) Mathématisation du problème.

$A(\theta) = \frac{25 \sin \theta \cos \theta}{2}$ doit être maximale,

où dom $A = \left[0, \frac{\pi}{2}\right]$.

Analyse de la fonction.

$A'(\theta) = \frac{25}{2}[\cos^2 \theta - \sin^2 \theta]$; n.c. : $\frac{\pi}{4}$

$A''(\theta) = -50 \sin \theta \cos \theta$

Puisque $A'\left(\frac{\pi}{4}\right) = 0$ et $A''\left(\frac{\pi}{4}\right) < 0$, alors le point $\left(\frac{\pi}{4}, A\left(\frac{\pi}{4}\right)\right)$ est un point de maximum.

Formulation de la réponse.

$\theta = \frac{\pi}{4}$ et l'aire maximale égale 6,25 cm².

9

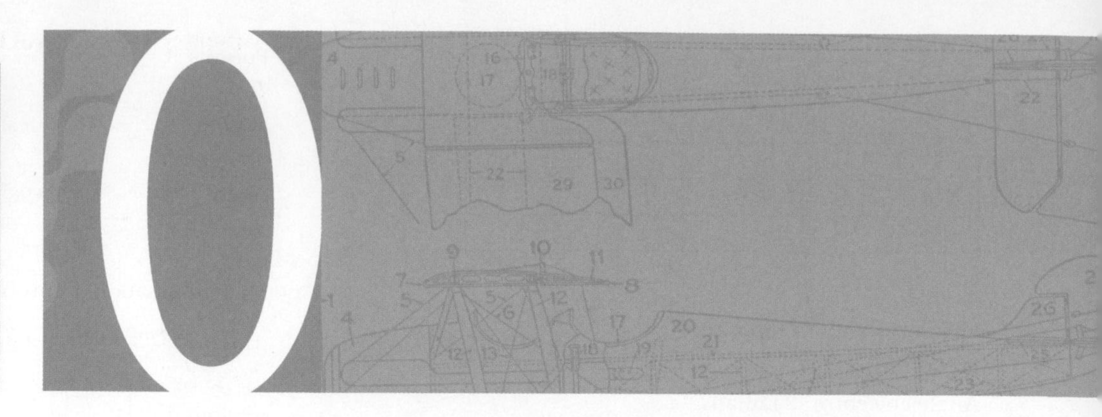

CORRIGÉ DU CHAPITRE 10

Test préliminaire (page 327)

Partie A

1. a) $f(0) = 0$; $g(0) = 1$

b) $f(1) = 1$; $g(1) = 4$

c) $f(2) = 16$; $g(2) = 16$

d) $f(5) = 625$; $g(5) = 1024$

e) $f(-1) = 1$; $g(-1) = 0{,}25$

f) $f\left(\frac{1}{2}\right) = 0{,}0625$; $g\left(\frac{1}{2}\right) = 2$

g) $f\left(\frac{-1}{2}\right) = 0{,}0625$; $g\left(\frac{-1}{2}\right) = 0{,}5$

h) $f(-5) = 625$; $g(-5) \approx 0{,}000\,977$

2. a) a^{x+y}

b) a^{x-y}

c) a^{xy}

d) $a^x b^x$

e) $\frac{a^x}{b^x}$

f) 1

g) $\frac{1}{a^x}$

h) $x = y$

3. a) 9

b) -3

c) 5

d) 0

e) 6

f) 8

g) 5

h) -3

i) 9

j) 0

k) 0,5

l) 5

m) 1

n) ± 4

Partie B

1. a) $f'(x) = \lim_{h \to 0} \frac{f(x+h) - f(x)}{h}$

b) $f'(x) = \lim_{\Delta x \to 0} \frac{f(x+\Delta x) - f(x)}{\Delta x}$

2. $\frac{dy}{dx} = \frac{dy}{du}\frac{du}{dx}$

3. a) ax^{a-1}

b) $u'v + uv'$

c) $\frac{u'v - uv'}{v^2}$

d) $g'[f(x)]\, f'(x)$

4. a) … $x = a$ est une asymptote verticale.

b) … $y = b$ est une asymptote horizontale.

Exercices

Exercices 10.1 (page 338)

1. a) $x = \log_m s$

b) $x = b^p$

c) $x = \frac{\log_3 y - 7}{4}$

d) $x = \frac{e^{5(y-2)} + 1}{3}$

2. a) $x^2 = 25$, d'où $x = 5$, car $x > 0$

b) $144^x = 12$, d'où $x = \frac{1}{2}$

c) $(0{,}1)^{\frac{1}{2}} = x$, d'où $x \approx 0{,}316$

d) $x = \frac{\ln 10}{\ln 5}$, d'où $x \approx 1{,}431$

e) $\log_2 B = x \log_8 B$, ainsi $x = \frac{\log_2 B}{\log_8 B} = \log_2 8$,

d'où $x = 3$

f) $\log_{27} B = x \log_{\frac{1}{9}} B$, ainsi $x = \frac{\log_{27} B}{\log_{\frac{1}{9}} B} = \log_{27}\left(\frac{1}{9}\right)$,

d'où $x = \frac{-2}{3}$.

3. a) $\log_b 15 = \log_b (3 \times 5) = \log_b 3 + \log_b 5 \approx 1{,}392$

b) $\log_b 0{,}75 = \log_b \frac{3}{4} = \log_b 3 - \log_b 4 \approx -0{,}147$

c) $\log_b 2 = \log_b (4)^{\frac{1}{2}} = \frac{1}{2}\log_b 4 \approx 0{,}356$

d) $\log_b 60 = \log_b (3 \times 5 \times 4) = \log_b 3 + \log_b 5 + \log_b 4$
$\approx 2{,}104$

e) $\log_b 81 = \log_b 3^4 = 4 \log_b 3 \approx 2{,}26$

f) $\log_b \frac{12}{5} = \log_b \left(\frac{3 \times 4}{5}\right)$
$= \log_b 3 + \log_b 4 - \log_b 5 \approx 0{,}45$

g) $\log_4 5^2 = 2\frac{\log_b 5}{\log_b 4} \approx 2{,}323$

h) $\log_b \left(\frac{9}{20}\right) = \log_b 3^2 - \log_b (4 \times 5)$
$= 2 \log_b 3 - (\log_b 4 + \log_b 5) \approx -0{,}409$

4. a) dom $f = \mathbb{R}$
ima $f =]-1, +\infty$
Asymptote horizontale : $y = -3$

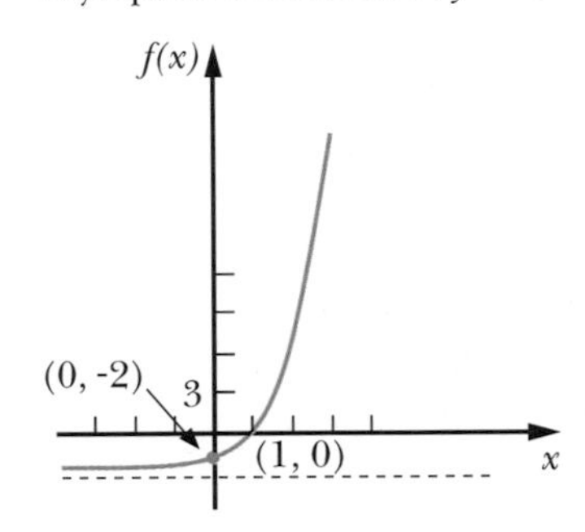

b) dom $g = \mathbb{R}$
ima $g = -\infty, 0[$
Asymptote horizontale : $y = 0$

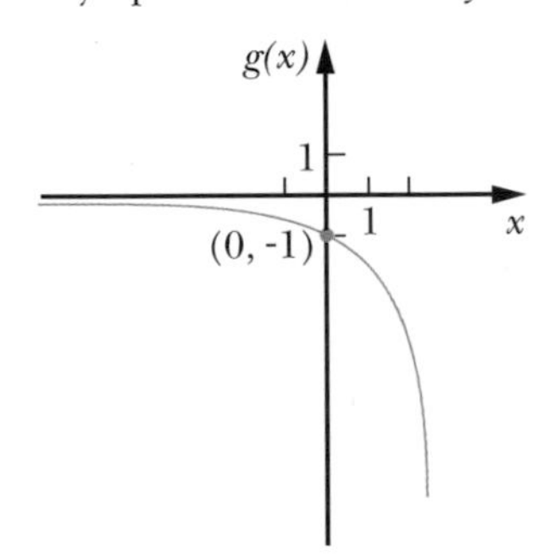

c) dom $f = \mathbb{R}$
ima $f =]-4, +\infty$
Asymptote horizontale : $y = -4$

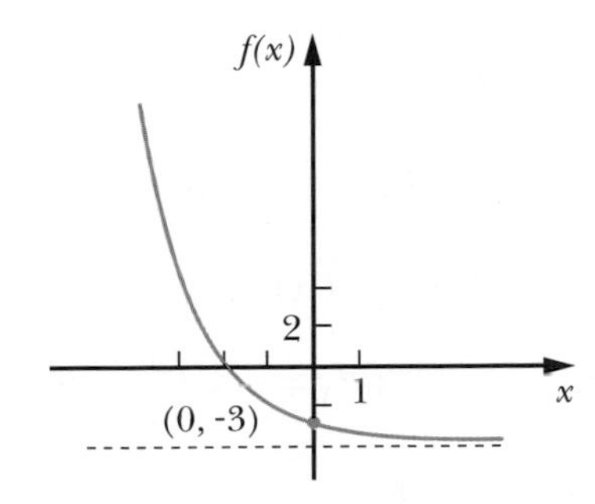

d) dom $f =]0, +\infty$
ima $f = \mathbb{R}$
Asymptote verticale : $x = 0$

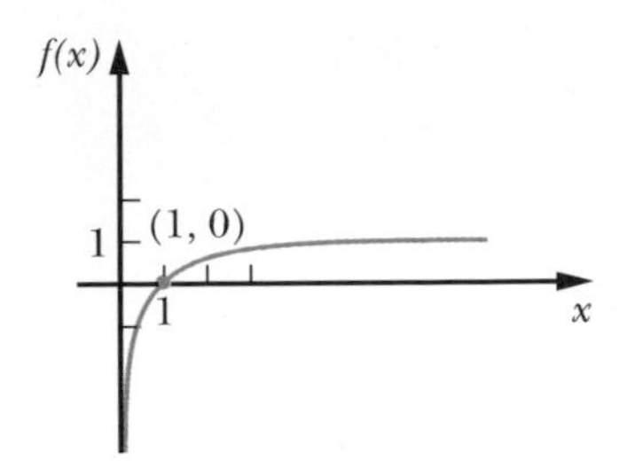

e) dom $v =]3, +\infty$
ima $v = \mathbb{R}$
Asymptote verticale : $t = 3$

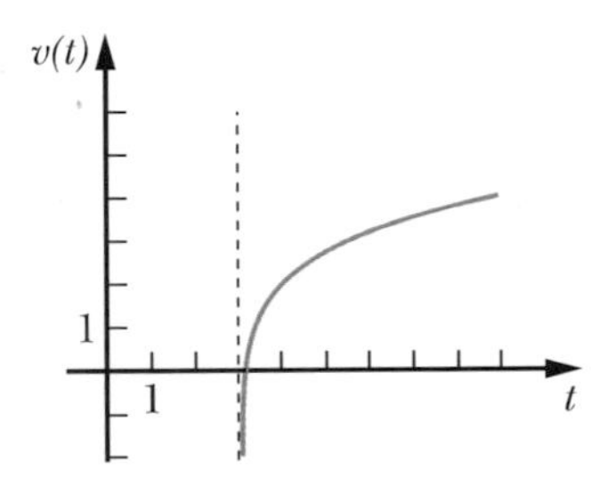

5. a) ④ b) ⑦ c) ⑤ d) ⑩ e) ① f) ② g) ⑧ h) ⑥ i) ⑨ j) ③

6. a) $k = 2$; $a = \frac{1}{3}$

b) $k = -1$; $a = 3$

c) Il n'existe aucune valeur.

d) $k = \frac{2}{3}$; $a = 3$

7. a) $a = 4$ b) $a = \frac{1}{2}$ c) $a = e$

8. a) $P(t) = 400 \times 5^{\frac{t}{24}}$

b) $P(5) \approx 559$ bactéries

c) $P(48) \approx 10\,000$ bactéries

d) 72 heures

9. a) $N(0) = 5000$ insectes

b) $\frac{1}{3}$ correspond au facteur de décroissance de la population d'insectes.

c) Il faut résoudre $2500 = 5000\left(\frac{1}{3}\right)^{\frac{t}{2}}$.

$\frac{1}{2} = \left(\frac{1}{3}\right)^{\frac{t}{2}} \Rightarrow \ln\left(\frac{1}{2}\right) = \ln\left(\frac{1}{3}\right)^{\frac{t}{2}}$

$\ln\left(\frac{1}{2}\right) = \frac{1}{2}t \ln\left(\frac{1}{3}\right)$

D'où $t = \dfrac{2\ln\left(\dfrac{1}{2}\right)}{\ln\left(\dfrac{1}{3}\right)} \approx 1{,}26$ h.

d) $t = \dfrac{2\ln\left(\dfrac{N}{5000}\right)}{\ln\left(\dfrac{1}{3}\right)}$

10. a) $V(t) = 16\,000\,(0{,}8)^t$

b) $t = \dfrac{\ln\left(\dfrac{V}{16\,000}\right)}{\ln\,(0{,}8)}$

c) $V(2) = 10\,240\,\$$

d) $t \approx 3{,}11$ années

e)

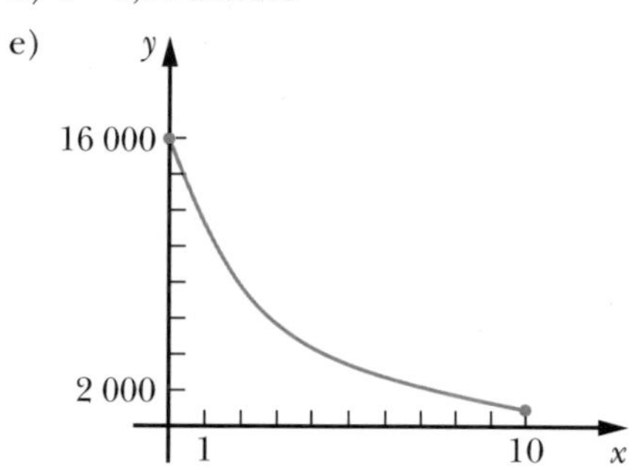

11. a) Si le capital initial C double, alors $V = 2C$.
Puisque $i = 0{,}10$, nous obtenons

$$2C = Ce^{0{,}10n}$$
$$2 = e^{0{,}10n}$$
$$\ln 2 = \ln e^{0{,}10n}$$
$$\ln 2 = 0{,}10n \ln e = 0{,}10n$$

D'où $n = \dfrac{\ln 2}{0{,}10} \approx 6{,}93$ années.

b) Nous avons $V = 3C$ et $n = 10$.
Alors $3C = Ce^{10i}$

D'où $i = \dfrac{\ln 3}{10} \approx 11\,\%$.

12. Soit $Q = Q_0e^{kt}$.

a) Si $t = 37$, alors $Q = \dfrac{Q_0}{2}$.

De $\dfrac{Q_0}{2} = Q_0e^{37k}$

$\dfrac{1}{2} = e^{37k}$, d'où $k = \dfrac{\ln 0{,}5}{37}$.

b) Soit $Q = Q_0e^{\frac{\ln 0{,}5}{37}t}$.

Nous cherchons t lorsque $Q = \dfrac{Q_0}{2^7}$.

De $\dfrac{Q_0}{2^7} = Q_0e^{\frac{\ln 0{,}5}{37}t}$

$$\frac{1}{2^7} = e^{\ln(0{,}5)\frac{t}{37}}$$

$$2^{-7} = 0{,}5^{\frac{t}{37}}$$

$$\ln 2^{-7} = \frac{t}{37}\ln\,(0{,}5)$$

$$-7\ln 2 = \frac{t}{37}\,(-\ln 2)$$

D'où $t = 37 \times 7 = 259$ années.

Exercices 10.2 (page 348)

1. a) $f'(x) = \dfrac{3x^2e^x - x^3e^x}{(e^x)^2} = \dfrac{x^2(3-x)}{e^x}$

b) $f'(x) = 8^x + x8^x\ln 8 = 8^x(1 + x\ln 8)$

c) $g'(x) = 12x^2e^x + 4x^3e^x = 4x^2e^x\,(3 + x)$

d) $f'(x) = \dfrac{(3^x + 10^x) - x(3^x\ln 3 + 10^x\ln 10)}{(3^x + 10^x)^2}$

e) $x'(t) = e^t + et^{e-1}$

f) $h'(x) = \dfrac{e^x(e^x - x) - e^x(e^x - 1)}{(e^x - x)^2} = \dfrac{e^x(1 - x)}{(e^x - x)^2}$

g) $v'(u) = \dfrac{1}{2\sqrt{\left(\dfrac{1}{3}\right)^u}}\left(\dfrac{1}{3}\right)^u\ln\dfrac{1}{3}$

h) $f'(x) = [-\sin\,(e^x + 2^x)]\,(e^x + 2^x\ln 2)$

2. a) $f'(x) = 3^x\ln 3 - 3^{-x}\ln 3 + 3$

b) $f'(t) = (2^t\ln 2 + 2t)\;8^{(2^t + t^2)}\ln 8$

c) $g'(x) = 3e^{3x} + 5e^{-5x}$

d) $f'(u) = 4(e^u)^3\,e^u - 4e^{4u}$
$= 4(e^u)^4 - 4(e^u)^4 = 0$

e) $f'(x) = 4x^3\,4^{(x^4)}\ln 4 - 4(4^x)^3\,4^x\ln 4$
$= 4x^3\,4^{(x^4)}\ln 4 - 4(4^x)^4\ln 4$
$= 4\ln 4(x^3\,4^{(x^4)} - (4^x)^4)$

f) $g'(x) = 10xe^{x^2} + 5x^2e^{x^2}(2x)$
$= 10xe^{x^2}(1 + x^2)$

g) $\dfrac{dy}{dx} = \dfrac{1}{2\sqrt{x}}\,e^{\sqrt{x}} + \dfrac{\sqrt{e^x}}{2}$

h) $g'(x) = \dfrac{(e^x + e^{-x})\,e^{2x} - 2e^{2x}\,(e^x - e^{-x})}{(e^{2x})^2} = \dfrac{-e^x + 3e^{-x}}{e^{2x}}$

i) $f'(t) = 6e^{6t} + e^t\,6^{e^t}\ln 6$

j) $f'(x) = 4(e^{e^x} + 2^{-8x})^3(e^{e^x}e^x - 8(2^{-8x})\ln 2)$

3. 1re façon : $[(e^x)^n]' = n(e^x)^{n-1}\,e^x = n(e^x)^n$
2e façon : $[(e^x)^n]' = [e^{nx}]' = ne^{nx} = n(e^x)^n$

4. $f'(x) = 2x\left(\dfrac{1}{3}\right)^x + x^2\left(\dfrac{1}{3}\right)^x\ln\left(\dfrac{1}{3}\right)$

D'où m_{tan} au point $(1, f(1)) = f'(1) = \dfrac{2}{3} + \dfrac{1}{3}\ln\left(\dfrac{1}{3}\right)$.

5. De $f'(x) = -e^{-x}$, nous obtenons $f'(1) = -e^{-1} = \dfrac{-1}{e}$.

a) $y = \dfrac{-1}{e}x + \dfrac{2}{e}$

b) $y = ex + \left(\dfrac{1}{e} - e\right)$

6. a) Il faut résoudre $f'(x) = 8$

$8e^{2x} = 8$, donc $x = 0$.

Le point cherché est P (0, 3).

b) Il faut résoudre $f'(x) = 0$

$$8e^{2x} = 0$$

qui n'admet aucune solution.

Donc, il n'existe aucun point.

7. $g'(x) = \dfrac{x(2-x)}{e^x}$; n.c.: 0 et 2

$g''(x) = \dfrac{x^2 - 4x + 2}{e^x}$

$g'(0) = 0$ et $g''(0) > 0$, d'où $(0, 0)$ est le point de minimum relatif de g.

$g'(2) = 0$ et $g''(2) < 0$, ainsi $\left(2, \dfrac{4}{e^2}\right)$ est le point de maximum relatif de g, d'où $\dfrac{4}{e^2}$ est le maximum relatif de g.

8. a) dom $f = \mathbb{R}$; A.H.: $y = 0$;

$f'(x) = -2xe^{-x^2}$ et $f''(x) = 2e^{-x^2}(2x^2 - 1)$

x	$-\infty$		$\frac{-1}{\sqrt{2}}$		0		$\frac{1}{\sqrt{2}}$		$+\infty$
$f'(x)$		+	+	+	0	−	−	−	
$f''(x)$		+	0	−	−	−	0	+	
f	0	↗∪	$\frac{1}{\sqrt{e}}$	↗∩	1	↘∩	$\frac{1}{\sqrt{e}}$	↘∪	0
E. du G.	----	↗	$\left(\frac{-1}{\sqrt{2}}, \frac{1}{\sqrt{e}}\right)$	↗	$(0, 1)$	↘	$\left(\frac{1}{\sqrt{2}}, \frac{1}{\sqrt{e}}\right)$	↘	----
			inf.		max.		inf.		

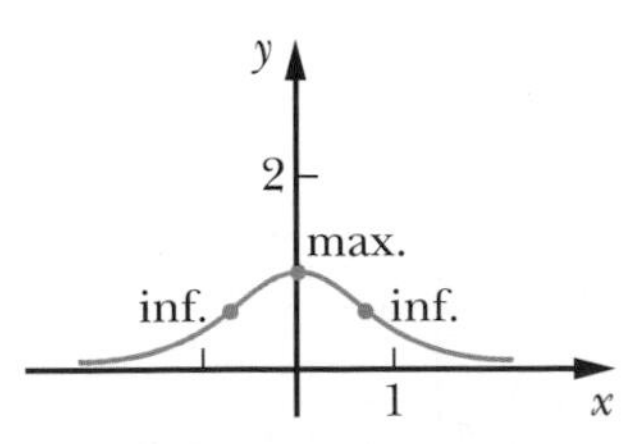

b) dom $f = \mathbb{R}$; A.H.: $y = 0$;

$f'(x) = (x+1)^2e^x$ et

$f''(x) = (x+1)(x+3)e^x$

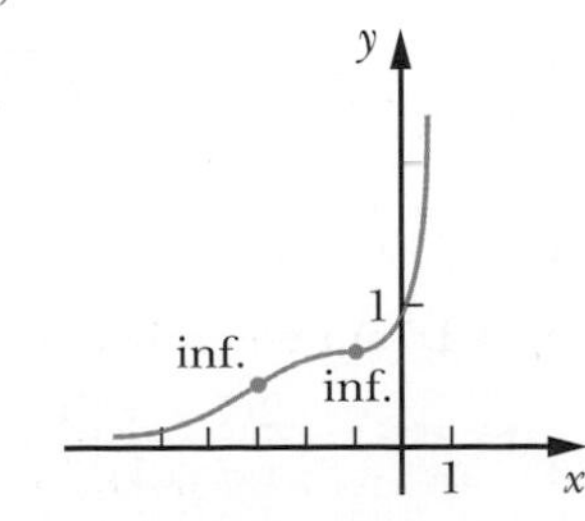

x	$-\infty$		-3		-1		$+\infty$
$f'(x)$		+	+	+	0	+	
$f''(x)$		+	0	−	0	+	
f	0	↗∪	$10e^{-3}$	↗∩	$2e^{-1}$	↗∪	$+\infty$
E. du G.	----	↗	$\left(-3, \frac{10}{e^3}\right)$	↗	$\left(-1, \frac{2}{e}\right)$	↗	
			inf.		inf.		

9. Mathématisation du problème.

Soit $(2 - x)$, la longueur de la base, et y, la hauteur du rectangle.

$A(x, y) = (2 - x)y$ doit être maximale.

$y = e^x$

$A(x) = (2 - x)e^x$, où dom $A =]-\infty, 2]$.

Analyse de la fonction.

$A'(x) = (1 - x)e^x$; n.c.: 1

$A''(x) = -xe^x$

$A'(1) = 0$ et $A''(1) < 0$, d'où $(1, A(1))$ est un point de maximum.

Formulation de la réponse.

Les dimensions du rectangle sont 1 unité sur e unités.

10. a) $Q(0) = 100$ t.m.

b) $\text{TVM}_{[0,\,5]} = \dfrac{Q(5) - Q(0)}{5 - 0} \approx 172{,}86$ t.m./an

c) $Q'(t) = \dfrac{9000 \times 3^t \ln 3}{(9 + 3^t)^2}$;

TVI dans 2 ans $= Q'(2) \approx 274{,}65$ t.m./an

d) dom $Q = [0, +\infty$

$\lim\limits_{t \to +\infty} \dfrac{1000 \times 3^t}{9 + 3^t}$ est une indétermination de la forme $\dfrac{+\infty}{+\infty}$.

$$\lim_{t \to +\infty} \frac{1000 \times 3^t}{9 + 3^t} = \lim_{t \to +\infty} \frac{3^t(1000)}{3^t\left(\frac{9}{3^t} + 1\right)}$$

$$= \lim_{t \to +\infty} \frac{1000}{\left(\frac{9}{3^t} + 1\right)} = 1000$$

donc, $y = 1000$ est une asymptote horizontale lorsque $t \to +\infty$.

$Q'(t) = \dfrac{9000 \times 3^t \ln 3}{(9 + 3^t)^2}$; aucun nombre critique

$$Q''(t) = \frac{9000 \times 3^t(\ln 3)^2(9 - 3^t)}{(9 + 3^t)^3}\text{ ; n.c.: 2}$$

t	0		2		$+\infty$
$Q'(t)$	$\nexists$	+	+	+	
$Q''(t)$	$\nexists$	+	0	−	
Q	100	↗∪	500	↗∩	1000
E. du G.	(0, 100)	↗	(2, 500)	↗	
	min.		inf.		

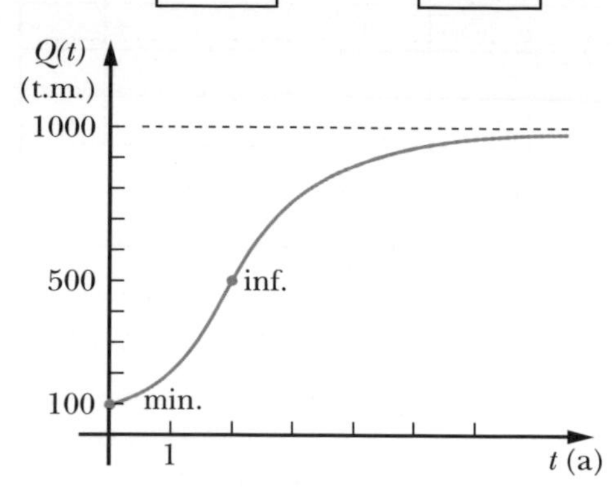

Exercices 10.3 (page 353)

1. a) $f'(x) = \dfrac{1 - \ln x}{x^2}$

b) $\dfrac{dy}{dx} = 4x^3 \ln^5 x + 5x^3 \ln^4 x = x^3 \ln^4 x\,(4 \ln x + 5)$

c) $v'(t) = \dfrac{1}{t \ln 3} - \dfrac{3 \log^2 t}{t \ln 10}$

d) $\dfrac{dz}{dx} = \dfrac{\log x}{x} + \dfrac{\ln x}{x \ln 10}$

e) $\dfrac{dy}{du} = \dfrac{1}{2u\sqrt{\ln u}}$

f) $\dfrac{dy}{dx} = 5(x + \ln^2 x)^4\left(1 + \dfrac{2 \ln x}{x}\right)$

g) $g'(x) = \dfrac{(\ln x + 1)e^x - (x \ln x)e^x}{(e^x)^2} = \dfrac{\ln x + 1 - x \ln x}{e^x}$

h) $\dfrac{dx}{dt} = 0$

2. a) $f'(t) = \dfrac{1}{\sqrt{t}}\,\dfrac{1}{2\sqrt{t}} = \dfrac{1}{2t}$

b) $g'(x) = \dfrac{12x^3}{(3x^4 + 1) \ln 2}$

c) $\dfrac{dy}{dx} = \dfrac{1}{4x\sqrt{\ln \sqrt{x}}}$

d) $f'(x) = \dfrac{1}{x^3 + \log x}\left(3x^2 + \dfrac{1}{x \ln 10}\right)$

e) $h'(v) = 5(v + \ln v^2)^4\left(1 + \dfrac{2}{v}\right)$

f) $\dfrac{dy}{dx} = \dfrac{3^x \ln 3 + \dfrac{1}{x \ln 3}}{(3^x + \log_3 x) \ln \dfrac{1}{2}}$

g) $f'(x) = 10 \log^9 x^{10}\left(\dfrac{10x^9}{x^{10} \ln 10}\right) = \dfrac{100 \log^9 x^{10}}{x \ln 10}$

h) $f'(x) = \dfrac{4x^3 - 4x^3 \ln x^4}{x^8} = \dfrac{4(1 - \ln x^4)}{x^5}$

i) $\dfrac{dy}{dx} = \dfrac{8[\ln (xe^x)]^7\,(e^x + xe^x)}{xe^x} = \dfrac{8(1 + x) \ln^7 (xe^x)}{x}$

j) $g'(x) = 0$

k) $h'(w) = 0$

3. Soit $H(x) = y = \ln u$, où $u = f(x)$.

Alors $\dfrac{dy}{dx} = \dfrac{dy}{du}\,\dfrac{du}{dx}$ (notation de Leibniz)

$$\frac{d}{dx}(H(x)) = \frac{d}{du}(\ln u)\,\frac{d}{dx}(f(x))$$

$$H'(x) = \frac{1}{u} f'(x)$$

D'où $H'(x) = \dfrac{f'(x)}{f(x)}$, car $u = f(x)$.

4. a) Puisque $\ln 1 = 0$, la courbe coupe l'axe des x en $x = 1$.

Ainsi, $\dfrac{y - f(1)}{x - 1} = f'(1)$

$\dfrac{y - 0}{x - 1} = 1 \quad \left(\text{car } f'(x) = \dfrac{1}{x}\right)$

D'où $y = x - 1$.

b) Puisque l'équation de la droite est $y = \dfrac{1}{4}x + 1$, il faut résoudre $f'(x) = \dfrac{1}{4}$.

$\dfrac{1}{x} = \dfrac{1}{4}$, donc $x = 4$

Ainsi, $\dfrac{y - f(4)}{x - 4} = \dfrac{1}{4}$

D'où $y = \dfrac{1}{4}x + \ln 4 - 1$.

5. $g'(x) = 1 - \dfrac{8}{x} + \dfrac{12}{x^2} = \dfrac{(x - 6)(x - 2)}{x^2}$

n.c.: 2 et 6; puisque dom $g =]0, +\infty$, 0 n'est pas un nombre critique.

x	0		2		6	$+\infty$
$g'(x)$	$\nexists$	+	0	−	0	+
g	$\nexists$	↗	$-4 - 8 \ln 2$	↘	$4 - 8 \ln 6$	↗
			max.		min.	

max. rel.: $(2, -4 - 8 \ln 2)$ et min. rel.: $(6, 4 - 8 \ln 6)$

6. a) $f'(x) = 1 + \dfrac{2x}{x^2 + 1} = \dfrac{(x + 1)^2}{x^2 + 1} \geqslant 0\ \forall x \in \mathbb{R}$

D'où f est croissante sur $\mathbb{R}$.

b) $f''(x) = \dfrac{2(1 - x^2)}{(x^2 + 1)^2}$; n.c.: -1 et 1

x	$-\infty$	-1		1	$+\infty$
$f''(x)$	$-$	0	$+$	0	$-$
f	$\cap$	$-1 + \ln 2$	$\cup$	$1 + \ln 2$	$\cap$
		inf.		inf.	

f est concave vers le bas sur $-\infty, -1] \cup [1, +\infty$.

f est concave vers le haut sur $[-1, 1]$.

Les points d'inflexion sont $(-1, -1 + \ln 2)$ et $(1, 1 + \ln 2)$.

7. a) dom $f =]0, +\infty$

Puisque $\lim\limits_{x \to 0^+} \dfrac{\ln x}{x} = \dfrac{-\infty}{0^+} = -\infty$, $x = 0$ est une A.V.

A.H. : $y = 0$

$f'(x) = \dfrac{1 - \ln x}{x^2}$ et $f''(x) = \dfrac{2 \ln x - 3}{x^3}$

x	0		e		$e^{\frac{3}{2}}$		$+\infty$
$f'(x)$	$\nexists$	$+$	0	$-$	$-$	$-$	
$f''(x)$	$\nexists$	$-$	$-$	$-$	0	$+$	
f	$\nexists$	$\nearrow\cap$	$\dfrac{1}{e}$	$\searrow\cap$	$\dfrac{3}{2e^{\frac{3}{2}}}$	$\searrow\cup$	0
E. du G.		$\nearrow$	$\left(e, \dfrac{1}{e}\right)$	$\searrow$	$\left(e^{\frac{3}{2}}, \dfrac{3}{2e^{\frac{3}{2}}}\right)$	$\searrow$	
			max.		inf.		

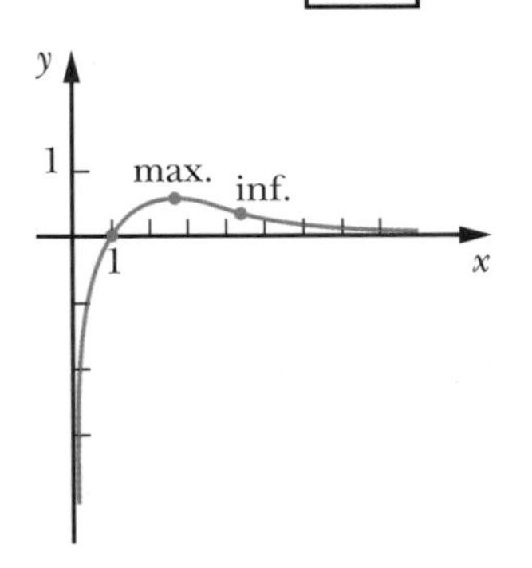

b) dom $g = \mathbb{R}$

$g'(x) = \dfrac{2x}{x^2 + 4}$ et $g''(x) = \dfrac{2(2 - x)(2 + x)}{(x^2 + 4)^2}$

x	$-\infty$		-2		0		2		$+\infty$
$g'(x)$		$-$	$-$	$-$	0	$+$	$+$	$+$	
$g''(x)$		$-$	0	$+$	$+$	$+$	0	$-$	
g	$+\infty$	$\searrow\cap$	$\ln 8$	$\searrow\cup$	$\ln 4$	$\nearrow\cup$	$\ln 8$	$\nearrow\cap$	$+\infty$
E. du G.		$\searrow$	$(-2, \ln 8)$	$\searrow$	$(0, \ln 4)$	$\nearrow$	$(2, \ln 8)$	$\nearrow$	
			inf.		min.		inf.		

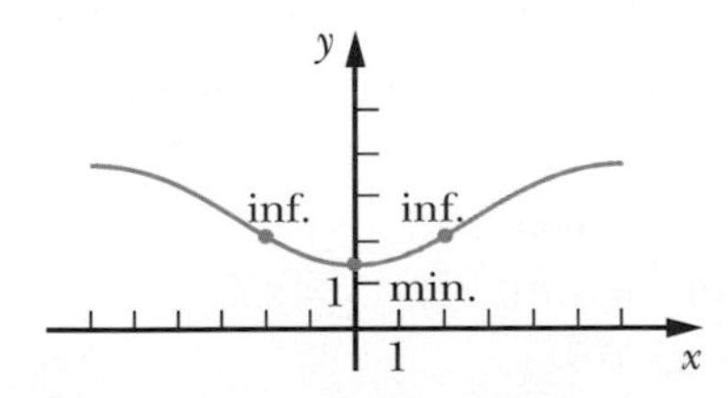

c) dom $f = \mathbb{R} \setminus \{0\}$

$f'(x) = 2 + \ln x^2$ et $f''(x) = \dfrac{2}{x}$

x	$-\infty$		$\dfrac{-1}{e}$		0		$\dfrac{1}{e}$		$+\infty$
$f'(x)$		$+$	0	$-$	$\nexists$	$-$	0	$+$	
$f''(x)$		$-$	$-$	$-$	$\nexists$	$+$	$+$	$+$	
f	$-\infty$	$\nearrow\cap$	$\dfrac{2}{e}$	$\searrow\cap$	$\nexists$	$\searrow\cup$	$\dfrac{-2}{e}$	$\nearrow\cup$	$+\infty$
E. du G.		$\nearrow$	$\left(\dfrac{-1}{e}, \dfrac{2}{e}\right)$	$\searrow$	$\nexists$	$\searrow$	$\left(\dfrac{1}{e}, \dfrac{-2}{e}\right)$	$\nearrow$	
			max.				min.		

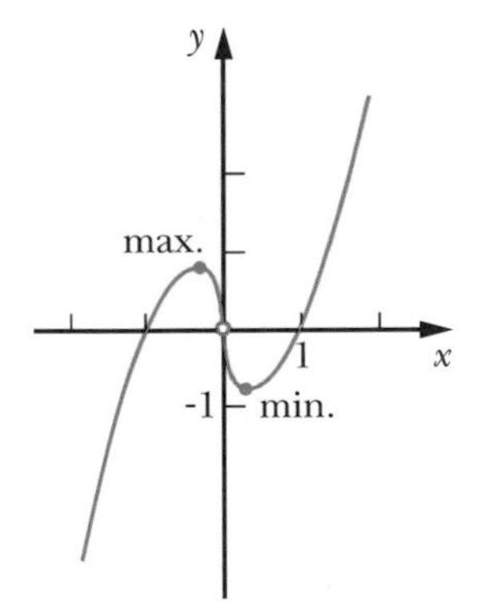

d) dom $h =]0, +\infty$

A.V. : $x = 0$

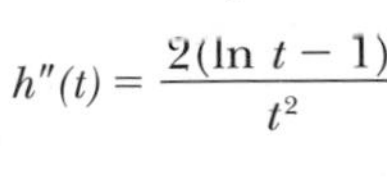

$h'(t) = \dfrac{-2 \ln t}{t}$ et

$h''(t) = \dfrac{2(\ln t - 1)}{t^2}$

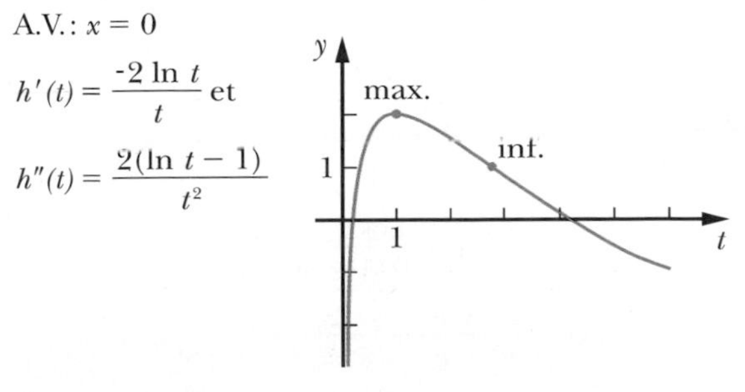

t	0		1
$h'(t)$	$\nexists$	$+$	0
$h''(t)$	$\nexists$	$-$	$-$
h	$\nexists$	$\nearrow\cap$	2
E. du G.		$\curvearrowright$	(1, 2)
			max.

	e		$+\infty$
$-$	$-$	$-$	
$-$	0	$+$	
$\searrow\cap$	1	$\searrow\cup$	$-\infty$
$\curvearrowright$	$(e, 1)$	$\curvearrowleft$	
	inf.		

8. Mathématisation du problème.

Soit $Q(x, y)$, un point quelconque de la courbe.

$P(x, y) = \dfrac{y - 0}{x - 0} = \dfrac{y}{x}$ doit être minimale.

$y = x^4 \ln x$

$P(x) = \dfrac{x^4 \ln x}{x} = x^3 \ln x$, où dom $P =]0, +\infty$.

Analyse de la fonction.

$P'(x) = x^2(3 \ln x + 1)$

$P'(x) = 0$ si $3 \ln x + 1 = 0$

$3 \ln x = -1$

$\ln x = \dfrac{-1}{3}$

D'où $x = e^{\frac{-1}{3}}$.

x	0		$e^{\frac{-1}{3}}$	$+\infty$
$P'(x)$	$\nexists$	$-$	0	$+$
P	$\nexists$	$\searrow$	$\dfrac{-1}{3e}$	$\nearrow$
			min.	

Formulation de la réponse.

Donc, le point cherché est $(e^{\frac{-1}{3}}, f(e^{\frac{-1}{3}}))$,

c'est-à-dire $\left(e^{\frac{-1}{3}}, \dfrac{-1}{3e^{\frac{4}{3}}}\right)$.

Exercices récapitulatifs (page 357)

1. a) $f'(x) = -e^{-x} + 2e^{2x} \tan x + e^{2x} \sec^2 x$

b) $g'(x) = \dfrac{10^{\cos x} \ln 10\, (-\sin x)\, 8^{\sqrt{x}} - \dfrac{10^{\cos x}\, 8^{\sqrt{x}} \ln 8}{2\sqrt{x}}}{(8^{\sqrt{x}})^2}$

c) $\dfrac{dy}{dx} = \dfrac{4}{x} - \dfrac{4 \ln^3 x}{x} = \dfrac{4}{x}(1 - \ln^3 x)$

d) $v'(t) = \dfrac{1}{t \ln t \ln 4}$

e) $f'(x) = \dfrac{-\csc^2 x - e^{-x}}{(\cot x + e^{-x}) \ln 10}$

f) $h'(x) = e^{(e^x)}\, e^x \sin x + e^{(e^x)} \cos x$

g) $f'(x) = \pi^{(e^x)}\, e^x \ln \pi + e^{(\pi^x)}\, \pi^x \ln \pi + e^{\pi}\, x^{(e^{\pi} - 1)}$

h) $f'(u) = \ln\left(\dfrac{1}{u}\right) - 1$

i) $g'(\theta) = \dfrac{\sec (\ln \theta) \tan (\ln \theta)}{\theta} + \tan \theta$

j) $f'(x) = \dfrac{\left(\dfrac{1}{x}\right)e^x - e^x \ln x}{(e^x)^2} = \dfrac{1 - x \ln x}{xe^x}$

k) $f'(x) = \dfrac{1}{\log e^x \ln 10}$

l) $\dfrac{dy}{d\theta} = \dfrac{-2 \cos \theta}{(1 - \sin \theta)(1 + \sin \theta)} = -2 \sec \theta$

m) $f'(x) = \dfrac{2x + e^x}{x^2 + e^x} - \dfrac{2}{e^x - 2}$

n) $f'(x) = \dfrac{(1 - 2e^{2x})(e^{3x} - 4) - (x - e^{2x})\, 3e^{3x}}{(e^{3x} - 4)^2}$

o) $d'(x) = \dfrac{1}{x\sqrt{\ln x^2}}$

p) $f'(x) = \dfrac{-7^{-x} \ln 7 + \dfrac{3x^2 + e^x}{(x^3 + e^x) \ln 6}}{(7^{-x} + \log_6 (x^3 + e^x)) \ln 5}$

q) $c'(t) = c_0(1 + i)^t \ln (1 + i)$

r) $f'(x) = \dfrac{(e^x - e^{-x})(e^x - e^{-x}) - (e^x + e^{-x})(e^x + e^{-x})}{(e^x - e^{-x})^2}$

$= \dfrac{-4}{(e^x - e^{-x})^2}$

2. $P\left(-1, \dfrac{-1}{e}\right)$

3. a) $\dfrac{1}{3}$ b) $\dfrac{-1}{2e^2}$

4. a) $y = -20x - 48$

b) $y = \dfrac{1}{20}x - \dfrac{79}{10}$

5. a) $P = 5000 \times (2{,}5)^{\frac{t}{15}}$

b) $t = \dfrac{15}{\ln (2{,}5)} \ln\left(\dfrac{P}{5000}\right)$

c) En l'an 2010, $t = 2010 - 1975 = 35$.

$P = 5000 \times (2{,}5)^{\frac{35}{15}}$

D'où $P \approx 42\ 412$ hab.

d) Si $P = 23\ 000$ habitants, alors $t \approx 25$ ans
D'où année $= 1975 + 25$, soit l'an 2000.

e) > plot(5000*((2.5)^(t/15)),t=0..40,P=0..50000);

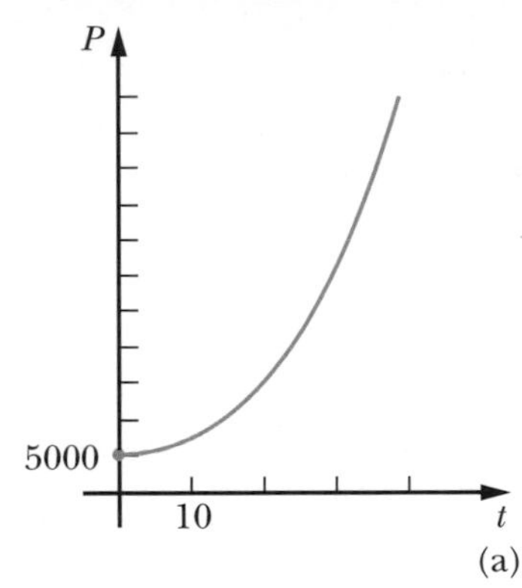

f) > plot(15*ln(P/5000)/ln(2.5),P=0..70000,t=0..50);

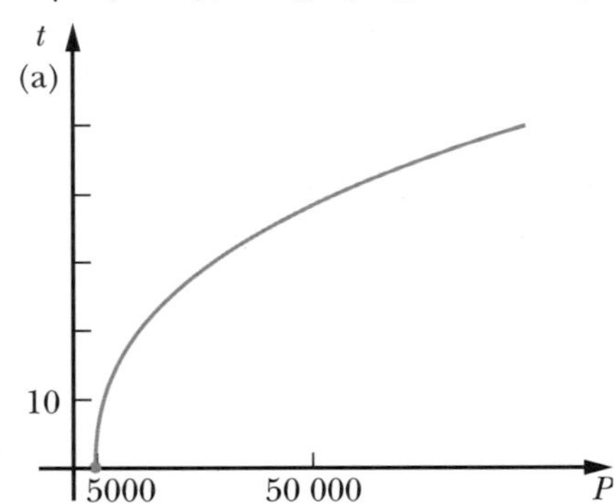

6. a) $k = \dfrac{\ln 0{,}4}{3}$

b) $Q'(t) = \dfrac{20 \ln 0{,}4}{3} e^{\frac{\ln 0{,}4}{3} t}$

c) Environ -1,33 kg/h ; environ 4,34 kg

7. a) $P(0) = 20\ 000$ personnes

b) $P(2) \approx 710\ 921$ personnes

c) $t \approx 2{,}85$ jours

d) $P'(t) = \dfrac{99 \times 4\ 000\ 000}{e^{2t}\,(99e^{-2t} + 1)^2} > 0,\ \forall t \in \text{dom } P$

e) 2 000 000. L'interprétation et l'esquisse du graphique sont laissées à l'utilisateur ou l'utilisatrice.

8. a) Environ 2 semaines

b) 1 000 000 disques

c) $N'(t) = \dfrac{1\ 000\ 000 e^{-\frac{t}{3}}}{3} > 0$ sur $]0, +\infty$, d'où N est croissante sur $[0, +\infty$.

d) $N''(t) = \dfrac{-1\ 000\ 000 e^{-\frac{t}{3}}}{9} < 0$ sur $]0, +\infty$, d'où TVI est décroissant sur $]0, +\infty$.

e) A.H. : $y = 1\ 000\ 000$
min. abs. : $(0, 0)$

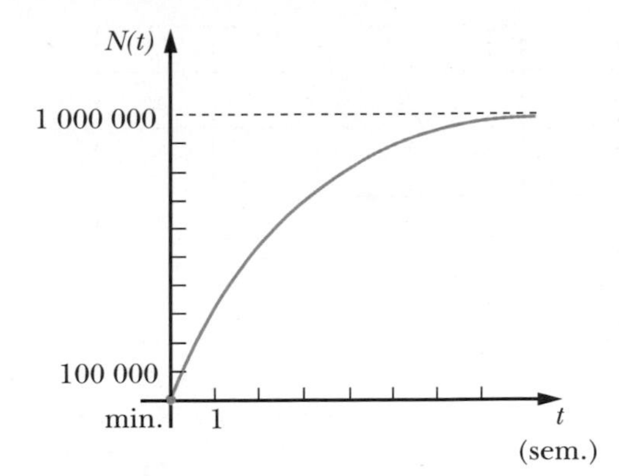

9. a) dom $f = \mathbb{R}$
A.H. : $y = 0$
$f'(x) = e^x(x^2 + 2x - 3)$ et $f''(x) = e^x(x^2 + 4x - 1)$
inf. : (-4,2…, 0,2…) et (0,2…, -3,7…)
max. rel. : (-3, 0,29…)
min. abs. : (1, -5,4…)

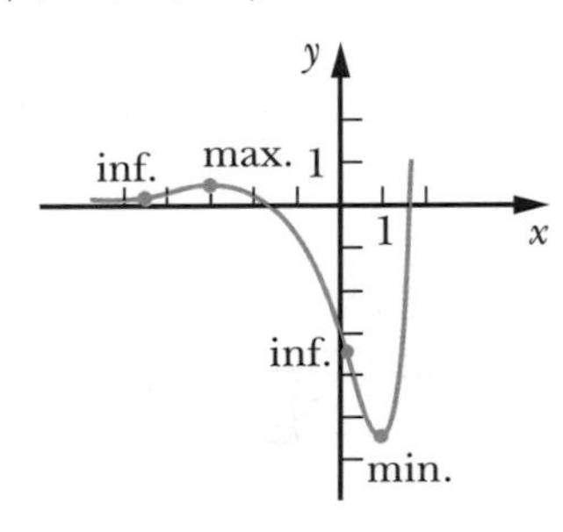

b) dom $f = \mathbb{R} \setminus \{3\}$;
A.V. : $x = 3$
$f'(x) = \dfrac{-2}{3 - x}$ et $f''(x) = \dfrac{-2}{(3 - x)^2}$

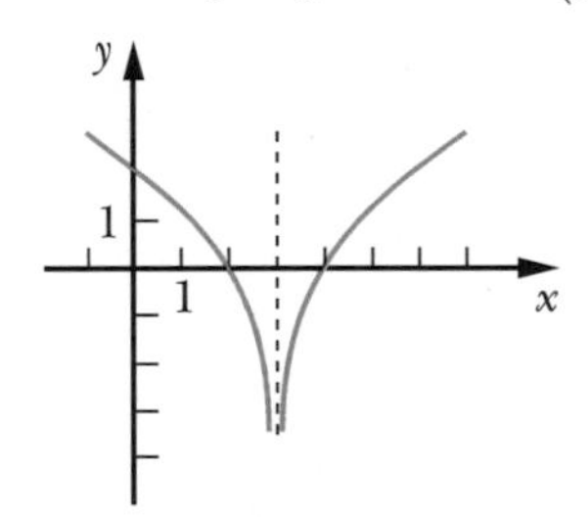

c) dom $f = \mathbb{R}$
A.H. : $y = 0$
$f'(x) = \dfrac{(1 - x^2)}{e^{\frac{x^2}{2}}}$ et $f''(x) = \dfrac{x(x^2 - 3)}{e^{\frac{x^2}{2}}}$
inf. : $(-\sqrt{3}$, -0,38…), (0, 0) et $(\sqrt{3}$, 0,38…)
min. abs. : (-1, -0,6…)
max. abs. : (1, 0,6…)

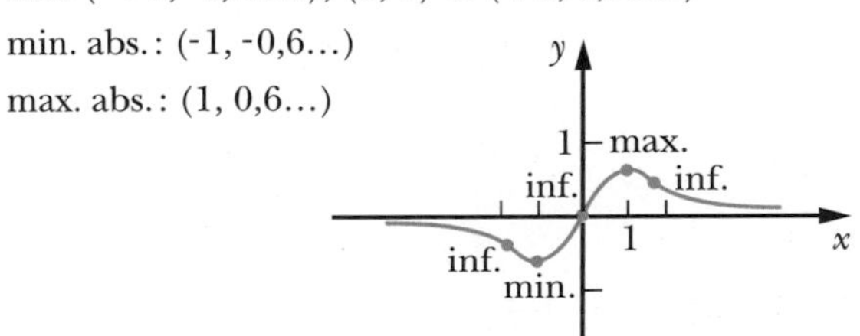

d) dom $f = \mathbb{R}$
$f'(x) = \dfrac{(x - 1)^2}{x^2 + 1}$ et $f''(x) = \dfrac{2(x^2 - 1)}{(x^2 + 1)^2}$
inf. : $(-1, -1 - \ln 2)$ et $(1, 1 - \ln 2)$

10

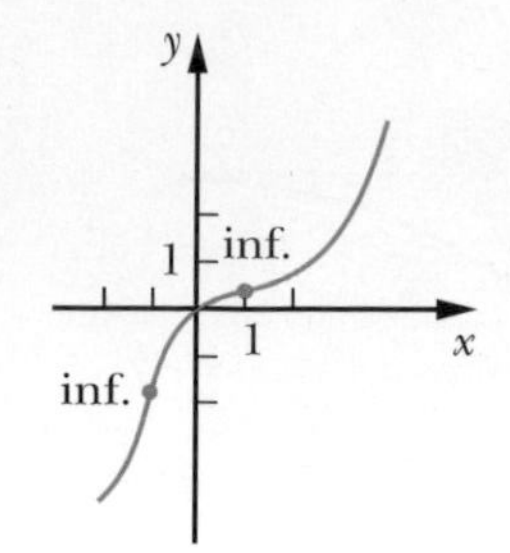

e) dom $f = \mathbb{R}$

A.H. : $y = 0$

$f'(x) = \dfrac{1 - x \ln 2}{2^x}$ et

$f''(x) = \dfrac{\ln 2\,(x \ln 2 - 2)}{2^x}$

max. abs. : $\left(\dfrac{1}{\ln 2}, 0{,}53...\right)$

inf. : $\left(\dfrac{2}{\ln 2}, 0{,}39...\right)$

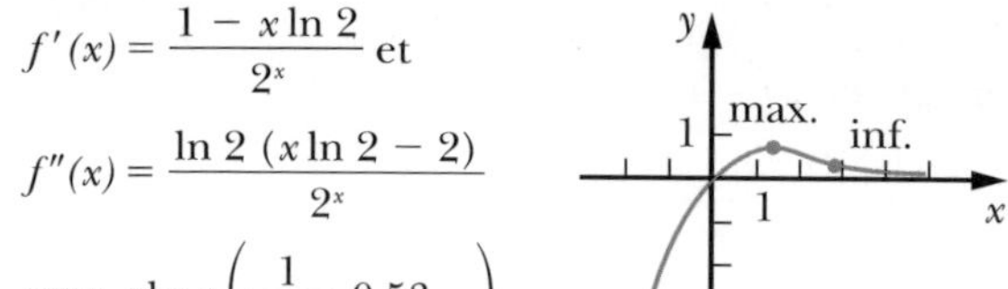

f) dom $f = \,]0, +\infty$

$f'(x) = 1 + \ln x$ et $f''(x) = \dfrac{1}{x}$

min. abs. : $\left(\dfrac{1}{e}, \dfrac{-1}{e}\right)$

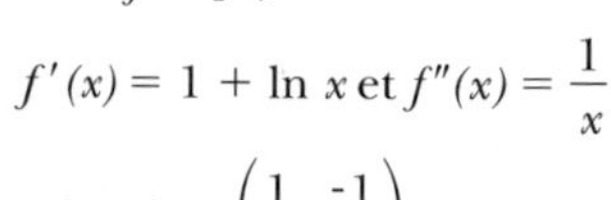

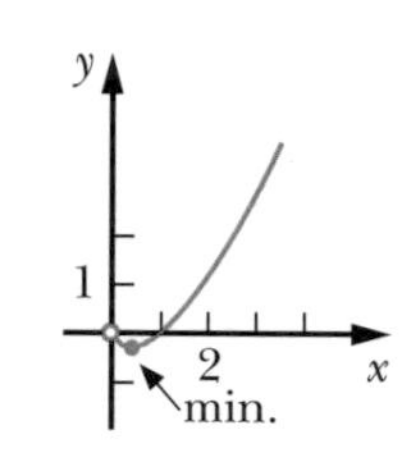

g) dom $f = \,]0, +\infty$

$f'(x) = x(1 - 2 \ln x)$ et

$f''(x) = -1 - 2 \ln x$

inf. : $\left(\dfrac{1}{\sqrt{e}}, \dfrac{3}{2e}\right)$

max. abs. : $\left(\sqrt{e}, \dfrac{e}{2}\right)$

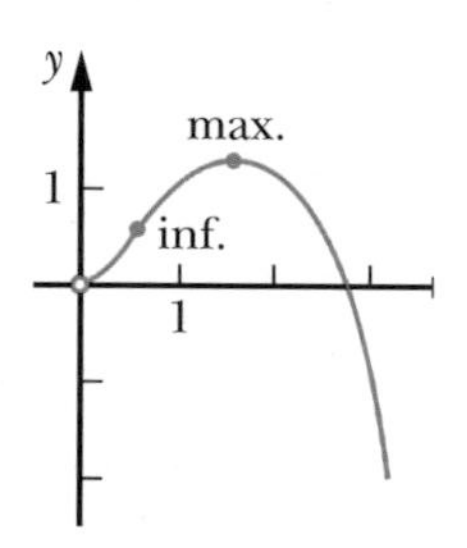

h) dom $f = \mathbb{R}$

$f'(x) = \dfrac{-2x}{x^2 + 9}$ et $f''(x) = \dfrac{2(x^2 - 9)}{(x^2 + 9)^2}$

inf. : $(-3, 2 - \ln 18)$ et $(3, 2 - \ln 18)$

max. abs. : $(0, 2 - \ln 9)$

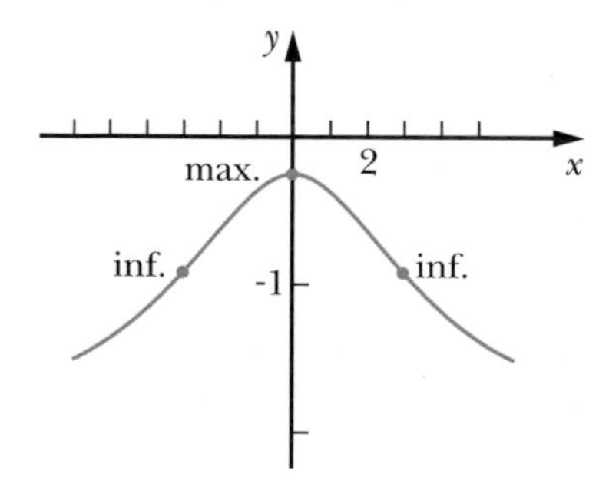

i) dom $f = \mathbb{R} \setminus \{0\}$

$f'(x) = \dfrac{-e^x}{(e^x - 1)^2}$ et $f''(x) = \dfrac{e^x(e^x + 1)}{(e^x - 1)^3}$

A.V. : $x = 0$

A.H. : $y = 0$ lorsque $x \to -\infty$

$y = 1$ lorsque $x \to +\infty$

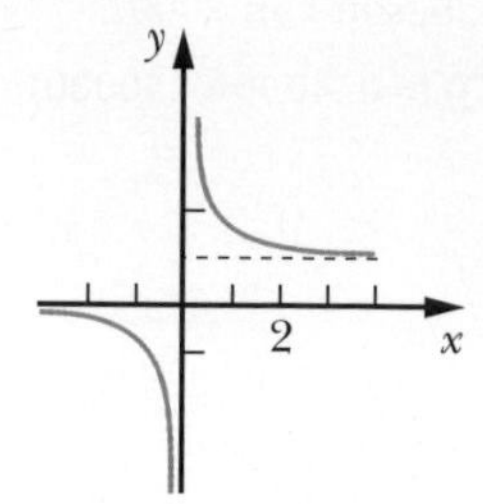

j) dom $f = \,]0, +\infty$

A.V. : $x = 0$

$f'(x) = \dfrac{(x - 2)(x - 6)}{x^2}$ et $f''(x) = \dfrac{8(x - 3)}{x^3}$

max. rel. : (2, 5,4...)

inf. : (3, 5,2...)

min. rel. : (6, 4,6...)

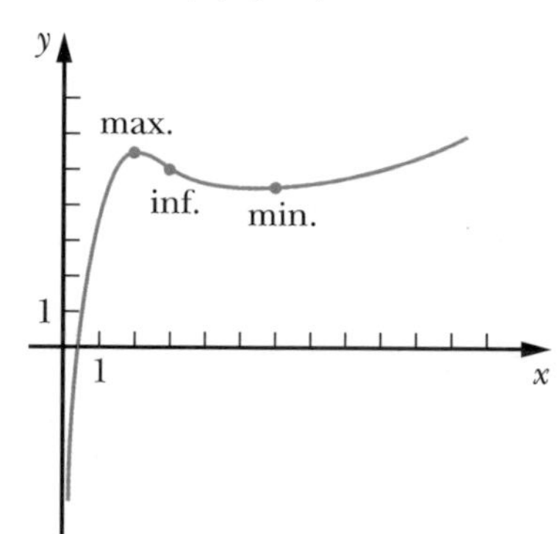

k) dom $f = \mathbb{R}$

$f'(x) = x\,2^x(2 + x \ln 2)$ et

$f''(x) = 2^x[x^2(\ln 2)^2 + 4x \ln 2 + 2]$

A.H. : $y = 0$ lorsque $x \to -\infty$

inf. : $\left(\dfrac{-2 - \sqrt{2}}{\ln 2}, 0{,}79...\right)$ et $\left(\dfrac{-2 + \sqrt{2}}{\ln 2}, 0{,}39...\right)$

max. rel. : $\left(\dfrac{-2}{\ln 2}, 1{,}12...\right)$

min. abs. : (0, 0)

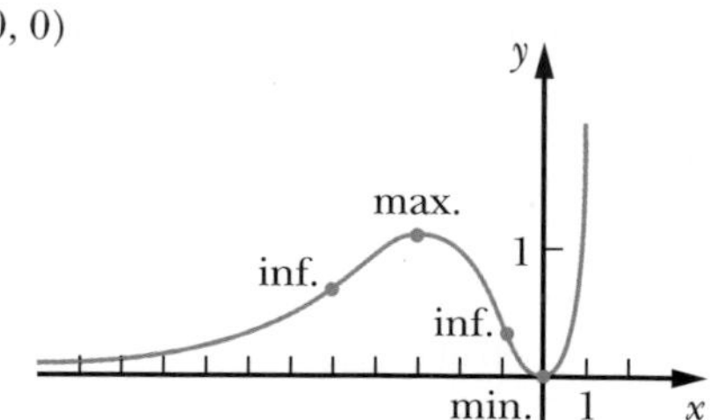

10. a) dom $f = \mathbb{R} \setminus \{0\}$, dom $g = \mathbb{R}$

b) A.V. de f : $x = 0$

c) A.H. de f : $y = 0$ lorsque $x \to -\infty$

A.H. de g : $y = 0$ lorsque $x \to +\infty$

d) $f'(x) = \dfrac{(x - 3)e^x}{x^4}$ et $f''(x) = \dfrac{(x^2 - 6x + 12)e^x}{x^5}$

min. rel. de f : (3, 0,74...)

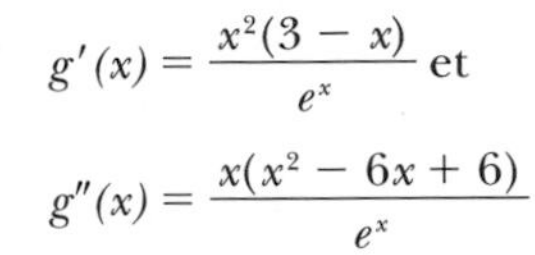

$g'(x) = \dfrac{x^2(3 - x)}{e^x}$ et

$g''(x) = \dfrac{x(x^2 - 6x + 6)}{e^x}$

inf. de g : $(0, 0)$

$(3 - \sqrt{3}, 0{,}57\ldots)$ et

$(3 + \sqrt{3}, 0{,}93\ldots)$

max. abs. de g : $(3, 1{,}34\ldots)$

11. $P(-3, 1)$

12. a) L'esquisse est laissée à l'utilisateur ou l'utilisatrice.

b) i) $\left(\dfrac{-1}{\sqrt{2}}, \dfrac{1}{\sqrt{e}}\right)$ ii) $\left(\dfrac{1}{\sqrt{2}}, \dfrac{1}{\sqrt{e}}\right)$

c) … d'inflexion

d) La représentation est laissée à l'utilisateur ou l'utilisatrice.

13. a) $P(2, e^{-2})$

b) La représentation est laissée à l'utilisateur ou l'utilisatrice.

c) Tangente à la courbe de f au point $P(2, e^{-2})$

14. $x_1 \approx -7{,}3693$, $x_2 \approx -1{,}4505$ et $x_3 \approx 1{,}5234$

15. $\dfrac{1}{e}$ unité sur 1 unité

16. a) $\dfrac{2}{\sqrt{e}}\,u^2$

b) La représentation est laissée à l'utilisateur ou l'utilisatrice.

17. Environ 1,95 ans

18. $x = \dfrac{1}{\sqrt{e}}$

19. a) $Q(t) = 0{,}05e^{\frac{t \ln 0{,}48}{20}}$

b) Environ $-9 \times 10^{-4}\,\dfrac{(\text{mol/L})}{\text{s}}$

c) Environ $-1{,}8 \times 10^{-3}\,\dfrac{(\text{mol/L})}{\text{s}}$

d) Environ $-4{,}2 \times 10^{-4}\,\dfrac{(\text{mol/L})}{\text{s}}$

e) Environ $-1{,}5 \times 10^{-3}\,\dfrac{(\text{mol/L})}{\text{s}}$

Problèmes de synthèse *(page 360)*

1. a) $(\sinh x)' = \cosh x$

b) $(\cosh x)' = \sinh x$

c) La démonstration est laissée à l'utilisateur ou l'utilisatrice.

d)

```
> plot([sinh(x), cosh(x)],
x=-3..3,y=-6..6);
```

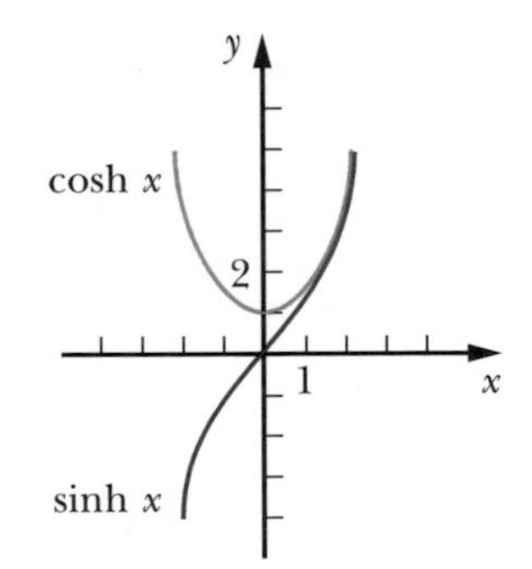

2. a) $\dfrac{dy}{dx} = \dfrac{xe^x + 1}{xe^y}$ c) $\dfrac{dy}{dx} = \dfrac{2xy^3 - ye^{xy}}{xe^{xy} - 3x^2y^2}$

b) $\dfrac{dy}{dx} = y \ln 10\,(1 + \ln x)$ d) $\dfrac{dy}{dx} = \dfrac{y(y - \cos x \ln y)}{\sin x - xy}$

3. 2

4. a) La démonstration est laissée à l'utilisateur ou l'utilisatrice.

b) $\dfrac{dy}{dx} = \dfrac{e^x + e^{-x}}{2}$ et

$$\frac{dx}{dy} = \frac{1 + \dfrac{y}{\sqrt{y^2 + 1}}}{y + \sqrt{y^2 + 1}} = \frac{1}{\sqrt{y^2 + 1}}$$

c) La vérification est laissée à l'utilisateur ou l'utilisatrice.

5. a) $v(t) = a\omega e^{\omega t} - b\omega e^{-\omega t}$, exprimée en cm/s.

b) $a(t) = a\omega^2 e^{\omega t} + b\omega^2 e^{-\omega t}$, exprimée en cm/s^2.

6. a) $f(x) = \begin{cases} e^x & \text{si } x < 0 \\ 1 & \text{si } x = 0 \\ e^{-x} & \text{si } x > 0 \end{cases}$

b) f est continue en $x = 0$.

c) f n'est pas dérivable en $x = 0$.

d) O(0, 0) est un point anguleux.

e) A.H. : $y = 0$

```
> with(plots):
> c1:=plot(exp(x),x=-3..0,y=0..2):
> c2:=plot(exp(-x),
x=0..3,y=0..2):
> display(c1,c2);
```

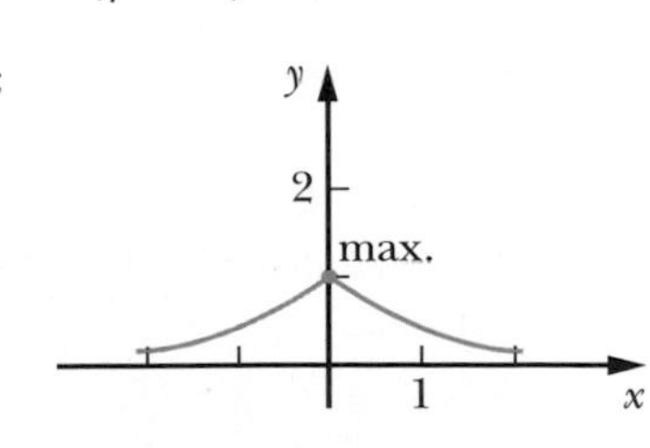

10

7. a) dom $f = [-\pi, \pi[$

$f'(x) = e^x(\sin x + \cos x)$ et $f''(x) = 2e^x \cos x$

inf.: $\left(\frac{-\pi}{2}, -1{,}2...\right)$ et $\left(\frac{\pi}{2}, 3{,}8...\right)$

max. rel.: $(-\pi, -1)$ et max. abs.: $\left(\frac{3\pi}{4}, 6{,}4...\right)$

min. abs.: $\left(\frac{-\pi}{4}, -1{,}3...\right)$

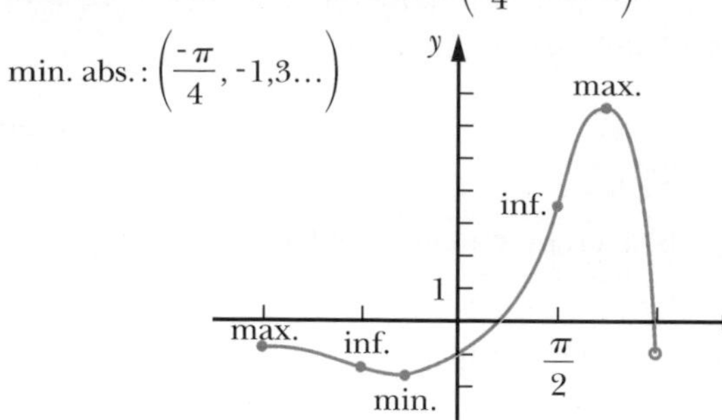

b) dom $f = [0, \pi]$

$f'(x) = \dfrac{\cos x - \sin x}{e^x}$ et $f''(x) = \dfrac{-2 \cos x}{e^x}$

min. abs.: $(0, 0)$ et $(\pi, 0)$

max. abs.: $\left(\frac{\pi}{4}, 0{,}32...\right)$ inf.: $\left(\frac{\pi}{2}, 0{,}20...\right)$

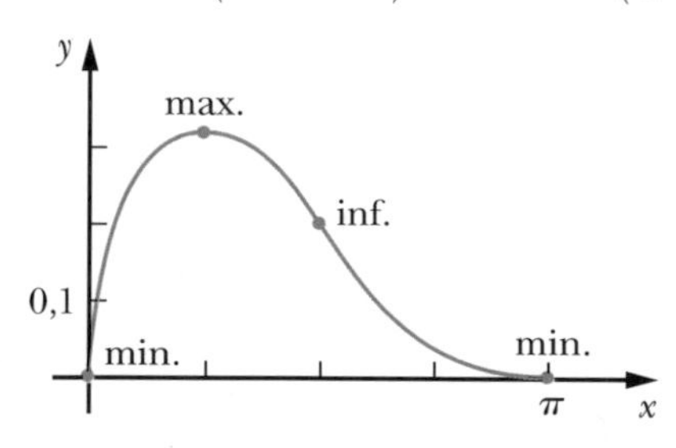

c) dom $f = \mathbb{R}$

$f'(x) = 2(e^{2x} - 1)$ et $f''(x) = 4e^{2x}$

A.O.: $y = -2x$ lorsque $x \to -\infty$

min. abs.: $(0, 1)$

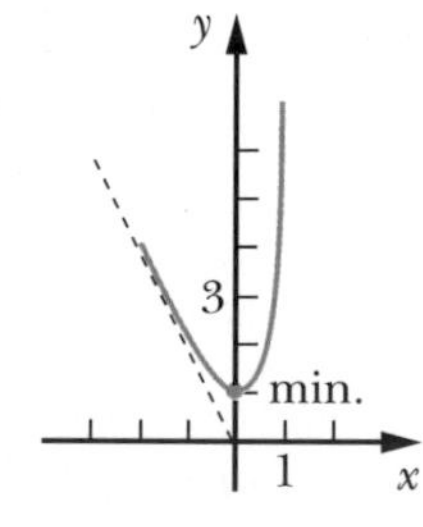

d) dom $f = \left]\frac{-\pi}{2}, \frac{\pi}{2}\right[$

A.V.: $x = \frac{-\pi}{2}$ et $x = \frac{\pi}{2}$

$f'(x) = -\tan x$ et
$f''(x) = -\sec^2 x$

max. abs.: $(0, 0)$

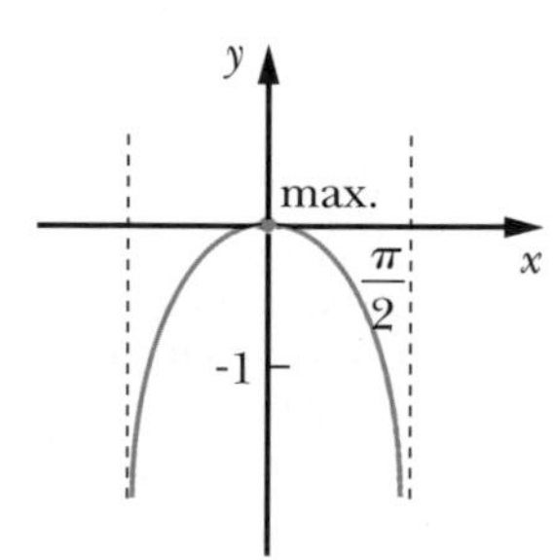

8. a) dom $f =]0, +\infty$

b) La démonstration est laissée à l'utilisateur ou l'utilisatrice.

c) $y = x$

d) $f'(x) = \dfrac{e^x}{e^x - 1}$ et $f''(x) = \dfrac{-e^x}{(e^x - 1)^2}$

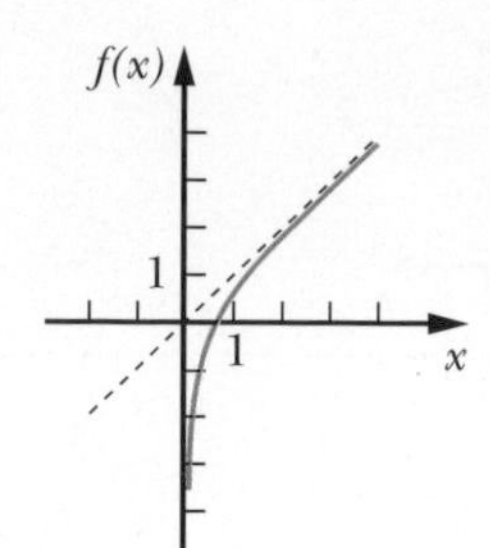

A.V.: $x = 0$
A.O.: $y = x$

e)

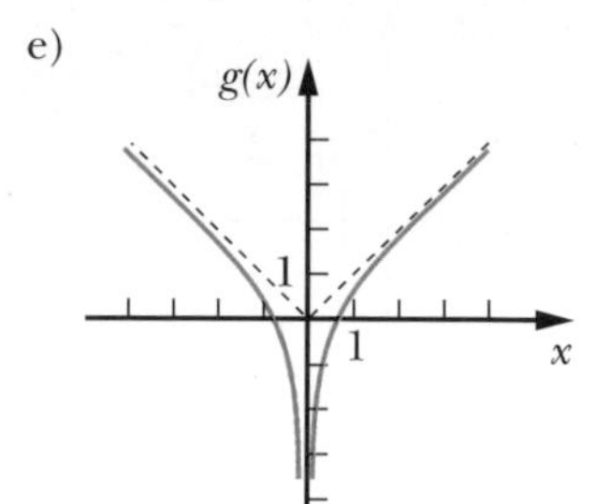

A.V.: $x = 0$
A.O.: $y = x$ et $y = -x$

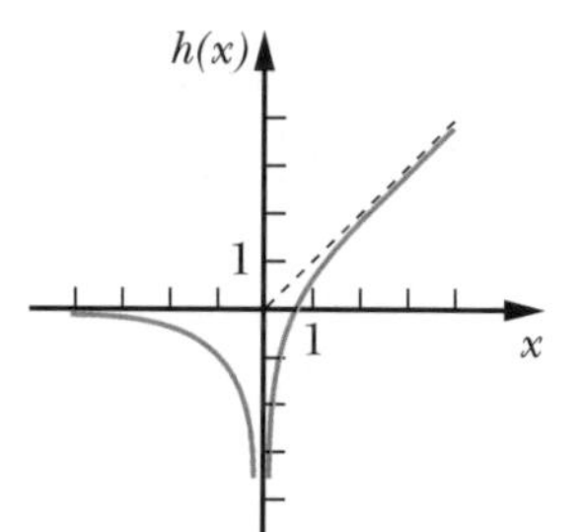

A.V.: $x = 0$
A.H.: $y = 0$
A.O.: $y = x$

9. a) dom $f = -\infty, -1[\cup]2, +\infty$

$f'(x) = \dfrac{3}{(x-2)(x+1)}$ et $f''(x) = \dfrac{3(1-2x)}{(x-2)^2(x+1)^2}$

A.V.: $x = -1$ et $x = 2$

A.H.: $y = 3$

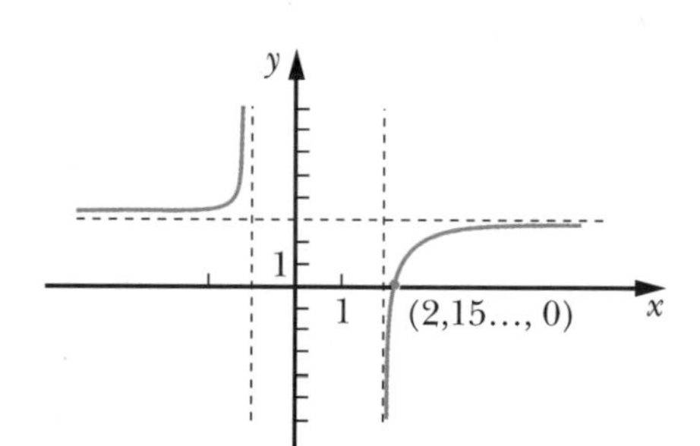

b) dom $g = -\infty, -1[\cup]2, +\infty$

A.V.: $x = -1$ et $x = 2$

A.H.: $y = 3$

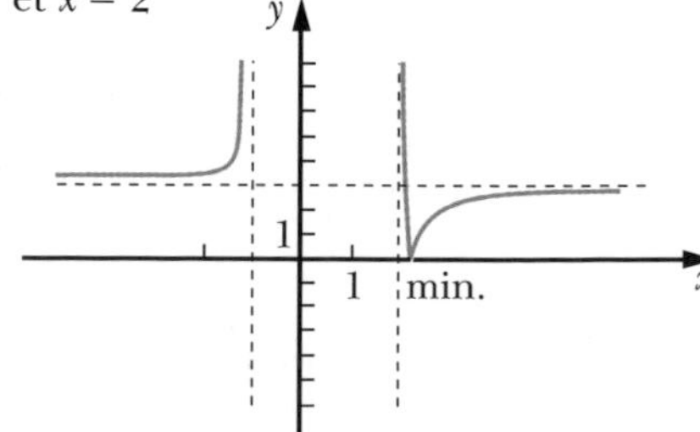

Le point de minimum absolu $(2{,}15..., 0)$ est un point anguleux.

c) dom $h = \mathbb{R} \setminus \{-1, 2\}$

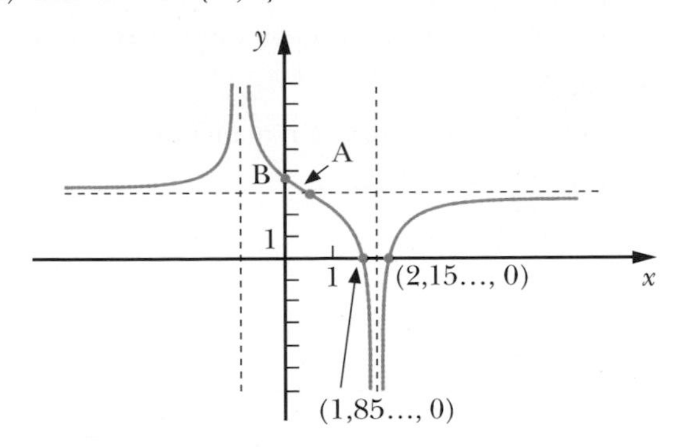

A.V. : $x = -1$ et $x = 2$

A.H. : $y = 3$

inf. : $A\left(\frac{1}{2}, 3\right)$

$B(0, 3 + \ln 2)$

10. dom $f = \mathbb{R}$

$$f'(x) = \frac{-(x - \mu)}{\sigma^3\sqrt{2\pi}} e^{\frac{-1}{2}\left(\frac{x-\mu}{\sigma}\right)^2}$$

$$\text{et } f''(x) = \frac{e^{\frac{-1}{2}\left(\frac{x-\mu}{\sigma}\right)^2}}{\sigma^3\sqrt{2\pi}} \left[\left(\frac{x - \mu}{\sigma}\right)^2 - 1\right]$$

A.H. : $y = 0$

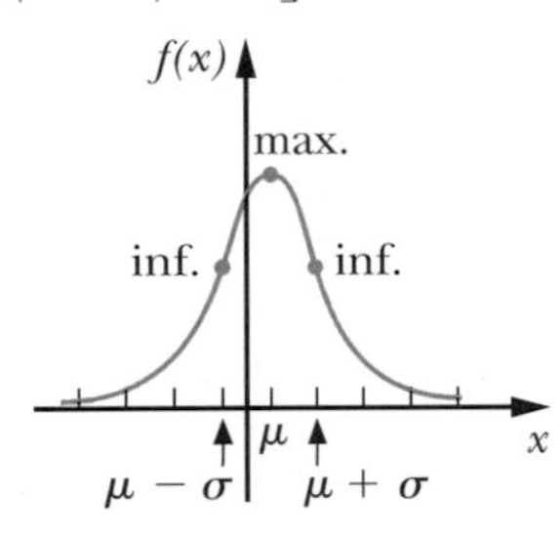

11. a) $k = -1$; f est dérivable en 0.

b) f est continue en -1 ; f est non dérivable en -1.

c) dom $f = \mathbb{R}$

A.O. : $y = -x - 1$ lorsque $x \to -\infty$

A.H. : $y = -1$ lorsque $x \to +\infty$

```
> with(plots):
> y1:=plot(-x-1,x=-3..0,linestyle=4,color=black):
> y2:=plot(-1,x=0..8,linestyle=4,color=black):
> f1:=plot(exp(x)-x-1,x=-3..0,y=0..2,color=orange):
> f2:=plot(-x^3,x=0..1,y=-1..0,color=orange):
> f3:=plot((ln(x)/x)-1,x=1..8,y=-1..0,color=orange):
> display(y1,y2,f1,f2,f3);
```

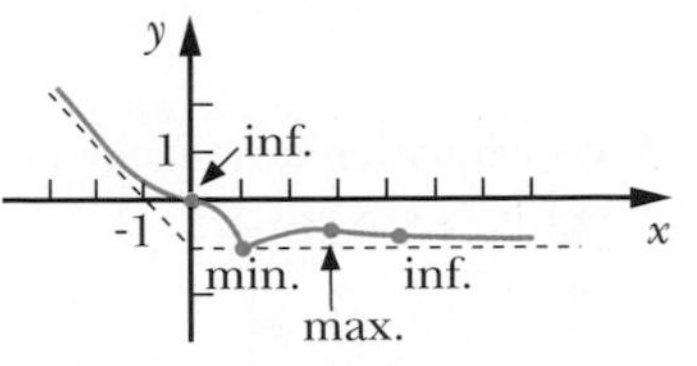

Le point de minimum absolu $(1, -1)$ est un point anguleux.

12. $\frac{5e^2}{4}$ u². La représentation est laissée à l'utilisateur ou l'utilisatrice.

13. a) $f(x) = Ce^x$

b) $g(x) = 7e^x$; $h(x) = (7e)e^x$

14. a) La base égale 2 unités et la hauteur égale $\frac{2}{e}$ unité.

b) La base égale $\frac{2}{e}$ unité et la hauteur égale 2 unités.

15. $\frac{e^2 - 1}{2}$ unités²

16. a) La représentation est laissée à l'utilisateur ou l'utilisatrice.

b) Environ 34 657 $

17. a) $\frac{c}{a - b}\left[\left(\frac{a}{b}\right)^{\frac{b}{b-a}} - \left(\frac{a}{b}\right)^{\frac{a}{b-a}}\right]$

b) 0. L'interprétation est laissée à l'utilisateur ou l'utilisatrice.

18. a) $a = \sqrt[e]{e}$ b) $I(e, e)$

19. a) f est strictement croissante sur $]0, +\infty$.

g est strictement croissante sur $]0, e]$ et g est strictement décroissante sur $[e, +\infty$.

b) La démonstration est laissée à l'utilisateur ou l'utilisatrice.

c) Si $a \leq 0$, il y a une seule solution.

Si $0 < a < \frac{1}{e}$, il y a deux solutions.

Si $a = \frac{1}{e}$, il y a une seule solution et

si $a > \frac{1}{e}$, il n'y a aucune solution.

Test récapitulatif *(page 362)*

1. a) $f'(x) = 2 \sec 2x \tan 2x\, e^{\sec 2x} + (5 \ln 7)\, 7^{5x} \sec^2 7^{5x}$

b) $f'(x) = \frac{4^{\ln x} \ln 4}{x} + \frac{25x^4}{1 - x^5}$

c) $f'(x) = \frac{5\,(8x^7 + 8^{-x} \ln 8) \log^4 (x^8 - 8^{-x})}{(x^8 - 8^{-x}) \ln 10}$

d) $f'(x) = \frac{\left(e^x \ln x + \frac{e^x}{x}\right) \cos x + (\sin x)\, e^x \ln x}{\cos^2 x}$

2. a) Trouvons d'abord l'équation de la tangente.

$$\frac{y - f(-1)}{x - (-1)} = f'(-1)$$

$$\frac{y - e}{x + 1} = 2e$$

Ainsi, $y = 2ex + 3e$ est l'équation de la tangente.

Lorsque $x = 0$, $y = 3e$ d'où $A(0, 3e)$ et

lorsque $y = 0$, $x = \frac{-3}{2}$ d'où $B\left(\frac{-3}{2}, 0\right)$.

b) Il faut résoudre $f'(x) = 4$.

$$2e^{2x+3} = 4$$
$$e^{2x+3} = 2$$
$$2x + 3 = \ln 2$$

Ainsi, $x = \frac{\ln 2 - 3}{2}$

et $y = e^{2\left(\frac{\ln 2 - 3}{2}\right) + 3} = e^{\ln 2} = 2$

D'où $C\left(\frac{\ln 2 - 3}{2}, 2\right)$.

c) Il faut résoudre $g'(x) = -2$.

$$\ln 3x + 1 = -2$$
$$\ln 3x = -3$$
$$3x = e^{-3}$$

Ainsi, $x = \frac{1}{3e^3}$

et $y = \frac{1}{3e^3} \ln\left(\frac{3}{3e^3}\right) = \frac{-1}{e^3}$

D'où $D\left(\frac{1}{3e^3}, \frac{-1}{e^3}\right)$.

3. dom $f = \mathbb{R}$

$\lim_{x \to -\infty} (2e^x - xe^x + 1) = 1$, donc $y = 1$ est une asymptote horizontale lorsque $x \to -\infty$.

$$\lim_{x \to +\infty} (2e^x - xe^x + 1) = \lim_{x \to +\infty} e^x(2 - x) + 1$$
$$= +\infty(-\infty) + 1$$
$$= -\infty$$

donc, f n'a aucune asymptote horizontale lorsque $x \to +\infty$.

$f'(x) = (1 - x)e^x$; n.c.: 1

$f''(x) = -xe^x$; n.c.: 0

x	$-\infty$		0		1		$+\infty$
$f'(x)$		+	+	+	0	−	
$f''(x)$		+	0	−	−	−	
f	1	↗∪	3	↗∩	$e + 1$	↘∩	$-\infty$
E. du G.	- - - -	↗	(0, 3)	↗	$(1, e + 1)$	↘	
			inf.		max.		

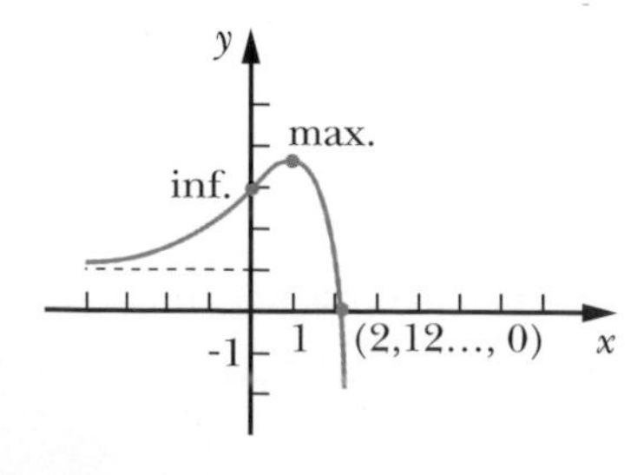

4. a) dom $f =]0, +\infty$

$\lim_{x \to 0^+} \ln^2 x = +\infty$, donc $x = 0$ est une asymptote verticale.

$\lim_{x \to +\infty} \ln^2 x = +\infty$, donc f n'a aucune asymptote horizontale lorsque $x \to +\infty$.

$f'(x) = \frac{2 \ln x}{x}$; n.c.: 1

$f''(x) = \frac{2(1 - \ln x)}{x^2}$; n.c.: e

x	0		1		e		$+\infty$
$f'(x)$		−	0	+	+	+	
$f''(x)$		+	+	+	0	−	
f	$+\infty$	↘∪	0	↗∪	1	↗∩	$+\infty$
E. du G.		↘	(1, 0)	↗	$(e, 1)$	↗	
			min.		inf.		

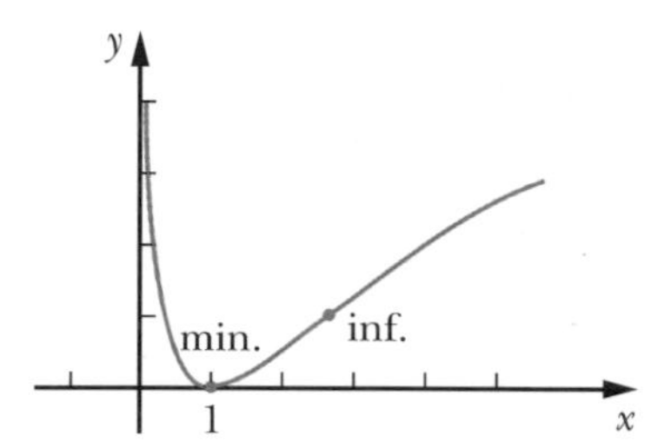

b) Mathématisation du problème.

Puisque la pente de la tangente à la courbe de f est donnée par $f'(x)$, il faut optimiser la fonction P, où

$P(x) = f'(x) = \frac{2 \ln x}{x}$, où dom $P =]0, +\infty$.

Analyse de la fonction.

$P'(x) = \frac{2(1 - x)}{x^2}$; n.c.: $x = e$

x	0		e	$+\infty$
$P'(x)$	∄	+	0	−
P	∄	↗	$\frac{2}{e}$	↘
			max.	

Formulation de la réponse.

i) La pente est maximale au point $(e, f(e))$, c'est-à-dire au point $(e, 1)$.

ii) Il n'existe aucun point où la pente est minimale.

c)

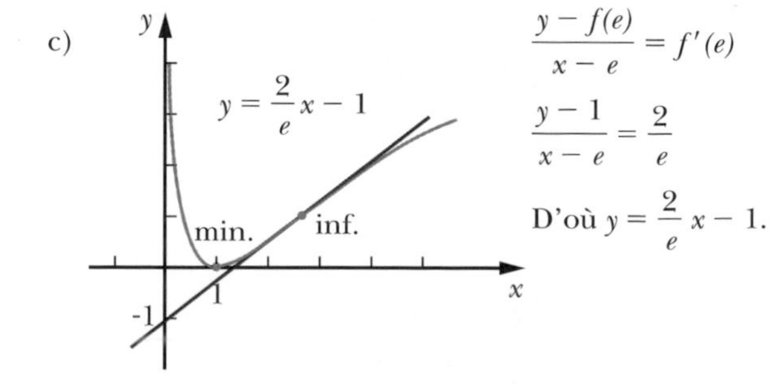

$$\frac{y - f(e)}{x - e} = f'(e)$$

$$\frac{y - 1}{x - e} = \frac{2}{e}$$

D'où $y = \frac{2}{e}x - 1$.

5. Mathématisation du problème.

Soit P(x, y), un point sur la courbe.

$A(x, y) = \frac{xy}{2}$ doit être maximale.

Nous avons $y = e^{-\sqrt{x}}$.

$A(x) = \frac{xe^{-\sqrt{x}}}{2}$, où dom $A = [0, +\infty$.

Analyse de la fonction.

$$A'(x) = \frac{e^{\sqrt{x}}}{2}\left(1 - \frac{\sqrt{x}}{2}\right); \text{ n.c.: } 4$$

x	0	4	$+\infty$
$A'(x)$	+	0	−
A	↗		↘
		max.	

Formulation de la réponse.

Le point cherché est P$(4, e^{-2})$.

6. a) Lorsque $T_0 = 32$ et $h = 0{,}60$, on a $t = 35$.

Ainsi, $35 = 32e^{0{,}6k}$, donc $k = \frac{\ln\left(\frac{35}{32}\right)}{0{,}6}$

D'où $T(h) = 32e^{\frac{\ln\left(\frac{35}{32}\right)}{0{,}6}h}$.

b) $T(90) \approx 36{,}6\,°\text{C}$

c) $T'(h) = \frac{32\ln\left(\frac{35}{32}\right)}{0{,}60}e^{\frac{\ln\left(\frac{35}{32}\right)}{0{,}6}h}$

$$T''(h) = 32\left(\frac{\ln\left(\frac{35}{32}\right)}{0{,}60}\right)^2 e^{\frac{\ln\left(\frac{35}{32}\right)}{0{,}60}h}$$

h	0		1,00
$T'(h)$	∄	+	∄
$T''(h)$	∄	+	∄
T	32	↗∪	37,15...
E. du G.	(0, 32)	⤴	(1, 37,15...)
	min.		max.

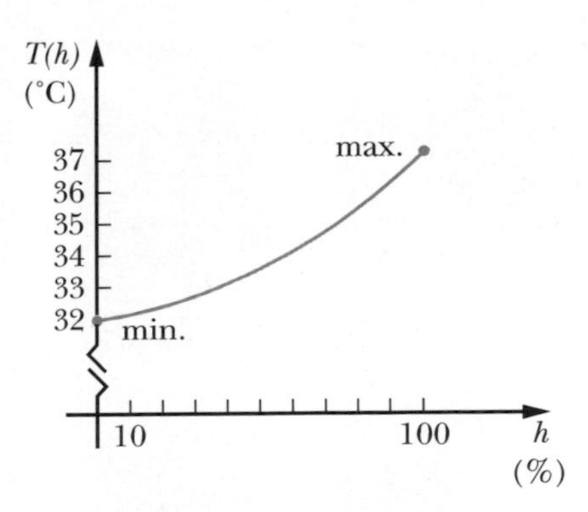

7. Mathématisation du problème.

On doit maximiser les bénéfices $f(x)$ qui sont donnés par $f(x) = 75\,000(1{,}1)^x - 1000(2)^x$.

Analyse de la fonction.

$f'(x) = 75\,000(1{,}1)^x \ln(1{,}1) - 1000(2)^x \ln 2$

$f'(x) = 0$ si

$75\,000(1{,}1)^x \ln(1{,}1) = 1000(2)^x \ln 2$

soit

$$\frac{75\,000 \ln(1{,}1)}{1000 \ln 2} = \frac{2^x}{(1{,}1)^x}$$

$$\left(\frac{2}{1{,}1}\right)^x = \frac{75 \ln(1{,}1)}{\ln 2}$$

$$\text{D'où } x = \frac{\ln\left[\frac{75\ln(1{,}1)}{\ln 2}\right]}{\ln\left(\frac{2}{1{,}1}\right)} = 3{,}903\ldots$$

x	0		3,903...	$+\infty$
$f'(x)$	∄	+	0	−
f	74 000	↗		↘
	min.		max.	

Formulation de la réponse.

Somme affectée à la publicité $= 1000\,(2)^{3{,}903\ldots} \approx 14\,960\,\$$

CORRIGÉ DU CHAPITRE 11

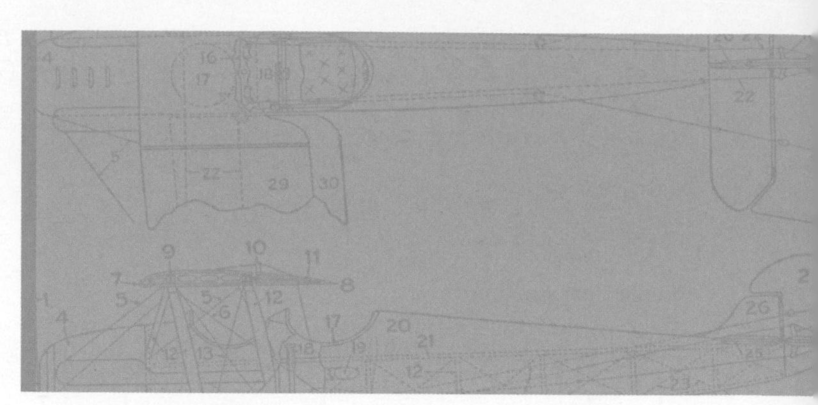

Test préliminaire *(page 365)*

Partie A

1. Voir chapitre 9.

2. a) $\{\theta \mid \theta = \dfrac{\pi}{2} + 2k\pi, \text{ où } k \in \mathbb{Z}\}$

b) $\{\theta \mid \theta = k\pi, \text{ où } k \in \mathbb{Z}\}$

c) $\{\theta \mid \theta = \dfrac{3\pi}{4} + 2k\pi, \text{ où } k \in \mathbb{Z}\} \cup \{\theta \mid \theta = \dfrac{5\pi}{4} + 2k\pi, \text{ où } k \in \mathbb{Z}\}$

d) $\{\theta \mid \theta = \dfrac{\pi}{4} + k\pi, \text{ où } k \in \mathbb{Z}\}$

e) $\{\theta \mid \theta = \pi + 2k\pi, \text{ où } k \in \mathbb{Z}\}$

3. a) $\cos^2 x + \sin^2 x = 1$

b) $1 + \tan^2 x = \sec^2 x$

c) $1 + \cot^2 x = \csc^2 x$

4. a) $\sin x = \pm\sqrt{1 - \cos^2 x}$

b) $\cos y = \pm\sqrt{1 - \sin^2 y}$

c) $\tan \theta = \pm\sqrt{\sec^2 \theta - 1}$

d) $\cot x = \pm\sqrt{\csc^2 x - 1}$

Partie B

1. a) $[\cos f(x)]\, f'(x)$

b) $[-\sin f(x)]\, f'(x)$

c) $[\sec^2 f(x)]\, f'(x)$

d) $[-\csc^2 f(x)]\, f'(x)$

e) $[\sec f(x) \tan f(x)]\, f'(x)$

f) $[-\csc f(x) \cot f(x)]\, f'(x)$

Exercices

Exercices 11.1 *(page 372)*

1. a) $\dfrac{\pi}{6}$

b) $\dfrac{-\pi}{3}$

c) Non définie

d) π

e) Non définie

f) 2,498...

g) 0,1

h) -0,9

2. a) $\sin(\text{Arc}\sin x) = x$

b) $\sin(\text{Arc}\cos u) = \sqrt{1 - \cos^2(\text{Arc}\cos u)} = \sqrt{1 - u^2}$

c) $\cos(\text{Arc}\cos t) = t$

d) $\cos(\text{Arc}\sin x) = \sqrt{1 - \sin^2(\text{Arc}\sin x)} = \sqrt{1 - x^2}$

3. a) $f'(x) = \dfrac{\text{Arc}\sin x}{2\sqrt{x}} + \dfrac{\sqrt{x}}{\sqrt{1 - x^2}}$

b) $g'(x) = \dfrac{7x^6 - 3}{\sqrt{1 - (x^7 - 3x)^2}}$

c) $\dfrac{dy}{dx} = \dfrac{2x^3}{\sqrt{\text{Arc}\sin x^4}\,\sqrt{1 - x^8}}$

d) $f'(t) = \dfrac{\dfrac{25t}{\sqrt{1 - (5t)^2}} - 5\,\text{Arc}\sin 5t}{(5t)^2}$

$= \dfrac{5t - \sqrt{1 - 25t^2}\,\text{Arc}\sin 5t}{5t^2\sqrt{1 - 25t^2}}$

e) $f'(x) = \dfrac{\text{Arc}\cos x + \dfrac{x}{\sqrt{1 - x^2}}}{(\text{Arc}\cos x)^2}$

$= \dfrac{\sqrt{1 - x^2}\,\text{Arc}\cos x + x}{(\text{Arc}\cos x)^2\sqrt{1 - x^2}}$

f) $v'(t) = \dfrac{-(3t^2 - 6t)}{\sqrt{1 - (t^3 - 3t^2 + 1)^2}}$

g) $g'(u) = 3u^2\,\text{Arc}\cos u^2 - \dfrac{2u^4}{\sqrt{1 - u^4}}$

h) $\dfrac{dy}{dx} = \dfrac{\sin x - \dfrac{2x}{\sqrt{1 - x^4}}}{\sqrt{1 - (\cos x - \text{Arc}\cos x^2)^2}}$

$$= \frac{\sqrt{1-x^4}\sin x - 2x}{\sqrt{1-x^4}\sqrt{1-(\cos x - \text{Arc}\cos x^2)^2}}$$

i) $h'(v) = 0$

j) $x'(t) = \dfrac{1}{\sqrt{1-t^2}\,\text{Arc}\sin t} + \dfrac{1}{t\sqrt{1-(\ln t)^2}}$

k) $f'(x) = \dfrac{\sec^2 x}{\sqrt{1-\tan^2 x}} + \dfrac{\csc^2 x}{\sqrt{1-\cot^2 x}}$

l) $g'(x) = \dfrac{\dfrac{-2x\,\text{Arc}\sin x^3}{\sqrt{1-x^4}} - \dfrac{3x^2\,\text{Arc}\cos x^2}{\sqrt{1-x^6}}}{(\text{Arc}\sin x^3)^2}$

4. a) $f(x) = \text{Arc}\sin 3x$ est définie si $-1 \leqslant 3x \leqslant 1$

c'est-à-dire $\dfrac{-1}{3} \leqslant x \leqslant \dfrac{1}{3}$.

D'où dom $f = \left[\dfrac{-1}{3}, \dfrac{1}{3}\right]$.

b) >plot(arcsin(3*x),x=-1..1);

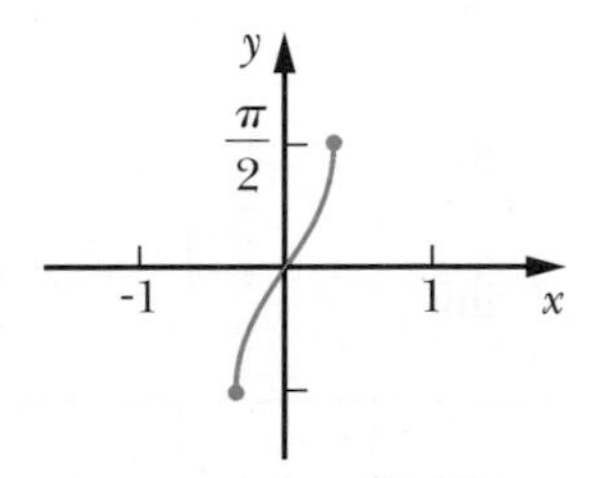

c) $f'(x) = \dfrac{3}{\sqrt{1-(3x)^2}}$

$m_{\tan}$ au point $\left(\dfrac{1}{4}, f\left(\dfrac{1}{4}\right)\right) = f'\left(\dfrac{1}{4}\right)$

$$= \frac{3}{\sqrt{1-\left(\frac{3}{4}\right)^2}}$$

$$= \frac{3}{\sqrt{\frac{7}{16}}} = \frac{12}{\sqrt{7}}$$

d) Il faut résoudre $f'(x) = 5$.

$$\frac{3}{\sqrt{1-(3x)^2}} = 5$$

$$\frac{3}{5} = \sqrt{1-9x^2}$$

$$\frac{9}{25} = 1 - 9x^2$$

$$9x^2 = \frac{16}{25}$$

$$3x = \pm\frac{4}{5}$$

ainsi, $x = \dfrac{-4}{15}$ ou $x = \dfrac{4}{15}$

D'où les points $\left(\dfrac{-4}{15}, \text{Arc}\sin\dfrac{-4}{5}\right)$ et $\left(\dfrac{4}{15}, \text{Arc}\sin\dfrac{4}{5}\right)$.

5. dom $g = [-1, 1]$

$g'(x) = \dfrac{4}{\sqrt{1-x^2}}$; n.c. : -1 et 1

$g''(x) = \dfrac{4x}{\sqrt{(1-x^2)^3}}$; n.c. : 0

x	-1		0		1
$g'(x)$	∄	+	+	+	∄
$g''(x)$	∄	−	0	+	∄
g	$\frac{-7\pi}{2}$	↗∩	$\frac{-3\pi}{2}$	↗∪	$\frac{\pi}{2}$
E. du G.	$\left(-1, \frac{-7\pi}{2}\right)$	↱	$\left(0, \frac{-3\pi}{2}\right)$	↗	$\left(1, \frac{\pi}{2}\right)$
	min.		inf.		max.

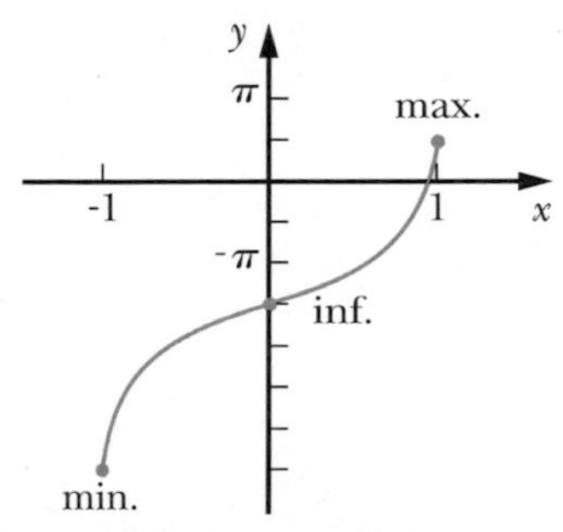

6. Soit $H(x) = y = \text{Arc}\cos u$, où $u = f(x)$.

Alors, $\dfrac{dy}{dx} = \dfrac{dy}{du}\dfrac{du}{dx}$ (notation de Leibniz)

$$\frac{d}{dx}(H(x)) = \frac{d}{du}(\text{Arc}\cos u)\frac{d}{dx}(f(x))$$

$$H'(x) = \left[\frac{-1}{\sqrt{1-u^2}}\right] f'(x)$$

D'où $H'(x) = \left[\dfrac{-1}{\sqrt{1-[f(x)]^2}}\right] f'(x)$ (car $u = f(x)$).

Exercices 11.2 (page 379)

1. a) $\dfrac{\pi}{4}$

b) $\dfrac{-\pi}{6}$

c) 0,615...

d) $\dfrac{\pi}{3}$

e) 0,0099...

f) $\dfrac{5\pi}{6}$

2. a) $f'(x) = \dfrac{2x + \cos x}{1 + (x^2 + \sin x)^2}$

b) $g'(x) = (\sec^2 x + 3)\,\text{Arc}\tan x + \dfrac{(\tan x + 3x)}{1 + x^2}$

c) $\dfrac{dy}{dx} = \dfrac{7x^6}{2\sqrt{\text{Arc}\tan(x^7 - 1)}\,[1 + (x^7 - 1)^2]}$

d) $g'(t) = 12[\text{Arc}\tan(\sin t + t^3)]^{11}\,\dfrac{\cos t + 3t^2}{1 + (\sin t + t^3)^2}$

e) $f'(x) = \cos x\,\text{Arc}\cot x - \dfrac{\sin x - 3}{1 + x^2}$

f) $g'(u) = \dfrac{-(2u - \sec^2 u)}{1 + (u^2 - \tan u)^2}$

g) $\dfrac{d\theta}{dx} = \dfrac{1}{3}(\text{Arc}\cot x^2)^{\frac{-2}{3}}\,\dfrac{-2x}{1 + x^4}$

h) $f'(x) = \dfrac{-1}{1 + (x^2 + \text{Arc cot } x^3)^2}\left[2x - \dfrac{3x^2}{1 + x^6}\right]$

i) $g'(v) = \dfrac{\text{Arc cot } v}{1 + v^2} - \dfrac{\text{Arc tan } v}{1 + v^2}$

j) $\dfrac{dy}{dx} = \dfrac{\dfrac{2x}{1 + x^4}\text{Arc cot } 2x + \dfrac{2}{1 + 4x^2}\text{Arc tan } x^2}{(\text{Arc cot } 2x)^2}$

k) $f'(x) = \dfrac{e^x}{[1 + (e^x)^2]\text{ Arc tan } e^x}$

l) $f'(\theta) = \dfrac{\cos\theta}{[1 + (\sin\theta)^2][1 + (\text{Arc tan } (\sin\theta))^2]}$

3. a) $f'(x) = \dfrac{1}{1 + x^2}$

$\dfrac{y - f(0)}{x - 0} = f'(0)$

$\dfrac{y - \text{Arc tan } 0}{x} = 1$

$\dfrac{y}{x} = 1$

D'où $y = x.$

b) $\dfrac{y - f(1)}{x - 1} = f'(1)$

$\dfrac{y - \text{Arc tan } 1}{x - 1} = \dfrac{1}{2}$

$y - \dfrac{\pi}{4} = \dfrac{1}{2}(x - 1)$

D'où $y = \dfrac{1}{2}x + \left(\dfrac{\pi}{4} - \dfrac{1}{2}\right).$

c) $g'(x) = \dfrac{-2x}{1 + (x^2 - 3)^2}$

$\dfrac{y - g(2)}{x - 2} = g'(2)$

$\dfrac{y - \text{Arc cot } 1}{x - 2} = \dfrac{-4}{2}$

$y - \dfrac{\pi}{4} = -2(x - 2)$

D'où $y = -2x + \left(4 + \dfrac{\pi}{4}\right).$

4. a)

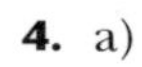

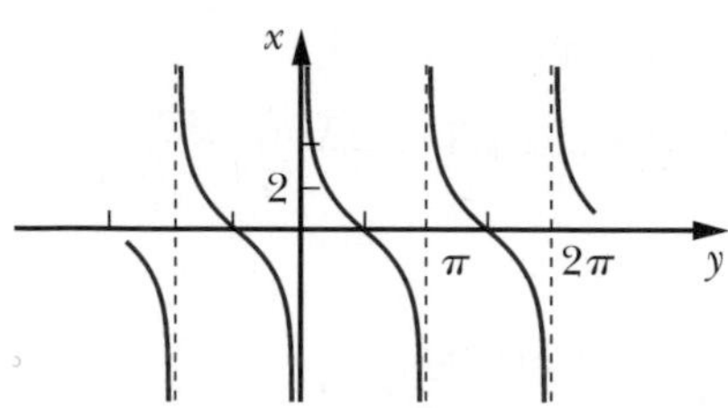

dom cot = $\mathbb{R} \setminus \{k\pi, \text{ où } k \in \mathbb{Z}\}$

ima cot = $\mathbb{R}$

b)

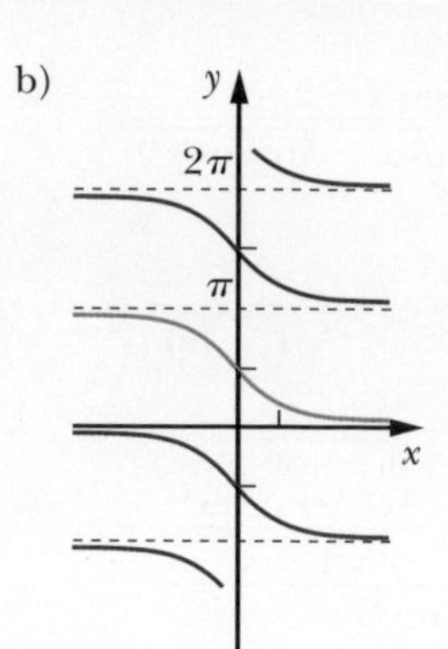

5. dom $f = \mathbb{R}$

$f'(x) = \dfrac{2x}{\sqrt{3}\left(1 + \dfrac{x^4}{3}\right)} = \dfrac{2\sqrt{3}x}{(3 + x^4)}$; n.c. : 0

$f''(x) = \dfrac{6\sqrt{3}(1 - x^4)}{(3 + x^4)^2}$; n.c. : -1 et 1

$\left.\begin{array}{l}\lim\limits_{x \to -\infty} f(x) = \dfrac{\pi}{2} \\ \lim\limits_{x \to +\infty} f(x) = \dfrac{\pi}{2}\end{array}\right\}$ donc, $y = \dfrac{\pi}{2}$ est une asymptote horizontale.

x	$-\infty$		-1		0		1		$+\infty$
$f'(x)$		−	−	−	0	+	+	+	
$f''(x)$		−	0	+	+	+	0	−	
f	$\dfrac{\pi}{2}$	↘∩	$\dfrac{\pi}{6}$	↘∪	0	↗∪	$\dfrac{\pi}{6}$	↗∩	$\dfrac{\pi}{2}$
E. du G.	---	↘	$\left(-1, \dfrac{\pi}{6}\right)$	↘	(0, 0)	↗	$\left(1, \dfrac{\pi}{6}\right)$	↗	---
			inf.		min.		inf.		

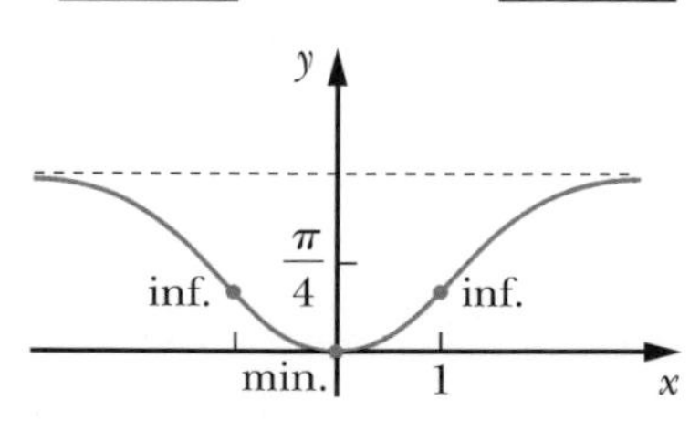

6. Mathématisation du problème.

Puisque $\tan\theta = \dfrac{y}{x} = \dfrac{\sqrt{x - 1}}{x}$,

alors $\theta = \text{Arc tan}\left(\dfrac{\sqrt{x - 1}}{x}\right)$ doit être maximal,

où $x \in [1, +\infty$.

Analyse de la fonction.

$$\frac{d\theta}{dx} = \frac{2 - x}{2(x^2 + x - 1)\sqrt{x - 1}}\text{ ; n.c. : 2}$$

x	1		2		+∞
$\frac{d\theta}{dx}$	∄	+	0	−	
θ	0	↗		↘	
			max.		

Formulation de la réponse.

L'angle θ est maximal lorsque la droite passe par le point $P(2, f(2))$, c'est-à-dire $P(2, 1)$.

7. $\cot(\text{Arc cot } x) = x$
(car $y = \text{Arc cot } x \Leftrightarrow x = \cot y$ par définition)

$[\cot(\text{Arc cot } x)]' = (x)'$
(en dérivant les deux membres de l'équation)

$[-\csc^2(\text{Arc cot } x)](\text{Arc cot } x)' = 1$
(car $[\cot f(x)]' = [-\csc^2 f(x)]\, f'(x)$)

Puisque nous cherchons la dérivée de Arc cot x, nous avons

$$(\text{Arc cot } x)' = \frac{1}{-\csc^2(\text{Arc cot } x)}$$

$$= \frac{-1}{\csc^2 y} \quad \text{(car Arc cot } x = y)$$

$$= \frac{-1}{1 + \cot^2 y} \quad (\text{car } \csc^2 y = 1 + \cot^2 y)$$

$$= \frac{-1}{1 + x^2} \quad (\text{car } \cot y = x).$$

Exercices 11.3 (page 386)

1. a) $\frac{\pi}{3}$

b) Non définie

c) π

d) $\frac{\pi}{2}$

e) 4,6122...

f) 3,2417...

g) $\frac{\pi}{2}$

h) $\frac{5\pi}{2}$

2. a) $$\frac{dy}{dx} = \frac{\dfrac{x^3}{\sqrt{x^2 - 1}} - 4x^3 \text{ Arc sec } x}{x^8}$$

$$= \frac{x^3\,(1 - 4\sqrt{x^2 - 1}\text{ Arc sec } x)}{x^8\sqrt{x^2 - 1}}$$

b) $f'(\theta) = \dfrac{\cos\theta}{(2 + \sin\theta)\sqrt{(2 + \sin\theta)^2 - 1}}$

c) $f'(x) = \left[\dfrac{1}{(3 - \text{Arc sec } x)\sqrt{(3 - \text{Arc sec } x)^2 - 1}}\right]\dfrac{-1}{x\sqrt{x^2 - 1}}$

d) $g'(x) = 5(\text{Arc sec } x^3)^4\,\dfrac{3}{x\sqrt{x^6 - 1}} = \dfrac{15(\text{Arc sec } x^3)^4}{x\sqrt{x^6 - 1}}$

e) $f'(x) = (3x^2 + \csc^2 x)\text{ Arc csc } x - \dfrac{x^3 - \cot x}{x\sqrt{x^2 - 1}}$

f) $f'(t) = \dfrac{-5t^4}{(t^5 - 1)\sqrt{(t^5 - 1)^2 - 1}}$

g) $h'(x) = \dfrac{-1}{(x - \text{Arc csc } x)\sqrt{(x - \text{Arc csc } x)^2 - 1}}\left[1 + \dfrac{1}{x\sqrt{x^2 - 1}}\right]$

h) $f'(x) = \dfrac{-(3x^2 - \cos x)}{2\sqrt{\text{Arc csc }(x^3 - \sin x)}\,(x^3 - \sin x)\sqrt{(x^3 - \sin x)^2 - 1}}$

i) $\dfrac{dy}{dx} = 7(\text{Arc sec } x^2 - \sec x^3)^6\left[\dfrac{2}{x\sqrt{x^4 - 1}} - 3x^2 \sec x^3 \tan x^3\right]$

j) $f'(u) = \dfrac{\sec u \tan u + 3u^2}{(\sec u + u^3)\sqrt{(\sec u + u^3)^2 - 1}}$

k) $f'(x) = \dfrac{4 \text{ Arc csc } 4^x}{x\sqrt{4x^8 - 1}} - \dfrac{\ln 4 \text{ Arc sec } 2x^4}{\sqrt{(4^x)^2 - 1}}$

l) $v'(\theta) = \dfrac{1}{\theta}$

3. a) $f'(x) = \dfrac{-1}{x\sqrt{x^2 - 1}}$

$$\frac{y - f(2)}{x - 2} = f'(2)$$

$$\frac{y - \frac{\pi}{6}}{x - 2} = \frac{-1}{2\sqrt{3}}$$

$$y - \frac{\pi}{6} = \frac{-1}{2\sqrt{3}}(x - 2)$$

D'où $y = \dfrac{-1}{2\sqrt{3}}x + \left(\dfrac{\pi}{6} + \dfrac{1}{\sqrt{3}}\right).$

b) $g'(t) = \dfrac{1}{\sqrt{t}\sqrt{t - 1}} \times \dfrac{1}{2\sqrt{t}} = \dfrac{1}{2t\sqrt{t - 1}}$

$$\frac{y - g(4)}{t - 4} = g'(4)$$

$$\frac{y - \frac{\pi}{3}}{t - 4} = \frac{1}{8\sqrt{3}}$$

$$y - \frac{\pi}{3} = \frac{1}{8\sqrt{3}}(t - 4)$$

D'où $y = \dfrac{1}{8\sqrt{3}}\,t + \left(\dfrac{\pi}{3} - \dfrac{1}{2\sqrt{3}}\right).$

Exercices récapitulatifs *(page 389)*

1. a) 0,643... rad

b) 0,841... rad

c) 0,614... rad

2. a) 0,8

b) 0,970... rad

11

c) $\frac{-\pi}{2}$ rad

d) Non définie

e) -0,980...

f) 1,657... rad

3. a) x^2

b) $\sqrt{1-t^2}$

c) $\frac{u}{\sqrt{1-u^2}}$

4. a) $f'(x) = \frac{3x^2-3}{\sqrt{1-(x^3-3x)^2}}$

b) $g'(x) = 5[x - \text{Arc tan } 2x]^4\left(\frac{4x^2-1}{1+4x^2}\right)$

c) $\frac{dy}{dx} = \frac{\cos x - 1}{(\sin x - x)\sqrt{(\sin x - x)^2 - 1}}$

d) $f'(u) = \text{Arc sin } u^5 + \frac{5u^5}{\sqrt{1-u^{10}}}$

e) $h'(x) = \frac{(2x\cos x - x^2\sin x)\text{Arc sin } x - \frac{x^2\cos x}{\sqrt{1-x^2}}}{(\text{Arc sin } x)^2}$

f) $f'(x) = \frac{-2(1+x^2)}{(1-x^2)^2\sqrt{1-\left(\frac{2x}{1-x^2}\right)^2}}$

g) $\frac{dz}{dx} = \cos x\sqrt{\text{Arc tan } x} + \frac{\sin x}{2\sqrt{\text{Arc tan } x}\,(1+x^2)}$

h) $f'(x) = \frac{-2}{(2x-1)\sqrt{(2x-1)^2-1}} + \frac{4}{x\sqrt{x^8-1}}$

i) $g'(x) = \frac{-e^x}{[(e^x)^2+1]\text{ Arc cot }(e^x)}$

j) $f'(x) = \frac{4[\text{Arc sec (Arc tan } x)]^3}{\text{Arc tan } x\sqrt{(\text{Arc tan } x)^2-1}\,(1+x^2)}$

k) $x'(t) = \frac{\text{Arc cos } t + \text{Arc sin } t}{\sqrt{1-t^2}\,(\text{Arc cos } t)^2}$

l) $v'(t) = 2t - \cos t\text{ Arc cot } 3t + \frac{3\sin t}{1+9t^2}$

m) $f'(x) = \frac{-(3x^2+\cos x)}{2\sqrt{\text{Arc cos }(x^3+\sin x)}\sqrt{1-(x^3+\sin x)^2}}$

n) $\frac{du}{dx} = \frac{e^{\text{Arc sin } x}}{\sqrt{1-x^2}}[1 + \text{Arc sin } x]$

5. a) $y = 2x + 1$

b) $y = \frac{-1}{2}x + \frac{\pi}{4}$

6. $y = t + \frac{\pi}{4} - 1$

7. $b = \frac{\pi}{6} - \sqrt{3}$

8. a) La représentation est laissée à l'utilisateur ou l'utilisatrice.

b) Croissante sur -∞, -2] ∪ [2, +∞;

Décroissante sur [-2, 2];

Max. rel.: (-2, Arc tan 16);

Min. rel.: (2, Arc tan (-16)).

c) A.V.: $y = \frac{-\pi}{2}$ et $y = \frac{\pi}{2}$

9. a) $f'(x) = \frac{1}{x\sqrt{x^2-1}} > 0$, $\forall x \in\ ]1, +\infty$

D'où f est croissante sur [1, +∞.

b) $f''(x) = \frac{1-2x^2}{x^2(x^2-1)\sqrt{x^2-1}} < 0$, $\forall x \in -\infty, -1] \cup [1, +\infty$

D'où f est concave vers le bas sur -∞, -1] ∪ [1, +∞

10. a) (4, 3)

b) $\left(4 - \sqrt[4]{\frac{1}{3}}, 3 - \frac{\pi}{6}\right)$ et $\left(4 + \sqrt[4]{\frac{1}{3}}, 3 - \frac{\pi}{6}\right)$

c) La représentation est laissée à l'utilisateur ou l'utilisatrice.

11. a) dom f = [-1, 1]

$f'(x) = \text{Arc sin } x$; n.c.: 0

$f''(x) = \frac{1}{\sqrt{1-x^2}}$; n.c.: -1 et 1

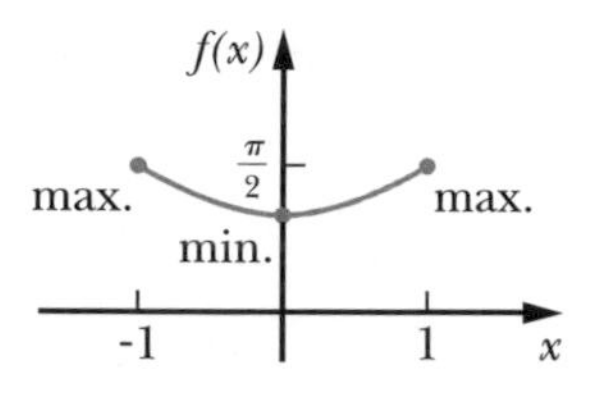

b) dom g = ℝ

$g'(x) = \frac{-1}{1+(3-x)^2}$; n.c.: aucun

$g''(x) = \frac{2(x-3)}{[1+(3-x)^2]^2}$; n.c.: 3

A.H.: $y = 0$ et $y = \pi$

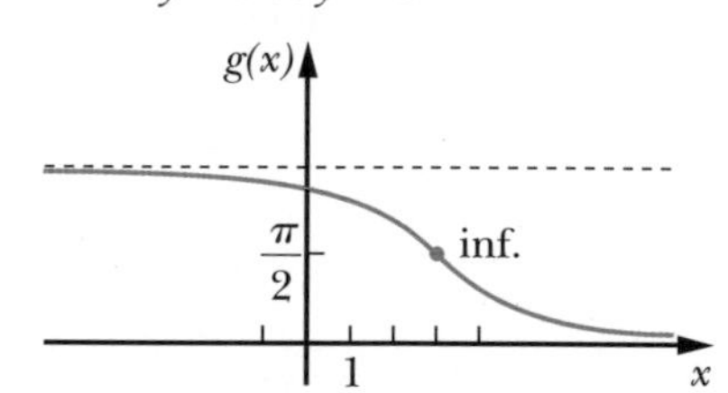

c) dom $x = \left[\frac{-2}{\sqrt{3}}, \frac{2}{\sqrt{3}}\right]$

$x'(t) = \frac{\sqrt{3}(1-\sqrt{4-3t^2})}{\sqrt{4-3t^2}}$;

n.c.: $\frac{-2}{\sqrt{3}}$, -1, 1 et $\frac{2}{\sqrt{3}}$

$x''(t) = \frac{3\sqrt{3}t}{(4-3t^2)^{\frac{3}{2}}}$; n.c.: 0

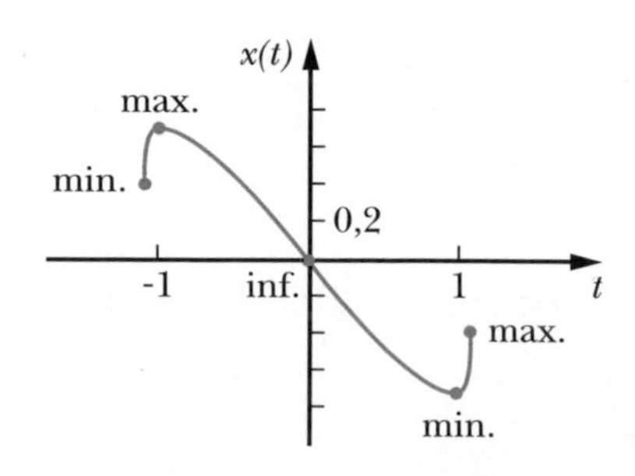

d) dom $f = \mathbb{R}$

$f'(x) = \dfrac{-4x}{1 + x^4}$; n.c.: 0

$f''(x) = \dfrac{4(3x^4 - 1)}{(1 + x^4)^2}$; n.c.: $\dfrac{-1}{\sqrt[4]{3}}$ et $\dfrac{1}{\sqrt[4]{3}}$

A.H.: $y = \dfrac{-\pi}{2}$

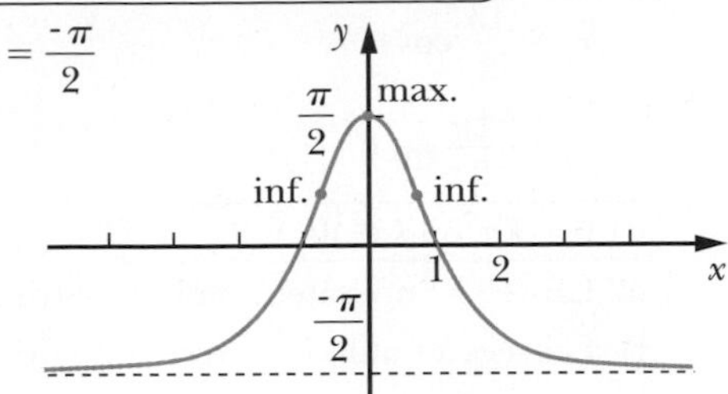

12. a) $P\left(\dfrac{-1}{\sqrt[4]{3}}, \dfrac{\pi}{3}\right)$; pente minimale $= -\sqrt[4]{27}$

b) $Q\left(\dfrac{1}{\sqrt[4]{3}}, \dfrac{\pi}{3}\right)$; pente maximale $= \sqrt[4]{27}$

13. a) $\theta = \text{Arc tan}\left(\dfrac{x}{75}\right)$

b) $\dfrac{d\theta}{dt} = \left(\dfrac{75}{5625 + x^2}\right)\dfrac{dx}{dt}$

c) -0,12 rad/min; -0,1875 rad/min

d) 25 mètres

14. a) $\alpha = \text{Arc tan}\left(\dfrac{18}{x}\right)$ et $\beta = \text{Arc tan}\left(\dfrac{6}{x}\right)$

b) $\theta = \text{Arc tan}\left(\dfrac{18}{x}\right) - \text{Arc tan}\left(\dfrac{6}{x}\right)$

c) $d = 12$ mètres

Problèmes de synthèse *(page 390)*

1. a) $\dfrac{\theta}{\sqrt{\theta^2 + 1}}$

b) $2x\sqrt{1 - x^2}$

c) $2t^2 - 1$

d) $\sqrt{\dfrac{1 - \alpha}{2}}$

e) 1

f) $u^2\sqrt{1 - u^2} + u\sqrt{1 - u^4}$

2. a) $f'(x) = 0$

b) La représentation est laissée à l'utilisateur ou l'utilisatrice.

3. a) $\dfrac{dy}{dx} = \dfrac{-2(1 + y^2)\,\text{Arc tan}\, y}{x}$

b) $\dfrac{dy}{dx} = \dfrac{3(1 + x^2y^2)}{x\sqrt{1 - x^2}} - \dfrac{y}{x}$

c) $\dfrac{dy}{dx} = \dfrac{y\sqrt{y^4 - 1}}{2 - 3y^3\sqrt{y^4 - 1}}$

d) $\dfrac{dy}{dx} = \dfrac{3x^2(1 + y^2)}{e^{\text{Arc tan}\, y}}$

4. $y = \dfrac{-2}{3}x$ et $y = \dfrac{3}{2}x$

5. La démonstration est laissée à l'utilisateur ou l'utilisatrice.

6. $\theta \approx 12{,}53°$

La représentation est laissée à l'utilisateur ou l'utilisatrice.

7. $A = \dfrac{(\pi + 2\sqrt{3})^2}{72}\sqrt{6}$ unité²

La représentation est laissée à l'utilisateur ou l'utilisatrice.

8. a) dom $f = \mathbb{R}$

$f'(x) = \dfrac{x^2}{1 + x^2}$; n.c.: 0

$f''(x) = \dfrac{2x}{(1 + x^2)^2}$; n.c.: 0

A.O.: $y = x + \pi$, lorsque $x \to -\infty$ et
$y = x$, lorsque $x \to +\infty$.

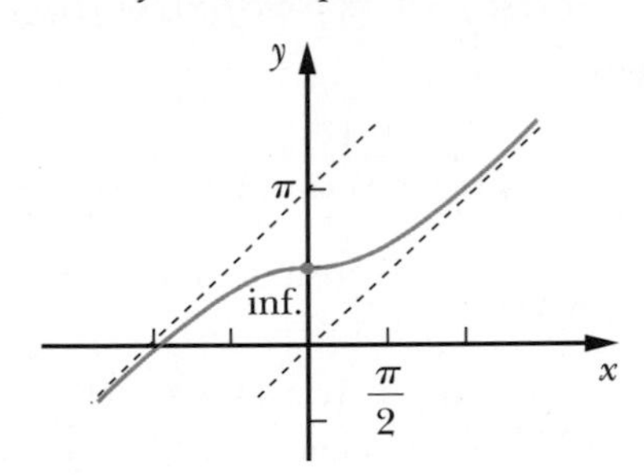

b) dom $f = \mathbb{R}$

$f'(x) = \dfrac{2(1 - x^2)}{1 + x^2}$; n.c.: -1 et 1

$f''(x) = \dfrac{-8x}{(1 + x^2)^2}$; n.c.: 0

A.O.: $y = -2x - \pi$, lorsque $x \to -\infty$ et
$y = -2x + 3\pi$, lorsque $x \to +\infty$.

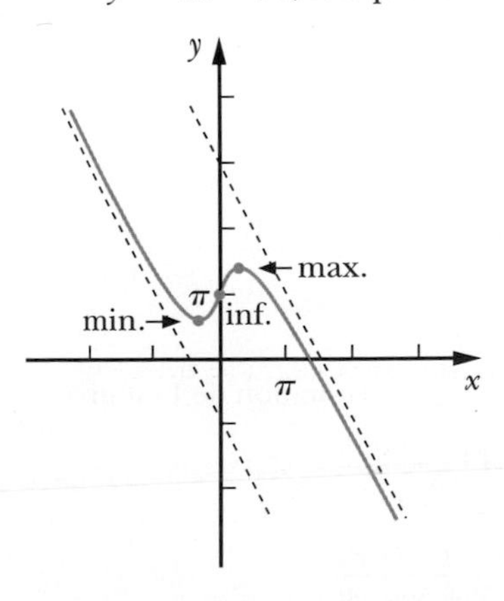

c) dom $f = [-1, 1[$

$f'(x) = -2\,\text{Arc tan}\, x$; n.c.: -1 et 0

$f''(x) = \dfrac{-2}{1 + x^2}$; n.c.: aucun

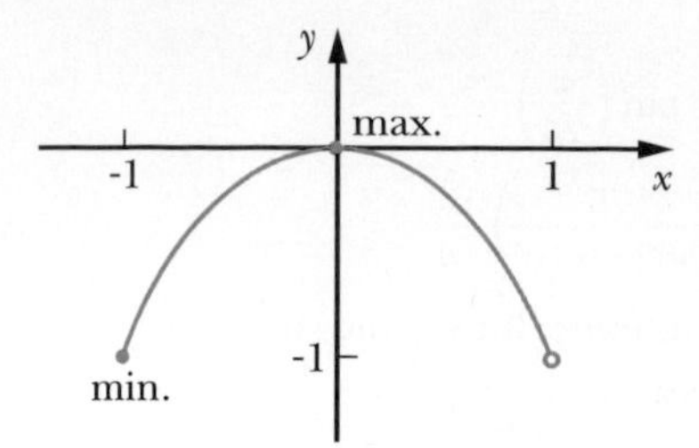

9. a) $\theta \approx 0{,}98\ldots$ rad;

$\alpha \approx 93{,}745°$

b) $\dfrac{d\theta}{dt} = \dfrac{b \cos \alpha}{c \cos \theta} \dfrac{d\alpha}{dt}$

10. Environ 29,93 mètres

11. a) $y = 22 + 20 \sin \theta$

b) $v_y = \dfrac{4\pi}{3} \cos \theta$

c) $v_x = \dfrac{-4\pi}{3} \sin \theta$

d) $\theta = k\pi$, où $k \in \{0, 1, 2, 3, \ldots\}$

e) Laissée à l'utilisateur ou l'utilisatrice.

f) Laissées à l'utilisateur ou l'utilisatrice.

Test récapitulatif *(page 392)*

1. $\csc(\text{Arc csc } x) = x$

(car $y = \text{Arc csc } x \Leftrightarrow x = \csc y$, par définition)

$[\csc(\text{Arc csc } x)]' = (x)'$

(en dérivant les deux membres de l'équation)

$[-\csc(\text{Arc csc } x) \cot(\text{Arc csc } x)](\text{Arc csc } x)' = 1$

(car $[\csc f(x)]' = [-\csc f(x) \cot f(x)]\, f'(x)$)

D'où on obtient:

$$(\text{Arc csc } x)' = \frac{1}{-\csc(\text{Arc csc } x) \cot(\text{Arc csc } x)}$$

$$= \frac{-1}{\csc y \cot y} \quad (\text{car Arc csc } x = y)$$

$$= \frac{-1}{x\sqrt{\csc^2 y - 1}}$$

(car $\csc y = x$ et $\cot y = \pm\sqrt{\csc^2 y - 1}$, or $y \in \left]0, \dfrac{\pi}{2}\right] \cup \left]\pi, \dfrac{3\pi}{2}\right]$ d'où $\cot y = \sqrt{\csc^2 y - 1}$)

$$= \frac{-1}{x\sqrt{x^2 - 1}} \quad (\text{car } \csc y = x).$$

2. a) $$f'(x) = \frac{\dfrac{3(x + \text{Arc tan } 2x)}{\sqrt{1 - (3x+1)^2}} - \text{Arc sin}(3x+1)\left[1 + \dfrac{2}{1 + 4x^2}\right]}{(x + \text{Arc tan } 2x)^2}$$

b) $$h'(t) = \frac{-5}{2\sqrt{\text{Arc cot } 5t}\,(1 + 25t^2)} - \frac{6[\text{Arc csc}(2t^2)]^3}{t\sqrt{4t^4 - 1}}$$

c) $$g'(x) = \frac{-4x \text{ Arc cos } x^2 \text{ Arc sec}(x-1)}{\sqrt{1 - x^4}} + \frac{(\text{Arc cos } x^2)^2}{(x-1)\sqrt{(x-1)^2 - 1}}$$

3. $$\frac{dy}{dt} = \frac{dy}{dx}\frac{dx}{dt} \quad (\text{notation de Leibniz})$$

$$= \frac{d}{dx}(\text{Arc tan } x)\frac{dx}{dt}$$

$$= \left(\frac{1}{1 + x^2}\right)\frac{dx}{dt}$$

D'où $\left.\dfrac{dy}{dt}\right|_{t=2} = \left(\dfrac{1}{1 + 20^2}\right)\left.\dfrac{dx}{dt}\right|_{t=2} = \dfrac{1}{401}(18) = \dfrac{18}{401}$.

4. a) dom $f = [1, 3]$

$f'(x) = \dfrac{-1}{\sqrt{1 - (x-2)^2}}$; n.c.: 1 et 3

$f''(x) = \dfrac{(2 - x)}{\sqrt{(1 - (x-2)^2)^3}}$; n.c.: 2

x	1		2		3
$f'(x)$	∄	−	+	−	∄
$f''(x)$	∄	+	0	−	∄
f	$1 + \frac{\pi}{2}$	↘∪	1	↘∩	$1 - \frac{\pi}{2}$
E. du G.	$\left(1, 1 + \frac{\pi}{2}\right)$	↘	(2, 1)	↘	$\left(3, 1 - \frac{\pi}{2}\right)$
	max.		inf.		min.

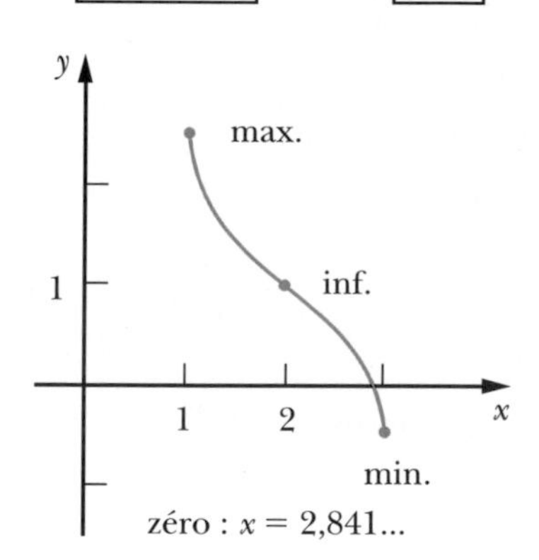

b) dom $v = \mathbb{R}$

$v'(t) = \dfrac{-3t^2}{1 + t^6}$; n.c.: 0

$v''(t) = \dfrac{6t(2t^6 - 1)}{(1 + t^6)^2}$; n.c.: 0, $-\sqrt[6]{0{,}5}$ et $\sqrt[6]{0{,}5}$

$\lim\limits_{t \to -\infty} v(t) = \pi$, donc $y = \pi$ est une asymptote horizontale lorsque $t \to -\infty$.

$\lim\limits_{t \to +\infty} v(t) = 0$, donc $y = 0$ est une asymptote horizontale lorsque $t \to +\infty$.

t	$-\infty$		$-\sqrt[6]{0,5}$		0		$\sqrt[6]{0,5}$		$+\infty$
$v'(t)$		$-$	$-$	$-$	0	$-$	$-$	$-$	
$v''(t)$		$-$	0	$+$	0	$-$	0	$+$	
v	π	↘∩	2,18…	↘∪	$\frac{\pi}{2}$	↘∩	0,95…	↘∪	0
E. du G.	- - -	↘	$(-\sqrt[6]{0,5}, 2,18\ldots)$	↘	$\left(0, \frac{\pi}{2}\right)$	↘	$(\sqrt[6]{0,5}, 0,95\ldots)$	↘	- - -
			inf.		inf.		inf.		

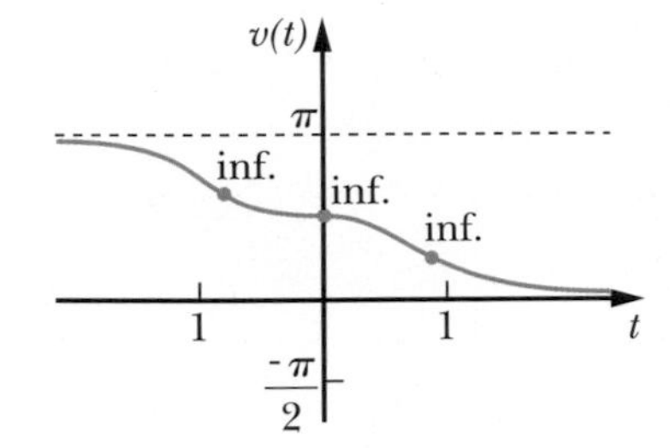

5. Il faut d'abord résoudre $f'(x) = \frac{1}{2}$.

$$\frac{1}{1 + x^2} = \frac{1}{2}$$

donc, $x = 1$ ou $x = -1$.

Ainsi, $\frac{y - \text{Arc tan } 1}{x - 1} = \frac{1}{2}$

$$y - \frac{\pi}{4} = \frac{1}{2}(x - 1)$$

D'où $\qquad y = \frac{1}{2}x + \frac{\pi}{4} - \frac{1}{2}$

et $\frac{y - \text{Arc tan }(-1)}{x - (-1)} = \frac{1}{2}$

$$y + \frac{\pi}{4} = \frac{1}{2}(x + 1).$$

D'où $\qquad y = \frac{1}{2}x + \frac{1}{2} - \frac{\pi}{4}.$

6. Mathématisation du problème.

$P(x) = (3x - \text{Arc cot } x)' = 3 + \frac{1}{1 + x^2}$

doit être maximale, où dom $P = \mathbb{R}$.

Analyse de la fonction.

$P'(x) = \frac{-2x}{(1 + x^2)^2}$; n.c.: 0

x	$-\infty$	0	$+\infty$
$P'(x)$	$+$	0	$-$
P	↗	4	↘
		max.	

Formulation de la réponse.

La pente de la tangente à la courbe est maximale au point $(0, g(0))$, c'est-à-dire $\left(0, \frac{-\pi}{2}\right)$.

La pente maximale $= g'(0) = 4$.

7. Puisque $\sin \theta = \frac{x}{60}$,

alors $\theta = \text{Arc sin}\left(\frac{x}{60}\right)$,

$$\frac{d\theta}{dt} = \frac{d}{dx}\left(\text{Arc sin}\left(\frac{x}{60}\right)\right)\frac{dx}{dt}$$

$$= \frac{1}{60\sqrt{1 - \left(\frac{x}{60}\right)^2}}\frac{dx}{dt}.$$

60 m
x
θ

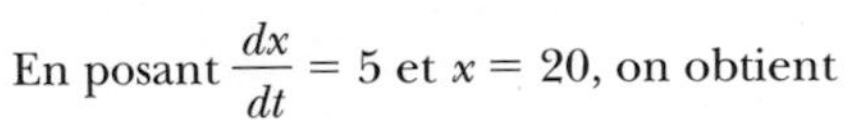
En posant $\frac{dx}{dt} = 5$ et $x = 20$, on obtient

$$\left.\frac{d\theta}{dt}\right|_{x = 20} = 0,088\ldots \text{ rad/s.}$$

11

Bibliographie

Charbonneau, Louis, Fonction : du statisme grec au dynamisme du début du XVIIIe siècle, *Bulletin AMQ*, mai 1987, pp. 5 à 10.
Charbonneau, Louis, Fonction (II) : Un personnage en quête d'auteur, le XVIIIe siècle, *Bulletin AMQ*, octobre 1987, pp. 5 à 8.
Charbonneau, Louis, Fonction (III) : en état de crise, sa personnalité se dévoile, le début du XIXe siècle, *Bulletin AMQ*, décembre 1987, pp. 5 à 9.

Index des tableaux

Page

Index

Aide-mémoire

Définitions

$\mathbb{N} = \{1, 2, 3, 4, \ldots\}$

$\mathbb{Z} = \{\ldots, -2, -1, 0, 1, 2, 3, \ldots\}$

$\mathbb{Q} = \left\{ \frac{a}{b} \;\middle|\; a, b \in \mathbb{Z}, \text{ et } b \neq 0 \right\}$

$\mathbb{R}$ = ensemble des nombres réels

Décomposition en facteurs

$a^2 + 2ab + b^2 = (a + b)^2$

$a^2 - 2ab + b^2 = (a - b)^2$

$a^2 - b^2 = (a + b)(a - b)$

$a^3 - b^3 = (a - b)(a^2 + ab + b^2)$

$a^3 + b^3 = (a + b)(a^2 - ab + b^2)$

$a^4 - b^4 = (a + b)(a - b)(a^2 + b^2)$

Zéros de l'équation quadratique

$ax^2 + bx + c = 0$, si

$$x = \frac{-b + \sqrt{b^2 - 4ac}}{2a} \text{ ou } x = \frac{-b - \sqrt{b^2 - 4ac}}{2a}$$

Développements

$(a + b)^3 = a^3 + 3a^2b + 3ab^2 + b^3$

$(a - b)^3 = a^3 - 3a^2b + 3ab^2 - b^3$

$(a + b)^4 = a^4 + 4a^3b + 6a^2b^2 + 4ab^3 + b^4$

$(a - b)^4 = a^4 - 4a^3b + 6a^2b^2 - 4ab^3 + b^4$

Abréviations

centimètre	cm	mètre	m
décimètre	dm	minute	min
degré (d'arc)	°	newton	N
heure	h	radian	rad
jour	d	seconde	s
kilomètre	km	kelvin	K

Théorème de Pythagore et trigonométrie

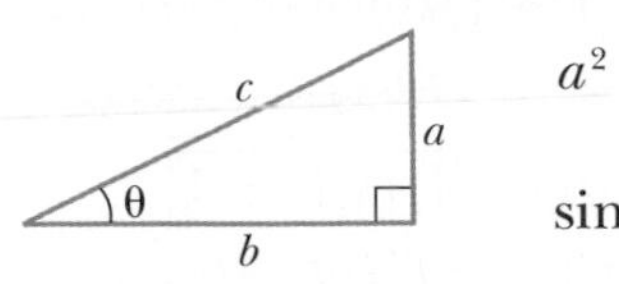

$a^2 + b^2 = c^2$ $\qquad \cos\theta = \frac{b}{c}$

$\sin\theta = \frac{a}{c}$ $\qquad \tan\theta = \frac{a}{b}$

Lois des cosinus et des sinus

Loi des cosinus

$a^2 = b^2 + c^2 - 2bc\cos \mathrm{A}$

$b^2 = a^2 + c^2 - 2ac\cos \mathrm{B}$

$c^2 = a^2 + b^2 - 2ab\cos \mathrm{C}$

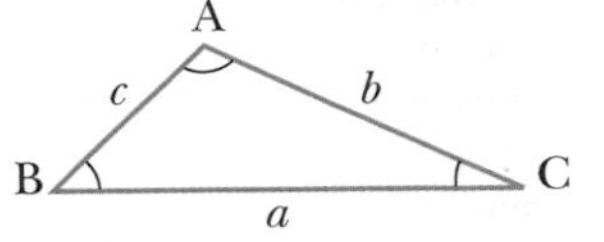

Loi des sinus

$$\frac{\sin \mathrm{A}}{a} = \frac{\sin \mathrm{B}}{b} = \frac{\sin \mathrm{C}}{c}$$

Identités trigonométriques

$\sin^2 A + \cos^2 A = 1$

$\tan^2 A + 1 = \sec^2 A$

$\cot^2 A + 1 = \csc^2 A$

$\sin(A + B) = \sin A\cos B + \cos A\sin B$

$\sin(A - B) = \sin A\cos B - \cos A\sin B$

$\cos(A + B) = \cos A\cos B - \sin A\sin B$

$\cos(A - B) = \cos A\cos B + \sin A\sin B$

$\sin(2A) = 2\sin A\cos A$

$\cos(2A) = \cos^2 A - \sin^2 A$

$\sin(-A) = -\sin A$

$\cos(-A) = \cos A$

$\sin^2 A = \frac{1 - \cos 2A}{2}$

$\cos^2 A = \frac{1 + \cos 2A}{2}$

$\sin A\cos B = \frac{1}{2}[\sin(A - B) + \sin(A + B)]$

$\sin A\sin B = \frac{1}{2}[\cos(A - B) - \cos(A + B)]$

$\cos A\cos B = \frac{1}{2}[\cos(A - B) + \cos(A + B)]$

Valeur absolue

$|a| = \begin{cases} a & \text{si } a \geq 0 \\ -a & \text{si } a < 0 \end{cases}$

$|a| = |-a|$

$|a + b| \leq |a| + |b|$

$|a - b| \geq |a| - |b|$

$|a + b| \leq c \Leftrightarrow -c \leq a + b \leq c$

$\qquad \Leftrightarrow -c - b \leq a \leq c - b$

$|a + b| \geq c \Leftrightarrow a + b \geq c$ ou $a + b \leq -c$

Factorielle

$n! = n(n-1)(n-2)\ldots3 \cdot 2 \cdot 1$, où $n \in \mathbb{N}$
$0! = 1$

Remarque Les propriétés suivantes ne s'appliquent que si les expressions sont définies.

Lois des exposants

$a^m a^n = a^{m+n}$ | $\dfrac{a^m}{a^n} = a^{m-n}$

$(a^m)^n = a^{mn}$ | $a^{-m} = \dfrac{1}{a^m}$

$(ab)^m = a^m b^m$ | $a^0 = 1$

$\left(\dfrac{a}{b}\right)^m = \dfrac{a^m}{b^m}$

Radicaux

$a^{\frac{1}{n}} = \sqrt[n]{a}$ | $\sqrt[n]{\dfrac{a}{b}} = \dfrac{\sqrt[n]{a}}{\sqrt[n]{b}}$

$a^{\frac{m}{n}} = \sqrt[n]{a^m} = (\sqrt[n]{a})^m$ | $\sqrt[n]{a^n} = |a|$, si n est pair.

$\sqrt[n]{ab} = \sqrt[n]{a}\sqrt[n]{b}$ | $\sqrt[n]{a^n} = a$, si n est impair.

Propriétés des logarithmes

$\log_a(MN) = \log_a M + \log_a N$
$\log_a\left(\dfrac{M}{N}\right) = \log_a M - \log_a N$
$\log_a(M^k) = k\log_a M$
$\log_a M = \dfrac{\log_b M}{\log_b a}$
$\log a = \log_{10} a$
$\ln a = \log_e a$
$\log_a 1 = 0$
$\log_a a = 1$
$\log_a b = c \Leftrightarrow a^c = b$
$\ln A = B \Leftrightarrow e^B = A$
$e^{\ln A} = A$
$\ln e^B = B$
$e^{\frac{\ln A}{c}x} = A^{\frac{x}{c}}$

DÉRIVATION

A. Définitions

$$f'(x) = \lim_{h\to 0}\frac{f(x+h)-f(x)}{h}$$

$$f'(x) = \lim_{\Delta x\to 0}\frac{f(x+\Delta x)-f(x)}{\Delta x}$$

$$f'(x) = \lim_{t\to x}\frac{f(t)-f(x)}{t-x}$$

B. Propriétés

Fonction	Dérivée
1. $kf(x)$	**1.** $kf'(x)$
2. $f(x) \pm g(x)$	**2.** $f'(x) \pm g'(x)$
3. $f(x)\,g(x)$	**3.** $f'(x)\,g(x) + f(x)\,g'(x)$
4. $\dfrac{f(x)}{g(x)}$	**4.** $\dfrac{f'(x)\,g(x) - f(x)\,g'(x)}{g^2(x)}$
5. $[f(x)]^r$	**5.** $r[f(x)]^{r-1}f'(x)$
6. $f(g(x))$	**6.** $f'(g(x))g'(x)$

C. Formules de dérivation

Fonction	Dérivée
1. k, constante	**1.** 0
2. x, identité	**2.** 1
3. x^a, où $a \in \mathbb{R}$	**3.** ax^{a-1}
4. $\sin f(x)$	**4.** $[\cos f(x)]\,f'(x)$
5. $\cos f(x)$	**5.** $[-\sin f(x)]\,f'(x)$
6. $\tan f(x)$	**6.** $[\sec^2 f(x)]\,f'(x)$
7. $\cot f(x)$	**7.** $[-\csc^2 f(x)]\,f'(x)$
8. $\sec f(x)$	**8.** $[\sec f(x)\tan f(x)]\,f'(x)$
9. $\csc f(x)$	**9.** $[-\csc f(x)\cot f(x)]\,f'(x)$
10. $a^{f(x)}$	**10.** $a^{f(x)}\ln a\,f'(x)$
11. $e^{f(x)}$	**11.** $e^{f(x)}f'(x)$
12. $\ln f(x)$	**12.** $\dfrac{f'(x)}{f(x)}$
13. $\log_a f(x)$	**13.** $\dfrac{f'(x)}{f(x)\ln a}$
14. $\text{Arc}\sin f(x)$	**14.** $\dfrac{f'(x)}{\sqrt{1-[f(x)]^2}}$
15. $\text{Arc}\cos f(x)$	**15.** $\dfrac{-f'(x)}{\sqrt{1-[f(x)]^2}}$
16. $\text{Arc}\tan f(x)$	**16.** $\dfrac{f'(x)}{1+[f(x)]^2}$
17. $\text{Arc}\cot f(x)$	**17.** $\dfrac{-f'(x)}{1+[f(x)]^2}$
18. $\text{Arc}\sec f(x)$	**18.** $\dfrac{f'(x)}{f(x)\sqrt{[f(x)]^2-1}}$
19. $\text{Arc}\csc f(x)$	**19.** $\dfrac{-f'(x)}{f(x)\sqrt{[f(x)]^2-1}}$